空气洁净技术原理

（第四版）

许钟麟 著

科 学 出 版 社

北 京

内 容 简 介

本书为1983年出版的《空气洁净技术原理》的第四版，与1983年版相比，不仅反映了最新技术成果，而且更突出了理论上的系统性和解决实际问题的指导作用。

本书系统地建立了洁净室理论体系。首次提出洁净室特性指标、均匀分布与不均匀分布特性、最小检测容量、下限风速、新风处理新概念、阻漏层理论、动态隔离理念、动态气流密封理论、零泄漏理念、漏孔法检漏的理论和方法及主流区与扩大主流区理念等许多新观点、新方法，是作者从事空气洁净技术工作近50年的科研成果与心得的总结。它的理论性、新颖性和系统性，使其成为空调净化专业的技术人员、研究人员及大专院校师生的必备参考书。

全书分17章，系统地论述了空气洁净技术的基本原理，内容主要包括：微粒及其分布特性；大气尘特性和我国大气尘的分布规律；悬浮微粒的特性和在室内的运动特性；过滤机理和过滤器的各项特性及高效过滤器的使用期限和结构设计计算；空气洁净度级别的理论基础以及它和成品率的关系；工业洁净室和生物洁净室以及局部洁净区及主流区、扩大主流区和阻漏层的作用原理、特性、计算理论与具体计算方法，以及采样和检测的理论与方法。书中还给出了一些设计和测试用的数据、公式、计算方法步骤及例题等。每章末列有参考文献，书末附有中、英、日常用术语对照和索引。

本书也可供环保、医药、食品、纺织、电子、仪表、气溶胶、精细化工、大气物理、生物工程、农业工程以及文物档案保管等专业的科技人员和高校师生参考。

图书在版编目(CIP)数据

空气洁净技术原理/许钟麟著. —4版. —北京：科学出版社，2014. 1
ISBN 978-7-03-039031-8

Ⅰ. ①空… Ⅱ. ①许… Ⅲ. ①空气净化-技术 Ⅳ. ①TU834. 8

中国版本图书馆CIP数据核字(2013)第257757号

责任编辑：刘宝莉 / 责任校对：桂伟利 包志红
责任印制：吴兆东 / 封面设计：陈 敬

科学出版社 出版
北京东黄城根北街16号
邮政编码：100717
http://www.sciencep.com

北京凌奇印刷有限责任公司 印刷
科学出版社发行 各地新华书店经销
*
1983年6月第 一 版 开本：787×1092 1/16
2014年1月第 四 版 印张：40 1/4
2022年1月第七次印刷 字数：955 000

定价：268.00元

第四版序

《空气洁净技术原理》是许钟麟研究员数十年从事空气洁净技术研究的学术成就结晶。其特点为“博采众长，自成一家”。

空气洁净技术是一门应用技术，具有很强的应用性，但为应用正确，发挥预期作用又必须有严格的科学理论和相关学科技术知识的支持。许钟麟研究员积数十年研究和工程实践，对空气洁净技术已融会贯通，了然于胸。因此他撰写此学术专著就能有机地吸收他人的学术成果（例如第一章至第七章、第九章、第十七章），同时又突显了自己的学术成就（例如第八章、第十章至第十六章）。全书用十七章600多页的篇幅，详尽而严密有序地阐述了空气洁净技术原理内涵及其正确应用，做到了兼具理论性、系统性和新颖性，是难得的一本优秀学术专著。

就世界空气洁净技术领域学术著作而言，自1965年美国Austin等的《洁净室的设计与运行》，1981年日本空气洁净协会的《空气洁净手册》等专著问世后，虽年年有不少论文发表于国际国内会议及期刊上，但像许钟麟《空气洁净技术原理》这样的学术专著，则未曾有过。这是中国人的骄傲。

该书的出版，为从事这方面工作的人员提供了宝贵的精神食粮。他们从中学到最新的空气洁净技术知识，为解决空气洁净技术应用于社会经济各个工程问题作出了许许多多贡献。其中不少人很感谢许钟麟研究员的辛劳。

中国建筑学会暖通空调分会名誉理事长

吴元炜

2013年10月7日

第四版前言

本书第四版距初版已整整 30 年了。前三版虽然印数共达 18000 册，但仍不能满足各方面的需求。借施普林格（Springer）出版社于 2011 年底要求翻译出版本书第三版之机，促使本人于 2012 年中完成了对本书第三版的修订，并交由该社翻译。今年（2013 年）年底，中文第四版新书将由科学出版社出版，年内中英文版将同时问世。

本书和作者的《空气洁净技术应用》等其他 12 本关于空气洁净技术的著述，伴随着我国空气洁净技术发展的步伐，受到读者欢迎。本书第二版曾受到时任中国建筑科学研究院副院长、中国建筑学会暖通空调分会理事长吴元炜教授著文热情评介，台北科技大学胡石政教授选作为研究生教材并发表详细评论文章。此次吴元炜教授将其上述评介改作本书之序，在此深表谢意。对我个人来说，这些都是最大的欣慰和鼓励，促使继续修订本书。

本书是作者半个世纪以来，在中国建筑科学研究院从事空气洁净技术和工程的理论研究方面的成果。在第四版中，增加了近十年来提出的新理论、新收获，例如动态隔离理念，动态气流密封理论，高效过滤器现场检漏的漏孔法理论和方法，以及和不均匀分布计算理论结合起来的扩大主流区理念，使洁净室计算方法得到拓展，等等。

活到老，学到老，如有可能将会通过学习和实践，对本书继续修订。

许钟麟*

2013 年 10 月

---

* 作者现任职于中国建筑科学研究院建筑环境与节能研究院许钟麟工作室，为 2004 年第 5 届中国光华工程科技奖获得者。

第三版前言

本书的初版于1983年6月出版，15年后即1998年第二版问世。为了反映我国经济建设和空气洁净技术发展的加速，特再次对原书进行修订，出第三版，以满足广大读者的需求。

作者在第一版前言中指出，“空气洁净技术已成为科学实验和生产活动现代化的标志之一”，这一技术在我国近20年的发展已证实了这一点。

在2001年中国科协学术年会上，杨振宁教授对今后三四十年间应用研究的发展所作的判断，为我们勾画出了科学技术发展的三大战略方向：(1)芯片的广泛应用，应用到大小建筑、家庭、汽车、人体、工厂、商店，到几乎一切地方；(2)医学与药物的高速发展；(3)生物工程。

然而，就今天人类发展的水平来看，技术进步了，设备进步了，人的知识水平提高了，但是唯独环境退步了，空气质量退步了，污染加重了。所以，为了向三大科技战略方向进军，除了工艺本身以外，最主要的是要向洁净挑战，创造一个洁净的室内微环境。

三大战略方向需要的微环境正是空气洁净技术中的工业洁净室、一般生物洁净室和生物安全洁净室，可见空气洁净技术和三大战略方向有着何等密切的关系，而今天它正面对着三大战略方向的新挑战。

20年来随着空气洁净技术应用的不断发展、扩大和深化，作为其基础的空气洁净技术原理也不可能一成不变，也发展出了新概念、新观点、新理论，国内文献的数量和质量也在不断提高，这些都是本书得以再版的养料。因此，作者对所有在本书中被引用到的研究者、实践者表示深深的敬意。

本版大体保持一、二版的格局，主要增加了关于阻漏层理论和实践的一章，增加了主流区和扩大主流区的理论和应用、对影响洁净度的微粒和分子态污染的分析及分子态污染物级别、由成品率计算洁净度的理论方法以及大气尘的最新实际和研究动向、特殊过滤器等，至于小的修改补充几乎每章每节都有，就不一一列举了。这里高兴地指出，在总结这些材料时得到了我国20年来大气尘状况逐渐改善的轨迹，其平均水平已好于国家三级年均值标准，此时总结统计资料的枯燥已为兴奋所替代。

藉本书出版之际，谨祝愿我国空气洁净技术在新世纪获得更大的发展。

许钟麟

2002年11月

第二版前言

诞生于20世纪60年代初的我国空气洁净技术，在这14年间获得了很大的发展，不仅军工、高新技术必需这门技术，而且在环保、医疗、制药、食品、纺织、农业等行业中也得到广泛应用，特别是近几年在我国集成电路生产、特殊疾病的手术和治疗护理以及制药行业推行质量管理标准（GMP）方面发挥了重要作用，确确实实已成为我国生产活动和科学实验现代化的标志之一，从而促使更多的人需要了解和掌握空气洁净技术及其原理。

1983年，中国建筑工业出版社出版了拙著《空气洁净技术原理》，该书出版后受到各方面读者的厚爱，直到最近索要此书的信函、电话还很多，甚至出国学习、工作的人士也辗转托人代为索取。由于当时印行的一万册早已售完而无法满足他们的要求，深感遗憾，总感到对热心的读者和同行欠缺了点什么。当然，从另一个角度来说，这无疑也是对作者的莫大鼓励。

于是，三年以前，作者在好友——同济大学出版社副社长吴味隆教授的建议、联系和鼓励下，决定重写这样一本书。为了方便读者，仍用《空气洁净技术原理》的书名，新写、改写和补充都在原框架中进行。现在这本书，除了三章基本保留1983年版的原样外，其余各章或新写或大部分重写、补充，并使章数由原来的13章增至16章，字数则由50万字增至90万字。

具体地说，本书内容是这样安排的：

第一章、第二章和第六章是关于空气洁净技术的处理对象——微粒的知识，它是这门技术最重要的基础之一。第一章关于微粒分布的特性虽然是统计分布知识的应用，但紧密结合空气洁净技术，自成体系。第二章讲大气尘，是对处理对象的进一步深入了解，除了提供比较多的基础知识以外，着重介绍关于我国大气尘的分布规律、计算公式、在双对数纸上呈直线性分布的验证，以及影响其浓度和分布的因素等成果。第六章则介绍微粒在室内的运动特性，是研究室内污染控制所不可缺少的内容。

第三章至第五章是关于处理微粒的知识，即过滤机理和过滤器的原理。关于微粒的过滤理论头绪纷繁，诸说并存，而本章力求从这纷繁的头绪中深入浅出地理出一个比较清晰的系统。第四章则具体地论述了过滤器和滤料的参数和特性。第五章专门运用前两章的原理，详细介绍了高效过滤器最佳结构设计理论。

第七章至第九章是关于运用过滤器等基本手段构成控制微粒的环境——洁净室的原理。第七章关于洁净环境的空气洁净度级别，阐述了对构成空气洁净度级别的诸因素的认识及其理论基础、计算方法，给出了探求产品合格率、成品率和洁净度之间关系的理论方法。第八章则主要是关于洁净室具体原理的系统总结，形成比较清晰的体系，特别是对乱流、单向流和辐流洁净室的作用原理，单向流洁净室的特性指标，压差控制原理与人、物净的关系，新风处理理论，全顶棚送风两侧下回风洁净室的特性等提出了新概念。第九章是专门关于生物洁净室的原理。

第十章至第十四章完全是关于洁净室和局部洁净区的具体计算理论、方法和特性的研究结果。

第十五章、第十六章是关于采样理论和检测理论的内容，并介绍了具体的步骤、做法和评定原则。

作者在重写本书时，尽可能遵循理论性、系统性和新颖性三个原则：一切问题环绕“原理”这个核心去展开，对从实践中提出的问题都在阐述了原理后给出充分的理论分析；力求在读者面前系统地展现出空气洁净技术的体系，特别是完整的洁净室原理体系，而不是个别领域知识的简单堆积；力求尽可能多地反映最新的成果，直到最新的科技信息、最新的国家统计数据、最新的国际标准内容。当然，限于个人水平，动机和效果不一定都能取得较好的一致，不妥之处，还望读者指正。

对于本书的此次出版，除了衷心感谢我的挚友吴味隆教授的关心帮助外，还要感谢中国建筑工业出版社原副总编吴文侯编审和姚荣华副编审给予的支持和方便。本书的出版，如果能对从事有关空气洁净技术工作的读者有所帮助，作者就十分欣慰了。

许钟麟

1997年3月16日于北京

第一版前言

随着现代工业的发展，对实验、研究和生产的环境要求越来越高，因而调节空气品质的技术——空气调节技术的内容也随之逐步扩大。现代空调技术不仅包含调节空气的温度、湿度和速度的概念，而且还包含了调节其洁净度、压力以至成分、气味的概念。

现代化的科学实验和生产活动对空气洁净度的要求主要是从下述四方面提出来的：

第一，加工的精密化。现代产品的加工精度已经进入到亚微米量级，而且正在向更小的量级发展：利用分子束外延技术已可按一个一个原子层来生长单晶材料；利用离子束刻蚀技术也可以对半导体材料进行一个一个原子的刻蚀剥离等。因此，科学界提出了在 21 世纪末可能进入原子级加工的设想，即加工的几何图形宽度可以小到几个原子的线度。

第二，产品的微型化。原来体积为几千立方厘米的电子装配件，现在缩减到零点几立方厘米，其中：集成电路的图形线距已小到不足 1μm，一个电子元件的二氧化硅保护膜厚为 0.5μm，光致抗蚀剂层厚度只有 0.2μm，钽膜的深度只有 0.1μm，而铬层甚至只有 0.03μm。

第三，产品的高纯度（或高质量）。由过去认为很纯的“化学纯”进入今天“电子纯”、“超纯”时代的药品、试剂，以及各种超纯材料，都是在高纯度基础上才能使原材料充分发挥其固有特性或者呈现出新的特性。

第四，产品的高可靠性。高可靠性对于电子化自动化时代的产品，对于确保人的安全的无菌操作，对于分子生物学的遗传工程等都有着特殊重要的意义。

显然，在上述四种情况中，如果有微粒（固态的或者液态的）进入产品，这种微粒就可能构成障碍、短路、杂质源和潜在缺陷。上述四种要求越高，则允许存在于环境空气中的微粒数量越少，也就是洁净程度越高。因此，空气洁净技术已成为科学实验和生产活动现代化的标志之一。

空气洁净技术是一门新的技术，在国际上也只是在 20 世纪 50 年代中期以后才开始发展。我国在 50 年代末 60 年代初就已接触这一技术，起步的时间并不晚。1965 年，玻璃纤维滤纸的高效过滤器在国内试制成功并正式生产。高效过滤器是空气洁净技术的最基本和最必要的手段，由它派生出来的各种空气净化设备、各类洁净室也陆续试制了出来，现在生产这些设备的工厂已由最初的一家发展到二十多家。1974 年，光散射式自动粒子计数器和标准粒子试制成功，表明我国空气洁净技术提高到了新的水平，从此我国对于空气洁净度的监测也有了自己的测试手段和标定仪器的方法。1979 年，《空气洁净技术措施》出版，这是国内第一份关于洁净技术的综合性、指导性措施，表明我国空气洁净技术的发展又进入到一个新的阶段。

最近几年，国内外空气洁净技术都在迅猛地发展着。目前国外已有了洁净度达到 1 级（相当于国内的 0.03 级）的洁净室产品，并有了效率为四个 9 以上的过滤 0.1μm 微粒的过滤器，还有能测 0.1μm 微粒的粒子计数器。在国内，目前 3 级平行流洁净室特别是生物洁净室及有关设备已得到了迅速的发展，关于过滤器和净化设备的检验标准，关于净化厂房的设计规范也都正在制定之中。洁净技术已由军工领域逐步转移到民用领域，由单纯的精密工业应用广泛地进入到许多行业的应用。今后的任务将是创造更高洁净度的环境、更精良的测定仪器，以满足一些特殊的要求；同时要创造更经济实用的技术手段，以便更多部门可以采用。

作者多年从事空气洁净技术的研究工作，在实践中深深体会到，要想搞好上述两方面的工作，必须比较系统地、深入地掌握这门技术的基本原理，发掘有关技术手段的内在规律。例如，通过对平行流洁净室的作用和特性的系统研究，了解了渐变流也可满足要求之后，才有可能进一步肯定两侧下回风的垂直平行流洁净室方案，用来代替过去习惯的过滤器顶棚和格栅地板做法，降低了造价；而通过对室内污染点源的包络线特性等研究，才有可能对平行流洁净室的下限风速做到心中有数，而不致为某些国外标准的高风速框住。又如，国外的大流量粒子计数器的问世，就可能使人对一切小流量计数器测定数据持否定态度，如果能对室内微粒分布的规律和采样理论有所了解，自会得出比较客观、科学的看法。

此外，有些问题在文献上也可看到结论，但是看不到所以然的道理。如果从专业角度能深入浅出地阐明其中的道理，也是很需要的。

因此，一本论述空气洁净技术原理的书籍正是作者本人迫切希望读到的。但是，这门技术还没有明确形成自己的原理体系，就以其中的洁净室来说，还无人比较系统地总结提出属于它的技术原理。在国内，除了上面提到的《空气洁净技术措施》以外，还没有这门技术的专门书籍。正是在这一需求推动下，在四化建设的大好形势的鼓舞和有关同志的鼓励下，作者才考虑以自己学习和研究工作的心得为基础，利用业余时间撰写这样一本书。使自己进行这一尝试的另一个原因，就是自己过去的一些研究成果，有的为内部交流资料，曾被有关书籍和手册引用，但由于一些原因，在引用中难免发生一些差错；还有的发表于其他专业刊物上，也有的还未发表，因此，感到对这些成果有整理的必要。于是抱着在总结的基础上去深化提高，希望能起一个抛砖引玉的作用，也就决心试笔了。

根据上述考虑，本书的内容尝试做这样的安排：

第一章、第二章和第五章是关于空气洁净技术的处理对象——微粒的知识。第一章谈微粒分布特性，这是这门技术最重要的基础之一，不了解微粒分布特性，甚至连看文献都是不方便的。本章内容虽然是关于统计分布知识的应用，但是紧密结合洁净技术，自成体系。第二章是关于大气尘，这是对处理对象的进一步深入了解，除了提供比较多的基础知识以外，着重介绍关于我国大气尘的分布规律、计算公式、在双对数纸上呈直线性分布的验证、影响大气尘浓度和分布的因素等研究结果。本章内容虽然谈的是室外的悬浮微粒，但对研究室内悬浮微粒的特性也有重要参考价值。第五章则完全介绍微粒在室内的运动特性，除了根据气溶胶力学的几条基本原则外，主要是对微粒在表面的沉积、气流对其运动的影响和污染包络线等研究成果的总结。这一章的内容是研究室内污染控制所不可缺少的。

第三章、第四章是关于处理微粒的知识，即过滤机理和过滤器的原理。关于微粒的过滤理论头绪纷繁，诸说并存，而本章则力求从这纷繁的头绪中深入浅出地理出一个比较清晰的系统。在第三章基础上，第四章结合对若干研究结果的总结，具体地论述了过滤器的参数和设计上的问题。

第六章、第七章是关于运用过滤器等基本手段构成控制微粒的环境——洁净室的原理。第六章谈的是洁净环境（室）的空气洁净度级别，但目的不是摘录一些标准作为资料，而主要是谈了对构成空气洁净度级别的诸因素的认识，介绍了初步尝试探求产品合格率和洁净度之间关系的理论方法，和确定生物洁净室标准等问题的研究心得。

第七章则主要是关于研究洁净室具体原理方面问题的比较系统的总结，特别是对洁净室作用原理、平行流洁净室的特性指标、压差计算方法、全顶棚送风两侧下回风洁净室的特性等提出了新看法、新概念。

第八章至第十一章完全是关于洁净室的具体计算理论、方法和特性的研究结果，不仅包括均匀分布理论和不均匀分布理论，而且包括在理论基础上提出的洁净室特性分析，还包括具体进行设计计算的方法、步骤和例题。

第十二章是根据国内外的研究结果对近年受到人们重视的局部洁净区作了概括的介绍。局部洁净区是对洁净室技术的重要补充。

第十三章是关于采样与检测的基本原理，除了对一般性的采样、检测方法作更深入一些的阐述之外，着重根据研究成果介绍了有关的采样理论和洁净室测定中采样和评定的原则、步骤及具体做法。

本书的大部分内容，曾作为空气净化三年制研究生的专业课，讲授过一百余小时，后又经过适当补充才成为现在这个样子。

本书的某几章承蒙清华大学热能工程系副主任吴增菲教授、清华大学水利系水力学教研组副主任余常昭教授、中国建筑科学研究院空气调节研究所吴元炜副所长在百忙中给予审阅，提出了许多宝贵意见；另有几节内容承同济大学暖通教研组范存养副教授、中国建筑科学研究院空气调节研究所吴植娱工程师帮助和审阅，提出了宝贵意见；此外，第一章草稿曾请中国建筑科学研究院空气调节研究所顾闻周工程师过目。在此，一并致以衷心的感谢。

在取得本书所提到的各项研究结果的过程中，我院（中国建筑科学研究院）空气调节研究所先后的负责同志都给予大力支持，空气净化研究室以及其他方面的有关同志给予很多的帮助，有些工作更是和有关同志一起进行研究的，这在引用中都注明了有关的集体或个人的名字，在此恕不列举，谨致诚挚的谢意。

还应提到的是，沈晋明同志认真仔细地为本书描绘了绝大部分插图，使本书得以按计划完成，特此致谢。

本书出版，如果能对从事有关空气洁净技术工作的读者有微薄的帮助，就是作者的最大心愿了。

由于本人水平所限，而某些为系统性需要的内容又不是自己擅长的，所以书中不妥或错误之处一定难免，恳请读者批评指正。

目　　录

第四版序

第四版前言

第三版前言

第二版前言

第一版前言

第一章　微粒及其分布特性 …… 1

1-1　微粒的分类 …… 1

1-1-1　按微粒的形成方式分类 …… 1

1-1-2　按微粒的来源分类 …… 1

1-1-3　按微粒的大小分类 …… 1

1-1-4　微粒的通俗分类 …… 1

1-2　微粒大小的量度 …… 3

1-2-1　粒径 …… 3

1-2-2　平均粒径 …… 4

1-3　微粒的统计分布 …… 8

1-3-1　粒径分布曲线 …… 8

1-3-2　按粒径的正态分布和对数正态分布 …… 15

1-3-3　在双对数纸上的粒径分布 …… 20

1-3-4　按密度的分布 …… 21

1-4　微粒大小的集中度 …… 24

1-5　对数正态分布的应用 …… 26

1-5-1　集中度的确定 …… 26

1-5-2　平均粒径的计算 …… 28

1-5-3　粒径分布的几种关系 …… 29

1-6　粒数统计量 …… 30

参考文献 …… 31

第二章　室外空气中的悬浮微粒——大气尘 …… 32

2-1　大气尘的概念 …… 32

2-2　大气尘的发生源 …… 33

2-2-1　自然发生源和人为发生源 …… 33

2-2-2　大气尘的发生量 …… 35

2-3　大气尘的组成 …… 38

2-3-1　无机性非金属微粒 …… 38

2-3-2　金属微粒 …… 39

2-3-3　有机性微粒 ………… 45
2-3-4　有生命微粒 ………… 46
2-3-5　大气尘的一般组成 ………… 46
2-4　大气尘的浓度 ………… 46
2-4-1　浓度表示方法 ………… 46
2-4-2　大气尘浓度的自然基础值 ………… 47
2-4-3　计重浓度 ………… 47
2-4-4　计数浓度 ………… 63
2-4-5　计数浓度和计重浓度的对比 ………… 66
2-5　大气尘的粒径分布 ………… 67
2-5-1　全粒径分布 ………… 67
2-5-2　在双对数纸上的分布 ………… 69
2-5-3　在垂直高度上的分布 ………… 80
2-6　影响大气尘浓度和分布的因素 ………… 81
2-6-1　风的影响 ………… 81
2-6-2　湿度的影响 ………… 84
2-6-3　绿化的影响 ………… 90
2-7　大气微生物的分布 ………… 90
2-7-1　浓度分布 ………… 90
2-7-2　粒径分布 ………… 92
参考文献 ………… 93
第三章　微粒的过滤机理 ………… 96
3-1　过滤分离 ………… 96
3-2　过滤器的基本过滤过程 ………… 98
3-3　纤维过滤器的过滤机理 ………… 99
3-3-1　拦截(或称接触、钩住)效应 ………… 99
3-3-2　惯性效应 ………… 100
3-3-3　扩散效应 ………… 100
3-3-4　重力效应 ………… 101
3-3-5　静电效应 ………… 101
3-4　计算纤维过滤器效率的步骤 ………… 102
3-5　孤立单根纤维对微粒的捕集效率——孤立圆柱法 ………… 103
3-5-1　拦截捕集效率 ………… 103
3-5-2　惯性捕集效率 ………… 105
3-5-3　扩散捕集效率 ………… 105
3-5-4　重力捕集效率 ………… 106
3-5-5　静电捕集效率 ………… 107
3-5-6　孤立单根纤维对微粒的总捕集效率 ………… 107
3-6　过滤器内单根纤维对微粒的捕集效率——纤维干涉的影响和修正方法 … 109

3-6-1 有效半径法 …… 109
3-6-2 结构不均匀系数法 …… 110
3-6-3 实验系数法 …… 111
3-6-4 半经验公式法 …… 111
3-7 计算纤维过滤器总效率的对数穿透定律 …… 111
3-7-1 对数穿透定律 …… 111
3-7-2 对数穿透定律的适用性 …… 114
3-8 影响纤维过滤器效率的因素 …… 116
3-8-1 微粒尺寸的影响 …… 116
3-8-2 微粒种类的影响 …… 122
3-8-3 微粒形状的影响 …… 122
3-8-4 纤维粗细和断面形状的影响 …… 122
3-8-5 过滤速度的影响 …… 123
3-8-6 纤维填充率的影响 …… 126
3-8-7 气流温度的影响 …… 126
3-8-8 气流湿度的影响 …… 126
3-8-9 气流压力的影响 …… 126
3-8-10 容尘量的影响 …… 126
3-9 毛细管模型概说 …… 129
3-10 颗粒过滤器的效率 …… 133
参考文献 …… 134
第四章 空气过滤器的特性 …… 136
4-1 空气净化系统过滤器的作用和分类 …… 136
4-2 过滤器的特性指标 …… 140
4-3 面速和滤速 …… 140
4-4 效率 …… 141
4-4-1 效率 …… 141
4-4-2 穿透率 …… 142
4-4-3 净化系数 …… 142
4-5 阻力 …… 142
4-5-1 滤料阻力 …… 142
4-5-2 过滤器全阻力 …… 145
4-6 容尘量 …… 149
4-7 过滤器的设计效率 …… 150
4-8 过滤器的串联效率 …… 154
4-8-1 高效过滤器串联效率 …… 154
4-8-2 中效过滤器串联效率 …… 155
4-9 使用期限 …… 156
4-9-1 过滤器寿命 …… 156

4-9-2 寿命和运行风量的关系 …… 157
4-10 计重效率的估算 …… 160
4-11 滤纸过滤器 …… 162
4-11-1 折叠形滤纸过滤器 …… 162
4-11-2 管形滤纸过滤器 …… 165
4-11-3 滤纸过滤器所用的滤纸 …… 167
4-11-4 滤纸的一般特性 …… 172
4-11-5 滤纸过滤器的发展 …… 175
4-12 纤维层过滤器 …… 177
4-13 发泡材料过滤器 …… 180
4-14 静电净化器 …… 180
4-14-1 静电净化器的用途 …… 180
4-14-2 静电净化器的工作原理 …… 181
4-14-3 静电净化器的结构 …… 182
4-14-4 静电净化器的效率 …… 184
4-14-5 二次电离式静电净化器 …… 186
4-15 特殊过滤器 …… 189
4-15-1 活性炭过滤器 …… 189
4-15-2 杀菌过滤器 …… 190
参考文献 …… 191
第五章 高效过滤器的结构设计 …… 193
5-1 高效过滤器气道内的流动状态 …… 193
5-2 高效过滤器的全阻力 …… 194
5-2-1 滤料阻力 ΔP_1 …… 194
5-2-2 气道摩擦阻力 ΔP_2 …… 196
5-2-3 进出口局部阻力 C …… 197
5-2-4 全阻力 ΔP …… 197
5-3 最佳波峰高度 …… 198
5-4 最佳深度 …… 200
5-5 波峰角 …… 201
5-6 无分隔板过滤器的结构参数 …… 202
5-7 管形过滤器的计算 …… 205
参考文献 …… 207
第六章 室内微粒的运动 …… 208
6-1 作用在微粒上的力 …… 208
6-2 微粒的重力沉降 …… 208
6-3 微粒在惯性力作用下的运动 …… 211
6-4 微粒的扩散运动 …… 212
6-5 微粒在表面上的沉积 …… 213

6-5-1　微粒在无送风室内垂直表面上的扩散沉积 …… 213
6-5-2　微粒在无送风室内底(平)面上的沉积 …… 215
6-5-3　微粒在送风室内平面上的沉积 …… 215
6-6　气流对微粒运动的影响 …… 220
6-6-1　影响室内微粒分布的因素 …… 220
6-6-2　微粒的迁移 …… 222
6-6-3　热对流气流的影响 …… 223
6-6-4　人走动的二次气流影响 …… 228
6-7　气流中微粒的凝并 …… 229
6-8　平行气流中点源的污染包络线 …… 230
6-8-1　点源污染包络线 …… 231
6-8-2　污染源的实际微粒分布 …… 232
6-8-3　污染包络线的计算 …… 238
参考文献 …… 239
第七章　空气洁净度级别 …… 241
7-1　空气洁净度标准(级别)的沿革 …… 241
7-2　空气洁净度级别的数学表达式 …… 245
7-3　不同粒径的粒数换算关系 …… 247
7-4　表示空气洁净度级别的平行线 …… 247
7-5　空气洁净度所要控制的对象 …… 250
7-5-1　控制的最小粒径 …… 250
7-5-2　控制的微粒数量 …… 252
7-6　被控制的含尘浓度的具体条件 …… 252
7-7　由成品率确定空气洁净度的理论方法 …… 253
7-7-1　空气洁净度对成品率的影响 …… 253
7-7-2　计算成品率的理论公式 …… 256
7-8　洁净环境中分子态污染物的级别 …… 264
参考文献 …… 266
第八章　洁净室原理 …… 267
8-1　控制污染的途径 …… 267
8-2　气流的状态 …… 267
8-2-1　几种基本流动状态 …… 267
8-2-2　紊流过程的物理状态 …… 269
8-3　乱流洁净室原理 …… 270
8-3-1　乱流洁净室原理 …… 270
8-3-2　乱流洁净室的风口 …… 271
8-3-3　乱流洁净室的效果 …… 273
8-4　单向流洁净室原理 …… 273
8-4-1　单向流洁净室的分类 …… 274
8-4-2　单向流洁净室原理 …… 278

8-5　单向流洁净室的三项特性指标 …… 282
8-5-1　流线平行度 …… 282
8-5-2　乱流度 …… 283
8-5-3　下限风速 …… 287
8-6　辐流洁净室原理 …… 293
8-6-1　辐流洁净室的形式 …… 293
8-6-2　辐流洁净室原理 …… 294
8-7　洁净室的压力 …… 297
8-7-1　静压差的物理意义 …… 297
8-7-2　静压差的作用 …… 298
8-7-3　洁净室与邻室间防止缝隙渗透的静压差的确定 …… 300
8-7-4　洁净室与室外(或与室外相通的空间)之间防止缝隙渗透的静压差的确定 …… 300
8-7-5　乱流洁净室防止开门时进入气流污染的静压差的确定 …… 301
8-7-6　单向流洁净室防止开门时进入气流污染的静压差的确定 …… 303
8-7-7　建议采用的压差 …… 303
8-8　入室的缓冲与隔离 …… 304
8-8-1　气闸室 …… 304
8-8-2　正压缓冲室 …… 306
8-8-3　负压缓冲室 …… 307
8-8-4　空气吹淋室 …… 308
8-9　全顶棚送风、两侧下回风洁净室的特性 …… 312
8-9-1　线汇模型 …… 313
8-9-2　流场的特点 …… 318
8-9-3　允许室宽 …… 323
参考文献 …… 325
第九章　生物洁净室原理 …… 327
9-1　生物洁净室的应用 …… 327
9-2　微生物的主要特性 …… 335
9-3　微生物的污染途径 …… 336
9-4　生物微粒的等价直径 …… 337
9-4-1　微生物的尺度 …… 337
9-4-2　生物微粒的等价直径 …… 337
9-5　生物微粒的标准 …… 340
9-5-1　微生物的浓度 …… 340
9-5-2　浮游细菌数量和标准 …… 341
9-5-3　沉降细菌数量和标准 …… 343
9-6　沉降菌和浮游菌的关系 …… 344
9-6-1　奥梅梁斯基公式的证明 …… 344
9-6-2　沉降量公式的修正 …… 345
9-6-3　沉降菌法和浮游菌法在洁净室内的应用 …… 348

9-7　过滤除菌 …… 349
9-7-1　高效过滤器对微生物的过滤效率 …… 349
9-7-2　细菌对滤材的穿透 …… 352
9-7-3　微生物在滤材上的繁殖 …… 352
9-8　消毒灭菌 …… 353
9-8-1　概念 …… 353
9-8-2　主要消毒灭菌方法 …… 353
9-8-3　紫外线消毒灭菌 …… 354
9-9　一般生物洁净室 …… 361
9-9-1　形式 …… 361
9-9-2　风速 …… 362
9-9-3　局部气流问题 …… 364
9-10　隔离式生物洁净室 …… 366
9-10-1　生物危险度标准 …… 366
9-10-2　隔离方式 …… 370
9-10-3　生物安全柜 …… 370
9-10-4　生物安全实验室分级 …… 372
9-10-5　负压隔离病房 …… 374
9-10-6　隔离式生物洁净室的排风安全性 …… 375
参考文献 …… 379
第十章　洁净室均匀分布计算理论 …… 383
10-1　洁净室三级过滤系统 …… 383
10-2　乱流洁净室含尘浓度瞬时式 …… 384
10-3　乱流洁净室含尘浓度稳定式 …… 386
10-3-1　单室的稳定式 …… 386
10-3-2　多室的稳定式 …… 386
10-4　有局部净化设备时的含尘浓度稳定式 …… 388
10-5　瞬时式和稳定式的物理意义 …… 389
10-6　乱流洁净室其他计算方法 …… 390
10-7　单向流洁净室含尘浓度计算法 …… 391
10-8　乱流洁净室自净时间和污染时间的计算 …… 391
10-8-1　概念 …… 391
10-8-2　自净时间的计算 …… 392
10-8-3　发尘污染时间的计算 …… 396
10-9　单向流洁净室的自净时间 …… 397
参考文献 …… 398
第十一章　洁净室不均匀分布计算理论 …… 399
11-1　不均匀分布的影响 …… 399
11-2　三区不均匀分布模型 …… 401
11-3　三区不均匀分布的数学模型 …… 403

11-4　N-n 通式的物理意义 …… 405
11-5　不均匀分布计算和均匀分布计算对比 …… 406
参考文献 …… 406
第十二章　洁净室特性 …… 408
12-1　静态特性 …… 408
12-2　动态特性 …… 413
12-3　不均匀分布特性曲线 …… 417
12-4　浓度场的不均匀性 …… 421
12-4-1　主流区和回风口区浓度之比 …… 421
12-4-2　涡流区和主流区浓度之比 …… 421
12-4-3　涡流区和回风口区浓度之比 …… 422
12-4-4　不均匀分布和均匀分布浓度之比 …… 422
12-5　新风尘浓负荷特性 …… 423
12-5-1　新风三级过滤的技术效果 …… 423
12-5-2　新风尘浓负荷比 …… 425
12-5-3　新风尘浓负荷比与部件寿命的关系 …… 426
参考文献 …… 427
第十三章　洁净室的设计计算 …… 428
13-1　室内外计算参数的确定 …… 428
13-1-1　大气尘浓度 …… 428
13-1-2　室内单位容积发尘量 …… 428
13-1-3　新风比 …… 433
13-2　高效空气净化系统计算 …… 436
13-2-1　N 的计算 …… 436
13-2-2　n 的计算 …… 437
13-2-3　ψ 的计算 …… 437
13-2-4　三种设计计算原则 …… 441
13-2-5　例题 …… 442
13-3　中效空气净化系统计算 …… 444
13-4　有局部净化设备场合的计算 …… 446
13-4-1　既有集中式空调系统又有专用空调机的机房 …… 447
13-4-2　只靠专用空调机加新风处理的机房 …… 447
参考文献 …… 448
第十四章　局部洁净区 …… 450
14-1　主流区概念的应用 …… 450
14-2　主流区的特性 …… 454
14-2-1　气流分布特性 …… 454
14-2-2　速度衰减特性 …… 455
14-2-3　浓度场特性 …… 456
14-2-4　主流区污染度 …… 460

14-2-5　扩大主流区理念 …… 462
14-3　部分围挡壁式洁净区 …… 464
14-4　气幕洁净棚 …… 466
14-4-1　应用 …… 466
14-4-2　空气幕的隔离作用 …… 467
14-4-3　气幕洁净棚隔离效果的理论分析 …… 469
14-4-4　气幕洁净棚的性能 …… 471
14-5　围帘洁净棚 …… 474
14-5-1　应用 …… 474
14-5-2　净化效果的理论分析 …… 476
14-5-3　实验效果 …… 479
14-6　洁净隧道用层流罩 …… 480
14-6-1　抗污染干扰的要求 …… 480
14-6-2　操作面上辅助送风的作用 …… 480
参考文献 …… 482
第十五章　阻漏层理论 …… 483
15-1　概念 …… 483
15-2　漏泄方程 …… 483
15-3　阻漏方程 …… 487
15-4　阻漏效果 …… 489
15-5　阻漏层的阻漏机理 …… 490
15-5-1　稀释阻漏 …… 490
15-5-2　过滤阻漏 …… 491
15-5-3　降压阻漏 …… 492
15-5-4　阻隔阻漏 …… 492
15-6　阻漏层送风末端 …… 492
15-6-1　概述 …… 492
15-6-2　阻漏层送风末端的结构 …… 493
15-6-3　阻漏层送风末端的特性 …… 494
15-6-4　阻漏层送风末端的应用 …… 498
15-6-5　几种送风末端的比较 …… 502
参考文献 …… 504
第十六章　采样理论 …… 505
16-1　采样系统 …… 505
16-2　等速采样 …… 510
16-2-1　在有速度气流中采样 …… 510
16-2-2　在静止空气中采样 …… 515
16-2-3　采样口直径计算 …… 516
16-3　采样管中微粒的损失 …… 517
16-3-1　采样管中的扩散沉积损失 …… 517

16-3-2 采样管中的沉降沉积损失 …………………………………………………… 522
16-3-3 采样管中的碰撞损失 …………………………………………………… 524
16-3-4 采样管中的凝并损失 …………………………………………………… 525
16-3-5 与实验对比 …………………………………………………… 525
16-3-6 综合结论 …………………………………………………… 528
16-4 最小检测容量 …………………………………………………… 529
16-4-1 问题的提出 …………………………………………………… 529
16-4-2 非 0 检验原则 …………………………………………………… 530
16-4-3 最少总粒子数原则 …………………………………………………… 534
16-4-4 浮游菌最小采样量 …………………………………………………… 536
16-5 最小沉降面积 …………………………………………………… 536
参考文献 …………………………………………………… 537
第十七章 测定和评价 …………………………………………………… 539
17-1 微粒浓度的测定 …………………………………………………… 539
17-1-1 计重浓度法 …………………………………………………… 539
17-1-2 计数浓度法——滤膜显微镜计数法 …………………………………………………… 540
17-1-3 计数浓度法——光散射式粒子计数器计数法 …………………………………………………… 543
17-1-4 其他计数浓度法 …………………………………………………… 554
17-1-5 相对浓度法 …………………………………………………… 555
17-1-6 生物微粒测定法 …………………………………………………… 555
17-2 过滤器的测定 …………………………………………………… 557
17-2-1 测定范围 …………………………………………………… 557
17-2-2 过滤器效率的测定 …………………………………………………… 559
17-2-3 过滤器容尘量的测定 …………………………………………………… 570
17-3 检漏 …………………………………………………… 572
17-3-1 高效过滤器的检漏 …………………………………………………… 572
17-3-2 隔离式生物洁净装置的检漏 …………………………………………………… 582
17-4 洁净室的测定 …………………………………………………… 586
17-4-1 洁净室测定的种类 …………………………………………………… 586
17-4-2 洁净室的测定状态 …………………………………………………… 588
17-4-3 必要测点数 …………………………………………………… 590
17-4-4 连续采样方法 …………………………………………………… 594
17-4-5 影响测定结果的因素 …………………………………………………… 595
17-5 洁净度级别的评定 …………………………………………………… 596
17-5-1 洁净度级别的评定标准 …………………………………………………… 596
17-5-2 动静比 …………………………………………………… 600
17-5-3 大气尘浓度的修正 …………………………………………………… 601
参考文献 …………………………………………………… 601
附录 中、英、日常用术语对照 …………………………………………………… 604
索引 …………………………………………………… 609

第一章　微粒及其分布特性

空气洁净技术的目的，就是要极大程度地将空气介质中的悬浮微粒清除掉。含有分散相——悬浮微粒的空气介质是一种分散体系，被称为气溶胶。

具体地说，根据国际标准化组织ISO的定义[1]，气溶胶系指“沉降速度可以忽略的固体粒子、液体粒子或固体和液体粒子在气体介质中的悬浮体”。

气溶胶的微粒在空气中如何运动和分布，是空气洁净技术的重要基础。为了叙述方便，先介绍微粒及其分布特性，其他章节再说明微粒在室内的运动。

1-1　微粒的分类

1-1-1　按微粒的形成方式分类

(1) 分散性微粒。固体或液体在分裂、破碎、气流、振荡等作用下变成悬浮状态而形成。其中固态分散性微粒是形状完全不规则的粒子或是由集结不紧、凝并松散的粒子组合而又形成球形的粒子。

(2) 凝集性微粒。通过燃烧、升华和蒸气凝结以及气体反应而形成。其中固态凝集性微粒，一般是由数目很多的、有着规则结晶形状或者球状的原生粒子结成的松散集合体组成；液态凝集性微粒是比液态分散性微粒小得多、多分散性也小的粒子。

1-1-2　按微粒的来源分类

(1) 无机性微粒。例如金属尘粒、矿物尘粒和建材尘粒等。

(2) 有机性微粒。例如植物纤维，动物毛、发、角质、皮屑，化学染料和塑料等。

(3) 有生命微粒。例如单细胞藻类、菌类、原生动物、细菌和病毒等。

1-1-3　按微粒的大小分类

气溶胶的微粒的范围为10^{-7}～10^{-1}cm，在这么宽的范围内，随着微粒大小的变化，它的物理性质和规律都将发生变化。

(1) 可见微粒。肉眼可见，微粒直径大于10μm。

(2) 显微微粒。在普通显微镜下可以看见，微粒直径为0.25～10μm。

(3) 超显微微粒。在超显微镜或电子显微镜下可以看见，微粒直径小于0.25μm。

这里要补充说明的是，《洁净室及相关受控环境国际标准》(ISO 14644-1)只把0.1～5μm的微粒称为微粒，把＜0.1μm的称为超微粒子，把＞5μm的称为大粒子。

1-1-4　微粒的通俗分类

在气溶胶的技术领域中，经常采用如“灰尘”“烟”“雾”等术语，空气洁净技术中的一些名词概念也常涉及这些术语(如空气含“尘”浓度,油“雾”仪等),这就是对微粒的通俗分类。

(1) 灰尘。包括所有固态分散性微粒。这类微粒在空气中的运动受到重力、扩散等多种因素的作用,是空气洁净技术接触最多的一种微粒,也称为粉尘。

(2) 烟。包括所有固态凝集性微粒以及液态粒子和固态粒子因凝集作用而产生的微粒,还有从液态粒子过渡到结晶态粒子而产生的微粒。

根据 ISO 的定义,具体说明烟“通常系指由冶金过程形成的固体粒子的气溶胶。它是由熔融物质挥发后生成的气态物质的气凝物,在生成过程中总是伴有诸如氧化之类的化学反应”。一般情况下,烟的微粒大小远在 0.5μm 以下(如香烟的烟、木材的烟、油烟、煤烟等),在空气中主要呈布朗运动,有相当强的扩散能力,在静止空气中很难沉降。在空气洁净技术中常用发烟剂的烟流来检查空气过滤器有无渗漏和做气流可视化的检验。

(3) 雾和霾。雾包括所有液态分散性微粒和液态凝集性微粒。

根据 ISO 定义,雾概括为“系属于气体中液滴的悬浮体的总称。在气象中指造成的能见度小于 1km 的水滴的悬浮体”。微粒大小因生成状态而异,介于 0.1～10μm。其运动性质主要受斯托克斯(Stokes)定律支配。例如从 SO_2 气体产生的硫酸雾,因加热和压缩空气的作用产生的油雾,就都是这种微粒,后者可作为实验空气过滤器的标准尘源。雾(包括硫酸、盐酸粒子)和大量细小固态微粒结合就是霾。

(4) 烟雾。包括液态和固态,既含有分散性微粒又含有凝集性微粒。微粒大小从十分之几微米到几十微米,例如工业区空气中由煤粉尘、二氧化硫、一氧化碳和水蒸气所形成的结合体(典型的如伦敦雾就是烟与雾的混合物,还有钢铁厂产生的氧化铁烟雾)就是这种烟雾型微粒。但是根据 ISO 的定义,则烟雾“通常系指由燃烧产生的能见气溶胶”,“不包括水蒸气”,说明和雾略有差异。

图 1-1 给出了气溶胶微粒的大小和范围。

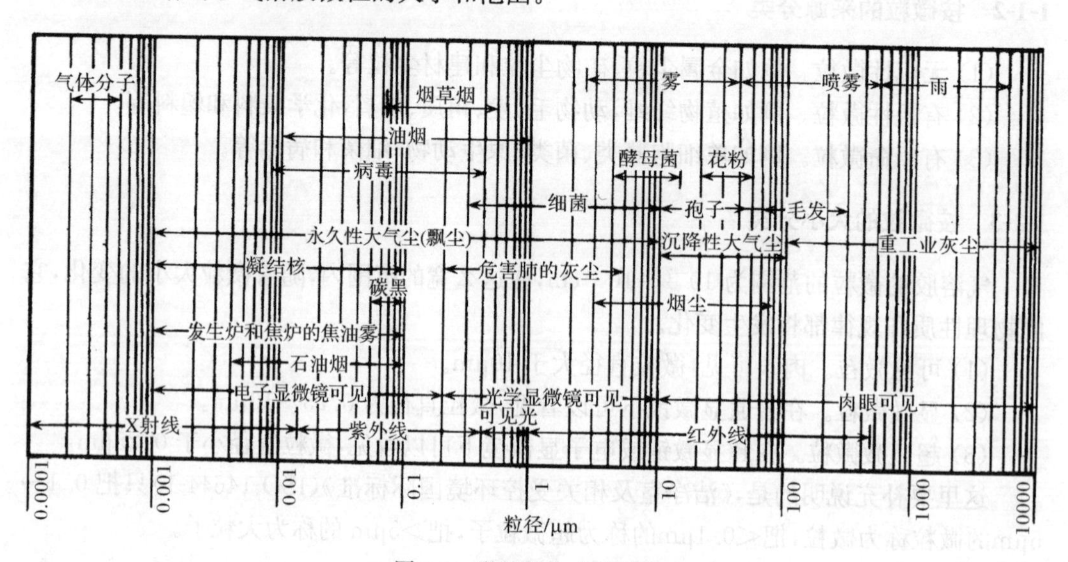

图 1-1 微粒的大小和范围

1-2　微粒大小的量度

1-2-1　粒径

微粒的大小通常以粒径表示。但是微粒特别是灰尘粒子并不都具有球形、立方形等规则的几何外形，因此通常所称微粒的“粒径”，并不是指真正球体的直径。在气溶胶及空气洁净技术中，“粒径”的意义通常是指通过微粒内部的某个长度因次，而并不含有规则几何形状的意义。在分析微粒大小的时候，“粒径”就是指的这种含义。

具体地说，粒径可分为两大类：

一类是按微粒几何性质直接进行测定和定义的，如显微镜法确定的粒径。例如，在灰尘采样以后，用普通光学显微镜来观测时，使灰尘标本向一个方向移动通过测微尺，此时微粒投影通过这一标尺时，为标尺刻度线所切的两端的长度就代表粒径。顺序地、无选择地逐粒进行量测，遇尘粒的长径则测其长径，遇短径则测其短径(图 1-2)。这里的长径和短径叫做定方向切线径，也称随遇直径，当被测微粒足够多时，结果能正确反映样本尘粒的平均断面。这样，对测定比较方便。但是也有规定只取投影最大线距为微粒直径的，例如美国早年关于洁净室的几个标准就是如此。显然，这就必须在测定时旋转测微尺，而且也不可能精确确定最大线距位置，所以日本的“洁净室中悬浮微粒测定法”(工业标准 JIS)就说明不必旋转测微尺，而只要估测投影最大径，并认为引起的误差很小。对于正方体也有采用对角线为其粒径的，那就要以$\sqrt{3}$乘以边长；如投影为矩形，可以取长短边之平均值，也可以仍以短边为准，换算成对角线粒径，下面讲到氯化钠微粒，因其晶体投影一般为方形，即用对角线法确定粒径。

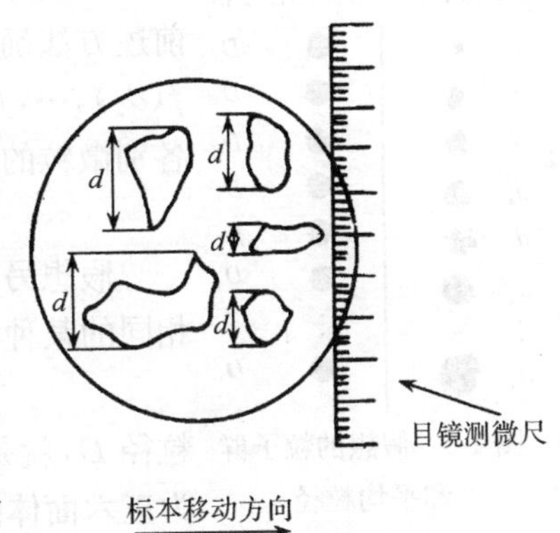

图 1-2　显微镜法确定粒径

另一类是按微粒某种物理性质间接进行测定和定义的，如沉降法、光电法确定的粒径，这实际上是一种当量直径或等价直径。前联邦德国标准 VDI-2083 定义粒径为与测量方法有关的当量直径。即让在此直径下，作为参照微粒的某物理性质、物理量，相当于(等价于，等效于)该群微粒的某物理性质、物理量。例如，用光散射式粒子计数器测定时，“粒径”是指将所测微粒与标准粒子(如聚苯乙烯小球)作散射光强度的等效比较，而得到的综合效果(代表着某一个几何尺寸的范围)。还可以测出微粒沉降速度，按第六章所述斯托克斯定律求出在静止空气中沉降速度与所测微粒沉降速度相等的、具有和微粒相同密度的球体直径，称为沉降直径，也称为斯托克斯直径，以 d_{st} 表示，一般小于其他直径。如果设密度为 1，则和微粒具有相同沉降速度的球体直径亦称为空气动力学直径，在环境科学中被广泛采用，以 d_a 表示，显然有(参见 6-2 节)

$$d_{st}^2\rho_p = d_a^2 \times 1 \qquad (1\text{-}1)$$
$$d_a = d_{st}\rho_p^{1/2}$$

式中：ρ_p——微粒密度。

美国联邦标准 209C 至 209E 则说明可以用微粒的最大视在线性长度，也可以用自动仪器测量到的当量直径来表示粒径，即上述两类粒径中可用任何一种。

1-2-2　平均粒径

由于微粒形状极不相同，按上述方法得到的粒径对于一个微粒来说，也是不一样的，这在实际应用中就很不方便。因此，必须确定一种能反映全部微粒某种特征的粒径的平均数值，这就是“平均粒径”。它是用特殊的方法表示全部微粒某种特征的一个假设的微粒直径。

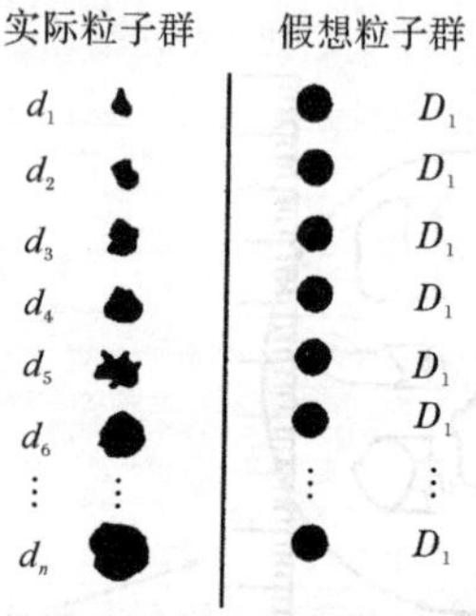

实际粒子群　假想粒子群

d_1 … d_n　　D_1 … D_1

图 1-3　假想的粒子群和平均粒径

设实际的全部微粒粒径为 $d_1, d_2, \cdots, d_n$，如图 1-3 所示，是用前述方法确定的。它们的某种特性（如光的散射特性）可用 $f(d_1)$，$f(d_2), \cdots, f(d_n)$ 来表示，则这一群微粒所具有的这种特性 $f(d)$ 和各别微粒的这种特性应有

$$f(d)=f(d_1)+f(d_2)+\cdots+f(d_n) \tag{1-2}$$

假想另有一群具有同一粒径 D 的微粒，和实际的微粒群有着相同的某种特性（如光的散射特性），那么就应该

$$f(d)=f(D) \tag{1-3}$$

粒径 D，就是针对某种特性而言的这群微粒的平均粒径。D 可定为正六面体的一个边长，也可定为球体的直径，但一般用后者，即把假想的微粒群看做是一群一般大小的球。

最简单的一种考虑就是设想具有等直径 D_1 的一群微粒，其直径的总长度这一特性和实际的一群微粒的全部直径的总长度这一特性相同，则根据式(1-3)的定义可写出

$$\sum n_i d_i=\sum n_i D_i=\sum n_i D_1=nD_1$$

$$D_1=\frac{\sum n_i d_i}{\sum n_i} \quad \text{或} \quad D_1=\frac{\sum n_i d_i}{n} \tag{1-4}$$

这就是算术平均直径。式中：d_i 为用任意手段测得的粒径；n_i 为相应于每一种直径 d_i 的微粒数目；n 为微粒总数。

如果令实际的微粒群和设想的微粒群的面积（投影面积或表面积）总和这一特性相同，则同样由式(1-3)可得到

$$D_s=\sqrt{\frac{\sum n_i d_i^2}{\sum n_i}} \tag{1-5}$$

这个直径称为平均面积直径。

如果令实际的微粒群和设想的微粒群的比长度面积（即单位长度的截面积）这一特性相同，则可写出

$$\frac{\sum n_i \frac{\pi}{4} d_i^2}{\sum n_i d_i}=\frac{n \frac{\pi}{4} D_2^2}{nD_2}$$

即

$$\frac{\frac{\pi}{4}\sum n_i d_i^2}{\sum n_i d_i} = \frac{\pi}{4} D_2$$

所以

$$D_2 = \frac{\sum n_i d_i^2}{\sum n_i d_i} \tag{1-6}$$

这个直径称为比长度直径。

以同样的方法可以求出其他平均直径，微粒的面积可考虑用圆形（球形）或方形，此外，还可以根据粒径频率分布确定一些平均直径。现将这些平均直径列于表 1-1。

按大小顺序，这些直径是

$$D_{mod} < D_g < \overline{D} < D_S < D_V < D_2 < D_3 < D_{50}^V \text{（即质量中值直径）} < D_4$$

对于表中所列平均粒径名称要注意的是，在文献中常出现互相颠倒的称呼，如此处称“平均面积直径"，而彼处则称“面积平均直径”，所以只有知道其表达式才能弄清准确意义。但是，若从概念出发，这是容易弄明白的。例如在表 1-1 中，“平均面积”显然是指所有的面积被某种量（如粒数）去平均，因此面积在分子上；“面积平均”（“比面积”）显然是指单位面积而言，因此面积在分母上。记住这个原则，就不会混淆了。至于选用哪种平均直径合理，这要看工作目的而定。研究计重测尘时显然应采用和质量有关的直径 D_V；而研究微粒的光散射性质时宜用平均面积直径 D_S 或平均体积直径 D_V，因为光散射量在不同的粒径范围内，可能与微粒面积或者微粒体积有关；在与光的折射性质有关的范围内的问题应采用算术平均直径 D_1，这种性质与微粒长度因次有关。

现举例计算微粒平均直径。

在钠焰法测尘中，用电子显微镜测得在送风气流中采样的某标本片上的 823 个氯化钠微粒的短边尺寸，假定读值时放大倍数为 30 000 倍（即包含电镜放大倍数和对电镜照片读数用的读数显微镜的放大倍数），按下式计算分组短边的上下限：

$$a = \frac{d_p \times 30\,000}{\sqrt{3}} \tag{1-7}$$

式中：d_p——取粒径组距上下限；

a——短边上下限测量值。

a 的结果如下：

粒径组距/μm	<0.05	0.05～<0.1	0.1～<0.2	0.2～<0.4	0.4～<0.6	0.6～<1.0
a/mm	<0.87	0.87～<1.7	1.7～<3.5	3.5～<6.9	6.9～<10.4	10.4～<17.3
粒数	17	99	429	225	40	13

根据这个数据列成表 1-2。由表 1-2 可以求出：

(1) 算术平均直径：

$$D_1 = \frac{\sum n_i d_i}{\sum n_i} = \frac{170.10}{823} = 0.207(\mu m)$$

表 1-1 微粒的平均直径

符号	名称	意义	算式
D_{mod}	模型直径(或众径)	标本或试样中比例最大的微粒的直径，是所有借频率分布算出的直径中最小的	从粒径频率分布曲线最高点求得
D_{50} 或 D_{m}	中值(或中位)直径	大于此直径的微粒数恰好等于小于此直径的微粒数，为粒数中值直径；大于此直径的微粒质量恰好等于小于此直径的微粒质量，为质量中值直径，和粒数有关的直径均小于和质量有关的直径	从粒径累积频率分布曲线上50%的微粒数(或质量)处求得
$\overline{D}$ 或 D_1	算术(或粒数)平均直径	是一种算术平均值，也是习惯上最常使用的粒径。但是由于作为气溶胶的微粒群中小颗粒常占多数，即使质量很小，也能大大降低算得的平均值，所以在反映微粒群中微粒的真实大小和该微粒群的物理性质上有很大局限性	$D_1=\dfrac{\sum n_i d_i}{\sum n_i}$ n_i 为各粒径的粒数 $\sum n_i$ 为总粒数
D_2	比长度(或长度平均)直径	是由各微粒的投影面积除以相应的直径的加和总数而得，即单位长度的平均直径	$D_2=\dfrac{\sum n_i d_i^2}{\sum n_i d_i}$
D_3	比面积(或面积平均)直径	是由各微粒的总体积除以相应的断面积的加和总数而得，即单位面积的平均直径	$D_3=\dfrac{\sum n_i d_i^3}{\sum n_i d_i^2}$
D_4	比质量(或质量平均、体积平均)直径	基于单位质量的表面积而得，即单位质量(体积)的平均直径，比其他各径都大	$D_4=\dfrac{\sum n_i d_i^4}{\sum n_i d_i^3}$
D_{S}	平均面积直径	是按微粒粒数平均面积的直径	$D_{\mathrm{S}}=\sqrt{\dfrac{\sum n_i d_i^2}{\sum n_i}}=\sqrt{D_1 D_2}$
D_{V}	平均体积(或质量)直径	是按微粒粒数平均体积(或质量)的直径	$D_{\mathrm{V}}=\sqrt[3]{\dfrac{\sum n_i d_i^3}{\sum n_i}}=\sqrt[3]{D_1 D_2 D_3}$
D_{g}	几何平均直径	是对数直径的平均值 或是几个数值乘积的 n 次方根 或是对数正态分布时频率最大的粒径，等于粒数中值直径，总是等于或小于算术平均直径	• $\lg D_{\mathrm{g}}=\overline{\lg d_i}=\dfrac{\sum_i^n n_i \lg d_i}{\sum n_i}$ • 用自然对数表示： $D_{\mathrm{g}}=\exp\left(\dfrac{\sum_i^n n_i \lg d_i}{\sum n_i}\right)$ • 对非分组数据 $D_{\mathrm{g}}=\left(\prod_i^n d\right)^{1/n}$ • 对分组数据 $D_{\mathrm{g}}=\left(\prod_i^n d_i^{n_i}\right)^{1/n}$ 所以 $\lg D_{\mathrm{g}}=\dfrac{\sum_i^n n_i \lg d_i}{n}$ 或者 $\lg D_{\mathrm{g}}=\overline{\lg d_i}=\dfrac{\sum_i^n n_i \lg d_i}{\sum n_i}$ • 从对数正态分布曲线的最高点求得

表 1-2　平均粒径计算表

1	2	3	4	5	6	7	8	9	10	11
粒径区间 /μm	平均值 d_i	粒数 n_i	$n_i d_i$	$d_i^2\times10^2$	$n_i d_i^2\times10^2$	$d_i^3\times10^4$	$n_i d_i^3\times10^4$	$d_i^4\times10^6$	$n_i d_i^4\times10^6$	粒数频率 /%
<0.05	0.025	17	0.425	0.0625	1.06	0.16	2.72	0.39	6.63	2.06
0.05～<0.1	0.075	99	7.425	0.5625	55.69	4.23	418.77	31.64	3132.36	12.03
0.1～<0.2	0.15	429	64.350	2.25	956.25	33.75	14479	506	200000	52.13
0.2～<0.4	0.3	225	67.500	9	2025	270	60750	8100	1822500	27.34
0.4～<0.6	0.5	40	20.000	25	1000	1250	50000	62500	2500000	4.86
0.6～<1.0	0.8	13	10.400	64	832	5120	66560	409600	5324800	1.58
$\sum$		823	170.10		48.68		19.2		9.85	100

(2) 比长度直径：

$$D_2=\frac{\sum n_i d_i^2}{\sum n_i d_i}=\frac{48.68}{170.10}=0.286(\mu\text{m})$$

(3) 比面积直径：

$$D_3=\frac{\sum n_i d_i^3}{\sum n_i d_i^2}=\frac{19.2}{48.68}=0.394(\mu\text{m})$$

(4) 比质量直径：

$$D_4=\frac{\sum n_i d_i^4}{\sum n_i d_i^3}=\frac{9.85}{19.2}=0.513(\mu\text{m})$$

(5) 平均面积直径：

$$D_S=\sqrt{D_1 D_2}=\sqrt{0.207\times0.286}=\sqrt{5.92\times10^{-2}}=0.243(\mu\text{m})$$

(6) 平均体积直径：

$$D_V=\sqrt[3]{D_1 D_2 D_3}=\sqrt[3]{0.207\times0.286\times0.394}=\sqrt[3]{2.33\times10^{-2}}=0.286(\mu\text{m})$$

(7) 几何平均直径：

因为

$$\lg D_g=\frac{\sum_i^n n_i \lg d_i}{\sum n_i}=-\frac{623}{823}=-0.757$$

所以

$$D_g=0.175(\mu\text{m})$$

钠焰法测定所用的光电火焰光度计的读数，与氯化钠的含量(质量)成比例，所以上面计算的氯化钠微粒平均直径以取比质量(质量平均)直径 D_4 较好，在上例中 $D_4=0.513\mu\text{m}$，而国外标准规定的该粒径是 0.6μm。

1-3　微粒的统计分布

在空气洁净技术中经常要接触许多关于微粒大小的数据，例如把空气中的灰尘采在化学微孔滤膜上，当在显微镜下观察这种滤膜时，就可以看到大大小小形状不一的灰尘，而且即使是同一个时间采集的标本，也不一样，灰尘大小的数据在表面上完全是杂乱无章的。但是，就在这杂乱无章的数据里蕴藏着有用的"信息"，如果对这些数据作一番科学的整理与分析，就可能充分和正确地提取出有用的"信息"，从而可以作为测尘、防尘和除尘净化所采取技术措施的依据。这种对微粒大小的数据进行整理分析的工作，就是要找出微粒按粒径分布和按密度（在一定空间或面积中的粒数）分布的规律。可以用一种函数关系来近似描述这种规律。但是，微粒的分布适合何种规律，并非有专门的理论根据，主要是经验选择。

1-3-1　粒径分布曲线

微粒的许多特性只依靠算出其平均粒径是不足以表示的，在很大程度上更取决于粒径分布的规律。

微粒按粒径的分布也就是微粒的分散度，它反映一群微粒中不同粒径的微粒各占总体数量或质量的百分数。微粒个数若以所占的百分数来表示，称为粒数频率分布（简称频率分布）。由于粒数一般均很大，研究微粒分布一般不简单用粒数即频数分布而宜用频率分布；以微粒的质量表示时，简称质量分布；以微粒的表面积表示时，简称表面积分布。如果一群微粒中小的微粒占的比重大，则这一群微粒的分散度就高，反之就低。所以，分散度代表分散相物质被粉碎分散的程度。通常所说求某群微粒的分散度，就是指求某群微粒按粒径的分布。

粒径分布曲线是指微粒大小的某种尺寸重复出现的次数（或称频数）与各种尺寸总次数的比率（或称频率），对这个尺寸量度之间的关系曲线，这种曲线可由频率分布直方图加以光滑化而得到。

1. *频率分布（也称相对频率分布）*ΔD（%）

由粒径 D_p 至 $D_p+\Delta D_p$ 之间的微粒某物理量（如粒数 ΔN）占微粒群这一物理量（如总粒数 N_0）的百分数表示，即

$$\Delta_D=\frac{\Delta N}{N_0}\times\frac{100}{100} \tag{1-8}$$

首先将微粒的粒径按需要或测定方法分成若干组，组距最好相同，每个组的上限值同相邻较大粒径间隔的那个组的下限值是重合的。如果一个微粒的尺寸恰好等于间隔的界限值，约定将它划入到较大粒径间隔的那个组中去。例如 0.2～0.4μm，0.4～0.6μm，恰好有一个粒径为 0.4μm 的微粒时，则应归入第二组。

然后，数出每一组的粒数即频数，以纵坐标对应频数、横坐标对应组距，画出高度为频数的矩形，这种图形就是分布直方图。如果纵坐标取频率（某一粒径的粒数与全部粒数之比），就得到频率分布直方图。

图 1-4 是钠焰实验法所用的氯化钠气溶胶微粒，图 1-5 是其沉积凝并后的情况，而图 1-6 则是其潮解变形后的情况[2]。

表 1-3 即是根据电镜照片计数的又一组氯化钠微粒的结果，可求出粒数平均径 $\overline{D}=0.192\mu m$。

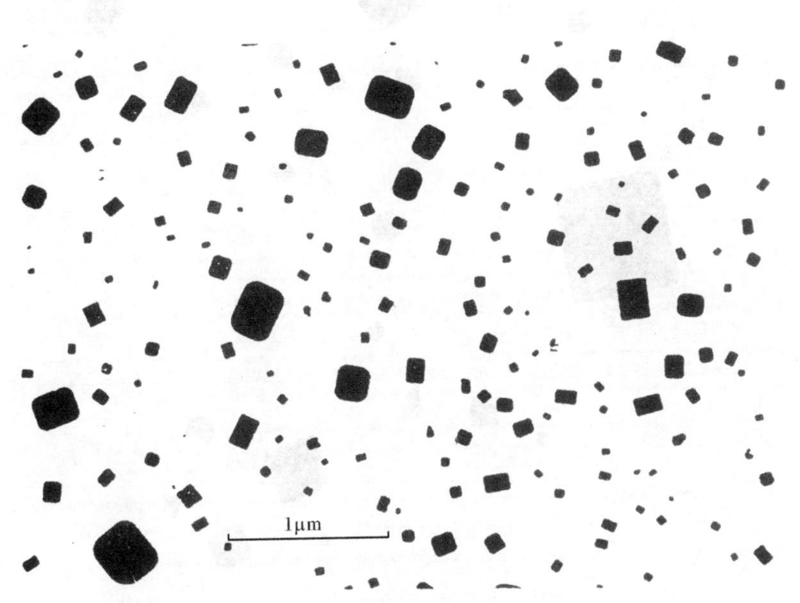

图 1-4　放大 27000 倍的氯化钠微粒

图 1-5　沉积凝并后的氯化钠微粒(13000 倍)

图 1-6 潮解变形的氯化钠微粒(22250 倍)

表 1-3 氯化钠微粒粒数频率分布

粒径分组/μm	频数	频率/%	累积频率/%	累积质量频率/%
<0.1	2895	19.09	19.09	0.11
0.1~<0.2	7252	47.81	66.90	7.29
0.2~<0.3	2770	18.26	85.15	19.59
0.3~<0.4	1314	8.66	93.82	36.52
0.4~<0.5	479	3.16	96.98	49.33
0.5~<0.6	217	1.47	98.41	59.92
0.6~<0.7	116	0.76	99.17	69.25
0.7~<0.8	51	0.34	99.51	75.60
0.8~<0.9	32	0.21	99.72	81.35
0.9~<1.0	14	0.09	99.81	84.88
1.0~<1.1	10	0.06	99.87	88.27
1.1~<1.2	8	0.05	99.92	90.95
1.2~<1.5	8	0.05	99.97	95.28
1.5~<2.0	4	0.03	100.00	100.00

表中累积质量频率由质量频率分布求出，而质量频率分布则由粒径组距平均值的 3 次方和粒数的乘积确定。

据此表绘出相对频率分布直方图(图 1-7),图中虚线则为由直方图光滑化后的粒径分布曲线。

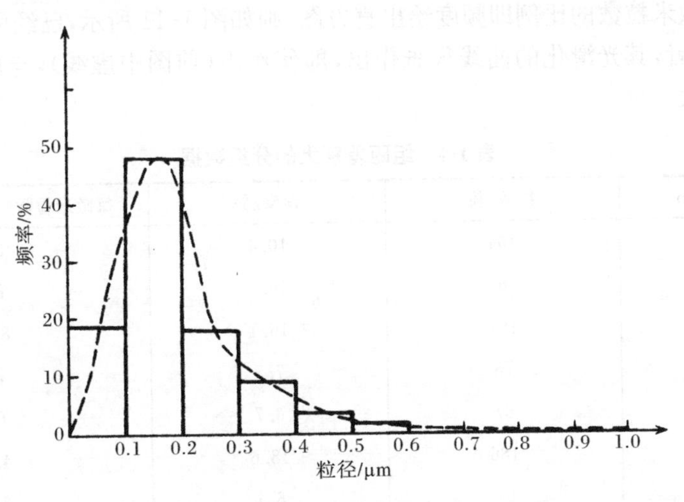

图 1-7　频率分布

图 1-8 为氯化钠微粒的立体照片[3]。

大多数微粒群的粒径分布曲线并不是对称的,而是向着直径大的一边倾斜,对于灰尘粒子,这差不多是一个固有的特性。这种分布称为“右倾斜”分布,这是因为在粉尘微粒中,小颗粒占绝大多数。此外,还有“左倾斜”分布和“对称分布”,如图 1-9 所示。

图 1-8　氯化钠微粒立体照片

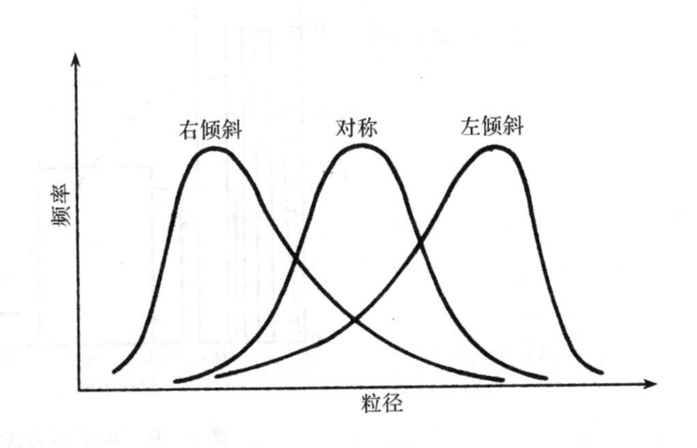

图 1-9　粒径频率分布

2. 频度分布(也称频率密度分布)$\phi(D)$(%/μm)

由粒径组距为一个单位(如 1μm)时的频率分布表示,即

$$\phi(D)=\frac{\Delta D}{\Delta D_{p}} \tag{1-9}$$

当分组组距出现较多次不规则的差别特别是在数据中间出现时,按频率分布直方图

不易得到光滑化的曲线，而且失真性越大。

试看如表 1-4 所列的数据[4]，粒径组距差别甚大，如按频率绘出直方图将如图 1-10 所示；如按每微米粒数的比例即频度绘出直方图，则如图 1-11 所示，已经可以看出明显的差别。对于前者，其光滑化的曲线很难作出，即使作出（前图中虚线），与后者（后图中虚线）的差别甚大。

表 1-4　组距差别大的分组数据

粒径区间/μm	粒数/粒	频率/%	每微米粒数的比例即频度/%
0～<4	104	10.4	2.6
4～<6	160	16.0	8.0
6～<8	161	16.1	8.05
8～<9	75	7.5	7.5
9～<10	67	6.7	6.7
10～<14	186	18.6	4.56
14～<16	61	6.1	3.05
16～<20	79	7.9	1.98
20～<35	103	10.3	0.69
35～<50	4	0.4	0.027
<50	0	0	0
合计	1000	100.0	—

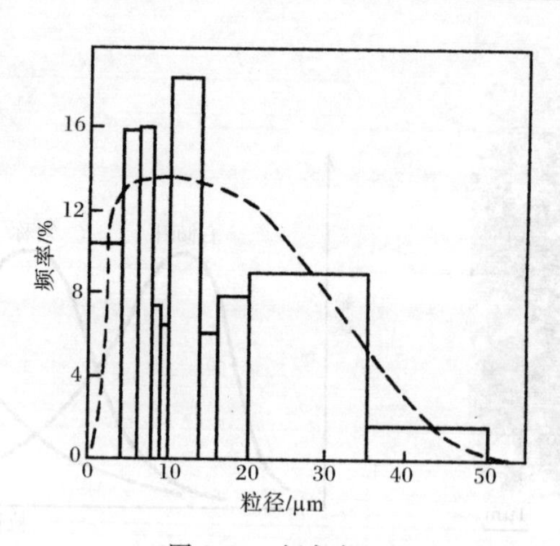

图 1-10　频率直方图

3. 筛上累积频率分布（简称筛上分布）$R(D)$（%）

由大于某一粒径 D_p 的全部微粒某一物理量占微粒群该物理量的百分数表示，即

$$R(D)=\sum_{D_p}^{\infty}\phi(D)\Delta D_p=\int_{D_p}^{\infty}\phi(D)\mathrm{d}D_p \tag{1-10}$$

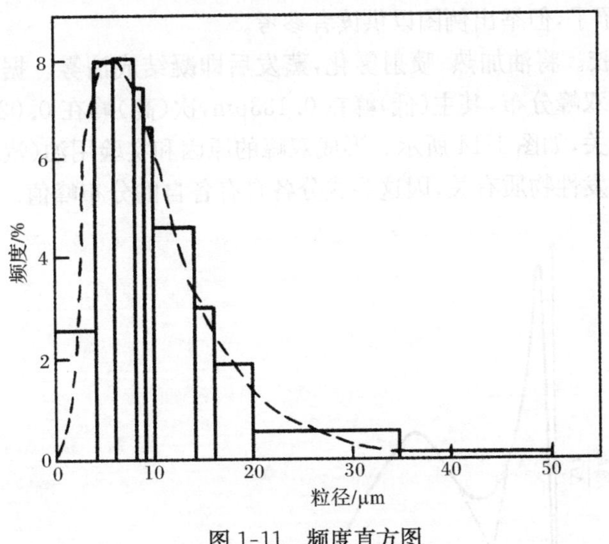

图 1-11　频度直方图

4. 筛下累积频率分布(简称筛下分布)$D(D)$(%)

由小于粒径 D_p 的全部微粒某一物理量占微粒群该物理量的百分数表示，即

$$D(D)=\sum_{0}^{D_p}\phi(D)\Delta D_p=\int_{0}^{D_p}\phi(D)\mathrm{d}D_p \tag{1-11}$$

图 1-12 是典型的累积频率分布曲线。

图 1-13 给出了频率分布和筛上累积频率分的关系，频率分布和筛下分布的关系依此类推。

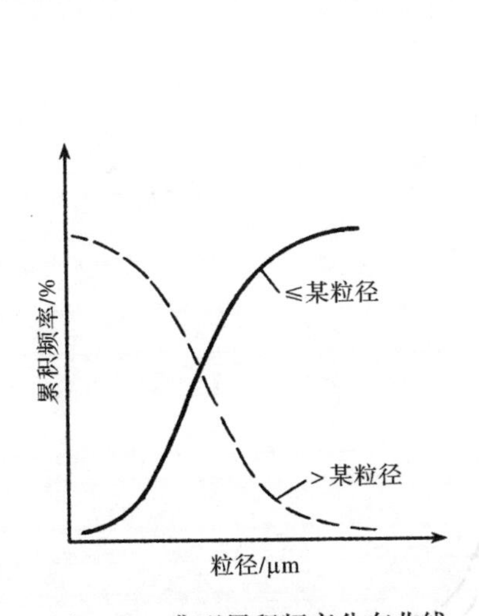

图 1-12　典型累积频率分布曲线

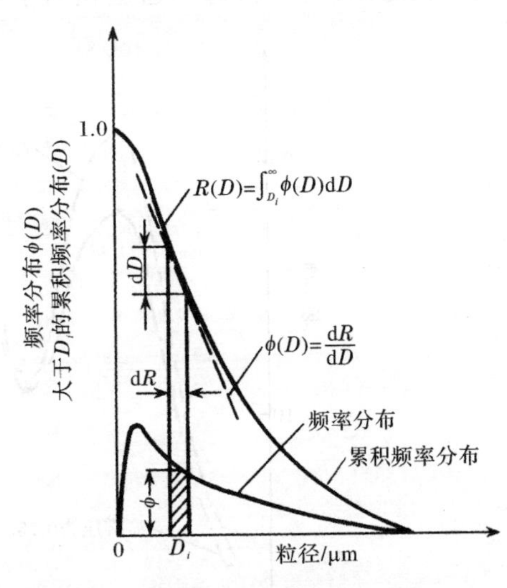

图 1-13　频率分布与累积频率分布的关系

5. 双峰和多峰分布

在某些气溶胶微粒的频率分布曲线中，出现两个或两上以上的峰值，其分布函数比较

复杂，这里不加介绍了，但举出例图以供读者参考。

(1) 油雾气溶胶。将油加热、喷射雾化，蒸发后即凝结成油雾。据国内研究报道[5]，这种油雾气溶胶属双峰分布，其主(低)峰在 0.133μm，次(高)峰在 0.024μm，图形和大粒子被分离掉多少无关，如图 1-14 所示。形成双峰的原因和实验用油(汽轮机油)的非一种组分和含少量不挥发性物质有关，因这些成分各自有各自的分布峰值。

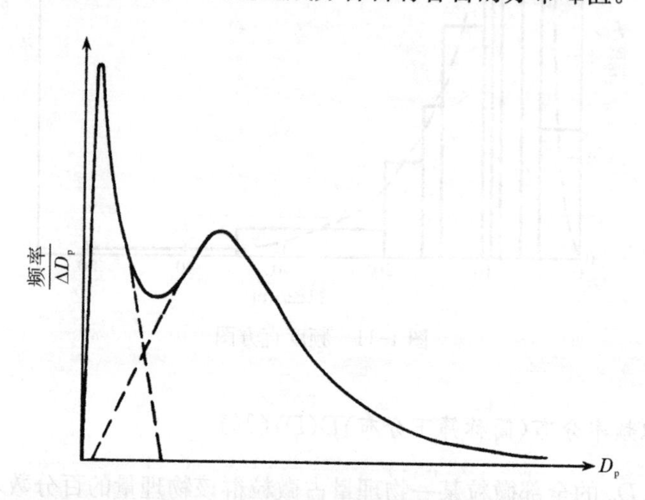

图 1-14　油雾气溶胶的双峰分布

(2) 冷态 DOP 气溶胶。也称加压发生的 DOP 气溶胶，是将 DOP 液体经压缩空气加压从拉斯克喷嘴喷出的液体雾。据国内有人实验报道[6]，不论实验压力如何，所发生的微粒分布均呈双峰特性，其双峰间的峰谷粒径相当于中值直径 0.275μm。图 1-15 是按激光粒子计数器通道区分的(每一通道相当于一定粒径组距，图中粒径是作者据测定所用

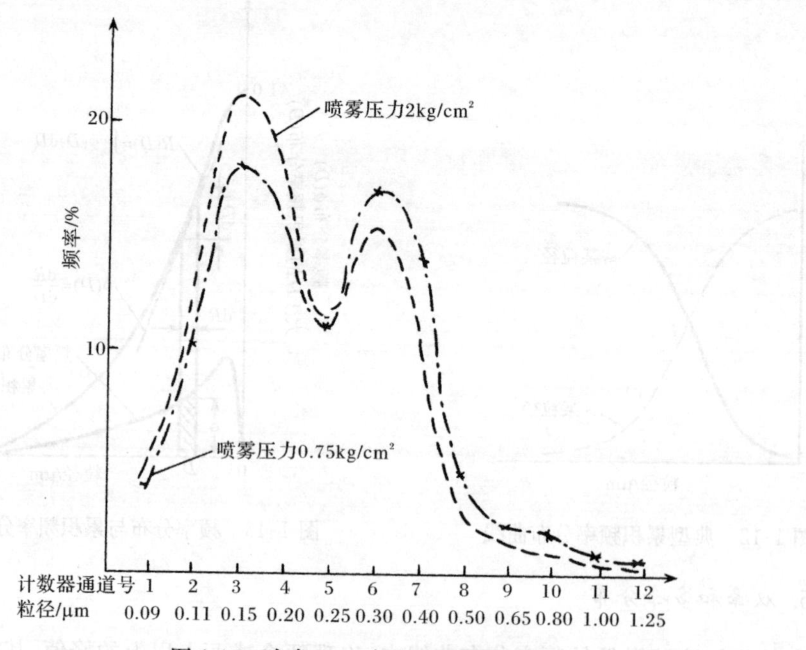

图 1-15　冷态 DOP 气溶胶双峰分布

LAS-X 型粒子计数器通道数据加上的)频率分布,可见第二峰峰值比峰谷大一个通道,为 0.3μm(中值直径)。但是,上述实验是用可以测小于 0.1μm(0.09μm)的激光粒子计数器测定的,如果用仪器下限为 0.3μm 的白炽光粒子计数器测定,则没有双峰现象[7],其粒数中值直径显然略小于 0.3μm,和上述结果略有差别。可见,双峰分布的原因和检测手段也是很有关系的,还需进一步探讨。

1-3-2　按粒径的正态分布和对数正态分布

如图 1-9 所示的中间对称的曲线叫正态分布曲线,曲线有最高点,以此点的横坐标为中心对称地向两边快速单调下降。正态分布在数理统计中是一种最重要的分布概念,在自然界和工程技术中,它是连续型(计量值)数据最普遍的分布规律。现根据研究粒径分布的需要介绍一些要点。

由图 1-9 和图 1-11 可知,除由直方图可以得到一条比较光滑的曲线外,在不断增大子样容量和缩小组距的条件下,也会得到光滑曲线,即称为概率密度曲线,通常以

$$y=f(x)$$

的形式表示,y 为概率密度,相当于每单位横坐标的频率值,x 为横坐标数值,即取得的数据值。

具体到正态分布曲线则可以由正态概率密度函数来描写,如

$$y=f(x)=\phi(d)=\frac{1}{\sigma\sqrt{2\pi}}\mathrm{e}^{-\frac{(d_i-\overline{D})^2}{2\sigma^2}} \tag{1-12}$$

式中:d_i——粒径;

$\overline{D}$——平均粒径,通常指算术平均粒径,即数学上的均值或期望,在正态分布情况下,$\overline{D}=D_{\mathrm{m}}=D_{\mathrm{mod}}$;

σ——某一群微粒的标准离差(也叫标准偏差),由于微粒群作为子样来说数目很大,一般可取

$$\sigma=\sqrt{\frac{\sum n_i(d_i-\overline{D})^2}{\sum n_i}} \tag{1-13}$$

经计算可知,很多次测定后,测定值在 $\overline{D}\pm\sigma$ 内的机会(也叫概率)是 68.3%,在 $\overline{D}\pm2\sigma$ 内的机会是 95.4%,在 $\overline{D}\pm3\sigma$ 内的机会是 99.7%。同时,σ 的大小表达曲线的“胖”、“瘦”程度;大则曲线“胖”,数据分散,小则曲线“瘦”,数据集中,图 1-16 就是这种情形的示意。

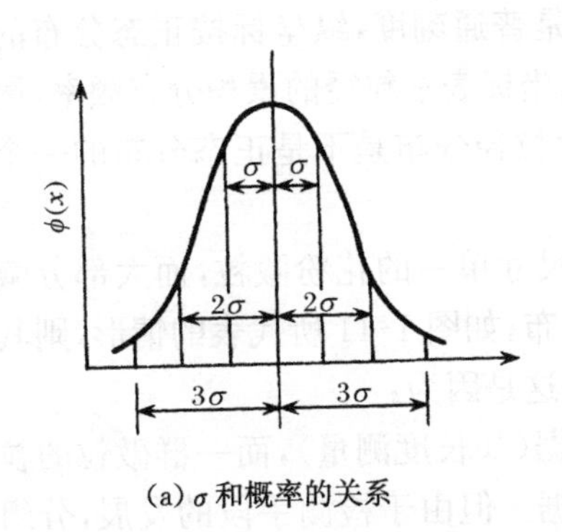

(a) σ 和概率的关系

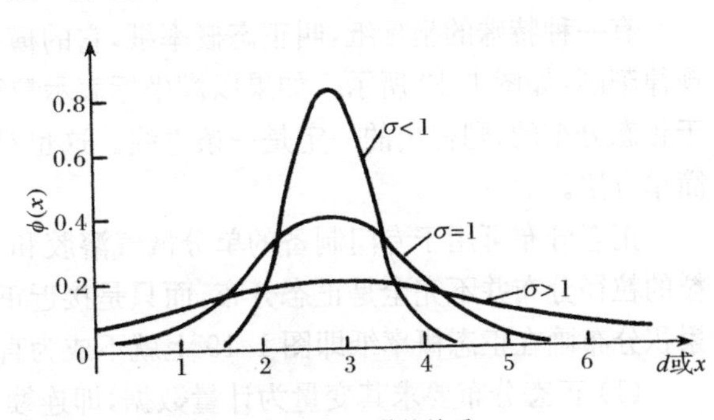

(b) σ 和数据分散的关系

图 1-16　σ 的直观意义

当曲线最高点的横坐标等于0，标准离差等于1时的正态分布，叫做标准化的正态分布，记为$N(0,1)$。把任意的非标准的正态分布曲线平移，就得到标准正态分布曲线，如图1-17所示。

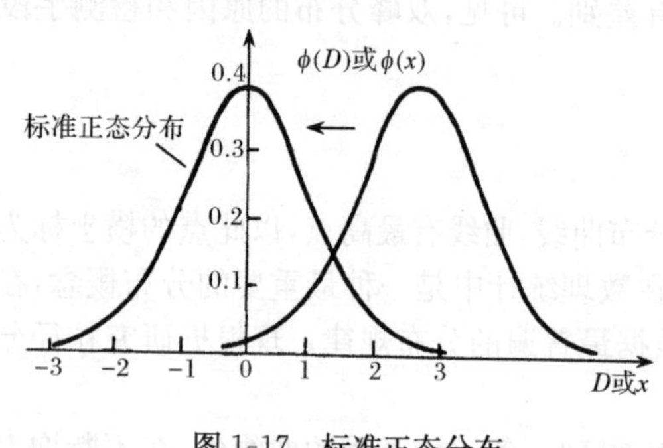

图1-17　标准正态分布

如果对概率密度函数积分，则得到其累积分布函数，令为$F(x)$，则

$$F(x)=\int_{-\infty}^{\infty}\phi(x)\mathrm{d}x \tag{1-14}$$

或者

$$F'(x)=\phi(x) \tag{1-15}$$

图1-16是概率密度函数的图形，则图1-18就是其累积分布函数的图形，表示为一条曲线。

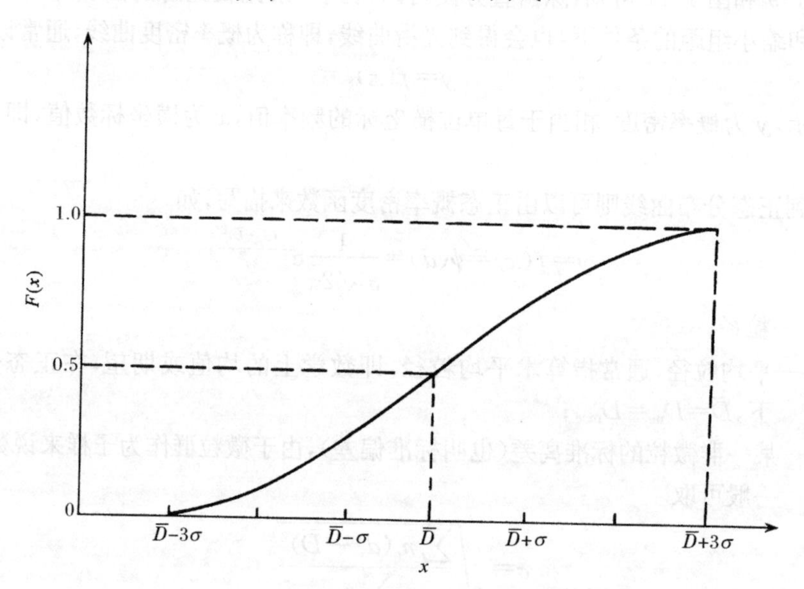

图1-18　累积分布函数图形

$\phi(x)$和$F(x)$互为导数、积分的关系，对其他统计分布也完全一样，这在下面讲采样和检测时要用到。

有一种特殊的坐标纸，叫正态概率纸，它的横坐标是普通刻度，纵坐标按正态分布的规律刻画，如图1-19所示。如果以横坐标表示粒径，纵坐标表示粒径的累积分布频率，属于正态分布的，则得出的一定是一条直线。这也是检验粒径分布是不是正态分布的一个简单方法。

正态分布可用于专门制备的单分散气溶胶和一些尺寸单一的花粉微粒，而大部分微粒的粒径分布并不完全是正态分布，而只是接近正态分布；如图1-11所代表的情形，则其累积分布画在正态概率纸即图1-19上就不成为直线。这是因为：

(1) 正态分布要求其变量为计量数据，即连续型数据(如长度测量)，而一群微粒的粒径测定只能给出计数数据(或称计点数据)即离散型数据。但由于检测手段的发展，分组

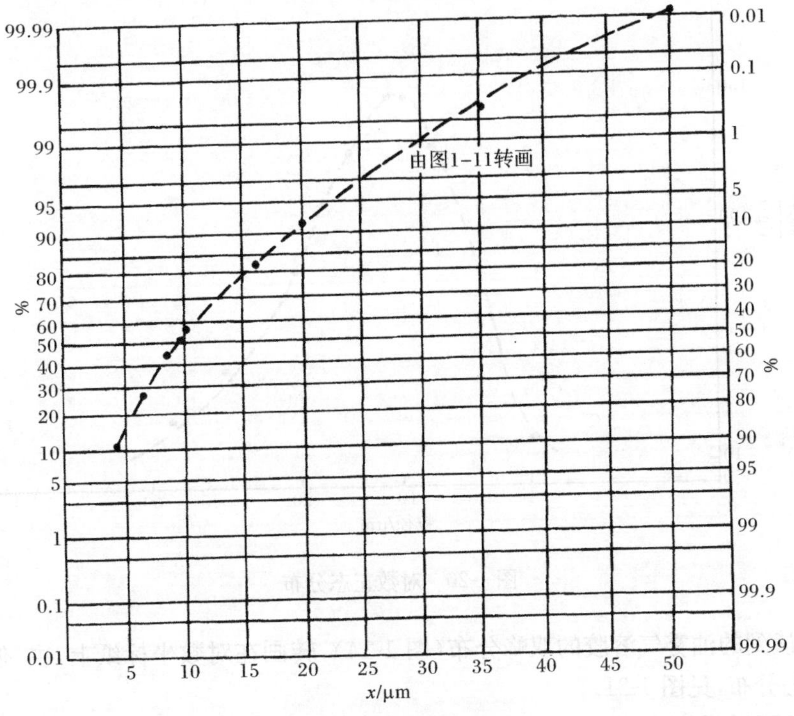

图 1-19　正态概率纸

更细，数据接近连续，所以能接近正态分布。

(2) 正态分布图形是对称的，这就可能使曲线一端过了横坐标零点(图 1-17)，要求一部分微粒尺寸(例如图左边的小微粒)为负值，这当然是不可能的。

(3) 还由于前述微粒群的右倾斜分布特性。如果把图 1-11 的横坐标改为对数坐标，并且采用频度分布的方法，则表 1-4 的数据可改写成表 1-5。那就能得到更为对称更接近正态分布的曲线，图 1-20 就是这样画出来的这种曲线，所以把这样的分布称为对数正态分布。

表 1-5　对数频度分布

粒径区间/μm	$\Delta \lg D_p$	频率/%	频率/$\Delta \lg D_p$
0～<4	$\lg 4-\lg 1=\lg\frac{4}{1}=0.602$	10.4	0.172
4～<6	$\lg 6-\lg 4=\lg\frac{6}{4}=0.176$	16.0	0.91
6～<8	$\lg 8-\lg 6=\lg\frac{8}{6}=0.125$	16.1	1.29
8～<9	$\lg 9-\lg 8=\lg\frac{9}{8}=0.051$	7.5	1.47
9～<10	$\lg 10-\lg 9=\lg\frac{10}{9}=0.046$	6.7	1.46
10～<14	$\lg 14-\lg 10=\lg\frac{14}{10}=0.146$	18.6	1.27
14～<16	$\lg 16-\lg 14=\lg\frac{16}{14}=0.058$	6.1	1.05
16～<20	$\lg 20-\lg 16=\lg\frac{20}{16}=0.097$	7.9	0.81
20～<35	$\lg 35-\lg 20=\lg\frac{35}{20}=0.243$	10.3	0.42
35～<50	$\lg 50-\lg 35=\lg\frac{50}{35}=0.155$	0.4	0.26

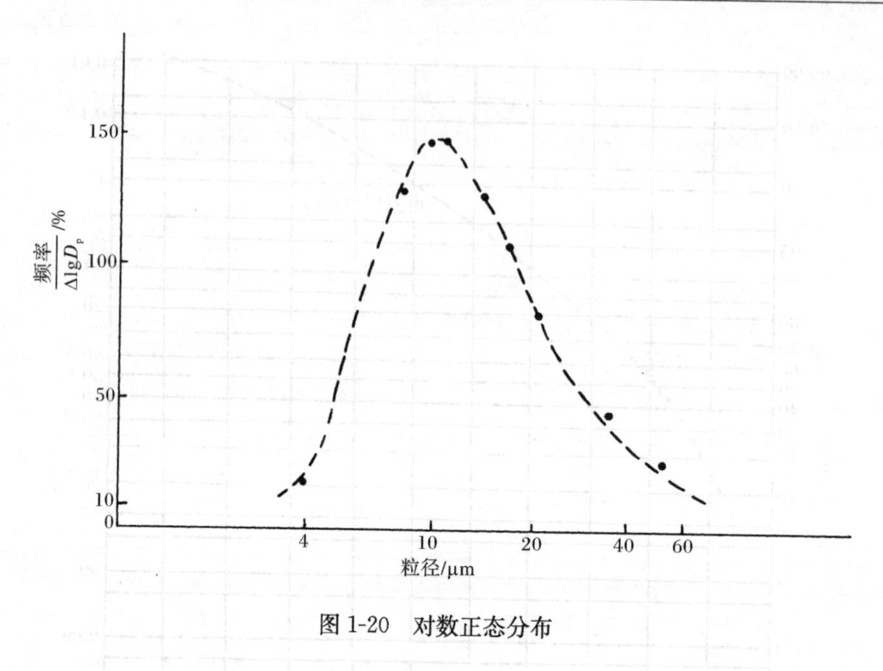

图 1-20　对数正态分布

前面谈到的油雾气溶胶的双峰分布(图 1-14),转画在对数坐标纸上,主(低)峰也接近对数正态分布,见图 1-21。

这里需要说明的是:当做频度分布时,对数刻度的横坐标最左端的不是从"0"开始,而可以从这个档的最小单位开始,例如第一粒径档为<0.2μm,则左端可从 0.1μm 开始,即 $\Delta\lg D_p$ 取 $\lg0.2-\lg0.1=\lg2=0.301$,而不能取 $\lg0.2-\lg0$。或者根据仪器情况,考虑一个合适的起点。又如用 3030 型静电气溶胶分析器测出的粒径档别是对名义直径说的,如第一档的 0.0237μm,是包括 0.0178～0.0316μm,所以该档的 $\Delta\lg D_p=\lg\frac{0.0316}{0.0178}$。

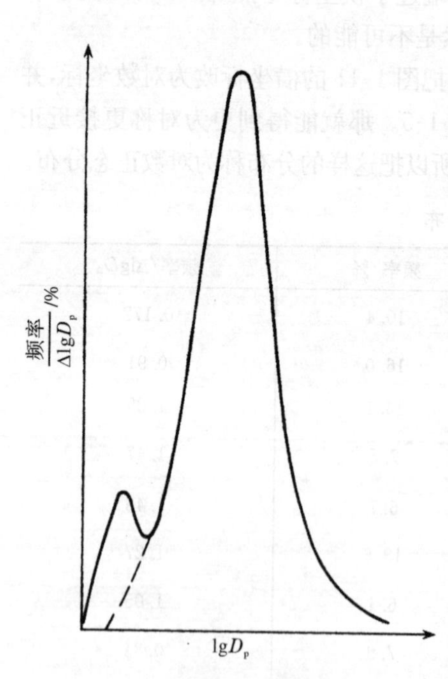

图 1-21　油雾双峰分布的主(低)峰呈对数正态分布

基本符合对数正态分布的曲线在对数正态概率纸(横坐标为对数刻度的正态概率纸)上打点,仍然可以得到一条直线,虽然在正态概率纸上(图 1-19)没有得到直线。图 1-22 上面的直线(3)就是由图 1-11(或表 1-4)转画过来的。这也是检验粒径分布是不是对数正态分布的简单方法。该图上的直线(2),是由表 1-2 数据作出的,虽然该数据组距不相等,但其对数正态分布特点在对数正态概率纸上仍被反映出来。由于样本(计数的微粒群)的随机波动,画直线时多少有点偏差是允许的,但不能偏得太多,一般说来,中间的点不能偏离直线太远,两端的点(对于尘粒来说,特别是大粒子)可以偏离大一些,例如在按表 1-4 和图 1-19 转画的直线(3)的 100%处的点(>50μm 如图 1-22 图框外的"△"

所示)。虽然远离直线太多,但不影响做出基本是对数正态分布的评价。这是因为对数正态概率纸的两端的比例尺实际被放大了,所以在5%和95%处累积频率的误差范围是在50%处的4倍;另外,一般来说两端的分组和测定都较粗,所以对于小于5%和大于95%的点子可予放宽要求,而对于20%到80%间的直线性给予足够重视就可以了。

实验证明,一些分散性和凝集性气溶胶都遵从对数正态分布,有人从对于固体微粒破裂过程特性的简单假设出发,可以得到微粒大小的分布渐近地趋向对数正态分布的结论,尽管原因尚未查明,但认为这种分布和其他分布相比有着理论意义[8]。

对于和正态分布相差较大的情况,例如举一个较极端的例子,如图1-23所示的用较粗手段得到的某洁净室空气中尘粒分布曲线,则在对数正态概率纸上打点结果和直线就有较大的偏差,这就是图1-22上的(1)。

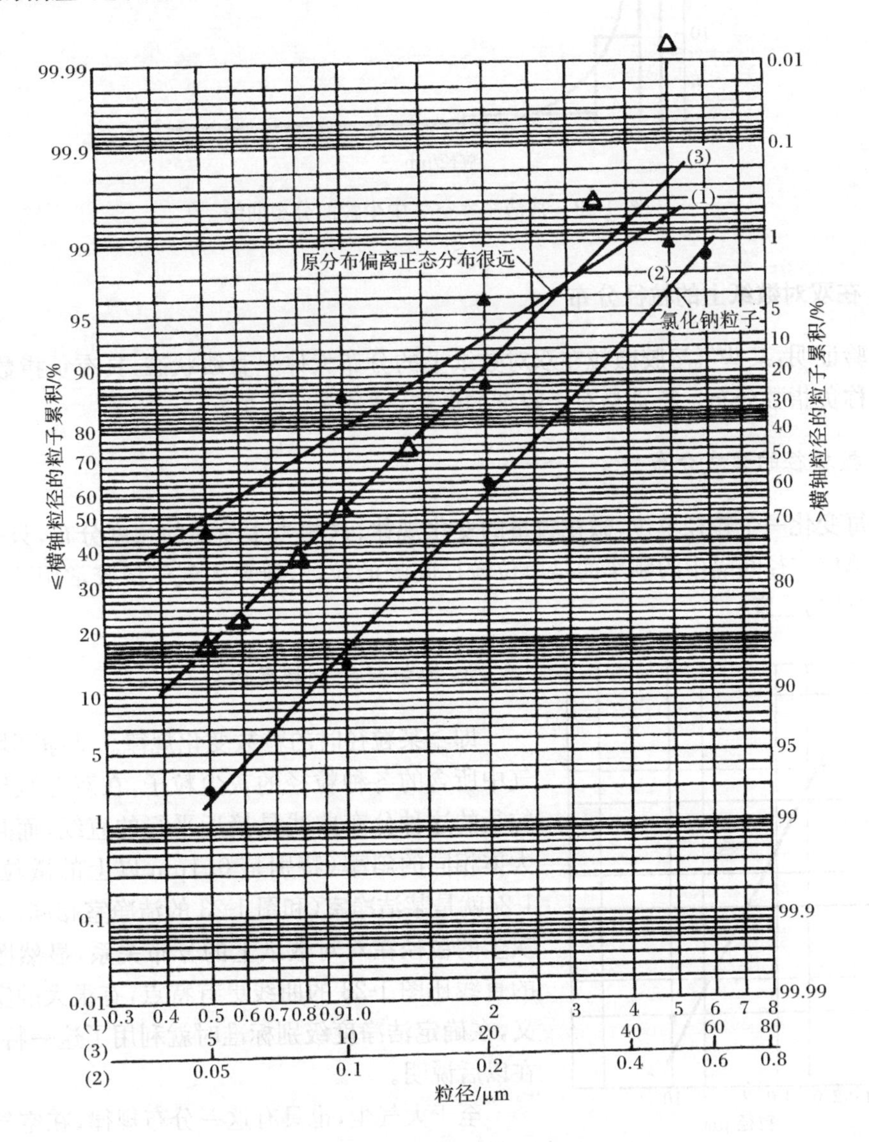

图1-22　对数正态概率纸上的分布

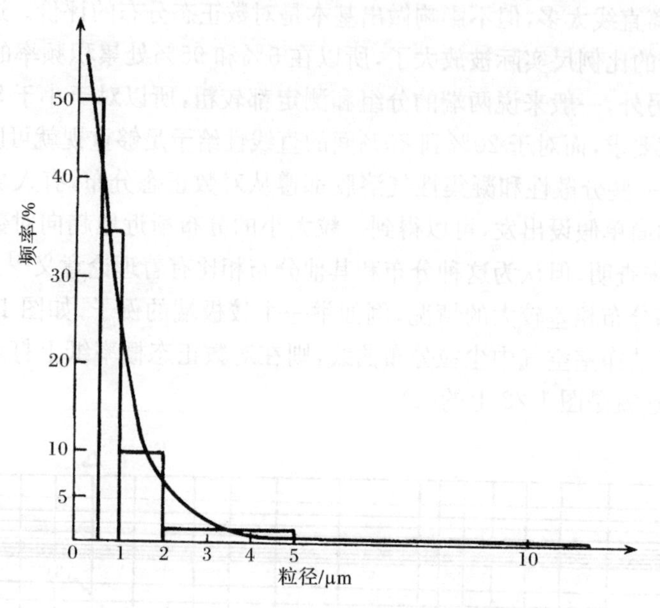

图 1-23　某洁净室空气中尘粒的分布曲线

1-3-3　在双对数纸上的粒径分布

实验证明，某些气溶胶微粒在双对数纸上的分布大体呈直线状态，具有负指数规律，所以也称负指数分布。特别是对于较细的微粒，这种直线性更好。

1. 按粒径的衰减分布

即每变化一个粒径单位，微粒数量的变化规律，这相当于前述的频度分布，只是纵坐标不是单位粒径间隔中的频率而是单位粒径间隔的粒数；研究大气气溶胶常用这一分布规律，详见第二章。

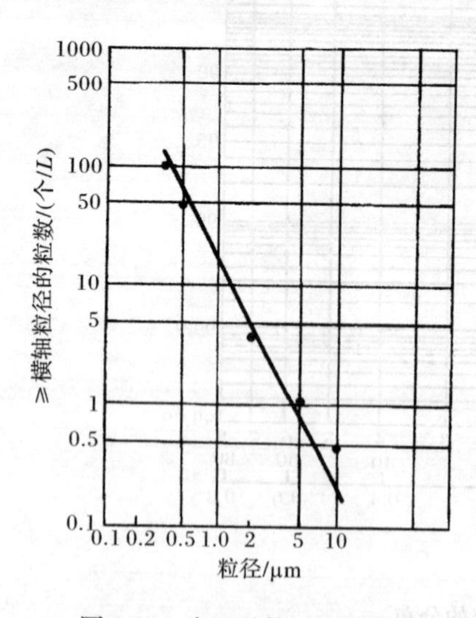

图 1-24　在双对数纸上的分布

2. 按粒径的粒数累积分布

即≥某粒径时的粒数变化规律。洁净环境的空气中所含的各种粒径的灰尘粒子，在双对数纸上按粒径的这种分布曲线是接近平行的直线，而且有着大体相同的斜率（特别是 0.1μm 以上的微粒）。图 1-24就是某洁净室（和图 1-23 的洁净室相同）空气中灰尘的粒径在双对数纸上的分布关系，显然图 1-24 的直线比图 1-23 的曲线更有特点，有很大的实用意义，在确定洁净度级别标准时就利用了这一特点，将在以后说明。

至于大气尘，也具有这一分布规律，在空气洁净技术中常用，详见关于大气尘的第二章。

1-3-4 按密度的分布

微粒按密度(在一定空间或面积中的多少颗粒数)的分布不是均匀的,例如从洁净室抽取1L空气,用粒子计数器测出其中的微粒数目为10粒,但是实际上并不是每次抽取1L都一定含有10粒尘粒,也不是洁净室的每1L的容积都恰好含有10粒尘粒。虽然如此,对采样来说,用粒子计数器测出的每一个单位容积里的微粒数目还是有一定规律的。

一般情况下,这种按密度的分布是泊松分布规律的,因为密度数据只能是1,2,3,4,…正整数,不是连续型,也不近似连续型的,而是离散型,所以不可能符合正态分布。由于表达离散型(计数值或计点值)数据最重要的分布规律是泊松分布,所以微粒按密度的分布也应符合泊松分布。此外还因为对于一般洁净室空间,下面四个条件是满足的,而这些条件正是泊松分布所要求的。

(1) 检测空间和检测容量相比大得多,达到几万倍(最小也有几百倍)。

(2) 每一尘粒出现在每一检测容量中的可能性就是几万分之一(最小也有几百分之一),是很小的。

(3) 尘粒落入检测容量中和不落入检测容量中这两种结果是互不相容的。

(4) 整个检测空间的尘粒浓度较低,因而对于每一个检测容量来说,其所含尘粒数是一个不大的(例如10以下)有限数。

按泊松分布时出现不同粒数的概率由下式表达:

$$P(\xi=K)=\frac{\lambda^K}{K!}e^{-\lambda} \tag{1-16}$$

式中:$P(\xi=K)$——出现K粒的概率,K必须是正整数(含0);

λ——事件出现的平均次数,即检测容量中可能所含的平均尘粒数即其平均浓度。

图1-25是表明当又由小变大时,泊松分布曲线的变化。这种离散型数据的分布曲线只能是折线,但是当$\lambda>5\sim10$以后,曲线即接近对称而趋向正态分布。

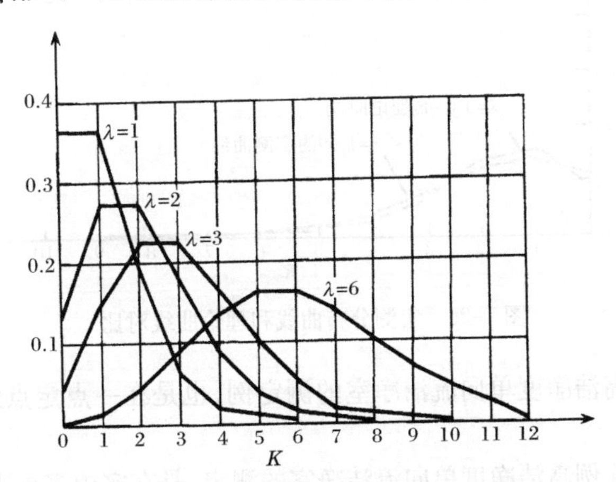

图1-25 泊松分布曲线

根据概率原理,由式(1-15)可得:

出现K粒及其以上的概率

$$P(\xi \geqslant K)=1-P(\xi<K)=1-P(\xi=0)-P(\xi=1)-\cdots-P(\xi=K-1) \quad (1\text{-}17)$$

出现 K 粒及其以下的概率

$$P(\xi \leqslant K)=P(\xi=0)+P(\xi=1)+\cdots+P(\xi=K) \quad (1\text{-}18)$$

但是有一种担心，认为单向流洁净室由于气流几乎没有混合稀释作用(参见关于洁净室原理的第八章)，会破坏尘粒的分布规律，所以可能不适用泊松分布。但是，泊松分布并不要求也不可能要求分布的十分均匀性，例如适用这种分布的布匹上的疵点问题、成堆机械零件的废品率问题，都不是很均匀分布的，但在一定量的随机采样条件下，找到的规律就大致符合实际情况。

下面通过若干单向流洁净室的测定数据，可以证明上述论证是正确的。

表 1-6 是某原始浓度较高而过滤器效率较低的单向流洁净室定点的 440 次粒数测定数据[9]，每次检测容量为 0.1L，测定结果得 $\lambda=1.69$ 粒。

表 1-6 实测某洁净室粒数分布(≥0.5μm)

粒数	0 粒	1 粒	2 粒	3 粒	4 粒	5 粒	6 粒	7 粒	8 粒	9 粒	10 粒
测得的次数	98	125	104	68	28	12	3	1	1*	0	0
按泊松分布计算应得的次数	81.2	137.2	116	65.3	27.6	9.3	2.6	0.6	0.13	0	—

表中也列出了该 λ 时的理论分布数据，例如求出现 0 粒的概率

$$P(K=0)=\frac{1.69^{0}}{0!}e^{-1.69}=\frac{1}{1}\times 0.1845=0.1845$$

出现次数为 $0.1845\times 440=81.2$ 次。结果表明，除有外界干扰而造成的影响外(带 * 号的数据)，基本是计算与实测一致。这两者的比较从图 1-26 也能看得很清楚。

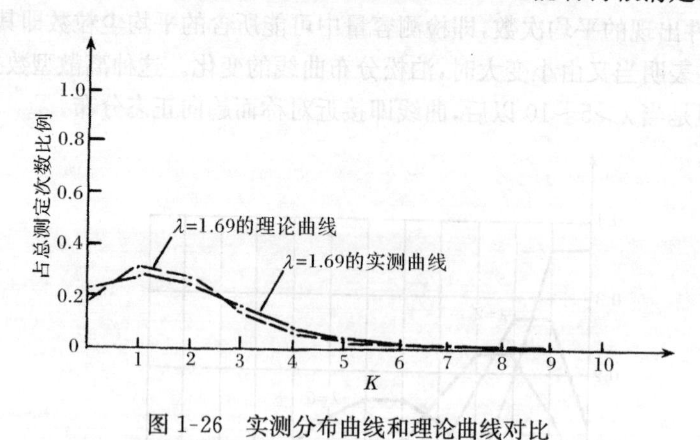

图 1-26 实测分布曲线和理论曲线对比

下面再举几例高洁净度单向流洁净室的测定例，也是在一点定点进行的。表 1-7 是国内的例子。

表 1-8 是国外几例高洁净度单向流洁净室的测定，是在室内多点进行的。

表 1-8 中 2～4 例三间洁净室曾用两种型号的两台粒子计数器检测，采样流率皆为 0.1ft①3/min，即 2.83L/min，所得结果均一致。

① 1ft=0.3048m，下同。

表 1-7　国内实测几例高洁净度单向流洁净室粒数分布

测定例	测定次数	"0"出现次数	0.5μm 以上微粒		非"0"次数百分数	λ值粒/单位检测容积/L	出现"0"的概率/%	出现非"0"概率/%	相当于非"0"的次数	文献
			"1"出现次数	"2"出现次数						
1	21	18	3	—	$\frac{3}{21}=0.143$	0.15	86	14	0.143×21=3	
2	42	41	1	—	$\frac{1}{42}=0.023$	0.03	97	3	0.03×42=1.26	[9]
3	30	28	2	—	$\frac{2}{30}=0.067$	0.02	98	2	0.02×30=0.6	
4	20	12	7	1	$\frac{8}{20}=0.4$	0.45	63.7	36.3	0.363×20=7.26	
5	20	11	7	2	$\frac{9}{20}=0.45$	0.55	57.7	42.3	0.423×20=8.46	[10]
	20	9	*	*	$\frac{11}{20}=0.55$	0.83	43.6	56.4	0.564×20=11.28	

注：* 处为原文献上空白，但都给出 λ 值。第 5 例为同一洁净室两次测定数据。

表 1-8　国外几例高洁净度单向流洁净室粒数分布

测定例	测定数	"0"出现次数	0.12～0.17μm 微粒			非"0"次数百分数/%	λ值粒/单位检测容积/L	出现"0"的概率/%	出现非"0"概率/%	相当于非"0"的次数	文献
			"1"出现次数	"2"出现次数	"3"出现次数						
1	16	8	4	2	1	$\frac{7}{16}=0.44$	0.69 粒/3L	50	50	0.5×16=8	[11]
2	10	9	1	0	0	$\frac{1}{10}=0.1$	0.1 粒/ft³	90	100	0.1×10=1	
3	10	10	0	0	0	$\frac{0}{10}=0$	0	100	0	0×10=0	[12]
4	10	8	2	0	0	$\frac{2}{10}=0.2$	0.2 粒/ft³	82	18	0.18×10=1.8	

在以上国内外测定例中，除表 1-7 的第 3 例非"0"次数的计算值与实测值相差较大外，其余数据两者相当接近，所以进一步证明泊松分布对于微粒按密度的分布问题是适用的。

同理，洁净室空气中的微粒（包括生物微粒）沉降到一个面积上的数目，也是符合上述四个条件的，因而也是遵循泊松分布的。作者在计算成品率和空气中微粒数的关系时即应用这一结论[13]，得到了接近实际的计算结果。这一结论在生物微粒的检测技术中也将要用到，详见以后有关章节。上述结论得出之后，他人有关生物洁净室中菌落的测定统计[14]也给出了例证，见图 1-27。

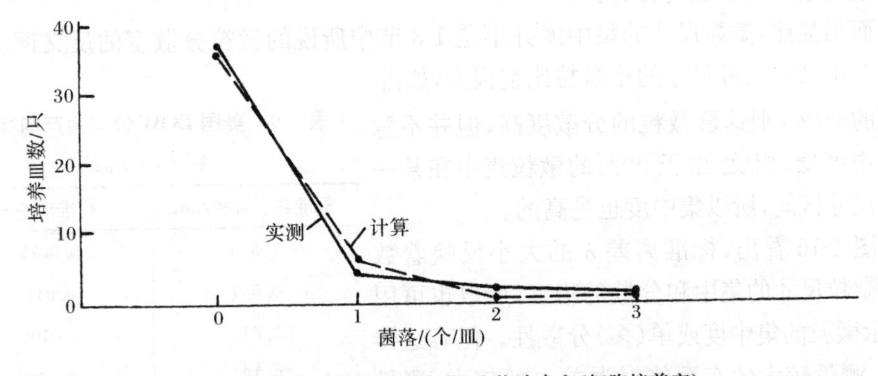

(a) 5 级水平平行流（即单向流）生物洁净室（细胞培养室）

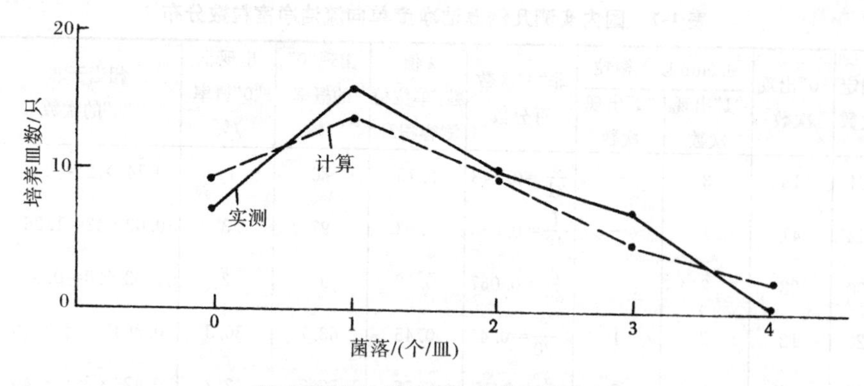

(b) 7级乱流生物洁净室(制药厂接粉间)

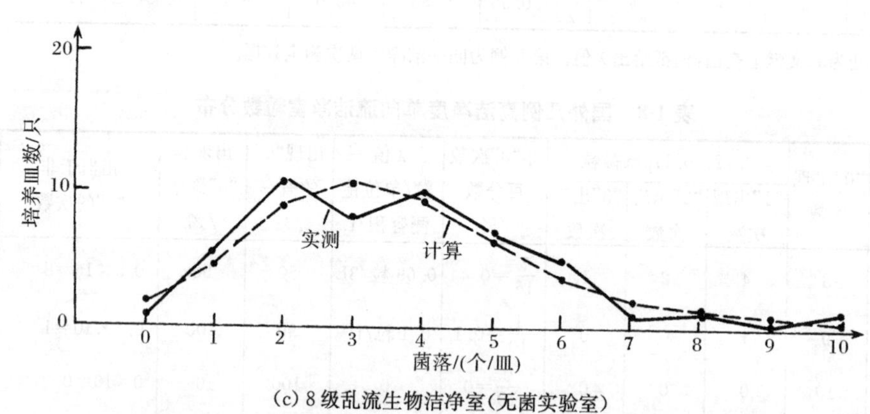

(c) 8级乱流生物洁净室(无菌实验室)

图 1-27 生物微粒按密度分布的实测值和计算值对比

1-4 微粒大小的集中度

在一群微粒中,如果微粒大小的尺寸集中而为单一的尺寸,或接近某一个尺寸,这种微粒就叫单分散相微粒,其集中度最高;如果微粒大小尺寸分散,这种微粒就叫多分散相微粒,其集中度低。但实际上微粒群中的微粒不可能百分之百的集中为某一个单一尺寸,而是集中于平均粒径两侧的一个很窄的粒径区间。所以微粒的集中度就是某一单一尺寸的微粒数占全部微粒数的百分比。

因而很显然,微粒尺寸的集中度并不是1-3节中所说的微粒分散度的反义词。如果一群微粒中某一两种尺寸的小微粒比重很大,如占总粒数的90%,则这群微粒的分散度高,但并不意味着集中度低,相反,由于90%的微粒集中在某一很小的尺寸区间,所以集中度也是高的。

从图 1-16 看出,标准离差 σ 的大小反映着数据——微粒尺寸的集中和分散的程度,所以也可用 σ 来表示微粒的集中度或单(多)分散性。但有这样的经验,测量较大的东西绝对误差一般较大,测量

表 1-9 美国 DOW 公司生产的标准(粒子的 σ 值)

标准粒子直径/μm	标准离差 σ
0.365	0.0079
0.557	0.011
0.814	0.0105
0.171	0.013

较小的东西绝对误差一般较小。σ 只反映微粒尺寸数据的绝对波动的大小，例如美国DOW 化学公司生产的标准乳胶粒子（Royco 型粒子计数器就用这种标准粒子进行标定）的集中度或单分散性就是这样描述的，见表 1-9。但误差和微粒尺寸的绝对大小有关，因此为了避免这一影响，采用相对波动的大小来反映数据分散的程度更为合理。一般用相对标准离差（也叫变动系数）

$$\alpha=\frac{\sigma}{\overline{D}}=\frac{\left\{\dfrac{\sum_{i}^{n}[n_i(D_i-\overline{D})^2]}{\sum n_i}\right\}^{1/2}}{\overline{D}} \tag{1-19}$$

来表示微粒尺寸的集中度。但是，由于一般情况下微粒按粒径的分布更接近对数正态分布，所以用 $\lg\sigma_g$ 代替 σ 更合理。σ_g 称为几何标准离差。

当微粒群分散性小的时候，即趋向集中于某一粒径（设为 d_1），显然由表 1-1 可得到

$$\overline{D}\approx\frac{n_1 d_1}{n}$$

$$D_g\approx d_1^{n_1/n}$$

因为

$$n_1\to n$$

所以

$$\overline{D}\approx D_g$$

若以 D_g 代替 $\overline{D}$，并改为对数坐标，则有

$$\ln\sigma_g=\left\{\frac{\sum_{i}^{n}[n_i(\ln D_i-\ln D_g)^2]}{\sum n_i}\right\}^{1/2} \tag{1-20}$$

又因为

$$\ln(1+x)\approx x,\quad 当-1<x\leqslant 1$$

所以

$$\ln D_i-\ln D_g=\ln\frac{D_i-D_g+D_g}{D_g}=\ln\left(1+\frac{D_i-D_g}{D_g}\right)=\frac{D_i-D_g}{D_g}$$

故有[3]

$$\ln\sigma_g\approx\left[\frac{\sum_{i}^{n}n_i\left(\dfrac{D_i-D_g}{D_g}\right)^2}{\sum n_i}\right]^{1/2}=\left[\frac{\sum_{i}^{n}n_i(D_i-D_g)^2}{D_g^2\sum n_i}\right]^{1/2}$$

$$=\frac{\left[\dfrac{\sum_{i}^{n}n_i(D_i-\overline{D})^2}{\sum n_i}\right]^{1/2}}{\overline{D}}=\alpha \tag{1-21}$$

所以

$$\ln\sigma_g \approx \alpha \tag{1-22}$$

或

$$2.3\lg\sigma_g \approx \alpha \tag{1-23}$$

付克斯(Фукс Н А,亦译为福克斯)把$\alpha \leqslant 0.2$(即$\lg\sigma_g \leqslant 0.087$,或$\sigma_g < 1.22$)的微粒群叫做单分散微粒[15]。这就是说,如果某群微粒具有算术平均直径D_1,$\alpha=0.2$,则这群微粒中占粒数68.3%的那一部分将在粒径为$D_1 \pm 0.2D_1$范围之中。例如美国TSI公司就是用σ_g来衡量标准粒子(仍为DOW公司生产)的集中度,该公司用了$\sigma_g < 1.06$的标准粒子,认为可以看做单分散粒子。

在实际工作中,也可以用简化的方法,即用某一粒径档别(例如0.3μm一档。注意,这也是指一个粒径区间,参阅第十七章)的微粒数占全部粒数的比例来表示集中度,例如0.3μm档的微粒数占总数70%这个比例数,即称为该群微粒的集中度。显然,由上述论证可知,这样确定集中度的方法虽然简单,但因所用档别区间大小不同,所以不如用α值来衡量集中度严格。

对于现在测尘所用光散射式粒子计数器的粒径分档(参阅第十七章),最小的每档范围约为0.1μm,则在该档范围之内,平均值的最大变动范围一般$<0.2\overline{D}$,即其与平均值之比这一相对量一般<0.2;粒径越大的档,这一比值还要小。所以,若简单以每档微粒数占总粒数的比例来表示集中度,则这一比例可小于前面提到的68.3%,一般达到60%左右就可满足要求;若能达到70%~80%,则表示集中度更高。

1-5 对数正态分布的应用

如果粒径分布遵循对数正态分布,可以通过在对数概率纸上作图,来确定微粒大小的集中度以及各种平均粒径的数值。

1-5-1 集中度的确定

前面已经指出,如果粒径分布在对数概率纸上呈直线,则该粒径分布将遵循对数正态分布,可以得到如图1-20的曲线。在这种情况下,式(1-12)将有形式

$$\phi(D)=\frac{1}{\lg\sigma_g\sqrt{2\pi}}e^{-\frac{(\lg D_i-\overline{\lg D_i})^2}{2\lg^2\sigma_g}} \tag{1-24}$$

由表1-1可知$\overline{\lg D_i}=\lg D_g$,$D_g$即几何平均直径。前面已经指出,在正态分布情况下,$\overline{D}=D_{50}$,所以在对数正态分布时,应有$D_g=D_{50}$,故上式又可写成

$$\phi(D)=\frac{1}{\lg\sigma_g\sqrt{2\pi}}e^{-\frac{(\lg D_i-\lg D_{50})^2}{2\lg^2\sigma_g}} \tag{1-25}$$

这一函数值代表粒径D_i的微粒的相对粒数,如果把总粒数看做100%,则有

$$y=\frac{100}{\lg\sigma_g\sqrt{2\pi}}\int_0^{D_i} e^{-\frac{(\lg D_i-\lg D_{50})^2}{2\lg^2\sigma_g}}\,d(\lg D_i) \tag{1-26}$$

将表示比D_i小的微粒个数的百分数。

令

$$\frac{\lg D_i - \lg D_{50}}{\lg \sigma_g} = t \tag{1-27}$$

则

$$\lg D_i = t\lg\sigma_g + \lg D_{50}$$

$$d(\lg D_i) = \lg\sigma_g dt$$

显然 $D_i = 0 \sim D_i$，$t = -\infty \sim t$，因而式(1-26)可改写为[16]

$$y = \frac{100}{\sqrt{2\pi}} \int_{-\infty}^{t} e^{-\frac{t^2}{2}} dt \tag{1-28}$$

这正是标准正态分布 $N(0,1)$，此时标准离差为 1。由式(1-27)

$$t\lg\sigma_g = \lg D_i - \lg D_{50} = \lg\frac{D_i}{D_{50}} \tag{1-29}$$

显然，当假定 $t=1$ 时，求解 $\lg\sigma_g$ 最方便，则有 $\sigma_g = \frac{D_i}{D_{50}}$。查正态分布表并参考图 1-28，当 $t=1$（图上为 $x=1$）时 $\leqslant D_i$ 的微粒个数百分数 $y_{小于} = 84.13\%$，或 $> D_i$ 的微粒个数的百分数 $y_{大于} = 15.87\%$。

所以

$$\sigma_g = \frac{y_{小于}=84.13\%\text{时的粒径}}{\text{中值粒径 } D_{50}} = \frac{y_{大于}=15.87\%\text{时的粒径}}{\text{中值粒径 } D_{50}} \tag{1-30}$$

同样当 $t=-1$ 时可得

$$\sigma_g = \frac{\text{中值粒径 } D_{50}}{y_{小于}=15.87\%\text{时的粒径}} = \frac{\text{中值粒径 } D_{50}}{y_{大于}=84.13\%\text{时的粒径}} \tag{1-31}$$

对 σ_g 取对数即可确定微粒群的集中度，从而判定其是否接近单分散微粒。

设制备 0.8μm 的聚苯乙烯球形单分散粒子，由电子显微镜测定的实际粒子的粒径分布如表 1-10 所列。

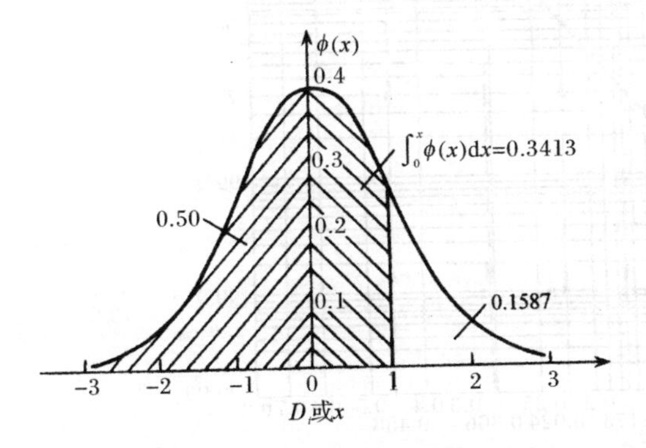

图 1-28　正态分布表图解

表 1-10　0.8μm 聚苯乙烯粒子分布

粒径区间/μm	累积分布/%
≤0.6	1.2
≤0.7	6.1
≤0.8	65.5
≤0.9	88.0
≤1.0	98.5
≤1.2	100.0

将表 1-10 中数据在图 1-29 上点成直线 A，求出

$$\sigma_g = \frac{\leqslant 84.13\%\text{的粒径}}{50\%\text{的粒径}} = \frac{0.87}{0.78} = 1.115$$

$$\lg\sigma_g = 0.047 < 0.087 \text{（或 } \alpha = 0.108 < 0.2\text{）}$$

$$D_1 = 0.784\mu m$$

因此可以把这群粒子作单分散粒子看待，其中 68.3% 的粒子直径将变化在 0.784±0.108×0.784=0.784±0.085(μm)。

1-5-2 平均粒径的计算

如前所述，平均粒径的计算是比较麻烦的，但如果粒径分布遵循对数正态分布，则可以通过在对数正态概率纸上作图，先求出中值直径 D_{50} 和几何标准离差 σ_g，然后求出各种平均粒径，比较方便。这里只将各平均粒径的最后结果列出[16]等，推导过程从略。作图过程参见图 1-29。

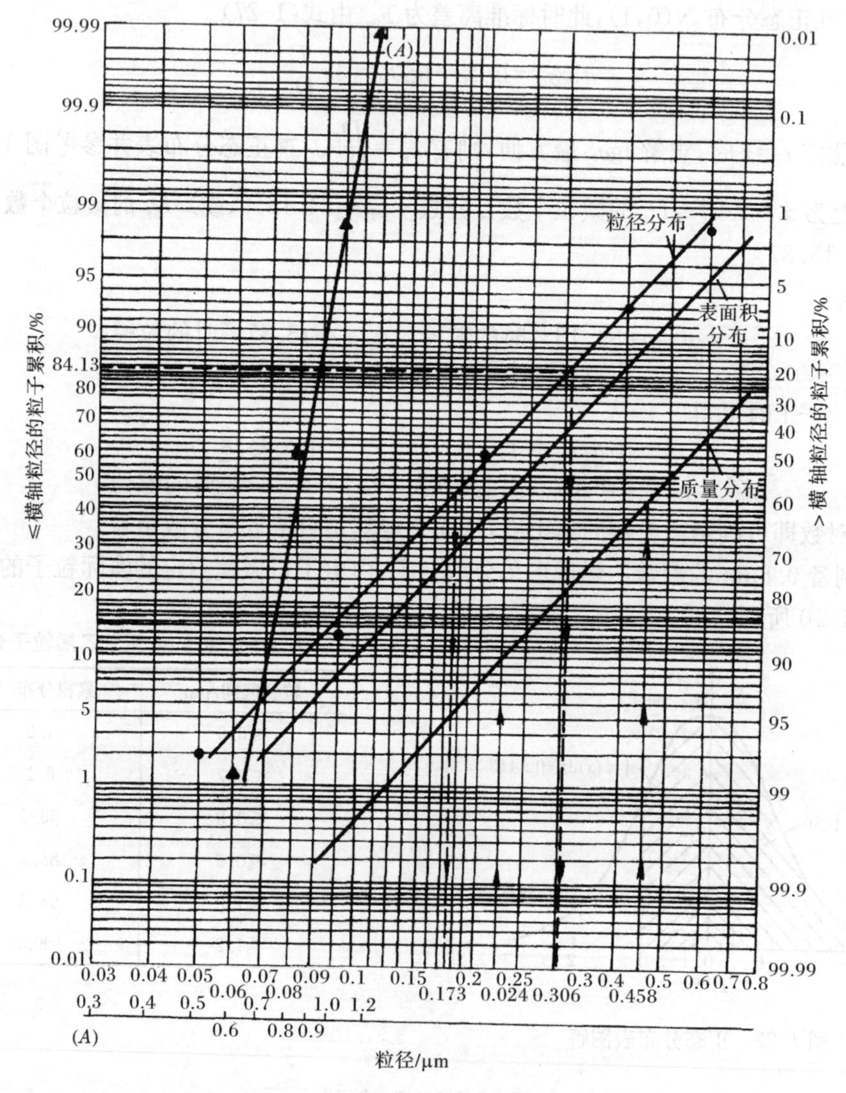

图 1-29 在对数正态概率纸上求 σ_g

下面按各平均直径和 D_{50} 的关系依次列出其计算式：

几何平均直径

$$D_g = D_{50} \tag{1-32}$$

算术平均直径

$$\lg D_1 = \lg D_{50} + 1.151\lg^2\sigma_g \tag{1-33}$$

比长度直径

$$\lg D_2 = \lg D_{50} + 3.45\lg^2\sigma_g \tag{1-34}$$

比面积直径

$$\lg D_3 = \lg D_{50} + 5.757\lg^2\sigma_g \tag{1-35}$$

比质量直径

$$\lg D_4 = \lg D_{50} + 8.059\lg^2\sigma_g \tag{1-36}$$

平均面积直径

$$\lg D_S^2 = \lg D_{50}^2 + 4.605\lg^2\sigma_g \tag{1-37}$$

平均体积直径

$$\lg D_V^3 = \lg D_{50}^3 + 10.362\lg^2\sigma_g \tag{1-38}$$

现按图 1-22 上直线(2)所示的例子,计算各平均直径(参看图 1-29)。因为几何平均直径 $D_g = D_{50} = 0.173\mu m \leqslant D_i$ 的累积分布曲线上 84.13%的粒径 $D_{84.13} = 0.306\mu m$,所以几何标准离差

$$\sigma_g = \frac{0.306}{0.173} = 1.769$$

$$D_1 = 0.204\mu m \qquad D_2 = 0.282\mu m$$

$$D_3 = 0.39\mu m \qquad D_4 = 0.54\mu m$$

$$D_5 = 0.24\mu m \qquad D_V = 0.282\mu m$$

以上结果和根据表 1-2 所算出的结果相差很小,在对数正态概率纸上数据的直线性越大,则这种相差就越小。

1-5-3　粒径分布的几种关系

前面讲的粒径分布是指按粒径的粒数分布,如果要知道按粒径的质量分布,即某一粒径的微粒质量占总质量的百分数;或者要知道按粒径的面积分布,即某一粒径微粒面积占总面积的百分数,则可以根据按粒径的粒数分布换算成按粒径的质量分布或面积分布,而不需要去测定其质量或面积。由于每一种对数正态分布的各类加权分布也是对数正态的,所以在对数正态概率纸上,这些分布是平行的直线,具有同一个 σ_g 值,其关系为

$$\lg D_{50}^V = \lg D_{50} + 6.908\lg^2\sigma_g \tag{1-39}$$

$$\lg D_{50}^S = \lg D_{50} + 2.303\lg^2\sigma_g \tag{1-40}$$

式中:D_{50}^V——在按粒径的质量分布时 50%的微粒粒径,即质量中值直径,在对数正态分布时可称作质量几何平均直径;

D_{50}^S——在按粒径的面积分布时 50%的微粒粒径,即面积中值直径,在对数正态分布时可称作面积几何平均直径。

按图 1-29 的例子换算出 $D_{50}^V = 0.458\mu m$,$D_{50}^S = 0.24\mu m$,可以在图 1-29 上做出平行于粒数分布的直线,即得到面积分布和质量分布。但是需要说明的是,为适合概率纸刻度,在按数据标点时,一端只取到"<0.6"这一组数据,而不取到"1.0",0.6~1.0 的数据

看做是“≥0.6”的数据，即<0.6 为 98.4%，≥0.6 为 1.6%。如需要数据更精确，则可以在两头分组细一些。

在涉及表面污染问题时，多采用面积分布，而在涉及卫生学问题时，多采用质量分布，因为此时微粒的质量对问题具有直接意义，而在讨论洁净室的时候，一般都用按粒径的粒数分布的概念。

1-6　粒数统计量

在上面所讲的粒径分布中，都要对粒径进行统计计数。对于一个样本微粒群需要统计多少微粒才能使得出的粒径误差较小，这就有一个统计量问题。

由数理统计的基本原理知，平均值的标准误差是用其标准离差 σ 除以标本数量的平方根，应为

$$\sigma_{\overline{D}}=\frac{\sigma}{\sqrt{n}} \tag{1-41}$$

式中：n——微粒数目。

在 95%置信度内的粒径真值应是

$$\overline{\overline{D}}=\overline{D}\pm 2\sigma_{\overline{D}}=\overline{D}\left(1\pm\frac{2}{\sqrt{n}}\frac{\sigma}{\overline{D}}\right) \tag{1-42}$$

式中：$\frac{2}{\sqrt{n}}\frac{\sigma}{\overline{D}}$——粒径的误差。设为 ΔC，则应要求

$$\frac{2}{\sqrt{n}}\frac{\sigma}{\overline{D}}\leqslant\Delta C$$

所以

$$n\geqslant\left(\frac{2\frac{\sigma}{\overline{D}}}{\Delta C}\right)^2 \tag{1-43}$$

文献[17]应用上式求出计数单分散标准粒子的必要粒数。因为由单分散气溶胶的定义，必有

$$\frac{\sigma}{\overline{D}}\leqslant 0.2$$

由于该计数用于粒子计数器的标定，要求严格，设定误差≤3%，则将这些数字代入式(1-43)可求出

$$n\geqslant\left(\frac{2\times 0.2}{0.03}\right)^2=178$$

统计一定量的微粒数目不仅有上述误差问题，而且数目过少还会因种种随机性不足而造成人为误差，但太多又使统计工作量增大。对于使用粒子计数器来说，上述 178 个的数目并不困难，所以，我国《尘埃粒子计数器性能检验方法》规定用聚苯乙烯乳胶标准粒子评定粒子计数器时，要计数 300～500 个标准粒子，则所得粒径的误差比 3%还要小。

对于多分散气溶胶，σ 是未知的，$\frac{\sigma}{\overline{D}}$ 也是不确定的。但对于常用的气溶胶微粒群来

说,可以假设一个σ。现假定表1-2中的σ为0.13(实际为0.1287),则可求出

$$\frac{\sigma}{\overline{D}}=\frac{0.13}{0.207}=0.62$$

对于一般检测来说,5%的误差已经够了,则表1-2中的计数粒数应有

$$n\geqslant\left(\frac{2\times0.62}{0.05}\right)^2=615$$

现在表中$\sum n_i=823$,应能满足要求了。

此外,在文献[18]中给出一个确定需要测的微粒数的指导性方法,由于比较笼统,这里不予介绍了,有需要的读者可查原文献。

参考文献

[1] 马广大.大气污染控制工程.2～3.北京:中国环境科学出版社,1985.
[2] 林中华.氯化钠气溶胶采样技术及分散度测定.清华大学,1983.
[3] JACA No.31,1994.コンタミネーションコントロールに使用するユアロゾルの発生方法指針(案).空気清浄,1994,32(2):60－83.
[4] Hinds W C.气溶胶技术.孙聿峰译.哈尔滨:黑龙江科学技术出版社,1989.
[5] 严慧琍,武汉平,张璟琨.油雾气溶胶的平均粒径与偏光故障的关系以及分散度分析.中国建筑科学研究院空气调节研究所,中国人民解放军57605部队,1983.
[6] 赵荣义,钱蓓妮,许为全.冷态DOP粒子发生器的发生特性.清华大学,1987.
[7] 王君山,朱培康,周桂浩,等.JL检漏装置研制技术报告.中国建筑科学研究院空气调节所,辽阳红波无线电厂,1983.
[8] Фукс H A.气溶胶力学.顾震潮等译.北京:科学出版社,1960:20.
[9] 许钟麟,顾闻周.不同洁净度下粒子计数器最小检测容量的计算.空调技术,试刊,1980,1:22－25.
[10] 杨银栋.关于检验中粒子数统计平均值偏离现象的剖析.空气洁净检测技术学术讨论会论文.河北工学院科技情报研究所,1987.
[11] 上島寉也.スーパークリーンルームにおける超高性能フイルタと性能.空気調和と冷凍,1984,24(1):163－172.
[12] James Burnett(美国微量污染控制学会理事长).杜春林译,陈长镛校.1级洁净室的鉴定.洁净室设计施工验收规范汇集.洁净厂房施工及验收规范编制组,1989:303－304.
[13] 许钟麟.成品率和洁净环境的级别之间的关系.力学与实践,1981,3(1):45－49.
[14] 姚国梁.用落菌法测定无菌室洁净度的探讨.同济大学,1981.
[15] 佐野倸.烟霧體の生成.空気清浄,1971,9(5):2－11.
[16] 佐藤英治.エアロゾル技術入門.建築設備と配管工事,1971,9(8):47－63.
[17]《尘埃粒子计数器性能检验方法》编制说明.中国建筑科学研究院空气调节研究所,1983.
[18] 理查德·丹尼斯,等(美).气溶胶手册.周金琴等译.北京,1981:131－132.

第二章　室外空气中的悬浮微粒——大气尘

大气尘是空气净化的直接处理对象。我们不仅应该明了空气洁净技术中的大气尘的概念，而且应该明了其来源、成分、浓度和分布等方面的情况。

当掌握了微粒的一般分布特性以后，就便于进一步研究室外空气中的悬浮微粒即大气尘的若干性状。

2-1　大气尘的概念

广义的大气是指包围地球的全部空气；狭义的大气是指人、物所暴露的室外空气，即环境空气。

广义大气中的悬浮微粒习惯称大气气溶胶；狭义大气中的悬浮微粒习惯称大气尘。

大气尘也可分为狭义大气尘和广义大气尘。

早期关于大气尘的概念[1]是指大气中的固态粒子，即真正的灰尘，这就是狭义的大气尘；后来又有人[如德国的荣格(Junge)]提出大气尘是粗分散气溶胶的概念[1]，但这一概念也是不完全的[2]，因为用人工方法或者大气中发生的自然方法可以形成分散度极高的灰尘。所以，大气尘的现代概念不仅是指固体尘，而是既包含固态微粒也包含液态微粒的多分散气溶胶，是专指大气中的悬浮微粒，粒径(指空气动力学直径)小于 10μm，这就是广义的大气尘。这种大气尘在环境保护领域被叫做飘尘，以区别于在较短时间内即沉降到地面的落尘(沉降尘)。所以空气洁净技术中的大气尘的概念和一般除尘技术中的灰尘的概念是有所区别的。空气洁净技术中的广义的大气尘的概念也是和现代测尘技术相适应的，因为通过光电的办法测得的大气尘的相对浓度或者个数，是同时包括固态微粒和液态微粒的。在美国和日本，和这种广义大气尘概念相对应的是，10μm 以下称“浮游粒子状物质”或者“环境气溶胶”，这是由美国环保局(U.S. EPA)和日本浮游粉尘环境标准专门委员会规定的，这一名称是对浮游粉尘和浮游微粒的统称[3]。

我国《大气环境质量标准》(GB 3095—82)中所称的“总悬浮颗粒物”(TSP)，则是既包括10μm 以下的悬浮微粒，又包括 10～100μm 的沉降微粒。对 10μm 以下的悬浮微粒，我国过去称之为飘尘，现在改称可吸入颗粒物(IP)，以 PM_{10} 表示。在环境科学中，一般以 2.5μm 或 2μm以下为细颗粒物，以上为粗颗粒物。在美国标准中，TSP 只包括 0～40μm 的颗粒物。

大气尘的概念除以一次微粒为主体外(见后面发生源部分)，现代已扩展到二次微粒，它是由各种污染源排出的气态污染物经过冷凝或在大气中发生复杂的化学反应而生成的。

大气中的气态污染物有

硫化物——SO_2、H_2S

氮化物——NO、NH_3

碳氧化物——CO、CO_2

碳氢化合物——HC

卤素化合物——HF、HCl

形成的二次微粒主要为硫酸盐、硝酸盐和半挥发性有机物等，其中硫酸盐很稳定，而硝酸盐、半挥发性有机物则在气、粒之间主要随温度而转化，如温度低于15℃时，大部分硝酸盐以硝酸铵微粒形式存在。所以秋冬季大气尘中这类微粒浓度高于夏季。

上述这些二次微粒的空气动力学直径主要在2.5μm以下，以$PM_{2.5}$表示，是最近关于大气尘的研究前沿。

2-2　大气尘的发生源

2-2-1　自然发生源和人为发生源

大气尘的来源有自然发生源和人为发生源。

在自然发生源中：有因为海水喷沫作用而带入空气中的海盐微粒，可深入陆地数百公里，90%则降于海上；有风吹起的土壤微粒；有森林火灾时放出的大量微粒；有火山喷发过程中产生的微粒；有来自宇宙空间的流星尘；还有植物花粉等。

在人为发生源中，近代工业技术发展造成的大气污染占主要地位。西方国家从14世纪用煤代木材作为能源便开始了大气污染时代，这属于煤烟型，是大气污染第一阶段。在燃料中煤的灰分最大，一般占总重量的20%以上，石油的灰分极少，以石油代煤后，煤烟少了，但产生的二氧化硫在高空和水汽相遇，经太阳光等复杂作用，变成硫酸雾，这种燃油型污染，就是大气污染的第二阶段。随着燃油工业的进一步发展和汽车数量的增加，排出的光化学氧化剂急剧上升，这是燃烧排出的氮氧化合物与碳氢化合物之间发生的一系列复杂反应而产生的臭氧、过氧酰基硝酸盐和其他一些物质。这些物质经过太阳紫外线照射而产生一种有毒的烟雾，这就开始了大气污染的第三阶段光化学烟雾时代。使用柴油发动机虽然基本上不产生碳氢化合物，避免了光化学反应，但仍然产生烟雾。

从北极冰床中测得的尘埃量和铅含量的变化就是上述近代资本主义工业发展造成的大气污染的一个重要来源的佐证，铅等重金属元素是大气传输路径的很好的示踪物质。

图2-1表明冰床样品中从19世纪初到20世纪60年代的尘埃含量的变化[4]，1930年以后冰床中的尘埃量急剧增加和这个时期以后资本主义国家滥用能源的趋势相一致。

图2-2[4]的上部曲线表明北半球铅的精炼年产量的变化；下部曲线表明北极冰床中含铅量的变化；公元前800年1kg冰中含0.001μg铅，从200年前起增加了。该冰床样品取于北极的腹地，而铅的精炼大部分也在北半球中纬度。从图中可见，这两条曲线的趋势也是很一致的。

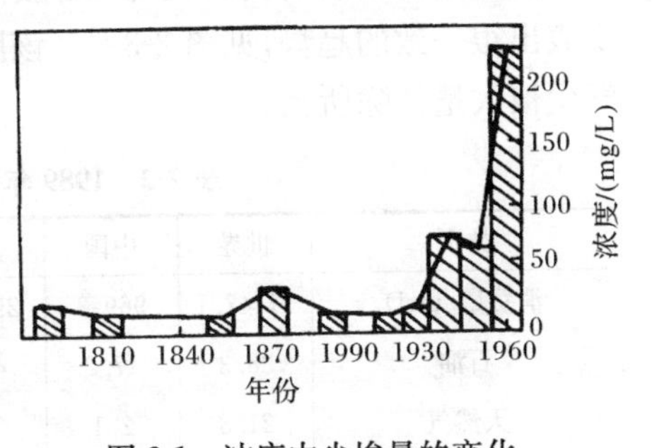

图2-1　冰床中尘埃量的变化

据报载，20世纪90年代，我国科学家对北极中心区积雪内铅含量的测定结果也表明，来自欧洲、北美西部和俄国中部及远东的污染已占到该地区铅含量的90%以上[5]。

和工业污染有关的大气尘来源除上述铅的精

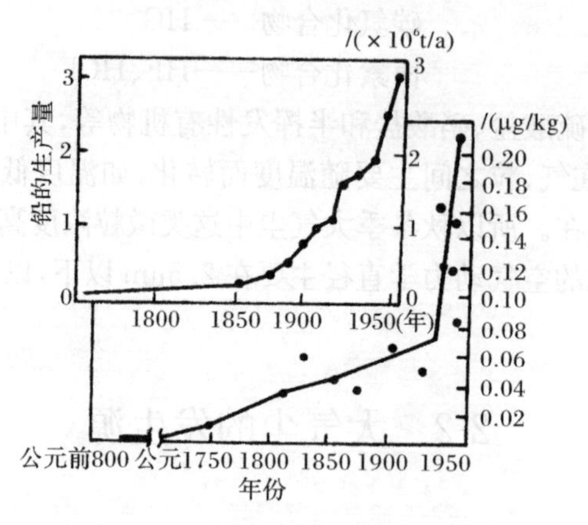

图 2-2　北极冰床中含铅量的变化

炼生产以外，主要如表 2-1 所列。

表 2-1　大气尘污染源

发尘装置	粉尘性质
锅炉	焦渣、飞灰、煤粉
水泥窑	石粉、水泥
矿石烧结炉	金属硫氧化物、飞灰、矿石粉
熔矿炉	矿石粉、焦炭粉、矿渣
炼钢平炉	氧化铁
窑	飞灰、煤粉
转炉	渣
烧废炉	渣、飞灰、炭渣
硫酸设备	硫酸烟雾
矿石粉碎	矿石粉

我国的大气尘人为发生源主要来自煤烟型大气污染，这从表 2-2[6]也可看出，燃煤在我国能源构成中占绝对首席位置，据 2001 年中国环境年鉴(中国环境年鉴社出版)，2000 年我国燃煤 81188×10^4 t，燃油 2890×10^4 t。另外有人计算一例，扣除了云量和水汽对太阳辐射能散射之后的反映大气气溶胶混浊程度的所谓混浊因子，发现它和工业耗煤量确实表出很一致的趋势，见图 2-3[7]。该图表明只在 1965 年例外，因该年降水频率较高，大气尘被大量清除所至。

表 2-2　1989 年世界各国一次能源消费及构成

类别	世界	中国	美国	前苏联	前联邦德国	法国	英国	日本
消费量/utcD	11447.1	969.3	2927.8	2023.0	383.5	299.4	285.6	630.7
石油	38.3	17.2	41.9	31.3	40.3	42.8	34.9	57.8
天然气	21.3	2.1	24.0	39.6	17.0	12.0	23.6	10.2
煤	27.8	75.8	23.3	20.9	27.6	9.4	31.6	17.8

续表

类别	世界	中国	美国	前苏联	前联邦德国	法国	英国	日本
水电	7.0	4.9	3.5	6.3	1.4	33.8	2.2	4.7
核电	6.6	—	7.0	6.3	12.5	33.8	7.7	9.5
其他	—	—	0.3	1.9	1.2	2.3	—	—
总计	100.0	100.0	100.0	100.0	100.0	100.0	100.0	100.0

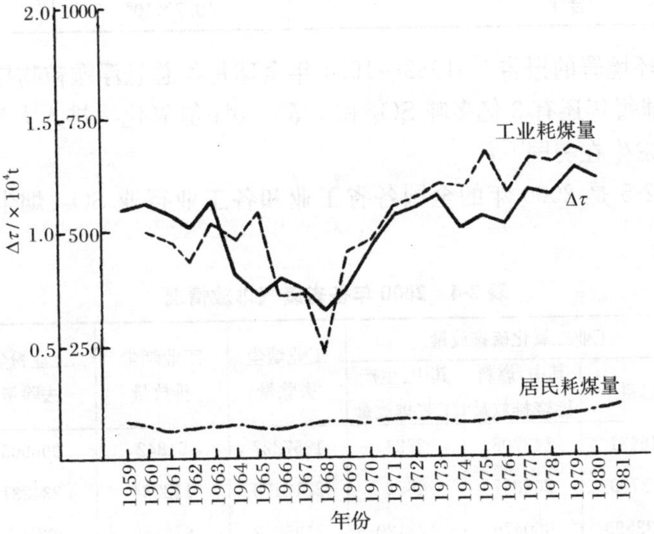

图 2-3　某工业城市 20 年大气气溶胶混浊因子 $\Delta\tau$ 与燃煤量关系

2-2-2　大气尘的发生量

对于各种发生源产生大气尘的量的估计很不一致，例如，对自然发生源中风尘的估计相差可达 10 倍，对人为发生源中煤粉尘的估计也可相差数倍，因为目前每烧 1t 煤至少排入大气 3kg 粉尘，如果燃烧不好，将达 11kg。

表 2-3 就是对大气尘发生量的一种估计[4]。从表中可见，大气尘的 70%是由风化产生的。人为发生源的数量仅占总量的 6%，这是因为表中关于工业污染的数量取得偏小，否则，再考虑到海盐粒子实际上大部分只降于海上而不计入，则由于工业污染产生的大气尘可达大气尘总量的 25%～30%。

表 2-3　大气尘的发生量

尘源类别			发生量/(t/d)	百分率(最大值)
自然发生源	直接	海盐微粒	3×10^6	28
		风尘	$2\times10^4\sim10^6$	9.3
		森林火灾	4×10^5	3.8
		火山喷发	10^4	0.09
		流星尘	$5\times10\sim5.5\times10^2$	
	间接	植物活动(如散布花粉)	$5\times10^5\sim3\times10^6$	28
		硫、氮的循环等	3×10^6	24.1
	小计		10.1×10^6	

续表

尘源类别			发生量/(t/d)	百分率(最大值)
人为发生源	直接	燃烧及工业	$1\sim3\times10^5$	2.8
		风尘(由于农耕引起)	$10^2\sim10^3$	0.009
	间接	从气体产生气溶胶的机构发生的	3.7×10^5	3.453
	小计		6.7×10^5	—
合计			10.7×10^6	—

根据联合国环境署的报告[8],1982~1984 年全球每年总悬浮颗粒物排放量可达 1.35×10^8t。现在全球每年还有 3 亿多吨 SO_2 和 1.5×10^4t 氮氧化物排入大气。在这些排放量中,2.7×10^8t 发生在美国[9]。

表 2-4 和表 2-5 是 2000 年的全国各省工业和各工业行业 SO_2、烟尘和粉尘的具体排量[10]。

表 2-4 2000 年各省废气排放情况 (单位:t)

地区	工业二氧化硫排放量			工业烟尘去除量	工业烟尘排放量	工业粉尘去除量	工业粉尘排放量
	总量	其中:燃料燃烧排放量	其中:生产工艺排放量				
北京	146431	143708	2723	1357227	51842	996605	93681
天津	213709	208857	4852	2312175	112234	234231	37911
河北	1133599	960479	173120	7195272	672176	2979927	812663
山西	902681	748396	154285	6416287	791100	1771044	504133
内蒙古	506309	452201	54107	4528710	303292	587030	175644
辽宁	705672	592624	113047	8610888	547223	3087312	429231
吉林	201688	176371	25317	4544264	283006	1161732	123792
黑龙江	221670	208186	13484	6428612	409337	502422	103853
上海	326804	319895	6910	3083548	83153	2180813	26941
江苏	1140991	1050967	90024	7254087	374737	2104759	256790
浙江	561847	510230	51616	4195609	247096	2049220	489627
安徽	350625	277820	72805	3362890	243493	1352453	284977
福建	214338	191303	22134	1320414	103539	1346911	187076
江西	288108	216013	27099	2893533	234059	1223416	343351
山东	1460902	1383218	77684	9027355	543067	5059711	745589
河南	747384	635699	111685	7182665	690618	2927880	817734
湖北	508218	406499	101719	2215959	321461	2331507	410286
湖南	626494	402091	224403	2007277	381268	1737738	639667
广东	881556	805697	75859	5704256	264453	2517735	579895
广西	800485	646803	153682	2435335	590999	2668408	567717
海南	20178	17459	2719	231497	18078	121642	13470
重庆	664240	640615	23625	1457313	121783	446098	220127

续表

地区	工业二氧化硫排放量			工业烟尘去除量	工业烟尘排放量	工业粉尘去除量	工业粉尘排放量
	总量	其中:燃料燃烧排放量	其中:生产工艺排放量				
四川	994064	865646	128417	2284428	798910	1852488	559794
贵州	642490	576358	66132	2780444	342453	480781	406234
云南	323853	258732	65121	1496724	232566	1073720	122818
西藏	756	453	303	613	1150	14	2114
陕西	553738	508220	45519	2477843	371908	410829	377237
甘肃	311878	148374	163504	1499372	124768	820292	146347
青海	20177	14805	5372	318724	63810	110119	41658
宁夏	174155	160773	13382	1677833	125537	120093	132781
新疆	187689	158746	28942	872389	83978	538630	112574
全国总计	16125100	14025509	2099594	107173542	9533292	44795560	10920000

表 2-5 2000 年各工业行业废气排放情况 (单位:t)

行业	工业二氧化硫排放量			工业烟尘去除量	工业烟尘排放量	工业粉尘去除量	工业粉尘排放量
	总量	其中:燃料燃烧排放量	其中:生产工艺排放量				
采掘业	330828	238037	92791	1655379	215467	1004377	91715
食品、烟草及饮料制造业	410355	404782	5573	1255696	259855	66328	14456
纺织业	257114	256848	266	657646	119069	11884	2557
皮革、毛皮、羽绒及制品业	12922	12908	14	18869	8503	82	631
造纸及纸制品业	337932	334955	2977	2119467	209454	24349	37298
印刷业、记录媒介复制	5166	5141	25	8874	2358	726	667
石油加工及炼焦业	378174	191166	187007	1052490	247596	126832	54238
化工原料及化学制品制造业	822717	655390	167328	3599665	42074	512574	103298
医药制造业	64502	63167	1335	274577	38058	623	204
化学纤维制造业	150207	147778	2429	969219	55272	140859	14756
橡胶制品业	46717	46706	11	167590	15050	2787	442
塑料制品业	14831	14208	623	23496	8785	3170	28217
非金属矿物制造业	2339533	1624100	714433	2479675	2423926	29166560	8241758
其中:水泥制造业	1003428	353119	650309	2123910	409552	28385848	7682081
黑色金属冶炼及压延业	755249	368504	386844	2216228	289663	10811449	853460
有色金属冶炼及压延业	715013	212475	502538	2224449	217654	2182243	115473
金属制品业	73126	71971	1155	71627	29384	6249	93952
机械、电气、电子设备制造业	215051	195741	19310	776460	117813	252729	32857
电力煤气及水的生产供应业	7199554	7186238	13316	86876648	301312	211173	24577
其他行业	1477161	1475542	1619	725486	1841447	270565	55155

图 2-4 是根据《中国环境年鉴》历年的数据整理出的 SO_2、烟尘和粉尘全国排放量的变化，工业排放量约是其 65%～85%。以烟尘为例，1997 年有一高峰，然后呈下降趋势。

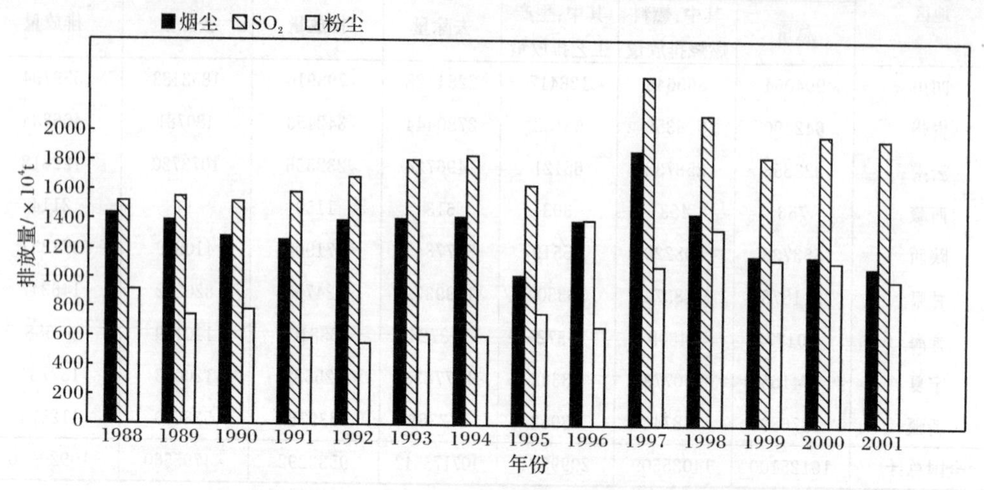

图 2-4　1988～2001 年全国废气中主要污染物排放情况

2-3　大气尘的组成

表 2-3 所引大气尘的组成和发生量是就世界范围内的平均而言，而对某一地区，特别是工业城市及其近郊，问题要复杂得多，其成分和数量因季节、地点等不同而差别很大。

2-3-1　无机性非金属微粒

大气尘中的无机性微粒主要有矿物（包括砂土）的碎屑、煤粉、炭黑和金属。图 2-5 是有代表性的工业城市大气尘（冬季）的电子显微镜照片[11]，其组成主要是砂土、炭黑和结晶性的固体物质以及少量纤维。照片中的丝絮状微粒即是煤、油等燃料在不完全燃烧时产生的煤粒子。

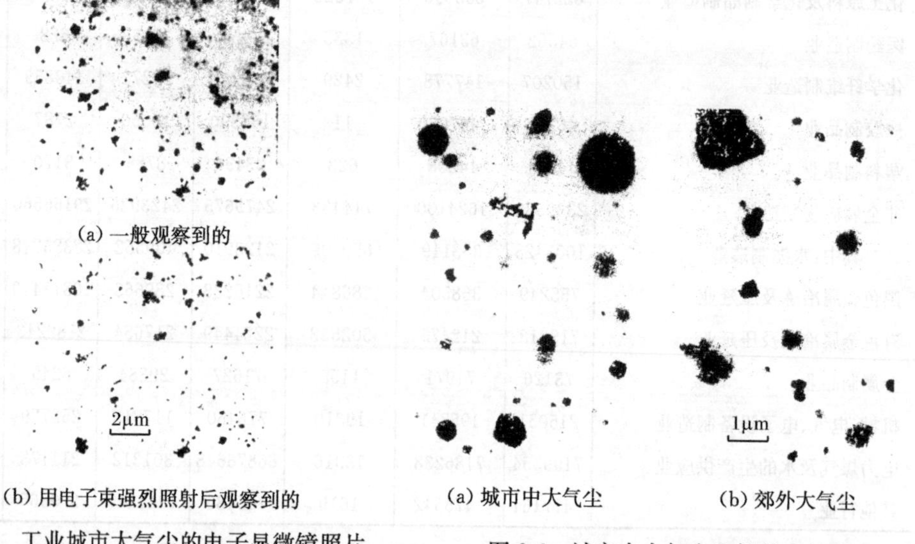

(a) 一般观察到的

(b) 用电子束强烈照射后观察到的

图 2-5　工业城市大气尘的电子显微镜照片

(a) 城市中大气尘　(b) 郊外大气尘

图 2-6　城市中大气尘和郊外大气尘

在郊外大气尘中，由于从烟囱和汽车排气中放出的不完全燃烧的煤或炭黑粒子很少，所以丝絮状微粒也就很少，在图 2-6 的左右对比中可以看出这一点[12]。图 2-7 和图 2-8 也反映出这种不完全燃烧产生的煤或炭黑粒子的丝絮状形态[12]。这是鉴别工业大气尘的一个重要依据。这种微粒通常只有 0.01～1μm。图 2-9 则是这种形态的细部放大[13]。

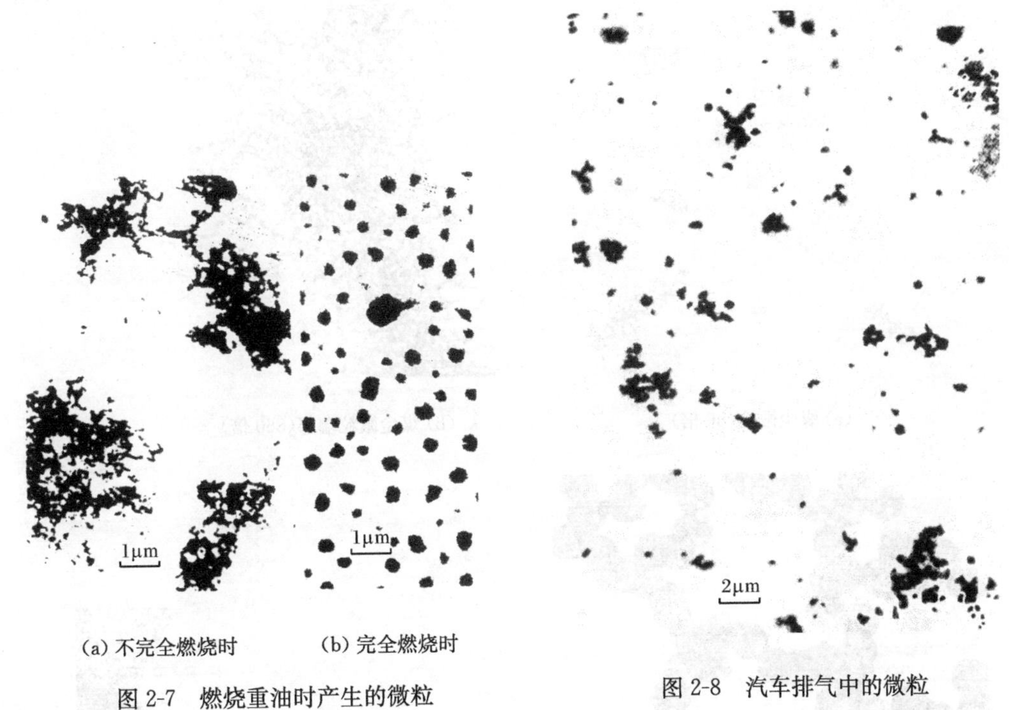

(a) 不完全燃烧时　(b) 完全燃烧时

图 2-7　燃烧重油时产生的微粒

图 2-8　汽车排气中的微粒

对于污染严重常发生光化学烟雾的城市，大气尘的性状有所不同，这时微粒一般较大，大部分为胶态物质，经过强电子束照射后，仅有少量固态微粒残留下来，几乎大部分蒸发掉。图 2-10 就是这种大气尘的照片[11]，看上去比较透明。这和图 2-5 的污染较轻、没有光化学烟雾的大气尘不同，图 2-5 中经过和不经过电子束照射是看不出什么差别的。

光化学反应时产生的化学物质的微粒，对一般材料的侵蚀作用很大，是大气尘中很有害的成分。图 2-11 表明了这种侵蚀作用的程度[11]。图(a)是将这种微粒捕集到碳膜上，可见其微粒状物质还保持球形，说明对碳没有什么侵蚀作用。图(b)是将这种微粒捕集到铜膜上，可见对铜膜侵蚀(微粒周围白的部分)很强。图(c)是将这种微粒捕集到铁膜上，可以看到只在尘粒周围有些侵蚀，另可见液滴飞散的痕迹。

2-3-2　金属微粒

大气尘中金属成分和工业发展有很大关系，这些年工业发达国家的大气尘中发现金属特别是重金属(铅、镉、铍、锰、铁等)的含量高；使用特种燃料的城市，大气尘中还发现钒或砷；在铁锰工厂附近的大气尘中，铁和锰的浓度很高；汽车废气中和铅熔炼厂、铅蓄电池厂都排出铅和锌；冶炼厂、灯泡厂和核动力厂的大气尘中有铍。图 2-12 是河北兴隆地区大气尘的 X 射线光谱[14]，表明多种金属成分的存在。

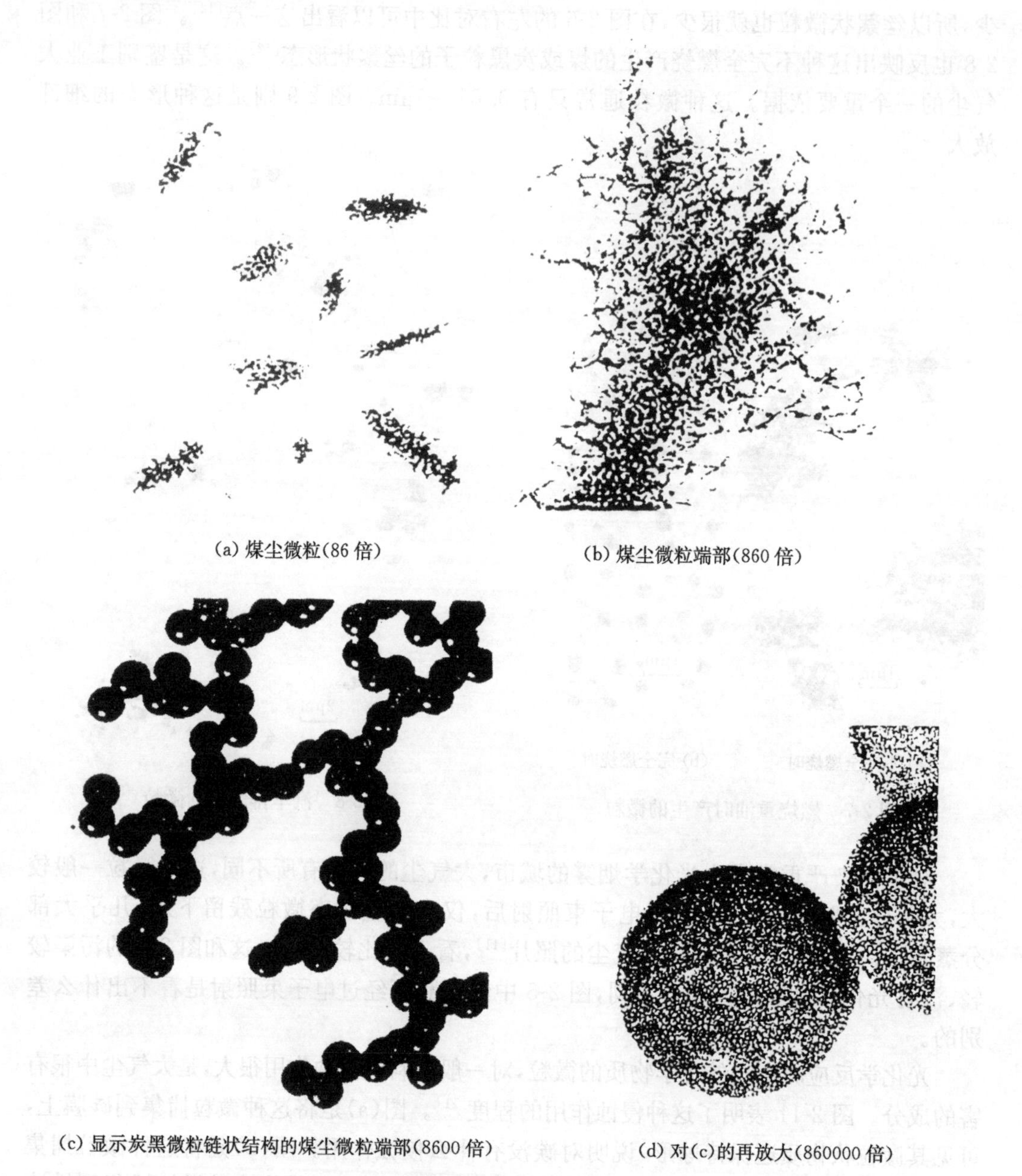

(a) 煤尘微粒(86 倍)　(b) 煤尘微粒端部(860 倍)

(c) 显示炭黑微粒链状结构的煤尘微粒端部(8600 倍)　(d) 对(c)的再放大(860000 倍)

图 2-9　煤尘微粒(0.01～1μm)的显微镜照片

表 2-6[13]、表 2-7[15]和表 2-8[16]列出了大城市大气尘的金属成分数据，可以看出，凡是汽车排气污染严重的，大气尘中铅含量均显著高于其他元素。

表 2-9 是铅微粒含量的实测数据之一[13]。

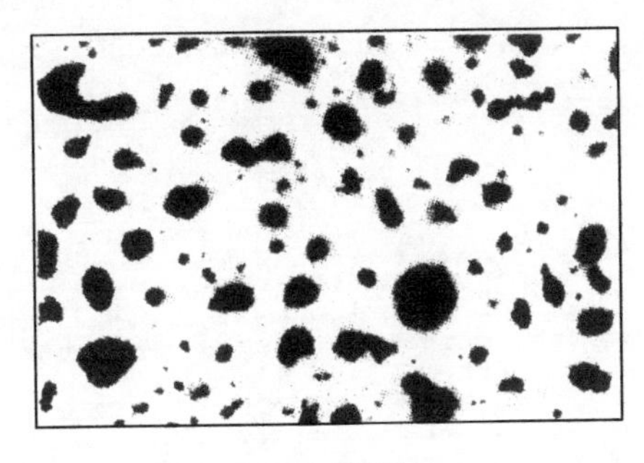

(a) 电子束照射前　　(b) 电子束照射后

图 2-10　电子束照射前后光化学烟雾的大气尘

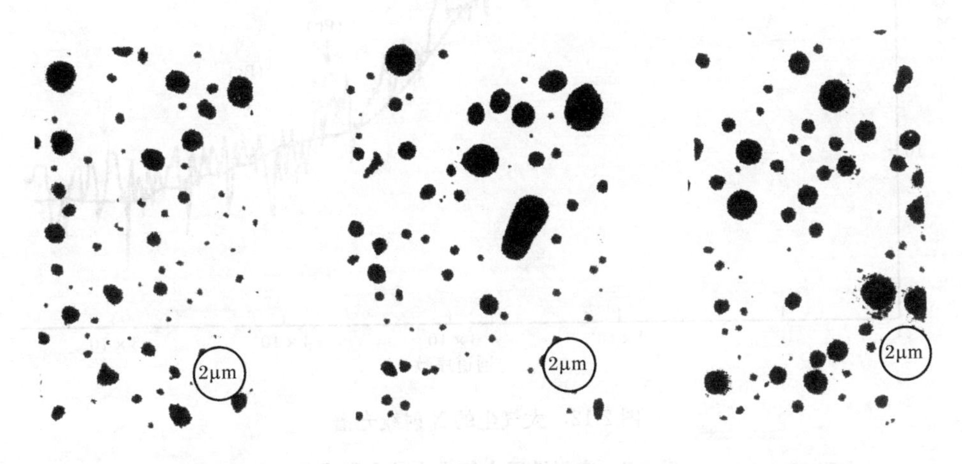

(a) 碳膜上捕集的微粒　　(b) 铜薄膜上捕集的微粒　　(c) 铁薄膜上捕集的微粒

图 2-11　光化学反应产生的微粒的侵蚀作用

表 2-6　美国洛杉矶大气尘中的金属成分

成分	浓度/(μg/m³)	成分	浓度/(μg/m³)	成分	浓度/(μg/m³)
Pb(铅)	8.3	Cu(铜)	0.45	V(钒)	0.034
Mg(镁)	8.1	Mn(锰)	0.19	As(砷)	0.01
Fe(铁)	6.2	Ti(钛)	0.19	Ag(银)	<0.001
Na(钠)	4.2	Sn(锡)	0.08	Be(铍)	0.0002
K(钾)	3.9	Sr(锶)	0.09		

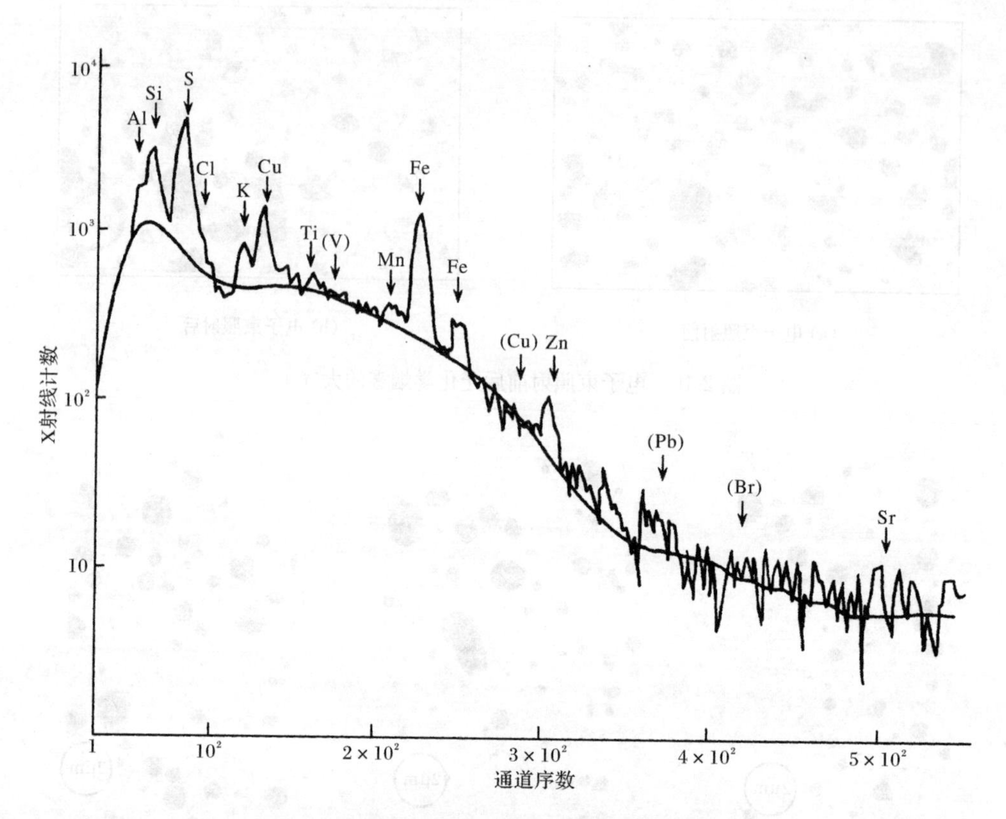

图 2-12 大气尘的 X 射线光谱

表 2-7 广州地区大气尘中的金属成分

成分	浓度/(μg/m³)					
	1	2	3	4	5	6
Cu(铜)	0.25	0.12	0.18	0.13	0.14	0.17
Zn(锌)	0.18	0.26	0.55	0.088	0.87	0.18
Pb(铅)	0.16	0.11	0.18	0.16	0.074	0.025
Mg(镁)	0.091	0.11	0.075	0.079	0.060	0.17
Sn(锡)	0.075	0.0092	0.017	0.018	0.013	0.0076
Mn(锰)	0.043	0.018	0.026	0.071	0.015	0.019
Sb(锑)	0.0054	0.0026	0.0037	0.0026	0.0031	0.0017
Cd(镉)	0.0051	0.0018	0.0031	0.0024	0.0020	<0.0013
Cr(铬)	0.0026	0.0014	0.0026	0.0013	0.0010	0.0023
Bi(铋)	0.0019	0.0055	0.0075	0.0013	0.0038	0.000042
V(钒)	0.0018	0.00067	0.00060	0.0010	0.00038	0.00090
Ag(银)	0.0010	0.00092	0.0011	0.0013	0.0047	0.00012
Be(铍)	0.00075	0.00023	0.00027	0.00018	0.00015	0.00013

表 2-8　不同城市大气尘中的金属元素含量比较　（单位：μg/m³）

元素	上海	北京	天津	重庆	兰州(冬)
Ni(镍)	0.0457	0.0097	0.0238	—	—
Mn(锰)	0.5614	0.1468	0.1994	0.135	0.3696
Fe(铁)	8.7309	4.3008	7.1549	3.51	7.9685
Pb(铅)	0.4772	0.2429	0.2436	0.36	0.4731
Cd(镉)	0.0159	0.0043	0.0045	—	—
Cr(铬)	0.0319	0.1524	0.0259	—	—
Cu(铜)	0.2056	0.0295	0.0895	0.075	0.1645
Zn(锌)	3.3140	0.3585	0.7098	0.36	1.0168
Na(钠)	2.7262	0.6408	0.9964	4.85	—
Al(铝)	4.4316	8.5446	—	9.6	8.6762
V(钒)	0.0188	0.0665	—	—	0.0284

表 2-9　汽车排气中铅化物微粒含量

粒径/μm	个数	个数百分数/%	质量百分数/%
0～1	724	72.4	6.5
1～2	211	21.1	26.6
2～3	48	4.8	30.4
3～4	12	1.2	22.8
4～5	5	0.5	13.7

对于工业产品来说，大气尘除了具有一般尘粒所有的危害作用之外，特别是金属微粒的危害更大。例如轻金属的Na，对半导体器件十分有害，在做半导体器件的硅片表面如果玷污上的Na量达到3.6×10¹¹钠原子/cm²以上，器件电性能就受到影响。图2-13表明表面有无钠污染对集成电路特性的影响程度[17]。曲线2是纯净硅片，曲线1是受钠污染的硅片。一颗70μm的NaCl微粒，就包含足以在整个硅片表面产生一个单层Na污染的成分[18]。在临海城市建设洁净厂房特别要注意这一点，这种地区NaCl微粒对大气尘的贡献可以高达20%，例如我国秦皇岛大气尘中，5月份海盐成分占到2.48%～8.01%(11.18～24.15μg/m³)，6月份则占到14.1%～18.9%(27.19～47.62μg/m³)[19]。

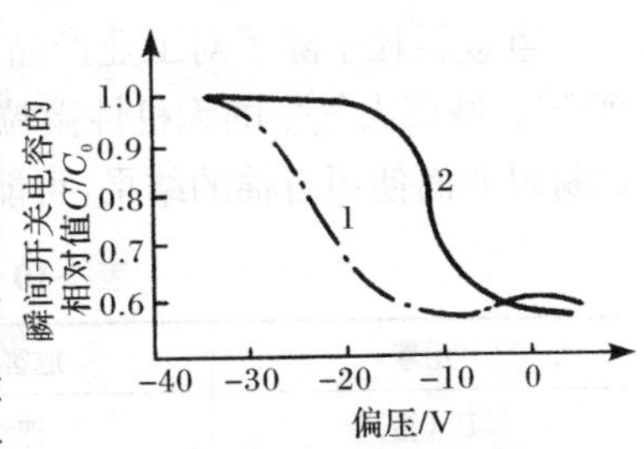

图 2-13　钠污染对集成电路 C-U 特性的影响

图2-14是大气尘中NaCl微粒质量分布一例[20]，可见按质量计，大气尘中大多数海盐微粒直径在5μm左右。图2-15则是用人工海水(NaCl和$MgCl_2$的质量比为0.82∶0.18)喷雾，然后在60%相对湿度下干燥形成的NaCl微粒的粒径分布[20]，粒径比自然的略小。

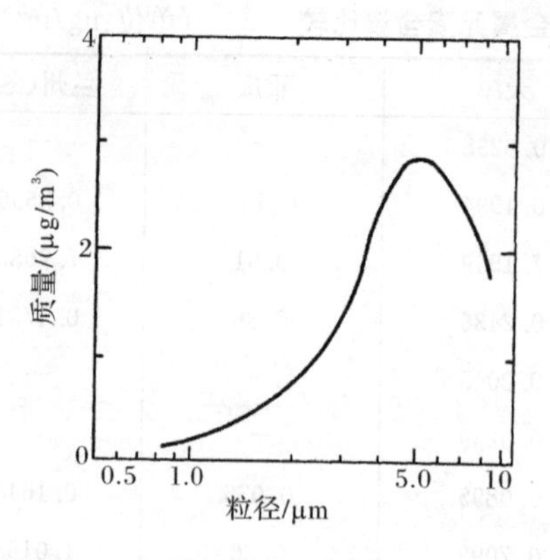

图 2-14　大气尘中 NaCl 微粒质量分布

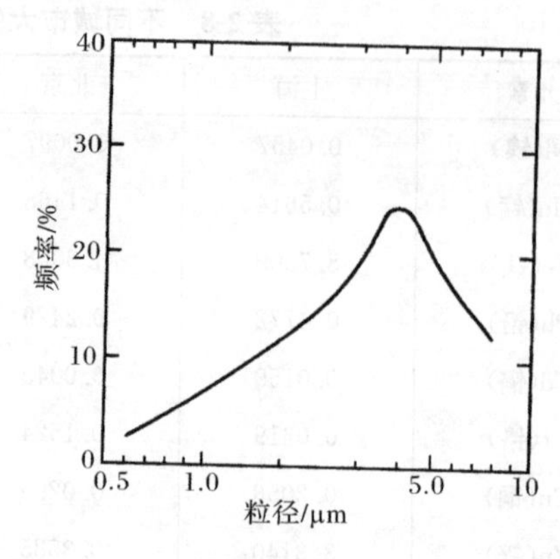

图 2-15　人工喷雾的 NaCl 微粒质量分布

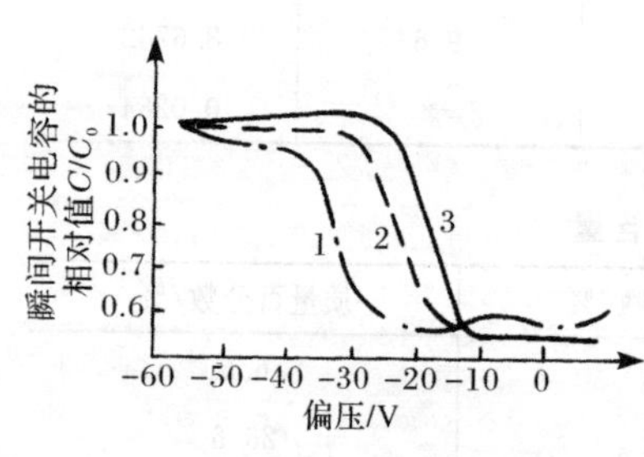

图 2-16　重金属对集成电路 C-U 特性的影响

大气尘中的重金属的影响更广泛。仍以做半导体器件的硅片来说，当其表面上的铁、铜、银的浓度从 10^{11} 原子/cm² 变化到 10^{13} 原子/cm² 时，有效电荷值要变化 2～2.5 倍，如图 2-16 所示[17]。图中曲线 1、2、3 分别代表硅片上重金属表面浓度为 10^{13} 原子/cm²、10^{11} 原子/cm²、10^{4} 原子/cm²。彩色电视显像管时代，重金属对它是不利的，当在这种显像管涂用的荧光粉中玷污了重金属杂质后，往往使显像管的发光特性发生变化。这是因为侵入荧光粉结晶的重金属产生新的能级，成为新的发光中心，若所激发的光带在可见光部分，荧光粉就会变色，若不在可见光部分，就会使亮度下降。

重金属粒子除了对工业产品有害以外，还对人体有特殊的危害，其结果如表 2-10 所列[21]。城市大气尘的无机性微粒中，由于在制动器和离合器的材料、建筑材料和防火隔热材料方面使用石棉的结果，可能使致癌的石棉微粒增加，这应引起足够的重视。

表 2-10　大气尘中重金属成分对人的危害

元素	危害的部位与疾病	英国和美国一般城市的浓度/(μg/m³)
Pb(铅)	神经、肠胃、贫血	0.2～0.3
Zn(锌)	肠胃、肺病、皮炎	0.004～0.25
Cr(铬)	肺、癌、皮炎	0.002～0.02
Co(钴)	肺、心、皮炎	0.0007～0.004
Sn(锡)	肺、肝、神经、皮炎	0.01～0.03
Ti(钛)	肺、皮炎	0.01～1.0
Cu(铜)	皮炎	0.02～0.9
Ni(镍)	神经、肺、癌、皮炎	0.002～0.2
V(钒)	肺、皮炎	0.001～0.1
As(砷)	肺、神经、肝、肾、肠、皮癌	0.01～0.02
Be(铍)	肺、皮炎	0.0001～0.001
Mn(锰)	肺、神经	0.01～0.3
Mo(钼)	神经、贫血、发育不良	0.0005～0.006

2-3-3　有机性微粒

大气尘中属于自然的有机性微粒主要有植物花粉、纤维，动物毛、皮屑和排泄物等。在产棉和纺织业地区，大气尘中棉纤维的数量就显著高于别的地区。而更多的是属于人为的有机性微粒，主要有各种污染排放的碳氢化合物以及橡胶、塑料等粉粒。

这里着重提一下花粉。花粉在发生季节，其发生量还是很多的，从不到 1 万颗到 100 余万颗，平均在几十万颗左右。图 2-17 表明城市大气尘中含有花粉的情况[22]。大气尘中花粉的数量和季节有关，从图 2-18 可以看出春夏之交是花粉最多的时候[22]。花粉的微粒一般接近单分散，比较大，图 2-19 就是花粉的照片[22]。所以，在洁净厂房的环境绿化方面，对于树种是有所要求的，应选择绿化效果快、产生花粉较少和不产生花絮的树种。

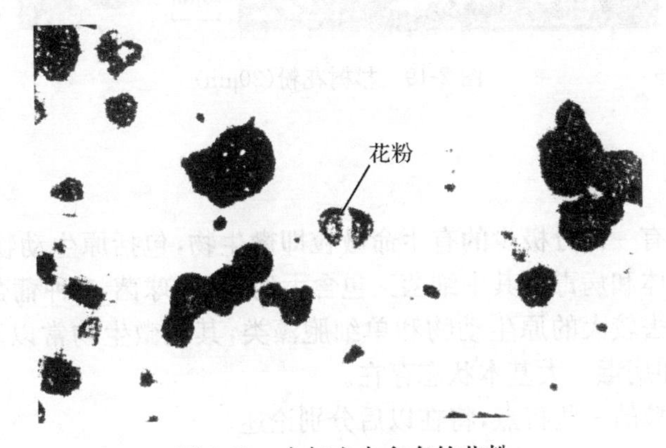

图 2-17　大气尘中含有的花粉

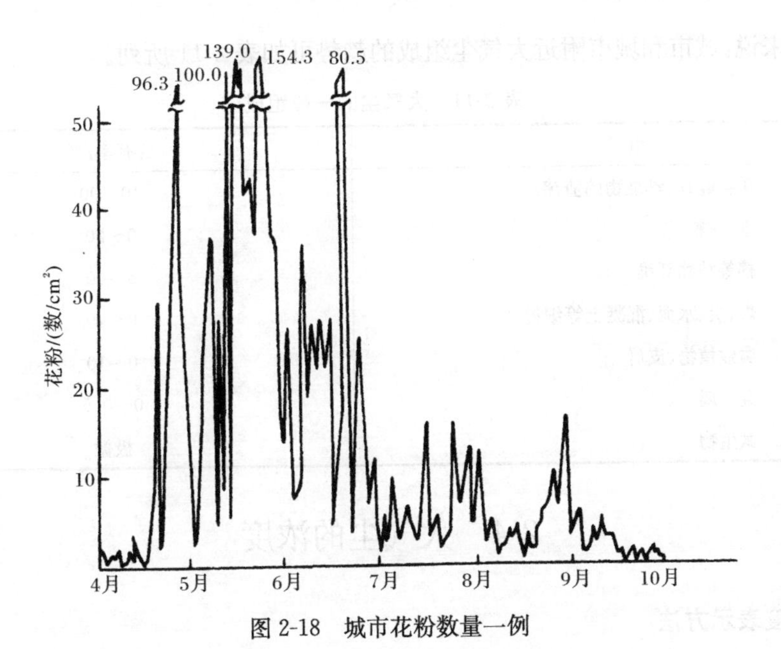

图 2-18　城市花粉数量一例

图 2-19　杉树花粉(30μm)

2-3-4　有生命微粒

在大气尘中还有一部分极少的有生命微粒即微生物,包括原生动物、单细胞藻类、菌类、细菌、立克次氏体和病毒。其中细菌又包含大约 20 种球菌,8 种葡萄球菌,37 种杆菌和 7 种芽生菌。除去较大的原生动物和单细胞藻类,其他微生物常以真菌孢子、细菌芽孢、菌团(繁殖体)和病毒 4 大基本状态存在。

关于有生命微粒的一些特点,将在以后分别论述。

2-3-5　大气尘的一般组成

一般来说,城市和城市附近大气尘组成的趋势可如表 2-11 所列。

表 2-11　大气尘的一般组成

组成	含有率/%
矿物碎片、燃烧物的渣滓	10～90
烟、花粉	0～20
棉等植物纤维	5～40
煤、炭、水泥、混凝土等细粉	0～40
腐败植物、皮屑	0～10
金　属	0～0.5
微生物	极微

2-4　大气尘的浓度

2-4-1　浓度表示方法

大气尘的浓度一般有三种表示方法:

(1) 计数浓度。以单位体积空气中含有的尘粒个数表示，记作粒/L。

(2) 计重浓度。以单位体积空气中含有的尘粒质量表示，记作 mg/m^3。

(3) 沉降浓度。以单位时间单位面积上自然沉降下来的尘粒数或者质量表示，记作粒/(cm^2 · h)或者 t/(km^2 · 月)。

大气尘的浓度变化很大，为了科学地确定大气尘浓度，应该区分是瞬时(一次)值还是平均值，是最大值还是最小值，或者同时给出平均、最大和最小三个数值。在平均值里还应区分是 1h 平均、24h(日)平均或月平均值，时间越长的平均值应该越小；必要时还应指明连续平均的时间，例如连续 48h 的 1h 平均值，或者每天白天 8h 的 1h 平均值等。最大最小值也同样应指出其时间性即每日最大(小)值。

从环境卫生、工业卫生和一般空调角度讲，大气尘的浓度均采用计重浓度或者辅助以沉降浓度。在空气洁净技术中采用大气尘的计数浓度，但是计重浓度也有一定的参考价值，如计算过滤器负荷时还要用到它。

2-4-2　大气尘浓度的自然基础值

一般认为，地面 2km 以上的大气尘浓度可视为其自然基础值，如表 2-12 所示。

表 2-12　大气尘浓度基础值(粒/L)

地点	全粒径	0.5μm 以上	0.3μm 以上	5μm 以上	花　粉	病　毒	细　菌	霉　菌	孢　子
大洋上	210000	2500	7500	28	—		—	—	—
同温层：									
10km	35000	20	55	—	0.1	—	$(0.5\sim100)\times10^{-3}$	0.1～10	0～100
40km	5200	7	25	—	0.1	—	$(0.5\sim100)\times10^{-3}$	0.1～10	0～100

2-4-3　计重浓度

大气尘计重浓度标准的确定，主要考虑对人的健康特别是呼吸系统的影响，尘粒深入呼吸系统并在其中沉积的情况见表 2-13[23]和图 2-20[24]。

表 2-13　粉尘的粒径和深入呼吸系统的关系

粒径/μm	达到部位
30	达到背部气管，未达到分支部分以上
10	达到末端细支气管
3	达到肺泡道
1	在肺泡道和肺泡囊中大部分沉着(2.6%再呼出)
0.3	在肺泡囊大部分沉着(65%再呼出)
0.1	在肺泡囊大部分沉着(65%再呼出)
0.03	在肺泡道和肺泡囊大部分沉着(34%再呼出)

从对人的影响出发，一般考虑以下原则：

1) 对健康的影响程度

根据统计资料，确定大气尘计重浓度的变化对人的健康的影响程度，这应该是首要原则。

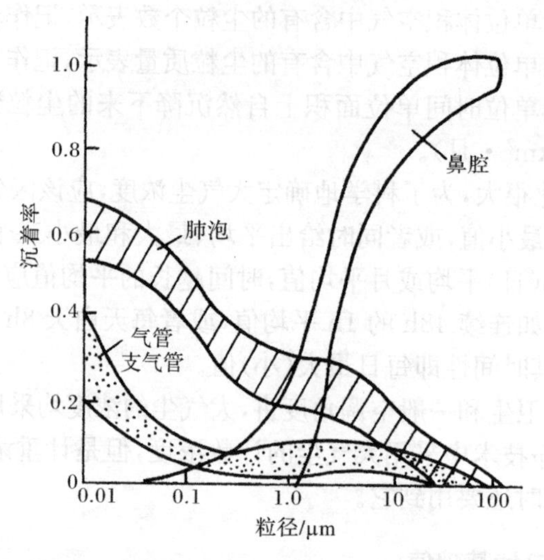

图 2-20　微粒按粒径在人的呼吸系统的沉积率

著名的英国伦敦雾死亡事件的统计数字非常形象地显示出大气尘计重浓度和死亡的关系，见图 2-21[13]。可以看出，计重浓度在 0.2～0.25mg/m³ 以上时，就不是一般的疾病问题，而是出现了死亡。

表 2-14 是根据一些国家的调查统计资料列出的大气尘计重浓度变化对人体健康的影响趋势，可见若以每日 24h 平均作标准，0.15mg/m³（150μg/m³）已经成为死亡的界限。

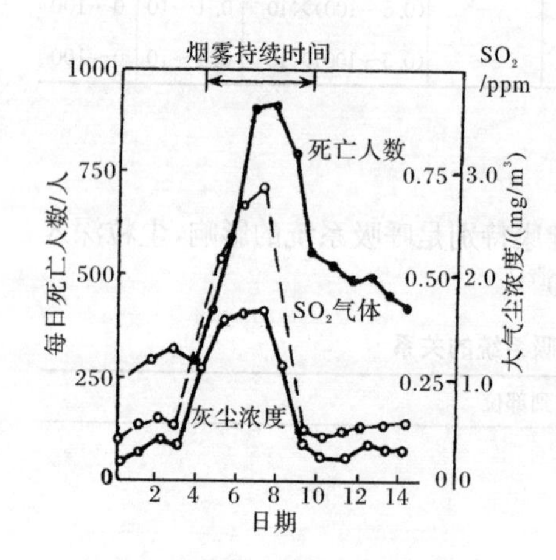

图 2-21　大气尘浓度和死亡的关系
1952 年 12 月伦敦

表 2-14　大气尘对人体健康的影响

大气尘浓度/(μg/m³)	影响
100(全年 24h 平均)	慢性气管炎等疾病增加，幼儿气喘
150(24h 平均)	病患者、体弱者、老人死亡增加
300(1h 平均)	视程不到 8km，飞行困难，死亡率增加
600(1h 平均)	视程不到 2km，交通事故、生病、死亡均增加
从 140 降到 60(年平均)	人的痰量也相对减少

从 20 世纪 90 年代开始，由于流行病学的研究，对空气动力学直径为 2.5μm（以 $PM_{2.5}$ 表示）微粒的浓度提出了要求。导致美国国家环保局（EFA）于 1987 年将原来的颗粒物指标由总悬浮颗粒物（TSP）修改为空气动力学直径小于或等于 10μm 的大气颗粒物即 PM_{10}，随后又于 1997 年再次修改大气质量标准，规定了 $PM_{2.5}$ 的最高限值。根据空气动力学直径定义（参见式(1-1)），$PM_{2.5}$ 所对应的真实微粒直径若密度大于 1，则应小于 2.5μm，若密度小于 1，则应大于 2.5μm。

2）给人是否有污染的自我感受程度

通过对一定人群的实验调查，确定自我感受有无污染和计重浓度的关系。表 2-15 所列调查材料[25]就是一例，证明计重浓度超过 0.15mg/m^3 可使多数人甚至绝大多数人感觉到有污染，所以很多国家把 0.15mg/m^3 作为污染的浓度界限，定为大气尘浓度的卫生标准和设计标准。

表 2-15　对污染浓度的调查

污染情况	回答比例	
	含尘浓度 0.1～0.15mg/m^3	含尘浓度 0.23～0.38mg/m^3
感到污染	10%	90%
不感到污染	90%	10%

世界卫生组织 WHO 则根据各国统计资料推荐总悬浮微粒的年均值不超过 0.06～0.09mg/m^3，日均值不超过 0.15～0.23mg/m^3[8]。

3) 不保证程度

根据经验、技术等因素约定的计重浓度不保证率(有人称危险率)，确定计重浓度的设计标准。

以一个地区来说，可在该地区选定几十个甚至上百个有代表性的点，每点每时测定一次，一年即有 8760 个数据，据此绘出计重浓度累积(筛上)分布曲线，确定在约定的不保证率下的计重浓度是多少。所谓不保证率即一年中有多少个小时或日的平均值是超过此计重浓度的，即以此浓度作为设计标准，例如美国居住区标准在不保证率为 5%时，该标准年日平均值为 0.15mg/m^3。不保证率的多少则根据必要性和经济技术条件确定，例如要求非常严格或经济条件允许时选用 2.5%的不保证率。不保证率对应的计重浓度是多少，则根据实际情况确定，例如日本在 1986 年发表的不保证提案所对应的浓度就比 1975 年发表的要低 10%～23%，见表 2-16[26]，这是因为随着环境的改善，大气尘浓度普遍降低了。

表 2-16　东京地区大气尘设计用计重浓度建议值的变化

等级	根据东京都实测结果的计算值/(mg/m^3)		建议设计值/(mg/m^3)				所对应的环境
			不保证率 2.5%		不保证率 5%		
	不保证率 2.5%	不保证率 5%	1975	1986	1975	1986	
1	～0.13	～0.09	0.16	0.13	0.13	0.10	空气新鲜的郊外
2	0.13～0.15	0.09～0.11	0.19	0.16	0.15	0.12	郊区
3	0.15～0.17	0.11～0.13	0.22	0.19	0.17	0.14	商业住宅区
4	0.17～0.19	0.13～0.15	0.25	0.22	0.19	0.16	商业街道
5	0.19～	0.15～	0.28	0.25	0.21	0.18	空气污染严重的市区

4) 颗粒物尺度

以上讨论的大气尘主要是指总悬浮颗粒物(TSP)。此处的颗粒物(PM)是环境科学的术语，通常将空气动力学直径在 2.5～10μm 之间的称颗粒物，在 0.1～2.5μm 之间的称细颗粒物，小于 0.1μm 的称超细颗粒物。本书均称微粒。

随着对流行病学的深入调查研究，各国制定的大气尘(颗粒物)计重浓度标准越来越多地和颗粒物尺度联系起来，证实了作者过去在书中所说的“将是一种趋势”。

但超细颗粒物(UF)即粒径小于 0.1μm 的颗粒物(即超微粒子)已引起科学界的关注,但现有的流行病学研究证据尚不足以推定其暴露-反应关系,所以通常以计数浓度表达的 UF 尚未成为空气质量标准的目标。

由于 PM_{10}代表了可进入人体呼吸道的颗粒物而在过去一段时间作为人群暴露的指示性颗粒物,所以大多数常规空气质量监测系统的数据均基于对 PM_{10}的监测。

据 WHO 2006 年发布的《空气质量准则及其制订依据》指出,PM_{10}的短期暴露浓度每增加 10μg/m^3 (24h 平均值),死亡率将增加 0.46%或 0.62%。当 PM_{10} 浓度达到 150μg/m^{3}时预期日死亡率将增加 5%。

美国国家环保局(EPA)于 1987 年将原来的颗粒物指标由总悬浮颗粒物(TSP)修改为空气动力学直径小于或等于 10μm 的大气颗粒物即 PM_{10}。

1982 年的中国国家标准《大气环境质量标准》(GB 3095—82)是以总悬浮颗粒物为标准的,该标准的 1996 年修订版改为《环境空气质量标准》(GB 3095—1996)将 PM_{10} 纳入标准。定义人群、植物、动物和建筑物所暴露的室外空气为环境空气。

但是研究表明,颗粒物对健康的影响主要是有机物的作用,而大气中的有机物的分布侧重于细颗粒。细颗粒易于富集空气中的毒重金属、酸性氧化物和有机污染物等,表2-17就是富集各种元素的情况[27]。

表 2-17　各种元素在不同尺度区间颗粒物中的分配比率

元素	6月			12月		
	$PM_{2.5}$	$PM_{2.5\sim10}$	$PM_{10\sim100}$	$PM_{2.5}$	$PM_{2.5\sim10}$	$PM_{10\sim100}$
K	55.22	20.34	24.43	43.39	12.62	43.99
Na	59.27	36.19	4.54	50.01	20.12	29.87
Ag	57.68	36.62	5.70	—		—
Al	39.58	44.54	15.88	36.19	32.99	30.82
As	57.70	41.18	1.12	41.77	20.70	37.53
Ba	29.70	34.59	35.72	53.02	29.68	17.30
Ca	28.85	42.71	28.44	34.80	32.98	32.22
Co	56.55	39.35	4.10	79.00	2.86	18.14
Cr	22.52	60.38	17.10	56.10	41.45	2.45
Cu	30.53	23.51	45.96	61.99	36.99	1.02
Fe	32.28	36.62	31.11	41.76	41.11	17.13
Mg	45.90	41.21	12.89	44.34	42.91	12.75
Mn	33.58	17.42	48.99	54.99	21.66	23.35
Ni	86.51	1.08	12.41	80.53	15.43	4.04
P	39.71	26.44	33.86	53.29	21.13	25.58
Pb	62.65	22.73	14.62	54.19	14.93	30.88
S	77.28	13.41	9.31	49.97	14.85	37.18
Se	60.90	26.79	12.31	38.31	16.41	45.28
Sn	91.03	8.18	0.79	44.37	52.07	3.55
Ti	44.16	42.34	3.50	41.18	18.62	40.20
V	62.31	35.71	1.98	42.70	13.67	43.64

续表

元素	6月			12月		
	$PM_{2.5}$	$PM_{2.5\sim10}$	$PM_{10\sim100}$	$PM_{2.5}$	$PM_{2.5\sim10}$	$PM_{10\sim100}$
Zn	58.50	13.20	28.30	66.73	23.05	10.22
平均	51.47	30.21	18.32	49.38	27.49	23.13

某些研究结果中观察到对生存率产生显著影响的 $PM_{2.5}$ 浓度下限是 10μg/m³(例如美国癌症协会(ACS))。此前的一些研究也都表明 $PM_{2.5}$ 的长期暴露与死亡率之间有很强的相关性。这就导致美国于 1997 年再次修改大气质量标准,规定了 $PM_{2.5}$ 的最高限值。

WHO 的《空气质量准则》经过 1987 年、1997 年和 2005 年的制订、修改,提出应优先以 $PM_{2.5}$ 作为指示性颗粒物。

中国于 2012 年修订了《环境空气质量标准》(GB 3095—2012),决定在 2016 年实施包括 PM_{10} 和 $PM_{2.5}$ 的新标准。

研究发现[28],$PM_{2.5}$ 平均每日增加 10μg/m³,总死亡率增加 1.5%,其中顽固性肺病死亡率增加 3.3%,局部缺血性心脏病死亡率增加 2.1%。也有报告称[29],每日总死亡率上升 10%,呼吸系统疾病上升 3.4%,心血管病上升 1.4%,哮喘上升 3%,肺功能下降 0.1%。国际标准化组织 ISO 提出的易引起儿童和成人发生肺部疾病的“高危险性颗粒物”为小于 2.4μm 的颗粒物[30],可认为这与 $PM_{2.5}$ 完全等同。

研究表明,$PM_{2.5}$ 的毒性机制主要为[29]:

(1) 免疫毒性。不仅影响巨噬细胞的非特异性免疫功能,同时也对特异性的细胞免疫造成损害。

(2) 氧化损伤毒性。某些颗粒物除本身具有自由基活性外,还可以作用于上皮细胞和巨噬细胞,使它们释放活性氧或活性氮、氧化细胞膜上丰富的多不饱和脂肪酸,影响膜的通透性和流动性,导致膜结构损伤。

(3) 致突变性和潜在致癌性。颗粒物吸附的毒重金属和多环芳烃,有很强的致突变能力,能导致细胞分裂,增加肿瘤,具有潜在致癌性。

但是,这些结论也受到企业方面的指责,认为有夸大之嫌。但另一方面也有人认为危害性粒径还要小。例如国内有关研究指出[31],约 50%~70%的多环芳烃、30%~50%的正构烷烃吸附在粒径≤1.1μm 的尘粒上,而从图 2-20 可见,这种尘粒的卫生学意义是能穿透、滞留在气管、支气管特别是肺泡上;从这一意义考虑,可得出如下结论:冬季广州≤1.1μm 量级(冲击式分级采样器即安德逊采样器最下一级即第 6 层)的大气尘年均浓度是北京的 1.6 倍,夏季则上升到 1.8 倍(参见图 2-22),所以等浓度大气尘对人体健康的危害是广州重于北京。

以上探讨了制定计重浓度标准所考虑因素的变化。下面看一下具体标准的例子的变迁过程。

中国 1982 年制定的《大气环境质量标准》(GB 3095—1982)将标准分为三级:

一级标准,为保护自然生态和人群健康,在长期接触情况下,不发生任何危害影响的空气质量要求;二级标准,为保护人群健康和城市、乡村的动植物,在长期和短期接触情况下,不发生伤害的空气质量要求;三级标准,为保护人群不发生急、慢性中毒和城市一般动

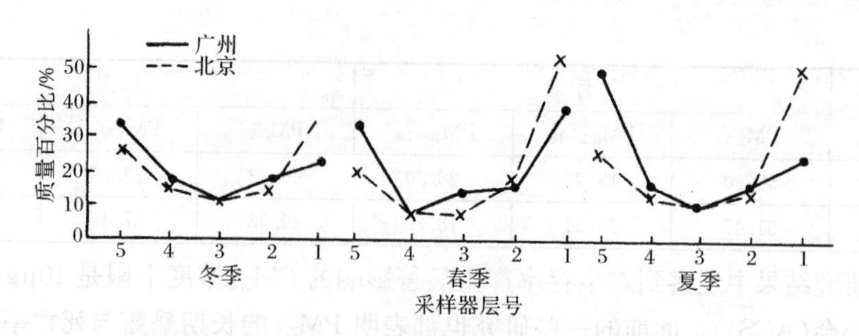

图 2-22　广州与北京各级颗粒物的质量百分比比较

植物（敏感者除外）正常生长的空气质量要求。

该标准还规定，国家规定的自然保护区、风景游览区、名胜古迹和疗养地等为一类区，执行一级标准，而 1996 年修改版则删去了疗养地，增加了特殊保护区；城市规划中确定的居民区、商业交通居民混合区、文化区、名胜古迹和广大农村等为二类区，执行二级标准，而修改版为了提高要求将原三类中一般工业区划归二类区；大气污染程度比较重的城镇和工业区等为三类区，执行三级标准，而修改版删去了原来属于三类区的“城市交通枢纽和城区”。2012 版又将三类区并入二类区，并增设了 $PM_{2.5}$ 标准。

还要指出的是，平均浓度一般区分以下几种：

年平均：指任何一年的日平均浓度的算术平均值。

季平均：指任何一季的日平均浓度的算术平均值（主要适用于铅）。

月平均：指任何一月的日平均浓度的算术平均值（2012 版标准取消）。

日平均：指任何一日的平均浓度（2012 版标准不用）

24 小时平均：指一个自然日 24 小时的各小时平均浓度的算术平均值，也称日平均（2012 版采用）。

1 小时平均：指任何 1 小时内的浓度的算术平均值。

此外还有 8 小时平均、生长季平均（主要用于氟化物）等。

表 2-18 中给出了我国大气尘浓度标准的变化，并举美国标准作比较。表 2-19 则是 WHO 的目标值。

表 2-18　中国和美国大气尘标准

国别	标准制定部门		含尘浓度/(mg/m³)					规定不超过允许限度时间	备注
			年平均	日平均	1h平均	限度	平均时间		
美国	1971 年空气质量国家标准	Ⅰ类		0.260				1 年中 99.7%	
		Ⅱ类		0.150				1 年中 99.7%	
		农村		0.13				1 年中 95%	
		居住区		0.15				1 年中 95%	
		工业区		0.2				1 年中 95%	
	1987 年(PM_{10})	Ⅰ类	0.050	0.150					
	1997 年($PM_{2.5}$)		0.015	0.065				连续 3 年不少于 98% 的日均浓度	

续表

国别	标准制定部门	含尘浓度/(mg/m³)						规定不超过允许限度时间	备注
			年平均	日平均	1h平均	限度	平均时间		
中国	1982年国家标准《大气环境质量标准》(GB 3095—82)的1996年修订版《环境空气质量标准》(GB 3095—1996)	总悬浮颗粒物:							
		一级标准	0.10	0.15 (0.15)		(0.30)	(任何一次)		括号内为1982年标准
		二级标准	0.20	0.30 (0.30)		(1.00)	(任何一次)		括号内为1982年标准
		三级标准	0.30	0.50 (0.50)		(1.50)	(任何一次)		括号内为1982年标准
		可吸入颗粒物:							
		一级标准	0.04	0.05 (0.05)		(0.15)	(任何一次)		括号内为1982年标准
		二级标准	0.10	0.15 (0.15)		(0.50)	(任何一次)		括号内为1982年标准
		三级标准	0.15	0.25 (0.25)		(0.70)	(任何一次)		括号内为1982年标准
	2012年修订版《环境空气质量标准》(GB 3095—2012)(2016年1月1日生效)	PM_{10}							标准中已将单位由 mg/m³ 改为 μg/m³，本表仍统一用前者
		一级标准	0.04	0.05					
		二级标准	0.07	0.15					
		$PM_{2.5}$							
		一级标准	0.015	0.035					
		二级标准	0.035	0.075					

表 2-19　WHO 和部分国家的空气质量准则值(AQG):年平均浓度/24h 浓度

	PM_{10}	$PM_{2.5}$
WHO:过渡时期目标-1(IT-1)	70/50	35/75
过渡时期目标-2(IT-2)	50/100	25/50
过渡时期目标-3(IT-3)	30/75	15/37.5
空气质量标准值(AQG)	20/50	10/25
美国(2006年12月17日生效)		15/35
日本(2009年9月9日发布)		15/35
欧盟(2010年1月1日发布,2015年1月1日生效)		25/无

从世界范围看,大气尘计重浓度在逐年下降。根据联合国环境署对全球 37 个城市的调查资料,有 19 个城市的大气尘浓度在下降,12 个保持平衡,只有 6 个在上升[8]。全球超过世界卫生组织(WHO)推荐标准最严重的城市有北京、加尔各答、新德里和西安。

但就我国具体情况考查，显然浓度严重超标，见表 2-20[32]。表 2-21 是 2000 年若干城市大气尘浓度的排序表，表 2-22 是降尘的排序表[32]。北方明显高于南方。但大气尘浓度还是呈下降趋势的，这从作者由历年《中国环境年鉴》数据整理出的表 2-23 可见，也反映在由这些数据整理成的图 2-23 上，图中也给出了我国台湾省和日本的数据[26,33]。从浓度水平看，国内的数据比日本的高，但可喜的是，自 1997 年以后，全国年均浓度已低于三级标准了，而且有继续下降的趋势。图 2-4 上全国烟尘排放高峰情况在这里未得到反映。这里应注意这样一个情况，据 1998 年《中国环境年鉴》的数据，1997 年全国工业烟尘和粉尘排放量不仅低于 1996 年，更远低于 1998 年的排放量，低于相当于全国总排放量 85％这一比例；再考虑其他因素，可能导致了总悬浮颗粒物的下降。

表 2-20　1981～1990 年大气尘浓度超标的情况

超标情况	严重地区
(1) 空气中颗粒物浓度北方城市 100％超标，南方城市接近 100％超标	呼和浩特、太原、济南、石家庄、兰州、秦皇岛、北京、天津、重庆、沈阳
(2) 空气中降尘污染不论南北都很严重，几乎 100％超标	包头、本溪、太原、石家庄、鞍山、长春、哈尔滨、沈阳、乌鲁木齐、济南

表 2-21　2000 年国控网络城市总悬浮颗粒物年均浓度排序　(单位：mg/m³)

北方城市	年均浓度	南方城市	年均浓度
大同	0.721	昌都	0.435
兰州	0.668	自贡	0.310
格尔木	0.563	宜宾	0.290
吉林	0.557	九江	0.268
延安	0.545	拉萨	0.266
乌鲁木齐	0.501	南充	0.263
焦作	0.498	重庆	0.261
安阳	0.496	萍乡	0.254
呼和浩特	0.451	武汉	0.253
西宁	0.433	襄樊	0.252
石家庄	0.431	株洲	0.250
鞍山	0.418	宜昌	0.244
太原	0.401	河池	0.225
平顶山	0.398	三明	0.213
包头	0.380	六盘水	0.211
石嘴山	0.379	衡阳	0.201
宝鸡	0.365	贵阳	0.209
保定	0.362	成都	0.198
洛阳	0.354	广州	0.185
北京	0.353	南昌	0.180
唐山	0.352	景德镇	0.180

续表

北方城市	年均浓度	南方城市	年均浓度
西安	0.351	长沙	0.179
银川	0.342	怀化	0.172
哈密	0.325	合肥	0.170
徐州	0.323	百色	0.167
开封	0.320	乐山	0.165
天津	0.304	南宁	0.162
郑州	0.291	个旧	0.161
图们	0.290	梧州	0.161
秦皇岛	0.283	上海	0.156
鹤岗	0.279	宁波	0.154
七台河	0.271	昆明	0.152
长春	0.265	苏州	0.152
沈阳	0.265	温州	0.149
四平	0.245	杭州	0.141
哈尔滨	0.242	桂林	0.139
海拉尔	0.238	安庆	0.119
汉中	0.238	珠海	0.119
淄博	0.219	赣州	0.116
葫芦岛	0.218	福州	0.113
运城	0.216	南通	0.108
连云港	0.179	南京	0.107
济南	0.173	湛江	0.093
伊春	0.154	深圳	0.091
青岛	0.143	厦门	0.084
集安	0.139	海口	0.077
大庆	0.118		
大连	0.088		
北方平均	0.336	南方平均	0.186

表 2-22　2000 年国控网络城市年均降尘量排序　[单位：t/(km^2·月)]

北方城市	降尘量	南方城市	降尘量
保定	38.4	株洲	27.8
大同	35.5	拉萨	20.4
鞍山	35.3	武汉	14.1
银川	35.2	长沙	13.5
七台河	28.3	贵阳	13.3
焦作	28.1	杭州	13.1

续表

北方城市	降尘量	南方城市	降尘量
西安	27.0	襄樊	11.8
乌鲁木齐	26.9	南充	11.7
鹤岗	25.5	重庆	11.5
洛阳	25.4	成都	11.3
四平	25.0	六盘水	11.1
吉林	25.0	宜宾	11.0
石家庄	23.0	南京	10.9
石嘴山	21.6	宜昌	10.2
开封	21.4	九江	9.8
海拉尔	21.4	南昌	9.8
沈阳	21.3	衡阳	9.7
兰州	21.1	上海	8.9
西宁	19.7	桂林	8.4
安阳	19.3	自贡	8.4
济南	18.0	温州	8.2
唐山	17.7	安庆	8.2
淄博	17.3	南通	8.1
大连	17.2	昆明	7.4
青岛	17.1	广州	7.3
哈尔滨	17.0	福州	7.1
郑州	17.0	合肥	6.8
平顶山	15.9	苏州	6.8
宝鸡	15.6	乐山	6.7
哈密	15.4	南宁	6.5
天津	15.4	萍乡	6.4
长春	15.2	河池	6.0
北京	15.1	景德镇	5.9
延安	14.8	赣州	5.8
图们	13.9	梧州	5.5
大庆	13.5	个旧	5.4
呼和浩特	13.4	宁波	5.4
秦皇岛	13.0	厦门	5.2
徐州	12.1	怀化	5.1
伊春	12.0	深圳	5.0
汉中	8.9	百色	4.5
葫芦岛	7.3	湛江	4.4
连云港	7.3	海口	3.2
集安	5.6	珠海	2.6
北方平均	19.5	南方平均	8.8

表 2-23　颗粒物和降尘的比较表

项目	年份	全国		南方城市		北方城市	
		浓度范围	年均值	浓度范围	年均值	浓度范围	年均值
颗粒物 /(mg/m³)	1981	0.160～2.770	0.703	0.160～0.850	0.410	0.370～2.770	0.930
	1982	0.220～1.910	0.729	0.220～0.970	0.470	0.380～1.910	0.950
	1983	0.164～1.358	0.600	0.164～0.540	0.330	0.427～1.358	0.870
	1984	0.190～2.158	0.660	0.190～1.030	0.450	0.370～2.158	0.870
	1985	0.224～1.767	0.590	0.224～0.821	0.444	0.333～1.767	0.740
	1986	0.196～1.575	0.570	0.219～0.627	0.391	0.196～1.575	0.715
	1987	0.154～1.357	0.590	0.154～0.573	0.370	0.439～1.357	0.805
	1988	0.220～1.597	0.580	0.220～0.740	0.440	0.270～1.597	0.674
	1989	0.117～1.043	0.432	0.141～0.916	0.318	0.117～1.043	0.526
	1990	0.064～0.844	0.379	0.064～0.800	0.268	0.138～0.844	0.475
	1991	0.080～1.433	0.324	0.080～0.376	0.225	0.709～1.433	0.429
	1992	0.090～0.063	0.323	0.090～0.474	0.250	0.134～0.663	0.400
	1993	0.108～0.815	0.327	0.108～0.721	0.252	0.142～0.815	0.406
	1994	0.089～0.849	0.316	—	0.250	—	0.407
	1995	0.055～0.732	0.317	—	0.242	—	0.392
	1996	0.079～0.618	0.309	—	0.230	—	0.387
	1997	0.032～0.741	0.291	—	0.20	—	0.381
	1998	0.011～1.199	0.289	—	0.199	—	0.364
	1999	—	0.266	—	0.179	—	0.346
	2000	—	0.264	—	0.186	—	0.336
降尘 /[t/(km² · 月)]	1981	10.79～103.75	35.35	10.79～46.50	18.76	21.42～103.75	50.67
	1982	10.83～99.73	32.08	10.83～35.69	16.69	23.73～99.73	48.76
	1983	5.10～113.90	32.00	5.10～29.70	16.00	19.90～113.90	48.00
	1984	4.048～87.60	27.20	4.48～43.14	16.10	15.30～87.61	38.00
	1985	7.53～76.50	27.65	7.53～43.69	16.50	16.04～76.50	38.81
	1986	5.96～68.57	25.02	5.96～29.45	13.22	14.82～68.57	32.58
	1987	7.53～73.97	24.41	7.53～26.13	14.09	14.27～73.97	32.79
	1988	7.04～131.25	25.00	7.04～69.00	13.50	9.90～131.25	35.00
	1989	3.77～61.92	22.37	3.77～61.92	15.27	6.78～54.61	27.70
	1990	3.71～56.70	19.15	3.71～17.27	10.60	5.91～56.70	26.05
	1991	3.22～51.17	18.10	3.22～49.75	11.05	7.38～51.17	25.46
	1992	3.84～55.75	18.80	3.84～55.75	12.05	9.90～51.08	26.25
	1993	4.03～83.47	18.84	4.03～19.85	10.11	8.50～83.47	26.64
	1994	—	17.60	—	10.57	—	24.76
	1995	—	17.70	—	10.16	—	24.73
	1996	—	16.20	—	9.14	—	23.20
	1997	—	15.30	—	9.29	—	21.48
	1998	—	15.15	—	8.84	—	21.06
	1999	—	14.30	—	8.50	—	20.10
	2000	—	14.15	—	8.80	—	19.50

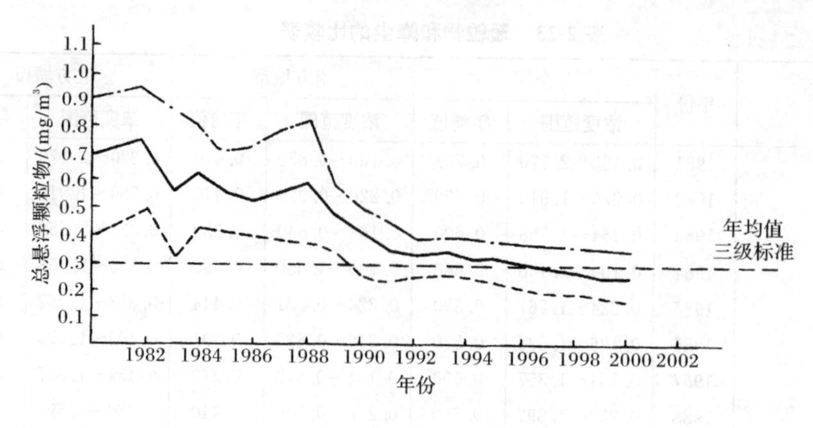

(a) 我国大气尘总悬浮微粒

—全国平均；- - 南方城市；-·- 北方城市

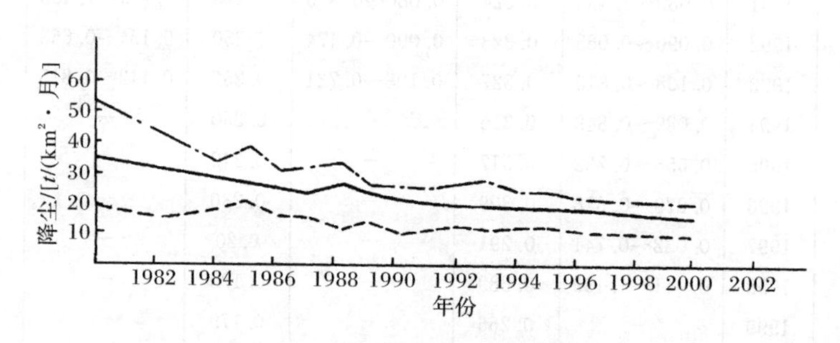

(b) 我国大气尘沉降微粒

—全国平均；- - 南方城市；-·- 北方城市

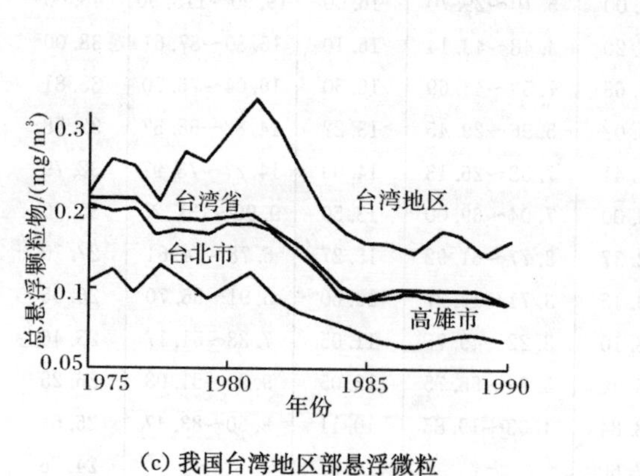

(c) 我国台湾地区部悬浮微粒　　　　(d) 日本东京都地区大气尘

图 2-23　国内外若干城市大气尘 10 年变化情况

由于自 2004 年以后，各地不再报告人工测定的 TSP，而代之以自动测定的 PM_{10}，所以仍保留截至 2000 年的 TSP 数据，但无法将这一数据延续比较下去。表 2-24 为最后一次的部分城市 TSP 浓度报告，仍是珍贵资料，故摘录于此，以供参考[34]。

根据《中国环境质量报告》[35]，2010 年各省市 PM_{10} 浓度分布列于图 2-24 上。环保重点城市首要污染物主要是可吸入颗粒物，占 93.5%。污染超过 50 天次的重点城市情况见图 2-25。

表 2-24　2004 年部分城市 TSP 浓度平均值　(单位：mg/m³)

北方城市	年均浓度	南方城市	年均浓度
和田	1.424	拉萨	0.267
阿克苏	0.817	柳州	0.227
喀什	0.806	六盘水	0.201
乌海	0.564	铜仁	0.200
阿图什	0.550	河池	0.199
吐鲁番	0.508	昌都	0.199
库尔勒	0.482	贵港	0.195
西宁	0.472	贺州	0.190
白银	0.451	百色	0.184
吴忠	0.449	兴义	0.173
格尔木	0.446	鹰潭	0.168
中卫	0.406	钦州	0.157
呼和浩特	0.353	都匀	0.123
天水	0.329	安顺	0.122
伊宁	0.327	防城港	0.118
武威	0.322	凯里	0.116
临夏	0.312	赤水	0.101
辽源	0.301	五指山	0.014
定西	0.297		
本溪	0.295		
商洛	0.292		
哈密	0.291		
安康	0.287		
平凉	0.285		
通辽	0.284		
锦州	0.280		
庆阳	0.279		
合作	0.274		
张掖	0.269		
四平	0.262		
奎屯	0.261		
榆林	0.258		
抚顺	0.241		
乌兰察布	0.234		

续表

北方城市	年均浓度	南方城市	年均浓度
七台河	0.220		
博乐	0.217		
双鸭山	0.210		
昌吉	0.209		
酒泉	0.207		
塔城	0.200		
辽阳	0.199		
朝阳	0.198		
长春	0.185		
白山	0.182		
盘锦	0.182		
集安	0.179		
图们	0.173		
齐齐哈尔	0.172		
营口	0.170		
松原	0.167		
丹东	0.166		
伊春	0.136		
白城	0.135		
阿勒泰	0.110		

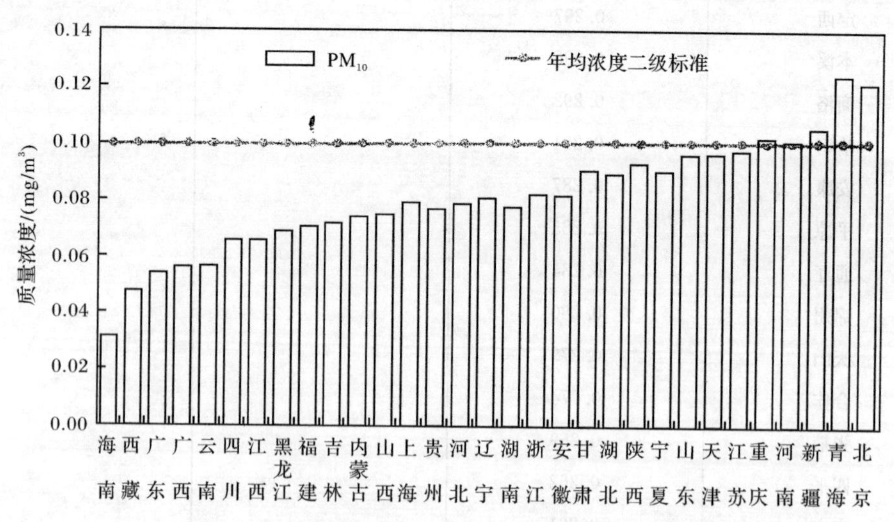

图 2-24　各省(自治区、直辖市)PM_{10}质量浓度分布

当然,受沙尘暴影响后,PM_{10}可能增加数倍,图 2-26 就是北京市的情况[35]。

表 2-25 是 2010 年全国地级县以上城市主要为 PM_{10} 的年平均浓度,个别城市仍有

TSP 数据[35]，引用时区分了省别。

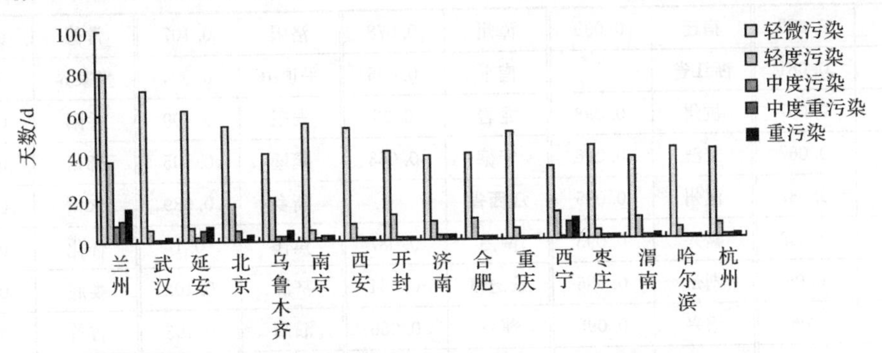

图 2-25　PM_{10}为首要污染物的污染超过 50 天次的环保重点城市

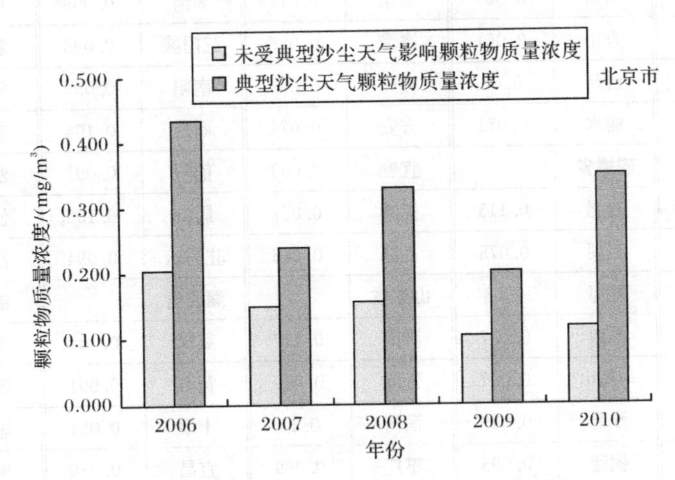

图 2-26　典型沙尘天气影响空气质量年际变化

表 2-25　2010 年全国地级县以上城市 PM_{10}的平均浓度　（单位：mg/m³）

北京	0.121	沧州	0.078	运城	0.075	呼伦贝尔	0.064	本溪	0.069
天津	0.096	廊坊	0.078	忻州	0.061	巴彦淖尔	0.068	丹东	0.069
河北省		衡水	0.074	临汾	0.084	乌兰察布	0.076	锦州	0.079
石家庄	0.098	**山西省**		吕梁	0.067	乌兰浩特	0.042	营口	0.073
唐山	0.085	太原	0.089	**内蒙古自治区**		锡林浩特	0.061	阜新	0.094
秦皇岛	0.064	大同	0.075	呼和浩特	0.068	巴彦浩特	0.056	辽阳	0.066
邯郸	0.09	阳泉	0.078	包头	0.102	**辽宁省**		盘锦	0.074
邢台	0.082	长治	0.083	乌海	0.124	沈阳	0.101	铁岭	0.078
保定	0.084	晋城	0.067	赤峰	0.093	大连	0.058	朝阳	0.083
张家口	0.07	朔州	0.075	通辽	0.069	鞍山	0.105	葫芦岛	0.076
承德	0.053	晋中	0.07	鄂尔多斯	0.065	抚顺	0.094	**吉林省**	

续表

长春	0.089	宿迁	0.099	漳州	0.078	洛阳	0.107	常德	0.071
吉林	0.081	**浙江省**		南平	0.066	平顶山	0.094	张家界	0.077
四平	0.067	杭州	0.098	龙岩	0.08	安阳	0.109	益阳	0.065
辽源	0.067	宁波	0.096	宁德	0.063	鹤壁	0.105	郴州	0.087
通化	0.087	温州	0.085	**江西省**		新乡	0.089	永州	0.069
白山	0.063	嘉兴	0.093	南昌	0.087	焦作	0.1	怀化	0.071
松原	0.06	湖州	0.086	景德镇	0.064	济源	0.102	娄底	0.061
白城	0.061	绍兴	0.095	萍乡	0.066	濮阳	0.103	吉首	0.061
延吉	0.069	金华	0.067	九江	0.064	许昌	0.102	**广东省**	
黑龙江省		衢州	0.065	新余	0.077	漯河	0.099	广州	0.069
哈尔滨	0.101	舟山	0.061	鹰潭	0.058	三门峡	0.096	韶关	0.074
齐齐哈尔	0.078	台州	0.08	赣州	0.059	南阳	0.099	深圳	0.057
鸡西	0.066	丽水	0.071	吉安	0.072	商丘	0.104	珠海	0.049
鹤岗	0.09	**安徽省**		宜春	0.059	信阳	0.091	汕头	0.06
双鸭山	0.08	合肥	0.115	抚州	0.057	周口	0.106	佛山	0.064
大庆	0.054	芜湖	0.075	上饶	0.058	驻马店	0.094	江门	0.057
伊春	0.045	蚌埠	0.08	**山东省**		**湖北省**		湛江	0.045
佳木斯	0.059	淮南	0.087	济南	0.117	武汉	0.108	茂名	0.047
七台河	0.104	马鞍山	0.097	青岛	0.099	黄石	0.091	肇庆	0.058
牡丹江	0.07	淮北	0.089	淄博	0.11	十堰	0.081	惠州	0.051
黑河	0.048	铜陵	0.095	枣庄	0.099	宜昌	0.086	梅州	0.038
绥化	0.051	安庆	0.085	东营	0.089	襄樊	0.089	汕尾	0.045
大兴安岭	0.057	黄山	0.046	烟台	0.081	鄂州	0.083	河源	0.026
上海	0.079	滁州	0.09	潍坊	0.099	荆门	0.106	阳江	0.039
江苏省		阜阳	0.084	济宁	0.116	孝感	0.101	清远	0.06
南京	0.114	宿州	0.081	泰安	0.097	荆州	0.088	东莞	0.063
无锡	0.088	巢湖	0.079	威海	0.067	黄冈	0.071	中山	0.051
徐州	0.088	六安	0.067	日照	0.089	咸宁	0.094	潮州	0.072
常州	0.097	亳州	0.088	莱芜	0.107	随州	0.086	揭阳	0.053
苏州	0.09	池州	0.045	临沂	0.097	恩施	0.077	云浮	0.052
南通	0.097	宣城	0.069	德州	0.093	**湖南省**		**广西壮族自治区**	
连云港	0.09	**福建省**		聊城	0.089	长沙	0.081	南宁	0.069
淮安	0.095	福州	0.073	滨州	0.093	株洲	0.095	柳州	0.067
盐城	0.122	厦门	0.065	菏泽	0.097	湘潭	0.072	桂林	0.066
扬州	0.096	莆田	0.054	郑州	0.111	衡阳	0.066	梧州	0.027
镇江	0.097	三明	0.086	**河南省**		邵阳	0.097	北海	0.058
泰州	0.087	泉州	0.068	开封	0.111	岳阳	0.092	防城港	0.058

续表

钦州	0.051	乐山	0.079	昆明	0.072	延安	0.12	吴忠	0.064
贵港	0.056	峨眉山	0.121	曲靖	0.085	汉中	0.078	固原	0.105
玉林	0.049	南充	0.061	玉溪	0.079	榆林	0.095	中卫	0.101
百色	0.053	眉山	0.083	保山	0.051	安康	0.049	**新疆维吾尔自治区**	
贺州	0.047	宜宾	0.078	昭通	0.048	商洛	0.057	乌鲁木齐	0.133
河池	0.061	广安	0.059	丽江	0.043	兰州	0.155	克拉玛依	0.051
来宾	0.065	达州	0.069	普洱	0.105	嘉峪关	0.097	吐鲁番	0.135/0.44
崇左	0.055	雅安	0.047	临沧	0.059	金昌	0.088	哈密	0.086
海南省		巴中	0.054	楚雄	0.041	白银	0.099	昌吉	0.082/0.28
海口	0.04	资阳	0.062	蒙自	0.05	天水	0.066	阜康	0.072
三亚	0.022	马尔康	0.032	文山	0.054	酒泉	0.089	博乐	0.046/0.167
重庆	0.102	康定	0.027	景洪	0.051	张掖	0.08	库尔勒	0.137
四川省		西南	0.041	大理	0.037	武威	0.08	阿克苏	0.143
成都	0.104	**贵州省**		潞西	0.057	定西	0.061	阿图什	0.174/0.592
都江堰	0.061	贵阳	0.075	六库	0.038	陇南	0.121/0.32	喀什	0.248/0.799
自贡	0.081	六盘水	0.047	香格里拉	0.031	平凉	0.089	和田	0.272/0.988
攀枝花	0.098	遵义	0.087	**西藏自治区**		庆阳	0.076	伊宁	0.08
泸州	0.086	安顺	0.058	拉萨	0.048	临夏	0.121/0.21	奎屯	0.056
德阳	0.065	铜仁	0.094	**陕西省**		合作	0.107/0.16	塔城	0.036
绵阳	0.082	兴义	0.109	西安	0.126	**青海省**		乌苏	0.058
江油	0.075	毕节	0.101	铜川	0.099	西宁	0.124	阿勒泰	0.039
广元	0.047	凯里	0.063	宝鸡	0.098	**宁夏回族自治区**		石河子	0.07
遂宁	0.071	都匀	0.068	咸阳	0.094	银川	0.093	五家渠	0.073
内江	0.052	**云南省**		渭南	0.112	石嘴山	0.088		

但总的来看，以 2001 年为例，在监控的 341 个城市中，达到或优于国家空气质量二级标准的占 33.4%[36]，与上一年度基本持平。到 2010 年，在监控的 655 个城市中，这一比例上升至 78.3%，可吸入颗粒物年平均计重浓度下降了 16.3%，参见图 2-27，这和这些年全国烟尘排放量减少是有关系的，见图 2-28[35]。

但是要特别指出的是，我国 $PM_{2.5}$ 的浓度，据 1995 年监测，年均值比美国高 2.8～9.7 倍[37]。

最后要指出，设计用大气尘计重浓度一般用于通风、空调设计，而不适用于洁净室设计，但是对于净化系统过滤器寿命问题，则仍需计重浓度。

2-4-4　计数浓度[38]

在空气洁净技术中，最常用的是以≥0.5μm 的微粒数量为准的计数浓度。以最干净的同温层（距地表 10km）来说，这样的微粒约有 20 粒/L，很干净的海洋上空约有 2500 粒/L。

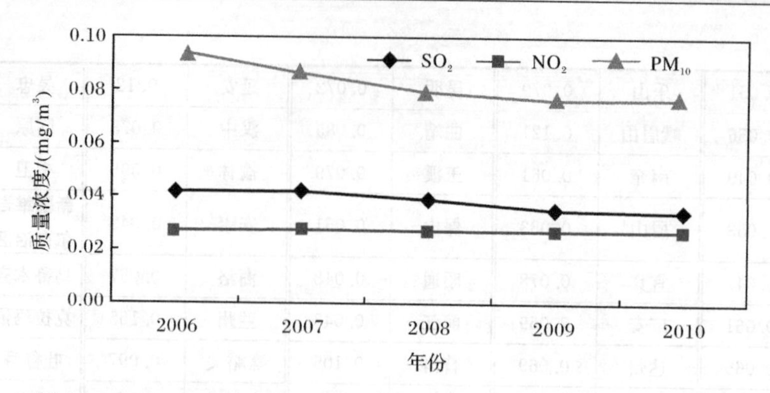

图 2-27 2006～2010 年可比城市 SO_2、NO_2 和 PM_{10} 质量浓度年际变化

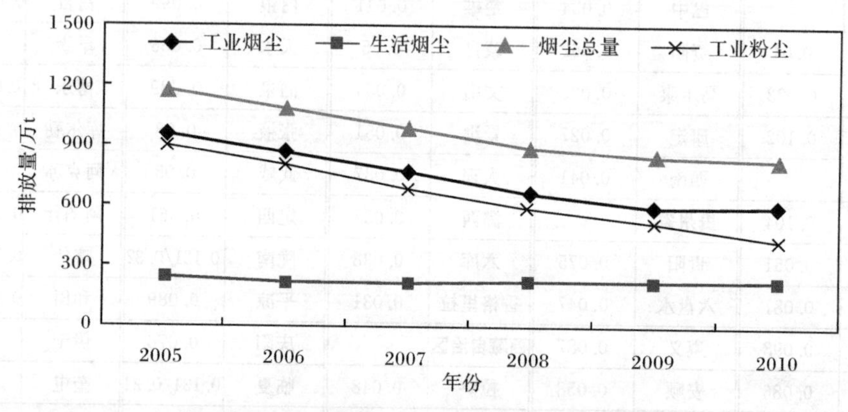

图 2-28 全国烟尘和工业粉尘排放量年际变化

陆地上的计数浓度各地差别极大，就是同地区不同时间差别也很大，比起温度这样的参数要复杂得多。所以研究这一问题，常用分成一些典型地区的办法来确定几种典型的大气尘计数浓度，一般如表 2-26 所列。

表 2-26 国外几种典型地区大气尘计数浓度

地区	含尘浓度(≥0.5μm)/(粒/L)	文献	地区	含尘浓度(≥0.5μm)/(粒/L)	文献
农村	3×10^4	[39]	污染地区	177×10^4	[41]
大城市	12.5×10^4		普通地区	17.7×10^4	
工业中心	25×10^4		清洁地区	3.5×10^4	
农村	10×10^4	[40]	洁净室设计用	17.5×10^4	[42]
城郊	20×10^4		特别干净	0.19×10^4	
城市	50×10^4		特别污染	56×10^4	

作者(参见 1977 年刊印的中国建筑科学研究院空气调节研究所的研究报告《洁净室计算》)曾用“工业城市”、“城市郊外”和“非工业区或农村”这样三种典型地区来区分，相应的大气尘浓度可简称为“城市型”大气尘浓度、“城郊型”大气尘浓度和“农村型”大气尘浓度，当然这是很粗略的分类。“工业城市”计数含尘浓度一般不超过 3×10^5 粒/L，“城市郊

外”(城外如是工业区则不能包含在内)一般不超过 2×10^5 粒/L,“非工业区或农村”一般不超过 1×10^5 粒/L。但是,上述三种类型的大气尘浓度仅代表各个地区的平均水平,例如在“工业城市”地区,其中工厂密集的角落的大气尘浓度肯定要超过上述数字,而可能接近污染浓度的水平,可是遇到好的天气或者雨后,即使是“工业城市”也可测得 10^4 粒/L 左右的浓度,而在冬季有时则又可大到(5～6)×10^5 粒/L 甚至更高的浓度。当室外大扫除,焚烧堆拢起来的杂草树叶时,在附近可测到 6×10^6 粒/L 的高浓度。以上的分类,在 1979 年出版的、由 14 个单位组成的编制组编制的《空气洁净技术措施》中列为中效空气净化系统的室外计算浓度。

2005 年以后的 3 年间,崔磊等[43]普查了全国大气尘浓度,汇总了 132 个地区的数据,这些地区的状况见表 2-27。

表 2-27 测定状况分析

分类	结果
根据地理位置	东北地区 10 个,华北地区 40 个,华东地区 23 个,西北地区 12 个,西南地区 15 个,中南地区 32 个
根据测点位置	城郊 90 个,市中心 27 个,远离城市 10 个,位置未记 5 个
根据季节	春季 20 个,夏季 42 个,秋季 48 个,冬季 22 个
根据时间	上午 12 个,中午 22 个,下午 44 个,晚上 4 个,时间未记 50 个
根据天气情况	晴天 84 个,多云天 8 个,晴天伴有大风 4 个,阴天 20 个,阴天有雾 2 个,阴雨天 11 个,阴雨天伴有大风 3 个

测定结果显示,≥0.5μm 微粒计数浓度仅有一例突破 3×10^5 粒/L,而且分析认为该例可能具有偶然性。

10 个浓度最低和最高地区数据,见表 2-28 和表 2-29。

表 2-28 10 个浓度最低地区数据

序号	计数浓度/(粒/L)						地点	位置	天气	温度/℃	相对湿度/%	风力
	粒径/μm											
	0.3	0.5	0.7	1	2	5						
88	2215	1193	583	254	85	15	内蒙古呼和浩特	远离城市	阴雨,大风①			4～5 级
54	3567	1683	384	151	57	6	北京亦庄	城郊	晴	31.1	18.30	2～3 级
125	10085	4976	1958	996	368	151	西藏拉萨	城郊	多云			
11	16599	5094	1145	163	28	6	云南大理	城郊	晴	26.4	53.80	
37	10014	5309	2326	979	248	15	新疆乌鲁木齐	城郊	晴	29.8	18.10	2～3 级
113	9964	5608	907	281	104	16	海南海口市	远离城市	阴			
120	22190	6234	965	240	16	3	海南澄迈县	城郊				
110	12934	6688	2456	517	98	18	宁夏银川大自然生态保护区	远离城市	多云			1～2 级
124	20137	8461	2238	446	28	6	云南楚雄	城郊	雨			
95	19736	9578	2110	340	64	7	云南保山	市中心	晴			

① 参阅 2-6-1 节分析。

表 2-29 10个浓度最高地区数据

序号	计数浓度/(粒/L)						地点	位置	天气	温度/℃	相对湿度/%	风力
	粒径/μm											
	0.3	0.5	0.7	1	2	5						
10	184152	148917	39881	3847	251	10	河北石家庄	城郊	晴			
76	182439	156967	57823	8704	868	37	北京顺义	城郊	多云			
100	213561	160973	60298	5636	253	16	河南焦作	市中心	阴,雨			
40	230630	164485	87424	11171	516	33	四川成都	城郊	晴	7.9	52.60	1～2级
103	221265	175637	88439	43395	3500	467	北京崇文区	市中心	阴			
70	238886	185804	52518	7888	2044	201	河北保定	城郊	晴			
25	244145	190874	54767	7865	1371	126	成都浦江	城郊	阴	10.9	55.90	1～2级
67	245500	195517	79065	7654	863	95	重庆荣昌	城郊	晴	25.2	71.50	
29	258795	206473	81480	8078	823	81	太原清徐	城郊	晴			
97	1280998	702923	203561	41220	8561	1453	河北沧州	市中心	晴			

上述计数浓度,不是指大气尘的全粒径范围,若以全部粒径(主要是0.5μm以下的)计算,则在从地表起2km内的浮游混合层中,平均浓度为10^5～10^6粒/L,在地表附近高达10^6～10^8粒/L,其中重金属约为10^4～10^5粒/L[44]。在全粒径微粒中,粒径在0.1μm以下的微粒通常称为凝结核。

表2-30列出文献上有关污染空气的计数含尘浓度,可见10^6粒/L以上的数字只是在发生烟雾或光化学烟雾时偶然出现的。美国标准给出的工业大气含尘浓度是3.5×10^5粒/L,我国一般工业区也大致是这个数字,所以作者曾把此值的3倍即10^6粒/L作为严重污染的大气含尘浓度,并作为洁净室室外计算浓度,为《空气洁净技术措施》所采用(理由参见第十三章)。

表 2-30 污染空气含尘浓度(≥0.5μm)

污染空气种类	浓度/(粒/L)	文献
美国工业大气	3.5×10^5	[45]
污染	5.6×10^5	[42]
发生光化学烟雾	10^6	[46]
特别污染	1.75×10^6	[41]
污染	10^6	[47]
发生烟雾	2×10^6	[47]
我国一般工业大气	$(2\sim3)\times10^5$	国内测定

注:大气尘中微生物浓度范围可以从每升小于1粒变化到每升几千粒。

2-4-5 计数浓度和计重浓度的对比

大气尘计数浓度(用光散射粒子计数器测得)和计重浓度(用滤纸称重法测得)之间很难有一个明确的关系,因为影响因素太多,例如大气尘的密度可以因地区、季节而有很大不同；粒径大 10 倍，质量可以大 10^3 倍，所以分散度的影响极大。这方面国内没有进行过具体的对比，图 2-29给出了国外实测对比资料[48]，可作为参考。显然，计数浓度与计重浓度的相关是有一个范围的，所以作者在该图上加了两根虚线(原图上没有)。

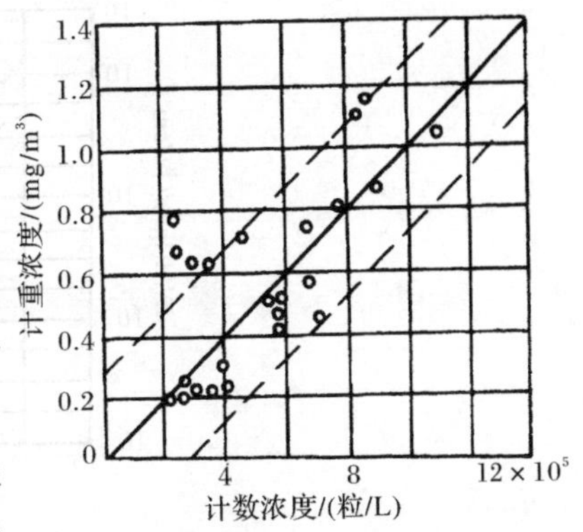

图 2-29　计数浓度与计重浓度的比较

根据一些数据分析，计数、计重和沉降几种浓度的关系大致如表 2-31 所列，表中同时列出几个要求计数浓度极低的场所以作比较。

以上对比数据仅作为参考，在实际工作中如果经常用到浓度间的关系，则应当针对不同情况，做出具体条件下的(什么地区的、什么季节的等)计数浓度与计重浓度的对比曲线。

表 2-31　几种浓度的比较

浓度	工业城市(污染地区)	工业城市郊区(中间地区)	非工业区或农村(清洁地区)	生产大规模集成电路的洁净室	生产被动式激光夜视仪器
计数浓度/(粒/L)	≤3×10⁵	≤2×10⁵	≤10⁵	≤3	≤0.3
计重浓度/(mg/m³)	0.3～1	0.1～0.3	<0.1	—	—
沉降浓度/[t/(km²·月)]	>15	<15	<5	—	—

2-5　大气尘的粒径分布

2-5-1　全粒径分布

由于测定手段的限制，真正的大气尘全粒径分布是难以十分准确的表现出来的。图 2-30 给出的是 20 世纪 60 年代初发表的资料[1]，应属于煤烟型大气污染的分布，主要表现在质量分布为单峰分布，但是质量分布在大粒径方向有失真之嫌。粒径分布在小粒径方向上的呈双峰样式，因不确知检测手段，对其确切性不能断言，但从图 2-31[49]可见，极小微粒数量的突然增加也是有可能的。

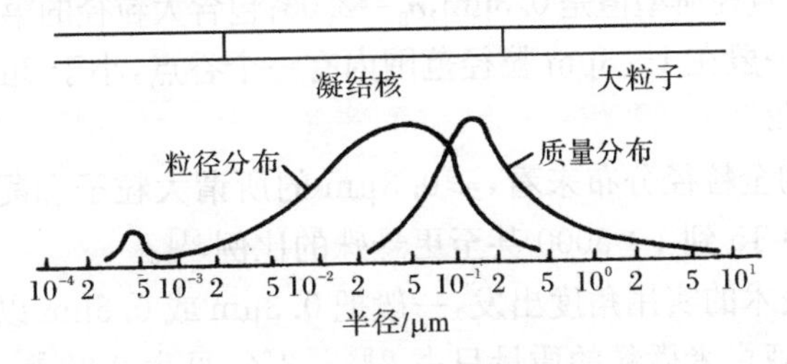

图 2-30　大气尘的全粒径分布之一

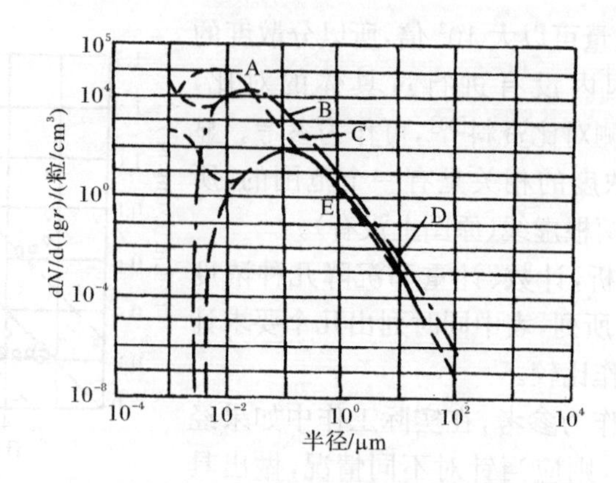

图 2-31　大气中三种状态悬浮微粒的分布曲线

A. 大气中可能产生的小微粒的数目；B. 大陆态；C. 最大值随污染增加而漂移；

D. 海洋态；E. 本底态(非常清洁，能见度极好)

再看一下 20 世纪 60 年代末发表的图 2-32[50]，应该说，由于测定手段的进步，该图更能接近实际，但是：

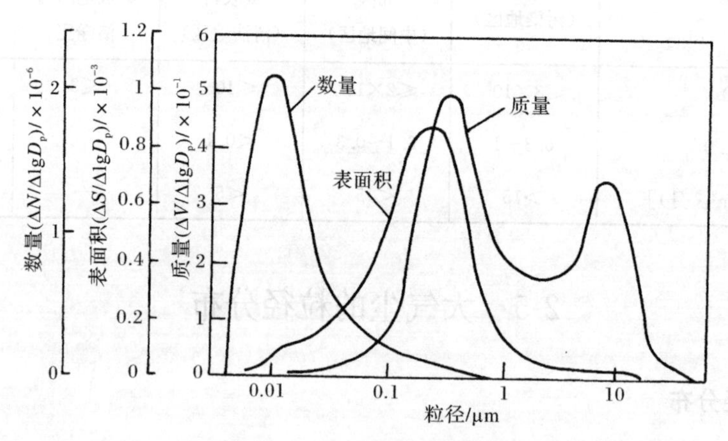

图 2-32　大气尘的全粒径分布之二

(1) 粒径分布(数量分布)由于缺乏在更小粒径方向的数据，可能失去若干细节，因而和以上两图也有所不同。

(2) 质量分布呈双峰分布样式，应属于光化学烟雾型大气污染的分布。其中包含小粒径的第一峰质量中值直径典型值是 0.3μm，$\sigma_g=2.05$；包含大粒径的第二峰相应的为 8μm 和 $\sigma_g=2.3$。这种分布一般在 1～3μm 粒径范围内有一个谷点，小于 2μm 的微粒质量可能达到总质量的 1/3～1/2。

总之从大气尘的全粒径分布来看，≥0.3μm 的所谓大粒子和凝结核的数量相比，只占很小一部分，从 1∶15 到 1∶5000 甚至更悬殊的比例[51]。

但从空气洁净技术的实用角度出发，一般把 0.3μm 或 0.5μm 以上微粒作为 100%来考虑，此时绝大部分亚微米微粒的质量只占 2%～3%，见表 2-32[52]。此外亚微米以下微粒对于高效过滤器以下的过滤器，可以说完全穿透，所以若以微粒数量来衡量其效率和以质量来衡量其效率，差别就悬殊了，这在关于过滤器特性的第四章中进一步说明。

表 2-32　大气尘按数量和质量的分布

粒径区间 /μm	平均粒径 /μm	数量/%		质量/%	
		全部	0.5μm 以上为 100	全部	0.5μm 以上为 100
0～0.5	0.25	91.68	—	1	—
0.5～1	0.75	6.78	81.49	2	2.02
1～3	2	1.07	12.86	6	6.06
3～5	4	0.25	3	11	11.11
5～10	7.4	0.17	2	52	52.53
10～30	20	0.05	0.65	28	28.28

2-5-2　在双对数纸上的分布

1. 按粒径的衰减分布

关于大气尘的统计分布关系，德国的荣格于 1953 年最早指出[53]，大气尘中微粒数量随着粒径的增大而显著减少，其关系表达式可简单写成

$$\frac{dN}{d\lg D_p}=KD_p^{-\nu+1} \tag{2-1}$$

式中：D_p——粒径；

ν——对于清洁大气等于 4，在烟雾条件下等于 2.5；

K——系数；

dN——从比 D_p 小的粒径增大到 D_p，在这一粒径间隔内的单位体积中的粒数。

图 2-31、图 2-33[54]、图 2-34[55]就是这种分布，纵坐标均为微粒半径改变一个十进对

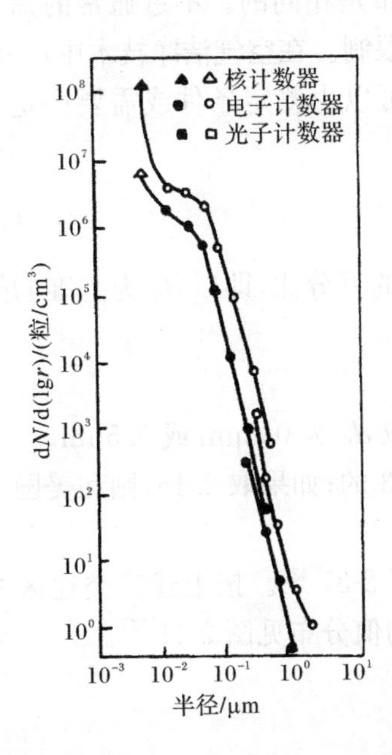

图 2-33　城市大气悬浮微粒分布的测定例

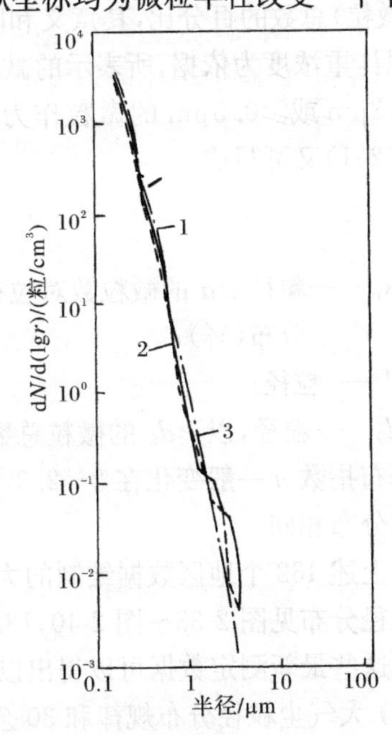

图 2-34　近地面大气尘实测分布

1. 白天 12 次平均(1980 年 8 月 1 日)；2. 夜晚 12 次平均(1980 年 8 月 1 日 19：00～1980 年 8 月 2 日 05：00)；3. 夜晚平均的三参数拟合结果

数单位时 1cm³ 大气中的悬浮微粒数。

从图 2-32、图 2-33 和图 2-34 可以得到 K 约等于 2，而图 2-31 上从 B、D、E 三种状态的平均来看，K 也约等于 2。

2. 按粒径的粒数累积分布——在双对数纸上的分布

通常所说的在双对数纸上的分布主要指在双对数纸上按粒径的粒数累积分布。图 2-35 是作者在 20 世纪 80 年代前根据国内外实测数据绘制的在双对数纸上的大气尘粒径分布[38]，看上去其趋势是明显的。从图中可见，有一部分曲线为 2～5μm 的斜度变缓，表明大粒径的灰尘的比例增加，其原因可能与采样有关。如果采样高度不够，则受地面影响较大，但一般不会在有明显起尘时采样，故大于 5μm 的尘粒并没有明显增加。

这一分布规律也为后来的实测所证实。例如图 2-36 所示即为一例[56]。

从这些曲线可导出如下关系式[38]：

$$\frac{N_{d_1}}{N_{d_2}}=\left(\frac{d_1}{d_2}\right)^{-n} \tag{2-2}$$

式中：N_{d_1}——粒径≥d_1 的微粒总数(粒/L)；

N_{d_2}——粒径≥d_2 的微粒总数(粒/L)；

n——分布指数。

如果以≥d_2 的微粒总数为 100%，则$\frac{N_{d_1}}{N_{d_2}}$显然就是≥d_1 的微粒总数占全部微粒(即≥d_2 的微粒)总数的百分比，其意义和除尘书中的筛上分布是相同的。不过通常的筛上分布是以计重浓度为依据，所表示的微粒总量没有粒径的限制。在空气洁净技术中，一般是以≥0.3μm 或≥0.5μm 的微粒作为微粒总数，当然这可以由测定条件或需要决定。因此，式(2-1)又可写成

$$R_{\mathrm{d}}=\left(\frac{d}{d_0}\right)^{-n} \tag{2-3}$$

式中：R_{d}——粒径≥d 的微粒数对粒径≥d_0 的微粒总数的百分比，即以 d_0 为基准的筛上分布(%)；

d——粒径；

d_0——粒径，以≥d_0 的微粒总数作为 100%，通常取 d_0 为 0.3μm 或 0.5μm。

分布指数 n 一般变化在 2～2.3，也有大于 2.3 甚至 3 的；如果取 2.15，则和美国工业大气的分布相同。

由上述 132 个地区数据绘制的大气尘粒径分布见图 2-37[43]。按上述三类地区的大气尘粒径分布见图 2-38～图 2-40，132 个地区大气尘平均值分布见图 2-41[57]。

由这些最新测定数据可以得出以下几点认识：

(1) 大气尘粒径分布规律和 30 余年前相近。

这从图 2-28 平均值曲线取直线后得出的 n 和图 2-31 得出的没有什么变化可知。

(2) 大气尘在双对数纸上分布可呈直线性的趋势没有改变。

这个直线性是总的分布规律，而不是某一次测定的折线状况。

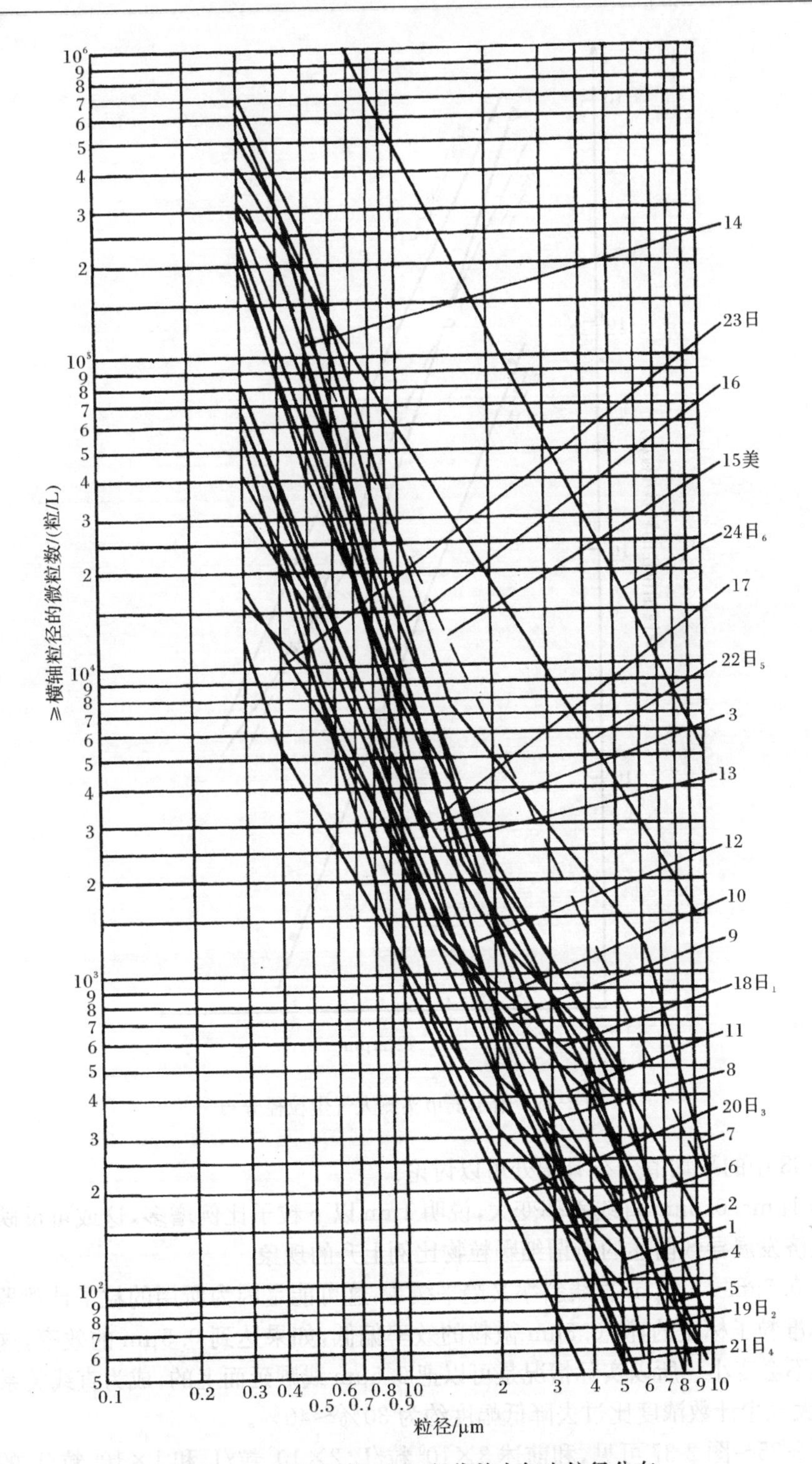

图 2-35　中国 20 世纪 80 年代前大气尘粒径分布

1. 北京沙河；2. 陕西临潼；3. 北京北郊；4. 北京昌平；5. 江苏无锡；6. 陕西汉中；7. 北京；8. 北京；9. 北京；10. 北京北郊；11. 上海；12. 上海；13. 陕西户县；14. 天津；15. 美国工业大气；16. 上海；17. 天津；18. 日本都内大田区；19. 日本兵库县郊外；20. 日本名古屋郊外；21. 日本神奈川县中心区；22. 日本东京平均污染区；23. 日本千叶县清洁区；24. 日本东京烟雾时

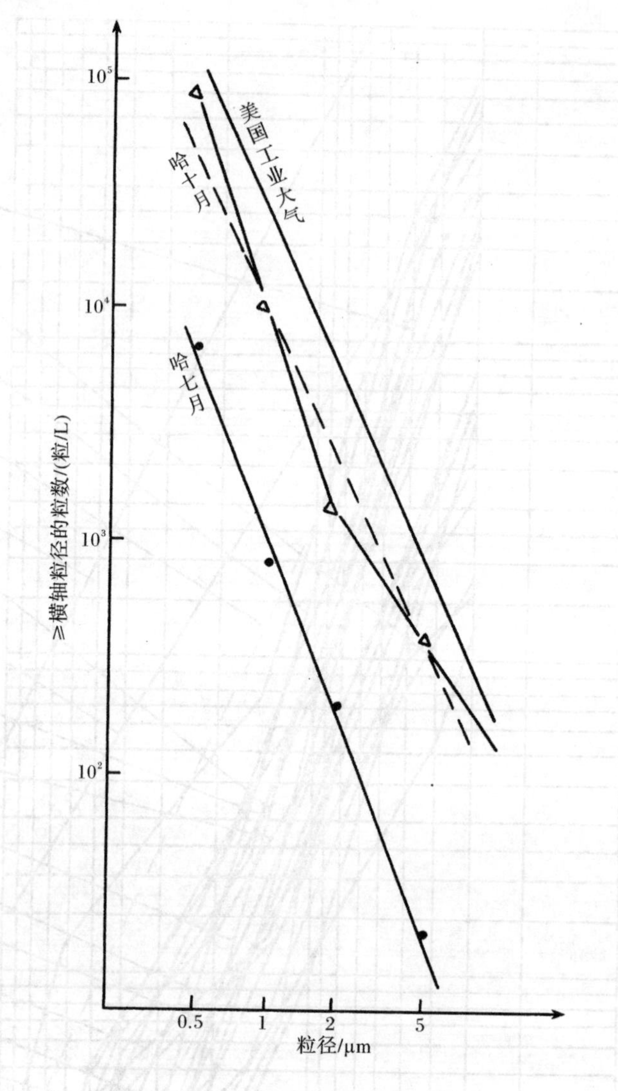

图 2-36　哈尔滨市实测大气尘粒径分布

图 2-38 中的平均值分布有两处可以讨论：

一是 1μm～0.5μm 直线斜率变大，说明 1μm 以下粒子比例增多，这或可反映这些年来由于经济发展导致前述的所谓细颗粒物比例上升的现象。

二是 0.5μm～0.3μm 直线斜率又趋平缓了，这可能是因为所用的粒子计数器都是以 0.5μm 标准粒子标定的，测 0.3μm 微粒的效率偏低，如果达到 0.5μm 的效率，这个区间的斜率也不会变小。所以实际情况是可以把 0.5μm 线顺延而上的，成为直线关系。

(3) 大气尘计数浓度比过去降低幅度约为 30%～40%。

从图 2-35～图 2-37 可见，和前述 3×10^5 粒/L、2×10^5 粒/L 和 1×10^5 粒/L 的三种大气尘计数浓度类型相比，现在平均值大约可取不大于 2×10^5 粒/L、1×10^5 粒/L 和 0.7×10^5 粒/L。

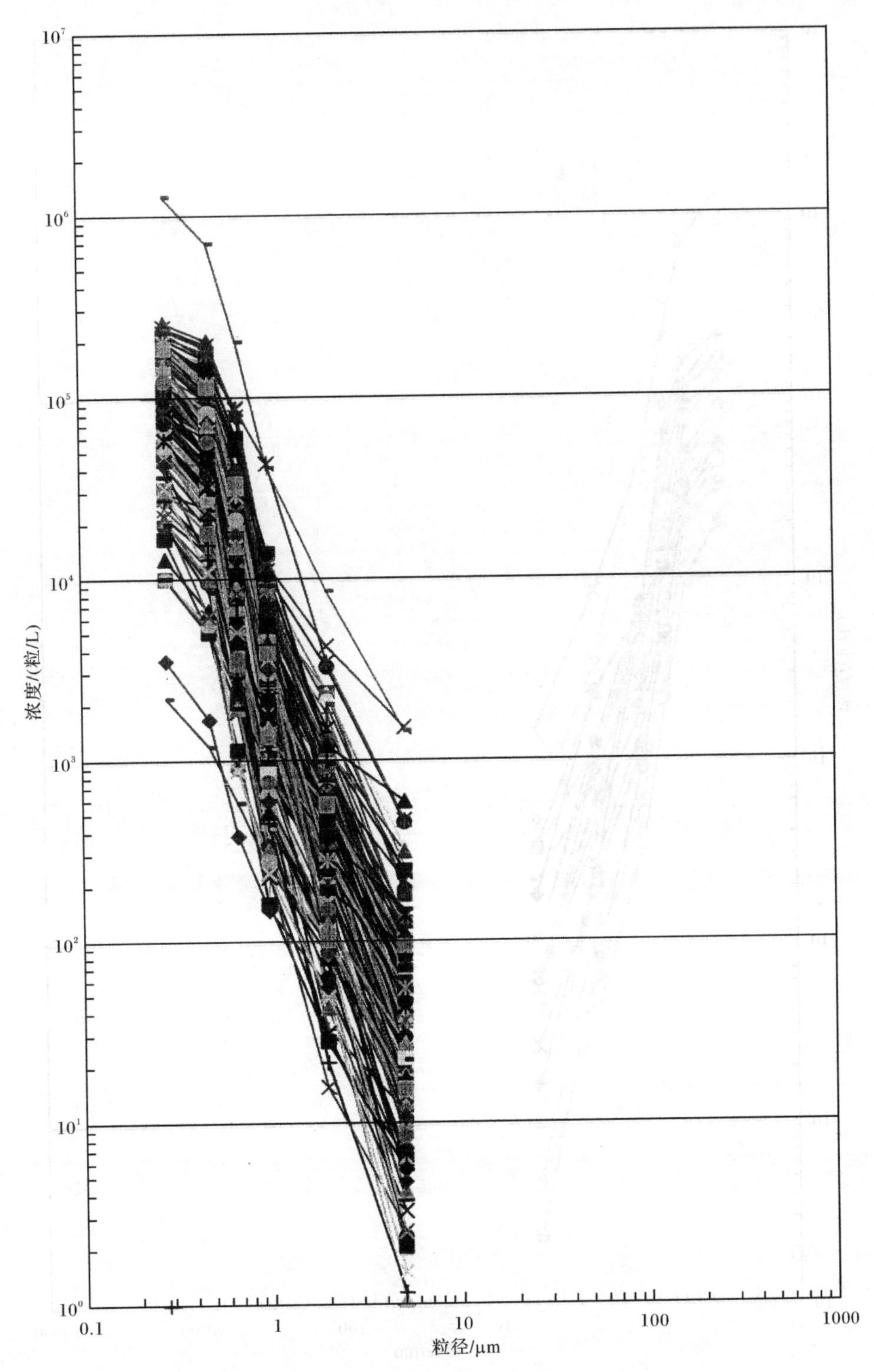

图 2-37 中国 2005 年以来 132 个地区大气尘浓度分布

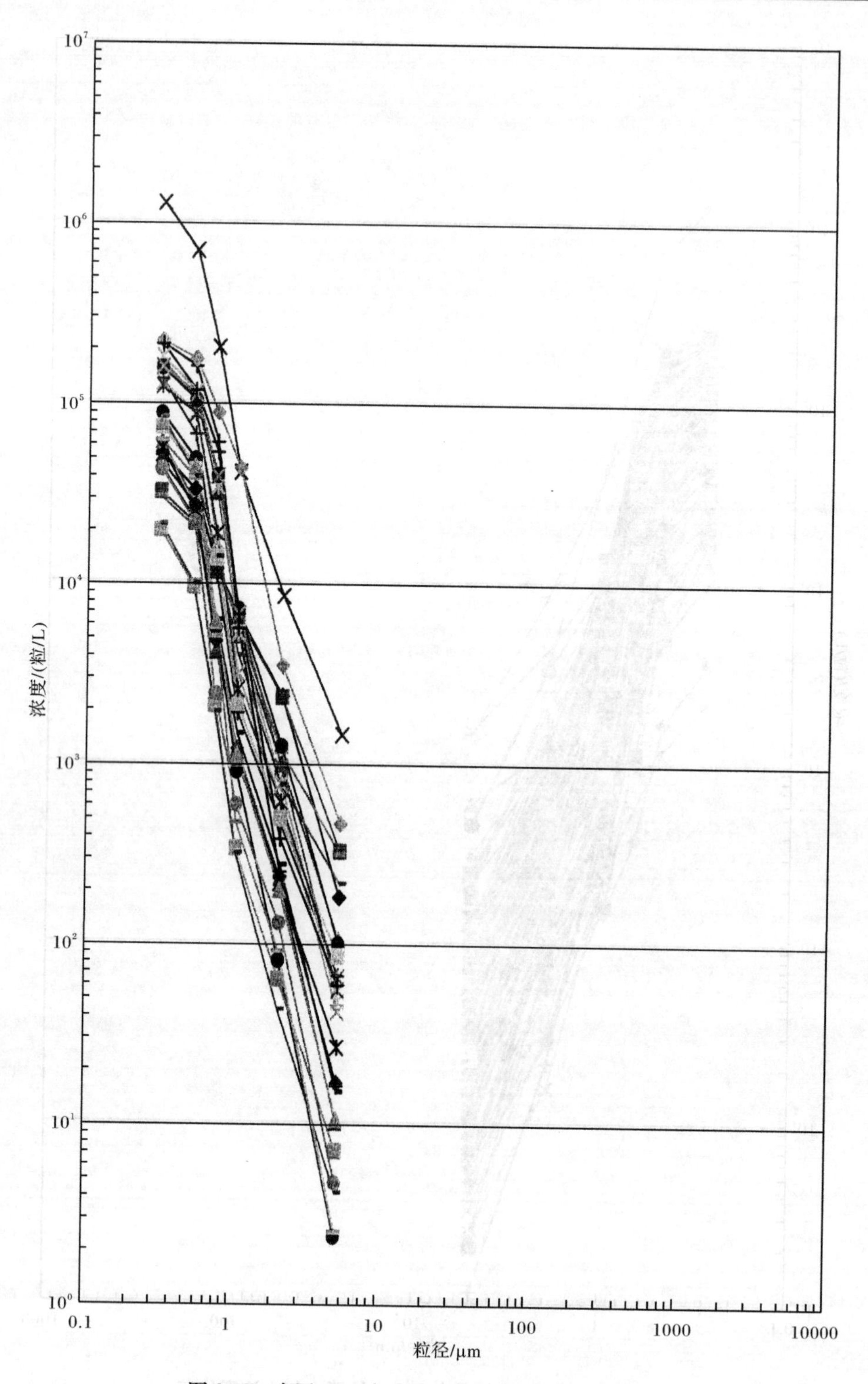

图 2-38　中国 2005 年以来工业城市大气尘浓度分布

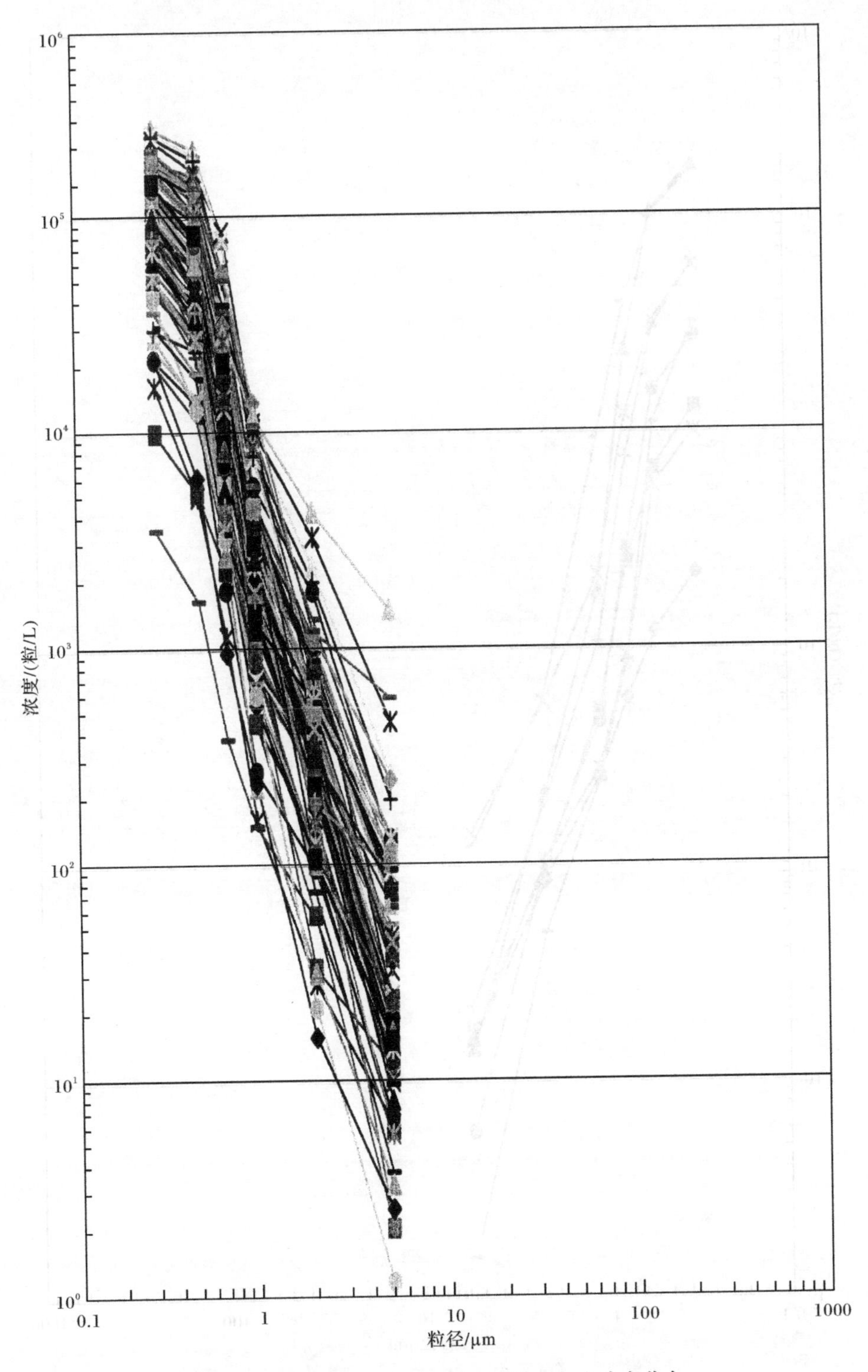

图 2-39 中国 2005 年以来城市郊外大气尘浓度分布

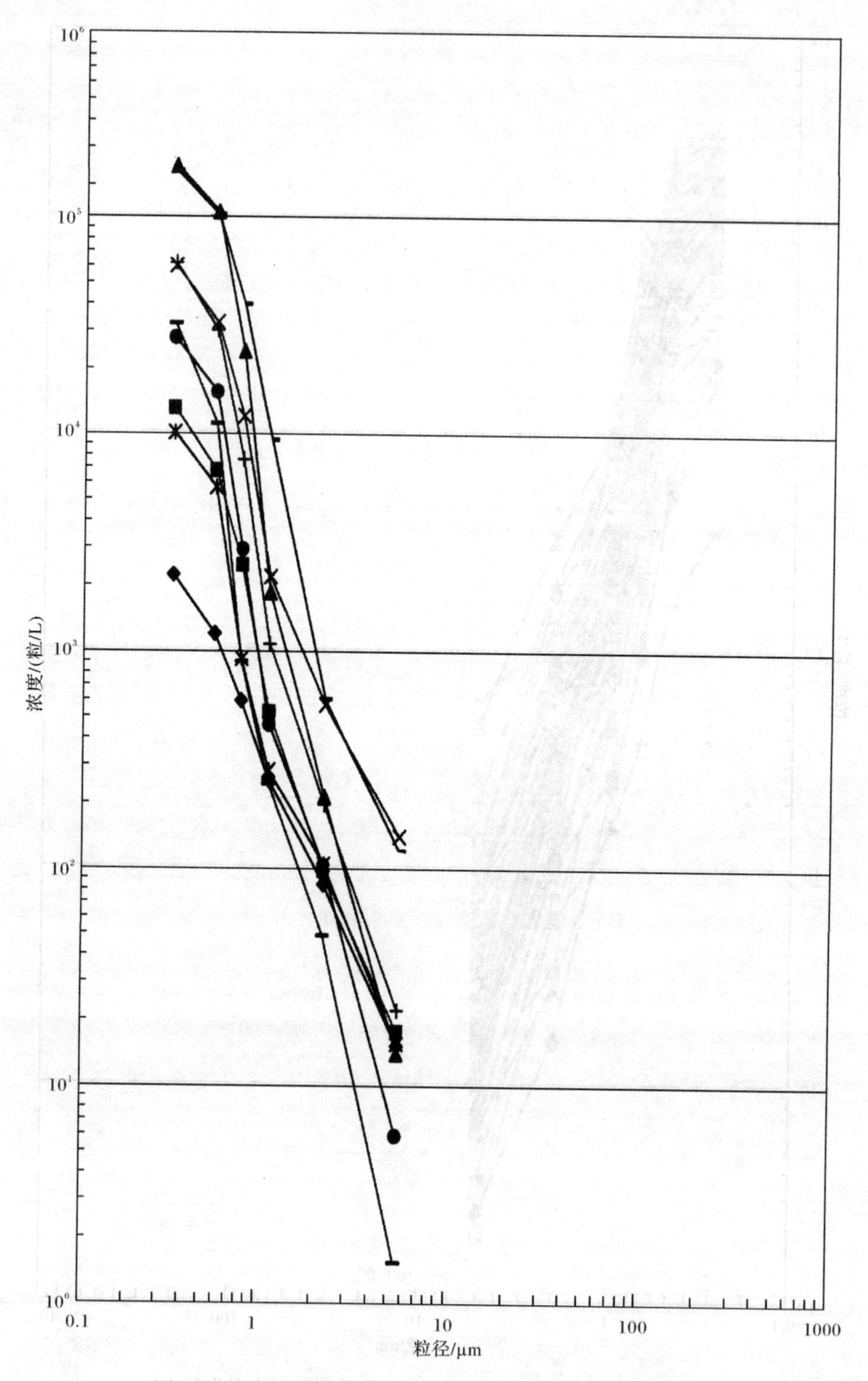

图 2-40　中国 2005 年以来非工业区或农村大气尘浓度分布

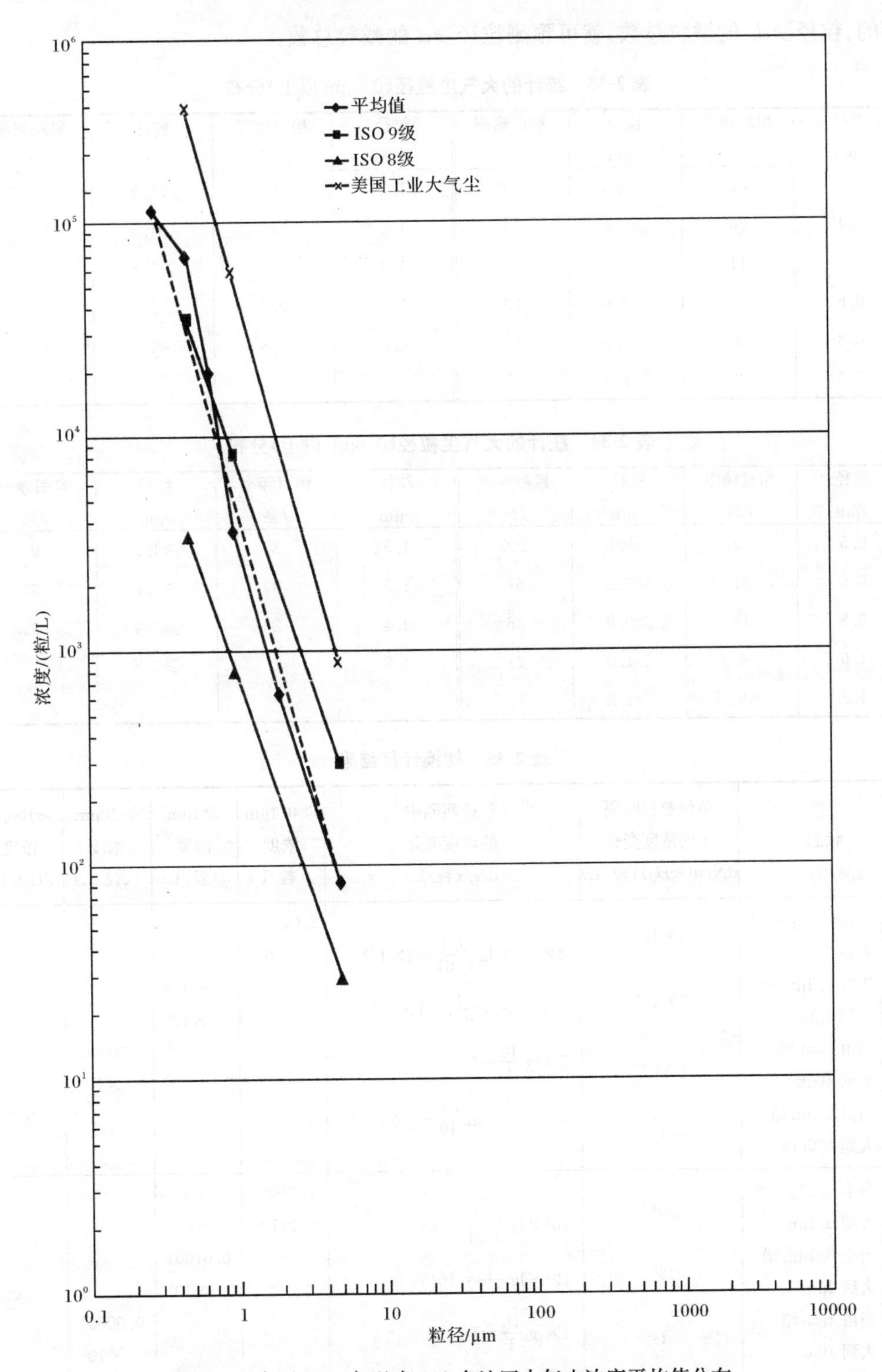

图 2-41　中国 2005 年以来 132 个地区大气尘浓度平均值分布

根据式(2-1)或式(2-2)可求出标准的大气尘粒径的统计分布，如表 2-33 和表 2-34 所列；而表 2-35 的计算结果和表 2-33 的测定数据也是很接近的。因此，如果测出了作为标准的、粒径$\geqslant d_0$的微粒总数，就可预测粒径$\geqslant d$的微粒总数。

表 2-33　统计的大气尘粒径(0.3μm 以上)分布

粒径/μm	相对频率/%	粒径/μm	累积频率/%	粒径/μm	相对频率/%	粒径/μm	累积频率/%
0.3	46	≥0.3	100	1.2	2	≥1.2	5
0.4	20	≥0.4	54	1.5	1	≥1.5	3
0.5	11	≥0.5	34	1.8	1	≥1.8	2
0.6	11	≥0.6	23	2.4	0.7	≥2.4	1
0.8	5	≥0.8	12	4.8	0.3	≥4.8	0.3
1.0	2	≥1.0	7				

表 2-34　统计的大气尘粒径(0.5μm 以上)分布

粒径/μm	相对频率/%	粒径/μm	累积频率/%	粒径/μm	相对频率/%	粒径/μm	累积频率/%
0.5	33	≥0.5	100	1.5	3	≥1.5	9
0.6	31	≥0.6	67	1.8	3	≥1.8	6
0.8	15	≥0.8	36	2.4	2	≥2.4	3
1.0	6	≥1.0	21	4.8	1	≥4.8	1
1.2	6	≥1.2	15				

表 2-35　转换计算结果

状态		单位粒径间隔中的浓度变化 $dN/d(\lg D_p)$(粒/L)	粒径间隔中的浓度变化 dN/(粒/L)	≥0.1μm 浓度/(粒/L)	≥1μm 浓度/(粒/L)	≥10μm 浓度/(粒/L)	≥100μm 浓度/(粒/L)
B	当由 0.01μm 增大到 0.1μm	2×10^6	$2\times10^6\times\lg\dfrac{0.1}{0.01}=2\times10^6$	2.007006×10^6			
	当由 0.1μm 增大到 1μm	7×10^3	$7\times10^3\times\lg\dfrac{1}{0.1}=7\times10^3$		0.007006×10^6		
	当由 1μm 增大到 10μm	7×10^0	$7\times\lg\dfrac{10}{1}=7$			0.000007×10^6	
	当由 10μm 增大到 100μm	5×10^{-4}	$5\times10^{-4}\times\lg\dfrac{100}{10}=5\times10^{-4}$				忽略
E	当由 0.01μm 增大到 0.1μm	10^5	$10^5\times\lg\dfrac{0.1}{0.01}=10^5$	1.01001×10^5			
	当由 0.1μm 增大到 1μm	10^3	$10^3\times\lg\dfrac{1}{0.1}=10^3$		0.01001×10^5		
	当由 1μm 增大到 10μm	1	$1\times\lg\dfrac{10}{1}=1$			0.00001×10^5	
	当由 10μm 增大到 100μm	10^{-4}	$10^{-4}\times\lg\dfrac{100}{10}=10^{-4}$				忽略

例如由粒子计数器测出粒径≥0.3μm 的大气尘浓度为 3.5×10^5 粒/L，求≥6μm 的

微粒浓度。

由式(2-1)

$$N_6 = 3.5\times10^5\left(\frac{6}{0.3}\right)^{-2.15} = 3.5\times10^5\times0.0016 = 560(\text{粒/L})$$

可见,主要由国内实测数据得到的式(2-1)所反映的统计分布关系,和国外得到的结果[58]是完全一致的。所以按式(2-1)在双对数纸上得到的直线,可以平行于美国工业大气尘的统计曲线,这就更说明地球上大气尘的分布规律应是基本一致的。

在图 2-42 上将前述四种典型地区的大气尘分布绘制出来,并将图 2-31 上的大陆态和本底态的分布按表 2-35 换算后的结果转画上去。若用式(2-1)来描写这两个状态,指数项相当于 2.7 左右。

从图 2-42 可看出两点重要之处:一是大气尘在双对数纸上的分布的直线性,具有一般的规律,当然每一种具体分布不可能完全符合这一规律;二是当大气尘浓度较低时,例如相当于本底态或还要洁净的环境,这种直线性在 0.1μm 左右及以下可能是不适合的。这对于制定空气洁净度级别平行线是需要注意的。

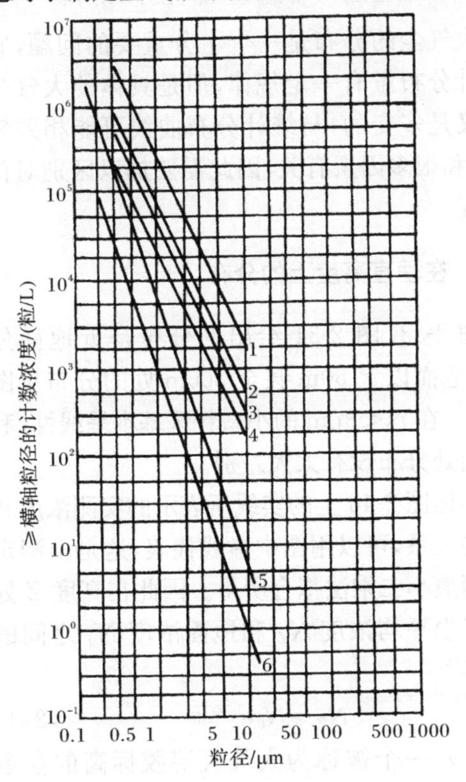

图 2-42　大陆态和本底态大气尘在双对数纸上的分布

1. 严重污染;2. 工业城市;3. 工业城市郊区;4. 非工业区或农村;5. 大陆态;6. 本底态

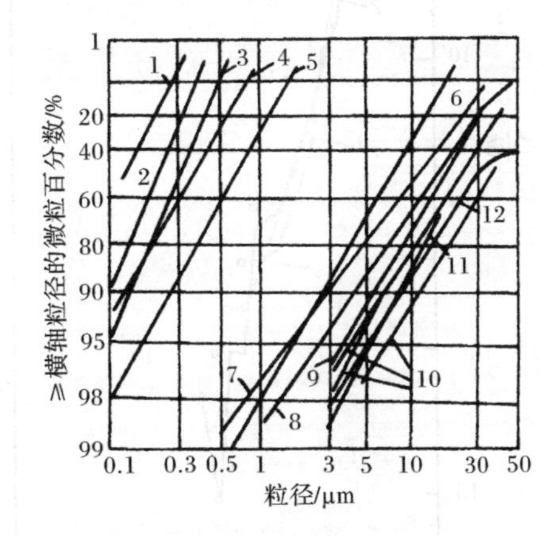

图 2-43　一些工业尘的粒径分布

1. 发生炉煤气;2. 转炉氧气炼钢;3. 平炉炼钢;4. 氧吹精炼铅;5. 氧化钛;6. 氧化锡;7. 燃油锅炉;8. 烧结炉;9. 水泥干燥窑;10. 煤粉炉;11. 水泥骨料干燥窑;12. 化铁炉

大气尘的粒径分布为什么具有这样的规律性?有人企图从大气尘的某些成分的形成上去找原因。例如已经发现脆性材料(如煤、岩石)在被破碎时所产生的细的微粒,大小非常一致。一切研磨过程，不论是有意识地用机械工具研磨还是日常的磨损，都会产生大小有规律的尘粒。至于工业尘的粒径分布也是有一定规律的，如图 2-43 所示[59]，基本是平行的；而大自然产生的花粉则也有着如图 2-44 那样的规律分布[60]。

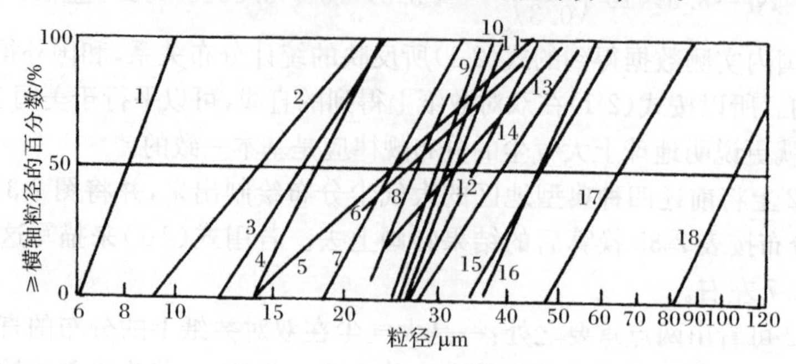

图 2-44 花粉孢子的粒径分布

1. 含羞草；2. 樱草；3. 葱；4. 凤仙花；5. 紫色鸭跖草；6. 蒲黄；7. 鸡儿肠菜；8. 石松子；9. 蒲公英；10. 凤尾草；11. 红椿；12. 雏菊；13. 西番莲；14. 官人草；15. 郁金香；16. 杜鹃；17. 松叶牡丹；18. 木槿

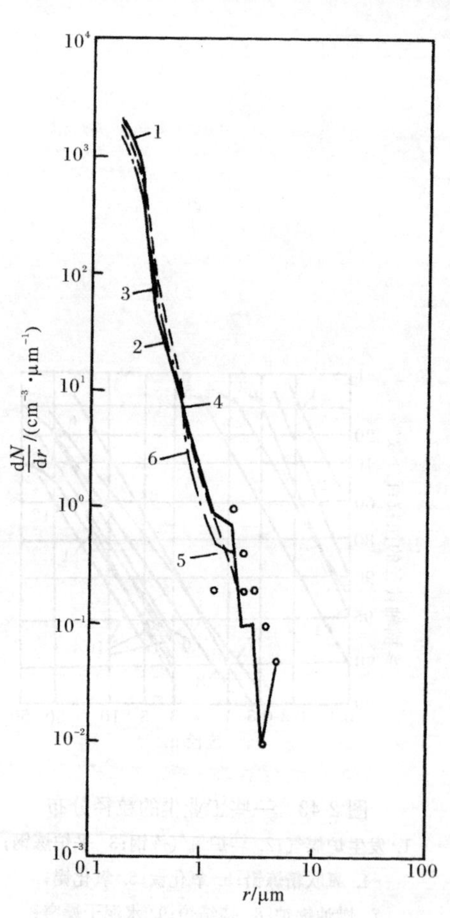

图 2-45 实测大气尘分布随高度的变化

(1980 年 8 月 1 日 20:00～21:06)

1. 50m；2. 100m；3. 150m；4. 200m；5. 250m；6. 300m

大气尘的分布是一个十分重要的问题，它的统计分布虽有一定规律，但是具体的大气尘分布又是多变的，与统计分布曲线可能相差较远，这和很多因素有关，因此需要加以区别对待和研究。

2-5-3 在垂直高度上的分布

图 2-33、图 2-34 给出的分布是近地面处的，在地面以上 50m 甚至 300m 处的分布见图 2-45[55]，在 $r_p < 3\mu m$ 的小微粒区基本呈线性，和近地面处分布没有太大差别。

根据图 2-46 上的实线所表示的实测浓度和高度的关系，可以用图中虚线代表，这是由测定数据用最小二乘法拟合所得。因此在高度 Z 处的大气尘平均浓度 N_Z 和地面浓度 N_0 之间的关系是[55]

$$N_Z = N_0 e^{-Z/H_p} \tag{2-4}$$

式中引入一个被称为大气气溶胶标高的参数 H_p，$H_p = 1.41$km，这相当于浑浊大气条件下(夜晚、阴、能见度 5km)的气溶胶标高。

但是式(2-3)显然对于 50m 以下大气尘浓度难于适用，一是图 2-46 中从地面到其上 50m 之间缺乏数据，二是近地面情况复杂。从一个近地 50m 左右高度垂直分布的例子即图 2-47[51] 可见近地面处空气中浓度达到最大，然后急剧下降。最大的第二层在 22m 高的屋顶上(房屋烟囱把微尘带到空中去),最大的第三层在 50m、60m 处,是工厂烟气污染层。如果地面交通量较小,浓度最大的第一层也可能出现在离地 20m 左右[61],见表 2-36。

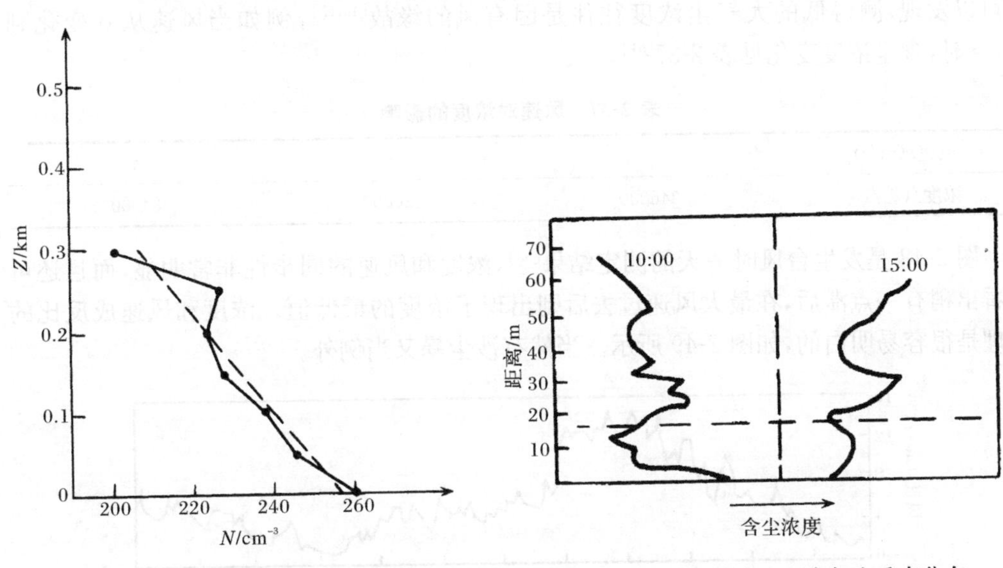

图 2-46　拟合的垂直分布和实测分布的符合情况

图 2-47　莱比锡中心区大气尘垂直分布

表 2-36　大气尘垂直分布一例

地面上高度/m	大气尘浓度/(粒/L)	
	≥0.5μm	≥5μm
1	3.19×10^4	49
17	4.33×10^4	29
30	3.98×10^4	28

总之,由于具体环境不同,在含尘浓度的垂直分布中可能有一层、二层甚至三层最大值,一般是离地 5～15m 处的含尘浓度受地面影响较小,较稳定,所以日本环境厅在有关规定中提出大气尘采样高度以 5～10m 为最好。在国内,由中国医学科学院环境卫生监测站编订的《全球大气监测工作条例》,也规定采样口应在 3～4m 高度以上。

2-6　影响大气尘浓度和分布的因素

2-6-1　风的影响

在现代城市中大气尘发生源的主要形式可分为点(烟囱等排放装置)、线(机动车密集的道路)和面(工业区),而起传播污染的主要作用是风。

风给人的一般印象总是和尘土联系起来,刮风就有土。但这只不过是指刮风吹起地面尘土的情况;再有如北京冬、春季由蒙古高原刮来的含砂风,刮得天空都变成暗黄色。

就大部分情况来说，由于污染物在大气中的排放浓度与总排放量成正比，而与平均风速成反比，所以风速增加一倍，下风侧污染物浓度则可减少一半。这是环境保护方面的一般常识。国外有关的专门研究报告提到，当比较精细的用尘埃粒子计数器研究大气尘的特性时可以发现，测得低的大气尘浓度往往是因有风的缘故[48,62]，例如当风速从 0 变化到 4m/s 时，含尘浓度变化见表 2-37[51]。

表 2-37　风速对浓度的影响

风速/(m/s)	0	2	4
浓度/(粒/L)	346000	230000	84000

图 2-48 是发生台风时一天的测定结果[63]，浓度和风速的同步性非常明显，而且还可以看出稍有一点滞后，在最大风速过去后则出现了浓度的最低值。浓度和风速成反比的道理是很容易明白的，如图 2-49 所示。当然有沙尘暴又当例外。

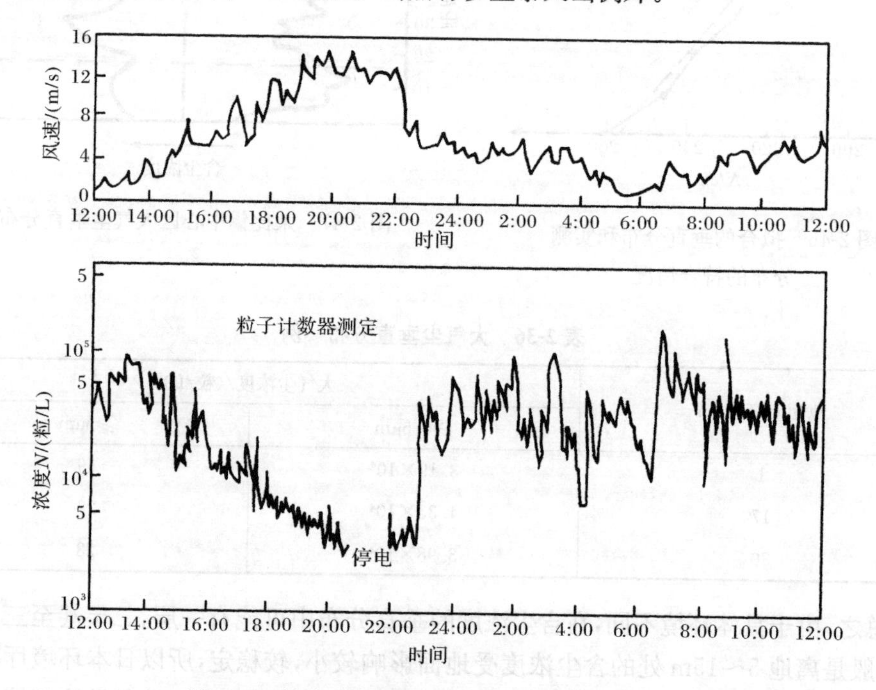

图 2-48　风速和浓度的关系（1965 年 9 月 17 日）

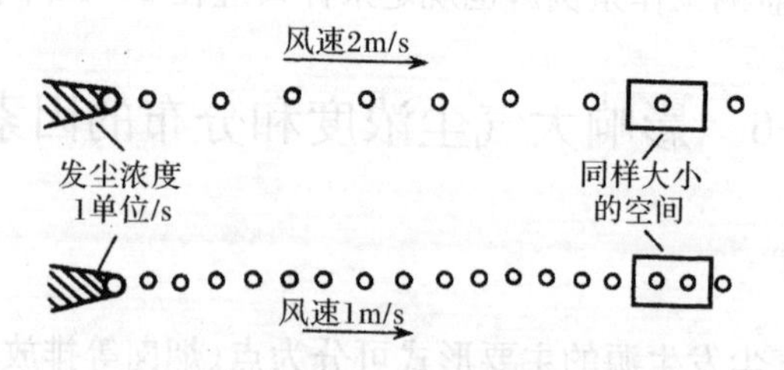

图 2-49　风速作用示意

由于我国地处中低纬度的欧亚大陆东岸，西风被西藏高原阻隔而且受到季风的破坏，所以北出长城南下海南岛的东部广大地区冬季皆盛行西北风，西南地区为西南季风，春季则由偏北风过渡到偏南风，秋季则与春季相反。

所以，东部季风区一般全年有两个盛行风向，例如：

沈阳　南风占 26%　北风占 17%
北京　北风占 26%　南风占 15%
济南　西南风占 20%　东北风占 19%
武汉　北风占 21%　东北风占 19%　东南风占 1 5%
南京　东北风占 21%　东南风占 19%
广州　北风占 17%　东风占 16%　东南风占 14%

鉴于出现两个主导风向，主导风向上风侧可以避免污染的概念就失去实际意义。同时风的影响不仅取决于风频，而且取决于风速。风频小而风速也小时，其下风侧的污染可能增大。所以，这里提出污染风频的概念[64]，即

$$污染风频=定向盛行风频\times\frac{全年平均风速}{定向盛行平均风速}$$

或

$$污染风频=定向盛行风频\times\frac{2\times全年平均风速}{定向盛行平均风速+全年平均风速}$$

例如北京丰台：冬季盛行风为北风。风频为 17%；夏季西南风和南风，风颇分别为 17%和 14%；因夏季风速小，按污染风频计算，则全国西南风为最重要的盛行风。这里要说明的是，根据有关国家标准，“主导风向”一词先为“最多风向”，后又为“最小污染风频风向”所取代。

污染风频对于洁净室在总图上的位置有重要意义。当只有一个主要盛行风向时，洁净室或洁净区要尽量布置在盛行风的上风侧。当有两个盛行风向时，则应布置在一侧。如图 2-50 所示，偏北盛行风和偏南盛行风是相对的，在这种情况下，洁净室或洁净区域显然最好布置在厂区的左下、右上两方，中间为一般区域。所谓污染区包括锅炉房、堆煤场、建筑工地、排放污染的车间等。所谓一般区域则为一般生产车间、办公设施等。洁净区域是在左下方好还是右上方好，还可以进一步看左、右两侧的风频。如果右侧风频（或污染风频）最小，则洁净区域就应当布置在左下方，右上方改为布置污染区域。

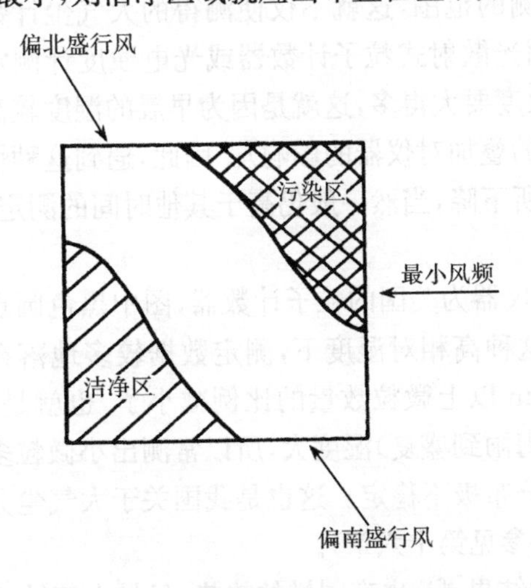

图 2-50　根据污染风频确定洁净室位置的例子之一

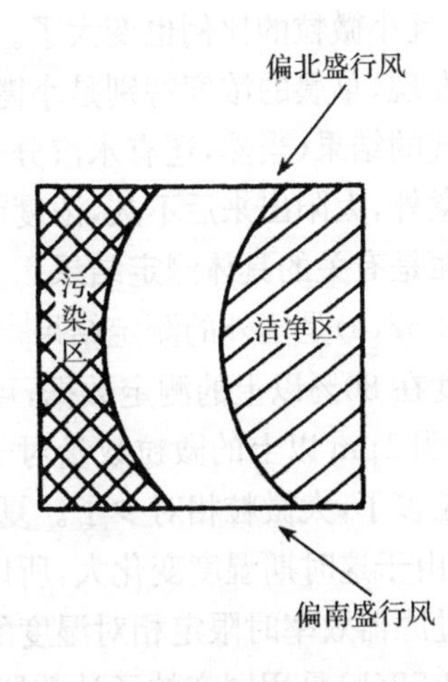

图 2-51　根据污染风频确定洁净室位置的例子之二

再如图 2-51,两个盛行风向是相交的,此时洁净室或洁净区域就应布置在右侧。

对污染风频问题,读者还可参阅作者所著《空气洁净技术应用》[65]一书。

2-6-2 湿度的影响[66]

1. 基本过程

本章开始即指出,广义的大气尘包括固态微粒和液态微粒两部分,而粒径从 0.1μm 直至 0.001μm 之间的微粒虽也属于永久性大气尘的范围,但是被专门叫做凝结核。

凝结核分为两类:一类是吸水性很强的而且能溶于水的,如氯化钠和硫酸盐一类称为溶解性凝结核;另一类是不溶于水但能被水湿润的,如土壤粒子、矿石粒子和烟灰粒子等,称为吸湿性凝结核。

硫酸盐一类溶解性凝结核的产生量,主要是在水汽参与下由 SO_2 到硫酸雾的形成多少所决定,所以空气中水汽的含量即绝对湿度,是影响这类微粒数量的重要因素。溶解性凝结核吸湿后开始溶解为溶液,并使自身不断增大。

对于非溶解性凝结核,水汽在其上凝结主要取决于表面过饱和度$\frac{E_{rm}-E}{E}$(E_{rm}为液滴上的饱和水汽压,E 为空气的饱和水汽压)。凝结核越大,发生凝结时所要求的表面过饱和度愈小,即允许 E 越大,也就是空气的相对湿度可以越小;反之,相对湿度越大,则可使更小的凝结核吸湿增大。

因此,如果认为只有相对湿度或者只有绝对湿度是影响大气尘浓度的因素,是不全面的。绝对湿度主要影响溶解性凝结核初始的吸湿,而凝结核进一步溶解和增大(后者包括非溶解性凝结核)则主要取决于相对湿度。

曾经有人提出[1],当相对湿度 φ 达到 95%时,和 $\varphi=40\%$时相比,微粒半径要增大1.3 倍。

由于计数测尘的仪器一般都有一个粒径下限,当凝结核吸湿而增大以后,会使大量小的不可测的微粒超过这一界限而进入到可测的范围,这就不仅使测得的大气尘计数浓度高了,而且小微粒的比例也变大了。经常用光散射式粒子计数器或光电浊度计测定大气尘时会发现,早晨的浓度特别是小微粒的浓度要大得多,这就是因为早晨的湿度较高甚至出现雾气的结果(当然,还有水汽分子噪声的叠加对仪器的影响)。因此,遇到这种情况不必感到意外,太阳出来后不久,浓度就会有所下降,当然一般仍高于其他时间的测定值。

下面是有关的具体测定结果。

图 2-52(a)是国外的测定结果[48],测定仪器为美国的粒子计数器,图中黑色圆点代表相对湿度在 80%以上的测定数据,可见在这种高相对湿度下,测定数据较多地落在图的下方,表明 1μm 以上的微粒数量对于 0.3μm 以上微粒数量的比例减小了,也就是说,此时小微粒多了,大微粒相对少了。夏天(从梅雨到盛夏)湿度大,所以常测出小微粒多的结果,而且由于这时期湿度变化大,所以粒度分布极不稳定。这也是我国关于大气尘分组计数法测过滤器效率时限定相对湿度的原因(参见第十六章)。

图 2-52(b)是用国产粒子计数器测定的结果[66],也有同样的趋势,只是由于缺乏小浓度下的数据,没有上面那张图明显罢了。

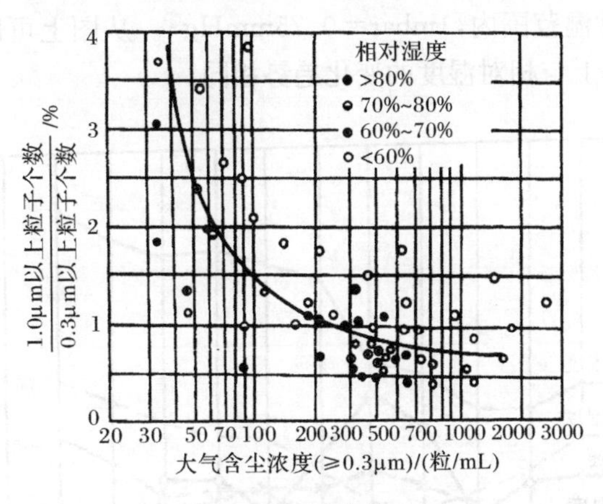

(a) 国外测定结果

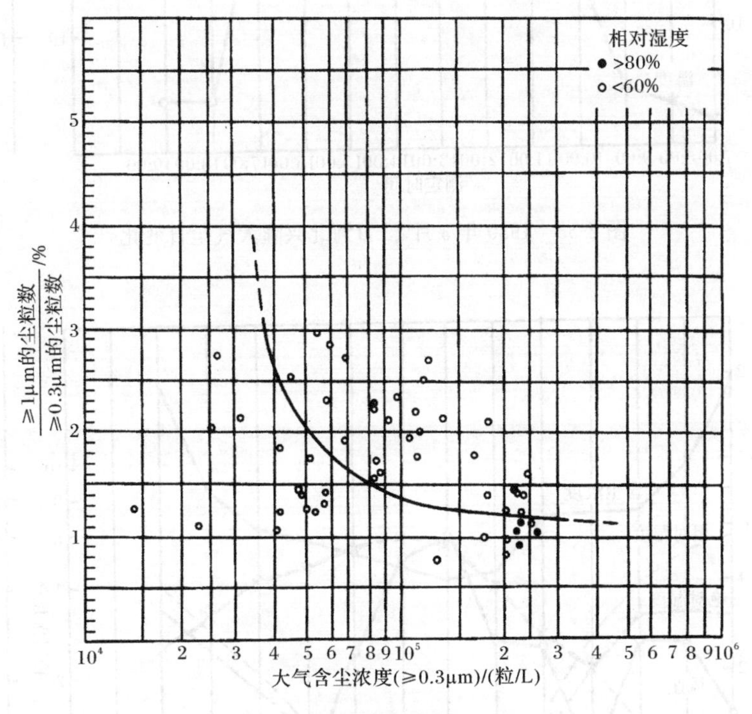

(b) 国内测定结果

图 2-52　相对湿度和小微粒所占比例的关系

2. 相关程度

图 2-53 和图 2-54 是属于"非工业区或农村型"大气尘计数浓度和相对湿度、绝对湿度等气象参数日变化趋势的实例[66]。在这些图中,纵坐标用水汽分压力 e 的大小即毫巴

(mbar[1])来表示，在常温范围内，1mbar＝0.75mmHg[2]。从图上可以明显看出，大气尘浓度的日变化趋势基本上与相对湿度的变化趋势相同。

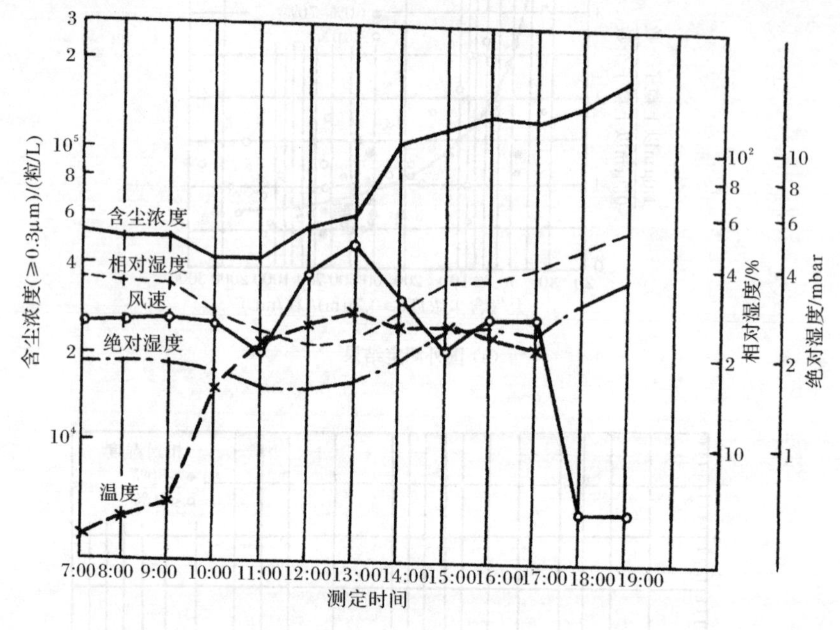

图 2-53　1980 年 3 月 15 日河北兴隆大气尘日变化

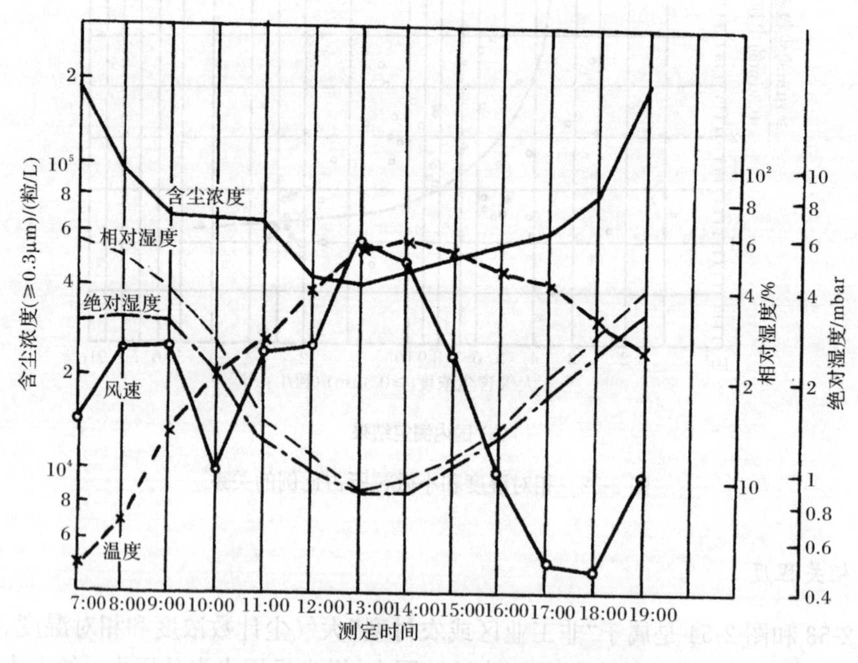

图 2-54　1980 年 3 月 16 日河北兴隆大气尘日变化

---

① 1bar＝10^5Pa，下同。

② 1mmHg＝1.33322×10^2Pa，下同。

相对湿度和绝对湿度对大气尘浓度都有影响，哪一个影响更突出，还没有很充分的数据可以说明。但根据一些测定结果的分析，可以提出相对湿度对大气尘浓度的影响比绝对湿度的影响可能更突出的看法。若据前述的相对湿度对两类凝结核的增大都有影响来看，这是可能存在的趋势。

3. 大气尘的日变化模型

大气尘浓度的日变化确实很复杂，但是从图 2-53～图 2-55 仍可看出这样一种趋势：上午(7:00～9:00 左右)、下午(17:00～19:00 左右)大气尘浓度一般出现波峰，中午或午后出现波谷。

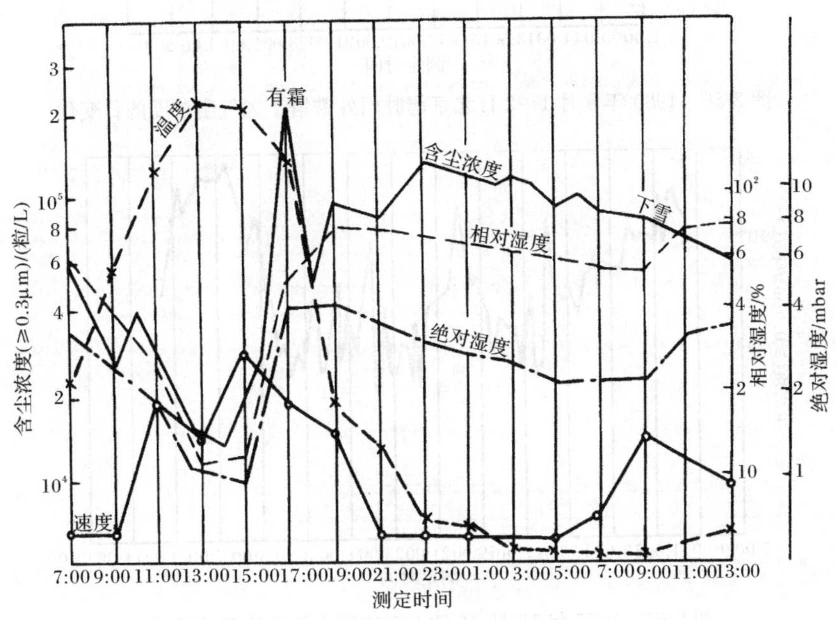

图 2-55　1980 年 3 月 17～18 日河北兴隆大气尘日变化

图 2-56、图 2-57 和图 2-58 则是属于“城市型”和“市郊型”大气尘浓度的日变化趋势。由于城市中影响大气尘浓度的因素更复杂，所以从这几幅图也可以看出，市区大气尘的日变化比“农村型”的复杂。一天中可能有几个小波峰和小波谷。不过，早晚的波峰和中午前后的波谷还是明显存在的。图 2-59 是国外大气尘浓度测定一例[58]，图中箭头是作者引用时加画的，可见也具有这种趋势。有关文献上具有这种趋势的实测结果还时有所见，就不一一引用了。

因此，作者提出用一种模型说明这种趋势，这就是如图 2-60 所示的设想的 W 形模型。图中上部是主要受湿度影响的日变化，下部则是其他影响也较大的情况，即前者属于“农村型”，后者相当于“城市型”。关于大气尘浓度日变化趋势的原因可能和前述的影响大气尘浓度变化的湿度和 SO_2 含量这两个因素的日变化趋势有关，因为若干测定结果证明这两个因素的日变化趋势也具有 W 形[67,68]。

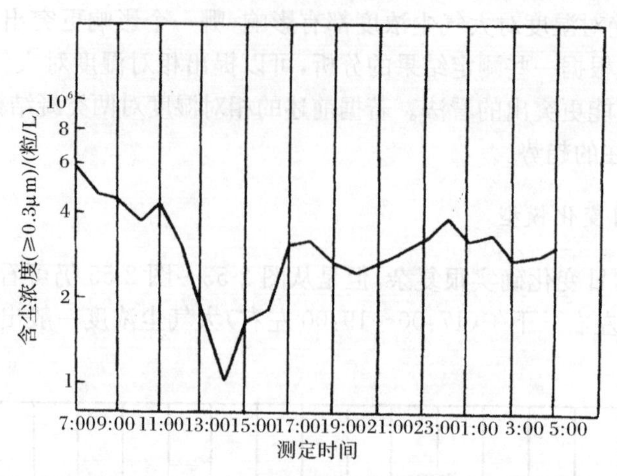

图 2-56 1980 年 8 月 1～2 日北京德胜门外铁塔下大气尘浓度的日变化

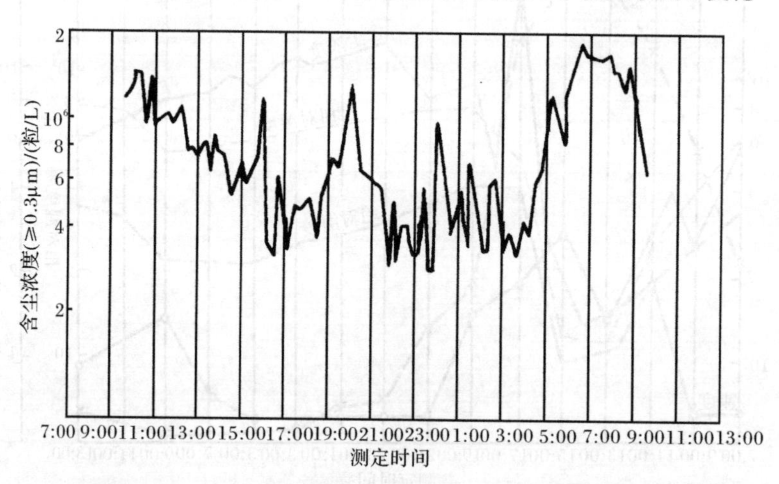

图 2-57 1975 年 12 月 24 日上海市区大气尘浓度的日变化

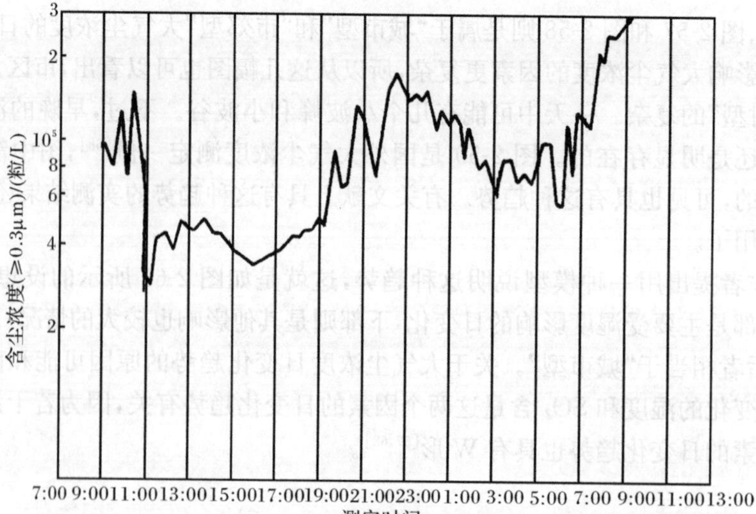

图 2-58 1976 年 4 月 20 日西北某地郊区大气尘浓度的日变化

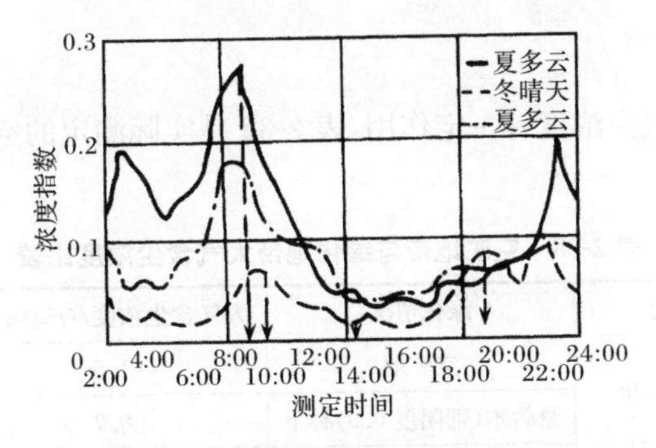

图 2-59　日本大气尘浓度日变化一例

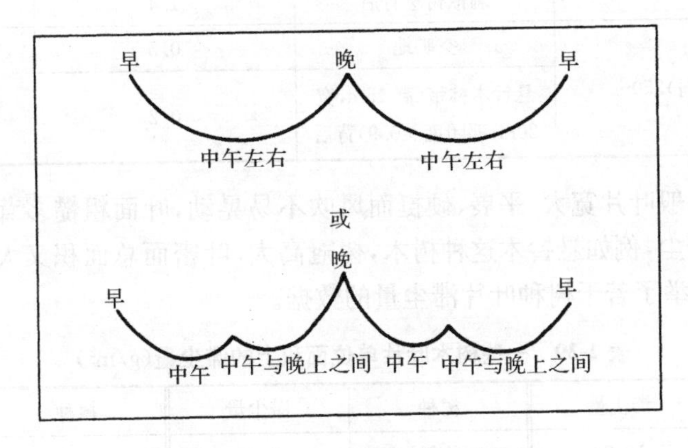

图 2-60　大气尘浓度的 W 形模型

上述模型已为此后的一些测定进一步证实，例如图 2-61[56]就是一例。

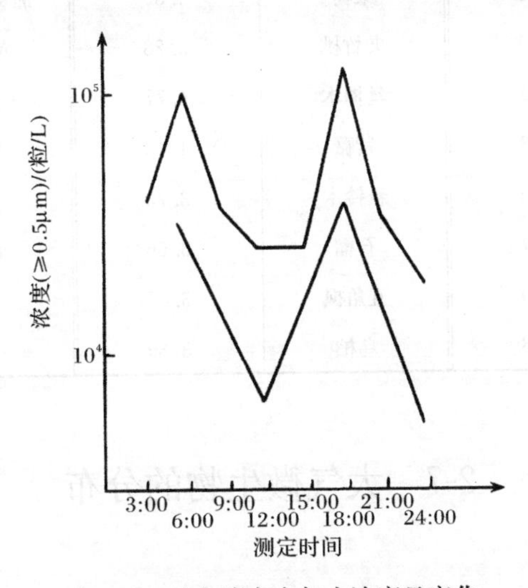

图 2-61　哈尔滨市大气尘浓度日变化

2-6-3　绿化的影响

绿化对于降低大气尘浓度有一定作用，表 2-38 是实际测定的空旷地带与绿化地带大气含尘浓度的比较[69]。

表 2-38　空旷地带与绿化地带大气含尘浓度比较

与污染源的距离及方向	绿化情况	大气含尘浓度/(mg/m³)	绿化减尘率/%
东南(测定时处于下风向)360m	空旷地	1.5	53.3
	悬铃木(郁闭度 0.9)林下	0.7	
西南(测定时处于下风向)360m	空旷地	2.7	37.1
	刺楸树丛背后	1.4	
东(测定时处于下风向)250m	空旷地	0.5	60
	悬铃木林带(高 15m,宽 20m,郁闭度＜0.9)背后	0.2	

根据研究，一般叶片宽大、平展、硬挺而风吹不易晃动，叶面粗糙多茸毛，总叶量又大的树木，有利于滞尘，例如悬铃木这种树木，树冠高大，叶密而总面积又大，它的减尘率就高。表 2-39[69]列举了若干树种叶片滞尘量的数据。

表 2-39　一些树木叶片单位面积上的滞尘量(g/m²)

树种	滞尘量	树种	滞尘量	树种	滞尘量
榆树	12.27	构树	5.87	樱花	2.75
朴树	9.37	三角枫	5.52	腊梅	2.42
才横	8.13	桑树	5.39	加拿大白柏	2.06
广玉兰	7.10	夹竹桃	5.28	黄金树	2.05
重阳木	6.81	丝棉木	4.77	桂花	2.02
女贞	6.63	紫薇	4.42	海桐	1.81
大叶黄柏	6.63	悬铃木	3.73	支子	1.47
刺槐	6.37	石榴	3.66	绣球	0.63
楝树	5.89	五角枫	3.45		
臭椿	5.88	乌桕	3.39		

2-7　大气微生物的分布

2-7-1　浓度分布

对大气微生物主要是进行细菌和真菌的分布的研究，要通过分级采样器——如安德逊采样器来进行。标准安德逊采样器的分级特性见第十六章。

一些研究结果表明，细菌和真菌的分布也是有一定规律的。图 2-62 是北京西单商业区的大气菌浓度变化，图 2-63 是分粒度的变化，图 2-64～图 2-66 则是北京丰台地区的数据[70]。从这些测定中可以看出：

(1) 一天内大气细菌和真菌有两个高峰和两个低谷。

(2) 两个高峰约出现在 7:00 和 22:00。早晨，一方面路上人员和车辆活动增多，另一方面近地面大气呈逆温稳定状态，风速小，大气流通量小，日辐射强度也小，从而形成第一个高峰；傍晚以后，主要是人、车流又出现高峰而日辐射消失，失去了对已产生的微生物的杀灭作用，从而形成第二个高峰。

(3) 两个低峰约出现在 13:00 和 1:00。接近中午，气温逐渐升高，风速变大，大气稳定度受破坏，大气低层含菌微粒因被垂直气流扩散到上空而被稀释[70]，另外日辐射的杀菌作用增强，因而在 13:00 出现第一个低谷；午夜期间，虽然日辐射没有了，但地面一切活动减少而趋于静止，使细菌发生量更快地下降，而且有利于大粒子的沉降，所以出现第二个低谷。

(4) 大气菌浓度和大气尘浓度正相关。

(5) 风沙大的季节浓度高，例如北京的 9～11 月和 3～5 月的浓度比 6～8 月和12 月、1 月、2 月的浓度高。

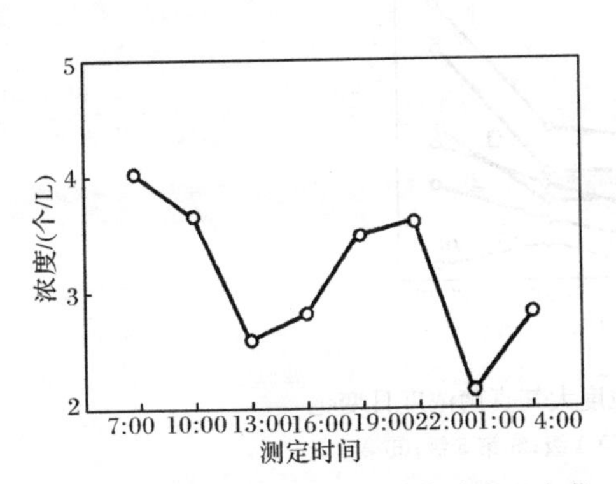

图 2-62　北京西单地区大气细菌浓度日变化

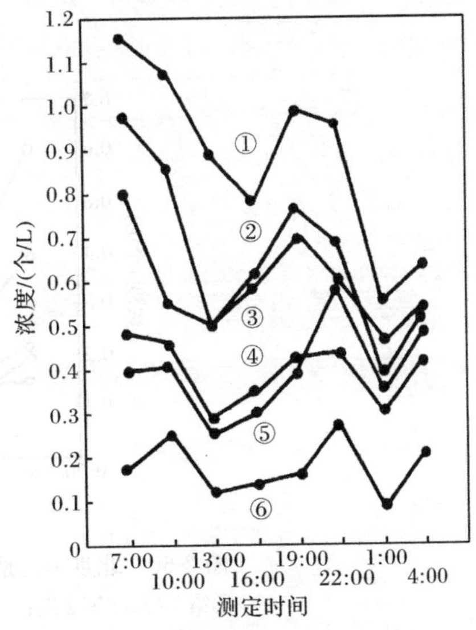

图 2-63　北京西单地区不同粒度大气细菌浓度日变化

①第 1 级；②第 2 级；③第 3 级；④第 4 级；⑤第 5 级；⑥第 6 级

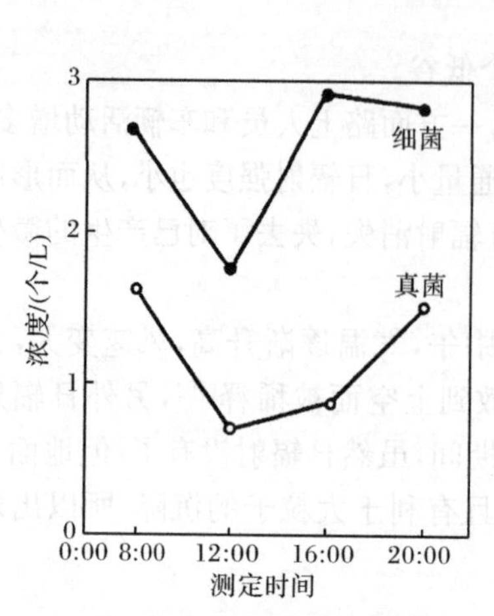

图 2-64　北京丰台地区大气细菌和真菌浓度日变化

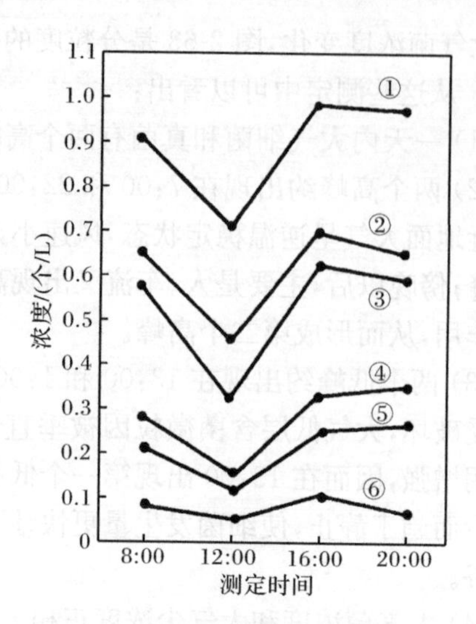

图 2-65　北京丰台地区不同粒度大气细菌浓度日变化

①第 1 级；②第 2 级；③第 3 级；④第 4 级；⑤第 5 级；⑥第 6 级

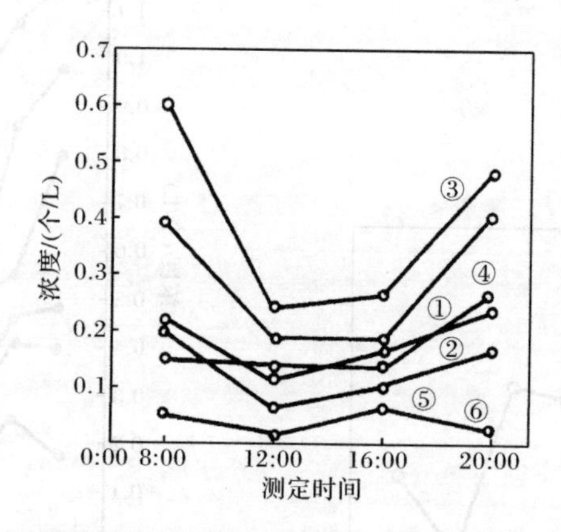

图 2-66　北京丰台地区不同粒度大气真菌浓度日变化

①第 1 级；②第 2 级；③第 3 级；④第 4 级；⑤第 5 级；⑥第 6 级

2-7-2　粒径分布

图 2-67[71]也是北京西单地区大气细菌和真菌的粒径分布数据，可以看出北京西单地区大气细菌粒数中值粒径在 13：00 最大，为 8.1μm，1 点最小，为 6.1μm；大气真菌在 13：00稍大，为 4.5μm，22：00 稍小，为 3.6μm；这正好和浓度变化规律相反。显然，粒径越大，沉降越多，浓度可能最小，而且要注意的是，这个粒径不是细菌的裸体直径，而是载体粒径（详见第九章关于当量直径的说明），越大则越能经受日照紫外线的杀灭[72]。

从一年四季看，大气细菌和真菌的粒径变化不大，见图 2-68[71]。

以上趋势在其他地方的测定结果中也有相似的反映[73]。

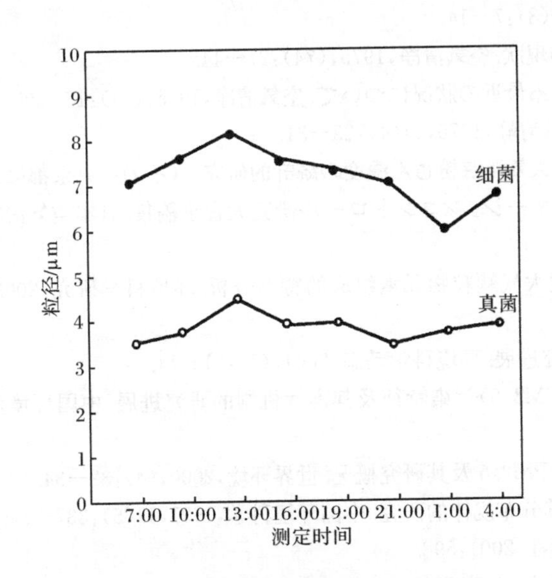

图 2-67　北京西单地区大气细菌和真菌粒子的日变化

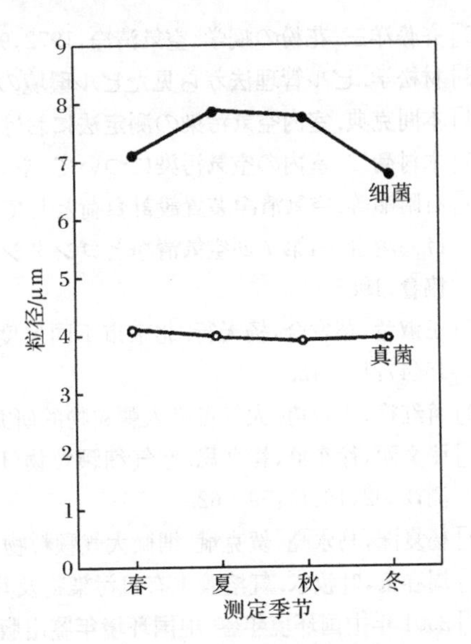

图 2-68　北京西单地区大气细菌和真菌粒径的四季变化

参 考 文 献

[1] Фетт В. Атмосферная пыль. 1961.

[2] Фукс Н А. 气溶胶力学. 顾震潮等译. 北京:科学出版社,1960:6.

[3] 田尻昭英. エアロゾルの重量濃度測定法. 空気清浄,1974,12(4):20—53.

[4] 原田朗. 大気のバックグランド汚染. 1973.

[5] 北京晚报,1998-4-4(15).

[6] 金浩. 环境管理与技术. 北京:中国环境科学出版社,1994:233.

[7] 金浩. 环境管理与技术. 北京:中国环境科学出版社,1998:190.

[8] 联合国环境署(UNEP). 城市大气污染(续). 世界环境,1993,(2):29—34.

[9] 彭近新. 全球环境与发展世纪回顾与启迪. 2000 年中国环境年鉴. 580. 中国环境年鉴社.

[10] 2001 年中国环境年鉴. 中国环境年鉴出版社,2001:524.

[11] 本間克典. 光化學スモッグ発生时の粒子状物质について. 空気清浄,1975,12(5):16—25.

[12] 本間克典. 室内空気の污染機構と清浄度の計測監視. 建築設備,1967,(202):39.

[13] 石橋多聞,西胁仁一. 公害・衛生工学大系Ⅲ. 1966.

[14] 王明星,吕位秀,任丽新,等. 大气气溶胶采样和化学分析技术. 环境科学丛刊,1981,(2):1—10.

[15] 黄绍铨,孔繁昶,简金顺,等. 发射光谱测定大气飘尘中的微量元素. 环境科学丛刊,1981,(2):24—31.

[16] 周斌斌,徐家骝,胡广宇. 上海市大气颗粒物中金属元素特征. 上海环境科学,1994,13(9):30.

[17] 高洛托 И Д. 半导体器件和集成电路生产中的洁净. 四机部第十设计院译. 1978.

[18] 在集成电路的制造中环境、供应和材料的控制. 科技参考(半导体),1973,(2).

[19] 朱坦,白志鹏,陈威. 秦皇岛市大气颗粒物来源解析研究. 环境科学研究,1995,8(5):49—55.

[20] 吕俊民,山田猛. 海塩粒子に対するエアフイルタの捕集性能. 空気清浄,1993,31(1):12—19.

[21] 中国科学技术情报研究所. 大气污染及其防治(国外公害概况之十),1973.

[22] 齐藤洋三. 花粉の疫学. 空気清浄,1972,9(8):7—14.
[23] 材松学. ビル管理法がら见たビル環境の現狀. 空気清浄,1975,(74):27—44.
[24] 本間克典. 室内空気污染の测定法における最近の狀況について. 空気清浄,1975,(74):13—26.
[25] 木村菊二. 室内の空気汚染について. 空気清静,1976,14(4):23—31.
[26] 石附順等. 空気清浄装置設計負荷として大気浮游粉じん濃度の統計的研究—(その|)東京都における場合—,第7回空気清浄とコンタシネーションコントロール研究大會予稿集. 日本空気清浄協會,1988.
[27] 王淑兰,柴发合,杨天行. 北京市不同尺度大气颗粒物元素组成的特性分析. 环境科学研究,2002,15(4):10—12.
[28] 蒋红梅,王定勇. 大气可吸入颗粒物的研究进展. 环境科学动态,2001,(1):11—14.
[29] 张文丽,徐东群,崔九思. 空气细颗粒物(PM2.5)污染特征及其毒性机制的研究进展. 中国环境监测,2002,18(1):59—62.
[30] 杨复沫,马永亮,贺克斌. 细微大气颗粒物 PM2.5 及其研究概况. 世界环境,2000,(4):32—34.
[31] 周春玉,叶汝求. 气溶胶中有机污染物及其分布规律的研究. 中国环境科学,1991,11(5):337—340.
[32] 2001 年中国环境年鉴. 中国环境年鉴出版社,2001:598.
[33] 1993 年中国环境年鉴. 中国环境年鉴出版社,1993:522.
[34] 2005 年中国环境年鉴. 中国环境年鉴出版社,2005:774.
[35] 中国环境保护部编,2006~2010 年中国环境质量报告. 北京:中国环境科学出版社,2011:10—35.
[36] 2001 年环境状况公报. 环境保护,2002,(6):6.
[37] 魏复威,滕恩江,吴国平,等. 我国 4 个大城市空气 PM2.5、PM10 污染及其化学组成. 中国环境监测,2001,17(7):1—6.
[38] 许钟麟. 我国大气尘的计数浓度与粒径分布. 环境科学,1980,1(4):20—23.
[39] Нонезов Р Г, Знаненский Р В. Обеспыливание воздушной среди в "Чистых комнатах". Водоснабжение и санитарная техника,1973,(3):29—32.
[40] 藤崎英夫. 精密工場における净化装置の実際. 空気調和と冷凍,1971,11(10):99—108.
[41] 平沢紘介. クリーンルームの設画と設計. 空気調和と冷凍,1973,13(1):75—88.
[42] 金井邦助. タリーンルームの設計と運転. 空気清浄,1971,8(2):63—83.
[43] 崔磊,许钟麟,王荣,等. 我国大气尘计数浓度水平,暖通空调,2008,(7):1—5.
[44] 木村菊二. ユアロゾルの相對濃度测定法. 空気清浄,1974,12(4):61—69.
[45] Austin P A,Timmerman S W. Design and Operation of Clean Room. 1965.
[46] 平沢紘介. 工業製品,醫學における大気污染の影響とその対策. 空気調和と冷冻,1970,10(2):33—40.
[47] 野田耕臣. 精密工場におけるクリーンルーム. 空気調和と冷冻,1970,10(10):64—75.
[48] 新津靖,等. 大気中浮游じんあいの性狀に關する研究(第2報). 空気調和・衛生工学,1967,41(4):1—8.
[49] Reeves R G. 遥感手册(第一分册). 汤定元等译. 北京:国防工业出版社,1979.
[50] Hinds W C. 气溶胶技术. 孙聿峰译. 哈尔滨:黑龙江科学技术出版社,1989.
[51] Kratzer P A. 城市气候. 谢克宽译. 北京:中国工业出版社,1963.
[52] 福山博之译. 空中浮游物質——性質と作用. 空気調和・衛生工学,1975,49(8):57—60.
[53] Junge C E. Die Rolle der Aerosole und der gasförmigen Beimengungen der luft im Spurenstoffhashalt der Troposphare. Tellus,1953,5(1). (转引自理查德・丹尼斯,等(美). 气溶胶手册. 周金琴等译. 北京,1981:111.)
[54] Whitby K T, Liu Y H. Atmospheric Aerosol Size Distributions. Preprint of P. T. S., 1969,

10:36－46.
[55] 游荣高,洪钟祥,吕位秀,等.边界层大气气溶胶浓度与尺度谱分布的时空变化.大气科学,1983,7(1):88－94.
[56] 魏学孟.大气尘浓度变化的分析.洁净技术,1987,(3):7－8.
[57] 王荣,许钟麟,崔磊,等.我国大气尘浓度的特点,暖通空调,2008,(5):10－12.
[58] Dorman R G. Dust Control and Air Cleaning. 1973.
[59] 大野長太郎.除じん集じん技術.公害対策と技術開発(PPM臨時增刊),1972,(7):106－142.
[60] 三輪茂雄.花粉・孢子などの粒度分布および密度测定.粉体工学研究会誌,1972,9(2):102－104.
[61] 内山滿.クリーンルームの設計施工の調查結果.空気調和・衛生工学,1972,46(4):19－25.
[62] 瀬沼勲.外気中の浮遊塵埃量の變動と室内への影響にていて.建築学会論文報告集,1960,(60):79－85.
[63] 新津靖,吉川暲,富田浩之.大気中浮遊じんあいの性狀に關する研究(第1報),空気調和・衛生工学,1966,40(11):1－13.
[64] 北京大学地质地理系城市地理小组.风与城市规划.环境保护,1974,(2):16－23.
[65] 许钟麟.空气洁净技术应用.北京:中国建筑工业出版社,1989.
[66] 许钟麟,吴植娱.关于湿度对大气尘计数浓度的某些影响.中国环境科学,1982,(6):59－65.
[67] 刘万军,赵国珍.沈阳地区气象场结构与大气污染.环境科学,1981,2(2):26－31.
[68] 王淑芳,等.北京城近郊区大气污染评价的气质模式.中国环境科学,1981,(1):46－53.
[69] 江苏省植物研究所等.城市绿化对净化空气的作用.环境科学,1978,(6):49－51.
[70] 胡庆轩,车凤翔,张松乐,等.京、津地区大气微生物的浓度.环境科学,1989,10(5):31－35.
[71] 胡庆轩,车凤翔,李军保,等.北京市大气微生物的粒子径.中国环境科学,1992,12(4):296－299.
[72] 车凤翔.日光辐射对空气微生物的杀灭作用.消毒与灭菌,1985,2(2):101－105.
[73] 胡庆轩,徐秀芝,陈梅玲,等.大气微生物的研究——大气细菌粒数中值直径及粒度分布.中国环境监测,1994,10(6):37－38.

第三章　微粒的过滤机理

要把固态或液态的微粒从气溶胶中分离出来，一般有以下四种办法：

(1) 机械分离。用重力除尘器、惯性除尘器、旋风除尘器。

(2) 电力分离。用单级静电除尘器、双级静电除尘器等。

(3) 洗涤分离。用喷雾洗涤除尘器、水膜除尘器、文氏管除尘器等。

(4) 过滤分离。用填充式过滤器、袋式过滤器等。

从空气洁净技术以净化空气为主要目的来看，空气中微粒浓度很低(相对于工业除尘来说)，微粒尺寸很小，而且要确保末级过滤效果的可靠，所以主要采用带有阻隔性质的过滤分离来清除气流中的微粒，另外也常采用电力分离的办法。本章着重讨论过滤分离。

3-1　过滤分离

带阻隔性质的过滤分离是通过过滤器来实现的，微粒过滤器按微粒被捕集的位置可以分为两大类：一为表面过滤器，二为深层过滤器。

表面过滤器有金属网、多孔板等形式，微粒在表面被捕集。用纤维素酯(硝酸纤维素或醋酸纤维素)制成的化学微孔滤膜，外观似白色的纸，性质也属于表面过滤器。这种滤膜厚度一般在几十微米左右，表面带有大量静电荷，均匀地分布着 0.1～10μm 的圆孔，孔径可以在制膜时加以控制，平均每平方厘米面积上有 10^7～10^8 个小孔，孔隙率高达70%～80%。这些孔沿厚度方向可以近似看成毛细管。比孔径大的微粒通过它时，100%可被截留于表面。有人认为，滤膜能阻留的最小微粒达到其平均孔径的 1/15～1/10。图3-1 即为表面过滤器的结构和其捕集微粒的示意。

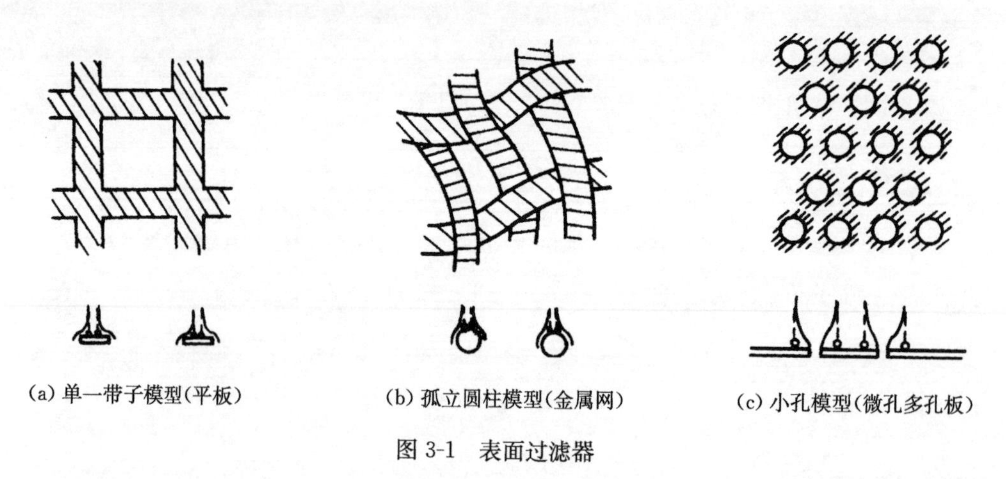
(a) 单一带子模型(平板)　(b) 孤立圆柱模型(金属网)　(c) 小孔模型(微孔多孔板)

图 3-1　表面过滤器

深层过滤器又分为高填充率和低填充率(又称为低空隙率和高空隙率)两种。微粒的捕集发生在表面和层内。

填充率以 α 表示，即

$$\alpha=\frac{\text{过滤层(如纤维层)的密度}}{\text{过滤层材料(如纤维)的密度}}$$

高填充率($\alpha>0.2$)深层过滤器结构多样，如颗粒填充层(沙砾层、活性炭层等)、各种成形多孔质滤材、各种厚层滤纸，以及上述孔径较小的微孔滤膜，这些孔在厚度方向相当于毛细管，其结构和捕集粒子的原理示于图 3-2。

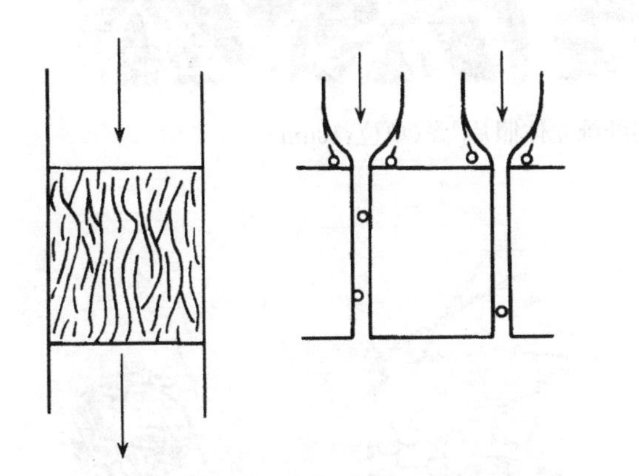

图 3-2　高填充率深层过滤器(毛细管模型)

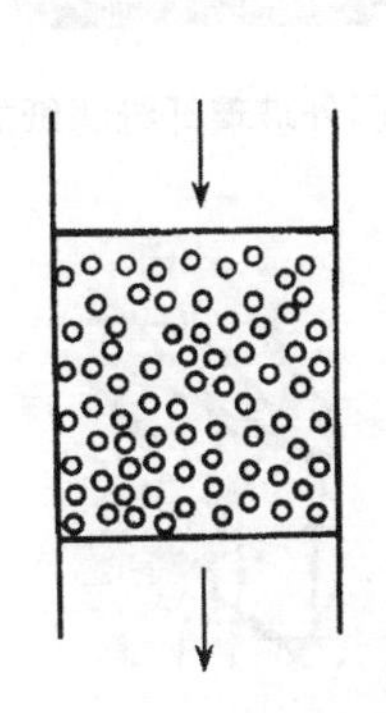

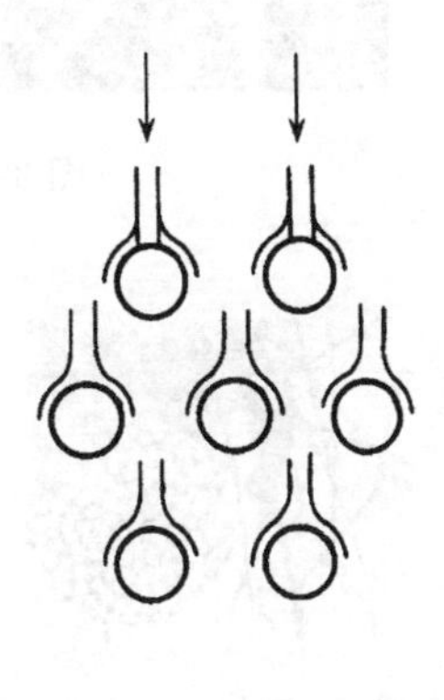

图 3-3　低填充率深层过滤器(孤立圆柱模型)

低填充率($\alpha<0.2$)深层过滤器有各种纤维填充层过滤器、薄层滤纸高效过滤器和发泡性滤材过滤器等，其结构和捕集粒子的原理示于图 3-3。

表面过滤器捕集微粒的机理虽然简单，但绝大部分效率极低，实用意义极小。其中微孔滤膜过滤器则相反，具有极高的效率，除用于液体过滤外，主要用于采样过滤器和要求特别高的无尘无菌系统的末级过滤器，它比纤维过滤器更可靠。

高填充率深层过滤器内部毛细管结构极其复杂，对微粒的捕集机理也就极其复杂，迄今几乎没有人进行过理论上的研究。

低填充率深层过滤器特别是纤维过滤器(包括纤维填充层过滤器、无纺布过滤器和薄层滤纸高效过滤器)，虽然内部纤维配置也很复杂，但是由于空隙率较大(图 3-4～图 3-6)，当上百层纤维网重叠在一起时，空隙虽然要比图中的小，但比起纤维粗细来仍很大，允许将构成过滤层的纤维孤立地看待，从而可简化研究步骤。而且此类过滤器阻力不大，效率很高，实用意义很大，特别在空气洁净技术领域内应用极广，所以受到重视。对这种过滤器过滤机理的研究，已经有了较深的理论和实验的基础。本章将着重介绍这种纤维过滤器对微粒的过滤机理。至于较常使用的属于电力分离的静电除尘器，将在下一章结合具体结构讨论其集尘机理。

图 3-4　国产玻璃纤维滤材结构

(η=99.99999%放大 10000 倍)

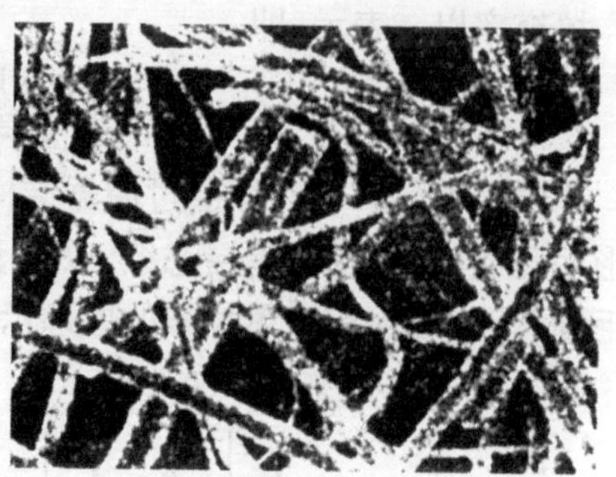

图 3-5　国外玻璃纤维滤纸的纤维立体照片[1,2]（单位：10μm）

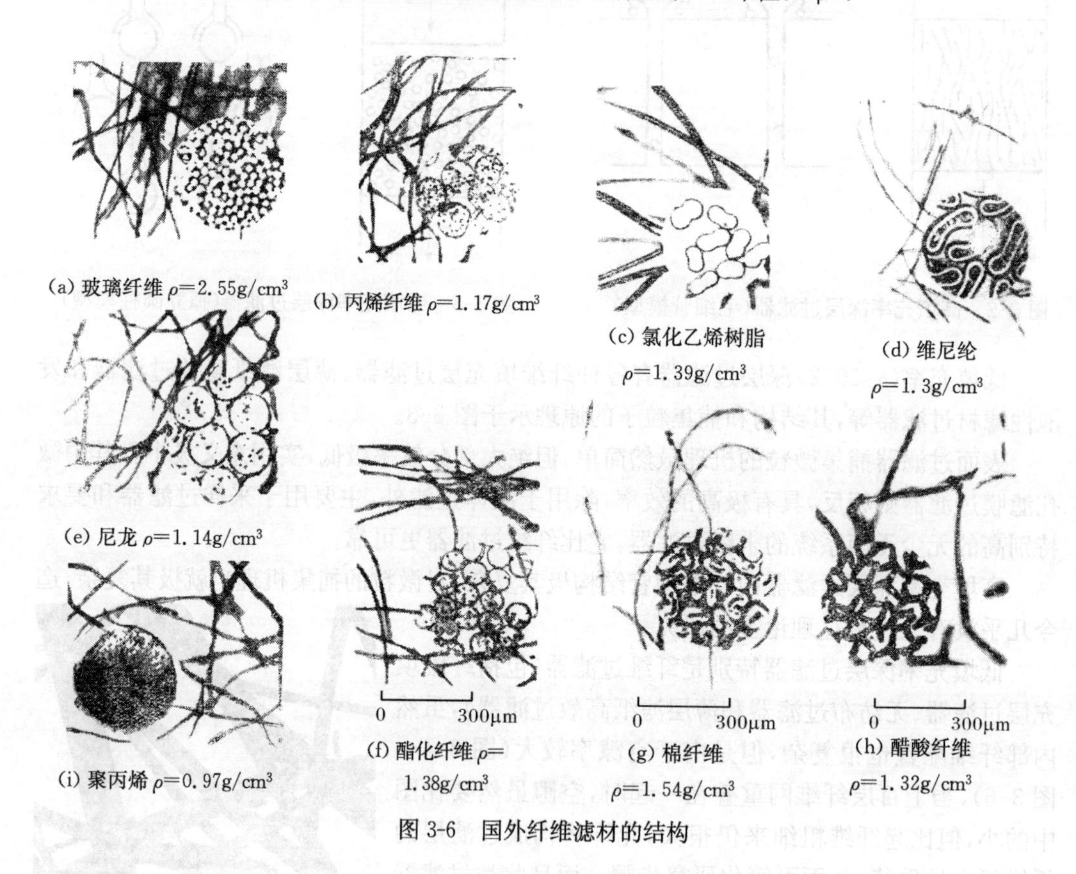

(a) 玻璃纤维 ρ=2.55g/cm³　(b) 丙烯纤维 ρ=1.17g/cm³　(c) 氯化乙烯树脂 ρ=1.39g/cm³　(d) 维尼纶 ρ=1.3g/cm³

(e) 尼龙 ρ=1.14g/cm³　(f) 酯化纤维 ρ=1.38g/cm³　(g) 棉纤维 ρ=1.54g/cm³　(h) 醋酸纤维 ρ=1.32g/cm³

(i) 聚丙烯 ρ=0.97g/cm³

图 3-6　国外纤维滤材的结构

3-2　过滤器的基本过滤过程

被过滤微粒的性质、过滤材料的性质以及它们相互间的作用，对过滤过程都有极重要的影响。较多的研究者倾向于把这种过滤过程归结为两个阶段。

第一阶段称为稳定阶段，在这个阶段里，过滤器对微粒的捕集效率和阻力是不随时间改变的，而是由过滤器的固有结构、微粒的性质和气流的特点决定。在这个阶段里，过滤器结构由于微粒沉积等原因而引起的厚度上的变化是很小的。对于过滤微粒浓度很低的气流,如在空气洁净技术中过滤室内空气,这个阶段对于过滤器就很重要了。

第二阶段称为不稳定阶段,在这个阶段里,捕集效率和阻力不取决于微粒的性质,而是随着时间的变化而变化,主要是随着微粒的沉积、气体的侵蚀、水蒸气的影响等而变化。尽管这一阶段和上一阶段相比要长得多,并且对一般工业过滤器有决定意义,但是在空气洁净技术中仅对亚高效以下效率的过滤器有一定意义,而对亚高效及其以上效率的过滤器则意义不大。

3-3 纤维过滤器的过滤机理

根据现在已得出的结论,在纤维过滤器的第一阶段过滤过程中,捕集微粒的作用不是一种,而是至少有五种。

3-3-1 拦截(或称接触、钩住)效应

在纤维层内纤维错综排列,形成无数网格。当某一尺寸的微粒沿着流线刚好运动到纤维表面附近时,假使从流线(也是微粒的中心线)到纤维表面的距离等于或小于微粒半径(图 3-7,$r_1 \leqslant r_f + r_p$),微粒就在纤维表面被拦截而沉积下来,这种作用称为拦截效应。筛子效应也属于拦截效应(图 3-8),也有单称为过滤效应的。

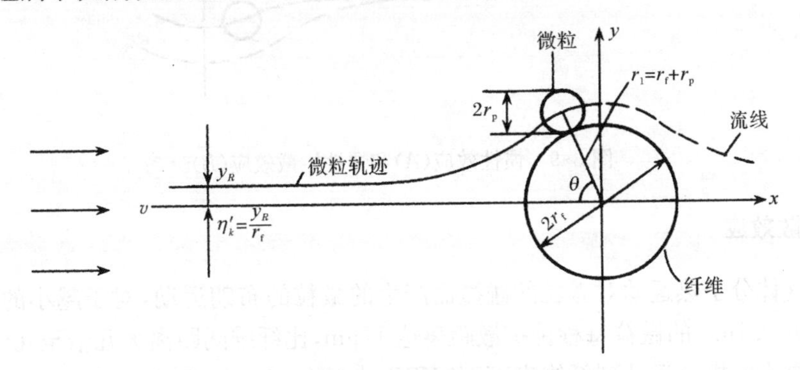

图 3-7 拦截效应

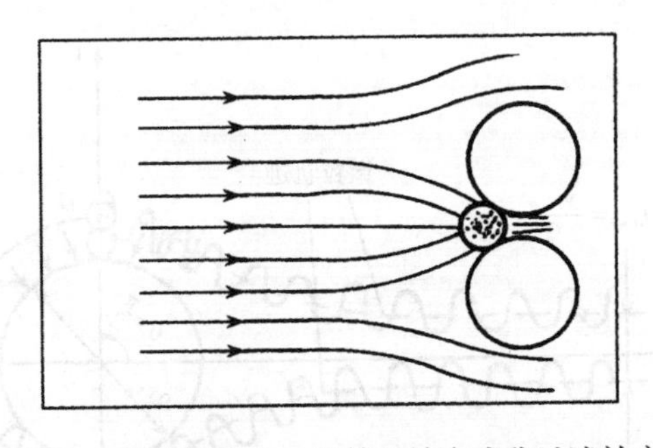

图 3-8 拦截效应之一的筛子效应或称过滤效应

但是,拦截效应或筛子效应不是纤维过滤器中过滤微粒的唯一的或者主要的效应,更不能把纤维过滤器像筛子一样看待。筛子仅仅筛去尺寸大于其孔径的微粒,而在纤维过

滤器中,并不是所有小于纤维网格网眼的微粒都能穿透过去,最容易穿透的是某一定大小的微粒。微粒也并不都是在纤维层表面被筛分——沉积,如果是这样,过滤器的阻力将由于微粒把网眼堵塞而迅速上升,但事实并不如此。在纤维过滤器内微粒一般都深入纤维层内很多,因而在纤维过滤器中,微粒的被捕集还有其他作用。

3-3-2 惯性效应

由于纤维排列复杂,所以气流在纤维层内穿过时,其流线要屡经激烈的拐弯。当微粒质量较大或者速度(可以看成气流的速度)较大,在流线拐弯时,微粒由于惯性来不及跟随流线同时绕过纤维,因而脱离流线向纤维靠近,并碰撞在纤维上而沉积下来(图 3-9,位置 A)。

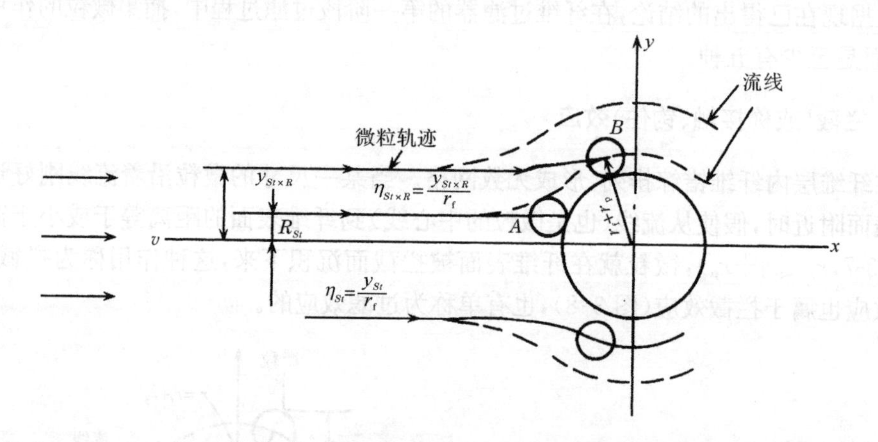

图 3-9 惯性效应(A)和惯性拦截效应(B)

3-3-3 扩散效应

由于气体分子热运动对微粒的碰撞而产生的微粒的布朗运动,对于越小的微粒越显著。常温下 0.1μm 的微粒每秒钟扩散距离达 17μm,比纤维间距离大几倍至几十倍,这就使微粒有更大的机会运动到纤维表面而沉积下来(图 3-10,位置 A),而大于 0.3μm 的微粒其布朗运动减弱,一般不足以靠布朗运动使其离开流线碰撞到纤维上面去。

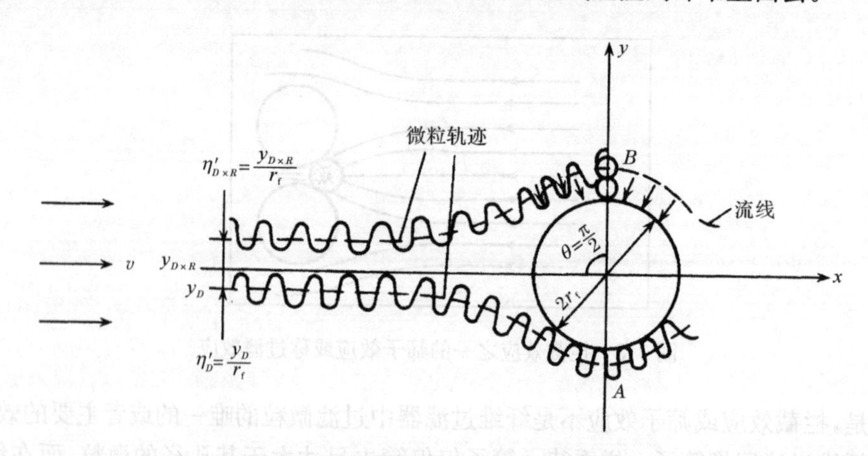

图 3-10 扩散效应(A)和扩散拦截效应(B)

3-3-4　重力效应

微粒通过纤维层时，在重力作用下发生脱离流线的位移，也就是因重力沉降而沉积在纤维上（图 3-11 和图 3-12）。由于气流通过纤维过滤器特别是通过滤纸过滤器的时间远小于 1s，因而对于直径小于 0.5μm 的微粒，当它还没有沉降到纤维上时已通过了纤维层，所以重力沉降完全可以忽略。

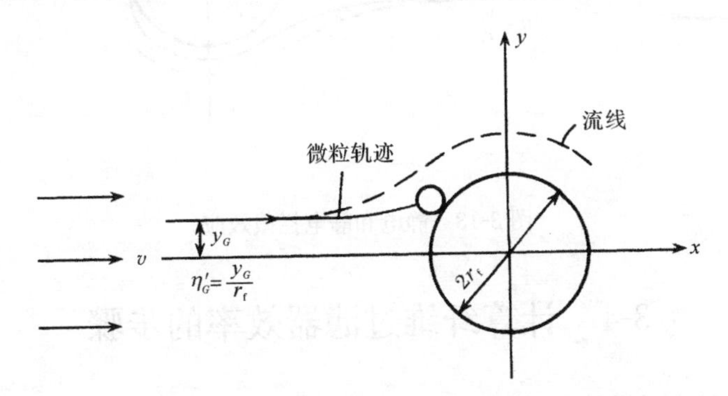

图 3-11　重力效应（重力与气流方向平行）

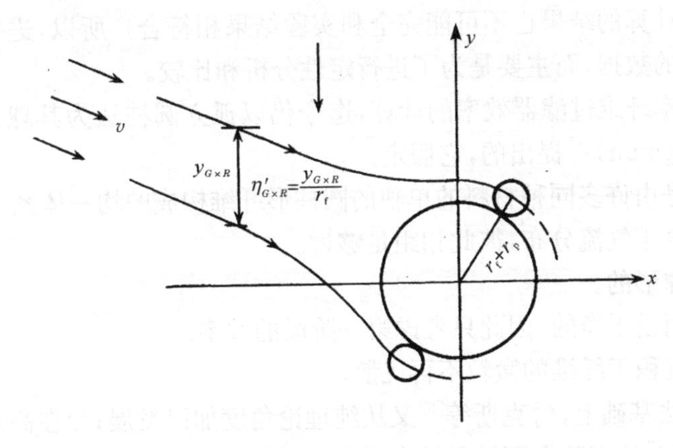

图 3-12　重力拦截效应（重力与气流方向垂直）

3-3-5　静电效应

由于种种原因，纤维和微粒都可能带上电荷，产生吸引微粒的静电效应（图 3-13）。但除了有意识的使纤维或微粒带电外，若是在纤维处理过程中因摩擦带上电荷，或因微粒感应而使纤维表面带电，则这种电荷既不能长时间存在，电场强度也很弱，产生的吸引力很小，可以完全忽略。

在一个纤维过滤器内，微粒被捕集可能由于所有机理的作用，也可能由于一种或某几种机理的作用，这要根据微粒的尺寸、密度、纤维粗细、纤维层的填充率、气流速度等条件决定。

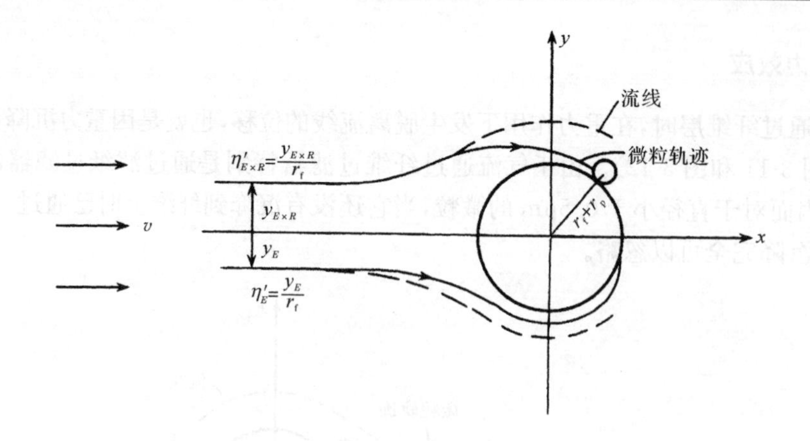

图 3-13　静电和静电拦截效应

3-4　计算纤维过滤器效率的步骤

在纤维过滤器内对微粒的捕集虽然有上述几种效应，但是若要对它们作精细的数学描述则是非常困难的。通常应用简化模型并配合足够可靠的实验数据，得出半经验公式，而且由这些公式计算的结果也不可能完全和实验结果相符合。所以，进行这些计算还不是为了获得精确的数据，而主要是为了进行定性分析和比较。

对于低填充率纤维过滤器效率的计算，迄今仍以孤立圆柱法为其理论基础。这一方法是兰米尔(Langmuir)[4]提出的，它假定：

(1) 过滤器是由许多同种材料的单独的圆柱形纤维构成的均一体系。

(2) 纤维垂直于气流分布，彼此相距足够远。

(3) 微粒是球形的。

(4) 纤维表面是干净的，因此只考虑第一阶段的效率。

(5) 接触并沉积于纤维的微粒不再飞散。

在孤立圆柱法基础上，付克斯等[5]又从纯理论角度加以发展；而在高效滤纸过滤器方面，井伊谷鋼一等[6]从实验方面做了补充研究。根据这些研究，对纤维过滤器包括滤纸过滤器效率的计算一般按以下步骤：

(1) 根据微粒的性质、过滤器的性能和条件，确定 5 种捕集微粒的效应中起主要作用的一种或几种(一般只考虑拦截、惯性和扩散效应)。

(2) 计算孤立的单根纤维对确定的每一种效应的捕集微粒的效率 η'。

(3) 计算出孤立的单根纤维在几种效应共同作用下的总捕集效率 η'_Σ。

(4) 考虑相邻纤维间互相干涉的影响，计算出过滤器内(即不是孤立的)单根纤维的总捕集效率 η_Σ。

(5) 根据对数穿透定律，由 η_Σ 计算过滤器捕集微粒的总效率，即过滤器效率 η。

3-5　孤立单根纤维对微粒的捕集效率——孤立圆柱法

3-5-1　拦截捕集效率

按照图 3-7，拦截效应仅仅由于几何作用——直接拦截或接触（钩住）而发生，由于把纤维看作圆柱形（从图 3-6 可见，特别是玻璃纤维为规则的圆柱形），所以纤维应该捕集到的微粒则是面对纤维，宽度为 d_f（纤维直径）的这股气流中的所有微粒，参看图 3-14 的上部。所有这些微粒全被捕集到则效率就是 100%。但是这股气流在到达纤维之前一定距离即开始绕流，所以微粒可能被捕集的范围（只讨论 x 轴上部）仅在 $y=r_f$ 到 $y_1=r_p+r_f$ 之间（r_p 为微粒半径，r_f 为纤维半径），参看图 3-14 的下部。y 为从圆柱轴到气流中任一点的距离。

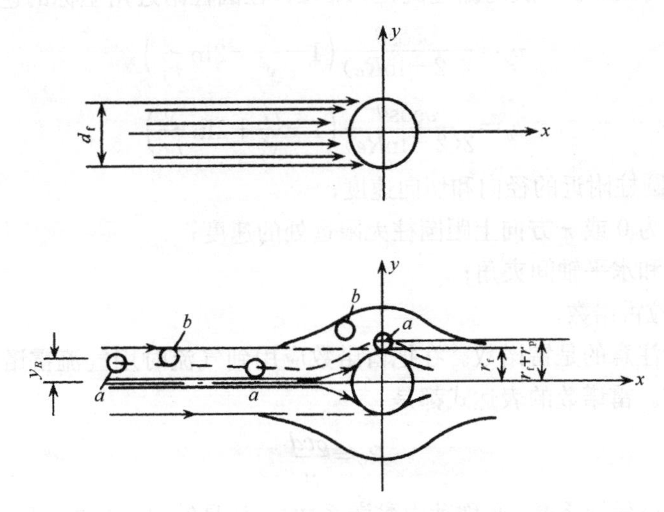

图 3-14　拦截捕集微粒的范围

这股气流宽度为 r_p，比原来面对纤维的那股气流宽度要小，所以拦截捕集效率也就是一种拦截捕集几率，小于 1，因而将等于在单位长度纤维上在这一范围相当于 r_p 的厚度内单位时间流过的微粒数对于流过纤维一面的总微粒数之比。由于假定微粒浓度是均匀的，也就相应于流量之比。

对于单位长度的纤维，在纤维轴线一面流过纤维的流量将是纤维半径和无限远处气流速度的乘积，等于 $r_f v$；在单位纤维长度上，流过 $r_f \sim r_f+r_p$ 之间的流量（所有被捕集的微粒都在这个气流中）等于 $\int_{r_f}^{r_f+r_p} v_{\frac{\pi}{2}} \mathrm{d}y$，所以拦截捕集效率为

$$\eta_R' = \frac{\int_{r_f}^{r_f+r_p} v_{\frac{\pi}{2}} \mathrm{d}y}{r_f v} \tag{3-1}$$

由于

$$\frac{\int_{r_f}^{r_f+r_p} v_{\frac{\pi}{2}}\mathrm{d}y}{v}=y_R$$

所以也可以写成

$$\eta_R'=\frac{W_R}{r_f v}=\frac{y_R}{r_f} \tag{3-2}$$

式中：y_R——由于拦截效应可以捕集到的有效的微粒轨迹在无限远处距纤维轴线的宽度（无限远在实际上考虑为足够远）；

W_R——宽度 y_R 内的流量。

所以，在某种效应作用下，孤立圆柱可以捕集到的有效的微粒轨迹在无限远处距纤维轴线的宽度与纤维半径之比，就被定义为这种效应下的捕集效率。

根据流体力学，对于一般的黏性流，当 $Re<1$，在圆柱附近角坐标的速度场是[4]

$$v_y=\frac{v\cos\theta}{2(2-\ln Re)}\left(1-\frac{r_f^2}{y^2}-2\ln\frac{y}{r_f}\right)$$

$$v_\theta=\frac{v\cos\theta}{2(2-\ln Re)}\left(1-\frac{r_f^2}{y^2}+2\ln\frac{y}{r_f}\right)$$

式中：v_y、v_θ——圆柱附近的径向和切向速度；

v——在 θ 为 0 或 π 方向上距圆柱无限远处的速度；

θ——半径和水平轴间夹角；

Re——微粒雷诺数。

这里要特别注意的是雷诺数。在把雷诺数应用到气流时用气流雷诺数，应用到微粒时用微粒雷诺数。雷诺数的表达式都是

$$Re=\frac{\rho v d}{\mu}$$

式中密度 ρ 和气体黏滞系数（亦称动力黏滞系数）μ 都是针对气体的，而 v 和 d 则因应用对象不同而不同。针对气流的，v 是气流速度，d 是特征线性尺寸，例如管道内的气流就用管径；若是针对微粒的，v 是微粒与气体的相对速度，即微粒沉降速度，d 是微粒直径。对于气流，$Re<2000$ 为层流，$Re>4000$ 为紊流；对于微粒，$Re\leqslant1$，围绕着一颗微粒的气流是层流运动；$Re\geqslant2$，在微粒的下游就出现旋涡。随着 Re 的增大，旋涡也逐渐增多和增强，也就是说微粒逐渐被紊流所围裹。

在 $\theta=\frac{\pi}{2}$ 时，切线方向速度为

$$v_{\theta=\frac{\pi}{2}}=\frac{v}{2(2-\ln Re)}\left(1-\frac{r_f^2}{y^2}+2\ln\frac{y}{r_f}\right)$$

所以

$$\int_{r_f}^{r_f+r_p} v_{\frac{\pi}{2}}\mathrm{d}y=\frac{v_{r_f}}{2(2-\ln Re)}\left[2\left(1+\frac{r_p}{r_f}\right)\ln\left(1+\frac{r_p}{r_f}\right)-\left(1+\frac{r_p}{r_f}\right)+\frac{1}{1+\frac{r_p}{r_f}}\right]$$

$$\eta_R'=\frac{1}{2(2-\ln Re)}\left[2(1+R)\ln(1+R)-(1+R)+\frac{1}{1+R}\right] \tag{3-3}$$

从这个公式可知，拦截捕集效率是 Re 和 $R=\frac{r_p}{r_f}$ 的函数，R 称为拦截参数，是描述在拦截机理作用下的沉积效应的。

此外，木村典夫等[7]根据圆柱边界层内速度分布的近似式得到

$$\eta'_R=\frac{1}{3}Re^{1/2}R^2 \tag{3-4}$$

3-5-2　惯性捕集效率

根据和式(3-2)相似的定义，由图3-7可知，在极限轨迹情况下，惯性捕集效率应由下式表达：

$$\eta'_{St}=\frac{W_{St}}{r_f v} \tag{3-5}$$

W_{St} 是在惯性捕集宽度内的流量，它与做曲线运动的微粒的惯性力和速度分布这两个因素有关，而不是仅决定于 r_p 这一层的厚度，所以必须解运动方程。考虑到气流的阻力。在小 Re(一般不超过1)和微粒做曲线运动时的方程有形式

$$\begin{cases} m\dfrac{\mathrm{d}v_x}{\mathrm{d}t}=-6\pi\mu r_p(u_x-v_x)+F_x \\ m\dfrac{\mathrm{d}v_y}{\mathrm{d}t}=-6\pi\mu r_p(u_y-v_y)+F_y \end{cases} \tag{3-6}$$

式中：u_x、u_y——微粒速度沿 x 和 y 轴的分量；

v_x、v_y——气流速度沿 x 和 y 轴的分量；

F_x、F_y——外力沿 x 和 y 轴的分量；

μ——流体的黏滞系数。

但是对这个非线性微分方程求解是很困难的，一般都采用近似的办法或者得出半经验的公式。这些公式具有形式

$$\eta'_{St}=f(St,Re)$$

由于以后讲到的计算不用单纯的 η'_{St}，这里就不引用具体数据了，只是着重说明一下 St。

$$St=\frac{1}{9}\frac{r_p^2\rho_p vc}{\mu r_f} \tag{3-7}$$

式中：ρ_p——微粒密度(kg/m^3)；

μ——气体黏滞系数(Pa·s)；

c——考虑微粒滑动的修正系数，见第六章。

St 是无因次数，称为惯性参数，亦称斯托克斯参数，其物理意义是代表作用于微粒的惯性力和空气阻力之比。当 $St\to 0$ 时，惯性力消失，微粒和气流速度趋于一致；而当在一个极小的 St 值——临界值时，微粒的惯性不能克服气流对它的吸引，因而不能在纤维表面沉积下来。假使 St 数不超过0.1，则惯性捕集效率很小。惯性捕集效率随着 St 数的增加(即随着气流速度、微粒大小和密度的增加以及纤维尺寸的减小)而增加。

3-5-3　扩散捕集效率

高度分散的微粒的乱运动使微粒在各个方向上自由位移。假使一根孤立圆柱-纤维-

位于这种气溶胶中，微粒将在它的表面上沉积，从相邻的气流层中被排除出来，这个范围大约在 $30°\leqslant\theta\leqslant150°$ 之内，如图 3-15 所示。

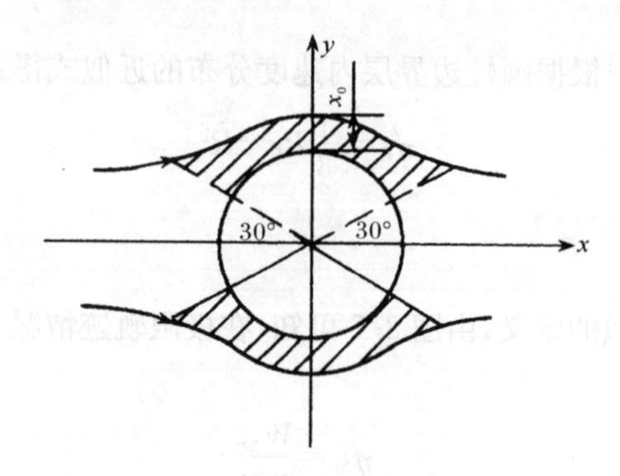

图 3-15　微粒扩散沉积的范围

当 $\theta=\frac{\pi}{2}$ 时，设这个扩散层的厚度为 x_0，相当于拦截作用时由 r_f 到 r_f+r_p 这个范围，兰米尔[4]计算出了

$$\frac{x_0}{r_f}=\left[1.12\,\frac{(1-\ln Re)D}{r_f v}\right]^{1/3} \tag{3-8}$$

式中：D——气体扩散系数。

根据和式(3-2)相似的定义，可以应用式(3-3)得到扩散捕集效率，这是因为该效率主要取决于扩散层厚度这个纯几何因素。所以有

$$\eta'_D=\frac{1}{2(2-\ln Re)}\left[2+\left(1+\frac{x_0}{r_f}\right)\ln\left(1+\frac{x_0}{r_f}\right)-\left(1+\frac{x_0}{r_f}\right)+\frac{1}{1+\frac{x_0}{r_f}}\right] \tag{3-9}$$

将式(3-8)代入此式即可。

此外，扩散至单位长度圆柱上的微粒流量是 $\pi d_f k$，k 为传质系数(m/s)，则根据和式(3-2)相似的定义，得[8]

$$\eta'_D=\frac{\pi r_f k}{r_f v}=\pi\,\frac{Sh}{ReSc}=\pi\,\frac{Sh}{Pe} \tag{3-10}$$

式中：Sh——宣乌特数$\left(=\frac{kd_f}{D}\right)$；

Sc——施密特数$\left(=\frac{\mu}{\rho D}\right)$；

Pe——贝克来数$\left(=\frac{d_f v}{D}\right)$。

3-5-4 重力捕集效率

根据效率的定义式，对于重力沉降显然可以写成

$$\eta'_G=\frac{v_s r_f}{v r_f}=\frac{v_s}{v} \tag{3-11}$$

式中：v_s——沉降速度；

v——气流速度。

但是根据付克斯等[5]的研究，还应增加一个和 R 有关的项，即：当气流垂直于纤维表面从上而下流过时

$$\eta'_G=(1+R)\frac{v_s}{v} \tag{3-12}$$

当气流垂直于纤维表面从下而上流过时

$$\eta'_G=-(1+R)\frac{v_s}{v} \tag{3-13}$$

当气流平行于纤维表面流过时

$$\eta'_G=\left(\frac{v_s}{v}\right)^2 \tag{3-14}$$

3-5-5 静电捕集效率

下面直接给出三种情况的效率表达式[9]。

1) 纤维、微粒均带电

$$\eta'_{E,Qq}=\frac{4Qq}{3\mu d_p d_f v} \tag{3-15}$$

式中：Q——单位长度纤维带的电荷；

q——微粒带的电荷。

2) 纤维带电，微粒不带电

$$\eta'_{E,Q_0}=\frac{\varepsilon-1}{\varepsilon+2}\frac{4d_p^2Q^2}{3\mu d_f^3 v} \tag{3-16}$$

式中：ε——微粒的介电常数。

3) 纤维不带电，微粒带电

$$\eta'_{E,Q_q}=2\left[\frac{1}{2(2-\ln Re)}\right]^{\frac{1}{2}}\left(\frac{\varepsilon-1}{\varepsilon+2}\ \frac{q^2}{12\pi^2\mu d_p d_f^2 v}\right) \tag{3-17}$$

上述三式中的量纲常数要求与确定的静电电荷单位一致。

3-5-6 孤立单根纤维对微粒的总捕集效率

前面已经指出，一般情况下，重力效应和静电效应可以忽略，则纤维的主要过滤（捕集）机理就是拦截效应、惯性效应和扩散效应。如果某种机理发生作用，另几种机理完全不起作用，则单位长度的孤立单一纤维对微粒的总捕集效率显然就是这三种独立的捕集效率之和，即

$$\eta'_\Sigma=\eta'_R+\eta'_{St}+\eta'_D \tag{3-18}$$

但是，实际上这几种机理是同时发生作用的。从图 3-7 上可以看到，即使在惯性作用下，微粒如果没有和纤维发生碰撞，则本不应被捕集；但如果其轨迹（即中心线）正好达到距纤维表面为 r_p 的程度，则由于拦截效应起作用仍可被捕集。这就是惯性拦截效应。这就是说，纤维可以捕集到的微粒轨迹，在无限远处距轴线的距离既不是拦截效应时的 y_R，也不是惯性效应时的 y_{St}，而是扩大到这两种效应都存在时的 $y_{St,R}$。戴维斯（Davies C N）[10]在小 Re（一般不超过 1）时给出公式

$$\eta'_{St,R}=0.16\left[R+(0.25+0.4R)St-0.0263RSt^2\right] \tag{3-19}$$

式中包含了 St 和 R，说明该效率和惯性与拦截两种效应都有关系。

此外，也可应用吉川暲[8]用电子计算机计算所得的曲线(图 3-16)进行计算。吉冈直哉等[11]也用电子计算机获得了相似的结果。

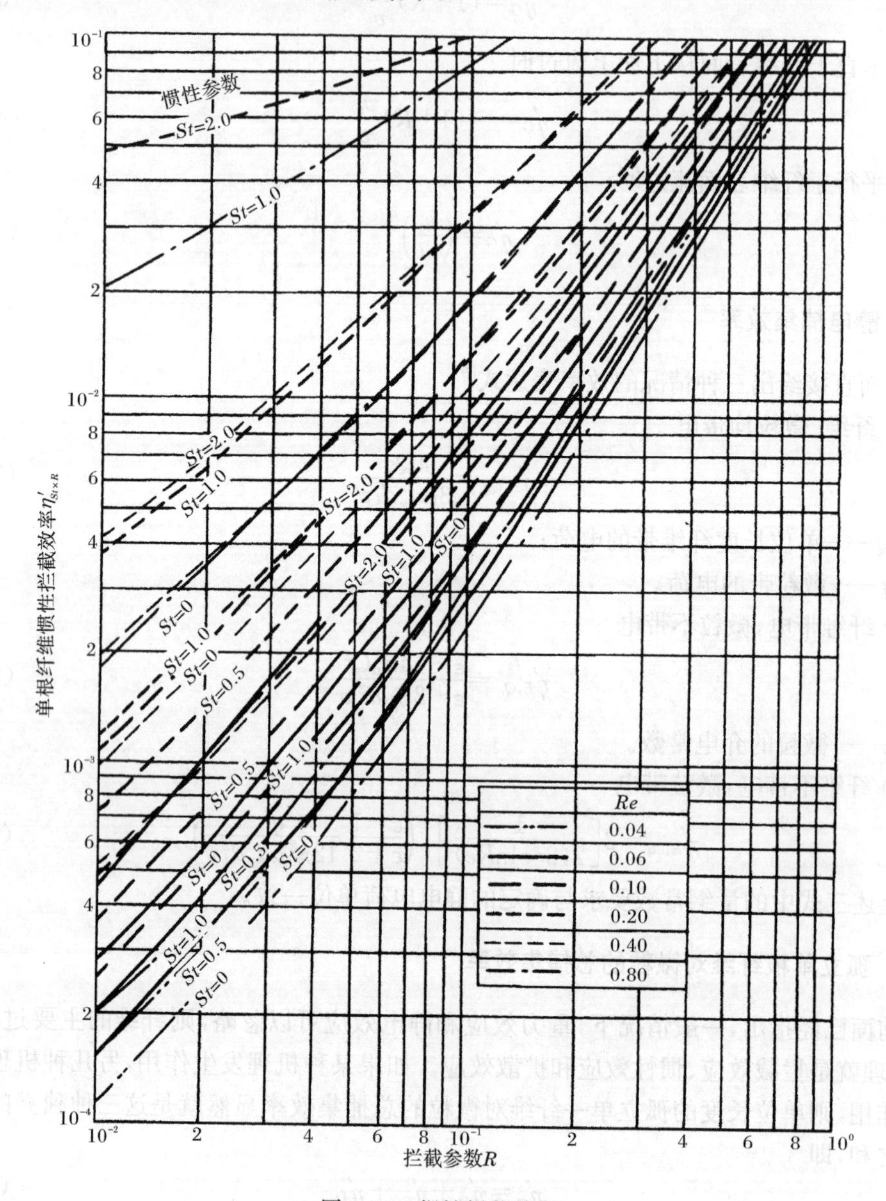

图 3-16　惯性拦截效率

同样，在图 3-10 上也可看到，即使在扩散作用下微粒轨迹没有能达到纤维表面，而是达到了距表面为 r_p 的范围，也将由于拦截效应使这些微粒被捕集，这就是扩散拦截效应。这就是说，纤维可以捕集到的微粒轨迹在无限远处距轴线的距离既不是拦截效应时的 y_R，也不是扩散效应时的 y_D，而是扩大到这两种效应都存在时的 $y_{D,R}$。按照和式(3-2)相同的定义，由式(3-10)可以写出

$$\eta'_{D,R}=\frac{\pi(r_f+r_D)k}{r_f v}=\frac{\pi r_f k}{r_f v}+\frac{\frac{r_p}{r_f}\pi r_f k}{r_f v}=\frac{\pi(1+R)r_f k}{r_f v}=\pi(1+R)\frac{Sh}{Pe} \tag{3-20}$$

所以,孤立单一纤维对微粒的总捕集效率又可表示为

$$\eta'_{\Sigma}=\eta'_{St,R}+\eta'_{D,R} \tag{3-21}$$

3-6　过滤器内单根纤维对微粒的捕集效率——纤维干涉的影响和修正方法

孤立单根纤维捕集微粒的作用如前所述,但是,过滤器(纤维填充层或者滤纸)情况更复杂,纤维的空间方向、密度、纤维与纤维的组合形式都不相同,纤维周围的速度场和孤立纤维周围的速度场也是不同的。因此对单根纤维的效率需要进行纤维干涉的修正。由于纤维填充密度越大,这种干涉影响将越大,所以在修正系数中都包含着填充率 α。下面着重介绍三种修正计算方法。

3-6-1　有效半径法

这一方法主要是由戴维斯[10]针对小 Re(一般不超过 1)提出的,比较早。先在式(3-19)基础上提出三种效应共同作用下的效率,即

$$\eta'_{\Sigma}=0.16\left[R+(0.25+0.4R)\left(St+\frac{2}{Pe}\right)-0.0263\left(St+\frac{2}{Pe}\right)^2\right] \tag{3-22}$$

它和式(3-19)相比,多了一项$\frac{2}{Pe}$,其中贝克来数 Pe 是扩散系数 D 的函数,其倒数称为扩散参数,用 De 表示。这就使 η'_{Σ} 和三种效应都有关系。

进一步考虑了相邻纤维的影响之后,采用所谓有效半径,并引进含有纤维填充率 α 的修正,得到了单位长度的单一微粒的总捕集效率

$$\eta_{\Sigma}=\eta'_{\Sigma}+(10.9\alpha-17\alpha^2)\left[R+(0.25+0.4R)\left(St+\frac{2}{Pe}\right)-0.0263\left(St+\frac{2}{Pe}\right)^2\right] \tag{3-23}$$

当 $\alpha<0.02$ 时,式中各参数所用纤维半径为真实平均半径;当 $\alpha>0.02$ 时,则采用纤维的有效半径 $r_{f\alpha}$ 代替真实平均半径。有效半径可根据过滤器阻力的实验数据 ΔP_{α} 求得,即

$$r_{f\alpha}^2=\frac{17.5\mu v H}{\Delta P_{\alpha}}\alpha^{1.5}(1+52\alpha^{1.5}) \tag{3-24}$$

式中:H——过滤层厚度(m);

v——滤速(m/s);

μ——气体黏滞系数(Pa·s);

ΔP_{α}——过滤器阻力实验值(Pa)。

用这个方法计算的结果精度较差,见图 3-17[4]。

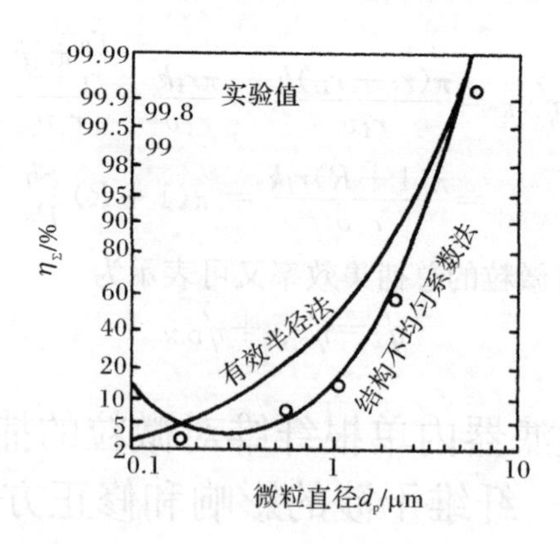

图 3-17 η_Σ 的计算值与实验值的比较

3-6-2 结构不均匀系数法

这个方法由付克斯等提出[12]，直接给出过滤器内单一纤维在各种效应下的效率，用下式计算：

$$\eta_D=2.9K_u^{-1/3}Pe^{-2/3}+0.624Pe^{-1} \tag{3-25}$$

$$\eta_R=(2K_u)^{-1}[(1+R)^{-1}-(1+R)+(1+R)\ln(1+R)] \tag{3-26}$$

$$\eta_{D,R}=1.24K_u^{-0.5}Pe^{-0.5}R^{2/3} \tag{3-27}$$

$$\eta_{St,R}=(2K_u)^{-2}ISt \tag{3-28}$$

$$I=(296-28\alpha^{0.62})R^2-2.75R^{2.8} \tag{3-29}$$

式中：I——考虑拦截对惯性捕集效率影响的参数；

K_u——科瓦巴拉流体动力学系数。

单一纤维的总捕集效率为

$$\eta_\Sigma=\varepsilon(\eta_D+\eta_R+\eta_{D,R}+\eta_{St,R}) \tag{3-30}$$

上述式中的 K_u 和 ε，皆是考虑纤维干涉影响的系数

$$K_u=-0.5\ln\alpha-0.65 \quad 或 \quad K_u=-0.75-0.5\ln\alpha+\alpha-0.25\alpha^2 \tag{3-31}$$

$$\varepsilon=\frac{F_B}{F_F} \tag{3-32}$$

ε 又称为结构不均匀系数，代表作用在理想过滤器中单位长度纤维上的力和作用在真实过滤器中单位长度纤维上的力之比。

F_B 由理论方程决定，即

$$F_B=\frac{4\pi}{-1.15\lg\alpha-0.52} \tag{3-33}$$

F_F 主要决定于过滤器阻力的实验数据 ΔP_α，即

$$F_F=\frac{\Delta P_\alpha \pi d_f^2}{\alpha\mu v H} \tag{3-34}$$

F_B 和 F_F 都是无量纲数。

付克斯除了考虑上述的纤维干涉的修正外，还考虑了当纤维很细接近空气分子自由行程 λ 时，也要引入气体介质在纤维表面的滑动的修正，不过这一影响一般很小，这里就

不引述了。

用这个方法计算比较复杂，但和实验值符合得较好，见图 3-17。

3-6-3　实验系数法

1955 年陈家镛[13]用实验确定了过滤器内单根纤维在纤维干涉影响下的捕集效率与孤立单一纤维捕集效率之间的关系，即

$$\eta_{\Sigma}=\eta'_{\Sigma}(1+4.5\alpha) \tag{3-35}$$

式中 η'_{Σ}按式(3-21)计算。由于这个公式很简单，便于计算，而且实验也证实计算结果和实验值比较接近，所以目前在有关文献中都使用这个式子。

3-6-4　半经验公式法

这一方法是由井伊谷鋼一等[6]于 1970 年针对滤纸过滤器提出的，认为可以把滤纸过滤器看作是纤维层过滤器沿厚度方向压缩而成，所以可以应用纤维层过滤器的考虑方法，并具体按照纤维层过滤器的扩散效应和拦截效应占支配地位时的单一纤维理论捕集效率(忽略了惯性效率)去整理实验数据。实验是在纤维直径从 0.92μm 到 17.7μm，纤维填充率 α 从 0.091 到 0.92 这一相当宽的范围内进行的。于是得到孤立单一纤维总捕集效率的半经验公式

$$\eta'_{\Sigma}=20A_0R^2 \tag{3-36}$$

式中：A_0——不含干涉效果的单一纤维周围的理论流函数系数

$$A_0=\frac{1}{2(2-\ln Re)} \tag{3-37}$$

最后整理得出过滤器内单一纤维总捕集效率为

$$\eta_{\Sigma}=\eta'_{\Sigma}(1+10^6\alpha^6) \tag{3-38}$$

这一计算方法将得到效率随粒径减小而增加的单一关系，而反映不出有一个对应最低效率的粒径。

3-7　计算纤维过滤器总效率的对数穿透定律

3-7-1　对数穿透定律

在计算了纤维过滤器内单根纤维捕集效率之后，就可以计算整个过滤器的效率 η，这就需要应用对数穿透定律。

先看图 3-18 所示的过滤层。

假定这一过滤层内的纤维是单一直径的，均匀垂直于气流方向布置着的。如果气流以初始微粒浓度 N_0 和速度 v 通过滤层，从滤层出来后的浓度变为 N，则通过过滤层浓度的变化，也就是浓度的减小，应该等于在滤层内被纤维所捕集的微粒数目。

现在来研究一下单元体积——具有单位面积 S 和厚度 dh 的层——的情况。如果单位时间内通过单元层 vS 后浓度变化为 dN，则此时减小的微粒数目是 $vSdN$。

前面已经求出过滤器内单一的单位长度纤维捕集效率 η_{Σ}，根据捕集效率定义的公式

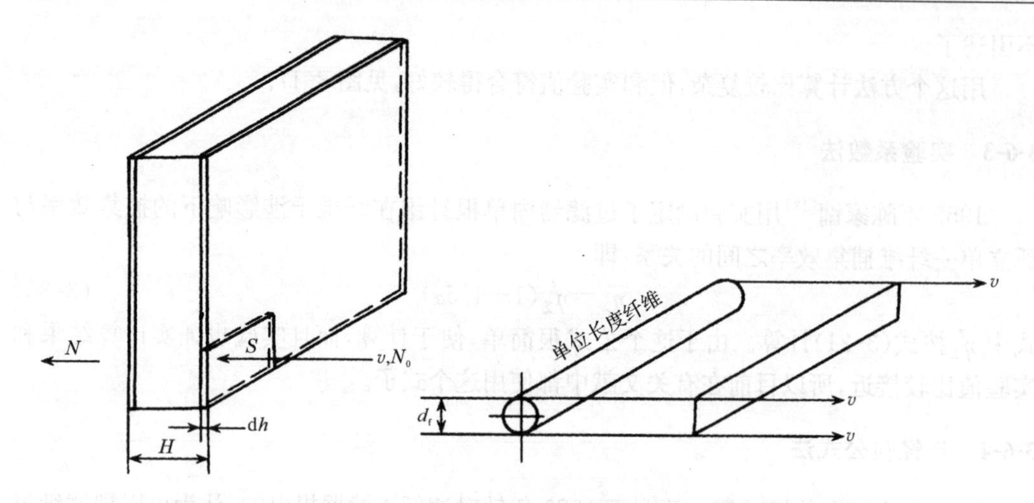

图 3-18 过滤器内捕集微粒的单元体积

(3-1)，可以知道在单位时间内单位长度纤维所能捕集的微粒数目是 $\eta_\Sigma \mathrm{d_f} v'N$，$v'$ 是通过纤维间气流的平均速度，应有

$$v'=\frac{v}{1-\alpha} \tag{3-39}$$

$d_f v'$ 代表流经纤维的体积流量。

通过 vS 这一单元层，微粒浓度减少了 $-vS\mathrm{d}N$；而微粒浓度是 N 的气流在经过这一层时被全长为 L 的纤维捕集到的微粒数是 $\eta_\Sigma \mathrm{d_f} v'NL$，这两者应平衡，即

$$-vS\mathrm{d}N=\eta_\Sigma d_f v'NL$$

式中：L——单元层中纤维总长，即

$$L=\frac{4\alpha S\mathrm{d}h}{\pi d_f^2} \tag{3-40}$$

$$-vS\mathrm{d}N=\eta_\Sigma d_f v\frac{4SN\alpha \mathrm{d}h}{(1-\alpha)\pi d_f^2}$$

$$-\frac{\mathrm{d}N}{N}=\frac{4\alpha\eta_\Sigma}{(1-\alpha)\pi d_f}\mathrm{d}h$$

积分后得

$$\ln N=-\frac{4\alpha H\eta_\Sigma}{(1-\alpha)\pi d_f}+C \tag{3-41}$$

当 $H=0$ 时，微粒将全部透过，即 $N=N_0$。

$$\ln N_0=C$$

将 C 代入式(3-41)，即得

$$\ln\frac{N}{N_0}=-\frac{4\alpha H\eta_\Sigma}{(1-\alpha)\pi d_f} \tag{3-42}$$

若令 $K'=\frac{N}{N_0}$，代入上式并变换为常用对数($\lg x=0.434\ln x$)，得到

$$\lg K'=-0.55\frac{\alpha H\eta_\Sigma}{(1-\alpha)d_f} \tag{3-43}$$

K'以小数表示。如果以 $K=K'\times\frac{100}{100}$，称为过滤器的穿透率，则式(3-43)变为

$$\lg K=2-0.55\frac{\alpha H\eta_{\Sigma}}{(1-\alpha)d_{f}} \tag{3-44}$$

求出 K，则

$$\eta=\frac{100}{100}-K$$

例如，$\lg K=0.95$，则 $K=8.9\%$，$\eta=\frac{100-8.9}{100}=91.1\%$。或者，引用 exp 符号，由式(3-42)直接写成

$$\eta=1-\exp\left[-\frac{4\alpha H\eta_{\Sigma}}{(1-\alpha)\pi d_{f}}\right] \tag{3-45}$$

式(3-44)称为过滤器的对数穿透定律，是研究过滤器效率的最基本的定律[4]。

从式(3-42)可见，$\frac{N}{N_0}$是一个定数，微粒的原始浓度 N_0 不论怎么变化，并不影响$\frac{N}{N_0}$这个比值，所以过滤器效率不随气流所含尘粒的原始浓度变化。图 3-19 是原冶金部冶金建筑研究总院关于效率和原始浓度关系的油雾法实验结果，和对数穿透理论的结论是一致的。但是据有人对近年试制成功的用于过滤0.1μm的过滤器，用计数法测定的结果[14]，0.1μm 的效率几乎和原始浓度同步变化，即后者变化一个数量级，前者也变化差不多一个数量级。现在还没有人对这一结果做出解释。

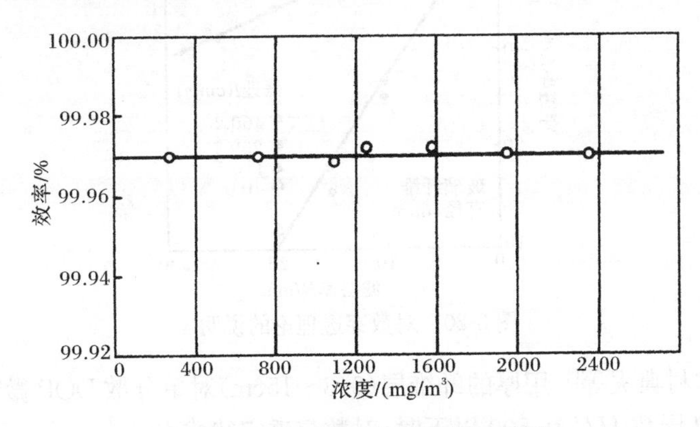

图 3-19　穿透率和原始浓度的关系

该式中 $K=\exp\left[-\frac{4\alpha H\eta_{\Sigma}}{(1-\alpha)\pi d_{f}}\right]$，据周斌等[15]分析，另一种表达形式为 $K=\exp\left(-\frac{4\alpha H\eta_{\Sigma}}{\pi d_{f}}\right)$，并指出两者的差别。这里还要指出后式不能解释 $\alpha=1$ 的情况，此时将得出不合乎情理的结果。

实际上，常由实验确定 K'、H、α 和 d_f 的数值，然后由式(3-40)得到在过滤器内单根纤维在单位长度上的捕集微粒总效率

$$\eta_{\Sigma}=-1.8\frac{(1-\alpha)d_{f}\lg K'}{H\alpha} \tag{3-46}$$

然后又可进一步求 η_{Σ}、η'_{Σ} 和 α 三者之间的关系，或已知两者求第三者，这些都是研究纤维

过滤器的过滤机理时常用到的步骤。

3-7-2　对数穿透定律的适用性

纤维层或滤纸过滤器是由多层纤维网构成的，在推导对数穿透定律时，显然是基于这样的条件：

(1) 纤维的排列是规则的。

(2) 每一层纤维网在捕集微粒时都具有相同的几率。

(3) 不发生微粒从纤维上再飞散的现象。

这样就使穿透率和层厚 H、填充率 α 具有线性关系[式(3-42)～式(3-46)中的$(1-\alpha)$在纤维层过滤器时都接近于 1]。但是实际的过滤器不能符合这些条件，因而，对数穿透定律能否适用，这是需要明确的问题。

1. *厚度的影响*

对于纤维层过滤器，许多实验都表明，甚至当层厚达到几十毫米时，穿透率和层厚 H 仍呈直线关系，图 3-20 是引自文献[16]的汉弗莱(Humphrey)用 16μm 粗细的玻璃纤维填充层过滤细菌粒子的实验结果，就是证明这种关系存在的一个例子。

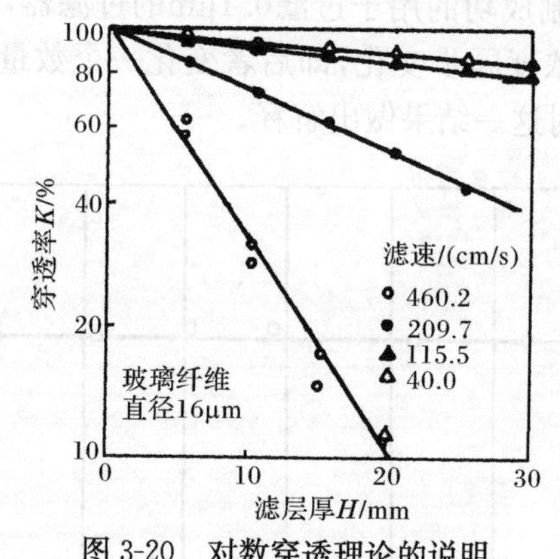

图 3-20　对数穿透理论的说明

图 3-21 是木村典夫等[7]用厚的纤维层(0.3～15cm)对单分散 DOP 微粒的实验结果。实验表明，当名义层数 H/l 在 500 以下时，对数穿透定律成立。

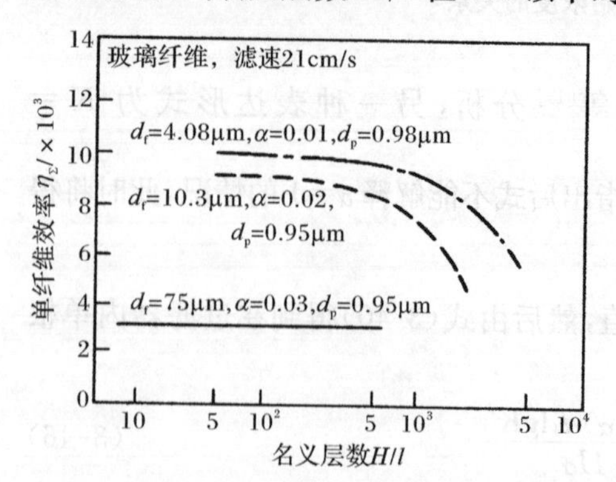

图 3-21　纤维层的对数穿透理论适用范围

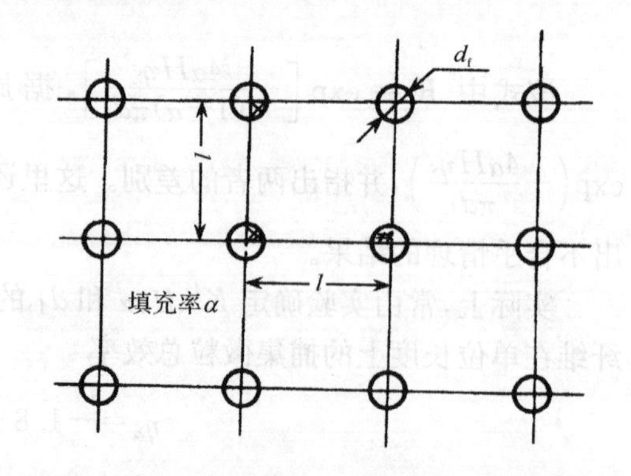

图 3-22　填充率和纤维直径与纤维间距的关系

名义层数是纤维层厚度 H 和纤维间距 l 之比。假定纤维排列如图 3-22 所示。填充率 α 就是在 $l\times l$ 的面积内,填充的纤维所占的面积的百分比,即

$$\alpha=\frac{\frac{\pi d_{\mathrm{f}}^{2}}{4}}{l^{2}}$$

所以

$$l=d_{\mathrm{f}}\sqrt{\frac{\pi}{4\alpha}} \tag{3-47}$$

$$\frac{H}{l}=\frac{H\sqrt{4\alpha}}{d_{\mathrm{f}}\sqrt{\pi}}=\frac{H}{d_{\mathrm{f}}}\sqrt{\frac{4\alpha}{\pi}} \tag{3-48}$$

从图 3-21 还可发现,纤维直径越小,对数穿透定律成立的名义层数越薄。

对于不同的过滤机理来说,在扩散领域内,大约在穿透率 $K=60\%$ 以上,即 H 在 20mm 以内时,K 和 H 呈直线关系;在拦截和惯性领域内,则 H 较大,约在 40mm 以内;或 $K=20\%\sim30\%$ 以上,K 和 H 仍呈直线关系[3]。

对于滤纸过滤器,其纤维结构可以看成是将纤维层过滤器沿厚度方向压缩而成。因此可以用几层薄的滤纸重叠起来进行实验,改变重叠的层数就等于改变其厚度,而其他条件则在实验中保持稳定。这样,井伊谷鋼一等[6]得到了如图 3-23 所示的结果。这一结果说明,即使很厚的滤纸,其单一纤维效率 η_{Σ} 保持不变,和层厚 H 成直线关系,也就是对数穿透定律成立,这也意味着在滤纸内部的各纤维周围的流动状态没有变化。

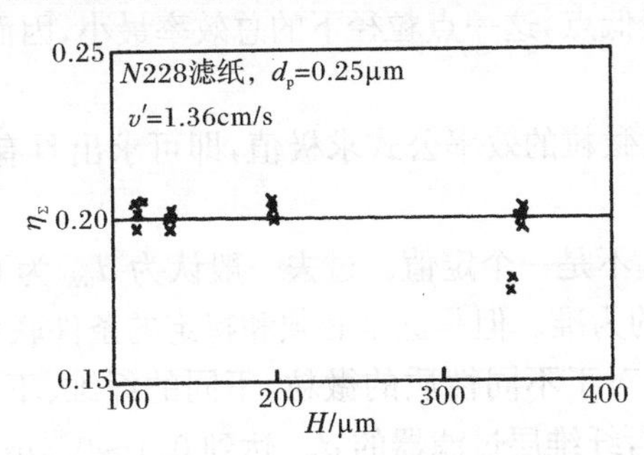

图 3-23　效率 η_{Σ} 和滤纸厚度 H 的关系

2. 填充率的影响

对于纤维层过滤器,由于填充率 α 较小,许多实验均证明 α 和效率的关系符合对数穿透定律。

对于滤纸过滤器,其纤维填充率 α 对对数穿透定律影响的实验结果示于图 3-24[16],说明了 α 大约在 0.25 以下时,α 和 η_{Σ} 还可保持直线关系;$\alpha>0.25$ 时,单一纤维的 η_{Σ} 有很大变化,这反映在对数穿透定律中。当 α 变化时,由于 η_{Σ} 也变化,则 α 和 $\lg K$ 的关系就不是直线关系了,因而此时对数穿透定律不成立。这意味着纤维间的干涉作用很大。不过滤纸的填充率一般不会大于 0.2,所以仍可应用对数穿透定律。

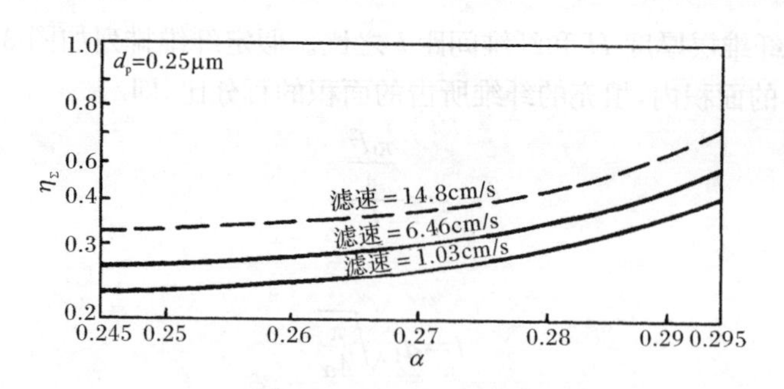

图 3-24　效率 η_Σ 和填充率 α 的关系

3-8　影响纤维过滤器效率的因素

影响纤维过滤器的效率有很多因素，其中主要的是微粒直径、纤维粗细、过滤速度和填充率几项。现分别分析如下。

3-8-1　微粒尺寸的影响

当过滤器过滤多分散的微粒时，在几种过滤机理作用下，比较小的微粒由于扩散作用而先在纤维上沉积，所以当粒径由小到大时，扩散效率逐渐减弱；比较大的微粒则在拦截和惯性作用下沉积，所以当粒径由小到大时，拦截和惯性效率逐渐增加。这样，和粒径有关的效率曲线就有一个最低点，这一点粒径下的总效率最小，因而这种微粒是最不容易在过滤器中被捕集的微粒。

通过对单根纤维捕集微粒的效率公式求极值，即可求出具有最大穿透率(K_{max})即最低效率的微粒尺寸 d_{max}。

这里要指出的是，d_{max}不是一个定值。过去一般认为 d_{max}为 0.3μm，因而高效过滤器的效率均以 0.3μm 微粒的为准。但是这是必须和特定的条件联系起来的，由于测定技术的发展，许多实验已证明，对于不同性质的微粒，不同的纤维、不同的过滤速度，d_{max}是会变化的。在大多数情况下，纤维层过滤器的 d_{max}达到 0.1～0.4μm，图 3-25[17]就是纤维层过滤器粒径和效率的典型关系。

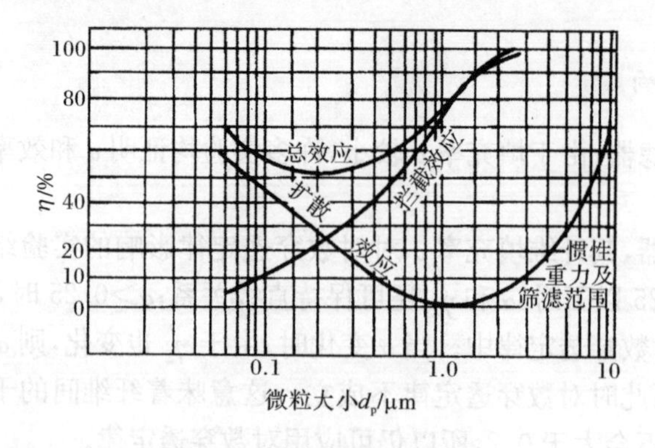

图 3-25　效率和粒径的关系

下面举出理论计算 d_{max}一例[18]当

$$0.075<\frac{\lambda}{d_p}<1.3$$

时，由式(3-30)导出

$$d_{max}=0.885\frac{K_u}{1-\alpha}\frac{\lambda^{1/2}kT}{\mu}\left(\frac{d_f^2}{v}\right)^{2/9} \tag{3-49}$$

式中：λ——气体分子平均自由行程(常温常压下约为 0.065μm)；

k——波尔兹曼常数。

该式计算结果绘于图 3-26 上。一般高效过滤器的纤维直径在 0.4μm 左右，纤维填充率 α 在 0.10 左右，滤速在 2.5cm/s 左右，由图可见 d_{max} 约在 0.14μm 左右。d_{max} 随着滤速的提高和纤维直径的减小而变小。

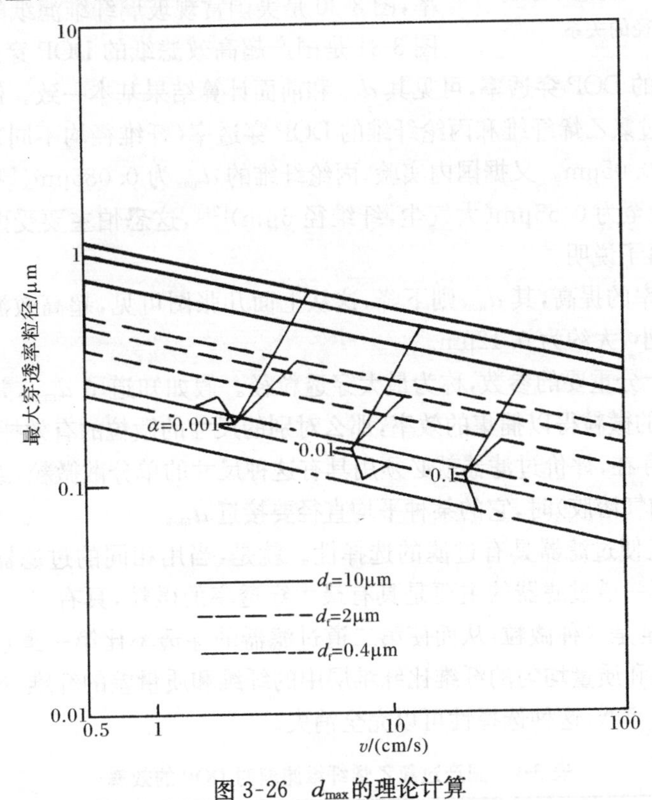

图 3-26　d_{max} 的理论计算

当 α=0.03～0.07，d_f=0.43～1.68μm 时，也可用以下经验公式[19]估算 d_{max}：

$$d_{max}=0.2425v^{-1/6} \tag{3-50}$$

式中：d_{max} 单位为μm，v 单位为 cm/s。

设 α=0.07，d_f=1μm，v=2.5cm/s，则可求出 d_{max}=0.21μm。若查图 3-26，可在图中下面两组直线之间查找，d_{max} 约为 0.2～0.25μm，可见估算式是可用的。

下面再看一下实验情况：

图 3-27 是 d_f=1.5μm 的玻璃纤维层过滤器的最大穿透率受滤速影响的实验结果[4]。可见，随着速度的增加，穿透率的最大值向小粒径方面移动。

对于玻璃纤维滤纸过滤器，对某些微粒例如 NaCl、DOP、硬脂酸等，在相当宽的滤速

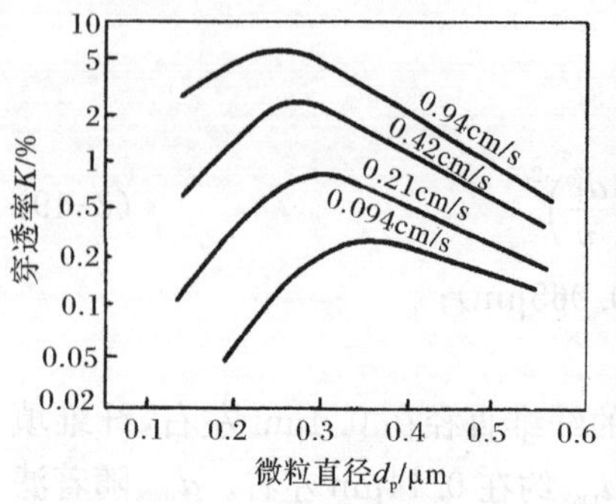

图 3-27　在不同滤速时穿透率和粒径的关系

范围内 d_{max} 约为 0.1～0.15μm，对于聚苯乙烯小球，d_{max} 也不是 0.3μm。图 3-28 汇集了有关文献中发表的数据清楚地表明这一点。但是对大气尘、银和金的气溶胶实验结果又有不同，对 0.001～0.1μm 的微粒的捕集效率高于对 0.3μm 的捕集效率，被认为是此类小微粒的扩散效率增加了的缘故[20,21]。

但是，不同纤维的最大穿透粒径不同，同一作者、同一实验方法[22]、同时在美国实验的结果可以说明这一点。图 3-29 是国产常规玻璃纤维滤纸的 DOP 穿透率，图 3-30 是美国常规玻璃纤维滤纸的 DOP 穿透率，图 3-31 是国产超高效滤纸的 DOP 穿透率，图 3-32 是美国超高效滤纸的 DOP 穿透率，可见其 d_{max} 和前面计算结果基本一致。但是表 3-1 和表 3-2 分别是国产过氯乙烯纤维和丙纶纤维的 DOP 穿透率(纤维径均不同)，前者 d_{max} 约为 0.08μm，后者为 0.05μm。又据国内实验，丙纶纤维的 d_{max} 为 0.085μm(氯化钠气溶胶，纤维径 4μm)[23]，甚至为 0.55μm(大气尘，纤维径 6μm)[24]，这恐怕主要受丙纶纤维人为带电的影响，以后再予说明。

随着滤纸效率的提高，其 d_{max} 则下降，这从上面几张图可见，超高效滤纸的 d_{max} 就比常规高效滤纸的小，大约为 0.12μm。

d_{max} 是一个十分重要的参数，称为最大穿透粒径。假如知道了 d_{max}，并且使过滤器具有保证这种尺寸的微粒得以捕集的效率，那么对别的尺寸的微粒的有效捕集就更有把握。

由于 d_{max} 的存在，评价过滤器就必须用具有这种尺寸的单分散微粒，或者当用多分散微粒(例如氯化钠气溶胶)时，它的某种平均直径要接近 d_{max}。

d_{max} 的存在还使过滤器具有过滤的选择性。就是，当用相同的过滤器串联过滤多分散微粒时，通过第一道过滤器的主要是具有最大穿透率的微粒，具有 d_{max}。于是，在第二道过滤器前几乎全是这种微粒，从而使第二道过滤器的穿透率比第一道过滤器更大。需要指出，单一纤维和质量均匀的纤维比纤维层中的纤维和质量差的纤维，过滤的选择性更大，而有损坏的过滤器，这种选择性可以完全消失。

表 3-1　国产过氯乙烯纤维滤料对 DOP 的效率

ΔP/Pa	22.9	45.7	63.5	121.9	508.0
v/(cm/s)	1.25	2.5	3.5	7.0	13.4
粒径/μm	效率/%				
0.5	—	—	—	—	97.60
0.4	99.96	99.78	99.48	98.12	96.27
0.3	99.95	99.71	99.39	97.60	95.72
0.2	99.88	99.52	99.07	97.00	92.29
0.15	99.76	99.11	98.50	96.17	91.70
0.10	99.44	98.01	96.90	93.35	87.72
0.08	99.25	97.56	96.35	93.29	88.08
0.05	99.38	97.87	96.70	93.46	87.81

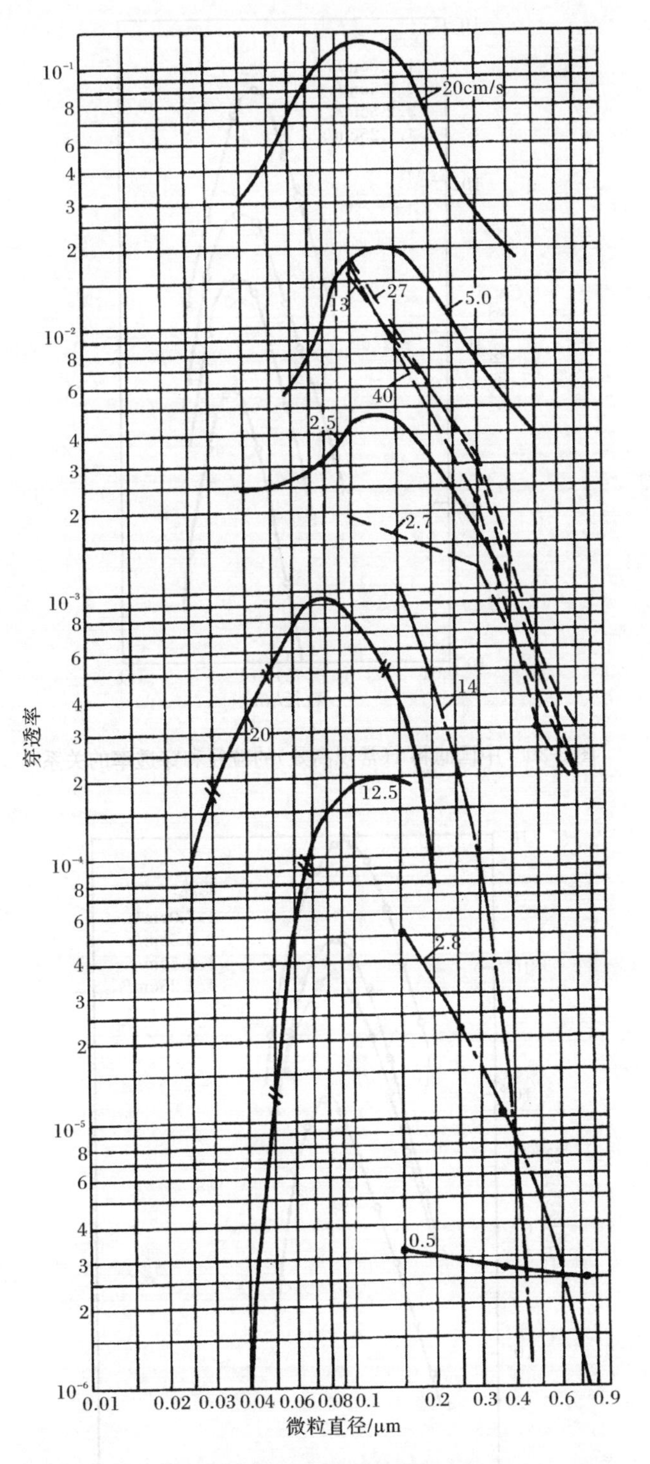

图 3-28 滤纸过滤器效率和微粒尺寸的关系

——氯化钠[20]；—·— DOP[20]；

-//-(未给出名称)[20]；— — —硬脂酸[21]

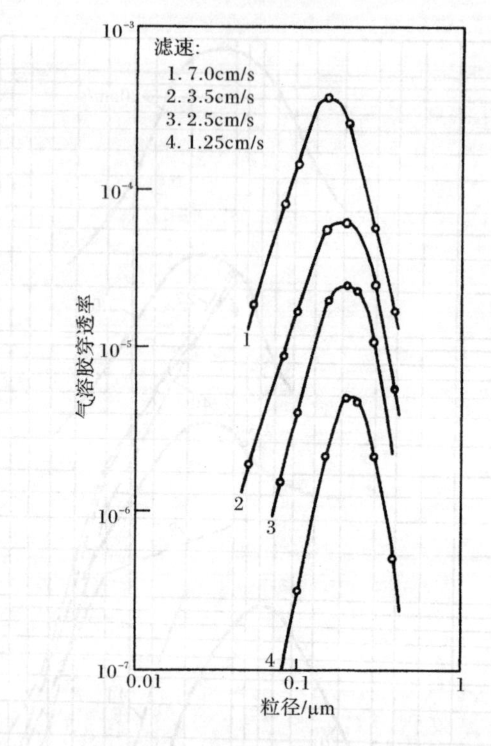

图 3-29 中国滤料 1(常规高效)的粒径和穿透率的关系

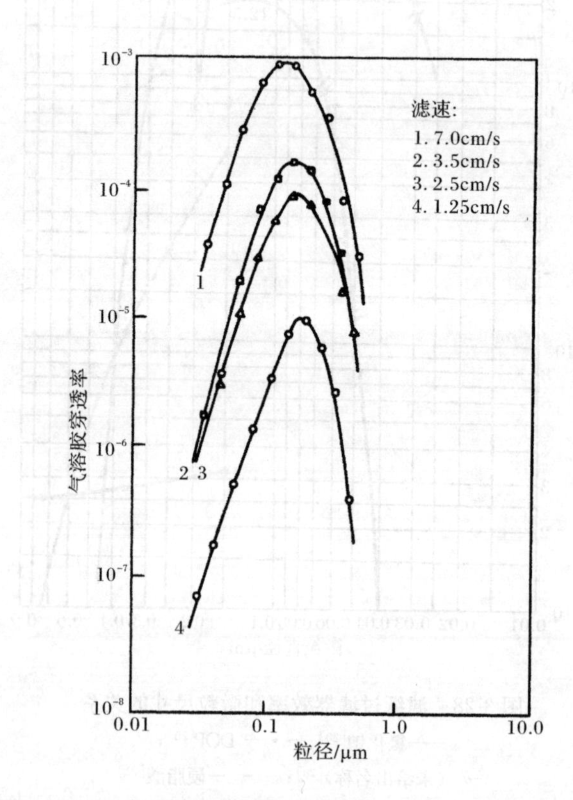

图 3-30 美国 HEPA 滤料(常规高效)的粒径和穿透率的关系

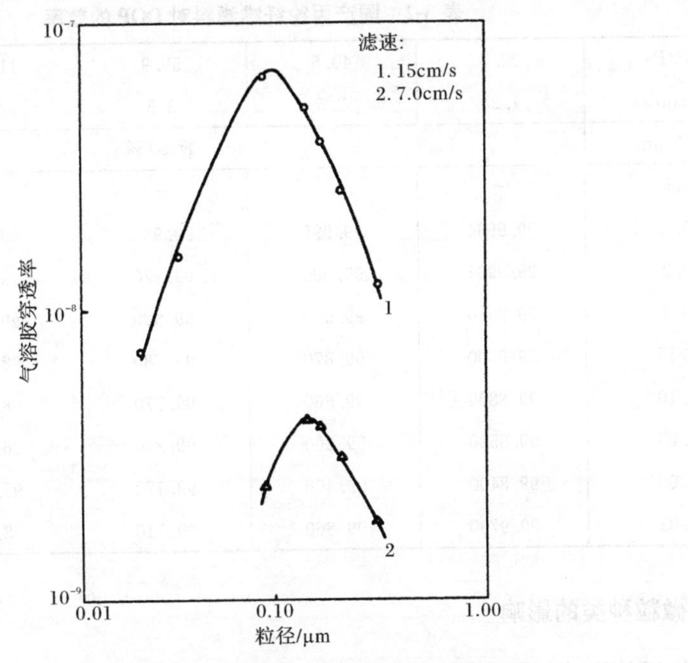

图 3-31　中国滤料 3(超高效)的粒径和穿透率的关系

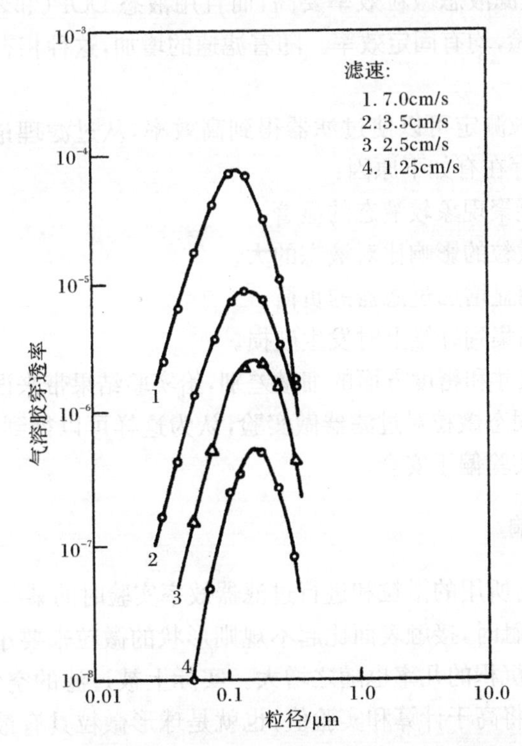

图 3-32　美国 ULPA 滤料(超高效)的粒径和穿透率的关系

表 3-2　国产丙纶纤维滤料对 DOP 的效率

ΔP/Pa v/(cm/s)	20.3 1.25	40.6 2.5	59.9 3.5	116.8 7.0	482.6 13.4
粒径/μm	效率/%				
0.5	—	—	—	—	99.83
0.4	99.9994	99.995	99.984	99.83	99.59
0.3	99.9991	99.990	99.970	99.71	99.12
0.2	99.9950	99.970	99.920	99.41	98.37
0.15	99.9600	99.870	99.780	98.48	97.78
0.10	99.8800	99.660	99.370	98.62	96.26
0.08	99.8500	99.560	99.270	96.52	95.39
0.05	99.8400	99.400	99.170	95.54	93.80
0.03	99.9700	99.860	99.710	98.92	—

3-8-2　微粒种类的影响

即使微粒尺寸相同，处于不同相态的微粒对过滤效率也有不同的影响。实验[25]表明，过滤固态微粒比过滤液态微粒效率要高，而且用液态 DOP(邻苯二甲酸二辛酯)微粒对几种过滤材料做实验，均有固定效率。随着滤速的增加，这种相态对效率的影响将逐渐减小。

为什么用固态微粒测定可以使过滤器得到高效率，从过滤理论上还不能很好说明。通常认为这种差别的存在有如下原因：

(1) 固态微粒的凝聚现象较液态的显著。

(2) 电荷对固态微粒的影响比对液态的大。

(3) 固态微粒能明显增加过滤器的负荷。

(4) 液态微粒被捕集到纤维上时发生破损。

(5) 不同微粒在尺寸和密度方面的细微差别，给实验结果带来误差。

所以有人主张用固态微粒对过滤器做实验，认为这样可以得到真实的结果。但是也有人认为用液态微粒实验偏于安全。

3-8-3　微粒形状的影响

计算过滤器效率时所用的微粒和进行过滤器效率实验时的某些尘源的微粒都是球形的，球形微粒与纤维接触时，接触表面比起不规则形状的微粒来要小，因而不规则微粒与纤维接触的几率就大，沉积的几率也随之增大。实际上被过滤的空气中的微粒是不规则的，所以实际过滤效率将高于计算和实验值，也就是球形微粒具有最大穿透性，故是偏安全的。

3-8-4　纤维粗细和断面形状的影响

对于前面讲到的所有过滤机理，当纤维直径减小时，捕集效率都升高。为了看得更清楚，把前面图 3-29～图 3-32 的结果列在表 3-3～表 3-6 中[22]，可见国产玻璃纤维滤纸由于比美国滤纸的纤维细得多，所以效率也高得多。因此，在选择高效过滤器滤材时，力求采用最细的纤维。当然纤维细了，过滤器的阻力就要相应增加。

表 3-3　中国滤料 1 和美国常规高效滤料的穿透率

滤速/(cm/s)	中国滤料 1		美国滤料	
	粒径/μm		粒径/μm	
	0.1	0.3	0.1	0.3
1.25	3.25×10^{-7}	2.02×10^{-6}	3.30×10^{-6}	3.20×10^{-6}
2.50	3.64×10^{-6}	1.00×10^{-5}	5.40×10^{-5}	2.50×10^{-5}
3.50	1.53×10^{-5}	2.26×10^{-5}	1.20×10^{-4}	3.80×10^{-5}
7.00	1.41×10^{-4}	5.30×10^{-5}	8.50×10^{-4}	1.50×10^{-4}

表 3-4　中国滤料 1 和美国常规高效滤料的纤维直径

纤维	中国滤料 1	美国滤料
最粗的纤维/μm	4.00	5.60
最细的纤维/μm	0.12	0.20

表 3-5　中国滤料 3 和美国超高效滤料的穿透率

滤速/(cm/s)	中国滤料 3		美国滤料	
	粒径/μm		粒径/μm	
	0.13	0.29	0.13	0.29
7.0	3.27×10^{-9}	1.91×10^{-9}	2.53×10^{-5}	1.32×10^{-5}
1.50	5.1×10^{-8}	1.25×10^{-8}	—	—

表 3-6　中国滤料 3 和美国超高效滤料的纤维直径

纤　维	中国滤料 3	美国滤料
最粗的纤维/μm	0.73	2.50
最细的纤维/μm	0.04	0.10

纤维断面形状(参见图 3-6)对过滤效率的影响不大，虽有木村典夫等[26]提出了形状修正系数，但由于计算复杂，一般皆忽略。

3-8-5　过滤速度的影响

和具有最大穿透粒径一样，对于每一种过滤器也有最大穿透滤速。一般是将前面叙述的几种过滤效应和滤速还有其他参数的定性关系表示在图 3-33 上。该图说明：

(1) 随着滤速增加，扩散效率下降。

(2) 随着滤速增加，惯性效率上升。

(3) 随着滤速增加，拦截效率上升。

(4) 随着滤速增加，总效率先是下降，然后上升，即有一个最低效率或最大穿透率的滤速存在。

图 3-34[27]表示单一玻璃纤维的效率和滤速的定量关系。例如纤维径为 20μm 时，0.7μm微粒的最大穿透率在流速为 0.8m/s 附近，而 2μm 微粒的这个数值则在 0.2～0.3m/s。设计过滤器时，可根据需要过滤掉的主要粒径范围和纤维直径，选择合理的滤速。

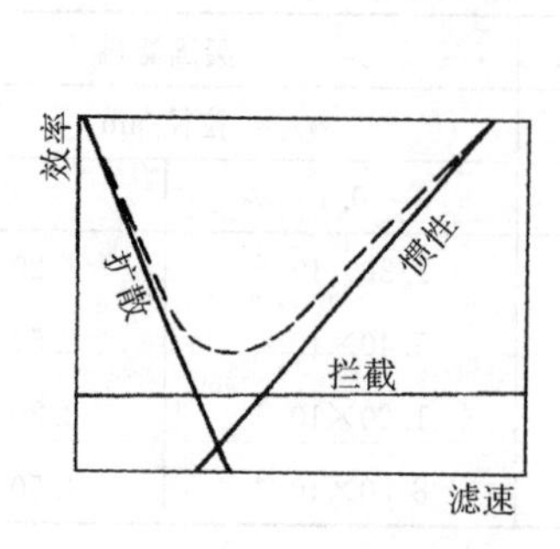

图 3-33　滤速对各类效率的影响　　图 3-34　滤速对单一纤维效率的影响

图 3-35 是中国建筑科学研究院空调所用亚甲基蓝微粒（其质量中值直径一般为 0.6μm）做过的两种滤纸的过滤效率与滤速的关系曲线，从曲线可以看出，在低滤速下（小于 0.2m/s）两种滤纸的效率都很高，随着滤速的增加，效率都下降。在滤速为 0.7m/s 和 0.9m/s 左右，合成纤维和玻璃纤维滤纸的过滤效率分别处于最低值，超过 0.7m/s 和 0.9m/s后两种滤纸的过滤效率都分别回升。从图 3-29～图 3-32 可见，对于高效以上过滤器，滤速从 2.5cm/s 再降一半左右，效率可提高 1 个数量级，但过滤面积要增加 1 倍或者风量要减小一半，经济上未必合算；目前的实用滤速以取 2.5～3cm/s 为主。

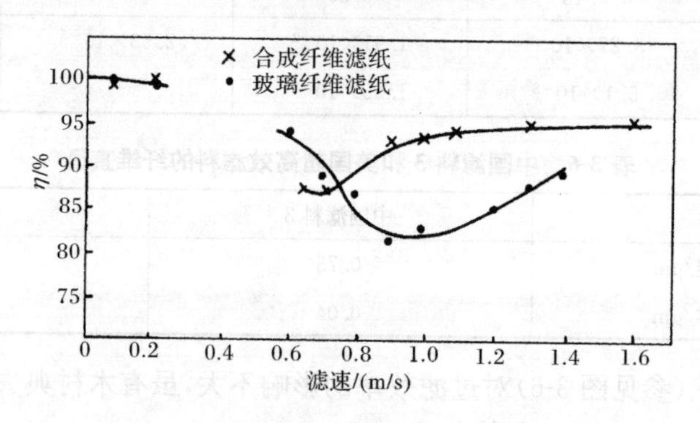

图 3-35　两种滤纸的过滤效率与滤速的关系

另外，从图 3-34 上还可以看出，具有 20μm 直径粗纤维的纤维层，对 0.3μm 左右的小微粒最大穿透率的滤速超过 1m/s；而从图 3-27 看出，如果纤维层具有 1.5μm 直径的细纤维，对同样大小的微粒，最大穿透率的滤速下降到 0.2m/s 左右。

因此，可以看到有这样的趋势，对于同一直径的纤维，最大穿透率的滤速随着粒径的减小而增大；对于同一粒径的微粒，最大穿透率的滤速随着纤维直径的增加而增大。

在<0.1m/s 的低滤速下，虽然一般规律是穿透率随着滤速的减小而降低，但是这一规律对于<0.5μm 的微粒要比对>0.5μm 的微粒明显得多，粒径越小越突出[20]，这当然和滤速越小小微粒的扩散倾向更显著这一点有关系。

对于丙纶纤维，穿透率与滤速之间可以发现一个较清楚的关系：滤速增加 2 倍，穿透率增加 4 倍(图 3-36)，大致有$\frac{K_2}{K_1}=\left(\frac{v_2}{v_1}\right)^2$的关系。滤料的这一关系在做成过滤器后也有相似的反映，见图 3-37[28]。这一规律也被实验证明[23]：速度增加 10 倍，穿透率增加近 50～100倍，在常用的低滤速范围内，这种变化较大，到高滤速时变化小下来，逐渐趋于某一极值，见图 3-38。

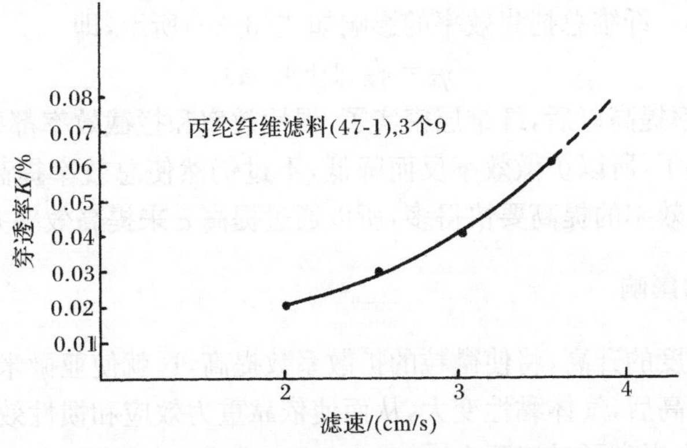

图 3-36　丙纶滤料的穿透率与滤速的关系

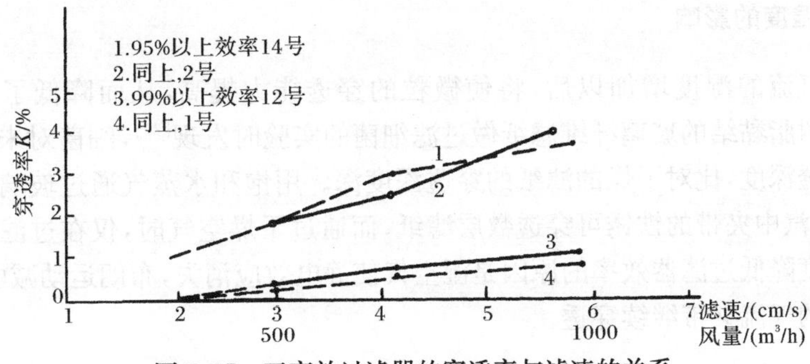

图 3-37　亚高效过滤器的穿透率与滤速的关系

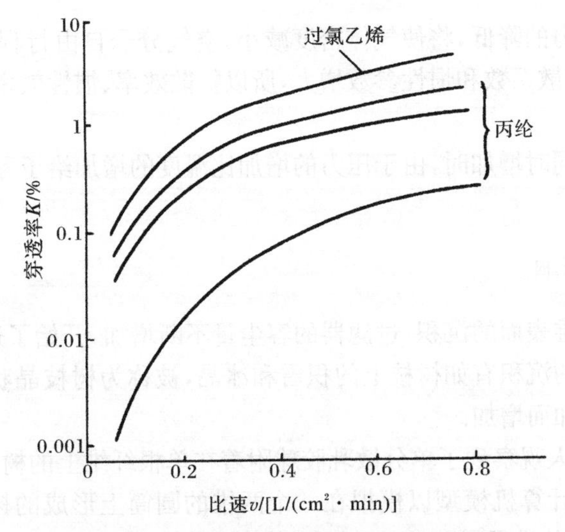

图 3-38　穿透率和比速的关系(钠焰法)

3-8-6 纤维填充率的影响

由实验[4]建立的纤维填充率 α 对过滤器效率的影响是：

$$\text{对惯性效率}\quad \eta_{St}=\eta'_{St}(1+110\alpha) \tag{3-51}$$

$$\text{对拦截效率}\quad \eta_{R}=\eta'_{R}(1+30\alpha) \tag{3-52}$$

$$\text{对扩散效率}\quad \eta_{D}=\eta'_{D}(1-4\alpha) \tag{3-53}$$

对过滤器内单一纤维总捕集效率的影响如式(3-35)所示，即

$$\eta_{\Sigma}=\eta'_{\Sigma}(1+4.5\alpha)$$

可见，当纤维填充率提高以后，纤维层密实了，惯性效率和拦截效率都要提高，而由于此时纤维间的流速更快了，所以扩散效率反而降低，不过仍然使总效率提高了。但要指出，此时阻力的增加比总效率的提高要快得多，所以通过提高 α 来提高效率并不是好办法。

3-8-7 气流温度的影响

被过滤气流温度的升高，将使微粒的扩散系数提高，这就使亚微米微粒的扩散效率提高了。可是温度升高后，气体黏性变大，从而使依靠重力效应和惯性效应的大微粒的沉积效率降低了，同时也提高了过滤阻力。

3-8-8 气流湿度的影响

被过滤气流的湿度增加以后，将使微粒的穿透能力提高，从而降低了效率。用苯酚——糠醛树脂黏结的玻璃纤维滤纸做过滤细菌的实验时发现[29]，细菌对未经干燥的过滤器滤纸穿透深度，比对干燥的滤纸的穿透深度深。用饱和水蒸气通过玻璃纤维滤纸的过滤器时，蒸汽中夹带的铁锈可穿透数层滤纸，而通过干燥空气时，仅在过滤器表面上发现铁锈。湿度降低过滤器效率的原因是湿空气使静电效应消失，布朗运动减弱，而使微粒容易被后来的气流夹带继续穿透。

3-8-9 气流压力的影响

被过滤气流压力的降低，将使气体密度减小，空气分子自由行程变大，从而使滑动修正系数增大，结果扩散系数和惯性参数增大，所以扩散效率、惯性效率都增加了，而对拦截效率影响不大。

在温度和压力同时增加时，由于压力的增加比温度的增加给予黏性的影响大得多，所以惯性效率下降。

3-8-10 容尘量的影响

随着微粒在纤维表面的沉积，过滤器的容尘量不断增加，开始了过滤过程中的第二阶段。灰尘在纤维上的沉积有如树枝上的积雪和冰晶，被称为树枝晶状模型[30,31]。过滤效率随着容尘量的增加而增加。

1946 年就已有人观察到了单分散乳胶球附着在单根纤维上的树枝晶组成，30 年后又有人建立了第一个计算机模型以模拟在一个两维的圆筒上形成的树枝晶结构的微观过程，这是具有突破性的进展[32]。以下两图来自用过的过滤器，形象地给出了这种树枝晶

结构。一般来说，较细的纤维和较粗糙的微粒，其树枝晶越明显，见图 3-39 和图 3-40 (c)～(f)[2]，而较粗的纤维和较细的微粒则难于看到这种结构，倒是像粗糙的树皮外观，见图 3-40(a)、(b)。

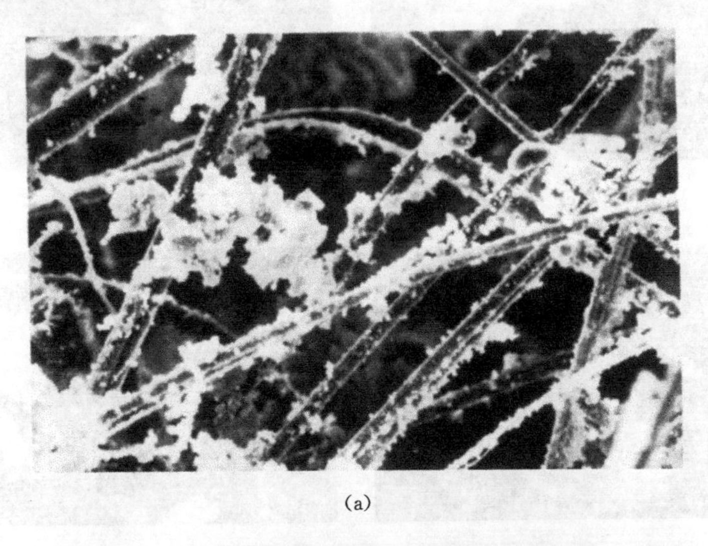

(a)

(b)

图 3-39　过滤介质上的微粒凝结

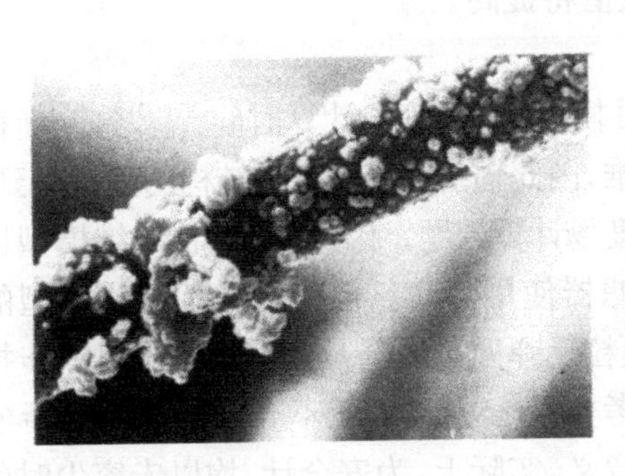

(a)

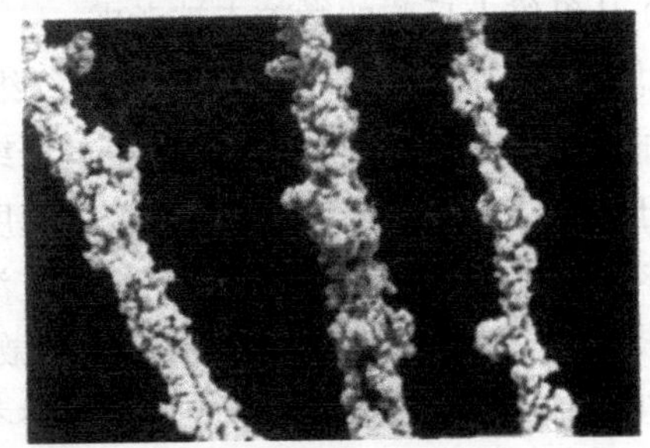

(b)

图 3-40 纤维上的微粒凝结

如果了解了图 2-9 中所示的煤尘微粒显微照片，那么对这种树枝晶状结构的形成就不会感到不可思议了。

由于积尘的阻碍，过滤器的效率和阻力都将增加。

但是上述树枝晶模型过高地估计了积尘过滤器效率的升高，因而过低估计了过滤器寿命，这是因为：

(1) 该模型给出的树枝状结构只能沿气流的上游方向生成，因为纤维被作为刚性体看待，实际上纤维可以弯曲，因此实际捕捉到的微粒是由纤维以辐射状延伸的，也就是说，当树枝状只沿一个方向生成时，很快堵塞了流道，使效率和阻力陡升过快，过滤器寿命也就结束了。

(2) 该模型假定纤维附近的速度场不变，这也导致效率的不切实际的增长，实际上随着积尘的增加，积尘附近的速度场将变化，数值将提高。

(3) 从纤维上反弹的微粒未被考虑。

考虑了上述不足，于是产生了树枝状纤维模型，并可节省计算时间[33]。这一新模型把捕捉到的微粒当作加入过滤介质的额外的纤维，因此辐射状生长树枝结构的问题得到解决，同时由于使用了更高速的计算机而解决了速度场计算问题。因此，树枝状纤维模型比树枝晶状结构模型更接近实际，得到了更长的过滤器使用寿命。但是树枝状纤维模型的缺点是不能提供单个的树枝状结构图形。至于微粒反弹问题尚需从过滤理论上进一步探讨。

容尘后的过滤器效率、阻力的计算可参考文献[2]，这里就不介绍了。容尘后的效率虽然提高了，但研究它更多地限于理论上的意义，实际上，为安全计，均以未容尘时的效率为准。

3-9 毛细管模型概说

纤维过滤器一般属于低填充率过滤器,而薄膜过滤器则属于高填充率过滤器,并可分为多孔型和毛细管型。多孔型如微孔滤膜(详见第四章),它有些像泡沫塑料的孔结构,孔之间如同网状般联结在一起,它在各个方面与具有相同厚度、密度和有效纤维径略小于孔径的纤维过滤器的过滤是相同的,例如 0.8μm 孔径的薄膜过滤器相当于有效纤维直径是 0.55μm 的纤维过滤器,据计算,其压力降与按计算纤维过滤器的结果相同[34]。

但是另一种薄膜过滤器如核孔膜过滤器(详见第四章),则更适用毛细管模型。它的孔是一个一个存在的,想象不出有纤维的联系。这个模型假设一个等距离、平行、直径为 d_f 并垂直于过滤表面的圆形毛细管体系,其长度等于膜厚。实际上孔轴线与膜表面法线之间还是有一个极小的夹角,不大于 15°。

图 3-41 和图 3-42 分别为化学微孔滤膜和核孔膜的照片[35]。

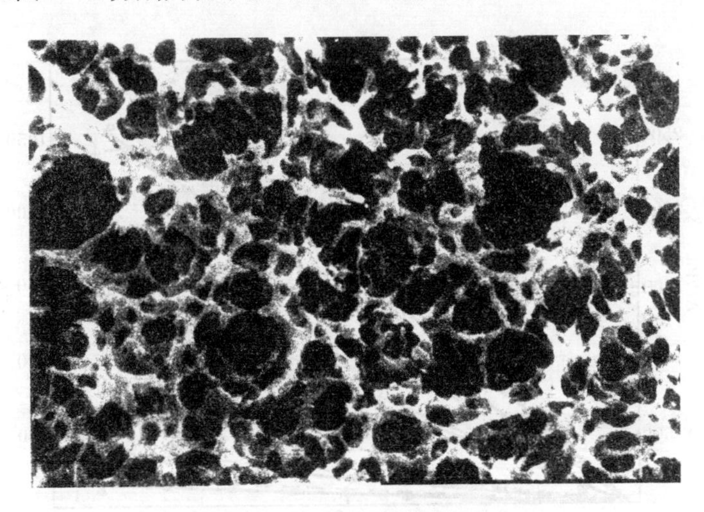

图 3-41 微孔滤膜的表面

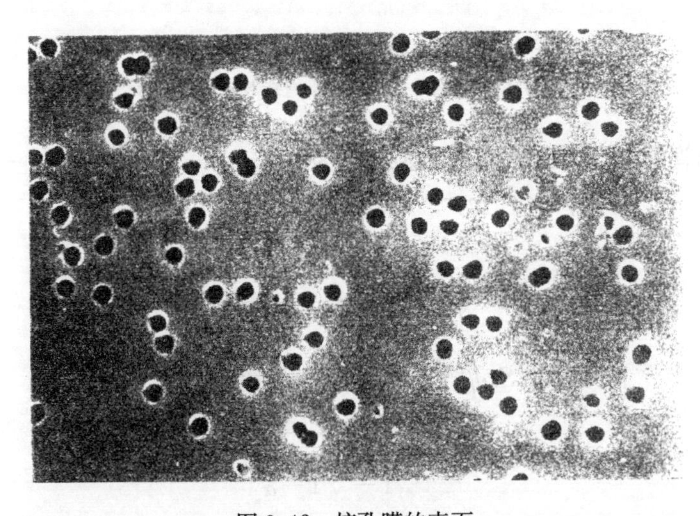

图 3-42 核孔膜的表面

在连续流区域内毛细管中的流动用哈根-泊肃叶定律表示[36]，即

$$\Delta P=\frac{8\mu Hv}{\pi r_{\mathrm{f}}^{4}n} \tag{3-54}$$

在小的克努森数(参考表 6-3)范围内应考虑修正，即

$$\Delta P=\frac{8\mu Hv}{\pi r_{\mathrm{f}}^{4}n(1+3.992Kn)} \tag{3-55}$$

式中：r_{f}——孔半径；

n——孔的数量；

Kn——克努森数，$Kn=\dfrac{\lambda}{r_{\mathrm{f}}}$，$\lambda$ 为气体分子平均自由行程。

这一公式和式(4-15)有相似的形式，可见阻力和流速或流量成正比。国内有关的测定结果印证了这一点，在面风速≤9cm/s 时，完全呈线性关系，见图 3-43[37]。图中孔半径为：1. $\bar{r}_{\mathrm{f}}=1.3257\mu\mathrm{m}$；2. $\bar{r}_{\mathrm{f}}=0.6695\mu\mathrm{m}$；3. $\bar{r}_{\mathrm{f}}=0.4490\mu\mathrm{m}$；4. $\bar{r}_{\mathrm{f}}=0.3990\mu\mathrm{m}$；5. $\bar{r}_{\mathrm{f}}=0.2515\mu\mathrm{m}$。

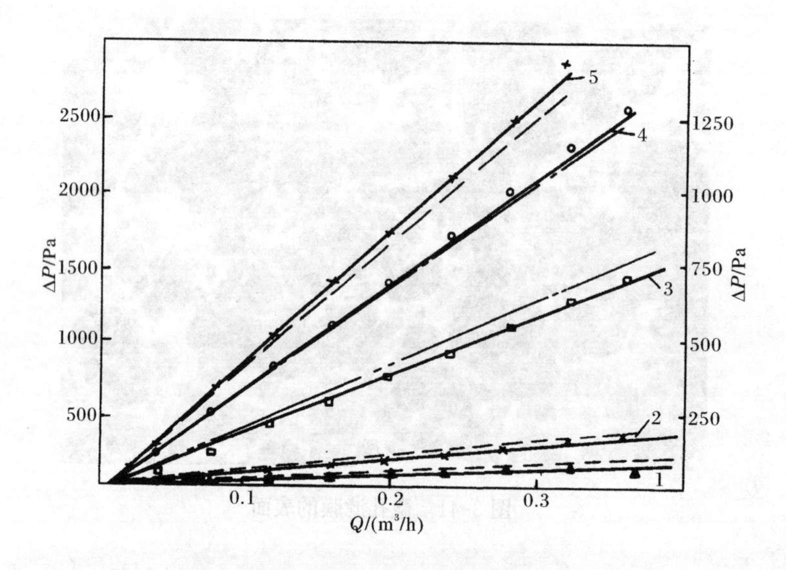

图 3-43　核孔膜阻力随过滤流量的变化

1、2 直线对应右边坐标；3、4、5 直线对应左边坐标

根据毛细管模型推导出的效率表达式[38]为

$$\eta=\eta_{St}+\eta_{D}+0.15\eta_{R}-\eta_{St}\eta_{D}-0.15\eta_{St}\eta_{R} \tag{3-56}$$

式中

$$\eta_{St}=\frac{2E_{1}}{1+\beta}-\frac{E_{1}^{2}}{(1+\beta)^{2}} \tag{3-57}$$

$$E_{1}=2St\sqrt{\beta}+2St^{2}\beta\exp\left(1-\frac{1}{St\sqrt{\beta}}\right)-2St^{2} \tag{3-58}$$

$$\beta=\frac{\sqrt{1-\alpha}}{1-\sqrt{1-\alpha}} \tag{3-59}$$

$$St = \frac{cD_f^2 \rho_p v}{18\mu d_p} \tag{3-60}$$

St 表达式和式(3-7)一样，但 D_f 为孔径而非粒径，d_p 为粒径而非纤维径。

当无量纲数 $N_d = \frac{4HD}{d_p^2 v} < 0.03$ 时，

$$\eta_D = 2.57N_d^{2/3} - 1.2N_d - 0.177N_d^{2/3} \tag{3-61}$$

以上式中：H——孔长度；

D——微粒扩散系数。

当 $N_d > 0.03$ 时

$$\eta_D = 1 - 0.81904\exp(-3.6568N_d) - 0.09752\exp(-22.3045N_d) - 0.03248\exp(-56.95N_d) - 0.0157\exp(-107.6N_d) \tag{3-62}$$

$$\eta_R = 2N_r - N_r^2 \tag{3-63}$$

式中：N_r——表示毛细管拦截作用的参数

$$N_r = \frac{D_f}{d_p} \tag{3-64}$$

D_f、d_p 的意义同式(3-60)，和前面讲的拦截参数 R 略有不同。式(3-56)中的 0.15 是根据对核孔膜过滤器的测定得到的系数。该式的结果一般因只考虑在孔口处形成的流动而往往低估拦截效应。

图 3-44[39]上的曲线为上述公式理论计算结果，和图中实验结果相当吻合。而图3-45则是国内学者理论计算所得[40]，可见随着面风速提高曲线向左偏移，这可能因碰撞效率越高而扩散效率越低所致。如果把两图的理论曲线绘在一起(图 3-45 上的 5)，可以看到两种理论计算结果的一致性。

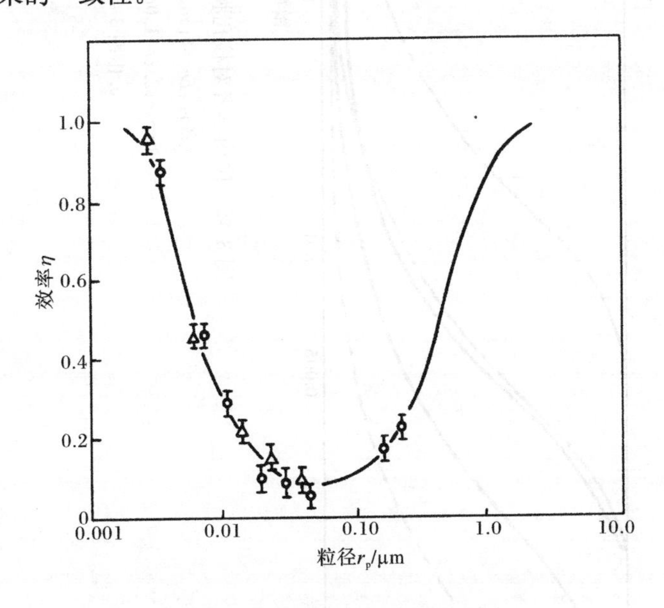

图 3-44　核孔膜效率的理论值与实验值对比

(条件：D_f=5μm，v=5cm/s)

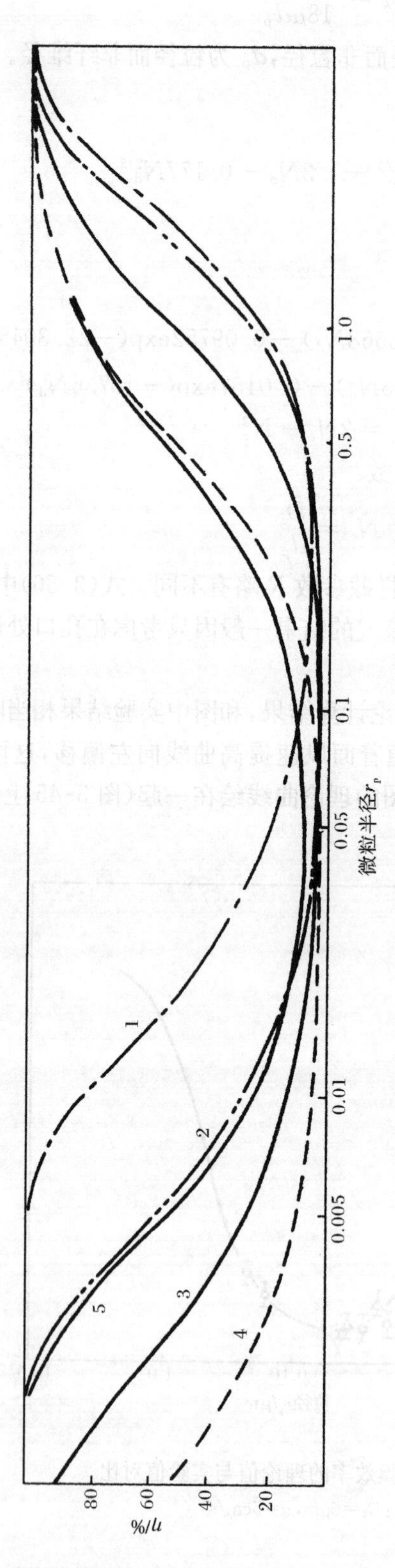

图 3-45　国内学者对核孔膜效率的理论计算结果和国外结果对比

(条件：$D_f=8\mu m$，$\rho_p=2000kg/m^3$，开孔率 5%)

1. $v=0.1cm/s$；2. $v=1.0cm/s$；3. $v=8.0cm/s$；4. $v=16.0cm/s$；

5. 由图 3-44 的理论曲线转画过来

3-10　颗粒过滤器的效率

用颗粒填充层来捕集气溶胶中微粒的颗粒填充层过滤器，其捕集微粒的机理与纤维过滤器机理类似。为便于读者参考，下面直接给出其总效率[41]：

$$\eta = 1 - \exp\left[\frac{-3\alpha L\eta'}{2d_c(1-\alpha)}\right] \tag{3-65}$$

式中：η——颗粒填充层总效率；

L——颗粒填充层厚度；

d_c——颗粒直径；

α——颗粒填充率

$$\alpha = \frac{颗粒填充层的密度}{颗粒材料的密度}$$

η'——单个颗粒的效率。不同效应引起的 η' 如下：

由扩散引起的颗粒收集效率是

$$\eta'_D = 5(K'')^{-1/3}Pe^{-2/3} \tag{3-66}$$

$$K'' = \frac{2-3\alpha^{1/3}+3\alpha^{5/3}-2\alpha^2}{1-\alpha^{5/3}} \tag{3-67}$$

由直接拦截的收集效率是

$$\eta'_R = 3R(K'')^{-1} \tag{3-68}$$

由惯性撞击的收集效率 η'_{St} 取决于惯性参数 St。用层内孔隙率 $(1-\alpha)$ 作参数，由 St 求出惯性效率 η'_{St} 的数值解，见图 3-46。但是理论值与实验值相差较大。

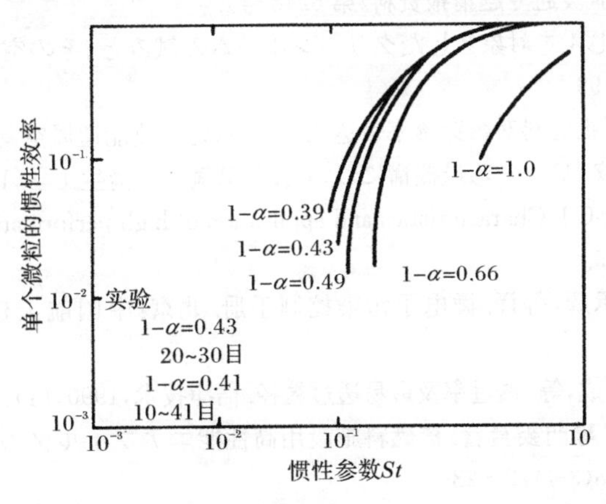

图 3-46　颗粒过滤器惯性效率的理论和实验值

参考文献

[1] 滝沢清一. 医薬品工業におけるエアフイルタ. 空気清浄,1994,32(2):28－38.

[2] 蔡杰. Fibrous Filters With Noh-ideal Conditions(非理想条件的纤维过滤器). The Royal Institute of Technology,Stockholm,1992:119.

[3] 新津靖,吉川暲,久保多貞夫. サブミクロンじんあいのろ過に關する研究(第5報). 空気調和・衛生工学,1972,46(9):13－19.

[4] Ужов В И,Мягков Б И. Очистка промышленных газов фильтрами. Москва,1970.

[5] Стечкина Н Б,Кирш А А,Фукс Н А. Исследования в области волокнистых Аэрозольных фильтов. Коллоидный журнал,1969,31:121－126.

[6] 井伊谷鋼一,牧野和孝,井上修,等. 濾紙フイルターの集塵性能について. 化学工业,1970,34(6):632－637.

[7] 木村典夫,井伊谷鋼一. ガラス纖維充填層フイルタにおける単一纖維の捕集効率について. 化学工业,1965,29(7):538－546.

[8] 吉川暲. エアフイルタ(2)——ろ過機構の解析例とその応用. 空気調和・衛生工学,1978,52(5):47 －55.

[9] 理查德・丹尼斯,等(美). 气溶胶手册. 周全琴等译. 北京,1981:82－83.

[10] Davies C N. Proc. Inst. Mech. Eng. 1B,185,1952.

[11] 吉冈直哉,等. 纖維充填層による烟雾質の濾過——低 *Re* 数における衝突效率. 化学工业,1967,31(32):157－163.

[12] Кирш А А,Стечкниа И Б,Фукс Н А. Исследования в области волокнистых аэрозольных фильтров. Коллоидный журнал,1969,31:227－232.

[13] Chen C Y. Filtration of aerosols by fibrous media. Chemical Reviews,1955,55(4):595－623.(译文载建工部技术情报局《暖通专题情报资料》第6248号).

[14] 上岛雀也. 0.1μm粉じんを対象としたクリーンルームの試みと、その空気清浄度. 空気調和と冷凍,1981,21(5):91－99.

[15] 周斌,张小松. 关于纤维滤料对数穿透率表达式的探讨,建筑热能通风空调,2011,30(1):63－65.

[16] 吉川暲. エアフイルタ(1)——ろ過機構について. 气気調和・衛生工学,1978,52(4):69－73.

[17] Engle P M,Jr Bauder C J. Characteristics and application of high performance dry filters. ASHRAE. J.,1964,6(5):72－75.

[18] 俞敖元,苏家冀,李承耀,等译. 微电子污染控制手册. 北京:中国航天建筑设计研究院,1993:29－30.

[19] 程信余,张璟琨,史喜成,等. 透过率及最易透过粒径. 洁净技术,1990,(1):17－26.

[20] 核燃料施設フイルタ専門委員會. 核燃料施設用高性能エアフイルタの安全性に關する試驗研究. 空気清浄,1980,18(3-4):2－23.

[21] 換気分科会. 粉じん測定法小委員會. 建築の分野における浮遊じん測定法(2). 建築雜誌,1975,90(1098):849－866.

[22] Liu Y H,林秉乐. 国产空气采样和高效滤料性能实验. 洁净技术,1987,(3):9－14.

[23] 张璟琨,欧阳涛,程信余. 丙纶纤维滤料的性能//中国电子学会洁净技术学会第二届学术年会论文集. 1986:157－161.

[24] 范存养,林忠平. 聚丙烯亚高效滤料的性能研究//全国暖通空调制冷学术年会论文集. 1994:159－162.

[25] Ronard G Stafford,Harry J Ettinger. Comparison of filter media against liquid and solid aerosols.

American Industrial Hygiene Association Journal,1971,32(5):319—326.

[26] 木村典夫,井伊谷鋼一.繊維填充層フイルターの集じん性能におよばす繊維断面形狀の影響.化学工学,1969,33(10):1008—1013.

[27] 江见準.エアフイルターの集塵効率.别册化学工業,1975,19(3):209—215.

[28] 许钟麟,沈晋明.YGG、YGF型低阻亚高效过滤器.建筑科学研究报告,No.5-2,中国建筑科学研究院,1987.

[29] 黄再麟,回长荣."软1号"皮革处理剂用于空气过滤用超细玻璃纤维纸的处理.抗生素,1979,4(4):15—17.

[30] Payatakes A C. Model of aerosol particle deposition in fibrous media with dendrite-like pattern. Application to Pure Interception during Period of Unhindered Growth,Filtration and Separation,1976,13(6):602—608.

[31] 金岡千嘉男,江見準,明星敏彦.纖維表面へのエアロゾル粒子の堆積過程のシミュレーション.化学工学論文集,1978,4(5):535—537.

[32] 蔡杰.Fibrous Filters With Noh-ideal Conditions(非理想条件的纤维过滤器).The Royal Institute of Technology,Stockholm,1992:137.

[33] 蔡杰.Fibrous Filters With Noh-ideal Conditions(非理想条件的纤维过滤器).The Royal Institute of Technology,Stockholm,1992:195—218.

[34] Hinds W C.气溶胶技术.孙聿峰译.哈尔滨:黑龙江科学技术出版社,1989.

[35] 史喜成.核孔膜的结构与过滤特性研究[硕士学位论文].北京:清华大学,1986:11.

[36] 俞敖元,苏家冀,李承耀,等译.微电子污染控制手册.北京:中国航天建筑设计研究院,1993:37—38.

[37] 史喜成.核孔膜的结构与过滤特性研究[硕士学位论文].北京:清华大学,1986:13.

[38] 俞敖元,苏家冀,李承耀,等译.微电子污染控制手册.北京:中国航天建筑设计研究院,1993:39—40.

[39] 俞敖元,苏家冀,李承耀,等译.微电子污染控制手册.北京:中国航天建筑设计研究院,1993:41.

[40] 史喜成.核孔膜的结构与过滤特性研究[硕士学位论文].北京:清华大学,1986:52.

[41] 理查德·丹尼斯,等(美).气溶胶手册.周全琴等译.北京,1981:83—84.

第四章　空气过滤器的特性

空气过滤器是空气洁净技术的主要设备，也是创造空气洁净环境不可缺少的设备，因此必须掌握过滤器的特性及其设计原则，才能正确地使用它，有效地使用它。

4-1　空气净化系统过滤器的作用和分类

我国于 1993 年和 1992 年分别颁布了《空气过滤器》(GB/T 14295—93)和《高效空气过滤器》(GB 13554—92)两个国家标准，2008 年分别作了修订。

根据《空气过滤器》(GB/T 14295—2008)，空气过滤器分为四类，见表 4-1。

表 4-1　过滤器额定风量下的效率和阻力

性能指标 性能类别	代号	迎面风速/(m/s)	额定风量下的效率(E)/%		额定风量下的初阻力(ΔP_i)/Pa	额定风量下的终阻力(ΔP_f)/Pa
亚高效	YG	1.0	粒径≥0.5μm	99.9>E≥95	≤120	240
高中效	GZ	1.5		95>E≥70	≤100	200
中效 1	Z1	2.0		70>E≥60	≤80	160
中效 2	Z2			60>E≥40		
中效 3	Z3			40>E≥20		
粗效 1	C1	2.5	粒径≥2.0μm	E≥50	≤50	100
粗效 2	C2			50>E≥20		
粗效 3	C3		标准人工尘计重效率	E≥50		
粗效 4	C4			50>E≥10		

注：当效率测量结果同时满足表中两个类别时，按较高类别评定。

根据《高效空气过滤器》(GB/T 13554—2008)，高效空气过滤器又分为高效空气过滤器(HEPA)和超高效空气过滤器(ULPA)，并各分为三大类，见表 4-2 和表 4-3。

表 4-2　高效空气过滤器性能

类别	额定风量下的钠焰法效率/%	20%额定风量下的钠焰法效率/%	额定风量下的初阻力/Pa
A	99.99>E≥99.9	无要求	≤190
B	99.999>E≥99.99	99.99	≤220
C	E≥99.999	99.999	≤250

表 4-3　超高效空气过滤器性能

类别	额定风量下 0.1～0.3μm 微粒的计数法效率/%	额定风量下的初阻力/Pa	备注
D	99.999	≤250	扫描检漏
E	99.999 9	≤250	扫描检漏
F	99.999 99	≤250	扫描检漏

标准规定，作为产品，高效过滤器出厂时必须进行扫描检漏，其方法和判定标准见表4-4。

表 4-4　定性以及定量实验下的过滤器渗漏的不合格判定标准

类别	额定风量下的效率/%	定性检漏实验下的局部渗漏限值粒/采样周期	定量实验下的局部透过率限值/%
A	99.9(钠焰法)	下游大于等于 0.5μm 的微粒采样计数≥3 粒/min(上游对应粒径范围气溶胶浓度须不低于 3×10^4/L)	1
B	99.99(钠焰法)		0.1
C	99.999(钠焰法)		0.01
D	99.999(计数法 0.1～0.3μm)	下游大于等于 0.1μm 的微粒采样计数≥3 粒/min(上游对应粒径范围气溶胶浓度须不低于 3×10^6/L)	0.01
E	99.9999(计数法 0.1～0.3μm)		0.001
F	99.99999(计数法 0.1～0.3μm)		0.0001

粗效过滤器　从主要用于首道过滤器考虑，应该截留大微粒，主要是 5μm 以上的悬浮性微粒和 10μm 以上的沉降性微粒以及各种异物，防止其进入系统。

中效过滤器　由于其前面已有预过滤器截留了大微粒，它又可作为一般空调系统的最后过滤器和高效过滤器的预过滤器，所以主要用以截留 1～10μm 的悬浮性微粒。

高中效过滤器　可以用作一般净化程度的系统的末端过滤器，也可以为了提高系统净化效果，更好地保护高效过滤器，而用作中间过滤器，所以主要用以截留 1～5μm 的悬浮性微粒。

亚高效过滤器　既可以作为洁净室末端过滤器使用，达到一定的空气洁净度级别(参见第七章)，也可以作高效过滤器的预过滤器，进一步提高和确保送风洁净度，还可以作为新风的末级过滤，提高新风品质。所以，和高效过滤器一样，它主要用以截留 1μm 以下的亚微米级的微粒。

高效过滤器　它是洁净室的最主要的末级过滤器，以实现 0.5μm 的各洁净度级别为目的，但其效率习惯以过滤 0.3μm 为准。如果进一步细分，若以实现 0.1μm 的洁净度级别为目的，则效率就以过滤 0.1μm 为准，这习惯称为超高效过滤器。通常作为末级过滤器。

粗效、中效过滤器有平板式、袋式、折摺式等几种形式，应尽量选用过滤面积大的。

高中效过流器有袋式、大管式、折摺式等几种形式。

亚高效过滤器有滤管式和折摺式两种，前者属低阻力型，是中国建筑科学研究院空调研究所的专利成果。

高效过滤器都是折摺式，但分有分隔板和无分隔板两种。

国外标准举出四例，见表 4-5～表 4-8，有关实验方法见第十七章。

表 4-5　IEST-RP-CC 001.4-2005

光度计法测试(测试气溶胶质量中径 0.3μm，计数中径<0.2μm)	过滤效率	检漏	计数法测试(0.1～0.2/0.2～0.3μm)
A 级	≥99.97%	不需检漏	H 级
B 级		双风量效率测试	I 级
E 级		双风量效率测试，核工业用	

续表

光度计法测试（测试气溶胶质量中径 0.3μm，计数中径＜0.2μm）	过滤效率	检漏	计数法测试（0.1～0.2/0.2～0.3μm）
C级	≥99.99%	需检漏	J级
	≥99.995%	需检漏	K级
D级	≥99.999%	需检漏	F级
	≥99.9999%	需检漏	G级（MPPS效率）

表 4-6 美国 ASHRAE 空气过滤器最低效率测试报告值（MERV）标准

MERV级	组分粒径平均计数（ASHRAE 52.2—1999）效率/%			平均捕集率/%（ASHRAE 52.1—1992）	最低终阻力/Pa
	粒径范围 1 0.3～1.0μm	粒径范围 2 1.0～3.0μm	粒径范围 3 3.0～10.0μm		
1			E_3＜20	平均＜65	75
2			E_3＜20	65≤平均＜70	75
3			E_3＜20	70≤平均＜75	75
4			E_3＜20	平均≥75	75
5			20≤E_3＜35		150
6			35≤E_3＜50		150
7			50≤E_3＜70		150
8			70≤E_3		150
9		E_2＜50	85≤E_3		250
10		50≤E_2＜60	85≤E_3		250
11		65≤E_2＜80	85≤E_3		250
12		80≤E_2	85≤E_3		250
13	E_1＜75	90≤E_2	90≤E_3		350
14	75≤E_1＜85	90≤E_2	90≤E_3		350
15	85≤E_1＜95	90≤E_2	90≤E_3		350
16	95≤E_1	95≤E_2	95≤E_3		350
17	≥99.97(0.3μm)				
18	≥99.99(0.3μm)				
19	≥99.999(0.3μm)				

表 4-7 欧洲标准分级

标准	EN 779:2002		EN 1822-1:2007
规格	计重法/%	计数法（0.4μm 平均）/%	最易穿透粒径（MPPS）/%
G1	50≤A_m＜65		
G2	65≤A_m＜80		
G3	80≤A_m＜90		
G4	90≤A_m		

续表

标准 规格	EN 779:2002		EN 1822-1:2007
	计重法/%	计数法(0.4μm 平均)/%	最易穿透粒径(MPPS)/%
F5		$40 \leqslant E_m < 60$	
F6		$60 \leqslant E_m < 80$	
F7		$80 \leqslant E_m < 90$	
F8		$90 \leqslant E_m < 95$	
F9		$95 \leqslant E_m$	
H10			$85 \leqslant E < 95$
H11			$95 \leqslant E < 99.5$
H12			$99.5 \leqslant E < 99.95$
H13			$99.95 \leqslant E < 99.995$
H14			$99.995 \leqslant E < 99.9995$
U15			$99.9995 \leqslant E < 99.99995$
U16			$99.99995 \leqslant E < 99.999995$
U17			$99.999995 \leqslant E$

表 4-8　国际标准 ISO 29463-2011

效率/%	最易穿透粒径(MPPS)法	
99.95	ISO 35(H)	
99.99	ISO 40(H)	ISO 40(U)(需扫描检漏)
99.995	ISO 45(H)	ISO 45(U)(需扫描检漏)
99.999		ISO 50(U)(需扫描检漏)
99.9995		ISO 55(U)(需扫描检漏)
99.9999		ISO 60(U)(需扫描检漏)
99.99995		ISO 65(U)(需扫描检漏)
99.99999		ISO 70(U)(需扫描检漏)
99.999995		ISO 75(U)(需扫描检漏)

注:H 为高效过滤器;U 为超高效过滤器。

各国标准对于各类过滤器的效率表示方法不尽相同,为方便比对,在表 4-9 中列出了国内外过滤器效率比较,这种比较只是大致的,不可能完全吻合,选用时应加注意。

表 4-9　国内外主要国家几种空气过滤器标准的比较

我国标准	欧商标准 EUROVENT4/9	ASHRAE 标准计重法效率/%	ASHRAE 标准比色法效率/%	美国 DOP 法(0.3μm)效率/%	欧洲标准 EN779	欧洲标准 EN1822	德国标准 DIN24185	美国 ASHRAE 标准(MERV)
粗效过滤器 4	EU1				G1		A	1
粗效过滤器 3	EU1	<65			G1		A	2~4
粗效过滤器 2	EU2	65—80			G2		B1	5~6

续表

我国标准	欧商标准 EUROVENT4/9	ASHRAE 标准计重法效率/%	ASHRAE 标准比色法效率/%	美国 DOP 法(0.3μm)效率/%	欧洲标准 EN779	欧洲标准 EN1822	德国标准 DIN24185	美国 ASHRAE 标准(MERV)
粗效过滤器 1	EU3	80—90			G3		B2	7～8
中效过滤器 3	EU4	⩾90			G4		B2	9～10
中效过滤器 2	EU5		40—60		F5		C1	11～12
中效过滤器 1	EU6		60—80	20—25	F6		C1/C2	13
高中效过滤器	EU7		80—90	55—60	F7		C2	14
高中效过滤器	EU8		90—95	65—70	F8		C3	15
高中效过滤器	EU9		⩾95	75—80	F9		—	15
亚高效过滤器	EU10			>85		H10	Q	16
亚高效过滤器	EU11			>98		H11	R	16
高效过滤器 A	EU12			>99.9		H12	R/S	17
高效过滤器 A	EU13			>99.97		H13	S	17
高效过滤器 B	EU14			>99.997		H14	S/T	18～19
高效过滤器 C	EU15			>99.9997		U15	T	19
高效过滤器 D	EU16			>99.99997		U16	U	—
高效过滤器 E-F	EU17			>99.999997		U17	V	—

国外的高效过滤器以下的一般空气过滤器分类很乱，这里不介绍了，有兴趣的读者可参阅文献[1]。

自从 1993 年美国环境科学协会(IEST)把高效过滤器分为两类，一类是高效过滤器：HEPA；一类是超高效过滤器：ULPA 之后，这一称呼已被沿用。

4-2　过滤器的特性指标

评价任何过滤器，最重要的特性指标有四项，即面速或滤速、效率、阻力和容尘量。

当然还有其他一些指标，例如重量、消耗动力和再生特性等等，这些指标主要和滤料有关，所以选择什么滤料制造过滤器是研制过滤器的最重要的一环。除了滤料是过滤器特性的决定因素以外，过滤器的结构也是重要的因素。例如一块滤料做成平板式过滤器还是做成多袋形或楔形过滤器，在阻力、容尘量上差别很大，所以寻找合理的最佳的结构，则是研制过滤器的又一重要环节。以下将分别讨论这四项特性指标。

4-3　面速和滤速

衡量过滤器通过风量的能力可以用面速或滤速来表示。

面速是指过滤器断面上的通过气流的速度(m/s)，即

$$u = \frac{Q}{F \times 3600} \tag{4-1}$$

式中：Q——风量(m^3/h)；

F——过滤器截面积即迎风面积(m^2)。

所以面速反映过滤器的通过能力和安装面积，面速越大，占地面积越小。因而面速是反映过滤器结构特性的重要参数。

滤速是指滤料面积上的通过气流的速度，单位一般为 $L/(cm^2 \cdot min)$ 或 cm/s，即

$$v=\frac{Q\times10^3}{f\times10^4\times60}=1.67\frac{Q}{f}\times10^{-3}\ [L/(cm^2\cdot min)] \tag{4-2}$$

或

$$v=\frac{Q\times10^6}{f\times10^4\times3600}=0.028\frac{Q}{f}\quad (cm/s) \tag{4-3}$$

式中：f——滤料净面积，即去除黏结等占去的面积(m^2)。

在进行滤料的小样实验时，v 的单位为 $L/(cm^2 \cdot min)$，对于过滤器实验则 v 的单位为 cm/s。将前者数值乘以 16.6 即近似等于后者的数值。

所以滤速反映滤料的通过能力，特别是反映滤料的过滤性能，采用的滤速越低，一般来说将获得较高的效率；而过滤器允许的滤速越低，则说明其滤料阻力较大。

在特定的过滤器结构条件下，统一反映面速和滤速的是过滤器的额定风量，在相同的截面积下，希望允许的额定风量越大越好，而在低于额定的风量下运行，效率提高，阻力降低。

4-4 效 率

过滤器的过滤效果有以下几种表示方法：效率、穿透率和净化系数。

4-4-1 效率

当被过滤气体中的含尘浓度以计重浓度来表示时，则效率为计重效率；以计数浓度来表示，则效率为计数效率；当含尘浓度用其他物理量相对表示时，则效率为比色效率或浊度效率等。

(1) 用过滤器进出口气流中的含尘浓度来表示，即

$$\eta=\frac{G_1-G_2}{G_1}=\frac{Q(N_1-N_2)}{N_1Q}=1-\frac{N_2}{N_1} \tag{4-4}$$

式中：G_1、G_2——过滤器进出口气流中微粒的质量或数量(mg/h 或粒/h)；

N_1、N_2——过滤器进出口气流中的含尘浓度(mg/m^3 或粒/L)；

Q——通过过滤器的风量(m^3/h 或 L/h)。

这种表示方法对于计重效率和计数效率都可以采用。

(2) 用进入过滤器前气流中的尘粒含量和过滤器捕集的尘粒量来表示，即

$$\eta=\frac{G_3}{QN_1} \tag{4-5}$$

式中：G_3——过滤器捕集到的尘粒重量(mg/h)。

这种表示方法仅在计重效率时采用，有些国家将由此法求得的 η 称为除尘率。

(3) 用过滤器所捕集到的尘粒数量和过滤器出口气流中尘粒的含量来表示，即

$$\eta=\frac{G_3}{QN_2} \tag{4-6}$$

这种表示方法也用于计重效率

(4) 用各粒径的分级效率表示,即

$$\eta=\eta_1 n_1+\cdots+\eta_n n_n \tag{4-7}$$

式中:$\eta_1 \sim \eta_n$——各粒径的分级效率,以小数表示;

$n_1 \sim n_n$——各粒径微粒的含量占全体微粒的比例,以小数表示。

这里需要特别强调的是,讲到效率必须说明是什么方法的效率,例如大气尘计重效率98%;如果只说效率98%,或计重效率98%,则不能表达效率的实质,将会带来很大的误解和差错。这一问题的进一步说明,将在第十七章给出。

4-4-2 穿透率

在很多情况下,人们关心的不只是过滤器捕集到多少尘粒,而是经过过滤器后仍然穿透过来多少尘粒,这时用穿透率(或穿透系数透过率)这一概念更能直接地表示这种结果的程度(虽然它们的基本含义是一样的)。在排气净化中就用穿透率来代替过滤效率。

穿透率习惯以 K 来表示,即

$$K=(1-\eta)\times 100\% \tag{4-8}$$

当 $\eta_1=0.9999$,$\eta_2=9998$ 时,看不出这两者差别的实在意义。可是换算成穿透率则有 $K_1=0.01\%$,$K_2=0.02\%$,说明 K_2 比 K_1 大一倍;用 K_2 这个过滤器,穿透过来的微粒要比用 K_1 那个过滤器多一倍,这就足以引起人们的注意了。

4-4-3 净化系数

净化系数 K_c 以穿透率的倒数表示,即

$$K_c=\frac{1}{K} \tag{4-9}$$

表示经过过滤器以后微粒浓度降低的程度。当 $K=0.01\%$时

$$K_c=\frac{100}{0.01}=10^4$$

说明过滤器前后的微粒浓度相差一万倍。

4-5 阻 力

4-5-1 滤料阻力

过滤器的阻力主要由两部分组成:滤料的阻力;过滤器结构的阻力。至于过滤器进出口阻力,一般是一个变化不大的值,在5Pa上下,可以作为定值附加,所以下面着重讨论前两部分阻力。但在一些资料和著作中,在讨论过滤器阻力时,实质上都只涉及滤料层的阻力,容易给读者造成错觉。

对纤维过滤器来说,滤料的阻力是由气流通过纤维层时纤维的迎面阻力造成的。这个阻力的大小和在纤维层中流动的气流是层流还是紊流关系极大。一般来说,由于纤维极细,滤速极小,Re 很小,所以纤维层内的气流属于层流。

作为一孤立圆柱看待的单位长度纤维,当气流垂直于它的长轴时,其上所受的作用力按气溶胶力学的一般概念,应是其单位长度截面和动压的函数,即

$$F = C' d_f v^2 \frac{\rho_a}{2} \tag{4-10}$$

式中：F——阻力(N/m)；

C'——阻力系数；

ρ_a——气体密度(kg/m^3)；

v——过滤速度(m/s)；

d_f——纤维直径(m)。

这样滤料内全部纤维长度上所受之力即为 FL，L 为纤维全长。显然滤料全部纤维上所受的力也就是滤料所受的力，平均到它的单位面积上则为它所受的阻力，以 ΔP 表示阻力并引入式(3-40)，则阻力为

$$\Delta P = \frac{FL}{S} = \frac{F}{S}\frac{4SH\alpha}{\pi d_f^2} = \frac{4FH\alpha}{\pi d_f^2} \quad (\mathrm{Pa}) \tag{4-11}$$

式中：$\frac{4\alpha}{\pi d_f^2}$——单位体积内纤维长度；

H——滤层厚度；

S——滤料面积，也就是过滤面积。

将式(4-10)代入式(4-11)得

$$\Delta P = \frac{2C' v^2 H\alpha\rho_a}{\pi d_f} \quad (\mathrm{Pa}) \tag{4-12}$$

这是阻力的理论表达式，问题是如何确定阻力系数 C'。由于 C' 大致可能与纤维排列方式、填充率以及 Re 有关，所以不能从上式直接指出 ΔP 与式中诸参数的关系。因而必须求助于实验。对可能影响 ΔP 的五种明显的因素进行实验[2]的结果表明：

(1) 当其他因素固定、只变化滤速 v 时，在较大的范围内均有

$$\Delta P \propto v$$

即

$$3\mathrm{cm/s} < v < 5\mathrm{cm/s} \qquad \Delta P \propto v^{0.7}$$

$$5\mathrm{cm/s} < v < 19\mathrm{cm/s} \qquad \Delta P \propto v^{1.0}$$

$$40\mathrm{cm/s} < v < 200\mathrm{cm/s} \qquad \Delta P \propto v^{1.2\sim1.3}$$

(2) 测定不同厚度的滤料的阻力也有

$$\Delta P \propto H$$

(3) 当 v、H 一定，变化填充率 α 时，有

$$\Delta P \propto \alpha^{m_2}$$

对玻璃纤维实验表明

$$m_2 = 1.6 d_f^{-0.05}$$

(4) 用断面形状一样、粗细不同的纤维测定纤维直径对 ΔP 的影响，有

$$\Delta P \propto d_f^{-2}$$

(5) 纤维断面形状的影响从式(4-12)得到

$$\pi d_f \Delta P = 2C' v^2 H\alpha^{m_2}\rho_a$$

因为已经知道 $\Delta P \propto \alpha^{m_2}$，如将上式的 α 用 α^{m_2} 代替，则 C' 应变为 C'_m，即

$$\pi d_f \Delta P = 2C'_m v^2 H\alpha^{m_2}\rho_a$$

$$C'_{m}=\frac{\pi d_{f}\Delta P}{2v^{2}H\alpha^{m_{2}}\rho_{a}} \tag{4-13}$$

用几种不同断面形状的纤维，在不同 Re 时进行实验，得到如图 4-1 所示直线具有这样的关系，即

$$C'_{m}=\frac{k}{Re\varphi^{\beta}} \tag{4-14}$$

式中：C'_{m}——除去 α 影响之外而包括断面形状等影响因素的修正阻力系数；

$k=60$；

$\beta=0.58$；

φ——纤维断面形状系数。

$$\varphi=\frac{\text{纤维断面积}}{\text{纤维断面外接圆面积}}$$

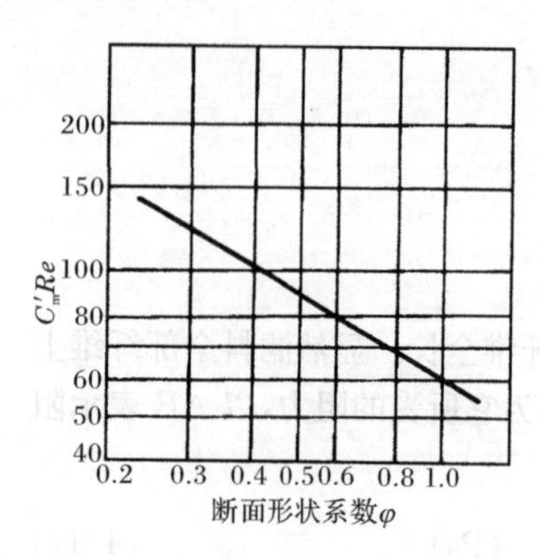

图 4-1　断面形状和阻力系数的关系

各种纤维的 φ 值如下：

醋酸纤维	0.3～0.52(平均 0.42)
玻璃纤维	1.0
氯化维尼纶	0.61
聚酰胺	1.0
聚丙烯	1.0
聚酯	1.0
维尼纶	0.4
丙烯	1.0

将式(4-14)代入式(4-13)，则可得出

$$\Delta P=\frac{120\mu vH\alpha^{m_{2}}}{\pi d_{f}^{2}\varphi^{0.58}}\quad(\text{Pa}) \tag{4-15}$$

在这一表达式中，ΔP 和各参数的关系与上述实验结果是完全一致的，例如，滤料的 ΔP 最终只是和滤速 v、滤层厚 H 和 $\alpha^{m_{2}}$ 成正比，而和 d_{f}^{2} 成反比，这就说明该式是成立的。

根据式(4-15)，即吉川障的方法和有关文献上的其他公式分别计算三种纤维层阻力，如表 4-10 所示。各种方法计算结果和实际都有出入，而以木村法出入最大。差别的原因是多方面的，而各参数的确定是否准确也关系很大。由于按式(4-15)计算比较简单，按另两种方法计算比较复杂，所以就不详细介绍了。

表 4-10　纤维层阻力的计算

纤维	d_{f} /μm	α	m_{2}	H/m	v /(m/s)	φ	20℃时的 μ /(Pa·s)	计算 ΔP/Pa			实测 ΔP	
								式(4-15)	陈氏式[3]	木村式[4]	Pa	测定者
玻璃纤维	14～18(平均按 16)	0.037	1.393	0.02	0.28	1	1.83×10^{-5}	151	95	134	147	中国建筑科学研究院空调研究所

续表

纤维	d_f /μm	α	m_2	H/m	v /(m/s)	φ	20℃时的 μ /(Pa·s)	计算 ΔP/Pa			实测 ΔP	
								式(4-15)	陈氏式[3]	木村式[4]	Pa	测定者
玻璃	4	0.0048	1.493	0.025	0.50	1	1.83×10^{-5}	188	239	560	261	天津大学暖通教研室[5]
	4	0.0048	1.493	0.013	0.50	1	1.83×10^{-5}	98	124	291	149	
纤维	4	0.0032	1.493	0.025	0.50	1	1.83×10^{-5}	103	146	372	150	
	4	0.0032	1.493	0.013	0.50	1	1.83×10^{-5}	54	75	194	84	
丙纶	5	0.055	1.476	0.015	0.20	1	1.83×10^{-5}	116	93	100	162	

4-5-2　过滤器全阻力

对于一个过滤器来讲，滤料已定，则 H、α、d_f、φ 都已一定，所以式(4-15)又可简写为

$$\Delta P_1 = Av \tag{4-16}$$

即对于一定的微粒，在相当大的滤速范围内滤料的阻力和滤速的一次方成正比，A 是结构系数，反映纤维层的结构特性。图 4-2 是中国建筑科学研究院空气调节研究所对几种纤维制造的滤纸做的阻力与滤速的关系的实验结果。

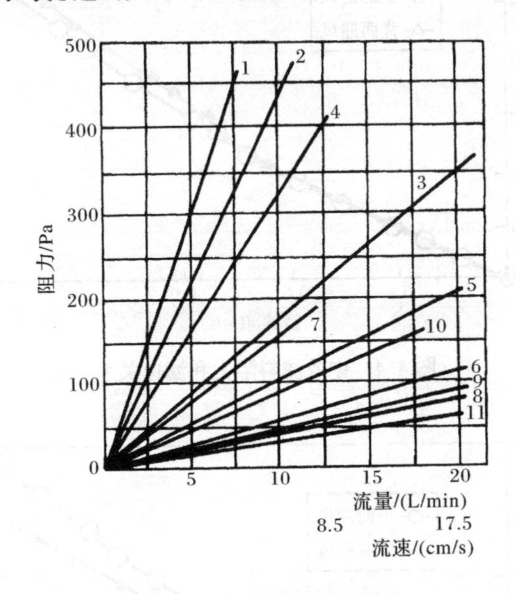

图 4-2　各种滤纸(布)阻力

1. 国外 AEC 滤纸；2. 25 丝玻璃纤维滤纸；3. 合成纤维滤纸；4. 20 丝玻璃纤维滤纸；5. ФП-15 滤布；6. 合成纤维Ⅳ号滤纸；7. 8 丝玻璃纤维滤纸；8. 合成纤维 1 号滤纸；9. 合成纤维Ⅱ号滤纸；10. 5 丝玻璃纤维滤纸；11. 化学微孔滤膜

图 4-3～图 4-5 给出了无纺布粗效、中效、亚高效滤料最近的实验结果[6]。

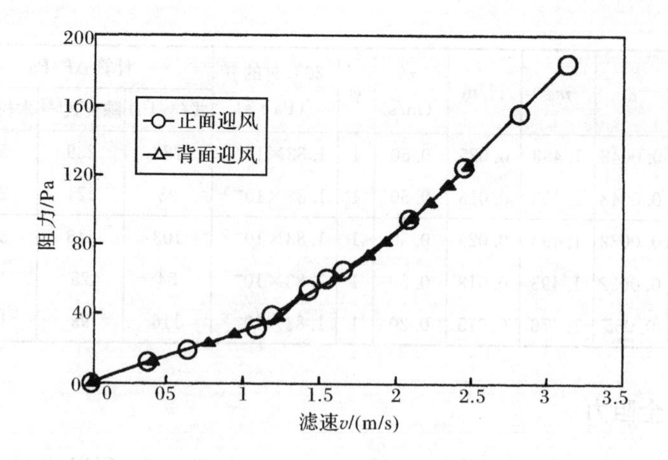

图 4-3　粗效滤料阻力和滤速关系

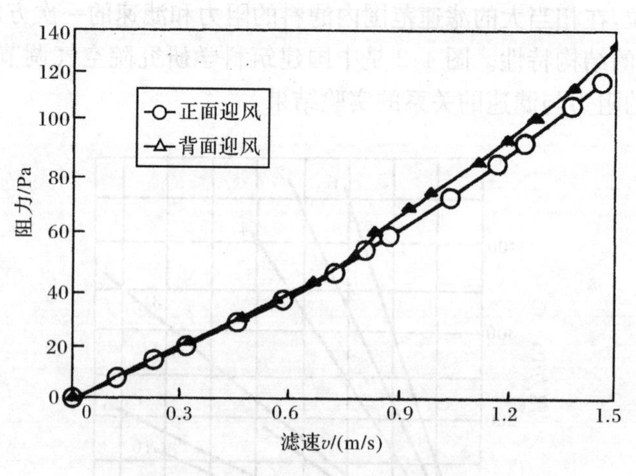

图 4-4　中效滤料阻力和滤速关系

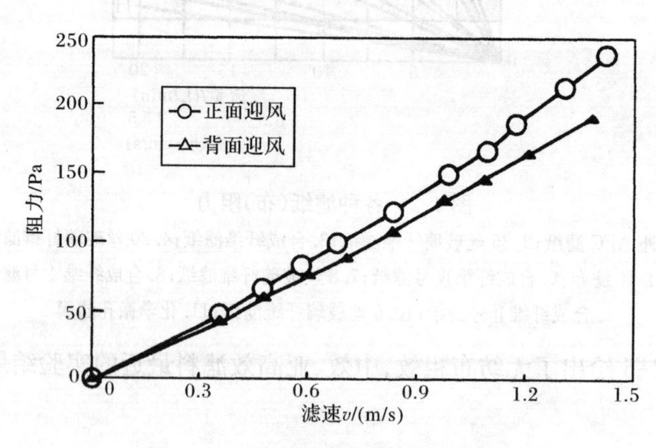

图 4-5　亚高效滤料阻力和滤速关系

这些图中的所谓“正面”、“背面”，一般是正面纤维较松较粗。粗效滤料本来纤维就粗，纤维间就很松，所以正面、背面差别也不大。中效略有差别，背面纤维较密，对气流有一定干扰作用。这里的亚高效过滤器用的滤纸不是单一的丙纶纤维滤纸，而是由预过滤层、主过滤层和增强纱网三层组成。当增强网处于迎风或背风面时，防止滤料拉伸变形的作用显然不同，所以表现在阻力上有些差异，对于无增强网的常规丙纶纤维滤纸，自然看不出这个差异了。

从以上图中可见：对于高效滤料，v 至少在 0.2m/s 以下；对于亚高效滤料，v 约在 0.5m/s以下；对于中效滤料，v 约在 0.8m/s 以下；对于粗效滤料，v 约在 1.2m/s 以下。

这四种情况均有

$$\Delta P \propto v$$

超过以上速度界限时，上述关系仍近似存在。

作为过滤器的全阻力，除了滤料阻力，还要附加一个过滤器结构阻力（其中进出口阻力只占很小比例）。有一种看法，认为结构阻力除和过滤器固有构造有关外，也受滤料性能影响，这可能和滤料透过性能会影响过滤器气流通道中的气流状态从而影响到结构阻力有关。这一看法尚需更多实验的佐证。实验证明，结构阻力和气流速度的关系已不是直线关系。这里可以指出非直线关系的主要原因：气流通过过滤器框架，例如通过高效过滤器的分隔板等结构时，是以面风速 u 为代表的，一般达到 m/s 的量级，比通过滤层时的滤速要大得多。而且气流所遇到的构件的结构尺寸远比纤维径大得多，所以此时是在大的 Re 值（一般 $Re>1$）条件下，惯性力不能忽略，气流特性已不是层流了。这样，阻力和速度将不成直线关系，而是和 u^n 成正比，因而过滤器结构阻力可写成

$$\Delta P_2 = Bu^n \tag{4-17}$$

式中，B 是过滤器结构阻力系数。过滤器全阻力是

$$\Delta P = \Delta P_1 + \Delta P_2 = Av + Bu_n \tag{4-18}$$

显然，不同的过滤器有不同的 A、B 值。对于国产 GB-01 型高效过滤器的一个实例，实验得到 $n=1.37$。

若以滤速 v 来统一表示，全阻力可写成

$$\Delta P = Cv^m \tag{4-19}$$

对于国产高效过滤器，C 约为 3～10，m 为 1.1～1.36。图 4-6 是国产高效过滤器实

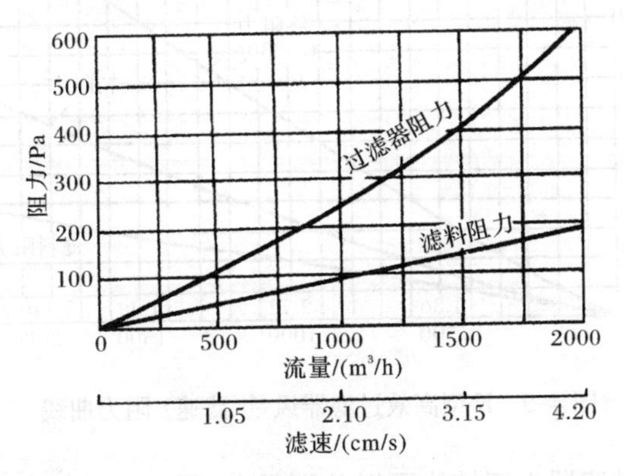

图 4-6　高效过滤器阻力与流量（滤速）的关系

验所得的阻力曲线之一。图 4-7～图 4-9 是另外三种高效过滤器产品的阻力曲线[7]，可见对于高效过滤器，当 $v \not> 3$cm/s，即一般比额定风量大得不多时，m 值略大于 1，即阻力和通过风量的关系如近似看成直线关系，误差也不大。亚高效过滤器也有类似特点，参阅后面图 4-26。

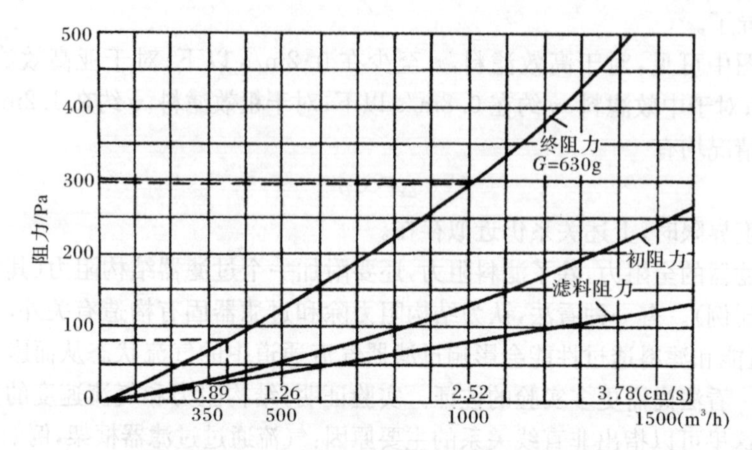

图 4-7　A 型高效过滤器风量(滤速)-阻力曲线

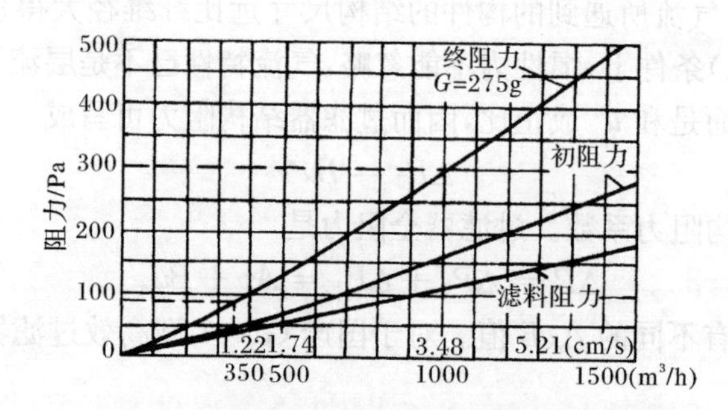

图 4-8　C 型高效过滤器风量(滤速)-阻力曲线

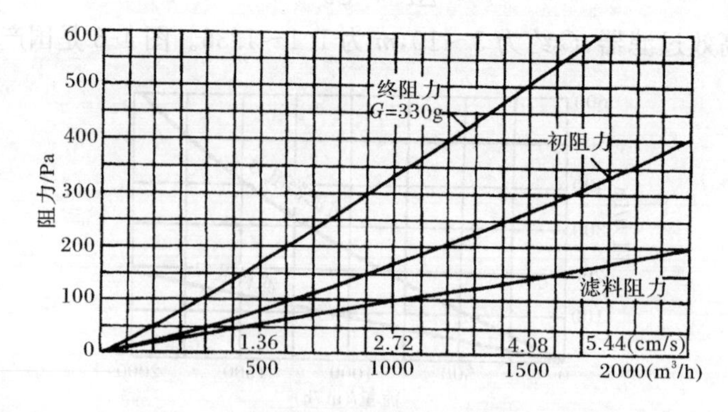

图 4-9　K 型高效过滤器风量(滤速)-阻力曲线

但是粗效和中效过滤器由于结构可以差别很大，所以上述特点就不成其为共性了。

4-6 容 尘 量

过滤器容尘量是和使用期限有直接关系的指标。通常将运行中的过滤器的终阻力达到其初阻力一倍(若一倍值太低,或定为其他倍数)的数值时,或者效率下降到初始效率的85%以下时(一般对于预过滤器来说)过滤器上的积尘量,作为该过滤器的标准容尘量,简称容尘量。

当风量为1000m³/h时,一般折叠形无纺布过滤器的容尘量在100g上下,玻璃纤维过滤器在250~300g以下,高效过滤器在400~500g左右。同类过滤器若尺寸不同,容尘量也就不同。

随着过滤器上积尘量的增加,过滤器的阻力也开始增加,但目前还难于较准确的计算积尘量和阻力增值的关系。下面举几个实例来说明。

图4-10是前面举过的三种高效过滤器的阻力增值和积尘量的关系。这三种过滤器的初阻力大约都在150Pa。图中虚直线是作者加的,可见,如果近似把这种增值关系看成直线关系,在标准容尘量之下时或者阻力增值不超过初阻力值1倍时,产生的误差不大,上述三例最大差值都约在10Pa以内。过滤器前浓度越低,直线关系越强,所以通常情况下有预过滤器特别是效率较高的预过滤器的高效过滤器都能显示这一特性。如果滤速超过常规,或容尘量已超过标准容尘量,阻力将随着积尘的增加而更快地增加。

中效过滤器的阻力增值和积尘量的关系一般为直线关系。

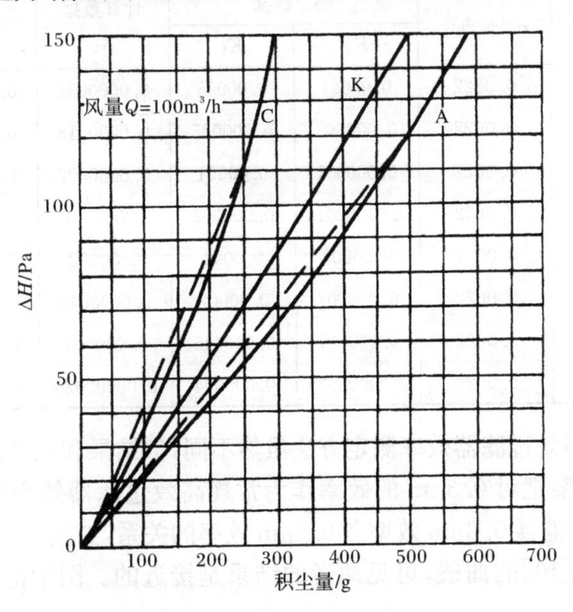

图4-10　容尘量与阻力增值关系

过滤器在达到容尘量的积尘过程中,效率低的过滤器更易显示出效率先增加后下降的特点,这是因为效率低的过滤器积的尘粒较粗较多,滤材较稀疏,所以尘粒由于阻力的增加而易穿透和从积尘层上反弹剥落、二次扬尘所致。在使用过程中的高效过滤器,随着积尘的增加,效率一般都上升。

4-7 过滤器的设计效率

国内外空气洁净度的级别，主要是以单位容积空气中≥0.5μm 的微粒数量来衡量的，而各类过滤器又是以某一特定粒径的效率为其代表效率的，因此，在空气洁净技术的有关设计工作中，就需要把这些特定粒径的效率换算成对≥0.5μm 的微粒的效率。

对于高效过滤器，其鉴定或出厂效率都是以对 0.3μm 单分散微粒的效率来衡量，上一章已说明过。为了换算成对≥0.5μm 微粒的效率，首先要知道 0.5μm 的效率，作者曾根据国外有关实验数据计算，分析整理出一个高效过滤器穿透率和粒径的经验式[8]，即

$$K_2 = \frac{K_1}{e^{(d/d_{0.3})^2}} \tag{4-20}$$

式中：K_1、K_2——0.3μm 微粒和大于 0.3μm 的某粒径微粒穿透率；

$d_{0.3}$、d——0.3μm 粒径和大于 0.3μm 的某一粒径。

用式(4-20)计算了国外发表的测定数据[9]，如表 4-11 所列。表中 K_2'、K_1 为测定数据，K_2 为由 K_1 按式(4-20)计算出的数据。比较表中最后两栏数字的最后两位数的差别，可见除第一行数据偏差较大外，其余数据相差极微。当然，这一经验公式只适用于 0.3μm级高效过滤器，而对于 0.1μm 级高效过滤器则不能套用。

表 4-11　0.5μm 和 0.3μm 效率的关系（设 0.3μm 微粒效率为 0.999）

d_2 /μm	d_1 /μm	$e^{-(d_2/d_1)^2}$	测定数据		计算数据	η_2' /%	η_2 /%
			K_2'	K_1	K_2		
0.5	0.3	0.0622	0.00001	0.00005	0.0000031	0.9999900	0.9999969
0.5	0.3	0.0622	0.000003	0.000025	0.0000016	0.9999970	0.9999984
0.5	0.3	0.0622	0.000001	0.00001	0.0000007	0.9999990	0.9999993
0.5	0.3	0.0622	0.00000013	0.000002	0.00000013	0.9999987	0.9999987
0.5	0.3	0.0622	0.00002	0.0003	0.00002	0.9999980	0.9999980
0.5	0.3	0.0622	0.000007	0.00007	0.0000046	0.9999930	0.9999954
0.5	0.3	0.0622	0.000007	0.000045	0.000003	0.9999930	0.9999970
0.5	0.3	0.0622	0.00000025	0.000004	0.00000026	0.9999975	0.9999974

国内外规定的高效过滤器效率测定方法虽然不同，但结果和 0.3μm 计数效率大致接近（见第十七章），一般把对 0.3μm 的效率作为常规高效过滤器效率的基准，所以现由式(4-20)计算出高效过滤器 0.3μm 效率和 0.5μm 效率的关系，如图 4-11，可作参考。同时，图 4-12 引用了文献[10]的曲线，可见两者的结果是接近的。图中的效率 η 均以小数来表示。

根据以上曲线，再由第二章关于大气尘粒径分布的关系，可以求出≥0.5μm 微粒的效率，见表 4-12。

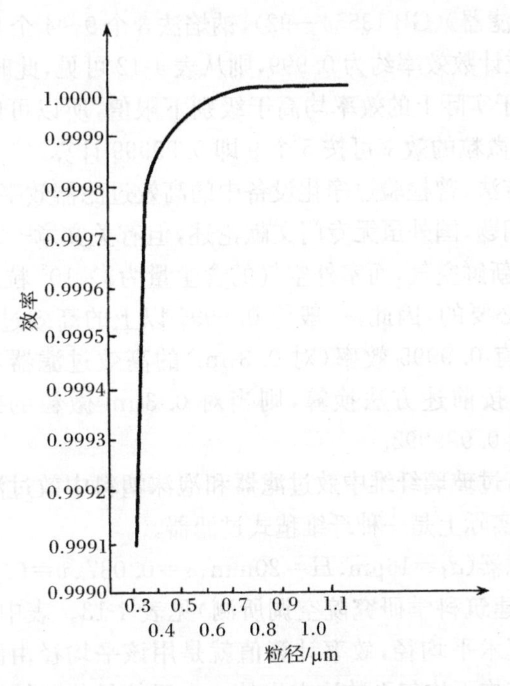

图 4-11　高效过滤器效率和粒径的关系(作者计算)

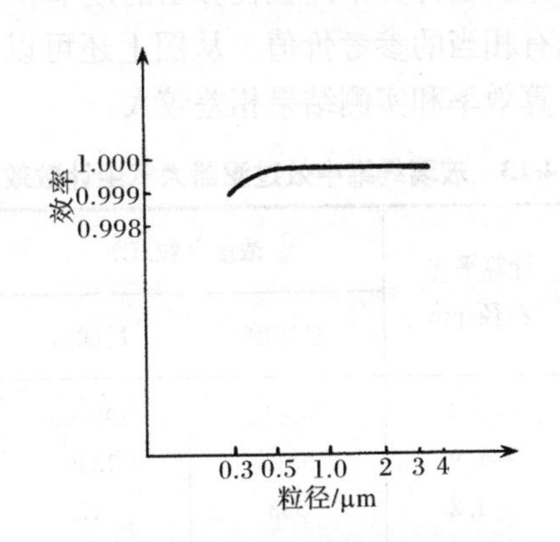

图 4-12　高效过滤器效率和粒径的关系

表 4-12　换算≥0.5μm 微粒的效率(设 0.3μm 微粒效率为 0.999)

粒径	η	所占比例	≥0.5μm 的效率
0.5μm	0.99994	0.33	0.3299802
0.6μm	0.999982	0.31	0.3099950
0.8μm	0.9999992	0.15	0.1499998
>1.0μm	~1	0.21	0.21
			η=0.999975

根据《高效空气过滤器》(GB 13554—92),钠焰法 3 个 9～4 个 9 的效率即为高效过滤器,此时对 0.3μm 微粒计数效率约为 0.999,则从表 4-12 可见,此时对≥0.5μm 微粒的效率达到 0.999975。由于实际上的效率均高于级别下限值,所以可以认为,凡是常规高效过滤器,对于≥0.5μm 微粒的效率可按 5 个 9 即 0.99999 计算。

用上述效率换算方法,曾检验过净化设备中的高效过滤器效率的实测值,得到比较一致的结果。对于这个问题,国外虽无专门文献论述,但有关文章[11]也提到"对于获得 100 级环境,比如采用全部新鲜空气,而室外空气的含尘量为3×10^5 粒/L(≥0.5μm)时,过滤器效率达 0.99999 是必要的,因此,一般将 0.9995 以上的高效过滤器用作主过滤器",这就很显然是认为具有 0.9995 效率(对 0.3μm)的高效过滤器对≥0.5μm 微粒将有 0.99999的效率。如果按前述方法换算,则当对 0.3μm 微粒的效率为 0.9995 时,对 0.5μm微粒的效率将达 0.999992。

国产中效过滤器有过玻璃纤维中效过滤器和泡沫塑料中效过滤器,现在最常用的是无纺布中效过滤器,这实际上是一种纤维毡式过滤器。

玻璃纤维中效过滤器($d_f=16\mu m$、$H=20mm$、$\alpha=0.037$、$v=0.28m/s$)实测的大气尘显微镜计数效率(中国建筑科学研究院空调所测)见表 4-13。表中计算平均粒径是按大气尘一般组成算得的算术平均径,效率计算值就是用该平均径由图 4-13 的理论曲线查得。该理论曲线是按结构不均匀系数法求出的。由于粒径分组较粗,计算平均粒径和实际差别较大。不过从表中可见,由计算平均粒径算出的效率和实测值的接近程度,还是令人满意的,说明该计算方法有相当的参考价值。从图上还可以看到,按实验系数法,并且η'_Σ按公式(3-21)计算,则计算效率和实测结果相差较大。

表 4-13 玻璃纤维中效过滤器大气尘计数效率

测定次数	粒组/μm	计算平均粒径/μm	浓度/(粒/L)		效率/%	
			过滤前	过滤后	实测	计算
1	0.3～1.2	～0.4	468000	292960	30.6	40
	1.2～2.4	～1.9	5310	1350	74.6	76
	2.4～4.8	～4.2	933	47	95.0	94
2	0.3～1.2	～0.4	495000	304300	38.4	40
	1.2～2.4	～1.9	4550	1780	74.4	76
	2.4～4.8	～4.2	357	60	98.3	94
3	0.3～1.2	～0.4	665000	357000	46.4	40
	1.2～2.4	～1.9	6170	750	87.8	76
	2.4～4.8	～4.2	308	0	100.0	94
平均	0.3～1.2	～0.4	—	—	40.3	40
	1.2～2.4	～1.9	—	—	78.9	76
	2.4～4.8	～4.2	—	—	97.8	94

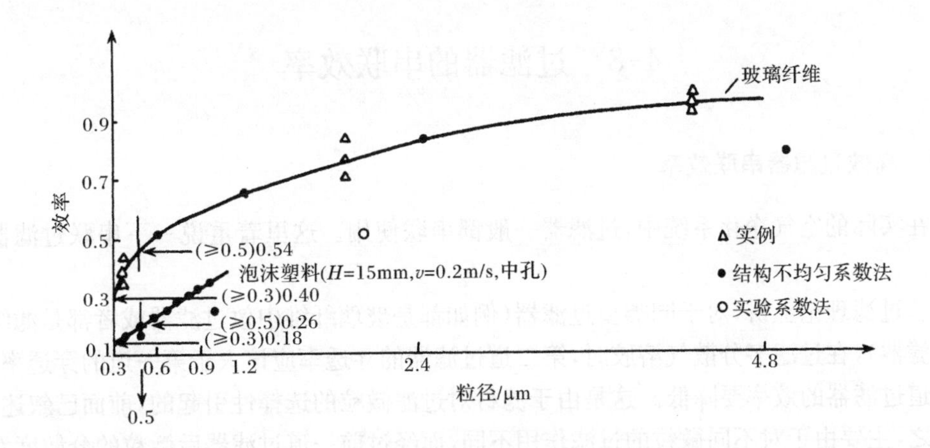

图 4-13　中效过滤器效率和粒径的关系

图 4-14 统计了国内外一些玻璃纤维过滤器和泡沫塑料过滤器实测数据，可见 0.5μm 的效率和 0.3μm 的效率或者≥0.5μm 的效率和≥0.3μm 的效率，均相差很小，这是因为此类中效过滤器的过滤机理对于小微粒的差别反映不大。

从图 4-14 可以看出，在 $\eta<0.8$ 时有以下近似关系：

$$\begin{cases}\eta_{0.5}=0.1+\eta_{0.3}\\ \eta_{\geqslant 0.5}=0.1+\eta_{\geqslant 0.3}\end{cases} \tag{4-21}$$

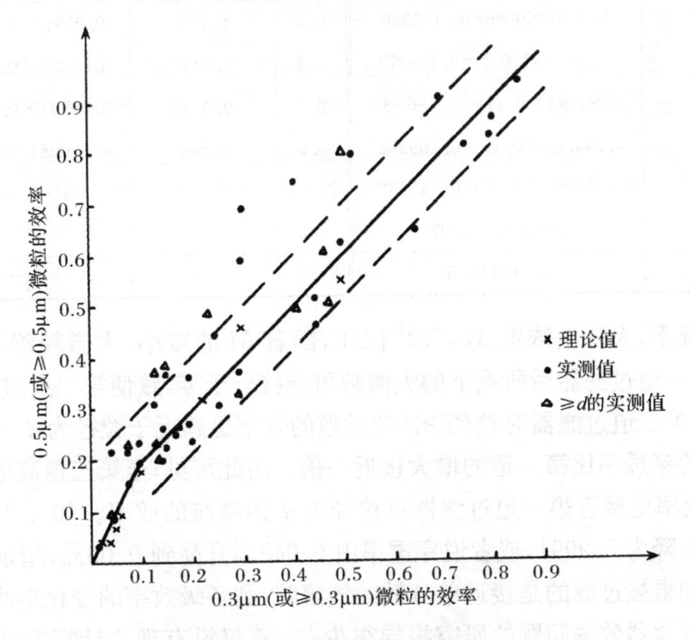

图 4-14　玻璃纤维和泡沫塑料中效过滤器对 0.3μm 和 0.5μm（或≥0.3μm 和≥0.5μm）微粒效率实测对比

4-8　过滤器的串联效率

4-8-1　高效过滤器串联效率

在实际的空气净化系统中，过滤器一般都串联使用。这里着重说一下串联过滤器的效率。

从过滤理论上讲，对于同类型过滤器(例如都是玻璃纤维中效过滤器或者都是滤纸高效过滤器)，在过滤多分散气溶胶时，第二道过滤器的穿透率应该大于第一道的穿透率，即第二道过滤器的效率要降低。这是由于滤材对过滤微粒的选择性引起的，前面已叙述过。简言之，主要由于对不同微粒的过滤作用不同，而经过前一道过滤器后微粒的分散度发生了变化，从而引起后一道过滤器的总效率发生变化。

由求各粒径效率的公式(4-7)可知，要计算第二道过滤器效率，必须知道第一道过滤器后不同粒径微粒的百分比和各过滤器对不同粒径微粒的效率。这两个问题前面都已解决，这里就可以进行具体计算，表 4-14 列出了前后两道高效过滤器效率的计算结果(设大气尘浓度 $M=10^6$ 粒/L)[12]。

表 4-14　前后两道高效过滤器效率

粒径/μm	第一道高效过滤器前比例	≥0.3μm 效率计算(第一道)	粒径/μm	第二道高效过滤器前比例	≥0.3μm 效率计算(第二道)
0.3	0.46	0.9991×0.46=0.459586	0.3	0.935	0.9991×0.935=0.9341585
0.4	0.20	0.99985×0.2=0.19997	0.4	0.0441	0.99985×0.0441=0.044093
0.5	0.11	0.99994×0.11=0.1099984	0.5	0.0154	0.99994×0.0154=0.015399
0.6	0.11	0.999984×0.11=0.1099982	0.6	0.004	0.999984×0.004=0.003999
0.8	0.05	0.9999992×0.05=0.04999996	≥0.8	0.0015	1×0.0015=0.0015
≥1.0	0.07	1×0.07=0.07			
		η=0.99955			η=0.99914

在正常情况下，大气尘浓度 $M<10^6$ 粒/L，随着 M 的减小，大微粒绝对数量一般更小，因而经过第一道过滤器后所剩下的大微粒可能接近于零，致使第二道过滤器前大微粒的比例更小，使第二道过滤器对粒径≥d 的微粒的效率更趋近于粒径为 d 的微粒的效率。或者说第二道的穿透率比第一道的增大接近一倍。由此可见，至第三道高效过滤器，对粒径≥d 微粒的效率更接近第一道过滤器对粒径为 d 的微粒的效率。如 d 为 0.3μm，则效率将由 0.99955 降为 0.9991，或者说穿透率由 0.045%升高到 0.09%，增加了一倍，此后即达到稳定。如果被过滤的是接近单分散的气溶胶，则各级效率的变化更小。

关于串联过滤器效率问题的研究报导很少[13]，不仅没有理论计算方法，而且实验和现场测定的数据都得出串联的第二道过滤器效率要降低很多的结论。这有两方面的原因，一是穿过第二道过滤器及其以后的过滤器的微粒浓度已经十分稀薄，由于测定手段的限制，不仅测不准，而且往往得到相反的结果，1976 年美国出版的《空气净化手册》[14]就明确指出这一点；二是在现场测定中，由于安装不严密造成的哪怕是极小的漏泄，也将远远超过过滤器后面的浓度。下面援引日本[13]的现场测定数据：

第一道高效过滤器　　效率 99.99%
第二道高效过滤器　　效率 99.99%
第三道高效过滤器　　效率 99.86%

其中第三道高效过滤器的穿透率的升高比前述计算结果大。测定者也指出，这是由于漏泄而造成的，认为如果没有安装造成的漏泄，第三道过滤器的效率将和第二道过滤器效率没有多大差别。关于这一点，美国《空气净化手册》[14]由引用的严格的实验数据否定了串联过滤器效率将降低很多的观点。

根据《空气净化手册》[14]提供的数据，第一道高效过滤器的净化系数为 10^4，第二道高效过滤器的净化系数几乎没有多大变化，第三道高效过滤器的净化系数为 5×10^3。

因为 $K_c=\dfrac{1}{K}$，若 $K_{c_1}=10^4$，则 $K_1=0.01\%$；若 $K_{c_3}=5\times10^3$，则 $K_3=0.02\%$。可见比 K_1 升高一倍，这和上述计算结果由 0.045%升到 0.09%完全一致。

因此，对于串联高效过滤器用于排气净化的情况，为严格起见，可以参照前述计算结果这样选用其穿透率：

第一道过滤器　　$K_{1(\geqslant d)}$
第二道过滤器　　$K_2=2K_{1(\geqslant d)}$
第三道过滤器及其后的过滤器　　$K_{3(d)}$

$K_{3(d)}$ 表示第三道及其以后的过滤器对粒径为 $\geqslant d$ 的微粒的穿透率等于粒径为 d 的单分散微粒的穿透率。

对于空气洁净工程即进气净化的情况，由于两道高效过滤器串联后效率已很高，所以若不考虑第二道过滤器效率的降低，影响也是很小的。因此仍可写成

$$\eta=1-(1-\eta_1)(1-\eta_2)\cdots(1-\eta_n) \tag{4-22}$$

证实串联高效过滤器的效率降低得不大这一点有两方面的意义：

(1) 在排气净化上的应用。正如《空气净化手册》所提出的，由于对含某一些放射性元素（例如钚和其他超铀物质）的气体要求极低的排放标准，在排气系统上安装一道高效过滤器不能满足要求；既然串联过滤器很少使其效率降低，则可以采用两级或两级以上串联的办法，这比提高一级过滤器的效率要容易。

(2) 在 5 级洁净度更高的洁净室上的应用。例如在新风上串联一道高效过滤器，渗漏的影响就要小得多，国内某些特殊洁净室已经这么做了，效果是满意的。

4-8-2　中效过滤器串联效率

对于两道中效过滤器串联，第二道中效过滤器的效率几乎不变。假定两个串联过滤器都是玻璃纤维中效过滤器，理论上 $\eta_{\geqslant0.3}=0.4$，$\eta_{\geqslant0.5}=0.54$。计算得出第二过滤器前 $\geqslant$0.5μm 微粒所占比例由 30%下降到 15%，由此得出对 $\geqslant$0.3μm 微粒的效率为 0.39，对 $\geqslant$0.5μm 微粒的效率为 0.54，几乎不变。所以同类中效过滤器和粗效过滤器串联效率也可写成

$$\eta=1-(1-\eta_1)(1-\eta_2)\cdots(1-\eta_n)$$

4-9 使用期限

4-9-1 过滤器寿命

过滤器上的积尘量应由下式表达：

$$P = TN_1 \times 10^{-3} Qt\eta \tag{4-23}$$

式中：P——过滤器积尘量(g)；

T——过滤器使用时间(d)；

N_1——过滤器前空气的含尘浓度(mg/m³)；

Q——过滤器的风量(m³/h)；

t——过滤器一天的运行时间(h)；

η——过滤器的计重效率。

当过滤器在额定风量 Q_0 下运行，积尘量 P 从 0 增加到过滤器的终阻力等于初阻力的既定倍数(一般为 1 倍)时，此过滤器不能再使用，其上的积尘量已达到标准容尘量 P_0，则过滤器的使用时间就是寿命 T_0，即

$$T_0 = \frac{P_0}{N_1 \times 10^{-3} \times Q_0 t\eta} \tag{4-24}$$

式中 N_1 可按第十章方法计算，即

$$N_1 = M(1-s)(1-\eta_n) + N_r s(1-\eta_r)$$

式中：M——大气含尘浓度(mg/m³)；

s——循环风比例；

N_r——回风浓度，对于浓度最高的 10 万级洁净室，也不会超过 0.001～0.01mg/m³；

η_n——过滤器前的新风通路上的过滤器计重效率；

η_r——过滤器前的回风通路上的过滤器计重效率。

对于不同的系统，η_n 和 η_r 是不同的，具体计算方法在第十章详述。若设 P_0＝450g 对于 1000m³/h 的风量，M＝0.3mg/m³，N_r＝0.005mg/m³，s＝0.7、η_n＝0.7、η_r＝0.65，t＝24h，$\eta\approx1$(对于高效过滤器)，Q＝1000m³/h，则可求出高效过滤器使用期限为 660d。如果一天工作 12h，则 T 可以延长到 1320d，相当于 3 年半以上。由于微粒在系统中还要沉积于其他表面，所以高效过滤器寿命还要长于上述计算值。

图 4-15 为国外发表的高效过滤器运行时间和阻力增长之间关系[15]，图中曲线 b 的预过滤器比色效率为 40%～50%，相当于大气尘计重效率(参见第十七章)，即和上面计算例子中的数据相当，而过滤器使用期限亦相近。这里要指出的是，也有这种看法[16]，认为由于高效过滤器的阻力增长远比容尘量增长快得多，用容尘量来计算其使用期限不安全。其实这里没有明确，在容尘量的概念里已经包括了阻力的增长速度，所以用容尘量计算出来的使用期限——寿命也就是阻力将达到初阻力一倍(或特定的某倍数)时所需的运行时间。

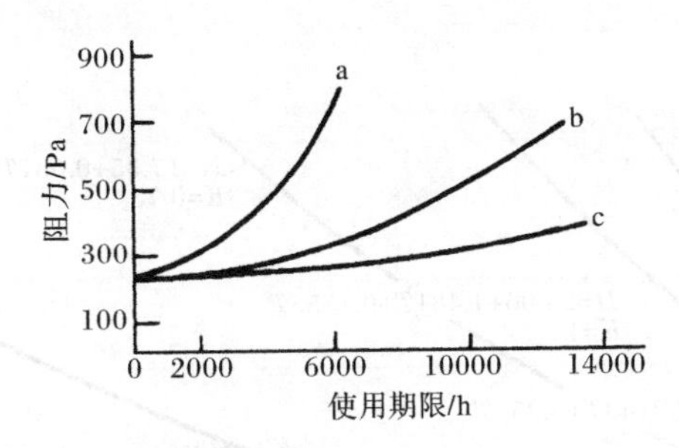

图 4-15　高效过滤器运行时间和阻力增长关系

（大气尘测定：a 为无预过滤器；b 为有预过滤器，比色效率 40%～50%；c 为有预过滤器，比色效率 80%～85%）

4-9-2　寿命和运行风量的关系

由式(4-24)得出

$$\frac{T_1}{T_0} = \frac{Q_0}{Q_1} \tag{4-25}$$

此时必须注意，T_1 不是某运行风量 Q_1 时过滤器的寿命，而只是在 Q_1 条件下运行、积尘量达到 P_0 时所需的时间。如

$$Q_1 < Q_0$$

则

$$T_1 < T_{1,0}$$
$$T_{1,0} > T_0$$

反之亦然。$T_{1,0}$ 是 Q_1 时的寿命。

这是因为 $Q_1 \neq Q_0$ 时，运行阻力也就不是原来的阻力了。国外曾给出过这方面的实测结果，见图 4-16[17]，可见 $Q_1 = \frac{1}{2}Q_0$ 时，其寿命远大于 $2T_0$。令 $\frac{Q_1}{Q_2} = K$，阻力为 H，涂光备曾据此曲线给出各曲线的方程如下[18]：

$$H = 30.54 + 2.0143T + 0.251T^2, \quad K = 1.25 \tag{4-26}$$

$$H = 28.86 + 1.481T + 0.1555T^2, \quad K = 1.0 \tag{4-27}$$

$$H = 17.35 + 0.687T + 0.0805T^2, \quad K = 0.75 \tag{4-28}$$

$$H = 11.08 + 0.2474T + 0.0318T^2, \quad K = 0.5 \tag{4-29}$$

并根据上式各对应项的系数在以 K 为横坐标的双对数纸上近于直线而得出综合方程

$$H = 23.86K^{1.106} + 1.481K^{2.519}T + 0.1555K^{2.290}T^2 \tag{4-30}$$

显然，式(4-26)～式(4-29)中的常数项是初阻力。

如果视 H 为常数，将式(4-30)化简，作者曾求得 T[19]：

$$T = \frac{-1.481K^{2.519} \pm \sqrt{(1.481K^{2.519})^2 - 4 \times 0.1555 \times (23.86K^{1.106} - H)}}{2 \times 0.1555} \tag{4-31}$$

当设 $H = H_0$ 时，T 即寿命 T_0。T 值只取正根。

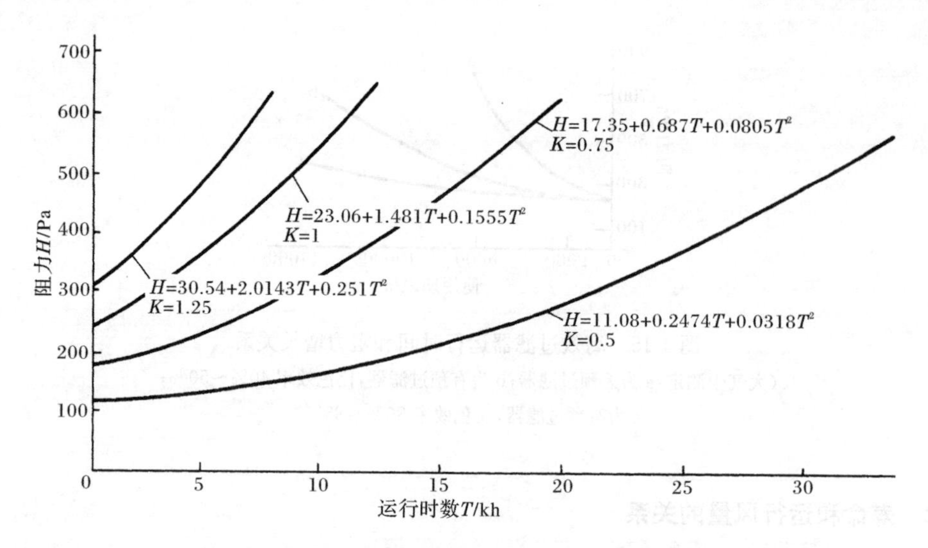

图 4-16　有预过滤器的高效过滤器的阻力增值和运行时间的关系

（预过滤器比色效率 45%）

但是，式(4-31)只是根据个例实测曲线得到的，而且计算相当不便，更不能一目了然看出规律，由它解出 T 和 K 的关系是否能反映一般规律尚不清楚。

作者又从另外一个角度得出一个估量 T 和 K 关系的理论分析的近似方法[19]，知道运行风量和额定风量就可以估计出寿命变化的趋势了。

设在额定风量 Q_0 下运行，初阻力为 H_0，标准容尘量 P_0 时阻力增值 ΔH，即终阻力为 $H_0+\Delta H$，此时运行时间即寿命 T_0，如图 4-17 中的曲线($K=1$)。

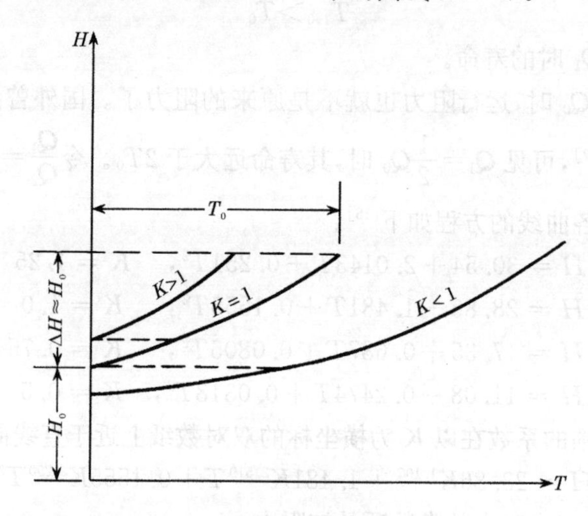

图 4-17　运行阻力和运行时间的分析图

设运行风量变为 $Q_1(<Q_0)$，$\dfrac{Q_1}{Q_0}=K(K<1)$，求仍达到 $H_0+\Delta H$ 时的 $T_{1,0}$。

这里给出的是简化计算，其条件之一是 $\Delta H\approx H_0$，由前述可知，在此条件下高效和亚高效过滤器阻力增值和积尘量近似呈直线关系。

(1) 由式(4-25)知，运行时间和风量成反比，即

$$T_1 = \frac{Q_0}{Q_1} T_0 = \frac{T_0}{K} \tag{4-32}$$

(2) 虽然在 Q_1 条件下运行了 $\frac{T_0}{K}$ 时间后，积尘在量上达到了标准容尘量 P_0 的值，但此时的终阻力还未达到 $H_0+\Delta H$。由图 4-6～图 4-9 知，H 和 Q 近似成正比(在 Q_0 以下或大于 Q_0 不多的条件下)，则终阻力小了$(1-K)$倍，只有靠继续积尘来增加阻力。由于已知阻力增值和积尘量也近似成正比，而积尘量又和时间成正比，所以需要继续积尘的时间即应增加的时间是

$$\Delta T_1 = (1-K)T_0 \tag{4-33}$$

(3) 由于运行风量变为 Q_1，根据 H、Q 的关系，则初阻力也降为 KH_0，即减少了$(1-K)$倍；如果是在 Q_0 条件下运行，补上这$(1-K)$倍阻力，则需延长时间为$(1-K)T_0$。现在在 Q_1 条件下运行，该时间还要反比于 Q_0，即实际需延长时间为

$$\Delta T_2 = \frac{1-K}{K} T_0 \tag{4-34}$$

(4) 所以在 $K<1$ 时，仍达到 $K=1$ 时的终阻力所需时间为

$$T_{1,0} = T_1 + \Delta T_1 + \Delta T_2 = \frac{T_0}{K} + (1-K)T_0 + \frac{1-K}{K} T_0 \tag{4-35}$$

如果 $Q_1>Q_0$，若设 Q_1 为 1，则 $Q_0<1$，$\frac{Q_0}{Q_1}=K(K<1)$，求出 Q_0 比 Q_1 延长的时间的倒数，即缩短的时间。

按以上公式和原则，求出在仍达到额定风量时的终阻力条件下 K 和 $T_{1,0}$ 的关系，见表 4-15。其中 $K=1.25$，相当于 $K=\frac{1}{\frac{Q_0}{Q_1}}=\frac{1}{0.8}$，相当于按 0.8 计算 T_0 取其倍数的倒数。

表 4-15　K 和 $T_{1,0}$ 的关系

K	0.5	0.7	0.75	0.8	1.0	1.25
$T_{1,0}$	$3.5T_0$	$2.15T_0$	$1.91T_0$	$1.7T_0$	T_0	$\frac{T_0}{1.7}=0.59T_0$

以图 4-16 为例，用上述分析法求出不同 K 时的过滤器寿命 T_0 和实测值以及按式(4-31)求得结果的比较，见表 4-16。

表 4-16　不同方法获得的 T_0 的比较

H_0 /Pa	$H_0+\Delta H$ /Pa	T_0/kh											
		$K=0.5$			$K=0.75$			$K=1$			$K=1.25$		
		按式(4-31)	按式(4-35)	实测值[17]	按式(4-31)	按式(4-35)	实测值[17]	按式(4-31)	按式(4-35)	实测值[17]	按式(4-31)	按式(4-35)	实测值[17]
240	480	30.2	30.1	30.0	15.6	16.4	15.9	8.6	8.6	8.6	4.6	5.1	5.0

从以上比较结果可见，三种方法几乎完全一致，因而既可认为分析估量法是可行的，是能反映一般规律的，也可认为式(4-31)虽是从个例方程解出的，但也反映了一般关系。

从上述结果引出一个重要理念，即过滤器的运行风量宜定在其额定风量的 70%左

右，过滤器寿命将增加1倍，在经济上和节能上都是有利的。

在实际运行过程中，过滤器已经容尘多少是无法直接判断的，一般根据测得的过滤器阻力或者过滤器出口风速来确定是否应该更换过滤器。

对于用于放射性排气上的过滤器，控制使用期限除容尘量即阻力这项指标外，也有用表面污染指标的，任何一项达到了规定值都要更换新过滤器；至于过滤器表面污染量的计算则根据使用者的具体情况决定。

4-10 计重效率的估算

前节求过滤器使用期限时用到过滤器计重效率。如有实测值，当然用实测值，但现在国标规定一般空气过滤器效率为大气尘分组计数效率，所以就需要由计数效率换算计重效率。

这里给出一个估算方法[20]。

设以表2-28的数据为准，0.5～1μm的各粒径按粒数分布按表2-30的关系可仔细区分为：

0.5μm	31.64%	合计81.49%
0.6μm	29.72%	
0.8μm	14.38%	
1.0μm	5.75%	

从表2-28可知，当≥0.5μm的计数效率为100%时，最少有占全重量的99%的微粒被过滤掉，0.5μm以下的微粒还占总重量的1%，当然也还要过滤掉一些，透过的应不足1%，显然这是很小的量，完全可以忽略。也就是说，≥0.5μm的计数效率为100%时，从理论上说计重效率(它是不分粒径的)不可能是100%，但因误差不足1%，所以可按100%对待。

当≥1μm的计数效率为100%时，同理可知，最少有占总重量的97%、占0.5μm以上微粒数量的18.51%的微粒被过滤掉；因为0.5～1μm的微粒也还有一部分会被过滤掉，所以过滤掉的全部重量将略大于97%。但为了估算方便，这超出部分可忽略也可不忽略。这表明≥1μm的计数效率为100%的计重效率可估算为97%或100%。如果≥1μm的计数效率为80%，则相当占0.5μm以上总数的18.51%×0.8=14.81%的微粒被过滤掉，这时0.5～1μm的微粒被过滤掉的更少了(因为对≥1μm的效率低了，对更小的微粒的效率就更低了，更可以忽略不计了)，所以仍以≥0.5μm的计数效率为14.81%所对应的计重效率来表示≥1μm的计数效率为80%时所相当的计重效率，即为96.5%。

但是，当只知道≥5μm的计数效率时，对1～5μm的微粒的效率不知道，而这部分微粒所占的质量浓度又不能忽略，所以就不能用上面的方法来估算计重效率了。

按以上分析，将表2-28的数据绘成图4-18，由该图查得的计重效率为估算值，也是最低限度值。

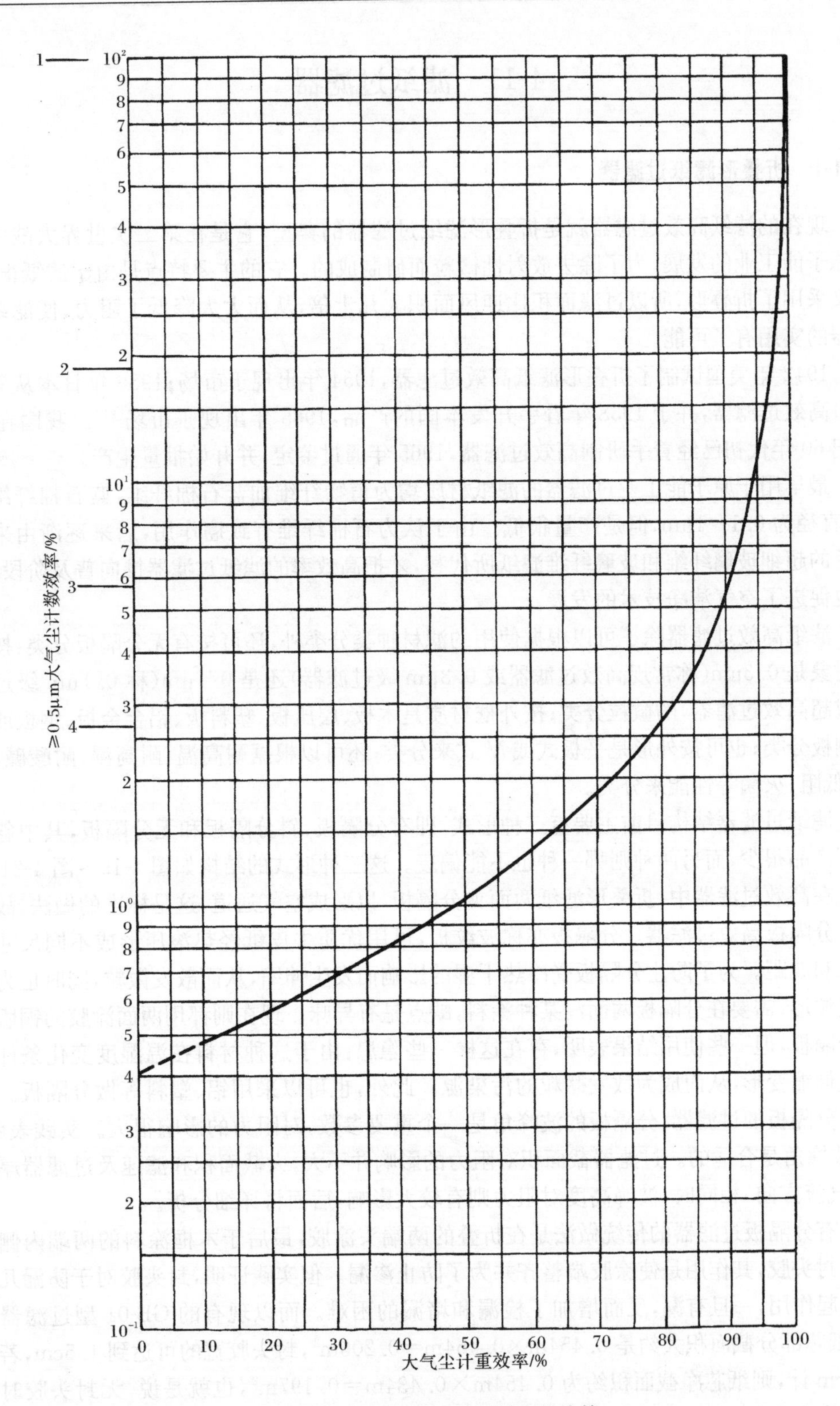

图 4-18　计数效率对计重效率的换算

1. ≥0.5μm 的 100%效率线；2. ≥1μm 的 100%效率线；3. ≥3μm 的 100%效率线；4. ≥5μm 的 100%效率线

4-11　滤纸过滤器

4-11-1　折叠形滤纸过滤器

现在的滤纸高效过滤器就是折叠形滤纸过滤器的典型，它是在第二次世界大战中随着原子能工业的发展，为了除去放射性微粒而研制成的。它的主要特点是由于滤纸很薄，而又采用了折叠形，所以过滤面积比迎风面积大几十倍，从而大大降低了阻力，使滤纸过滤器的实用有了可能。

1942年美国试制了折叠形滤纸高效过滤器，1954年出现于市场；1956年日本从美国进口高效过滤器，并于1958年着手开发本国的产品，1965年出现于市场[21]。我国在20世纪60年代初已经着手研制高效过滤器，1965年通过鉴定，并开始批量生产。

最早用于原子能工业过滤器的滤纸材质均为植物纤维加蓝石棉纤维，蓝石棉纤维很细，直径为0.1～1μm，但是产量很低。由于认为石棉纤维有致癌作用，后来逐渐由来源广泛的超细玻璃纤维和玻璃纤维滤纸所代替，才把高效率的滤纸过滤器推向普及阶段，同时也促进了空气洁净技术的发展。

滤纸高效过滤器除了可以根据使用的滤材种类分类外，还可按有无分隔板分类：按过滤对象是0.3μm(称常规高效过滤器或0.3μm级过滤器)还是0.1μm(称0.1μm级过滤器或超高效过滤器)的微粒分类；按外框材质是木板、层压板、塑料板、铝合金板、钢板或不锈钢板分类；也可按外形是平板式或V式来分类；还可以根据耐高温、耐高湿、耐酸碱、高阻、低阻、灭菌等性能来分类。

滤纸过滤器结构目前主要有三种形式，即有分隔板、斜分隔板和无分隔板，其中斜分隔板产品很少，而另两种则哪一种也不能偏废。这三种形式的结构如图4-19～图4-21。

在高效过滤器中，折叠形滤纸两面夹分隔板，以形成空气通道，这是标准的做法，故称为有分隔板高效过滤器。分隔板亦称波纹板，可用优质牛皮纸经热滚压形成不同尺寸的波峰和波距。为了防止分隔板受冷热干湿的影响而发生伸缩，从而散发微粒，同时也为了固定波形，需要在分隔板两面浸某种涂料，缺点是有异味。现在则都用两面涂胶的铜版纸做分隔板，但一些使用结果表明，存在这样一些隐患：由于这种材料在温湿度变化条件下发生伸缩变形，从而成为散发微粒的污染源。此外，也可以采用铝、塑料等做分隔板。对于有分隔板的过滤器，分隔板的波峰角是一个重要参数，对阻力的影响很大。实践表明，90°波峰角是合适的。过滤器截面积对阻力的影响并不大，大截面积和滤速及过滤器厚度(沿气流方向)相同时，波峰高度对阻力则有较大影响，后面将详细分析。

有分隔板过滤器的传统做法是在折叠的两端头涂胶，最后于木框涂料的两端内侧加一道封头胶，其作用是使涂胶端整齐并为了防止渗漏。但实践证明，封头胶对于防漏几乎很难起作用，一旦有漏，反而增加了检漏和堵漏的困难。而以现有的GB-01型过滤器为准，纸芯部分截面积大约是0.454m×0.454m=0.206m^2，封头胶宽的可达到1.5cm，若均以1cm计，则纸芯净截面积约为0.454m×0.434m=0.197m^2，也就是说，无封头胶时截面积将比有封头胶时增加5%，滤纸净面积也将有所增加，这对于降低阻力也有一定作用。所以现在取消了过滤器的封头胶，涂胶法也改为灌胶法或插胶法。

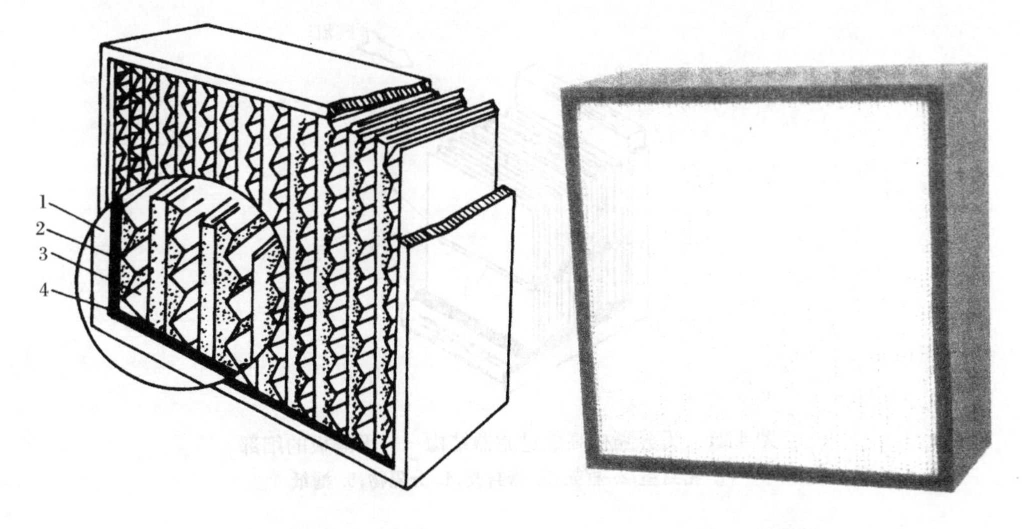

(a) 木框架　　(b) 铁框架

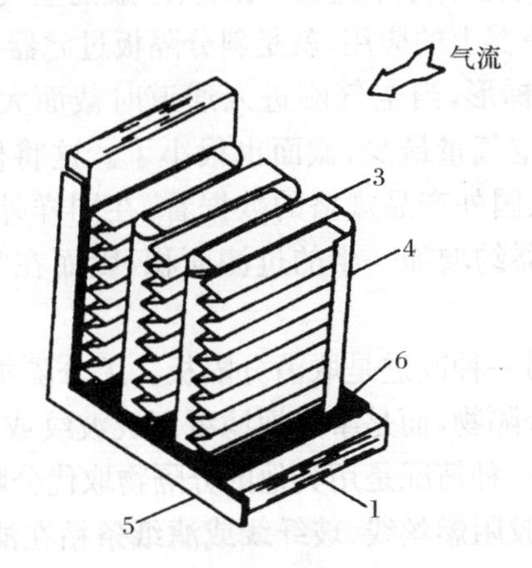

(c) 灌胶式分隔板的细部

图 4-19　有分隔板高效过滤器结构

1. 框架；2. 封头胶；3. 分隔板；4. 滤纸；5. 密封垫；6. 密封胶

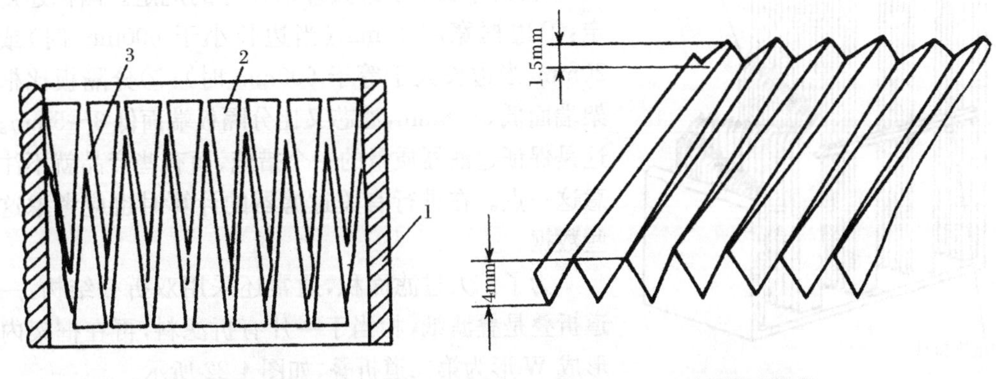

(a) 斜隔板的剖面　　(b) 斜隔板的波高

图 4-20　斜分隔板高效过滤器结构

1. 框架；2. 分隔板；3. 滤纸

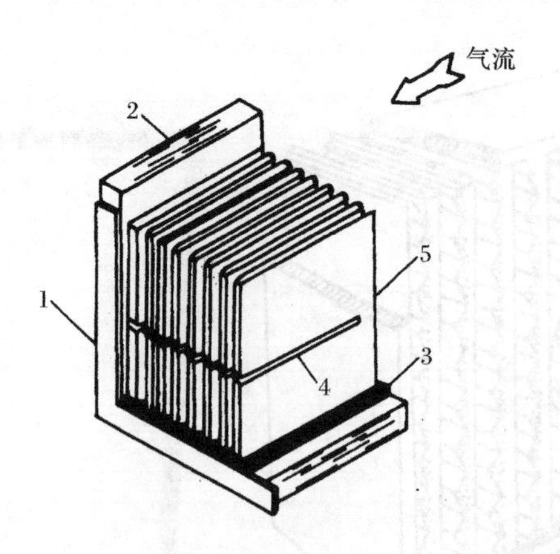

图 4-21　无分隔板高效过滤器结构——无隔板的细部

1. 密封垫；2. 框架；3. 密封胶；4. 分隔物；5. 滤纸

对于传统的有分隔板过滤器，分隔板上波纹所形成的空气通道的截面是一样的。类似变截面风道的设想在过滤器上的应用，就是斜分隔板过滤器，即当把分隔板立起来从上向下投影，所得的是一直角梯形，当空气刚进入通道时截面大，由于空气不断从滤纸透过，所以达到通道末端时，空气量最少，截面也很小了。这将使每绕一块分隔板的滤纸的长度和折数都增加了；从国外产品规格的数据看，在同样外形尺寸条件下，斜分隔板过滤器可比直分隔板过滤器约增加一半的过滤面积，因而在相同风量时的阻力将降低较多。

对传统高效过滤器的另一种改进是取消分隔板。无分隔板过滤器，有利于机械化生产。一种情况是完全不用分隔物，而是事先把滤纸压成波纹或凸点，然后折叠而成（此时波纹对波纹或点对点）。另一种情况是用其他的分隔物取代分隔板，如用热溶胶直接在滤纸上形成线条状物，或用浸胶阻燃丝线、玻纤线或滤纸条粘在滤纸上，也有在折叠滤纸时将滤纸条从纸褶两面插入，靠摩擦力而把纸条夹持住。

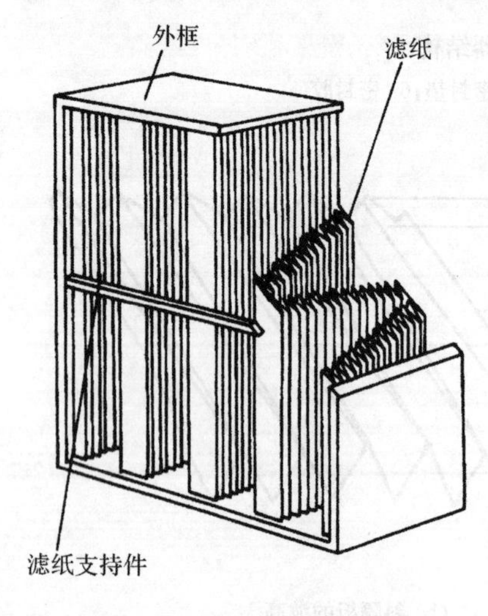

图 4-22　双折叠结构过滤器

还要说明的是，国产高效过滤器的截面尺寸有 484mm × 484mm，630mm × 630mm 等，很不规则。2008 版国标取消了最大外形尺寸的规定。国标还规定：①边框宽度 15mm（当边长小于 600mm 时）或 20mm（当边长大于等于 600mm 时）；②分隔板比框架端面低 5～8mm，滤芯又比分隔板端面低 3～5mm。这是保证过滤器质量的一个措施，而有些产品就不注意这一点。在进行有关过滤器的计算时也应考虑这些数据。

为了扩大过滤面积，通常还采用双折叠结构，一道折叠是叠滤纸，相当于一片有折滤料，再在框架内形成 W 形为第二道折叠，如图 4-22 所示。

4-11-2　管形滤纸过滤器

早期前苏联用难以折叠但可粘接的 ΦП-15-1.5 滤布(其性能后述)的横置大管式过滤器,如图 4-23[22] 所示,严格说那是一种装置,而不完全是单体式过滤器。

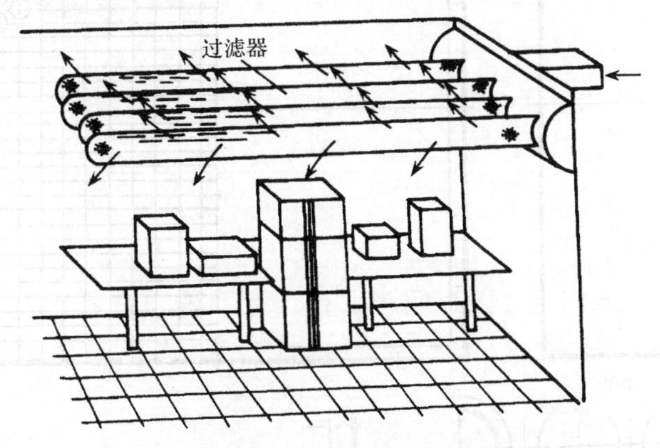

图 4-23　原苏制大管(ϕ200)式过滤器

YGG 低阻亚高效过滤器则是滤纸过滤器的典型,它是国内首创的一种降低结构阻力的过滤器形式[23],用由丙纶纤维滤纸烫焊而成的几百个滤管,由带翼片的塑料帽塞将滤管插塞在面板上,翼片起支撑滤管的作用,从而把气道一分为二。

图 4-24 是该形式过滤器的透视,图 4-25 是插有帽塞的面板及其孔限和帽塞的细部。图 4-26 是该过滤器和日本 CP-9A 高性能过滤器经作者在中国建筑科学研究院空气调节研究所同一个实验台上的检测结果,可见在阻力略小的情况下,效率高出一个档次。

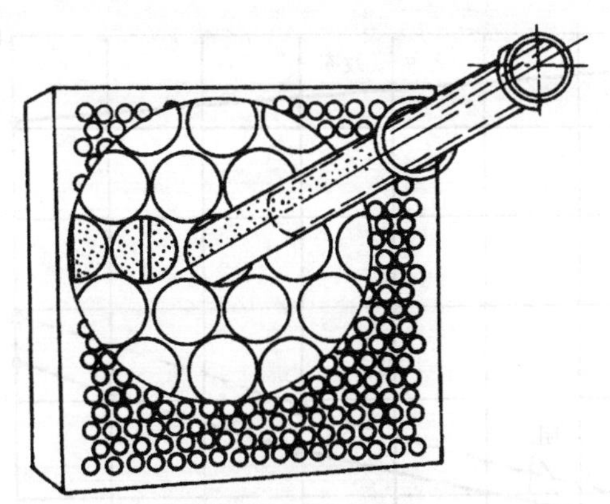

图 4-24　滤管式低阻亚高效过滤器透视

该过滤器的主要特点有:

(1) 低阻。相当于 GB-01 高效过滤器尺寸(484mm×484mm×220mm)时,在额定的 1000m^3/h 风量和≥95%的钠焰效率下,阻力只有 40Pa 左右。

(2) 非全抛弃。更换时只换下旧滤管,装上新滤管,其他部分可使用多次,因而节省了费用。

(3) 可做成任意形状。由于滤管直径只有 19mm,故可以在任意形状的面板上栽插成

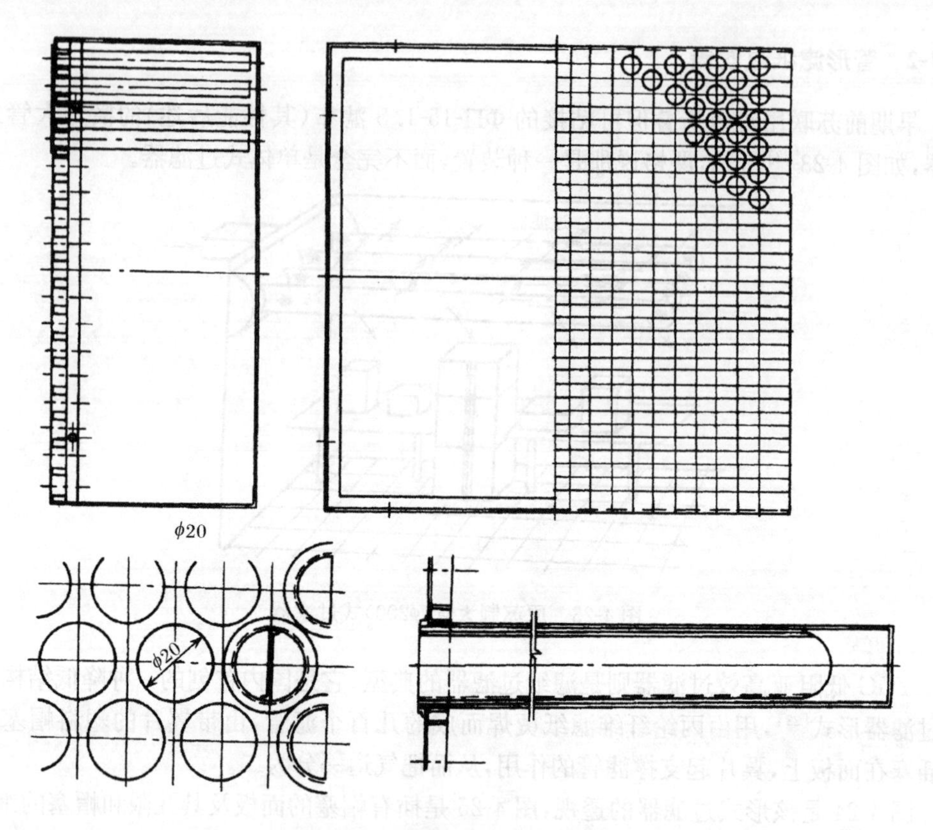

图 4-25　滤管过滤器面板及其细部

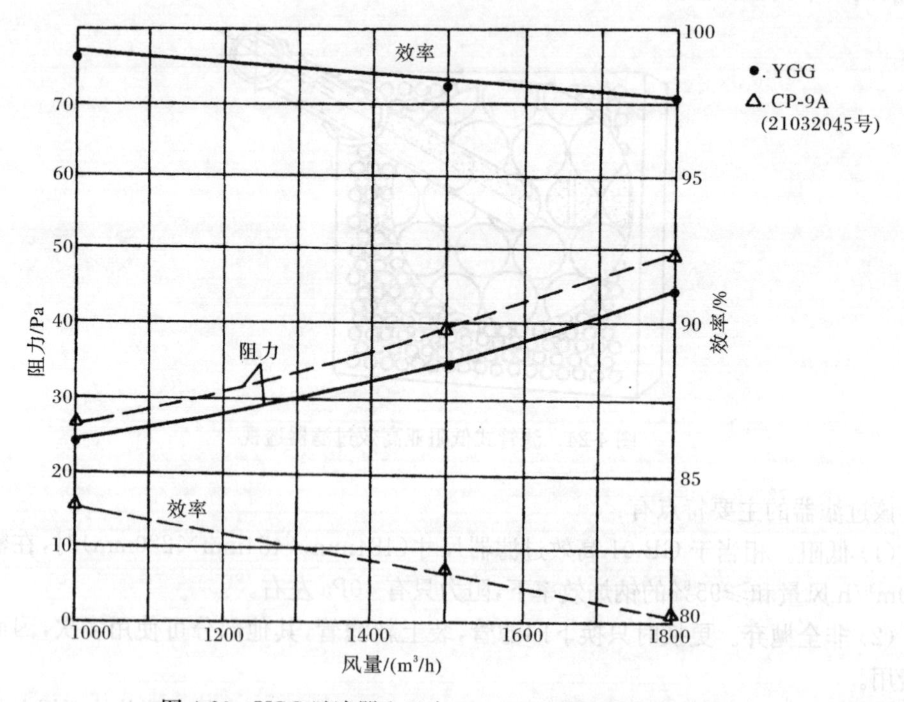

图 4-26　YGG 过滤器和日本 CP-9A 过滤器的性能比较

型,而且可以只要面板不要框架,因而方便各种设备配用。

(4) 无异味。不像高效过滤器那样用胶粘,它是无胶产品,所以没有异味造成的二次污染,更适合对环境苛刻要求的场所。

(5) 重量轻。只有同尺寸高效过滤器的一半重量。

这种过滤器形式在结构上的计算见第五章。

4-11-3 滤纸过滤器所用的滤纸

1. 纤维素系滤纸

一般是用植物纤维素的滤纸,国内个别厂家生产的接近亚高效的过滤器就是用的短棉绒滤纸。这种滤纸的特点是:效率属于中效至亚高效的范围,在低滤速时效率低,随着滤速的增加效率上升,且因被过滤的尘粒种类而有很大差异。

表 4-17 给出了一种纤维素系滤纸对于聚苯乙烯胶乳小球的捕集效率[24]。从表中可见,对于 0.557μm 以下的粒径,特别是在滤速为 9.5～17cm/s 内给出了最小捕集效率。此外又可以看到,随着滤速的增加,效率的最小值向小粒径方向移动。这种滤纸的表面集尘率往往比玻璃纤维滤纸略高,达到 60%～70%,但比滤膜要低得多。

表 4-17 纤维素滤纸效率和滤速、粒径的关系

滤速/(cm/s)	粒径/μm				
	0.088	0.188	0.264	0.365	0.557
6	81.5%	80.7%	81.4%	77.7%	80.6%
9.5	81.2%	79.0%	97.5%	77.7%	85.0%
13	75.2%	76.9%	76.6%	74.1%	81.9%
17	78.2%	75.0%	80.0%	78.5%	86.5%
27	89.2%	87.4%	88.9%	88.8%	92.2%
32.5	91.1%	87.4%	90.3%	92.7%	93.8%
38.5	94.0%	90.0%	91.7%	92.6%	93.4%
57.5	98.9%	98.6%	99.4%	99.5%	98.8%

2. 纤维素-石棉纤维系滤纸

这种滤纸的效率属于高效的范围,阻力较高,因为它的表面集尘率也高,甚至高于玻璃纤维滤纸,所以在核设施的排气处理方面采用较多。

3. 玻璃纤维系滤纸

这种滤纸的效率也属于高效范围,效率随尘粒种类和滤速的变化很小;效率和滤纸中玻璃纤维的含量的关系如表 4-18[25] 所示。这种滤纸的阻力低于纤维素-石棉纤维系滤纸。

表 4-18 高效过滤器效率和玻璃纤维含量的关系

对 0.3μm DOP 微粒的效率/%	滤纸中玻璃纤维占的比例/%
>99.995	>90

续表

对 0.3μm DOP 微粒的效率/%	滤纸中玻璃纤维占的比例/%
>99.97	>60
99	～45

玻璃纤维滤纸所用纤维的直径越来越细，在 20 世纪 70 年代国外已降到 0.3μm，国内一般也可做到 0.5μm。图 4-27 是作者对国产此种滤纸纤维径分布经电子显微镜观测后的结果的统计，粒数平均粒径均略低于 0.5μm。但是到了 20 世纪 80 年代中期，国产玻璃纤维甚至比国外做得还要细，最细达到 0.04μm，而且效率也明显提高，甚至有的滤纸效率还高于美国滤纸。但国产滤纸最大的缺陷是脱毛和滤料本底积尘高，这和生产环境及工艺欠精细有关，此外就是在常用滤速下常规高效滤纸阻力偏高，而超高效滤纸则阻力偏高更普遍[9]。

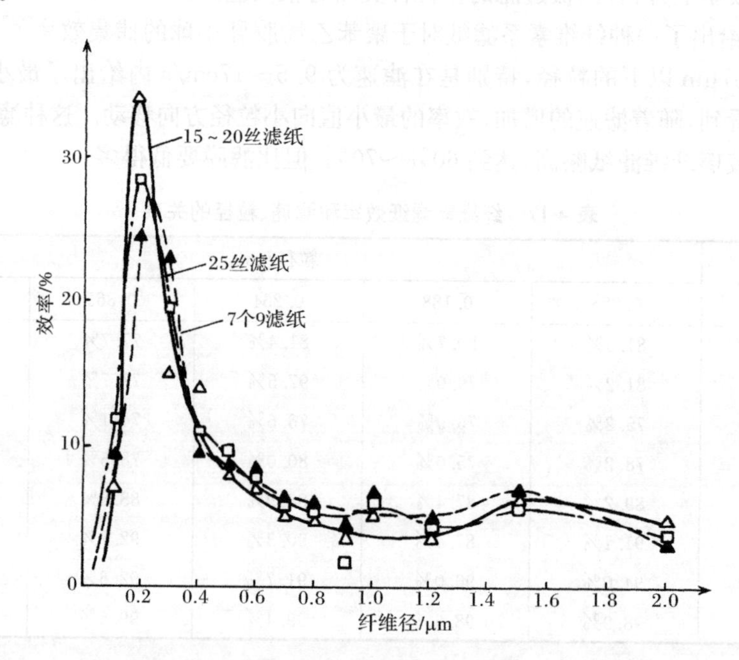

图 4-27　国产玻璃纤维滤纸纤维径的统计分布

4. 合成纤维(化学纤维)系滤纸

由于合成纤维有较高电阻率，可以携带较多的静电荷，所以是制造静电滤料的理想材料。这种纤维滤纸有 20 世纪 50 年代苏联的过氯乙烯 ФП 系列滤布；当滤速为 0.1m/s 时，其穿透率为 20%，当滤速降到 0.01m/s 时，穿透率降到 3.2%，d_{max} 为 0.1μm[22]。

20 世纪 70 年代末发展起来的丙纶(聚丙烯)纤维滤纸，性能远优于 ФП 滤布，它是将聚丙烯切片，以热熔喷丝工艺制成超细纤维，进而一次制成滤料，单丝直径为 2～18μm(一般为 4μm)，是一种非织造的毡状物，质地柔软。在标准比速下其钠焰效率从 99%～99.999%。由于它的单丝直径很难再细，滤料纤维均布性也比较差，所带静电会逐渐消减，所以目前还不能取代高效超细玻璃纤维滤料，但它确是一种很有前途的滤料。

丙纶纤维滤料除去上一章和本章前面提到的特点外，还有以下一些特性：

(1) 阻力特性。在相同效率范围内阻力仅是玻璃纤维的 1/6 左右，表 4-19 给出几种国产丙纶滤纸的阻力(滤速 1cm/s)，阻力和滤速也呈线性关系。

表 4-19　丙纶纤维滤纸的阻力

钠焰效率/%	90	99	99.9	99.99	99.999
阻力/Pa	1	3	6	9	12

阻力小的原因和其纤维较粗、尘粒可穿透较深(几百微米)有关，而尘粒在玻璃纤维滤纸表面仅能穿透几十微米。

(2) 静电稳定特性。滤料在生产中经过电晕放电而成为驻极体，带上了较强静电荷，表面静电位可达到 1000 多伏。静电作用可使其穿透率降低 1～2 个数量级，而带静电的滤料用酒精浸泡再在真空中干燥中和掉静电后，其效率下降很大，均见图 4-28[26] 和图 4-29[27]。但同时也发现，气流流过滤料由于摩擦作用能提高静电电位，见表 4-20，且光面

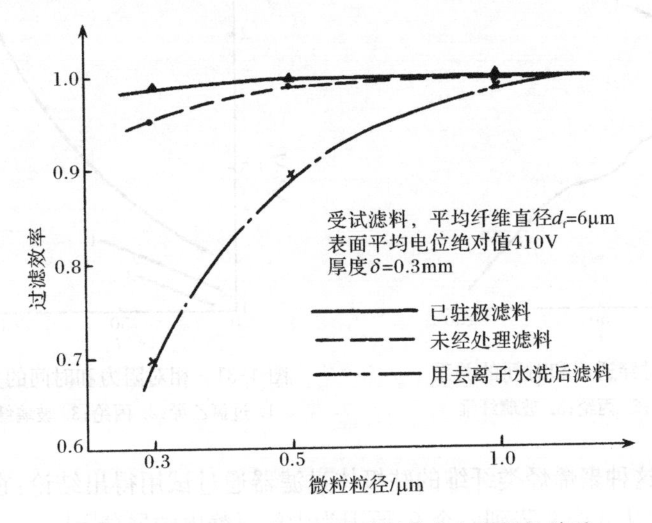

图 4-28　在静电效应下丙纶滤料效率和粒径的关系

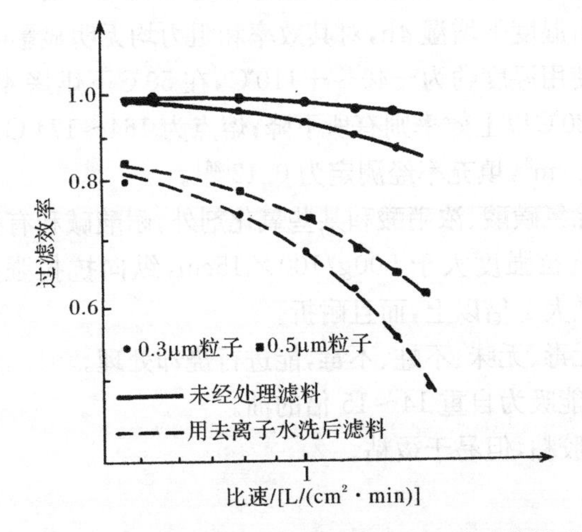

图 4-29　在静电效应下丙纶滤料效率和滤速的关系

电位高，作为迎风面效率高，阻力则两面几乎相同。

表 4-20　气流作用对静电荷(单位:V)的影响

工况 滤料正反面	未经任何处理	电吹风吹 2min (常温)	酒精浸泡 5min 后真空烘干	酒精浸泡 5min 后真空烘干，再 用电吹风机吹
光面	−1434	−1601	+12	−204
毛面	+916	+1280	+4	−80

(3) 积尘性能。用氯化钠气溶胶实验证明[28]，丙纶纤维滤料的相对穿透率(积尘后的穿透率 K 和初始穿透率 K_0 之比)随着时间增加先增加而后减少，中间有一个极短的过渡区，相对阻力(积尘后的阻力 ΔP 和初始阻力 ΔP_0 之比)则完全随着时间的增加而增加，分别见图 4-30 和图 4-31(原文献中未给出单位，但不影响定性分析)。

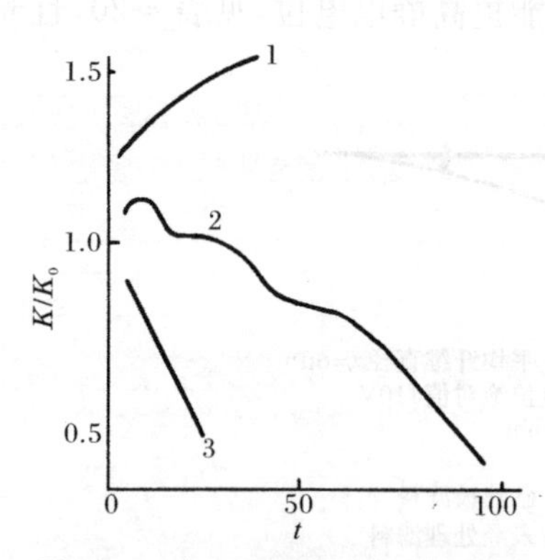

图 4-30　相对穿透率和时间的关系
1. 过氯乙烯；2. 丙纶；3. 玻璃纤维

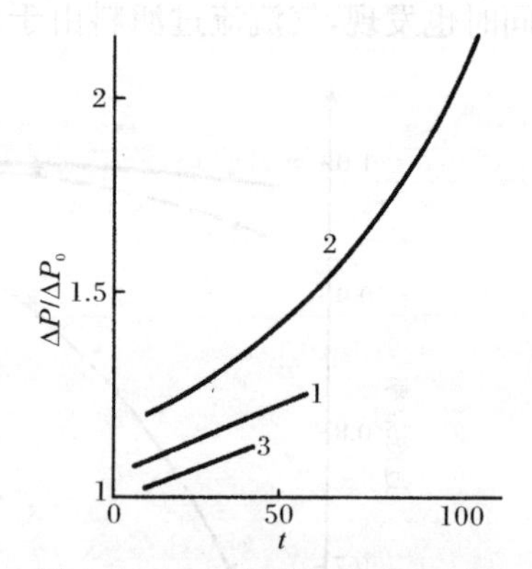

图 4-31　相对阻力和时间的关系
1. 过氯乙烯；2. 丙纶；3. 玻璃纤维

但也有人对这种聚烯烃类纤维的驻极体过滤器通过试用得出结论：在无预过滤器条件下，两年后效率从 6 个 9 降到 4 个 9，原因为尘粒对静电的屏蔽[29]。

(4) 憎水性。丙纶纤维滤料是憎水的，吸湿率仅 0.01%～0.1%，湿状态下强度几乎不变，而且在 80%相对湿度下增湿 4h，对其效率和阻力均无明显影响[28]。

(5) 温度特性。使用温度约为−40～+110℃，在 50℃下烘烤 4h，未见效率和阻力的明显变化[26]。但在 120℃以上效率则有所下降；熔点为 164～174℃。

(6) 密度。0.91g/cm^2，填充率经测定为 0.12[26]。

(7) 耐酸碱性。除氯磺酸、浓硝酸和某些氧化剂外，耐酸碱和有机熔剂性能优良。

(8) 强度。横向抗拉强度大于 500g/100×15cm，纵向抗拉强度大于 1000g/100×15cm，比玻璃纤维滤纸大 1 倍以上，而且耐折。

(9) 环卫性能。无毒、无味、不蛀、不毒，能进行烧却处理。

(10) 吸油性能。能吸为自重 14～15 倍的油。

(11) 粘接。难于胶粘，但易于烫粘。

5. 滤膜系滤纸

主要有凝胶型即硝化纤维做的微孔滤膜。这种凝胶是用醚醇溶解硝化酯的纤维混合物,也称为火棉胶,将其用丙酮和戊醇稀释后便可得到制膜用的凝胶。这种滤膜有极高的捕集效率和表面积尘率,因而常用来作测定滤纸捕集效率的标准滤纸,也用来捕集放射性尘埃,但是阻力高,抗张强度低,使用不便。

这种微孔滤膜表面的孔眼很不规则,而是如同泡沫塑料表面差不多,图 4-32 和图 4-33即为电镜照片[30],其上的圆球为亚甲基蓝微粒。

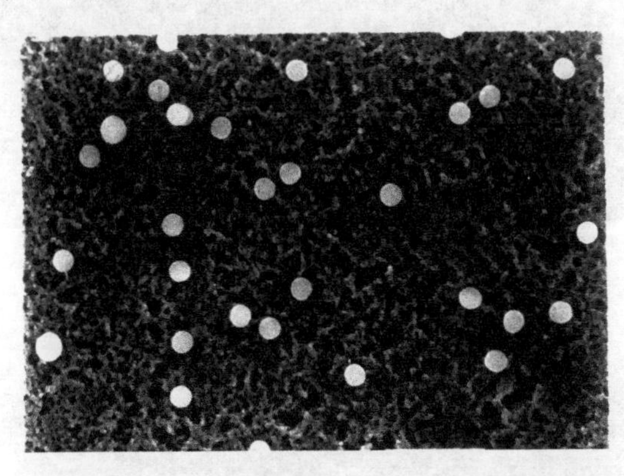

图 4-32　微孔滤膜表面的电镜照片(其上被采样微粒直径为 2.20μm)

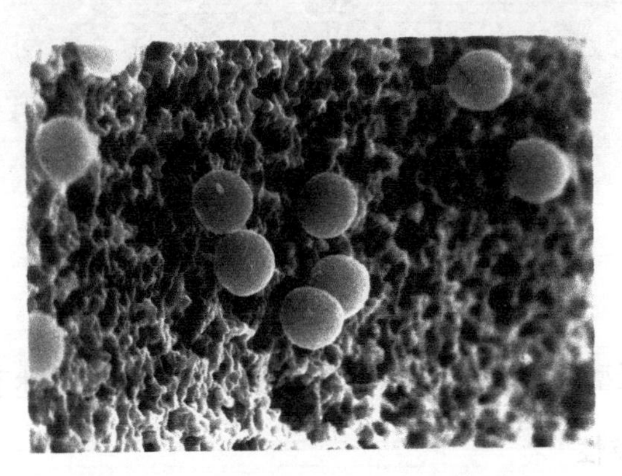

图 4-33　电镜照片倾斜 60°时的滤膜表面

核孔膜也是一种滤膜系滤纸,称径迹微孔滤膜,是 20 世纪 60 年代末发展起来的。它是利用核反应的热中子轰击^{235}U 等重元素,再用^{235}U 等裂变碎片去轰击塑料膜如聚碳酸酯或聚酯薄膜,或者用经加速器加速过的 Kr、Xe 等重离子去轰击这些膜,在其上留下径迹损伤,再经化学试剂蚀刻而成,从其表面可清楚看到一个个孔眼。它强度好,耐折叠,耐 140～170℃的高温。控制辐射轰击强度和时间,可控制孔密度;控制试剂浓度、温度、蚀刻时间,可控制孔径大小。核孔膜厚一般为几微米到十几微米,国产核孔膜做到 11μm 厚。孔径可从 30Å 到几十微米,一般在 1μm 上下;开孔率可达 20%。孔径单一性比化学微孔滤膜好得多。由于其表面相当平整光洁,很适合气溶胶采样的定性分析和细菌过滤后的研究。但由于核孔膜阻力大,不适用于一般空气过滤,而对于特殊过滤(如大于某一粒径的微粒绝对不允许穿透)是非常适用的,这从图 4-34[31]可见,即使表面已被堵塞,其背面也几乎没有微粒,所以在医学上用处很多。关于核孔膜的过滤机理,国内学者已有较深入的研究[31],这里不专门介绍。

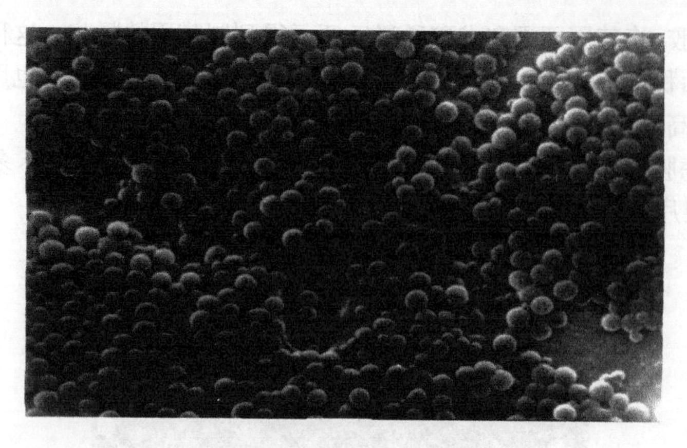

(a) 正面

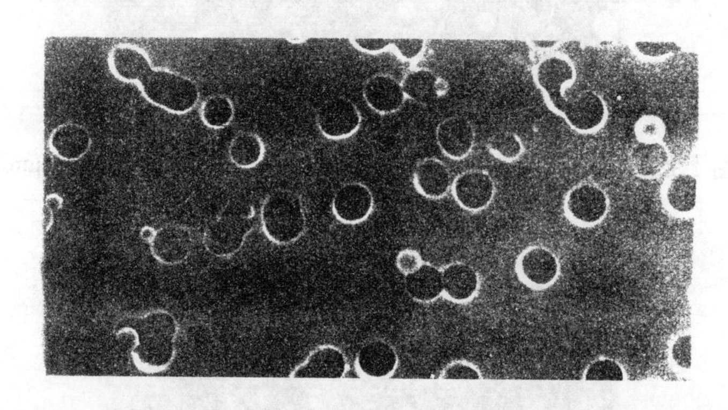

(b) 背面

图 4-34　核孔膜堵塞后正背面的电镜照片

除上述五种滤纸型滤料以外，还有塑料纤维系滤纸，就不详述了。

4-11-4　滤纸的一般特性

在选择滤纸时，要注意其代表性的几个特性，这些特性见表 4-21。希望其中抗张强度越大越好，纤维径越小越好，厚度和填充率大虽然对效率有好处，但阻力也要明显增加。

金属含量也是滤纸重要特性之一。当分析滤纸所捕集的微粒中的金属成分时，就需要知道滤纸所含金属成分的本底值。在这方面国内还没有什么研究，据国外文献的报导，表 4-22 列出一般玻璃纤维滤纸所含若干种金属成分的质量的范围，以供参考。

从表 4-21 所列的玻璃纤维滤纸的特性可以看出，这种滤纸的最大弱点就是强度差，特别是能承受的冲击动压极低，在加工过程中稍不小心，就很易破损。作者曾在激波管上对高效过滤器进行过耐压强度实验，并研制成可耐较高冲击压力的保护装置。实验的过滤器有滤纸抗张强度不低于 230g 的普通高效过滤器和其他过滤器，分为在过滤器迎风面上 5cm 处不设挡板和设有不同分流挡板的几种情况。现将作者对普通高效过滤器的实验结果列在表 4-23 中。过滤器破坏情况如图 4-35 和图 4-36 所示，图中白色部分即为打坏而翻出来的滤纸[32]。此外，未反映在表中的滤纸挺硬度对折纸高度和阻力有举足轻重的影响。

表 4-21　滤纸的特性

项目	厚度/mm	单位面积平均质量/(g/m²)	纤维填充率	纤维径/μm	孔径/μm	抗张强度[1]/g	可燃物含量/%	金属含量/(μm/g)
一般范围	0.15～0.4	视材质而定	高效：0.1～0.25 中效：<0.1	高效：<1 中效：～10	<1 (滤膜)	250～450	对防火过滤器有要求：<5	视材质而定
举例								
7 个 9 玻璃纤维滤纸	0.44±0.03	130～140	0.118	0.5		≥645		
6 个 9 玻璃纤维滤纸	0.36±0.02	110	0.113	0.5		≥400		
洁净工作台用玻璃纤维滤纸	0.20±0.03	60～70	0.12	0.4		200		
一般高效过滤器用玻璃纤维滤纸（如 6901 纸）	0.23±0.02	70～80	0.12	0.4		>230		
日本 GB-100 玻璃纤维滤纸	0.41	148	0.138	0.3				
日本 No228 玻璃纤维滤纸	0.275	76	0.102	0.92				
3 号石棉滤纸	0.5	170	0.09			～300		

1）按国内规定，将宽 15mm、长 180mm 的滤纸一端固定，另一端用弹簧秤拉伸，断裂时的读数即抗张强度。

表 4-22　玻璃纤维滤纸中金属成分含量的一般范围（原子吸光分析法）

金属	含量范围/(μg/g)	金属	含量范围/(μg/g)	金属	含量范围/(μg/g)
Cd	<1	Pb	5～90	K	400～1800
Cu	1.5～3	Sb	20～60	Ca	300～6000
Ni	1～15	Zn	10～50000	Na	4000～40000
Mn	2～30	Fe	60～500		
Cr	2.5～10	Mg	300～1600		

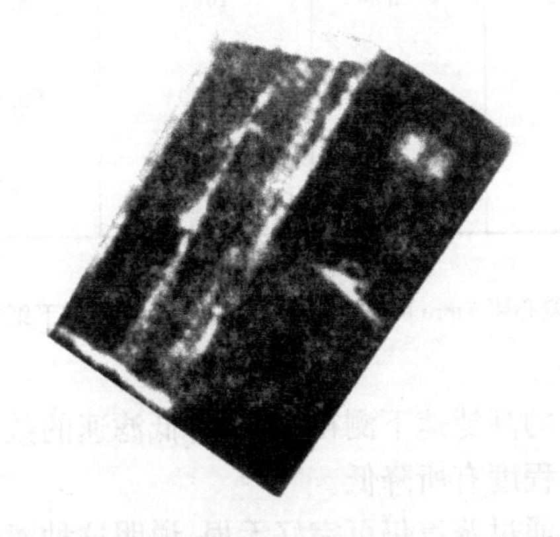

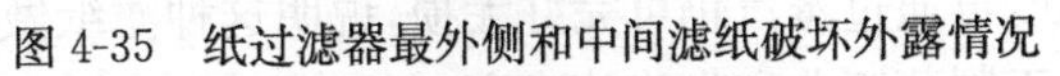

图 4-35　纸过滤器最外侧和中间滤纸破坏外露情况　　图 4-36　纸过滤器两边滤纸破坏外露情况

表 4-23　普通高效过滤器耐冲击压力情况

人口压力/(kg/cm²)	分流挡板	破坏情况
0.16～0.18	挡板　过滤器 ϕ200 圆板，ϕ60 以内未打孔，其余板面打 ϕ4 孔，孔距 8mm	气流出口面中间破坏
	过滤器 挡板	未坏
0.23	ϕ200 圆板，ϕ60 以内未打孔，其余板面打 ϕ4 孔，孔距 8mm	两边各有一行破坏

从以上实验结果可见，国产普通高效过滤器用的玻璃纤维滤纸（或 6901 滤纸）的破坏压力比 0.16kg/cm² 还要低；而据美国空军设计手册（AD295408，TDR-62-138 号报告），美国原子能委员会的 AEC 过滤器的破坏压力也只有 0.14kg/cm²。所以当把玻璃纤维滤纸过滤器用在有冲击压力的管道上时，一定要设置保护装置，最普通的就是设挡板。

抗张强度很低的玻璃纤维滤纸，在高湿度条件下其强度要降低很多，因而容易被气流吹破；如果对滤纸进行处理，则可提高其抗张强度。国内的研究工作[33]表明，用“软 1 号”皮革处理剂对滤纸进行喷雾处理，可提高抗张强度 10 倍，而且阻力升高不多，效率基本不变。现将实验结果归纳成表 4-24。

表 4-24　玻璃纤维滤纸处理前后的性能

序号	处理方法	抗张强度①/g	韧度②	阻力(滤速 0.16m/s)/Pa	效率/%
1	未处理	163	0.57s 断	1360	99.99～99.999
2	5%2124 酚醛树脂喷雾或涂抹	275	一启动即断	1460	99.9978
3	5%有机硅及 2.5%酚醛树脂混合液喷雾或涂抹	300	一启动即断	1570	99.9978
4	用 8 倍水将“软 1 号”皮革处理剂稀释成 5%水乳剂，均匀喷雾，对 0.25mm 厚纸喷雾量为 0.06ml/cm²，自然干燥	1625	2.8s 断	1660	99.9978
5	“软 1 号”处理后，在 120℃下烘烤 24h	—	—	1580	99.9978
6	“软 1 号”处理后，浸泡水中，再取出于 100～120℃下烘烤 16h	—	—	1510	99.9978

① 实验滤纸宽 7.5mm、长 70mm。

② 将宽 7.5mm、长 25mm 的滤纸，一端固定，另一端与偏心距 7mm 的 1390r/min 的偏心轮相连记下纸样在反复拉直及折叠时出现裂口的时间。

表 4-24 所引阻力实验结果是在 0.16m/s 的高滤速下测得的，没有低滤速的数据。在低滤速下，阻力上升的程度应比高滤速下上升程度有所降低。

经“软 1 号”皮革处理剂处理后的滤纸，再通过蒸汽仍可完好无损，说明这种滤纸做成的过滤器将能经受住高温蒸汽灭菌，适用于制药工业和生物洁净室。

用什么样的滤纸、框架、分隔板(波纹板)等部件制作过滤器特别是制作高效过滤器,将视其用途和性能而定。表 4-25 列出不同材料部件制作的过滤器的大致性能,可供参考。

表 4-25　过滤器各部分性能

<table>
<tr><th>框架材料</th><th>滤材</th><th>DOP 效率/%</th><th>分隔板</th><th>黏合</th><th>最高使用温度/℃</th><th>耐燃性</th><th>耐湿性(相对湿度)/%</th><th>耐酸碱性</th><th>耐有机溶剂</th></tr>
<tr><td rowspan="4">层压木板或木板</td><td rowspan="3">玻璃纤维</td><td rowspan="3">99.97</td><td>牛皮纸铜版纸</td><td rowspan="6">难燃性氯丁橡胶</td><td rowspan="6">104</td><td rowspan="4">可燃</td><td>85</td><td rowspan="2">不良</td><td rowspan="6">不良</td></tr>
<tr><td>铝</td><td rowspan="2">100</td></tr>
<tr><td>聚氯乙烯</td><td>良</td></tr>
<tr><td>石棉纤维</td><td>99.5</td><td>牛皮纸铜版纸</td><td>85</td><td>稍有</td></tr>
<tr><td rowspan="2">难燃性层压木板</td><td rowspan="13">玻璃纤维</td><td rowspan="13">99.97</td><td>铝</td><td rowspan="6">难燃</td><td rowspan="15">100</td><td rowspan="6">不良</td></tr>
<tr><td>石棉</td></tr>
<tr><td>镀锌钢材</td><td>铝</td><td rowspan="2">玻璃陶瓷</td><td>287</td><td rowspan="2">良</td></tr>
<tr><td>不锈钢</td><td>石棉</td><td>427</td></tr>
<tr><td rowspan="2">镀锌钢材</td><td rowspan="2">铝</td><td>氯丁橡胶</td><td>121</td><td rowspan="3">不良</td></tr>
<tr><td>硅树脂</td><td>260</td></tr>
<tr><td>涂环氧树脂钢板</td><td>聚氯乙烯</td><td>氯丁橡胶</td><td>104</td><td>可燃</td><td>良</td></tr>
<tr><td>镀锌钢材</td><td>铝</td><td rowspan="2">玻璃陶瓷</td><td>287</td><td>不燃</td><td rowspan="5">不良</td><td rowspan="2">良</td></tr>
<tr><td>不锈钢</td><td>防水石棉</td><td>427</td><td rowspan="2">难燃</td></tr>
<tr><td rowspan="3">镀锌钢材</td><td rowspan="3">铝</td><td>氯丁橡胶</td><td>121</td><td rowspan="2">不良</td></tr>
<tr><td>硅树脂</td><td>260</td><td rowspan="2">不燃</td></tr>
<tr><td>玻璃陶瓷</td><td>287</td><td>良</td></tr>
<tr><td>涂环氧树脂钢板</td><td>聚氯乙烯</td><td>氯丁橡胶</td><td>104</td><td>可燃</td><td>良</td><td>不良</td></tr>
<tr><td rowspan="2">陶瓷</td><td rowspan="2">陶瓷纤维</td><td rowspan="2">80</td><td rowspan="2">陶瓷</td><td rowspan="2">陶瓷</td><td>870</td><td rowspan="2">不燃</td><td rowspan="2">除中、强碱外,耐其他酸碱</td><td rowspan="2">良</td></tr>
<tr><td>1260</td></tr>
</table>

由于滤纸在加工过程中易受损伤,滤纸过滤器的效率一般要比滤纸小样效率低“半个9”,特别差的也可以低“一个 9”,因此,制作对 0.3μm 微粒具有“三个 9”(即 99.9%)以上的高效过滤器就必须选用“四个 9”的滤纸。

4-11-5　滤纸过滤器的发展

随着科学技术和生产工艺的发展,各国高效空气过滤器的标准和实验方法都有所发展,这里不做展开,可参阅文献[34]。对滤纸过滤器的性能还将提出更高的要求,一般可提出如下几点[35]:

(1) 对 0.1μm 的 η 要接近 99.99999,或对 0.01μm 的 η 接近 8 个“9”,即称为超 ULPA 的过滤器,参见图 4-37。

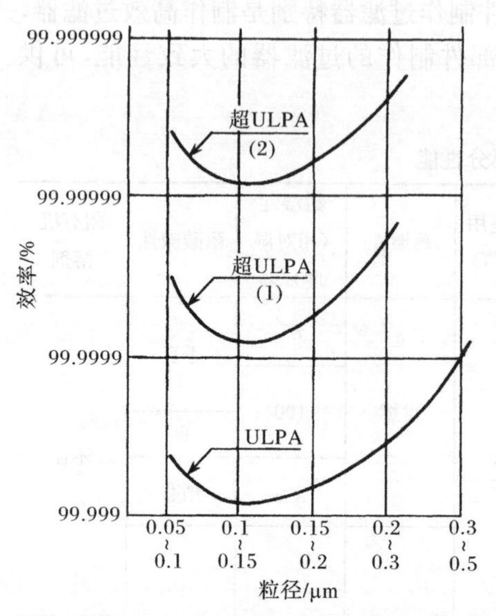

图 4-37　超 ULPA 过滤器的效率

(2) 对滤纸所含化学污染的要求更加严格。

现有高效过滤器均以超细硅硼酸玻璃纤维滤纸为滤材，此种滤材组成中的 58% 为 SiO_2。

20 世纪 80 年代提出了对硅污染的要求。硅粒子从滤材的疏水性化学物质中挥发出来，对计算机硬盘驱动器的生产造成严重影响。

20 世纪 90 年代提出了磷污染问题。磷污染来源于过滤器密封胶，会对晶片造成污染。

20 世纪末提出了硼污染问题。滤材组成的约 11% 为 B_2O_3。除了大气是硼污染的主要来源外，过滤器也是重要来源。在湿度较高的条件下如果有氢氟酸存在，它将腐蚀玻璃纤维而产生气态硼酸，污染芯片。

(3) 额定风量下的阻力小于 50Pa。

(4) 沉积其上的尘粒绝无再飞散的可能。

(5) 过滤器的构造无缝隙，不用密封材料，不会漏泄，最后实现出厂前也不需要进行检漏实验。

(6) 寿命在 5 年以上。

(7) 用后容易处理。

20 世纪末出现了以聚四氟乙烯多孔薄膜为滤材的特氟隆过滤器(PTFE 过滤器)。该滤材纤维网孔平均直径约 0.3μm，纤维径约 0.05～0.2μm，均仅及玻璃纤维的几分之一，甚至十分之一，见图 4-38[36]。

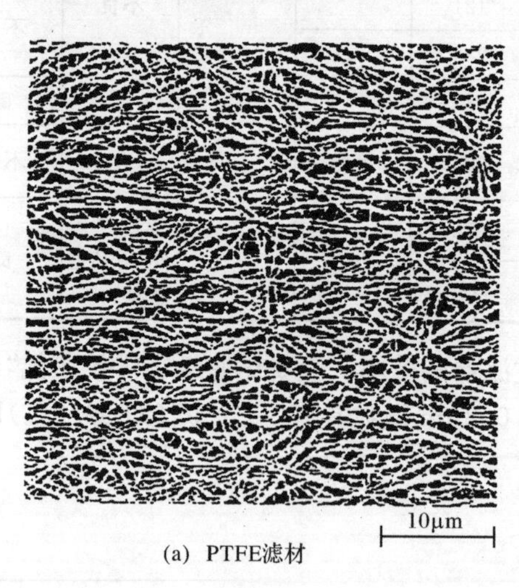

(a) PTFE滤材

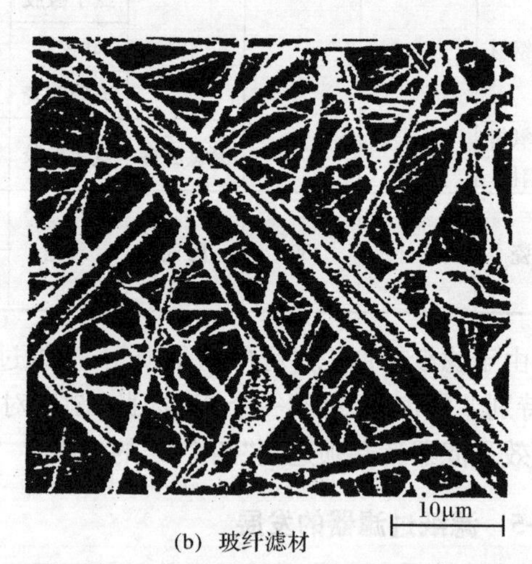

(b) 玻纤滤材

图 4-38　滤材对比

PTFE 过滤器的主要特点是：

(1) 超强的抗酸碱的腐蚀能力。

(2) 极低的化学物质散发量,如硼和钠的散发量仅是玻璃纤维过滤器的 200～400 分之一。

(3) 极低的阻力,约比常规高效过滤器低 20%～40%。

(4) 目前 PTFE 过滤器的售价较高,容尘量略小。

至于上述(5)的无泄漏过滤器结构,已为作者零泄漏送风口(发明专利)所代替,将普通过滤器安于此风口内,即实现向室内无泄漏的结果。

4-12　纤维层过滤器

对纤维层过滤器,主要是用纤维填充成一个滤层。所用的纤维可以分为三大类:一类是天然纤维,其自然形态是纤维,例如羊毛和棉纤维;另一类是化学纤维,即用化学方法改变原材料性质,最终制成纤维,纤维的化学性质和原材料的化学性质完全不同。再一类是人造纤维,即用物理方法把纤维形态从原材料中分离出来,或者使原材料成型为纤维,纤维制成前后的化学性质不发生变化,例如把玻璃熔融后喷丝。

纤维的表面特性对过滤效果影响很大,例如天然纤维的羊毛、棉花,由于外表面呈鳞片状或纤维状,捕集微粒的效果就比平滑的塑料纤维优越,如用氢氟酸处理过的玻璃纤维捕集微粒的效果能明显提高[37]。

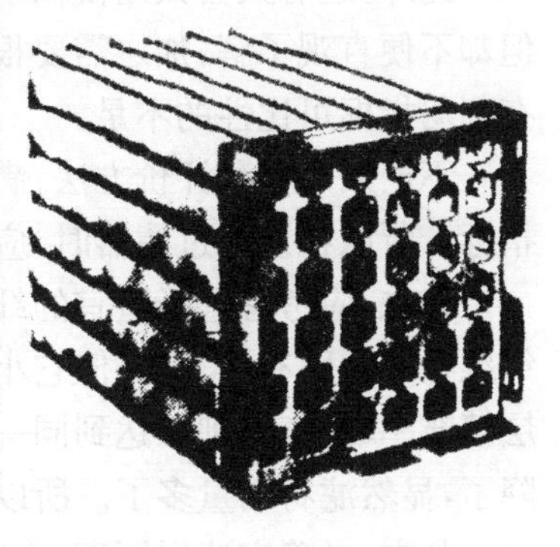

图 4-39　无纺布袋式过滤器

为了防止使用过程中纤维脱落,可以在纤维上喷黏结剂。可以选择不同粗细的纤维,以不同的填充率分层充填,使大的粒子首先被粗纤维层过滤下来,后面的细纤维层则主要负责过滤较小的粒子。这样既能保证必要的过滤效率和容尘量,又不致使阻力太高。

还可以用无纺布工艺制成的纤维层来制作过滤器,图 4-39 就是无纺布袋式过滤器,这种工艺比较常用的有针刺喷粘法和热熔法。

先以不同粗细的纤维作为原料经开松、梳理、折叠成网,然后在针刺机的针板上靠几千根针的运动带动纤维使其在垂直方向位移,往复进行后,纤维网中一定数量的纤维就因移动而相互缠结在一起。然后再对表面喷胶,烘干以后即成。这是针刺喷粘方法。

如果在纤维中(例如涤纶)混以低熔点纤维(例如丙纶),则折叠成的纤维网在热熔设备中加热到一定温度使低熔点纤维熔融粘接其他纤维而成型。这就是热熔方法。这种方法制成的无纺布,属于粗效的范围,适于做卷绕式滤材。所以从无纺布形态来看,它是一种毡状纤维层。这种纤维层的厚度可以从不到 1mm 到几十毫米,有从粗效到接近亚高效的很宽的效率范围。例如国产的一种 PP-K_2 聚丙烯无纺布,1mm 厚,0.06L/(cm^2 · min)滤速下的阻力约 8Pa,粒子计数器大气尘计数效率可达 94%;而价格比较便宜,每平方米只有几元。

表 4-26 列出一些纤维的特性,可供选择滤材时参考[38]。

纤维层过滤器属于低填充率的过滤器,所以阻力较低,特别适用于空调净化系统作中效过滤器。

在设计或选择纤维层过滤器时有两种考虑原则：一种，以单一指标为准，即在相同的过滤效率前提下（对于效率的要求，是设计过滤器时首先考虑的问题）希望某一项指标最佳，例如希望阻力最小，这时对其他指标的要求都服从于对阻力的要求（这种情况当然简单）；另一种，以综合指标为准，即在相同的过滤效率前提下希望综合指标最佳。设该项指标为 E，陈家镛[3]曾提出以效率和阻力的比值关系来表示，即

$$E=\frac{-\ln(1-\eta)}{\Delta P} \tag{4-36}$$

显然这项指标仅着眼于过滤器的技术性能，而不能包括其经济性能；如果考虑重点是涉及滤材用量的成本，则可用反映滤材用量的综合指标[5]。设此项指标为 J，则

$$J=\frac{W_{\mathrm{f}}}{E} \tag{4-37}$$

式中：W_{f}——每平方米滤层的纤维用量。

以上两式表明，如果效率越高，或阻力越小，则 E 越大；而 E 越大或滤材用量 W_{f} 越小，则 J 越小。因此，希望过滤器在既定效率下具有小的 J 值。

此外，还有人尝试用模糊学方法进行综合评判[6]，但由于涉及因素多，虽有全面之处，但却不便直观了解，加之需要根据评判人着眼点不同而主观地确定各因素的权数，所以也有削弱指标可比性的不足。

不论采用何种评价方法，满足一定的过滤效率应是首要的要求，然后再考虑其他综合指标。所以在设计过滤器时，应注意以下几点：

首先，应考虑选择适宜的纤维径滤料。因为从过滤机理的讨论中已知，虽然效率随着纤维径增大而有所下降，但它小于阻力随纤维径增大而减小的幅度。同时，如果滤速和滤层填充率均一定，则在达到同一效率时，粗的纤维要求厚的滤层，在厚滤层时，阻力还是下降了，显然滤材用量多了。所以必须根据设计要求，确定合适的纤维径。

其次，是确定滤层厚度，而这一指标往往取决于过滤器结构和使用条件。

再次，是结构设计上切忌太紧太密，这样似乎折数可以增加，但带来两个不好的后果：一是在折角附近气流不畅，形成“死角”，反而减少了有效过滤面积，同时滤料支撑物也相应增多，因滤料绕过支撑物被支撑物遮挡也失去一部分过滤面积，可少 7%～20%；二是由于折数增加，每折的滤料相距很近，两折间柔软的滤料在气流压力下将被挤靠贴近，从而使阻力增大。为了获得最大的有效过滤面积，必须对过滤器深度、波峰距、波峰角及滤料厚度诸因素作综合考虑。又例如袋式过滤器，在既定容积的框架内，增加袋子，例如由 2 个变为 4 个，无疑可以增加滤料面积，降低滤料阻力，但由于气流通道的变窄，结构阻力将要增加。袋子总量不多时，袋子增多后总阻力还是下降的，袋子总量较多时，总阻力反而增加，因为降低的滤料阻力抵消不了增加的结构阻力。同时，袋子多了（或者太长），在气流作用下相邻袋子两壁几近贴附，原想靠增加袋子来增加过滤面积，结果适得其反。这可以在袋内设定形线（拉紧两壁不使外鼓）或在袋外设框架（限制两壁不使外鼓）来加以改进，在 0.2～0.5m/s 滤速范围内可使阻力降低 30%～50%。折叠形过滤器也有与此相似之处。

如果未限定框架，只限定滤料面积，则相同面积的滤料做成的袋子愈多（也就愈小），通道愈窄，结构阻力愈大，而因滤料阻力一样，所以总阻力一定增大，实验[6]和理论分析在

表 4-26 部分纤维的特性

	天然纤维		化学纤维													人造纤维
化学名称			聚氯乙烯	聚乙烯醇	聚胺	聚胺(芳香族)	纯聚丙烯腈		混合聚丙烯腈		聚酯	聚酯化合物	聚丙烯	聚乙烯	聚四氧乙烯	玻璃
商品名称	羊毛	棉	氯纶	维纶	锦纶		腈轮		腈纶		涤纶		丙纶			玻璃纤维
密度/(g/cm³)	1.32	1.47～1.5	1.39～1.44	1.3	1.13～1.15	1.38～1.41	1.17	1.14～1.16	1.14～1.16	1.14	1.38	1.23	0.9～0.91	0.95～0.96	2.3	2.54
抗拉强度以断裂长度表示①/mm	9～15.3	22.5～36	24.3～35		40.5～55		25～30	27～31.5	23～30	36～45	40～49				45～80	56～62
湿强度与干强度之比/%	85	110	100		90		90～95	90～95	90	90	93～97				100	
断裂时伸长/%	25～35	7～10	12～25		25～45		30～40	15～30	24～30	18～22	40～55				10～25	3～4
在20℃相对湿度65%时吸湿量/%	10～15	8～9	0	3.4	4.0～45	4.5～5	1.3	2	1	1	0.4	0.4	0.01～0.1	0.01～0.1	0	0
膨胀值/%	50～70	50～80	最大1		10～14		～7	～7	～13	～13	3～4				0	0
耐酸性能	在低温、低浓度下好	差	在各种浓度下好	满意	在低浓度下好，温度高时差	不足	好	好	好	好	几乎对所有酸都好	好	极好	极好	非常好	在某些酸中差
耐碱性能	差	好	几乎所有碱都好	极好	稳定	好	对弱碱有足够抵抗性				在弱浓度室温下好	满意	极好	极好	非常好	在高浓度中差
抗虫蛀与细菌的性能	未经处理者有腐蚀	未经处理者有腐蚀	绝对抵抗				极好	极好	极好	极好					不腐蚀	不腐蚀
耐温度：常温/℃	80～90	75～85	40～50	115	75～85	220	125～135	125～135	110～130	110～130	140～160	180	95	60	220～250	250～300
耐温度：最高温/℃	100	95	65	180	95	260	150	150			耐干热	200	120	100		350
价格因数(标准值以1971年为准)	3.5	1	2.7			13	2.7	2.7	2.7	2.7	2.7	2.7	1.7	2	25	3

① 这样长的纤维的重量相当于断裂负荷。

这一点上是一致的。

4-13 发泡材料过滤器

发泡材料过滤器是独立气泡的集合体，经化学处理溶解气泡间的薄膜，使其具有通气性，然后把它作为滤材。过去的泡沫塑料过滤器就是一例。这种材料由三维网状骨架组成，骨架断面不是圆形，粗细变化很大，如把骨架看做填充层的纤维，即可应用纤维过滤机理来求其过滤效率[39]；图 4-40 是效率的计算图。图中气泡数是在泡沫塑料表面染色后用显微镜观察数得的。

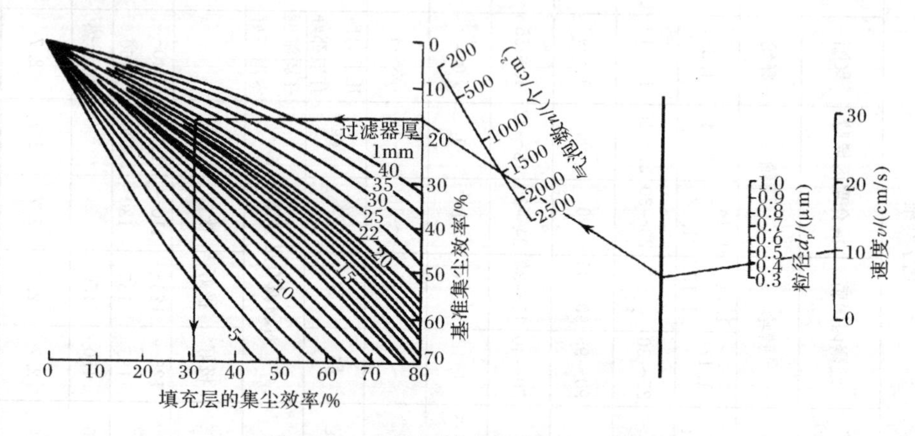

图 4-40 泡沫塑料过滤器效率计算图

泡沫塑料过滤器已经很少使用。

4-14 静电净化器

本节不准备全面介绍静电除尘的机理和装置，只阐述洁净室常用的一种静电除尘设备——静电净化器。

4-14-1 静电净化器的用途

在乱流洁净室中，由于送风方式的局限性，一些地方如房间的四个角落形成涡流，这些地方很难通过室内气流组织得到净化处理。由于涡流区的存在，而同时又有尘源，将对房间洁净度产生很大的影响。为了降低这些地方的含尘浓度，可以采用一种局部净化设备——自净器，它使局部气流通过它反复循环而得到净化处理。静电净化器由于阻力很小，只有 10～20Pa，可用轴流风扇，噪声极低，而且还有小巧灵活、使用方便等优点，所以特别适合于一般室内空气的自净处理。所以静电净化器过去在国内习惯称静电自净器。

如果在静电净化器中加一层活性炭过滤器，则还有吸附烟气、二氧化碳气等作用。现在，这种静电净化器可以用在要求干净的房间起自净作用，如作为会议室、客房甚至居室等地方净化空气的设备。作者实测表明，一台二次电离式（详后述）效率为 95％的静电净化器，在 25m² 的房间中运行 1.5h，房间含尘浓度可降到原来的 1/8，菌落数可降到原来的 1/6。

在洁净室内，静电除尘设备不应作为末级过滤器使用，有关规范中已明文规定。这是因为其处理的空气量较小，而且由于停电、停机和放电时发生的尘粒再飞散将造成意外后果，而且其净化效率比亚高效或高效过滤器小得多，较多的是在新风处理上使用。

4-14-2　静电净化器的工作原理

1. 空气中微粒的荷电

作为静电除尘装置，其中的电场一般有单区式和双区式，如图 4-41 所示。

双区式电场由于把电离极和集尘极分开，所以既可把电离极电压由单区的几万伏降到一万余伏，又可采用多块集尘极板，增大集尘面积，缩小极板间距，因而集尘极可以用几千伏较低的电压，这样做也更安全。因而，用于空调净化方面的静电净化器都采用双区式电场。

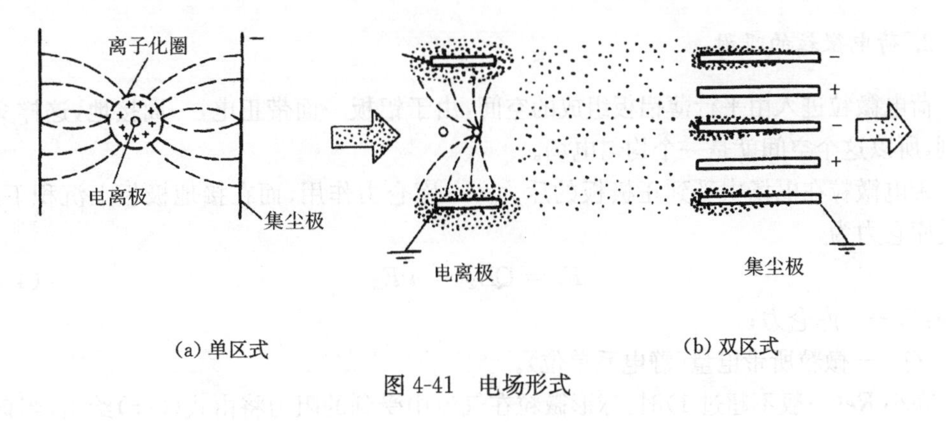

图 4-41　电场形式

空调净化用的静电除尘设备和工业上用的电除尘器不同的主要一点是采用正电晕放电，而不是负电晕放电，即用的是正极性的放电电极。正电晕由于容易从电晕放电向火花放电转移，只能加较低的荷电电压，但是产生的臭氧也少；而对于有人活动的场所，臭氧量是有限制的。

当采用正电晕时，在电离极的金属丝上加有足够高的直流正电压，两边的极板接地，这样就在电离极附近形成不均匀电场，空气中的少数自由电子从电场获得能量，和气体分子激烈碰撞，即形成碰撞电离，出现不完全放电——电晕放电。在电晕极周围可以看见一圈淡蓝色的光环，称为电晕。这样，在电离极附近充满正离子和电子，电子移向金属导线并在其上中和，而正离子在电场作用下作有规则的运动过程中，遇到中性的微粒时就附着在上面，使微粒带正电，这就是第一种荷电机理即电场荷电。其次，离子不仅在电场作用下运动，而且还有热运动，离子在热运动过程中附着于微粒而使微粒带电，则称之为第二种荷电机理，即扩散荷电。

根据静电理论，电场荷电主要对于 1μm 以上微粒起作用，此时微粒得到的最大电量为

$$q = ne = \frac{kE_1 d_p^2}{4} \tag{4-38}$$

式中：E_1——电离极空间电场强度，静电系单位(300V/cm=1 静电系单位)；

n——电荷的数目；

e——单位电荷量，4.8×10^{-10} 静电系单位；

d_p——微粒直径(cm)；

k——系数，$k=\dfrac{3\varepsilon}{\varepsilon+2}$，平均可取 1.5～1.8；

ε——微粒的介电常数，平均可取 2～3。

对于 1μm 以下主要是对 0.2μm 以下的微粒，扩散荷电起主要作用，但目前还没有简单计算最大扩散荷电量的公式。根据式(4-38)，1μm 以上微粒所带的电荷数与其粒径的平方成正比。但由于扩散荷电的作用，使得 1μm 及其以下的微粒所带电荷数比按式(4-38)计算的要大，因而使电荷数与其粒径之比即$\dfrac{n}{d_p}$保持稳定，不按与粒径平方成反比的关系下降。

2. 荷电微粒的吸附

荷电微粒进入由平行薄铝板组成的空间，由于铝板一面带正电，一面接地，这样交错排列，所以这个空间就是一个均匀电场。

带电微粒在电场中受到正极板的斥力——库仑力作用，而在接地极板上沉积下来。所受库仑力为

$$F_e = QE_2 = neE_2 \tag{4-39}$$

式中：F_e——库仑力；

Q——微粒所带电量(静电系单位)。

在小 Re(一般不超过 1)时，球形微粒在气流中受到的阻力将由式(6-5)给出，当该阻力和库仑力平衡时即 $3\pi\mu d_p v=neE_2$。考虑滑动修正，可得到微粒在电场中的运动速度 u_e，亦称分离速度或驱进速度，即

$$u_e = C\frac{neE_2}{3\pi\mu d_p} = ck\frac{E_1E_2d_p}{12\pi\mu} \quad (\text{cm/s}) \tag{4-40}$$

式中 μ 为 cgs 制单位(见第六章)，其他各项符号均有过说明，这里不再重复。

从该式可以看出，对于既定的微粒群，在其他条件不变时，u_e 和$\dfrac{n}{d_p}$成正比。但前面已提出，≤1μm 的微粒，由于$\dfrac{n}{d_p}$稳定，所以 u_e 也趋向稳定，不再减小；而若注意到随着粒径的减小，滑动修正系数 C 将变大(见第六章)，则分离速度还要加大一些。也就是说 u_e 减小较缓。所以，和其他种类过滤器相比，静电除尘装置更适合捕集微细粒子。当粒径大于 1μm 时，由于$\dfrac{n}{d_p}$正比于 d_p(因为 n 正比于 d_p^2)，所以 u_e 也正比于 d_p。

4-14-3 静电净化器的结构

静电净化器由箱体、电源、风机、集尘极、电离极、活性炭过滤器和预过滤器等部分组成。图 4-42 是国产 JZQ-Ⅱ型静电自净器的结构[7]。箱体为单层薄钢板结构，在保证气

密性的要求下，箱门连接用卡簧，以便于维护检修。

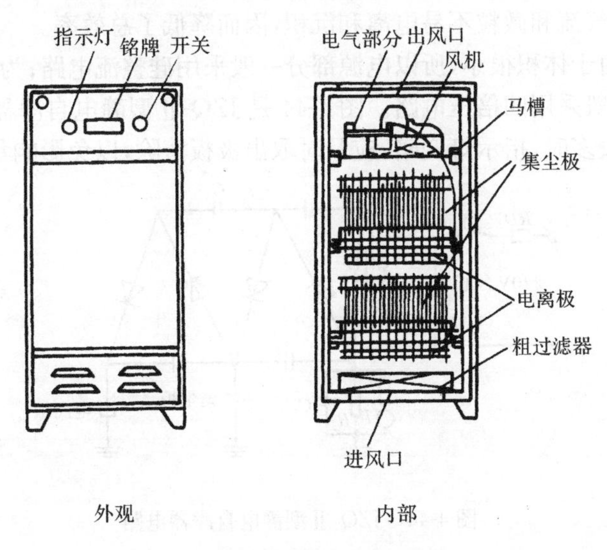

图 4-42　JZQ-Ⅱ型静电自净器

电离极为一组直径 0.5mm 的镍铬丝；集尘极极板为硬质铝合金板，厚 1mm，板距（异性极板）6mm，每块板面积为 0.2m×0.23m，每级 46 块极板。极板表面经过电抛光处理，不允许有毛刺尖角，以免发生火花放电，降低极间电压。图 4-43 是采用一次电离方案的 JZQ-Ⅰ型结构。

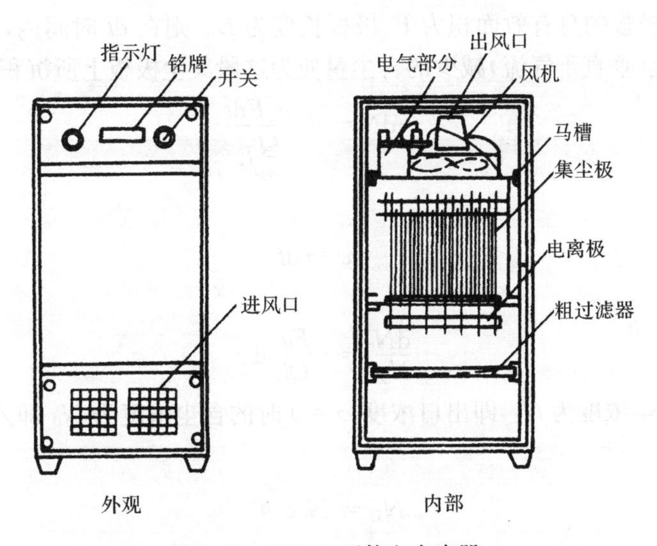

图 4-43　JZQ-Ⅰ型静电自净器

JZQ 型静电自净器高 0.8m，有效横截面积为 0.34m×0.34m。

在结构上往往被忽视的一个问题就是装置内部漏气，这种漏气会大大降低集尘效率。漏气的主要原因有两个：一是内部电线在穿行过程中（例如穿过层与层之间的隔板）造成穿行孔洞的漏气；二是每层框架与箱体之间的漏气。

在结构上还需要注意的问题是，必须在电离极（金属丝）和集尘极（金属板）的两边各加两块接地极板。如果电离段和集尘段边缘只是接电源的电离丝和极板，而没有接地极板，则通过边缘的气流和微粒不易电离和沉积，因而降低了总效率。

静电净化器由于体积很小，所以电源部分一般采用硅整流电路；为了降低变压器输出电压以便绝缘，一般采用四倍压电路。图 4-44 是 JZQ-Ⅱ型静电自净器的电路，当集尘极极板上积的灰尘较多时，指示灯变暗，应及时取出极板清除，以免影响集尘效果。

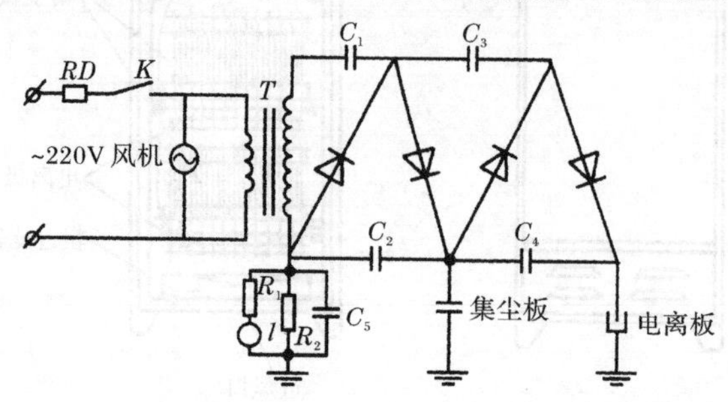

图 4-44 JZQ-Ⅱ型静电自净器电路

4-14-4 静电净化器的效率

1. 效率表达式

对于集尘极为平板式的静电自净器的集尘效率可按下述步骤推导出来。

设 N_x 为距离集尘极入口 x 处的含尘浓度，集尘极板间的流速为 v，通过集尘极的总风量为 Q，集尘极板的总有效面积为 F，极板长度为 L。则在 dt 时间内，集尘极空间内沿集尘极板高度上(垂直于气流)减少的含尘量便为这段集尘极板上所沉积的微粒数量，即

$$-\mathrm{d}N=N_x\frac{u_{\mathrm{e}}F\mathrm{d}t}{\frac{Q}{v}L}$$

因为

$$\mathrm{d}x=v\mathrm{d}t$$

所以

$$\frac{\mathrm{d}N}{N_x}=-\frac{Fu_{\mathrm{e}}}{QL}\mathrm{d}x \tag{4-41}$$

设 $x=L$ 时的含尘浓度为 N_{L} 即出口浓度，$x=0$ 时的含尘浓度为 N_0 即入口浓度，对上式积分即得

$$N_{\mathrm{L}}=N_0\mathrm{e}^{\frac{-Fu_{\mathrm{e}}}{Q}} \tag{4-42}$$

则集尘效率

$$\eta=1-\frac{N_{\mathrm{L}}}{N_0}=1-\mathrm{e}^{\frac{-Fu_{\mathrm{e}}}{Q}} \tag{4-43}$$

2. 分离速度

显然，分离速度 u_{e} 越大，η 越大。对于一定的微粒，u_{e} 主要取决于电离极和集尘极电压。

提高集尘极电压，就是提高了集尘极空间的电场强度，将使分离速度提高；但是集尘空间的电场强度太高，容易引起电极放电，即使在极板经过电抛光之后仍然难免表面不光洁，特别是边缘多有毛刺。即使表面很光洁，只要表面沉积上一颗较大的尘粒，特别是纤维，都能引起放电，使电场强度迅速下降。在发生放电时可以听到噼啪的响声。在一般的加工水平下，集尘极电压可以加到 7000～8000V，相当于电场强度 1kV/mm 左右。

提高电离极电压，可使微粒带上更多的电荷，因而提高了分离速度 u_e。但提高电离极电压同样受加工精度的限制，过高的电离极电压也容易放电，一般不超过 15000V。

由式(4-40)计算出来的分离速度 u_e 只是理论值。实际上影响 u_e 的因素很多，在该公式中并未包含进去，这些因素有：气体和悬浮微粒在极板间通道截面上的分布，通道中气流的运动特性，微粒的凝集，收集到极板上的微粒的再次被气流带走等等。所以，实际的分离速度比理论分离速度要小得多。一些工业用静电除尘器的研究表明，实际速度相当于理论速度的一半。不过对于空调净化用的静电自净器情况会好一些，因为集尘极板间的距离很小，流速很低，基本上为层流流态，而且入口尘粒分布也比较均匀，因此对 u_e 的干扰程度较小。所以，静电自净器中的实际分离速度可比工业电除尘器的分离速度略大。

3. 极板有效集尘长度

当集尘极板高(宽)度一定，其有效面积越大，即长度相应地越长时，由式(4-43)表达的效率应越高。在一般资料中提到这一参数时，所指极板的有效面积仅是在结构上被有效利用的面积。按照效率表达式，显然当面积很大、极板很长时，效率即接近 100%，但是实际上在集尘极板的整个长度上并不都能有效地集尘。从实测中可以发现，JZQ-Ⅰ型静电自净器的 30cm 长的集尘极极板，只有大约 2/3 的长度有明显的积尘；如果说气流中所含微粒已在这 2/3 长度的极板上全部沉积，那么这种静电自净器的效率应接近 100%，而事实上只有 70%～80%(见后面有关效率的比较表格)。这显然不是因为极板短而使微粒来不及沉积即已流出集尘极的电场，而只能是有一部分微粒没有荷电或荷电不足。对于荷电不足因而 u_e 很小的微粒，加长集尘极极板会有效果，但对于根本没有荷电的微粒，则加长极板也不能使之沉积。由于不荷电的微粒总是存在的，因此这里提出一个概念：有效集尘长度，这是指在一定电场强度下，集尘极板上只有一定的长度有集尘作用，超过这一长度，再长的极板也不能像公式(4-43)所表明的那样，能收集更多的微粒，甚至全部收集。

为什么有一部分微粒荷电极少或不能荷电？根据电晕放电原理，主要原因有两个：

(1) 由于电离极是一根金属丝，只有在靠近它的很小区域内才有较高的场强，离它较远的地方，电场强度小，离子运动速度也小，那里的空气还没有被电离(如果极间空气全部被电离，就发生电场击穿，出现火花放电，电路短路，静电自净器停止工作)。

(2) 前面已经指出，在一定的电离极电压下，空气电离的强度是一定的，也就是说电荷量是一定的，如果进入自净器的空气含尘浓度高，则每个微粒所带电荷就不足，或者有一些微粒不能荷电。

显然，对静电净化器，前面一点原因更主要。

从上面分析可以看出，如果由实测得知集尘极的有效集尘长度，则可由集尘效率反求出实际分离速度。

4. 风量

显然静电净化器处理的风量越小，效率越高，但由于存在未荷电的微粒，风量小到一定程度后，效率也将趋于稳定。

4-14-5　二次电离式静电净化器

根据上面分析，为了提高一次电离式静电自净器的效率，必须提高微粒荷电的程度，于是作者提出了二次电离即两级电场串联的方案。根据这一方案，当经过第一级电场没有被电离的空气分子再经过第二电场时，将有机会被电离，即第二次电离。在20世纪60年代末中国建筑科学研究院空调所和原天津医疗器械厂等单位共同研制的JZQ-Ⅱ型静电自净器即采用了这一方案。

显然，如果采用二次电离方案使原设备高度增大一倍，那就没有意义了。根据前面的分析，在所采用的参数条件下集尘极有效集尘长度约在0.2m以上，所以JZQ-Ⅱ型静电自净器在使结构紧凑的条件下采用了0.2m长的集尘极，仍然保持一次电离时的高度。

采用了二次电离方案的静电自净器获得了预期的效果。下面各表列出了有关实验数据。

表4-27为效率和集尘极电压关系的实测结果。

表4-28为效率和集尘极电极板之间风速关系的实测结果。

表4-29为效率和整流电路中电容器的电容量关系的实测结果。

表4-27　效率和集尘极电压的关系

集尘极极板间风速 /(m/s)	电容器电容量 /μF	变压器输出电压 /V	集尘极电压/V	浊度效率 /%
1.3	8800	4200	7250	96.9
1.3	8800	3860	7000	96.5
1.3	8800	3410	6600	95.8
1.3	8800	2950	6250	93.7

表4-28　效率和风速的关系

变压器输出电压 /V	电容器电容量 /μF	风量 /(m^3/h)	集尘极极板间风速 /(m/s)	浊度效率 /%
4200	8800	240	0.66	99.3
4200	8800	440	1.2	99.1
4200	8800	500	1.4	96.9
4200	8800	710	2	91.4

表4-29　效率和电容量的关系

集尘极极板间风速 /(m/s)	变压器输出电压 /V	电容器电容量 /μF	浊度效率 /%
1.4	3860	8800	96.5
1.4	3860	4400	93.3
1.4	3860	1100	86.8

整流电路中电容器的电容量对集尘效率影响很大，当电容量小时，每一倍压级上的电压降会很大，使集尘效果降低，而增加电容量则使整流后的波形平坦，使电压有效值接近峰值。但是电容量太大又不安全。对于JZQ-Ⅱ型静电自净器，合适的电容量为8800μF左右。

根据式(4-38)和式(4-40)，当采用cgs制，E_1、E_2都为1静电系单位时，在$c=1$，$k=2$（如变压器油的油雾$k=1.5$，大理石微粒$k=2.4$）的条件下，分离速度

$$u_e=\frac{2d^2E_1E_2}{12\pi\times1.8\times10^{-4}d}\approx0.03E_1E_2d\times10^4\quad(\text{cm/s})$$

当$d=0.5\times10^{-4}$cm，$c=1.3$，$E_1=14000\text{V}\approx46.5$静电系单位，$E_2=7000\text{V}\approx23.3$静电系单位时，可算出$u_e=21$cm/s（相当于按大气尘粒数平均径的计算结果）。

根据式(4-40)，$\frac{Fu_e}{Q}$和η的关系是

η/%	60	70	80	90	95	99
$\frac{Fu_e}{Q}=B$	0.9	1.21	1.6	2.3	3.0	4.6

设自净器的有效空气流通断面为S，断面风速（即集尘极极板间风速）为v，则

$$\frac{Fu_e}{Q}=\frac{\frac{F}{S}u_e}{v}=B$$

所以

$$u_e=\frac{Bv}{\frac{F}{S}}\tag{4-44}$$

对于JZQ-Ⅱ型静电自净器

$$\frac{F}{S}=\frac{(46-2)\times0.2\times0.23}{0.1}=20$$

式中46为集尘面数量，每片两面集尘，扣去最外两面，则共有集尘面数为44。这样就可以算出每段效率下的实际分离速度，如表4-30所列。

表4-30　分离速度的比较

流速/(m/s)	实际分离速度/(m/s)	理论分离速度/(m/s)
0.66	0.09	0.21
1.2	0.14	
1.4	0.12	
2	0.12	

从表4-30可见，平均实际分离速度为0.12m/s，略高于理论分离速度的一半，这和前面关于分离速度的分析是符合的。

采用二次电离方案的JZQ-Ⅱ型静电自净器，用光电浊度计测定的浊度效率和国外同类产品比较结果列于表4-31。

对于同一效率值，浊度法测得的结果一般要低于比色法特别是重量法的结果，所以表4-31所反映的JZQ-Ⅱ型静电自净器的性能更好一些。

表 4-31　同类静电净化器(或除尘器)的效率比较

国别	风速/(m/s)	测定方法	效率/%	备注
中国 JZQ-Ⅰ型(一次电离)	0.51	计数法	72.0	同一仪器实测
		浊度法	80.6	
中国 JZQ-Ⅱ型(二次电离)	0.66	浊度法	99.3	
	1.20	浊度法	99.1	
	1.40	浊度法	96.9	
	2.00	浊度法	91.4	
英国(一次电离)	0.50	浊度法	75～80	
日本(一次电离)	1.25	浊度法	72.8	
	2.00	浊度法	69.7	
	2.00	浊度法	85	同一产品样本数据
		比色法	90	
前苏联(一次电离)	2.00	浊度法	80～85	同一产品文献数据
		重量法	98.5	
前联邦德国(一次电离)	1.70	重量法	99	同一产品样本数据
		比色法	90	
	2.00	比色法	83	
英国(一次电离)	1.70	比色法	90	同一产品样本数据
	2.20	比色法	80	

为了简化结构，市场上出现一种筒式静电净化器。

筒式静电净化器的静电场用金属薄板制成圆形或六角形(蜂窝状)筒，作为静电场的接地极板，在筒中央放置到有尖端的圆形电极，并在其上加上高压静电而成为静电场的高压放电电极，见图 4-45。

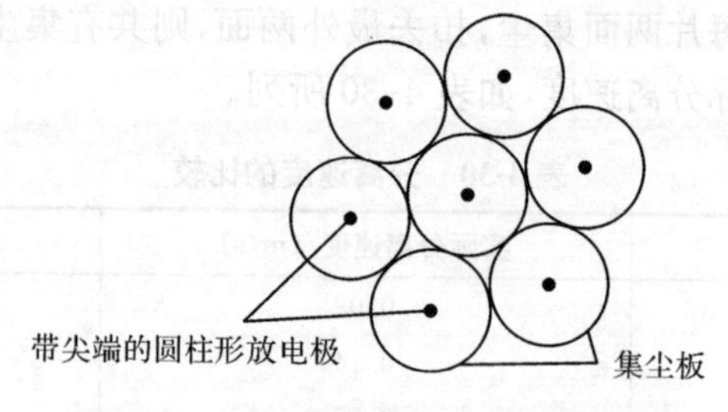

图 4-45　圆形管式静电场(针尖放电)

但是这种筒式静电净化器的效率很低，表 4-32 是毛华雄的实验测定数据[40]。

表 4-32　筒式静电净化器大气尘分组计数效率　　(单位：%)

风量/(m^3/h)	面风速/(m/s)	≥0.3μm	≥0.5μm	≥0.7μm	≥1.0μm	≥2.0μm	≥5.0μm
800	0.8	19.8	22.6	35.9	41.2	53.0	84.7
1200	1.2	14.1	16.1	23.7	29.3	50.0	69.4

续表

风量 /(m^3/h)	面风速 /(m/s)	≥0.3μm	≥0.5μm	≥0.7μm	≥1.0μm	≥2.0μm	≥5.0μm
1800	1.8	7.6	9.0	15.8	21.0	37.5	58.2
2500	2.5	4.8	6.8	11.0	14.7	28.8	54.1
3000	3.0	3.9	5.7	9.9	21.5	36.8	38.2
3600	3.6	3.6	5.6	10.4	22.6	28.4	37.1

4-15　特殊过滤器

4-15-1　活性炭过滤器

由于化学污染物对洁净室的影响越来越被重视(参见第七章)，人们对活性炭过滤器又给予相当的关注。活性炭过滤器具有物理吸附和化学吸附两方面的功能，所以它实质上是吸附器。

活性炭的毛细结构内具有极大的表面积，可达 1000m^2/g 以上，因此有极强的吸附能力。

但是活性炭的吸附作用有选择性。对物理吸附不力的化学物质必须浸渍不同的化学药剂作为吸附剂，利用吸附剂与被吸附物质间的化学反应而改变被吸附的物质的性质，使其变成无毒无害的物质。

关于活性炭过滤器的一般应用情况，已有很多书籍、文献介绍，这里不赘述，只是强调几点：

(1) 活性炭过滤器目前有三种形式：常规的活性炭颗粒填充的过滤器，颗粒有粗细之分；以多层多孔聚氨酯发泡材料为载体，粘 0.5mm 大小的活性炭颗粒，由于发泡材料通气性很好，所以阻力较前一种要小得多，当然吸附性能也次之；再次为将纤维滤料炭化成为活性炭纤维过滤器，很薄，阻力和吸附能力较小。

(2) 活性炭过滤器均有一无效层问题。无效层就是可以吸附一定量化学污染物的层厚。颗粒越大，此层越厚。无效层问题往往被忽视。

图 4-46 是理论的无效层厚度和吸附定量污染物关系，未达此定量，即无“防毒时间”；图 4-47 是作者用氯化氰做实验的结果[40]。

这一无效层的存在和活性炭对化学污染物的吸附机理有关。当污染气流穿透活性炭层时，首先气流中污染物向炭粒整个表面扩散，其次为向颗粒物的孔隙内部和孔内表面扩散，于是发生颗粒内表面对污染物质分子的吸附和被吸附的污染物质与活性炭浸渍的化学药剂(催化剂)或被吸附的氧、水之间起化学反应而将污染物分解。如果在某一厚度的层内以上几种吸收机理来不及发挥全部作用，例如污染物只扩散到颗粒表面来不及向孔内扩散，更来不及被吸附、分解，同时已透过该层的厚度，那么就不能使污染物浓度降到允许值，或根本来不及降低，则这一厚度的炭层即为无效层。如果炭层等于无效层厚度，吸附作用就等于零。

无效层厚度在活性炭物理化学性质、温湿度等条件一定时，显然只和比速、污染物浓

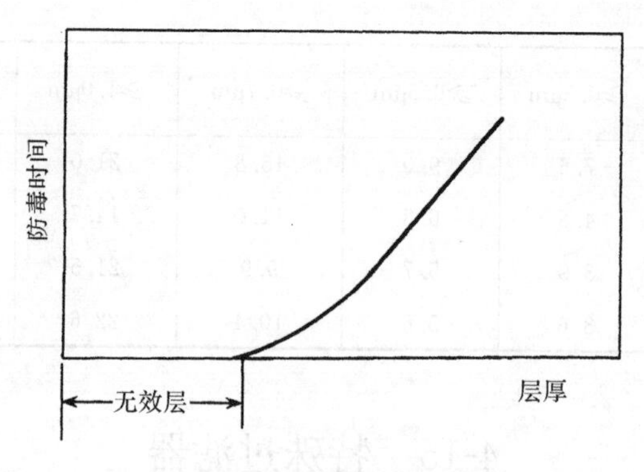

图 4-46　无效层的理论曲线

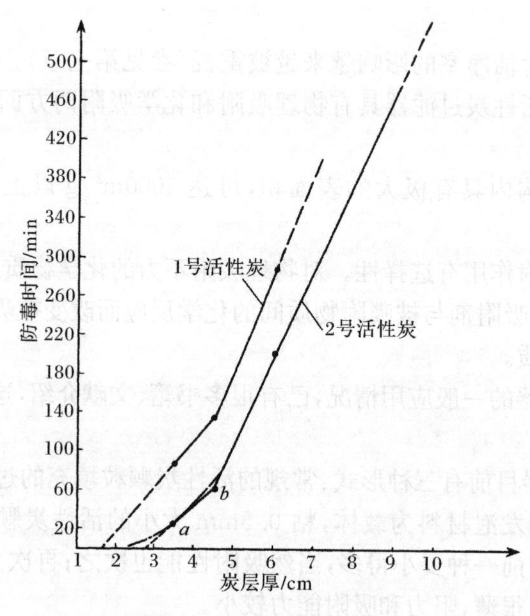

图 4-47　无效层的实验曲线

度有关，因此在比速、浓度也一定时是个定值，和炭层厚度无关。

(3) 由于用颗粒活性炭填充的活性炭过滤器阻力大，所以允许的比速不能大，故在使用时必须了解该种活性炭的比速阻力特性。

(4) 如果活性炭过滤器设计成圆形筒状，作者通过计算和实验证明该污染气流由外圈进内圈比反之要好，可以提高吸附量[41]。

4-15-2　杀菌过滤器

由于生物危险有增大的可能，杀菌过滤器近来在美国、日本等国有所发展。这种过滤器主要是在滤料中涂加杀菌物质而成。但是这种过滤器能否有效受到质疑。

一是如果添加剂只是喷在滤料表面，则并不能使整个滤层都具有杀菌能力；二是如果添加的仅是抑菌剂，不仅不能马上杀灭细菌，反而有可能培育细菌的抗药性；三是可能产生任何气态化学物质或气味，给人带来危害。

这里要着重提出，正如在后面第九章要讲到的，在用无机材料做成的高效过滤器迎风面上捕集下来的细菌，只有当温、湿度合适时才可能存在下来，但很难繁殖，更不会穿透，所以杀菌过滤器的必要性尚未定论。美国供热制冷及空调工程师学会(ASHRAE)还曾就此事一再告诫，在暖通空调系统要十分慎重采用抗菌产品，以免发生化学污染，对室内环境和人造成新的危害。

参考文献

[1] 许钟麟，沈晋明. 空气洁净技术应用. 北京：中国建筑工业出版社，1989：145－172.

[2] 吉川暲. エアフイルタ(3). 空気調和・衛生工学，1978，52(6)：57－63.

[3] Chen C Y(陈家镛). Filt ration of aerosols by fibrous media. Chemical Reviews，1955，55(4)：595－623.(译文载于建工部技术情报局《暖通专题情报资料》第6248号).

[4] 木村典夫，井伊谷鋼一. 纖維充填層フイルターの集どん性能にばよほす纖維断面形狀の影響. 化学工学，1969，33(10)：1008－1013.

[5] 天津大学暖通教研室(涂光备). 纤维性滤料及空气过滤器. 天津大学科技情报资料室，1980：52－56.

[6] 叶海. 空气过滤器性能的影响因素研究[硕士学位论文]. 哈尔滨：哈尔滨建筑大学，1996.

[7] 国家建委建筑科学研究院空调所. 装配式恒温洁净室，1973.

[8] 许钟麟. 洁净室计算. 国家建委建研院空调所，1976：58－59.

[9] Liu Y H，林秉乐. 国产空气采样和高效滤料性能实验. 洁净技术，1987，(3)：9－41.

[10] 佐藤英治. 工業用クリーンルームの現狀. 空気清浄，1976，13(8)：32－41.

[11] 平沢紘介. クリーンルームの計画と設計. 空気調和と冷凍. 1973，13(1)：75－88.

[12] 许钟麟. 高效过滤器串联效率的计算和验证. 空调技术，1981，(2)：64－67.

[13] 核燃料施设フイルタ専門委員會. 核燃料施設用高性能エアフイルタの安全性に関する試験研究. 空気清浄，1980，18(3-4)：2－39.

[14] Byrchsted C A. 空气净化手册. 时友人等译. 北京：原子能出版社，1981.

[15] 冷凍空調便覽(応用篇). 1971.

[16] 早川一也. 空気調和のための空気清浄. 1974.

[17] 尾登泉. ケンブリッジ・アブリュート・フイルター. 空気調和と冷凍. 1968，8(1)：5－13.

[18] 涂光备. 对高效过滤器标准风量的探讨. 洁净技术，1987，(2)：31－34.

[19] 许钟麟，张益昭，张彦国，等. 非额定风量对高效过滤器寿命的影响. 洁净与空调技术. 1997，(1)：6－8.

[20] 许钟麟. 大气尘计数效率与计重效率的换算方法. 洁净与空调技术，1995，(1)：16－20.

[21] 平沢紘介，大重一義. 最近のフイルター. 建築設備と配管工事，1989，27(6)：70－82.

[22] 柯帕里扬诺夫. 洁净室技术. 俞肇基译. 北京：中国建筑工业出版社，1982：115.

[23] 许钟麟，沈晋明. TGG、YGF型低阻亚高效过滤器. 建筑科学研究报告，No. 5-2，中国建筑科学研究院，1987.

[24] 吉田芳和，池沢芳夫. 放射性どん埃サンブリンダ用濾紙の特性. 空気清浄，1972，10(2)：41－48.

[25] 大竹信義. 粒子状物質の捕集システム——最近の進歩. 空気清浄，1971，8(7)：32－35.

[26] 许鹏. 空气清净器的评价与性能研究[硕士学位论文]. 上海：同济大学，1995.

[27] 林忠平. 折褶形无隔板亚高效空气过滤器的优化设计[硕士学位论文]. 上海：同济大学，1993.

[28] 张璟琨等. 丙纶纤维滤料的性能//中国电子学会洁净技术学会第二届学术年会论文集. 1986：157－161.

[29] 谷八巘，高瀬敏. エレクトレットHEPAの性能評価. 空気清浄，1993，31(2)：13－19.

[30] 顾闻周等. 单分散气溶胶定量发生装置. 中国建筑科学研究院空气调节研究所. 1983.
[31] 史喜成. 核孔膜的结构与过滤特性研究[硕士学位论文]. 北京:清华大学,1986.
[32] 国家建委建筑科学研究院空气调节研究所. 两种 300 型人防过滤器. 建筑技术通讯(暖通空调),1975,(1):23−35.
[33] 黄再麟,回长荣. "软 1 号"皮革处理剂用于空气过滤用超细玻璃纤维纸的处理. 抗生素,1979,4(4):15−17.
[34] 冯昕. 我国现代高效空气过滤器标准化体系简介. 暖通空调标准与质检,2013,49(3):36−38.
[35] 铃木道夫. クリーンルーム用高性能フイルタの性能限界と将来. 空気清浄,1993,31(3):29−36.
[36] 日本 DAIKIN 工业公司和中国苏州 AAF 公司样本.
[37] Фукс H A. 气溶胶力学. 219. 顾震潮等译. 北京:科学出版社,1960.
[38] Batel W. Entwicklungsstand und-tendenzen beim filtrationsentstauber. Staub Reinhaltung der lüft,1973,(9):359−367.
[39] 新清靖等. サブミクロンじんぁいのろ過に関する研究(第 3 報). 空気調和・衛生工学,1967,41(8):1−8.
[40] 毛华雄. 应用静电净化器改善室内空气品质研究[硕士学位论文]. 上海:同济大学,2008.
[41] 国家建委建筑科学研究院空气调节研究所. 两种 300 型人防过滤器. 建筑技术通讯(暖能空调),1974.

第五章　高效过滤器的结构设计

对于现有高效过滤器来说，其结构设计就是要确定在维持一定效率的额定风量下，波峰角度（对于有分隔板的）、波峰高度（对于有分隔板的）或线高（对于无分隔板的）和气道深度（对于两者）可以获得最低阻力时应具有的数值。

5-1　高效过滤器气道内的流动状态

对于如图 5-1 所示的理想的、有隔板高效过滤器气道（进气道和出气道）内的流动状态，程代云[1]以伯努里方程和修正动量守恒方程为基础出发，得出了气道内流速分布的计算结果，如图 5-2 和表 5-1 所示。

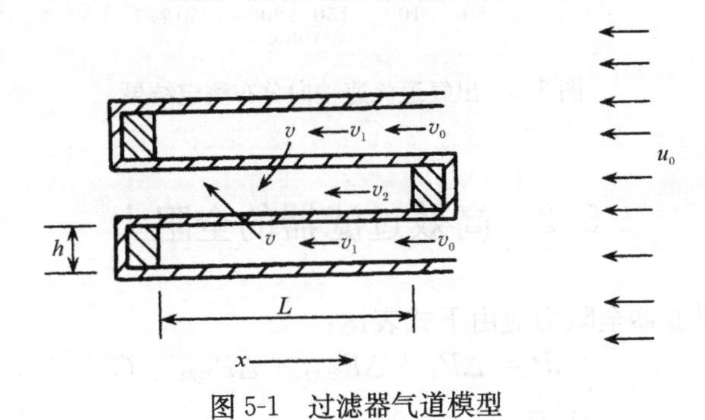

图 5-1　过滤器气道模型

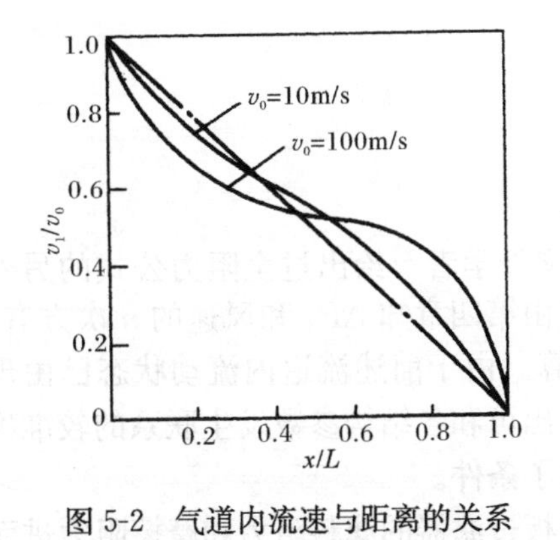

图 5-2　气道内流速与距离的关系

表 5-1　低初速（m/s 级以下）、大波峰高（几毫米）过滤器气道流速分布的计算值

x/L	v_1/v_0
0.1	0.899
0.2	0.800
0.3	0.701
0.4	0.603
0.5	0.505
0.6	0.407
0.7	0.308
0.8	0.207
0.9	0.105

结论是：在低初速、大波峰高和高滤料阻力条件下，气道内流动状态近似呈流速为线性分布的层流（$Re<2000$）流动，即

$$v_1 \approx v_0\left(1-\frac{x}{L}\right) \tag{5-1}$$

$$v_2 \approx v_0 \frac{x}{L} \tag{5-2}$$

反之,则非线性分布将变得明显。

用激光测速的实验证明了上述结论,图 5-3 即是实测结果[1],以出气道而言,速度分布线性相关系数在 0.99 以上。

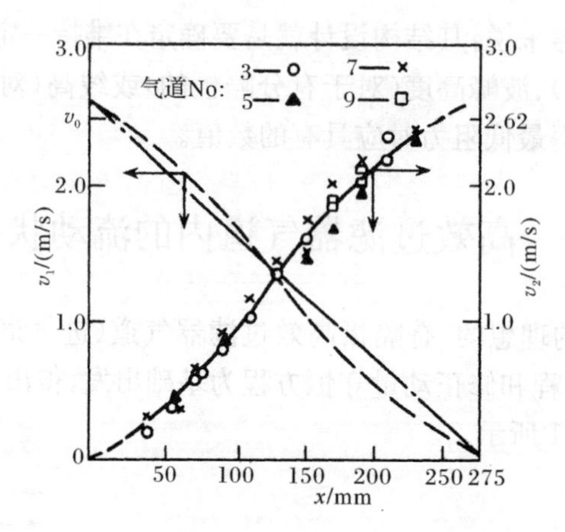

图 5-3　出气道流速轴向分布测定结果

5-2　高效过滤器的全阻力

根据第四章,过滤器全阻力应由下式表达:

$$\begin{cases} \Delta P = \Delta P_1 + \Delta P_{2(1)} + \Delta P_{2(2)} + C \\ C = \Delta P_3 + \Delta P_4 \end{cases} \tag{5-3}$$

式中:ΔP_1——滤料阻力;

$\Delta P_{2(1)}$——进气道摩擦阻力;

$\Delta P_{2(2)}$——出气道摩擦阻力;

C——进、出口局部阻力;

ΔP_3——进口局部阻力;

ΔP_4——出口局部阻力。

根据结构设计的目的,阻力计算是其核心。国外学者[2]给出过全阻力公式的另外形式,但因未能反映流量的影响,其意义不明确。但由第四章知 ΔP_2 和风速的 n 次方有关,指数 n 需要实验确定,它可以反映特性但不便计算。由于前述流道内流动状态已由理论和实验加以明确,流速分布近似呈线性,因而给导出可和各结构参数发生联系的较准确计算流道阻力即结构阻力中的摩擦阻力的公式提供了条件。

研究气道内流动状态的程代云为求解有分隔板过滤器的滤料阻力和摩擦阻力进而求解有关参数有过一般的推导。以下再在这些工作及气道内流态理论的基础上结合高效过滤器实际工艺条件对各项阻力进行具体的推导计算。

5-2-1　滤料阻力 ΔP_1

由第四章知

$$\Delta P_1 = Av$$

式中：A——结构系数，也可称阻力系数，相当于滤速 $v=1\text{m/s}$ 时的滤料阻力数值(Pa·s/m)。

由于滤纸应有$\left(\frac{a}{h+T}+1\right)$折，而按过滤器工艺，紧挨两边框的两折滤纸是粘于边框上的，即滤纸总面积是 $\sum f - 2f$，少了两层。

于是由图 5-4 可得出

$$\Delta P_1 = A\frac{Q}{\sum f} = A\frac{Q}{\left(\frac{a}{h+T}+1-2\right)(b-2\delta)L} = A\frac{Q}{\frac{a-(h+T)}{hT}(b-2\delta)L} \tag{5-4}$$

式中：Q——每秒通过过滤器的风量；

a、b——过滤器的边长扣除框厚的净尺寸；

L——气道深度，即分隔板波峰线的长度；

f——每折滤纸的面积；

T——滤纸厚度；

δ——过滤器两端头灌胶深度(含胶在滤纸上的爬高)或封头胶厚度。

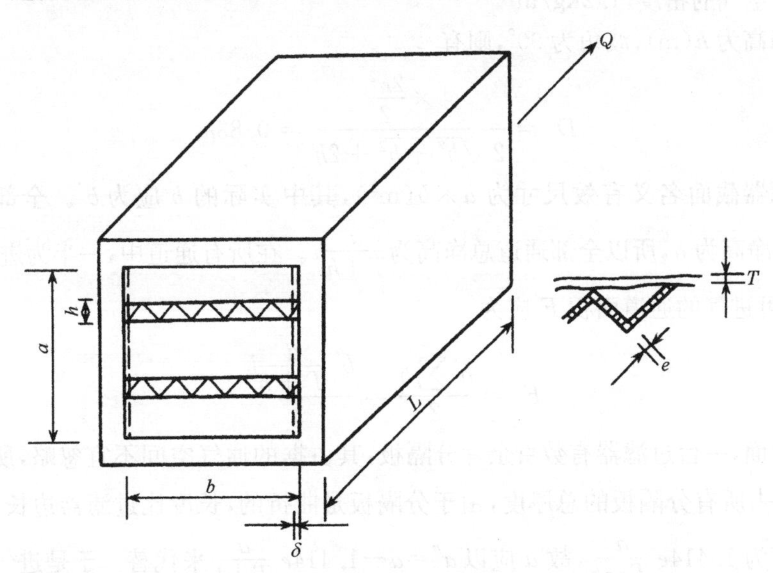

图 5-4　高效过滤器计算尺寸

新工艺灌胶深度对于木边框可少至 5mm，铁边框胶面则在边框厚度之内，两者都无封头胶，爬胶高度可按 5mm 考虑(工艺差的可大于此数)。对于老式涂胶工艺，封头胶厚度可达 15mm 甚至更高。

若采用 a'、b' 符号，令

$$a' = a-(h+T)$$
$$b' = b-2\delta$$

则上式可写成

$$\Delta P_1 = A\frac{Q(h+T)}{a'b'L} \tag{5-5}$$

据过滤器解剖实验[3]，波峰顶住滤纸的部分不起过滤作用，有效面积减少到92%，即ΔP_1应增大$\frac{1}{0.92}=1.087$倍，所以式(5-5)成为

$$\Delta P_1 = \frac{jAQ(h+T)}{a'b'L} \quad (\text{Pa}) \tag{5-6}$$

式中$j=1.087$。

5-2-2 气道摩擦阻力 ΔP_2

由文献[1]知气道内气体呈层流状态流动，按流体力学，其摩擦阻力可用下式计算：

$$\Delta P_{2(1)} = \frac{64}{Re}\frac{L}{D_p}\frac{\rho v^2}{2} \quad (\text{Pa}) \tag{5-7}$$

式中：$\Delta P_{2(1)}$——进气道摩擦阻力；

L——过滤器深度(m)；

D_p——气道的当量直径(计算参见下面波峰角一节)(m)；

v——气道内流速(m/s)；

ρ——空气的密度，1.2kg/m^3。

设波峰高为h(m)，波角为90°，则有

$$D_p = \frac{4\times\frac{2h^2}{2}}{2\sqrt{h^2+h^2}+2h} = 0.83h \tag{5-8}$$

设过滤器截面名义有效尺寸为$a\times b$(m^2)，其中实际的b应为b'。全部通道数为$\frac{a}{T+h}$，通道净高为h，所以全部通道总净高为$\frac{a}{T+h}h$。在所有通道中，一半为进气，一半为出气，真正可进气的通道面积F'应为

$$F' = \frac{b'\sum h}{2} = \frac{b'\frac{a}{T+h}h}{2} \tag{5-9}$$

另一方面，一台过滤器有数百余片分隔板，其占据的通气空间不宜忽略，所以实际的a应是a减去所有分隔板的总厚度，由于分隔板是曲折的，长度比过滤器边长多出$\sqrt{2}$倍，所以总厚度为$1.414e\frac{a}{T+h}$，故a应以$a''=a-1.414e\frac{a}{T+h}$来代替。于是进气道气流的入口速度为

$$v_0 = \frac{Q}{F'} = \frac{Q}{\frac{b'\frac{a''}{T+h}h}{2}} = 2\frac{Q}{a''b'}\frac{T+h}{h}$$

$$= 2\frac{Q}{\left(a-1.414e\frac{a}{T+h}\right)b'}\frac{T+h}{h} \tag{5-10}$$

令$\frac{a'}{a''}=i$，则

$$v_0 = 2\frac{Q}{a'\frac{a''}{a}b'}\frac{T+h}{h}$$

$$= 2\frac{Qi}{a'b'}\frac{T+h}{h} \tag{5-11}$$

将式(5-7)微分，并代入 $Re=\frac{D_p v}{\mu}\rho$，$v=v_0\frac{L-x}{L}$，得到

$$\mathrm{d}(\Delta P_{2(1)}) = \frac{32\mu}{(D_p)^2}v_0\frac{L-x}{L}\mathrm{d}x$$

则

$$\Delta P_{2(1)} = \int_0^L \mathrm{d}(\Delta P_{2(1)}) = \frac{16\mu v_0}{(D_p)^2}L \tag{5-12}$$

显然进、出气道摩擦阻力应相等，即

$$\Delta P_{2(1)} = \Delta P_{2(2)}$$

所以

$$\Delta P_2 = 2\Delta P_{2(1)} = \frac{32\mu v_0 L}{(D_p)^2} \tag{5-13}$$

再将 v_0、D_p 的表达式代入式(5-13)，于是最后得到

$$\Delta P_2 = \frac{32\mu\frac{2iQ}{a'b'}\frac{T+h}{h}}{(0.83h)^2}L = 93\mu\frac{iQ}{a'b'}\frac{T+h}{h^3}L \tag{5-14}$$

5-2-3　进出口局部阻力 C

进口局部阻力 ΔP_3 可以看成是突缩阻力，则

$$\Delta P_3 = \xi_1\frac{v_0^2\rho}{2}\ (\mathrm{Pa}) \tag{5-15}$$

由

$$\frac{\text{通道净截面}}{\text{过滤器迎风截面}} = \frac{a''b'/2}{ab} = \frac{a''b'}{2ab}$$

的值查进口阻力系数 ξ_1。

出口局部阻力 ΔP_4 可以看成是突扩阻力，则

$$\Delta P_4 = \xi_2\frac{v_0^2\rho}{2}\quad(\mathrm{Pa}) \tag{5-16}$$

同样由 $\frac{a''b'}{2ab}$ 的值查出口阻力系数 ξ_2。

$$C = \Delta P_3 + \Delta P_4 \tag{5-17}$$

5-2-4　全阻力 ΔP

$$\Delta P = \Delta P_1 + \Delta P_2 + \Delta P_3 + \Delta P_4$$

$$= jA\frac{Q}{a'b'}\frac{T+h}{L} + 93i\mu\frac{Q}{a'b'}\frac{T+h}{h^3}L + C \tag{5-18}$$

5-3　最佳波峰高度

波峰越低则滤纸折数越多，滤料阻力就越低，但结构阻力增加，波峰越高则相反。所以，有一最佳波峰高度存在，使总阻力最小。

按通常的数学方法，在 Q 和截面尺寸一定时，将式(5-18)对 h 求一阶和二阶偏导数，即

$$\frac{\partial(\Delta P)}{\partial h}=\frac{Q}{a'b'}\left[\frac{jA}{L}+93i\mu L\frac{h^3-3(T+h)h^2}{h^6}\right] \tag{5-19}$$

$$\frac{\partial^2(\Delta P)}{\partial h^2}=\frac{93i\mu LQ}{a'b'}\frac{12T+6h}{h^5} \tag{5-20}$$

因 $h>0$，故 $\frac{\partial(\Delta P)}{\partial h^2}>0$，所以当 $\frac{\partial(\Delta P)}{\partial h}=0$ 时，ΔP 存在极值，且为最小值，此时的 h 为最佳波高 h_0，即

$$\frac{Q}{a'b'}\left[\frac{jA}{L}+93i\mu L\frac{h_0^3-(T+h_0)3h_0^2}{h_0^6}\right]=0 \tag{5-21}$$

将式(5-21)两边乘以 $\frac{a'b'}{Q}$ 并化简，得

$$\frac{jA}{L}+93i\mu L\frac{h_0-3(T+h_0)}{h_0^4}=0$$

$$\frac{h_0^4 jA+93i\mu L^2[h_0-3(T+h_0)]}{h_0^4 L}=0$$

$$h_0^4 jA+93i\mu L^2 h_0-279i\mu TL^2-279i\mu L^2 h_0=0$$

因为

$$h_0^4-186i\frac{\mu L^2}{jA}h_0-279i\frac{\mu L^2}{jA}T=0 \tag{5-22}$$

可由试差法求 h_0。

现据 A、C、K 三种过滤器(滤纸厚为 0.25mm)实例[3]的结构尺寸和有关参数换算出上述公式中需要的参数，再计算出各项阻力，见表 5-2。同时可算出该三种过滤器的最佳波峰高度 h_0，分别为 3.3mm、3.3 mm 和 4.6mm，并据此反求出总阻力，确实均小于原波高的计算总阻力值。

再以现行 GB-01 型高效过滤器为例，算出不同滤料阻力系数时的最佳波高，见表 5-3。

通过以上计算结果可以看出，计算和实测比较接近，关键是实测例子中有些参数是否给准，例如阻力系数，在引用文献中就可以换算出两种不同的值，这是形成上述差别的重要原因。

还有一个原因是实测值的误差，例如 C 型过滤器除波高比 A 型高出很多外，其余参数均相同，按理其结构阻力应比 A 型大得多，但实测值竟然只差 1Pa，显然是不正确的。但目前“4 个 9”滤纸的 A 约在 4.7×10^3 左右，则过滤器总阻力可达到 190Pa(含进出口阻力)，这和实际情况是很接近的。

其次可以看出最佳波高变化范围很小，例如对于常规高效过滤器，这个值只为3～4mm。

表 5-2　阻力和波峰高计算结果

型号		已知参数									计算结果												实测		
		Q /(m^3/s)	a /m	b /m	L /m	h /m	T /m	e /m	μ /(Pa·s)	A /(Pa·s/m)	a' /m	a'' /m	b' /m	i	j	v_0 /(m/s)	ξ_1	ξ_2	ΔP_1 /Pa	ΔP_2 /Pa	C /Pa	ΔP /Pa	ΔP_1 /Pa	ΔP_2+C /Pa	ΔP /Pa
	A	0.2778	0.55	0.52	0.18	0.003	0.00025	0.0002	1.83×10^{-5}	3.3×10^{3}	0.5468	0.502	0.49	1.082	1.087	2.40	0.28	0.31	68	41	2	111	76	54	130
	C	0.2778	0.55	0.52	0.18	0.005	0.00025	0.0002	1.83×10^{-5}	3.3×10^{3}	0.5468	0.52	0.49	1.038	1.087	2.30	0.28	0.31	110	14	2	126	105	53	158
	K	0.2778	0.37	0.52	0.30	0.005	0.00025	0.0002	1.83×10^{-5}	3.3×10^{3}	0.3648	0.35	0.49	1.027	1.087	3.43	0.28	0.31	96	35	4	135	93	59	152
计算出最佳波峰高度						h_0																			
	A					0.0033					0.543	0.508	0.49	1.073					74	34	2	110			
	C					0.0033					0.543	0.506	0.49	1.073					74	34	2	110			
	K					0.00455					0.36	0.348	0.49	1.034					88	42	4	134			

表 5-3 GB-01 高效过滤器的最佳波高 h_0（484×484×220，1000m³/h，有封头胶）

A /(Pa·s/m)	T /m	e /m	h_0 /m	$\Delta P_1+\Delta P_2$ /Pa
3.5×10^3	0.00028	0.00017	0.0037	101.9+45.4=147.3
4.0×10^3	0.00028	0.00017	0.0036	111.2+50.3=161.5
4.5×10^3	0.00028	0.00017	0.0034	121.2+53.2=174.4
5.0×10^3	0.00028	0.00017	0.0033	130.7+56.9=187.6

再次，可作如下进一步推导：设 $T=xh_0$，则式(5-21)经化简后再两边各乘$(T+h_0)$，于是得到

$$\frac{Q}{a'b'}\left[\frac{jA}{L}+93i\mu L\frac{-(3x+2)}{h_0^3}\right]=0 \tag{5-23}$$

$$(T+h_0)\frac{Q}{a'b'}\frac{jA}{L}=(3x+2)93iQ\mu\frac{T+h_0}{a'b'h_0^3}L \tag{5-24}$$

此式左边即滤料阻力 ΔP_1，右边即$(3x+2)$倍的摩擦阻力 ΔP_2，所以

$$\Delta P_1=(3x+2)\Delta P_2 \tag{5-25}$$

以上计算表明：若 $T=0.1h_0$，则 $\Delta P_1=2.3\Delta P_2$，由此可知对于常规高效过滤器。当结构阻力比滤料阻力一半略小时，总阻力最小，此时波峰高度为在该 L 条件下的最佳波高。这从表 5-3 可以看出，上述结论是正确的。所以，那种认为当滤料阻力相等于结构阻力时（在既定的 L 条件下）总阻力最小的看法是不对的。

5-4 最佳深度

当波峰高度固定时，过滤器的通气道深度增加可增加滤料面积，降低滤料阻力，但同时沿气道结构阻力也增大了，因而也存在使总阻力最小的深度 L_0。

将式(5-18)对 L 求一阶及二阶偏导数，即

$$\frac{\partial(\Delta P)}{\partial L}=\frac{Q}{a'b'}\left(93i\mu\frac{T+h}{h^3}-jA\frac{T+h}{L^2}\right) \tag{5-26}$$

$$\frac{\partial^2(\Delta P)}{\partial L^2}=\frac{2jAQ(T+h)}{a'b'}\frac{1}{L^3} \tag{5-27}$$

由于$\frac{\partial^2(\Delta P)}{\partial L^2}>0$，所以$\frac{\partial(\Delta P)}{\partial L}=0$ 时的 ΔP 为最小值，即

$$\frac{Q}{a'b'}\left(93i\mu\frac{T+h}{h^3}-jA\frac{T+h}{L^2}\right)=0 \tag{5-28}$$

时，$L=L_0$。于是

$$\frac{jA(T+h)}{L_0^2}=93i\mu\frac{T+h}{h^3} \tag{5-29}$$

所以

$$L_0=\sqrt{\frac{jAh^3}{93i\mu}} \tag{5-30}$$

可以求出表 5-2 的三种过滤器的 L_0，如表 5-4 所列。可见在 L_0 时的结构阻力小于 h_0 时

的结构阻力，总阻力当然也如此。

表 5-4　最佳气道深度 L_0 的计算值

过滤器型号	h /m	原 L /m	L 时 ΔP /Pa	L_0 /m	L_0 时的 $\Delta P_1+\Delta P_2=\Delta P$ /Pa
A	0.003	0.18	109	0.23	53+63=106
C	0.005	0.18	124	0.51	38.8+39.7=78.5
K	0.005	0.3	131	0.51	56.5+59.5=116

仔细观察会发现，式(5-29)的两边分别和式(5-6)和式(5-14)相比都少了$\frac{Q}{a'b'}L_0$，若以此项乘以式(5-29)的两边，则得到

$$\frac{Q}{a'b'}\frac{jA(T+h)}{L_0}=\frac{Q}{a'b'}93i\mu\frac{T+h}{h^3}L_0 \tag{5-31}$$

从而得出上式的左右两边分别为在最佳深度时的过滤器滤料阻力和结构阻力的结果。

以上计算表明：

首先，一般高效过滤器其深度还有加大的可能。

其次，由于出入口阻力极小，只要滤料阻力等于结构阻力，该过滤器即具有在该 h 条件下的最佳深度。这里要注意的是，不同时存在 h_0 和 L_0，只能在固定 h 或 L 时单因子优选 L_0 或 h_0。

5-5　波　峰　角

从摩擦阻力公式可见，在影响摩阻的因素中，若速度、长度皆一定，则当量直径影响最大，当要求波高一定时，影响当量直径的将是波峰角。

传统的波峰角是 90°，角度变化的影响可从以下计算[4]得出(参见图 5-5)：

$$90°\text{波峰角时}\quad(\text{当量直径})d=\frac{4F}{S}=\frac{4\times h/2\times 2h}{2\sqrt{2}h+2h}=0.83h$$

$$60°\text{波峰角时}\quad(\text{当量直径})d=\frac{4\times h/2\times 1.155h}{3\times 1.155h}=0.67h$$

式中：F——气道截面积；

S——气道周长。

对于分隔板质量不太好、折叠时又因施力而把波峰压低(这是常发生的)使波峰成为 120°的情况，新波高成为 $h'=0.75h$，比原波高少了 $h''=0.25h$，此时的当量直径

$$d=\frac{4\times 0.75h\times 1.732\times 0.75h}{2\times 2\times 0.75+2\times 1.732\times 0.75h}=0.7h$$

对于有意加大波峰角到 120°但波高仍保持 h 时的当量直径

$$d=\frac{4\times h/2\times 2\sqrt{3}h}{2\times 2h\times 2\sqrt{3}h}=\frac{6.928h}{7.454}=0.928h$$

对于有意加大波峰角到 150°但波高仍保持 h 时的当量直径

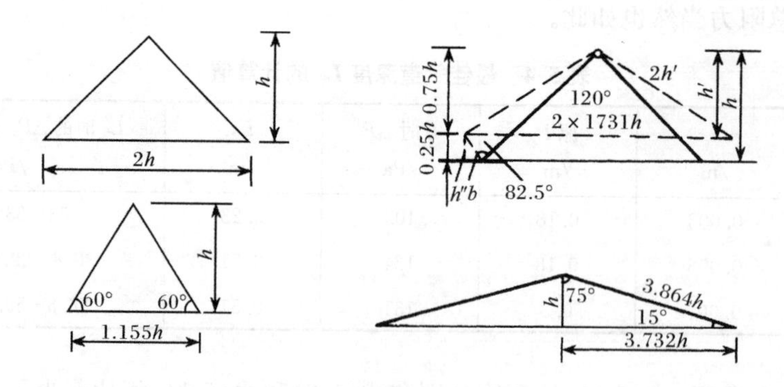

图 5-5 波峰角计算图

$$d=\frac{4\times h/2\times 2\times 3.732h}{2\times 3.864h+2\times 3.732h}=\frac{14.928h}{15.192}=0.938h$$

则波峰角为 60°和 90°时的以摩擦阻力为主的结构阻力，由式(5-13)知与 d^2 成反比，即

$$\frac{\Delta P_{2,60^\circ}}{\Delta P_{2,90^\circ}}=\frac{0.83^2}{0.67^2}=1.53$$

同理，波峰角为 120°而波高被压小成 h' 和波峰角为 90°时的上述阻力之比为

$$\frac{\Delta P_{2,120^\circ}}{\Delta P_{2,90^\circ}}=\frac{0.83^2}{0.7^2}=1.41$$

波峰角为 120°而波高仍为 h 和波峰角为 90°时的上述阻力之比为

$$\frac{\Delta P_{2,120^\circ(h)}}{\Delta P_{2,90^\circ}}=\frac{0.83^2}{0.928^2}=0.8$$

波峰角为 150°而波高仍为 h 的和波峰角为 90°时的上述阻力之比为

$$\frac{\Delta P_{2,150^\circ(h)}}{\Delta P_{2,90^\circ}}=\frac{0.83^2}{0.983^2}=0.713$$

从以上结果可得出以下几点结论：

(1) 当波高不变时，波峰角越大，结构阻力越小。

(2) 当波峰角加大到 150°时，气流通道的当量直径已接近波高，故再加大波峰角作用已不大。

(3) 目前广泛采用的不浸胶的分隔板(仅在表面涂胶或喷胶，甚至仅处理一面)，质地很软，不挺，稍加压波峰角即变大而波高减小，这将使结构阻力加大。

(4) 如果能对生产分隔板的工艺加以改进，既不用过去污染严重的浸胶法，也不能只采用涂胶的铜版纸，而是采用一种能使波峰固定的工艺，这就可能把波峰角从传统的 90°加大到 150°左右，则结构阻力将降低 30%左右。

5-6 无分隔板过滤器的结构参数

无分隔板的分隔物(线)高设为 h，分隔物间距设为 B，则其气道的当量直径为

$$d=\frac{4hB}{2(h+B)}$$

由于 B 为厘米量级，$B\gg h$，所以

$$d\approx\frac{4Bh}{2B}=2h \tag{5-32}$$

由于线宽占去的滤料有效面积很小，故前面推导过程中的 j 可以不计。又因无分隔板过滤器滤料折数要比有分隔板的多得多，所以粘于两端的滤料可以不计，则 i 也不予考虑。于是由式(5-14)、式(5-18)和式(5-32)可得到总阻力为

$$\Delta P=\frac{AQ}{ab}\frac{T+h}{L}+16\mu\frac{Q}{ab}\frac{T+h}{h^3}L+C \tag{5-33}$$

最佳波高公式为

$$h_0^4-32\frac{\mu L^2}{A}h_0-48\frac{\mu L^2}{A}T=0 \tag{5-34}$$

最佳深度公式为

$$L_0=\sqrt{\frac{Ah^3}{16\mu}} \tag{5-35}$$

前述关于滤料阻力和结构阻力最佳匹配的结论也适用于无隔板过滤器。

设 $A=3.5\times10^3\text{Pa}\cdot\text{s/m}$，按现在通用的无隔板过滤器深度 $L=0.08\text{m}$，滤纸厚 0.0003m，则可求出

$$h_0^4=\frac{32\times1.83\times10^{-5}\times0.08^2}{3.5\times10^3}h_0-\frac{48\times1.83\times10^{-5}\times0.08^2}{3.5\times10^3}\times0.0003=0$$

$$h_0^4-1.07\times10^{-9}h_0=0.48\times10^{-12}$$

用试差法求出 $h_0=1.14\text{mm}$，代入上式得

$$1.69\times10^{-12}-1.22\times10^{-12}=0.47\times10^{-12}\approx0.48\times10^{-12}$$

假定是 484mm×484mm×80mm，1000m³/h 风量的过滤器(边宽 15mm)，可用式(5-33)分别求出 $h_0=1.14\text{mm}$ 时的滤料阻力和结构阻力(忽略式中第三项进出口阻力)。

$$\Delta P_1=\frac{3.5\times10^3\times0.2778}{0.454^2}\times\frac{0.00114+0.0003}{0.08}$$

$$=84.9(\text{Pa})$$

$$\Delta P_2=16\times1.83\times10^{-5}\times\frac{0.2778}{0.454^2}\times\frac{0.00114+0.0003}{(1.14\times10^{-3})^3}\times0.08$$

$$=30.7(\text{Pa})$$

$$\Delta P_1+\Delta P_2=115.6(\text{Pa})$$

按 5-3 节

$$x=\frac{T}{h}=\frac{0.0003}{0.00114}=0.263$$

所以由式(5-25)应有

$$\Delta P_1=(3\times0.263+2)\Delta P_2=2.79\Delta P_2$$

而

$$2.79\times30.7=85.6(\text{Pa})$$

可以认为和上面计算出的 84.9Pa 没有差别，证明滤料阻力和摩擦力应当匹配的规律。

主要因为工艺以及为了降低过滤器安装高度，所以无隔板过滤器目前的厚度（气道深度）一般不超过 80mm，可以计算出此时 ΔP 和 h 的关系，见图 5-6（$A=3.5\times10^3$）。

但现在无分隔板过滤器通常选择分隔线线高（两线黏合之高）为 1.5mm 而不是 1.14mm，其他参数均大致如前述，则应有

$$\Delta P_1=106\text{Pa}$$
$$\Delta P_2=17\text{Pa}$$
$$\Delta P_1+\Delta P_2=123\text{Pa}$$

按现在一般产品，A 在 5×10^3 左右，以上理论总阻力在 180Pa 左右，而产品实际阻力均高于此值可达 20%，除计算参数不一定和实际相符外，在理论上也有探讨的余地。

但是，80mm 不是 $h=1.5$mm 时的最佳深度，据式(5-35)，在 $h=0.0015$m 时，最佳深度应为

$$L_0=\sqrt{\frac{3.5\times10^3\times(1.5\times10^{-3})^3}{16\times1.83\times10^{-5}}}=0.2(\text{m})$$

经计算，此时 $\Delta P=84.9$Pa，比 $L=0.08$m 时小 38Pa。图 5-7（$A=3.5\times10^3$）即是这种过滤器 ΔP 和 L 关系的反映。

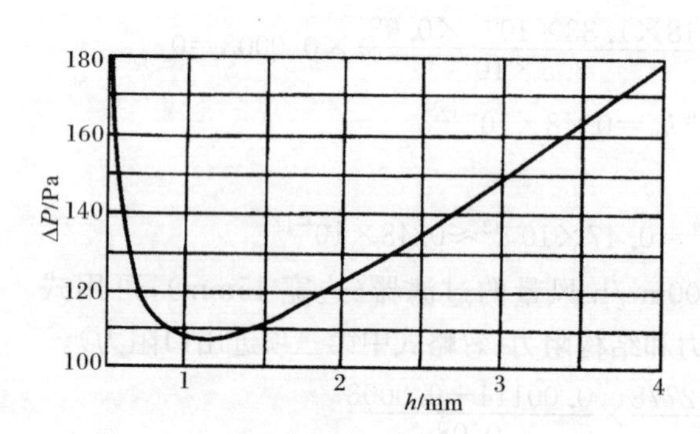

图 5-6　无隔板高效过滤器 ΔP 和 h 的关系
（$L=0.08\text{m},A=3.5\times10^3$）

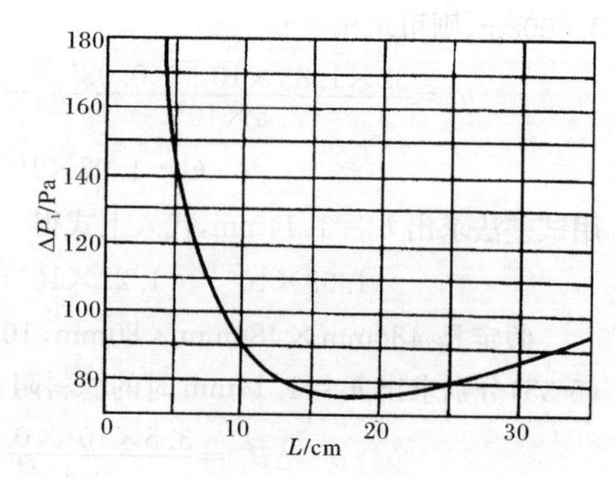

图 5-7　无隔板高效过滤器 ΔP 与 L 的关系
（$h=0.0015\text{m},A=3.5\times10^3$）

但是从技术经济综合比较看，用 0.08m 深度仍然是合适的。

假如用丙纶纤维纸来制作无隔板折叠形过滤器，其 $A\approx0.3\times10^3$，其他参数不变，则

$$h=0.0015\text{m},\quad L_0=0.06\text{m},\quad \Delta P=24.6\text{Pa}$$
$$h=0.001\text{m},\quad L_0=0.032\text{m},\quad \Delta P=32.6\text{Pa}$$

图 5-8（$A=0.3\times10^3$）表明上述 ΔP 和 L 的关系，证明在 $h=0.0015$m 时 0.06m 确实是 L 的最佳数值。

对于习惯用的 $L=0.08$m 的无隔板亚高效过滤器，其最佳波高由图 5-9（$A=0.3\times10^3$）可见为 $h_0=2.2$mm；如果是现在实际采用的 1.5mm，则此时的阻力比用最佳波高时约多 4Pa，差别是很小的。

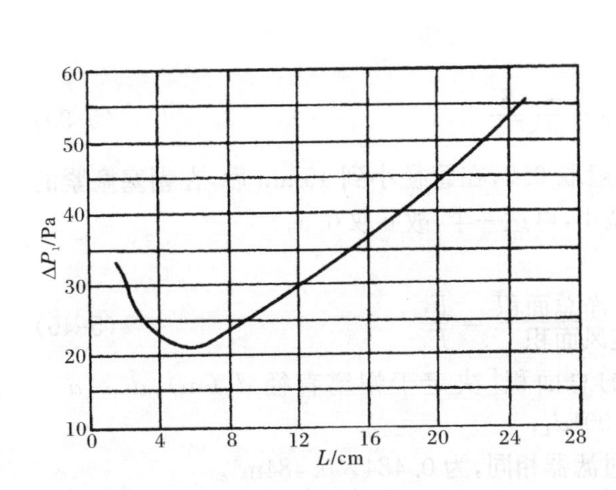

图 5-8　无隔板亚高效过滤器 ΔP 与 L 的关系

($h=0.0015$m,$A=3.5\times10^3$)

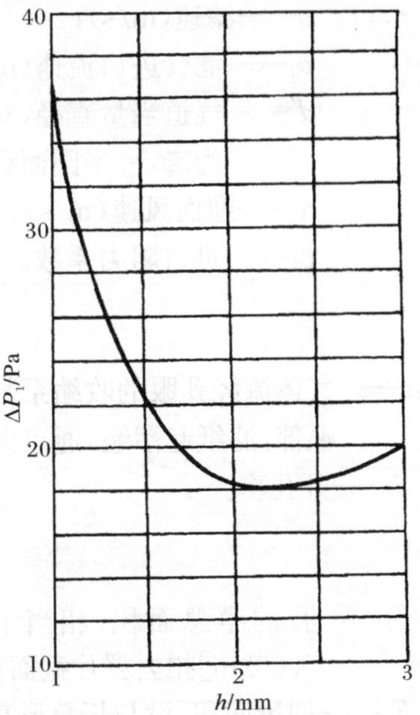

图 5-9　无隔板亚高效过滤器 ΔP 和 h 的关系

($L=0.08$m)

5-7　管形过滤器的计算

要想降低过滤器的阻力，一是选择阻力小的滤纸，一是降低结构阻力，而管形结构的结构阻力将可能满足这一要求。现按第四章所述的亚高效管形过滤器结构进行分析。

如果也假定进出气道的摩擦阻力一样，即

$$\Delta P_{2(1)}=\Delta P_{2(2)}$$

并且从工艺角度出发，先确定一个合适的方便加工的管径，并在固定的 $a\times b$ 外形尺寸内确定适当的管数，则其总阻力可计算如下(参见图 5-10)：

$$\Delta P=\Delta P_1+2\Delta P_{2(1)}+\Delta P_{2(3)}+\Delta P_{2(4)} \tag{5-36}$$

式中：ΔP_1——滤料阻力(Pa)；

$$\Delta P_1=A\frac{Q}{n\pi d}=Av \tag{5-37}$$

$\Delta P_{2(1)}$——进气道摩擦阻力(Pa)，和折叠形过滤器一样可得出

$$\Delta P_{2(1)}+\Delta P_{2(2)}=2\Delta P_{2(1)}=\frac{32\mu v_0}{d'^2}L=\frac{86\mu v_0}{d^2}L$$

$\Delta P_{2(3)}$——进气多孔板阻力(Pa)；

$$\Delta P_{2(3)}=\zeta_1\frac{u^2\rho}{2} \tag{5-38}$$

$\Delta P_{2(4)}$——出气侧阻力(Pa)。

以上各式中：n——滤管数目(个)；

d——滤管直径(m)；

v——滤速(m/s)；

v_0——滤管进口流速(m/s)；

d'——气道当量直径，对于圆管中间插进翼片的图 5-11 来说，翼片把圆一分为二，一半圆面积的 $d'=0.61d$；

u——迎面风速(m/s)；

ζ_1——进口阻力系数。

$$\zeta_1=\frac{1-c^2S^2}{c^2S^2} \tag{5-39}$$

式中：c——气体流经孔眼的收缩系数，一般取 0.9，在管径小到 15mm 后，在帽塞塞紧的喉部，滤纸起褶皱，通道大为减小，可达一半，故 c 取 0.5。

S——开孔率。

$$S=\frac{\text{孔的净总面积}}{\text{迎风面积}}=\frac{F_1}{F_2} \tag{5-40}$$

式中：F_1——孔的净总面积，相当于孔的总面积[决定于帽塞直径 d_1(m)，$d_1=d-0.002$m]扣去翼片截面积 $0.001d_1$；

F_2——迎风面积，设与折叠形高效过滤器相同，为 $0.484\times0.484\text{m}^2$。

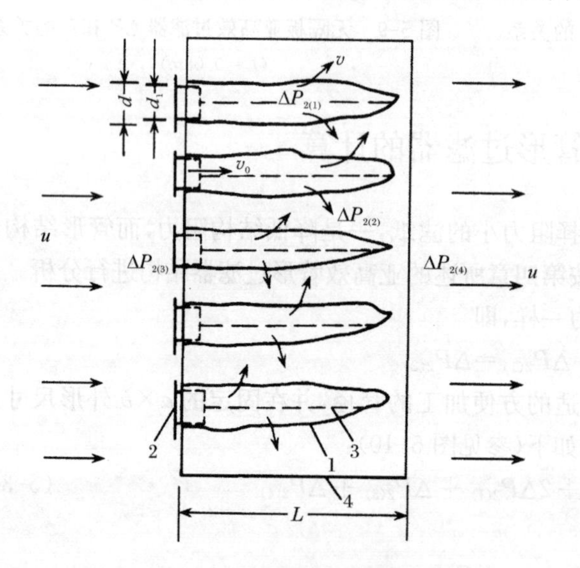

图 5-10 管形过滤器计算参数

1. 滤管；2. 帽塞；3. 翼片；4. 外框

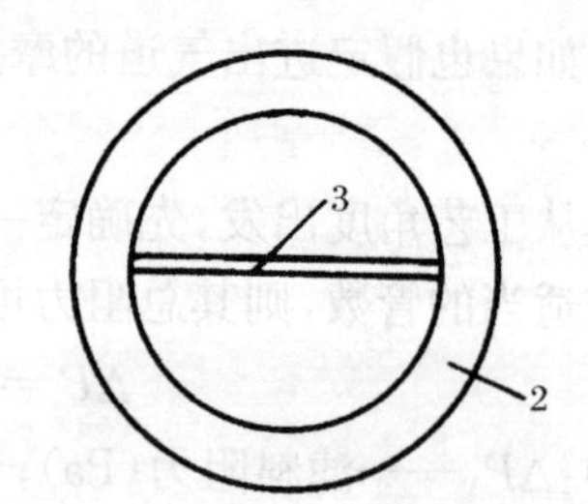

图 5-11 气道一分为二的滤管

2. 帽塞；3. 翼片

由于滤管在出口侧均成为扁形，所以实际出口截面与过滤器断面很接近，且是渐变的，故 $\Delta P_{2(4)}$ 可忽略。

现以第四章介绍的 YGG 低阻亚高效过滤器参数为例，按以上计算方法计算出各部分阻力列入表 5-5。从该表可见，计算值与实测值相当接近，说明计算方法是可行的；同时可见，在相同尺寸、风量情况下，管形过滤器结构阻力比折叠形的小得多。目前只是因其他原因，还没有出现丙纶滤料的管形高效过滤器。

表 5-5　管形过滤器计算例

滤管直径 /m	滤管个数 /个	管长 /m	开孔面积 /m^2	滤速 v /(m/s)	面速 u /(m/s)	管内速 v_0 /(m/s)	A /(Pa·s/m)	C	ζ_1	S	计算结果 /Pa				实测结果 /Pa	
											ΔP_1	$2\Delta P_{2(1)}$	$\Delta P_{2(3)}$	ΔP	ΔP	ΔP_2
0.019	330	0.215	0.0692	0.066	1.35	4.01	5.5×10^2	0.9	10	0.336	36.3	3.7	10.9	50.9	50	13.7
0.019	330	0.215	0.0692	0.066	1.35	4.01	7×10^2	0.9	10	0.336	46.2	3.7	10.9	60.8	60	13.8
0.019	347	0.215	0.0728	0.0624	1.35	3.81	7.5×10^2	0.9	9	0.353	46.8	3.5	9.8	60.1	60	13.2
0.019	347	0.215	0.0728	0.0624	1.35	3.81	5.6×10^2	0.9	9	0.353	34.9	3.5	9.8	48.2	50	15.1
0.019	347	0.215	0.0728	0.0624	1.35	3.81	7.8×10^2	0.9	9	0.353	48.6	3.5	9.8	61.9	60	11.4
0.015	630	0.215	0.0753	0.044	1.35	3.69	7×10^2	0.9	29.3	0.336	31	5.5	31.9	68.4	75	44

参考文献

[1] 程代云. 空气过滤器的流体力学模型. 力学与实践,1983,(1):34－37.

[2] Пречистенский С А. Радиоактивые выеборосы в атмосферу. Москва,1961:36.

[3] 国家建委建筑科学研究院空气调节研究所. 装配式恒温洁净室. 1973.

[4] 许钟麟. 扩大高效过滤器分隔板波峰角的探讨. 暖通空调,1991,(6):26－28.

第六章　室内微粒的运动

室内空气中的微粒必须运动到精密产品附近并沉积在它的敏感部位，才有可能导致产品损坏。所以引起微粒运动和沉积的机理是环境控制所必要了解的一个重要因素。

6-1　作用在微粒上的力

力是运动状态改变的原因。作用于微粒上的力，可以大致归纳为五种。

(1) 质量力。这是指与微粒质量成比例的力，有重力、惯性力、惯性离心力等。

(2) 分子作用力。这是指由于气体分子运动而推动微粒运动的力，有布朗运动的扩散力、气流中分子脉动的湍流力和声波作用力等。

(3) 场力。这是指除去重力场外的电场力、磁场力以及浓度场、温度场和光的作用力。在这些力的作用下，形成微粒的电泳、磁泳、扩散泳、温差泳、光泳等运动现象。

(4) 粒子间的吸引力。

(5) 气流力。这是指送、回风气流和热对流气流及人工搅动引起的气流以及其他有一定流速的气流携带微粒运动的力。

对于洁净室的污染控制来说，在上述各种作用力当中，气流力几乎是最重要但又最复杂而很少被研究的因素。其次，重力、惯性力、分子扩散力也比较重要，而其他几种力对于室内微粒的运动作用甚微。至于微粒在电场中的运动在过滤器一章中已讨论过了，所以静电力和几种作用甚微的力在本章就不论述了。

6-2　微粒的重力沉降

如图 6-1 所示的空间中的微粒，将受到重力 F_1、浮力 F_2 和介质阻力 F_3 的作用。

对于球形微粒，重力为

$$F_1 = m_p g = \frac{\pi}{6} d_p^3 \rho_p g \tag{6-1}$$

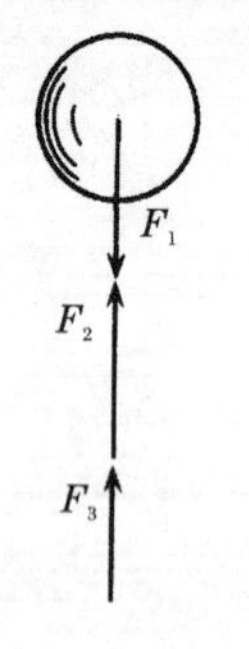

图 6-1　球形微粒沉降时受的力

浮力等于同体积介质的重量，即

$$F_2 = m_a g = \frac{\pi}{6} d_p^3 \rho_a g \tag{6-2}$$

阻力等于微粒与气流间的相对运动的速度（相当于微粒沉降时的速度）头和微粒投影截面及阻力系数之积，即

$$F_3 = \psi \frac{\pi}{4} d_p^2 \frac{v^2}{2} \rho_a = \psi \frac{\pi d_p^2 \rho_a v^2}{8} \tag{6-3}$$

式中：m_p、m_a——微粒和空气的质量(kg)；

ρ_p、ρ_a——微粒和空气的密度(kg/m³)；

v——微粒的相对速度(m/s)；

d_p——微粒直径(m)；

ψ——阻力系数。以上各力单位为 N。

微粒在受力作用的同时发生沉降，在沉降过程中微粒的沉降速度不断增加，当阻力、浮力、重力平衡，即 $F_1-F_2=F_3$ 时，达到等速沉降，此时的速度 $v=v_s$，称为沉降速度或斯托克斯速度，可由下式求出：

$$v_s = 3.62\sqrt{\frac{d_p(\rho_p-\rho_a)}{\psi\rho_a}} \quad (m/s) \tag{6-4}$$

阻力系数 ψ 取决于微粒在气流中的流动状态，即层流流动还是紊流流动以及微粒的形状。微粒的流动状态则由其相对运动的微粒雷诺数 Re 决定，即

$$Re=\frac{d_p v\rho_a}{\mu}$$

式中：μ——气体黏滞系数(Pa·s)，亦称动力黏滞系数，以区别于运动黏滞系数 ν，$\nu=\frac{\mu}{\rho_a}$。对于采用法定制，20℃时 $\mu=1.83\times10^{-5}$，$\rho_a=1.2$。

对于运动的微粒来说，Re 一般在 1 以下。当 Re 小于 1 特别是小于 0.5 时，对球形微粒可应用下列公式求微粒运动的阻力：

$$F_3 = 3\pi\mu d_p v \tag{6-5}$$

这就是著名的斯托克斯公式，阻力方向和运动方向相反。该阻力的 1/3 分量为微粒的形状阻力分量，2/3 分量为微粒的摩擦阻力分量。结合式(6-3)可导出阻力系数

$$\psi=\frac{24}{Re} \tag{6-6}$$

由此可知，此时阻力严格地和微粒速度的一次方有关。但是在较大的 Re 情况下，惯性力不能忽略，就推导不出式(6-6)的关系，阻力和速度也就不是直线关系了。$Re>1$ 时的 ψ 值[1,2]见表 6-1。

表 6-1　$Re>1$ 时的 ψ 值

Re	ψ	Re	ψ	Re	ψ	Re	ψ
1.0	26.5	10.0	4.1	100.0	1.07	1000	0.46
2.0	14.4	20.0	2.55	200.0	0.77	$10^3\sim2\times10^5$	0.4～0.5
3.0	10.4	30.0	2.00	300.0	0.65	$>2\times10^5$	≈0.22
5.0	6.9	50.0	1.5	500.0	0.55		
7.0	5.4	70.0	1.27	700.0	0.50		

对于非球形微粒阻力系数要乘以修正系数 β，即非球形微粒的阻力系数 $\psi'=\beta\psi$。β 值如表 6-2 所列。

将式(6-6)代入式(6-4)，并且取 $\rho_p-\rho_a\approx\rho_p$，则得沉降速度

$$v_s=3.62\sqrt{\frac{d_p\rho_p v_s d_p\rho_a}{24\rho_a\mu}}$$

两边平方解出

$$v_s\approx0.54\frac{d_p^2\rho_p}{\mu}(m/s) \tag{6-7}$$

表 6-2　阻力系数的修正系数 β

微粒形状	β
当量球形微粒	1.0
表面粗糙的圆形微粒	2.42
椭圆形微粒	3.08
片状微粒	4.97
不规则形状微粒	2.75～3.5

应用这一公式要注意两点：

(1) 气溶胶技术中一般设微粒密度 $\rho_p = 1000 kg/m^3$，而对大气尘微粒一般设 $\rho_p = 2000 kg/m^3$。

(2) μ 的单位最易混淆，有的文献由于误用单位制，使结果差 10 倍而导致完全相反的结论(详见后面等速采样部分)；本书均采用基于国际单位制的法定单位制，这种单位制和过去的厘米克秒制或工程制等的差别见表 6-3。

表 6-3　各种单位制

	国际单位制(法定制)	cgs 制	工程制	KMS 制
单位	牛顿·秒/米^2 (N·s/m^2) 或帕·秒 (Pa·s)	泊 (P) 或达因·秒/厘米^2 (dyn·s/cm^2)	千克力·秒/米^2 (kgf·s/m^2)	千克/(米·小时) [kg/(m·h)]
差别	1 0.1 9.807 2.778×10^{-4}	10 1 98.07 2.778×10^{-3}	0.102 1.02×10^{-2} 1 2.833×10^{-5}	3600 360 3.53×10^4 1

对于法定制来说，如果查出的 μ 是 cgs 制的单位，则应将 μ 值除以 10；如果 μ 为工程制单位，应将 μ 值乘以 9.81；如果 μ 为 KMS 制单位，则应将 μ 值除以 3600。

因此，对于大气尘微粒，常温 20℃时微粒的沉降速度(m/s)与微粒直径(设以μm 表示)的关系由式(6-7)计算可得

$$v_s \approx 0.54 \frac{2000\times(d_p\times10^{-6})^2}{1.83\times10^{-5}}(\text{m/s}) = 590\times10^{-7}\times10^2 d_p^2(\text{cm/s})$$

即有

$$v_s \approx 0.6\times10^{-2} d_p^2 \quad (\text{cm/s}) \tag{6-8}$$

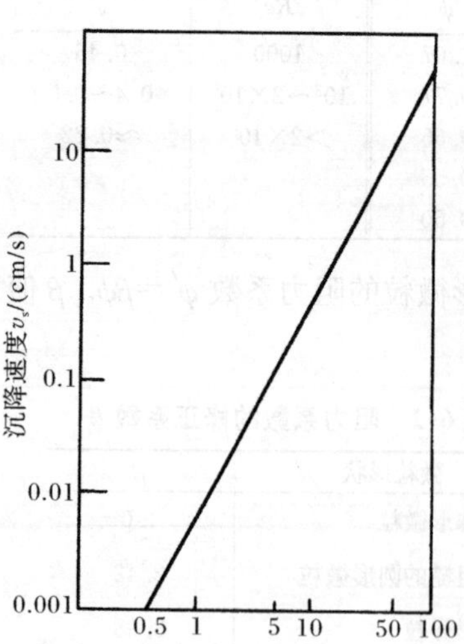

该计算结果也可以表示为图 6-2，可见对于 1μm 的微粒，v_s 才 0.006cm/s，从工作区(离地面 0.8m)降到地面就需 4h；而对于 0.5μm 以下的微粒，其扩散距离接近甚至超过了沉降距离，所以就更不容易沉降了。

图 6-2　沉降速度和粒径的关系

这里要注意的是，对于 1μm 以下的微粒，应考虑滑动修正。根据气溶胶力学，斯托克斯公式是在连续流条件下导出的，是假定微粒表面没有速度跃变的，也就是说，依附于这个表面的无限薄的介质层相对于质点是不运动的，或者说，微粒表面存在一个速度接近于零的边界层。对于小微粒，当其半径接近气体分子平均自由行程 λ 或者在气体压力比较小时，由于微粒的运动具有分子的特征，小到会在气体分子间“滑过去”，即微粒的存在和运动不会破坏气体介质的速度分布，也不在气体介质中引起任何气流，因而不存在上述的速度接近零的边界层；或者反过来说，相对于微粒表面有了一个有速度的——速度

跃变的——介质层，即在运动着的微粒表面产生了气体介质的滑动。显然，此时介质的阻力应当减小，有利斯托克斯沉降速度，这就是对小微粒要加以滑动修正的原因。

判定微粒尺度是处于滑动流体系还是其他体系的关键参数称为克努森(Knudsen)数：

$$Kn = \frac{2\lambda}{d_p} \tag{6-9}$$

具体区分一般用表 6-4 的数据。

表 6-4　以 *Kn* 表示的微粒尺度体系

微粒尺寸体系	Kn	d_p/μm
连续流(斯托克斯)体系	≤0.001	>130
滑流体系	0.001～0.3	130～0.43
过渡体系	0.3～10	0.43～0.013
自由分子体系	>10	<0.013

令 C 为滑动修正系数，亦称库宁汉(Cunninghum)修正系数，则修正后的沉降速度应是

$$v'_s = Cv_s \tag{6-10}$$

$$C = 1 + \frac{2\lambda}{d_p}\left(1.257 + 0.4e^{-1.1\frac{d_p}{2\lambda}}\right) \tag{6-11}$$

由式(6-11)给出常温常压下的 C 值如表 6-5 所列，可见对于 1μm 微粒，修正的沉降速度将比不修正的快 16%。

表 6-5　滑动修正系数 *C*

d_p/μm	0.003	0.01	0.03	0.1	0.3	1.0	3.0	10.0
C	90	24.5	7.9	2.9	1.57	1.16	1.03	1

6-3　微粒在惯性力作用下的运动

微粒在惯性力作用下的运动，就是在获得初速度后外力即消失而只依靠惯性在运动。例如人身上的或者设备中的尘粒，由于人体或设备的活动或运动而得到了一次机械力的作用，假定它因而获得了水平初速度而离开人体或物体，一旦离开后作用力即消失(这里暂不考虑气流的作用并忽略重力下沉)，微粒即依靠惯性作减速运动。

微粒在以 v_0 作水平运动时按牛顿定律为以下方程所描述：

$$m\frac{dv}{dt} = F - F_3 \tag{6-12}$$

式中：F——外力，在惯性力情况下 $F=0$；

F_3——阻力。

这里应考虑滑动修正，则 F_3 按斯托克斯方程为

$$F_3 = \frac{3\pi\mu d_p v}{C} \tag{6-13}$$

所以式(6-12)变为

$$\frac{dv}{dt}=-\frac{v}{\frac{Cm}{3\pi\mu d_p}}$$

令

$$\frac{Cm}{3\pi\mu d_p}=C\tau$$

即

$$\tau=\frac{d_p^2\rho_p}{18\mu}$$

则

$$\frac{dv}{v}=-\frac{dt}{C\tau}$$

积分得

$$v=v_0 e^{-t/C\tau} \tag{6-14}$$

在时间 t 内运动的距离是

$$S_t=\int_0^t v dt=\int_0^t v_0 e^{-t/C\tau} dt=C\tau v_0(1-e^{-t/C\tau}) \tag{6-15}$$

当 $t\to\infty$ 时，即求得稳定时微粒的惯性运动距离，以 S_R 表示，则

$$S_R=C\tau v_0 \tag{6-16}$$

表 6-6　在惯性力作用下，20℃时微粒 ($\rho_p=2g/cm^3$) 的水平运动距离

粒径/μm	τ/s	S_R/cm	
		v_0=100cm/s	v_0=1000cm/s
10	6×10^{-4}	0.06	0.6
5	1.6×10^{-4}	0.016	0.16
1	7×10^{-6}	0.0007	0.007

将 τ 的公式代入式(6-16)，计算结果列在表 6-6 中。τ 是具有时间量纲的量，在气溶胶力学中被称为“张弛时间”。它是表征微粒运动的重要参数，也称特征时间，表明微粒从初始稳定状态变化到终了稳定状态所需的时间。例如当运动力去掉后减速的 1μm 的微粒，由式(6-14)可知，在时间 $t=\tau$ 内将达到初始速度的 1/3。因此当 $t>\tau$ 时，微粒的运动状态只发生较小的变化。

由表 6-6 可见，以 1000cm/s 的初速被抛射出去的微粒，由于速度迅速衰减，所以水平运动距离极短，它要靠这个机械力飞扬是不可能的。

6-4　微粒的扩散运动

空气中的微粒由于作布朗运动的空气分子对其撞击而产生显著不均衡的位移，显现出乱运动，如图 6-3 所示。

分子在每次相撞以后，运动的方向和速度发生突然的改变，所以其路径由许多段直线组成。微粒在受到空气分子相撞以后，由于其质量比分子大得多，故速度的改变小到可以忽略，而只有在很多次相撞之后，微粒的方向和速度才发生显著的改变，因此微粒的路径几乎是平滑曲线。这种微粒的乱运动的现象叫做微粒的扩散运动。

尽管扩散运动中微粒在各方向上的位移是随机的，但是在 $t\gg\tau$ 时将发生净线性位移，

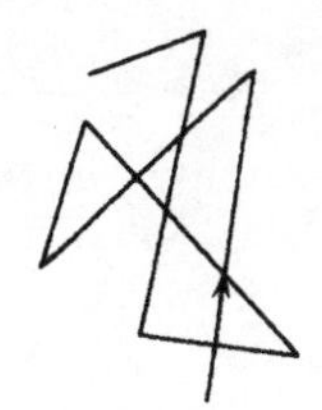

(a) 作布朗运动的气体分子的路径

(b) 微粒受空气分子撞击的不平衡状态

(c) 微粒的扩散运动路径

图 6-3　分子和微粒的扩散运动

$t=1\text{s}$ 就足够了。所以,在给定方向上 1s 内平均位移的绝对量由下式[3]给出:

$$S_D = \sqrt{\frac{4Dt}{\pi}} \tag{6-17}$$

式中:t——时间(s);

D——微粒的分子扩散系数(cm^2/s)。

图 6-4 给出了 D 和粒径的关系,表 6-7 给出了不同粒径的扩散运动距离。从表中可见,微粒依靠扩散而运动的距离是微不足道的。

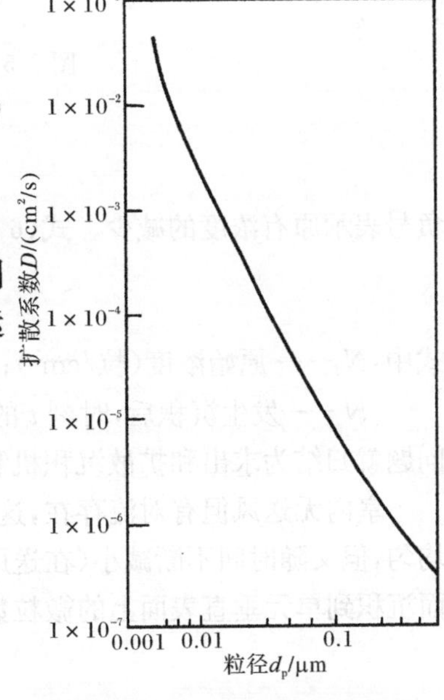

图 6-4　扩散系数和粒径的关系

表 6-7　$t=1\text{s}$ 的微粒扩散运动距离

粒径/μm	S_D/cm
10	1.23×10^{-4}
5	1.74×10^{-4}
2	2.78×10^{-4}
1	4.02×10^{-4}
0.5	5.90×10^{-4}
0.1	1.68×10^{-3}

6-5　微粒在表面上的沉积

6-5-1　微粒在无送风室内垂直表面上的扩散沉积

微粒在平的垂直表面上,惯性沉积完全可以忽略,一般认为只存在扩散沉积。这种扩散沉积包括分子扩散和对流扩散两部分。在没有送风的室内,空气也不是绝对静止的,而是有对流存在。微粒首先靠对流扩散逐渐接近表面,在离表面很薄的一层内微粒又依靠分子扩散沉积到表面上,见图 6-5。

对于一定粒径的微粒,分子扩散系数 D 是知道的,而对流扩散系数则不知道。付克斯[4]是用简化的方法来解决这一问题的。

因为在任何沉积机理中,由于沉积而造成的微粒浓度变化是和微粒浓度 N 成正比的,所以有:

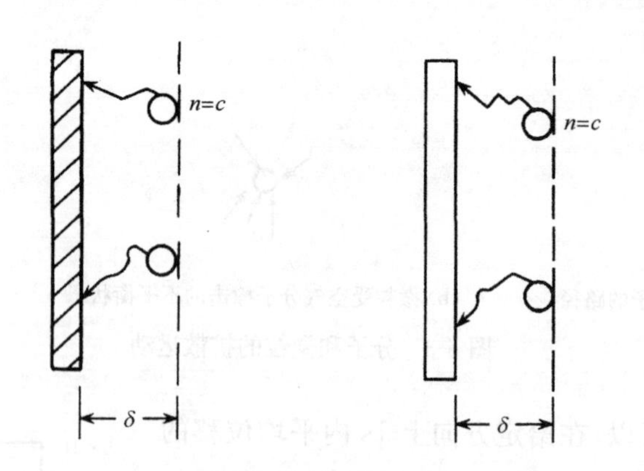

图 6-5　微粒在垂直表面上沉积示意图

$$\frac{dN}{dt}=-\beta N \tag{6-18}$$

负号表示原有浓度的减少。式(6-18)积分后成为

$$\ln\frac{N_0}{N}=\beta t \tag{6-19}$$

式中：N_0——原始浓度(粒/cm^3)；

N——发生沉积后，时刻 t 的浓度(粒/cm^3)。

问题就归结为求出和扩散沉积机制有关的 β。

室内无送风但有对流存在，这一点表明，在分子扩散层之外，由于对流作用而使浓度均匀，但又随时间不断减小(在送风情况下，则 N 视为常数)。因此，单位时间内由于扩散而沉积到单元垂直表面上的微粒数量是

$$I=v_d N=\frac{DN}{\delta} \tag{6-20}$$

式中：v_d——扩散沉积速度(m/s)；

N——不断减小的浓度(粒/cm^3)；

I——沉积速度[粒/(cm^2·s)]；

δ——分子扩散层厚度，虽难具体确定，但据实验[1]结果，约在 20μm 数量级上。

于是，在时间 dt 内由扩散沉积而导致空间中微粒数的变化是

$$-V\mathrm{d}N=sI\mathrm{d}t$$

$$\frac{dN}{dt}=-\frac{sI}{V} \tag{6-21}$$

式中：V——空间的容积(cm^3)；

s——垂直表面面积(cm^2)。

将式(6-21)代入式(6-18)

$$\frac{sI}{V}=\beta N$$

因此

$$\beta=\frac{sI}{VN}=\frac{sD}{V\delta} \tag{6-22}$$

再代入式(6-19)并化简，则因扩散而沉积到单元垂直表面上的微粒数目为

$$N_g = \frac{V}{s}(N_0 - N) = \frac{V}{s}(1 - e^{-\frac{sDt}{V\delta}})N_0 \quad (粒/cm^2) \tag{6-23}$$

为对 N_g 的数值有一个概念，现举例计算如下：

设$\frac{s}{V}=\frac{1}{4000}cm^{-1}$，$t=3.6\times10^3 s$，0.5μm 微粒的 $D=6.2\times10^{-7} cm^2/s$，0.5μm 微粒数目 $N_0=1$ 粒/cm³，则

$$N_g=4000\times(1-e^{-0.00028})\times1=4000\times0.00028\times1=1.12(粒/cm^2)$$

6-5-2　微粒在无送风室内底(平)面上的沉积

微粒向底(平)面的沉积应包括沉降和扩散两部分，而扩散也应包括分子扩散和对流扩散。付克斯[4]认为，当接近底面时，由于对流速度趋近于零，所以对流扩散系数也趋向于零。只有在离底面很小距离内起作用的分子扩散，才影响到底部附近的微粒浓度分布，但不影响总的沉积速度，因此在时间 t 内落在 1cm² 底面上的某粒径微粒数目可以写成

$$N_g = \int_0^t v_s N dt \quad (粒/cm^2) \tag{6-24}$$

前面已指出，在有对流而无送风的空间中，虽然空间浓度随时保持均匀，但却随时间 t 在变化，即高为 H 的气柱中微粒数的减少和沉降掉的数目是一致的，故有

$$-HdN=v_s N dt$$

所以

$$N=N_0 e^{-\frac{v_s t}{H}}$$

代入式(6-24)积分得

$$N_g = N_0 H(1 - e^{-\frac{v_s t}{H}}) \quad (粒/cm^2) \tag{6-25}$$

仍以前节例子的数据计算如下(对于 0.5μm 微粒，取 $v_s=0.0015cm/s$，并设 $H=200cm$)：

$$\begin{aligned} N_g &= 1\times200(1-e^{\frac{-0.0015\times3.6\times10^3}{200}}) = 200\times(1-e^{-0.027}) \\ &= 200\times(1-0.973) = 200\times0.027 = 5.4(粒/cm^2) \end{aligned}$$

6-5-3　微粒在送风室内平面上的沉积

菅原文子[5]和吉沢晋[6]曾给出微粒在送风室内平面上沉积的公式

$$N_g = N v_s f t(1 - e^{\frac{-nh_s}{v_s}\frac{h}{h_s}}) \tag{6-26}$$

式中：f——沉积面积；

t——沉积时间；

h_s——房间高度；

h——沉积平面至顶棚的距离；

n——换气次数。

由于 n 即使每分钟只有半次，$\frac{nh_s}{v_s}$也远大于 1，所以上式一般可简化为

$$N_g = Nv_s ft \tag{6-27}$$

必须注意的是，对于无送风的房间，只有在室高 $h_s \to \infty$ 时才能应用式(6-27)，因为在无限高的理想情况下，室内微粒浓度 N 才可视为不因沉积而变化，作为常量处理。但是，$h_s \to \infty$ 的条件是没有实际意义的，换言之，不送风的房间是不能应用这一公式的。

式(6-26)虽然是针对室内送风条件的，但是只考虑了微粒的沉降沉积，作者[7]认为，这是不全面的，特别是对于局部平面。在送风的室内，气流中的微粒通过几种途径沉积到平面上去，特在以下提出估量这些沉积途径的沉积效率量级的方法。

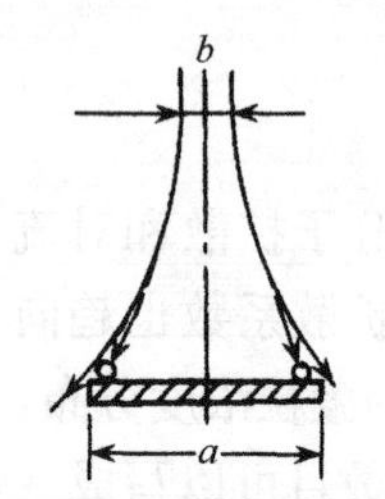

图 6-6　平面上的惯性沉积

1. 惯性沉积

微粒在平面上的惯性沉积如图 6-6 所示。惯性沉积效率

$$\eta_{St} = \frac{b}{a} = f(St) \tag{6-28}$$

图 6-7[8]给出了圆板的 η_{St} 和 St 的关系。St 为惯性参数，在第三章中已有说明。表 6-8 给出了 η_{St} 的具体数字。表中 u 为气流速度，d_p 为微粒直径。

2. 拦截沉积

微粒在平面上的拦截沉积如图 6-8 所示。对较大雷诺数(相当于洁净室的情况)而又不知其数值的条件，可只求出拦截沉积效率的上限，即

$$\eta_R < (1+R) - \frac{1}{1+R} \tag{6-29}$$

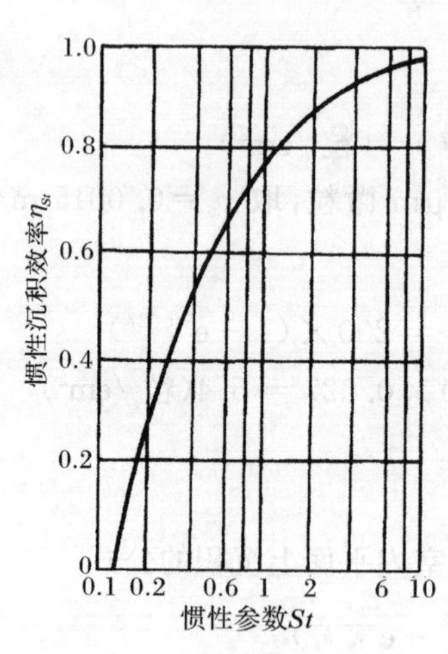

图 6-7　η_{St} 和 St 的关系

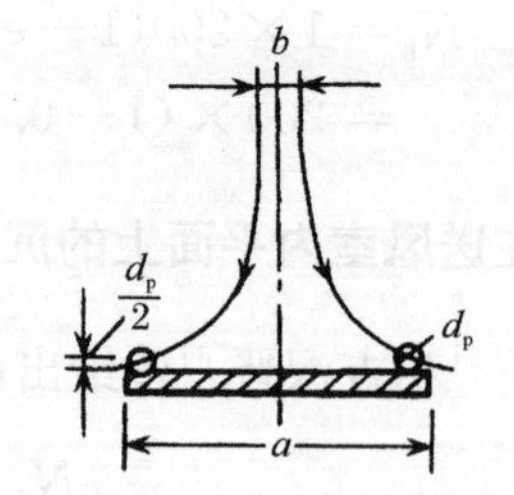

图 6-8　平面上的拦截沉积

表 6-8　η_{St} 值

d_p/μm	1		5	
a/cm	10^{-3}	3	10^{-3}	3
u/(m/s)	0.3	0.3	0.3	0.3
St	$\sim 2\times10^{-1}$	$\sim 10^{-4}$	4.8	$\sim 3\times10^{-3}$
η_{St}	0.27	~ 0	$\sim 9.5\times10^{-1}$	~ 0

表 6-9 给出了 η_R 的值，R 为拦截参数，这在第三章中说明过。

表 6-9　η_R 的值

a/cm	3～≥30	
d_p/μm	1	5
η_R	$<6\times10^{-5}\sim0$	$<3\times10^{-4}\sim0$

表 6-10　η_G 的值

u/(m/s)	0.3		
d_p/μm	0.07	1	5
η_G	10^{-6}	2×10^{-4}	5×10^{-3}

3. 沉降沉积

微粒在平面上的沉降沉积如图 6-9 所示。沉降沉积效率

$$\eta_G=\frac{v_s}{u} \tag{6-30}$$

式中：v_s 为沉降速度；u 为气流速度。表 6-10 给出了一般情况下 η_G 的值。

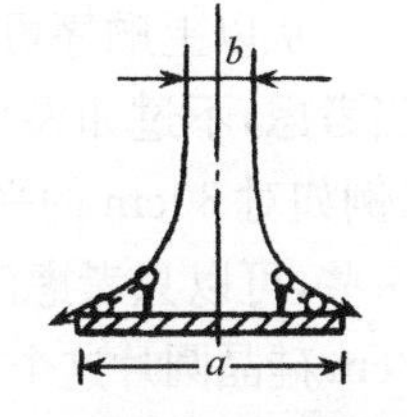

图 6-9　平面上的沉降沉积

4. 扩散沉积

对于水平平面，显然在接近它的很薄一层中，由于高度和温度梯度都极小，对流垂直分速度要比垂直表面附近小得多，而趋向于零，也就是对流输送量趋向于零，相应地大大降低了向表面的分子扩散量。所以，当微粒分散性越大时，在垂直表面上扩散沉积的微粒就越多，而在水平表面上扩散沉积的微粒就愈少，也就是水平面的扩散沉积效率应小于垂直表面的扩散沉积效率，或者说，最大可按垂直表面考虑。

由式(6-20)，当 $n=1$ 粒/cm³，对 1μm 尘粒扩散系数 $D=3\times10^{-7}\,\text{cm}^2/\text{s}$，则 1h 之内 $I=0.54$ 粒/cm²。

这样，相对于 0.3m/s 的流速来说，扩散沉积效率[5]

$$\eta_D=\frac{0.54\,粒/\text{cm}^2\times1\text{cm}^2}{1\text{cm}^2\times30\text{cm/s}\times3600\text{s}\times1\,粒/\text{cm}^3}\approx5.4\times10^{-6}$$

对于 5μm 尘粒，$\eta_D=5\times10^{-7}$。

当然，对于水平平面，η_D 的数值都应小于以上计算结果，或者说最大可按垂直壁考虑。

5. 静电沉积

在一般情况下都予以忽略。

6. 总沉积量

若以生产集成电路用的达到 3cm 和 30cm 直径的圆形单晶硅片为例，将上述各种途径沉积效率按大小写出如下：

1μm 微粒

对直径 3cm 平面

$$\left.\begin{aligned}&\eta_G=2\times10^{-4}\\&\eta_R\sim6\times10^{-5}\\&\eta_D\sim5.4\times10^{-6}\\&\eta_{St}\sim0\end{aligned}\right\}\sum\eta\approx1.3\times(2\times10^{-4})$$

对直径 30cm 平面

$$\left.\begin{aligned}&\eta_G=2\times10^{-4}\\&\eta_R\sim0\\&\eta_D\sim0\\&\eta_{St}\sim0\end{aligned}\right\}\sum\eta\approx1\times(2\times10^{-4})$$

5μm 微粒

对直径 3cm 平面：

$$\left.\begin{array}{l}\eta_G = 5\times10^{-3} \\ \eta_R < 3\times10^{-4} \\ \eta_D = 5\times10^{-7} \\ \eta_{St} \sim 0\end{array}\right\}\sum\eta\approx1.06\times(5\times10^{-3})$$

对直径 30cm 平面：

$$\left.\begin{array}{l}\eta_G = 5\times10^{-3} \\ \eta_R \sim 0 \\ \eta_D \sim 5\times10^{-7} \\ \eta_{St} \sim 0\end{array}\right\}\sum\eta\approx1\times(5\times10^{-3})$$

从以上顺序可见，在送风室内，仍以沉降沉积的几率最大，但是其他沉积几率也要适当考虑，不过如果平面尺寸越大(例如上述的 30cm)，则拦截沉积和惯性沉积的效率越低，(例如对 30cm 的平面尺寸，1μm 的 $\eta_R\approx$0.5μm 的 $\eta_R<3\times10^{-5}$)。因此，为了使估算简单一些，可以只考虑沉降沉积再乘以一个沉积因素修正系数 α。从上面效率顺序可见，对 3cm 硅晶圆片这个系数对于 1μm 微粒可取 1.3，对于 5μm 微粒可取 1.1，对于 7.5～10μm 微粒则近似于 1。对 30cm 硅晶圆片，对于>1μm 微粒均可取 1。

按以上方法可算出≥30cm 平面的≤1μm 微粒的 α 值见表 6-11。

表 6-11 α 值(≥30cm 平面)

粒径/μm	1	0.7	0.4	0.3	0.25	0.18	0.1
α	1	1.25	1.5	2.3	4.5	9	10

对于同一大小的微粒，若风速不同，α 也不同。上述数字是对于 0.3m/s 风速的，若风速相应变为 0.6m/s 和 0.15m/s，则通过上面给出的各种效率的计算可知，对于 1μm 微粒，在 3cm 平面上，α 分别为 1.6 和 1.15 左右。也就是说，若以 0.3m/s 为基准，则当风速增大 1 倍以后，在同样含尘浓度的房间内，沉积密度将增加 1.23 倍；而当风速减小一半以后，沉积密度也约减小到原来的 88%。

于是应有以下修正公式：

$$N_g = \alpha v_s ftN \tag{6-31}$$

对沉降量的影响因素除 α 外，还有气流速度、微粒沉降阻力、微粒密度和等价直径等。进一步对上式进行修正[9]，使之更反映实际，于是该式可重新写成

$$N_g = \alpha\omega\frac{1}{\sqrt{\beta}}\frac{\rho_p'}{\rho_p}v_s ftN \tag{6-32}$$

式中：α——沉积因素修正系数，前面已说明；

ω——风速修正系数，是考虑风速对 α 的修正(前面计算 α 时，取洁净室内风速在 0.3m/s左右；若风速变化，α 将变化，所以设 0.3m/s 左右风速时 $\omega=1$；若风速比 0.3 m/s 增大 1 倍，则 α 增大 1.23 倍，即 $\omega=1.23$；在没有有组织送风的室内仍可有气流流动，其速度可取 0.15m/s 左右，此时 α 减小到原来的 0.88 倍，即 $\omega=0.88$)；

$\frac{1}{\sqrt{\beta}}$——沉降阻力修正系数，是考虑微粒的自然沉降时其形状对沉降速度影响的修正，由式(6-4)得出(一般 v_s 按球形微粒计算，但各种尘粒绝不是球形的，而是不规则的，所以要考虑微粒形状的修正系数 β，v_s 和该修正系数方根成正比，不规则微粒 β 为 2.75～3.35，一般取 2.75。非自然沉降时不需此项修正)；

$\frac{\rho'_p}{\rho}$——密度修正系数，由式(6-7)得出(前面已说过，对于大气尘一般取 $\rho_p=2$，但在人员多、活动多、尘埃多的地方，微粒密度 ρ'_p 可能达到 2～2.5，而某些实验微粒如液滴，则 $\rho'_p=1$，因此在一般情况下不需此项修正)。

公式(6-32)中的 v_s，在单分散微粒条件下当然容易确定，而对于多分散性的空气中的尘粒，则应按某种平均粒径计算。由于微粒沉降的多少取决于微粒迎面阻力，这和微粒断面积有关，所以应把平均面积直径作为全部微粒的平均直径，并用它来衡量整个沉积量。

当设洁净室含尘浓度 $N=1000$ 粒/L=1 粒/cm^3 时，对于空气中 0.5μm 以上的标准粒径分布可算出平均面积直径 $D_s=0.98$[9]，即洁净室空气中≥0.5μm 的微粒沉积量，可以看做全部都是直径为 1μm 的微粒的沉积量。

这样就可以计算出当空气含尘浓度为 1000 粒/L 时，具有 0.3m/s 气流速度的洁净室内每小时每平方厘米面积上总的微粒沉积量(可以称为单位沉积密度，也就是第二章中所指的沉降浓度)

$$N_g=1.3\times0.006\text{cm/s}\times3600\text{s}\times1\text{ 粒/cm}^3=28\text{ 粒/cm}^2$$

如前所述，所得结果只是可能沉积这么多尘粒。沉积了再飞散，或因扰动而未能沉积下来都是可能的。上述数据只作为一种可能的最大几率，它和表面暴露的时间有关，和尘粒具体的实际分散度有关。

表 6-12 列出了某些送风室内单位面积上微粒沉积量的实测值和按上述计算方法的计算值。该实测值由空调所谭达德所报告，是用显微镜观察计数钢片上沉积的微粒得到的，所以只有≥5μm 的总计。

表 6-12　室内微粒沉积数量的实测值和计算值

房间	平均含尘浓度/(粒/L)		实测沉降浓度/[粒/(cm²·h)]	计算沉降浓度/[粒/(cm²·h)]
	总　计	≥5μm	≥5μm	≥5μm
104	18382	72	39	70.8
106	18180	65	42	63.0
113	11604	44	81	43.8
121	12358	53	77	52.0
122	20799	66	46	63.9
123	17606	29	52	29.2
127	4813	23	11	22.8
平均	—	50.3	50	49.4

表中计算沉降浓度是按 5μm 以上即 5～10μm 的标准粒径分布比例给出的，这一相对比例是

5μm　　0.415

6μm　　0.246

7μm　　0.108

8μm	0.077
9μm	0.077
10μm	0.077

按这一比例可算出 $D_s=6.59\mu m$[7]。

按上述 α 值，取 $\alpha=1.05$。

按式(6-8)算出 $v_s=0.26cm/s$。

以表 6-12 中 104 室为例，按式(6-31)计算

$$N_g=1.05\times0.26\times3600\times0.072=70.8[粒/(cm^2\cdot h)]$$

其他各室从略。

这一结果比作者在文献[7]中按平均粒径作为等价直径的计算更接近实际。

从以上几节计算结果可知，微粒在垂直表面上的沉积量和在底(平)面上的沉积量相比是很小的，所以对洁净室墙面要求用高级的不锈钢之类的材料则完全没有必要，而且对卫生清扫的要求也低于地面。

6-6 气流对微粒运动的影响

6-6-1 影响室内微粒分布的因素

从前几节的讨论中可以看出，微粒在重力、惯性(机械力)和扩散三种作用力下，自身运动的速度和距离是很微小的；对于 1μm 微粒来说，每秒钟运动距离分别为 0.006cm、0.006cm和 0.0004cm 左右，而室内气流的速度(包括热气流的对流速度)则一般在 0.1m/s以上。在运动的气流中，小微粒几乎以完全相同的速度跟随气流运动[10]。对圆管流动则有半经验公式可以计算，计算结果和实验值符合得较好。

直径为 d_p、密度为 ρ_p 的单个球形微粒，在密度为 ρ_a 的气流带动下运动，如果微粒完全跟随流体一起运动，微粒所受的力应等于当微粒不存在而流体占据微粒所在空间时流体所受的力，即

$$\frac{d}{dt}\left(\frac{\pi}{6}d_p^3\rho_a u_a\right)$$

式中：u_a——微粒所在空间若为流体时流体的流速；

t——时间。

事实上，微粒并不完全跟随流体一起运动，微粒所受的力应从上述力中减去微粒相对于流体运动的那部分力 F_r。这样，微粒的运动方程应为

$$\frac{d}{dt}\left(\frac{\pi}{6}d_p^3\rho_a v_p\right)=\frac{d}{dt}\left(\frac{\pi}{6}d_p^3\rho_a u_a\right)-F_r \tag{6-33}$$

式中：v_p——微粒运动的速度；

F_r——相当于微粒在静止的黏性流体中以速度 v_p-u_a 运动时所受的阻力。

由于方程求解过程复杂，这里不引用了，只是给出该研究的结果：

$$\frac{v_p}{u_a}=\frac{\left(a+C\sqrt{\frac{\pi\omega}{2}}\right)^2+\left(b\omega+C\sqrt{\frac{\pi\omega}{2}}\right)^2}{\left(a+C\sqrt{\frac{\pi\omega}{2}}\right)^2+\left(\omega+C\sqrt{\frac{\pi\omega}{2}}\right)^2} \tag{6-34}$$

式中

$$\begin{cases} a = \dfrac{36\mu}{(2p_p + \rho_a)d_p^2} \\ b = \dfrac{3\rho_a}{2\rho_p + \rho_a} \\ c = \dfrac{18}{(2\rho_p + \rho_a)d_p}\sqrt{\dfrac{\rho_a \mu}{\pi}} \end{cases} \tag{6-35}$$

ω 为湍流脉动频率(kHz),除对于圆管流动有半经验公式,计算结果和实验值符合得较好外,对于像洁净室这样的空间,目前研究工作还没有能提供这方面的结果;但是和圆管的计算结果相比,在洁净室这样的空间中,ω 只在千赫的数量级之内。因此,对于 $d_p=5\mu m$,$\rho_p=1g/cm^3$ 的微粒,$\frac{v_p}{u_a}\approx 0.9$;$d_p=1\mu m$ 时,$\frac{v_p}{u_a}\approx 0.999$;$d_p<1\mu m$ 时,$\frac{v_p}{u_a}=1$。也就是说,在 $d_p=1\mu m$ 时,微粒跟随气流运动的速度(跟随速度)和气流速度相差不会大于 10^{-3},这从藤井修二等[11]对控制部位(例如工作台)微粒轨迹和流线轨迹的研究中可进一步得到证实。因为由于控制部位的障碍作用而产生的乱流能量对微粒的影响,会比其他地方大,这些影响有惯性力、扩散力、热力和静电等。藤井修二在仅考虑重力条件下直接由微粒的运动方程来计算 X、Y 方向上的速度分量,并求其相对于微小时间 $\Delta T(1\times 10^{-5}s)$ 积分的变化率,再依次求出微粒的移动坐标。

图 6-10 表示计算出的微粒轨迹。从微粒速度与气流速度相同开始计算,计算到控制部位上方相当于其直径范围−0.05 的坐标为止,所用粒径为 0.621μm 和 1.004μm 两种。从图中可见,ΔM_X 和 ΔM_Y 是微粒在 X 和 Y 方向偏离气流流线的坐标,该坐标的大小则示于表6-13中。从表中可见,对于 1.004μm 的微粒,当 u_a 比 0.3 更小时,其路径偏离流线位移的相对量也不太可能大于 10^{-3},和上述速度相差比较吻合。因此该研究结果认为,控制部位附近的微粒运动轨迹大致近似于流线。这样,在洁净室内其他地方认为微粒完全跟随气流一块运动就更没有问题了。

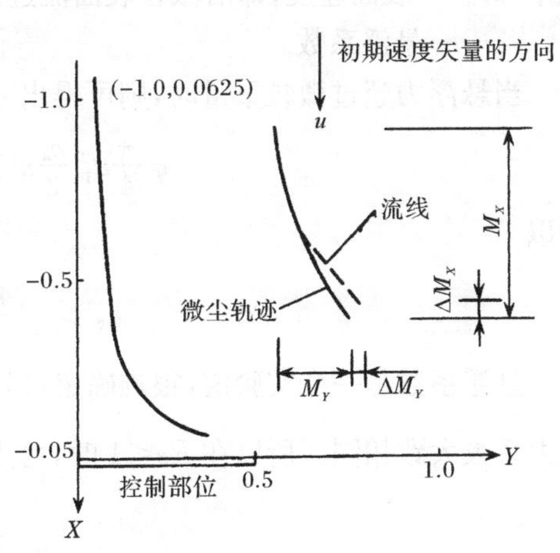

图 6-10　微粒轨迹

表 6-13　微粒轨迹和流线的变化差

微粒直径/μm	相对位移	气流速度/(m/s)		
		0.5	0.4	0.3
0.621	$\Delta M_X/M_X$	5.086×10^{-5}	9.543×10^{-5}	16.065×10^{-5}
	$\Delta M_Y/M_Y$	1.916×10^{-5}	2.505×10^{-5}	3.453×10^{-5}
1.004	$\Delta M_X/M_X$	11.454×10^{-5}	21.318×10^{-5}	35.637×10^{-5}
	$\Delta M_Y/M_Y$	4.284×10^{-5}	5.611×10^{-5}	7.695×10^{-5}

从上面的结果可以认为，即使$\frac{v_p}{u_a}<0.9$，由于气流的速度比起微粒沉降、扩散和惯性运动的速度大得多，因此微粒的跟随速度仍然是决定微粒如何分布的主要因素，只是对于气流有一个滞后的时间，但这对于所研究的问题是没有影响的，只有在研究激光测速这样的问题时才要考虑。

所以，在室内空气中的微粒状况主要是由气流分布作用决定的。室内微粒所受到的气流的作用主要有送风气流（包括一次气流和二次气流）、人行走时引起的气流和热对流气流。除了送风一次气流外，其余几种气流的影响将在本节加以讨论。

6-6-2 微粒的迁移

沉积到表面上的微粒在什么情况下可以被气流吹起来，即发生悬浮运动，这是人们关心的问题。因为悬浮起来的微粒有可能被涡流带走，发生危害。这种情况就是气流的迁移作用。

假定微粒是球形，则在水平吹过微粒的气流的作用下，使微粒悬浮起来的力应是速度头和微粒迎风面积的函数，即

$$F=\varphi\frac{\pi}{4}d_p^2\frac{\rho_a}{2}u_c^2 \tag{6-36}$$

式中：u_c——表面速度，即沿微粒表面流过的气流速度（m/s）；

φ——悬浮系数。

当悬浮力超过微粒重量时，则可得出

$$\varphi\frac{\pi}{4}d_p^2\frac{\rho_a}{2}u_c^2>\frac{\pi}{6}d_p^3g(\rho_p-\rho_a)$$

所以

$$u_c>\sqrt{\frac{4d_pg(\rho_p-\rho_a)}{3\varphi\rho_a}} \tag{6-37}$$

悬浮系数是一个实验值，很难确定，但对于球形微粒，悬浮系数与气流迎面流过时的阻力系数大致相同。所以在$Re<1$时，可用$\varphi=\frac{24}{Re}$代入式(6-36)，忽略ρ_a，得到

$$u_c>\frac{d_p^2\rho_pg}{18\mu} \tag{6-38}$$

由于气流沿着表面流过时存在边界层，边界层上的气流速度远大于边界层内的速度，一般可达3倍以上，因此室内使微粒悬浮迁移的气流速度应为

$$u>3u_c=\frac{d_p^2\rho_pg}{6\mu}\quad(\text{m/s}) \tag{6-39}$$

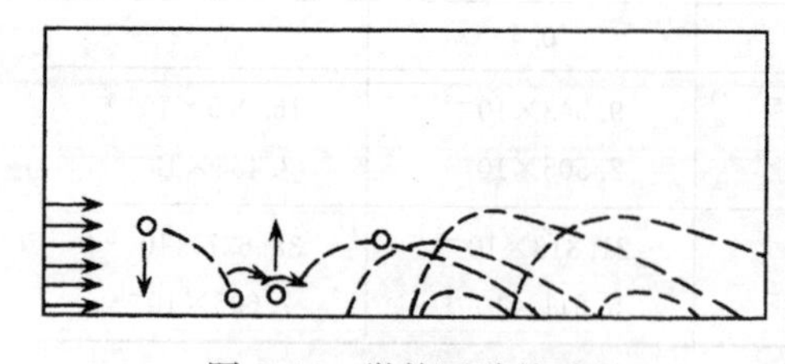
图 6-11 微粒迁移的过程

当气流速度达到u以后，微粒的迁移是这样产生的：如图6-11所示，随着气流运动的微粒由于重力作用逐渐沉降于底部，同时在正面气流作用下向前滚动或滑动。当气流流过滚动的微粒时，微粒底部和侧面产生旋涡运动，使压力相对增高；沿微粒上部流过的气流使压力降低，

在上下压差作用下，微粒悬浮起来。当微粒上升到上下面的气流速度大小相等时，微粒又在重力作用下开始沉降。接近底部的微粒在足够强的水平气流作用下的迁移就是这样沉降-滚动-悬浮，不断循环。

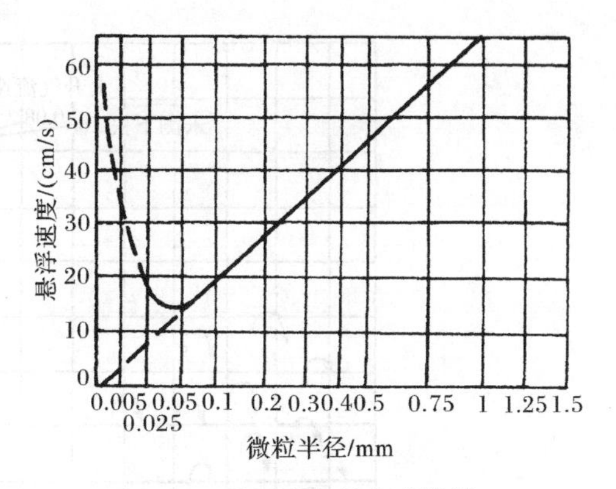

图 6-12　悬浮速度的实验结果

由式(6-36)计算出来的迁移速度是很小的，但是实验[12]指出在一个平板上更小的微粒反而不易被气流吹走，其原因是在上述计算中没有注意到微粒和壁面之间以及微粒之间的分子力。从式(6-36)可见，如果加入这一分子力，则吹起微粒的速度 u_c 将变大。但是这方面的详细实验数据还很缺乏，很难确定这个分子力的大小。不过可以从图 6-12 的实验曲线[12]估计出这种影响的程度。图中横坐标是微粒半径。曲线表明，当微粒半径在 50μm 以下时，使其迁移的流速将上升。图中实线是实验结果，虚线是原作者外延的。由于直径 10μm 以上的微粒即使被偶尔吹起来又能很快沉降下去，而比 10μm 小的微粒，由该图可见，需要的悬浮速度更大，即难于悬浮起来。因此，如果要控制气流速度不使微粒悬浮起来，这个控制粒径可选在 10μm。该图实验用的是砂粒，对于直径 10μm 砂粒，u 约为 32cm/s；如果考虑比重可能为砂粒的 2/3 的较轻微粒，则可取 u 为 20cm/s。也就是说，平行于表面（主要是地面）吹过的气流的速度在洁净室内不宜大于 20cm/s（水平单向流洁净室不在此限），例如侧送送风方式的回流速度就要考虑这一原则。

综合以上微粒沉积和悬浮的问题来看，洁净室地面等水平表面上沉积的微粒，以较大的颗粒更易悬浮迁移而二次飞扬，这和一般认为微粒越小越容易吹走的看法是相反的。对于洁净室来说，一颗大灰尘显然比一颗小灰尘更有危险性。另一方面，较大的微粒也易沉降，而且在底面上沉积的数量也多。因此，洁净室中水平表面的清洁工作是不容忽视的，而拿进室内的物件表面必须经过清洁处理，因为这些表面上的微粒由于流过其表面的流速更大，所以比地面上的微粒悬浮的可能性更大。

6-6-3　热对流气流的影响

由于气流中的微粒几乎完全以气流的速度跟随气流运动，所以除送风气流以外的一些局部气流对微粒的运动和分布必然有影响。热对流气流中很重要的一种，例如手术室中 300W 无影灯旁的上升气流速度可达 0.6m/s[13]，但是它在洁净室中的影响却没有得到充分的注意和研究。

由热对流而产生的上升气流有三种情况，下面分别讨论如何确定这种气流的速度。

1. 垂直热壁

由于热壁表面温度高于周围空气温度，温差的存在引起了壁面附近的空气对流，气流上升后成为卷发状舒展开来[14]，促使微粒的污染范围扩大。

作者曾观测了如图 6-13 所示的壁上竖安 40W 日光灯[15]（灯座离地面 0.62m），在没

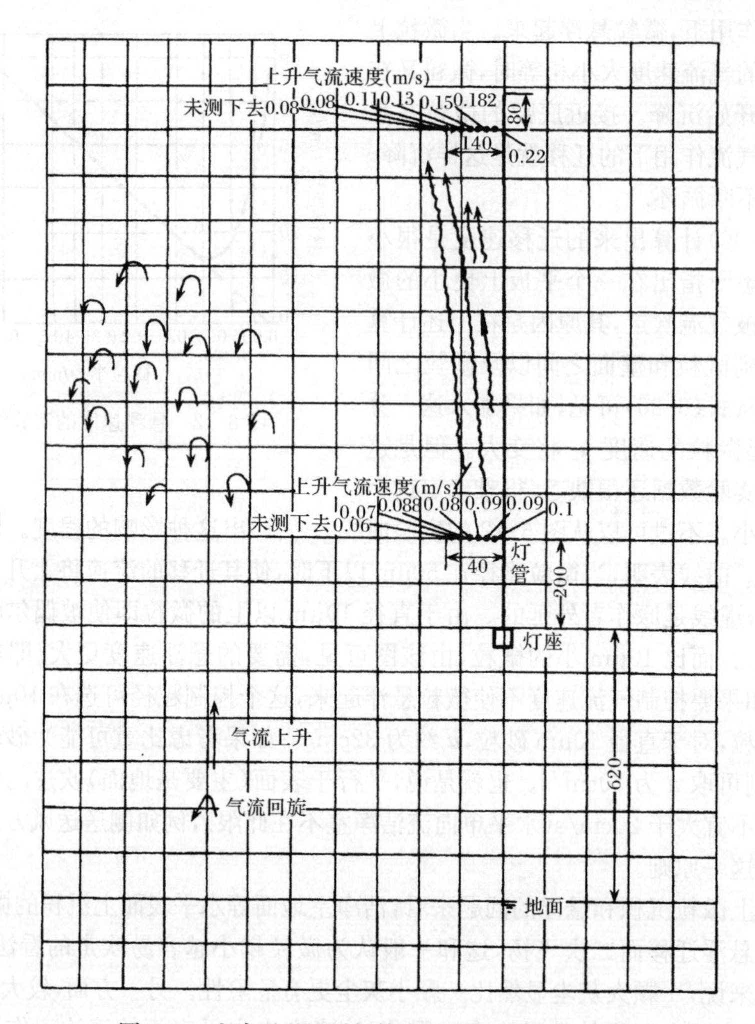

图 6-13　室内无送风时灯管附近的气流(单位:mm)

有送风条件下用热线风速仪分别测出上下两端一定范围内的上升气流速度。在上端,在离灯管表面 2cm 处的气流速度达到 0.22m/s,明显有速度的气流层厚可能达到 20cm。放烟观察到大约离灯管表面 15cm 之内的灯管全长上,都有上升气流。在这层上升气流之外一直到大约 1m 的范围内,丝线和放烟都表明气流回旋。因此可以认为,15cm 以内的气流是紊流,15cm～1m 范围之内的气流是方向不定的旋涡。文献[16]也指出,垂直热壁表面一般有三层气流,除上述两层外,最内层是层流,很薄,不易区别。而层流加紊流的厚度也比第三层薄得多。

图 6-14 是在送风速度达到 0.25m/s 的平行气流条件下,观测到的上述日光灯附近的气流,可见上述两种气流仍然存在,只是在横竖两个方向上的范围减小了。在回旋气流下部,由于受回风影响,转为下向气流。

上述观测结果表明:

(1) 竖安日光灯这种垂直热壁附近的热上升气流很强,影响范围较大。

(2) 但是在一定送风速度下,这一影响受到控制;如果尘源在灯的 0.5m 以外,则尘粒

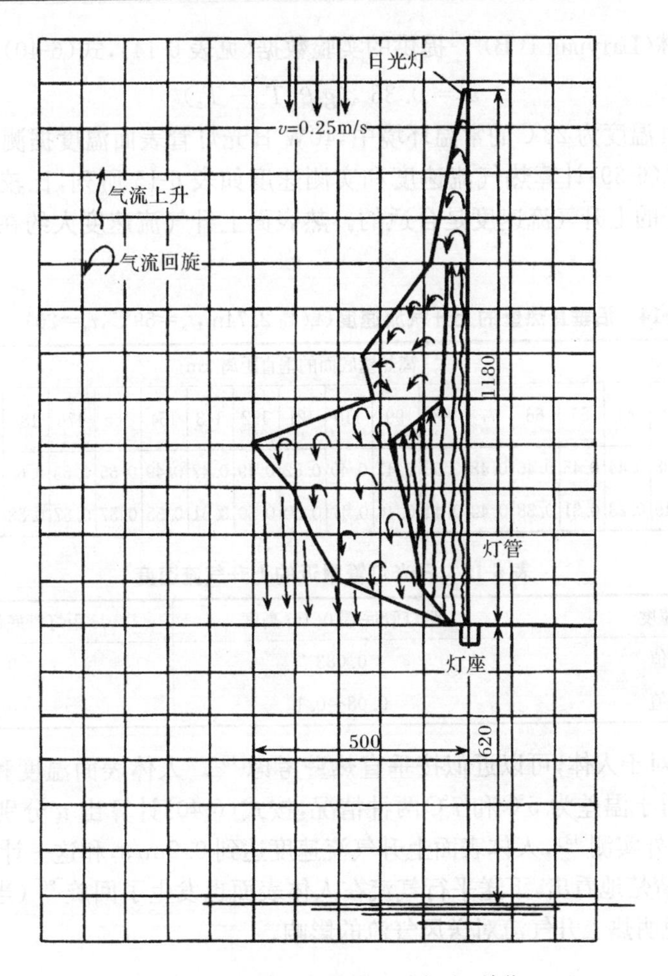

图 6-14　室内送风时灯管附近的气流(单位:mm)

的分布不致受到该上升气流的影响。把尘源放在离灯表面 1.5m 的室中心的实验确实表明,即使送风速度小到 0.105m/s,尘源散发的尘粒仅在灯管附近 1m 标高以下出现。文献[10]也指出:如果污染源存在于物体背风侧的停滞区中,则其影响远大于存在于回旋气流区中的情况;而如果在回旋气流区中也没有污染源,则将没有任何影响。这和上面观察到的污染源远离回旋气流区时的情况是一致的。

由于在单向流洁净室顶棚上安装灯具比较困难又占据送风面积,曾有人主张改为壁灯。从上面的分析可以看出,如果室内有一定送风速度,室内面积不过于窄小,而壁上日光灯安的位置又较高(例如在 1.5m 以上),则产生的热上升气流不致造成较大的影响。

沿热壁上升气流的速度,付克斯[17]曾给出如下公式:

$$u = 0.55\sqrt{gl\beta(T_s - T_a)} \tag{6-40}$$

式中:l——从热壁底算起的高度(m);

T_s、T_a——壁的表面温度和空气温度(K);

β——空气膨胀系数,等于$\frac{1}{T_a}$;

g——重力加速度(m/s^2)。

但据巴图林(Батурин В В)[18]提供的实验数据(见表 6-14),式(6-40)应修正为

$$u = 0.36\sqrt{gl\beta(T_s - T_a)} \tag{6-41}$$

在周围空气温度为 23℃的常温环境中,40W 日光灯管表面温度据测定约为 40℃,即温差 17℃,用式(6-39)计算热气流速度和实测速度如表 6-15 所列,比较接近,所以用式(6-41)计算热壁的上升气流速度是合适的。热表面上升气流速度大约在离表面 1～2cm 处最大[19]。

表 6-14　沿垂直热壁的上升气流速度(壁高 2.74m,t_s=59℃,t_a=20℃)(单位:m/s)

离热壁水平距离/cm	离热壁底面的垂直距离/cm																				
	11	22	33	44	55	66	77	88	99	110	121	132	143	154	165	176	187	198	209	220	274
1	0.15	0.26	0.38	0.44	0.45	0.46	0.48	0.50	0.47	0.49	0.52	0.49	0.47	0.49	0.55	0.53	0.60	0.53	0.55	0.57	0.55
2		0.12	0.19	0.23	0.31	0.38	0.42	0.44	0.46	0.47	0.50	0.50	0.51	0.55	0.57	0.57	0.58	0.60	0.60	0.65	0.60

表 6-15　日光灯管附近的上升气流速度　　(单位:m/s)

上升速度	距灯管底端 0.1m 高度	距灯管底端 1m 高度
计算值	0.083	0.25
实测值	0.08～0.1	0.22

作者认为,对于人体,可以近似按垂直热壁考虑[15]。人体表面温度和室温关系如图 6-15[18]所示。对于温差为 5℃和 7℃两种情况,按式(6-40)计算出 u 分别为 0.18m/s 和 0.22m/s。据国外实测[13],人体表面上升气流速度达到 0.2m/s,和这一计算结果很一致。从图 6-16 可以清楚地看出,下送平行气流在人体表面也发生了回旋[20](当然人体表面不平也有影响),说明热上升气流对送风气流的影响。

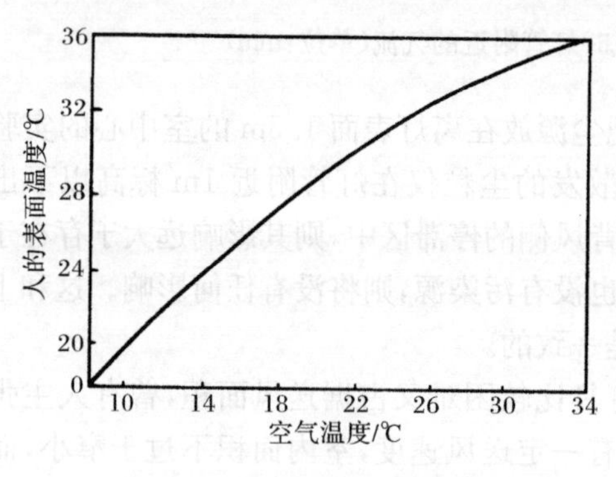

图 6-15　人体表面温度和室温的关系

图 6-16　人体表面热气流对送风气流的影响

至于沿墙上升气流,即使在夏天空调房间内,由于室温与内壁的温差大约 2℃,所以沿壁上升气流将弱于沿人体上升的气流。

2. 有一定体积的热物体

沿有一定体积热物体表面上升气流的速度,据雷科夫(Лыков А В)[14]的公式为

$$u = 0.71\sqrt{gl\beta(T_s - T_a)} \tag{6-42}$$

式中：l——特征长度，即空气绕流长度(m)。

例如对于厚度为 l' 的平板，$l=l'$(l'为板厚)；对球体，$l=\frac{\pi d}{2}$；对高度为 h 的立体，$l=h$，等。

显然，同样高度的单纯垂直热壁和有同样高度侧壁的热物体相比，沿后者表面上升的气流速度应该更大，这由式(6-42)中的系数大于式(6-41)中的系数也可以说明。

图 6-17 所示的是一个两管立式电炉。从外壳上端每隔20cm测定一次上升气流速度，测点速度如图所示。上升气流速度由小到大，在距外壳上端约 1.2m 处达到最大值(0.75 m/s)，以后逐渐减小。若按式(6-42)计算，具体参数不好确定，但考虑到 l 有几厘米(就瓷管而言)，温差有数百度的情况，计算结果的数量级和实测值相当。

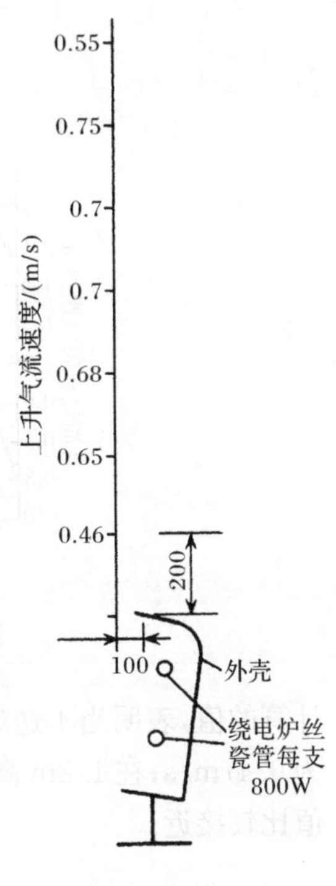

图 6-17　立式电炉旁的上升气流速度

3. 平面热源或者厚度很小的热表面

显然，对这一问题按式(6-42)计算是不合适的，埃里切尔曼(Эльтерман)进行过实验研究[18]，而库尼查(Куница В И)[21]则从理论上推导出和实验很相符的公式

$$u_Z = 0.06\Delta t^{4/9} Z^{1/3}\left\{1-\exp\left[-9.4\left(\frac{R_y}{Z}\right)^2\right]\right\} \tag{6-43}$$

式中：Z——距热源平面的垂直高度(m)；

u_Z——Z 处的气流速度(m/s)；

Δt——表面和周围介质温度差(℃)；

R_y——平面热源当量半径(m)。

对于矩形热源

$$R_y = b\sqrt{\frac{k}{\pi}}\quad (\mathrm{m})$$

$$k=\frac{a}{b}$$

式中：a——矩形热源长边(m)；

b——矩形热源短边(m)。

对于圆形热源

$$R_y = R\quad (\mathrm{m})$$

当 $Z\approx 1.8R_y$，上式可简化为

$$u_Z = 0.06\Delta t^{4/9} Z^{1/3} \tag{6-44}$$

以上公式表明，热源上方上升气流速度由零逐渐到最大，最大速度约在 $Z\approx 0.43\mathrm{m}$ 处，再往上去将逐渐减弱。

图 6-18 中曲线是国外的[22]实验结果，代表污染的边界(也就是尘源微粒分布的边界)，表明随着送风速度的增加，污染边界的高度将降低。右边的数据为作者按上面公式

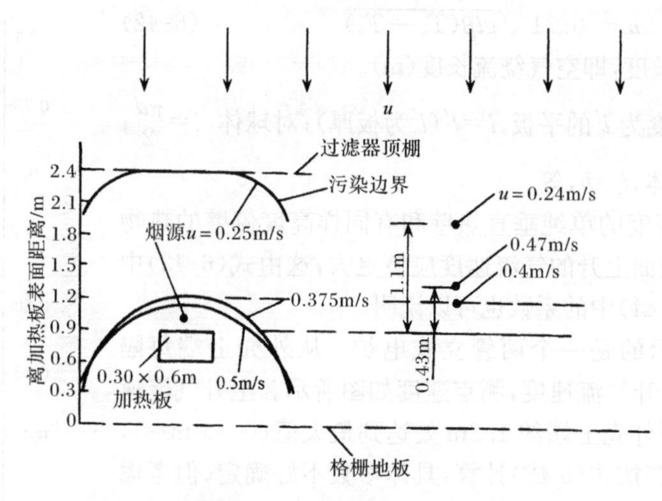

图 6-18　表面温度 200℃的平面热源上方气流速度

计算的值，表明当不送风、热表面温度达 200℃时，最大上升速度约在 $Z=0.43\text{m}$ 处，其值为 0.47m/s；在 1.2m 高度处的实验值为 0.375m/s，计算值为 0.4m/s，可见计算值和实测值比较接近。

6-6-4　人走动的二次气流影响

一般文献中都指出洁净室中人的行走速度不宜过快，通常在 3.6km/h(1m/s)左右，因为由人走动所引起的二次气流会带动污染微粒一起运动。但是，人走动引起的二次气流速度，究竟有多大并没有人进行过研究。作者等人按图 6-19 所示行走路线的实测结果[15]，得出以下几点主要看法：

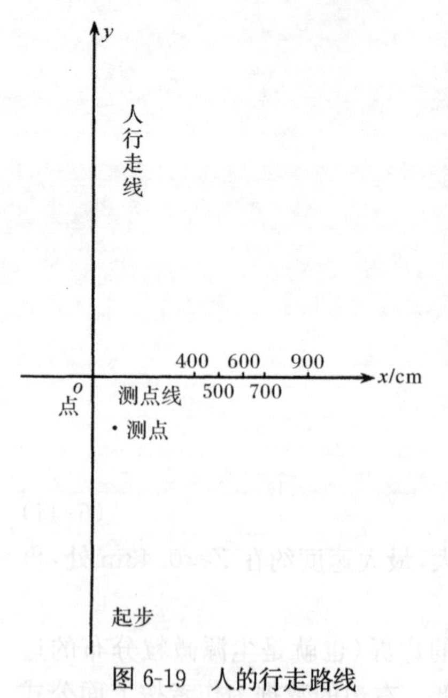

图 6-19　人的行走路线

(1) 二次气流速度的最大值。该值不是在人通过某处(如图 6-19 中两轴交点的"o"点)时在某处测点测得的速度值，而是在人通过该处止步于某地点时(距该处一定距离)，在该处测点测得的速度值。同时可知，离人体越近，二次气流速度也越大。

(2) 二次气流速度最大值和人行走速度的关系。图 6-20 给出了在 x、y 两个方向上测定的结果。虽然看不出二次气流速度最大值 $v_{\max}$ 和人行走速度 v 之间有什么明显的关系，但是可大致划出一个最大值的边界线，这一边界线的方程为

$$v_{\max}=0.21+0.13v \qquad (6\text{-}45)$$

式中：v——人的行走速度。

由式(6-45)可按人行走速度求出二次气流速度的最大值。如果 $v=1\text{m/s}$，则 $v_{\max}=0.34\text{m/s}$；如果 $v=2\text{m/s}$，则 $v_{\max}=0.48\text{m/s}$。这就表明，人行走引起的二次气流速度最大值都小于人行走速度，$\frac{v_{\max}}{v}$一般为

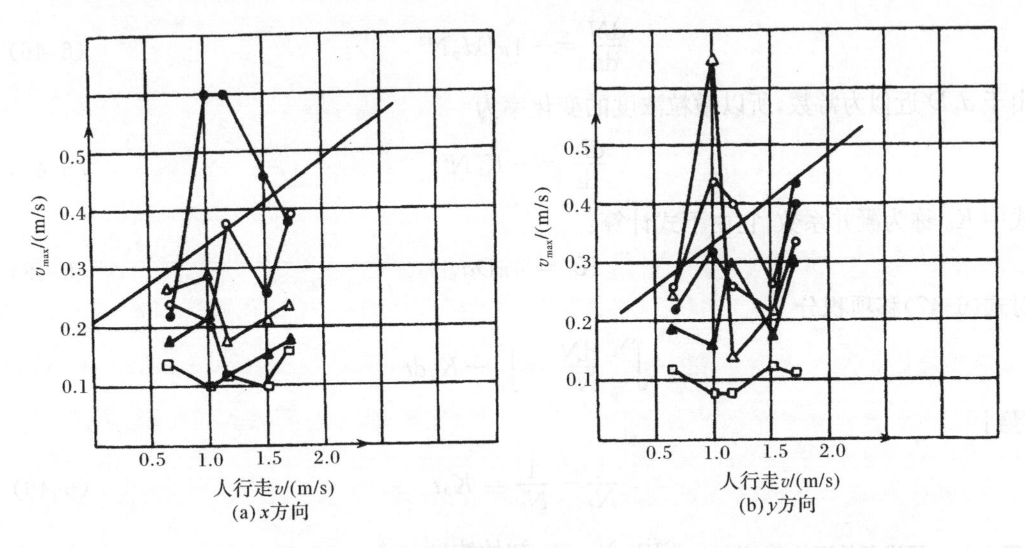

图 6-20　二次气流速度最大值和人行走速度的关系

距人行走路线的垂直距离：●. 400mm；○. 500mm；△. 600mm；▲. 700mm；□. 900mm

0.2～0.4。

(3) 二次气流速度的方向。实测表明，二次气流在互相垂直的 x、y 两个方向上都表现出来，而且具有相近的速度。

上面对于人行走所引起的二次气流速度的测定和分析将成为确定水平单向流洁净室下限风速的依据，这将在第八章中再讨论。

6-7　气流中微粒的凝并

气流中微粒在相对运动(由于布朗运动引起或重力、空气动力引起)过程中因互相碰撞、黏着而成为大的颗粒，这一现象就是微粒的凝并。利用微粒的凝并而使其增大，使之有利于观察、检测和清除。这种凝并按凝结原因分为热力凝并和运动凝并(不论是气流运动还是声波振动引起的运动)。

下面分析一下简单的热力凝并现象。

根据付克斯[23]的推导，微粒在两次接触之间的平均时间间隔是$\frac{1}{4\pi Dd_{p}N}$，而两个要接触的微粒的相对扩散系数应等于两个微粒扩散系数之和，当两个微粒大小一样时，即等于 $2D$。所以，单位体积中每个微粒在 $t=1\text{s}$ 内要与

$$\frac{1}{\dfrac{1}{4\pi 2Dd_{p}N}}=8\pi Dd_{p}N$$

个其他微粒相接触，而在单位体积中有 N 个微粒，则总共要发生$\frac{1}{2}N8\pi Dd_{p}N$ 次接触。所以要引入系数 1/2，是因为每次接触要发生凝并即从相接触的两个微粒中减少一个微粒。所以，碰撞速率$\frac{dN}{dt}$将是负的，为

$$\frac{dN}{dt}=-4\pi Dd_pN^2 \tag{6-46}$$

由于 d_pD 近似为常数，所以微粒浓度的变化率为

$$\frac{dN}{dt}=-K_0N^2 \tag{6-47}$$

式中 K_0 称为凝并系数，它由下式计算：

$$K_0=4\pi Dd_p \tag{6-48}$$

对式(6-47)移项积分

$$\int_{N_0}^{N_t}\frac{dN}{N^2}=\int_0^t -K_0dt$$

得到

$$\frac{1}{N_t}-\frac{1}{N_0}=K_0t \tag{6-49}$$

式中：N_0——初始浓度；

N_t——t 时刻的浓度，由式(6-49)应有

$$N_t=\frac{N_0}{1+N_0K_0t} \tag{6-50}$$

表 6-16 是标准条件下的 K_0 值，表 6-17 是单分散微粒当 $K_0=5\times10^{-10}cm^3/s$ 时在热力凝并过程中浓度变化的情况[24]。

表 6-16 标准条件下的 K_0 值

d_p/μm	K_0/($\times10^{10}cm^3/s$)
0.01	67
0.1	8.6
1.0	3.5
10	3.0

表 6-17 由于凝并使浓度减半尺寸加倍所需的时间($K_0=5\times10^{-10}cm^3/s$)

初始浓度 N_0/(1/cm³)	达到 $0.5N_0$ 的时间	颗粒尺寸加倍的时间($N=0.125N_0$)
10^{14}	20μs	140μs
10^{12}	2ms	14ms
10^{10}	0.2s	1.4s
10^8	20s	140s
10^6	33min	4h
10^4	55h	16d
10^2	231d	4×365d

从上面数据可见，若浓度低于 $10^6/cm^3$，在 10min 测定期间可以忽略凝并作用的影响；若观察的时间是 2 天，浓度必须低于 $10^3/cm^3$ 才可以忽略这一影响。这在实验研究、过滤器检漏、发烟检测自净时间等方面需要加以注意。

6-8 平行气流中点源的污染包络线

前面已经讨论了作为单个微粒的各种运动状况和局部气流可能产生的影响。现在进一步研究，在流场中作为尘源整体所散发的微粒的分布。最简单的情况，是在平行流场中点源发尘的分布，具体的目的是要确定微粒分布的边界，也就是污染的范围，这里把它称为污染包络线。在实际条件下，可以简化为点源看待的尘源是存在的，例如一个或几个方

向上的漏孔向外的喷泄或非密封装置向四处的漏泄，而且在洁净环境中这些尘源都是较小的，否则是不会允许存在下去的。研究这一问题的意义在于，可以找到确定控制多方位污染的气流速度的依据，这在第八章单向流洁净室下限风速部分还要讨论。

6-8-1　点源污染包络线

图 6-21 所示的是在送风平行气流中的点源。此时室内流场应是送风平行气流流场和点源流场的叠加结果。现采用球坐标，R 为自点源的径向距离，θ 为 R 与 z 轴之夹角，反时针方向为正。

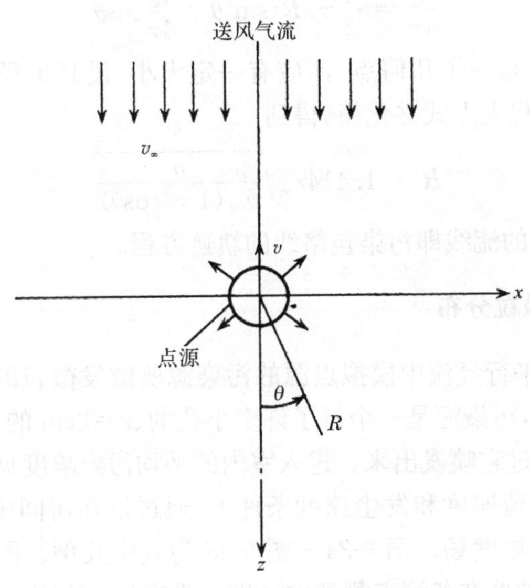

图 6-21　平行气流(即单向流)中的点源

平行流场的流函数为

$$\varphi_1=\frac{1}{2}v_\infty R^2\sin^2\theta \tag{6-51}$$

点源流场的流函数为

$$\varphi_2=-\frac{Q}{4\pi}\cos\theta \tag{6-52}$$

叠加流场的流函数为

$$\varphi=\varphi_1+\varphi_2=\frac{1}{2}v_\infty R^2\sin^2\theta-\frac{Q}{4\pi}\cos\theta \tag{6-53}$$

式中：v_∞——送风平行气流速度(m/s)；

Q——源强，等于污染气流的流量(m³/h)。

当送风气流速度等于污染气流速度时，在 z 轴方向的污染气流即被抑制在 a 点(图6-22)，可称为驻点，其他方向污染气流将被抑制在 b 点、c 点…送风平行气流抵 a 点后开始折拐，沿

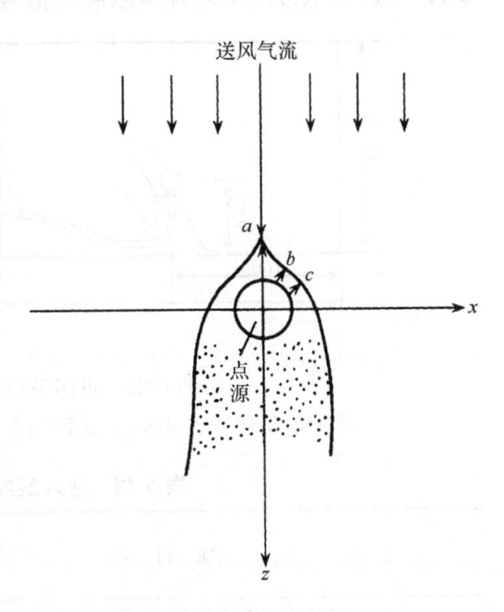

图 6-22　点源污染包络线

着 b、c 等点前进(另一侧亦如此),这说明污染气流达到 a、b、c…这条线时,z 方向的分速均已消失;如不考虑分子扩散、气流脉动等微小影响,则污染气流将不能穿越这条流线,而被包络在这一流线的下方。因此,可以把这条流线称为污染包络线[15]。

因包络线就是通过 a、b、c…的流线,而对于 a 点,$\theta=180°$,故其流函数为

$$\varphi_{180}=\frac{Q}{4\pi} \tag{6-54}$$

将式(6-53)和式(6-54)结合起来

$$\frac{Q}{4\pi}=\frac{1}{2}v_{\infty}R^2\sin^2\theta-\frac{Q}{4\pi}\cos\theta \tag{6-55}$$

实际上污染源不会是一个几何点,而应有一定大小,设其半径为 r,在 r 球面上的速度为 v(即 $Q=4\pi r^2 v$),代入上式并化简,得到

$$R=1.414r\sqrt{\frac{v}{v_{\infty}(1-\cos\theta)}} \tag{6-56}$$

这就是通过 a、b、c 诸点的流线即污染包络线的轨迹方程。

6-8-2 污染源的实际微粒分布

现在来看一下,在平行气流中模拟点源的污染源所散发微粒的实际分布状况。实验装置[15]如图 6-23 所示,污染源是一个打了许多小孔的、$r=2$cm 的乒乓球,用压缩空气把 5 支芭蓝香发的烟尘经过它喷发出来。送入室内的平均污染浓度见表 6-18。用粒子计数器测定了在不同平行气流速度和发尘速度条件下,通过设在房间中心 0.8m 工作区高度的尘源中心的房间剖面浓度场。图 6-24～图 6-28 为其中几例。图上纵横坐标交点为测点,图上只标出粒子计数器在各测点测到的浓度。没有标出数值的测点的仪器读数均为零,说明这些地方的平均含尘浓度极低,没有受到污染。

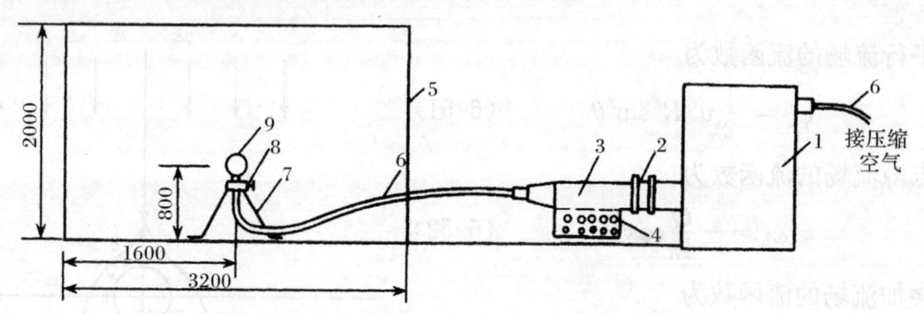

图 6-23 点污染源的实验装置示意(单位:mm)

1. 缓冲箱;2. 阀门;3. 烟室;4. 放香孔;5. 洁净小室;6. 胶皮管;7. 三脚架;8. 顶丝;9. 发尘球

表 6-18 送入室内的平均污染浓度(粒/min)

项 目		污染气流速度/(m/s)①		
		1.27(9)	2.5(17.8)	2.7(19.4)
室内点一支芭蓝香	7.8×10^8	—	—	—
室外发烟盒内点 5 支芭蓝香,从室内点源喷出	—	6.18×10^8	7.36×10^8	9.53×10^8

① 表中括号内的数据为流率(L/min)。

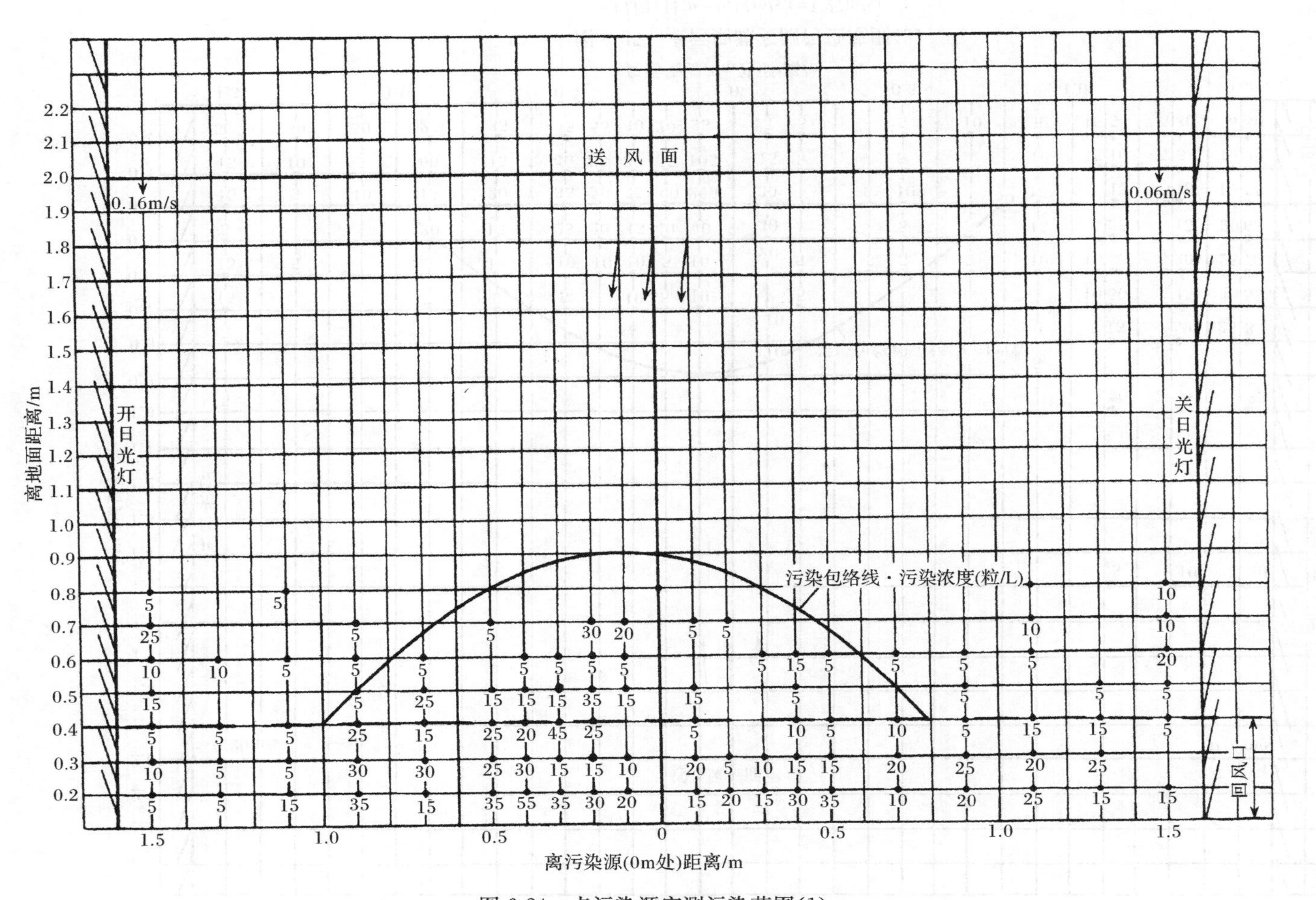

图 6-24　点污染源实测污染范围(1)

(12月28日, v_{∞}=0.105m/s, v=1.27m/s)

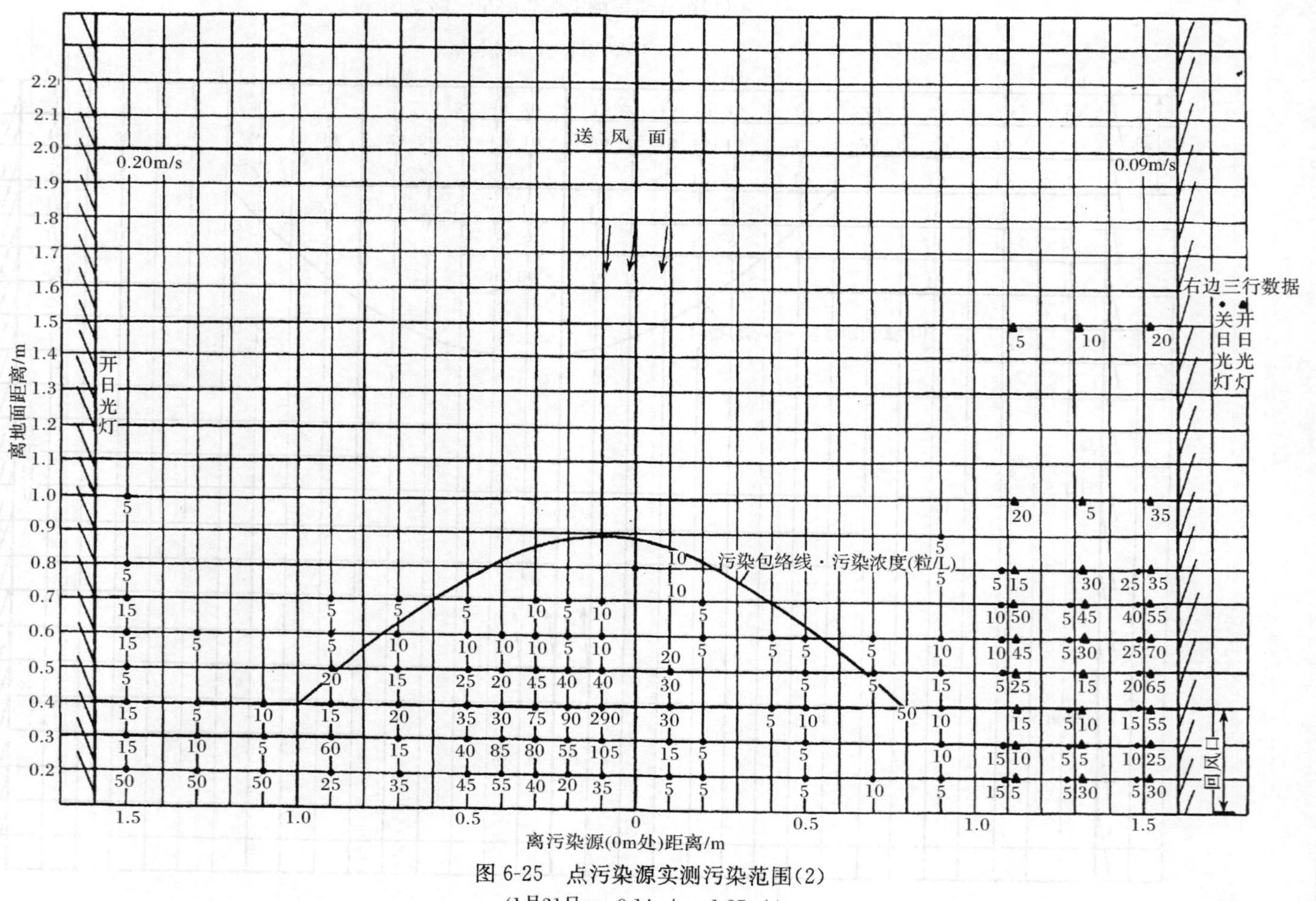

图 6-25 点污染源实测污染范围(2)

(1月21日, $v_\infty=0.14$m/s, $v=1.27$m/s)

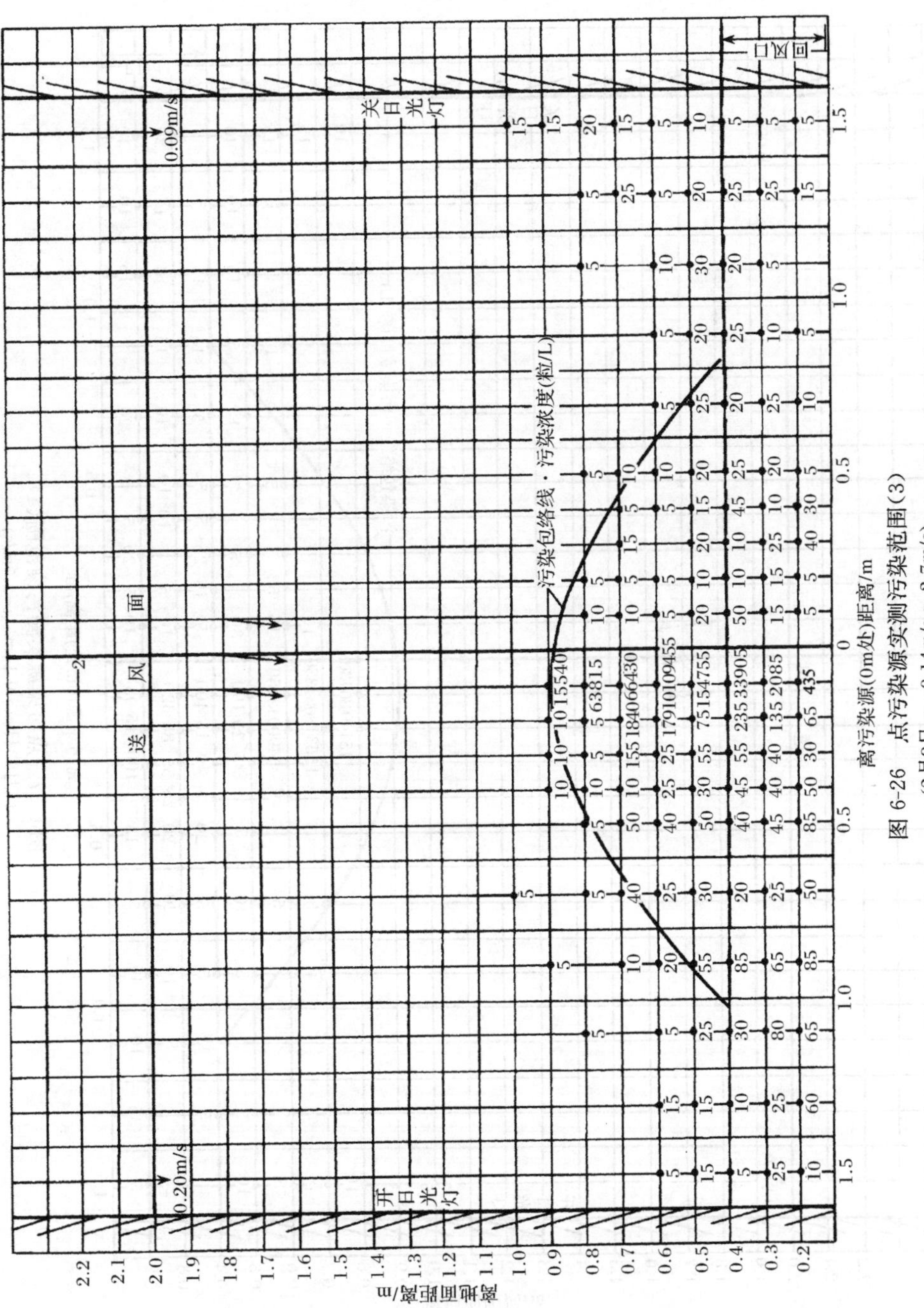

图 6-26 点污染源实测污染范围(3)

(2月9日, v_s=0.14m/s, v=2.7m/s)

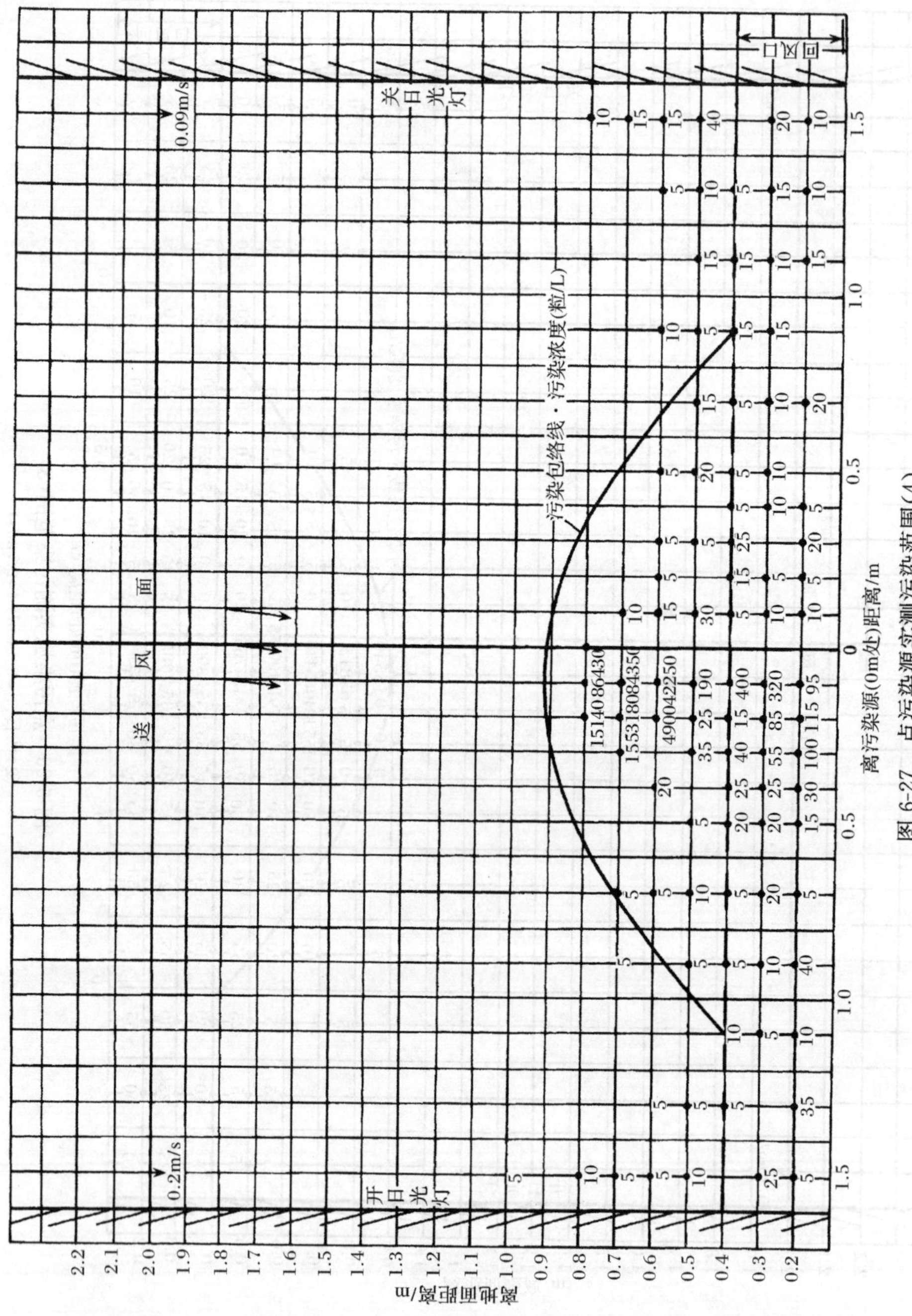

图 6-27　点污染源实测污染范围(4)
(1月23日,v_{∞}=0.14m/s,v=2.5m/s)

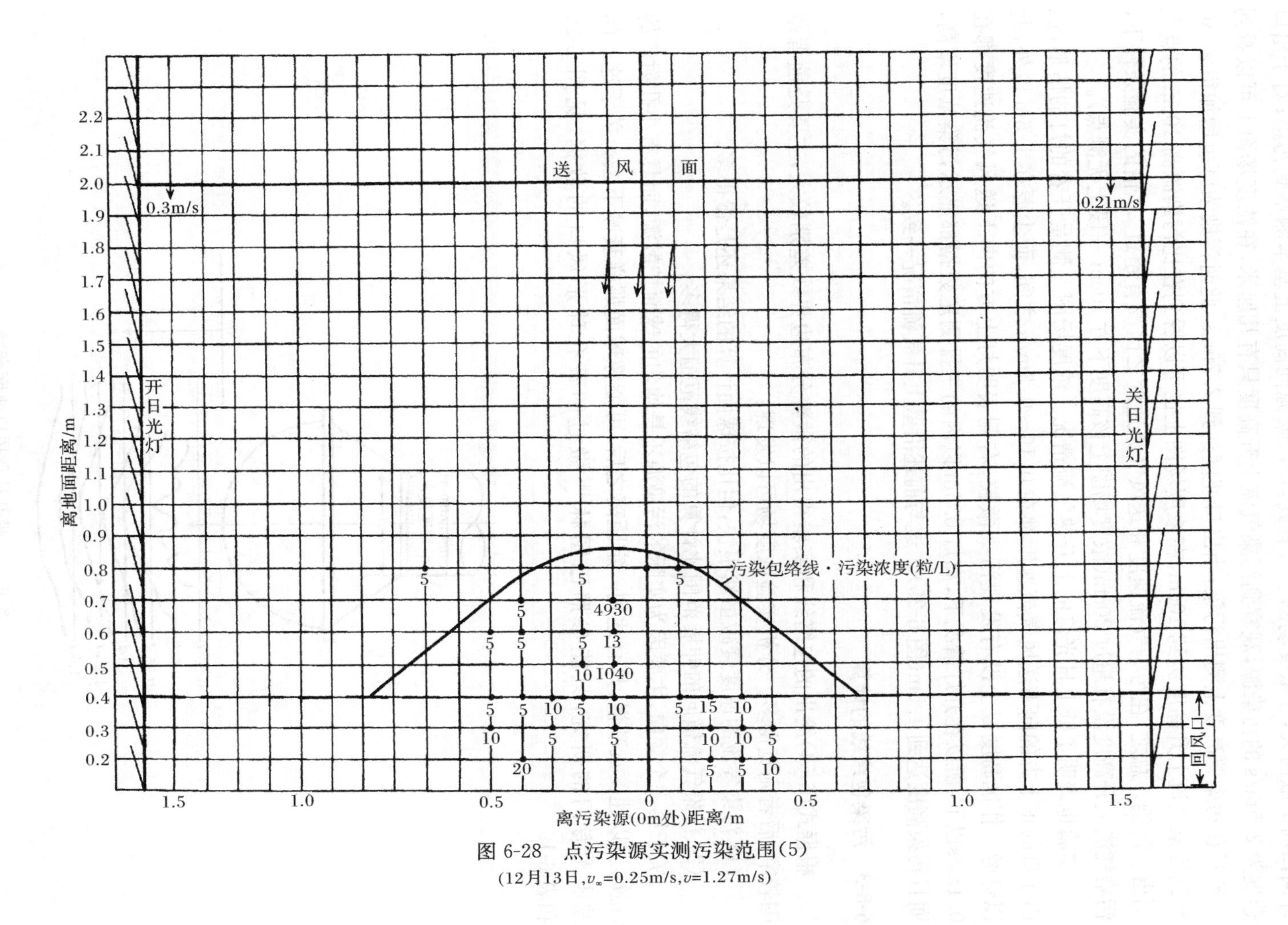

图 6-28 点污染源实测污染范围(5)

(12月13日,v_∞=0.25m/s,v=1.27m/s)

从实验中观察到，对于污染源出口速度 v 为 1.27m/s 的污染气流，基本上一出孔眼即向四周扩散消失，在浓度场图上可看到，在污染源同高度上基本测不到污染；对于出口速度为 2.5m/s 的污染源，观察到污染气流上升高度只有几厘米，在浓度场图上可以看到一般只在污染源高度上测出污染；当出口速度达到 2.7m/s，此时污染浓度也增加很多，观察到污染气流上升高度达到 10cm，在浓度场图上也可以看到在比污染源高 10cm 的点上测出了污染。总之，在污染气流速度和送风气流速度之比没有超过 20 倍的实验条件下，污染气流上升高度没有超过 20cm(浓度场图上该高度下方 10cm 一段上无测点)。

实验也表明了壁上日光灯的上升热气流情况。浓度场图左侧是开着的灯的情形，但由于灯的正上方的向下送风气流速度都在 0.16～0.3m/s 之间，而尘源在 1.5m 以外，所以灯旁工作区高度以上没有发现污染微粒；右侧表明灯上方的向下送风气流速度都在 0.1m/s以下，所以在开灯情况下，离灯 0.5m 以内的三排测定数据都显示污染浓度增高，而且污染高度达到 1.5m(图 6-25)。这与前述沿壁上升气流情况一致。

6-8-3　污染包络线的计算

根据式(6-54)绘出的包络线和实验得出的微粒分布边界线差别较大，主要是前者范围较窄，后者则宽得多。分析实验浓度场可以发现：

(1) 污染气流的速度衰减虽然很快，但比按球面计算的结果还是慢得多。

(2) 污染气流横向的伸展范围比计算的包络线范围大得多。

关于第一个倾向，主要因为实际的污染源不是均匀的球面扩散源，而具有小孔射流的性质，所以速度衰减慢，只有达到一定距离之后，可能像球面那样衰减下去。关于这一问题还无专门的研究，只能参照巴图林[18]做过的带孔球形风口的数据，见图 6-29 和表 6-19。

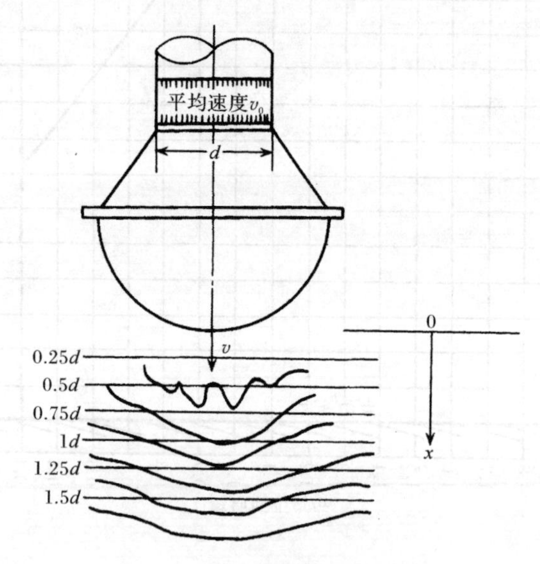

图 6-29　带孔球形风口速度衰减

表 6-19　球形风口轴心速度 v 的衰减

$\frac{x}{d}$	0	1	2	3	4	5	6
$\frac{v}{v_0}$	0.35	0.98	0.97	0.95	0.88	0.8	0.7

关于第二个倾向，在巴图林实验中也表现突出，而且也被特别指出来，这从图 6-29 中也可看出来，并说明这种速度场不是在不同的 θ 角方向都是均匀的，而是在横向方向伸展更快。球形带孔风口的这种速度场特点还有待进一步查明，但是从这里可以认为应对式(6-56)加一个有关 θ 角的修正系数；根据实测浓度场，这一修正值可定为 $(1-\cos\theta)^{-1.5}$。这样，式(6-56)就变成以下半经验公式的形式：

$$R = 5.7(1-\cos\theta)^{-1.5} r\sqrt{\frac{v}{v_\infty(1-\cos\theta)}} \tag{6-57}$$

R 可以称为污染半径。

图 6-24～图 6-28 上的曲线，就是按这一公式计算出来的包络线。

前面已指出，由于日光灯引起的热对流的影响和顶棚上过滤器与侧壁之间的边框将产生涡流的影响(参阅第八章关于单向流洁净室部分)，存在着沿壁上升的气流而把污染气流向两边拉开，所以实测污染范围的两翼比计算包络线要宽，在回风口高度以内更是如此。但在回风口以上污染边界和计算包络线仍然比较一致，尘源散发的微粒都在包络线之内，只有 $\frac{v_\infty}{v}$ 达到 20 倍，才略有超出。可以设想，对于全地板回风的标准平行流场，理论和实际将符合得更好。

对式(6-57)的进一步讨论将在第八章下限风速一节进行。

参 考 文 献

[1] Фукс Н А. 气溶胶力学. 顾震潮等译. 北京：科学出版社，1960：43.
[2] 李兴久，李炯远. 破碎筛分车间除尘. 北京：冶金工业出版社，1977.
[3] Фукс Н А. 气溶胶力学. 顾震潮等译. 北京：科学出版社，1960：186.
[4] Фукс Н А. 气溶胶力学. 顾震潮等译. 北京：科学出版社，1960：238－278.
[5] 菅原文子. 日本建築学会大会学術講演梗概集(関東). 1972：25－26.
[6] 吉沢晋. 無菌環境と計測. 空気調和・衛生工学，1977，51(1)：15－21.
[7] 许钟麟. 成品率和洁净环境的级别之间的关系. 力学与实践，1981，3(1)：45－49.
[8] Ranz W E，Wong I B. Ind. Eng. Chem.，1952，44：1371－1376.
[9] 许钟麟. 沉降菌法和浮游菌法关系初探. 中国公共卫生，1993，9(4)：160－162.
[10] 舒玮. 湍流中散射粒子的跟随性. 天津大学科技情报资料，1979.
[11] 藤井修二，他. 層流型クリーンルーム設計に関する考察. 日本建築學會學術講演梗概集(東北)，1982：277.
[12] Фукс Н А. 气溶胶力学. 顾震潮等译. 北京：科学出版社，1960：343.
[13] 佐野武仁訳. 層流室内の障害物と熱気流の影響. 空気清浄，1876，17(1)：37－42.
[14] Лыков А В. 建筑热物理理论基础. 任兴季、张志清译. 北京：科学出版社，1965.
[15] 许钟麟，钱兆铭，沈晋民，等. 平行流洁净室的下限风速. 建筑科学研究报告，1983，(11).
[16] 谢别列夫 И А. 室内空气动力学. 周谟仁等译. 重庆建筑工程学院学报，1979，增刊.
[17] Фукс Н А. 气溶胶力学. 顾震潮等译. 北京：科学出版社，1960：238.
[18] Батурин В В. 工业通风原理. 刘永年译. 北京：中国工业出版社，1965.
[19] Колпаков Г В. Вопросы лучистого отопления. 1951.

[20] 古橋正吉等. 垂直層流式クリーンルーム装置における基礎および臨床実験. 空気調和・衛生工学，1977，51(1)：27－32.

[21] Куница В И. Конвективные струи над нагретыми поверхностями. Водоснабжение и Санитарная Технка，1977，(8)：19－20.

[22] Morrison Philip W. Environmental Control in Electronic Manufacturing. 1973.

[23] Фукс Н А. 气溶胶力学. 顾震潮等译. 北京：科学出版社，1960：383.

[24] Hinds W C. 气溶胶技术. 孙聿峰译. 哈尔滨：黑龙江科学技术出版社，1989.

第七章　空气洁净度级别

随着半导体工业的高速发展，人们对洁净度的关注已从过去的微粒污染，发展到最近的化学污染，对于环境空气洁净程度的控制对象也由过去的单一对象——微粒，发展到包括分子态化学污染物质的两个对象。空气洁净度标准或者级别，实际上已包含了空气微粒洁净度级别（习惯上仍称空气洁净度级别）和分子态污染物质洁净度级别两方面。但是，专指空气微粒的空气洁净度级别仍是评价空气洁净度环境的核心指标。

7-1　空气洁净度标准（级别）的沿革

这里不准备介绍各国标准的制订过程，但是从各国制订空气洁净度标准（级别）的过程中可以看到：

(1) 由于测尘手段和对空气洁净技术了解深度的限制，早期作为空气洁净度的标志，既有尘粒的计数浓度，也有尘粒的计重浓度，例如前苏联国家标准就曾规定：一级洁净度的含尘量是0.00036mg/m^3，二级是0.5mg/m^3，三级是0.8mg/m^3。

(2) 由于不掌握空气中微粒分布的规律，早期用计数浓度划分的洁净度级别也是杂乱的，例如1961年3月制订的美国空军技术条令T.O.00-25-203，第一级的含尘浓度（均为使用标准）是8834（全部可数尘粒）粒/L（250000粒/ft^3），第二级是3004（0.3～10μm）粒/L（85000粒/ft^3），第三级是1237（0.3～10μm）粒/L（35000粒/ft^3），第四级是353（0.3～10μm）粒/L（10000粒/ft^3）。

(3) 由于掌握了在双对数纸上微粒分布的规律，第一次在美国用在这种纸上划平行线的方法来区分不同场所——大气、控制区、标准洁净室（相当于8级）、层流装置（相当于5级）的洁净度级别，这就是1963年7月修订后的空军技术条令203。即使这里可能存在大气尘分布特性的启发，仍可视其为洁净室技术的第一块奠基石。

(4) 由于出现了“层流”（即现在的单向流）洁净室，空气洁净度就可以用单向流洁净室和普通洁净室（即乱流洁净室或非单向流洁净室）所能达到的水平，来划分出几个等级，即空气洁净度级别或标准（关于这些洁净室的原理见第八章），这样就把空气洁净度级别建立在相应的空气洁净技术措施的基础上，这才诞生了第一个科学分级的空气洁净度标准，即1963年底的美国联邦标准209。可以说，“层流”洁净室概念的提出，是洁净室技术的第二块奠基石。

(5) 由于洁净室应用范围的扩大，出现了既包括控制无生命微粒，也包括控制有生命微粒的生物洁净室标准，这就是1967年8月美国航空航天局（过去译为“国家航空及宇宙航行局”）(NASA)的标准（习惯简称宇航标准，见表7-1）。但是晚于此标准在1973年修订的美国联邦标准209B中，还没有单独指出控制有生命微粒的要求。只是提出空气中悬浮微生物是自然界的微粒，所以它们包括在空气洁净度级别的微粒总数中。1978年第四次国际污染控制协会正式提出了包括控制有生命微粒内容的国际标准（草案）（见表

7-2)，但后来并未见实施。

表 7-1 美国宇航标准中的洁净度级别

级别	微粒			生物微粒			
	粒径/μm	最大数量		浮游最大数量		沉降量	
		粒/ft³	粒/L	粒/ft³	粒/L	粒/(ft²·周)	粒/(m²·周)
100	≥0.5	100	3.5	0.1	0.0035	1200	12900
10000	≥0.5 ≥5.0	10000 65	350 2.5	0.5	0.0176	6000	64600
100000	≥0.5 ≥5.0	100000 700	3500 25	2.5	0.0884	30000	323000

表 7-2 1978 年国际空气洁净度标准(草案)

级别	空气中生物和非生物微粒总数 ≥0.5μm 微粒的最大数量		空气中生物微粒 单位容积空气中活性菌落最大数量		表面生物微粒 沉降菌落最大数量	
	ft³	L	ft³	L	粒/(ft²·d)	粒/(m²·周)
1	不控制		不控制		不控制	
2	100000	3500	2.5	0.0884	200	323000
3	10000	350	0.5	0.0176	40	64600
4	100	3.5	0.1	0.0035	8	12900
5	10	0.35	0.04	0.0014	3	5200

但是美国联邦标准从 209C 开始一直到 209E 都明确提出空气洁净度级别和生物微粒之间还没有建立起确定的关系，都没有给出和微粒总数相对应的生物微粒数量的规定。

(6) 由于生产的需要，从 209C 开始出现了比 100 级更高的级别——0.5μm 10 级、1 级或者 0.1μm 10 级、1 级。

(7) 继欧洲、中国、日本之后，从 209E 开始美国也正式实行国际单位制，不过英制仍同时存在，见图 7-1、图 7-2 和表 7-3。

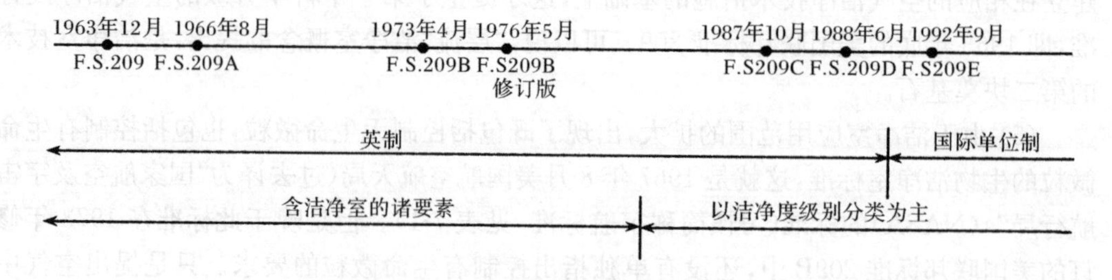

图 7-1 美国联邦标准 209 的变迁

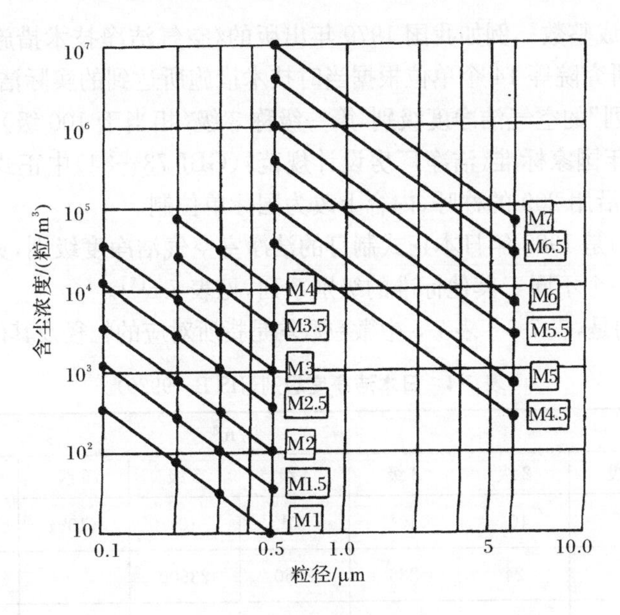

图 7-2　209E

表 7-3　美国联邦标准 209E

级别		级别的浓度上限									
		0.1μm		0.2μm		0.3μm		0.5μm		5μm	
		单位体积		单位体积		单位体积		单位体积		单位体积	
国际单位制	英制	m³	ft³	m³	ft³	m³	ft³	m³	ft³	m³	ft³
M1		350	9.91	75.7	2.14	30.9	0.875	10.0	0.283	—	—
M1.5	1	1240	35.0	265	7.50	106	3.00	35.3	1.00	—	—
M2		3500	99.1	757	21.4	309	8.75	100	2.83	—	—
M2.5	10	12400	350	2650	75.0	1060	30.0	353	10.0	—	—
M3		35000	991	7570	214	3090	87.5	1000	28.3	—	—
M3.5	100	—	—	26500	750	10600	300	3530	100	—	—
M4		—	—	75700	2140	30900	875	10000	283	—	—
M4.5	1000	—	—	—	—	—	—	35300	1000	247	7.00
M5		—	—	—	—	—	—	100000	2830	618	17.5
M5.5	10000	—	—	—	—	—	—	353000	10000	2470	70.0
M6		—	—	—	—	—	—	1000000	28300	6180	175
M6.5	100000	—	—	—	—	—	—	3553000	100000	24700	700
M7		—	—	—	—	—	—	10000000	283000	61800	1750

关于 209E 和其以前各版本的差别以及其具体应用，可参阅其他书籍[1]。

(8) 至于其他一些国家的标准在本质上没有差别，主要是含尘浓度的表示方法有的化为公制,有的凑成整数。例如我国 1979 年出版的《空气洁净技术措施》,发表了由原国家建委建筑科学研究院等 14 个单位根据当时技术措施所达到的实际洁净度的统计结果,编制而成的“3 系列”的空气洁净度级别,第一级称 3 级(相当于 100 级),第二级称 30 级,以此类推。1984 年国家标准《洁净厂房设计规范》(GBJ 73—84)中正式提出了我国的洁净度级别,名称上沿用 209 的称呼,内容上改为国际单位制。

其他有新意的是 1989 年日本正式制订的洁净室空气洁净度级别,见表 7-4。其后,欧洲标准也提出了一个不同于其他标准的级别系列,见表 7-5[2]。

特别要注意的是,表 7-3～表 7-5 中微粒数均是指所对应的粒径及其以上的粒数总和。

表 7-4 日本洁净度级别(JIS B—9920)

粒径/μm	个/m³							
	1 级	2 级	3 级	4 级	5 级	6 级	7 级	8 级
0.1	10^1	10^2	10^3	10^4	10^5	(10^6)	(10^7)	(10^8)
0.2	2	24	236	2360	23600	—	—	—
0.3	1	10	101	1010	10100	101000	1010000	10100000
0.5	(0.35)	(3.5)	35	350	3500	35000	350000	3500000
5.0	—	—	—	—	29	290	2900	29000
粒径范围/μm	0.1～0.3		0.1～0.5		0.1～5.0	0.3～5.0		

表 7-5 欧洲洁净度级别草案 CEN/TC243

级别	粒/m³						
	0.1μm	0.2μm	0.3μm	0.5μm	1μm	5μm	10μm
0	20	6	—	(1)	—	—	—
1	250	63	28	10	—	—	—
2	2500	625	278	100	25	—	—
3	25000	6250	2778	1000	250	10	—
4	—	62500	27778	10000	2500	100	25
5	—	—	—	100000	25000	1000	250
6	—	—	—	1000000	250000	10000	2500
7	—	—	—	(10000000)	2500000	100000	25000

注:括号内数字供参考。

(9) 正因为各国关于级别的标准之间差异不大,并且在 0.5μm 这一粒径档上保持和美国联邦标准一致的表达,所以发展趋势是制订统一的国际标准。为此,由 16 个国家的空气洁净技术学会(或协会)联合组成的国际污染控制学会(ICCCS)在 1993 年组织了一个关于“洁净室及相关受控环境”的标准制订委员会(ISO/TC209),有 29 个国家派员参加。标准制订完成后就成为国际标准化组织(ISO)的技术标准之一,(于 1999 年 5 月 1 日公布，标准号为 ISO 14644-1)，见表 7-6。

表 7-6　ISO 14644-1 和 GB 50073—2001 的空气洁净度级别

级别	级别限制					
	0.1μm	0.2μm	0.3μm	0.5μm	1.0μm	5.0μm
	m^3	m^3	m^3	m^3	m^3	m^3
1	10	2	—	—	—	—
2	100	24	10	4	—	—
3	1000	237	102	35	8	—
4	10000	2370	1020	352	83	—
5	100000	23700	10200	3520	832	29
6	1000000	237000	102000	35200	8320	293
7	—	—	—	352000	83200	2930
8	—	—	—	3520000	832000	29300
9	—	—	—	35200000	8320000	293000

该标准和日本标准相比，增加了 1μm 粒径和相当 100 万级的第 9 级，在微粒数上则两者几乎没有差别。

现在，我国修订后的《洁净厂房设计规范》(GB 50073—2001)也已等同采用 ISO 14644-1 的洁净度级别[3]。

7-2　空气洁净度级别的数学表达式

在上述各国空气洁净度级别中的微粒数字，都是在把洁净室内微粒在双对数纸上的近似平行分布理想化后，先以一种控制粒径的粒数为依据，通过作为依据的那个粒径的微粒数画平行于或近似平行于大气尘分布的直线，再确定其他粒径的微粒数(这里还加上了人为的取整修正)，用公式表示即

$$\frac{N_{\mathrm{D}}}{N_{\mathrm{d}}}=\left(\frac{D}{d}\right)^{-n} \tag{7-1}$$

式中：d 为某级别作为依据的粒径；D 为某级别其他粒径；N_{d} 为定义的某级别粒径为 d(即$\geqslant d$)的微粒数；N_{D} 为某级别粒径为 D(即$\geqslant D$)的微粒数；n 为指数，各国标准略有不同。

显然，这一表达式和式(2-1)是完全相同的。

由于取整的关系，由式(7-1)算出的数值和各级别表中给出的数值不完全一样。以日本标准为例，它是以 0.1μm 作为控制粒径的，其 3 级即是 0.1μm 的粒数为 10^3 粒/m^3 中的指数 3，其他类推。

那么，该标准的 3 级所对应的≥0.3μm 的微粒应是多少？

由式(7-1)并代入 JIS 的 n 值，以及定义为 3 级的控制粒径 0.1μm 的粒数 $N_{0.1}$，则

$$N_{0.3}=N_{0.1}\times\left(\frac{0.3}{0.1}\right)^{-2.08}$$
$$=N_{0.1}\times\left(\frac{0.1}{0.3}\right)^{2.08}$$
$$=10^{3}\times 0.10176(\text{粒}/\text{m}^{3})[\text{取}\,101(\text{粒}/\text{m}^{3})]$$

可见与表7-4中0.3μm那一行的属于3级的数字完全一样。

但同样以0.1μm作为控制粒径的ISO 14644-1的3级，$N_{0.3}=102$粒/m³，显然是将0.10176进为0.102了，但这种取舍引起的差别微乎其微。

又例如

$$209\text{E}100\text{级}\rightarrow 100\,\text{粒}/\text{ft}^{3}=3530\,\text{粒}/\text{m}^{3}\approx 10^{3.548}\text{粒}/\text{m}^{3}\approx 10^{3.5}\text{粒}/\text{m}^{3}$$

这是在级数上的取整。如用209E给出的级别的另一表达式，则

$$N_{\text{M}}=10^{M}\left(\frac{0.5}{D}\right)^{2.2}\quad(\text{粒}/\text{m}^{3})\qquad(7\text{-}2)$$

3.5级时粒径为D(例如0.2μm)的粒数N_{M}为

$$N_{\text{M}}=10^{3.5}\times\left(\frac{0.5}{0.2}\right)^{2.2}=23739(\text{粒}/\text{m}^{3})$$

可见比表7-3中的26500小很多。

如果用不取整的级数得出的控制粒径的粒数代入式(7-2)，则

$$N_{\text{M}}=10^{3.548}\times\left(\frac{0.5}{0.2}\right)^{2.2}=3530\times\left(\frac{0.5}{0.2}\right)^{2.2}=26500(\text{粒}/\text{m}^{3})$$

和表中数字完全一样。

所以209E说明，用式(7-2)只能近似求出各粒径的粒数。

从各种标准关于级别的表达式来看，不同仅在于指数n的变化：209E给出$n=2.2$；JIS B9920、ISO 14644-1和GB 50073—2001给出$n=2.08$；CEN/TC243给出$n=2$；209～209B没有直接给出n，但反算得出$n=2.15$(或者由平行于标准大气尘分布而知)。

如果皆以0.5μm微粒数为1粒/m³为准，比较相应的0.1μm微粒的数量，由式(7-1)有：对于209E

$$N_{0.1}=N_{0.5}\left(\frac{0.5}{0.1}\right)^{2.2}=1\times\left(\frac{0.5}{0.1}\right)^{2.2}=34.49(\text{粒}/\text{m}^{3})$$

对于日本标准

$$\frac{N_{0.5}}{N_{0.1}}=\left(\frac{0.1}{0.5}\right)^{2.08}$$

$$N_{0.1}=\frac{N_{0.5}}{\left(\frac{0.1}{0.5}\right)^{2.08}}=\frac{1}{\left(\frac{0.1}{0.5}\right)^{2.08}}=28.43(\text{粒}/\text{m}^{3})$$

对于欧洲标准

$$N_{0.1}=N_{0.5}\left(\frac{0.5}{0.1}\right)^{2}=1\times\left(\frac{0.5}{0.1}\right)^{2}=25(\text{粒}/\text{m}^{3})$$

将以上由于n的差别对微粒浓度影响的计算结果表示在图7-3上，可以看出这种差别是不大的。

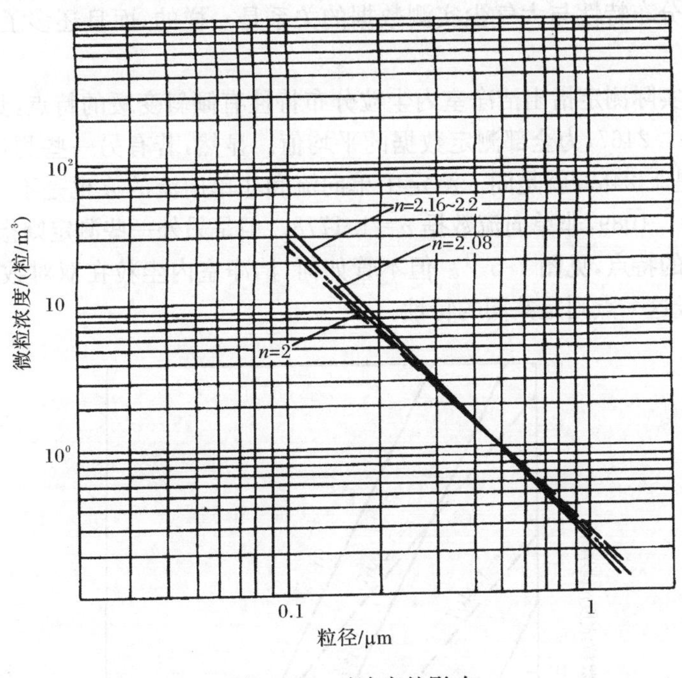

图 7-3　n 对浓度的影响

7-3　不同粒径的粒数换算关系

根据 ISO 14644-1 标准的计算公式(n=2.08),可得出如表 7-7 的粒数换算系数 ϕ。

表 7-7　不同粒径的粒数换算系数

粒径/μm	0.5	0.3	0.2	0.18	0.15	0.12	0.1	0.09	0.08	0.07	0.06
粒数换算系数 ϕ	1	2.85	6.8	8.4	19	19.5	28.6	34	44.9	56.3	57.1
粒径/μm	0.05	0.04	0.035	0.03	0.025	0.02	0.018	0.015	0.013	0.01	0.007
粒数换算系数 ϕ	76.3	89.1	91.1	93.1	95.7	98.3	98.6	98.9	99.4	100	100.3

表中 0.1～0.007μm 微粒的 ϕ 值是引自文献[4](根据早川一也的数据的计算结果)。

7-4　表示空气洁净度级别的平行线

从图 7-3 可以看出:现在各国标准中表示空气洁净度级别的平行线既反映洁净室内微粒分布的某些特点,又加上人为的因素。例如 209 标准按 n=2.15 画线,显然有和大气尘的分布取齐的因素;日本和欧洲的标准则有先取好某两个粒径(如 0.1μm 和 0.5μm 或0.5μm 和 5μm)粒数再画线的考虑。所以不应该把表示级别的平行线直截了当地看成是洁净室内的微粒分布特性,去追究室内分布特性中的 n 和级别平行线的 n 的差别。只能说,洁净室内微粒分布在双对数纸上也具有近似平行的直线(折线)性,但是每一个具体的洁净室内的微粒分布则不可能和级别平行线完全一样,甚至还会有很大的差别,这和大气尘分布特性与大气尘实测数据的关系是一样的,而且还多了前面说的人为因素。

例如,某些实际测定指出洁净室内尘粒分布特性有倾斜变缓的特点,见图 1-24 和图 7-4[5],后者 $n=1.2467$,为全部测定数据的平均值。显然,若有另一些测定,其实测平均值也不可能再是 1.2467;就是同一测定中单向流和非单向流的 n 也是不同的,上图中的单向流数据 $n=1.1089$,非单向流数据 $n=1.1778$。但是另外一些测定则指出有相反的倾向,即倾斜变陡的特点,见图 7-5[6]。但不管如何,洁净室内尘粒在双对数纸上的分布近似呈平行的直线这一点则是共同的特性。

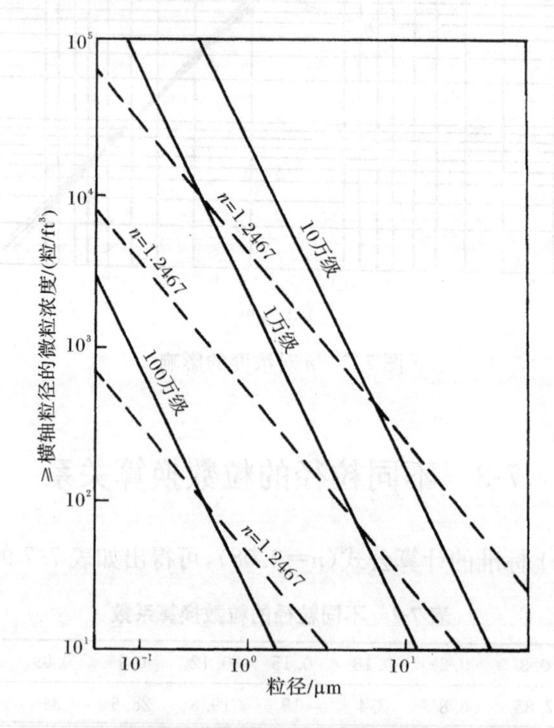

图 7-4　洁净室中实测微粒在双对数纸上分布(例一)

为什么经过过滤器以后的洁净室内的微粒还能保持这种特性?显然,如果室内没有发尘,则过滤以后空气中的微粒分散性应该接近单分散,或者也是呈很陡很短的直线(或折线)分布性质,因为稍大一些的微粒都被过滤清除了。从一些无人操作的空态高级别的洁净室测定中可以看到这一点。但是在运行中的洁净室是有发尘的,主要是人的发尘。作者分析一些关于人的发尘的测定数据发现,人发尘的分布特性不仅在双对数纸上具有直线性,而且和典型大气尘分布特性非常相似。

图 7-6 中从 1 到 7 各折线为用不同材料制成的工作服的发尘量[7],虚线 8 是典型大气尘分布,可见前后两者的变化趋势是非常相近的。

图 7-7 中的各种符号为作者[8]及他人的不同测定数据,代表不同动作的发尘量,这些发尘量大约在两条直线所夹的范围内变化,虚线是典型大气尘分布,可见两者变化趋势也是很接近的。

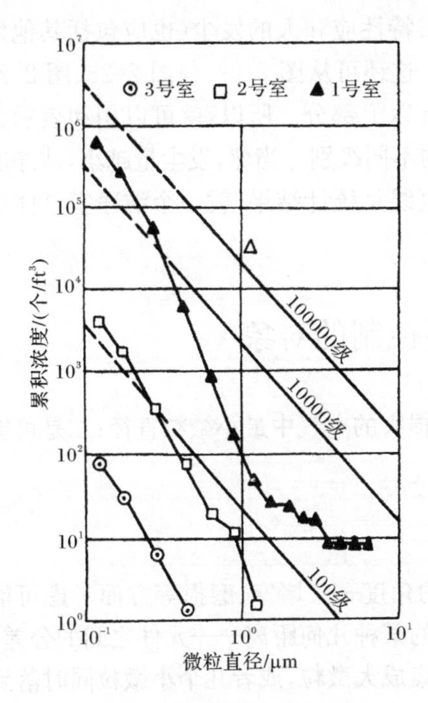

图 7-5　洁净室中实测微粒在双对数纸上分布(例二)

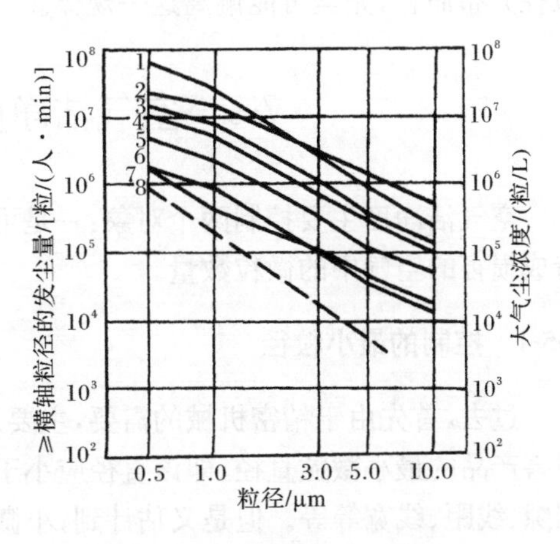

图 7-6　不同材料工作服发尘特性

1～3. 无纺布；4. 新棉布；5. 半新棉布；6. 聚酯；7. 手术用棉布内衣；8. 大气尘

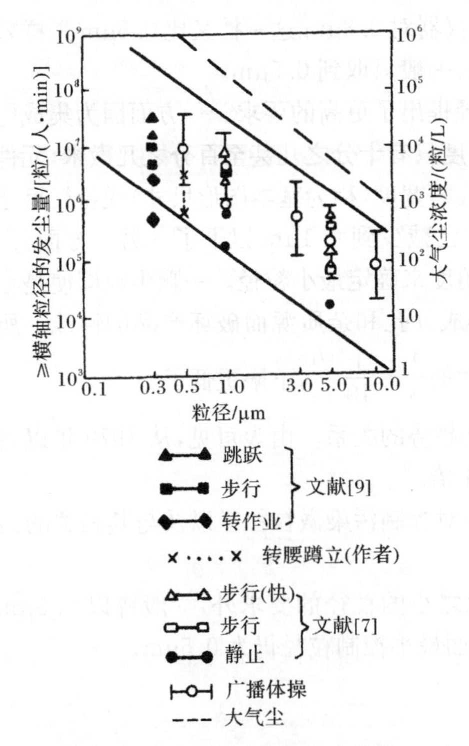

图 7-7　人不同动作的发尘特性

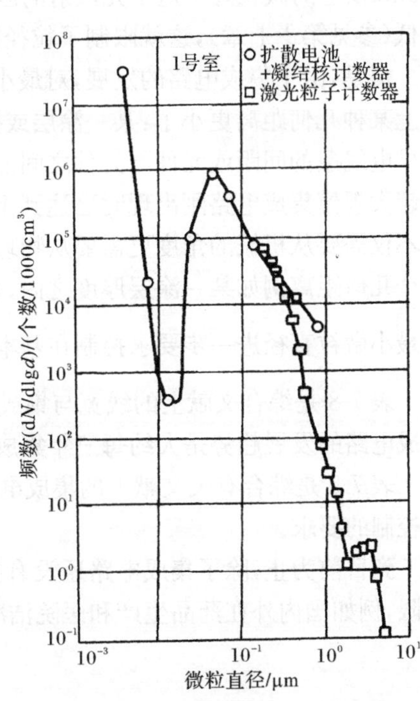

图 7-8　洁净室内尘粒分布一例

(图中的测定仪器的有关内容将在第十七章中介绍)

以上材料表明,运动中洁净室空气中微粒分布特性应和人的发尘(也应包括其他发尘)分布特性相似,也就是和大气尘分布特性相似。这还可从图 7-8[6] 与图 2-28、图 2-29 的比较后看出来,近似直线性也主要表现在 0.1μm 以上部分。所以,就可以用和表示大气尘分布的斜线平行的另一组斜线来表示洁净度的不同级别。当然,发尘量越小,洁净度越高,这种斜线越陡。这里要指出的是,这种平行直线是统计结果,就一个洁净室具体的粒径分布而言,完全可能偏离这一规律。

7-5 空气洁净度所要控制的对象

空气洁净度主要控制两个对象:一是可能造成损害的空气中最小微粒直径;二是可能造成损害的空气中的微粒数量。

7-5-1 控制的最小粒径

过去,首先由于精密机械的需要,主要从机械的角度——堵塞、磨损等方面考虑可能损害产品的最小微粒直径,即该直径应小于产品上的某种几何距离——元件之间的公差、间隙、线距、线宽等等。但是又估计到,小微粒能凝集成大微粒,或者几个小微粒同时落到产品的致命处,因此,通常把这种几何距离的一半至 1/3 定为控制的最小粒径。由于这类几何距离可以小到约 1μm,所以 0.5μm 这一粒径长期以来成为空气洁净技术上要控制的最小粒径。除此以外,还因为:在用白炽灯作光源的散射光式粒子计数器测定时,只有 0.3μm以上的微粒处于适于光散射的区域;但是仪器对 0.3μm 这一档又比 0.5μm 采样效率低(参见第十七章),这就限制了粒径控制下限,一般只取到 0.5μm。

但是,由于集成电路的发展,对最小微粒直径提出了更高的要求。一方面因为集成电路上某种几何距离更小了:某一涂层或掩膜的厚度只有十分之几甚至百分之几微米,元件上导电线条的间距或元件与元件之间的金属连线的宽度(称为基本图形尺寸)或特征尺寸在超大规模集成电路刚出现时已达到 1μm,现在已减少到 0.1μm 以下了。另一方面,因为不仅需要从机械的角度更需要从物理化学的角度来确定最小粒径。一颗尘粒即使是在某个几何距离例如某一涂层厚度之内,也可能形成针孔和杂质源而破坏产品的性能。所以最小微粒直径进一步要求控制在基本图形尺寸的$\frac{1}{3}\sim\frac{1}{10}$[10],下限更低了。

表 7-8 是综合文献上的线宽与集成电路发展趋势的关系。由表可见,从 1970 年以后集成电路的发展趋势是大约每三年集成度增加 4 倍。

表 7-9 是综合有关文献上的集成电路的发展对控制污染微粒粒径以及与其相关的污染控制的要求。

到目前为止,除了集成电路还没有控制如此之小的粒径的要求外,一般皆以 0.5μm 为限,例如国内外在药品生产和医院洁净用房方面最小控制粒径仍为 0.5μm。

表 7-8 集成电路的发展

年份	代表产品 DRAM（动态随机存取存贮器）	硅片直径 /mm	芯片面积 /mm^2	最细光刻线条 /μm	元件数 /个
1970	1K	—	—	10	2×10^4
1975	16K	—	—	5	—
1980	64K	75	—	3	—
1983	256K	100	40	2	5×10^5
1986	1M	125	50	1	2×10^6
1989	4M	150	90	0.8	8×10^6
1992	16M	200	130	0.5	$10^7\sim10^9$
1995	64M	200	200	0.3	$10^7\sim10^9$
1998	256M	200	300	0.2	$10^7\sim10^9$
2001	1KM(G)	300	700	0.18	$10^7\sim10^9$
2004	4KM(G)	300	1000	0.113	可能 2×10^9
2007	16KM(G)	—	—	0.10	—
2010	64KM(G)	—	—	0.07	—
2012	—	—	—	0.045～0.032	—
2016 以后	—	450	—	0.022	—

表 7-9 集成电路对控制粒径的要求

年份	集成度	控制尘粒的最小粒径/μm	加工次数 β	洁净度级别(50%成品率)	纯气纯水
1970	1K	2	<100	100	～10^3ppb
1975	16K	0.4～1.3	<100	100	～10^3ppb
1980	64K	0.25～0.8	100	100	10^3ppb
1983	256K	0.12～0.4	140～160	100	10^3ppb
1986	1M	0.08～0.26	160～200	10	500ppb
1989	4M	0.05～0.17	200～300	1	100ppb
1992	16M	0.05	300～400	0.1 或 10(0.1μm)	50ppb
1995	64M	0.035	400～500	10(0.1μm)	5ppb
1998	256M	0.025	500～600	10(0.1μm)	1ppb
2001	1G	0.018	530～700	1(0.1μm)	0.1ppb
2004	4G	0.013	600～700	0.1(0.1μm)	0.01ppb
2007	16G	0.01	—	—	—
2010	64G	0.007	—	—	—

7-5-2 控制的微粒数量

各种工艺需要控制的微粒(≥控制粒径)数量不同,但若以这些数量来制订洁净度标准必然很复杂。例如一种工艺不允许每升空气中有这种微粒 110 个,另一种工艺则不允许有 130 个,但这两种情况所采用的空气净化手段差别又很小,这样就没有必要定出两个不同的级别。因此,制订空气洁净度标准(级别)所用的控制微粒数,宜按以下原则划出几个范围:

(1) 为现有措施所能达到。

(2) 在经济上能明显区别。

(3) 在使用上比较方便,例如便于记忆,这就要求这些控制数是一些有规律的数,是整数。

这里要指出的是,过去除了我国《空气洁净技术措施》外,国内外其他标准中都没有相当于 ISO/TC 209 的 9 级(相当于 100 万级)的这一级。上述 209E 和欧洲空气洁净度级别两个标准列出了最低一级,其含尘浓度为 10000 个/L,相当于 30 万级(后者注明供参考用)。国内 1998 版的《药品生产质量管理规范》则列入了 30 万级,《药品包装用材料、容器生产质量管理规范实施细则》和《医院洁净手术部建筑技术规范》(GB 50333—2002)中也列入了 30 万级,这些都作为设计准洁净区的依据。这样做有一定的道理,因为随着空气洁净技术服务对象的扩大,需要比 10 万级略低的级别的场所还有不少,例如《电子计算机房设计规范》(GB 50174—93)就要求主机房含尘浓度在静态下测定,不应大于 18000 个/L,相当于 50 万级。一些为高级别作过渡准备的场所,也会要求所谓"准洁净",所以订出相应的洁净度级别,对于节能和促使更多部门采用其需要的空气净化处理措施,则不无好处。也正是适应这种需要,国际标准 ISO 14644-1 就正式订出了相当于 100 万级的第 9 级。

7-6 被控制的含尘浓度的具体条件

规定空气洁净度级别要控制的含尘浓度时,常要考虑如下一些具体条件:

(1) 是什么状态下的含尘浓度。

美国联邦标准 209 原来是这样规定的:含尘浓度是根据在工作活动时间和靠近工作位置的空气中所含微粒数量确定的。

我国的标准也曾规定该含尘浓度是在工作人员进行正常操作时测得的数据。这就叫动态级别,209C 以前各国都如此采用。

由于发现用动态含尘浓度来衡量洁净度级别受到实际条件的影响太多,难以测定、测准,不能确切地及时地反映工程本身的问题,所以从 209C 开始,即把空气洁净度级别和状态脱钩,只涉及微粒数量本身。

在最后一章讨论检测技术时,还要具体介绍所谓动态、静态和空态的概念。

(2) 是什么范围里的含尘浓度。

对于一个洁净环境,例如洁净室是不是要求它的每一个区域、每一点的含尘浓度符合规定,还是只要求某一定范围的含尘浓度符合规定,各种标准可能有不同的规定。但是实践证明前者不可能办到,而且也没有必要,在过去级别和动态联系的时候更是如此。因为在涡流区内，在接近尘源的地方将具有很高的含尘浓度，而人们关心的主要是工作范围内的情况，从既保证要求又节约费用的目的出发，也主要希望控制工作范围内的含尘浓度。所以当前各种标准都是以工作区内的含尘浓度为确定级别的标准。

美国有关验收“100”级洁净室的地区性技术规定[11]中明确指出：从顶棚以下 3ft(约 90cm)到地面以上 30in①(约 76cm)之间的全室这个区域称为工作区，在该区内的“任何高度的测定都应达到要求”。

过去，在规定动态级别时，这一工作区含尘浓度也不包括工作点即尘源，而是在靠近工作位置以外的地方。上述那份技术规定中则解释这个浓度是在“离任何污染源水平距离 24in(约 61cm)以外的地方的任何一点”测得的。这一规定是很科学的，因为在尘源处例如甩胶机旁、研磨头旁、灌装粉剂的地点含尘浓度一定极高。但是这种高浓度对被甩胶、被研磨、被灌装的对象本身并没有什么意义，所以即使是动态级别要保证尘源处的高洁净度也是没有必要的。

我国的《空气洁净技术措施》明确规定，工作区即是除工艺特殊要求外一般离地 0.8～1.5m高的区域，而对于水平单向流洁净室又特用第一工作区即上风侧离过滤器出口一定距离(一般为 0.5m)之内的地带作为代表。

到了 209E，则指出洁净室是“包含一个或多个洁净区的房间”，而洁净区又是“被控制在特定的浮游粒子洁净度等级范围内的某一限定空间”。这就是说，洁净室包含着多个级别可能不同的洁净区，显然“某级洁净室”是就洁净室的主要区域达到的级别而言的，而不是说整个洁净室处处都在该级别所控制的含尘浓度之内。

(3) 怎样测定(多少次数，多大采样量)得到的含尘浓度。这些都将在讨论检测技术时再详加介绍。

(4) 是含尘浓度的平均值、最大值还是其他什么值。

209C 以前，一般都用含尘浓度的最大值来衡量洁净度级别，或者虽用平均值但规定同时满足一些条件(如我国的有关标准)。从 209C 开始，则采用统计值和一点最大值结合的办法，这也留待讨论检测问题时再作分析。

7-7　由成品率确定空气洁净度的理论方法

7-7-1　空气洁净度对成品率的影响

每一种精密产品需要什么样级别的洁净环境，这是一个很复杂的问题，将由工艺上的很多因素诸如方法、工具、设备、纯水、纯气、化学试剂、加工次数以及主持工艺的人等综合决定。不仅传统的微粒污染要控制，而且所谓分子态污染对关键表面的影响也越来越引起人们的重视，特别是对于 256M 以上的集成电路，生产车间的空气成分已差不多成为和微粒同等重要的监控对象。

分子态污染包括分子级的金属成分如 Na、K、Zn、Al、Fe 等，也包括气相化学污染。由于现在大部分国家还没有分子态污染的标准，目前微粒的影响仍然是洁净室污染控制

---

① 1in=2.54cm，下同。

最基本的问题。本节只讨论空气含尘浓度对成品率的影响。不过一件产品因落上尘粒而造成的疵病的几率，却是随着空气含尘浓度、产品暴露面积和时间的减少而减小。当然，对产品起直接作用的是能和产品表面接触到的微粒。所以就要研究：

(1) 空气中的灰尘微粒通过什么途径和产品表面接触？沉积在表面的机会多大或者数量多少？

(2) 这种微粒在表面的沉积密度和造成疵病的几率的关系怎样？

关于第一个问题，第六章中已讨论过，并在第九章中继续讨论，这里就着重讨论第二个问题。

由于灰尘微粒在空气中是随机分布的，它的沉积也是随机的，在一定空气含尘浓度条件下，经过一定的时间，在一定的面积上只能沉积一定数量的微粒，譬如在 $1m^2$ 面积上 1h 总共沉积了 10 万粒微粒，则平均的单位沉积密度就是 10 粒/(cm^2 · h)。但并不是每 $1cm^2$ 面积上都沉积了 10 粒灰尘，有的多一点，有的少一点。

在灰尘随机分布的情况下，在一定大小表面上，沉积 1 粒灰尘微粒的机会是一定的。沉积 2 粒灰尘微粒的机会虽不同于沉积 1 粒微粒的机会，但也是一定的。沉积 n 粒微粒也是如此，这就是沉积不同粒数微粒的概率应该服从二项分布。正如在第一章中讲过的，如果把这种沉积表面分得较小，而本来这一空间的微粒数不大，单位沉积密度较小，就可以用泊松分布近似计算这种灰尘微粒沉积的概率。

以集成电路为例，在一个直径为 3cm 的硅片上，有许多图形，每一个图形的面积即所谓芯片面积，芯片面积和其上的元件个数已如表 7-8 所列。随着硅片直径越大，则可集成的元件也越多，现在硅片已达 30cm 且正向 40cm 发展，所以芯片面积也将进一步增大。超大规模集成电路的芯片面积已从当初的 40～$50mm^2$ 提高到几百上千平方毫米。

集成电路上的元件与元件之间为金属线所连接，而整个电路又是由多层这样的连线形成的复杂的电路网，图 7-9 就是这种连线的放大照片[12]，而从进一步放大的图 7-10 上可以看出这种多层结构：上面是铝线，下面是钼线，两线之间是绝缘的。所以，只要有 1 粒灰尘落在这个复杂的线路网或者元件上面的任何一点形成断路或短路，或造成图形缺陷，则整个电路的作用就被破坏，这一片芯片就报废了。

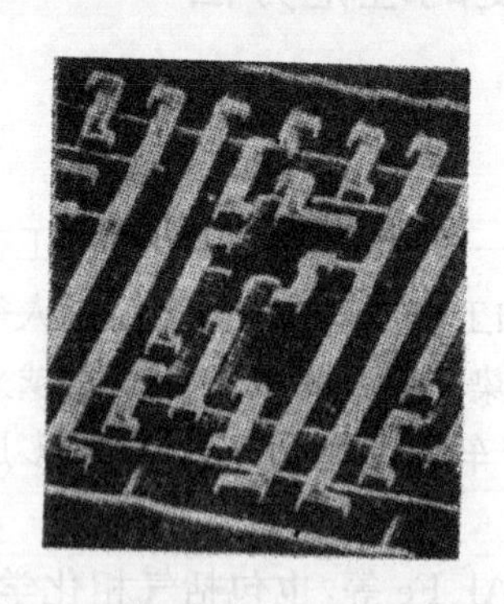

图 7-9　宽为 0.1μm 的铝连接线

图 7-10　多层连线结构

图 7-11 是不良芯片在硅晶圆片上的分布一例[13]。图中斜线部分表示有短路的不良芯片，观察到的芯片上的图形缺陷由●表示。

图 7-12 是 0.1μm 1 级洁净室中 150mm 硅晶圆片上沉积的微粒数量，是当硅片在离地 1m 处竖放时，人从离其 30cm 处走过，放置一周后测定所得，该数量是≥横轴粒径的微粒总数[13]，足见扩散沉积对小微粒的重要。在此前已测过清洁硅片上的本底数。

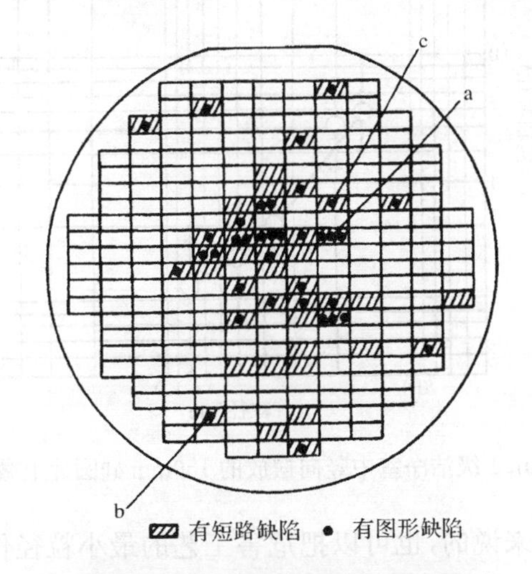

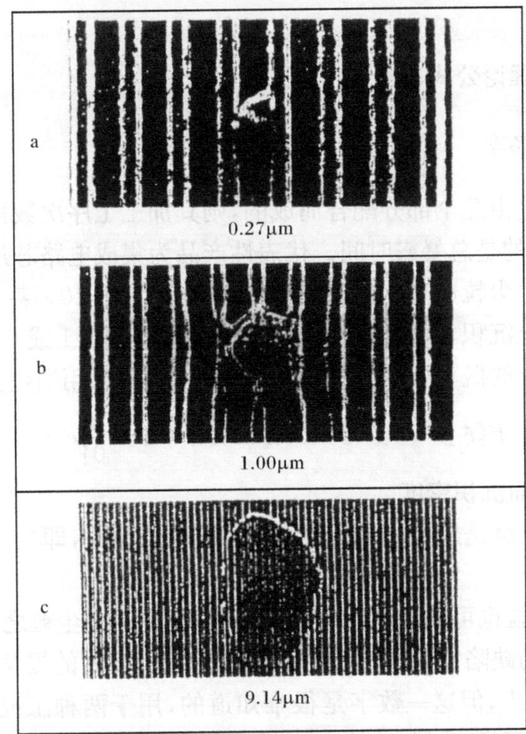

图 7-11　图形尺寸为 0.25μm 的硅圆片上受损芯片一例(图中间即为沉积的微粒)

显然，集成度越高而芯片面积越大，则落上一粒灰尘即造成破坏的可能性也将越大。又由于芯片的面积总比任何一颗微粒要大得多，而电路上的几何距离(例如层厚、线距)又和一颗极小的微粒粒径相当，所以对于集成电路特别是规模越大的集成电路，沉积的微粒数量——表面沉积密度比其粒径更具有重要意义。一般情况下，该密度和洁净度级别一

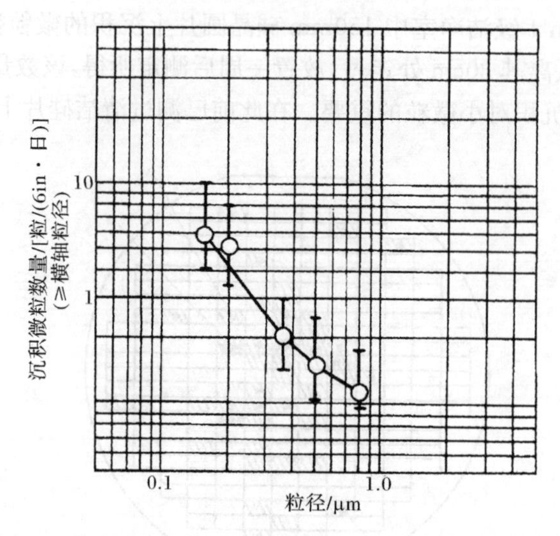

图 7-12 0.1μm 1级洁净室中竖向摆放的150mm硅圆片上微粒沉积数量

样，是指≥0.5μm的微粒来说的，也可以把危害工艺的最小粒径作为沉积密度所定义的粒径。

7-7-2 计算成品率的理论公式

1. *单一成品的成品率*

如果一件成品不是由几个部分配合而成的，则其加工工序次数再多，也可看成是单一工序，对成品率有影响的是总暴露时间。代表性产品为集成电路芯片。

为了基本上排除由尘粒造成芯片的疵病，使其几率小于10%甚至1%，就要求每一图形大小的面积即芯片上沉积1粒及1粒以上微粒的概率为0.1或0.01。

某表面上沉积微粒的概率(P)和该表面沉积密度的关系用泊松分布的公式描述，即

$$P(\xi \geqslant 1) = 1 - P(\xi = 0) = 1 - \frac{n_s^0}{0!}e^{-n_s} \tag{7-3}$$

式中：n_s——芯片的表面沉积密度。

不沉积尘粒的概率就是成品的最低概率即最低的成品率，即

$$P' = P(\xi = 0) = e^{-n_s} \tag{7-4}$$

当然，已沉积的尘粒也可能在清洗中被清除掉，但是除去尘粒之外，如前面所说，也还有一些别的原因造成的缺陷；国外有总缺陷数或缺陷密度 D 的提法，以及其中为尘粒部分造成的缺陷数为 βD[14]，但这一数字是很难知道的，用于两种工况的相比较可以，用于单独计算则难。再者前面已分析，一粒尘粒可以造成1个缺陷，多个尘粒结合在一起也许才能造成1个缺陷，这就更难界定尘粒造成的缺陷数了。本书只考虑洁净度原因的最低成品率，从安全角度是合适的。以下提到成品率时都是这个概念。

如果已定芯片的成品率，则可求出最大沉积密度 n_s，即

成品率为99%时　　$n_s \leqslant 0.01$ 个

成品率为 90%时　　$n_s \leqslant 0.1$ 个

该 n_s 是对于整个芯片暴露时间 t 来说的，再由已知的芯片面积（沉积面积）和 t 把 n_s 换算成单位沉积密度，最后按前面讲过的方法，反过来求出空气含尘浓度。本书前两版均给出求解的算图，未将公式给出。现将公式特别是针对大硅圆片高集成度的公式推求如下。

关于微粒在平面上的沉积量，国外虽有不少研究报道，取得进展，但使用的沉降量公式仍然是本书第六章提到的不加修正的式(6-27)，没有考虑其他沉积因素。前面已说过，对于超大规模集成电路要控制的 0.1μm 以下微粒来说，扩散沉积对沉降量的贡献很大。以 0.08μm 和 0.05μm 微粒在硅片上的沉积密度来说约是 0.1μm 的 2～5 倍[13]。

据第六章所述，在有送风气流的室内，应按式(6-31)计算单位面积上的沉积量，由于在洁净室内气流速度（单向流）在 0.3m/s 左右，可不考虑第九章中提出的速度修正。

所以一块芯片上的总沉积量 n_s 应为

$$n_s = \alpha v_s t N f \quad (\text{粒}) \tag{7-5}$$

空气含尘浓度（控制粒径的）应为

$$N = \frac{n_s}{\alpha v_s t f} \quad (\text{粒}/\text{cm}^3) \tag{7-6}$$

根据式(7-4)由微粒引起的最低概率 P'（也许不全沉积，也许沉积后被清洗掉，也许发生凝聚沉积）即是最低成品率 η，以小数表示应为

$$\eta = P' = e^{-n_s} = e^{-\alpha v_s t f N} \tag{7-7}$$

$$N = \frac{-\ln\eta \times 1000}{\alpha_D v_{s,D} t f} \quad (\text{粒}/\text{L}) \tag{7-8}$$

式中：α_D——由≥控制粒径微粒的平均面积直径 D_s 按第六章给出的数取用；

$v_{s,D}$——≥控制粒径微粒平均面积直径 D_s 的沉降速度(cm/s)；

f——芯片面积(cm^2)；

t——暴露时间(s)。

D_s 和 v_s 值如下：

控制粒径/μm	控制粒径及以上作为 100%微粒群的 D_s/μm	v_s/(cm/s)
0.007	0.132	0.0001
0.035	0.14	0.0001
0.05	0.16	0.00015
0.07	0.194	0.0002
0.1	0.24	0.00035
0.12	0.3	0.00054
0.18	0.4	0.001
0.5	1	0.006

关于暴露时间有两种计算方法：

(1) 以某集成度已知暴露时间为 1 单位，因芯片加工次数的多少反映出暴露时间的长短，有正比关系，可将其他已知加工次数的某集成度电路的暴露时间用时间系数乘以已知的暴露时间。

时间系数 l_t 由表 7-9 设定如下：

256K　　$l_t=1$

1M　　$l_t=1.2$

4M　　$l_t=1.66$

16M　　$l_t=2.3$

64M　　$l_t=3$

256M　　$l_t=3.7$

1G　　$l_t=4.06$

4G　　$l_t=4.3$

256K 及以前的集成电路暴露时间，作者曾取 8h[15]。

(2) 直接由实际的暴露时间取用。据这几年的报道[16]，认为集成电路全部加工次数(工序数)的 1/10 的前 1h 加工时间暴露于洁净室环境中，例如清洗工序中有等待时间，这个时间中芯片就暴露在环境中，等待时间也平均以 1h 计。按此估计，256K 集成电路最少加工次数达 140 次，则其 1/10 为 14 次，即其暴露时间可达 14h。

对某一集成度的集成电路，不同生产厂家的加工次数不一样。以 64M～1G DRAM 为例，一般达到 500～600 次，而 64M 的工期约 2 个月，即 1 个工序或 1 次加工的时间约合 2.5～3h[13]。

若采用上面第二种计算暴露时间的方法，重新给出由成品率计算洁净度级别的公式为

$$N_{0.1}=\frac{-\ln\eta\times 1000\times 28.3}{\alpha_D v_{s,D} f\times 0.1\beta\times 3600}\times\frac{\phi_{0.1}}{\phi_{1/10}}\quad (\text{粒}/\text{ft}^3)\tag{7-9}$$

式中：α_D——以 D_s 计取的 α；

$v_{s,D}$——以 D_s 计取的 v_s；

$\phi_{0.1}$——0.1μm 的 ϕ；

$\phi_{1/10}$——等于线宽 1/10 的控制粒径的 ϕ。

计算步骤是：

(1) 确定控制粒径。

(2) 由控制粒径求 D_s。

(3) 由 D_s 求 α_D、$v_{s,D}$。

(4) 由集成度确定加工次数 β，取 0.1β。

(5) 将每升粒数乘 28.3 变换成每立方英尺粒数，除以 $\phi_{1/10}$ 变换为 $N_{0.5}$(粒/ft^3)，乘以 $\phi_{0.1}$ 最后变换为 0.1μm 级的含尘浓度(粒/ft^3)，也就相当于 0.1μm 多少级。如果将乘 28.3 改为乘 1000，就变换为公制了；这里为了和文献上的结果比较而仍采用英制。

成品率为 50%和 80%的两种计算结果汇总于表 7-10。表中控制粒径取 1/10 线宽，但近来又趋向扩大这一距离，例如美国半导体工业协会(SIA)1993 年取线宽 1/5 作为控制粒径大小，1994 年又取线宽 1/3 作为控制粒径[13]。

以表中给出的50%成品率的256K为例，其控制粒径0.18μm的含尘浓度计算如下：

$$N=\frac{-\ln 0.5}{\alpha_{D} v_{s,D} f \times 0.1\beta \times 3600} \times 1000$$

$$=\frac{0.69 \times 1000}{1.5 \times 0.001 \times 0.4 \times 14 \times 3600}=22.8(\text{粒}/\text{L})=645(\text{粒}/\text{ft}^3)$$

换算成0.5μm级，需除以256K的控制粒径的粒数换算系数ϕ_D（见表7-7），即

$$N_{0.5}=\frac{645}{\phi_D}=\frac{645}{8.4}=77(\text{粒}/\text{ft}^3)$$

文献[13]介绍了国外计算成品率的公式，即

$$\eta=\left(\frac{1-e^{-fD}}{fD}\right)^2 \tag{7-10}$$

式中：f——芯片面积(cm²)；

D——总缺陷密度（不仅是尘粒引起的）允许值（个/cm²）（其中由微粒引起的定为βD，β未知）。

表7-10　洁净度级别[≥某粒径(粒/ft³)，级别数字即209标准系列级别]

DRAM动态随机存取存储器集成度		256K	1M	4M	16M	64M	256M	1G	4G
芯片面积/cm²		0.4	0.5	0.9	1.3	2	3	7	10
被控制粒径(取线宽1/10)		0.18	0.12	0.08	0.05	0.035	0.025	0.018	0.01
加工次数β		140～160	160～200	200～300	300～400	400～500	500～600	530～700	600～700
时间系数l_t		1	1.2	1.66	2.3	3	3.7	4.06	4.3
最低成品率η=50%	控制粒径级别	645 1129	415 727	165 289	88 155	80 141	46 81	17 30	12 21
	0.5μm级别	77 134	21 37 (28.6)	3.7 6.5 (4.7)	1.1 2	—	—	—	—
	0.1μm级别	—	—	—	33 58 (28)	25 44 (21)	14 24 (11)	5 8.8 (4)	3.4 6 (2.6)
最低成品率η=80%	控制粒径级别	206 360	132 232	52 92	28 49	26 45	15 25.8	5.5 9.6	3.8 6.7
	0.5μm级别	25 43	6.8 12 (9.1)	1.2 2.1 (1.5)	0.3 0.6	—	—	—	—
	0.1μm级别	—	—	—	9.8 17.2 (16)	8 14 (6.5)	4.4 7.7 (3.8)	1.6 2.8 (1.4)	1.1 1.9 (0.83)

由于D难于确定，又没有时间因素，或者说已包含在未知的D中，因此用此式不便于直接计算。只能利用已知的100级环境中256K实际成品率达到过50%这一条件，反求出D等参数，并定暴露时间与加工次数成正比，从相对关系上推导出不同集成度要求的D值和成品率或要求的洁净度，如表7-10中级别栏第3行括号内所列，但原表未计

算 256K。

表中级别栏第 2 行为用 8h 暴露时间先计算 256K,其他集成度的计算为在此基础上乘以时间系数。第 1 行为按 14h 的计算。

文献[14]给出 4M～256M DRAM 在 0.1μm 1 级洁净室中成品率的估计值。该估计值是对垂直放置于 0.1μm 1 级洁净室中的硅片,经过 40d(960h)的暴露,测定其沉积微粒量,控制粒径按 1/1、1/2 和 1/3 图形尺寸估算的;估算方法和参数没有详细资料。图 7-13 上两条曲线即是估算曲线(级别均为 209 标准系列,下同)。

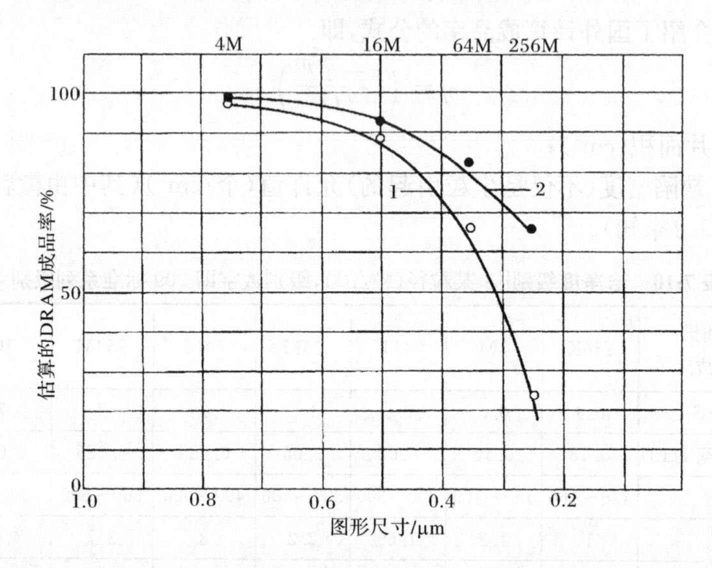

图 7-13 在 0.1μm 1 级洁净室暴露 40d 的硅片估算的集成电路成品率

1. 控制粒径取 1/3 图形尺寸的文献估算曲线;2. 控制粒径取 1/2 图形尺寸的文献估算曲线;

●、○. 作者计算结果

用作者的方法,控制粒径取 1/2 和 1/3 图形尺寸进行计算,结果见表 7-11 和表 7-12,并分别点在图 7-13 上。

表 7-11 控制粒径按 1/3 图形尺寸的计算结果

集成度	图形尺寸/μm	控制粒径/μm	D_s/μm	v_s/(cm/s)	α	f/cm²	η/%	加工工序的 1/10 暴露每工序 1h	0.1μm 级	40d 全暴露/h	0.1μm 级
256M	0.25	0.25/3=0.08	0.194	0.0002	8	3	20	55	30.5	960	1.7
64M	0.35	0.35/3=0.12	0.3	0.00054	2.3	2	65	45	44.4	960	2.1
16M	0.5	0.5/3=0.17	0.4	0.001	1.5	1.3	88	35	35.1	960	1.3
4M	0.8	0.8/3=0.27	0.55	0.0018	1.3	0.9	97	25	33.7	960	0.9

通过表 7-10～表 7-12 可以看出:

(1) 作者 1981 年就提出了由最低成品率确定空气洁净度的理论方法,对此法进一步补充修正后,从其结果看与按后来国外公式计算结果或国外估算结果非常吻合。

图 7-14 给出了按作者提出的方法计算得到的曲线,通过前面和国外两种方法对比可

知，计算曲线有很好的精确度，而且作者的方法使计算变得明确简便。

表 7-12　控制粒径按 1/2 图形尺寸的计算结果

集成度	图形尺寸/μm	控制粒径/μm	D_s/μm	v_s/(cm/s)	α	f/cm²	η/%	加工工序的1/10暴露每工序1h	0.1μm级	40d全暴露/h	0.1μm级
256M	0.25	0.25/2=0.125	0.31	0.0006	2.3	3	65	—	—	960	1.3
64M	0.35	0.35/2=0.18	0.4	0.001	1.5	2	80	—	—	960	2.1
16M	0.5	0.5/2=0.25	0.53	0.0017	1.4	1.3	93	—	—	960	1.1
4M	0.8	0.8/2=0.4	0.8	0.0038	1.1	0.9	98.5	—	—	960	0.5

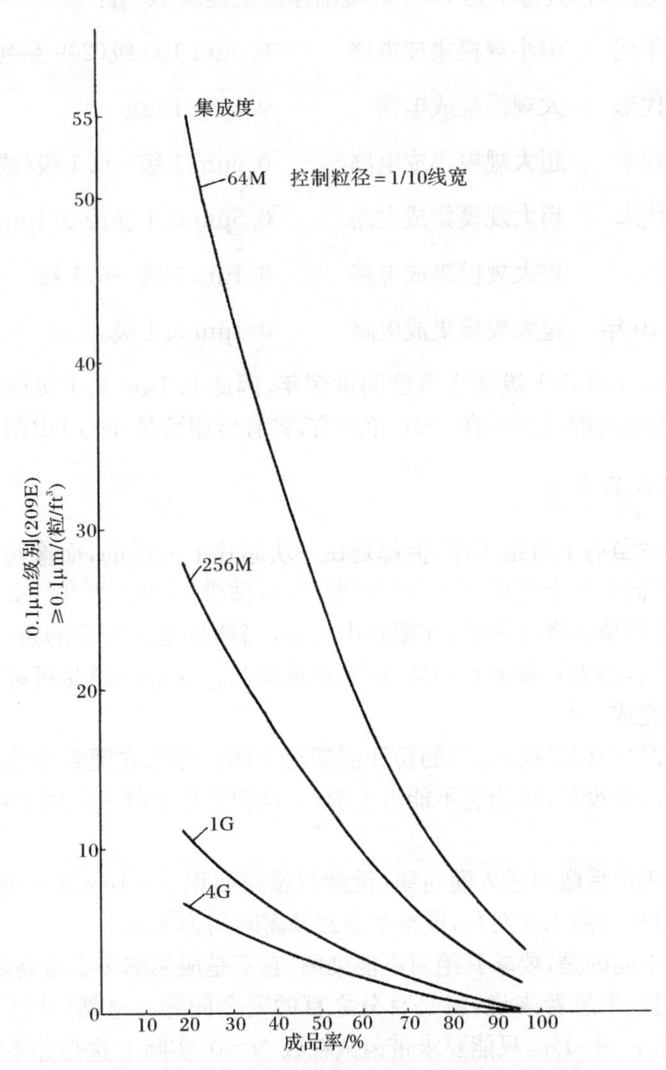

图 7-14　由集成电路成品率计算洁净度级别的曲线

(2) 按假定 8h 暴露计算出 256K 最小需 0.5μm134 级(姑且就按数字称呼级别，见表 7-10)，可获 50%成品率，则早年报道的在 0.5μm100 级(209 标准系列，下同)中获 50%成品率就不为意外了；而按14h计算的则需77级(209标准系列)，由于实际级别将远低于级别上线，所以在0.5μm 100级中获50%成品率是自然的事。

(3) 即使256K 50%成品率暴露4h，可能要268级(209标准系列)，暴露16h，可能要67级，但对于洁净室设计来说还是必须按100级设计，在100级中生产。

(4) 256M 50%成品率要0.1μm 14级，显然只能按0.1μm 10级提供环境；1G要0.1μm 5级，显然0.1μm 10级就不安全了，只能按0.1μm 1级提供环境。

(5) 从4M 97%成品率到256M 20%成品率，按暴露960h计算，需要0.1μm 1级的条件；若按实际加工暴露时间计算，以1/3图形尺寸来说，只需0.1μm 50级或0.5μm 1级就可以了。

(6) 以集成电路为例，每不到10年环境洁净度就提高10倍：

20世纪六七十年代	中小规模集成电路	0.5μm 100级(209系列标准，下同)
20世纪七十年代末	大规模集成电路	0.5μm 10级
20世纪八十年代末	超大规模集成电路	0.5μm 1级～0.1级(或0.1μm 10级)
20世纪九十年代末	超大规模集成电路	0.5μm 0.1级或0.1μm 10级～1级
21世纪初	超大规模集成电路	0.1μm 1级～0.1级
21世纪第一个10年	超大规模集成电路	0.1μm 0.1级

由于0.1μm 10级和1级洁净室已问世多年，因此0.1μm 0.1级的洁净室(洁净空间)也是完全可以实现的；这样，在2010年左右，将有希望满足64G DRAM的生产要求。

2. 复合成品成品率

集成电路芯片虽有上百道工序，但都是在一块芯片上完成的，而像药品灌封，工序较少，而且分别在不同对象上完成。例如西林瓶清洗，清洗不彻底留有污染，当然也是出废品的条件；灌封中环境洁净度不够，在灌封中污染，当然也是出废品的条件；灌装的压塞，如塞子消毒不彻底，将来要接触到药品，也要造成废品。这样的成品可称为复合成品，由独立的多道工序完成。

现以无菌药品(不能最终灭菌)的粉针剂灌封为例。如果在灌封中落入一个细菌，就可以认为该瓶药品为废品，因为它不能再去消毒，这和芯片上落入一颗尘粒即可造成废品是一样的。

西林瓶清洗灭菌后敞口进入灌封线(设敞口暴露面积$f=1cm^2$)，一般要20s左右到达灌封点，灌封过程约需12s左右，设整个灌封暴露时间为30s。

药品和芯片不同的是，要求其绝对不能染菌，它不是成品率多少最终影响经济效益多大的问题，而是对一个患者来说，将是百分之百的安全问题。显然，从计算N的公式可见，若要求成品率$\eta=100\%$，只能要求带菌微粒数$N=0$，实际上这是办不到的。因此，只能从要求沉积几率极小极小这个角度考虑。

一般西林瓶灌封的生产率可达到10000瓶/(班·人)以上，但清洗后至压塞前暴露的瓶子(例如在转盘上运转的只有约200个)，如果带菌微粒沉积入瓶口的概率小到1/10000，即相当于暴露瓶子数增加50倍，才有1瓶污染的可能，则在原生产条件下的菌粒沉积可视为“0”。

设产品制造过程中有 n 道工序。各道工序的半成品合格率为 $P_1, P_2, \cdots, P_n$，最终的产品合格率即成品率为 η_Σ。因为各道工序各自出废品的事件是彼此无关的，是相互独立的事件，因此“产品合格”(η_Σ)就是“第一道工序合格”(P_1)、“第二道工序合格”(P_2)…直至“第 n 道工序合格”(P_n)，则由概率的乘法定理应有

$$\text{独立的多道工序成品率} \quad \eta_\Sigma = E\prod_{i=1}^{n} P_i \tag{7-11}$$

当各道工序的半成品都合格时，由于生产过程的整体可靠性的影响，仍可使产品的最终合格率即成品率下降。这反映在上式中的系数 E 上，E 在 0.1～1.0 之间。由于这也是一种概率的概念，为了讨论问题的方便，不妨看成至少多增加一道工序，则上式可改写为

$$\eta_\Sigma = \prod_{i=1}^{n+1} P_i$$

假定不同的 n 值和 P_i 值，即得出表 7-13 的结果(复合成品的成品率 η_Σ)。

表 7-13　复合成品的成品率 η_Σ

P_i	$n+1$						
	10	9	8	7	6	5	4
0.8	0.107	0.134	0.168	0.21	0.262	0.328	0.41
0.9	0.349	0.387	0.43	0.478	0.531	0.59	0.656
0.95	0.599	0.63	0.663	0.699	0.735	0.774	0.815
0.99	0.904	0.914	0.923	0.93	0.94	0.95	0.96
0.999	0.99	0.991	0.992	0.993	0.994	0.995	0.996
0.9999	0.999	0.9991	0.9992	0.9993	0.9994	0.9995	0.9996

从表 7-13 可以看出：

(1) 当工序很多时，即使各道工序合格率很高，产品最终成品率也是很低的。

(2) 工序很多时，即使只有一道工序合格率较低，也对产品最终成品率有很大影响。所以不仅要确保关键工序环境洁净度，而且对一般工序也应保证必要的环境洁净度。

(3) 工序少的复合产品的成品率容易得到提高。

以药品的无菌灌封为例，按上述灌封工序起码有清洗、灌装和压塞三道工序，应要求三道工序复合成品率为 0.9999(即万分之一不合格率)，则每道工序成品率 P_i 按上式反计算应大于 0.99997。因此空气浮游菌最大允许浓度

$$N=\frac{-\ln 0.99997\times 1000}{1.2\times 0.09\times 30\times 1}=0.0093<0.01(\text{个/L})$$

式中：1.2——按细菌等价直径 3.9μm(见第九章)计取的 α_D；

0.09——$v_{s,D}$ 的值。

从表 7-14 中无菌灌封要求的菌浓可见：

(1) 无菌粉针灌封当在我国 1998 版 GMP5 级(原 209 标准系列 100 级)环境中进行时(其静态菌浓为 5个/m³),因为单向流条件下动态约比静态提高标准 2～3 倍(见17-5-2),故 GMP 5 级动态浮游菌浓度应不大于 0.005×(2～3)=0.01～0.015粒/L,可满足成品的万分之一不合格率,即菌浓要求,基本是可行的。若不合格率降低到十万分之一,即复合成品率提高到 0.99999,则每道工序成品率 P_i 应提高 10 倍为 0.999997,需要 N 小于 0.001个/L,即小于 1个/m³,现行 GMP 把无菌灌封环境动态菌浓降低到＜1个/m³符合这一要求。

(2) 如果能采取措施减少暴露待灌的瓶子的数量,例如缩短行程、减小转盘面积,或者在行瓶的转盘或传输链上采用类似集成电路生产中的洁净隧道办法,则对环境洁净度的要求可以降低,洁净室投资也就相应降低了。

表 7-14　达到无菌灌封所要求的浮游菌浓度

标　准	8 级时浮游菌浓度/(个/L)	7 级时浮游菌浓度/(个/L)	5 级时浮游菌浓度/(个/L)	10 级(0.5μm)时浮游菌浓度/(个/L)
美国 NASA	0.0884	0.0176	0.0035	0.0014
欧盟(EU)GMP(动态)	0.2	0.1	A:0.001 B:0.01	—
中国 GMP(1998)(静态)	0.5	0.1	0.005	—
中国 GMP(2010)(动态)	0.1	0.01	0.001	—
中国医院洁净手术部建筑技术规范(静态)	0.15	0.05	0.005	—

7-8　洁净环境中分子态污染物的级别

分子态污染物质(简写为 AMC)可包括以下几种:

(1) 酸性气体,如 HF、NO_x、SO_2、SO_3、H_2S、Cl_2、HCl 等。

(2) 碱性气体,如 NH_3。

(3) 凝聚性有机物质,如 HCHO、HMDS($C_6H_{19}Si$)。

(4) 掺杂物,如 BF_3、$B(OH)_3$。

(5) 高挥发性有机物质(VVOC$_s$),如 NHHC。

(6) 分子级的金属,如 Fe、Na、K、Ca、Zn、Al 等。

这些污染物质不仅来自工艺过程自身的污染,如溶剂蒸气消毒剂、麻醉剂的酚和醚等,也可能来自洁净室的建筑装饰材料,如混凝土的 NH_3、Ca,密封剂的硅氧烷,防静电材料的 PH_3、PF_3、Na、Ca、Fe,涂料的金属离子、甲苯、二甲苯,来自室外新风的如 NO_x、SO_x、Na、Cl,来自净化空调系统内部的如高效过滤器的 B、DOP、Na、Cl,还有来自人身及其服装、化妆品的如 NH_3、Na、Cl 和各种有机物等。

仅来自建筑装修的 TVOC(总的可挥发性有机物),据日本大阪大学对一间刚完成装修的洁净室的测定,可达 3500μg/m³,运行 1 个月后降为 500μg/m³,4 个月后则稳定在200μg/m³ 水平上[17]。

控制分子态污染对于洁净室来说其重要性已越来越明显,特别是已成为超大规模集成电路生产的必要条件。

表 7-15 列举了超大规模集成电路生产过程中的分子态污染来源[18]。

表 7-15　超大规模集成电路的分子态污染源

污染物质	存在物质	所在工艺	造成缺陷
C	CO_2、CH_4、CCl_4、$CClF_3$、CF_4、DOP、树脂、显像液、皮肤、纤维	光刻、干腐蚀、钝化、有机清洗、干燥	漏电、膜接触差
Cl	HCl、$SiCl_4$、$SiHCl_3$、SiH_2Cl_2、NaCl、显像液、工夹具、配管	外延、干腐蚀、湿腐蚀	漏电、腐蚀
Fe、Cr	不锈钢、钢、镀铬材料、药液中杂质	光刻、清洗	漏电、减少寿命
B	玻璃、BN、B_2H_6、BBr_3、BF_3、BCl_3	离子注入、扩散、单晶掺杂、外延层掺杂、干腐蚀	电阻率不均匀
F	氟酸、氟化铵、干腐蚀用气体(BF_3、CF_4、SF_6、CHF_3 等)、特氟隆、工夹具、容器	清洗、氧化膜腐蚀硅	腐蚀
O	空气、水、氧气、双氧水、硫酸、磷酸等	自然氧化、热氧化、CVD-SiO_2、干腐蚀、离子注入	积层缺陷、腐蚀形状不规则
P	P_2O_5、PH_3、H_3PO_4	扩散、外延、CVD、离子注入、湿腐蚀	漏电、腐蚀
Cu	容器、溅射靶、药液中杂质	溅射、清洗、显影	消耗材料、难于清洗

1995 年半导体设备与材料国际组织提出了洁净环境中气态分子级化学污染物分级标准:SEMI F21-95。该标准列出四种污染物的最大允许浓度,见表 7-16。表中 pptM 的量级是 1×10^{-12}。

表 7-16　SEMI F21-95 的污染物分级

	级别				
	1pptM	10pptM	100pptM	1000pptM	10000pptM
酸	MA-1	MA-10	MA-100	MA-1000	MA-10000
碱	MB-1	MB-10	MB-100	MB-1000	MB-10000
凝聚性有机物	MC-1	MC-10	MC-100	MC-1000	MC-10000
掺杂物	MD-1	MD-10	MD-100	MD-1000	MD-10000

2000 年日本空气清净协会提出了《洁净室及其相关控制环境中分子状污染物质的空气洁净度表记方法及测定方法指南(草案)》[19],给出了分子态污染物质洁净度级别表示方法,即

$$N = \lg \frac{1}{C_{AMC}} \tag{7-12}$$

式中:C_{AMC}——特定的 AMC 及其派生物的容许上限浓度,体积浓度单位用"g/m^3",表面浓度单位用"g/cm^2",见表 7-17。

表 7-17　AMC 的洁净度级别(日本)

污染物质	体积浓度/($\times10^{-N}g/m^3$)	表面浓度/($\times10^{-N}g/m^2$)
酸性气体(表示 A)	$N=9\cdots\cdots2$	
碱性气体(表示 B)	$N=9\cdots\cdots2$	
凝聚性有机物(表示 C)	$N=9\cdots\cdots2$	$N=11\cdots\cdots5$
掺杂物(表示 D)	$N=9\cdots\cdots2$	
高挥发性有机物(表示 V)	$N=9\cdots\cdots2$	

该标准和 SEMI 比,多了高挥发性有机物,但并未包含金属成分。

该标准规定以 X 打头的下列方式表记:

$$Xa(b;c);[d;e]$$

这里:a——表 7-17 中污染物质的表示符号,如 HCl 即表示为 A;

b——污染物质具体名称,如 DOP、HCl;

c——洁净度级别 $N[-]$,如表 7-17 中数值;

d——测定方法略称;

e——基极暴露时间(当为表面浓度时)。

此外,还要记下洁净室运行状态以及有关参数(如温湿度、压差等)。

参 考 文 献

[1] 许钟麟. 洁净室设计. 北京:地震出版社,1994.
[2] 川又亨. 米国、日本、欧洲における清浄度クラスに関する规. 空気清浄,1993,31(4):74—85.
[3]《洁净厂房设计规范》(GB 50073—2001). 北京:中国计划出版社,2001.
[4] 王毅勃,王唯国. 超大规模集成电路生产环境空气含尘浓度的预测. 洁净与空调技术,1998,(3):10—13.
[5] 汤怀鹏,范存养. 洁净室内微粒径分布规律探讨. 同济大学科技情报站,1987.
[6] 吕俊民. クリーンルームにおけるサブシクロン粒子の計測. 空気清浄,1984,21(4):36—46.
[7] 早川一也. 総合病院における空気調和. 空気調和と冷凍,1980,20(8):51—59.
[8] 许钟麟,钱兆铭,沈晋明. 平行流洁净室的下限风速. 建筑科学研究报告,1983,(11).
[9] Austin P A, Timmerman S W. Design and Operation of Clean Rooms. 1965.
[10] 河村晃. 超高性能空気清浄室の設計計画と測定. 空気調和と冷凍,1981,21(15):69—75.
[11] Philip W. Morrison. Environmental Control in Electronic Manufacturing,1973:273—292.
[12] 大原省爾. 超 LSI 超高性能コンピュータの將来. 冷凍空調技術,1982,33(383):2—24.
[13] 王唯国,王毅勃. 洁净级别预测. 洁净与空调技术,1996,(1):2—4.
[14] 北島洋,佐佐木康. 粒子の直径ガ半導体製品步留りに及ぼす影響. 空気清浄,1997,35(2):20—29.
[15] 许钟麟. 成品率和洁净环境的级别之间的关系. 力学与实践,1980,(1):45—49.
[16] Kitajima H, Shiramizu Y. Requirements for contamination control in gigabit Era. IEEE Trans. on Semicond. Manufacturing,1997,10(2):267.
[17] 范存养,徐文华,林忠平. 微电子工业空气洁净技术的若干进展. 暖通空调,2001,31(5):30—38.
[18] 王唯国. 超大规模集成电路生产环境化学污染及控制. 洁净与空调技术,2000,(1):20—23.
[19] 藤井修二. クリーンルーム及び関連する制御環境中における分子状污染物質に関する空気清浄度の表記方法及び測定方法指針(案). 空気清浄,2000,37(6):31—34.

第八章　洁净室原理

洁净室是空气洁净技术创造洁净微环境的最重要、最具代表性的措施，洁净室原理则是设计、运行和维护好洁净室的理论基础。

8-1　控制污染的途径

洁净室就其控制的对象来说，分工业洁净室和生物洁净室两大类。

工业洁净室是以控制非生物微粒的污染为主要任务；而生物洁净室，则以控制生物微粒的污染为主要任务。

但是，非生物微粒还是生物微粒，或者说无生命微粒还是有生命微粒，在空气洁净技术领域都被看做微粒，都具有微粒的属性。因此不管是哪一类洁净室，控制微粒污染的途径是共通的，这类途径主要体现在以下几方面：

(1) 有效地阻止室外的污染侵入室内(或有效地防止室内污染逸至室外)。这是洁净室控制污染的最主要途径，主要涉及空气净化处理的方法、室内的压力等。

(2) 迅速有效地排除室内已经发生的污染，这主要涉及室内的气流组织，也是体现洁净室功能的关键。

(3) 控制污染源，减少污染发生量，这主要涉及发生污染的设备的设置与管理和进入洁净室的人与物的净化。前者多属工艺问题，本书将不讨论，后者将在以后略有分析。

以上三点，将在本章和以后有关章中阐述。

8-2　气流的状态

8-2-1　几种基本流动状态

为了从气流角度阐述洁净室能够起到净化作用的原理，需要对以下几个流体力学的概念加以强调。

1. 稳定流与不稳定流

流体质点的各种运动要素(如流速，加速度，密度，应力——压力、张力、切力及黏滞力等等)，仅因质点所在位置而异，不因时间 t 而变化，这种运动叫稳定流。如果各种运动要素都是位置(x,y,z)与时间(t)的函数，这种流动叫不稳定流。

2. 渐变流与突变流

当流体运动有如下情况时，叫做渐变流，如图 8-1 所示。其特点是：

(1) 流线之间的夹角 β 很小，即流线之间基本是等距的。

(2) 流线的曲率半径 R 最大，即流线接近直线(结合上一点，故流线接近平行)，因而惯性力可忽略。

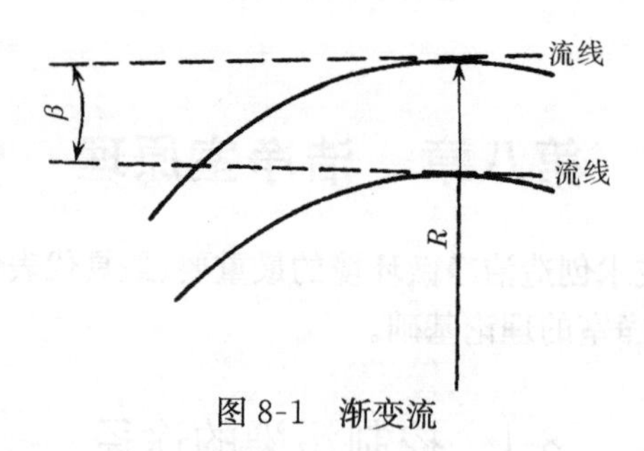

图 8-1　渐变流

不符合以上两种情况的流动就是突变流。

3. *均匀流与非均匀流*

在渐变流中，凡是满足以下两个条件的，叫均匀流：

(1) 沿流长度上各断面的形状和大小相同。

(2) 同一条流线上的任意两点上的流速相同。

由此可见，均匀流是渐变流的极限情况。

只要不具有以上两个条件中的任何一个，就是非均匀流。例如图 8-2(a)所示的是不具备上述两个条件的；图 8-2(b)所示进口段不具备第二个条件；图 8-2(c)所示的才同时具备两个条件。

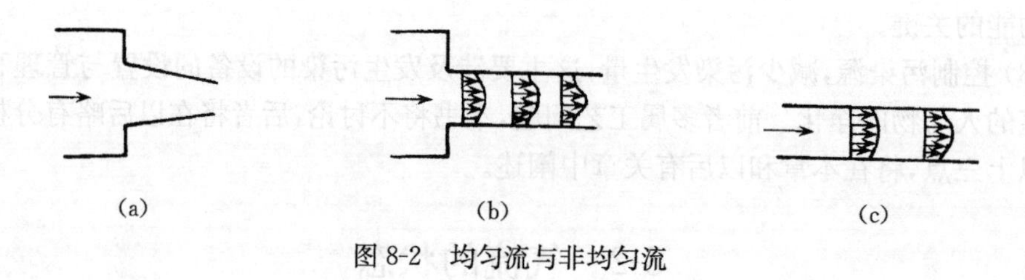

图 8-2　均匀流与非均匀流

4. *层流与紊流*

流层与流层间没有流体质点交换的流动，叫层流，反之即为紊流。

对于管流来说，当 Re 由大降低到 2400 以下时，即转变为层流，当 Re 由小升高时，一般到 13800 即转变为紊流。但也常常不固定，可以升高到 10^5 仍保持层流，这主要取决于来流稳定性。

由于在紊流状态时流体是以无规则的相互掺混方式进行的，随时间 t 而变化，所以紊流在实质上不是稳定流。

但如果取一稍长的时段 T，取其平均速度(也称时均速)，即

$$\bar{u}_x = \frac{1}{T}\int_T u_x \mathrm{d}t$$

如果来流条件(如流量或扰动状况)不变，虽然是紊流，也可以有不变的时均速，仍称为稳定流。也就是说，对于这种紊流虽然不能画出它的瞬时流线，但可以画出时均流线。反之，如果没有不变的时均速，当然是不稳定流了。在我们所研究的范围内，遇到的是前一种情况。

在洁净室中，若从流动的雷诺数 Re 来考虑，则都属于紊流流动。

归纳一下以上的分析，对于所要研究的对象的流动状况大致可做如下划分：

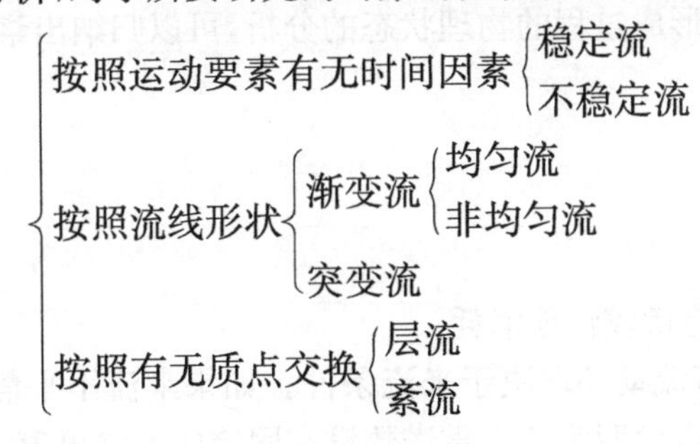

8-2-2 紊流过程的物理状态

通过前节分析，可知洁净室内的气流流动都应属于紊流范畴。关于紊流过程的物理状态，属于流体力学的基本概念，在流体力学书籍中多少都有论述，这里着重说明以下两点。

1. 紊流形成的过程

(1) 涡体的形成。

① 黏滞性。在流体的相对运动中，由于黏滞性而在流层之间产生切应力。对于某一流层来说，在它某一边流速较大的流层加于它的切应力是顺流向的，另一边流速较小的流层加于它的切应力是逆流向的。因此对于这一流层来说，有构成力矩、促成涡体产生的倾向。

② 波动性。如果因某种原因使流层发生了垂直于流体运动方向的波动，则在凸起一边，由于挤压而使通过断面减小，流速增大；反之，凹入一边断面增大，流速减小。这种两边流速的差异同样进一步促成涡体的产生。图 8-3 就是涡体产生过程的示意，表明由一般紊动的流线到产生涡体的情况。

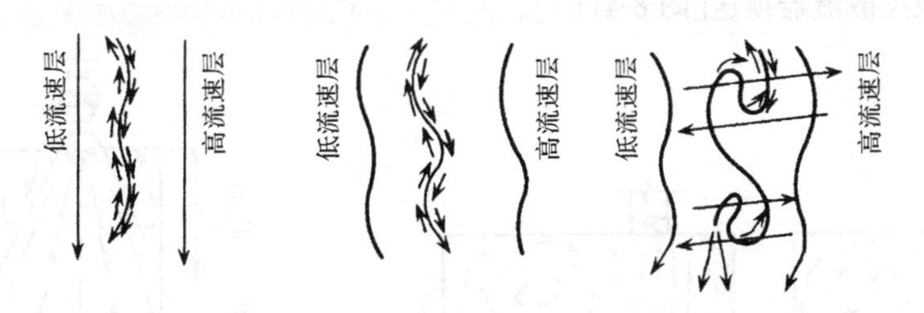

图 8-3 涡体的产生过程

(2) 涡体形成后脱离原流层，冲入邻近流层。

一旦形成涡体，由于流速较大流层与涡体旋转方向一致，流速较小流层与涡体旋转方向相反，将使流速较大流层的流速更大，流速较小流层的流速更小。流速增大的地方压力减小，流速减小的地方压力增大，形成垂直于流向的压差；当该压差足以克服阻力后，就推动涡体脱离原流层，冲入邻近流层。

只要具备了在某些流层中形成涡体并冲入邻层的这两个条件，由于流动的连续性，势必要进行涡体的交换和流体间的相互补充。由此而产生的紊乱将影响到更远的流层。如果最初形成的涡体较强较多，则可以使整个流动状态完全改观。

2. 紊流的特点

根据上述对于紊流形成过程的物理状态的分析，可以归纳出紊流有以下几个特点：

(1) 大的雷诺数。

(2) 不规则性。

(3) 扩散性。

(4) 三度的涡动。

(5) 由于黏性而使能量较快地消耗。

除上述特点外，紊流流动还取决于来流条件。如果来流不平静，能产生微小的波动，也可促成涡体产生。这也说明为什么雷诺数没有固定的上临界值。

8-3　乱流洁净室原理

8-3-1　乱流洁净室原理

洁净室按其气流状态来区分，主要分为乱流(非单向流)洁净室、单向流洁净室和辐流洁净室(称矢流洁净室是不确切的)，这一节主要讨论乱流洁净室。前面已经指出，不论是哪一种洁净室，都是紊流流态。那为什么不都叫紊流洁净室呢？

乱流洁净室的名称是借用于日文，但是日文的乱流就是紊流的意思，而我国最早在《空气洁净技术措施》中正式采用的乱流一词是兼有紊流的含义而不同于流体力学上的紊流这一专有名词。现在国际上则习惯称这种洁净室为非单向流洁净室。

所谓乱流洁净室，一般包括以下各种送风形式：

(1) 高效过滤器顶送(有扩散板和无扩散板)[图 8-4(a)]。

(2) 流线型散流器顶送[图 8-4(b)]。

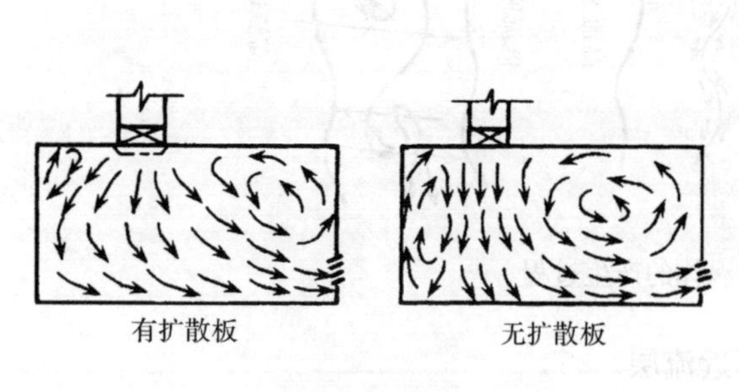

(a) 高效过滤器顶送

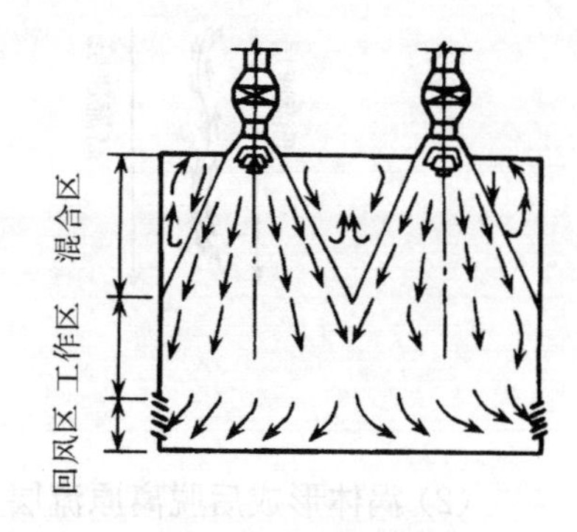

(b) 密集流线型散流器顶送

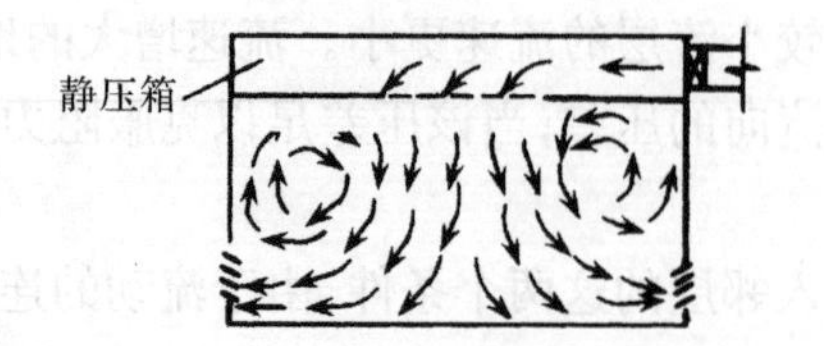

(c) 局部孔板顶送

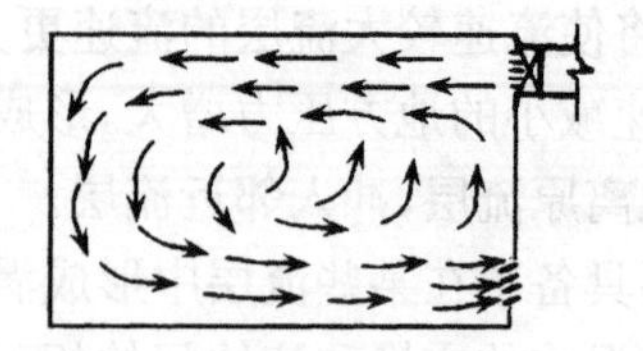

(d) 侧送

图 8-4　乱流洁净室的送风形式

(3) 局部孔板顶送[图 8-4(c)]。

(4) 侧送[图 8-4(d)]。

具有这些送风形式的洁净室，如以雷诺数判断，显然属于紊流流态，但是如果把它们称为紊流洁净室就不合适。试看图 8-5，气流沿整个顶棚下送，室内速度达到 0.25m/s 以上，这种室内的流动状态也是紊流，但在后面就会搞清楚，虽然这两种送风方式都造成室内紊流流态，但是就其净化室内空气的原理来说，却是根本不同的，后者属于单向流或平行流洁净室的净化原理。所以如果把前者称为紊流洁净室，则后者也应被包含进去了。

从图 8-4 可以看出，乱流洁净室的主要特点是从来流到出流(从送风口到回风口)之间气流的流通截面是变化的，洁净室截面比送风口截面大得多，因而不能在全室截面或者在全室工作区截面形成匀速气流。所以，送风口以后的流线彼此有很大或者越来越大的夹角，曲率半径很小，气流在室内不可能以单一方向流动，将会彼此撞击，将有回流、旋涡产生。这就决定乱流洁净室的流态实质是：突变流；非均匀流。

这比用紊流来描述乱流洁净室更确切、更全面。紊流主要决定于雷诺数，也就是主要受流速的影响，但是如果采用一个高效过滤器顶送的送风形式，则即使流速极低，也要产生上述各种结果，这就因为它是一个突变流和非均匀流。因此这种情况下不仅有流层之间因紊流流动而发生的掺混，而且还有全室范围内的大的回流、旋涡所发生的掺混。

所以，概括地说，乱流洁净室的作用原理是：当一股干净气流从送风口送入室内时，迅速向四周扩散、混合，同时把差不多同样数量的气流从回风口排走，这股干净气流稀释着室内污染的空气，把原来含尘浓度很高的室内空气冲淡了，一直达到平衡。所以气流扩散得越快，越均匀，稀释的效果就越好。

所以乱流洁净室的原理就是稀释作用，图 8-6 比较形象地显示出这一作用原理的一般情况。

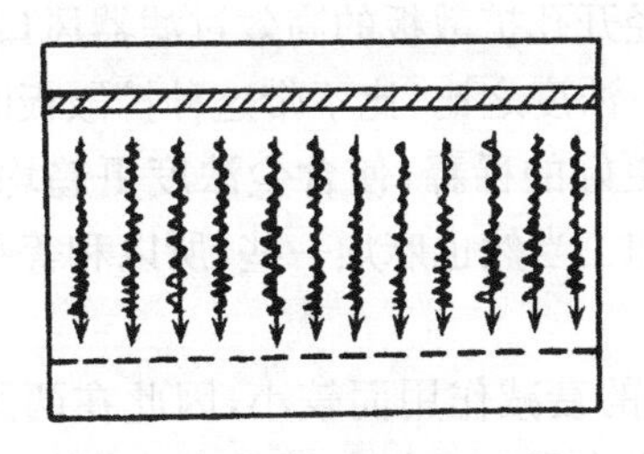

图 8-5　紊流流态的单向流

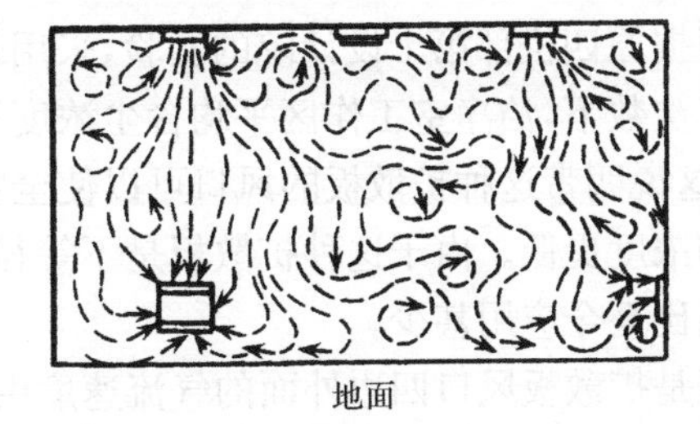

图 8-6　乱流洁净室原理示意

8-3-2　乱流洁净室的风口

1. 送风口

根据乱流洁净室作用原理，如果希望获得全室的较低含尘浓度，而不仅是在送风口下方有较低浓度，那么就要求干净空气从风口送出之后能充分发挥其稀释作用，在下到工作区之前能使更大的范围得到稀释。因而这种风口对气流要有足够的扩散作用。如果像图 8-7 那样，送风速度较大，扩散角很小，则一部分干净空气就可能直接从回风口排出，而不参加对室内其他区域的稀释作用。

一个高效过滤器送风口，气流扩散角只有十几度(图 8-8 和图 8-9)，加了厚度约 65mm

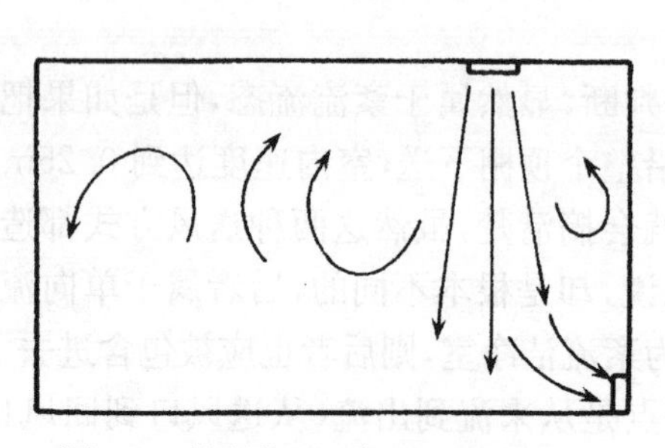

图 8-7　稀释作用不好的送风气流

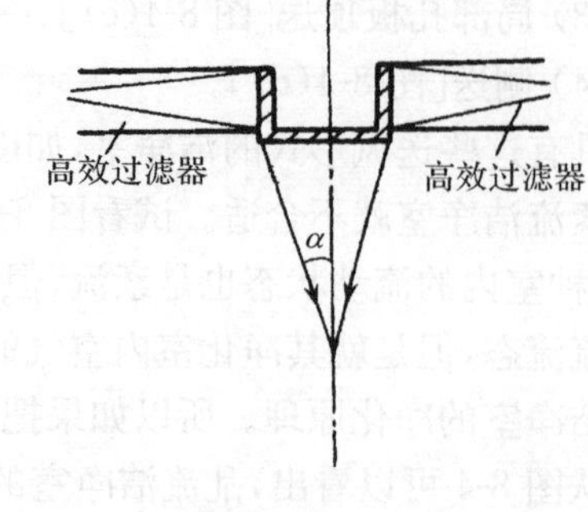

图 8-8　高效过滤器出口气流扩散角

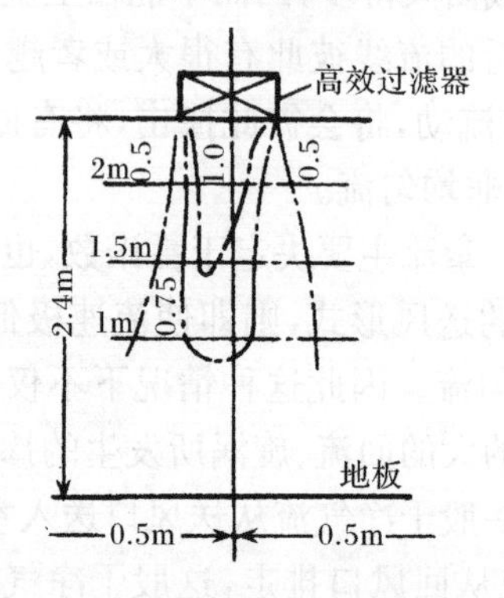

图 8-9　无扩散板高效过滤器风口速度场（单位：m/s）

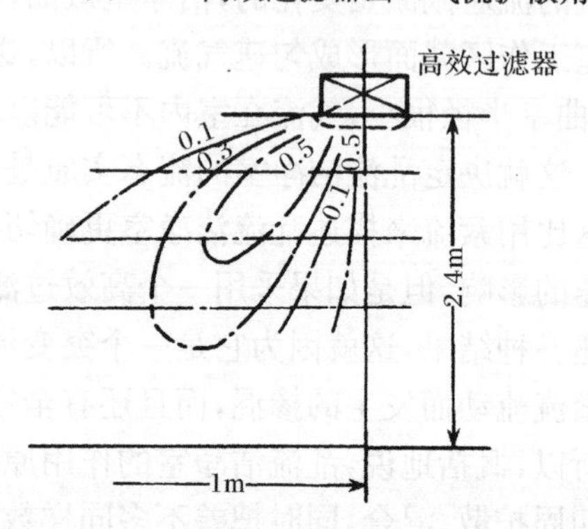

图 8-10　有扩散板高效过滤器风口速度场（单位：m/s）

的多孔扩散板以后，据国外的实验气流可扩散到 45°甚至更大的区域，见图 8-10，因而出口速度场比无扩散板风口均匀。

根据原四机部第十设计院的实验，采用带不等径开孔扩散板的高效过滤器风口，在相同换气次数下，洁净室工作区平均含尘浓度和回风口浓度之比，比不带这种扩散板时降低 20%，这说明带这种扩散板的风口可以使全室进行更好的稀释，使含尘浓度更趋均匀，因而平均浓度更低。由于这种扩散板是不等径开孔，加工当然也麻烦一些，所以和等孔径扩散板相比至今应用甚少。

但是扩散板风口四边外面的气流速度由于孔眼的衰减作用而较小，因此在两风口之间的顶棚下方仍易出现气流停滞区，不利于混掺稀释作用的发挥。于是出现了如图 8-11 所示的风口：除正下方为孔眼外，四边为条缝形，并使边上风速比中间风速大 3 倍以上，目的是使干净气流能达到洁净室的边、角，并消除上述的气流停滞区。

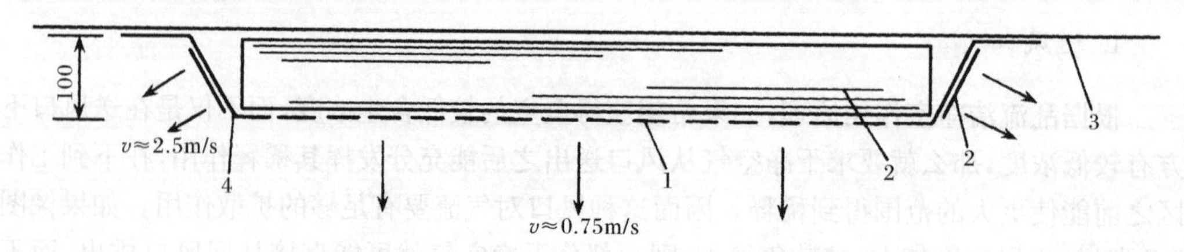

图 8-11　条形开口加孔眼的扩散风口

1. 孔眼；2. 条形风口；3. 顶棚；4. 侧边（可斜可直）

2. 回风口

为了迅速有效地排除室内尘粒，回风口应设在室的下部，以使气流方向和尘粒沉降方向一致。由于第六章已讲过尘粒的跟随速度和气流速度相差很小，所以当气流方向和尘粒沉降方向一致时，尘粒可以较顺利地被排向回风口。所以，在洁净室内一般都用上送下回方式，这是洁净室原理的一个基本原则。

下部回风口上缘离地面不应太高。因为工作区可从离地面 0.7m 开始，回风口上缘应低于此值一定量，最少在 0.2m 以上较安全，否则，除工作台自身台面之上的气流外，他处气流也将从台面上流过，带来他处的污染。有关实验分析在本章 8-8 节有论述。

回风口如在上部，即设计成上送上回方式，则至少出现下面三种情况：

(1) 在一定高度(例如呼吸带)上 5μm 大微粒较多，往往以 0.5μm 衡量达到标准，而以 5μm 衡量则达不到标准。

(2) 如果是局部 5 级的场合，则工作区的风速往往很小，很难达到标准。

(3) 自净时间较长，实测表明可以长出 1 倍(关于自净时间，见以后有关章节)。

所以，上送上回方式虽然在某些空态测定中可能达到设计洁净度级别，但在动态时很不利于排除污染，所以是不宜推荐的方式，这是因为：

(1) 上送上回容易形成某一高度上某一区域气流趋向停滞，当微粒的上升力和重力相抵时，易使大微粒(主要是 5μm 微粒)停留在某一空间区域，所以不利于排除尘粒和保证工作区风速(对于局部百级)。

(2) 容易造成气流短路，使一部分洁净气流和新风不能参与全室的作用，因而降低了洁净效果和卫生效果。

(3) 容易使污染微粒在上升排出过程中污染其经过的操作点。世界卫生组织(WHO)在其 GMP 的 17.25 条就指出，“洁净区的气流方式应论证，不得存在污染危险，例如应确保人体、生产操作或机器所产生的尘粒不散布到产品的高危险区”，而上送上回则存在这种危险。在洁净走廊由于没有操作点，如用上回则一般不存在这种危险；在特殊场合如下部不能设风口或有遭损坏可能，采用上送上回方式是可以允许的。

8-3-3　乱流洁净室的效果

根据乱流洁净室的作用原理，过去曾认为乱流洁净室可能达到的洁净度级别的界限，是 6 级及其以下的洁净度；为了达到 5 级或更高的洁净度，只有采用和乱流洁净室作用原理完全不同的另一种洁净室——单向流洁净室。但是现在认识到乱流在一定条件下在数值上达到 5 级是可能的。

8-4　单向流洁净室原理

单向流(平行流)洁净室最早在 1961 年出现在美国，叫层流洁净室。这种洁净室的出现，对于空气洁净技术来说是一个重要的里程碑，使空气洁净技术发生了飞跃，使创造异常洁净的环境成为可能。1987 年美国联邦标准 209C 正式提出单向流概念。

8-4-1　单向流洁净室的分类

单向流洁净室主要分为两大类：

1. 垂直单向流洁净室

(1) 顶棚满布高效过滤器送风，全地板格栅回风。这是典型的垂直单向流洁净室，如图 8-12 所示。

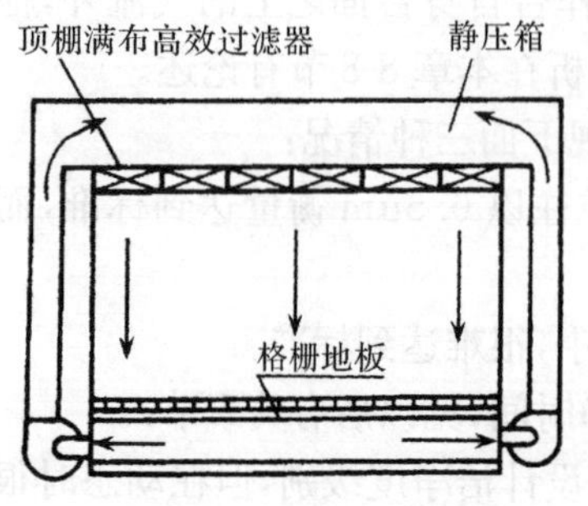

图 8-12　满布垂直单向流洁净室

这种洁净室的特点是：可获得均匀的向下单向平行气流，因而自净能力强，能够达到最高的洁净度级别；不仅工艺设备可任意布置，而且可简化人身净化设施，例如可不设吹淋室，甚至工作人员可以只穿长的上衣式工作服[1]；但是顶棚结构较复杂，造价和维护费用高，高效过滤器堵漏较困难。图 8-13 是这种洁净室的透视图。

(2) 侧布高效过滤器顶棚阻尼层送风，全地板格栅回风。垂直单向流洁净室的最主要缺点是造价高，其重要原因之一在于采用了顶棚满布高效过滤器。这种满布高效过滤器的作用主要是分布空气和过滤微粒。为了进一

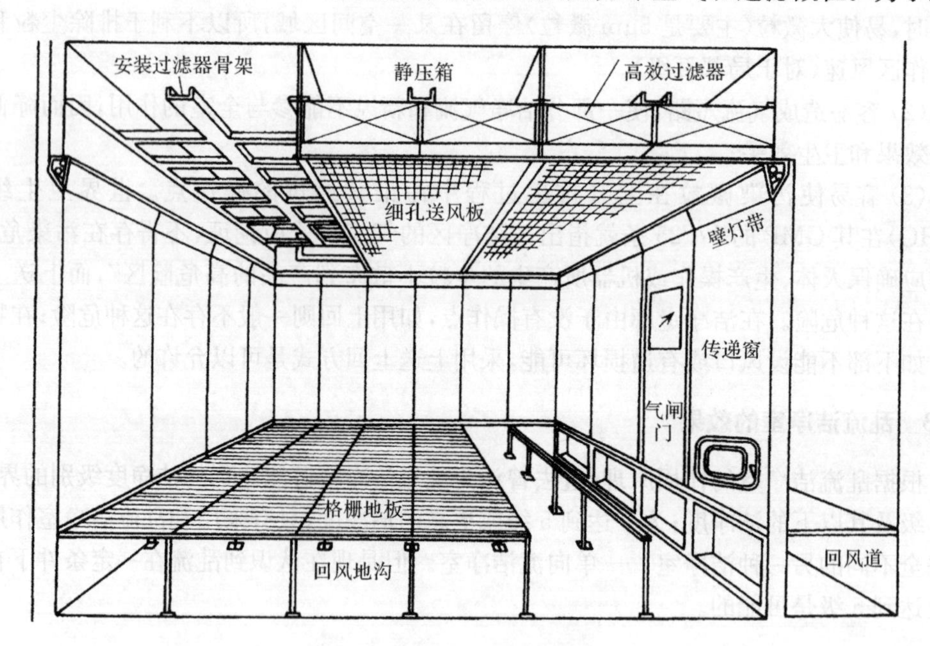

图 8-13　垂直单向流洁净室透视

步使气流均匀和顶棚美观，高效过滤器下均设有格栅孔眼之类阻尼层。如果洁净室面积较小，风量不大，而且室宽也不大，也可以像美国污染控制协会标准 AACC CS-6T 推荐的把高效过滤器侧布，如图 8-14。但是，侧布高效过滤器面积不容易满足风量的要求，特别是不大于 80%额定风量的要求。

高效过滤器侧布时，分布空气的功能由金属孔板实现，这种孔板即阻尼层。阻尼层的

作用也是要保证其下方为均匀的平行的单向流，为此孔板的开孔率应在60%以上（详后述）；这在美国有关100级单向流洁净室的技术要求[2]中也是这样规定的。

阻尼层不可用易含尘甚至本身易带尘的材料，如一般无纺布。除金属孔板外，也可用尼龙纱等透气好的材料。例如，将尼龙纱绷紧在一个个框架上[3]，框架再放在轻型金属材料制的顶棚骨架上，安装拆卸都十分方便。这种尼龙纱（直纹或斜纹）和尼龙筛网（孔眼≥100μm×100μm）在0.01m/s速度时的阻力约2～3Pa。所有这些材料由于阻力小，使其至高效过滤器之前的空间不能形成密闭系统，该空间内表面积尘在所难免，这是很大的缺点。

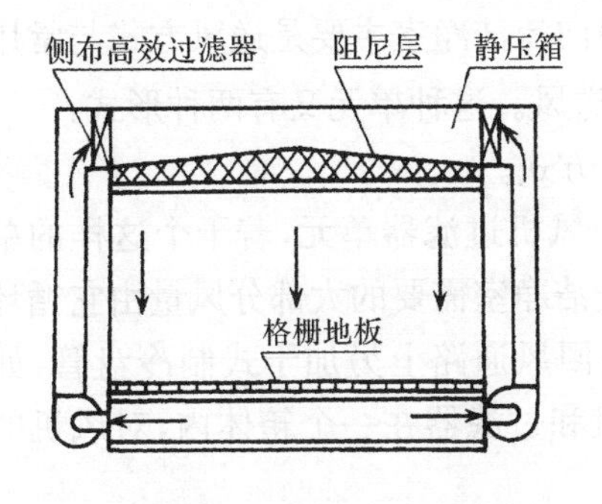

图 8-14　侧布高效过滤器顶棚阻尼层送风

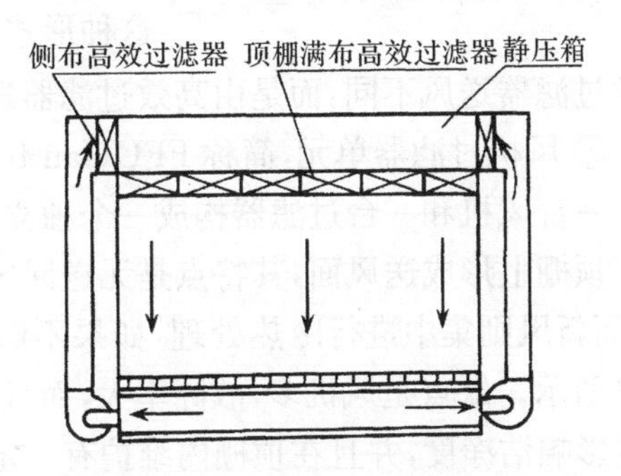

图 8-15　双布高效过滤器垂直单向流洁净室

(3) 顶棚和侧面双布高效过滤器送风，全地板格栅回风。

这种形式的垂直单向流洁净室是对两种送回风形式的综合[1,4]。美国清洗盛装月球岩石容器的洁净室[5]最早使用了这种双布过滤器的垂直单向流形式，目的不只是获得高洁净度，还在于减少顶棚高效过滤器的拆换检漏，可视顶棚高效过滤器为半永久性顶棚。图8-15是国内设计的这种洁净室结构的方案。显然，正常情况下是不会采用此方案的。

(4) 全顶棚高效过滤器送风，两侧下回风。

垂直单向流洁净室造价高的重要原因之二在于使用了格栅地板。这种地板一般用铸铝、塑料、钢材等制作，即使用钢材制作也是比较贵的。图8-16是国内第一个装配式洁净室用铸铝格栅地板的照片。这种地板还给人的视觉以不适之感，行走和放置物件都有不稳的感觉，微小零件又易掉落到地板下面。所以这种地板不利于垂直单向流洁净室的推广使用。对于这种格栅地板回风方式的改进，出现了如图8-17所示的全顶棚送风两侧下回风洁净室。国外有人把它称为准层流洁净室，也有人认为它可以获得100级的洁净度，

图 8-16　铸铝格栅地板

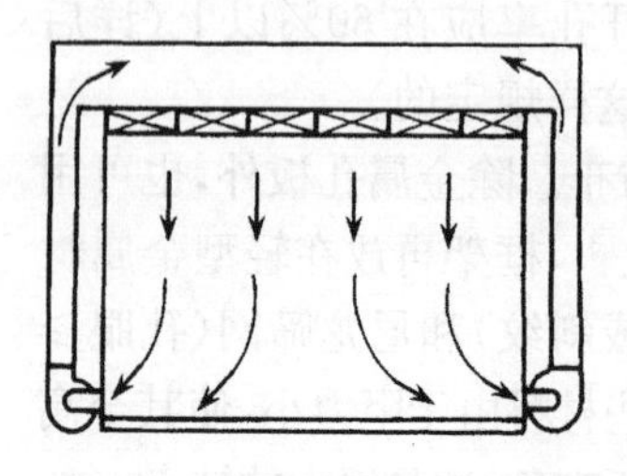

图 8-17　两侧下回风洁净室

但是其宽度仅为 3.6m(美国)[2];还有人认为这种洁净室最高只能达到相当于 1000 级水平(前苏联)[6]。国内的研究工作,第一次从理论、实验以及实际应用方面比较全面地对这种洁净室给出了评价[7],得出了在两列回风口间距在 6m 以内可以实现单向流,达到 100 级洁净度的结论(详见后述)。

(5) 全顶棚高效过滤器送风单元送风,地板或两侧下部回风。

这种形式的垂直单向流洁净室主要是送风方式与常用的高效过滤器送风不同,而是由高效过滤器送风单元送风。这种单元又有两种形式:

① 风机过滤器单元,简称 FFU(fan filter unit)方式。

一台风机和一台过滤器构成一个独立设备——风机过滤器单元,若干个这样的单元设于顶棚上形成送风面,其特点是无送回风管道,使洁净室需要的大部分风量由它循环使用,而新风则集中进行冷热处理,如果不够,也可在回风通路上另加干式制冷盘管,如图 8-18 所示。缺点是风机多,故障率大,而且由于风机和过滤器在一个箱体内,对风机的维护将影响洁净度,并且在顶棚内维护有一定困难。

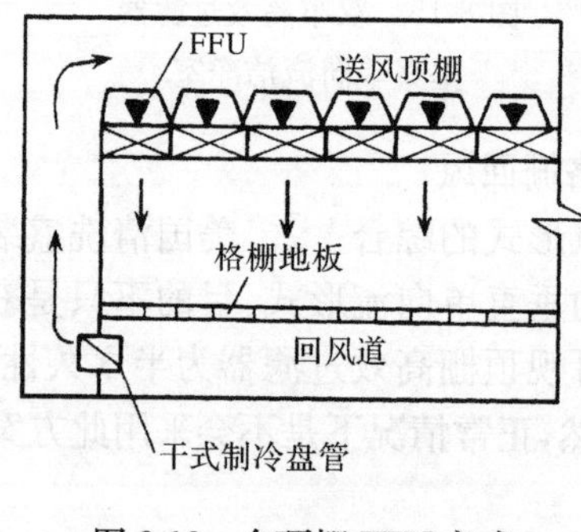

图 8-18　全顶棚 FFU 方式

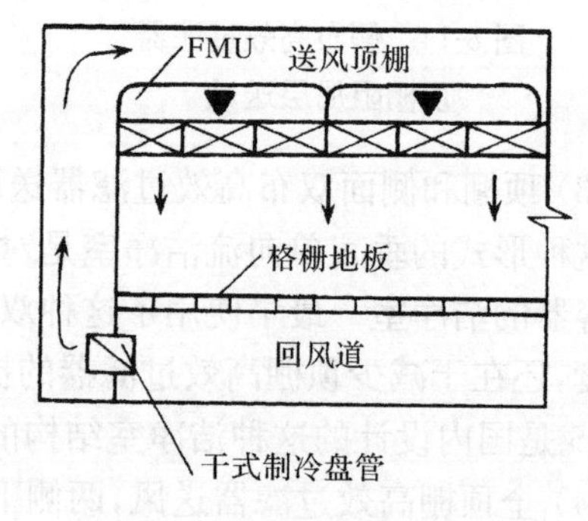

图 8-19　全顶棚 FMU 方式

② 风机模块式单元,简称 FMU(fan module unit)方式。

一台风机带多台过滤器,并且风机室和过滤器室分开,也无送回风管道,但 FFU 的缺点在此不明显,能耗低于 FFU,便于维修。见图 8-19。

(6) 全顶棚阻漏层送风,全地板格栅回风或两侧下回风。

这是克服高效过滤器布置在末端带来一些弊病的送风方式,简称阻漏式洁净送风天花,详见第十五章。

2. 水平单向流洁净室

(1) 送风墙满布高效过滤器水平送风,全墙面回风。

这是典型的水平单向流洁净室,如图 8-20 所示。这种洁净室的回风墙一般安装中效过滤器。但是对于某些用途的洁净室(例如制药用洁净室、细菌培养用洁净室等),为了避免室内操作过程发生的特殊微粒污染管道系统,或者为了收集这种微粒以集中处理,则在全循环情况下回风墙上布置高效过滤器而送风墙上布置中效过滤器。

这种洁净室的特点是:只在第一工作区达到最高洁净度(第一工作区的概念见第七

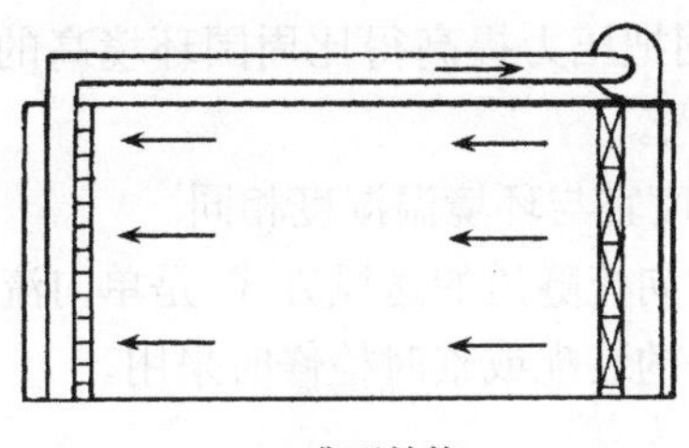

(a) 典型结构

(b) 透视图

图 8-20 水平单向流洁净室

章),当空气向另一侧流动时,含尘浓度逐渐增高,适用于工艺过程有多种洁净度要求的情况。显然,造价较垂直单向流洁净室低得多。

(2) "隧道"式单向流洁净室。

这种形式如图 8-21 所示,与上面一种形式不同之处是:

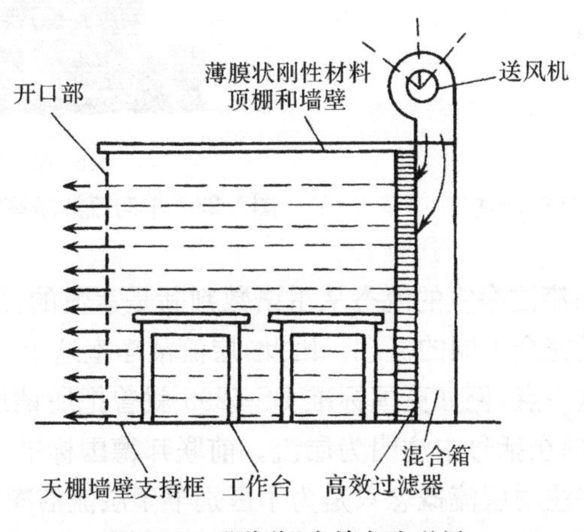

图 8-21 "隧道"式单向流送风

① 在布置高效过滤器的送风墙的对面没有回风墙,是向外敞开的。

② 没有管路循环空气,而将内部空气向周围环境排出。

③ 在这种形式中，不能用把压力提高得比周围环境高的方法防止和排除污染，而是靠空气的速度防止污染的侵入。

④ 这种形式内部的温湿度宜与环境温湿度相同。

显然，这种习惯被称为单向流隧道的送风方式，是单向流洁净室中最便宜的而且便于移动，尤其适合一些大型设备的装配或临时检修时采用。

8-4-2　单向流洁净室原理

1. 基本原理

从上述各种单向流洁净室可以看到，在洁净室内，从送风口到回风口，气流流经途中的断面几乎没有什么变化，加上送风静压箱和高效过滤器的均压均流作用，全室断面上的流速比较均匀，而至少在工作区内流线单向平行，没有涡流。这也就是单向流洁净室的三大特点。这里均流线单向平行，是指时均流线彼此平行，方向单一，如图 8-22 和图 8-23 所示。

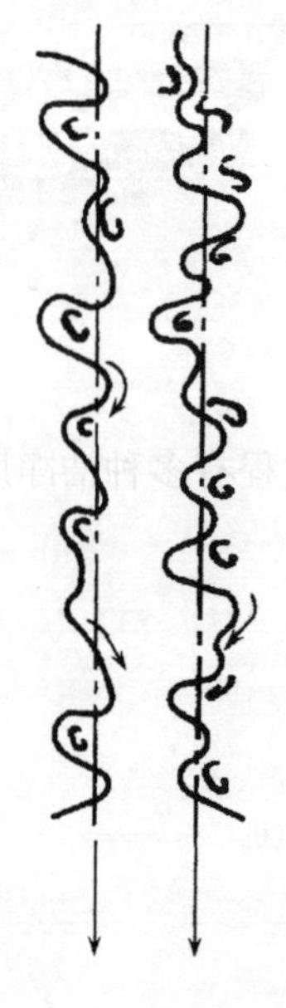

图 8-22　时均流线平行示意

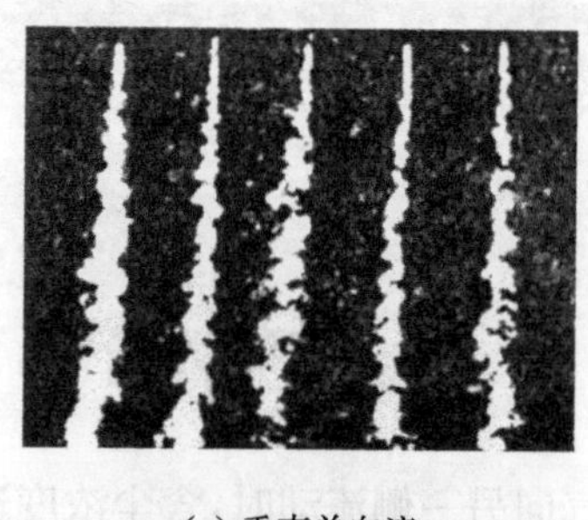

(a) 垂直单向流

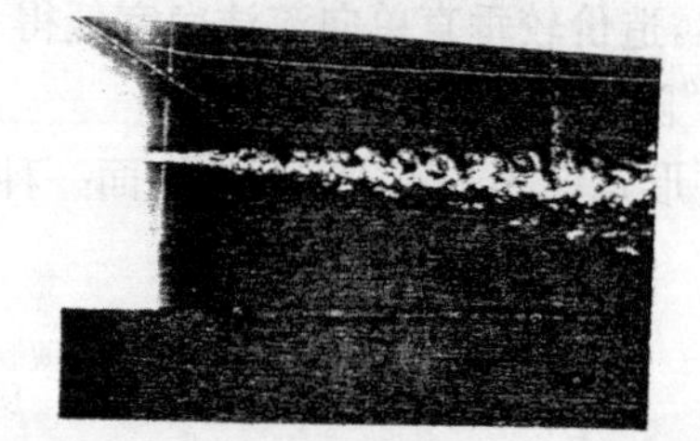

(b) 水平单向流

图 8-23　单向流洁净室实际的时均流线照片

8-3 节已指出，单向流洁净室的流态从雷诺数判断是紊流的，所谓层流洁净室的层流和流体力学上的层流是完全不同的概念。因此，层流洁净室这个名词是不贴切的，国外某些标准和文章也指出这一点，例如英国标准 BS-5295 就曾把所谓层流洁净室定义为单向流洁净室，只是照顾习惯在括号中注明为层流。前联邦德国标准 VDI-2083 则用“非紊流的置换流”这一术语，并注明层流概念只是为了区别早于层流洁净室出现的紊(乱)流洁净室而在当时采用的习惯用语，“层流系统”的确切意思并不是分层流动，而是紊流的置换流，用本章提到的概念是紊流的渐变流。2008 年 12 月颁布的德国标准 DIN 1946-4 又在层流中间区分出“层流”和“低紊流度”气流(LTF)。在流体力学中，这种流动状态也可称平行流(如前述，渐变流具有流线接近平行的特点)或单向流。1977 年作者在内部研究报告《洁净室计算》中指出层流概念的不合理，于“平行流”和“单向流”两个流体力学词语中选用了“平行流”，在该术语后面同时也指出习惯上称“层流”。同年为我国的《空气洁净技术措施》所采纳。2011 年瑞典标准《手术室生物净化基本要求与指南》(mikrobiologisk renhet i operationsrum)也采用了“平行流”概念，定义为“以一定(相同)方向流动”的气流。

在单向流洁净室内，干净气流不是一股或几股，而是充满全室断面，所以这种洁净室不是靠洁净气流对室内脏空气的掺混稀释作用，而是靠洁净气流推出作用将室内脏空气沿整个断面排至室外，达到净化室内空气的目的。所以，前联邦德国有人称单向流洁净室的气流为“活塞流”、“平推流”[8]，前苏联称之为“被挤压的弱空气射流”[9]。干净空气就好比一个空气活塞，沿着房间这个“气缸”，向前(下)推进，而使尘粒只能前(下)进，没有返回，把原有的含尘浓度高的空气挤压出房间。这一压出过程如图 8-24 所示。

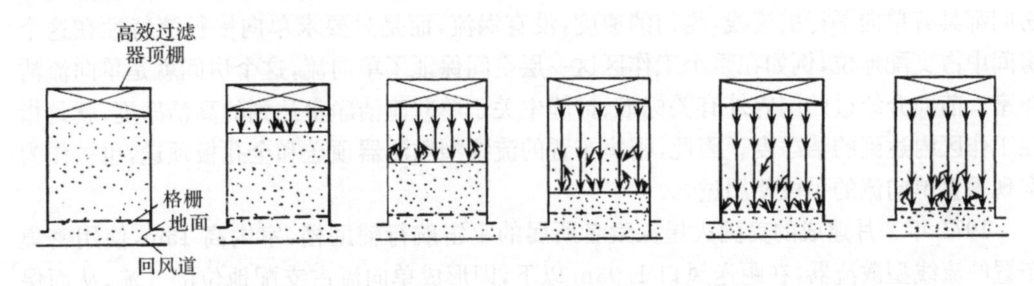

图 8-24　单向流洁净室原理示意

在单向流洁净室以及单向流净化设备中，可以发现沿壁的和两个过滤器搭接处下方的反向气流。这种气流将把下方的污染传输到上部再送下来，破坏了上述“活塞流”的状态，危害极大。对于和外界有开口相通的局部净化设备，例如洁净工作台，这种气流将引射外界污染气流，如图 8-25 所示。所以，在设计上一定要减小过滤器边框处所占的无效面积，更要设法使空间的壁面尽量接近过滤器有效送风截面。

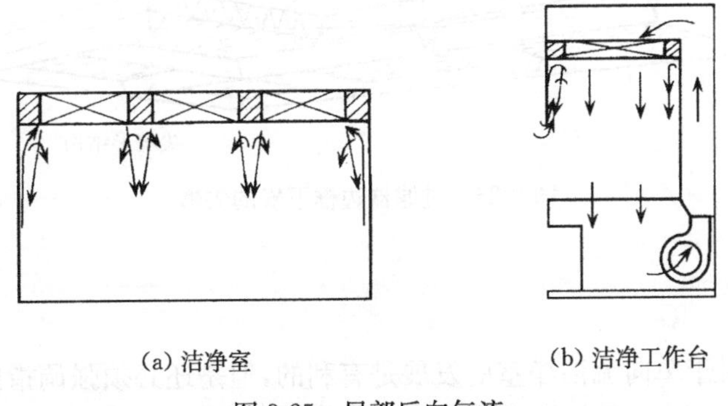

(a) 洁净室　　(b) 洁净工作台

图 8-25　局部反向气流

通过上面分析，可以认为保证单向流洁净室特性(高洁净度和快速自净恢复能力)的重要先决条件有两个：①来流的洁净度；②来流的活塞流情况。

对于来流的洁净度，对通过高效以上过滤器送风的单向流洁净室来说是不成问题的，而对于来流的“活塞流”情况，则需作进一步分析。

根据流体力学原理，来流条件对以后的流动状况将有直接的重要影响，送风面出口气流也就是工作区的来流。

来流的紊动性大，则将影响后面的单向流特性；来流未充满流动截面，则将影响后面是否能形成“活塞流”和形成的快慢；而来流未充满流动截面也是来流紊动的一个因素。所以，在采用高效过滤器的条件下，保证单向流洁净室特性的必要条件是“活塞流”，而“活塞流”的必要条件则是来流充满流动截面。但是，对一间房间而不是一段管道来说，让气流从头至尾完全充满流动截面也是不现实的。

最初，确实认为这种单向平行的气流应该充满整个洁净室，但这在技术上和经济上都是不利的。随着认识的发展，人们又指出这种单向流只是“在有限的领域内全部空气沿平行流线以等速流动的意思”，并认为能极力抑制涡流的发生。通过全空间的清洁空气的单向流特性占支配地位的那样的房间，也称为单向流洁净室[10]。这就是说，不要求在整个房间都具有单向平行的流线，均匀的速度，没有涡流，而是只要求单向平行流特性在这个房间中占支配地位，例如在整个工作区这一层空间保证了单向流，这个房间就是单向流洁净室。前面介绍过的国内外有关标准、措施中关于单向流洁净室达到的高洁净度，就是指在工作区内达到的洁净度。因此，密集布置的流线型散流器顶送和全孔板顶送，也被作为实现垂直单向流的手段使用过。

1971 年 2 月建成的美国火星探索者所属的宇宙航行辅助楼，室内高 15m，使用密集布置的流线型散流器，在距送风口 1.93m 以下，即形成单向流占支配地位的气流，从而保证室内洁净度达到 5 级[11]。

为了改善过滤器边框下的气流状况，也可以在过滤器边框下方安上尖劈形装置，尖劈的角度约可取 20°左右，如图 8-26 所示[12]。在测定时对上述这种地方要着重检查(特别对于设备)，如果在某些局部发现有浓度较高的现象，则应考虑上述原因。

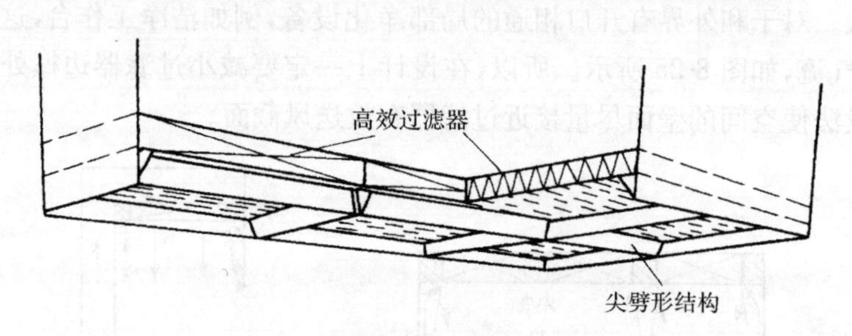

图 8-26　过滤器边框下安的尖劈

2. 主要特点

上述的概念对于单向流洁净室的发展是有利的，但是还必须强调指出两个主要特点：

(1) 过去对单向流洁净室着重强调了流线平行，而没有指出这只是时均流线的平行。因为单向流洁净室实质上仍是紊流，不可能有流体力学上的那种瞬时流线平行、成层流动的层流。这种洁净室只要求能够沿全室断面同时排除污染空气，那么只要时均流线平行就满足要求了。

(2) 过去对单向流洁净室着重强调的另一点是单向气流，目的是避免回流产生的二次污染。但是实际上洁净室不可能是空房间，也不可能流向绝对单一，因此，为了避免回流和产生涡流，只要流线的曲率很小，彼此夹角很小，也就是渐变流，即可以满足这种洁净室的要求。所以，渐变流是单向流洁净室实际存在的流态。

因此，若洁净室中占支配地位的气流是均匀流，甚至即便是渐变流，也可称为单向流洁净室。这就是说，如在工作区内（通常指地面以上 0.7m 到 1.5m）充满了单向流，就可以把这间洁净室作为单向流洁净室对待了。

为了达到这一结果，应该要求顶棚静压箱中水平布置的高效过滤器具有一定的面积比例，本书第二版特地把这一比例定义为“过滤器满布比”

$$过滤器满布比=\frac{末级过滤器净面积}{布置末级过滤器截面的总面积}$$

正常情况下（只扣去过滤器和框架的自然边框）

$$满布比\not<80\%$$

最低（尚有一定面积未布置过滤器）

$$垂直单向流\quad 满布比\not<60\%$$

$$水平单向流\quad 满布比\not<40\%$$

对于平行于过滤器的装饰层，由于这种亦称为阻尼层的装饰层阻力极低，与过滤器之间的距离也很小，不可能在两者之间形成类似静压箱的空间，所以如果过滤器满布比较小，即使阻尼层通气面积比（送风面上洁净气流通过面积与送风面全部截面积之比）即洁净气流满布比大于过滤器满布比，洁净气流也要在较下位置才形成搭接，所以也无助于“活塞流”的提前形成，见图 8-27。

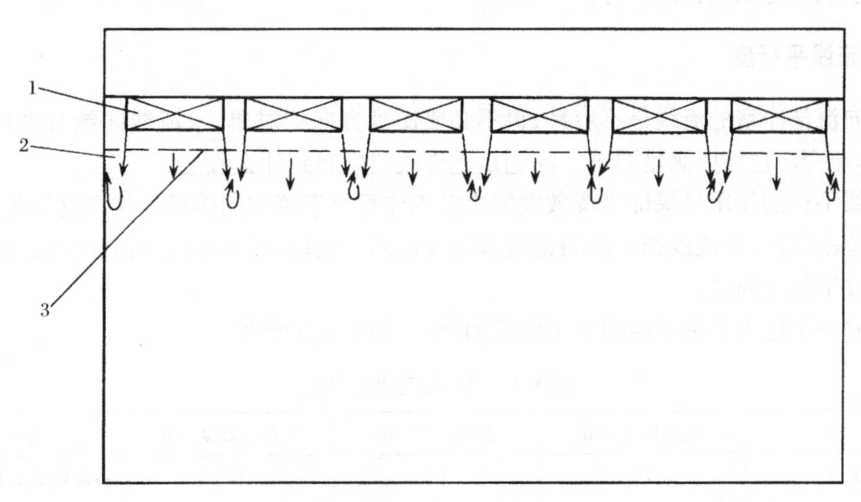

图 8-27　无助于“活塞流”提前形成

1. 高效过滤器；2. 阻尼层盲区；3. 阻力很小的阻尼装饰层

相反，如果洁净气流满布比小于过滤器满布比，则后者一定不能发挥作用。但当阻尼层为孔板时，因孔板开孔率不可能太高，孔眼射流后还有一个再搭接问题，所以可以放宽到开孔率不低于 60%。

由于静压箱加过滤器需要一定的高度，对于有隔板高效过滤器可达到 800mm，无隔板高效过滤器达到 600mm 以上，当不具备这个条件时，过去实际应用上也有把平面布置高效过滤器改为侧面布置高效过滤器的，侧布时高效过滤器往往布置不下，只能提高通过风量和阻力。此外,侧布时由于装饰层仅是阻力很小的阻尼层,虽然洁净气流满布比可能很大,但因作为来流的静压箱中气流因过滤器侧布关系而较紊乱,对下游的单向流特性有较大影响。即使这样,如果用了这种侧布,仍然希望侧布时的过滤器满布比也达到 80% 以上(对于侧布截面),阻尼层应有较大阻力,否则来流更紊乱,而且还会有反吸气流。

当高效过滤器布置在静压箱之外,静压箱之送风面为阻漏层时,由于阻漏层既具有相当的阻力,又有全面透气性能和过滤亚微米微粒的性能(见第十五章),使静压箱中气流又经过一次具有阻漏效果的过滤层,高效过滤器与阻漏层之间为连续的洁净空间,保持出风面以前的管路仍为封闭系统,因此阻漏层实为高效过滤器末端的延伸,所以阻漏层上通气面积可等同于过滤器面积看待,此时满布比用下式表达:

$$洁净气流满布比=\frac{送风面上洁净气流通过面积}{送风面全部截面积}$$

8-5 单向流洁净室的三项特性指标

单向流的特性从来未被完整、定量地描述过。直到 20 世纪末,ISO 14644-3 也只是笼统地指出单向流术语定义是"通过洁净区整个横截面的受控气流,其风速稳定,呈大体平行的流线"。1983 年作者在《空气洁净技术原理》第一版中正式提出流线平行度、乱流度和下限风速三项为单向流洁净室的特性指标。为了达到单向流洁净室的效果,单向流洁净室必须满足这三项特性指标。

8-5-1 流线平行度

单向流洁净室的流线是不容易、也不必要做到方向绝对单一、流线间绝对平行的,正如前述,渐变流也可以满足要求。问题是允许流线倾斜到什么程度。

流线平行的作用是保证尘源散发的尘粒不作垂直于流向的传播。如果这种传播范围在允许范围之内,则流线稍有倾斜也应该是许可的。这样,对于单向流洁净室就有一个允许的流线平行度问题。

先看一下国内外关于洁净室工作区的规定,如表 8-1 所列。

表 8-1 工作区范围的规定

国家	地面以上/cm	顶棚以下/cm	工作区高度/cm	备注
美国	76	92	102	室高规定至少 2.7m
中国	80～150	—	70	

从表中可见,由于美国对单向流洁净室室高规定不小于 2.7m,则美国规定中的工作区净空高度比较大。工作区就是主要工艺一般均在其中进行的区域,所以洁净度级别是用工作区内的含尘浓度表示的。但是一些辅助操作例如开一个阀、拧一下部件等等,则有可能在比工作区高的地方进行。考虑到洁净室的一般高度和人的操作方便,这些辅助操作或设备的高度一般不会超过人的高度,即大约 1.8m。

工作区的下限,在《空气洁净技术措施》中曾规定为 0.8m,这里更严格些可取 0.75m(台面也可以低到这个数值)。

如果一个工作人员站起来操作，在离地1.8m高处散发出尘粒，则不希望这些尘粒降至离地0.75m高时超过该人的工作范围而进入相邻工作人员的范围，以致造成污染。由图8-28可以看出，工作人员在桌面上的操作范围由正中的操作位置至两边的最大距离约为50cm。如果人站起来操作，使离桌面1.05m处散发出的尘粒在降至桌面时，仍未超出自己的操作范围，则对邻位不致造成污染。这样，如果流线是斜直线，流线与水平方向的倾斜角就应大于 $\text{arcoth}\,\dfrac{1.05}{0.5}=65°$。对于水平单向流洁净室，上述1.05m一般可以满足第一工作面的长度，所以这个流线倾斜角(与垂直线方向)同样也适用于水平单向流洁净室。

如果流线是渐变流的曲线，则其和工作区下限平面的交点以及和下限平面之上1.05m处的平面的交点之间的连线，与水平方向的倾角应大于65°(图8-29)。

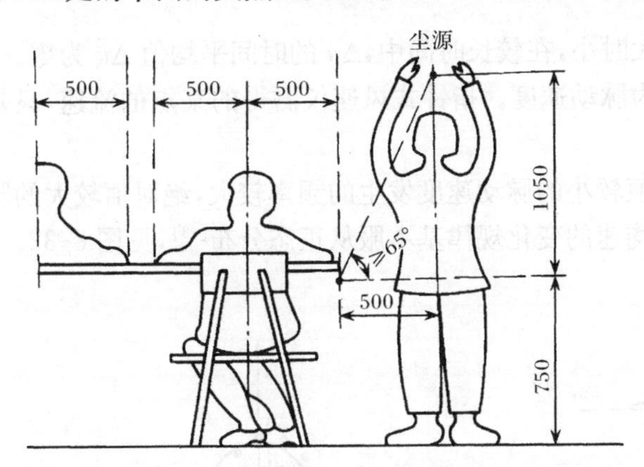

图8-28　垂直单向流洁净室的横向污染距离(单位：mm)

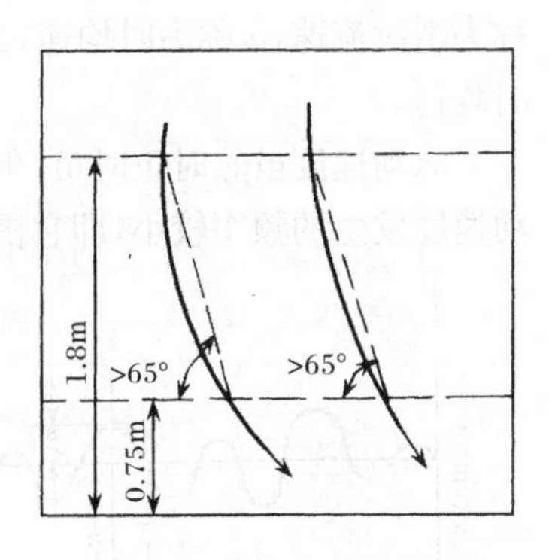

图8-29　渐变流流线的倾角

在美国有关5级单向流洁净室的验收规定[2]中，对于气流流线的平行度是这样规定的：从顶棚以下92cm到地面以上76cm的区域，风速的水平分量不应使尘粒侧向散布距离超过60cm，但并未说明理由。因为洁净室高度为2.7m，则换算成流线倾斜角约为61°，比上述计算结果要小4°，显然按上述计算结果要求更高。

从流线平行度角度要求，每根流线的倾角不仅要大于65°，而且相邻两根流线的夹角也要尽可能小，例如在极短距离内流线倾角由65°变化到接近垂直时，无疑地在这两根流线之间的气流运动状态变化会太激烈，将要产生涡流。两根流线的弦夹角(简称流线夹角)在极端情况下(另一根流线倾角等于90°)为(90°－65°)＝25°，也就是说如果流线夹角达到25°，根据前面关于横向扩散距离的说明，其距离不应小于0.5m(图8-30)。因此，对于流线平行度的要求应包括两方面：①流线倾角的最小值约65°；②流线从直线逐渐倾斜，其倾斜程度相当于每厘米距离上流线夹角的增大不超过0.5°。

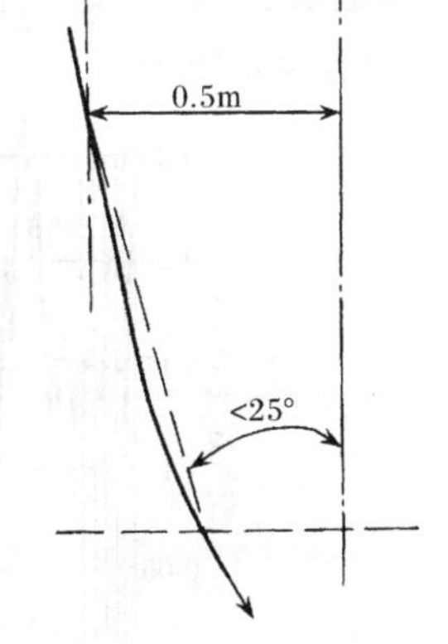

图8-30　流线夹角

8-5-2　乱流度

如前所述，按照单向流洁净室的实质，应要求室内为均匀流，而均匀流由于沿流长度上各断面相等，必然有断面内及各断面之间的速度场均匀的特点。速度场均匀对于单向流洁净室是极重要的，不均匀的速度场会增加速度的脉动性，促进流线间的质点的掺混。如果速度场明显不均匀，最大速度与最小速度相差极悬殊，则在室内将会有明显的大的涡流。

1. 脉动速度

空间某点的气流速度并不永远是一个数值，用精密的风速仪可以测出该点速度随时间的变化，如图 8-31 所示。在任意瞬时 t，流速 u 可看成由两部分构成，即

$$u = \bar{u} + \Delta u \tag{8-1}$$

式中：$\bar{u}$——一个正值的常数；

Δu 随时间 t 改变，时正时负，时大时小，在较长时间中，Δu 的时间平均值 $\Delta\bar{u}$ 为零。u 称为瞬时流速，$\bar{u}$ 称为时均速，$\Delta\bar{u}$ 称为脉动速度。指针式风速仪测得的某点的流速，只是时均速。

脉动速度虽然时正时负，但绝对值较小的脉动速度发生的频率较大，绝对值较大的脉动速度发生的频率较小，即它围绕时均速的变化规律基本服从正态分布[13]，见图 8-32。

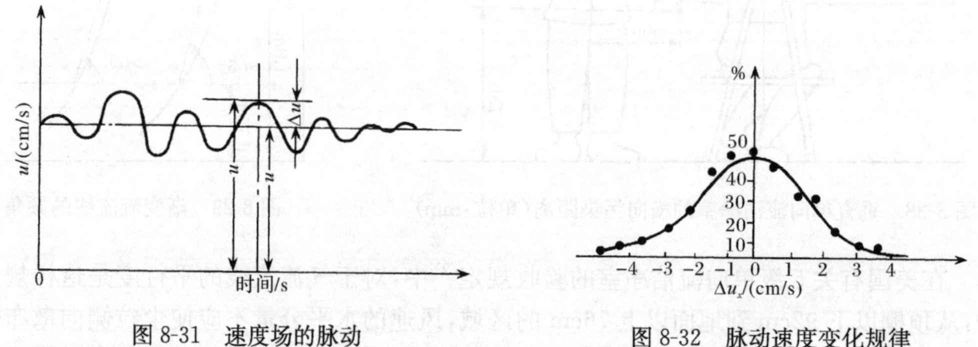

图 8-31　速度场的脉动　　图 8-32　脉动速度变化规律

脉动速度的正态分布特性引起瞬时速度也按正态分布的规律变化，可见空气调节房间内速度场波动的实测曲线，如图 8-33[14] 所示。该图横坐标为时间，前面的 5 格代表 1s，共记录了 222s。纵坐标为气流速度。该速度场的时均速 $\bar{u}=0.148\text{m/s}$，最大脉动速度 $\Delta u_{max}\approx 0.1\text{m/s}$。

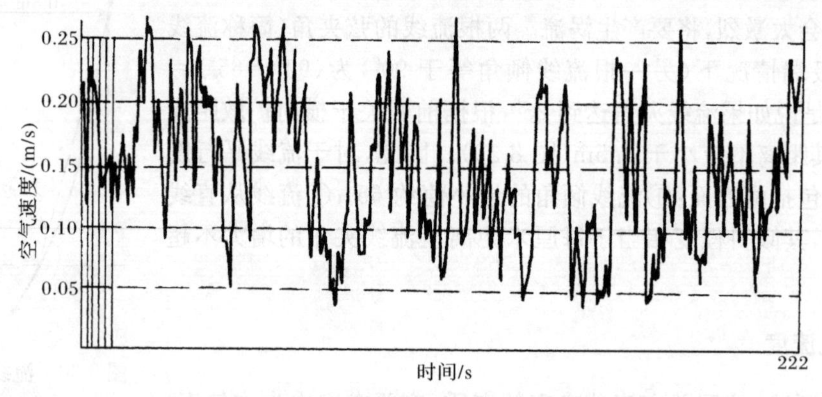

图 8-33　速度场脉动的实测结果

若以 222s 为总数，由上图分别对不同的速度统计出现的时间占这个总数的比例数，点在正态概率纸上，即为图 8-34。由这些点的近似直线性可知，速度按时间变化的规律也是符合正态分布的。

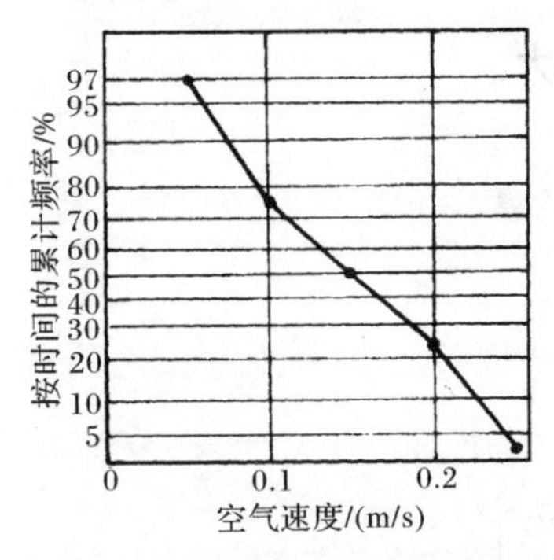

图 8-34　速度按时间的变化规律

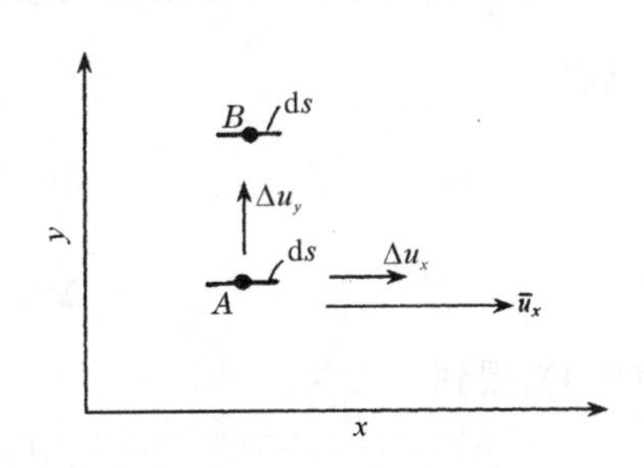

图 8-35　脉动速度的影响

室内气流速度脉动的原因是多方面的，风口特性、气流组织方式等都有影响，而送风气流本身也是一个因素，例如风机叶片和叶片之间间隙的周期性更替，对产生脉动气流也是起作用的。

现在来研究一下由于脉动速度的存在将产生什么作用。设在流场内某点 A(图8-35)的时均速为 $\bar{u}_x$，其脉动速度在 x、y 方向分别为 Δu_x、Δu_y。流体力学指出，在以 A 为中心的一块微小面积 ds 上，由于脉动速度 Δu_y 的存在，在单位时间内由 A 层向附近 B 层输出的流体质量是 $\rho\Delta u_y \mathrm{d}s$，这些流体由于在 x 方向的脉动速度，则其在 x 方向的动量为 $\rho\Delta u_y \mathrm{d}s\Delta u_x$，这个动量将给 B 平面以 x 方向的力 $\rho\Delta u_x\Delta u_y \mathrm{d}s$，所以脉动速度产生的切应力是

$$\tau_A = -\frac{\rho\Delta u_x\Delta u_y \mathrm{d}s}{\mathrm{d}s} = -\rho\Delta u_x\Delta u_y \tag{8-2}$$

其时间平均值是

$$\bar{\tau}_A = -\rho\,\overline{\Delta u_x\Delta u_y} \tag{8-3}$$

这是一种附加的切应力，和纯粹黏滞切应力相加就是有脉动速度时的真实切应力[15]

$$\tau = \mu\frac{\mathrm{d}\bar{u}_x}{\mathrm{d}y} - \rho\,\overline{\Delta u_x\Delta u_y} \tag{8-4}$$

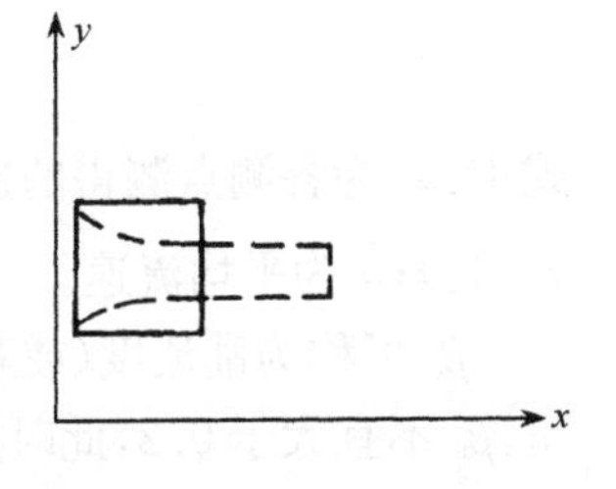

图 8-36　x 和 y 方向的变形

由于流体的连续性，在某一个体积内当脉动速度 Δu_x 是正值时，则这一体积有 x 方向的伸长变形，必定引起 y 方向的缩短变形(图 8-36)。所以 Δu_y 将是负值(这里只考虑二元变化的情况)，也就是说，Δu_x 和 Δu_y 的符号永远相反，$\Delta u_x\Delta u_y$ 永远是负值。因此，由式(8-4)得到的有脉动速度时的 τ 将比无脉动速度时的 τ 大，即前者摩阻大于后者，从而进一步带动气流，促使其紊乱。

2. 乱流度

脉动速度的大小虽然反映室内气流在层与层间质点交换的强弱，但由于脉动速度不

便于测量，所以用它来衡量这种紊动情况也是不方便的，因此希望将它和时均速度发生联系。

一般流体力学著作都指出，脉动速度受层与层间的速度梯度影响很大，若邻层的速度差异较大，即$\frac{\mathrm{d}\bar{u}_x}{\mathrm{d}y}$较大，则对本层的带动激烈，$\Delta u_x$ 愈大。

可以假定

$$\Delta u_x = \pm l_1 \frac{\mathrm{d}\bar{u}_x}{\mathrm{d}y}$$

$$\Delta u_y = + l_2 \frac{\mathrm{d}\bar{u}_x}{\mathrm{d}y}$$

代入式(8-4)，得到

$$\tau = \mu \frac{\mathrm{d}\bar{u}_x}{\mathrm{d}y} + \rho l^2 \left(\frac{\mathrm{d}\bar{u}_x}{\mathrm{d}y}\right)^2 \tag{8-5}$$

若略去小得多的$\mu \frac{\mathrm{d}\bar{u}_x}{\mathrm{d}y}$项，则式(8-5)简写为[15]

$$\tau = \rho l^2 \left(\frac{\mathrm{d}\bar{u}_x}{\mathrm{d}y}\right)^2$$

$$l^2 = l_1 l_2 \tag{8-6}$$

式中：l_1、l_2 和 l——具有长度因次的比例系数，又叫混合长度，是一个与实际的平均掺混距离成比例的物理量，也与速度梯度有关。

由上述可见，如果减小室内横截面的速度场的不均匀程度，即减小各层的速度梯度，将有助于减小脉动速度和层与层之间的质点交换，这也是为什么单向流洁净室实质是要求均匀流而至少必须是渐变流的原因。

垂直于末流截面的速度场均匀程度和以前讲过的微粒集中度应有相似的含义，所以本书提出可以用相似的表达式来衡量，即

$$\beta_{\mathrm{u}} = \frac{\sqrt{\frac{\sum (u_i - \bar{u})^2}{n}}}{\bar{u}} \tag{8-7}$$

式中：u_i 为各测点测得的速度；n 为测点数(如 $n \leqslant 30$，为小子样，宜作贝塞耳修正，n 写为 $n-1$。)；$\bar{u}$ 为平均流速。

β_{u} 可称为乱流度(或紊流度、速度不均匀度，注意这是指截面上的)，对于单向流洁净室，β_{u} 不宜大于 0.2，此时实际自净时间不到 1min，但实践表明这也是相当困难的。而从自净能力方面看，可考虑不大于 0.25 甚至 0.3，如果再大，就说明该单向流洁净室的性能较差，还要参考其他因素来评判。这一点在第十章还要具体分析。

美国联邦标准 209B 的附录中，关于速度场均匀性的规定是，整个室内不受干扰的部分不均匀性不得大于±20%，这就要求各测点的速度不得超过规定速度的±20%。当然，对于验收时测定的是空房间，就无所谓受干扰的部分，而是每一点的风速不得超过规定风速的±20%。假设各点的风速都极其接近平均风速，只有一点超过 20%，按照这个规定，这个速度场就是不合要求的，这显然只看到一点的超过而没有考虑整个速度场均匀程度。事实上这种情况对于使用效果并不会产生很大影响。如果计算乱流度，则很可能 β_{u} 并不

超过0.2，而且还可能比较小，可算是相当均匀的速度场。由此可见，用截面的乱流度来衡量单向流洁净室的乱流程度更合适，而且提供了一个在速度场之间作均匀性比较的条件。

如果没有特指，β_u 是指工作区截面的乱流度。

2008年德国标准DIN 1946-4对医疗洁净用房提出了一种划分：地面以上1.2m处每一测点（探头水平和垂直放置时各在100S内测100次进行比较）的紊流度<5%被指定为“层流”，5%～20%之间被认为是“低紊流度”气流，紊流度>20%，被指定为“乱（紊）流”，其实，德国标准是讲每个测点位置上的气流紊流程度（不反映平面速度场内各点速度差异），而本书是指工作区平面速度场内的气流紊流程度，反映各点速度差异，这两者是不同的。作者认为那样来界定房间是否为“层流”是不合适的。

8-5-3　下限风速[16]

1. 单向流洁净室气流速度的作用

影响单向流洁净室造价的三个主要原因，前面已经指出其中的两个，第三个原因就是大风量。单向流洁净室的风量以换气次数来说，早期往往达到每小时四五百次，而风量大则又因为是截面风速大的关系。

在一些标准中，关于单向流洁净室风速不仅有的规定较大（如209B标准规定为0.45m/s），而且不区别情况，或只规定一个风速，或仅对每种类型洁净室规定一个风速，这对于应用也是不方便的。因为有些场合虽然要求极高的洁净度，但由于工艺原因平时很少有人进出（例如计量部门的原子钟房，发热量极小的设备只是静置其中），气流不受扰动，或者工艺不允许较大的风速（例如一些涉及微生物培养、繁殖的生物洁净室和医院中的洁净室），在这些情况下都按同样规定的较大的风速来设计是不合适的。为了探讨单向流洁净室中风速变化和洁净度的关系以及这一风速的允许下限，这一节里将通过分析气流速度在这种洁净室中应起什么作用来判定，还有一部分内容已在第六章讨论过了。

单向流洁净室中气流速度的作用主要有以下四个方面：

(1) 当污染气流多方位散布时，送风气流要能有效控制污染的范围，即不仅要控制上升高度，还要控制横向扩散距离。

(2) 当污染气流与送风气流同向时，送风气流要能有效地控制污染气流到达下游的扩散范围。

(3) 当污染气流与送风气流逆向时，送风气流能抑制污染气流上升或前进的距离。

(4) 在全室被污染的情况下，要能以合适的时间迅速使室内空气自净。

所谓下限风速，就是满足以上四项要求的最小风速。

2. 控制多方位污染

多方位污染主要指从孔洞等尘源向多方位散发出的污染和人活动向四周的发尘。

(1) 控制尘源的污染包络线。

第六章已阐述了关于尘源污染包络线的实验和理论分析，得出了求点源包络线的半经验公式。如果根据本章前面得出的，在工作区高度上污染范围不能扩展到污染源的0.5m以外的标准，则可由式(6-50)求解污染气流速度 v 和送风气流速度 v_∞ 的比值与污染

源半径的关系。当 $\theta=90°$ 时应有

$$R\leqslant 50\text{cm}$$

所以

$$\frac{v}{v_\infty}=\frac{2500}{32.5r^2} \tag{8-8}$$

由此得出如图 8-37 的 r 和 v/v_∞ 的关系。

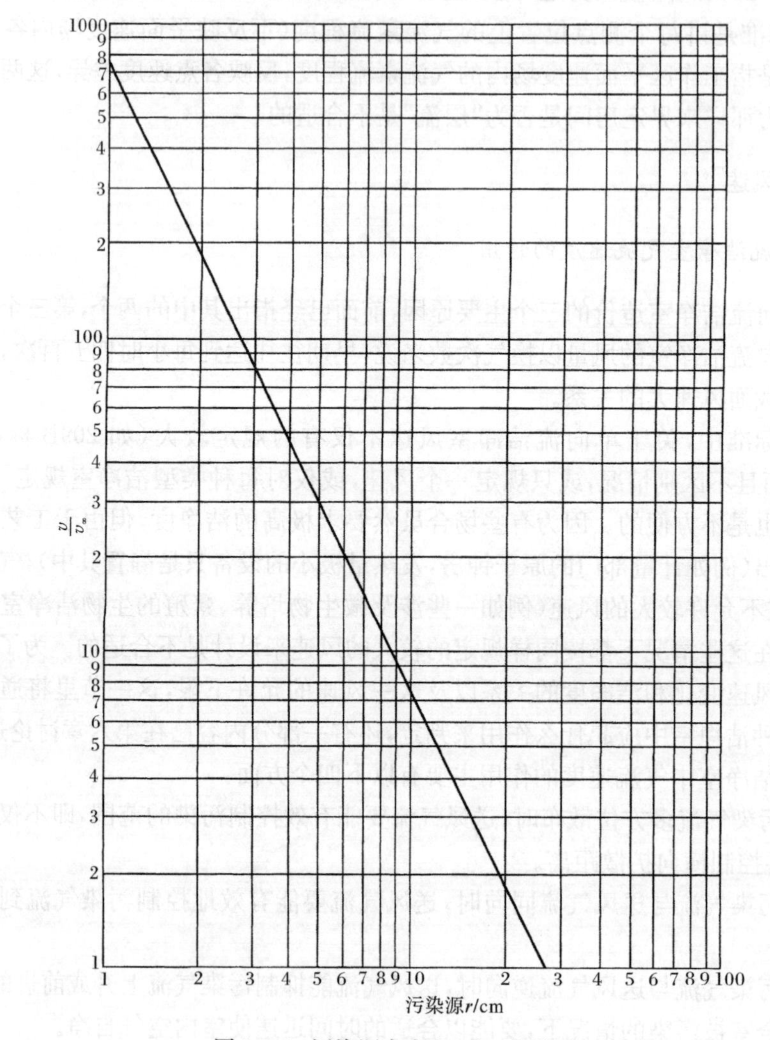

图 8-37　污染源大小和 v/v_∞ 的关系

从上面的公式和图可以看出可能存在这样的趋势：

① 污染源大小比污染源散发的污染气流速度对污染半径的影响更显著，因此控制污染范围首先要控制污染源大小。

② 污染源半径如果达到 10cm 量级，必须采用大于污染气流速度的室内风速，或者说，如果污染气流速度小于室内风速，则污染源半径允许达到 10cm 以上。

③ 在污染源大小一定时，横向污染范围主要取决于 v/v_∞。当 $v_\infty\geqslant 0.25\text{m/s}$ 时，可以控制的污染源的 r 达到 3cm，v/v_∞ 达到 8.5 倍，这样多方位散发的污染源已是足够大的了。

(2) 控制人发尘的影响半径。

因人体的动作多变，是复杂的尘源，不论从理论上还是实测上要找出其污染包络线是困难的。对于洁净室来说，人们所关心的是人发尘的影响半径，也就是说在多大送风速度下离人多远的距离污染会消失。按照图 8-38 所示，作者等人做了这方面实验[16]。实验结果绘成图 8-39 上的曲线，图中蹲立和旋转是活动量最大的两种活动形式，并以每 10 次蹲立或旋转的发尘量作为一次活动强度发尘量。发尘量大小见表 8-2，表中和国外有关数据进行了对比，可见发尘量是不小的。从图中可见，只要风速达到 0.22m/s，在距人体 30cm 处的污染浓度即已降到 1 粒/L，低于 5 级洁净室的浓度上限很多了。

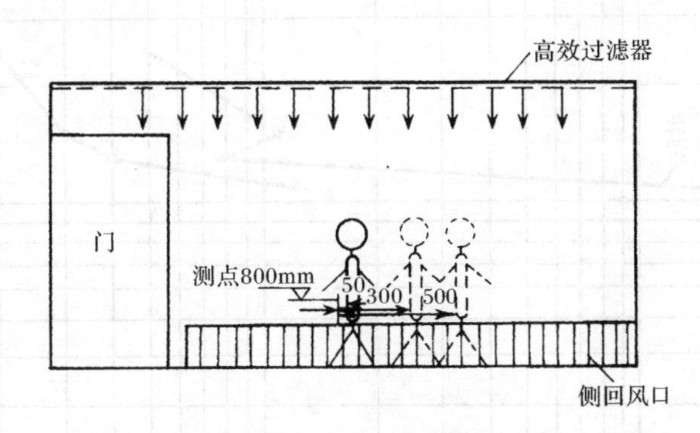

图 8-38 测定人发尘的影响半径

表 8-2 人不同活动时的发尘量

粒径 /μm	微粒数量 /[粒/(人·min)]	工作服	活动程度	参考文献
≥0.5	$2\times10^6\sim3\times10^7$	洁净工作服	做广播体操	[17]
	0.63×10^6		头上下左右活动	[18]
	0.85×10^6		上体运动	
	2.7×10^6		身体弯曲	
	2.8×10^6		踏步	
	$(0.25\sim0.5)\times10^6$		步行，速度约 0.8m/s	[19]
	0.27×10^6		步行，110 步/min	[20]
	2.6×10^6	布工作服	步行，110 步/min	
	$(0.7\sim3)\times10^6$	洁净工作服	身体蹲立或旋转	[16]
≥0.3	5×10^6	洁净工作服	步行，速度：3.6km/h	[21]
	7.5×10^6		5.6km/h	
	10×10^6		8.8km/h	

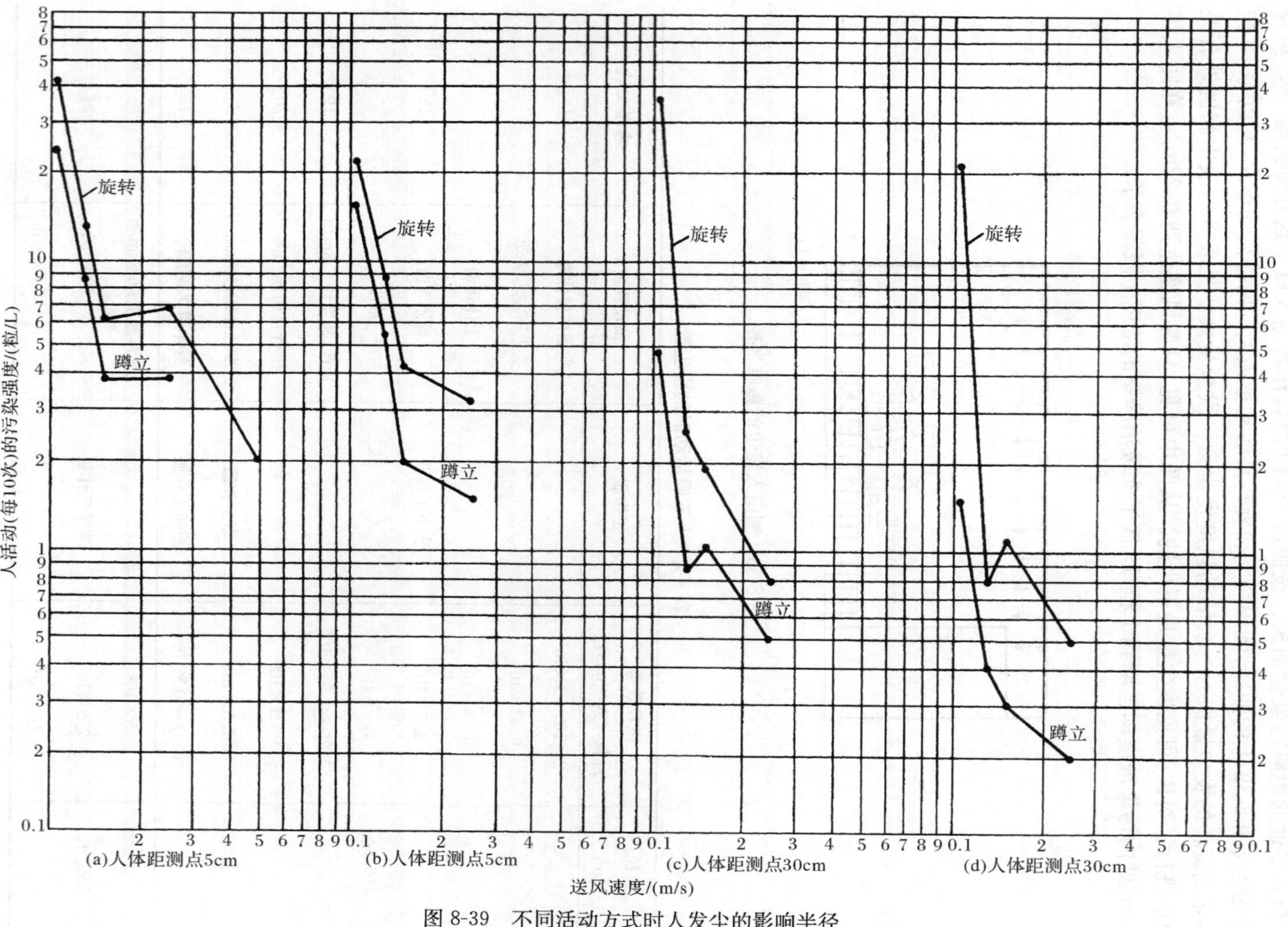

图 8-39　不同活动方式时人发尘的影响半径

3. 控制同向污染

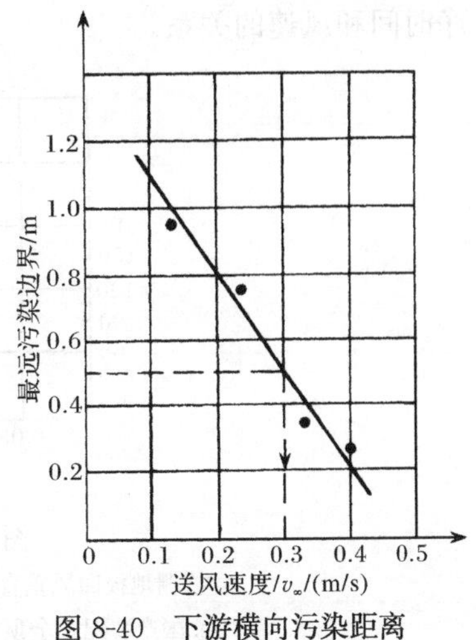

图 8-40 下游横向污染距离和风速的关系

送风气流必须有足够的速度，使得上游的污染随着气流很快到达下游，而不致在到达下游时扩散到允许的范围以外。图 8-40 就是这样的实验结果[16]。图中按照前面流线平行度一节提出的，到达下游时对流线偏移的横向距离的要求，给出了相当于 1.8m 高处污染源散发的污染到达下游 0.75m 高的水平线上而基本消失的位置离开污染源投影点的距离和风速的关系。这个距离称为最远污染边界，而把这一距离 0.5m 称为限制污染边界。可见，若要最远污染边界在限制污染边界之内，则送风速度应不小于 0.3m/s。

4. 控制逆向污染

(1) 对于垂直单向流洁净室。

垂直单向流洁净室的主要逆向污染是从热源上升的气流，正如在第六章已阐明的，作者认为如果垂直单向流洁净室有热源则应根据热源参数确定必要的送风速度，或由已确定的送风速度限制热源参数，或者采取严格的隔热措施。表 8-3 列出由第六章有关公式计算得出的风速和热源参数的关系。表中 l 为热物体特征长度，R_y 为平面热源当量半径。

表 8-3 风速和热源参数的关系

Δ*t*/℃	送风速度/(m/s)											
	0.2		0.25		0.3		0.35		0.4		0.5	
	l/m	R_y/m	l/m	R_y/m	l/m	R_y/m	l/m	R_y/m	l/m	R_y/m	l/m	R_y/m
10	0.24	1	0.38	2	0.54	3.4	0.735	5.4	0.96	8.1	1.5	11.5
30	0.08	0.23	0.125	0.46	0.18	0.78	0.245	1.25	0.32	1.87	0.5	2.7
50	0.05	0.11	0.08	0.23	0.113	0.4	0.153	0.63	0.2	0.95	0.313	1.3
70	0.035	0.08	0.055	0.15	0.079	0.27	0.107	0.40	0.14	0.60	0.22	0.86
100	0.024	0.05	0.04	0.1	0.054	0.16	0.073	0.25	0.096	0.40	0.15	0.53
150	0.017	0.03	0.027	0.06	0.037	0.1	0.05	0.15	0.067	0.22	0.104	0.37
200	0.012	0.02	0.019	0.04	0.027	0.07	0.037	0.10	0.048	0.15	0.075	0.21

(2) 对于水平单向流洁净室。

水平单向流洁净室的主要逆向污染气流是人行走引起的二次气流；关于二次气流速度的大小，第六章已详细说明，这里不再重复。

5. 满足合适的自净时间

在全室被污染的情况下，要能以合适的时间，迅速使室内空气自净，这就与洁净室的气流速度有很大关系。若增大气流速度，自净能力就强，自净时间就短，但不经济。这就要选择一个下限风速，保证能有足够短的自净时间。图 8-41 给出了国外和作者测定的自净时间和风速的关系。

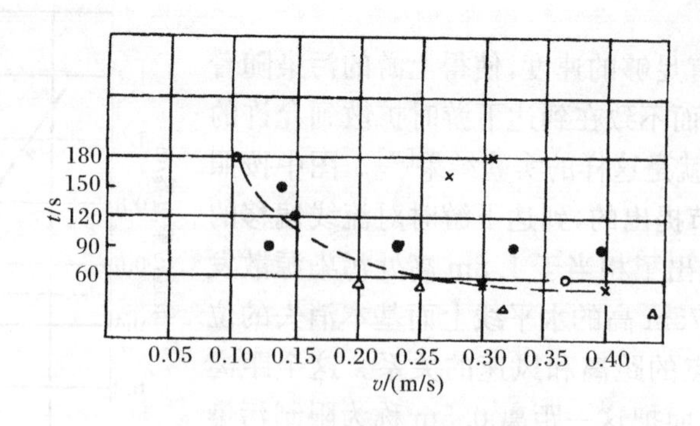

图 8-41　自净时间和风速的关系

△.格栅地板回风垂直单向流洁净室[6]；　×.同上洁净室的国内测定数据；

○.国产装配式全顶棚送风，两侧下回风垂直单向流洁净室(鉴定数据)；

●.全顶棚送风，单侧下回风垂直单向流洁净室

可以认为，大约风速在 0.25m/s 以后，自净时间基本趋于一致，达到 1min 左右，再提高风速，缩短自净时间的作用已不明显。所以，基于足够短的自净时间的下限风速以≥0.25m/s为宜。关于洁净室自净时间问题，第十章还要详细说明。

6. 综合分析

上面讨论的四个方面控制污染所需风速相差不大，现综合列在表 8-4 中。根据综合情况和前面已阐明的观点，把垂直单向流洁净室和水平单向流洁净室的下限风速分别划出三档是合适的，三档数据及相应条件列在表 8-5 中以供参考。

表 8-4　控制污染所需风速[16]

控制污染类别	风速(m/s)和条件
多方位污染	
发尘包络线	≥0.25(对通常的污染源都可满足)
人发尘半径	≥0.22
同向污染	≥0.3
逆向污染	
(1)对垂直单向流洁净室	
热源	一般由热源尺寸、温度确定(例如对于表面温度 200℃，约 0.3m×0.6m 的热平面：0.64)
人的热气流	0.18～0.22
(2)对水平单向流洁净室	≥0.34[通常的行走速度(1m/s)，并按二次气流速度最大值考虑]
	≥0.28[通常的行走速度(1m/s)，按二次气流速度平均值考虑]
	≥0.4(接近 1.5m/s 行走速度)

续表

控制污染类别	风速(m/s)和条件
	≥0.5(接近 2m/s 行走速度)
自净能力	≥0.25

表 8-5　下限风速建议值[16]

洁净室	下限风速/(m/s)	条件
垂直单向流	0.12	平时无人或很少有人进出，无明显热源
	0.3	无明显热源的一般情况
	≯0.5	有人、有明显热源，如 0.5 仍不行，则宜控制热源尺寸和加以隔热
水平单向流	0.3	平时无人或很少有人进出
	0.35	一般情况
	≯0.5	要求更高或人员进出频繁的情况

当然，这种下限风速是指洁净室应经常保持的最低风速。设计时要考虑因过滤器阻力升高风速将下降的情况来确定初始风速或使风量、风速可以调节。

这里要说明的是，表中中间一档数字是通常情况下适合大多数洁净室采用的数据，而对于平时无人、无走动的情况，例如病房的夜间情况，又例如平时无人进出的控制仪器间，则宜用接近下限值的风速；作者在按下限风速原则设计的原子钟控制室的测定表明，甚至 0.11m/s 的风速，对于一天只进人两三次查看仪表的情况，已经可以满足了。下限风速的上限值不宜大于 0.5m/s，否则将引起人的吹风感。

2000 年的 ISO 14644-4 标准对单向流洁净室建议的平均风速是：5 级（相当于 100 级）0.2～0.5m/s，高于 5 级 0.3～0.5m/s，是国际上首次突破美国联邦标准 209≮0.45m/s的规定，但未给出具体取值条件，而且均在表 8-4 和表 8-5 的下限风速理论值范围之内。

8-6　辐流洁净室原理

8-6-1　辐流洁净室的形式

辐流洁净室是晚于乱流洁净室和单向流洁净室多年后出现的具有节能意义的新型洁净室，目前在国外有所应用，而国内几乎为空白。

这种洁净室曾被称为“矢流洁净室”，但“矢”的概念完全不能代表其辐射状流线的意义，任何流线都可以称为“矢”，故作者取其名为“辐流洁净室”[22]。

辐流洁净室的实质是要用扇形、半球形或半圆柱形高效过滤器作为末端形成扇形或半球、半圆柱形辐流风口，从上部侧面送风，对侧或两侧（当室宽合乎条件时）下回风，如图 8-42 所示。如用同样形状扩散孔板代替上述各类过滤器，则辐流特点大大降低。

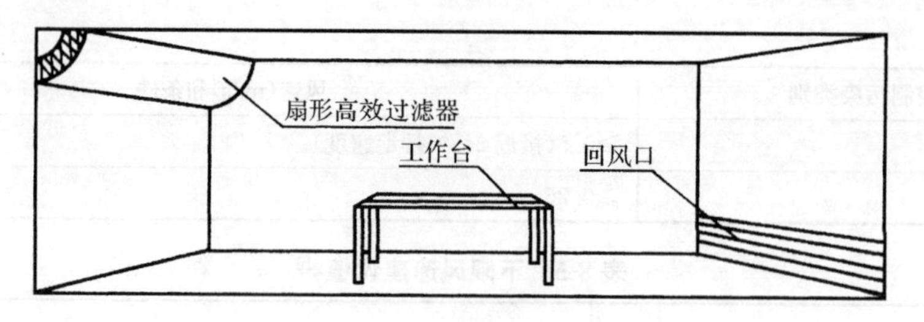

(a) 扇形送风口

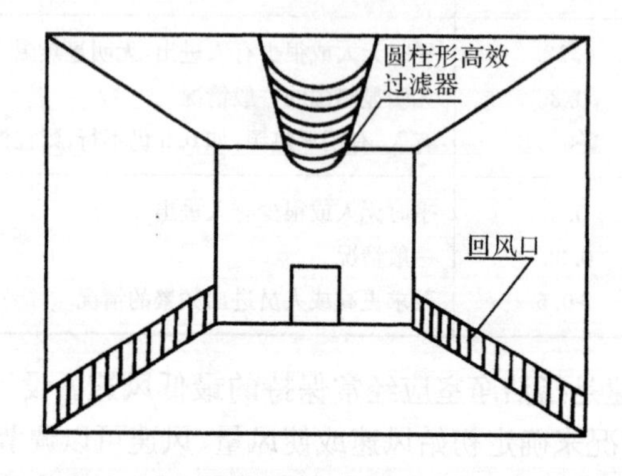

(b) 圆柱形送风口

图 8-42 辐流洁净室示意图

8-6-2 辐流洁净室原理

1. 基本原理

辐流洁净室原理既不同于乱流洁净室的混掺稀释作用，也不同于单向流洁净室的"活塞"作用。它的流线既不单向也不平行，这一点和乱流洁净室相同，但不同的是流线不发生交叉，因此不是靠混掺作用，仍然靠推出作用，只是不同于单向流的"平推"，而是"斜推"。

2. 流场特性

我国对这种洁净室的研究已有报道[23~25]。图 8-43 和图 8-44 给出了上述文献中的计算和实验流场。

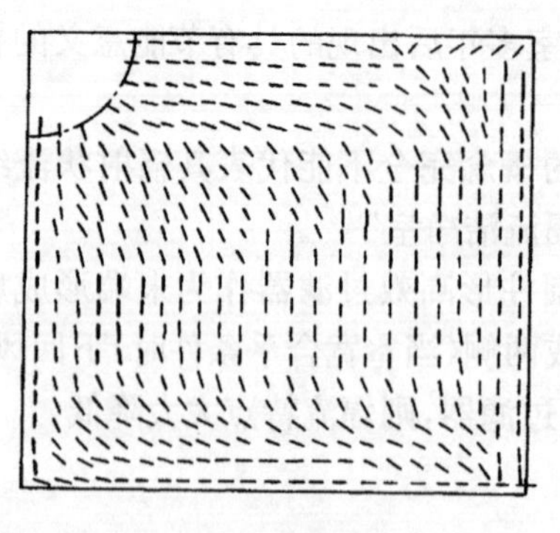

(a) 空态房间纵剖面

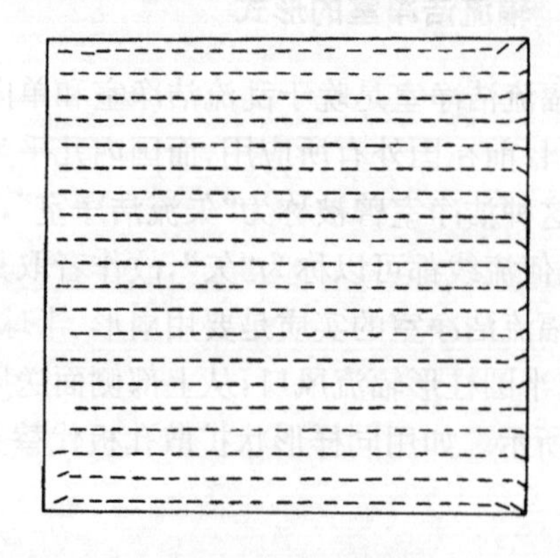

(b) 空态房间水平剖面

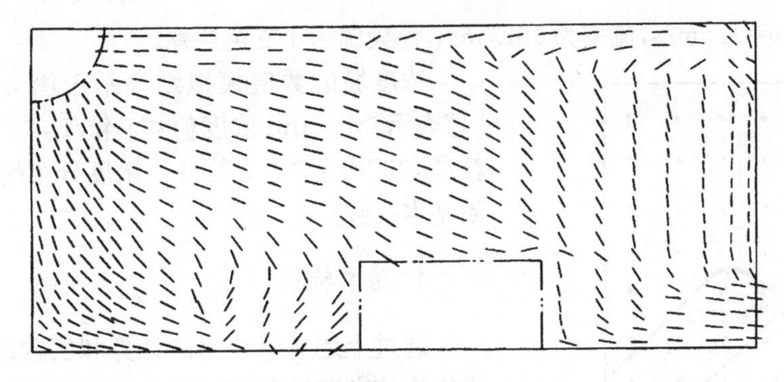

(c) 静态房间纵剖面(扇形送风口)

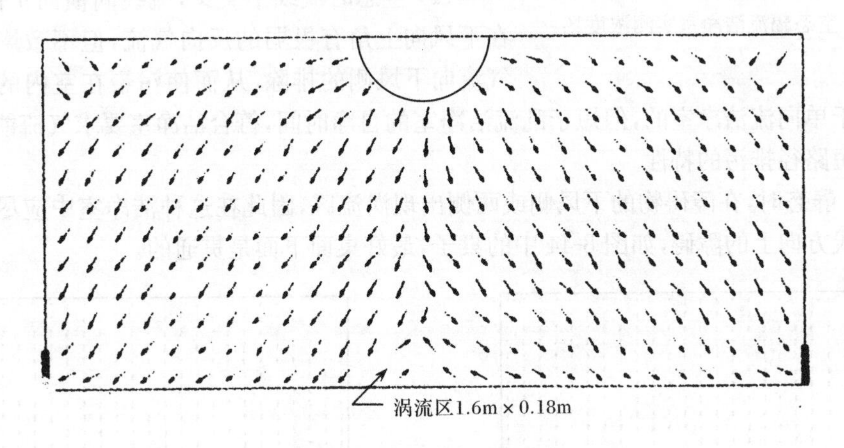

(d) 空态房间纵剖面(半圆柱形送风口)

图 8-43　辐流洁净室的计算流场

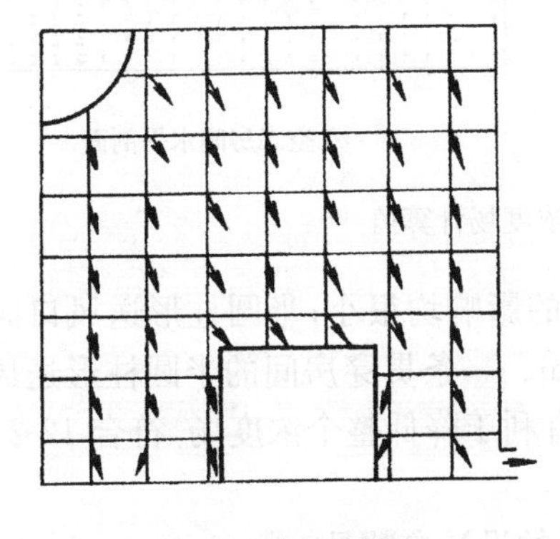

(a) 静态房间纵剖面

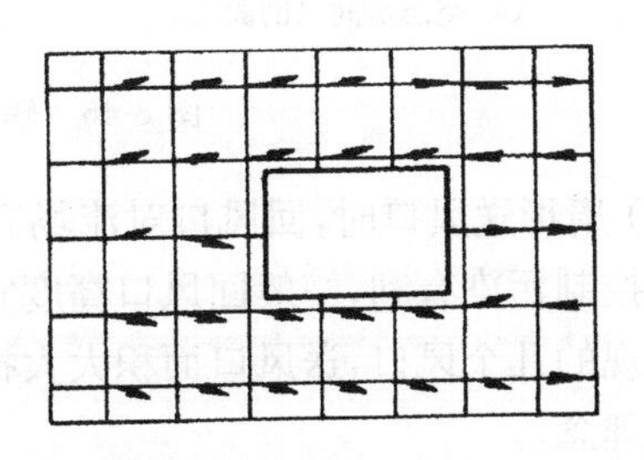

(b) 静态房间水平剖面

图 8-44　扇形送风口辐流洁净室的实验流场

3. 浓度场特性

以在工作区置发烟球的方法，对扇形送风口辐流洁净室浓度场的实验结果如图 8-45 所示[24]。洁净室循环风量为 785m^3/h，所以换气次数为$\frac{785}{1.5\times1.5\times1}$=349 次/h，污染气

流出口速度 v=1.5m/s,流率为16L/min,污染源为1支芭兰香。

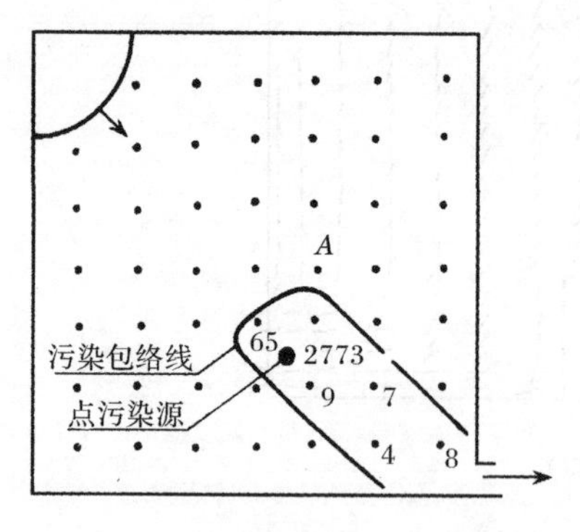

图 8-45 空态辐流洁净室实测浓度场

浓度场的数值模拟结果示于图 8-46[24],图中"1"表示≥0.5μm浓度值<1粒/L,"2"表示<3.5粒/L,"3"表示≥3.5粒/L。浓度分布趋势和实测结果基本一致。

4. 基本特点

通过上述文献介绍的计算和实验结果,初步认为辐流洁净室具有以下特点:

(1) 空态时流线不交叉,流线间横向扩散较弱,在下风向上角有极弱的反向气流,但不致影响污染气流向下风侧的排除,从而使污染在室内的滞留时间虽长于单向流洁净室的,但短于乱流洁净室的自净时间,符合洁净室要求气流能以较短乃至最短路径排污的特性。

(2) 静态时,在障碍物的下风侧或两侧出现涡流区,因此在这种洁净室中应尽可能避免在流线方向上的障碍,如图8-44中的桌子,最好桌面下面是贯通的。

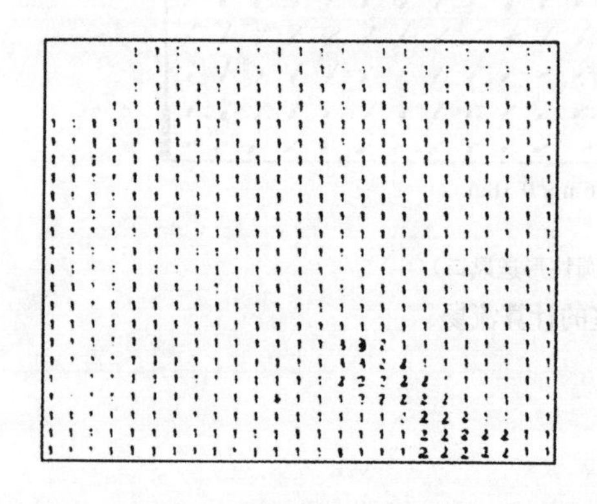

(a) 空态房间纵剖面

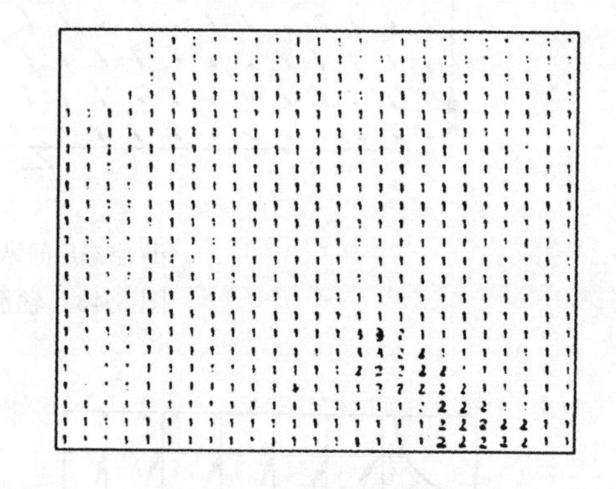

(b) 空态房间水平剖面

图 8-46 辐流洁净室浓度场计算值

(3) 扇形送风口时,回风口对流场和浓度场的影响均很小;半圆柱形送风口时,低回风口对控制污染有利,一般回风口高度宜取0.3m。一条贯穿房间的半圆柱形送风口,相比于常规的几个风口,送风口面积大大扩大了,有利于降低整个浓度场,符合12-2-5扩大主流区理念。

(4) 上述实验结果提出辐流洁净室的较合适的设计参数是:

对扇形送风口

$$\frac{\text{房间高度}}{\text{房间长度}}=0.5\sim1$$

$$\text{扇形送风口面积}\approx\frac{1}{3}\times(\text{风口所在侧墙面积})$$

$$\text{扇形送风口时回风口面积}\approx\left(\frac{1}{6}\sim\frac{1}{5}\right)\times(\text{送风口面积})$$

扇形送风口时送风速度＝0.45～0.55m/s

对半圆柱形送风口

$$\frac{\text{房间高度}}{\text{房间长度}}=0.25\sim0.5(\text{室宽宜为 }6\sim12\text{m})$$

半圆柱形送风口的圆柱半径≈0.5m

半圆柱形送风口时回风口高度≈0.3m

半圆柱形送风口时送风速度＝0.45～0.6m/s

总之，虽然辐流洁净室的气流分布不如单向流洁净室均匀，风口和过滤器均较常规的复杂一些，并且在非空态时容易产生涡流区，但在建筑装饰和工艺布置允许时，其造价较低，排污能力，应优于乱流。在较低换气次数时洁净度也可以达到5级，这是它的特殊之处。

8-7　洁净室的压力

为了维持洁净室的洁净度免受邻室的污染或污染邻室，在洁净室内维持某一个高于邻室或低于邻室的空气压力，是洁净室区别于一般空调房间的重要特点，也是洁净室原理的重要组成部分。洁净室对相邻环境维持一个正的静压差(以下简称正压)是常见的情况，工业洁净室和一般生物洁净室都这样做，只有特殊的生物洁净室才需要维持负的静压差(以下简称负压)。

8-7-1　静压差的物理意义

当洁净室与相邻的空间之间有门窗和任何形式的孔口存在时，在这些门窗、孔口处于关闭情况下，洁净室与相邻空间应维持一个相对压差，这个压差就是以一定风量通过这些关闭的门窗、孔口的缝隙时的阻力。所以静压差反映的是缝隙的阻力特性。

设缝隙两边的压力分别为 P_1、P_2，按流体力学原理则其压差

$$\Delta P=P_1-P_2=(\xi_1+\xi_2)\frac{v_c^2\rho}{2}+h_w\quad(\text{Pa})\tag{8-9}$$

式中：h_w——气流通过缝隙的摩擦阻力，由于缝隙很短，而且在洁净室压差条件下，v_c 一般在4m/s以下，所以 h_w 可忽略；

ξ_1——突然收缩局部阻力，由于缝隙截面积极小，所以 $\xi_1\approx0.5$；

ξ_2——突然放大局部阻力，同样理由，$\xi_2\approx1$。

因而

$$v_c=\frac{1}{\sqrt{\xi_1+\xi_2}}\sqrt{\frac{2\Delta P}{\rho}}=\varphi\sqrt{\frac{2\Delta P}{\rho}}\quad(\text{m/s})\tag{8-10}$$

$$\varphi=\frac{1}{\sqrt{\xi_1+\xi_2}}=0.82(\text{称为流速系数})$$

作者研究表明[26]，实际 φ 值常为0.2～0.5。

通过缝隙的流量与阻力的关系是

$$Q=\varepsilon F\varphi\sqrt{\frac{2\Delta P}{\rho}}=\mu F\sqrt{\frac{2\Delta P}{\rho}}\tag{8-11}$$

式中：ε——面积收缩系数；

μ——流量系数，通常取 0.3～0.5。

如果缝隙比较复杂，式(8-11)中 Q 与 ΔP 的平方根成正比关系不再成立，而是与 ΔP 的1～1/2次方成正比。但因洁净室的缝隙所在平面均较平整，缝隙也不复杂，一般仍可以用式(8-11)计算。

既然压差反映的是房间对外缝隙的阻力特性，如果缝隙洞开，阻力消失，则压差也就随之消失。所以压差只有在关门状态下表现出来，发挥作用。

图 8-47 是压差的时间特性[27]。

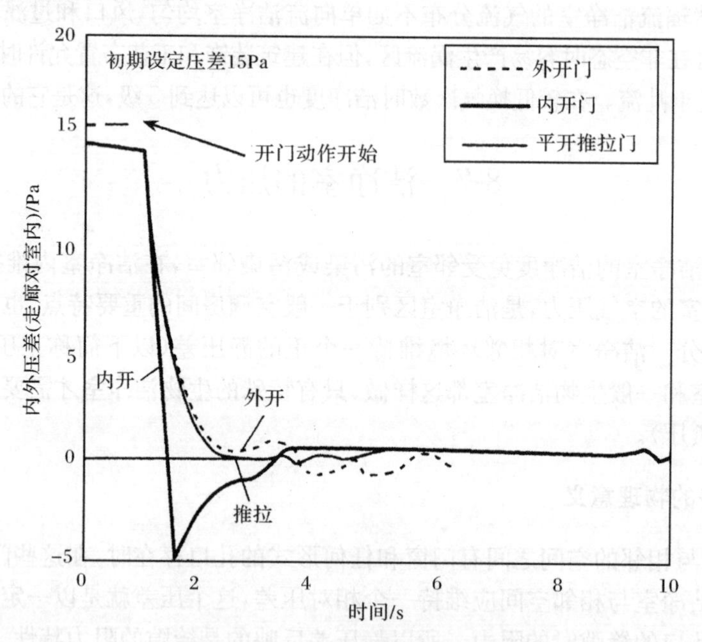

图 8-47 开门时压差随时间的变化

8-7-2 静压差的作用

本节开头已提到静压差的一般作用。从理论上说，静压差应具有两个作用：

(1) 在门、窗关闭情况下，防止洁净室外的污染由缝隙渗入洁净室内。

(2) 在门开启时，保证有足够的气流向外流动，尽量削减由开门动作和人的进入的瞬时带进来的气流量，并在以后门开启状态下，保证气流方向是向外的，以便把带入的污染减小到最低程度。

关于第(1)点，并不是压差越大，阻隔污染渗透的能力越大。从式(8-10)可知，理论上只要有 0.22Pa 的压差，就可以在缝隙处形成 0.5m/s 的气流速度。作者的研究[26]表明，压差从 0～6Pa，阻隔作用变化较大；从 6～30Pa，则阻隔作用变化很小，见图 8-48。

图 8-49 是日本的数据[27]，负压差从 0Pa 增至 6Pa 时，微粒传播量减少约 40%，而从 0Pa 到 30Pa，才减少 60%。

以上两项结果基本一致。

关于第(2)点，在最初的洁净室标准——美国空军技术条令 T.O. 00-25-203 和联邦标准 209A 中只提到上述第(2)点的作用。以后计算可知，实现第(2)点是很难的，所以从

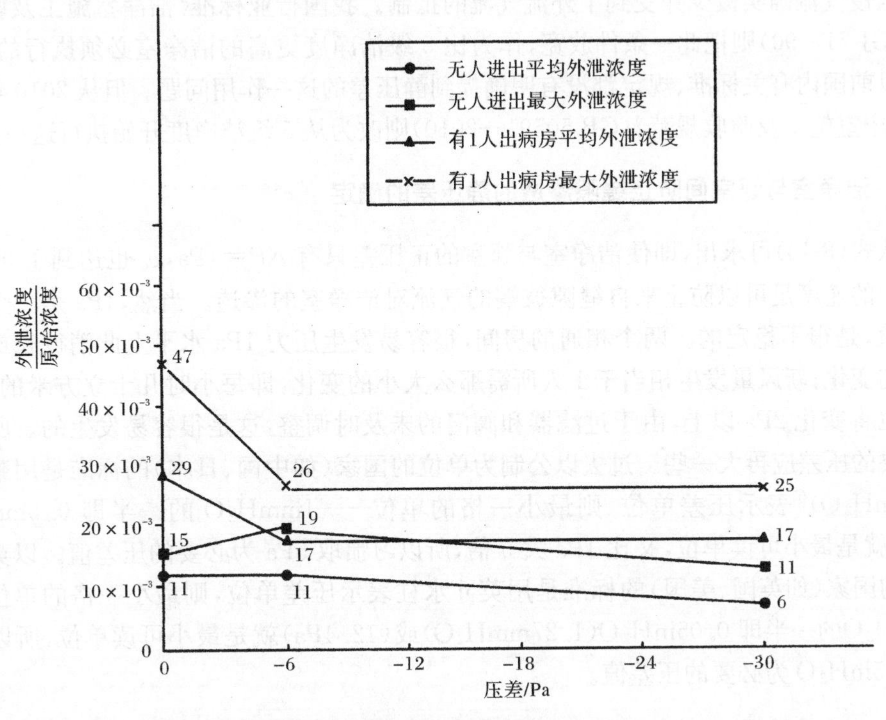

图 8-48 外泄浓度比和压差的关系

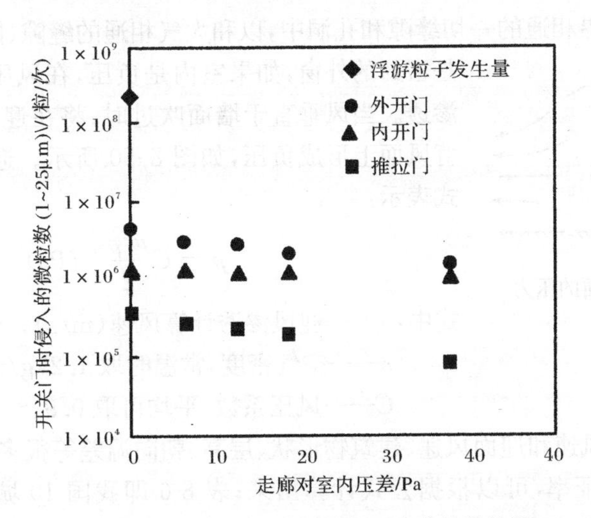

图 8-49 负压室开关门时侵入室内的微粒数

209B 开始把上述第(1)点作为强制性条款，而把第(2)点作为非强制性和指导性条款；NASA NHB 5340-2 也是这样，而英国标准 BS 5295(Ⅰ)则只提第 1 点作用。实践证明，第(2)点对某些洁净室或比 5 级洁净度更高的洁净室则是非常重要的，所以美国污染控制协会标准《工业洁净室实验与鉴定暂行标准》(AACC CS-6T)及其他公司的标准就规定，除了洁净室在关门状态下的内外压差要符合标准外，还规定在开门状态下，门口的室内侧距门约 60cm 处的含尘浓度对于 5 级洁净室应小于其级别的浓度上限，就是为了证明室外的入侵气流确实极少并受到了外流气流的抵制。我国行业标准《洁净室施工及验收规范》(JGJ 71—90)则把此一条件放宽，作为比 5 级洁净度更高的洁净室必须执行的标准，在此以前国内有关标准、规定都没有明确提到静压差的这一作用问题。但从 2010 年实施的《洁净室施工及验收规范》(GB 50591—2010)则改为从 5 级洁净度开始执行这一要求。

8-7-3　洁净室与邻室间防止缝隙渗透的静压差的确定

从式(8-10)可求出，即使洁净室与邻室的正压差只有 $\Delta P=1\mathrm{Pa}$，v_c 也达到 1.06m/s，这么大的速度足可以防止来自缝隙彼端的气流对洁净室的渗透。当然，1Pa 是一个极小的数值，是很不稳定的。两个相通的房间，很容易发生压力 1Pa 水平上此消彼长或彼消此长的变化；新风量发生相当于 1 人所需那么大小的变化，即每小时几十立方米的变化，压差也将变化 2Pa 以上，由于过滤器和阀门的未及时调整，这是很容易发生的。所以房间需要的压差应再大一些。过去以公制为单位的国家(如中国、日本)的标准是用毫米水柱($\mathrm{mmH_2O}$)①表示压差单位，则最小一格的单位——1$\mathrm{mmH_2O}$ 的一半即 0.5$\mathrm{mmH_2O}$(5Pa)就是最小可读单位，又比 1Pa 大 5 倍，所以习惯取 5Pa 为必要的压差值。以英制为单位的国家(如英国、美国)的标准是用英寸水柱表示压差单位，则最小一格的单位——0.1$\mathrm{inH_2O}$的一半即 0.05$\mathrm{inH_2O}$(1.27$\mathrm{mmH_2O}$)或(12.4Pa)就是最小可读单位，所以习惯以 0.05$\mathrm{inH_2O}$ 为必要的压差值。

8-7-4　洁净室与室外(或与室外相通的空间)之间防止缝隙渗透的静压差的确定

在洁净室和外界相通的一切缝隙和孔洞中，以和大气相通的缝隙、门窗最常见。即使是密封的外窗，如果室内是负压，在风压作用下仍然会有渗透。当风垂直于墙面吹过时，将在迎风面上形成正压，背风面上形成负压，如图 8-50 所示。迎风面压力值以下式表示：

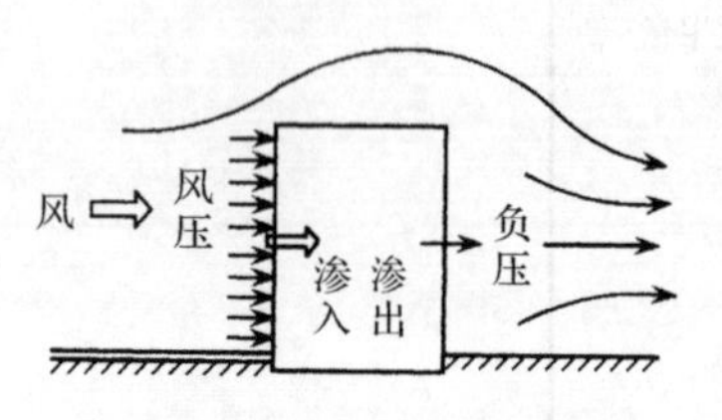

图 8-50　风对墙面的压力

$$p=C\frac{u^2\rho}{2}\quad(\mathrm{Pa})\tag{8-12}$$

式中：u——迎风渗透计算风速(m/s)；

ρ——空气密度，常温时取 1.2kg/m³；

C——风压系数，平均可取 0.9。

迎风渗透计算风速和迎面风速、建筑物形状、层高、朝向温差等很多因素有关，如果考虑不低于 90%的保证率，可以根据公式计算出来；表 8-6 即我国 10 城市各朝向计算风速[28]，大致是沿海相当于强区，东部城市居中，西安、乌鲁木齐则是弱区。

如果以中区为代表，取最大计算风速为 5m/s，则 $\Delta P=14\mathrm{Pa}$，即比现行规范规定的 10Pa 高出 40%；如果要求更严，以 6m/s 为计算依据，则 $\Delta P=20\mathrm{Pa}$，当然这还不是最严的情况。

---

① 1$\mathrm{mmH_2O}$=9.80665Pa，下同。

表 8-6　我国 10 城市各向计算风速值

城市	N	NW	W	SW	S	SE	E	NE	风速分区
乌鲁木齐	1.0	0.9	0.3	0.3	0.6	0.3	0.3	0.3	Ⅰ,弱
西安	0.8	0.3	0.3	0.7	0.7	0.3	0.3	1.0	
呼和浩特	1.8	2.8	1.1	0.3	0.3	0.3	0.3	0.3	Ⅱ,中
沈阳	3.6	2.5	0.3	0.3	1.5	0.3	0.3	2.0	
天津	3.8	3.8	1.5	0.3	0.3	0.3	0.3	1.8	
张家口	4.0	4.0	1.2	0.3	0.3	0.3	0.3	1.4	
北京	4.5	4.2	1.4	0.3	0.3	0.3	0.3	2.7	
哈尔滨	2.2	4.1	4.7	5.2	4.9	2.5	0.3	0.3	
大连	6.6	5.6	3.0	3.4	3.4	0.9	0.3	5.0	Ⅲ,强
青岛	7.0	7.0	4.5	2.9	3.6	3.4	2.0	4.7	

8-7-5　乱流洁净室防止开门时进入气流污染的静压差的确定

如果从邻室 A 进入洁净室 B(图 8-51),据测定[16],人顺着开门方向进室内的瞬时,在入口处引起的风速在 0.14～0.2m/s 以内。

人逆着开门方向走进室内的瞬时,在入口处引起的风速,经测定一般在 0.08～0.15m/s 以内,低于顺着开门进入室内的风速。从实测中还发现,只有在人进入室内、门开启的瞬间,气流速度有最大值,这一瞬间据测定约 2s。

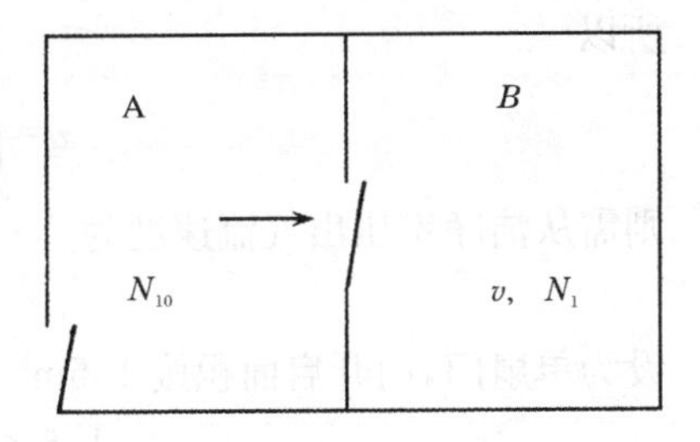

图 8-51　开门进入洁净室的情况

随着人带进室内的空气量为

$$\Delta V = \text{人体面积} \times 0.2\text{m/s} \times 2\text{s}$$
$$= 1.7 \times 0.4 \times 0.4 = 0.27\text{m}^3$$

下面讨论两种情况:

(1) 如果带进气流的含尘浓度比 N 高 10 倍,即相当于洁净度低 1 级,而洁净室具有极不利的体积 V——设为 25m³(体积越小越不利)。

设一次进入 2 人,则带入气流后室内尘量将比原来增加的倍数为(这里不考虑人发尘,这在设计洁净室时就考虑了,也不考虑瞬间内气流循环自净):

$$\frac{2\Delta V \times 10N + (V - 2\Delta V)N}{VN} = \frac{0.27 \times 2 \times 10N + (25 - 0.27 \times 2)N}{25N}$$
$$= \frac{29.86}{25} = 1.19$$

这表明由于进来两个人,只使室内浓度在瞬间增加了 1.19 倍。由于室内正常的浓度 N 不可能处于级别的浓度上限,一般按这一数值的 1/2～1/3 设计(见有关设计计算的第十三章),最多运行在其 2/3 即 $0.7N$ 限度内,所以可以允许浓度有一个上升幅度使其不超过 N,这一幅度定在 $0.2N$ 是合适的,即瞬间增加不超过 1.2 倍是允许的。如果洁净室体积越大,这种增加幅度将越小。

因此,如果从 A 室进入 B 室,而 A 的级别比 B 低 1 级时,这种进入的干扰对 B 的级别不构成威胁,并将在几分钟之内自净完毕,详见本书 10-8 节。

(2) 如果带进气流的含尘浓度比 N 高 100 倍，即相当于洁净度低 2 级，洁净室体积仍按不利的 $25m^3$ 计，则

$$\frac{2\Delta V\times100N+(V-2\Delta V)N}{VN}=\frac{0.27\times2\times100N+(25-0.27\times2)N}{25N}$$

$$=\frac{29.86}{25}=3.14$$

这表明瞬间中室内浓度最多可能增加到原来的 3.14 倍。

如果以不超过 $1.2N$ 为限，可写出

$$\frac{2\Delta V\times100N+(V-2\Delta V)N}{VN}\leqslant1.2$$

$$V\geqslant\frac{198\Delta V}{0.2}$$

将 $\Delta V=0.27$ 代入，得 $V\geqslant267m^3$。

即当洁净室体积大到 $270m^3$ 时，2 人的进门最多使浓度瞬间上升 1.2 倍。

如果令 $V=25m^3$，则可求出允许侵入洁净室的气流速度

$$\Delta V=1.7\times0.4\times v=\frac{0.2\times25}{198}$$

所以

$$v=\frac{0.2\times25}{0.68\times198}=0.04(m/s)$$

则需从洁净室压出气流速度为

$$u=0.2-v=0.16(m/s)$$

设为单扇门，门开启面积按 $1.5m^2$ 计算，需要有

$$1.5\times0.16\times3600=864(m^3/h)$$

的正压风量。对于 $25m^3$ 的小房间来说这是很难办到的。这就需要另外措施，详见 8-8 节有关缓冲室的说明。

如果 $\Delta V=75m^3$，则求出 $n=0.08m/s$，需要 $432m^3/h$ 的正压风量。

正压风量 Q 由下式计算：

$$Q=\alpha_1\alpha_2\sum(ql) \tag{8-13}$$

式中：α_1——安全系数，取 1.2；

α_2——除门缝外，考虑其他缝隙的系数，取 1.2；

q——单位长度非密闭门缝隙漏风量$[m^3/(h\cdot m)]$，由表 8-7[29]查出；

l——非密闭门缝隙长度(m)，对单扇门取 6m。

表 8-7　非密闭门漏风量

压差/Pa	4.9	9.8	14.7	19.6	24.5	29.4	34.3	39.2	44.1	49
$q/[m^3/(h\cdot m)]$	17	24	30	36	40	44	48	52	55	60

计算可知，当压差为 39.2Pa($4mmH_2O$)时，才能有 $449m^3/h$ 的正压风量，满足上述 $432m^3/h$ 的要求，或相当于 6 次换气的正压风量，也就是新风量(其他要求新风量的因素一般都不会超过这个值)。

如果缝隙很小，按上述保证开门时有较大外流风量的要求而求出要求的压差要达到40Pa以上，则将影响开门或者易发生哨音。所以从这个意义上讲，除去其他地方要严密外，门的部位不一定太严，例如门和地面之间有一定的缝隙，不仅加工、开启容易，也免去因在门下部安密封条而摩擦产尘，而且可以使房间在规定压差下容纳较大的正压风量，以便开门时抵消一部分入侵污染气流。此时如通过缝隙求出的正压风量仍嫌不足，则加大风量后可设余压阀，平时排出多余风量，一旦开门，室压突然下卸，余压阀自动关小平衡，而正压风量则向门外排出，以要求的风速削减入侵的污染气流量。

在这一问题上还有一种思路，就是把门做得非常严密(事实上不易办到)，用定量排风的办法，在门关闭状态下排走大部分正压风量，以保证新风量能进入。这样在开门之后，由于大部分正压风量仍被排走，可供流出的风量仍然极少，不能满足前述静压差的第二个作用。必要时可用变排风量，最好还是设缓冲室，这在后面再详加分析。如果确实不允许室内气流有丝毫外溢，则只有把洁净室设计成负压。

8-7-6 单向流洁净室防止开门时进入气流污染的静压差的确定

单向流洁净室的抗干扰能力极强，其自净时间极短(详后述)，由开门侵入气流带进来的污染很快被单向气流带走而很难参加横向交换，所以静压差的确定一般无需考虑这一问题。

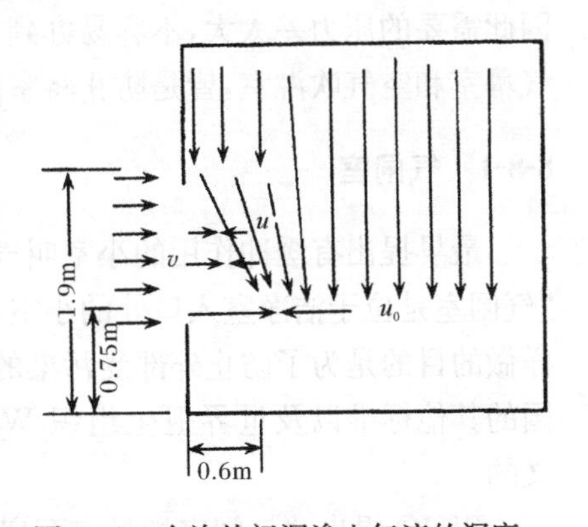

图 8-52 允许从门洞渗入气流的深度

但是对于洁净度5级及以上的洁净室，我国《洁净室施工及验收规范》(GB 50591—2010)规定，其正压必须满足在开门时距门0.6m以远的室内洁净度不能低于洁净室的级别。也就是说，正压要保证瞬时入侵气流不深入门口0.6m以远的地方，正如图8-52所示。

若室内流速 u_0 按下限风速0.3m/s考虑，门高取1.9m，则应有

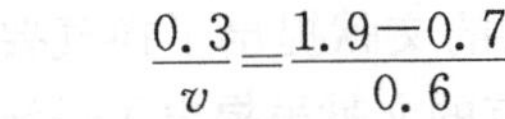

$$\frac{0.3}{v}=\frac{1.9-0.75}{0.6}$$

所以

$$v=0.16\text{m/s}$$

即允许瞬时入侵气流速度≯0.16m/s，按前述人带进气流速度0.2m/s考虑，则需从洁净室压出气流速度为

$$u=0.2-v=0.04(\text{m/s})$$

按和前述相同的参数计算，正压风量应不少于216m^3/h，ΔP 要大于10Pa。

8-7-7 建议采用的压差

综合以上各节，提出一个建议采用的压差，列于表8-8。

根据正、负压差求必要的新风、排风量的具体计算方法，文献[22]中另有专述。

表 8-8　建议采用的压差

目的		乱流洁净室与任何相通的相差一级的邻室/Pa	同左但相差一级以上/Pa	单向流洁净室与任何相通的邻室/Pa	洁净室与室外(或与室外相通的空间)/Pa
一般	防止缝隙渗透	5	5～10	5～10	5
严格	防止开门进入的污染	5	40 或对缓冲室 5	10 或对缓冲室 5	对缓冲室 10
	无菌洁净室	5	对缓冲室 5	对缓冲室 5	对缓冲室 10

8-8　入室的缓冲与隔离

前节讲到的保持洁净室一定的压力，是防止将污染带进洁净室的重要措施。但有时因此需要的压力差太大，不容易办到，就要加设辅助措施，设置缓冲室。缓冲室、气闸室、气幕室和空气吹淋室，皆是防止将室外污染带入室内或减少室内污染发生量的手段。

8-8-1　气闸室

最早提出有缓冲作用的小室叫气闸室，是美国空军技术条令T. O. 00-25-203提出的："气闸室是位于洁净室入口处的小室。气闸室的几个门，在同一时间内只能打开一个。这样做的目的是为了防止外部受污染的空气流入洁净室内，从而起到'气密'作用。"以后美国的其他标准以及世界卫生组织 WHO 的药品生产质量管理规范(GMP)都是这样定义的。

WHO 提出："气闸室指具有两扇门的密封空间，设置于两个或好几个房间之间，例如不同洁净度级别的房间。其目的是在有人需要出入这些房间时，气闸可把各房间之间的气流加以控制。气闸应分别按人用及物用设计使用。"可见，这样一个气闸室仅是一间门可联锁不能同时开启的房间。虽然有的文献提出了换气要求，如 NASA NHB5340-2 提到"气闸室内要有充分的通风换气"；有的文献虽提出了送洁净风的要求，但也未明确提出洁净度要求。不送洁净风的这种房间最多起个缓冲作用，然而这样的缓冲也不能有效防止外界污染入侵，因为当进入这个气闸室时，外界脏空气已经随人的进入而进入，当人再开第二道门进入洁净室时，又把已遭污染的气闸室的空气带入洁净室。这在前节已有计算说明。

所以文献[30]把这种气闸室除直接用外来语写成气闸室外，也译成前室，是预备室的意思，见图 8-53。虽然没有提出其洁净度具体要求，但说明其送洁净风，最好对洁净室保持负压，对外保证正压。

英国标准 BS-5295 Ⅰ也指出"气闸室可作为前室使用"。

国内对气闸室的意义是不统一的。一是套用美国空军 203 条令的定义；一是指门口带洁净空气幕的小室，此气幕即成为气闸，见图 8-54。

上述气幕气闸室即称气幕装置，这种气幕室的门不要求联锁，而是靠气幕封闭门洞。

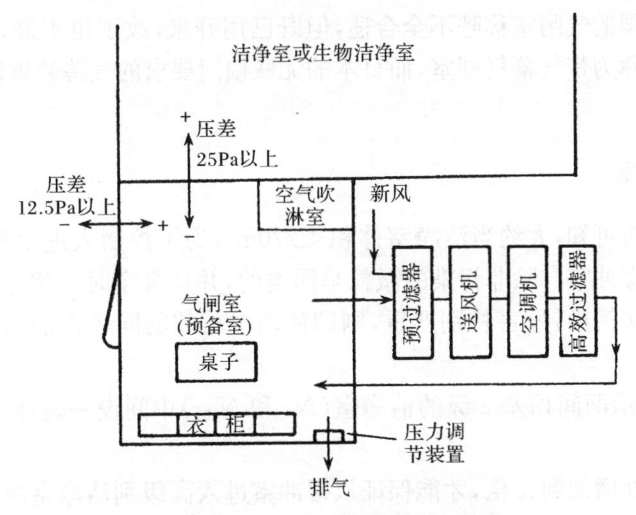

图 8-53 日本关于气闸室的设置

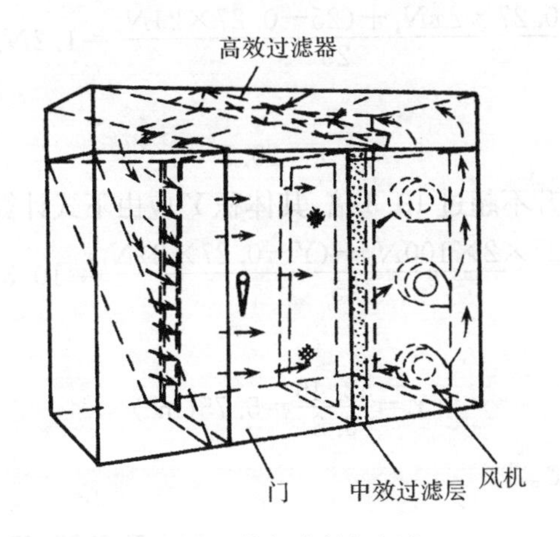

图 8-54 带气幕的气闸室

这种气幕可以只有一道气幕也可以设有两道气幕，见图 8-55。

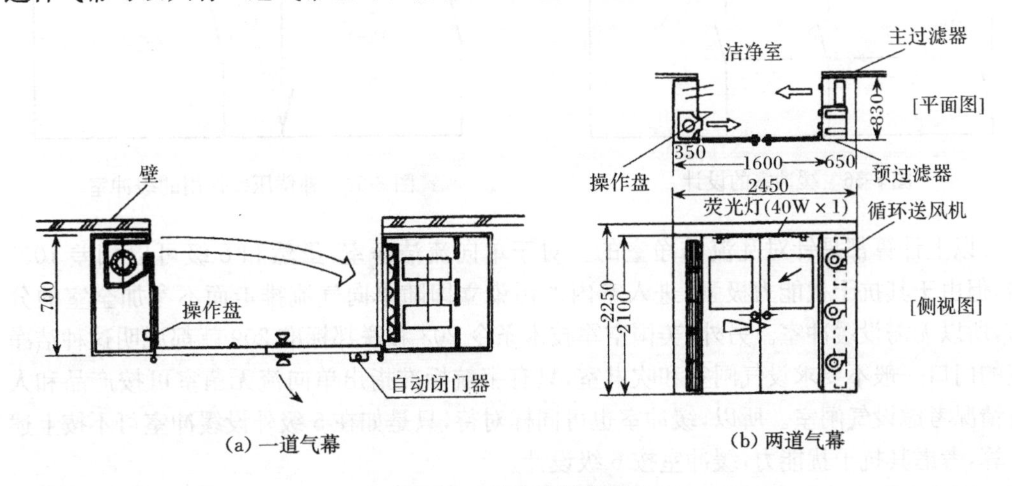

图 8-55 日本的气幕装置

现在看来美国的气闸室称呼不全合适，但既已用开来，改了也不好，可以把国内那种带气幕的气闸室称为带气幕气闸室，而日本的无联锁门要求的气幕装置即称气幕室，这样有利于区别。

8-8-2　正压缓冲室

从前一节分析可知，大约当洁净室体积＜270m³，为了控制人进出带动的污染，才有必要考虑门口设缓冲室。除非污染的微粒是同类的，并且自净时间超过 2min 是允许的。如果一旦发生交叉污染，危害特别严重，则即使两个相邻的同级别洁净室也可考虑设缓冲室。

如图 8-56 所示两间相差 2 级的洁净室（N_1 和 N_{100}）中间设一缓冲室，其级别同高级别洁净室（N_1）。

设缓冲室浓度增加到 x 倍，才能保证从缓冲室进入高级别洁净室时不使高级别洁净室浓度增加 1.2 倍以上（每次考虑 2 人进入，并且洁净室有最不利体积），则有

$$\frac{0.27\times 2xN_1+(25-0.27\times 2)N_1}{25}=1.2N_1$$

故

$$x=10.3$$

想使缓冲室浓度上升不超过 10.3 倍，其体积 Y 应由下式计算：

$$\frac{0.27\times 2\times 100N_1+(Y-0.27\times 2)N_1}{25}=10.3N_1$$

所以

$$Y=\frac{53.46}{9.3}=5.75(\mathrm{m}^3)$$

即缓冲室应有体积$\nless$6m³。

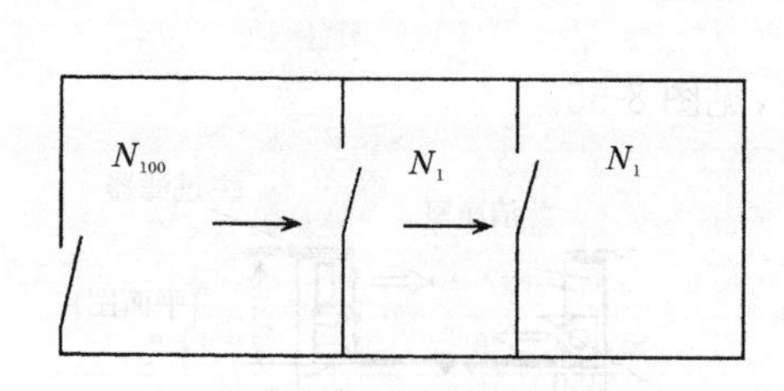

图 8-56　缓冲室的设计

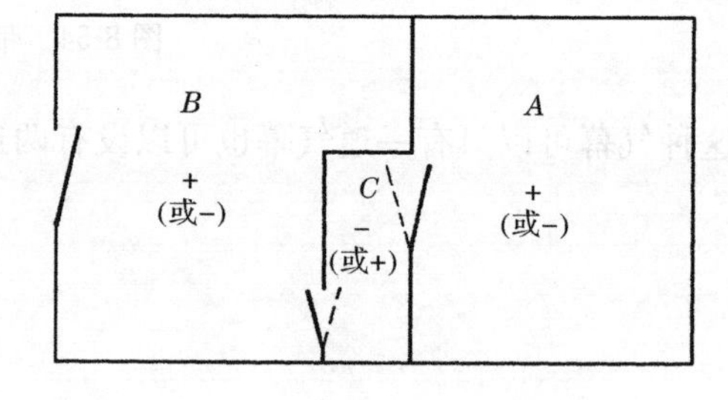

图 8-57　补偿压差作用的缓冲室

以上计算都是针对乱流洁净室的。对于单向流洁净室，虽然和 8 级可以相差 1000 倍，但由于其抗干扰能力极强，进入室内的污染立即随单向气流排走而不参加全室的分布，所以无需设缓冲室。另外，美国空军技术条令 203 和联邦标准 209 就都说明这种洁净室的门口一般不要求设气闸室和吹淋室，只有宇航标准指出单向流无菌室可按产品和人员情况考虑设气闸室。所以，缓冲室也可同样对待，只是如在 5 级外设缓冲室可不按上述计算，考虑其抗干扰能力，缓冲室按 6 级设计。

缓冲室不仅有防止污染入室的作用，还具有补偿压差的作用。

如图 8-57 所示的 A、B 两洁净室，如设计中要求 A 对 B 保持正压差，而 A 的体积极大或大门缝隙很大(例如装配卫星等高大厂房)，则为了达到这个压差需要很大的正压风量，也就是说这样的压差难于达到并维持。

在这种情况下，于 A 室门口设一缓冲室 C，使 C 对 A 保持负压，由于 C 很小，这一负压差是容易达到的，也就相当于 A 对 C 保持了正压差。当然 C 对 B 也是负压了。

同样，如要求 A 对 B 保持负压而不易达到，也可设缓冲室 C，使 C 对 A、B 都保持正压，也就达到了原设计的目的。

8-8-3　负压缓冲室

为研究负压隔离病房的设计，作者提出了负压缓冲室隔离系数的计算公式[31]。隔离系数表示有缓冲室时的总的防护能力比无缓冲室时总的防护能力增大的倍数，以 β 表示。

对于图 8-58 的所谓“三室一缓”模式

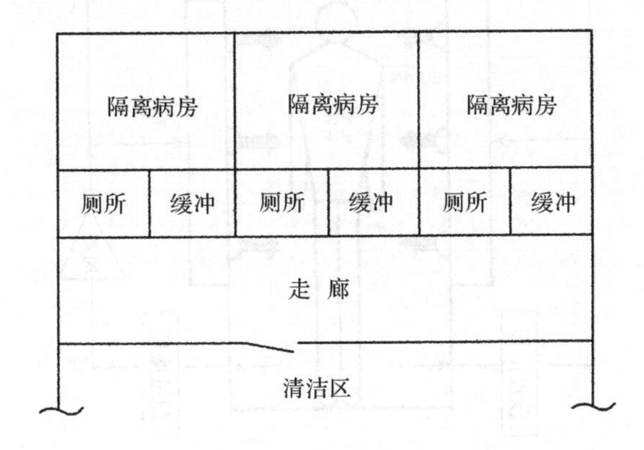

图 8-58　三室一缓

$$\beta_{3.1}=42.9$$

对于图 8-59 的所谓“五室二缓”模式

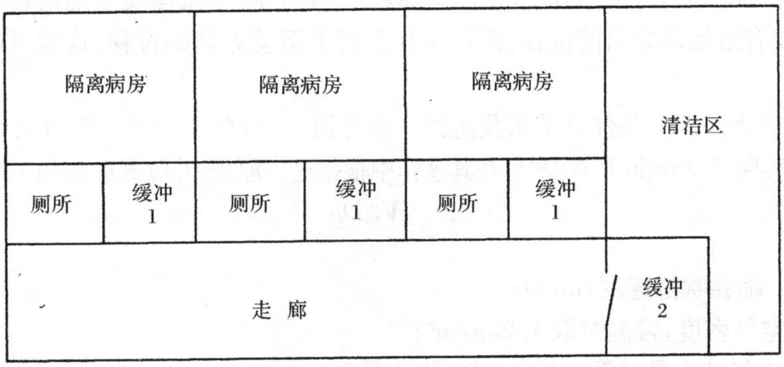

图 8-59　五室二缓

$$\beta_{5.2}=2042$$

根据研究成果，负压缓冲室有经过高效过滤器的送风，比无此送风的效果要大 2 倍，送风的换气次数以 60 次/h 为宜(实际风量很小),即使增大到 120 次/h,效果仅再提高 10%。

8-8-4 空气吹淋室

由于发现洁净室内污染水平与工作人员活动的多少之间有着一个极其灵敏的平衡关系,从而得出要在洁净室内限制人员数量和活动以及减少活动时主要产尘的服装的表面沾尘的认识。为了后者,美国空军技术条令 203 于 1961 年提出了空气吹淋的措施。

空气吹淋室的原理示意如图 8-60 所示。但是,要想吹去衣服表面的沾尘,必须使衣服抖动起来。

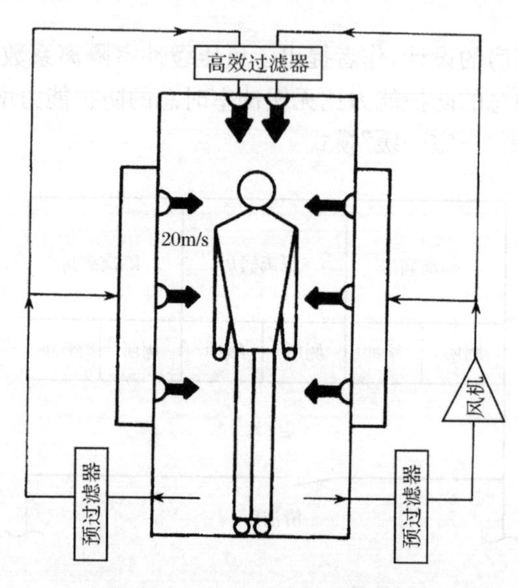

图 8-60 空气吹淋室原理示意

据流体力学原理,气流绕流一个物体时,在其表面形成附面层或边界层,这一层很薄,其内气流为层流状态;由于层流的流线平行,速度均匀,它不能使衣服产生抖动,因而附着的尘粒也难吹掉。只有这一附面层中的层流转变为紊流,即流体质点的运动轨迹是极不规则的,不仅有沿流动方向的位移,而且还有垂直于运动方向的位移,这就可能把衣服抖动起来。

层流转变为紊流的条件是雷诺数达到一临界值,一般在 $1\times10^5\sim5\times10^5$ 的范围内。

美国的奥斯汀(Austin P A)等[32]在其著作中根据这一原理,并取 $Re=5\times10^5$ 计算如下:

$$Re=\frac{V_m D\rho}{\mu}$$

式中:V_m——临界吹淋速度(m/s);

ρ——空气密度,常温时取 1.2kg/m³;

μ——空气动力黏滞系数(Pa・S),常温下取 1.83×10^{-5};

D——被绕流物体直径(m)。

奥斯汀假设人体为圆柱形,$D=40.6$cm,求出 $V_m=18$m/s(按以上参数应为 18.8m/s),见图 8-61。但是把人体假设成圆柱体不如看成矩形更接近真实,作者在设计条缝扫描式空气吹淋室时即这样假定的[33]。考虑到穿衣服的厚度,均以上身为准。现设矩形长边

b=55cm,短边 a=30cm,则人体当量直径 D'为

$$D'=\frac{2ab}{a+b}=0.39(\mathrm{m})$$

当取 Re 的平均值为 3×10^5 时,

$$V_\mathrm{m}=\frac{3\times10^5\times1.83\times10^{-5}}{0.39\times1.2}=11.7(\mathrm{m/s})$$

若取 Re 为 5×10^5,则 V_m=19.6m/s。

吹淋风速不一定是吹淋喷口的出口风速,这要看身体表面离喷口的距离。

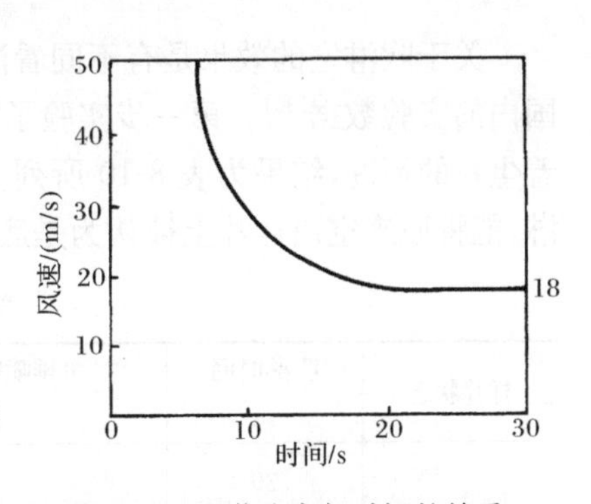

图 8-61　吹淋速度与时间的关系

球形喷嘴吹淋室内部净宽在 750～800mm,扣去两边喷嘴突出长度为 80×2=160mm,则身体表面至喷嘴平均距离为 108mm。条缝形喷嘴吹淋室的喷嘴设在四角,两缝距离是 0.9m,则身体表面至条缝平均距离为 158mm。按流体力学[34],从喷嘴吹出的气流应为圆断面射流,起始段核心长度 S_n 为

$$S_\mathrm{n}=0.672\,\frac{d_0}{2a}\tag{8-14}$$

从条缝吹出的气流应为平面射流,起始段核心长度 S_n 为

$$S_\mathrm{n}=1.03\,\frac{b_0}{a}\tag{8-15}$$

式中:d_0——球形喷嘴口径;

b_0——条缝形喷口半宽;

a——喷嘴紊流系数,球形的为 0.07,条缝形的为 0.11。

如取 d_0=38mm,b_0=4mm,则可求出

球形喷嘴时　　S_n=0.18m

条缝形喷口　　S_n=0.075m

也就是说,在球形喷嘴吹淋室中身体表面至喷嘴的距离在起始段内,而起始段内速度和出口速度相同,所以射流至人体表面的轴心风速就是喷嘴出口速度,即 $V_0=V_\mathrm{n}$;而在条缝形喷嘴吹淋室中,身体表面至喷口的距离不在起始段内,应按主体段计算:条缝形喷口

$$\frac{V_\mathrm{n}}{V_0}=\frac{1.2}{\left(\frac{as}{b_0}+0.41\right)^{1/2}}\tag{8-16}$$

式中:V_0——喷嘴出口速度,也称自由射流冲击人体的速度,计算结果如表 8-9 所列。

表 8-9　喷嘴出口速度

喷嘴	出口速度 V_0/(m/s)	
球形	11.7	19.6
条缝形	21.3	35.6

从表 8-8 可见,从 Re 考虑,对球形喷嘴,喷口速度不应小于 20m/s,加以安全系数,可取不小于 25m/s。

对条缝形喷嘴因实验[35]已证明,由于它的扫描动作使其气流剪力比球形喷嘴可大 1 倍,在 25m/s 时吹淋效果已很明显并优于球形喷嘴,所以喷口速度可取 25～30m/s。

关于吹淋室的效果是有不同看法的。作者认为：首先，吹淋室是有效果的。先看一下国内的实验数据[36]。第一步实验了“布条”的效果，用显微镜（150 倍）观测吹淋前后的附着尘粒的情况，结果为表 8-10 所列。表中出现 113％的效率，说明在抖动状态下进行吹淋，能将原来空白样片上被认为是底数灰尘也吹掉了。

表 8-10　布条吹淋效果

样片状态	吹淋时间/s	单排喷嘴 V_0＞28m/s 的效率/％	双排喷嘴 V_0＞24m/s 的效率/％
不抖动	30	～68	～71
	60	—	～71
	120	～71	～76
抖动	30	94～100	86～96
	60	—	95～113

第二步是把样片贴在人体各部位，吹淋时间 30s，结果为表 8-11。

表 8-11　人体各部位吹淋效果

部位	单排喷嘴 V_0＞28m/s 的效率/％	双排喷嘴 V_0＞24m/s 的效率/％
头顶	31.8	72.8
胸部	52.0	72.0
腋下	30.8	72.0
膝盖	41.8	55.8
脚面	17.9	34.3

由于是用 150 倍显微镜观测的，亚微米粒子可能看不到，所以实际效率还会更高些。

再看一下日本的不同时间吹淋后的衣服发尘数据[35]，见图 8-62。从图中可见，对于喷嘴形吹淋室，吹淋 30s 后，≥0.5μm 尘粒的发生量降低到没有吹淋时的约 1/6，条缝形吹淋室降低到约 1/10。

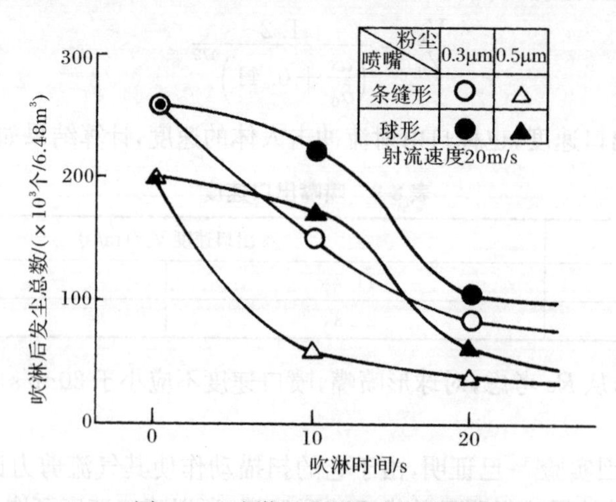

图 8-62　吹淋后衣服发尘量的降低

从以上数据可见,国内的效果比国外的低,这大概和用显微镜观察有关。

还可以从吹下的灰尘量来看吹淋效果,这也是日本的实验。

实验是让穿洁净服的人进入吹淋室,用 20m/s 的吹出风速吹淋,然后测吹淋室内尘粒浓度的变化。从图 8-63 的结果可见,吹淋 20s 后,吹淋室内的尘浓增加 80 倍(≥0.5μm)左右,再延长时间,效果上升就缓慢了。

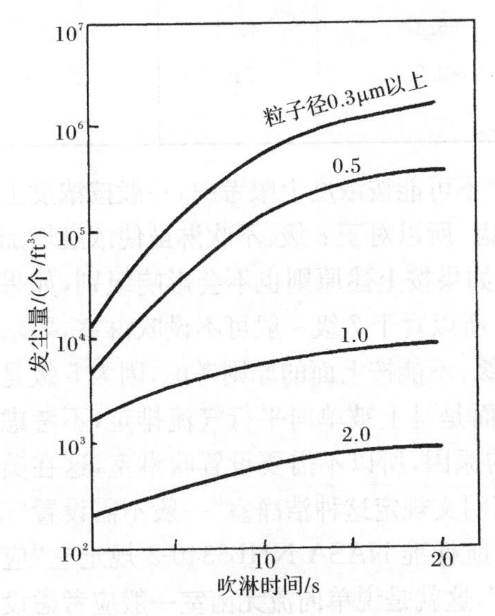

图 8-63　吹落尘粒数和吹淋时间的关系

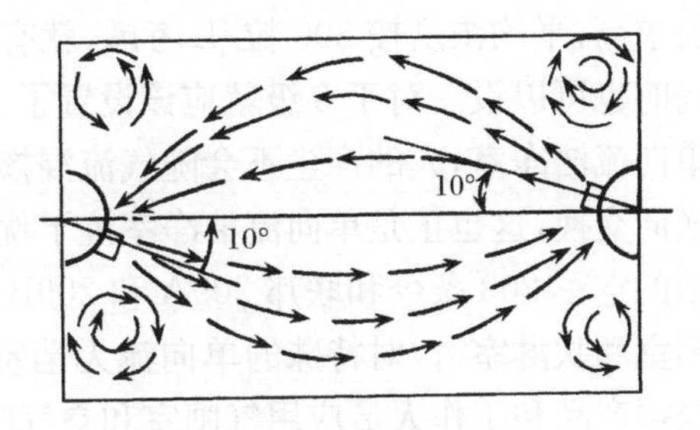

图 8-64　喷嘴的方向

其次,实际使用中吹淋室的效果没有理论和实验的那样好,其原因有:

(1) 一些操作人员把使用吹淋室能防止大量的灰尘进入洁净室作了过高估计。

(2) 吹淋室设计不当,喷嘴数量可以相差 1 倍以上:头顶没有喷嘴;每边只设一排喷嘴,而从前面数据看,两排喷嘴效果远大于一排的,因为吹到人身上的气流面积大了;或者只在一边有喷嘴。

(3) 吹淋速度太小,据一些实测,喷口速度也常常只有 10m/s 甚至更低。

(4) 使用中吹淋的人常常躲避气流或者缩短时间就开门出来(门未能联锁)。

(5) 气流方向要斜切衣服表面,不应垂直压吹,也就是要调节喷嘴不使喷口正对着人身,并且相对的喷嘴也不要出口正对出口,应如图 8-64[36] 所示为好。

(6) 吹淋的人未能配合转动或抖动衣服。

这里着重说一下,从空气吹淋室的两门必须联锁来看,吹淋室就是可以进行空气吹淋的气闸室。美国空军技术条令 203 曾说明:“通过式吹淋室要与气闸综合建造,使出入口联锁起来”,“柜内站立式(即单人)吹淋室设在气闸内部”。

美国奥斯汀的著作[32]中也指出:“空气吹淋经常是设在气闸室之内”,“工作人员进入空气闸,关上门,用疾风吹他的穿着,在空气吹淋停了之后,随即进入要求高的工作区”。

吹淋室有一定的效果,但不是任何洁净室都必须设吹淋室。

假定室内人员密度按 0.2 人/m^2 考虑,即 25m^3(10m^2)中有 2 人。如不经过吹淋室,则在洁净室内活动时平均的发尘量为 0.45×10^6 粒/(min·人)(白色尼龙洁净工作服),

对各级别影响如表 8-12 所列。

表 8-12　不吹淋的影响

级别	平均含尘浓度/(粒/L)	换气次数/(次/h)	产尘量/(粒/h)	每升空气增加含尘浓度/粒	含尘浓度上升/%	级别变化
10万	2000	15	5.4×10^7	144	7.2	10万
1万	200	25	5.4×10^7	86.4	43.2	万
1千	20	50	5.4×10^7	43.2	216	万
1百	2	450	5.4×10^7	—	—	—

从以上结果可见，由于各级洁净室的设计尘浓不可能按浓度上限考虑，一般按浓度上限的 1/3～1/2 考虑，现假定按上下限的平均值考虑，所以对于 8 级，不吹淋虽使浓度增加了 144 粒/L，但仍不影响设计的级别。对于 7 级，如果按上述原则也不会影响级别，如果要求高，平均浓度按 300 粒/L 考虑，就有影响了。所以对于 7 级一般可不设吹淋室，要求高时也可以设。对于 6 级就应该设置了。对于 5 级，不能按上面的原则考虑，因为 5 级是单向流洁净室，人的产尘不会随气流混掺到全室，而是马上被单向平行气流排走，不考虑横向交换，这也正是单向流洁净室抗干扰能力强的原因，所以不需要设置吹淋室，这在美国的空军 203 条令和联邦 209A 和 209B 标准中都明文规定这种洁净室"一般不需设置气闸室和吹淋室"。对特殊的单向流无菌室，美国宇航标准 NASA NHB5340-2 规定它"应根据产品和工作人员应用气闸室和空气吹淋装置"，这就是说单向流无菌室一般应考虑设置这两种小室，也可能不设。但是，从另一个角度考虑，即使不需要吹淋仍然设了吹淋室，那是为了给人加强印象，产生一种心理效果：吹淋室之内已是洁净区了！这一点在国外文献中也注意到了。

还有一些场所不能设吹淋室：怕高速气流吹风，例如手术室门口，一些重病症的病房门口，病人是不能经受高速气流吹淋的；吹淋室地面高出外面影响进入的；物件太长或太宽，超过吹淋室长度或宽度使吹淋室无法运行的；通过时间太长且连续，使吹淋室无法运行的；工作人员太多，通过吹淋室太费时间的。

有人担心：吹淋后，身上吹下来的灰尘、细菌会不会又进入洁净室？

如果按正确设计，只有停止吹淋后门才能打开，则不会使吹淋下来的尘粒跑出来，而且吹淋室内应不是正压。按美国空军技术条令 203 要求，吹淋室还应对外部保持负压，就更不会有问题了。但这一点现在的吹淋室都没有做到，仅仅做到零压。吹淋后开门的影响，据国外报道，只有对高于 5 级洁净室才有意义。

8-9　全顶棚送风、两侧下回风洁净室的特性

从前面介绍单向流洁净室分类中已经了解了全顶棚均匀送风、两侧下回风洁净室的技术经济意义，但是这种洁净室的特性如何？能否代替标准的格栅地板回风的垂直单向流洁净室？它的宽度能达到多大？因为太宽了，人们自然会担心在工作区气流能否成为单向平行流，能否满足上述的特性指标。国外有人提出，当顶棚间布过滤器送风、两侧下回风的洁净室宽度不超过 3.6m 时，洁净度可达到 5 级[5]，但是没有提供关于这种洁净室

的更多的研究结果。20 世纪 70 年代国内就从线汇理论、实验和实测对比三方面的综合研究[7]，首次得出了这种洁净室的允许宽度和流场的许多特性，为这种洁净室的推广提供了依据。虽然现在用计算机计算得出这种洁净室的流场是很容易的，但线汇理论在物理意义上可能更易明白，所以下面仍对这一理论推导过程予以介绍。

8-9-1 线汇模型

1. 线汇的流动图形

全顶棚送风、两侧下回风洁净室气流流动图形在 x、y 方向如图 8-65 所示。在垂直于纸面的 z 方向，气流的运动要素(速度、压力等)都相等，这些要素(主要是速度)仅因 x、y 而异，与 z 无关。这种流动就是流体运动的简单特例——平面运动，而且是无涡运动。

对于理想流体的平面无涡运动，应有一个函数 $\psi(x、y)$ 存在，使

$$d\psi = u_x dy - u_y dx$$

式中：u_x、u_y 为 x、y 方向的分速度；ψ 为流函数。

由 ψ 的物理意义可以指出，ψ 是一个平面位置(x、y)的函数，在 x、y 平面内，每个点(x、y)都给出 ψ 的一个数值。如果令

$$\psi(x、y) = 常数$$

则有

$$d\psi = 0$$

即

$$u_x dy - u_y dx = 0$$

而这个式子恰恰就是流线方程。所以把 ψ 相等的点联起来的曲线正是流线。问题是如何求得 ψ。

流体力学指出，对于平面无涡运动，一定有一个复势存在，这个复势是由流函数和势函数组成的，其虚数部分是流函数

$$W(Z) = \varphi(x,y) + i\psi(x,y) \tag{8-17}$$

如果能找出流场的复势 $W(Z)$，并且把它分解为实、虚两部分，那么流函数也就找到了。

我们可以发现，图 8-66 所示的相距为 b 的双排无限多的汇即线汇，将具有和图 8-65 相似的流动图形。

2. 流函数

如果平行于 y 轴上的一对汇，各距 x 轴由 H 而小到接近于零(相当于回风口在地面上，见图 8-66 的下部)，则流动图形恰是图 8-65。所以，如果所提问题的条件满足图 8-61 的条件，则所要求的流函数和复势，也就是图 8-65 的流函数和复势。

形成图 8-66 这样汇流的条件应是：

(1) 在 x 轴上方即 y 方向的气流本是平行气流，只是由于汇的作用而弯曲。

(2) 运动要素不随 z 轴变化。

(3) x 轴、y 轴和平行于 y、相距为 $b/2$ 的各条纵轴都是流线，若沿着这些轴筑起隔墙，流线形状不受影响。

图 8-65 所示的实际流场图像,符合上述三个条件。

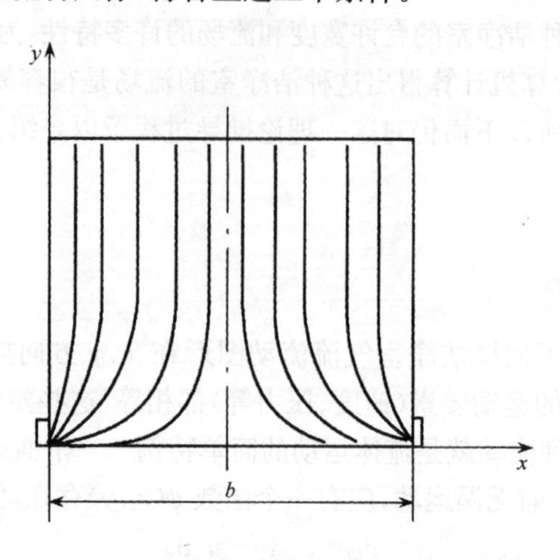

图 8-65　两侧下回风流场的 x、y 方向的图像

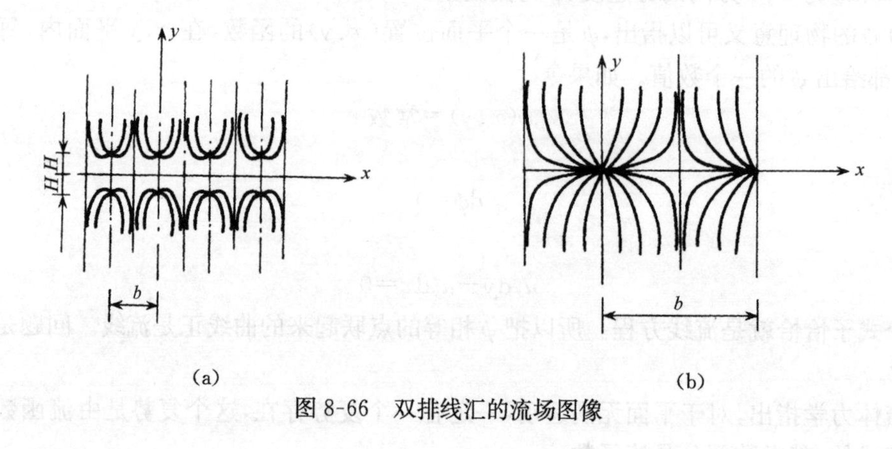

图 8-66　双排线汇的流场图像

(1) 由于房间有一定高度,经过高效过滤器或者阻尼层顶棚后的气流流线基本平行,符合上述第(1)点。

(2) 也是平面运动,运动要素和 z 轴无关,符合上述第(2)点。

(3) 侧墙和地面相当于图 8-66 的 y 轴和 x 轴,所以虽有此墙但对其他流线无影响,在 $b/2$ 处有一面无形的墙,也是流线,将全室气流一分为二,符合上述第(3)点。

除此三点彼此相同之外,重要的不同之点是回风口不是一条线汇而有高度,因此按汇的模型来考虑有一定近似性,这要通过实验来考察。

图 8-66 的复势是已知的[37]

$$W(Z)=-\frac{Q_0}{\pi}\ln\sin\left(\frac{\pi}{b}Z\right) \tag{8-18}$$

式中:Q_0 为每侧回风量;b 为两排汇的间距,即相当于洁净室宽度

$$Z=x+\mathrm{i}y$$

由式(8-18)可得

$$W(Z)=-\frac{2Q_0}{2\pi}\ln\sin\left(\frac{\pi}{b}Z\right)=-\frac{Q_0}{2\pi}\ln\sin\left(\frac{2\pi}{b}Z\right) \tag{8-19}$$

令 $P=\sin^2\left(\frac{\pi}{b}Z\right)$，因为

$$\sin\left(\frac{\pi}{b}Z\right)=\frac{e^{i\frac{\pi}{b}Z}-e^{-i\frac{\pi}{b}Z}}{2i}$$

$$\cos\frac{\pi}{b}Z=\frac{1}{2}(e^{i\frac{\pi}{b}Z}+e^{-i\frac{\pi}{b}Z})$$

故

$$p=\sin^2\left(\frac{\pi}{b}Z\right)=\left(\frac{e^{i\frac{\pi}{b}Z}-e^{-i\frac{\pi}{b}Z}}{2i}\right)^2$$

$$=\frac{1-\cos\frac{2\pi x}{b}\mathrm{ch}\frac{2\pi y}{b}}{2}+\frac{i\sin\frac{2\pi x}{b}\mathrm{sh}\frac{2\pi y}{b}}{2} \tag{8-20}$$

推导过程从略。

根据复数定义，若 $P=U+iV$，则其模

$$\rho=\sqrt{U^2+V^2}$$

$$=\sqrt{\frac{\left(1-\cos\frac{2\pi x}{b}\mathrm{ch}\frac{2\pi y}{b}\right)^2}{4}+\frac{\left(\sin\frac{2\pi x}{b}\mathrm{sh}\frac{2\pi y}{b}\right)^2}{4}}$$

$$=\frac{1}{2}\sqrt{\left(1-\cos\frac{2\pi x}{b}\mathrm{ch}\frac{2\pi y}{b}\right)^2+\sin^2\frac{2\pi x}{b}\mathrm{sh}\frac{2\pi y}{b}} \tag{8-21}$$

同时幅角

$$\theta=\arctan\frac{V}{U}=\arctan\frac{\sin\frac{2\pi x}{b}\mathrm{ch}\frac{2\pi y}{b}}{1-\cos^2\frac{2\pi x}{b}\mathrm{ch}\frac{2\pi y}{b}} \tag{8-22}$$

因

$$p=\rho e^{i\theta}$$

由式(8-19)和式(8-20)得出

$$W(Z)=-\frac{Q_0}{2\pi}\ln P$$

$$=-\frac{Q_0}{2\pi}\left[\ln\sqrt{\left(1-\cos\frac{2\pi x}{b}\mathrm{ch}\frac{2\pi y}{b}\right)^2+\sin^2\frac{2\pi x}{b}\mathrm{sh}^2\frac{2\pi y}{b}}\right.$$

$$\left.-\ln 2+i\arctan\frac{\sin\frac{2\pi x}{b}\mathrm{sh}\frac{2\pi y}{b}}{1-\cos\frac{2\pi x}{b}\mathrm{ch}\frac{2\pi y}{b}}\right] \tag{8-23}$$

由式(8-17)和式(8-23)可知，流函数

$$\psi(x,y)=-\frac{Q_0}{2\pi}\arctan\frac{\sin\frac{2\pi x}{b}\mathrm{sh}\frac{2\pi y}{b}}{1-\cos\frac{2\pi x}{b}\mathrm{ch}\frac{2\pi y}{b}} \tag{8-24}$$

由于流函数相等的点必定在一条流线上，所以对每一条流线将有：

$$\frac{\sin\frac{2\pi x}{b}\mathrm{sh}\frac{2\pi y}{b}}{1-\cos\frac{2\pi x}{b}\mathrm{ch}\frac{2\pi y}{b}}=\text{常数} \tag{8-25}$$

根据每一个常数,可求出相应的 x_i、y_i 各点,从而得到各条流线,绘成如图 8-67 的流场,该图和由 1/40、1/30、1/20 和 1/10 四种水模型实验结果以及现场测定结果较好地符合。

图 8-68 是水模型的系统图。图 8-69 是有机玻璃做的洁净室模型。

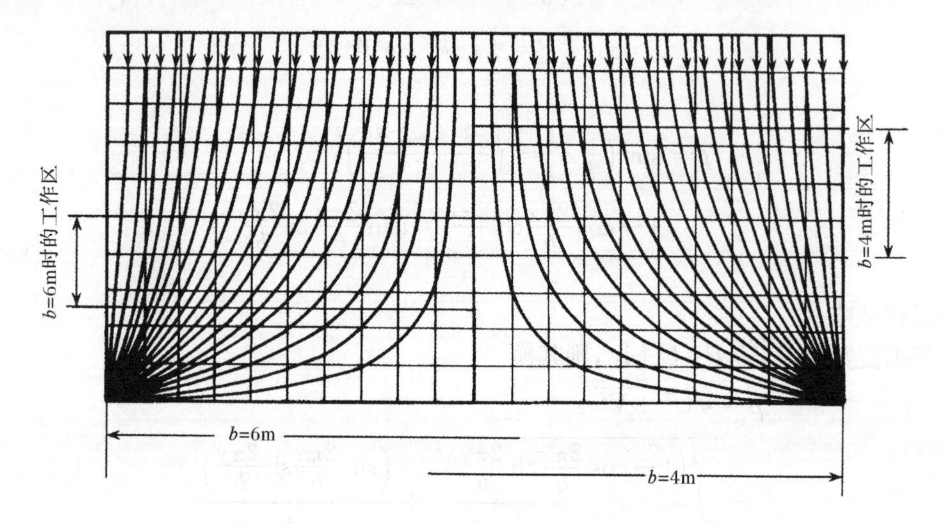

图 8-67　全顶棚送风、两侧下回风洁净室理论流场

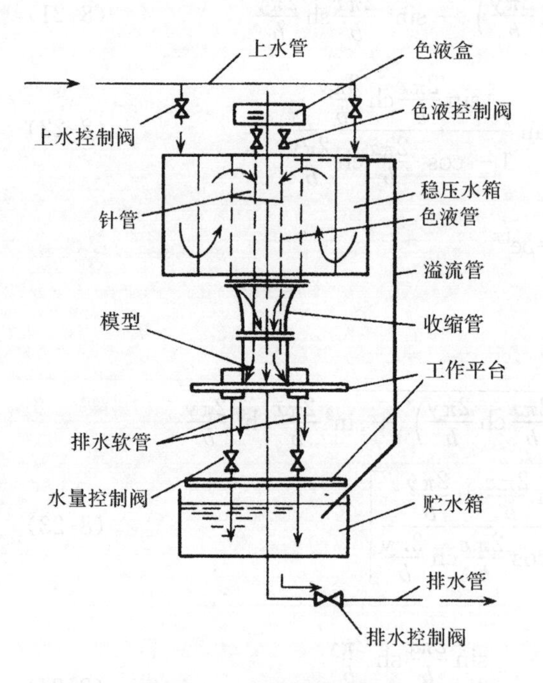

图 8-68　水模型系统图

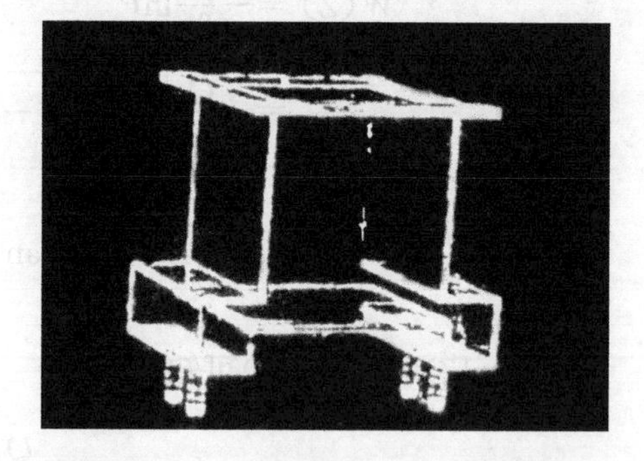

图 8-69　1/30 有机玻璃洁净室模型

模型实验采用常温水作为模型中的工作介质,在水中加入带色的液流,使流线可见,便于观察和照相。水作为工作介质也可减小实验设备的规模,因为常温水的运动黏滞系数比常温空气的运动黏滞系数小得多,仅为后者的 1/15,在模型的几何比例尺确定以后,就可以得到缩小 15 倍的速度比例尺和流量比例尺。选定$\frac{1}{4}b$ 处的流线为参照流线(理由

见后)，四种模型的实测流线和理论流线都绘在图 8-70 上，当 Re 在 6000 以上时可见各流均相近。

以汇点外移的理论模型计算，在$\frac{1}{4}b$处，理论和实测的流线纵坐标相差约$\frac{1}{70}b\sim\frac{1}{50}b$，倾斜度几乎没有变化，详见图 8-71 和图 8-72。

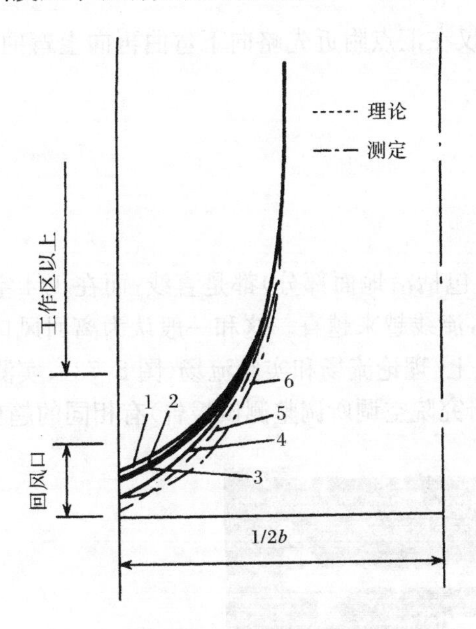

图 8-70　四种模型 $b/4$ 处流线($Re>6000$)

1. 1/30 模型，$Re=8500$；1/40 模型，$Re=6000$

2、3. 1/10、1/20 模型，$Re=6800\sim20000$

4. 1/40 模型，$Re=50000$，回风口高$=1/13b$

5. 理论流线

6. 1/10 模型，Re 约在 2000 以下

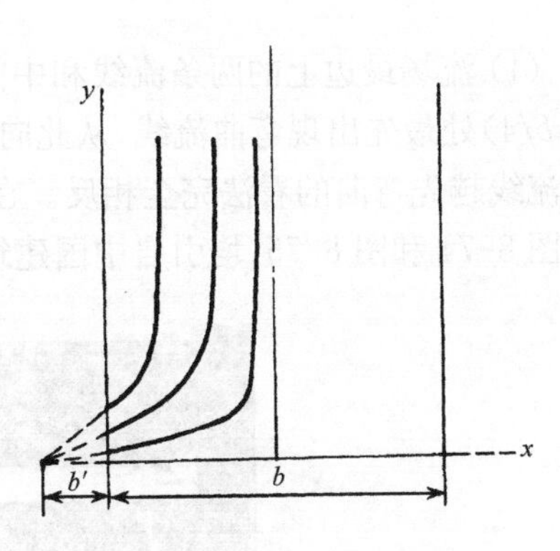

图 8-71　汇点外移的情况

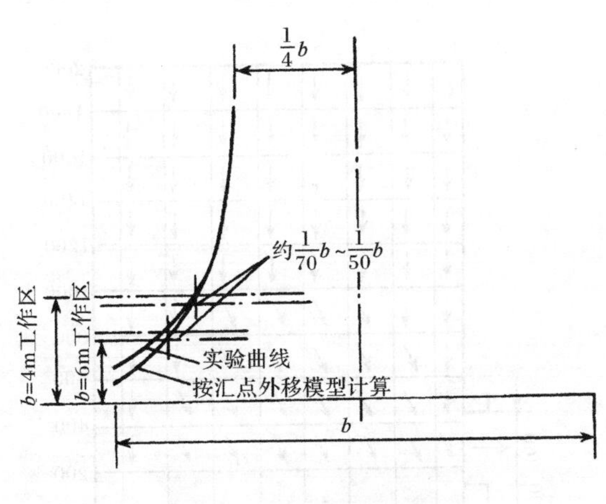

图 8-72　计算曲线的偏差

由于实际回风口不仅自身有一个高度，而且离地面也有一个高度，都相当于汇点离地面有一个高度，设此高度为 H，则相应可推导出流函数为

$$\psi(x,y)=-\frac{Q_0}{2\pi}\arctan\frac{\sin\dfrac{2\pi x}{b}\operatorname{sh}\dfrac{2\pi y}{b}}{\operatorname{ch}\dfrac{2\pi H}{b}-\cos\dfrac{2\pi x}{b}\operatorname{ch}\dfrac{2\pi y}{b}} \tag{8-26}$$

由于 H 一般很小，不会大于 $0.05b$，则 $\operatorname{ch}\frac{2\pi H}{b}\leqslant 1.04$，比式(8-24)中的 1 所大极微，所以对计算结果的影响是很小的。这时流线仅在汇点附近先略向下弯曲再向上弯曲，参见后面的图 8-80。

8-9-2 流场的特点

1. 基本特点

(1) 流场最边上的两条流线和中间流线(包括沿地面部分)都是直线；而在 1/4 室宽(即 $b/4$)处最先出现弯曲流线，从此向两边去，流线越来越直。这和一般认为离回风口越远，流线越先弯曲的看法完全相反。在这一点上，理论流场和实验流场(图 8-73)、实测流场(图 8-74 和图 8-75，均引自中国建筑科学研究院空调所调整测试报告)有相同的趋势。

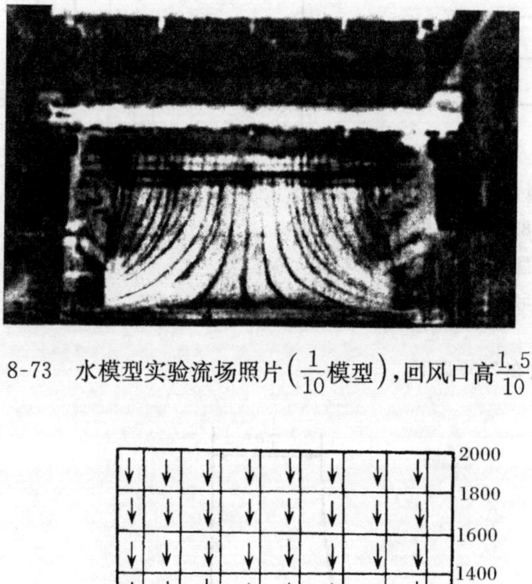

图 8-73 水模型实验流场照片$\left(\frac{1}{10}\text{模型}\right)$，回风口高$\frac{1.5}{10}b$

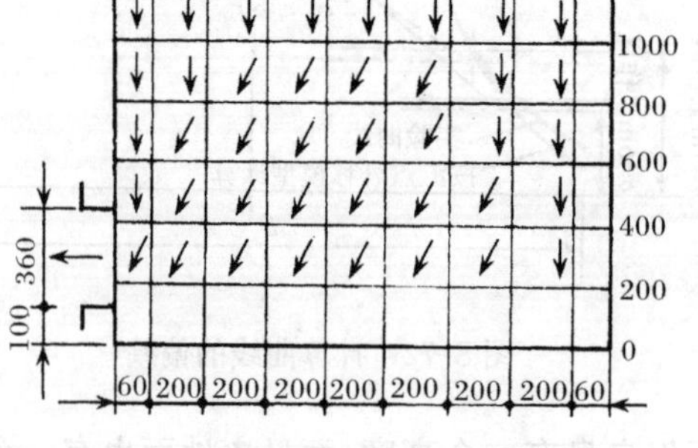

图 8-74 某单侧下回风洁净室实测流场

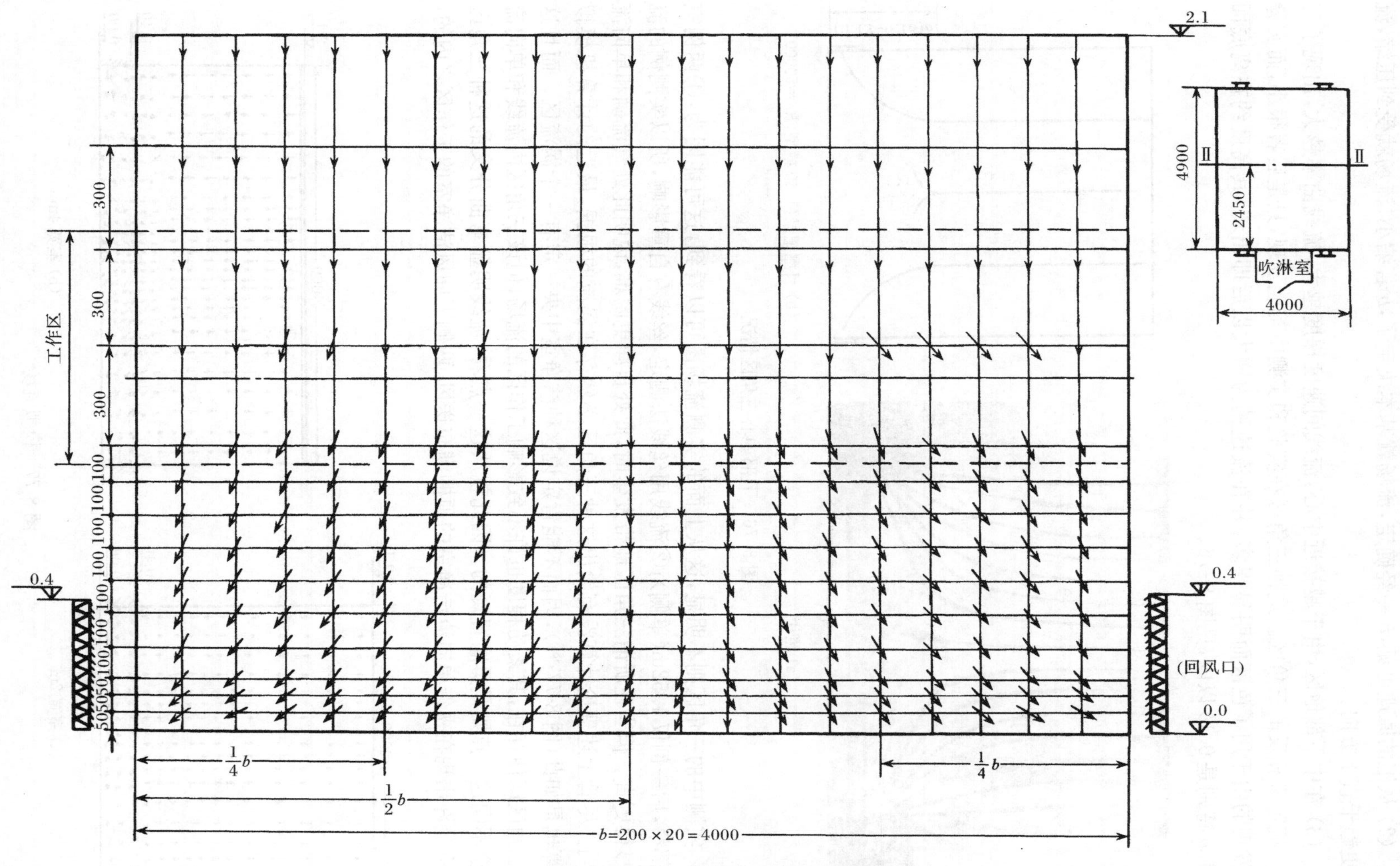

图 8-75　JJS20 型装配式两侧下回风洁净室实测流场

(2) 从汇的原理可见，b 一经确定，流场就基本决定了，b 若缩小，流场就受到压缩，流线更趋于直下方向。

(3) 在中下部地区，由于越接近中心，流线间速度梯度越大，流线曲率越大，出现了与单向流定义相反的三角区。这种三角区在实验和实测中都能发现，只是后者很小，而实验中发现的由于用了色液而明显得多，并在流速稍为增大以后即出现，其高度约在离底面 $0.15b$ 特别是 $0.1b$ 以内，见图 8-76。

(a) 照片

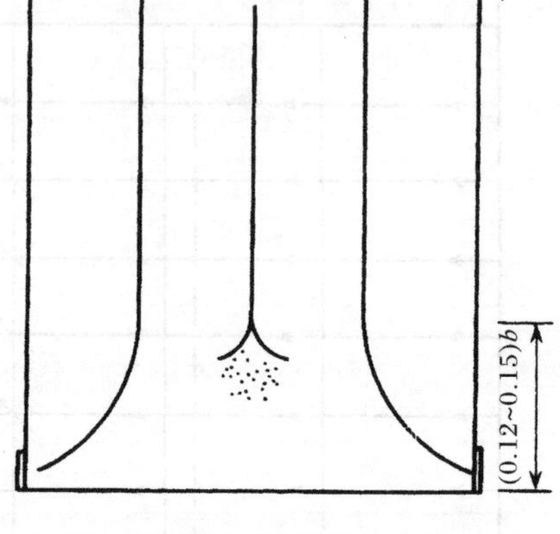

(b) 目测记录(1/40 模型，Re=50000)

图 8-76　下部中心三角区情况

实测中的三角区则不明显，这从上面的实测流场图可以看到，这可能因为：①两例室宽都窄，后一例仅 1.52m(单侧)；②流线用丝线法测定，丝线有自重影响，所以实测例的流线显得更直。但当在所谓三角区地带发尘时，此处自净更困难，说明此处气流确和单向流不同。尽管上述理论计算没有给出这种三角区必然存在涡流的根据，最近的计算机模拟计算也是如此(图 8-77[38])，因而不能肯定说这种洁净室中央一定有一个涡流区。而且这种三角区即使存在，其紊动程度也许不致影响工作区的流场，但该三角区内流线和单向流完全不同这一点则是毋庸置疑的。因此就从这一点看，流线明显弯曲分叉的这种三角区是不允许出现在视作单向流洁净室的顶棚满布送风、两侧下回风洁净室的工作区之内的，

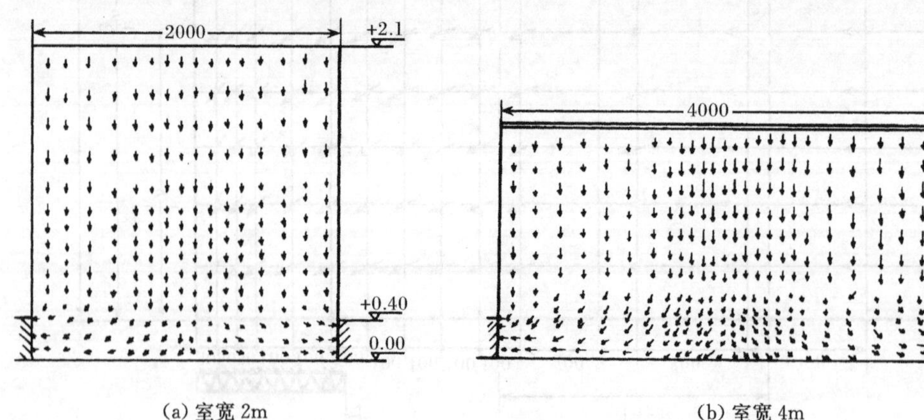

(a) 室宽 2m　　(b) 室宽 4m

图 8-77　模拟流场

所以它的高低当然是衡量这种洁净室单向流属性的重要特征，为此必须限制这种洁净室的室宽。这里还要强调一下，由于边界条件不可能给得很准确，用计算机模拟紊流和涡流是很困难的。

2. 回风口的影响

1）回风口阻力的影响

回风口阻力的大小对流线紊乱与否的影响很显著。对完全敞口的回风口，实验表明在较低的流速下流线就发生抖动，而加上多孔板的回风口，即使在大得多的流速下，流线也不发生抖动。图 8-78 和图 8-79 是相同流速条件下的流线照片，就说明了这一点。原因可能是有多孔板的回风口使口部阻力均匀分配，并使多孔板上每一个孔都是强度相当的“汇”，有利于速度场和流线的均匀。因此在实际设计时，回风口不应只有网格或格栅，而应在阻力允许条件下，安有粗、中效过滤器，当然这也是洁净室本身的要求。

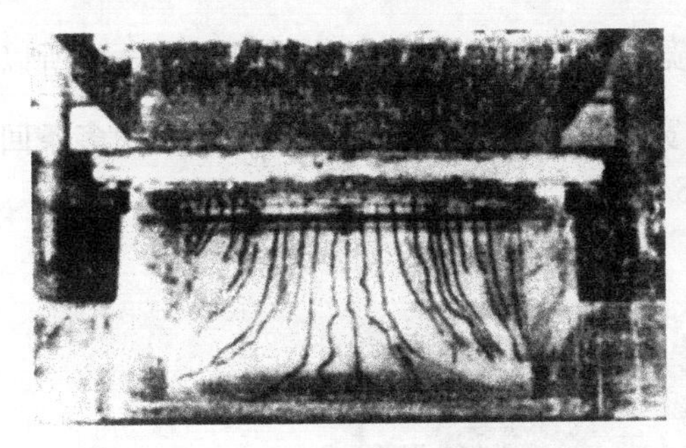

图 8-78　敞口回风口时的流线$\left(\frac{1}{10}\text{模型}\right)$ $\left(\text{回风口高}=\frac{1}{10}b\right)$

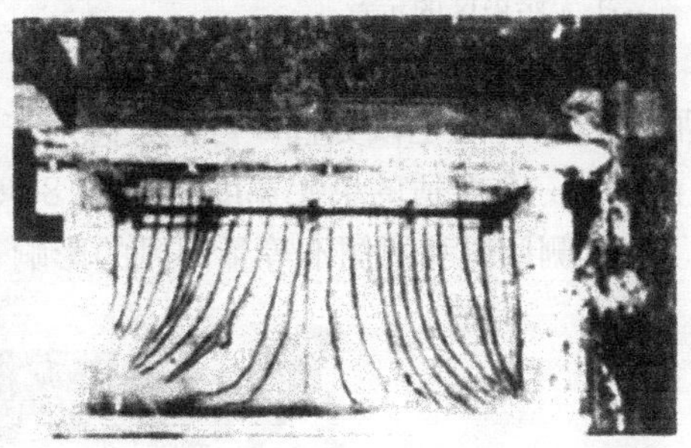

图 8-79　有多孔板回风口时的流线$\left(\frac{1}{10}\text{模型}\right)$ $\left(\text{回风口高}=\frac{1}{10}b\right)$

2）回风口自身高度的影响

回风口本身开口高度的变化，对流线轨迹影响不大，但计算机模拟结果认为，回风口本身高度越小，工作区以上流线的偏斜程度越低，也就是流线更直[38]。

3）回风口离地面高度的影响

图 8-80 给出回风口离地面不同高度时的流线的实验结果和计算结果。实验表明，回

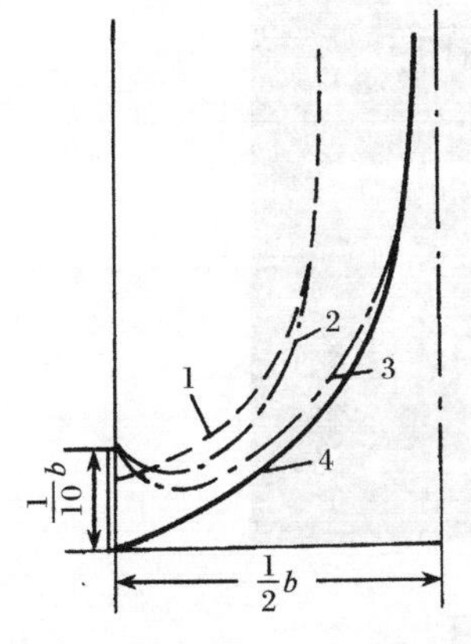

1. 回风口高$\frac{1}{10}b$，底部离地面$\frac{1}{20}b$时的实验流线
2. 回风口高$\frac{1}{20}b$，底部离地面$\frac{1}{10}b$时的实验流线
3. 回风口高$\frac{1}{10}b$，底部离地面$\frac{1}{10}b$时的实验流线
4. 回风口高$\frac{1}{10}b$，底部不离地面时的理论流线

图 8-80　回风口离地面不同高度时的流线

风口底部抬离地面之后，并不改变流线的总趋势，只是在回风口附近形成略向下弯曲的样子。而当抬离高度较小时，这种弯曲也较小几乎观察不出(如曲线 1)。此外也可看到，回风口抬离地面越高，越靠近中心的流线，这种弯曲可以达到地面，容易把地面尘粒带起来。这些结果和理论计算规律是一致的。

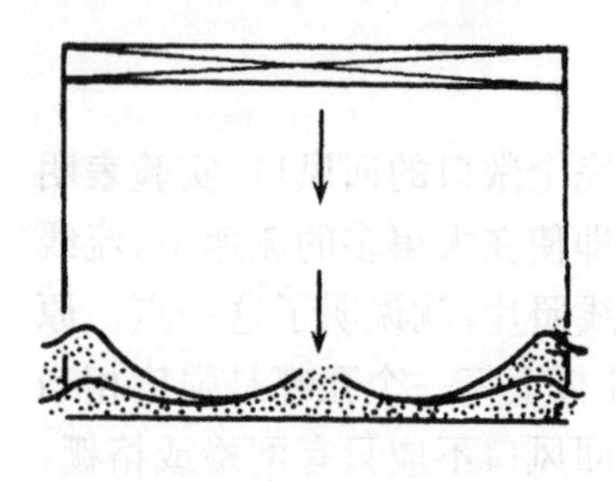

图 8-81　回风口抬离地面后扩大污染区的示意

这表明，不论是哪一种洁净室，侧壁上的回风口都应尽可能不抬离地面，否则将会把地面上的微粒带起来，扩大污染范围，如图 8-81 所示。

4) 条形回风口数量的影响

两侧下回风洁净室的条形回风口一般开在侧墙下端，但也可以开在地面上。图 8-82 和图 8-83 给出了开在地面上的三条和四条回风口的实验流线照片，可见四条回风口的流线比三条回风口的直。这是因为三条回风口间距相当于上述室宽$\frac{1}{2}b$，而四条回风口时的间距为$\frac{1}{3}b$，所以根据理论计算，流线也该更直。可以设想对于宽度大的这种洁净室可在地板上用多条回风道，而保持一个合适的单元宽度 b，如图 8-66 所示。

5) 单侧回风和两侧不等量回风的影响

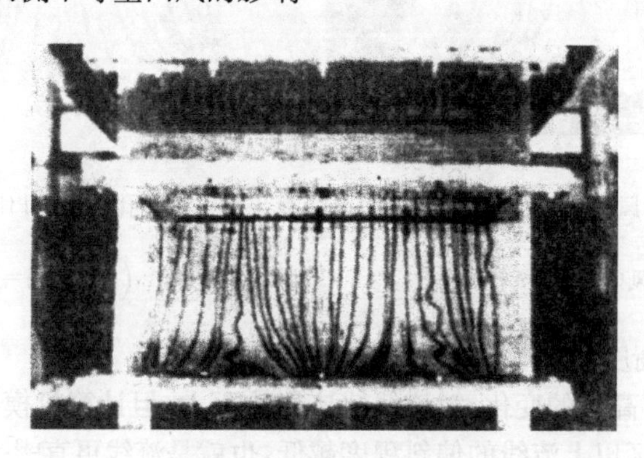

图 8-82　地面上三条回风口
(回风口总面积为地面的 20%)

图 8-83　地面上四条回风口
(回风口总面积为地面的 40%)

图 8-84 是只有一侧回风的实验流线照片，这等于室宽加大一倍，可以看出，流线比两侧回风时更倾斜了。原来室中心下部三角区移到了左下角。

可以设想，此时左侧再适当给以回风，应对流动状况有所改善，结果如图 8-85 所示。左侧给以少许回风后(即左右两边风量不等)，流线情况改善了，三角区也缩小了，并且移动了位置。

图 8-84　单侧回风口

图 8-85　两侧不等量回风口

以上情况表明，如因工艺布置等原因，不能两侧回风，或者室宽较窄，不一定要用两侧回风，或者室宽较大，用单侧回风可能出现较大的三角区，或者工艺需要布置在室中心，希望把三角区移开时，都可以采用两侧不等量回风(室宽较窄时，可在一侧少量排风)。某洁净室宽 3m，采用了单侧回风，但在另一侧开有一条多孔风口，依靠室内正压从此处排风，而不是有组织的回风，同样也起到了改善流场的作用，使一侧的三角区很小而难于测出来，见图 8-86。所有这些都使两侧下回风方式应用起来更加灵活。

8-9-3　允许室宽

根据上述这种洁净室流场的特点，在确定它的允许室宽时主要从下面两方面考虑。

(1) 在允许室宽条件下，工作区高度(0.8m)应在中下部三角区高度之上。

由上述水模型实验表明的这种三角区高度平均可按 0.125b 考虑，则当工作区高度按 0.8m 计算时，b 可以略超过 6m。

(2) 在允许室宽条件下，在规定范围内流线的倾斜角应大于 65°。

以理论计算所得流场图上最先弯曲的$\frac{1}{4}b$处的流线为标准，可得出从离地 0.75m 至

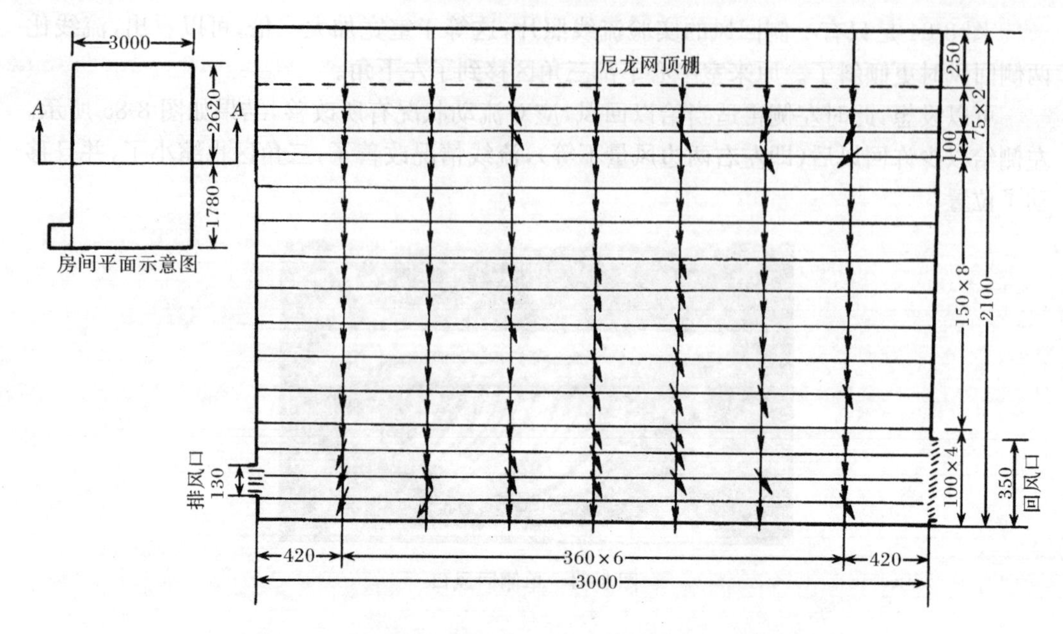

图 8-86 某洁净室一侧下回风一侧略向外排风时的流场

1.8m 范围内的流线倾角：

$$当\ b=4\ 时，\quad \arctan\frac{0.26b}{0.075b}=73.9°$$

$$当\ b=6\ 时，\quad \arctan\frac{0.175b}{0.085b}=64.1°$$

所以 b 应略小于 6m，才可能使流线倾角大于 65°。

以上结果见图 8-87 和图 8-88。

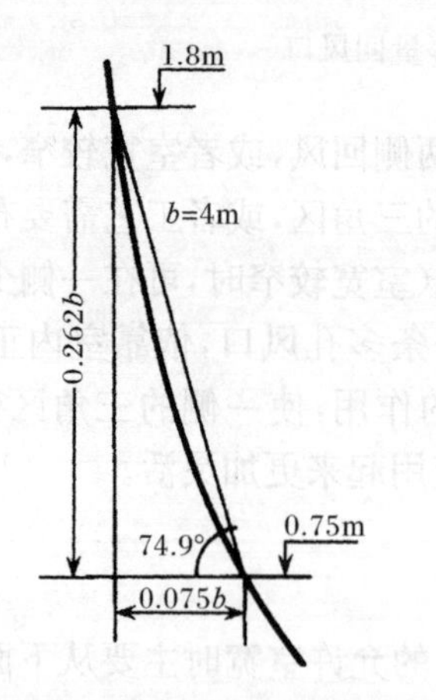

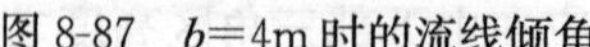

图 8-87 b=4m 时的流线倾角

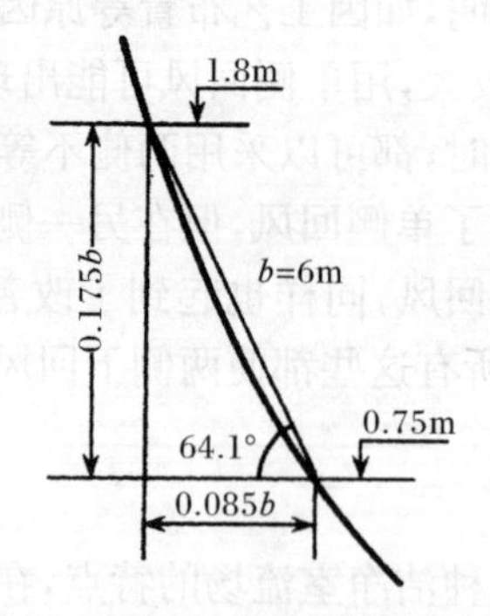

图 8-88 b=6m 时的流线倾角

综合以上两方面分析，可以平均认为，当全顶棚送风、两侧下回风洁净室的宽度不超过 6m 时，可以作为垂直单向流洁净室应用。如果以后一方面分析为准，则室宽应小于 6m，例如定 5m 为界限，则更严格一些，此时倾角为 69°。1984 年的《洁净厂房设计规范》(GBJ 73—84)就是这样建议的。根据实测，这种洁净室的空气洁净度达到 5 级。例如前面引的两个实测例,室内空态含尘浓度分别为 0.026粒/L(≥0.5μm)和 0.24粒/L(≥0.5μm)。

参考文献

[1] NASA SP-5076. Contamination Control Handbook. 1969.

[2] Morrison Philip W. Environmental Control in Electronic Manufacturing. 1973.

[3] 国家建委建筑科学研究院空调所. 装配式恒温洁净室. 1973:6－7.

[4] 佐藤英治. 工業用クリーンルームの現状. 空気清浄,1976,13(8):32－41.

[5] Meckler M. Packaged units provide clean room conditions in moon rock. Heating Piping Air Conditioning,1970,42(7):71－76.

[6] 高洛托 И Д,等. 半导体器件和集成电路生产中的洁净. 四机部第十设计院译. 1978.

[7] 许钟麟,施能树,陆原. 全顶棚送风下部两侧回风式洁净室气流特性研究. 建筑科学研究报告,中国建筑科学研究院,1981,(11).

[8] Klaus Fitzner. Luftströmungen in raümen mittlerer Höhe Bei verschiedenen arten von luftauslassen. Gesundheits-Ingenieur,1976,(12):293－300.

[9] Карпис Е Е. Кондиционирование Воздуха В Чистых Помещениях. Холодильная Техника,1975,(1):54－58.

[10] 菊地勇. 無塵無菌環境の設計について. 空気調和と冷凍,1969,9(1):91－96.

[11] Rivenburg H. Environmental control for high big clean room. Heating Piping Air Conditioning,1973,45(3):57－64.

[12] 直井保一訳. 垂直層流とエアカーテンを組合おせた"アイテント". 空気清浄,1979,17(1):47－49.

[13] 武汉水利电力学院编. 水力学. 北京:水利电力出版社,1960.

[14] Finkelstein W, Fitzner R, Moog W. Measurement of room air velocities within air conditioned buildings. Heating & Ventilating Engineer and Journal of Air Conditioning(Part 2),1975,49(575):6－11.

[15] 西安冶金学院供热与通风、给水排水教研组编. 流体力学. 北京:中国工业出版社,1961.

[16] 许钟麟,钱兆铭,沈晋明,等. 平行流洁净室的下限风速. 建筑科学研究报告,中国建筑科学研究院,1983,(11).

[17] 早川一也. 総合病院における空気調和. 空気調和と冷凍,1980,20(8):51－59.

[18] 加藤照敏. 用途别清浄装置の選定法. 空気調和と冷凍,1971,11(9):103－110.

[19] 川元昭吾等. 産業施設におけるクリーンルームの設計計画(No1). 空気調和と冷凍,1971,11(9):91－100.

[20] 西健男,坂村富. 近代総合病院におけるクリーンルームの設計の実際について. 空気調和と冷凍,1980,20(8):81－85.

[21] 美国空军技术条令T. O. 00-25-203.

[22] 许钟麟. 洁净室设计. 北京:地震出版社,1994.

[23] 张维功. 矢流洁净室的模型实验研究[硕士学位论文]. 哈尔滨:哈尔滨建筑工程学院,1992.

[24] 魏学孟,樊洪明,张维功. 矢流洁净室数值模拟与实验研究//全国暖通空调制冷学术年会论文集. 1994:232－235.

[25] 魏学孟,沙林. 一种新型洁净室送、回风型式的数值模拟. 洁净空调技术,2001,(3):13－17.

[26] 许钟麟. 隔离病房设计原理. 北京:科学出版社,2006:39.

[27] 木田重夫，磯野一智，森川馨，等，固形制剂工场におけるクリーンルームの扉開閉の動特性と開閉による浮游粒子の移送に關よる研究，空気调和・衛生工学会論文集，2004，(95)：63.
[28] 赵鸿佐，翟海林. 安全概率法确定我国渗透计算风速，暖通空调，1994，24(1)：16－20.
[29] 许钟麟，沈晋明. 空气洁净技术应用. 北京：中国建筑工业出版社，1989：222.
[30] 日本空気清浄協会编. 空気清浄ハンドブック. オーム社，1981：460.
[31] 许钟麟. 关于负压隔离室的缓冲室的作用，建筑科学(增刊)，2005，21：52.
[32] Austin P A，Timmerman S W. Design and Operation of Clean Rooms. 1965.
[33] 中国电子学会洁净技术编辑部. HG-8801 型条缝扫描式空气吹淋室研制报告. 1989.
[34] 周谟仁. 流体力学泵与风机. 北京：中国建筑工业出版社，1979：236.
[35] 深尾仁ら. クリーンルームの性能評価する研究(その5：エア・シャクの評価實験). (交换論文). 1985.
[36] 国家建委建筑科学研究院空調所. 装配式恒温洁净室. 1973：62－69.
[37] Талиев В Н. Азродинамнка Вентнляции. 1963.
[38] 李斌涛，魏学孟. 全天棚送风、相对两侧墙回风式洁净室特性研究. 哈尔滨建筑大学学报，1997，30(3)：59－62.

第九章　生物洁净室原理

现代生物洁净室，是在工业洁净室的基础上发展起来的，除了具有洁净室原理的共同原则外，还应遵守控制有生命微粒的特殊原则，本章将对这些特殊性加以阐明。

9-1　生物洁净室的应用

第一个生物洁净室是1966年1月在美国建成，用于医院的手术室。

现在，生物洁净室已广泛应用于宇宙航行、医学、制药、微生物学、生物实验、遗传工程和仪器工业等方面。

在医学方面，生物洁净室一个主要应用途径是做关节置换、脏器移植、脑外科和胸外科等的手术室。这方面的效果是显著的。表9-1是关于股关节全置换手术后，感染率的统计结果[1]；表9-2是一般手术室中直接在伤口涂片培养的结果[2]。在洁净手术室中，主要的病原菌已从伤口处消失，使术后感染率从9%下降到0.5%。

表9-1　股关节全置换的术后感染率

手术室空气处理方式	时间/年	换气次数/(次/h)	菌落数/(个/h)	手术数	术后感染率/%
一般开放形式，排风	1961	—	80～90	190	8.9
Ⅰ型封闭式电集尘器	1962	10	25	108	3.7
Ⅱ型封闭式电集尘器	1963～1965	80	18	1079	2.2
垂直单向流洁净室	1966～1968	300	0	1929	1.5
垂直单向流洁净室(改良手术室)	1969～1970	300	0	2152	0.5

表9-2　伤口涂片的结果对比

手术室	涂片数	污染片数	百分数/%	培养结果
一般	84	24	28.5	白色葡萄球菌，金黄色葡萄球菌，芽孢，八叠球菌属，绿色链球菌，大肠菌，真菌
水平单向流	83	12	14.5	白色葡萄球菌，大肠菌，真菌

于玺华[3]通过列举下面的例证，强调空气净化是除去悬浮菌的主要手段：

英国Charnley等人进行了15年的研究，将普通手术室改成层流手术室，在5000多例手术中感染率从7.7%降到1.5%。层流手术室中又使用全身吸气服，6000多例病人感染率再降到0.6%[4]。研究期间未使用抗生素。

英国医学研究委员会(MRC)在19所医院内对8000多例髋关节置换手术进行对照实验，1～4年内的感染率为0.6%，而由同批医生在普通手术室进行同样手术，感染率为1.5%。

洁净手术室的应用效果，过去主要来自国外文献的报道。现在也可以举出一些国内的实例。

20 世纪 80 年代初我国两个用于烧伤手术的洁净手术室使用结果不仅使一般手术的术后感染率普遍下降，70%以上大面积二度烧伤病人的术后感染率也明显减少，烧伤面愈合得又快又好[5]。上海长征医院 1989～1990 年在洁净手术室中做了 9337 例Ⅰ类手术无一感染，301 医院 1995～1996 年的 16427 例Ⅰ类手术无一感染。当然这里还有别的因素。

据王方在 2011 年全国医院建设论坛上的报告称，徐州医学院附属医院 2000 年 6 月～11 月，对本院 1808 例手术病人术后感染率调查结果，使用洁净手术室后，术后感染率由传统普通手术室的 6.41%降至 0.93%。

徐庆华等[6]对某教学医院采用不同手术室消毒方法的 2328 例手术的术后感染调查统计结果见表 9-3，结论是：紫外线空气消毒的发生术后感染的危险性是层流手术室的 7.08倍，是室内空气净化机消毒的 2.11 倍，层流手术室效果显著。（作者按："层流"用词欠妥）

表 9-3　手术室不同消毒除菌方法的感染率　（单位：%）

组别	手术部位感染			非手术部位感染		
	例数	感染数	感染率	例数	感染数	感染率
层流组	332	3	0.90	332	6	1.81
净化机组	928	28	2.02	928	19	2.05
紫外线组	1068	68	6.37	1068	22	2.06

夏牧涯报告了苏州大学第一附属医院使用洁净手术室前后Ⅰ类切口手术部位感染率的变化，虽然原来感染率已经不高，但使用洁净手术室后，感染率又下降了一半以上：从 2000 年的 0.74%到 2001 年的 0.35%、2002 年的 0.32%、2003 年的 0.31%，以后基本稳定[7]。

这里要着重指出，洁净手术室降低感染率显然和手术切口类型有关。对于Ⅰ类清洁切口和Ⅱ类清洁-污染切口的降低感染率应更明显，对于Ⅲ类污染切口和Ⅳ类感染切口降低感染率的作用就大大降低了，因为这类切口可能发生的感染率就可能达到百分之二十以上。

使用洁净手术室后就可以少用或不用抗生素。过去由于滥用抗生素，大大增加了细菌的获得性耐药性。根据有关医药学的著作，这种耐药性可以有以下几种表现：细菌生长期接触抗生素后，由于选择压力的作用，迫使其改变代谢途径或调整自身的微细结构，例如产生灭活酶破坏抗生素结构使其失去活性；或改变抗生素作用的靶位蛋白结构和数量，使菌体对抗生素不再敏感；或者通过外膜屏障与外流泵作用，一方面减少抗生素的进入，一方面增加泵出抗生素的能力，减少菌体内抗生素浓度，以逃避抗生素的扼杀。从长远来看，大量使用抗生素的结果是降低了患者自身免疫的能力。

日本医疗设备协会 2004 年版医院空调设备设计与管理指南[8]给出 8052 例股关节及膝关节全置换手术在使用超净空气（定义为每 1m³ 空气中细菌数少于 10 个）和预防性抗

菌药物的条件下的感染率，见表 9-4。

表 9-4　使用超净空气和预防性抗菌药物与手术部位感染的关系

治疗条件	切口部深层的手术部位感染(SSI)
没有措施	3.4%
仅使用超净空气	1.6%
仅使用预防性抗菌药物	0.8%
同时使用超净空气和预防性抗菌药物	0.7%

当然，使用抗生素一类药物，杀死体内(包括手术部位)细菌是应比预防细菌落到手术部位更有效，但是正如前述，为了避免细菌抗药性的产生和加强，避免产生超级细菌，目前呼吁少用、不用抗生素日益强烈。日本的例子不是说明生物洁净室有效性应受到质疑，而正好说明生物洁净室对于“没有措施”的非生物洁净室的相对有效性，即感染率降低一半以上。1.6%的数字和前面举的 Charnley 1.5%的数据几乎一样。仅使用超净空气比仅使用抗生素的感染率虽然高出 1 倍，但不使用抗生素是一个重要的目标，目前有些地区就出台一些具体措施，例如规定只在术前 30min 给一次药等。因此，能不用抗生素而又能较大幅度降低术后感染率的手术室技术仍是被关注的目标。

正如 2011 年瑞典《手术室生物净化基本要求和指南》(SIS-TR 39 Vägladning och grundläggande krav för mikroboiologisk renhet i operationsrum)指出的：“预防性抗生素对感染率有独立的效果，但会因此增加抗药性的细菌，从而降低了预防性抗生素的效果。”

值得注意的是，除烧伤外，在哮喘和白血病等特殊治疗方面，应用生物洁净室确实取得了很好效果。特别是白血病患者，由于患者体内的白细胞大量是幼稚型细胞，严重丧失对感染的防御能力。特别是为了给造血干细胞准备植入生长的空隙，并清除已有的白血病细胞，抑制患者免疫功能，以使组织不相合的造血干细胞能植入，所以患者需在术前接受大剂量免疫抑制剂和放射治疗，常在 7 天后可使白细胞降至“0”。所以，感染致死是白血病人致死的最主要原因，占死亡率的 5%～60%，因此在治疗期间尽量防止感染特别是要防止革兰氏阴性杆菌、念珠菌和曲霉菌的感染，而这只有在生物洁净室中才能达到目的。由于我国白血病发病率约为十万分之三[9]，所以白血病的治疗以及治疗用生物洁净室的发展，已在国内受到越来越高的重视。

据美国国立公共卫生院近 10 年的治疗结果的报告[10]，在生物洁净室的无菌条件下，同时用抗生素治疗白血病的效果是显著的，患者的生命在这种条件下得到延长，表 9-5 是这种效果的对照组比较。

表 9-5 三组白血病患者的治疗效果

组别	患者数	病房	有无化学疗法	致命的四种感染发生数	死亡比例/%	生存100天比例/%
A	26	单向流生物洁净室	同时使用抗生素	3	5	91
B	32	一般病房	同时使用抗生素	17	24	66
C	28	一般病房	用各种化学疗法	16	25	61

图 9-1[11]用生存患者百分比的数据表明，在生物洁净室的隔离单元中治疗的白血病患者比在一般病房中治疗的对照患者的生命延长了约一倍的时间。研究还表明，在生物洁净室中，白血病患者完全缓解的可达 33%，而在一般病房中完全缓解的为 19.6%[12]。

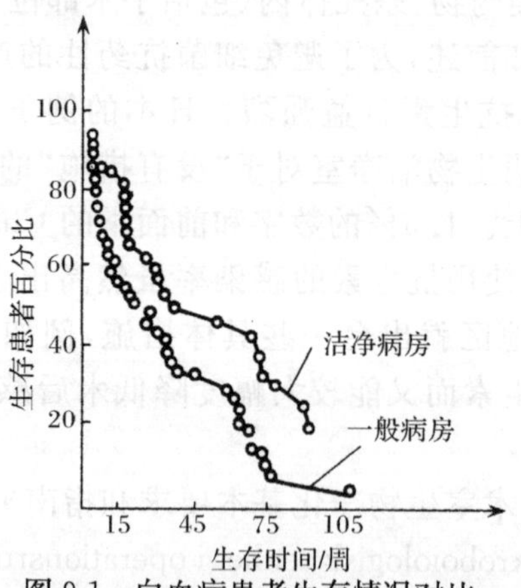

图 9-1 白血病患者生存情况对比

国内在 20 世纪 70 年代后期开始建设并应用于白血病治疗方面的生物洁净室取得可喜成果，当时上海新华医院和北京医学院血液学研究所等单位都有治疗成功的病例报告。例如新华医院于 1980 年10月第一次在洁净室中对白血病患者进行同种异体骨髓移植，获得成功。患者在洁净环境中在白细胞处于 400 以下的严重情况下，只发了几天烧，以后一直没有再发烧，说明成功地防止了感染。患者在出院后的一年多时间中健康状况良好。到 90 年代后期，国内建有洁净血液病房的医院至少在 30 家以上。其中属于亚洲规模最大者为北京 307 医院新建的 10 间百级血液病房，其内走廊为 7 级，1994 年年底启用时其空态指标为：10 间平均截面风速 0.21m/s (1996 年实施的我国军队标准值为 0.18～0.25m/s)，平均噪声 49.8dB(A)，平均点最大含尘浓度(≥0.5μm，28.3L/min 粒子计数器检测)0.55粒/L，室平均统计浓度 0.66粒/L，平均沉降菌 0.15个/(ϕ90 皿 · 0.5h)。几年来使用效果甚好，1994～1997 年的 4 年中治疗 110 例无一感染。

至 2009 年，我国有白血病人约 400 万，急性淋巴细胞白血病的救治率达到了 95%以上，连续 5 年持续不复发并治愈的可能性也已达到了 70%至 80%，综合不同类型的白血病，其治愈率应该在 60%左右(据 2009 年 2 月 22 日北京晚报第 7 版报道)。

现在，关于生物洁净室(装置)作为治疗白血病的不可缺少的保证条件这一点，已经无可置疑了。

在医用生物洁净室的发展上，美国曾居世界首位，还在 20 世纪 70 年代末已达到 288

个，其中手术室方面240个，病房方面48个。除美国之外，日本医用生物洁净室的建造数目，70年代后期已有127个，是德、法、英、瑞士等欧洲各国建造数目的几倍。洁净手术室中，人工关节置换手术室占绝大多数；洁净病房中，急性白血病房又占绝大多数[13]。

随着中国经济建设的发展，已于1996年实施了《军队医院洁净手术部建筑技术规范》，1997年实施了《军队医院洁净护理单元建筑技术标准》，2000年实施了国标《医院洁净手术部建设标准》，2002年实施了国标《医院洁净手术部建筑技术规范》。《综合医院建筑设计规范》已经制订。各类洁净室（洁净用房）已在医院各部门得到应用，据不完全统计，洁净手术室已建成一万余间。

这里要特别强调，虽然通过室内空气使手术部位感染的机率远不如接触感染的，但在中国由于手术本身的技术、手术器械、仪器设备、医护水平及建筑技术都有了巨大进步，唯有空气质量落后，空气污染控制就上升到重要地位。空气洁净技术仅是手术室空气消毒灭菌诸途径中的一条，但却是能满足全过程控制、全面控制和关键点控制要求的唯一途径。作者认为这三者是现代产品质量控制的基本要求[14]。但是，也有建设不好、管理不好的洁净手术室效果不好的例子。

在制药方面，由于对药品特别是用于静脉注射、肌肉注射和眼药等制剂的纯度要求越来越高，使得更多的药品必须在洁净环境中生产。因为实验表明，一定数量的微粒进入血液循环系统中，会引起多种有害症状，而注射针剂或输液药剂中如果含有任何细菌，则其产生的多糖物会引起患者的热原反应[15]。所以先进的制药工业，特别是其针剂的充填、分装工序以及质量检查、化验等环节，都普遍采用了不同级别的生物洁净室。国内从20世纪80年代中期以后普遍推行国际上从60年代开始的《药品生产质量管理规范》（即GMP）制度，在人药、兽药、器械、包装用品生产中都规定必须按标准建立洁净生产车间，并且已经取得良好的效果。此外，在食品甚至化妆品工业方面，生物洁净室技术也已开始应用，2011年实施了《食品工业洁净用房建筑技术规范》（GB 50687—2011）。

在无菌实验方面，生物洁净室成功地被应用于组织培养、癌细胞培养、疫苗培养、抗生素的生产等部门。因为要在人体以外培养出活的癌细胞植株，往往要经过一年以上的时间，稍有污染，即前功尽弃。在抗生素生产过程中，如果不慎污染，则成吨的营养原料都会成废料。还有一个值得注意的无菌实验领域就是无菌动物的饲育。用于生物、化学、医药实验的所谓“无菌动物”，是指其体内不存在任何致病微生物的动物。

也有用无特殊病原菌或只带已知或指定的细菌的动物即SPF（specific pathogene free animal）动物，用这些动物进行实验，从而可以消除实验过程中动物本身所含杂菌的影响，真实迅速地得出结果。这种无菌动物或SPF动物必须一代一代地在生物洁净室中繁殖，从其一出母胎即免去细菌感染的可能性，而保证纯种。

无菌动物是实验动物领域中最高一级即第四级。1992年国内也颁布了实验动物分级标准[16]，2008年实施了《实验动物设施建筑技术规范》（GB 50447—2008）规定二级动物除没有或需要时没有本级指定的微生物外，必须没有或需要时没有一级指定的微生物，以下类推，详见表9-6～表9-8。关于实验动物还先后颁布过国家的或地方的环境标准。

表 9-6　实验动物病毒检测等级标准

动物等级	病毒	动物种类：小鼠	大鼠	豚鼠	地鼠	兔
一级：普通动物（二级、三级、四级均包括）	淋巴细胞性脉络丛脑炎病毒 Lymphocytic Choriomeningitis Virus(LCMV)	○		○	○	
一级：普通动物	流行性出血热病毒 Epizootic Hemorrhagic Fever Virus(EHFV)	○	○			
一级：普通动物	小鼠脱脚病病毒(鼠痘病毒)Eotromelia Virus(poxvirus of Mice)	○				
一级：普通动物	兔出血症病毒 Rabbit Hemorrhagic Disease Virus					○
二级：清洁动物（三级、四级均包括）	鼠肝病毒 Mouse Hepatitis Virus(MHV)	○				
二级：清洁动物	仙台病毒 Sendai Virus	○	○		○	
三级：无特殊病原动物（四级包括）	猴病毒 Simian Virus(SV5)			○	○	
三级：无特殊病原动物	小鼠肺炎病毒 Pneumonia Virus of Mice(PVM)	○	●	○	●	
三级：无特殊病原动物	呼肠弧毒病 3 型 Reovirus Type 3(Reo-3)	○	●	○	●	
三级：无特殊病原动物	小鼠脑脊髓炎病毒 Mouse Encephalomyelitis Virus(GdDN)	○	●		●	
三级：无特殊病原动物	小鼠腺病毒 Mouse Adenovirus(MAd)	●				
三级：无特殊病原动物	K 病毒 K Virus(KV)	●				
三级：无特殊病原动物	小鼠微小病毒 Minute Virus of Mice(MVM)	○				
三级：无特殊病原动物	多瘤病毒 Polyoma Virus	○				
三级：无特殊病原动物	轮状病毒 Rotavirus					●
三级：无特殊病原动物	Toolan's 病毒(H-1)Toolan's Virus(H-1)		○			
三级：无特殊病原动物	大鼠潜在病毒 Kilham Rat Virus(KRV)		○			
三级：无特殊病原动物	大鼠冠状病毒 Rat Corona Virus(RCV)		○			
三级：无特殊病原动物	大鼠涎泪腺炎病毒 Sialodacryoadenitis Virus(SDAV)		○			
三级：无特殊病原动物	新生小鼠流行性腹泻病毒 Epizootic Diarrhoea of Infant Mice(EDIM)	●				
三级：无特殊病原动物	乳酸脱氢酶病毒 Lactic Dehydrogenase Virus(LDV)	●				
三级：无特殊病原动物	小鼠巨细胞病毒 Mouse Cytomegalo Virus(MCMV)	●				
四级：无菌动物	不能有可检出的病毒					

注：○表示要求没有，必须检查；●表示需要时检查。

表 9-7　实验动物病原菌检测等级标准

动物等级	病原菌	小鼠	大鼠	豚鼠	地鼠	兔	狗
四级：无菌动物 三级：无特殊病原动物 二级：清洁动物 一级：普通动物	沙门氏菌 Salmonella Sp	○	○	○	○	○	○
	单核细胞增多性李氏杆菌 Listeria Monocytogenes	●	●	●	●	●	
	假结核耶氏菌 Yersinia Pesudotuberculosis	●	●	●	●	●	
	布鲁氏菌 Brucella						○
	出血败血性巴氏杆菌 Pasteurella Multocida	○	○	○	○	○	○
	支气管败血性包特氏菌 Bordetella Bronchiseptica	○	○	○	○	○	○
	念珠状链杆菌 Streptobacillus Moniliformis	●	●	●	●	●	●
	小肠结肠炎耶氏菌 Yesinia Enterocoliltica	●	●	●	●	●	●
	肺支原体 Mycoplasma Pulmonis	○	○				
	溶神经支原体 Mycoplasma Neurolyticum	●					
	关节炎支原体 Mycoplasma Arthritidis		●				
	鼠棒状杆菌 Corynebacterium Kutscheri	○	○				
	泰泽氏菌 Bacillus Piliformis	○	○	○	○	○	
	大肠杆菌 Escherichia Coli 0115aC:K(B)	●					
	嗜肺巴氏杆菌 Pasteurella Pneumotropica	○	○	○	○	○	
	肺炎克雷伯氏菌 Klebsiella Pneumoniae	○	○	○	○	○	
	金黄色葡萄球菌 Staphylococcus Aureus	○	○	○	○	○	
	肺炎链球菌 Streptococcus Pneumoniae	○	○	○	○	○	
	乙型(β)溶血性链球菌 β-hemolytic Streptococcus	○	○	○	○	○	
	绿脓杆菌 Pseudomonas Aeruginosa	○	○	○	○	○	
	无任何可查到的细菌	○	○	○	○	○	

注：○表示必须检查；●表示需要时检查。

表 9-8　实验动物寄生虫监测等级标准

动物等级	寄生虫	动物种类					
		小鼠	大鼠	豚鼠	地鼠	兔	狗
四级：无菌动物 / 三级：无特殊病原动物 / 二级：清洁动物 / 一级：普通动物	体外寄生虫(节肢动物)Ectoparasite	○	○	○	○	○	○
四级：无菌动物 / 三级：无特殊病原动物 / 二级：清洁动物	脑原虫 Encephalitozoon Cuniculi	●	●	●	●	○	
	阿米巴 Entamoeba Sp	○	○	○	○	●	●
	爱美尔球虫 Eimeria Sp	●	●	○	●	○	
	带绦虫 Taenia Sp	○	○		○	○	●
	短膜壳绦虫 Hymenolepis Nana	○	○		○		
	长膜壳绦虫 Hymenolepis Diminuta	○	○		○		
	孟氏裂头绦虫 Spirometra Mansoni						●
	华支睾吸虫 Clonorchis Sinensis						●
	猫后睾吸虫 Opisthorchis Felineus						●
	卫氏并殖吸虫 Paragonimus Westermani						●
	犬钩虫 Ancylostoma Caninum						○
	弓蛔虫 Toxocara Sp						○
	管状线虫 Syphacia Sp	○	○		○		
	四翼无刺线虫 Aspiculuris Tetraptera	○	○		○		
	结膜吸吮线虫 Thelaziidae Callipaeda						●
	棘腭口线虫 Gnathostoma Spinigerum						●
	犬恶丝虫 Dirofilaria Immitis						○
	肾膨结线虫 Dioctophyma Renale						●
	鼠膀胱线虫 Trihosomoides Crassicauda	○	○		○		
	肝毛细线虫 Capillaria Hepatica	○	○		○		
	栓尾线虫 Passalurus Sp			○		○	
四级：无菌动物 / 三级：无特殊病原动物	卡氏肺泡子虫 Pneumocystis Carinii	○	○		○		
	毛滴虫 Trichomonas Sb	○	○		○		
	鼠贾第鞭毛虫 Giardia Muris	○	○		○		
	鼠六鞭毛虫 Spironucleus Muris	○	○		○		

注:○表示要求没有,必须检查;●表示需要时检查。

在宇宙航行方面,第一个应用生物洁净室的是登月飞行器[17]。登月飞行器及用来取回月球岩石的容器以及将取回的月岩进行化验,这些都必须在生物洁净室中进行,因为如果把地球上任何有机物质带到宇宙中别的星球上去或者在化验中误把地球上的有机物当成是带回来的宇宙物质中所固有的,都将导致错误的研究结论和产生极其严重的后果。

9-2　微生物的主要特性

对于控制微生物污染来说，了解微生物的主要特性是必要的，由于藻类和原生动物较大，可以不涉及，根据有关微生物学的著作，下面就其他几种微生物列出其主要特性，如表9-9所列。

表9-9　微生物主要特性

微生物	菌落特征	个体形态	生理特性	繁殖方式
病毒	无菌落形态	无细胞结构，杆、球、多角、蝌蚪状	属性寄生于动植物、细菌和人体	在寄主细胞内进行核蛋白复制
立克次氏体	同上	多形性	属性寄生于昆虫和人体	在寄主细胞内繁殖
细菌	湿润光滑有光泽、半透明或不透明	单细胞，细胞结构不完善，有杆、球、弧三形态	往往被噬菌体侵蚀，一般在中性及微碱环境中生活	分裂繁殖
放线菌	干燥坚硬，有折皱	菌丝纤细，不分隔，细胞核结构不完善；一般孢子成吊状	生长较细菌、霉菌慢，环境为中性及微碱性	孢子由孢子丝断裂方式形成
酵母菌	与细菌相似，大	单细胞，细胞结构完善；圆或卵形	在偏酸条件下生长	出芽生殖，有的为有性繁殖
真菌：霉菌	棉絮状或绒毛状，有色，大	菌丝有横隔或无横隔，细胞结构完善	较耐酸性	分生孢子或孢子囊孢子，有性繁殖，各式各样

若以细菌来说，还有一个重要特性即生长特性，可以用其生长曲线来描述，它对于掌握生物洁净室的细菌学特征是有用的。后面要讲到的为什么空调设备开机之初细菌浓度大暴增，为什么对新风过滤处理的认识要更新，都和这一特性有关。

按细菌学的常规做法：设将含菌培养基进行培养后定时测定其活菌数目，并以活菌数目随着时间的变化绘成曲线，此即细菌生长曲线，一般如图9-2所示。这条曲线明显地表示出细菌的几个发育生长阶段：

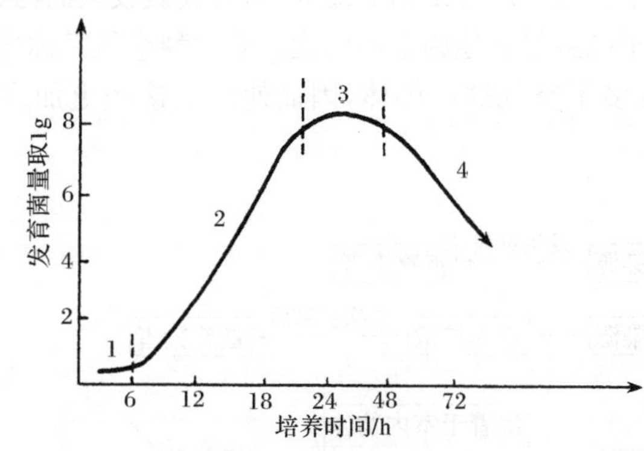

图9-2　细菌生长曲线

1. 准备期(或称延迟期)；2. 对数期；3. 稳定期(或称静止期)；4. 衰减期

(1) 准备期或称延迟期。

少量细菌接种到培养基之后，也需要适应新的环境，所以一般并不马上进行分裂发育，细菌数几乎不增加，甚至某些不适应新环境者还会死亡、会减少。

(2) 对数期。

可以看出该段曲线近似直线，在此期间细菌数按几何级数增加，即 $2^0 \to 2^1 \to 2^2 \to 2^3 \to 2^4 \cdots \to 2^n$。从本次分裂到下一次分裂所需的时间，不同细菌是不同的，例如：

肠内细菌	～20min
葡萄球菌	30～40min
结核菌	18～24h

以葡萄球菌来说，1h 分裂约 2 次，则 8h 后分裂 16 次，菌数将从 1 个急增到 65536 个，12h 后将急增到 1.6777×10^7 个。对数期一般可延续一天。病毒的增殖还要快，一个病毒在活细胞内可一下复制出 10 万个子病毒。

(3) 稳定期或称静止期。

在一定量的培养基中，细菌不可能无限制地按对数期的速率增长，由于培养基中营养不足、有害代谢物积累等原因，在对数期末细菌生长速率逐渐下降，死亡逐渐增多，以致平衡，使活菌数保持稳定，如同细菌已停止繁殖一般。这一阶段大约有一天长短，所以培养皿的培育时间以在 24～28h 之间为宜。

(4) 衰减期。

稳定期后若再继续培养，细菌死亡率逐渐超过生长率，以致活菌数开始下降，衰减期开始。

9-3 微生物的污染途径

为了控制微生物的污染，了解微生物主要是细菌和病毒的污染途径同样是必要的。

微生物的污染通常有四种途径：

(1) 自身污染，由于患者自身带菌而污染。又称内源性污染。

(2) 接触污染，由于和非完全无菌的用具、器械或他人的接触而污染。

(3) 空气污染，由于空气中所含细菌的沉降、附着或被吸入而污染。

(4) 其他污染，由于昆虫等其他因素而污染。后三种途径又称外源性污染。

对于洁净室来说，多了空气这一媒体，因而使污染途径更加多样，可以图示为如下几种[18]：

(1) 同一室内：

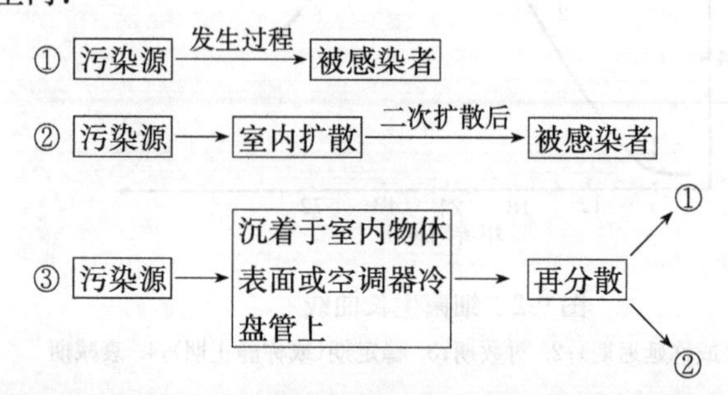

(2) 他室的影响：

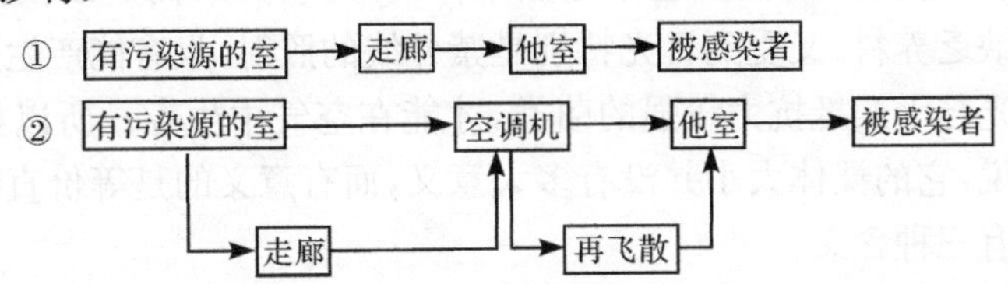

所以生物洁净室和工业洁净室的不同点，就是不仅要通过空气过滤的办法，使进入室内空气中的生物的和非生物的微粒数量受到严格控制，而且要对室内人员、器具、壁板等表面进行灭菌处理，因而生物洁净室的内部材料要能经受各种灭菌剂的侵蚀。所以，在国外文献中，对生物洁净室的一种解释就是对其结构和材料允许作灭菌处理的工业洁净室。

因而，生物洁净室的两个主要技术问题就是空气中的微生物主要是细菌的过滤清除问题和对各种表面的灭菌处理问题。

9-4　生物微粒的等价直径

9-4-1　微生物的尺度

微生物也是一种固体微粒，生物微粒包括微生物及其大小如表 9-10 所列[19~21]。

表 9-10　微生物的尺度(μm)

藻类	3～100	病毒	0.008～0.3
原生动物		脊髓灰质炎病毒	0.008～0.03
菌类		流行性乙型脑炎病毒	0.015～0.03
细菌		鼻病毒	0.015～0.03
白色、金黄色葡萄球菌	0.3～1.2	肝炎病毒	0.02～0.04
炭疽杆菌	0.46～0.56	SARS 病毒	0.06～0.2
普通化浓杆菌	0.7～1.3	腺病毒	0.07
肠菌	1～3	呼吸道融合病毒	0.09～0.12
伤寒杆菌	1～3	流行性腮腺炎病毒	0.09～0.19
大肠菌	1～5	副流感病毒	0.1～0.2
白喉菌	1～6	麻疹病毒	0.12～0.18
乳酸菌	1～7	狂犬病病毒	0.125
肺矽杆菌	1.1～7	天花病毒	0.2～0.3
结核菌	1.5～4	肠道病毒	0.3
破伤风菌	2～4	立克次氏体	0.25～0.6
水肿菌	5～10		

9-4-2　生物微粒的等价直径

生物洁净室的细菌过滤清除问题是否比过滤灰尘难得多？人们直觉是细菌太小了，其实不然。这里涉及本书提出的一个概念——生物微粒等价直径。

细菌、螺旋体、立克次氏体和病毒这些微生物在空气中是不能单独存在的，常在比它们大数倍的尘粒表面发现[22]，而且也不是以单体的形式存在，而是以菌团或孢子的形式存在。因为空气缺乏养料，又受到日光特别是紫外线的照射，只有能产生芽孢和色素的细菌及真菌和对日光与干燥抵抗力较强的菌类，才能在空气中生存。所以如果单就空气中大部分浮游菌来说，它的裸体大小并没有多大意义，而有意义的是等价直径或当量直径。

等价直径可有三种含义：

(1) 从偏安全考虑，令等价直径等价于最大穿透率的微粒粒径，也就相当于带菌尘粒通过过滤器的下限(最小)直径，可称为尘粒所带生物微粒的穿透等价直径。

(2) 从过滤效果考虑，令其等价于该细菌群过滤效率的粒径，可称为效率等价直径。

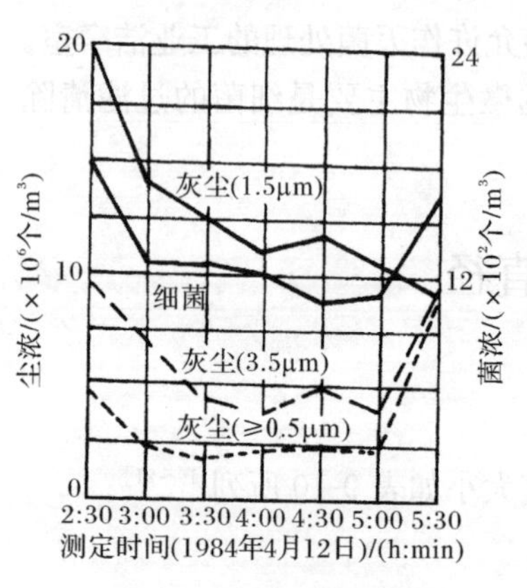

图 9-3　医院空气中菌尘浓度变化曲线

李恒业[23]根据实测资料，得出空气中菌浓与 3.5μm 尘粒浓度之间有一定相关关系，见图 9-3～图 9-5，并认为几种纤维滤料对大气菌的过滤效率与对 4～5μm 微粒的过滤效率相当。但涂光备等[24]得出纤维对大气菌的过滤效率与其对≥5μm 的大气尘的计数效率有较好的线性相关关系，见图 9-6。可以近似地把对大气菌效率看成对≥5μm 大气尘的计数效率，或者用下式计算：

$$\eta_b = 1.07\eta_d - 5.02 \tag{9-1}$$

式中：η_b——对大气浮游菌过滤效率；

η_d——对≥5μm 大气尘计数效率。

这就是说，大气菌的效率等价直径约为 7μm，因为只有 7μm 的效率才相当于≥5μm 的效率。

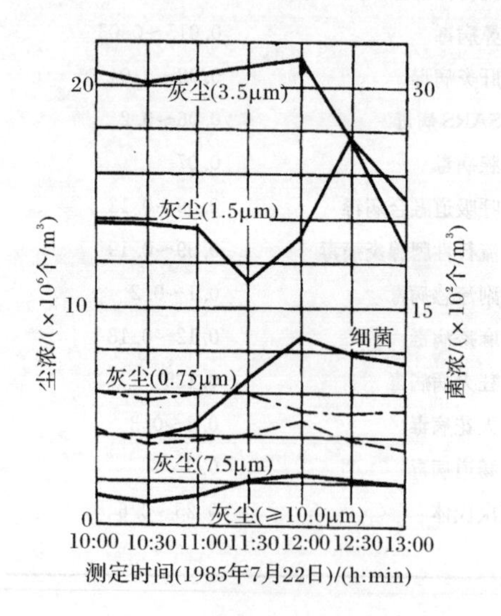

图 9-4　办公场所菌、尘浓度变化曲线

(注：① 1.5μm 的灰尘浓度为图中坐标数据乘 10；② 0.75μm 的灰尘浓度为图中坐标数据乘 100。)

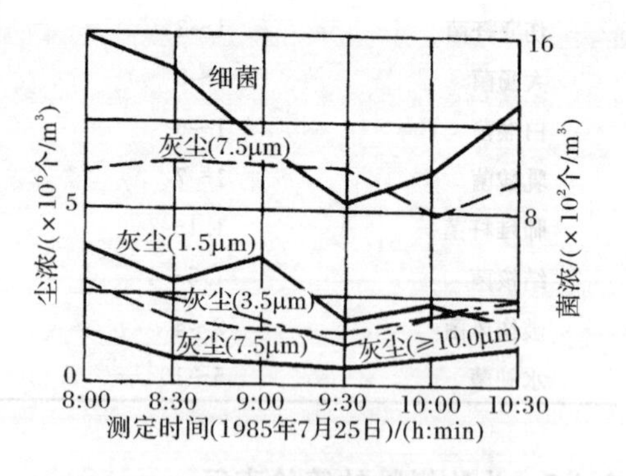

图 9-5　大气菌尘、浓度的变化曲线

(注：① 3.5μm 的灰尘浓度为图中坐标数据乘 10；② 0.75μm 和 1.5μm(据 1986 年洁净学会论文 171 页补加——作者)的灰尘浓度为图中坐标数据乘 100。)

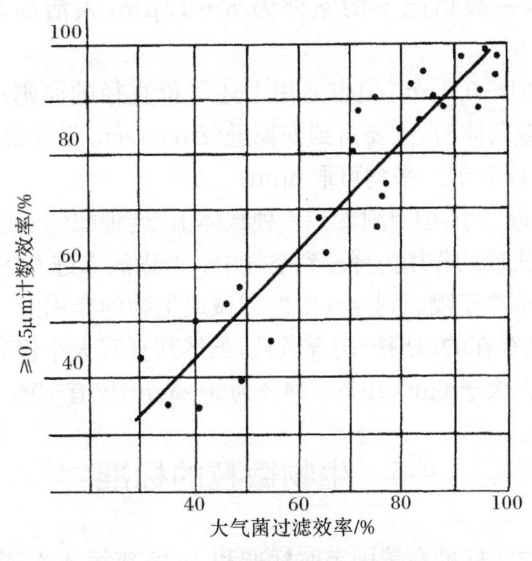

图 9-6　菌尘效率的相互关系

(3) 从沉降速度考虑，令其等价于和该细菌群具有相同沉降量即相同沉降速度时的粒径，可称为沉降等价直径。

反映 v_s 和 d_p 关系的式(6-8)是按尘粒密度为 2 得到的。在比较洁净的场所，生物微粒的载体应多为有机性微粒，其密度可认为小于 2 而大于 1，则由式(6-8)求任意 ρ 时的 d_p 需加以修正，得到

$$d_p = \left(\frac{v_s}{0.6 \times 10^{-2}\,\dfrac{\rho}{2}}\right)^{1/2} \tag{9-2}$$

式中沉降速度 v_s 由式(6-27)求出，为

$$v_s = \frac{N_g}{NfT} \quad (\text{cm/s}) \tag{9-3}$$

若用此公式通过实测数据求 d_p，则式中：N_g 为细菌沉降量(个)；N 为浮游菌浓度(个/cm^3)；f 为采样面积即沉降面积，也即平皿面积(cm^2)；T 为采样时间即沉降时间(s)。

本书关于沉降菌和浮游菌的数量均用“个”表示，是指经沉降法或浮游法任一种方法采样、培养后所得的菌落(簇)数，一个菌落虽包含成千上万个细菌，但所代表的从空气中采到的(或沉降的)细菌只是 1 个。在一些文献上菌落数习惯被用 CFU(colony-forming units)表示。

据有关实测数据[25]按 $\rho=1$ 计算的沉降等价直径，对于无空气净化的普通手术室在 6～9μm之间，平均为 7.36μm；洁净手术室等有空气净化的房间在 3～8μm 之间，平均为 5.5μm。若 ρ 按 1.5 考虑，则上述平均分别为 5.2μm 和 3.9μm，所以在计算等价直径时一定要注意微粒密度。

以上三种等价直径当然是不会相等的，采用何种等价直径应视目的而定，例如涉及过滤细菌的效果时，当然用效率等价直径，涉及细菌沉降量时则应用沉降等价直径。但在一般情况下谈到细菌等价直径，除非特指，皆为沉降等价直径，对洁净场所可有 1～5μm，

一般场所为 6～8μm，一般情况下的室外为 8～12μm，人活动多且较脏的场所可达 10～20μm[26]。

病毒虽然只有 0.01～0.1μm，但也适用上述等价直径的原则；王毓明等在全国六大味精厂采细菌的病毒噬菌体时，主要落到安德逊(Andersen)采样器的Ⅲ、Ⅳ节上[27]，即主要大小是 2～5μm(见 17-5 节)，平均可取 3μm。

这是因为细菌、病毒虽小，但要附着在一种载体上，这种载体一般就是包被微生物的营养物质，通过人为的或机械的作用力释放到空气中。所以病毒进入空气中的粒子大小，与病毒本身大小无关，而是取决于喷洒到空气中的器械或生物的作用力。例如用多级液体撞击采样器采集空气中自然存在的口蹄疫病毒微粒，虽然其真实大小仅有 25～30nm，但分级采样结果表明，65%～71%大于 6μm，19%～24%为 3～6μm，仅有 10%～11%是小于 3μm[28]。

9-5　生物微粒的标准

洁净室中生物微粒的标准在美国宇航标准和 1978 年第 4 次国际污染控制协会曾经提出过的国际标准(草案)中都给出了相同的规定，但是都没有给出制定的说明。本节根据前面谈到的一些方法，探讨如何确定生物微粒的标准。

9-5-1　微生物的浓度

单位体积空气中所含微生物数量即微生物浓度，是生物洁净室主要控制目标。

据相关报道[3]，手术室所用器械的 53%被手术室内空气中细菌污染，说明空气含菌浓度与接触感染有很大关系；关节修复手术感染率与伤口周围 30cm 的空间中微生物浓度有关，例如发现全髋关节置换术切口上发现的细菌的 30%由空气沉降而来，68%从间接途径而来。

1978 年世界卫生组织 WHO 根据两名美国学者布鲁尔和华莱士(Blwer 和 Wallace)的研究结果(载 Journal ASHRAE 1968 年 7 月号)提出如果空气中细菌总数达到 700～1800 个/m^3，则有空气传播感染的明显危险性，细菌总数不足 180 个/m^3 则这种危险性似乎很小[29]。从而提出，细菌浓度低于 10 个/m^3 为最低细菌数，低于 200 个/m^3 为低细菌数，200～500 个/m^3 为一般细菌数。上述美国学者还提出在有危险性的细菌总数中，有明显致病作用的金黄色葡萄球菌的比例可达 5%，在这一条件下，容易引起败血症。

瑞典学者甚至就膝盖整形及移植手术中败血症发病率与室内微生物浓度得出关系式[3]：

$$\text{败血症发病率} = 0.84 \times 0.18\sqrt{A} \tag{9-4}$$

式中 A 为空气微生物浓度。

钟秀玲分析临床微生物与感染关系后，形象化地用下面的公式表述这种关系[30]：

$$\text{手术部位感染风险} = \frac{\text{细菌数} \times \text{细菌毒力} \times \text{异物}}{\text{人体的抵抗力}} \tag{9-5}$$

表明菌浓与异物均是手术部位感染的因素[31]。无菌异物将引起粘连和肉芽肿，对所有手术的风险高达 50%～100%，甚至要后续手术。(9-5)显然不能被认为可以进行定量计算，它只形象说明，分子上的因素增加，感染危险性可能增加；分母上的因素增加，感染危险性可能减小。这里说的是风险，不是具体指标。

虽然到目前为止，没有发现总微粒数与微生物浓度之间有直接关系，但国内外大量检测都证明，“100 级洁净室的微生物浓度比 10000 级和 100000 级洁净室内的微生物浓度低得多”、“100 级洁净室内极少发现微生物。”[32]这一基本事实。（作者注：句中级别均为 209 系列标准）

洁净度高的地方微生物浓度低，微生物浓度低的地方污染或感染的风险就小（在其他条件相同的情况下），这应该是一个基本原理。

9-5-2　浮游细菌数量和标准

下面谈到生物洁净室中的微生物主要是指细菌。因为病毒不能被通常的方法培养为可见群体，细菌和尘粒是有一定依存关系的，但是迄今为止的研究工作还不能提供这两者之间确切的相关关系；而这种相关关系正是制定浮游细菌标准所必需的，图 9-7 上下两条实线是文献[33]中发表的生物洁净室中浮游菌和尘粒数的相关范围，可见对同一含尘浓度可有相差极大的浮游菌数。但是可以利用这张图的相关范围（虽然还不是比较确切的相关关系），来确定一个在某含尘浓度下的浮游细菌数的最大限度。如以一个式子近似描述，则为

$$N_b = \frac{\sqrt{N}}{100} \tag{9-6}$$

式中：N_b——浮游细菌数（个/ft^3）；

N——含尘浓度（粒/ft^3）。

若单位改为“L”，则又可写为

$$N_b = \frac{\sqrt{N}}{530} \tag{9-7}$$

作为近似计算可采用

$$N_b \approx \frac{\sqrt{N}}{500} \tag{9-8}$$

图 9-7 中虚线即为由式(9-6)算出的浮游菌最大限度。

根据微生物尺度一节中细菌的大小以及图 1-1 可知，最大细菌直径可按 10μm 考虑（不包括个别更大者）。据此，当由已知的 N_{0b}值对 N_{gb}计算后，其结果列于表 9-11。

由表 9-11 的计算结果作者曾推论美国宇航标准和当年的国际标准（草案）就都是以最大沉降量给出沉降菌标准的，这符合作为标准的偏安全性的考虑。

表 9-11　每周每平方米面积的沉降细菌数

美国宇航标准中 0.5μm 各级别的浮游细菌数 N_{0b}		沉降细菌数/个		
		计算值 N_{gb}		美国宇航标准
		1μm	10μm	
10 级	0.00142 个/L(0.04 个/ft^3)	67	5153	5200①
100 级	0.00354 个/L(0.1 个/ft^3)	169	12846	12900
10000 级	0.0177 个/L(0.5 个/ft^3)	835	64230	64600
100000 级	0.0884 个/L(2.5 个/ft^3)	4170	320786	323000

注：10 级数据引自表 7-2。

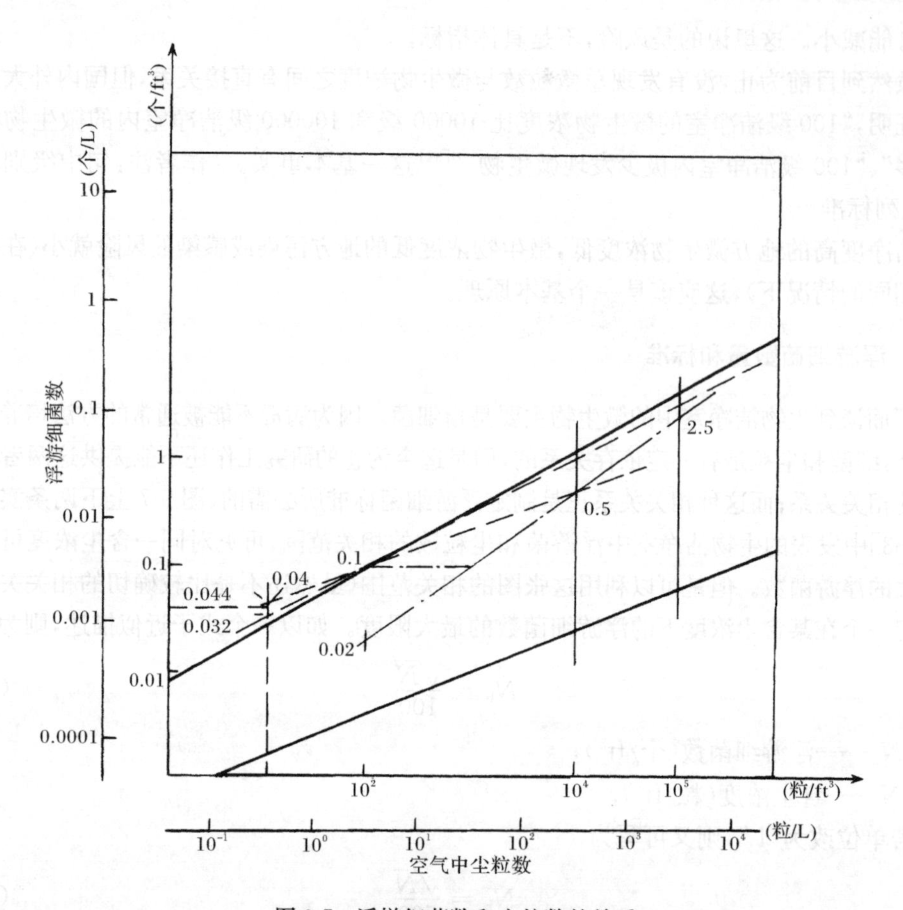

图 9-7　浮蝣细菌数和尘粒数的关系

如果用第六章中的菅原文子的公式即式(6-26)计算细菌沉降量，将比按式(6-31)计算的结果小；或反之，由沉降量反算浮游细菌量时，结果将变大。例如对于 5μm 微粒，这一相差将达 20%。此外，在第六章已说过，对于有限高度的无送风的房间是不能应用菅原文子的公式的，因为假如取培养皿(简称平皿)开放时间 T 为 3h 即约 10^4s，对于 5μm 微粒在此期间将沉降 15m，远远超过室高，即室内的 5μm 浮游微粒均已沉降；或者说，在采样的沉降时间内，浮游菌浓度不能作为常量，所以不能应用菅原文子的公式。

现把上面得出的每周每平方米的沉降细菌数换算成每个培养皿(美国标准用 100mm 直径，我国常用 90mm 直径)沉降半小时的沉降量，则如表 9-12 所列。

表 9-12　每个培养皿半小时沉降量

培养皿大小	细菌大小/μm	浮游细菌数/(个/L)			
		0.00142	0.00354	0.0177	0.0884
ϕ100	1	0.0013	0.0033	0.0165	0.0825
ϕ90		0.0011	0.0027	0.0135	0.0675
ϕ100	10	0.11	0.28	1.4	7
ϕ90		0.09	0.23	0.15	5.7

显然，从图 9-8 中可以看出，0.1、0.5 和 2.5 这三个数分别是宇航标准 100 级、10000 级和 100000 级的浮游菌浓度(个/ft^3)，这三个级别的浮游细菌数并不在一条直线上，2.5 和 0.5 这两个数分别相当于相关范围的上下两个数的平均值，但是第三个数既不是这种平均值也不是前两数连线延长线上的值 0.02，而是相关范围的上限值 0.1。从美国国家航空及宇宙航行局的《关于宇宙航行器的微生物学实验标准》(NASA 标准 NHB 5340-1)对微生物测定的一些规定中可以看出，由于规定间歇采样(平时的检测都属间歇采样)时采样率要用 28.3L/min(1ft^3/min)的大流量，采样时间不得超过 15min。因为每个测点时间太长了，被测对象的状态就可能有变化。对于连续监测采样或多点同时采样这不会成为问题，在不到 15min 的采样时间中(一般常用 10min)最少采集到的细菌只能是 1 个(不可能出现小数)，则浮游细菌数最少相当于 0.0025～0.0035 个/L(0.07～0.1 个/ft^3)。如果考虑到采样时间可能短于 15min，则把可能测到的最小值定在 0.0035 个/L(0.1 个/ft^3)是合适的，也正好是相关范围的上限。如果将这一标准定得很低，例如定为0.0007个/L(0.02 个/ft^3)，则即使用 28.3L/min 的大流量采足 15min，也采不到 1 个细菌，在当时的技术条件下再增大采样流率已不太可能。所以在曾经提出过的国际标准草案中，对于含尘浓度为 0.35 粒/L 空气中的浮游细菌数也只能定在相关范围的上限，就是0.0014个/L(0.04 个/ft^3)；由图 9-7 可见，正好处于前两级标准数值的连线附近。若按式(9-4)计算，则应为 0.0011 个/L(0.032 个/ft^3)。

综上所述，可以窥见关于悬浮生物微粒标准制定中的有关联系。作者认为，这一标准的几个数值之间由于不能进行内插，在使用上是不便的，不管上述菌尘之间的相关范围的精确性如何，既然现行标准的几个数值都靠近相关范围上限。其中只有一个数值偏远一些，则改由相关范围上限——具体说即按式(9-6)(图 9-8 中长的虚线)来确定这一标准更合乎道理。这样可使各级连贯起来，在各级之间也可以进行内插。

9-5-3　沉降细菌数量和标准

沉降细菌数量决定于浮游细菌数量，计算沉降数量的方法也和第六章中关于计算一般微粒沉降的方法是一样的。

设当每立方米空气中浮游细菌数为 N_{0b} 时，每周每平方米面积上的沉降细菌数为 N_{gb}，则按式(6-31)有

$$N_{gb}=\alpha v_s N_{0b}\times 3600\times 24\times 7$$

在应用这个公式时，主要问题是浮游菌的粒径如何确定，从而系数 α 取多大。作为尘粒，在空气中的分布是一定的，宜按其某种平均粒径计算沉降量，但是在不同情况下浮游菌可能大小很不同，若都是很大的一类，则更易沉降。显然，既然把细菌沉降量作为标准，由浮游细菌数量制定细菌沉降量标准时，就应以最大沉降量为准，也就是设浮游细菌都具有一般最大直径时的沉降量，而实际允许的沉降量则不应大于这个值，否则就说明浮游细菌数超过了标准。

通过上面的比较，说明用式(6-31)计算浮游细菌和沉降细菌的关系是可行的，用式(9-6)反映的菌尘相关关系来确定浮游细菌的浓度标准是比较简便的，因此，作者曾提出表 9-13 作为制定“3”系列和“3.5”系列洁净度级别的生物微粒标准的参考。

表 9-13　生物微粒标准的参考值

含尘浓度最大值 /(粒/L)	浮游菌最大浓度 /(个/L)	允许最大沉降菌数 /[个/(周·m²)]	ϕ90 培养皿 0.5h 最大沉降量 /个
0.3	0.001	3629	0.068
0.35	0.0011	3992	0.075
3	0.0033	11976	0.225
3.5	0.0035	12700	0.239
30	0.01	36290	0.682
35	0.011	39920	0.75
300	0.033	119760	2.25
350	0.035	127000	2.39
3000	0.1	362900	6.82
3500	0.11	399200	7.5
30000	0.33	1197600	22.5
35000	0.35	1270000	23.9

表 9-13 中低含尘浓度下的每只培养皿上的含菌微粒沉降量是极小的，显然用一只甚至几只培养皿都是检测不准的，至于最少应使用多少只培养皿，在第十六章再行讨论。

9-6　沉降菌和浮游菌的关系

生物洁净室的生物微粒标准，既有沉降菌标准又有浮游菌标准，于 1997 年颁行的 EU(欧盟)GMP，1998 年实施的我国 GMP 和 2002 年实施的我国兽药 GMP 以及 2011 年实施的我国新版 GMP，还有前面提到的关于洁净手术部的标准、规范，都制订了这两个标准。所以对它们之间的关系就不能不予以注意。

由于：

(1) 沉降菌法是测生物微粒最经典的方法，其最大特点是简单易行。

(2) 过去已经有大量沉降菌浓度资料，必要时需要知道沉降菌浓度和浮游菌浓度的换算关系。

(3) 当一些场合无条件测浮游菌时，也需要一个沉降菌与浮游菌的换算关系。

(4) 由于表面沉积指标越来越受到重视，所以测生物微粒的沉降菌法仍然有它应用的场合。

因此，沉降菌浓度标准和浮游菌浓度标准有其分别存在的必要，当然也就有了探讨其换算关系的需要。

9-6-1　奥梅梁斯基公式的证明

前苏联的奥梅梁斯基公式是在我国得到过普遍采用的换算沉降菌与浮游菌关系的公式。该公式表示，在 100cm² 培养基上沉降 5min 所得细菌数量，与 10L 空气中的浮游含菌量相同。其中 10L 为校正值。用公式表示即

$$N_g = 10N_L \tag{9-9}$$

式中：N_L——菌浓(个/L)；

N_g——在 $100cm^2$ 培养基上沉降 5min 后的菌落数(个)。

但是，普遍反映此式不准确，有人提出实测论据[34,35]。作者认为，该式结果不准确主要是提出者未说明适用条件和应用者不分场合一概套用的结果。

没有看到给出奥氏公式来源的文献，现用第六章中的原则给予证明。

现再把式(6-27)写在下面：

$$N_g = v_s fTN \tag{9-10}$$

这里要注意的是 N 的单位是“个/cm^3”。

从关于等价直径的论述中可知，一般环境中该直径在 5～20μm，较多的情况下可取用 5～10μm。若取该范围的平均值 $d_p=7.5\mu m$，$\rho_p=2$，则 $v_s=0.33cm/s$，代入式(9-10)得到在 $100cm^2$ 上 5min(300s)的沉降菌量

$$N_g=0.33\times100\times300\times N=10\times(1000N)=10N_L$$

式中：10——校正值(L)。

这正好是奥氏公式即式(9-9)的证明[36]。

9-6-2　沉降量公式的修正[36]

根据一些实测数据，用上述公式换算出校正值，列于表 9-14。

表 9-14　校正值实例

序号	名称	例数	对比仪器型号	状况	由实测结果计算出的平均校正值/L	参考文献
1	医院和药厂无菌室	11	SS-1	静态	3.1	[25]
2	普通实验室和办公室	5	LWC-1	只有三名测定人员，活动较少	3.5	[35]
3	仓库、病房、处置室	6	LWC-1	有人活动较多	13.4	[35]
4	室外	1	LWC-1	春天，毛毛雨转晴	16	[35]
5	室外	1	LWC-1	室外 2～3 级风，较污染	22.4	[35]
6	室外	1	LWC-1	室外 4～5 级风，较污染	47.6	[35]
7	手术室	23	SS-1	非洁净室，术前、中、后皆有	5	[37]
8	教室、商场、影剧院候车厅		LWC-1	自然状态风速 0.1～0.4m/s	32.48	[34]
9	实验室	1	LWC-1	人工喷雾发菌，平均面积直径，经计算为 9.6μm，风速 0.1～0.4m/s	13.28	[34]
10			克罗托夫撞击式采样器		3	[34]

从表 9-14 可以看出，校正值并不等于 10。一般规律是在干净场所校正值小，只有 3～5，在活动稍多或一般室外，校正值大，约达 15～20，在人很多活动很大的场所(如表中所示的商场、候车厅等)校正值超过 30。这表明，对于同一个沉降量来说，人很多且又很

不干净的场合，大微粒多，容易沉降，校正值大，只需要不太大的浮游微粒浓度就可以达到这个沉降量了。

产生多个校正值的原因主要是式(6-27)所表达的沉降量一般公式是一个惯用的公式，没有进行过任何修正。

第六章已证明，应按进行多项修正的式(6-32)计算。现将该式中各修正系数根据表9-14的条件取值，列于表9-15中。

表 9-15　计算校正值

序号	α	$\frac{1}{\sqrt{\beta}}$	$\frac{\rho'_p}{\rho_p}$	ω	d_p	v_s	N_g	计算校正值/L	$\frac{计算校正值}{实测校正值}$
1	1.2	1	1	1	3.9	0.15	3.3N_L	3.24	1.05
2	1.16	0.61	1	0.88	6	0.216	4.03N_L	4.03	1.15
3	1	0.61	1.1	0.88	10	0.6	10.62N_L	10.62	0.79
4	1	0.61	1.1	1.1	10	0.6	13.3N_L	13.3	0.83
5	1	0.61	1.35	1.2	12	0.864	27.32N_L	27.32	1.22
6	1	0.61	1.35	1.4	15	1.35	46.67N_L	46.67	0.98
	1	0.61	1.35	1.8	15	1.35	59.93N_L	59.93	1.26
7	1.16	0.61	1	0.88	6	0.216	4.04N_L	4.04	0.81
8	1	0.61	1.25	0.95	15	1.35	29.4N_L	29.4	0.91
	1	0.61	1.25	0.95	17	1.73	37.6N_L	37.6	1.16
9	1	1	0.5	0.95	9.6	0.55	7.85N_L	7.85	0.60
总平均									0.98

对于表9-14和表9-15中的序号1，因为是无菌室，可认为气流速度≈0.3m/s；序号2、3、7取0.15m/s，ω取0.88；序号8、9按表中状况说明取中值0.25m/s，ω取0.95；序号4～6在室外，有几种风速，序号4为春天室外，风速可视为比室内0.3m/s略大，故系数ω取1.1；序号5有2～3级风，取1.2；序号6有4～5级风，分别取1.4和1.8试算，1.8的结果更接近实测；序号10资料太少，未验算。

序号9为喷雾实验，菌滴ρ'_p取1，余皆取2～2.5。

关于等价直径，影响最大，差3倍可使校正值差近10倍。如按前述原则及表9-14中的状况设定，序号1按3.9μm，序号2、7应大于5μm，序号9按实际计算，其他均在10μm以上。所以序号1的α取1.2，序号2、7取1.16，其余均取1。

序号1是非自然沉降，序号9为圆滴，均取$\frac{1}{\sqrt{\beta}}$为1，其余均有此项β修正。

所以，死套奥氏公式一个校正值是不合适的，不准也是必然的。如果不想根据具体条件一个一个地去确定系数，为了便于计算，建议采用表9-16列出的各系数值。

利用表9-16的系数的计算值和实测值比较接近。如果不计算，也可更直接用表9-17所列的参考用校正值。

表 9-16　系数建议用值

α	$\frac{1}{\sqrt{\beta}}$		$\frac{\rho_p'}{\rho_p}$		ω		
干净→脏 1.2～1	自然沉降 0.61	实验喷雾和非自然沉降 1	干净→脏 1～1.16	实验喷雾 0.707	无送风 0.88	洁净室 1	室外有风 1.2～1.6

表 9-17　参考用校正值

环境	校正值/L
洁净室和人少、干净的室内	5
一般的室外环境和室内	10
人多、活动多的公共场所	30
有较大风、有污染源的室外	50

当用平皿测沉降菌时，应有以下推导过程：

$$N_m = \frac{1000}{X}C\frac{100}{A}\frac{5}{T} = \frac{5\times 10^5}{X}\frac{C}{AT} \tag{9-11}$$

式中：N_m——浮游菌浓（个/m^3）；

C——平均每个 ϕ90 平皿菌落（个）；

X——校正值；

A——一个沉降平皿以平方厘米为单位的面积（以 ϕ90 平皿为准）；

T——沉降时间（min）。

最后得到沉降 30min 时

$$N_m = \frac{262}{X}C_{(30)} \tag{9-12}$$

若按奥氏公式，X＝10，则由式(9-11)可得出

沉降 30min　$N_m/C_{(30)}=26.2$

沉降 5min　$N_m/C_{(5)}=157.2$

例 9-1　在洁净室中放 5 个 ϕ90 平皿，沉降 30min，培养后有 1 个菌落，则相当于浮游菌浓度多大？

解：按题意，$C_{(30)}=0.2$。因是洁净室，用表 9-17 中的校正值 X＝5。所以

$$N_m = \frac{262}{5}C = 52.4C = 52.4\times 0.2$$

$$= 10.5(\text{个}/\text{m}^3)$$

从上述可见，$\frac{N_m}{C_{(5)}}$的比值在奥梅梁斯基方法中是一个定值 157.2，而在其他方法中大都也是一个定值，只是具体数字不同。或者虽有范围而条件不具体[38]，见表 9-18。表中除作者数据外，均引自文献[38]。以定值反映各种情况当然是不合适的，而作者的方法则是变值，以式(9-12)而言，X 不同此比值也不同，应该说这更能符合实际。

表 9-18 $N_m/C_{(5)}$ 的值

国别	前苏联	美国	日本			中国	
名称	奥梅梁斯基	NASA NHB5340.2	乘木	佐守	桥本	王莱 涂光备	许钟麟
$N_m/C_{(5)}$	157.2	86.0	30～50	130	98～600 (349±251)	286	$\frac{262\times6}{校正值}$

9-6-3 沉降菌法和浮游菌法在洁净室内的应用

(1) 浮游菌法由于能随机采样、时间较快、受采样条件因素影响少以及理论上可以捕捉到空间任一处的带菌微粒，无疑应是一种理想的微生物采样方法。

但是，浮游菌法有多种原理，每一种原理又有许多方法，每一方法又可能有多种型号仪器。这些仪器测定结果有很大差异，在其各自最合适的采样范围(粒径范围)内都有一个采样效率高低问题，很难比较，甚至彼此矛盾[33]。

又由于浮游菌法的抽气不可能来自某一点，因此对微生物浓度场的分析是不利的。

(2) 当把细菌和病毒作为微粒来看待时，其在有送风的洁净室内的运动主要受气流的支配，凡是气流能够到达的地方，带菌微粒也迅速到达，只要气流能够吹到培养基表面，带菌微粒也能很快和培养基表面接触。认为沉降菌法沉降数量太少、沉降速度太慢甚至认为不能在洁净室使用的观点的主要误区，在于把沉降菌法应用到有送风的洁净室的时候，仍然用"自然沉降"的概念，忽略了微粒跟随气流运动的特性，认为沉降需要几十个小时，殊不知那是裸体菌粒在绝对静止无风的场合是对的，在有送风的场合，空气自然沉降已是次要的了。当然，如果培养皿放在涡流区，则气流紊乱、回旋，减少了和放在平面上的培养皿(基)的接触机会，所以培养皿应放在气流可以到达的而又不是涡流区的地方。

(3) 沉降菌法有最简单、最直观、也是最能真实地反映物体表面(特别是控制部位)自然污染程度的特点。在控制部位沉降菌法得出的监测数据，比较真实地反映出该部位的污染规律，假如在来流路线上没有污染源(例如过滤器漏泄)，则沉降菌法的结果当然不会高，尽管此时在来流附近存在污染(如漏泄)；如果用浮游菌法采样，则就可能把附近的污染气流也吸进来而给出该点细菌浓度的不符合真实的判断。当然，为了真实反映浓度场的情况，需要增放足够的培养皿。

(4) 虽然沉降法可以有较符合实际的计算方法换算成浮游菌浓度，但计算中的一些参数的取值还是不容易准确，这样在结果的认同上就容易出现分歧，特别当用只有 1 个校正值的奥氏公式换算时更是如此。

图 9-8 即是不同场合用两种浮游菌法仪器采样结果和用沉降菌法采样后按奥氏公式换算的结果。用同一个校正值换算出的结果的比较[33]，出现了沉降菌法在干净环境中采样最少、在脏环境中又采样最多的情况。

如果对该图结果用上述对奥氏公式修正的方法分别换算不同环境下的沉降量，则出现图中折线 4，在每一种环境中，都基本介于两种浮游菌法结果之间。

所以，对于沉降菌法结果最好不是通过换算去评定，而是直接采用给出的沉降菌标准。

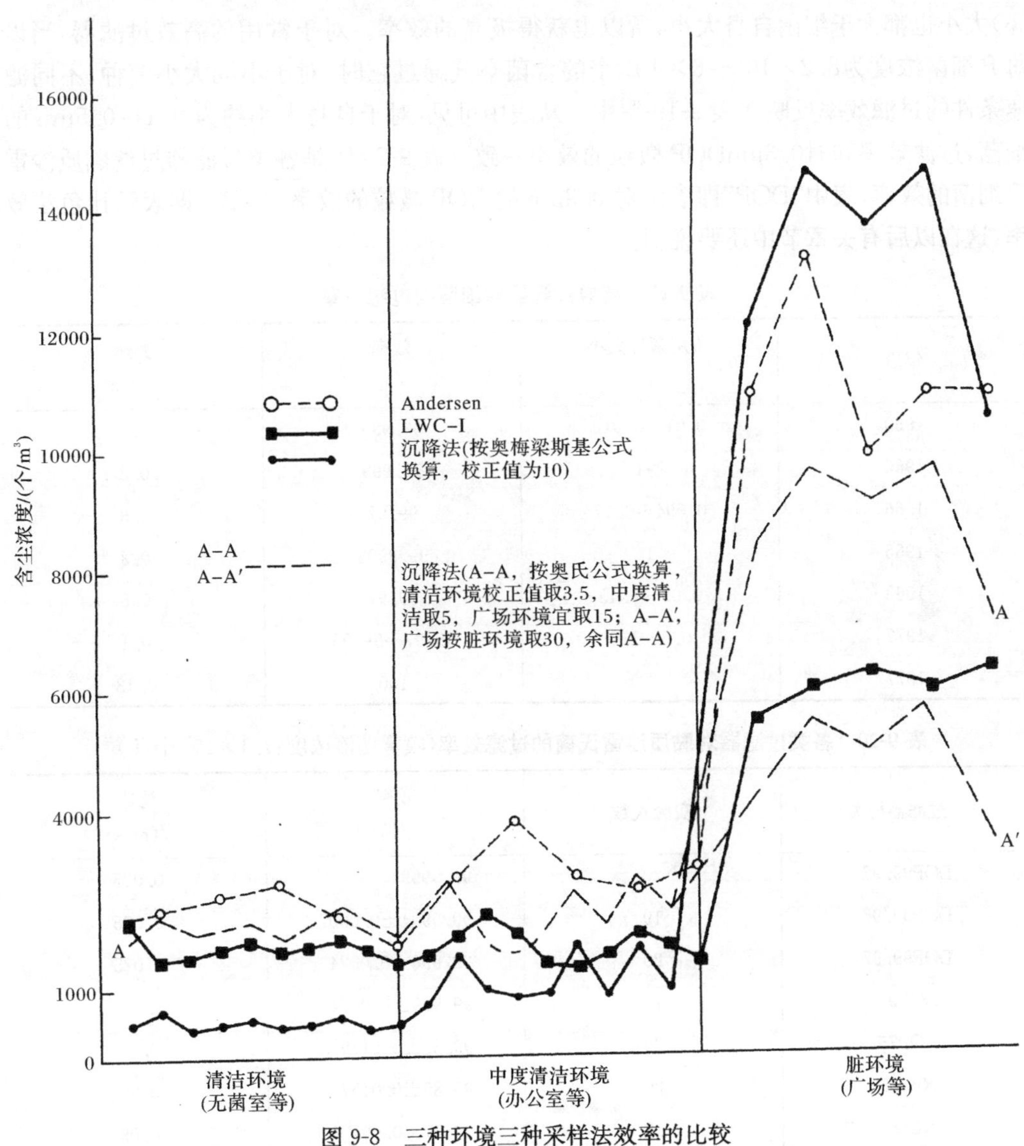

图 9-8　三种环境三种采样法效率的比较

9-7　过滤除菌

正因为尘粒常作为细菌的载体，所以就这个意义来说，空气中尘粒愈多，细菌与之接触的机会也愈多，附着于其上的机会当然也就多了，所以生物洁净室空气中除菌的措施应主要靠空气过滤。

用于生物洁净室的过滤器，有三个问题是人们所特别关心的，下面分析加以论述。

9-7-1　高效过滤器对微生物的过滤效率

由于微生物的等价直径远大于 0.5μm，所以高效过滤器的滤菌效率几近 100%，高效过滤器出口菌浓皆可为“0”。用喷含菌溶液来实验，由于溶液的最后液滴(经自然蒸发干燥)大小也都大于细菌自身大小,所以也获得极高的效率。对于常用的高效过滤器,当以每升细菌浓度为$8.2\times10^2\sim6\times10^4$个的含菌空气通过它时,对于不同大小菌种、不同滤速条件的过滤效率反映在表9-19[39]中。从表中可见,对于自身大小约为0.1～0.5μm的细菌,过滤效率和对0.3μmDOP微粒的效率一致。表9-20[40]是各类过滤器过滤黏质沙雷氏细菌的效率,表中"DOP"即表示对0.3μm的DOP微粒的效率,"NBS"即表示比色法效率,这在以后有关章节中还要说明。

表9-19　高效过滤器对细菌的过滤效率

年份	所用菌种大小/μm	效率/%	滤速/(m/s)
1960	0.01～0.012	99.999	0.1
1966	>1	99.999	0.2
1966	0.094～0.17	99.97	0.3
1966	1	99.9993	0.3
1968	0.05～0.45	99.97	0.5
1977	0.5～1.0	99.97～99.95	0.1
1977	1	100	0.13

表9-20　各类过滤器对黏质沙雷氏菌的过滤效率(喷雾菌液浓度:1.1×10^7个/L)

过滤器种类	实验次数	效率/%	滤速/(m/s)
DOP99.97	20	99.9999	0.025
DOP99.97	19	99.9994±0.0007	0.025
DOP99.97	20	99.996±0.0024	0.025
DOP95	17	99.989±0.0024	0.025
DOP75	20	99.88±0.0179	0.05
NBS95	20	99.85±0.0157	0.09
NBS85	18	99.51±0.061	0.09
DOP60	20	97.2±0.291	0.05
NBS75	19	93.6±0.298	0.09
DOP40	20	83.8±1.006	0.05
DOP20～30	18	54.5±4.903	0.20

由于高效过滤器的阻力大,价格贵,对于要求不是很高的一般生物洁净室,都用这种过滤器是不合适的。从上述细菌的等价直径来看,使用亚高效过滤器甚至中效过滤器也是可行的,这一观点也见于国外的一些研究报告。例如报道过末级过滤器是比色效率90%相当于高中效过滤器的乱流洁净手术室,换气次数只有17～24次,在三年运行中,手术期间的微生物浓度平均值只略高于0.35个/L[41]。国内用中效过滤器的实验结果也证明其滤菌效率达到80%以上[42],作者用亚高效过滤器的实验结果,对大肠杆菌的过滤效率达99.9%[43]。

对于病毒，它虽然比细菌小得多，但我们从表 9-9 已知，由于它无完整的酶系统，和细菌相比甚至不能单独进行物质代谢，不能在无生命的培养基上生长，而必须寄生在某种活细胞内才能繁殖。因此，它在空气中也是有载体的，可以认为它是以群体形式存在的，所以担心高效过滤器过滤不了病毒是不必要的，只是载体可能小些，过滤器对它的过滤效率低些。9-4-2 节列举的实验证明，高效过滤器对 0.1μm 以下的噬菌体或病毒的穿透率也远小于过滤器的额定穿透率(对 0.3μmDOP)，见表 9-21。这说明高效过滤器对病毒的过滤效率远大于对 0.3μm 微粒的效率，这从另一方面也说明病毒的等价直径当比 0.3μm 大得多。

表 9-21 过滤器穿透率比较

过滤器	风量 /(m^3/h)	阻力 /Pa	穿透率/%				文献
			对噬菌体 T_1 (0.1μm)	对病毒 (0.3μm)	对口蹄疫病毒 (0.01～0.012μm)	对 DOP (0.3μm)	
高效过滤 A	42.5	264	0.0039			0.011	[37]
高效过滤 B	42.5	175	0.00085			0.02	
高效过滤 C	42.5	135	0.00085			0.006	
高效过滤 D	—	—	0.003	0.0036	0.001	0.01	[39]

此外，从图 9-9[44]可知，不一定细菌的效率都大，病毒的效率都小。

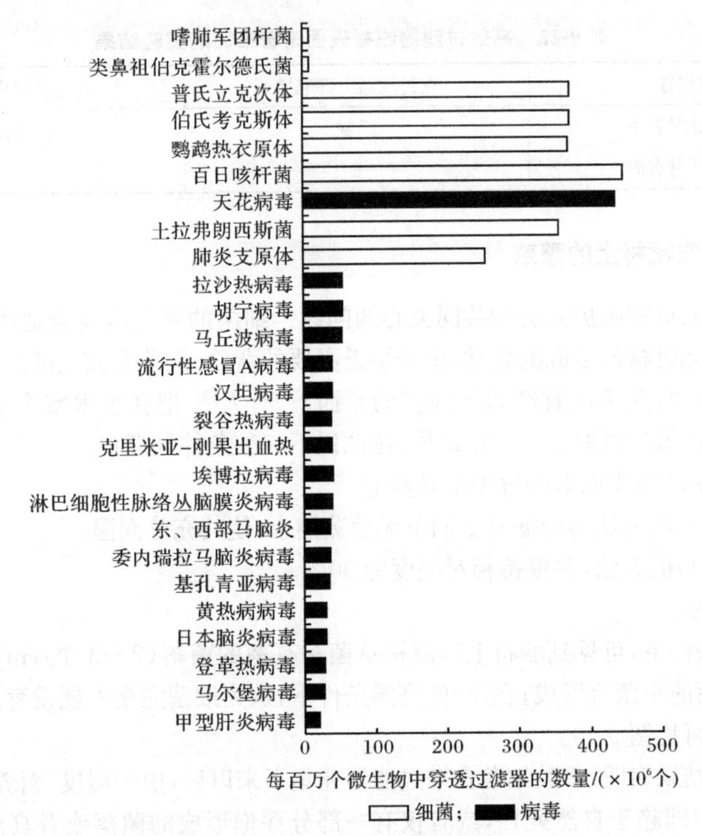

图 9-9 一组选定的微生物穿透过滤器情况

综上所述,用过滤器清除细菌和病毒具有以下特点:

(1) 不论对于细菌还是病毒,过滤器过滤的效率都将提高这一点,对于生物洁净室采用什么样的过滤器和其推广应用都有着重要意义。

(2) 尘、菌同时清除,方便了应用。

(3) 拒尘、菌于系统之外、洁净室之外,实现主动污染控制[45],不是等细菌进入后再进行消毒杀灭,细菌留下的尸体、分泌物等仍然有害。

(4) 不产生有害的副作用和物质。

(5) 可以在有人情况下全过程控制污染。

(6) 有一定阻力,低阻力产品更有意义。

9-7-2　细菌对滤材的穿透

对于细菌和滤材特性缺乏了解的人,总是担心"活"的细菌能否贯穿滤材的问题。有人[46]从用过的高效过滤器上取下部分滤材,把它紧密置于培养基上面进行培养,结果如表 9-22 所列,可见在过滤器背面的滤材培养不出细菌。因此,细菌的贯穿问题也就被否定了。此外,培养结果还说明,在预过滤器迎风面上部附着的细菌数,达到整个气流中的细菌数的 90%,高效过滤器迎风面上附着的细菌数仅占 10%。这也说明,由于细菌等价直径大,大部分已在预过滤器上被过滤下来了。

表 9-22　高效过滤器滤材表面附着细菌的实验结果

滤材位置	在过滤器上部取样	在过滤器中部取样
迎风面滤材表面	17 粒	4 粒
背风面滤材表面	0	0

9-7-3　微生物在滤材上的繁殖

这是技术人员和医护人员所共同关心的问题。细菌的繁殖应有合适的温度、湿度和营养。对于以无机材料制成的滤材,由于缺乏必要的营养,细菌在其上的生存是很困难的(虽然现在已发现,几乎没有细菌不"吃"的东西)。有人[27]把在手术室中使用了 13000h 以后的高效过滤器滤材取下一些作试样,按照以下三种条件处理:

(1) 把滤材的集尘面紧密置于培养基上。

(2) 按照(1)的方法再向滤材上滴下无菌蒸馏水,使其充分润湿。

(3) 按照(1)的方法,并保持相对湿度为 90%。

培养结果是:

在(1)的条件下,可见到滤材上形成枯草菌和真菌的菌落(2～3 个/cm^2);在(2)的条件下,仅有霉菌的小菌落形成;在(3)的高湿条件下,认为细菌完全不能发育。

以上结果可见图 9-10。

这一实验结果表明,多数细菌在被过滤器捕集下来以后,由于湿度、营养源不适合(温度影响且不谈)即趋于自然死亡,或者仅有一部分芽孢形成的菌落或者真菌一类生存下来。如果在高湿度下没有营养源,细菌也生存不下来,反之,只要有营养源,即使在普通环境中细菌也得以生存并发育。蒸馏水本身虽无营养,但可能有助于滤材上含营养微粒的溶解，而这一点可能比高湿度条件对细菌还有利。

(a) 在手术室使用约 13000h 后的高效过滤器迎风面

(b) 迎风面上细菌(图中白点)的消长，从左至右表示实验(1)、(2)、(3)的结果

图 9-10　过滤器上细菌消长情况

9-8　消毒灭菌

9-8-1　概念

不能认为，进入生物洁净室的空气无菌了，室内各种表面就不玷污细菌了。如果这些地方有营养源，细菌繁殖的可能性就存在。

在生物洁净室中，人体是主要菌源之一，大约每 6～7cm^2 的皮肤可带有 1～10^4 个细菌，其中约 1%为病原性的。人的呼吸、讲话也散布细菌，在生物洁净室中不仅需要戴普通口罩，有时需要用由高效滤纸制成的口罩，这比前者可减少 4/5 的细菌散发量。甚至医生必须穿戴有呼气吸引装置的套头式手术衣，效果更好，所以对生物洁净室表面灭菌仍然是一个重要措施。

但是，灭菌和消毒应是两个概念。

灭菌是指对细菌、病毒的生命完全灭绝，具有绝对的意义；而狭义的消毒则在其过程中有一部分细菌或者病毒(习惯上不包括细菌孢子在内)由于对热力或者药力的抗性而不被破坏，具有相对的意义，例如用消毒药液擦抹表面就是消毒。

9-8-2　主要消毒灭菌方法

(1) 干热法。

这是在干燥空气中加热处理的方法，基于高热作用下的氧化作用破坏微生物的原理，一般需要的温度高达 160℃以上，时间长达 1～2h。

(2) 湿热法。

这是用高温湿蒸汽(通常为饱和蒸汽)的灭菌方法，基于湿热作用下使细菌细胞内蛋白质凝固的原理，一般需要的温度比干热法低，时间也短，例如 121℃、12min 或 134℃、2min。

(3) 药物法。

它是用某种气体或药剂进行熏蒸或擦洗，其效果和药物种类及细菌对其敏感程度有关。但是设计人员必须了解，一些药物对一些材料有吸附侵蚀作用。例如常用的氧化乙烯，是一种很好的灭菌剂，虽不能浸透固体，但可被塑料、橡皮之类吸收，且有毒性，这就需要根据生物洁净室的使用对象，选用合适的材料。

(4) 电磁辐射法。

它基于破坏细菌的蛋白质、核酸(脱氧核糖核酸即 DNA)以及被吸收后的热效应等原理。

这里要特别指出的是，紫外线灭菌虽是这种灭菌方法之一，但是在世界卫生组织 WHO 的 1992 年版 GMP 的第 17.34 条规定："由于紫外线的效果有限，不得用于代替化学消毒。"第 17.65 条又明确指出："最终灭菌，不能使用紫外线辐照法。"以后的欧盟和我国的 GMP 都有这样的规定。

但是，由于在气相循环这一特殊条件下，紫外线灭菌仍有一定作用，所以下一节还要详细讨论。

对上述几种灭菌方法，不要长期使用一种方法，应定期更换，以防止耐药菌株的产生。

9-8-3 紫外线消毒灭菌

1. 消毒灭菌效果

在生物洁净室出现之前，紫外线直接照射消毒是一个不可替代的必备的消毒方法。

紫外线消毒的波长特性是在 2500～2600Å 的范围内消毒效果最好，市售紫外灯的紫外线波长约为 2537Å。

以下是一些影响紫外线消毒灭菌效果的因素：

(1) 灯管启用时间。紫外灯管的额定出力一般是指使用 100h 后的概略值，初始出力要高于此值 25%，而 100～300h 之间出力逐步下降，达到仅为额定值的 85%左右。

(2) 环境温度。在 20℃出力最大，0℃时仅剩下 60%。

(3) 环境相对湿度。多数观点认为在相对湿度为 40%～60%的条件下，灭菌效果最好；60%～70%及以上，对微生物的杀灭率就要下降；80%以上甚至有激活作用。但是实验也证明，湿度的影响是有条件的，在暴露开始时影响较明显，经过 10～15min 这种影响就不怎么明显了[47]。一些研究已证明在湿度特高的环境中，灭菌率是要降低的。这是因为病毒表面吸水可能会保护 DNA 和 RNA 免受紫外线的损害。

(4) 照射距离。在距灯管中心 500mm 以内，照射强度与距离成反比，而在 500mm 以上，则照射强度大约与距离平方成反比[48]，图 9-11 即是实例：1 支 15W 紫外灯管的照射强度与距离的关系。从图上可见，100mm 时照射强度约为 1200μW/cm^2，200mm 时则降为不足 600μW/cm^2，400mm 时又降为 260μW/cm^2，500mm 时照射强度约为 120μW/cm^2，而 1000mm 时即下降为前者的 1/4 即 30μW/cm^2，2000mm 时又降为 1000mm 时的约 1/4 即 8μW/cm^2。

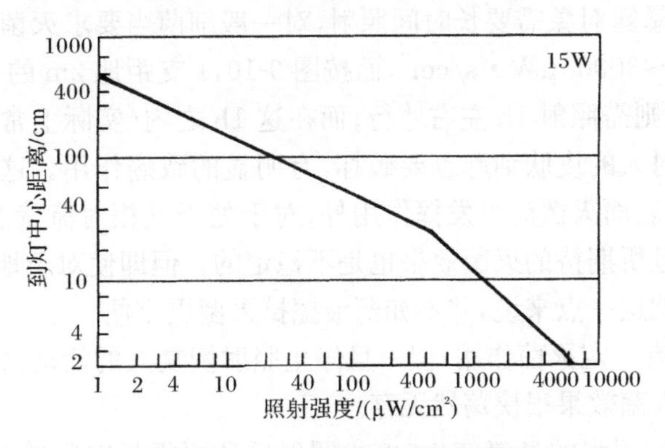

图 9-11　距离和照射强度的关系

(5) 菌种。紫外线的杀菌作用是由 DNA 上形成嘧啶聚体,使 DNA 损伤而产生的,但是这种情况在各菌种间存在差异即杀菌率有不同,这是由于菌体的膜构造及形状不同,紫外线到达 DNA 上的量发生差别这种物理原因引起的[49]。

如设照射强度与照射时间的乘积为照射剂量,则当大肠杆菌所需剂量为 1 时,葡萄球菌、结核杆菌之类的约需 1～3,枯草菌及其芽孢以及酵母菌之类约需 4～8,霉菌类约需 2～50。以灭菌率而言,和作为阴性杆菌的灵杆菌和大肠杆菌相比,对阳性球菌的藤黄八迭球菌的杀菌率只有 1/5～1/6,对阳性杆菌的枯草菌的杀菌率只有 1/11～1/14。

(6) 是在气相中还是在培养基上。表 9-23 给出了对在实验气相中和在琼脂培养基上的各种细菌达到 90%的杀菌率所必要的紫外线照射剂量的比较[49]。可以看出,气相中杀菌率比培养基上的高。这被认为是由于培养基上菌体因表面张力而覆有培养基中的水分反射照射的紫外线,使达到菌体的紫外线量减少之故。此外,在培养基上,紫外线照射菌体只有一个方向,而在气相中从杀菌灯来的直射光和灯管所在装置的壁内面的反射光,产生了多方向的照射,也是气相中灭菌率高的一个原因。

表 9-23　在气相中和在培养基上具有 90%灭菌率的紫外线照射剂量比较

细菌	在实验气相中的照射剂量 $E_{0(A)}$ /(mW · s/cm²)	在琼脂培养基上的照射剂量 $E_{0(B)}$ /(mW · s/cm²)	$E_{0(A)}/E_{0(B)}$
灵杆菌	1.03	2.96	0.35
大肠杆菌	1.00	3.60	0.28
藤黄八迭球菌	4.93	18.4	0.27
枯草杆菌(芽孢)	11.5	40.3	0.29

但是也可认为实验气相中和琼脂培养基上 90%灭菌率所必要的紫外线照射剂量的比率,对 4 种菌种差不多是个定值 0.3 左右(0.27～0.35)。

(7) 遮挡。紫外线透过力很低,其作用仅限于暴露对象。

(8)“光复生”。由于接受紫外线照射,细菌的 DNA 受损,但可因再受可见光照射而修复,最短的修复时间仅 2min,慢的 1h,即所谓“光复生”现象。在实际应用场合,这一现象应予以考虑。

通过上述的灭菌效果的影响因素可以看出:

(1) 紫外线灭菌对暴露对象需要长时间照射，对一般细菌当要求灭菌率达到 99%时的照射剂量约要 10000～30000μW·s/cm²，而按图 9-10，1 支距地 2m 的 15W 紫外灯，其照射强度约 8μW/cm²，则需照射 1h 左右才行；而在这 1h 之内（实际上常为几小时）被照射场所不能进入，否则对人的皮肤细胞也要破坏，有明显的致癌作用。这样，在生物洁净室内紫外灯除对地面等表面灭菌尚可发挥作用外，对于处于气相对流状态下的室内空气的灭菌作用就很小，而且所期待的灭菌效果也是不稳定的。但即使对于地面，也很难一点不漏的都照射到，所以就这一点来说，并不如药液擦拭灭菌更方便。

(2) 对室内空气虽有一定灭菌作用，但一旦停止照射恢复人的活动，特别是不断进入室外空气以后，原来的灭菌效果很快荡然无存。

(3) 一般紫外灯伴有很强的臭氧产生，停止照射后还要很长时间等臭氧味稀释后才能进入，这就影响了使用后的效果。

(4) 最使人们关心的是细菌因受过紫外线照射而产生了耐药性。如将阴沟杆菌和表面葡萄球菌经紫外线照射后，前者对包括头孢在内的 5 种抗生素出现耐药性，后者对 3 种抗生素出现耐药性，而且存活期都延长了[50]。

所以反映在文献[51～55]上的态度是：

紫外线消毒不应继续再被认为是通风技术和高效过滤器的替代品，而仅仅是一种辅助措施。认为在换气次数超过 4～6 次/h 的手术室或其他有合理设计的所有房间，紫外线似乎没有作用。所以美国职业安全与卫生研究所调查员推荐层流技术为可供选择的感染控制技术，美国疾病预防与控制中心不推荐紫外线消毒用于预防手术部位感染，总之认为该技术的“成熟时期还没有来到”，如果配上高效过滤器一起使用，在特殊情况下可以发挥一定作用。

总之，在空气非静止的生物洁净室内，紫外线直接照射已失去其对空气灭菌的地位，空气洁净技术已完全取代了它。这里之所以还要讨论，是对它的气相循环灭菌的兴趣，这对于不能采用空气洁净技术而又必须灭菌的场所将有一定作用。

2. 气相循环消毒灭菌

(1) 作用。

如果能让空气有组织地循环流过紫外灯有效照射区，既增加了紫外线对空气的照射时间，而又设法不让紫外线外泄伤人，并且能不产生或少产生臭氧，则紫外线对于空气的灭菌作用就大大提高了，而且具备了不关机（灯）使用的条件，这就是用紫外线对循环空气灭菌的思想，即在直接照射灭菌思想之后发展起来的气相循环灭菌思想。

这种紫外线灭菌空气系统最早在 1964 年有人在 60 张病床的新医院中使用过[35]，向手术室、产房等送“无菌”空气（注意：尘并未清除），在使用的 2 年中，90 位医生做的 3791 例手术的感染率只有 0.2%，另一家医院为 0.19%，而未用此种系统的两家医院感染率则达到 1.3%。这种灭菌系统是将紫外灯安装在送风管道中。如果将灯管安装在一个装置内置于室内，将更灵活有效。这种灭菌装置国内也已研制生产成功，其中具有最显著特点的是屏蔽式循环风紫外线消毒器[56]。

(2) 矩形消毒器的理论公式。

设有如图 9-12 所示的矩形容器，B 为空气流动断面的高，A 为流动方向上受到照射的容器的一个侧面积，由于是矩形容器，所以沿射线至被照射平面的距离即容器高度 B 方向上受照射的面积相等。

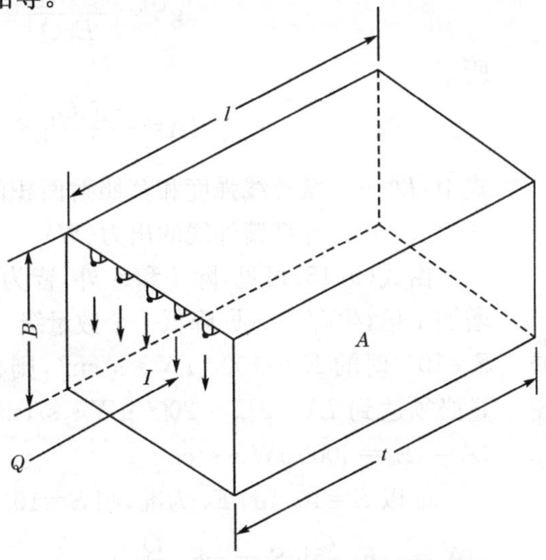

图 9-12　气相循环灭菌用矩形容器模型

当空气流量为 Q(m^3/min)时，空气在该容器内被照射的时间

$$t = \frac{AB}{Q} \quad (\text{min}) \tag{9-13}$$

在容器内的流速越大，被照射时间越短，但实验表明，从 0.37～0.76m/s 范围内，90%灭菌率所需要的紫外线照射强度没有什么差别，见表 9-24[49]。

表 9-24　在不同实验流速下，对灵杆菌灭菌率为 90%所需的紫外线剂量的比较

流速/(m/s)	紫外线剂量/(mW · s/cm²)	相关系数	实验次数
0.37	1.06	0.96	5
0.66	0.95	0.95	6
0.76	0.97	0.83	10
平均值	1.03	0.88	—

设照射强度为 I(μW/cm²)，实验给出如图 9-13 所示的在单对数纸上细菌生存率和照射剂量的直线关系[49]，用公式表示即

$$\lg S = -It/E_0 \tag{9-14}$$

或

$$It = -E_0 \lg S \tag{9-15}$$

式中：S——细菌生存率；

E_0——$S=10^{-1}$ 时的必要照射剂量(μW · min/cm² 或 mW · s/cm²)，数值见表 9-25。

如将式(9-15)改写，即是生存率和照射剂量关系的负指数公式，即

$$S = 10^{-It/E_0} \tag{9-16}$$

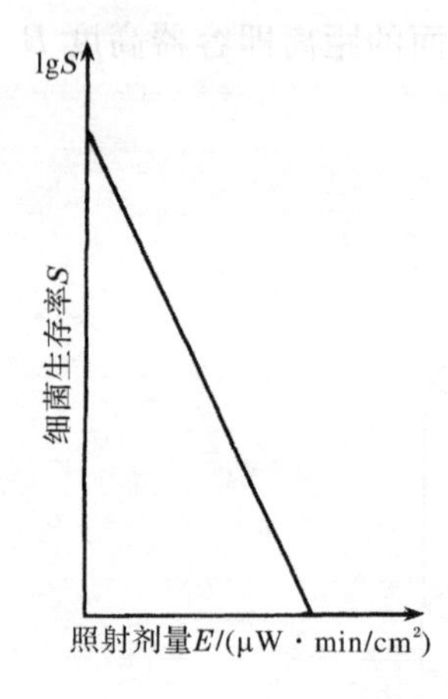

图 9-13　细菌生存率和照射剂量的关系

由式(9-13)和式(9-15)可得到

$$\lg S = \frac{-IAB}{E_0 Q} \tag{9-17}$$

所以

$$IA = \frac{-E_0 Q}{B}\lg S \tag{9-18}$$

式中：IA——紫外线强度和其照射面积的乘积，就是需要的紫外灯紫外线的出力(W)。

由式(9-15)可见，除 I 和 S 外，皆为常数，所以照射强度 I 增加 1 倍，生存率 S 即降低一个数量级。例如已知大肠杆菌在 $S=10^{-1}$ 时的 $E_0=1000\,\mu W\cdot s/cm^2$，则在要求 $S=10^{-2}$ 时，剂量必须达到 $IA=2E_0=2000\,\mu W\cdot s/cm^2$；$S=10^{-4}$ 时，必须有 $IA=4E_0=4000\,\mu W\cdot s/cm^2$。

如以 $S=10^{-1}$ 的 E_0 为准，则 $S=10^{-m}$ 时的

$$IA = -E_0\frac{Q}{B}\lg S = mE_0\frac{Q}{B} \tag{9-19}$$

令需要的出力和实际出力相等，即

$$IA = W'_i\varphi n \tag{9-20}$$

式中：W'_i——每支紫外灯管的紫外线出力(W)；

φ——紫外线利用系数；

n——灯管数。

所以

$$n = \frac{mE_0 Q}{BW'_i\varphi} \tag{9-21}$$

如果要求对大肠杆菌灭菌率为 99%(即 $S=10^{-2}$)，则由式(9-19)，要求紫外灯出力应为(注意将 m^2 化为 cm^2，S 化为 min，μW 化为 W)：

$$IA = -\frac{1000}{60}(\mu W\cdot min/cm^2)\frac{Q(m^3/min)}{B(m)}\times 10^4\times \lg 10^{-2}\times 10^{-6}$$

$$= 33.4\times 10^{-2}\frac{Q}{B}(W) = 0.334\frac{Q}{B}(W)$$

据日本数据[49]，一般 15W 紫外灯的紫外线额定出力平均为 2.5W。由于灯管安装方法、位置和死角等影响，通常对紫外灯管发生的紫外线利用率最低考虑 50%，这显然是偏安全的。则由式(9-21)

$$n = \frac{IA}{W'_i\varphi} = \frac{0.334}{2.5\times 0.5}\frac{Q}{B} = 0.27\frac{Q}{B} \tag{9-22}$$

如果要求 $S=10^{-1}$，则相应

$$IA = 0.17\frac{Q}{B}$$

$$n = 0.13\frac{Q}{B} \tag{9-23}$$

又据同一日本文献，曾在 $E_0=11.5\,\mu W\cdot min/cm^2$(对干燥空气)条件下，导出矩形紫外线风筒在要求 $S=10^{-2}$ 时的灯管数(风速在 2m/s 左右)，即

$$n = 0.18\frac{Q}{B} \tag{9-24}$$

显然这个结果不仅不能套用到圆形风筒上去，而且有限定条件，就是对于矩形容器也不能在任意参数下计算。所以，该式比式(9-21)具有很大的局限性。

(3) 圆筒形消毒器的理论公式。

从实用上看，圆筒形结构似比矩形的更好些。作者[57]基于如图 9-14 所示的长为 l 的圆筒式结构，导出了圆筒公式。因灯管布置在四周，通过圆筒的空气接受壁上灯管照射的面积是变化的，$A_i=D_i l$；为简化起见，假定将圆面积挤成相同面积的方形（这样体积流量不变），则可近似认为 $\bar{D}_i \approx B$（B 为方形之边），因而照射的平均截面积可近似取 $A=Bl$。因为

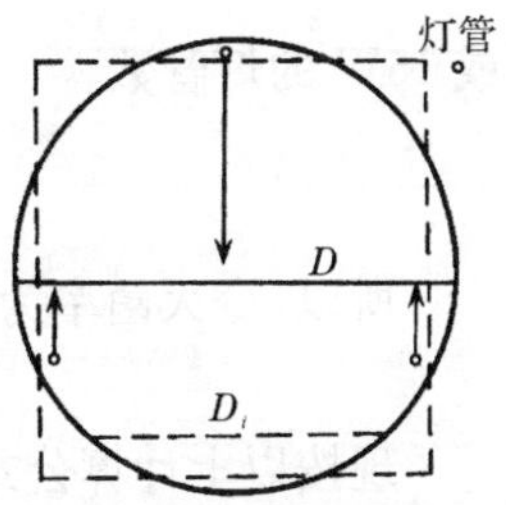

灯管

D

D_i

图 9-14　圆筒式消毒器灯管布置一例

$$B^2=\frac{\pi}{4}D^2$$

所以

$$A=0.886Dl$$

若以此面上的照射强度为准，由式(9-17)可导出圆筒公式为

$$\lg S = \frac{-I\frac{\pi}{4}D^2 l}{E_0 Q} \tag{9-25}$$

解出 I，并乘以被照射的平均面积 A，即是对圆筒结构的平均照射面积上要求的紫外线出力，即

$$IA = I\times 0.886Dl = \frac{-E_0 Q\lg S}{\frac{\pi}{4}D^2 l}\times 0.886Dl$$

$$= \frac{-1.13E_0 Q\times 10^{-2}}{D}\lg S \tag{9-26}$$

对于大肠杆菌，$S=10^{-2}$ 时需要的紫外线出力为

$$IA=0.38\frac{Q}{D}$$

由式(9-20)求灯管数

$$n = 0.3\frac{Q}{D} \tag{9-27}$$

$S=10^{-1}$ 时，

$$IA=0.19\frac{Q}{D}$$

$$n = 0.15\frac{Q}{D} \tag{9-28}$$

由以上公式可见，在相同风量下，圆筒越大，所需灯管数可减少，流速可在 1.5～2.5m/s 之间选用。

在 $D=B$ 时，由式(9-19)和式(9-26)比较可见，圆筒灯管数是方形的 1.13 倍，略多一些，但圆筒形具有结构和外观上的优点。

若反过来求圆筒形紫外线消毒器的灭菌率，则由式(9-21)并经过单位转换，得出

$$1.25n = mE_0 \frac{1.13Q}{D} \times 10^{-2}$$

所以

$$m = \frac{1.1nD}{E_0 Q \times 10^{-2}} \tag{9-29}$$

或 15W 的灯管数

$$n = \frac{mE_0 Q \times 10^{-2}}{1.1D} \tag{9-30}$$

所以，令灭菌率为 P，则

$$P = 1 - S = 1 - 10^{-m} \tag{9-31}$$

现按以上计算公式复核实际的圆筒形紫外线消毒器[49,56~59]的设计，如表 9-25 所列。

表 9-25　圆筒形紫外线消毒器灯管数计算值

筒径 D /m	实际风量 Q /(m^3/min)	实验灵杆菌 E_0 /(μW·min/cm^2)	实际灯管数 n /n×W	m 的计算值	实际灯管数的理论灭菌率 /%	理论灭菌率为 99%时的灯管数 /n×W
0.264	5.33	17.1	3×30 (按 6×15 计)	1.91	98.8	7×15

表 9-26 给出的是用国产 XK-1 型屏蔽式圆筒形循环风紫外线消毒器对一间实验房间的消毒效果[47,56,57]。房间原始菌浓用喷雾灵杆菌菌液形成，达到 1.16×10^7 个/m^3。换气次数为 11.6 次/h，温度 16.5℃，相对湿度 14%，开启消毒器后，不同时间不同高度处的消毒效果即是表中的数据。

表 9-26　圆筒形消毒器的实验室消毒效果

时间 /min	层次	细菌去除率/%					
		1	2	3	4	5	平均
15	低	92.73	91.41	92.41	94.30	92.09	92.59
	中	92.86	90.04	93.53	93.26	93.21	92.58
	高	92.43	92.54	91.90	92.85	91.25	92.19
30	低	97.02	95.82	96.09	97.04	95.21	96.23
	中	95.77	95.98	97.25	96.21	95.04	96.05
	高	95.55	96.44	94.91	96.67	96.35	95.98
60	低	97.84	97.51	97.35	98.09	97.44	97.65
	中	98.24	97.67	97.90	98.22	97.59	97.92
	高	97.91	98.09	97.87	97.87	97.70	97.89
120	低	94.38	95.81	92.89	89.92	89.81	92.56
	中	93.69	91.98	94.62	91.70	91.38	92.67
	高	93.94	93.63	91.12	91.77	90.25	92.14

在开始的15min，灭菌率还未上升到最大，当消毒器充分发挥作用时，应达到最大灭菌率，也就是理论灭菌率，即60min时的平均值97.82%，这和计算值98.8%几乎一致。60min以后，由于室内总体菌数逐渐下降，通过紫外线风筒的细菌密度也下降，因而显得消毒效果可能降低。

在一家生物制药厂的11.6m^{2}的无菌室中（没有机械通风和空调），1台XK-1型消毒器和1台新风机组同时运行，由于该新风机组具有粗效、中效、亚高效的三级过滤，故其送入新风基本无菌，可以看成由消毒器担负室内循环灭菌任务，开机前后室内细菌测定结果表明实际灭菌效果为93%，略低于理论值，主要因为实际的无菌室比起只有循环风的实验室要复杂得多，细菌污染机会也多。

这里还需要指出，即使在气相循环中，上述影响紫外灯杀菌的因素仍有作用，如为了避免因灰尘的覆盖而使灯管更快失效，还要在装置中安过滤器，气相循环中的紫外线仍然有促使微生物变异的因素，所以对于有通风或空调系统的地方来说，还是以安高中效及其以上过滤器更简单安全。

9-9　一般生物洁净室

根据生物洁净技术的最新发展，生物洁净室可以分为一般生物洁净室和隔离式生物洁净室即生物安全洁净室（习惯称生物安全实验室，国外也有叫做具有生物危险性的生物洁净室）两大类。

一般生物洁净室简称生物洁净室，是为了防止工作对象的微生物污染，例如洁净手术室，是为了防止细菌感染患者的手术部位，对于工作人员本身一般没有危险，和工业洁净室一样，也要在室内保持正压。

9-9-1　形式

一般生物洁净室的形式和工业洁净室没有原则差别，前者以空气洁净度作为必要保障条件。其中对于医院用的生物洁净室特别是手术室，是垂直单向流好，还是水平单向流好，国外在这个问题上一直有争论。从美、日两国情况来看，早期采用水平单向流形式的较多于垂直单向流形式，一个原因是早期新建间数少，或者是少数房间改造，在高度上动作有困难，在平面上变化较容易。后来发展了局部洁净区形式，现在更多地采用了局部垂直单向流形式。

图9-15是一般情况下这两种洁净手术室的污染模型。根据这一模型，对这两种洁净手术室进行了比较，见表9-27。

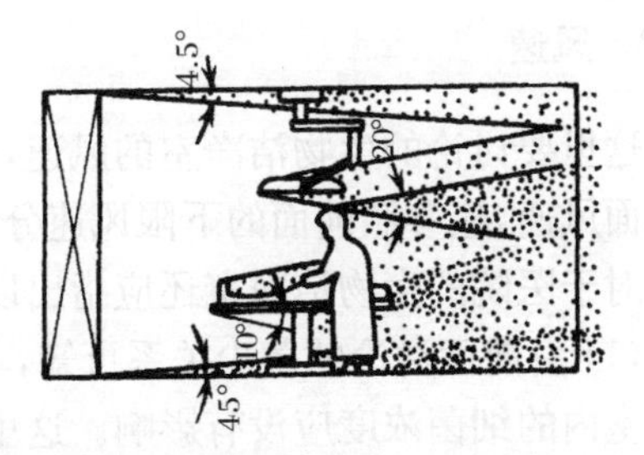

图9-15　垂直单向流手术室和水平单向流手术室的污染模型

表 9-27 医院生物洁净室采用形式的比较

比较方面	垂直单向流洁净室	水平单向流洁净室
洁净度	最高	稍差,但确保第一工作面达到5级
送风速度	小	大
手术人员和助手	头、手的动作要注意	不必注意,但必须站于手术部位的下风侧
护士	头、手的动作要注意	必须站于手术部位的下流侧
手术器具	摆放位置不限,拿取器械时要注意	置于下风侧并从下流侧拿取
无影灯	应采用多头式	可使用一般无影灯
从室外进来的人及在室内活动	行动自由度大	不能在上流位置进出走动
占用面积	不占用	占用
房间内设置	摆放随便	送、回风墙前不能摆
建设费用	高	略低

如果将多个乱流送风口集中布置,则出现扩大的主流区,效果会更好,详见第十五章。

在洁净手术室手术台上方集中送风的做法始于德国,着眼于保护手术台的关键区域。这对德国称之为无菌手术室的洁净手术室以不同于当时工业洁净室一般做法的模式发展,起到了促进作用。

我国1977年7月经全国鉴定审查会通过并于1979年正式出版的《空气洁净技术措施》[60]就第一次提出了"全面净化"和"局部净化"的概念:

"凡是通过空气净化及其他综合措施,使室内的整个工作区域成为洁净空气环境,这种做法称全面净化"。"凡仅使室内的局部工作区域特定的局部空间成为洁净空气环境,这种做法称局部净化"。"在满足工艺要求的条件下应尽量采用局部净化"。当然这种局部净化也给全区带来净化效果。

对这种集中送风做法的效果给出理论解释,做出详尽规定,明确区分手术区与周边区标准的则始于我国[60]。这种做法可以用6级的换气次数实现中心手术区5级和周边区6级洁净度;用7级的换气次数实现中心手术区6级和周边区7级洁净度;用8级的换气次数实现中心手术区7级和周边区8级洁净度。具有明显的节能效果。

图9-16是我国洁净手术室集中送风面积的区分[61]。

2006年俄罗斯联邦国家标准GOST R52539也采用了分区划级的做法,中心区为5级,周边区也为6级。

9-9-2 风速

这里要讨论的生物洁净室的风速,是指单向流形式的生物洁净室。对于这种洁净室的截面风速,应参照前面的下限风速分档建议值。这不仅有讨论下限风速时指出的原因,而且对于医院的生物洁净室还应指出以下几点:

(1) 由前面讨论的菌尘关系可知,单向流形式的生物洁净室送风速度不采用0.5m/s,对于室内的细菌浓度应没有影响。这里再引用英国的一项实验测定结果[62],对在垂直单向流手术室中16例手术(10例髋关节,4例脊椎和2例膝关节),直接在产生细菌最多的

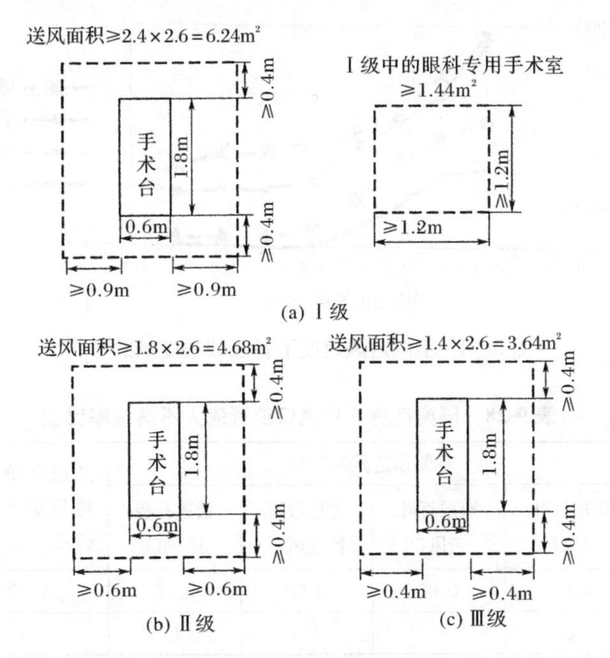

图 9-16　集中送风口尺寸

患者的手术切口中央的下面采样，测得该处细菌数和室内风速的关系，见图 9-17。可以看出，对于垂直单向流洁净室，大约在0.3m/s以后，对于水平单向流洁净室大约在0.35m/s以后，室内细菌浓度已趋于稳定，提高风速对效果的改善已经极微。这一结果和前面提出的下限风速中档建议值完全吻合。该测定结果还表明，当风速为0.3m/s时，使用垂直单向流比乱流减少 97%的含菌量，使用水平单向流则减少 90%。

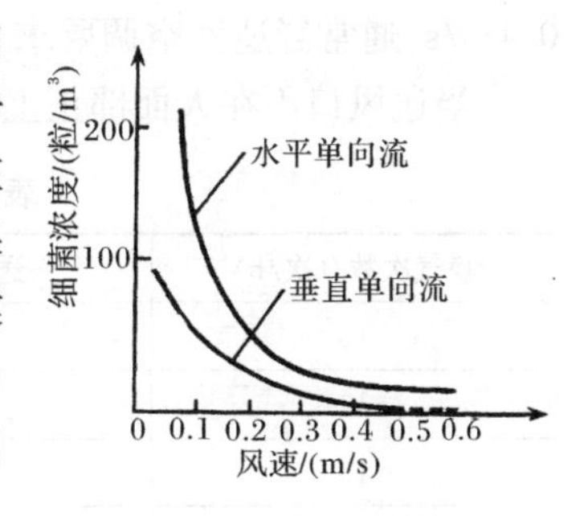

图 9-17　洁净手术室风速和细菌浓度关系

有关模拟计算也有相似结果，凌继红[63]考虑气流和医患人员身上热气流的共同影响，得出如图 9-18 所示的结果，可见在 0.3m/s 以下时，切口区菌浓急剧上升。不过也有一种看法认为气流速度大时会把切口处由热气流带出的菌粒压回去，但并无实测例证，此外在第八章讲过的气流中心的“三角区”中速度接近“0”的事实也不支持上述看法。

(2) 在洁净手术室中，对于手术床上的患者来说，即使在 26℃室温下，0.5m/s 的送风速度也容易造成失水[64]，而刀口处组织的失水对于病人的影响是很不利的。由于这一原因以及手术人员舒适感等其他原因，手术台上的风速希望不大于 0.25m/s。

(3) 在洁净病房或洁净舱一类装置中，显然平时并不需要高于 0.2m/s 的风速，这不仅因为没有什么干扰，而且卧床的病人也不希望高风速，不希望有吹风感。邓伟鹏[65]计算出了病人对 6 种风口位置的吹风不满意率，列于表 9-28。

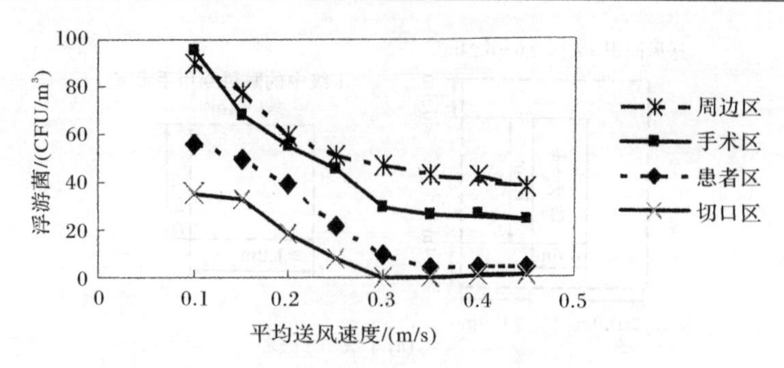

图 9-18 不同送风速度下各区域浓度场的分布

表 9-28 隔离病房 6 种风口位置病人不满意率比较

评价指标	单侧顶送异侧下回				高效自净器顶送顶回(美国CDC)	顶部送风口两侧回(美国CDC)
	单层百叶送风口	双层百叶送风口	方形散流器送风口	低速孔板送风口		
面部风速/(m/s)	0.05	0.05	0.09	0.05	0.03	0.13
吹风不满意率/%	0	0	4.5	0	0	6.8

从表 9-28 可见，如果希望病人吹风不满意率不大于 5%，则面部风速宜不大于 0.1m/s。通常舒适性空调要求人的面部风速应小于 0.12m/s。

当送风口不在人面部正上方，0.8m 高度风速和风口风速的关系如表 9-29 所列[66]。

表 9-29 风口风速和面部风速的关系

换气次数/(次/h)	送风口数个	送风口速度/(m/s)	0.8m 高度风速/(m/s)
10	1	0.5	0.11
10	2	0.5	0.055
15	2	0.75	0.095
25	3	0.40	0.109
25	4	0.40	0.073

如果设两挡风速能切换最好，当医生给病人治疗时，可以切换到高风速。这有助于平时降低噪声和减少运行费用，以利这类装置的推广应用。

9-9-3 局部气流问题

这里着重说一下生物洁净室中几个局部地区的气流及其改善的问题。

(1) 在进行生物实验如植物栽培、微生物培养等的洁净室中，往往有类似书架的一个个多层架，每层都摆满进行实验的皿、瓶、罐等容器(甚至敞口)，如果使用垂直单向流洁净室，则气流仅能在架外流过，而在架内形成涡流。因此，这种场合的洁净室最好用水平单向流形式。

(2) 在垂直单向流洁净室中，由于气流从上向下流动，所以在工作台下面可能出现涡流，污染气流不易从该处排除，图 9-19 是在水模型中做的实验结果[67]。当流速较小时，桌子下部很快聚集了污染物而不易排除，但在正常使用速度下，这种污染能很快排除掉。

问题在于，在洁净手术室中，在手术台旁围满了医护人员，这将减弱流过台旁的气流速度；因而人活动产生的污染很易在台下聚集，这种污染随着人偶尔剧烈活动时带动的气流又散播到台外，而危及手术中的患者。国外一些研究者也注意到了这个问题，提出了一个防止手术台、器械台下方出现紊乱气流的建议，即对于垂直气流，用清洁的台布，把台子覆盖住一直到达地面，减弱台子下方气流和清洁空气的交流，图 9-20 是这一建议的示意[1]。而对于水平气流则相反，不要把台布覆到地面，以便气流能从台下穿过。也有计算得出了相反结果[63]。但都没有得到实测验证。

图 9-19 工作台下部聚集的污染

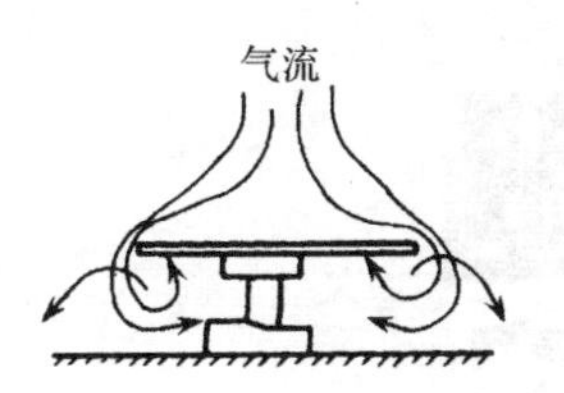

(a) 台下出现涡流的情况

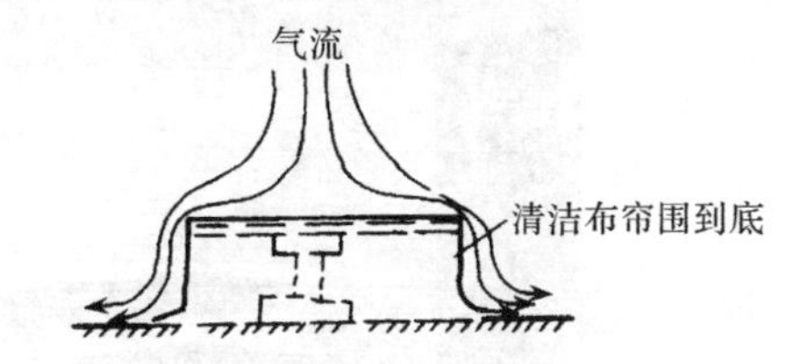

(b) 用台布覆盖台子后的情况

图 9-20 防止工作台下出现涡流的方式

(3) 手术中通常所使用的无影灯由于其体形大而妨碍气流，又形成上升热气流，对洁净度有很大影响。目前国外使用一种流线型无影灯，这是把一个大的无影灯，换成若干个小的无影灯，加上流线型的外形，所以对气流的影响大大减小了。图 9-21 是这种无影灯下方气流的情况[68]，从图中可看出在其下方 35cm 处，气流即恢复平行流动。表 9-30 列出了这两种无影灯的比较，在流线型无影灯的下方≥0.5μm微尘没有被测出，而在一般无影灯下方这种粒子很多，虽然，都没有测出菌落，但微粒多的则浮游细菌存在的机会将大大增加。为了削弱无影灯下方紊乱气流的影响，也有人主张从灯体内向下送洁净空气[69]，不过还没有实际产品。此外还有在顶棚内嵌装多个无影灯的做法，如图9-22所示。

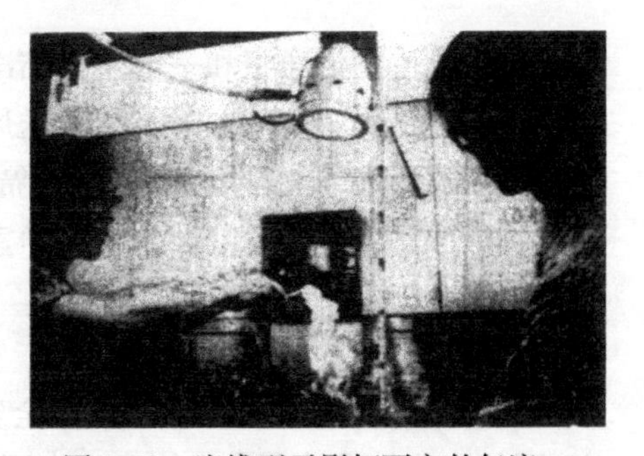

图 9-21 流线型无影灯下方的气流

表 9-30 两种无影灯比较

测定地点(x 为测点)		尘粒数/(个/L)		缝隙法采样菌落数/(个/L)
		≥0.5μm	≥0.3μm	
$\phi200$, 500, x	流线型无影灯	0	0	0
		0	0.7	
		0	0	
		0	0	
500, $\phi460$, x	一般无影灯	30	37	0
		14	18	
		11	10	
		29	50	

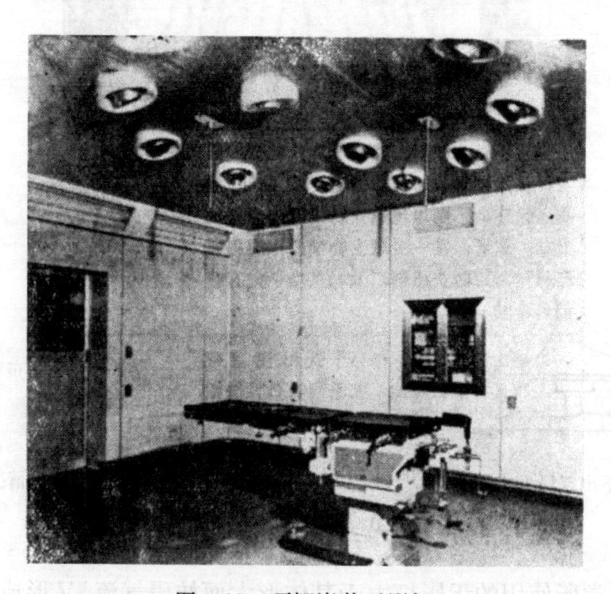

图 9-22 顶棚嵌装无影灯

9-10 隔离式生物洁净室

隔离式生物洁净室和一般生物洁净室的不同点是，以防止微生物污染的外逸为目的，因此，它对自身的洁净度并无要求，送风不需要效率高的过滤器，但排风必须经一道甚至两道高效过滤器才能排放，而且需要隔离。隔离式生物洁净室也被叫做具有生物危险性的生物洁净室或简称危险性生物洁净室，如生物安全实验室、负压隔离病房。

9-10-1 生物危险度标准

隔离式生物洁净室中的生物安全实验室的等级由它所隔离的微生物的危险程度确定；国外一些权威性研究机构已经有了自己独立的危险度标准。

我国于 20 世纪 90 年代初曾订有微生物危险度标准。2004 年国务院又颁布了《病原微生物实验室生物安全管理条例》，农业部与卫生部据此于2005年和2006年又颁布了动物间和人间的病原微生物分类，合并列于表9-31。

表9-31　病原微生物分类

类别	危害程度	代表性病原微生物
一	高度危害性：是指能够引起人类或者动物非常严重疾病的微生物，以及我国尚未发现或已经宣布消灭的微生物	人间传染(病毒)： 类天花病毒、克里米亚—刚果出血热病毒(新疆出血热病毒)、东方马脑炎病毒、埃博拉病毒、Flexal病毒、瓜纳瑞托病毒、Hanzalova病毒、亨德拉病毒、猿疱疹病毒、Hypr病毒、鸠宁病毒、Kumlinge病毒、卡萨诺尔森林病病毒、拉沙热病毒、跳跃病病毒、马秋波病毒、马尔堡病毒、猴痘病毒、Mopeia病毒(和其他Tataribe病毒)、尼巴病毒、鄂木斯克出血热病毒、Sabia病毒、圣路易斯脑炎病毒、Tacaribe病毒、天花病毒、委内瑞拉马脑炎病毒、西方马脑炎病毒、黄热病毒、蜱传脑炎病毒 动物间传染(病毒)： 口蹄疫病毒、高致病性禽流感病毒、猪水泡病病毒、非洲猪瘟病毒、非洲马瘟病毒、牛瘟病毒、小反刍兽疫病毒、牛传染性胸膜肺炎丝状支原体、牛海绵状脑病病原、痒病病原
二	中度危害性：是指能够引起人类或者动物严重疾病，比较容易直接或间接在人与人、动物与人、动物与动物间传播的微生物	人间传染(病毒)： 布尼亚维拉病毒、加利福尼亚脑炎病毒、基孔肯尼雅病毒、多里病毒、Everglades病毒、口蹄疫病毒、Garba病毒、Germiston病毒、Getah病毒、Gordil病毒、其他汉坦病毒、引起肺综合征的汉坦病毒、引起肾综合征出血热的汉坦病毒、松鼠猴疱疹病毒、高致病性禽流感病毒、艾滋病毒(Ⅰ型和Ⅱ型)、Inhangapi病毒、Inini病毒、Issyk-Kul病毒、Itaituba病毒、乙型脑炎病毒、Khasan病毒、Kyz病毒、淋巴细胞性脉络丛脑膜炎(嗜神经性的)病毒、Mayaro病毒、米德尔堡病毒、挤奶工结节病毒、Murcambo病毒、墨累谷脑炎病毒(澳大利亚脑炎病毒)、内罗毕绵羊病病毒、恩杜姆病毒、Negishi病毒、新城疫病毒、口疮病毒、Oropouche病毒、不属于危害程度第一或三、四类的其他正痘病毒属病毒、Paramushir病毒、脊髓灰质炎病毒、Powassan病毒、兔痘病毒(痘苗病毒变种)、狂犬病毒(街毒)、Razdan病毒、立夫特谷热病毒、Rochambeau病毒、罗西奥病毒、Sagiyama病毒、SARS冠状病毒、塞皮克病毒、猴免疫缺陷病毒、Tamdy病毒、西尼罗病毒 人间传染(病原菌)： 炭疽芽孢杆菌、布鲁氏菌属、鼻疽伯克菌、伯氏考克斯体、土拉热弗朗西丝菌、牛型分枝杆菌、结核分枝杆菌、立克次体属、霍乱弧菌[f]、鼠疫耶尔森菌 人间传染(真菌)： 粗球孢子菌、马皮疽组织胞浆菌、荚膜组织胞浆菌、巴西副球孢子菌 动物间传染(病毒)： 猪瘟病毒、鸡新城疫病毒、狂犬病病毒、绵羊痘/山羊痘病毒、蓝舌病病毒、兔病毒性出血症病毒、炭疽芽孢杆菌、布氏杆菌

续表

类别	危害程度	代表性病原微生物
		人间传染(病毒): 急性出血性结膜炎病毒、腺病毒、腺病毒伴随病毒、其他已知的甲病毒、星状病毒、Barmah 森林病毒、Bebaru 病毒、水牛正痘病毒;2 种(1 种是牛痘变种)、布尼亚病毒、杯状病毒、骆驼痘病毒、Colti 病毒、冠状病毒、牛痘病毒、柯萨奇病毒、巨细胞病毒、登革病毒、埃可病毒、肠道病毒、肠道病毒-71 型、EB 病毒、费兰杜病毒、其他的致病性黄病毒、瓜纳图巴病毒、Hart Park 病毒、Hazara 病毒、甲型肝炎病毒、乙型肝炎病毒、丙型肝炎病毒、丁型肝炎病毒、戊型肝炎病毒、单纯疱疹病毒、人疱疹病毒 6 型、人疱疹病毒 7 型、人疱疹病毒 8 型、人 T 细胞白血病病毒、流行性感冒病毒(非 H2N2 亚型)、甲型流行性感冒病毒 H2N2 亚型、Kunjin 病毒、La Crosse 病毒、Langat 病毒、慢病毒,除 HIV 外、淋巴细胞性脉络丛脑膜炎病毒、麻疹病毒、Meta 肺炎病毒、传染性软疣病毒、流行性腮腺炎病毒、阿尼昂-尼昂病毒、致癌 RNA 病毒 B、除 HTLV Ⅰ和Ⅱ外的致癌 RNA 病毒 C、其他已知致病的布尼亚病毒科病毒、人乳头瘤病毒、副流感病毒、副牛痘病毒、细小病毒 B19、多瘤病毒、BK 和 JC 病毒、狂犬病毒(固定毒)、呼吸道合胞病毒、鼻病毒、罗斯河病毒、轮状病毒、风疹病毒、Sammarez Reef 病毒、白蛉热病毒、塞姆利基森林病毒、仙台病毒(鼠副流感病毒 1 型)、猴病毒 40、辛德毕斯病毒、塔那痘病毒、Tensaw 病毒、Turlock 病毒、痘苗病毒、水痘—带状疱疹病毒、水泡性口炎病毒、黄热病毒(疫苗株,17D)
三	低度危害性:是指能够引起人类或者动物疾病,但一般情况下对人、动物或者环境不构成严重危害,传播风险有限,实验室感染后很少引起严重疾病,并且具备有效治疗和预防措施的微生物	人间传染(病原菌): 鲁氏不动杆菌、鲍氏不动杆菌、龟分枝杆菌、伴放线杆菌、马杜拉放线菌、白乐杰马杜拉放线菌、牛型放线菌、戈氏放线菌、衣氏放线菌、内氏放线菌、酿(化)脓放线菌、嗜水气单胞菌/杜氏气单胞菌/嗜水变形菌、斑点气单胞菌、阿菲波菌属、自养无枝酸菌、丙酸蛛菌/丙酸蛛网菌、马隐秘杆菌、溶血隐秘杆菌、蜡样芽孢杆菌、脆弱拟杆菌、杆状巴尔通体、伊丽莎白巴尔通体、汉氏巴尔通体、五日热巴尔通体、文氏巴尔通体、支气管炎博德特菌、副百日咳博德特菌、百日咳博德特菌、伯氏疏螺旋体、达氏疏螺旋体、回归热疏螺旋体、奋森疏螺旋体、肉芽肿鞘杆菌、空肠弯曲菌、唾液弯曲菌、胎儿弯曲菌、大肠弯曲菌、肺炎衣原体、鹦鹉热衣原体、沙眼衣原体、肉毒梭菌、艰难梭菌、马梭菌、溶血梭菌、溶组织梭菌、诺氏梭菌、产气荚膜梭菌、索氏梭菌、破伤风梭菌、牛棒杆菌、白喉棒杆菌、极小棒杆菌、假结核棒杆菌、溃疡棒杆菌、刚果嗜皮菌、迟钝爱德华菌、啮蚀艾肯菌、产气肠杆菌/阴沟肠杆菌、肠杆菌属、腺热埃里希体、猪红斑丹毒丝菌、丹毒丝菌属、致病性大肠埃希菌、脑膜炎黄杆菌、博兹曼荧光杆菌、新凶手弗朗西斯菌、坏疽梭杆菌、阴道加德纳菌、杜氏嗜血菌、流感嗜血杆菌、幽门螺杆菌、金氏菌、产酸克雷伯菌、肺炎克雷伯菌、嗜肺军团菌、伊氏李斯特菌、单核细胞增生李斯特菌、问号钩端螺旋体、多态小小菌、摩氏摩根菌、非洲分枝杆菌、亚洲分枝杆菌、鸟分枝杆菌、偶发分枝杆菌、人型分枝杆菌、堪萨斯分枝杆菌、麻风分枝杆菌、玛尔摩分枝杆菌、田鼠分枝杆菌、副结核分枝杆菌、瘰疬分枝杆菌、猿分枝杆菌、斯氏分枝杆菌、溃疡分枝杆菌、蟾分枝杆菌、肺炎支原体、淋病奈瑟菌、脑膜炎奈瑟菌、星状诺卡菌、巴西诺卡菌、肉色诺卡菌、皮诺卡菌、新星诺卡菌、豚鼠耳炎诺卡菌、南非诺卡菌、多杀巴斯德菌、侵肺巴斯德菌、厌氧消化链球菌、类志贺气单胞菌、普雷沃菌属、奇异变形菌、彭氏变形菌、普通变形菌、产碱普罗威登斯菌、雷氏普罗威登斯菌、铜绿假单胞菌、马红球菌、亚利桑那沙门菌、猪霍乱沙门菌、肠沙门菌、火鸡沙门菌、甲、乙、丙型副伤寒沙门菌、伤寒沙门菌、鼠伤寒沙门菌、小蛇菌属、液化沙雷菌、黏质沙雷菌、志贺菌属、金黄色葡萄球菌、表皮葡萄球菌、念珠状链杆菌、肺炎链球菌、化脓链球菌、链球菌属、猪链球菌、斑点病密螺旋体、苍白(梅毒)密螺旋体、极细密螺旋体、文氏密螺旋体、解脲脲原体、创伤弧菌、小肠结肠炎耶尔森菌、假结核耶尔森菌、人粒细胞埃立克体、查非埃立克体

续表

类别	危害程度	代表性病原微生物
三	低度危害性：是指能够引起人类或者动物疾病，但一般情况下对人、动物或者环境不构成严重危害，传播风险有限，实验室感染后很少引起严重疾病，并且具备有效治疗和预防措施的微生物	人间传染（真菌）： 伞枝梨头霉、交链孢霉属、节菱孢霉属、黄曲霉、烟曲霉、构巢曲霉、赭曲霉、寄生曲霉、皮炎芽生菌、白假丝酵母菌、头孢霉属、卡氏枝孢霉、毛样枝孢霉、新生隐球菌、指状菌属、嗜刚果皮菌、伊蒙微小菌、絮状表皮癣菌、皮炎外瓶霉、着紧密色霉、佩氏着色霉、木贼镰刀菌、禾谷镰刀菌、串珠镰刀菌、雪腐镰刀菌、尖孢镰刀菌、梨孢镰刀菌、茄病镰刀菌、拟枝孢镰刀菌、三线镰刀菌、地霉属、罗布芽生菌、灰马杜拉分枝菌、足马杜拉分枝菌、小孢子菌属、毛霉属、黄绿青霉、桔青霉、圆弧青霉、岛青霉、马内菲青霉、展开青霉、产紫青霉、皱褶青霉、杂色青霉、纯绿青霉、卡氏肺孢菌、科恩酒曲菌、小孢子酒曲菌、申克孢子细菌、葡萄状穗霉属、木霉属、红色毛癣菌、单端孢霉属、木丝霉属 动物间传染（病毒）： 多种动物共患病病原微生物：低致病性流感病毒、伪狂犬病病毒、破伤风梭菌、气肿疽梭菌、结核分枝杆菌、副结核分枝杆菌、致病性大肠杆菌、沙门氏菌、巴氏杆菌、致病性链球菌、李氏杆菌、产气荚膜梭菌、嗜水气单胞菌、肉毒梭状芽孢杆菌、腐败梭菌和其他致病性梭菌、鹦鹉热衣原体、放线菌、钩端螺旋体 牛病病原微生物：牛恶性卡他热病毒、牛白血病病毒、牛流行热病毒、牛传染性鼻气管炎病毒、牛病毒腹泻/黏膜病病毒、牛生殖器弯曲杆菌、日本血吸虫 绵羊和山羊病病原微生物：山羊关节炎/脑脊髓炎病毒、梅迪/维斯纳病病毒、传染性脓疱皮炎病毒 猪病病原微生物：日本脑炎病毒、猪繁殖与呼吸综合征病毒、猪细小病毒、猪圆环病毒、猪流行性腹泻病毒、猪传染性胃肠炎病毒、猪丹毒杆菌、猪支气管败血波氏杆菌、猪胸膜肺炎放线杆菌、副猪嗜血杆菌、猪肺炎支原体、猪密螺旋体 马病病原微生物：马传染性贫血病毒、马动脉炎病毒、马病毒性流产病毒、马鼻炎病毒、鼻疽假单胞菌、类鼻疽假单胞菌、假皮疽组织胞浆菌、溃疡性淋巴管炎假结核棒状杆菌 禽病病原微生物：鸭瘟病毒、鸭病毒性肝炎病毒、小鹅瘟病毒、鸡传染性法氏囊病病毒、鸡马立克氏病病毒、禽白血病/肉瘤病毒、禽网状内皮组织增殖病病毒、鸡传染性贫血病毒、鸡传染性喉气管炎病毒、鸡传染性支气管炎病毒、鸡减蛋综合征病毒、禽痘病毒、鸡病毒性关节炎病毒、禽传染性脑脊髓炎病毒、副鸡嗜血杆菌、鸡毒支原体、鸡球虫 兔病病原微生物：兔黏液瘤病病毒、野兔热土拉杆菌、兔支气管败血波氏杆菌、兔球虫 水生动物病病原微生物：流行性造血器官坏死病毒、传染性造血器官坏死病毒、马苏大马哈鱼病毒、病毒性出血性败血症病毒、锦鲤疱疹病毒、斑点叉尾鮰病毒、病毒性脑病和视网膜病毒、传染性胰脏坏死病毒、真鲷虹彩病毒、白鲟虹彩病毒、中肠腺坏死杆状病毒、传染性皮下和造血器官坏死病毒、核多角体杆状病毒、虾产卵死亡综合征病毒、鳖鳃腺炎病毒、Taura 综合征病毒、对虾白斑综合征病毒、黄头病病毒、草鱼出血病毒、鲤春病毒血症病毒、鲍球形病毒、鲑鱼传染性贫血病毒 蜜蜂病病原微生物：美洲幼虫腐臭病幼虫杆菌、欧洲幼虫腐臭病蜂房蜜蜂球菌、白垩病蜂球囊菌、蜜蜂微孢子虫、跗线螨、雅氏大蜂螨 其他动物病病原微生物：犬瘟热病毒、犬细小病毒、犬腺病毒、犬冠状病毒、犬副流感病毒、猫泛白细胞减少综合征病毒、水貂阿留申病病毒、水貂病毒性肠炎病毒

续表

类别	危害程度	代表性病原微生物
四	微度危害性：指危险性小、低致病、实验室感染机会少的兽用生物制品、疫苗生产用的各种弱毒病原微生物以及不属于一、二、三类的各种低毒力的病原微生物	人间传染(病毒)： 豚鼠疱疹病毒、金黄地鼠白血病病毒、松鼠猴疱疹病毒、猴病毒属、小鼠白血病病毒、小鼠乳腺瘤病毒、大鼠白血病病毒 动物间传染(病毒)： 是指危险性小、低致病力、实验室感染机会少的兽用生物制品、疫苗生产用的各种弱毒病原微生物以及不属于第一、二、三类的各种低毒力的病原微生物

可见危险度为二类以上病原体即包括二类和一类，是危险性较大和很大的病原微生物。但是要指出的是，我国的危险程度是从 4→1，越来越高，而国外的则从 1→4 越来越高，见表 9-32。

表 9-32　生物危险性的危险度标准

机构	对象	←低		危险度级别	高→		
美国疾病管理中心(CDC)	病原微生物	1	2	3	4	5	6
美国国立癌中心(NCI)	癌病毒		低	中	高		
美国国立卫生研究所(NIH)	遗传基因的组合	P_1	P_2	P_3	P_4		
日本国立预防卫生研究所	微生物病毒		2_a　2_b	3_a　3_b	4_a　4_b		
中国	微生物病毒	4	3	2	1		

表 9-32 中危险度级别在每一纵列中都是相同的，例如美国 NIH 的 P_3 级相当于日本的 3 级和我国的 2 级。

9-10-2　隔离方式

隔离的概念包括一次隔离和二次隔离。一次隔离是指工作人员和病原体的隔离，二次隔离是指实验或工作区和外界的隔离。对于高的生物危险度级别，不仅需要采取一次隔离措施，还要采取二次隔离措施。目前国外采用的一次隔离方式主要是用生物安全柜或称生物安全工作台，它是阻止危险微生物外逸的一道屏障。二次隔离则是将工作区变为负压区，人出入要通过空气闸最好是缓冲室，物品的拿进拿出要通过高压灭菌器等装置。图 9-23 就是这样的隔离方式[70]，被称为生物安全实验室。

必须注意的是，隔离式生物洁净室对人员更衣的要求，出来时比进入时更严格，不仅要换工作服，而且要经过淋浴、干燥等处理，所有衣物必须先消毒再清洗。

9-10-3　生物安全柜

这是作为隔离式生物洁净室的生物安全实验室中进行第一次隔离的手段，类似于负压洁净工作台，但要求更严。表 9-33 是国际上常有的三种规格，其结构要求示于图 9-24[71~74]。

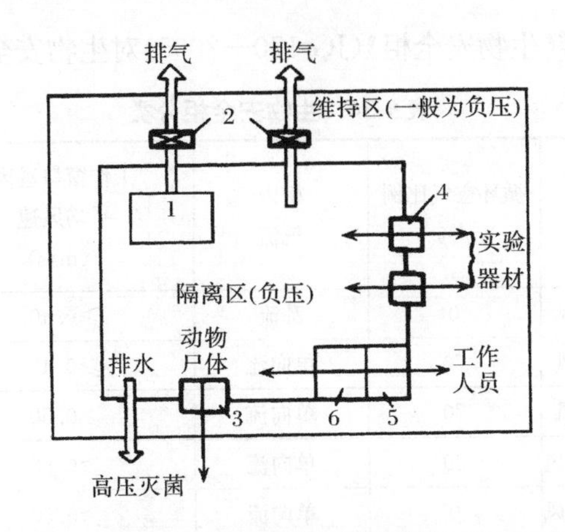

图 9-23　隔离式生物洁净室

1. 生物安全柜;2. 高效过滤器;3. 高压灭菌器;4. 传递窗;5. 淋浴、更衣室;6. 气闸室

表 9-33　生物安全柜级别

安全柜级别		隔离性质	气密要求	开口面速/(m/s)	适用的生物危险度级别	防护对象
1		部分隔离	具体要求	0.38	可达到 2 级	使用者
2	A型	部分隔离	壳体在 510Pa 正压下,漏气率<1×10^{-5}L/s	0.38	可达到 3 级(经过高效过滤器,排风可进入室内)	使用者和产品
	B型	部分隔离	壳体在 510Pa 正压下皂液检查无肥皂泡	0.51	可达到 3 级(不能向室内排风)	使用者和产品
3		完全隔离	壳体在 510Pa 正压下,漏气率<1×10^{-9}L/s	—	可达到 4 级(物件的出入要先通过消毒液的槽子)	使用者第一,有时也包括产品

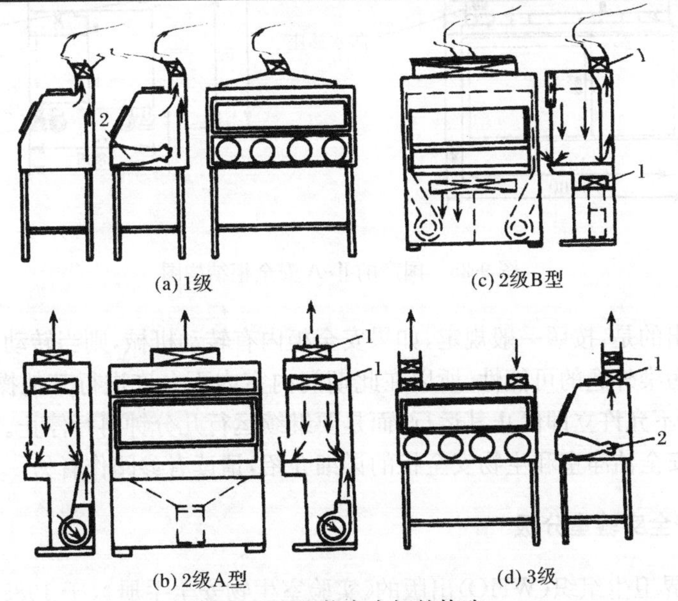

图 9-24　生物安全柜的构造

1. 高效过滤器;2. 安全手套

表 9-34 是我国标准《生物安全柜》(JG 170—2005)对生物安全柜的分类分级。

表 9-34 生物安全柜分类

级别	类型	排风	循环空气比例/%	柜内气流	工作窗口进风平均风速/(m/s)	保护对象
Ⅰ级	—	可向室内排风	0	乱流	≥0.40	使用者和环境
Ⅱ级	A1 型	可向室内排风	70	单向流	≥0.40	使用者、受试样本和环境
	A2 型	可向室内排风	70	单向流	≥0.50	
	B1 型	不可向室内排风	30	单向流	≥0.50	
	B1 型	不可向室内排风	0	单向流	≥0.50	
Ⅲ级	—	不可向室内排风	0	单向流或乱流	无工作窗进风口，当一只手套筒取下时，手套口风速≥0.7	主要是使用者和环境，有时兼顾受试样本

图 9-25 是国产Ⅱ-A 安全柜结构之一。

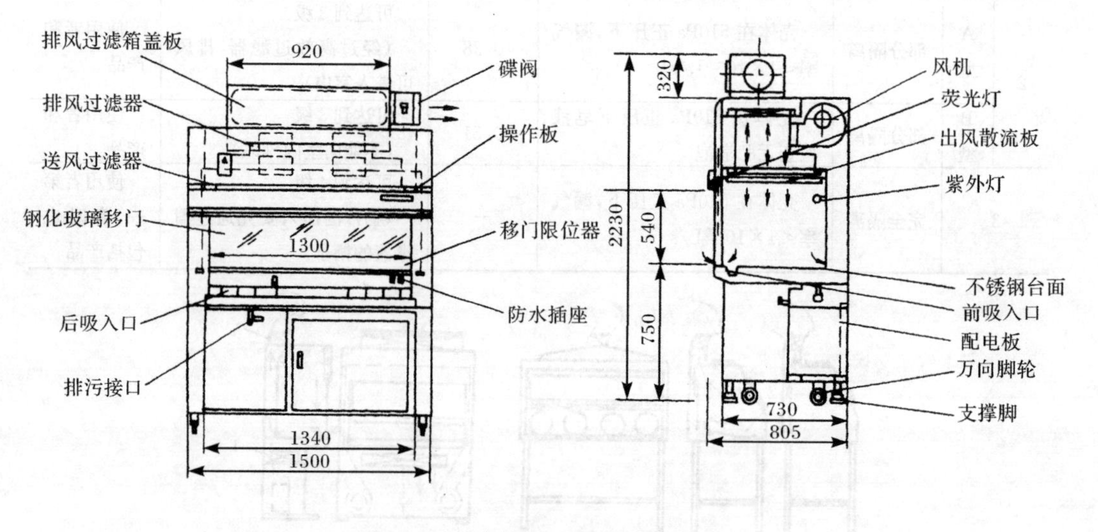

图 9-25 国产的Ⅱ-A 安全柜结构图

这里要指出的是，按照一般规定，如果安全柜内有转动机械，则当转动机械使用时，由于增加了柜内污染外逸的可能性，所以在此期间内室内不允许进行其他操作。当安全柜内操作完毕后，不允许立即停止其运行，而是要继续运行几分钟再行停止。

有关生物安全洁净室和生物安全柜的详细介绍，请读者参阅作者另一专著[75]。

9-10-4 生物安全实验室分级

1983 年世界卫生组织(WHO)出版的《实验室生物安全手册》，于 1985 年委托我国卫生部在我国出版[70]，它列出的四级危险度的说明见表 9-35。

表 9-35 WHO 制定的实验室类型与危险类别

危险类别	实验室分类	实验室实例	微生物实例
Ⅰ 对个体及公众危险较低	基础	基础教学	枯草杆菌 大肠埃希氏杆菌 K_{12}
Ⅱ 对个体有轻度危险，对公众的危险有限	基础 （在必要时配备生物安全柜或其他适合个人防护的或机械密闭设备）	初级卫生单位 初级医院 医生办公室 诊断实验室 大学教学单位及公共卫生实验室	伤寒沙门氏菌 乙型肝炎病毒 结核分枝杆菌 淋巴细胞性脉络丛脑膜炎病毒
Ⅲ 对个体有较高危险，对公众危险较低	密闭	特殊诊断实验室	布鲁氏菌属 拉沙热病毒 荚膜组织胞浆菌
Ⅳ 对个体及公众均有较高危险	高度密闭	危险病原体单位	埃波拉—马堡病毒 口蹄疫病毒

表 9-36 是日本分级[71]。

表 9-36 日本以危险度区分的洁净室级别

当大多数情况下无感染可能时	适用 1 级	对实验区隔离与否无特殊规定
当多数情况下无感染可能，即使感染了，发病可能性也很小时	适用 2_a 级	对实验区隔离与否无特殊规定，进行实验时禁止非工作人员进入
当按一般微生物学操作规程进行操作即可防止感染，假如感染了发病可能性也很小时	适用 2_b 级	仅限于实验区要求一次隔离，进行实验时禁止非工作人员进入
当感染机会较多，但感染后症状较轻；或者，由于一般成人有免疫能力，很少感染，但一旦感染却出现较重的症状时	适用 3_a 级	要求两次隔离，地面材料不许有接缝，其他表面接缝处都要密封，平时也禁止非工作人员进入，循环风和排风要通过高效过滤器，室内保持负压
当感染机会较多，感染后症状较重；或者，虽然按有效的预防措施可以防止感染，但感染了则出现重症状或国内少见的症状；或者，按一般微生物学操作规程进行操作即可防止感染，但如感染了就有致命危险时	适用 3_b 级	除同“3_a”级以外，气流组织要求单向流
当感染机会较多，感染了就出现重症状，而且有致命危险，又缺乏有效预防治疗方法时	适用 4 级	独立的建筑物，在建筑物内还要求两次隔离。气闸门采用自动联锁，内表面装修用整体材料，平时也禁止非工作人员进入。要求单向流，全新风，从安全柜和室内分别经过高效过滤器排气。送排风要联锁，排风停止之前必须先停止送风。室内负压要在－15Pa 以上

2004 年我国国家标准《实验室生物安全通用要求》(GB 19489—2004)和《生物安全实验室建筑技术规范》(GB 50346—2004)将我国生物安全实验室的分级和国际接轨，从低

到高分为1～4级；GB 50346的2011年修订后又将生物安全实验室分为三类，见表9-37和表9-38。

以BSL-1、BSL-2、BSL-3、BSL-4表示相应级别的生物安全实验室；以ABSL-1、ABSL-2、ABSL-3、ABSL-4表示相应级别的动物生物安全实验室。

表9-37 生物安全实验室的分级

分级	危害程度	处理对象
一级	低个体危害，低群体危害	对人体、动植物或环境危害较低，不具有对健康成人、动植物致病的致病因子
二级	中等个体危害，有限群体危害	对人体、动植物或环境具有中等危害或具有潜在危险的致病因子，对健康成人、动物和环境不会造成严重危害。有效的预防和治疗措施
三级	高个体危害，低群体危害	对人体、动植物或环境具有高度危害性，通过直接接触或气溶胶使人传染上严重的甚至是致命疾病，或对动植物和环境具有高度危害的致病因子。通常有预防和治疗措施
四级	高个体危害，高群体危害	对人体、动植物或环境具有高度危害性，通过气溶胶途径传播或传播途径不明，或未知的、高度危险的致病因子。没有预防和治疗措施

表9-38 生物安全实验室的分类

类型	特点
a	操作通常认为非经空气传播致病性生物因子的实验室
b1	可有效利用安全隔离装置(如:生物安全柜)操作的实验室
b2	不能有效利用安全隔离装置操作的实验室

我国的三级、四级生物安全实验室有洁净度级别要求，送风末级过滤器要求高效过滤器。

9-10-5 负压隔离病房

作为隔离式生物洁净室的一个重要应用对象，医院负压隔离病房自SARS以来，受到极大关注，给予它的设计理念是以“高负压、密封门、全新风”为代表。被作者称为“静态隔离”的这种原理，既效果差，又耗能大，十分昂贵，不利推广。

作者提出负压隔离病房的新原理是“动态隔离”[66,76～79]。用低负压(－5Pa)代替高负压，用负压洁净室的缓冲室(简称负压缓冲室)和普通非木门代替密封门，用双送风口、循环风和动态气流密封负压高效排风装置代替全新风。

按照5Pa压力梯度规划的负压隔离病区压力分布见图9-26[80]。

因病房及其卫生间都是污染区，而卫生间都设有排风，气流必是由病房流向卫生间的。从动态气流隔离的原理出发，不提病房对卫生间的压差值，而只要求从病房向卫生间的定向气流，即卫生间通过调排风，使其负压程度稍高于病房即可，这可将卫生间门上做上百叶。

负压隔离病房没有洁净度级别要求，送风有中效以上过滤器就可以了，但排风为了其一部分能自循环使用，一部分能无害排出，必须用高效过滤器。

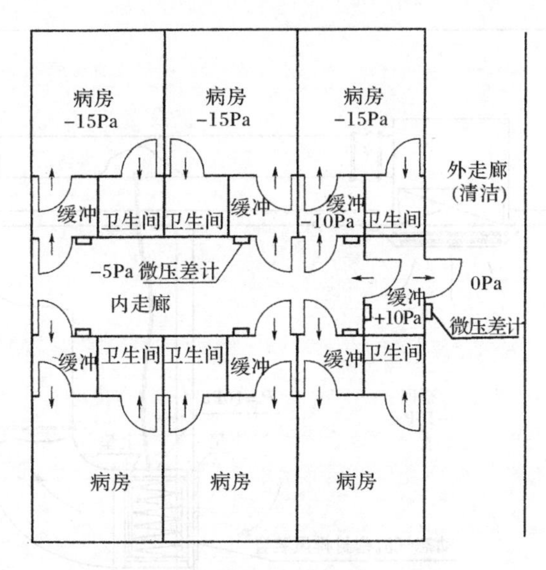

图 9-26　压差要求

9-10-6　隔离式生物洁净室的排风安全性

1. 零泄漏排风要求

隔离式生物洁净室的排风中可能含有危险的致病微生物，不仅需要高效过滤器（甚至是两道）的阻隔，而且整个排风装置不能泄漏。

由于排（回）风过滤器出风面在墙内，很难检漏、堵漏，一种原理上就不会漏的排风装置实为必要。

作者等人研发的动态气流密封负压高效排风装置[81]即属上述的那种装置。该装置的高效过滤器在现场安装时必须在现场检测装置（设备配套）上先检漏，证明无漏后再安装。主要的漏泄处——边框密封面由于采用了动态气流密封技术而不会漏。

图 9-27 是该排风装置安于室内的情况（动态气流也可来自独立动力源，但不安全）。

该装置中高效过滤器四周为正压腔，由软管与送风管相连。实验证明只要正压腔内有 1Pa 正压，室内侧的气溶胶就不会被经过漏缝抽向排风口。实际工作中可要求正压腔有 10Pa 正压，在装置上的表中显示出来。

该装置适用于无在线检漏要求的场所，如负压隔离病房。

2. 在线扫描检漏排风要求

三级特别是四级生物安全实验室的排风装置有在线检漏的要求。

一般的在线检漏装置具有以下特点：

(1) 手动检漏。检漏时需通过塑料袋手套密封的导孔，将手伸入箱内，控制检测架和采样头的移动。

(2) 自动检漏，复杂的运动机构安在箱内，易被污染，不便检修。

(3) 扫描途径不重复。

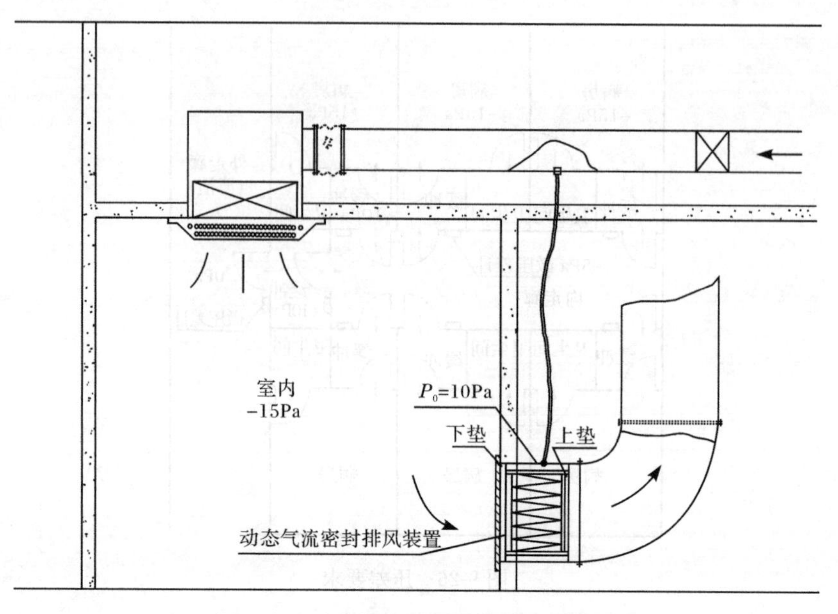

图 9-27　动态气流密封排风装置的安装

(4) 是线扫描而非点扫描。
(5) 装置庞大,有的只能安在技术夹层内。
(6) 可原位消毒。
(7) 可测过滤器前后压差。
完备的在线检漏装置应具有以下特点:
(1) 既可自动检漏也可手动检漏。
(2) 不是定点检漏(测透过率),不是线扫描检漏,而是点扫描检漏。
(3) 扫描途径重叠。
(4) 机械运动机构在装置外。
(5) 装置与实验室监控系统集成,实现在线集成控制。
(6) 可原位消毒。
(7) 可在装置上显示过滤器前后压差。
作者等的国际发明专利和美国发明专利即具有以上特点。

3. 排风安全距离要求

虽然对排风有零泄漏和在线检漏的高要求,但是对某些特殊场所还必须对排风口至附近公共建筑有一定的安全距离的要求。因为也不排除偶然因素使过滤器产生漏孔。

为了作排风安全距离的安全评估,首先必须知道安全的界限和危险的界限,并应尽量取最不利的条件。

到底排风中微生物浓度不超过多少才算安全?到底人所在环境微生物气溶胶浓度达到多少才算危险?这对不同的微生物当然不一样,但也可以找到一个参照标准。

以比美国标准严格一些的日本标准(1983)为准,适用 BSL-3 及其以下生物安全实验室的Ⅰ、Ⅱ级安全柜,如表 9-39 所列[82]。

表 9-39　安全和危险的界限

性能		标准	方法
名称	项目		
操作人员安全	缝隙采样器法	流率 28.3L/min 采样器在人工作区附近采 10min，2 台采样器，各采集菌落≤5 个	在安全柜内，5min 喷出 5ml 菌液中不多于一半的 2.5mL 菌液，喷出总量为 $1\times10^8\sim10\times10^8$ 枯草芽孢杆菌
室内高浓度污染	培养皿法	安全柜台面布满的培养皿中菌落总数≤5 个	在安全柜外喷出总量 $5\times10^6\sim10\times10^6$ 枯草芽孢杆菌，5min 内喷液量不多于 5mL 菌液的一半即 2.5mL

由表 9-39 可以看出：

(1) 认为室内人工作附近安全的空气菌浓为 5×1000/28.3×10＝17.7 个/m^3。这也可看成环境的安全浓度。

(2) 柜内模拟事故菌浓为 $10^8\sim10\times10^8$/(柜容积 0.5m^3)＝(2－20)×10^8/m^3。

(3) 为了做安全性实验，喷菌量达到 10^8 数量级，实际操作中的气溶胶发生量不会达到这么高。因为不是全喷方法而是操作中的溅射。不妨可认为，这就是通常可遇到的最大的菌液浓度，即 $10^8\sim10\times10^8$/2.5mL＝(0.4～4)×10^8 个/mL。

(4) 室内微生物气溶胶总量≥5×10^6 个被认为进入高度污染界限，用来实验柜内样本是否会受到污染。

其次，应知道各种操作的气溶胶发生量，这当然很困难。表 9-40 为根据美国 Fovt Detricd 研究所关于各种实验操作时微生物的飞散系数资料[83]的部分摘要。

表 9-40　部分操作的气溶胶飞散系数

操作	飞散系数 β
超声波处理	$5\times10^{-7}\sim9\times10^{-5}$
液体下滴	2×10^{-6}(90cm 高)
用吸管混合	2×10^{-6}(无吹出)～10^{-4}(有吹出)
离心作用产生的飞沫	2×10^{-6}
捣碎器运行中拧紧盖，停转后 1min，打开	2×10^{-6}

用公式表示为

$$\beta\times\text{微生物平均浓度(个/mL)}=\text{飞散的微生物气溶胶数(个)}$$

从表 9-40 可见，最大的 β 是由吸管混合(有吹出)产生的，为 1×10^{-4}。若采用上文所述的(0.4～4)×10^8 个/mL 为最大菌液浓度，则当处理不同容量菌液时，最多产生微生物气溶胶量如下(如果瓶子跌碎，菌液洒在地上，不可能同时产生如吸管操作时的气溶胶数量)：处理 1mL：(0.4～4)×10^4 个；10mL：(0.4～4)×10^5 个；50mL：(2～20)×10^5 个；100mL：(0.4～4)×10^6 个。

设该不当操作是发生在排风口处，并且认为集中在 1m^3 的空间内。设室内安一台安全柜，实验室排风量一般为 1300m^3/h，而操作不当时一般送风不会停，所以排风量也不会变化。漏泄物经过较长的排风管和较大的排风量的混合，至出口时，可认为已趋于均匀。设过滤器突然间出现漏孔而且漏孔达到 10 个之多，孔径 1mm，则 10 个 $\phi1$ 的漏孔在

400Pa 压差下，漏泄量约 0.36m^3/h[84]。则处理 100ml 时排风口浓度为

$$\frac{(0.4\sim4)10^6\text{ 个/m}^3\times0.36\text{m}^3/\text{h}}{1300\text{m}^3/\text{h}}=(0.001\sim0.01)10^5\text{ 个/m}^3$$

如果排风口能像烟囱一样垂直上排稀释，则对周围环境的安全距离可以较小，但由于排风口和烟囱不同，应有风帽，这就影响了气流扩散，反而使气流可能向下弥散，因此下面按常用的水平侧排风口(图 9-28)来计算分析，则更安全。

这种排风气体自孔口向周围气体喷出所形成的流动，属于气体淹没射流，简称气体射流。由于排风所在的室外环境，完全符合无限空间射流的原则，所以可应用射流理论。假定为最不利的无风状态，应用圆管射流[85]（非圆管时采用当量直径），按图 9-29 的射流原理，根据浓差射流公式，轴心浓差用以下公式表达：

$$\frac{\Delta X_{\rm m}}{\Delta X_0}=\frac{0.35}{\dfrac{\alpha S}{d_0}+0.147} \tag{9-32}$$

式中，$\Delta X_{\rm m}$ 为轴心浓度与环境浓度之差；ΔX_0 为出口浓度与环境浓度之差，由于环境浓度(实验微生物)可为 0，所以 $\Delta X_{\rm m}/\Delta X_0$ 可代表 S 断面处浓度与出口断面处浓度的比值。

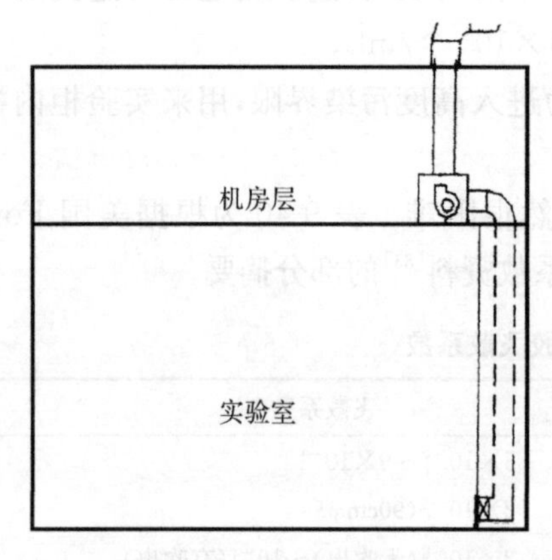

图 9-28 水平排放风口

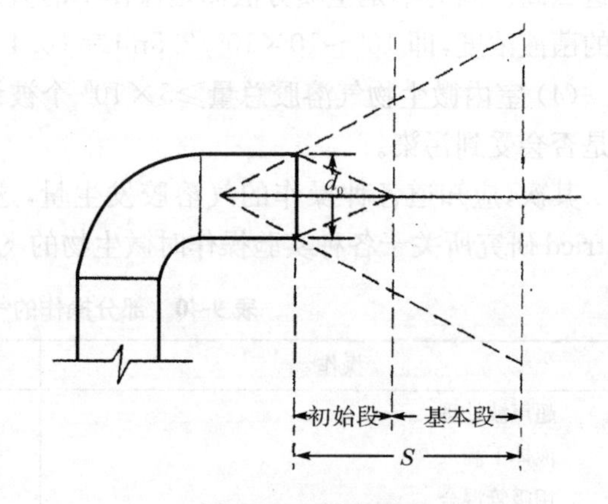

图 9-29 射流原理

从上面计算可知，最大的排风口浓度为处理 100mL 菌液时的 0.01×10^5 个/m^3，要达到环境安全标准 17.7 个/m^3，则应取 $\Delta X_{\rm m}=17.7$ 个/m^3，$\Delta X_0=0.01\times10^5$ 个/m^3。

对于弯头喷口 d_0，取风口紊流系数 $\alpha=0.2$。故有

$$\frac{0.35}{\dfrac{0.2S}{d_0}+0.147}=\frac{17.7}{0.01\times10^5}$$

所以 $S=98.14d_0$，又因 $d_0=0.0188\sqrt{\dfrac{Q}{v_0}}$，所以

$$S=1.84\sqrt{\frac{Q}{v}}$$

其中，Q 为排风量(m^3/h)；v_0 为排风速度(m/s)，考虑出口噪声问题，不宜大于 8m/s，所以 d_0 不宜大于 0.28m。

若取 $Q=1300$m^3/h(相当于一间 15m^2 实验室 1 台安全柜的情况)。

$v_0=6$m/s，得 $S=27.1$m

当处理 50ml 时,S=13.6m。

射流轴心速度可以采用到 0.25m/s[86],再小,扩散作用就很小了。由下式

$$\frac{v_m}{v_0}=\frac{0.48}{\frac{\alpha S}{d_0}+0.147}$$

当 S=27m 时,求出 v_m=0.15m/s;

当 $S=\frac{27.1+13.6}{2}\doteq 20$m 时,$v_m$=0.25m/s;

选 S=20 时,有 $\frac{S}{d_0}=\frac{20}{0.28}=71.4$。一般 $\frac{S}{d_0}$ 宜在 95 之内。

可见 20m 的结果均在可应用范围。

如果有顺风风速,只会加大扩散和安全成分,从安全计,不考虑顺风风速的影响,只按无风条件计算射程。

在文献[86]中,在给出上述结果后指出:以上安全距离是最小值,没有考虑心理因素距离和安全系数。

在《生物安全实验室建筑技术规范》(GB 50346—2011)中,规定有生物安全柜的生物安全实验室的排风口和公共建筑之间的距离不小于 20m。

参考文献

[1] 井上宇市.病院における空気調和の技術.建築設備と配管工事,1974,12(11):35—43.

[2] 福山博之訳.手術室の水平層流システムに関する一年間の經驗.空気清浄,1979,17(1):32—36.

[3] 于玺华.空气净化是除去悬浮菌的主要手段.暖通空调,2011,41(2):32—37.

[4] Charnley J, Eftekhar N. Postoperative infection in total prosthetic replacement arthroplasty of the hipjoint with special reference to the bacterial content of the air of the operating room. Brit J Surg, 1969,56(8):640—649.

[5] 魏学孟,等.无菌洁净室.建筑技术通讯(暖通空调),1981,(3):14—16.

[6] 徐庆华,何文胜,倪进发.手术室空气消毒方法比较,Chin J Nosocomiol,2002,12(8):604—605.

[7] 夏牧涯.某院洁净手术部建设的历程和效果.卫生工程,2011,(2):44—47.

[8] 日本医療福祉病院設備協會規格:病院空調設備の設計・管理指針,HEAS-02-2004.

[9] 王维平.生物洁净病房在治疗血液病中的应用及全环境保护的护理.解放军 307 医院,1994.

[10] 佐藤英治.第三回国際ユニタミネーショニコニトロールミンポジエーム.空気清浄,1977,14(7):17—22.

[11] 田中収司訳.白血病患者用の層流室.空気清浄,1979,17(4):1—4.

[12] 植田加久夫.ポールプルース病院(ペリ)無菌病室.空気清浄,1977,14(7):59—62.

[13] 许钟麟.当前生物洁净室的发展水平.空调技术,1980,(2):44—45.

[14] 许钟麟,潘红红,曹国庆,等.从现代产品质量控制角度看洁净手术部规范的修订——国标《医院洁净手术部建筑技术规范》修订组研讨系列课题之一.暖通空调,2013,43(3):7—9.

[15] 谢惠民,孙定人.注射剂知识.北京:人民卫生出版社,1975.

[16] 国家医药管理局.国家医药管理局实验动物管理实施细则(试行草案).1992.

[17] Meckler M. Packeged units provide clean room conditions in moon rock. Heating Piping Air Conditioning,1970,42(7):71—76.

[18] 井上宇市.病院におけるベイオクリーンルーム.

[19] 中国疾病预防控制中心. 传染性非典型肺炎防治问答. 北京：中国协和医科大学出版社，2003.

[20] 平沢紘介. 工業製品・醫學における大気污染の影響とその対策. 空気調和と冷凍，1970，10(2)：35－40.

[21] 上海第一医学院. 实用内科学. 北京：人民卫生出版社，1973.

[22] Wiebe H A，Partain C L. An investigation of the importance of air flow in control post-operative infections. Journal ASHRAE，1975，(2)：27－33.

[23] 李恒业. 大气中生物粒子的等效率直径及其有效滤材的研究//中国电子学会洁净技术学会第二届学术年会论文集. 1986：170－174.

[24] 涂光备，张少凡. 纤维型滤料滤菌、滤尘效率关系的研究. 洁净技术，1990，(2)：20－21.

[25] 姚国梁. 用落菌法测定无菌室洁净度的探讨. 同济大学科技情报站，1981.

[26] 许钟麟，沈晋明. 空气洁净技术应用. 北京：中国建筑工业出版社，1989：272.

[27] 于玺华，车凤翔. 现代空气微生物学及采检鉴技术. 北京：军事医学科学出版社，1998：82.

[28] Sellers R F，Parker J. Airborne excretion of foot-and-mouth disease virus. J Hyg，1969，67：671－677 (转引自[3]).

[29] Parker M T. Hospital—Acquired infections (WHO Regional Publications European Series No. 4)，1978.

[30] 钟秀玲. 我国手术室感染管理的主要隐患与对策//第 19 次全国医院感染学术年会暨第 6 届上海国际医院感染控制论坛(SIHC)2010 年联合会议报告集，2010：406－413.

[31] 冯昕，许钟麟. 洁净手术环境控制颗粒物感染的必要性——国标《医院洁净手术部建筑技术规范》修订组研讨课题之二. 暖通空调，2013，43(3).

[32] Li C S，Hon P A. Bioaerosol characteristics in hospital clean rooms. The Science of the Total Environment，2002.

[33] 许钟麟. 能否用沉降菌法测定洁净室菌浓问题的探讨. 中国公共卫生，1999，15(9)：777－780.

[34] 张龙华，卢伟志，杨小平，等. 两种采样方法的定量换算关系(校正值)及捕获的粒谱比较. 中国公共卫生学报，1989，8(5)：315.

[35] 施能树，朱培康，吴植娱，等. LWC-1 型离心式空气微粒生物采样器研制. 中国建筑科学研究院空调所，1986：13.

[36] 许钟麟. 沉降菌法和浮游菌法关系初探. 中国公共卫生，1993，9(4)：160－162.

[37] 同济大学医院建筑空调课题研究组(范存养执笔). 生物洁净技术的原理和应用. 同济大学科技情报站，1982.

[38] 王莱，涂光备. Koch 法测值与浮游细菌量的关系. 洁净技术，1990，(1)：27－30.

[39] 古橋正吉等. HEPAフイルタの細菌濾過効果に関する研究. 空気清浄，1978，15(7)：1－10.

[40] 古橋正吉. パイオクリーンルーム手術室使用上の問題點. 空気清浄，1980，17(7)：19－25.

[41] Gaulin R P. Design of hospital ventilation systems in respect to surgery. AACC Proceedings，1966.

[42] 李恒业. 生物洁净手术室中效净化系统的研究[硕士学位论文]. 天津：天津大学，1984.

[43] 许钟麟，沈晋明. YGG、YGF 型低阻亚高效过滤器. 建筑科学研究报告，中国建筑科学研究院，1987.

[44] 严浩. 紫外线消毒灭菌(UVGI)与(过滤＋UVGI)洁净技术. 机电信息，2009(29)：8.

[45] 许钟麟. 集中空调净化系统风边污染的治本方向. 洁净科技(中国台湾)，2007，18.

[46] 山吉孝雄等. 無菌環境に関する環境および細菌學の研究(4). 空気清浄，1978，16(6)：1－6.

[47] 徐立大，王俊起，林秉乐，等. 屏蔽式循环风紫外线消毒器分报告之五(鉴定会资料)，1993：8－9.

[48] 古橋正吉. 紫外线照射殺菌研究の現況. 医科器械学，1990，60(7)：315－326.

[49] 足立伸一等. 気相中ておける紫外线の抗菌作用に関する研究(第 1 報). 防菌防黴，1989，17(1)：15－21.

[50] 孙荣冈，王明义，高海娥. 紫外照射对两种不同类型细菌的影响. 中国消毒学杂志，2009，26(2).

[51] 于玺华. 紫外线照射消毒技术的特性及应用解析. 暖通空调，2010，40(7)：58－62.

[52] First M W，Nardell E A，Chaisson W，et al. Guidelines for the application of upper-room ultraviolet germicidal irradiation for preventing transmission of airborne contagion. Part II：Design and operation guidance，ASHRAE Trans，1999，105：877－87.

[53] American Society of Heating，Refrigerating，and Air-Conditioning Engineers. Ultraviolet lamp systems//ASHRAE Handbook：Hvac Systems and Equipment. Atlanta，GA：ASHRAE，2008，chap. 16.

[54] Centers for Disease Control and Prevention and Healthcare Infection Control Practices Adviscory Committee. Guidelines for environmental infection control in healthcare facilities：Recommendations of CDC and the Healthcare Infection Control Practices Advisory Committee（HICPAC）. Morb Mortal Recomm Rep，2003，52(RR-10)：1－42.

[55] Memarzadeh F，Olmsted R N，Bartley J M. Applications of ultraviolet germicidal irradiation disinfection in health care facilities：effective adjunct but not stand-alone technology. Am J Infect Control，2010，38(5)：S13－24.

[56] 陈长镛，许钟麟，林秉乐，等. 屏蔽式循环风紫外线消毒器研制综合报告(鉴定会资料)，1993.

[57] 许钟麟，陈长镛，沈晋明，等. 筒式紫外线消毒器灯管数和细菌率的计算方法. 细生研究，1998，3.

[58] 沈晋明，孙光前，贺舒平，等. 屏蔽式循环风紫外线消毒器研制分报告之一. 上海城市建设学院学报，1993，(4)：50－55.

[59] 许钟麟，陈长镛. 屏蔽式循环风紫外线消毒器研制分报告之四(鉴定会资料)，1993.

[60] 空气洁净技术措施编制组. 空气洁净技术措施. 北京：中国建筑工业出版社，1979.

[61]《医院洁净手术部建筑技术规范》(GB 50333—2002). 北京：中国计划出版社，2002.

[62] Field A A. Operating theater air conditioning. Heating Piping Air Conditioning，1973，45(11)：91－93.

[63] 凌继红. 手术室空气净化效果的研究[博士学位论文]. 天津：天津大学，2005.

[64] 井上宇市. 手術室の新しい空気調和法. 建築設備と配管工事，1971，9(7)：41－52.

[65] 邓伟鹏. 医院建筑内防止 SARS 病毒传播与感染的综合措施及对策研究[博士学位论文]. 上海：同济大学，2005.

[66] 许钟麟. 隔离病房设计原理. 北京：科学出版社，2006：127.

[67] 许钟麟，施能树，陆原. 全顶棚送风下部两侧回风式洁净空气流特性研究. 中国建筑科学研究院，建筑科学研究报告，1981，(11).

[68] 秋山泰高等. 層流式無菌手術室の經驗. 空気調和・衛生工学，1977，51(1)：33－43.

[69] 佐野武仁訳. 層流室内の障害物と熱気流の影響. 空気清浄，1979，17(1)：37－42.

[70] 世界卫生组织. 实验室生物安全手册(1983). 马远山，李胜田译. 北京：卫生出版社，1985.

[71] 田中正夫等. NIHの生物危険施設. 空気清浄，1979，16(7)：46－55.

[72] 山内一也. パイオハザード対策および隔離施設についての基本的考え方. 空気清浄，1980，17(7)：1－11.

[73] サイニンテイスト社編集部. 遺伝子工学 10 年の軌跡. 1980.

[74] ASHRAE. Applications Handbook. C 1978.

[75] 许钟麟，王清勤. 生物安全实验室与生物安全柜. 北京：中国建筑工业出版社，2004.

[76] 许钟麟，张益昭，王清勤，等. 关于隔离病房隔离原理的探讨. 暖通空调，2006，(1)：1.

[77] 许钟麟，张益昭，王清勤，等. 隔离病房隔离效果的研究(3). 暖通空调，2006，(4)：1.

[78] 许钟麟，张益昭，王清勤，等. 隔离病房隔离效果的研究(1). 暖通空调，2006，(3)：1.

[79] 许钟麟,张益昭,王清勤,等.隔离病房隔离效果的研究(2).暖通空调,2006,(3):1.
[80] 许钟麟,武迎宏.负压隔离病房建设配置基本要求.北京:中国建筑工业出版社,2010.
[81] 许钟麟,张益昭,王清勤,等.动态气流密封负压排风装置(发明专利)研究.建筑科学(增刊),2005:57.
[82] 日本空气清净协会:クぅスⅡ生物学安全柜キセビネト规格,1981.
[83] 大谷明ら编集:バイオハザケ·ド对策ハンドブツク,1981.
[84] 许钟麟.生物安全实验室//中国电子学会洁净技术分会编.生物安全专题讲座专家文集.2004:236.
[85] 周谟仁.流体力学.泵与风机.北京:建筑工业出版社,1979:240.
[86] 许钟麟,王清勤,张益昭,等.从排风角度考虑生物安全实验室的安全距离.建筑科学(增刊),2004,(4):46.

第十章　洁净室均匀分布计算理论

洁净室计算的核心是含尘浓度的计算，本章首先介绍假定微粒在洁净室内均匀分布时的计算理论。

10-1　洁净室三级过滤系统

洁净室通常采用粗效、中效和高效(或称初级、中级和末级)三级过滤。系统中的中效过滤器安装在风机的正压段，高效过滤器安装在送风末端，回风口安装中效或粗效过滤器。末级过滤器是高效过滤器的系统称为高效空气净化系统，末级过滤器是中效过滤器的系统称为中效空气净化系统。图 10-1 所示的是乱流洁净室系统的基本图式。

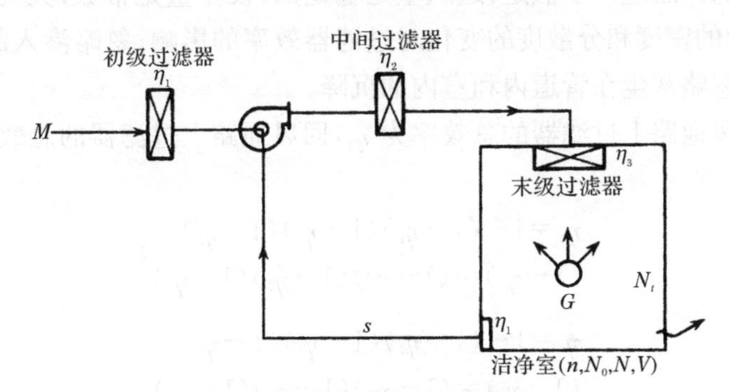

图 10-1　乱流洁净室基本图式

N_t. 某时间 t(min)的室内含尘浓度(粒/L)；N. 室内稳定含尘浓度(粒/L)；N_0. 室内原始含尘浓度，即 $t=0$ 时的含尘浓度(粒/L)；V. 洁净室容积(m^3)；n. 换气次数(次/h)；G. 室内单位容积发尘量[粒/(m^3 · min)]；M. 大气含尘浓度(粒/L)；S. 回风量对送风量之比；η_1. 初级过滤器(或新风过滤器组合)效率(计数效率，用小数表示，下同)；η_2. 中间过滤器效率；η_3. 末级过滤器效率

三级过滤系统中所谓新风粗效过滤器的做法，已经实践证明，到了必须更新概念的时候了。作者于 1994 年正式提出这一观点[1]，并分别对一般空调系统、专用空调机系统和净化空调系统进行了论证[2,3]。

这一问题的提出，是由于空调系统启动后，室内细菌浓度和臭味反而增加，国外近来常有这种报道[4]。热交换盘管、肋片、阀及其周边部分上滞留的凝结水，在停机期间因温度逐渐升高而慢慢蒸发形成盘管四周高湿度条件，成为适合微生物繁殖的环境，特别是适合真菌的繁殖。繁殖时生成的大量气体由于系统启动而突然释放出来，成为恶臭之源。据认为是新风带来并积存于这些地方的大量尘埃不仅携带了微生物，还为微生物繁殖提供了不可缺少的营养条件，而产生恶臭的主要原因为真菌的繁殖(对于一般空调系统，回风的这一作用更大)。

新风用的粗效过滤器效率太低，我国的大气尘浓度又偏高(见第二章)，所以上述问题会更严重。后果不仅是使新风品质下降，而且由于进入系统的新风尘浓高，很快使系统中的部件堵塞，从而使新风量骤减，室内氧气比例降低，造成恶性循环。

所以新的三级过滤的概念应是：新风三级过滤（粗效、中效和高中效或亚高效过滤）；中间预过滤（末端过滤器的预过滤）；末端高效（或亚高效）过滤。

10-2　乱流洁净室含尘浓度瞬时式

为了计算乱流洁净室内的含尘浓度和换气次数，必须确定尘粒在洁净室内的分布状况。一般分为均匀分布和不均匀分布两种类型，本章讨论均匀分布状况下的计算理论和方法（本章至第十三章有关这方面的主要内容作者在 1977 年空气调节研究所刊印的研究报告《洁净室计算》中已阐述过），下一章讨论不均匀分布状况下的计算理论和方法。

均匀分布，就是假定室内灰尘是均匀分布的，如果有灰尘发生源，则发生的尘粒由于扩散和气流的带动和冲淡，能很快地在室内达到平衡。

为了简化计算，还进一步假定：通风量是稳定的；发尘量是常数；大气尘浓度是常数；忽略室内外灰尘的密度和分散度的变化对过滤器效率的影响；忽略渗入的灰尘量和管道产尘的可能性；忽略灰尘在管道内和室内的沉降。

此外，设新风通路上过滤器的总效率为 η_n，回风通路上过滤器的总效率为 η_r，则对于图 10-1 有

$$\eta_n = 1-(1-\eta_1)(1-\eta_2)(1-\eta_3)$$

$$(1-\eta_n) = (1-\eta_1)(1-\eta_2)(1-\eta_3) \tag{10-1}$$

或

$$\eta_r = 1-(1-\eta_2)(1-\eta_2)(1-\eta_3)$$

$$(1-\eta_r) = (1-\eta_1)(1-\eta_2)(1-\eta_3) \tag{10-2}$$

对于新风过滤器组合

$$\eta_1 = 1-(1-\eta_{10})(1-\eta_{20})(1-\eta_{30}) \tag{10-3}$$

式中，η_{10}、η_{20}、η_{30} 分别为组合内的粗效、中效和高中效或亚高效过滤器效率。

根据前面的基本图示和上述假定，可见：

(1) 进入室内的尘粒由三部分组成。

① 由回风带进室内的灰尘。单位时间的回风量为 $\dfrac{SnV\times 10^3}{60}$（L/min）；单位时间内，经回风通路上过滤器（回风口过滤器、中间过滤器和末级过滤器）过滤后，进入室内的尘粒数量为 $\dfrac{SnV\times 10^3}{60}N_t(1-\eta_r)$（粒/min）。因此，$\Delta t$ 时间内，室内每升空气中由于回风而增加的尘粒数量为 $\dfrac{SnN_t}{60}(1-\eta_r)\Delta t$（粒/min）。

② 由新风带进室内的尘粒。单位时间的新风量为 $\dfrac{nV\times 10^3}{60}(1-s)$（L/min）；单位时间内，经新风通路上的过滤器即初级过滤器、中间过滤器和末级过滤器过滤后，进入室内的尘粒数量为 $\dfrac{MnV\times 10^3}{60}(1-s)(1-\eta_n)$（粒/min）。因此，$\Delta t$ 时间内室内每升空气中由于

新风而增加的尘粒数量为$\frac{Mn(1-s)(1-\eta_n)}{60}\Delta t$(粒/L)。

③ 在Δt时间内,由于室内发尘而使室内每升空气增加的尘粒,数量为$G\times10^{-3}\Delta t$(粒/L)。

(2) 由室内排出的尘粒包括,有组织的回风(有的还有排风)排出的尘粒和无组织的换气排出(压出)的灰尘。

单位时间通风换气量为$\frac{nV\times10^3}{60}$(L/min),因此Δt时间内室内每升空气由通风换气排出的尘粒数量为$\frac{nN_t}{60}\Delta t$(粒/L)。

根据以上分析的进出洁净室的尘粒数量可知,在Δt时间内洁净室内含尘浓度的变化为

$$\Delta N_t=(\text{进入的含尘浓度})-(\text{排出的含尘浓度})$$

$$=\left[\frac{N_t ns(1-\eta_r)\Delta t}{60}+\frac{Mn(1-s)(1-\eta_n)\Delta t}{60}+G\times10^{-3}\Delta t\right]-\frac{N_t n}{60}\Delta t$$

移项整理,并以$\frac{dN_t}{dt}$代替$\frac{\Delta N_t}{\Delta t}$,则

$$\frac{dN_t}{dt}=\frac{60G\times10^{-3}+Mn(1-s)(1-\eta_n)}{60}\left\{1-\frac{N_t n[1-s(1-\eta_r)]}{60G\times10^{-3}+Mn(1-s)(1-\eta_n)}\right\}$$

对上式变量分离并积分,得到

$$-\frac{60G\times10^{-3}+Mn(1-s)(1-\eta_n)}{n[1-s(1-\eta_r)]}\ln\left\{1-\frac{N_t n[1-s(1-\eta_r)]}{60G\times10^{-3}+Mn(1-s)(1-\eta_n)}\right\}$$

$$=\frac{60G\times10^{-3}+Mn(1-s)(1-\eta_n)}{60}t+C$$

式中,C是积分常数,它由初始条件决定。当$t=0$的时候,有三种情况:

① 以系统开始运行计算时间,则$t=0$时室内含尘浓度即为洁净室运行前瞬时的含尘浓度,由于渗漏等因素,这一含尘浓度是较大的。

② 以系统经一定运行时间,达到含尘浓度稳定后的任一时刻开始计算时间,则$t=0$时的室内含尘浓度即为达到稳定的含尘浓度,对于洁净度级别不同的洁净室这一浓度也是不同的。

③ 以系统运行中间某一时刻计算时间,$t=0$时室内含尘浓度即系统运行到这一时刻的室内含尘浓度。

总之,可以把$t=0$时的室内含尘浓度称为原始含尘浓度,以N_0表示。即

$$t=0,\quad N_t=N_0$$

代入上式则可求出C,代回原式即得

$$\frac{1-\frac{N_t n[1-s(1-\eta_r)]}{60G\times10^{-3}+Mn(1-s)(1-\eta_n)}}{1-\frac{N_0 n[1-s(1-\eta_r)]}{60G\times10^{-3}+Mn(1-s)(1-\eta_n)}}=e^{-\frac{nt[1-s(1-\eta_r)]}{60}}\tag{10-4}$$

所以洁净室含尘浓度的瞬时式是

$$N_t=\frac{60G\times10^{-3}+Mn(1-s)(1-\eta_n)}{n[1-s(1-\eta_r)]}\cdot\left\{1-\left[1-\frac{N_0n[1-s(1-\eta_r)]}{60G\times10^{-3}+Mn(1-s)(1-\eta_n)}\right]e^{-\frac{nt[1-s(1-\eta_r)]}{60}}\right\}\tag{10-5}$$

10-3　乱流洁净室含尘浓度稳定式

10-3-1　单室的稳定式

在有稳定的通风换气条件下，尽管洁净室内有尘源，不断发出尘粒，但经过相当的时间后，从理论上说，即 $t\to\infty$ 时，就要趋于稳定。此时式(10-5)变成

$$N=\frac{60G\times10^{-3}+Mn(1-s)(1-\eta_n)}{n[1-s(1-\eta_r)]}\tag{10-6}$$

在应用式(10-6)时，只要注意系统中哪些过滤器组合效率是 η_n，哪些是 η_r，就可较方便地列出某一系统的稳定式。例如根据过滤器不同布置的系统(如图 10-2 所示)，对图 10-2(a)，就可以写出

$$N=\frac{60G\times10^{-3}+Mn(1-s)(1-\eta_1)(1-\eta_2)(1-\eta_3)}{n[1-s(1-\eta_2)(1-\eta_3)]}$$

其余可类推。

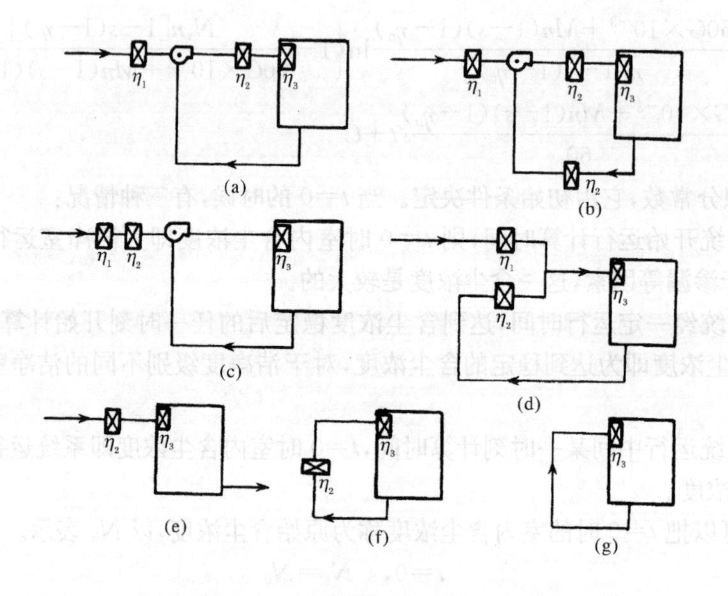

图 10-2　过滤器不同布置的系统

10-3-2　多室的稳定式

实际的空气净化系统都是多室并联的，多室和单室的稳定式是不同的，文献[5]虽然分别给出了稳定式，却又没有说明实际的多室系统应该怎样计算，这两种稳定式之间有什么联系。下面就来分析一下如图 10-3 的多室并联的情况。在这个并联条件下，每一个洁

净室的含尘浓度计算很复杂。

下面先用求单室稳定含尘浓度的方法得出以下公式：

$$N_1 = \frac{60G_1 \times 10^{-3} + N_s n_1 (1-\eta_3)}{n_1} \tag{10-7}$$

$$N_2 = \frac{60G_2 \times 10^{-3} + N_s n_2 (1-\eta_3)}{n_2} \tag{10-8}$$

式中，N_s 为中间过滤器后混合回风的含尘浓度(粒/L)。

$$N_s = \frac{MQ_n(1-\eta_1)(1-\eta_2) + Q_r N_r (1-\eta_2)}{Q_s} \tag{10-9}$$

式中：Q_n——新风量(L/h)；

Q_r——总回风量(L/h)；

Q_s——总送风量(L/h)；

N_r——总回风的含尘浓度(粒/L)。

$$N_r = \frac{s_1 N_1 n_1 V_1 + s_2 N_2 n_2 V_2 + \cdots}{Q_r} \tag{10-10}$$

式中：V_1、V_2 为——各室容积(L)。

显然，这样的计算是复杂的。

现在分析一下图 10-3 所示的洁净室。一个洁净室内的含尘浓度 $N_1=3$ 粒/L，即 $N_r=3$ 粒/L 和 $N_2=3000$ 粒/L 的另一个洁净室并联成为多室系统，则多室系统总回风的含尘浓度一定比 3 粒/L 高，所以如果用单室的稳定式来计算 1 室的含尘浓度，对于 1 室来说就要偏低，偏不安全。如果这种不安全成分太大，那当然就必须用多室的稳定式来求 1 室的含尘浓度。现在就来分析这种差别的大小。

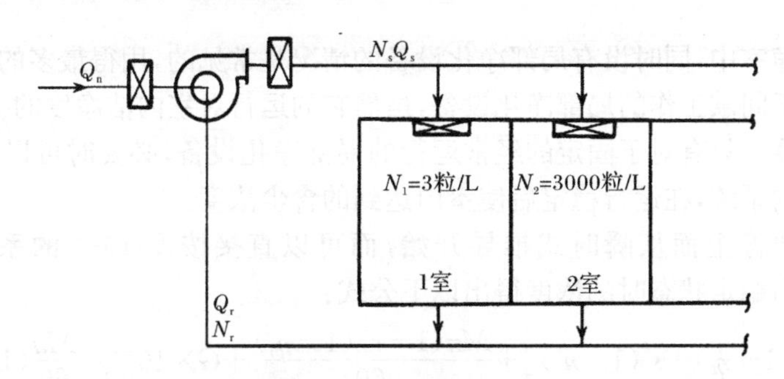

图 10-3　多室并联系统

多室系统总回风的含尘浓度不会超过该系统最脏的一个洁净室的含尘浓度，如图 10-3 所示，则不会超过 N_2，即不会超过 3000 粒/L。假定 3000 粒/L 就是总回风含尘浓度，即比 3 粒/L 提高 1000 倍。所以对于多室系统的 1 室来说，极端情况相当于在回风含尘浓度提高 1000 倍条件下的单室系统的运行。

列出在此条件下稳定时的含尘浓度平衡方程式

$$\frac{10^3 N_1 ns(1-\eta_r)}{60} + \frac{Mn(1-s)(1-\eta_n)}{60} + G \times 10^{-3} = \frac{N_1 n}{60}$$

所以

$$N_1=\frac{60G\times10^{-3}+Mn(1-\eta_n)}{n[1-10^3s(1-\eta_r)]} \tag{10-11}$$

式中：N_1——多室系统1室的含尘浓度(粒/L)。

因为回风通路上有高效过滤器，对于≥0.5μm尘粒的效率达0.999 99(见第四章)，则

$$1-\eta_r=0.000\ 01$$

$$1-10^3s(1-\eta_r)\approx1$$

所以

$$N_1\approx N$$

式中：N——单室系统时1室含尘浓度(粒/L)。

这就表明，对于末级过滤器是高效过滤器的高效空气净化系统，不管是多室系统还是单室系统，都可以按单室的稳定式求多室系统中各室的稳定含尘浓度，因而使计算简化了。

上面假定的 $N_1=3$ 粒/L，$N_2=3000$ 粒/L，这是相当于相差三级的洁净室并联，如果不是相差三级的洁净室并联，那就更不成为问题了。如果高效净化系统的最高一级洁净室和中效净化系统的洁净室并联，其室内浓度相差约为 10^4 倍，则式(10-11)分母中应有

$$1-10^4\times s(1-\eta_r)=0.9\sim1$$

新风越少即 s 越大误差越大，但不超过10%。显然，若是两个中效系统的洁净室并联，如采用相同的过滤器，相同的循环比 s，则室内含尘浓度因 G 不同的差别约在1倍以内，在这种情况下多室按单室计算的差别也大约为10%。如两室过滤器效率差别大，s 差别也大，多室按单室计算时的误差就大了。

10-4　有局部净化设备时的含尘浓度稳定式

在乱流洁净室中，同时设有局部净化设备的情况是常见的，用得最多的是洁净工作台和自净器。对于间歇工作的局部净化设备，虽然它的运行对室内洁净度的提高有益，但一般都不另行计算。只有对于固定的经常运行的局部净化设备，必要时可以计算包括这一净化设备在内的系统，在运行稳定后使室内达到的含尘浓度。

现在不必要像上面从瞬时式推导开始，而可以直接按图10-4的系统图式，和式(10-11)一样，由稳定状态时的浓度得出以下公式：

$$\frac{Nn}{60}[s(1-\eta_r)+s'(1-n')]+\frac{Mn(1-s)(1-\eta_n)}{60}+G\times10^{-3}=\frac{Mn}{60}(1+s')$$

即

$$Nn[(1+s')-s(1-\eta_r)-s'(1-\eta')]=60G\times10^{-3}+Mn(1-s)(1-\eta_n)$$

式中：s'——局部净化设备在室内循环的风量即室内自循环风量占全室系统总风量之比；

η'——局部净化设备中各过滤器的总效率；

其余符号和图10-1的完全相同。

于是可以得出室内含尘浓度

$$N=\frac{60G\times10^{-3}+Mn(1-s)(1-\eta_n)}{n[(1+\eta's')-s(1-\eta_r)]} \tag{10-12}$$

由于作为洁净室内使用的局部净化设备，必须装有高效过滤器，所以 $\eta'\approx1$，因而式

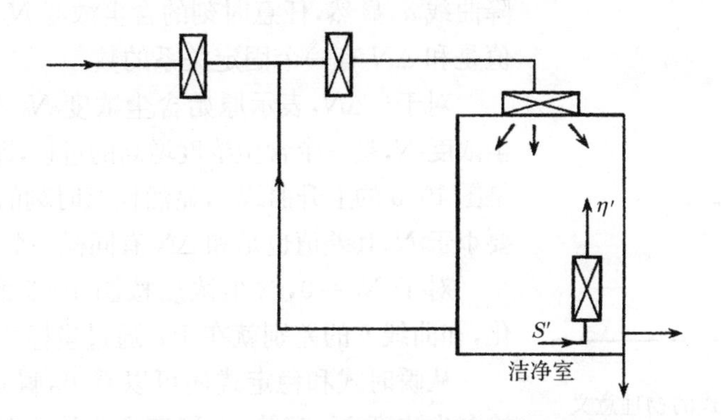

图 10-4　室内有局部净化设备的系统图式

(10-12)又可写为

$$N=\frac{60G\times10^{-3}+Mn(1-s)(1-\eta_n)}{n[(1+s')-s(1-\eta_r)]} \tag{10-13}$$

这个式子和前面式(10-6)不同的是将分母中的“1”变成“$1+s'$”。这可以看成由于有了局部净化设备。等于加大了原来房间的换气次数。

如果考虑到 $s(1-\eta_r)$ 比 1 小得多，可把式(10-13)简化为

$$N=\frac{60G\times10^{-3}+Mn(1-s)(1-\eta_n)}{n(1+s')} \tag{10-14}$$

因此由于局部净化设备的作用，给含尘浓度的影响就可以更清楚的看出来。

10-5　瞬时式和稳定式的物理意义

从乱流洁净室含尘浓度的瞬时式和稳定式即式(10-5)和式(10-6)可见，前者大括号外的部分就是后者即稳定式，所以将稳定式代入式(10-5)并经简化，得到

$$N_t=N+(N_0-N)e^{\frac{-nt[1-s(1-\eta_r)]}{60}} \tag{10-15}$$

如果 $N_0>N$，则

$$N_t=N+\Delta Ne^{\frac{-nt[1-s(1-\eta_r)]}{60}} \tag{10-16}$$

如果 $N_0<N$，则

$$N_t=N-\Delta Ne^{\frac{-nt[1-s(1-\eta_r)]}{60}} \tag{10-17}$$

如果 $N_0=0$，则

$$N_t=N\{1-e^{\frac{-nt[1-s(1-\eta_r)]}{60}}\} \tag{10-18}$$

考虑到 $N_0=0$ 也可以包括在 $N_0<N$ 之内，则可将上式合起来，即

$$N_t=N\pm|\Delta N|\ e^{\frac{-nt[1-s(1-\eta_r)]}{60}} \tag{10-19}$$

ΔN 为室内原始含尘浓度和稳定含尘浓度之差，差值为正用“＋”，差值为负用“－”。

由式(10-19)可以明显地看出瞬时式的物理意义。对于 $+\Delta N$，表示原始含尘浓度 N_0 大于稳定后的含尘浓度 N，是一个含尘浓度减小的过程即净化过程，这就是图 10-5 的下

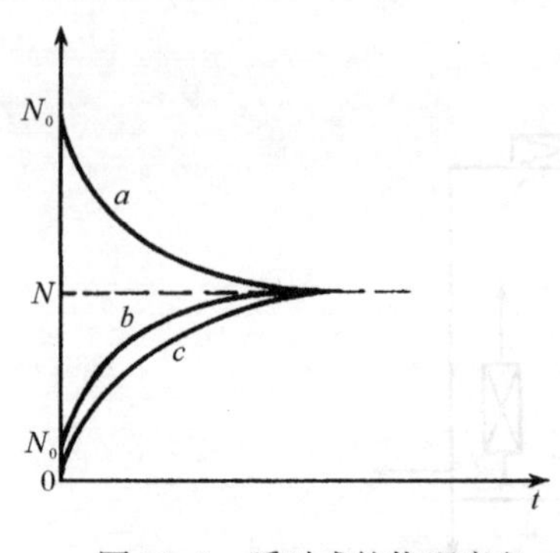

图 10-5　瞬时式的物理意义

降曲线 a，显然，任意时刻的含尘浓度 N_t 都大于 N，其差值是和 ΔN 有一个固定关系的数。

对于 $-\Delta N$，表示原始含尘浓度 N_0 小于稳定后的含尘浓度 N，是一个含尘浓度增高的过程，即污染过程，这就是图 10-5 的上升曲线 b，显然任意时刻的含尘浓度 N_t 都要小于 N，其差值也是和 ΔN 有同样一个固定关系的数。

对于 $N_0=0$，含尘浓度按图 10-5 的上升曲线 c 变化，和曲线 b 的差别就在于 c 通过坐标零点。

从瞬时式和稳定式还可以看出，瞬时含尘浓度和原始含尘浓度 N_0 有关，而稳定含尘浓度却和 N_0 无关，只和空气净化系统的特性有关，只取决于稳定状态下进出洁净室的尘粒量的平衡，这是稳定含尘浓度的重要特性。

10-6　乱流洁净室其他计算方法

除去作者在 1976 年提出的，基于三级过滤图式的上述含尘浓度的瞬时式和稳定式之外，美国的空军技术条令 T. O. 00-25-203（第一版记为美国的奥斯汀（Austin），实际上奥斯汀[6]是引用该条令的）和日本的早川一也[7]都先由较简化的图式（图 10-6 和图 10-7）得出过以下公式：

条令 203 瞬时式

$$N_t=\frac{60G}{\eta nV}\left(1-\mathrm{e}^{\frac{-\eta nt}{60}}\right) \tag{10-20}$$

条令 203 稳定式

$$N=\frac{60G}{\eta nV} \tag{10-21}$$

以上两式中 G 的单位是"粒/min"，和前面单位容积发尘量单位不同，V 是室容积。显然，上式是前面所推式子 $N_0=0$ 和 $s=1$ 的特例，但是 $N_0=0$ 在实际情况中是不存在的，而且普遍情况是 $s\neq1$，所以其局限性是很大的。

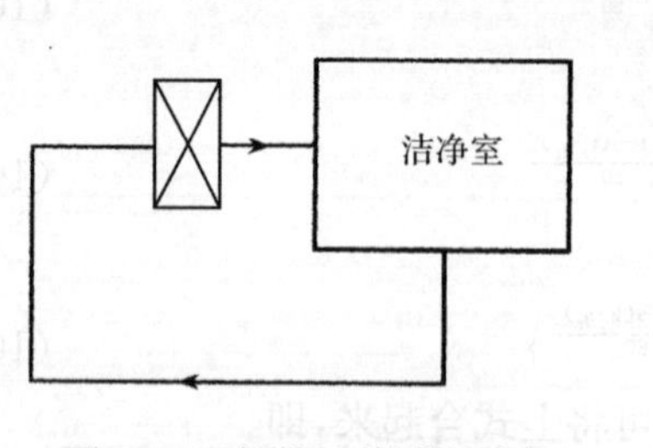

图 10-6　奥斯汀引用的图式

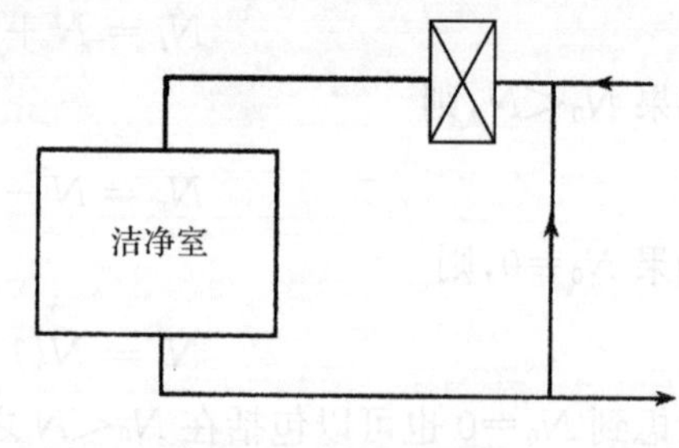

图 10-7　早川一也图式

早川一也瞬时式

$$N_t=N+(N_0-N)\mathrm{e}^{\frac{-nt[1-s(1-\eta)]}{60}} \tag{10-22}$$

为便于比较，作者在此式中采用了本章的统一符号，由它也可得出与式(10-6)类似的稳定式。但是由于式中的过滤器效率 η 只是根据一级过滤导出的所谓主过滤器效率，所以对于其他场合不便采用。在其他文献上往往根据具体系统的不同图式列出不同的稳定式，这样对于使用是不方便的。

此外，美国摩里逊(Morrison P W)[8]的考虑灰尘在室内沉降的瞬时式，由于沉降率未能确定，使公式复杂而难于运用。也有人假定各种尘粒经过高效过滤器后全部被过滤下来，从而作出简化算图[9]，误差当然大一些，而且不利于规律性的探索；也有人采用先计算送风口含尘浓度再算通风量的办法[10]，都不是系统论述和推导，就不详述了。

理论计算结果和实际符合的程度，除了主要决定于公式本身的准确程度之外，选择的各个参数数值的准确程度也是很重要的因素。应用本章提出的公式和第十三章建议的参数值进行计算，可以获得比较接近实际的结果，参见第十三章。

10-7　单向流洁净室含尘浓度计算法

由于单向流洁净室可以达到高于5级的洁净度，所以给人一种印象，似乎单向流洁净室就不用计算了。不过，前面讲到的乱流洁净室的公式，确实也不适用于单向流洁净室。但是，随着洁净度比5级还要高的单向流洁净室的出现，随着节能的需要，希望减少原来满布的过滤器而仍能达到5级洁净度，因此单向流洁净室含尘浓度的计算仍很必要。作者于1976年基于均匀分布模型提出过过于简化的计算方法，福田光久[11]也在假定由人发生的灰尘没有横向扩散污染的基础上，提出了类似的计算原理和方法，这是国外首次提出的单向流洁净室计算方法。福田公式在于完全不考虑布置过滤器的这一面的表面发尘，但是不忽略回风带入的灰尘(N_r)，可以写成

$$N=N_s+N_r$$

N_s 为送风浓度。实际上 N_r 比 N_s 要小得多，比表面发尘量也小很多，是完全可以忽略的。如果这样，则 N 仅仅等于 N_s，和实际的差别将更大。

为了更好地解决单向流洁净室含尘浓度的计算问题，只有用不均匀分布计算理论，这在下一章详加阐述。

10-8　乱流洁净室自净时间和污染时间的计算

10-8-1　概念

洁净室在其空气净化系统运行之后，室内含尘浓度从一个较高的数值下降到稳定的值(在工作区或水平单向流洁净室的第一工作区平面测得)，所需的时间即为自净时间，这个时间越短越好。如果因污染而使室内含尘浓度由一个较低的稳定值回升到较高的稳定值，所需的时间即为污染时间。所不同的是，如果是因停机而造成污染，其污染时间越长越好，说明系统和建筑的严密性好；如果在洁净室运行之中，由于增加了发尘源或发尘量，而使室内含尘浓度上升到一个新的稳定值，则所需的时间即是发尘污染时间，越短越好，说明干净气流能很快起到冲淡稀释作用。这一节要计算的是自净时间和发尘污染时间。停机污染时间由于受到系统和建筑的影响，比较复杂，难于计算。

图 10-8 是实际的开机自净曲线和停机污染曲线的例子。

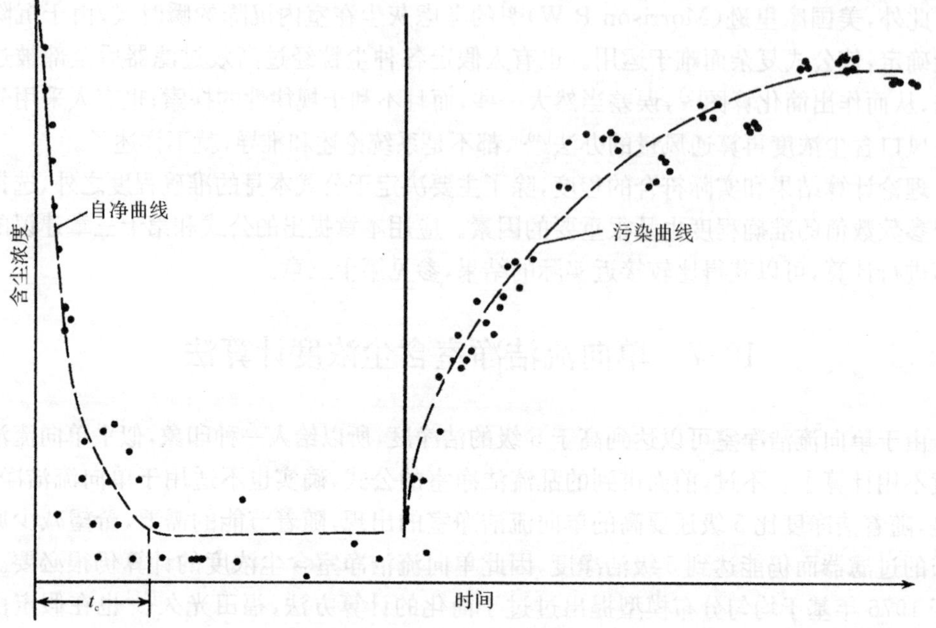

图 10-8　自净曲线和污染曲线实例

高效空气净化系统具有自净时间和污染时间的概念，而中效空气净化系统室内含尘浓度随着室外大气含尘浓度的变化而变化（见第十二章），因此无所谓自净时间和污染时间。

10-8-2　自净时间的计算

从乱流洁净室含尘浓度的瞬时式可见，任意时刻的含尘浓度 N_t 和时间 t 都是未知数，是不能直接求解自净时间或污染时间的。作者曾提出下述的一个略加简化的简便方法。

由式(10-5)可以看出，大括号{ }外面一项是稳定式，故可化为

$$N_t=N(1-e^{\frac{-nt[1-s(1-\eta_r)]}{60}})+N_0e^{\frac{-nt[1-s(1-\eta_r)]}{60}}$$

$$\frac{N_t}{N}=1+\left(\frac{N_0}{N}-1\right)e^{\frac{-nt[1-s(1-\eta_r)]}{60}} \tag{10-23}$$

对于高效空气净化系统的洁净室，$\eta_r>0.999$，同时对于 $s\leqslant1$ 的情况，$[1-s(1-\eta_r)]\approx1$，所以式(10-23)简化成

$$\frac{N_t}{N}=1+\left(\frac{N_0}{N}-1\right)e^{\frac{-nt}{60}} \tag{10-24}$$

对于式(10-24)还可进一步简化，可以设$\frac{N_t}{N}$为比 1 稍大的数（如 1.01、1.03 等，参见图 10-9），可认为含尘浓度已达到稳定。因而由式(10-24)可得

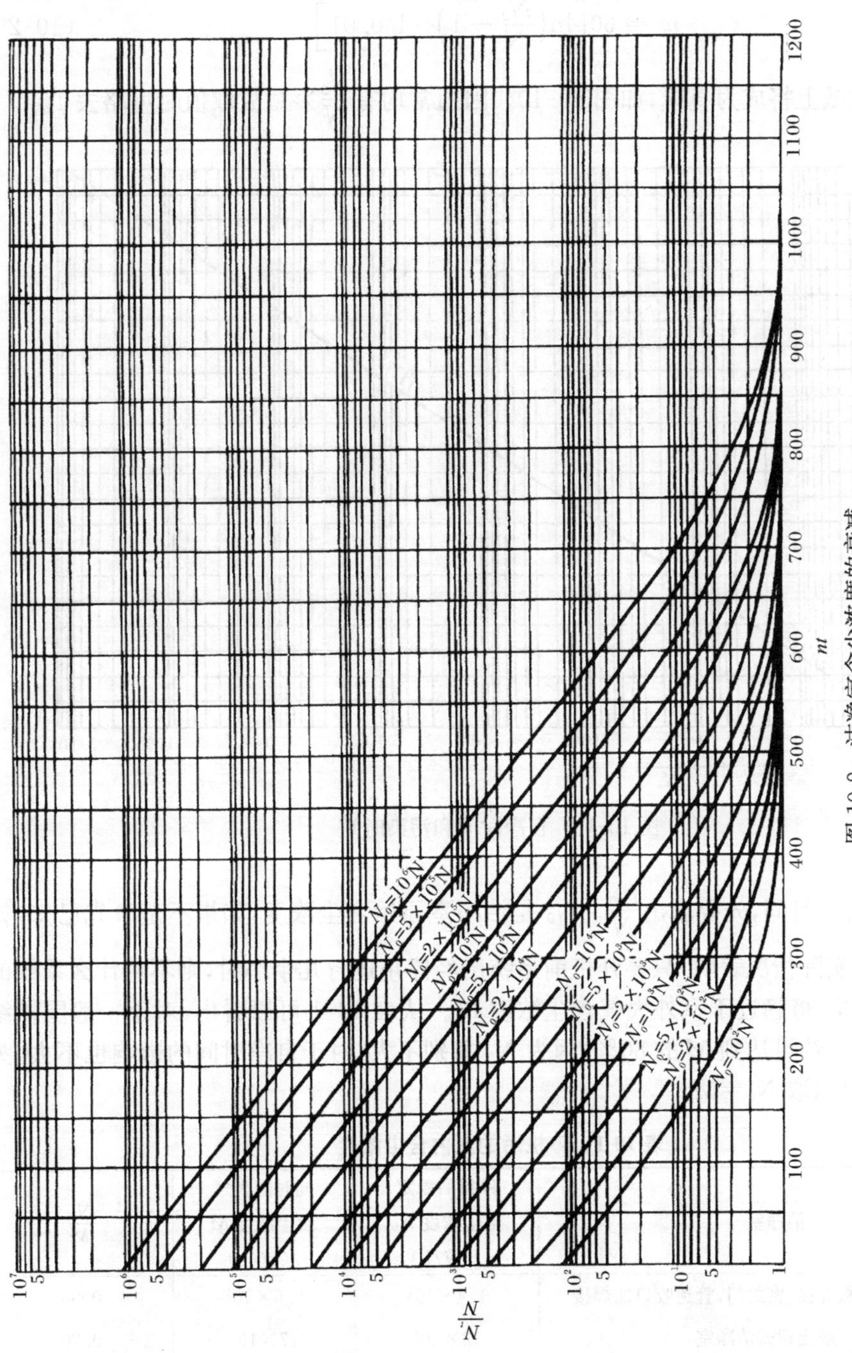

图 10-9　洁净室含尘浓度的衰减

$$1.01-1=\left(\frac{N_0}{N}-1\right)e^{\frac{-nt}{60}}$$

所以

$$nt=60\left[\ln\left(\frac{N_0}{N}-1\right)-\ln 0.01\right] \tag{10-25}$$

该式在单对数纸上将成为直线，如图 10-10。因通常均有$\frac{N_0}{N}\gg 1$，故取值时可略去 1。

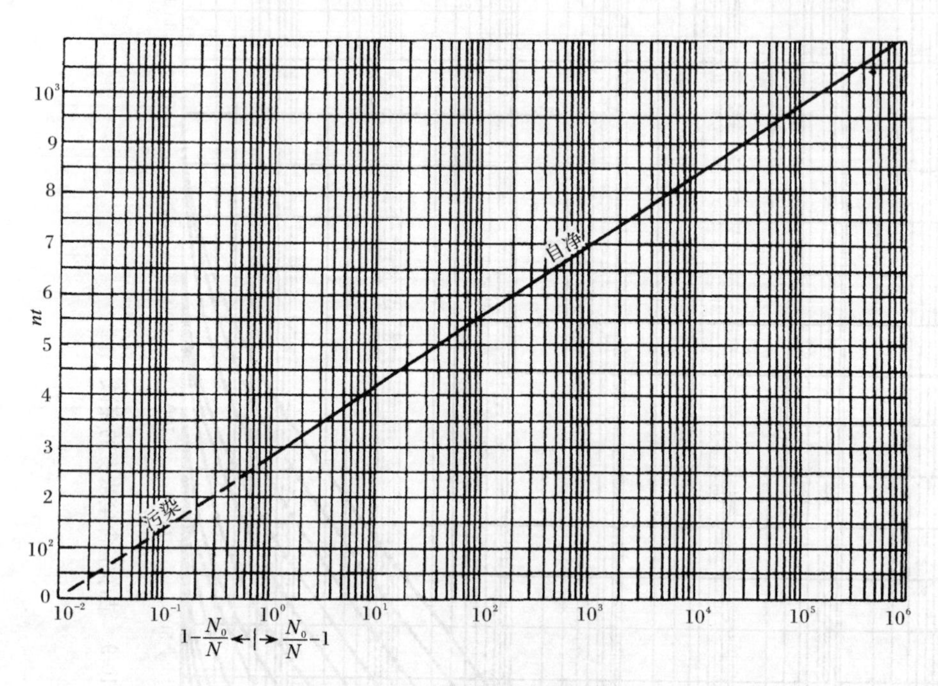

图 10-10　自净时间和污染时间

为了求自净时间，先要求出$\frac{N_0}{N}$。N_0 是洁净室原始含尘浓度，如果不是事先已知，则应加以确定。实际情况表明，只要开机前系统已经停止运行几个小时，则不管什么系统的洁净室，最后 N_0 将趋近于室外大气含尘浓度 M。从表 10-1 可以看出，对于一般围护结构的洁净室，N_0 约可达到 M 的 80%，因为 N_0 差别不大，对于自净时间的影响也不大，为了方便计算，可以取 $N_0=M$。

表 10-1　停机后的室内含尘浓度

洁净室	停机后稳定含尘浓度 N_0 /(粒/L)	同时间大气含尘浓度 M /(粒/L)	$\frac{N_0}{M}$
围护结构为钢板焊接，密封门，管道咬口加焊接	1.4×10^4	2.5×10^4	0.56
一般土建式洁净室	12×10^4	17×10^4	0.70
一般装配式洁净室	9.8×10^4	10.5×10^4	0.93

M 的确定可按第二章提出的原则，或按实际确定。

N 是洁净室稳定时含尘浓度，应根据要求或计算确定，具体计算方法见第十三章。

根据$\frac{N_0}{N}$,由图 10-10 求出 nt,则

$$t=\frac{nt}{n}$$

在 10-1 节中已说明,t 的单位是“min”。

表 10-2 列出了 18 例开机自净时间的计算值和实测值的对比,可见两者是较接近的。

表 10-2　自净时间查图计算值与实测值对比

序号	n /(次/h)	N_0(实测值) /(粒/L)	N(计算值) /(粒/L)	$\frac{N_0}{N}$	nt	t(计算值) /min	t(实测值) /min
1	28.1	2.6×10^4	22	1.18×10^3	765	27	26
2	29	1×10^4	16	6.3×10^2	670	23	24
3	67	5.4×10^4	14	3.85×10^3	775	12	18～20
4	59	4.5×10^4	16	2.8×10^3	750	13	15～27
5	21	2×10^4	22	9×10^2	680	33	33～38
6	21	6×10^3	22	270	620	30	30～35
7	70	9×10^4	9.5	9.5×10^3	830	12	8～15
8	185	5.8×10^4	3.8	1.5×10^4	850	4.6	19
9	36	7×10^4	28	2.5×10^3	748	21	14
10	72	7×10^4	14	5×10^3	780	11	11.5
11	120	7×10^4	9.8	7.2×10^3	810	6.7	6.5
12	150	7×10^4	8	8.7×10^3	820	5.5	5.5
13	180	7×10^4	6.8	1.1×10^4	830	4.7	3
14	230	7×10^4	5.4	1.3×10^4	850	3.6	3
15	25	1.1×10^3	10	1.1×10^2	560	22	16
16	50	8.5×10^2	10	0.85×10^2	540	11	10
17	40	10^5	200	5×10^2	650	16	30
18	29	1.06×10^5	15	7×10^3	810	28	30

图 10-11 是根据国外的实验数据[12]绘出的,由于是对同一个洁净室改变换气次数做的实验,因此换气次数和自净时间的关系更单一,更可信。

现在计算一下第八章提出的关于开门入室带入污染而需的自净时间。

已知因开门室内浓度比上升到$\frac{N_0}{N}=3.14$,要求恢复到$\frac{N_t}{N}=1.2$以内的自净时间。

按式(10-24)有

$$nt=60\left[\ln\left(\frac{N_0}{N}-1\right)-\ln\left(\frac{N_t}{N}-1\right)\right]=60\times\ln\frac{2.14}{0.2}=60\times2.37=142.2$$

如果洁净室为 1000 级,n 按 60 次/h 计算,代入上式得

$$t=\frac{142.2}{60}=2.37(\text{min})$$

对于带进的污染不仅在于增加含尘浓度而且带进了异性微粒(如不同菌种、相反性质

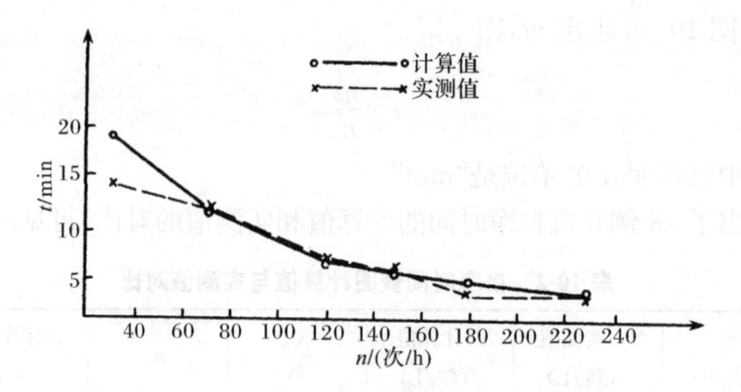

图 10-11　开机自净时间和换气次数的关系

的尘源等)，则自净时间超过 2min 是不希望的，一般单向流的自净时间不超过 2min，所以希望以 2min 为限度。因此上述结果说明进门的污染是危险的，所以这种情况要设缓冲室，正如第八章已论述的。

从上述一系列计算可以看出，乱流洁净室含尘浓度达到稳定状态的时间是很短的，在停机后污染极其严重的条件下，即 $N_0 \to 10^6 \times N$、$nt \to 1100$，在这种条件下，当换气次数达 20 次/h，开机后自净时间不超过 1h；当换气次数达 30 次/h，自净时间不超过 40min；当换气次数达 50 次/h，自净时间不超过 22min。但是这样严重的污染是极其罕见的，一般情况下$\frac{N_0}{N} \approx 10^4$，则按以上换气次数，自净时间将不超过 41min、28min、17min。过去由于没有能够系统普测，对乱流洁净室的效果是估计不足的，因而不区分不同的室内原始含尘浓度和稳定浓度之比，不区分换气次数多少，而笼统地提出乱流洁净室自净时间要 1h[13]，必须设值班风机的看法。现在从理论实践两方面证明乱流洁净室的开机自净时间不长，这就表明，除非停机后工件无法收藏，特别怕污染以外，在一般情况下可以不设值班风机，只要提前开机半小时就可以使洁净室投入工作了。

10-8-3　发尘污染时间的计算

由于发尘污染，污染前的稳定浓度成为原始浓度 N_0，污染后新的稳定浓度是 N，所以 $\frac{N_0}{N} < 1$。这样，式(10-23)就可改写成

$$1 - \frac{N_t}{N} = \left(1 - \frac{N_0}{N}\right) e^{\frac{-nt[1-s(1-\eta_r)]}{60}}$$

$$\approx \left(1 - \frac{N_0}{N}\right) e^{\frac{-nt}{60}} \tag{10-26}$$

同样可设$\frac{N_t}{N}$为略小于 1 的数，如 0.99(或 0.98)，认为此时含尘浓度已趋于稳定，于是由式(10-26)得

$$nt = 60\left[\ln\left(1 - \frac{N_0}{N}\right) - \ln 0.01\right] \tag{10-27}$$

此式在单对数纸上也是直线，相当于自净时间那条线的延长，只是横坐标由$\frac{N_0}{N}$变

为$1-\frac{N_0}{N}$。

10-9　单向流洁净室的自净时间

单向流洁净室的自净时间极短，从原则上说，根据活塞流的原理，其理想自净时间应从室高除以截面风速求得。但是，由于室内微粒的不均匀分布(参见第十一章)、单向流洁净室的气流实际上是渐变流、近壁处存在反向气流和各过滤器下方存在气流搭接区(参见第八章图 8-23)，因此，某些微粒并不能一次即随气流排出，而可能经过两次甚至两次以上的循环而后排出，这种循环也可能只在很小距离的局部范围内进行。这就延长了洁净室的自净时间。因此，实际测定的单向流洁净室的自净时间一般长于 30s，垂直单向流洁净室多在 1min 左右，水平单向流洁净室则稍长，可达 2min 左右。这个数字是很重要的，如果某个称为单向流洁净室的自净时间长达 5min 甚至长达 10min，其室内速度场可能很不均匀，气流的乱流度会较大，甚至存在渗漏的隐患，失去了单向流洁净室应有的功能。

作者认为，由于单向流洁净室的含尘浓度本来极低，而不同测定结果在相对量上的差别又可能很大(如 0.3 粒/L 和 0.5 粒/L 相差 70%)，完全用含尘浓度的高低来判别其单向流程度不一定能说明问题。由于自净时间应和速度场均匀性及流线平行度有较密切的关系，所以用速度场的有关特性来考察单向流程度较方便、直观。基于这一观点，作者就垂直单向流洁净室汇集了速度场等数据都完整的若干测定例，计算出对平均风速的偏差和乱流度，列成表 10-3。从表中可见：①除去序号 7 例外，随着乱流度的增加或者对平均风速的平均偏差的增大，自净时间也随之加长；②从单向流洁净室的功能要求来看，希望自净时间不大于 1min，国外有关洁净室验收测定的规定也是这样建议的[8]，因此 β_u 大约在 0.25 以下；③如果 β_u 在 0.25～0.35，而自净时间不大于 2min，和理想自净时间之比不超过 10 倍，则作为单向流洁净室使用仍是可行的，当然其性能略差。

表 10-3　垂直单向流洁净室自净时间和速度场的关系

序号	平均风速/(m/s)	对平均风速的最大偏差/%			乱流度 β_u	实际自净时间/s	实际自净时间与理想自净时间之比	测定者
		+	−	平均				
1	0.44	9.1	6.8	8	0.045	28	4.4	上岛雀也[14]
2	0.4	32	42	37	0.17	50	8	(国内测定数据，把 11 例中极大一点 0.76m/s 舍去整理而成)
3	0.295	59	52	56	0.227	52	6	
4	0.329	73	51	62	0.31	90	15	
5	0.234	84	66	75	0.34	90	10.6	
6	0.398	81	52	67	0.34	90	18	
7	0.37	62	67	65	0.356	50	9	
8	0.313	92	68	80	0.36	180	22.5	
9	0.274	57	64	60	0.374	160	17.4	
10	0.41	90	83	87	0.412	300	49	
11	0.274	177	64	120	0.449	160	17.4	

对于水平单向流洁净室，由于自净时间测点位置和实测速度场平面一致的实例较少，没有进行如上的分析，不过自净时间和速度场之间的关系大体也应如此。

参考文献

[1] 许钟麟. 洁净室设计. 北京：地震出版社，1994：75—77.

[2] 许钟麟. 实现电子计算机机房洁净环境的必要措施. 暖通空调，1996，26(6)：65—69.

[3] 许钟麟，张益昭. 改善室内空气品质的重要手段——新风过滤处理的新概念. 暖通空调，1997，(1)：5—9.

[4] 和田栄一. 防菌ファンコイルエニット. 建築設備，1991，42(5)：41—44.

[5] 実用空調技術便覽. 1974.

[6] Austin P A，Timmerman S W. Design and Operation of Clean Rooms. 1965.

[7] 早川一也等. 空気清净室に関する研究(1). 空気调和・衛生工学，1972，46(9)：1—12.

[8] Morrison P W. Environmental Control in Electronic Manufacturing，1973.

[9] Schicht H H. Clean room technology-principles and applications. Sulzer Technical Review，1973，(1)：3—15.

[10] Нонезов Р Т，Знаменский Р Е. ОбесПыливание воздушной среди В “Чесмых комнатах”. Водоснабжение и Санитарная Техника，1973，(3)：29—32.

[11] 福田光久，等. バイオクリーンルームの設計とその方式. 空気調和と冷凍，1978，18(2)：44—48.

[12] 忍足研究所. 実験用クリーンルーム試験報告. 1974.

[13] Bringold W. Reine ratüme and reine werklänke. Schweizerische Bläther für Heizung und Lüftung，1972，39(3).

[14] 上岛雀也. 0.1μm 粉じんを対象としたクリーンルームの試みと、その空気清浄度. 空気調和と冷凍，1981，21(5)：91—99.

第十一章　洁净室不均匀分布计算理论

由于气流分布的不均匀性和尘粒分布的不均匀性，洁净室中的微粒实际上是不均匀分布的，本章将着重介绍三区不均匀分布计算理论。

11-1　不均匀分布的影响

洁净室内微粒分布的不均匀性，不可避免地给按均匀分布理论计算含尘浓度的结果带来偏差。一般来说，室内气流和尘粒分布越不均匀，实测值和按均匀分布理论计算的值相差就越大。

现在讲的不均匀分布，仍然假定发尘是均匀的、稳定的，只是尘粒的分布不均匀。即使是这种不均匀分布也不是指每一点的不均匀分布，而是指区域不均匀分布，就是有区域浓度差。后者更有实际意义。

下面就分别讨论影响室内含尘浓度不均匀分布的因素。

1. 气流组织的影响(包括送风方式和风口位置)

不同的气流组织对室内浓度场均匀程度是有影响的，但一般说来，现有的气流组织方式在这方面的差别还不是很显著的。实测结果的趋势是，侧送方式实测含尘浓度一般高于按均匀分布法的计算值，不过只有气流分布不均匀，使稀释效果减弱时，实测值才高于计算值。局部孔板、顶送和散流器等方式的实测值对于计算值的正负偏离都存在，这说明在均匀性上略优于侧送。在全孔板方式中，实测值几乎都低于计算值，说明均匀性可能更好。

风口位置的影响要明显得多。例如顶部送风口，如果位置在靠近房间一侧的顶棚上，送风风速再大一些，则造成室内气流极不均匀，可能出现几个涡流区，实测含尘浓度比计算值高得多，这在第八章中已说过。

2. 送风口数量的影响

送风口数量不同对于气流分布的均匀性也有显著影响，表 11-1 就是根据早川一也等实验结果[1]整理出来的。

表 11-1　不同个数送风口的室内含尘浓度　　(单位:粒/L)

实验组别	实测值和计算值	换气次数/(次/h)								
		18	28	40	60	70	80	120	140	200
1	4个送风口的实测值	90	55	—	23	—	16	10	—	7
	8个送风口的实测值	70	40		20		13	8		6
	计算值	70	48		22		16	10		7

续表

实验组别	实测值和计算值	换气次数/(次/h)								
		18	28	40	60	70	80	120	140	200
2	8 个送风口的实测值	120		110		50		35	26	21
	12 个送风口的实测值	150	—	80	—	30	—	27	19	15
	计算值	210		110		60		36	28	22

从表 11-1 可见，在相同的过滤器和换气次数条件下，送风口少时，平均室内含尘浓度要比按均匀分布法的计算值高，这是因为风口少，乱流成分大，涡流区大，均匀性差。风口多则平均含尘浓度逐渐比计算值低，这是因为涡流区小了，速度场因而较均匀，乱流度减小，而且由于风口多，气流挤压作用增加了。此外，在第六章中已讲到，在同样换气次数下，增加风口就降低了风速，这对减少微粒在工件表面的沉积是有利的。

3. 换气次数的影响

换气次数对室内气流和浓度的均匀分布有较大影响，因为要使气流和浓度达到均匀分布，必须有足够的气流量去冲淡稀释，而且要使被冲淡稀释的区域尽可能大，直到全室范围。换气次数少，不仅流量不足，而且风口数量也少，可能造成较大较多的涡流区，因此实测含尘浓度一般都大于计算值，因为实际上并未达到均匀稀释的效果。不过当换气次数在 10 次/h 以上时，这种差别一般就不大。随着换气次数的增加，稀释趋于均匀和达到全室的程度，实测值和计算值逐渐接近，大约在 70 次/h 左右，两者不相上下(以后还将阐述)。继续增大换气次数，出现相反的情况，实测值一般低于计算值，这是因为不仅已达到充分均匀稀释，而且由于风量的加大，风口数量必然增加(如果风口数量不增加，而造成单个风口风速过大，则有相反的结果)，则气流的挤压作用加强，实际含尘浓度比只按均匀稀释的还要低。总之，换气次数的影响尤其表现在两头，即小换气次数时，实测含尘浓度比计算值高，大换气次数时，实测含尘浓度比计算值低。当然，这是一般的规律，不应绝对化。

4. 送风口形式的影响

不同形式的送风口对乱流洁净室有明显影响。在图 11-1 上列出了几种主要送风形式。

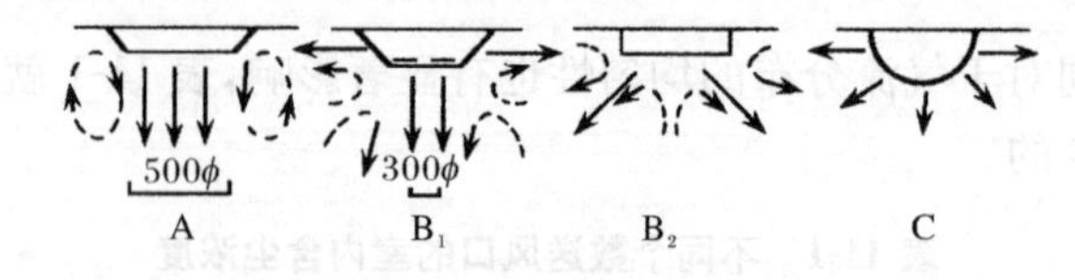

图 11-1　四种形式送风口

A 型：为普通扩散板风口，主要为直下气流；

B_1 型：为有周边水平出流的扩散板风口[2]，主要为直下气流和水平气流；

B_2 型：散流器风口，主要为斜流；C 型：半球形风口，气流为各向同性的辐流

通过实验[3]，得出以下几点：

(1) 各种风口自净时间不同，以属于推出气流的 C 型最好，略优于均匀分布的理论值；属于积极搅拌气流的 B 型次之，和理论值接近；属于普通气流的 A 型最差，差于理论值，见图 11-2。

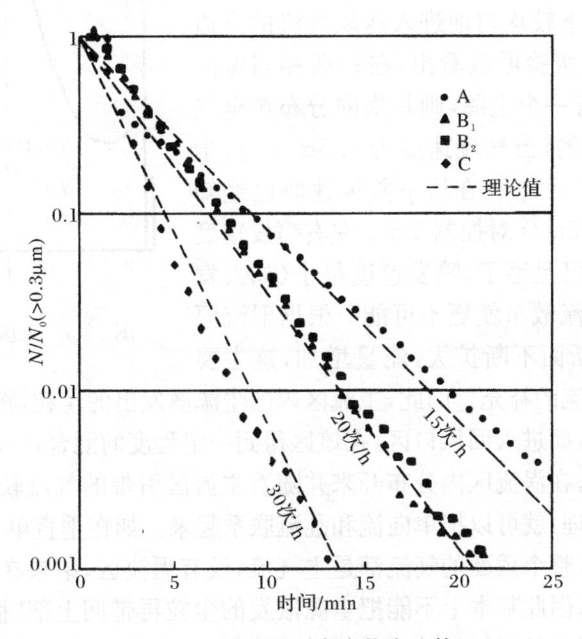

图 11-2　四种风口自净能力比较

(2) 室内发尘时，以 C 型的室内含尘浓度低。

(3) 对于积极搅拌气流的 B 型，由于诱导吸引等作用，可能使头部发尘对工作台上方有影响。

(4) 对于普通的 A 型，对头、足部分的扩散性能较好，但由于对室内端头气流弱并有上升气流，发尘后室内各点容易出现高浓度。

(5) 当有人经常走动等外来干扰时，不论哪种风口的作用差别都不大，而外来干扰较少时，C 型风口显示出优点。

综上所述，为了克服假定均匀分布给计算结果带来的偏差，更深入地研究洁净室的规律，研究不均匀分布计算法就成为洁净室计算中的重要课题。1974 年早川一也[1]提出了双区模型，试图解决这个问题，但是还没有得出可以具体运算的结果。

11-2　三区不均匀分布模型

三区不均匀分布模型如图 11-3[4] 所示，即分为主流区、涡流区和回风口区。其出发点是：

(1) 在主流区内，由于工作区以上有一定的风速，尘源 G_a 是不可能逆着气流不断地均匀地把尘粒分散到全部主流区去的。在前面有关章节中已阐明，这是因为尘粒靠扩散、沉降、机械力等作用分散到全室的可能性很小，主要是随着气流运动而分布，所以说尘粒在室内的“扩散”不如说是“分布”更合适，这就是本书用“均匀分布”、“不均匀分布”，而不用“均匀扩散”、“不均匀扩散”的原因，而且用“扩散”一词容易理解为单纯的分子扩散运动。

(2) 主流区内尘源散发的尘粒，一部分随着涡流由下而上再由上而下较均匀地进入送风气流的全边界层内。由简单的实验可以看出，在一股相当宽的送风气流中，如果有一个尘源，则其横向分布至全气流截面是不太可能的，当气流速度为 0.5m/s 时，尘源后的扩张角才 5°～6°[5]；在讲下限风速时已经知道，送风速度为 0.25m/s 对控制 2m/s 左右喷发速度的污染的横向散布已足够了，喷发速度很小(如人发尘)的污染，逆着气流散布就更不可能。根据射流原理知道，送风气流断面不断扩大，流量增加，这主要来自边上涡流区气流的补充。因此，主流区内的尘源散发出的尘粒，将随着气流稍有扩展地沿气流方向运动，而进入回风口区，在该区得到一定程度的混合，一部分由回风口排出，一部分折回涡流区，在涡流区内分布开来并随着主流区引带的气流较均匀地贯穿整个主流区。按照这一机理，就可以把单向流和乱流联系起来。如在垂直单向流洁净室内，回风口在地板上，工作区整个截面的气流都是主气流，没有涡流区，结果在工作区以下就没有折回涡流区的流量，因此基本上不能把尘源散发的尘粒再带回上部“撒”下来。如果在上部也没有涡流区，那就是理想的单向流，即使上部有一点尘源，尘粒也因无涡流而不会散布于整个主流区。这种情形就是前面讨论均匀分布计算时，对于单向流洁净室含尘浓度所作分析的依据。如果上部有一定的涡流区，如过滤器间布，那么将根据满布比大小、涡流区大小和上部尘源大小，而决定尘粒进入涡流区再返回主流区的多少，一般对于单向流洁净室这种上部涡流区很小，尘源也极少，所以散布于主流区的尘粒是很少的，因此在单向流洁净室内，尘源对全室浓度的影响很小。随着涡流区的加大，大到一定程度可能影响到工作区的含尘浓度，这就变成乱流洁净室的情形了。

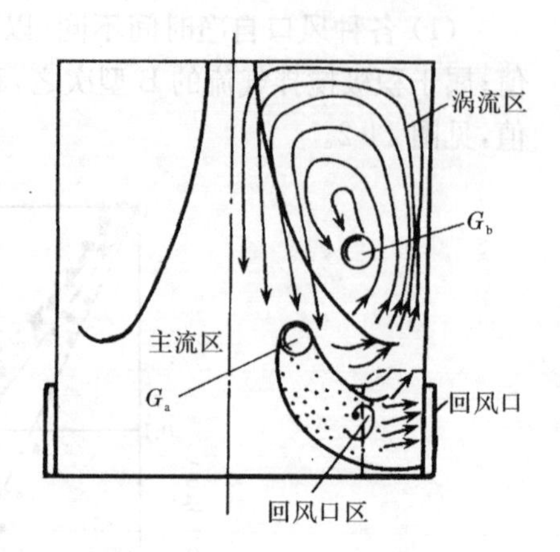

图 11-3　三区不均匀分布模型

(3) 有一含尘浓度不同于主流区和涡流区的回风口区存在。实际测定[6]表明，一个换气几百次的两侧下回风垂直单向流洁净室，主流区内工作区含尘浓度相当于回风口区(风口高 0.4m 左右)的平均含尘浓度的 70%左右，现将该数据整理成表 11-2。

表 11-2　工作区浓度和回风口区浓度之比率

离地面高度/m	0.4	0.8	0.9	1
≥0.5μm 尘粒总数/(粒/L)	87	64	61	59
对 0.4m 处浓度的比率/%	—	74	70	67
0.5μm 尘粒总数/(粒/L)	41	32	29	28
对 0.4m 处浓度的比率/%	—	78	70	68

又据原四机部第十设计研究院的测定，换气次数达 128 次/h 的乱流洁净室，0.9～1m高处含尘浓度约为回风口区平均含尘浓度的 66%，这和上表的结果是一致的。这一测定还表明，对于换气次数小的，这一比率平均为 0.8。由前面分析可知，主流区内散发的尘粒首先被集中于回风口区，这就是回风口区浓度高于主流区的重要原因。不过

这一集中灰尘的区域应是很小的。

以上三点就是三区不均匀分布模型的主要内容。

11-3　三区不均匀分布的数学模型

按照前述三区模型，回风口区含尘浓度 N_c 由两部分组成：一是主流区浓度，二是由尘源 G_a 散发的尘粒被回风口区总风量$(Q+Q')$混合后的浓度，即

$$N_c = N_a + \frac{G_a}{Q+Q'} \tag{11-1}$$

其他两区含尘浓度通过联立微分方程求解。令

$$D=\frac{d}{dt}$$

则有

$$DN_a = \frac{N_s Q}{V_a} + \frac{N_b Q'}{V_b} - \frac{N_a(Q+Q')}{V_a} \tag{11-2}$$

$$DN_b = \frac{G_b}{V_b} + \frac{N_a Q'}{V_b} + \frac{\frac{G_a}{Q+Q'}Q'}{V_b} - \frac{N_b Q'}{V_b} \tag{11-3}$$

式中：N_a——主流区含尘浓度(粒/L)；

N_s——送风含尘浓度(粒/L)；

N_b——涡流区含尘浓度(粒/L)；

G_a——主流区发尘量(粒/min)；

G_b——涡流区发尘量(粒/min)；

Q——送风量(L/min)；

Q'——主流区的引带风量(L/min)；

V——室容积(L)；

V_a——主流区容积(L)；

V_b——涡流区容积(L)。

若令

$$\beta=\frac{G_a}{G_0}$$

$$\frac{\beta G_0}{Q+Q'}=\frac{G_a}{Q+Q'}=G'_a$$

$$\frac{(1-\beta)G_0}{Q'}=\frac{G_b}{Q'}=G'_b$$

$$G_0=G_a+G_b$$

则对于式(11-3)有

$$D^2 N_b=\frac{Q'}{V_b}=\left[\frac{Q}{V_a}N_s+\frac{Q'}{V_a}N_b-\frac{Q+Q'}{V_a}\frac{V_b}{Q'}\left(DN_b-\frac{G'_a Q'}{V_b}-\frac{G'_b Q'}{V_b}+\frac{Q'}{V_b}N_b\right)\right]-\frac{Q'}{V_b}DN_b$$

整理后得

$$\left[D^2+\left(\frac{Q+Q'}{V_a}+\frac{Q'}{V_b}\right)D+\left(\frac{Q+Q'}{V_a}\frac{Q'}{V_b}-\frac{Q'^2}{V_a V_b}\right)\right]N_b$$

$$=\frac{QQ'}{V_aV_b}N_s+\frac{Q'(Q+Q')(G'_a+G'_b)}{V_aV_b} \tag{11-4}$$

对此常微分方程有

$$\alpha_1=\frac{-\left(\frac{Q+Q'}{V_a}+\frac{Q'}{V_b}\right)-\sqrt{\left(\frac{Q+Q'}{V_a}+\frac{Q'}{V_b}\right)^2-4\frac{QQ'}{V_aV_b}}}{2} \tag{11-5}$$

$$\alpha_2=\frac{-\left(\frac{Q+Q'}{V_a}+\frac{Q'}{V_b}\right)+\sqrt{\left(\frac{Q+Q'}{V_a}+\frac{Q'}{V_b}\right)^2-4\frac{QQ'}{V_aV_b}}}{2} \tag{11-6}$$

令

$$\frac{QQ'}{V_aV_b}A=\frac{QQ'}{V_aV_b}N_s+\frac{Q'(Q+Q')(G'_a+G'_b)}{V_aV_b}$$

所以

$$A=\frac{N_sQ+Q'(G'_a+G'_b)}{Q}+G'_a+G'_b \tag{11-7}$$

故得

$$N_{bt}=K_1e^{\alpha_1 t}+K_2e^{\alpha_2 t}+\frac{N_sQ+Q'(G'_a+G'_b)}{Q}+G'_a+G'_b \tag{11-8}$$

同理可得

$$N_{at}=K'_1e^{\alpha_1 t}+K'_2e^{\alpha_2 t}+\frac{N_sQ+Q'(G'_a+G'_b)}{Q} \tag{11-9}$$

以上式中 K_1、K_2、K'_1、K'_2 均为由初始条件决定的系数。

当 $t\to\infty$，则有

$$N_b=\frac{N_sQ+Q'(G'_a+G'_b)}{Q}+G'_a+G'_b \tag{11-10}$$

$$N_a=\frac{N_sQ+Q'(G'_a+G'_b)}{Q} \tag{11-11}$$

由于回风口区范围较小，现忽略其容积，则主流区和涡流区平均的含尘浓度近似室平均浓度即

$$N=N_a\frac{V_a}{V}+N_b\frac{V_b}{V}=N_s+(G'_a+G'_b)\left(\frac{Q'}{Q}+\frac{V_b}{V}\right) \tag{11-12}$$

若令

$$Q'=\varphi Q$$

$$Q'+Q=\varphi Q+Q=Q(1-\varphi)$$

$$Q=\frac{nV}{60}$$

代入 G'_a 和 G'_b，并令 $\frac{G_0}{V}=G$[粒/(m³·min)]，则式(11-12)变为

$$N=N_s+\frac{60G\times10^{-3}}{n}\left(\frac{1}{\varphi}-\frac{\beta}{\varphi}+\frac{\beta}{1+\varphi}\right)\left(\varphi+\frac{V_b}{V}\right) \tag{11-13}$$

式(11-13)可称为洁净室 N-n 通式。

11-4　N-n 通式的物理意义

(1) 显然，在尘粒均匀分布条件下

$$N = N_s + \frac{60G \times 10^{-3}}{n} \tag{11-14}$$

所以令式(11-13)右边的系数

$$\left(\frac{1}{\varphi} - \frac{\beta}{\varphi} + \frac{\beta}{1+\varphi}\right)\left(\varphi + \frac{V_b}{V}\right) = \psi \tag{11-15}$$

可以表示含尘浓度均匀分布和不均匀分布两种条件下相差的程度。

对于常规≥0.5μm 5 级以下级别来说，因高效过滤器效率达到 0.99999 以上(对≥0.5μm)，所以当用循环风系统时，N_s 一般在 0.1～0.3 粒/L。当为直流系统，M 在 10^5 粒/L 左右时，N_s 在 0.7 粒/L 以下。

对于≥0.1μm 10 级(209 标准系列)以上级别来说，高效过滤器效率达到 0.999999 以上(对≥0.1μm)，预过滤器效率也要求达到 0.9 左右，所以对于循环风系统，N_s 一般在 0.06粒/L 以下。

可见，净化系统的 N_s 均很小，近似为

$$N_v \approx \psi N \tag{11-16}$$

式中：N——按均匀分布计算的含尘浓度；

N_v——按不均匀分布计算的含尘浓度；

ψ——不均匀系数。

但如果是 0.5μm 5 级直流系统，N_v 的结果最大可加 1。

(2) 式(11-13)是统一描述乱流洁净室和单向流洁净室的 N-n 关系的通式。也就是说，不管是乱流洁净室还是单向流洁净室，或者乱流洁净室中不同的送风方式，或者在单向流洁净室中是满布还是间布过滤器，人员的多或少对 N-n 关系的影响都可以通过通式反映出来。

① 对于单向流洁净室，假定过滤器满布比达到 100%(连边框都没有)，则自然在室内整个高度和断面上都是单向平行气流而无涡流区，因此

$$V_b = 0$$

$$Q' = 0$$

$$\varphi = 0$$

所以式(11-13)中

$$\varphi + \frac{V_b}{V} = 0$$

故而

$$N_v = N_s$$

这好比过滤器实验管道，过滤器后含尘浓度只决定于进口浓度，当然这是理想的情况。

② 假定过滤器不是 100%满布，而是有一个比例(即满布比)，此时就要有涡流区，随着这一比例的减少，φ、V_b 都要增大，β 要减小，则 N_v 也要增大，这就说明满布比不同的单向流洁净室的含尘浓度是不同的，用式(11-13)可以计算。同样，人员密度不同的单向流

洁净室含尘浓度也不同，所以单向流洁净室的人员数量还是要适当控制。

③ 对于不同的乱流洁净室，主要是主流区的大小、涡流区的大小和引带风量的大小不同，例如散流器的扩散角就要比高效过滤器风口大一些，因而 V_b 小些，φ 也大些。所以不同的乱流洁净室在含尘浓度上的差别就反映出来了。

11-5　不均匀分布计算和均匀分布计算对比

在表 11-3 中就每种送风方式列举计算结果一例，表中 $\overline{N}$ 为实测平均值，N 为按均匀分布理论的计算值，N_v 为按不均匀分布理论的计算值。可以看出按不均匀分布计算的结果比按均匀分布计算的结果，一般来说更接近实际。表中最后三例是属于单向流洁净室的，其中最后两例按均匀分布计算结果虽然和按不均匀分布计算结果相差不大，但第十章的单向流的均匀分布计算方法表明，该法结果只和换气次数有关，对于其他因素的影响不能反映，所以表中最后三例结果也基本一样，但显然第 12 例结果和实际值、不均匀分布计算值均差别太大。按不均匀分布计算虽然一般情况下会比按均匀分布计算结果更准确一些，但在某些情况下，也会出现相反的结果，这在以后说明。

表 11-3　均匀分布计算和不均匀分布计算两种结果对比

例号	送风方式	含尘浓度/(粒/L)		
		$\overline{N}$	N	N_v
1	侧送	26	21	23
2	1/3 局部孔板	13	10	12
3	2/3 局部孔板	26	22	26
4	顶送	5	14	6
5	顶送	30	26	32
6	顶送(日本忍足研究所)	1	7	2.3
7	带扩散板顶送	30	26	29
8	散流器	19	25	21.5
9	全孔板	1	3.8	1.6(按主流区)
10	全孔板	2.8	8.4	3.6(按主流区)
11	全孔板	8.3	12	5(按主流区)
12	顶棚满布过滤器送风(满布比 80%)，格栅地板回风	0.25(室平均) 0.14(主流区)	0.042	0.23 0.16(按主流区)
13	两道高效过滤器，顶棚满布过滤器送风(满布比略大于 80%)，下部单侧回风	0.026	0.05	0.042(按主流区)
14	两道高效过滤器，顶棚满布过滤器送风(满布比 80%)，下部双侧回风	0.033	0.04	0.044(按主流区)

参考文献

[1] 早川一也，青木弘之. 空気清浄室に関する研究(2). 空気調和・衛生工學，1974，48(2)：13—88.

[2] 许钟麟,沈晋明.空气洁净技术应用.北京:中国建筑工业出版社,1989:99.
[3] 铃木国夫ら.コンベンショナル型クリーンルーム用吹出口の特性の検討.第7回空気清浄とコタミネーションコントロール研究大会予稿集,1988:97—102.
[4] 许钟麟.洁净室的不均匀分布计算法.建筑技术通讯(暖通空调),1979,(4):15—21.
[5] 早川一也等.空気調和のための空気清浄.1974.
[6] 高洛托 И Д,等.半导体器件和集成电路生产中的洁净.四机部第十设计院译.1978.

第十二章　洁净室特性

洁净室在静态时和动态时有各自的特性，这是其自身规律的反映，可通过对含尘浓度表达式的进一步分析绘成曲线，可以直观地了解各参数对洁净度的影响程度，起到揭示洁净室规律的作用。

12-1　静 态 特 性

通过对含尘浓度均匀分布时稳定式的分析，可绘成图 12-1～图 12-6 的曲线。绘制曲线

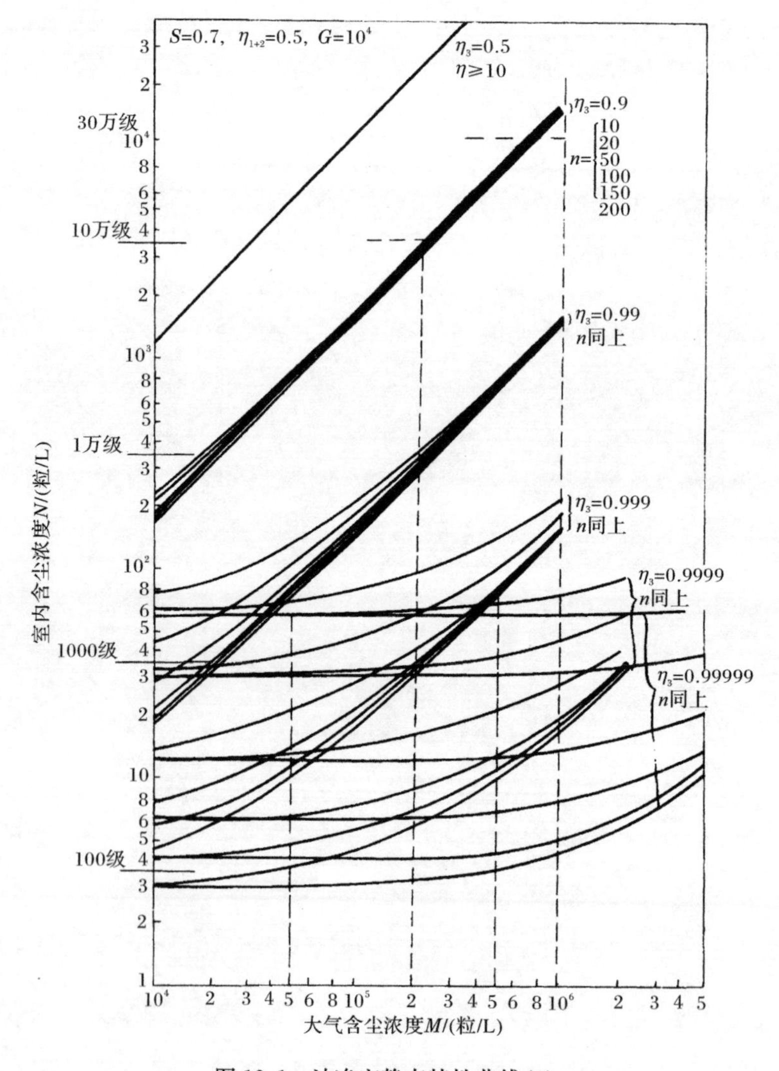

图 12-1　洁净室静态特性曲线(1)

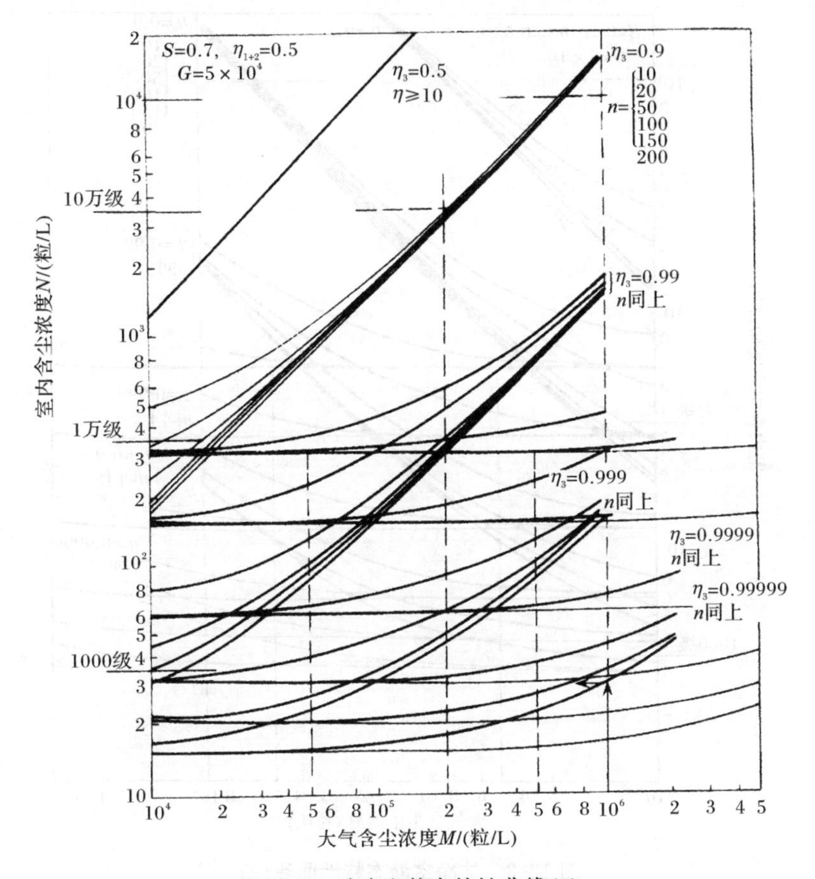

图 12-2 洁净室静态特性曲线(2)

时，根据国内外许多实测数据，取 $1-S=0.3$。末级过滤器前的预过滤器，包括初级过滤器(常为粗效过滤器，对于≥0.5μm 微粒的效率取为 0.15)和中间过滤器(常为中效过滤器，对≥0.5μm微粒的效率取为 0.4)的总效率[即 $1-(1-0.15)\times(1-0.4)=0.49$]，约在 0.5。

这些曲线称为乱流洁净室均匀分布特性曲线。由于它可以帮助人们了解含尘浓度稳定以后的许多重要特性，所以这些特性称为静态特性，有以下特点。

(1) 在相当大的范围内，即 $M\leqslant10^6$ 粒/L 以内，大气尘浓度的波动对于末级过滤器是高效过滤器的 5 级，以及洁净度在其以下级别的洁净室的含尘浓度影响极小(对洁净度高于 5 级的洁净室在最后一章另有分析)，可以忽略不计。

这从特性曲线可见，不论单位容积发尘量 G 是哪个数量级，末级过滤器效率 $\eta_3=0.99999$那一组曲线在 $M=10^6$粒/L 甚至 2×10^6粒/L 以内都是相当平直的。

由第二章已经知道，10^6粒/L 相当于严重污染的大气尘浓度，是一般工业大气尘浓主的 2 倍。因此可以认为现有各级洁净室的含尘浓度不受大气尘浓度的影响。

(2) 对于末级过滤器是中效过滤器的空气净化系统的洁净室，室内含尘浓度完全随着大气尘浓度的波动而波动。

从特性曲线可以看出，$\eta_3\leqslant0.9$ 的曲线已经都呈直线了。对于一般的室内发尘量，即 $G=10^4\sim10^5$粒/(m^3 · min)时，$\dfrac{M_2}{M_1}:\dfrac{N_2}{N_1}\approx1:1$。当 G 更大时，$\dfrac{N_2}{N_1}$才小下来。

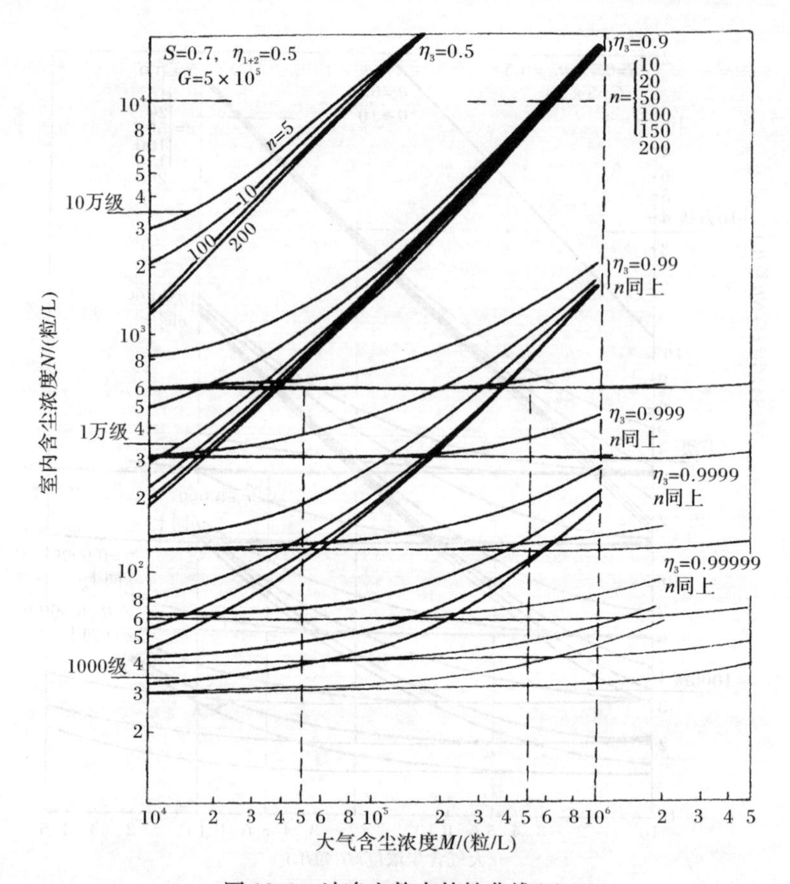

图 12-3　洁净室静态特性曲线(3)

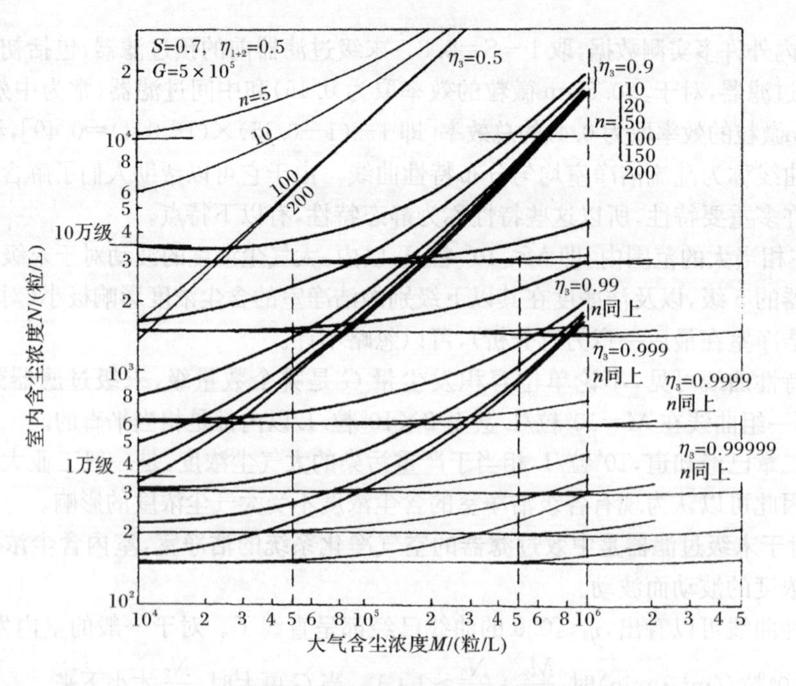

图 12-4　洁净室静态特性曲线(4)

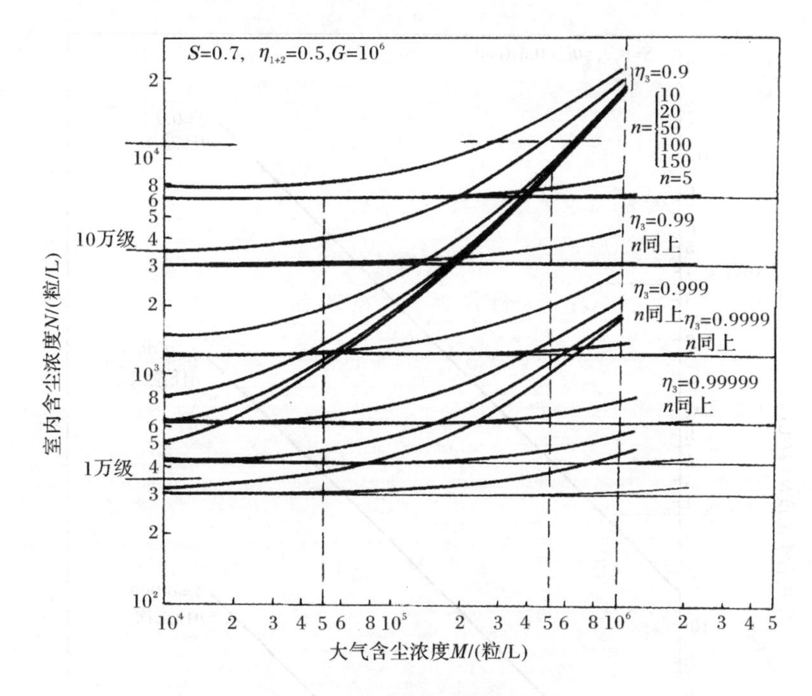

图 12-5 洁净室静态特性曲线(5)

当 η_3 介于中效和高效之间时,M 对 N 的影响也居于其间。

这些特性完全为实践证明。例如一个中效空气净化系统的洁净室,当大气尘浓度 M 由 1.7×10^5 粒/L 变化到 2.5×10^5 粒/L,增加约 50%时,室内含尘浓度 N 则由 1.4×10^4 粒/L 变化到 2.1×10^4 粒/L,也增长约 50%;当 M 由 5.3×10^4 粒/L 变化到 3×10^4 粒/L,减少约 40%时,N 则由 0.63×10^4 粒/L 变化到 0.46×10^4 粒/L,也减少约 40%。这种系统的室内含尘浓度曲线和大气尘浓度曲线接近同步变化,如图 12-7 所示。

(3) 室内单位容积发尘量 G 变化时,对洁净室含尘浓度的影响,随着末级过滤器效率的提高而增加。例如当 $\eta_3=0.5\sim0.9$ 时,在 G 增加 10 倍的情况下,N 只增加百分之几十;而当 $\eta_3>0.999$ 时,G 增加 1 倍,N 也约增加 1 倍。这就表明,对于高效空气净化系统的洁净室,室内单位容积发尘量是决定室内含尘浓度的重要因素,比大气尘浓度的影响更大。从这一意义上可以说,对这种洁净室,室内管理比室外环境更重要。

(4) 并不是任何情况下都需要末级过滤器 $\eta_3\geqslant0.99999$ 的高效过滤器,末级过滤器效率高到一定程度,对提高 5 级或低于 5 级的洁净室洁净度级别的作用就显著减小,单纯从提高这些洁净室洁净度出发,η_3 比 0.99999 再高实际意义已不太大,此时解决渗漏问题要重要得多。从特性曲线可见,对于洁净度要求不是很高的洁净室,可以采用效率稍低而阻力、价格也低的末级过滤器,如亚高效过滤器,这对于洁净技术的发展是有利的。但是,对于洁净度级别比 5 级还高的洁净室,用常规 5 个 9 的高效过滤器(即 0.3μm 级过滤器)就不够了,必须用 0.1μm 级过滤器了。

(5) 换气次数 n 对含尘浓度 N 的影响。

① 按照均匀分布计算理论,换气次数 n 和含尘浓度 N 之间是直线关系,从以上各特性曲线上都可以看出来。但是正如上一章谈到不均匀分布的影响时所指出的,在大换气

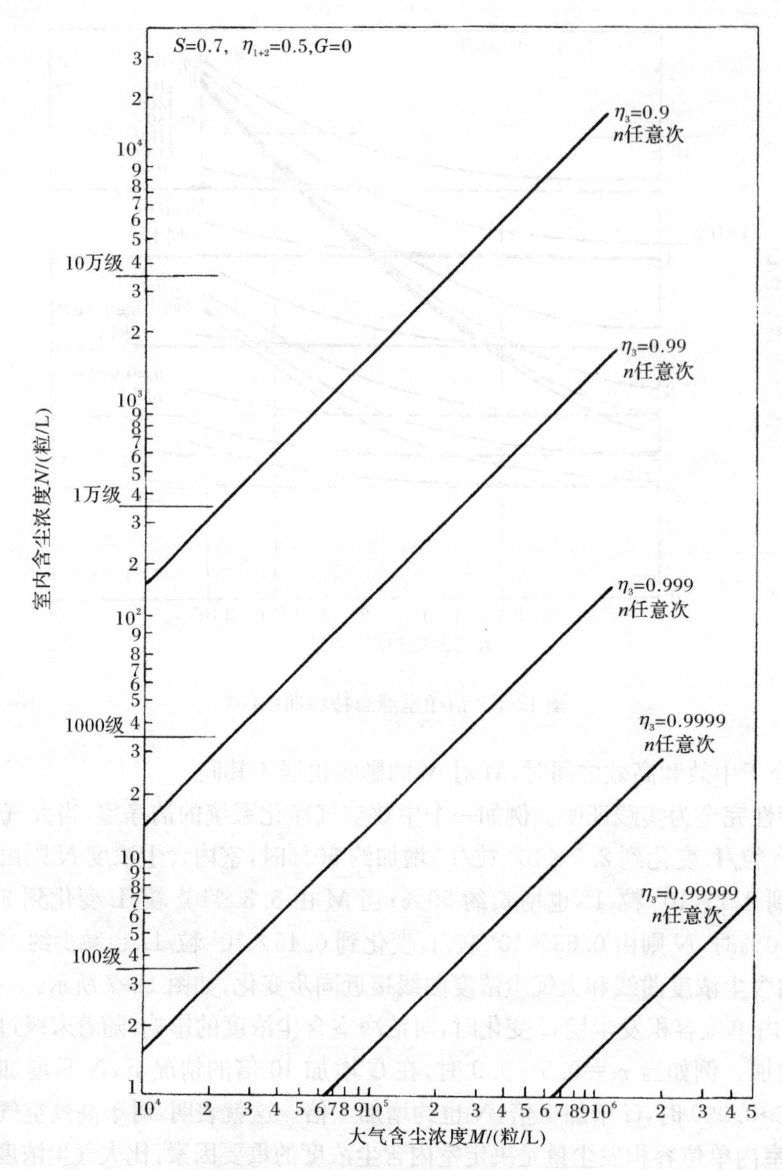

图 12-6　洁净室静态特性曲线(6)

次数情况下，N 比 n 变化得更快(下面还要说明)，这是分析静态特性曲线时应该注意的。

② η_3 越大，n 的影响越大。因为此时换进室内的空气越干净，稀释作用就越强，如果换气量大，当然稀释作用就更快更大了。

要指出的是，一般有一种错觉，似乎过滤器效率越差，当地大气尘浓度越高，总希望用增加换气次数来弥补这些不足，提高洁净效果。但实际上并不是这样，如果 η_3 越小，M 越大，则不同换气次数 n 的曲线都靠得很近甚至成为一条线了，因为此时 η_3 小，使换进室内的空气的含尘浓度和室内发尘浓度相当，对冲淡室内含尘浓度帮助不大，所以 n 对末级过滤器是中效过滤器的洁净室的影响是很小的。反之，n_3 越大，例如达到0.9999～0.99999，n 的影响就大得多了。

③ n 的影响随着 G 的增加而增加，即室内发尘量越大的洁净室，n 的作用越大。

④ 在一般的室内发尘量即 $G=10^4\sim10^5$ 粒/($m^3\cdot min$)情况下，如果 M 不太小(10^5 粒/L 以上)，对于中效空气净化系统，$n=10\sim200$ 次/h 的曲线都极其接近，这就表明在一般的条件下，中效空气净化系统只要 $n\geqslant10$ 次/h，n 的变化对 N 的影响就可以不计；换句话说，只从净化角度出发，中效空气净化系统 $n=10$ 次/h 就差不多了。

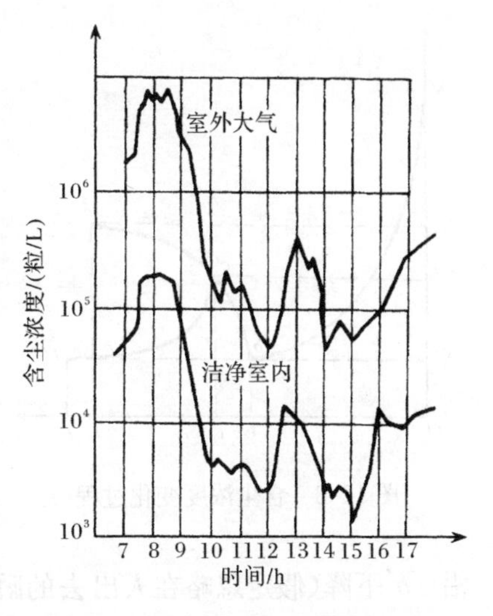

图 12-7　中效空气净化系统洁净室含尘浓度和大气尘浓度的关系

总之，那种片面强调 n 越大越好的观点是不对的，不分什么情况盲目加大换气次数是不合适的。

这里再次强调一下第六章中讲到的风速和沉积密度的关系。如果增大换气次数后使工件上方风速也增大很多，特别是当送风浓度也较大时，其结果反而给工件带来更多的玷污机会，和增加稀释效果的愿望正相反。

(6) 对于高效空气净化系统的乱流洁净室，通常情况下换气次数≤100 次/h，达到 6 级及以下洁净度。从图 12-2 可见，含尘浓度 N 在 $M=10^6$ 条件下最大可以达到 50粒/L，即使相当于完全无人的情况(图 12-1)，并按实际情况取 $M=10^5$，N 也为 6～10粒/L；换气次数大到 150 次(乱流洁净室时不可能再大)时，N 接近 5 级水平。所以一般来说，乱流洁净室是不可能达到 5 级的。过去以 5 级作为区分单向流和乱流的界限是合适的，ISO 和我国有关标准规定 5 级及更高的级别必须采用单向流的手段，5 级以下则可用乱流的手段。但是从关于不均匀分布的理论(图 12-27)和扩大主流区理论(14-2-5 节)可知，如果降低送风速度和扩大送风口面积到一定程度，并且其他参数有利，则可能在不太大的换气次数下测出静态相当于 5 级的浓度，当然这和单向流 5 级的作用和效果完全不同，不能把两者相提并论。

中效空气净化系统乱流洁净室只有 $\eta_3=0.9$ 时，才能在 $M=10^6$粒/L 范围内都达到 7 级；若 $\eta_3=0.5$，则只有当 $M<3\times10^5$粒/L 时，才能达到 7 级。

12-2　动态特性

洁净室含尘浓度达到稳定以前的变化过程是有规律的，由“上升曲线”和“下降曲线”所组成。而促使含尘浓度变化的主要原因，在于室内发尘量的变化。这可以分以下两种情况。

1. 自净过程达到稳定以后增加发尘量

这是最主要的一种情形，例如由于提前开机，上班时间室内含尘浓度已达到较低的稳定值，上班后有了人，增加了发尘量，就是这样的情况。

(1) 发尘量一直稳定地发生(如人员一直到下班才离去)。

上班前的室内状态是图 12-8 中的 b 点。由于进入工作人员增加了室内发尘量(从 G_1 增加到 G_2)，破坏了原来的稳定状态。由于室内含尘浓度的上升，又将出现一个新的稳定状态。即 b 成为新过程的起点，前过程稳定浓度 N_1 成为后过程的原始浓度。由于

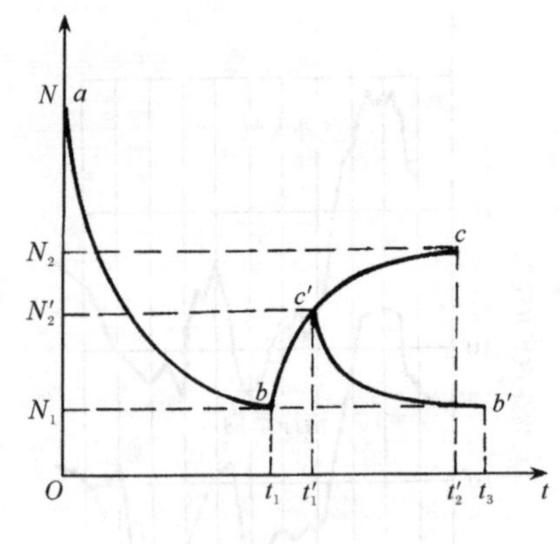

图 12-8　含尘浓度变化过程(1)

新过程稳定浓度 $N_2>N_1$，因此含尘浓度变化过程按式(10-12)写成

$$N_{2t}=N_2-(N_2-N_1)\mathrm{e}^{\frac{-nt[1-s(1-\eta_r)]}{60}}$$

N_{2t}是第二过程的瞬时含尘浓度。这是一个上升过程，如图 12-8 中的曲线 bc 所示。

(2) 增加的发尘量在某一时间消失(如进来的人中途又出去了)。

图 12-8 中从 t_1 开始增加了室内发尘量，但到 t'_1 时突然消失(图中 c'点)，则室内含尘浓度已经由 b 变化到 c'，此时室内发尘量又从 G_2 降到 G_1，此后的含尘浓度变化过程和前面的自净过程是一样的，沿 $c'b'$下降(假定忽略在人出去的瞬间，由于人的活动而使发尘量瞬时增加，否则下降应有一个滞后时间)。c'点的含尘浓度 N'_2 即为第三过程的原始含尘浓度。因为增加的发尘量消失了，该过程稳定时的含尘浓度仍是原来的含尘浓度 N_1，$N_1<N'_2$，所以这一过程的数学表达式可写成

$$N_{3t}=N_1+(N'_2-N_1)\mathrm{e}^{\frac{-nt[1-s(1-\eta_r)]}{60}}$$

其中 N_{3t}是第三过程的瞬时含尘浓度。

2. 自净过程稳定以前增加发尘量

(1) 发尘量稳定地持续发生。

见图 12-9，设在 t_1 的 b 点室内发尘量增加，则新过程将从该点开始，其原始浓度为 N'_1。设新过程稳定时含尘浓度为 N_2，如果增加的发尘量足够大，则可能 $N_2>N'_1$，过程是上升曲线 bc。如果增加的发尘量很小，不足以改变原来过程的下降趋势，只是起了减缓的作用，则 $N_2<N'_1$，但显然 $N_2>N_1$，过程曲线是下降曲线 bc'(图 12-10)。

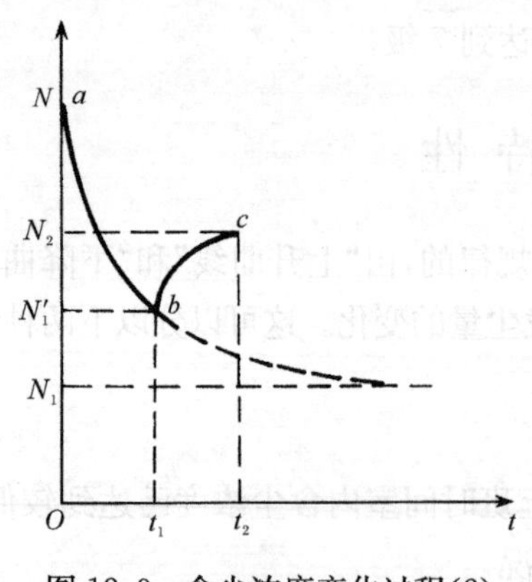

图 12-9　含尘浓度变化过程(2)

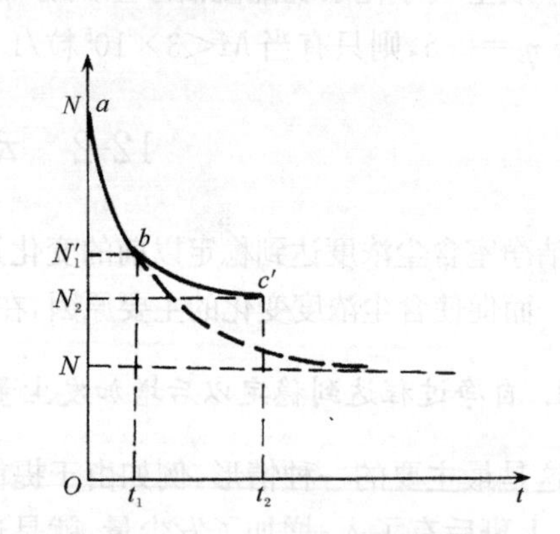

图 12-10　含尘浓度变化过程(3)

(2) 增加的发尘量在中途消失。

如图 12-11，新增加的发尘量使室内含尘浓度上升到 c'点又消失了，如果原来是上升曲线 bc'(其数学表达式同前面 bc 的表达式)，则此后的新过程将是以 N'_2 为原始浓度，N

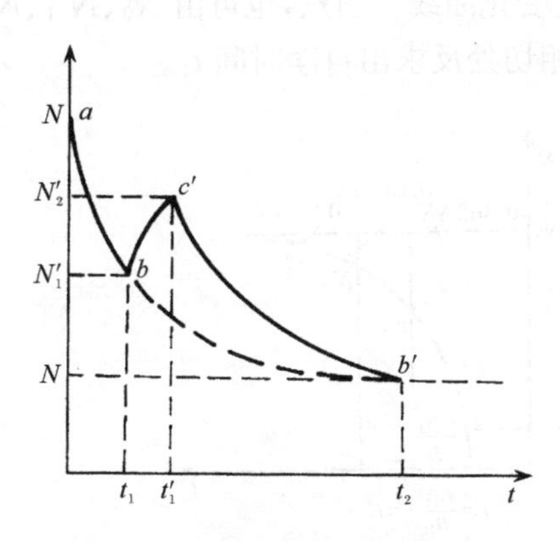

图 12-11　含尘浓度变化过程(4)

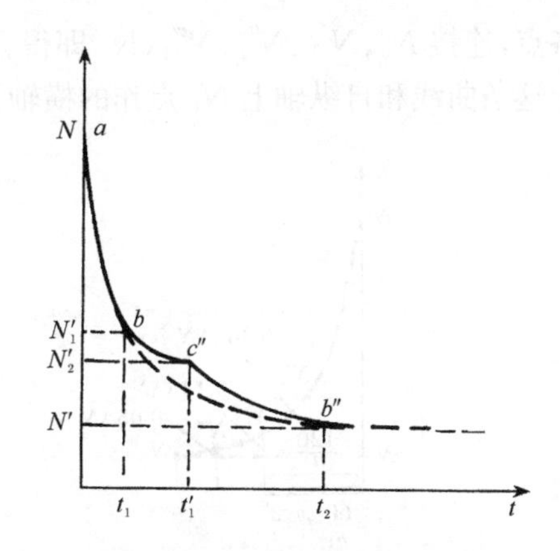

图 12-12　含尘浓度变化过程(5)

为稳定浓度的 $c'b'$。如果原来是下降曲线 cb''(图 12-12),则此后的新过程将是以 c'' 点的浓度 N'_2 为原始浓度,N 为稳定浓度的 $c''b''$。这些过程的数学表达式不再赘述。

通过以上分析可知,洁净室含尘浓度变化过程确实如测定实践所反映出来的那样,都可以分解为两个基本过程:一是上升曲线所代表的有室内发尘的污染过程,一是下降曲线所代表的自净过程,这也就是洁净室的动态特性。图 12-13 是实测的洁净室含尘浓度变化过程,很清楚地证明上述结论是符合实际的。

根据含尘浓度变化特性,作者曾提出绘制过程曲线的方法。

由含尘浓度瞬时式可知

$$N_t = N \pm \Delta N e^{\frac{-nt[1-s(1-\eta_T)]}{60}}$$

$$\approx N \pm \Delta N e^{\frac{-nt}{60}}$$

因此

如果 $nt=60$,则 $e^{\frac{-nt}{60}}=\frac{1}{e}=0.362$;

如果 $nt=120$,则 $e^{\frac{-nt}{60}}=\frac{1}{e^2}=0.135$;

如果 $nt=180$,则 $e^{\frac{-nt}{60}}=\frac{1}{e^3}=0.050$;

如果 $nt=240$,则 $e^{\frac{-nt}{60}}=\frac{1}{e^4}=0.018$;

如果 $nt=300$,则 $e^{\frac{-nt}{60}}=\frac{1}{e^5}=0.008$

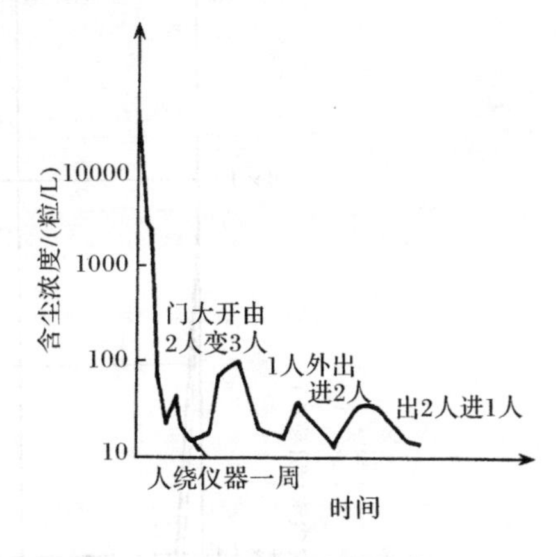

图 12-13　实测含尘浓度变化过程

依此类推。

这样就可以在坐标纸上绘出含尘浓度变化曲线,如图 12-14 所示。首先求出自净时间 t_1 和稳定含尘浓度 N_1,其次在横轴上截取 $\frac{60}{n_1}=t'_1$,在纵轴上自 N_1 开始向上截得 $\Delta N\frac{1}{e}=0.362\Delta N$(原始浓度 N_0 为已知),它们的交点即应是含尘浓度变化曲线上的 N'_1;同样再截取 $\frac{120}{n_1}$ 或直接延长 t'_1 的横坐标 1 倍,即 $t'_1=t''_1$,与 $0.135\Delta N$ 相交为 N''_1。其他依次得 N''_1

等各点，连接 N_0、N'_1、N''_1、N'''_1、N_1 即得含尘浓度变化曲线。当然，也可由 N_0、N'_1、N''_1、N'''_1 这条曲线和自纵轴上 N_1 点作的横轴平行线相切处反求出自净时间 t_1。

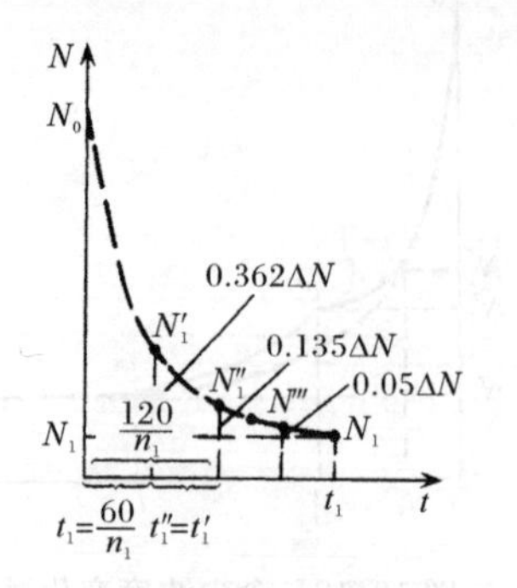

图 12-14　自净过程曲线的绘制

图 12-15　污染过程曲线的绘制

如果含尘浓度稳定以后，室内发尘量从 G_1 增加到 G_2，那么可由 G_2 求出新的稳定含尘浓度 N_2，则同样可绘出污染过程曲线，如图 12-15 所示。和自净曲线不同的是，纵坐标是从 N_2 向下截取得到 N'_1、N''_1 等点，连接 N_1、N'_2、N''_2、N'''_2、N_2 即得污染过程曲线。

理论计算和实测的含尘浓度变化过程能比较好地符合。图 12-16 和图 12-17 即是理论过程与实际过程的比较。

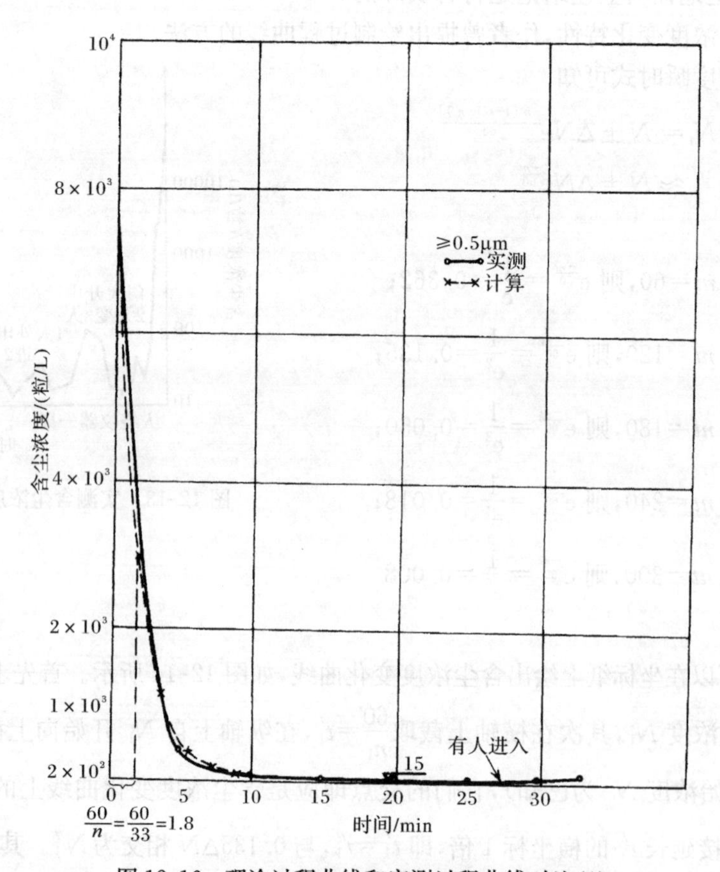

图 12-16　理论过程曲线和实测过程曲线对比(1)

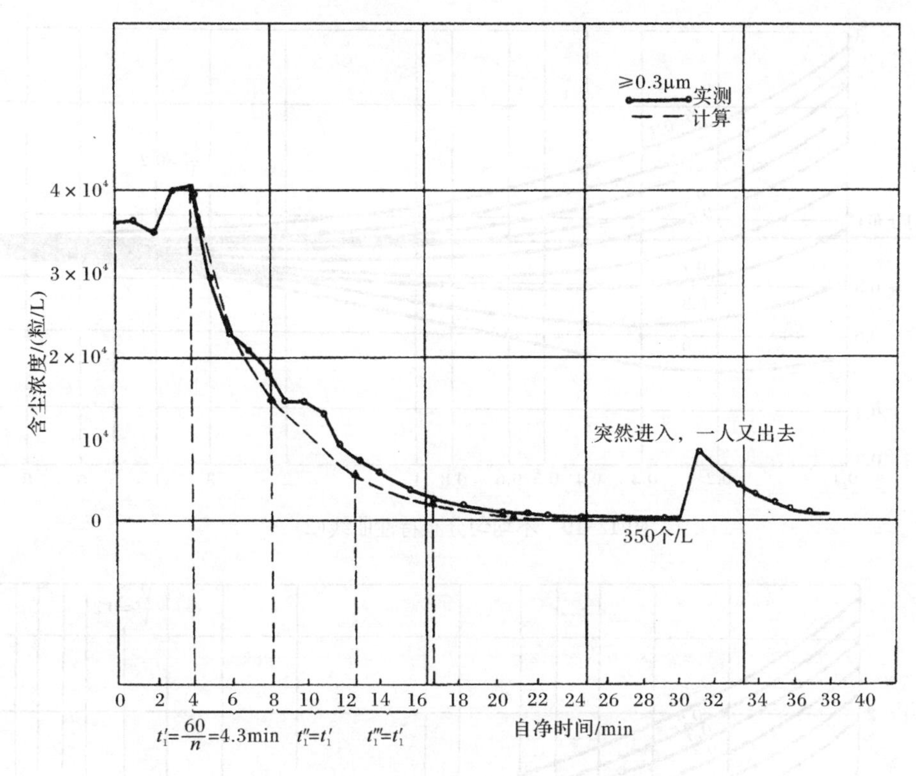

图 12-17　理论过程曲线和实测过程曲线对比(2)

12-3　不均匀分布特性曲线

由式(11-15)绘出图 12-18～图 12-26 的一组曲线，反映不均匀系数 ψ 和洁净室几个特性参数的关系，称为洁净室不均匀分布特性曲线[1]。

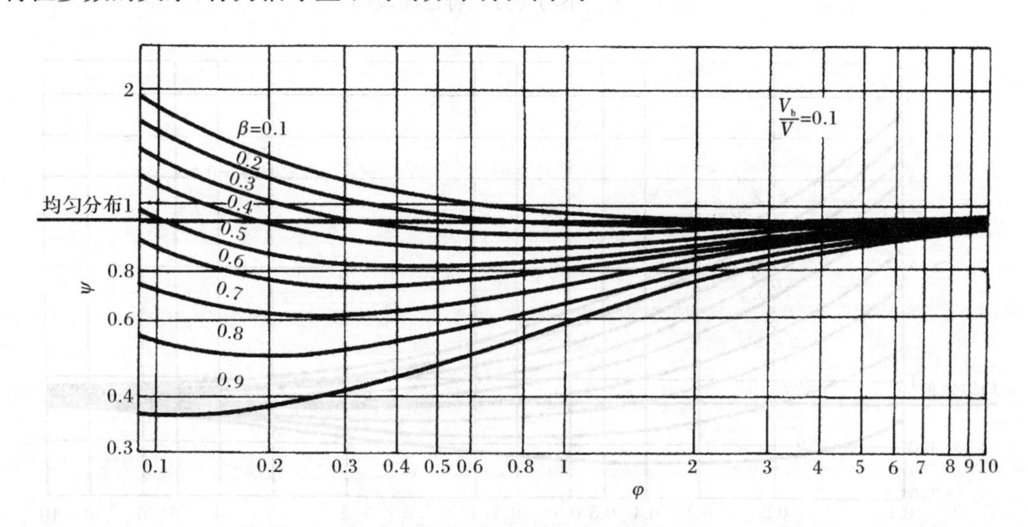

图 12-18　不均匀分布特性曲线(1)

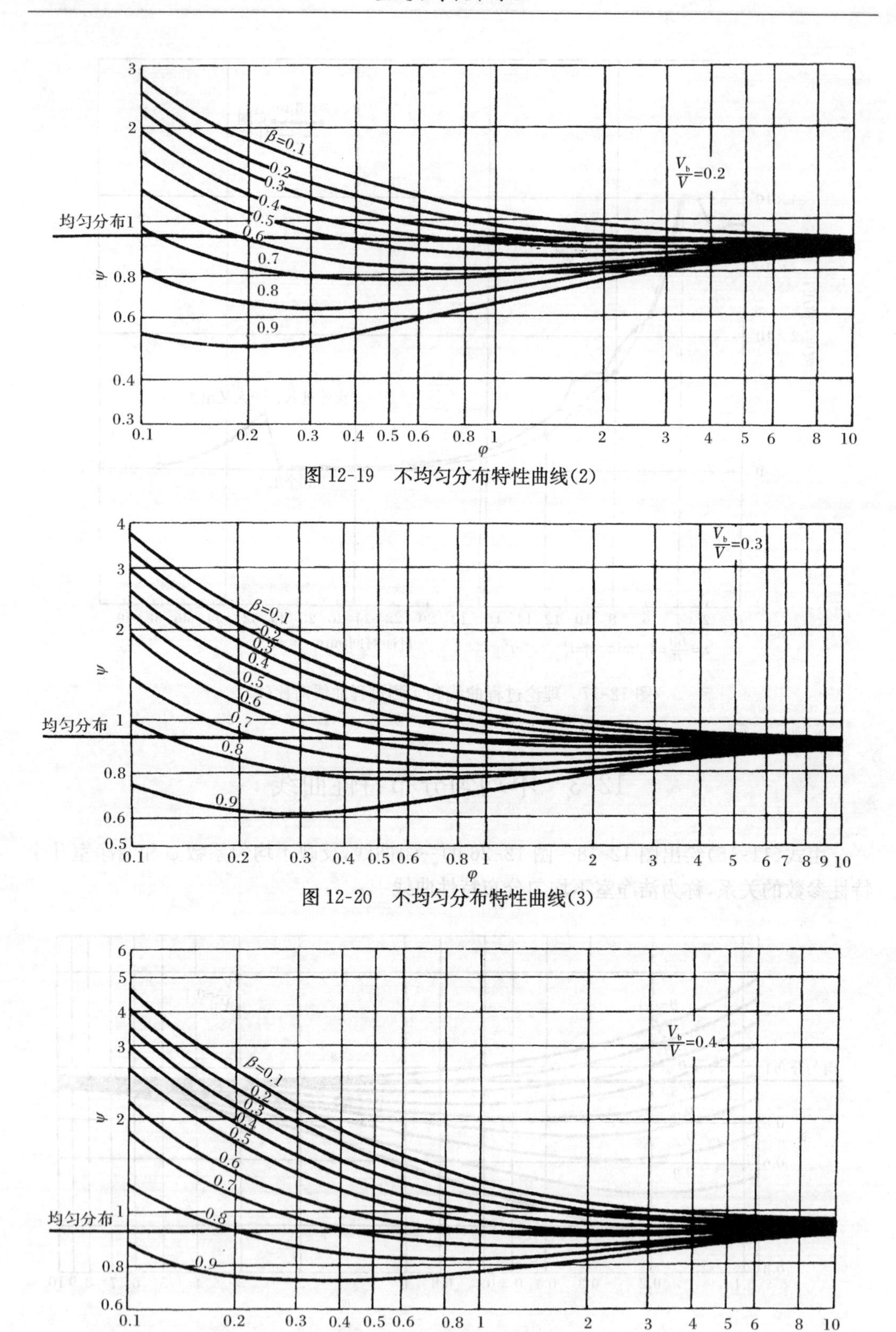

图 12-19　不均匀分布特性曲线(2)

图 12-20　不均匀分布特性曲线(3)

图 12-21　不均匀分布特性曲线(4)

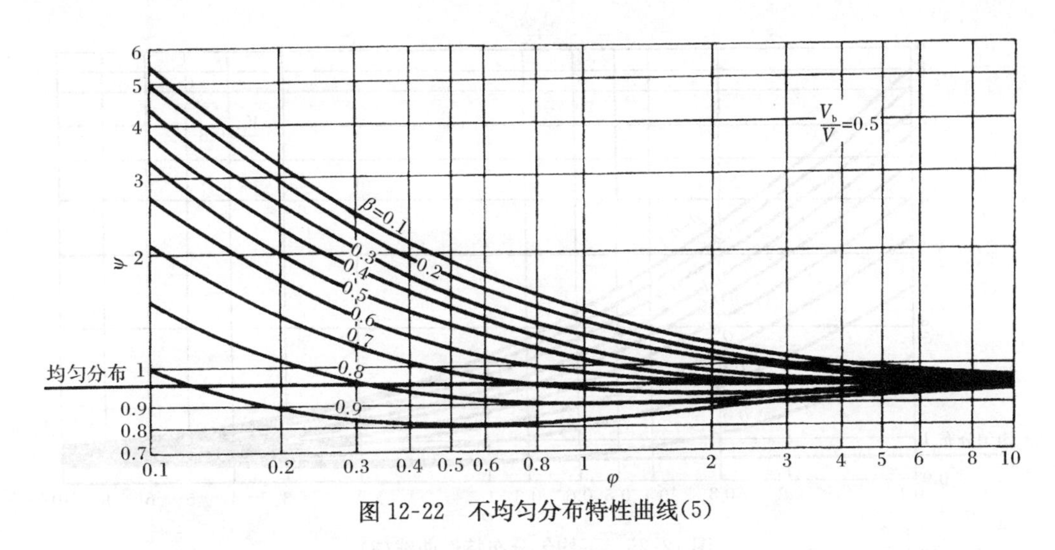

图 12-22　不均匀分布特性曲线(5)

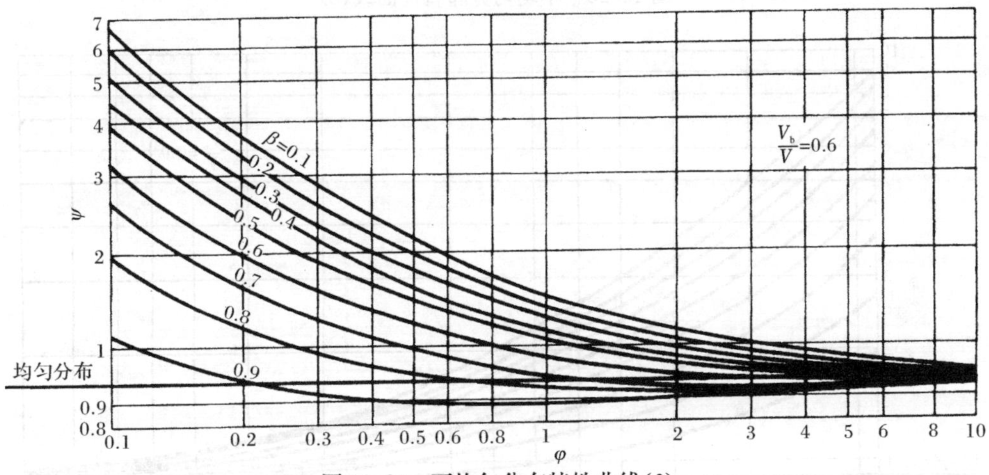

图 12-23　不均匀分布特性曲线(6)

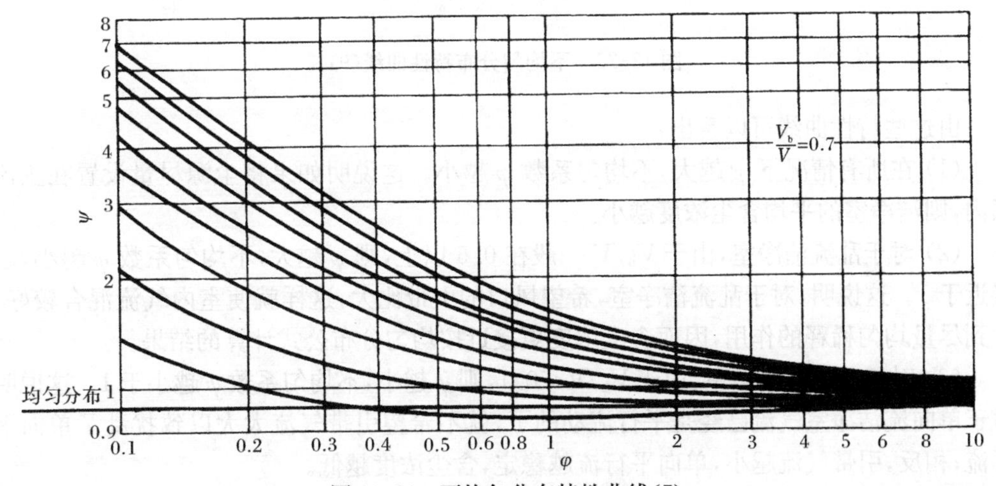

图 12-24　不均匀分布特性曲线(7)

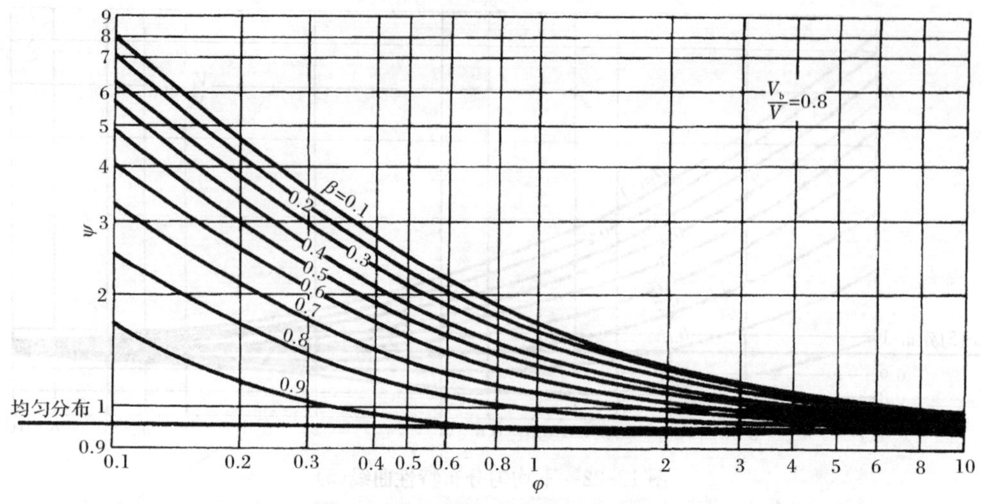

图 12-25　不均匀分布特性曲线(8)

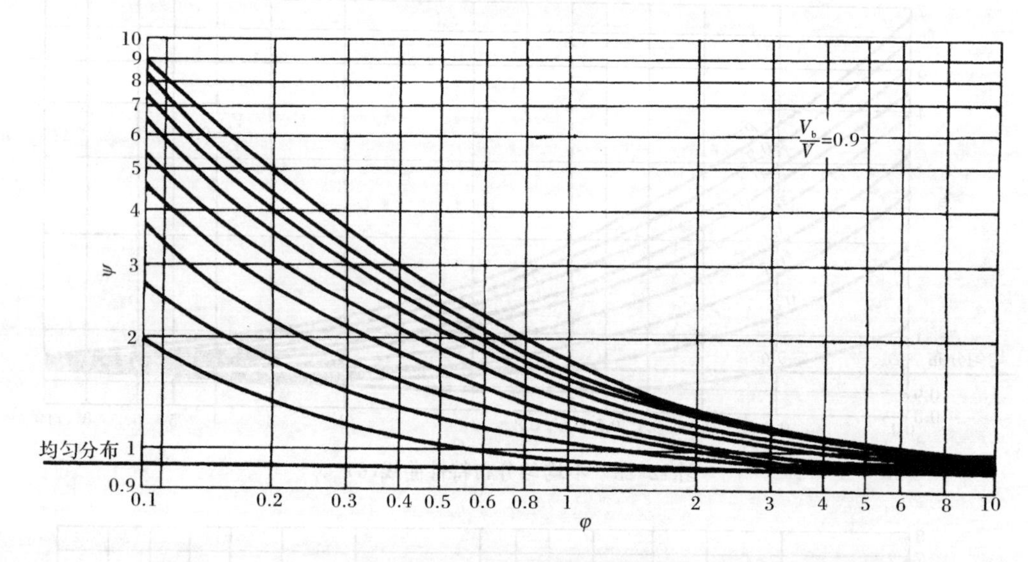

图 12-26　不均匀分布特性曲线(9)

由这些特性曲线可以看出：

(1) 在所有情况下，β 越大，不均匀系数 φ 越小。这说明如果将尘源尽量设置在主流区内，则洁净室的平均含尘浓度越小。

(2) 对于乱流洁净室，由于 V_b/V 一般在 0.5 以上，则 φ 越大，不均匀系数 φ 越小，越接近于 1。这说明，对于乱流洁净室，希望风口的引带比大，这样就使室内气流混合较好，达到尽量均匀稀释的作用，因而含尘浓度更接近按均匀分布公式计算的结果。

(3) 对于单向流洁净室，由于 $V_b/V<0.1$，则 φ 越小，不均匀系数 ψ 越小于 1。这说明对于单向流洁净室气流已经是平行流动的了，就不希望引带气流太大以致扰乱了单向平行流；相反，引带气流越小，单向平行流越稳定，含尘浓度越低。

(4) 对于 V_b/V 在上述两者中间的洁净室(一般为高级别的乱流洁净室)，要使不均匀系数 ψ 最小，对 φ 的要求应是某一个中间值。

12-4 浓度场的不均匀性

12-4-1 主流区和回风口区浓度之比

$$\frac{N_c}{N_a}=\frac{N_a+\dfrac{G_a}{Q+Q'}}{N_a}=1+\frac{\dfrac{G_a}{Q+Q'}}{\dfrac{N_sQ+Q'(G'_a+G'_b)}{Q}}$$

略去送风浓度 N_s,则有

$$\frac{N_c}{N_a}\approx 1+\frac{\dfrac{G_a}{Q+Q'}Q}{Q'(G'_a+G'_b)}=1+\frac{\dfrac{G_a}{1+\varphi}}{\dfrac{G_aQ'}{Q(1+\varphi)}+G_b}$$

$$=1+\frac{G_a}{1+\varphi}\frac{Q(1+\varphi)}{Q[G_a\varphi+G_b(1+\varphi)]}$$

$$=1+\frac{\beta G_0}{G_0(1-\beta)(1+\varphi)+G_0\beta\varphi}$$

$$=1+\frac{\beta}{(1+\varphi)(1-\beta)+\beta\varphi}$$

$$=\frac{1+\varphi}{1+\varphi-\beta}$$

所以

$$\frac{N_a}{N_c}\approx 1-\frac{\beta}{1+\varphi} \tag{12-1}$$

可见对于不同的 β 和 φ,N_a/N_c 是不同的,但对于换气次数不太大的乱流洁净室,平均来看,$\varphi=1\sim2$,β 一般在 0.5 左右(见第十三章)。代入式(12-1)得

$$\frac{N_a}{N_c}=\frac{1.5}{2}\sim\frac{2.5}{3}\approx0.8$$

对于换气次数较大的有几个风口的洁净室,平均 $\beta=0.6\sim0.7$,$\varphi=0.7\sim1$,代入式(12-1)得

$$\frac{N_a}{N_c}=0.6\sim0.65$$

这一计算结果,和第十一章提到的有关单位测定数据是一致的。

12-4-2 涡流区和主流区浓度之比

$$\frac{N_b}{N_a}=\frac{N_a+G'_a+G'_b}{N_a}=1+\frac{G'_a+G'_b}{N_a}$$

同样略去上式 N_a 中的 N_s,则有

$$\frac{N_b}{N_a}\approx 1+\frac{Q}{\varphi Q}=1+\frac{1}{\varphi} \tag{12-2}$$

对于一般乱流洁净室,$\varphi=1\sim2$,代入上式得

$$\frac{N_b}{N_a}=1.5\sim2$$

如果风口再多，取 $\varphi=0.7$，则

$$\frac{N_b}{N_a}=2.44$$

在实际测定中，测点一般布置在主流区和涡流区内，所以 N_b/N_a 可以反映不均匀分布引起的实测浓度场的最大偏差程度。在测定过程中已发现，如果工作区测点是在涡流区内或在主流区边缘而易受涡流脉动影响，则各点之间或同一点之间测定结果大小之比一般约差 1.5 倍左右，最大可达 2 倍；而对于多风口情况则还可比 2 倍大得多，这与上述计算的 N_b/N_a 大体相当。

从以上分析可以认为，对于乱流洁净室，由于不均匀分布这一固有特性的影响，实测浓度之间的差别在 1 倍之内，是允许的，国外也有人[2]根据达到如此差别程度的实测数据指出了浓度场的不均匀性，因而建议测定应多点多次地进行。

12-4-3　涡流区和回风口区浓度之比

$$\frac{N_b}{N_c}=\frac{N_a+G_a'+G_b'}{N_a+G'_a}=1+\frac{G_b'}{N_a+G_a'}\approx 1+\frac{1-\beta}{\varphi} \tag{12-3}$$

说明 $N_b>N_c$。代入具体数字可知 N_b 可比 N_c 大 60%甚至 100%。

12-4-4　不均匀分布和均匀分布浓度之比

不均匀分布和均匀分布浓度之比即不均匀系数 ψ，对于乱流洁净室，ψ 一般在±0.5 以内，可见后面的表 13-16。所以可以认为，按均匀分布法计算的结果若和实测浓度相差在半倍以内，不一定是计算的问题，因为仍在不均匀分布的波动范围之内，是允许的。

又由式(11-1)可知

$$\begin{aligned}N_c&=N_a+\frac{G_a}{Q+Q'}\\&=\frac{\varphi G_a}{Q(1+\varphi)}+\frac{G_b}{Q}+\frac{G_a}{Q(1+\varphi)}+N_s\\&=\frac{1}{Q}(G_a+G_b)+N_s=\frac{G_0}{Q}+N_s\end{aligned} \tag{12-4}$$

可见回风口区浓度就是均匀分布的室平均浓度。由于真正的室平均浓度即不均匀分布的室平均浓度，可比均匀分布的室平均浓度大(即 $\psi>1$)，也可以比它小(即 $\psi>1$)，所以真正的室平均浓度可能比回风口区浓度大，也可能比它小。

很多实际测定也表明，凡是气流比较均匀，或者多风口的洁净室，测得的室平均浓度往往比回风口附近浓度还低；凡是气流组织不好的洁净室，测得的室平均浓度往往比回风口附近浓度高。这就表明，对于均匀分布计算结果的修正系数应该是既可以大于 1 也可以小于 1 的数，单纯往大于均匀分布计算结果方面修正或者相反，都是与理论的和实际的情况不符的。

这从图 12-27 可以看出：图中直线 A 是按均匀分布理论的空、静态计算浓度值；折线 B 是根据空或静态实测值点出来的；折线 C 是以一般洁净室为例，按不均匀分布理论计算的浓度值。在这种洁净室中当换气次数超过 120 次/h 以后，相应地风口也将增加，主流区将扩展到全工作区，所以室平均浓度可以按主流区浓度计算，计算浓度将呈折线 D，

更接近实测结果。值得指出的是，实测数据出现转折点不仅在国内测定数据的分析中发现，国外实测数据[3]也存在，而且转折时的换气次数基本接近，只是未引起注意和分析。实际测定中出现的这一现象，一直未能得到解释和理论证明，现在通过上述分析和理论计算结果的折线与实测折线转折点都相近这一点，使其从理论上得到了说明。

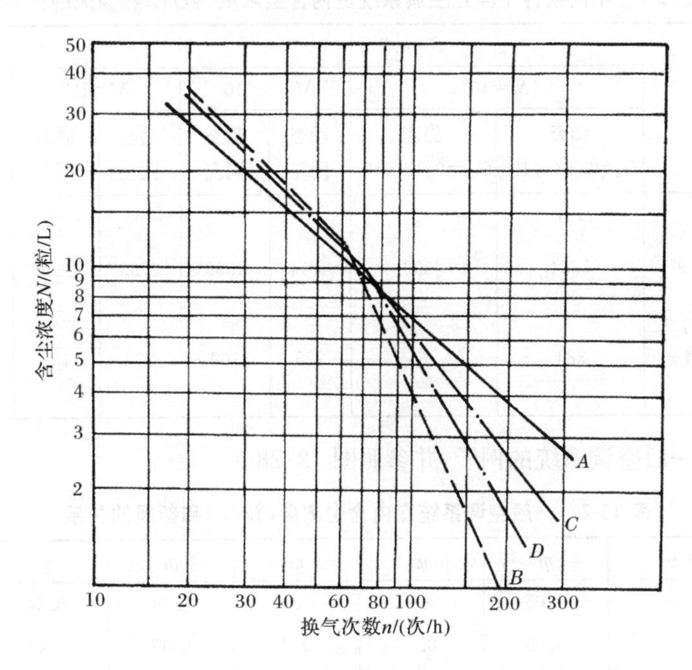

图 12-27　按两种分布计算的浓度和实测浓度的比较

以上情况表明，在不均匀分布条件下，也就是实际条件下，洁净室工作区的含尘浓度和换气次数之间具有折线关系，而不是均匀分布条件下，也就是理想条件下的直线关系。这种 N-n 的折线关系，已成为洁净室的最基本的规律。

12-5　新风尘浓负荷特性

根据前面关于新风三级过滤的新概念，为了进一步研究应用这一概念后可能出现的效果，需要对新风尘浓负荷特性有一个了解。

12-5-1　新风三级过滤的技术效果

对于末级是高效过滤器的场所，从适合这种情况的图 12-2 可见，在新风采用三级过滤，其综合效率提高一个数量级的条件下，相当于大气尘浓度降低一个数量级。此时，对室内含尘浓度的影响可以忽略不计，即对通常的洁净室来说，新风三级过滤器特点并不表现在降低室内含尘浓度上。

对于末级是亚高效过滤器的场所，可以看图中第 2～3 组曲线。如果新风综合过滤效率提高一个数量级，则也相当于大气尘浓度也降低一个数量级，此时室内含尘浓度降低一个数量级左右。

对于末级是中效过滤器的场所，如 $\eta_3<0.5$，则新风采用三级过滤后，室内含尘浓度将反比下降，在一个数量级以上。

下面举例具体说明上述结果，表 12-1 为净化空调系统的例子。

表 12-1 不同条件下净化空调系统室内含尘浓度(粒/L)和新风的关系

条件	$S=0.7$				$S=0.85$			
	$M=10^6$		$M=3\times10^5$		$M=10^6$		$M=3\times10^5$	
	动态 $G_n=0.54\times10^5$	静态 $G_m=0.17\times10^5$	动态 同左	静态 同左	动态 同左	静态 同左	动态 同左	静态 同左
末级高效	157	42	—	—	156	42	—	—
末级亚高效($\eta=0.97$)	5384	4398	1714	1599	2753	2637	935	689
末级亚高效($\eta=0.97$)和新风三级过滤，综合效率 0.97	384	268	225	109	270	155	191	75

表 12-2 为一般空调系统的例子，并参照图 12-28。

表 12-2 一般空调系统室内含尘浓度(粒/L)和新风的关系

组合方案	η_0	η_1	η_2	η_3	η_n	η_r	N/(粒/L)
1	0	0.05	0.2	0	0.24	0.24	77430
2	0	0.05	0.2	0.3	0.47	0.47	33900
3	0.62	0.05	0.2	0	0.72	0.24	31956
4	0.97	0.05	0.2	0	0.97	0.24	8127

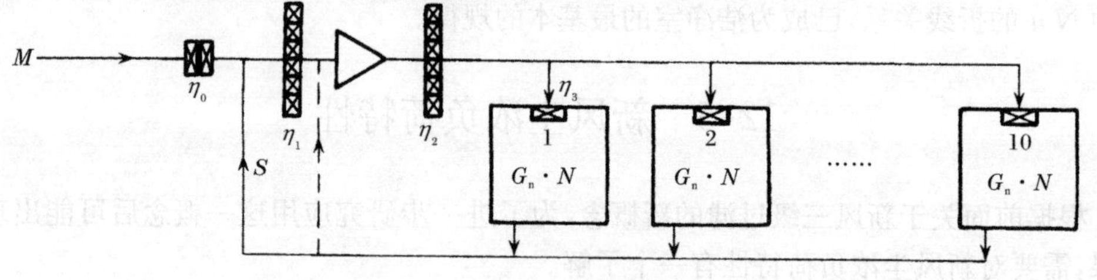

图 12-28 一般空调系统计算一例

计算结果说明，为了把没有末端过滤器的一般空调系统房间含尘浓度降低一半，需在每个送风口加一个计数效率 $\eta_3=0.3$ 的过滤器，在该具体系统中，一共是 10 台，送风口过滤器风量相等。如果送风口不加过滤器，只在新风上加一新风过滤器组合(如新风机组含 1 台粗效、1 台中效或高中效)，使其综合效率 $\eta_0=0.62$，则其降低室内含尘浓度的效果与在风口都加过滤器时一样，但两者的过滤器台数(假定具有相同的额定风量)之比却是 2∶10，此时的滤菌效率约在 80%～90%。若换用有亚高效过滤器的三级过滤组合，则 $\eta_0=0.97$，不仅室内含尘浓度可大幅度下降到 1/10，且滤菌效率可达 99.9%。

12-5-2　新风尘浓负荷比

为了定量研究新风三级过滤的经济效果，这里提出了一个“新风的尘浓负荷比”的概念[4]，如用 α 表示，则

$$\alpha=\frac{\text{在各部件上沉积的尘埃总量中属于新风带入的部分}}{\text{在各部件上沉积的尘埃总量}} \tag{12-5}$$

如果系统图式如图 12-29 所示，并设回风经过粗效过滤器（也有不经过的，和图12-28中虚线所示的一样），现计算如下（图中 η_0' 先不考虑）。

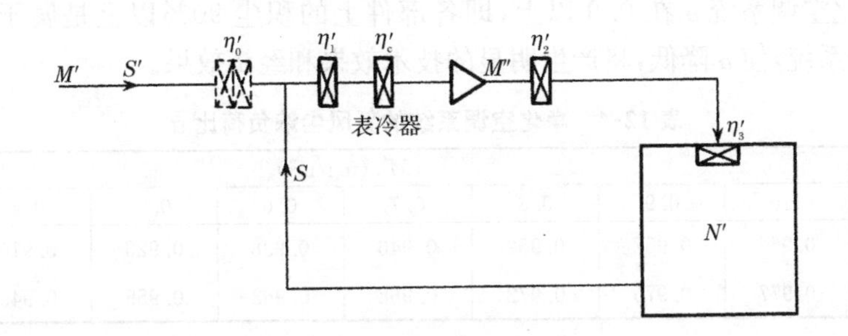

图 12-29　净化空调系统的一般模式

计算时采用大气尘计重法，各符号为：M' 为大气尘计重浓度（mg/m^3）；η_1' 为第一级的粗效过滤器的计重效率；η_c' 为空调器中表冷器的“计重效率”（空调器中的表冷器或加热器如为 4 排，其阻力可达 100Pa，甚至比中效过滤器的阻力都大，其积尘率不小，这就是前面所说它易于堵塞的原因，所以假定它也有一定沉积灰尘的计重“效率”）；η_2' 为中效过滤器的计重效率；η_3' 为高效过滤器的计重效率；S、S' 为回风和新风各占总风量的比例，$S'=1-S$；N' 为室内计重浓度。

第一级的粗效过滤器的新风尘浓负荷比

$$\alpha_1=\frac{M'S'\eta_1'}{M'S'\eta_1'+N'S\eta_1'}=\frac{M'S'}{M'S'+N'S}$$

表冷器的新风尘浓负荷比，因器前浓度由 M' 变成 $M'(1-\eta_1')$，N' 变为 $N'(1-\eta_1')$，所以仍有

$$\alpha_c=\frac{M'S'}{M'S'+N'S}$$

对其他中效过滤器和高效过滤器，同理有

$$\alpha_2=\alpha_3=\alpha_1=\alpha_c=\alpha=\frac{M'S'}{M'S'+N'S} \tag{12-6}$$

纯空调系统大多没有末级过滤器，但 α 值没有改变。

这说明系统各部件上的积尘总量中，属于新风带入的尘埃比例均相同，具体数值见表 12-3，说明空调系统因回风含尘浓度较大，所以 α 值较小，约为 0.3。因此，不仅要加强新风过滤，而且要加强回风口的回风过滤。

表 12-3　空调系统的新风尘浓负荷比 α

S'	M'/(mg/m³)	N'/(mg/m³)			
		0.1	0.15	0.20	0.25
0.1	0.2	0.18	0.13	0.10	0.08
0.1	0.3	0.25	0.18	0.14	0.12
0.1	0.4	0.31	0.23	0.18	0.15
0.1	0.5	0.36	0.27	0.22	0.18
0.1	0.6	0.40	0.31	0.25	0.21

净化空调系统的 N'在 0.01～0.00001mg/m³，设按 0.001mg/m³ 计算，结果见表 12-4。可见，净化空调系统 α 在 0.9 以上，即各部件上的积尘 90%以上是属于新风的。总之，不论哪个系统，使 α 降低，将产生明显的技术效果和经济效果。

表 12-4　净化空调系统的新风尘浓负荷比 α

S'	M'/(mg/m³)							
	1.0	0.9	0.8	0.7	0.6	0.5	0.4	0.3
0.2	0.962	0.957	0.952	0.946	0.938	0.926	0.910	0.882
0.3	0.977	0.975	0.972	0.968	0.963	0.955	0.945	0.928

12-5-3　新风尘浓负荷比与部件寿命的关系

提高新风过滤效率不仅可降低室内空气含尘浓度，还可提高系统中各部件的寿命。

通过负荷比 α，可以定量求出部件寿命(达到标准容尘量所需的时间)的相对变化。设新风尘浓变化率为 β，则

$$\beta = \frac{\Delta K}{K} \tag{12-7}$$

式中：K——部件前原有穿透率；

ΔK——穿透率增减的绝对值。

若原负荷比为 α，新风减少率为 β，则新风积尘减少 $\beta\alpha$。在原寿命时间部件上总积尘减少到 $1-\beta\alpha$；若继续积尘 $\beta\alpha$，在通过风量不变条件下达到标准容尘量的 100%所需延长的时间对原寿命的比率 $\Delta t=\dfrac{\beta\alpha}{1-\beta\alpha}$，则寿命可延长达 $t=(1+\Delta t)$倍。又设新风尘浓增加率为 β，则新风积尘增加 $\beta\alpha$，在原寿命时间部件上总积尘将为 $1+\beta\alpha$，则仍达到标准容尘量的 100%时将少积尘 $\beta\alpha$，而因此若继续积尘 $\beta\alpha$，将多花的时间对原寿命的比率 $\Delta t=\dfrac{\beta\alpha}{1+\beta\alpha}$，则寿命净缩短到 $t=(1-\Delta t)$倍。

对于某空调系统，设标准容尘量时总积尘为 100g，其中新风为 30g，则 $\alpha=0.30$。若新风尘浓减少一半即 β 为 0.5，则在原寿命时间内最终新风将只积 15g，总积尘只有回风的 70g＋新风的 15g＝85g。按此部件达到原寿命时还能积 15g，此 15g 所需时间相当于原寿命的 15/85＝0.176。按上式计算

$$\Delta t=\frac{\beta\alpha}{1-\beta\alpha}=\frac{0.5\times0.3}{1-0.5\times0.3}=\frac{0.15}{0.85}=0.176$$

所以，延长后的寿命是原寿命的 1.176 倍($t=1+\Delta t=1+0.176=1.176$)。

如按上式反算，标准容尘量为 85g，其中新风的 15g，$\alpha=0.176$，则当新风含尘浓度变

化率增加为 100%，即 $\beta=1$(由 15g 到 30g)时，在原来寿命时间可积 100g；如以标准容尘量计算寿命，少积 15g，则此 15g 占 100g 的 0.15，即寿命净缩短 15%。

按上式计算

$$\Delta t=\frac{\beta\alpha}{1-\beta\alpha}=\frac{1\times0.176}{1+1\times0.176}=\frac{0.176}{1.176}=0.15$$

所以，缩短后的寿命是原寿命的 0.85 倍($t=1-\Delta t=1-0.15=0.85$)。

如果对于上述系统在新风入口增加一个计重效率为 0.99 的过滤器组合(其计数效率约在 70%以上)，如图 12-29 虚线所示的过滤器，则对于原来各部件来说，新风尘浓减少了 $\beta=\frac{1-0.01}{1}=\frac{0.99}{1}$，因而原来各部件——新回风混合段粗效过滤器、表冷器、中效过滤器的寿命延长率为

$$\Delta t=\frac{\frac{0.99}{1}\times0.30}{1-\frac{0.99}{1}\times0.30}=\frac{0.297}{0.703}=0.42$$

即寿命延长到原寿命的 1.42 倍(1+0.42=1.42)，这是相当可观的效果。

对于净化系统，按表 12-4 上一行有 $\alpha_2=\alpha_3=\bar{\alpha}=0.934$，按下一行有 $\bar{\alpha}=0.96$，如不增设 η_0' 的过滤器，而将原新风过滤器 η_1' 由 0.7 提高到 0.99，则对于表冷器、中效过滤器和高效过滤器，寿命延长率分别为

$$\Delta t=\frac{\frac{0.3-0.01}{0.3}\times0.934}{1-\frac{0.3-0.01}{0.3}\times0.934}=9.3$$

$$\Delta t=\frac{\frac{0.3-0.01}{0.3}\times0.96}{1-\frac{0.3-0.01}{0.3}\times0.96}=12.9$$

即寿命分别延长到原寿命的 10.3 倍和 13.9 倍。

根据经济比较[4]，新风三级过滤的方案比只提高风口上过滤器效率的方案要节省费用(设备费和运行费)和能量。

以表 12-2 中的组合方案为例给出计算结果如下(计算过程从略，详见文献[4])：

$$\frac{\text{方案 4 费用}}{\text{方案 2 费用}}=0.78\sim0.85$$

$$\frac{\text{方案 4 消耗电力}}{\text{方案 2 消耗电力}}=0.83$$

参考文献

[1] 许钟麟. 洁净室的不均匀分布计算法. 建筑技术通讯(暖通空调)，1979，(4)：15—21.

[2] 佐藤英治. 工業用クリーンルームの現狀. 空気清浄，1976，13(8)：32—41.

[3] 早川一也，青木弘之. 空気清浄室に関する研究(2). 空気調和・衛生工学，1974，48(2)：13—88.

[4] 许钟麟，张益昭. 改善室内空气品质的重要手段——新风过滤处理的新概念. 暖通空调，1997，(1)：5—9.

第十三章　洁净室的设计计算

在掌握了洁净室均匀分布和不均匀分布计算理论的基础上，为适应实际上的需要，本章将具体分析计算的方法与步骤。

13-1　室内外计算参数的确定

13-1-1　大气尘浓度

通过第二章关于大气尘和第十二章关于洁净室的静态特性的讨论，明确了以下两点：

(1) 一般情况下，针对三种典型地区，目前相应的大气尘浓度约为 0.7×10^5 粒/L、10^5 粒/L 和 2×10^5 粒/L，最高约为 10^6 粒/L，这属于严重污染的浓度。进入 21 世纪以来，浓度约降低 1/3。

(2) 对于高效空气净化系统的 5 级及其以下的洁净室，当大气尘浓度在 10^6 粒/L 以内变化时，对洁净室含尘浓度的影响可以忽略不计。

据此，洁净室设计大气尘浓度可以这样确定：

(1) 对于 5 级(含)以上高效空气净化系统，为了在任何室外条件下(除去极严重污染的特殊情况)，都能保证洁净室的安全，设计大气尘浓度宜取 $M=10^6$ 粒/L。当新风具有三级过滤时(见第十二章)，可按当地具体大气尘浓度计算。

高效空气净化系统的设计大气尘浓度，在国外文献上没有明确给出过单一的数值，并且也指出其多变性给设计带来的不便，而作者过去建议的(参见 1977 年刊印的中国建筑科学研究院空气调节研究所的研究报告《洁净室计算》)10^6 这个单一数值，可以给具体设计计算(指高效净化系统)带来方便，而且具有很大的安全性。对于高效空气净化系统有了明确的单一的设计大气尘浓度，就不需要为搜寻这方面的数据去花费功夫了。

(2) 对于非高效空气净化系统，由于其洁净室含尘浓度受大气尘浓度影响很大，若按 $M=10^6$ 粒/L 设计，就很不经济，所以设计大气尘浓度宜按实际浓度选用。当然，新风过滤处理应加强。

关于大气尘的其他问题，本章就不再重复了。

13-1-2　室内单位容积发尘量

1. 室内尘源

室内发尘量主要包括人和建筑表面、设备表面以及工艺发尘。但实践证明，人的发尘量是最主要的，人稍许动作或进出洁净室，洁净室含尘浓度均可有成倍到几倍的增高。设备的产尘以转动设备尤为突出。电动机(尤其是带碳刷的电机)、齿轮转动部件、伺服机械部件、液压和气动启动器开关或人工操作的设备，都会由于移动(转动)着的表面之间的摩擦而产生微粒。一台电动机(300W 以下)1min 内可产生 0.5μm 以上微粒约 2×10^5～$5\times$

10^5 粒[1]，相当于一个动作的人的发尘量。根据中国建筑科学研究院空气调节研究所的测定，一台半导体工艺用的磷扩散炉的开炉，可使室内含尘浓度提高 6 倍以上。但是，除特殊情况，工艺设备尘源的发尘量被认为小于人的发尘量，因为成为尘源的工艺设备原则上是不能搬入洁净室的，或者在局部排风罩内和回风口处运行。不过对于纸张则应特别注意，特别是揉纸产尘量极大，所以洁净室内用纸和纸的种类应加以限制。表 13-1 是国外有关纸产尘的数据[1]，表 13-2 是国内测定数据。

表 13-1　纸的发尘量[粒/(min・张)]之一

种类 \ 条件 / 粒径	上下移动	撕破	揉破
	>0.5μm	>0.5μm	>0.5μm
美术纸	0	216800	269500
硫酸纸	0	75600	15400
方格纸	15400	491400	1193500
牛皮纸	15400	216800	541000
抄写纸	0	124740	693000
新闻纸	15400	604800	396500
卷纸	3850	143600	616000

表 13-2　纸的发尘量(粒/L)之二①

种类	撕半分钟(≥0.3μm)	揉半分钟(≥0.3μm)
普通纸	4410	10220
硫酸纸	1837	523

① 在距发尘中心 5cm 处测定的数据。

总的来说，洁净室的灰尘主要来源于人，占 80%～90%，来源于建筑物是次要的，占 10%～15%，来源于送风的就更少了。

2. 室内单位容积发尘量的计算

下面讨论人静止(或基本静止)和动作时的两种情况。

(1) 人静止(或基本静止)的情况。

人的发尘量由于动作的千变万化而变化很大，但静止时的发尘量一般来说容易测准。作者分析了大量国内外测定数据，提出了人静止时的发尘量可取 10^5 粒/(min・人)。从测定数据之一[2]的表 13-3 可见，这和"立"或"坐"时数据相仿。

建筑表面的发尘量取人的发尘量的若干分之一，根据对实测统计和文献资料分析，建议取 $8m^2$ 地面所代表的室内表面的发尘量，相当于 1 个人的静止发尘量，即每人静止时的发尘量和每平方米地面发尘量成为 8 倍的关系。作者验证了数十例的结果，认为以上面的取值计算室内含尘浓度和实测室内含尘浓度的差别最小，大部分例子的偏差均小于不均匀分布的固有偏差[3]。由于材料和工艺的进步，围护结构发尘量应更小，按上述原则计算结果更安全。

为了便于计算，这里提出一个单位容积发尘量的概念。

首先看一下每平方米只有1人，而且只有人发尘的单位容积发尘量是多少。设室高取2.5m，则单位容积中的尘量是

$$\frac{1\times10^5}{2.5\times1}=0.4\times10^5[粒/(m^3\cdot min)]$$

表 13-3 人的发尘量一例

动作	粒/(min·人)(≥0.05μm)		
	普通工作服	洁净工作服	
		一般尼龙服	从头到脚全套型尼龙服
立着	3.39×10^5	1.13×10^5	5.58×10^4
坐下	3.02×10^5	1.12×10^5	7.42×10^3
手腕上下移动	2.98×10^6	2.98×10^5	1.86×10^4
上体前屈	2.24×10^6	5.38×10^5	2.42×10^4
腕自由运动	2.24×10^6	2.98×10^5	2.06×10^4
头部上下左右运动	6.31×10^5	1.51×10^5	1.10×10^4
上体扭动	8.50×10^5	2.66×10^5	1.49×10^4
屈身	3.12×10^6	6.05×10^5	3.74×10^4
脚动	2.80×10^6	8.61×10^5	4.46×10^4
步行	2.92×10^6	1.01×10^6	5.60×10^4

其次把表面发尘量化为人的发尘量，即把βm^2地面所代表的室内表面看成是1个人的发尘量，整个表面看成是一定数量的人。设P为人数，F为室面积，则当量人员密度

$$q'=\frac{\frac{F}{\beta}+P}{F}$$

即每平方米假想人数为q'。因为每平方米1个人时的单位容积发尘量已知，则每平方米为q'个人时室内单位容积静态发尘量

$$G_m=0.4\times10^5q'=0.4\times10^5\left(\frac{1}{\beta}+\frac{P}{F}\right) \tag{13-1}$$

式中：$\frac{P}{F}$——真实的人员密度，可用q表示。

以上计算是在室高为2.5m条件下进行的；如果室高实际高于2.5m，则上下空间中的尘粒分布的均匀性可能越差，上部浓度一般要小，所以简单地按浓度与高度成反比关系修正是不够安全的。如果仍按2.5m高计算，则单位容积中的发尘量将大于实际的发尘量，所以偏安全。室高低于2.5m时虽然略偏不安全，但实际上低于2.5m的室高是较少的。

根据式(13-1)绘成图13-1中的直线，即可按人员密度q直接查得G_m。

从图13-1可见，当$q=0$时，G_m即等于室内表面发尘量。随着q的增大，G_m随着q的增加并不以相同的倍数增加，因而室内含尘浓度也不随室内人数的增加而同倍地增加(参见第十二章)。当室内人员较少而q较小时，由于作为基数的室内表面发尘量(即图中的截距)占有较大的比例，所以G_m随着q而增加的比例还要小。例如当q从0.01变化到

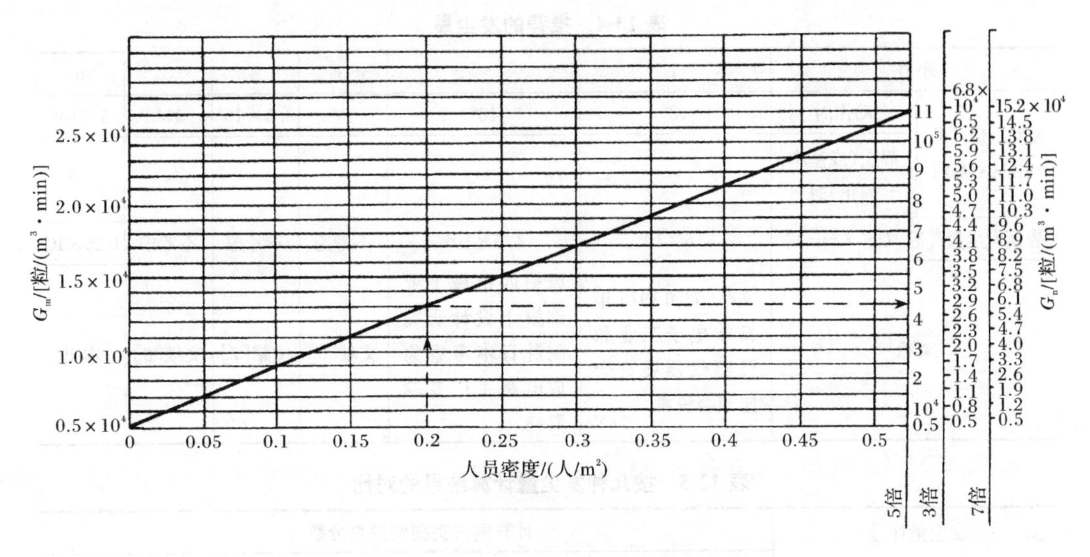

图 13-1　洁净室单位容积发尘量计算图

0.04时，增加 4 倍，G_m 才从 0.55 变化到 0.65，增加不到 20%；当 q 从 0.4 变化到 0.6 时，增加 50%，G_m 从 2.1 变化到 2.9，增加约 40%，两者增加的比例就很接近了。对于高效空气净化系统，可以把 G_m 和 q 的关系看作 N 和 q 的关系，这从图 13-2 和图 13-3 也可以看出。一张是引自国外文献(图 13-2[4])，图中虚线是原有的，但从数据的点子可见，应画为折线(实线)。图 13-3 是作者根据原四机部第十一设计研究院测定数据绘出的，也是折线。这就表明，对于高效空气净化系统在人数少和人数多的不同情况下，N 和 q 的关系应如上述。

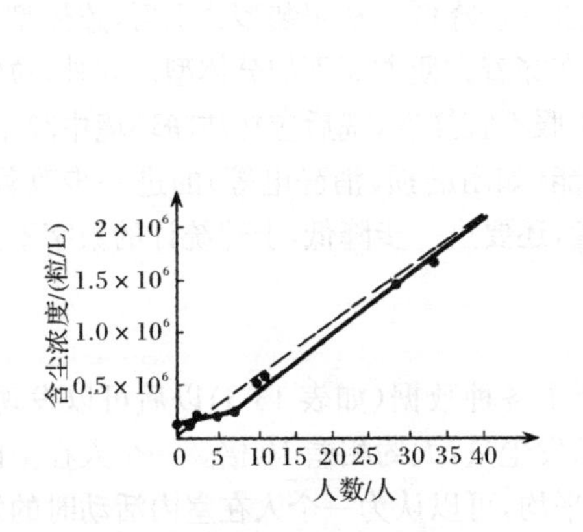

图 13-2　含尘浓度和人数的关系之一

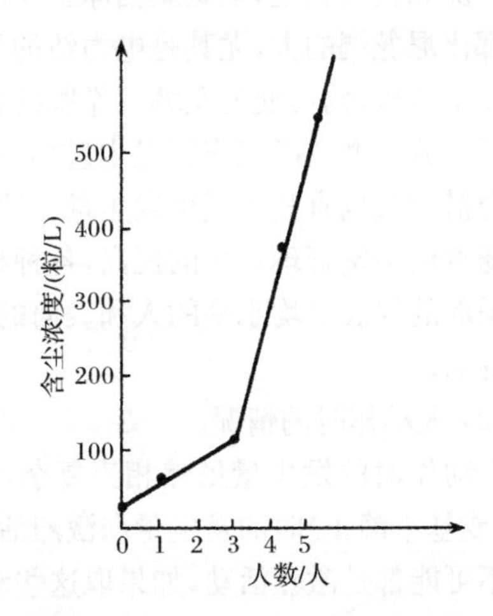

图 13-3　含尘浓度和人数的关系之二

表 13-4 列举了本书和有关文献推荐的发尘量。

根据表 13-4 中的各种发尘量数值，按照均匀分布理论，作者曾计算了 46 例各类洁净室的静态含尘浓度(G_m 按动态 G_n 的 1/5 计算)，这里不引用具体数字，只把对比结果汇列于表 13-5。

表 13-4　推荐的发尘量

序号		1		3	4	5	6
人发尘量/[粒/(min·人)]	动作时	10^6	10^6	10^6	3.3×10^5	10^5	5×10^5
	静止(或基本静止)时	—	—	—	—	—	10^5
表面发尘量/[粒/(m²·min)]		4.5×10^5	4.5×10^4	不考虑	不考虑	不考虑	1.25×10^4
来源		文献[5]和1975年日本电子工业和计测仪器展览会座谈会资料	原第四机械工业部第十设计研究院赴日本考察集成电路工厂专题资料	文献[6]	文献[7]	文献[8]	本书

表 13-5　按几种发尘量计算结果的对比

发尘量序号(同表 13-4)		计算例占实测例的百分数/%					
		1	2	3	4	5	6
计算值偏离实测值/%	≤±30	偏差太大,未予比较	—	—	—	—	56
	≤±50		7	50	28	10	71
	≤±100		22	74	—	—	85
	≤±200		50	74	—	—	—

从以上比较来看,取人静止的发尘量为 10^5 粒/(人·min),每平方米地面所代表的表面发尘量为 1.25×10^4 粒/min,是比较适合当前洁净室维护管理水平和技术水平的。当然,人的发尘量和服装有很大关系,甚至和服装的洗晾、吹淋等也有很大关系。根据实际使用情况和实验测定,尼龙绸洁净工作服发尘量最少,棉的确良和电力纺洁净工作服的发尘量都比尼龙绸的大,尤其是电力纺的不宜单独采用。如果在尼龙绸衣服内加穿一件棉的确良工作服,则可使尼龙绸工作服的发尘量进一步降低。从服装型式上看,连体型洁净工作服比分体型洁净工作服发尘量小一些,但在穿着方便方面不如分体型。此外,拉练式比尼龙搭扣式也有利于减少发尘量。洁净工作服不宜揉洗,洗后应在洁净环境中晾干。

随着洁净室管理水平的提高,各种材料性能(如耐磨损、消静电等)的进一步改善,上面所采取的代表平均水平的人和表面的发尘量,还要进一步降低,上述统计的数字不是固定不变的。

(2) 人动作时的情况。

人动作时的发尘量虽然相当复杂,但分析了各种数据(如表 13-3)以后可以发现,人静止(或基本静止)时的发尘量和激烈活动时的发尘量,大约相差 10 倍。一个人在室内的活动不可能都是激烈活动,如果取这些动作的平均,可以认为一个人在室内活动时的发尘量为其静止(或基本静止)时的 5 倍。则式(13-1)相应变为

$$G_n = 2\times10^5\left(\frac{1}{\beta}+\frac{P}{F}\right) \tag{13-2}$$

式中 β 相应为 40。该式仍为图 11-1 中的直线,只是纵坐标不同,如图中右侧所示,这样,可按 q 查出 G_n。

取人动作时的发尘量为其静止时的 5 倍,则为 5×10^5 粒/(人·min)。据原四机部第

十设计研究院测定的穿四种常用的洁净工作服的人，在一般动作时的发尘量分别为 8.57×10^5 粒/(人·min)、3.63×10^5 粒/(人·min)、3.23×10^5 粒/(人·min)和 1.83×10^5 粒/(人·min)，平均为 4.3×10^5 粒/(人·min)，并认为这相当于电子工业中一般的发尘量，这个数字和前面所取 5 倍的数字是很接近的。当然，5 倍这是平均地看，根据工艺性质、人的动作的多少和强弱的不同，这个倍数是不同的，可以再列出较低(劳动强度极低或坐着操作，几乎很少起来活动)和较高(劳动强度比一般水平高或活动比较频繁)的两档即 3 倍和 7 倍于静止发尘量的数值，相应为 3×10^5 粒/(人·min)和 7×10^5 粒/(人·min)，可供具体计算时选择。对应 3 倍和 7 倍关系的 G_n 也可在图 13-1 上查得。

13-1-3　新风比

空气净化系统的新风量在满足卫生要求的条件下，再用以维持正压、局部排风以及补充系统漏风。

从卫生角度考虑，主要是用新鲜空气稀释空气中的有害气体和气味。平衡以后的稀释空气量为

$$Q=\frac{L}{(C-C_0)\times10^{-3}} \tag{13-3}$$

式中：L——室内发生的有害气体量(m^3/h)；

C_0——大气中该有害气体浓度(L/m^3)；

C——控制的该有害气体浓度(L/m^3)。

对于经常而又较多地产生有害气体的洁净室，应据卫生标准确定上述各量；对于一般洁净室，则主要以 CO_2 为准。1980 年以后美国对空调新风量的调节也以 CO_2 为准[9]。

根据前苏联学者[10]研究，在人工通风的密闭房间中，空气里的氧一般低于正常值，波动在 17.4%～20.5%，接近黄昏时含量最低；CO_2 含量超过标准 1～2 倍(0.06%～0.09%)，接近黄昏时可达 0.15%。

表 13-6～表 13-8 给出了 CO_2、O_2 和 CO 含量对人的影响，表 13-9 给出人的 CO_2 呼出量[11]。

对于 CO_2，式(13-3)中 C_0 一般取 $0.3L/m^3$，但城市实测数据往往比这个值大。C 一般取 $1L/m^3$，日本环境控制标准就是这样规定的。

当按极轻劳动量取 L 值时，则每人必需的新风量为

$$Q=\frac{0.002}{0.0007}\approx30(m^3/h)$$

表 13-6　CO_2 对人的影响

CO_2 含量/%	对人的影响
0.04	正常空气
0.5	长期安全界限
1.5	生理学界限(发生 Ca、P 的代谢障碍)，需要停止工作
2.0	要深呼吸，吸气量增加 30%
3.0	工作恶化，生理机能变化，呼吸次数增加 2 倍

续表

CO_2 含量/%	对人的影响
4.0	呼吸深而快
5.0	强的喘息，持续 30min 将出现中毒状况
7～9	能忍受的界限，持续到 15min 将不省人事
10～11	还能正常调节，持续 10min 就意识不清
15～20	能生存 1h 以上
25～30	呼吸消失，血压下降，昏迷，反射消失，感觉消失，数小时内死亡

表 13-7　O_2 对人的影响

O_2 含量/%	对人的影响
21	正常
17	长期安全界限
15	疲劳感
10	头晕，呼吸短促
7	人事不省，记忆判断障碍
5	维持生命的最低界限
2～3	数分钟后死亡

表 13-8　CO 对人的影响

CO 含量		对人的影响
%	ppm	
0.0002	2	正常
0.0025	25	视觉障碍
0.005	50	长期安全界限
0.01	100	6h 有影响
0.02	200	2～3h 前头痛，长期导致失眠
0.04	400	呼吸深，视觉障碍，1～2h 前头痛，长期暴露导致死亡
0.08	800	45min 即头痛、恶心、头晕，2h 失去神志，4h 死亡
0.64	6400	1～2min 即头痛，10～15min 死亡
1.28	12800	1～3min 死亡

表 13-9　男子劳动强度和 CO_2 呼出量的关系

劳动强度	CO_2 呼出量/[m^3/(人·h)]	计算采用呼出量/[m^3/(人·h)]
安静时	0.0132	0.013
极轻劳动	0.0132～0.0242	0.022
轻劳动	0.0242～0.0352	0.03
中劳动	0.0352～0.0572	0.046
重劳动	0.0572～0.0902	0.074

卫生标准和空气调节设计规范都把这个数字定为新风量的下限。若考虑到人进行操作，按轻劳动量的 $L=0.03m^3/(人\cdot h)$计算，则 $Q=43m^3/h$。《洁净厂房设计规范》和前苏联对于密闭厂房都规定每人新风量为 $40m^3/h$[10]，英国有关标准为 $42.5m^3/h$，美国联邦标准 209 规定为 $51m^3/h$，甚至有的定为 $72m^3/h$～$85m^3/h$[11]。

关于新风量的标准，一直有不同的意见。有人把新风量作为决定室内卫生条件的唯一因素。新风量不够当然对人的健康不利，但是把目前国内外密闭性车间中出现的工作人员常常头痛、眼酸痛、容易疲劳、有时眩晕、全身衰弱以及其他不舒适感都归之于 CO_2 含量过高和新风量不足也不一定合适。据研究[10]，工作在无窗密闭性环境中的人，患植物神经衰弱综合征的可能有所增多，血压不稳定性也可能增大。原因则可能有几方面。

(1) 无窗的特殊条件，表现出对工作人员的机体的特殊作用，引起与外界隔绝的不利的主观感觉和不正常的心理异常，降低机体的总的紧张度和免疫生物学功能，从而使总发病率提高。

(2) 没有天然光和新鲜空气不足。

(3) 空气中的负离子含量不足。

(4) 其他有害气体的微量存在。

(5) 过滤器由于材料和加工、实验方面的原因而具有的特殊气味在送风过程中不断散发。

(6) 温度和相对湿度偏高，特别是后者升高后更易使人郁闷不适，例如在手术室内易出现这种情况。

因此，关于新风量的问题还必须从几个方面进行综合研究才可望得到明确的结论。

有人从发生病态建筑综合征的相对风险角度，实验得到的新风量如图 13-4 所示[12]，可见增加新风量确有好处，并且只有在达到每人 $90m^3/h(25L/s)$以上才有明显和稳定的效果。

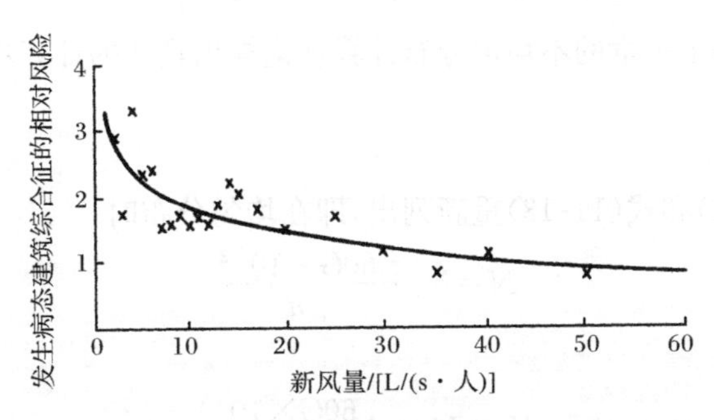

图 13-4　瑞典 160 座建筑中作为通风量函数的病态建筑综合征的风险

这一结果虽然不是针对洁净室的，但对封闭的洁净室来说，有一定参考作用，因为洁净室内的污染和病态建筑相似，也来自人和室内气体污染(不仅是 CO_2)两个方面。

为了使用方便，特别是当不知道具体人数时，新风量可按总风量的百分比考虑，针对不同换气次数和人员密度等情况，这个百分比是不同的，表 13-10 列出了相应的数字(取整数，层高按 2.5m 计算)。

对于一般洁净室，日本有人主张新风比可取 0.25，而考虑劳动卫生标准，还应再高一些[13]。但是我国修订后的《洁净厂房设计规范》(GB 50073—2001)中没有再给出新风比数据。

从正压角度考虑的新风量的计算,在《洁净室设计》[3]中有详述,这里不作进一步讨论了。

以上讨论了确定几个室内外计算参数的方法,关于过滤器效率在第四章中已有详述,这里就不再重复了。

表 13-10　新风量占总风量的百分数(%)与换气次数的关系

每人新风量 /(m³/h)	人员密度 /(人/m²)	换气次数/(次/h)									
		10	20	30	40	50	60	70	80	200	400
30	0.1	12	6	4	3	3	2	2	2	1	1
	0.2	24	12	8	6	5	4	4	3	2	1
	0.3	36	18	12	9	8	6	6	5	2	1
	0.4	48	24	16	12	10	8	7	6	3	2
40	0.1	16	8	6	4	4	3	3	2	1	1
	0.2	32	16	11	8	7	6	5	4	2	1
	0.3	48	24	16	12	10	8	7	6	3	2
	0.4	64	32	24	16	13	11	10	8	4	2
50	0.1	20	10	7	5	4	4	3	3	1	1
	0.2	40	20	14	10	8	7	6	5	2	1
	0.3	60	30	20	15	12	10	9	8	3	2
	0.4	80	40	28	20	16	14	12	10	4	2

13-2　高效空气净化系统计算

本章主要根据第十一章的不均匀分布计算理论提出具体的计算步骤。

13-2-1　*N* 的计算

这里将式(11-12)和式(11-13)重新列出,即在均匀分布时

$$N=N_s+\frac{60G\times10^{-3}}{n}$$

在不均匀分布时

$$N_v=N_s+\psi\frac{60G\times10^{-3}}{n}$$

$$N_s=\frac{N_r ns(1-\eta_r)+Mn(1-s)(1-\eta_n)}{n} \tag{13-4}$$

由于 N_r 比 M 小得多,所以上式分子中左边一项比右边一项小得多,可以认为

$$N_s\approx M(1-s)(1-\eta_n) \tag{13-5}$$

式中各项符号和确定方法详见前面有关章节。

在设计计算时,如果 s、η_1、η_2 这些参数未确定或不能确定(如一个实际工程没有测定)仍需计算 N_s,则可采用简化的方法。(相应于 $M=2\times10^5\sim10^6$ 粒/L):

对于单向流洁净室$[(1-\eta_1)(1-\eta_2)$按0.5计,$(1-\eta_3)=0.00001]$

当$(1-s)=0.02$　　　　则$N_s=0.02\sim0.1$粒/L

当$(1-s)=0.04$　　　　则$N_s=0.04\sim0.2$粒/L

对于乱流洁净室$[(1-\eta_1)(1-\eta_2)$按0.5计,$(1-\eta_3)=0.00001]$

当$(1-s)=0.2$　　　　则$N_s=0.2\sim1$粒/L

当$(1-s)=0.5$　　　　则$N_s=0.5\sim2.5$粒/L

当$(1-s)=1.0$　　　　则$N_s=1\sim5$粒/L

从这些数字可认为,在式(11-14)中N_s比其右边一项小得多,可将式(11-13)近似写成

$$N_v \approx \psi\left(N_s + \frac{60G\times10^{-3}}{n}\right) = \psi N \tag{13-6}$$

得到了与式(11-15)相同的形式。对于高效空气净化系统,如不知道某些参数,可以由按常用参数范围编制的图13-4查算,图中给出的适用范围是很宽的,只要在此范围之内,查算值与按实际参数计算值的偏差一般在10%左右。

13-2-2　*n*的计算

如果已知室内含尘浓度求换气次数,则对于乱流洁净室由式(13-4)得出不均匀分布时(n以n_v代之)

$$n_v = \psi\frac{60G\times10^{-3}}{N_v - N_s} = \psi n \tag{13-7}$$

式中:N_v——要求洁净室按不均匀分布理论计算达到的室平均含尘浓度;

　n——按均匀分布理论计算的换气次数;

　n_v——按不均匀分布理论计算的换气次数。

同样当简化计算时,n可由图13-5查得。

这里要说明的是,当设计要求是用洁净度级别来表示时,如要求设计7级洁净室,N_v绝不能取该级别最高的含尘浓度,因为某一级别的含尘浓度是一个范围,例如7级就是从35粒/L以上到350粒/L,显然按350粒/L进行设计在使用中是很难合格的;再者,还有第十七章谈动静比问题时提到的原因,设计含尘浓度宜取该级别最高值的1/2～1/3。

对于单向流洁净室,不论按哪种分布计算,n由洁净室截面风速决定。截面风速参见前面下限风速部分。

13-2-3　　的计算

为了计算不均匀系数ψ,可以利用图12-18～图12-26的特性曲线。为了查这些曲线,需要知道β、φ和V_b/V这几个系数。虽然精确确定这些系数是不可能的,但是可提出一个参考值。

1. β

这是主流区中发尘量占总发尘量的比。在实际情况下这是变化的数,不可能确定一

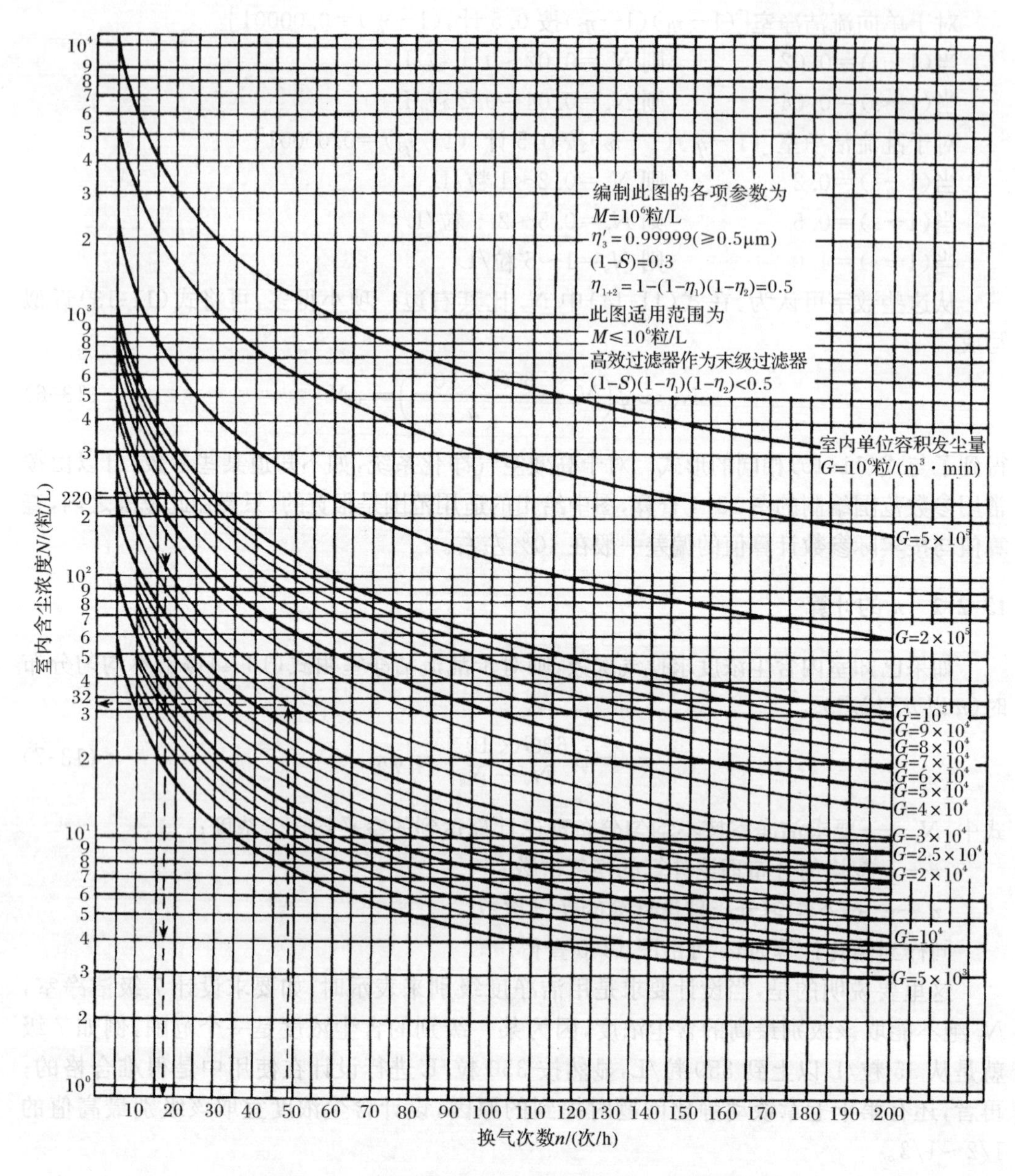

图 13-5　高效空气净化系统洁净室的 N-n 计算图

个固定的值。

如果完全无法确定尘源位置，则可以采用平均的方法，即令 $\beta=0.5$，或者偏于安全取 $\beta<0.5$，即认为尘源主要在涡流区内。

也可以从气流笼罩人的高度来考虑，这又和过滤器所负担的面积有关，根据气流边界或与墙壁的搭接高度，β 值列于表 13-11。显然该表更适合动态，对于静态多风口的情况参见 14-2-5 节的分析。

表 13-11 β值

顶棚一个过滤器担负的面积(如果风口布置较偏,担负的面积可取较大值)/m²		单向流洁净室,满布送风两侧下回风	0.97
>15	0.3	单向流洁净室,过滤器满布(满布比≥80%)	0.99
>10	0.4	侧送侧回	0.5~0.7(风口间距超过3m时可取小值)
>5	0.5~0.7		
>2	0.7~0.8		
>1	0.8~0.9	孔板:中间布置,面积≤1/2顶棚 两边布置,面积≤2/3顶棚	0.4
单向流洁净室,过滤器间布(满布比从40%~80%)	0.9~0.99	满布	0.9~0.95

2. φ

这是涡流区至主流区的引带风量和送风量的比。对于侧送风口,可参照空气调节设计手册公式

$$\varphi = 0.5\frac{\sqrt{F}}{d} - 1 \tag{13-8}$$

式中:F——每一个风口管的房间截面积(垂直于气流)(m^2);

d——风口当量直径(m)。

$$d = 1.13\sqrt{L_1 L_2} \tag{13-9}$$

其中 L_1、L_2 为风口两个边长(m)。

对于高效过滤器顶送风口,由于室高一般较低,相邻过滤器的气流有搭接问题,按侧送公式计算不合适,参照出口风速在 0.51m/s 以上的有关不同风口距离的引带比实验数据和孔板开孔比的修正[14],提出 φ 值列于表 13-12。

表 13-12 φ值

顶棚每个过滤器风负担的面积(如风口位置较偏,则所负担的面积应减少)/m²		单向流洁净室,过滤器间布(满布比60%)	0.05
≥7	1.5	单向流洁净室,过滤器满布(满布比≥80%)	0.02
5~<7	1.4~<1.5	孔板:局布	1
3~<5	1.3~<1.4	满布	0.65
2.5~<3	0.65~<1.3	散流器	按顶送×(1.3~1.4)
2~<2.5	0.3~<0.65	带扩散板高效过滤器顶送:	
1~<2	0.2~<0.3	扩散较好	按顶送×(1.3~1.4)
单向流洁净室,过滤器间布(满布比40%)	0.1	扩散较差	按顶送×(1.1)

表中过滤器风口是按484mm×484mm过滤器的扩散板风口设计的，约$0.3m^2$。

以上数据是根据出风口速度在0.51m/s以上的实验曲线得出的；如果风速低于0.5m/s，对于一般情形即相当于10次/h以下实测含尘浓度，比按均匀分布计算值有显著上升趋势，表13-13就是作者根据实际测定值[15]重新整理出的这两者的比较。

表13-13　10次以下换气次数与含尘浓度的关系

换气次数/(次/h)	12	10	8	6	4	3	2	1
实测值	1N	1N	1N	2.5N	7N	15N	25N	70N
计算值	1N	1.2	1.5N	2N	3N	4N	6N	12N

如果送风速虽然很低，但风口数量增加，则使影响ψ的几个系数都变化，则可能出现相反的结果，即含尘浓度大大降低。

3. V_b/V

这是涡流区体积和室体积之比。

顶送风口可参考表13-14中的V_a值换算(若风口较偏，可对V_b/V值乘以1.2左右的系数)。

带扩散板的顶送风口，由于扩散角不同而差别很大，较好的扩散板，其V_b/V约为无扩散板的0.6倍，较差的为0.9倍。

散流器的V_b/V也按无扩散板的顶送风口的0.6倍考虑。

对于侧送风口，可取$V_b/V=0.7\sim0.5$(风口间距大于3m时可取大值)。

对于孔板可参照表13-15换算。

表13-14　V_a　　(单位：m^3)

房间容积/m^3	顶棚过滤器数目									
	1	2	3	4	5	6	7	8	9	10
<5	3	—	—	—	—	—	—	—	—	—
5	4	—	—	—	—	—	—	—	—	—
10	5	8	9	—	—	—	—	—	—	—
20	7	10	13	16	18	—	—	—	—	—
30	8	12	15	18	20	24	26	—	—	—
40	9	14	18	20	24	27	28	32	32	35
50	9	15	18	20	25	28	32	32	36	40
60	9	16	21	22	25	30	32	36	36	42
70	10	17	21	22	28	30	35	38	40	45
80	10	17	23	28	30	33	35	40	44	46
90	10	17	23	28	34	36	38	40	45	48
100	10	17	25	30	35	36	40	44	45	50
120	10	17	25	30	35	40	42	48	50	52

表 13-15　孔板的 V_a/V

孔板大小	气流搭接高度/m				
	0.1	0.2	0.3	0.4	0.5
全孔板	0.96	0.92	0.88	0.84	0.8
1/2 孔板	0.58	0.56	0.54	0.52	0.5
1/3 孔板	0.46	0.45	0.43	0.42	0.41
1/4 孔板	0.42	0.41	0.40	0.39	0.38

对于单向流洁净室，过滤器满布时取 $V_b/V=0.02$，间布时满布比为 60%可取 $V_b/V=0.06$，满布比为 40%时可取 $V_b/V=0.12$。

要指出的是，这里的涡流区只是由气流造成的，而室内的设备、人员也会形成涡流区，这就难于估计了，所以对洁净室内的家具设备和人员数量都要有控制。

以上介绍了 β、φ、V_b/V 这几个系数的确定方法。如果它们不便于确定，因而不能具体计算不均匀系数 ψ，则对于一般情况可参照表 13-16 由换气次数大致确定 ψ 的值（限于顶送风口）。例如设 100 次换气时风量为 $10000m^3/h$，则布置额定风量为 $1000m^3/h$ 的 484mm×484mm 过滤器的风口 10 个时，ψ 值如表中所列。

表 13-16　　值（顶送风口）

换气次数/(次/h) （风口内按 484mm×484mm 过滤器额定风量 $1000m^3/h$ 计）	乱流									单向流		
	1 120	2 140	5 160	10 180	20 200	40	60	80	100	送回风过滤器均满布	下部两侧回风	下部两侧不均匀不等面积回风
风口均匀布置时 n 在 120 次及以上风口多或相对集中，可按主流区计算时	>6 0.86 0.65	4.2 0.81 0.51	2 0.77 0.51	1.5 0.73 0.43	1.22 0.64 0.43	1.16	1.06	0.99	0.9	0.03	0.05	0.15～0.2

13-2-4　三种设计计算原则

按不均匀分布理论进行计算虽然更符合实际，但必须指出其计算结果有时和实际还会有较大的出入，这是因为有关系数的准确确定是很困难的，同时它们也是变化的。如 β 这个数，由于人员位置的挪动就经常变化，如果计算时假定 $\beta=0.8$，但实际情况中或测定时尘源挪动，使主要发尘量产生于涡流区，则计算结果显然就有差别，甚至比按均匀分布方法计算的结果偏离实测值更远。鉴于这种情况，设计计算可区别三种情况采用不同的原则。

(1) 按室平均浓度计算，即按式(11-13)或式(11-16)计算。

(2) 根据具体情况，确实主流区较大或者操作是固定在主流区内进行，则可以按主流区浓度计算（参见 14-2-5），由式(12-1)和式(12-4)可得出

$$N_a \approx \left(1-\frac{\beta}{1+\varphi}\right)\left(N_s+\frac{60G\times10^{-3}}{n}\right) \tag{13-10}$$

上式右边括号内为按均匀分布理论计算的 N，可以具体计算也可近似查图 13-4

求得。

(3) 对洁净度要求严格，或工件在室内常有移动，在移动中也怕污染，或房间较大，或操作位置固定在涡流区内的情况，则可以按涡流区浓度计算，由式(12-3)和式(12-4)可得出

$$N_b \approx \left(1+\frac{1-\beta}{\varphi}\right)\left(N_s+\frac{60G\times10^{-3}}{n}\right) \tag{13-11}$$

13-2-5　例题

例 13-1　某高效空气净化系统乱流洁净室，面积 28m²(宽 5.6m，长 5m)，高 2.5m，2 个侧送风口，风口尺寸为 0.3m×0.2m，换气次数 28 次/h，新风比 25%，求三人工作时室内的含尘浓度。

解：因为人员密度

$$q=\frac{3}{28}=0.104(\text{人/m}^2)$$

查图 13-1(按图中 5 倍的纵坐标查，下同)，$G_n=2.7\times10^4$ 粒/(m³·min)，所以由 G_n 和 n 查图 13-4，得 $N=60$ 粒/L。

因为侧送风口间距接近 3m，所以取 $\beta=0.6$，取 $\frac{V_b}{V}=0.6$。因此按式(13-8)

$$\varphi=0.5\frac{\sqrt{5.5\times\frac{2.5}{2}}}{1.13\sqrt{0.3\times0.2}}-1=4.6-1=3.6$$

由式(11-15)得出

$$\psi=1.013$$

$$N_v=\psi N=1.013\times60=61(\text{粒/L})$$

例 13-2　条件同上。要求达到 61 粒/L 的室内含尘浓度，求需要的换气次数。

解：由 61 粒/L 和 $G_n=2.7\times10^4$ 粒/(m³·min)，查图 13-4，得 $n=26$ 次/h。

同前求出 $\psi=1.013$，则由式(13-7)

$$n_v=\psi n=1.013\times26=26.3(\text{次/h})\quad(\text{取 27 次/h})$$

例 13-3　某高效空气净化系统乱流洁净室，面积 14m²，高 2.5m，1 个顶送风口，2 人工作。要求室内含尘浓度不大于 84 粒/L，求需要的换气次数。

解：因为人员密度

$$q=\frac{2}{14}=0.144(\text{人/m}^2)$$

查图 13-1，$G_n=3.3\times10^4$ 粒/(m³·min)；由 84 粒/L 和 G_n 查图 13-4，若为均匀分布时 $n=24$ 次/h。因为 1 个风口承担面积>10m²，所以取 $\beta=0.4$，$\varphi=1.5$。

因为室容积 $V=35\text{m}^3$，查表 13-12，得 $V_a=8\text{m}^3$，得

$$\frac{V_b}{V}=0.73$$

故得出 $\psi=1.24$。

由式(13-7)

$$n_v=\psi n=1.24\times24=30(\text{次/h})$$

如果不经上述计算，直接查表 13-16，得 $\psi\approx1.21$，则 $n_v\approx1.21\times24=29$ 次/h，可见差别不大。

例 13-4　条件同上。求 30 次/h 换气次数下室内含尘浓度是多少？

解：由 30 次/h 和 G_n 查图 13-4，得 $N=67$ 粒/L，同前求出 $\psi=1.24$，则

$$N_v=\psi N=1.24\times67=83(\text{粒/L})$$

例 13-5　已知高效净化系数洁净室静态单位容积发尘量 G_m 为 2×10^4 粒/m³ · min，新风比 0.5，求达到 7 级的设计换气次数。

解：因新风比＝0.5，由前面给出的数据知

$$N_s=2.5\text{ 粒/L}$$

设 7 级按 100 粒/L 设计，则由式(13-7)先求出 n，即

$$n=\frac{60\times2\times10^4\times10^{-3}}{100-2.5}=12.3$$

由此 n 查表 13-16，内插得 $\psi=1.4$，则

$$n_v=1.4\times12.3=17.2(\text{次/h})$$

所以取

$$n_v=18\text{ 次/h}$$

例 13-6　同上例，已知换气次数为 18 次/h，新风比 0.25，求静态达到的级别。

解：因为新风比＝0.25，可以查图 13-4，由 18 次/h 和 $G_m=2\times10^4$ 查得 $N=68$ 粒/L。由表 13-6 查得 18 次/h 的 $\psi=1.27$，则由式(13-6)，有

$$N_v=1.27\times68=86.4(\text{粒/L})$$

说明静态可以达到 7 级。如果估计动态级别，则需设定动静比。

如果设动静比为 3，则

$$N_v\approx260\text{ 粒/L}$$

仍然是 7 级。

如果设动静比等于 5，则

$$N_v\approx432\text{ 粒/L}$$

超过了 7 级，只有加大换气次数，才能使含尘浓度降下来。

例 13-7　某高效空气净化系统乱流洁净室，面积 7m²，高 2.5m，5 个顶送风口，稍偏一边布置，新风比 20%，1 人工作。由于面积小，风口多，工作区基本在主流区内，可按主流区浓度设计。求当室内含尘浓度达到 7 粒/L 时需要多大换气次数。

解：因为人员密度 $q=\frac{1}{7}=0.14$ 人/m²，查图 13-1，

当动静比取 5 时，$G_n=3.3\times10^4$ 粒/(m³ · min)

由于图 13-4 的范围不够查找，可用式(13-7)计算，因为 $(1-s)=0.2$，所以 $N_s=$ 1 粒/L，则

$$n=\frac{60G\times10^{-3}}{N-N_s}=\frac{60\times3.3\times10}{7-1}=\frac{1980}{6}=330(\text{次/h})$$

因为 1 个风口承担面积＞1m²，风口位置较偏，按表 13-11、表 13-12 取 $\beta=0.8\sim0.9$，$\varphi=0.2$。按主流区浓度计算时，由式(13-10)可知

$$\psi=1-\frac{\beta}{1+\varphi}=1-\frac{0.8\sim0.9}{1+0.2}=0.33\sim0.25$$

因此 $n_v=\psi n=0.33\times330=108$ 次/h，或 $n=0.25\times330=82.5$ 次/h。

当动静比取 3 时，则分别有 $n=210$ 次/h、$n_v=69.3\sim52.5$ 次/h。

例 13-8 某全顶棚送风两侧下回风洁净室，在新风通路上串联一道高效过滤器，洁净室面积 20m^2，换气次数 617 次/h。求 2 人测定时静态含尘浓度。

解：因为

$$N_v=N_s+\psi\frac{60G_m\times10^{-3}}{n}$$

按主流区计算

$$\psi=1-\frac{\beta}{1+\varphi}$$

由于新风通路串联高效过滤器，所以 $N_s\approx0$；由于全顶棚送风，取 $\varphi=0.02$；由于两侧下回风，取 $\beta=0.97$，则计算出 $\psi=0.05$。因为 $q=0.1$ 人/m^2，所以

$$G_m=0.9\times10^4\ 个/(\text{m}^3\cdot\text{min})$$

最后计算得到含尘浓度

$$N_v=0.05\times\frac{60\times0.9\times19^4\times10^{-3}}{617}=0.044(个/\text{L})$$

实测结果：共测定 84 次，平均浓度 0.033 个/L。因测点数和测定次数还不足，结果可能偏低（参见第十七章关于洁净室测定的部分）。

例 13-9 某全顶棚送风（满布比略大于 80%）、单侧下回风洁净室，在新风通路上串联一道高效过滤器，洁净室面积 5.5m^2，换气次数 500 次/h。求 1 人测定时静态含尘浓度。

解：同上例，$N_s\approx0$，$\varphi=0.02$，因满布比略大于 80%，可取 $\beta=0.99$。因为 $q=0.1$ 人/m^2，所以

$$G_m=0.9\times10^4\ 个/(\text{m}^3\cdot\text{min})$$

按主流区计算，得出 $\psi=0.03$。因为 $n=500$ 次/h，所以

$$N_v=0.03\times\frac{60\times0.9\times10^4\times10^{-3}}{500}=0.042(个/\text{L})$$

实测结果，平均浓度 0.026 个/L。测定点数和次数也不足，结果可能偏低一些。

13-3 中效空气净化系统计算

对于中效空气净化系统除了可以按式(11-13)进行计算之外，也可以近似查图计算。

从前面的均匀分布特性曲线可知，中效系统的 N 要受 M 的影响，所以和高效系统不同，不能查图 13-5，因为该图是不考虑 M 的影响并在假定 $M=10^6$ 粒/L 条件下制成的。所以对于中效系统需另外作图。考虑到中效系统的 n 一般都在 10 次/h 以上，那么在 $G=10^5$ 粒/$(\text{m}^3\cdot\text{min})$范围以内，$N$ 和 M 的关系接近直线，故才可能近似作成图 13-6。图中含尘浓度坐标已放大 1.5 倍，等于动态下的浓度。这是因为：

第一，对于中效系统，式(11-13)中的 N_s 和 $\frac{60G\times10^{-3}}{n}$ 相比，不是小得可以忽略，而是相反，最小也要超过 5 倍。再考虑中效系统的 ψ 一般达到 1.4，则

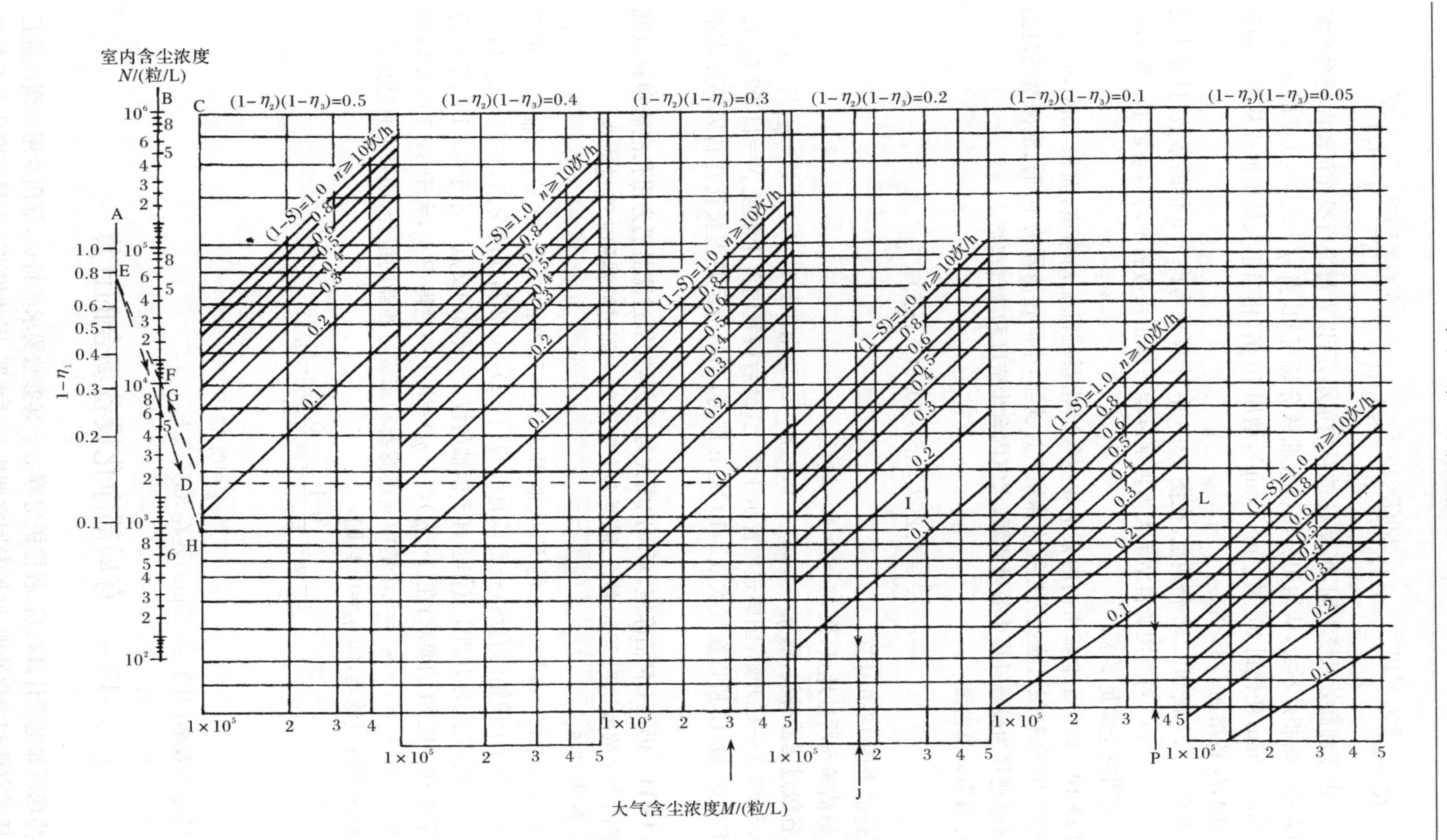

图 13-6　中效空气净化系统洁净室的 N-n 计算图

$$N_s+\psi\frac{60G\times10^{-3}}{n}\approx6.4\times\frac{60G\times10^{-3}}{n}\approx1.1\left(N_s+\frac{60G\times10^{-3}}{n}\right)=1.1N$$

第二，由于和高效系统不同，N 受 G 的影响很小，所以人员进行操作活动时的含尘浓度应和人静止时相差不大，从均匀分布特性曲线分析可知，当 $\eta_3=0.5\sim0.9$ 时，G 若从 10^4 粒/(m^3 · min)变化到 10^5 粒/(m^3 · min)，增加 10 倍(相当于人员增加或从静止到活动的变化)，N 约增加 1.35 倍。

综合以上 1.1 倍和 1.35 倍两点，在图 13-6 中对 N 已考虑 1.5 倍的系数，只要人员密度 $q\leqslant0.5$ 人/m^2，对查图所得结果无需再乘以动态修正系数和不均匀系数了。作为简化计算，上图完全满足要求。

例 13-10　处于工业城市内的某中效空气净化系统乱流洁净室，面积 $20m^2$，4 人工作，新风比 10%，初级过滤器为粗孔泡沫塑料过滤器，中间过滤器为中细孔泡沫塑料过滤器，末级过滤器为玻璃纤维中效过滤器，求室内含尘浓度和换气次数。

解：因为人员密度

$$q=\frac{4}{20}=0.2(\text{人}/m^2)<0.5(\text{人}/m^2)$$

所以可近似查图 13-6 计算。

由该洁净室所处地点，取 $M=3\times10^5$ 粒/L。

由各级过滤器种类，取 $\eta_1=0.2$，$\eta_2=0.4$，$\eta_3=0.5$，则在图 13-6 上由 $(1-\eta_2)(1-\eta_3)=0.6\times0.5=0.3$ 一栏开始，图解过程皆示于图上，最后得室内含尘浓度 $N=11000$ 粒/L。因为 $M>10^5$ 粒/L，所以换气次数 >10 次/h 即可，当然应经热湿负荷与新风等要求的校核。

例 13-11　仍是上例洁净室，新风比增大为 20%，初级过滤器仍为粗孔泡沫塑料过滤器，求室内含尘浓度达到 7000 粒/L 需要多大效率的中间过滤器和末级过滤器。

解：查图 13-6。

自轴 A 上取 $(1-\eta_1)=0.8$ 的 E，取轴 B 上 $N=7000$ 的 G 点，取 EG 与轴 C 相交于 H，自 H 引平行于横轴的直线，查看该直线与 $(1-s)=0.2$ 斜线的交点，在 $(1-\eta_2)(1-\eta_3)=0.2$ 一栏，交点为 I，自 I 点作垂直于横轴的线，与横轴的交点 J 小于 3×10^5，不符合该洁净室所在地区 M 的要求；在 $(1-\eta_2)(1-\eta_3)=0.1$ 一栏得 P 点，大于 3×10^5，所以确定需要选用 $(1-\eta_2)(1-\eta_3)=0.1$ 的中间过滤器和末级过滤器的组合，如果中间过滤器为中细孔泡沫塑料过滤器，即 $\eta_2=0.4$，则

$$1-\eta_3=\frac{0.1}{1-\eta_3}=\frac{0.1}{1-0.4}=0.17$$

所以

$$\eta_3=0.83$$

即末级过滤器效率(对于≥0.5μm)要在 83%以上。

13-4　有局部净化设备场合的计算

有些场所如电子计算机房、程控机房等由于其参数要求的特点，都用专用空调机进行室内循环式空调和净化处理，这种专用空调机有过滤器，因此相当于有局部净化设备的情

况，此时一般均辅之以新风净化处理，其净化要求相当于中效净化系统，例如大中型电子计算机房要求≥0.5μm 微粒，≤18000 粒/L，比现行最低的洁净度级别——30 万级还低。但即使如此，也要通过合理的计算才能达到目的。下面就以电子计算机房为例，分类给予计算[16]。

13-4-1　既有集中式空调系统又有专用空调机的机房

专用空调机的使用相当于在洁净室内又设了局部净化设备，其示意图见图 13-7。

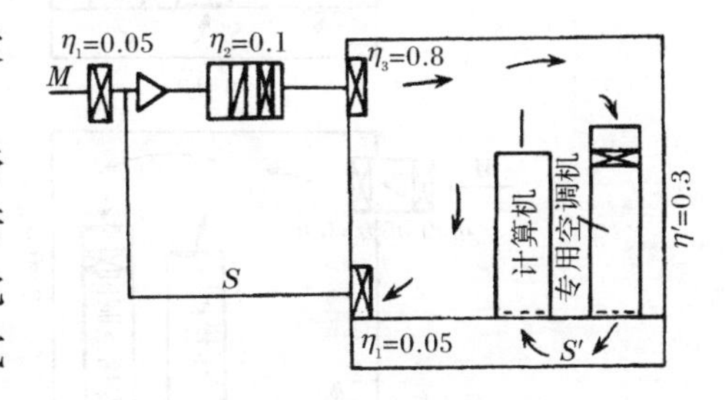

图 13-7　既有集中式系统又有专用空调机的机房

由于集中式系统一般用来解决室内环境舒适问题，而对于计算机台数多、发热量大的场所需要专用空调机来解决计算机的发热问题。此时室内含尘浓度应由有局部净化设备的公式(10-10)计算，即

$$N=\frac{60G\times10^{-3}+Mn(1-S)(1-\eta_n)}{n[(1+\eta' S')-S(1-\eta_r)]}$$

式中：η'——局部净化设备的过滤效率，此处即指专用空调机中过滤器的率，一般相当于 0.3；

S'——通过局部净化设备即专用空调机循环风量与送入室内总风量的比值。

其他参数如下：设 q=0.1 人/m²，则 $G_n=1.07\times10^5$ 粒/(m³ · min)；M 取 3×10^5 粒/L；n 为计算机房换气次数，按一般空调房间考虑，可取 10 次/h；S 为循环风比例，如保证室内正压的换气次数即新风量最少按 2 次/h 考虑，则 $S=0.8$；η_n 为新风管路上过滤器总效率(对≥0.5μm 微粒)，$\eta_n=0.829$；η_r 为回风管路上过滤器总效率(对≥0.5μm 微粒)，由图 13-6 可知，$\eta_r=\eta_n=0.829$。

根据《电子计算机机房设计规范》(GB 50174—93)，大中型机房起点面积定为 140m²，若按 3m 层高计，体积为 420m³，一般可放 1～2 台专用空调机。若放 1 台，风量大约为 10000m³/h，放 2 台则为 20000m³/h，即室内自循环换气次数相当于 25～50 次/h，是集中式空调系统换气次数 10 次/h 的 2.5～5 倍，即 S' 相当于 250%～500%，设平均按 400%即 4 倍计，代入上式，则可计算出 N=5285 粒/L。

13-4-2　只靠专用空调机加新风处理的机房

现在大部分机房未安装集中式净化空调系统，而是以解决计算机本身的发热为主，由专用空调机以下送方式把冷风送入地板下静压箱，一部分从下而上进入计算机，另一部分从地板送风口送至室内。为了达到卫生要求，在机房内另开一新风入口，把处理过的室外空气送入室内，见图 13-8。

这又分以下几种情况：

(1) 目前常用的一般专用空调机和对新风用一般粗、中效过滤器处理的机房[图 13-8(a)]。

因为没有送风系统，所以相当于直流式，总送风量即新风量，循环比 $S=0$。

因为专用空调机一般不允许大比例新风，常在 5%左右，即对于空调机来说，新风

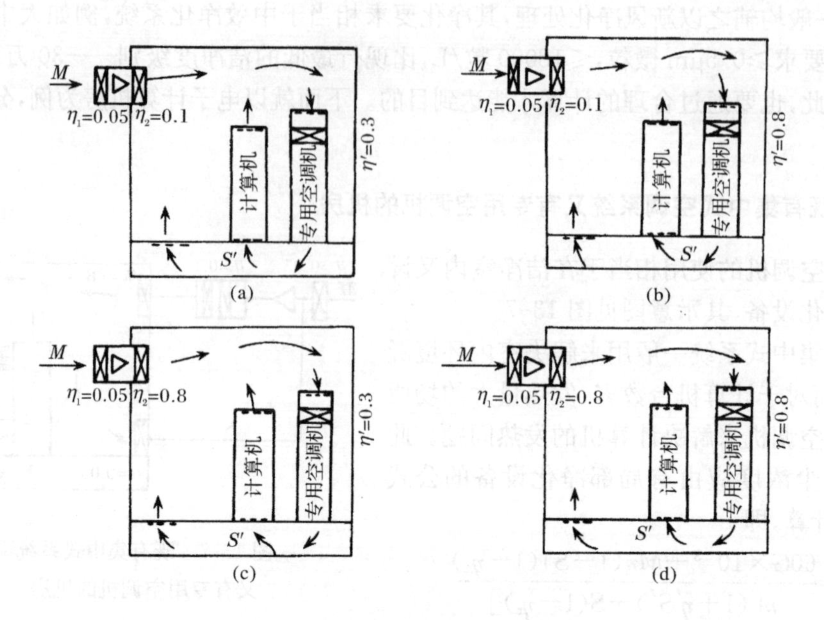

图 13-8　专用空调机加新风处理的机房

比(1－S)＝0.05，则专用空调机在室内的循环风量相当于室内总送风量的比例 S'＝1/0.05＝20。

由图 13-8(a)各道过滤器效率可求出

$$\eta_n=1-(1-0.05)\times(1-0.1)=0.145$$

专用空调机中的过滤器效率 η' 相当于 0.3(对≥0.5μm)。从上面可知，n 如何设定对室内含尘浓度 N 影响都很小；设 n＝50，则由上式可计算出 N＝36661 粒/L。所以这种只用专用空调机而配以一般新风处理的机房，将很难满足要求。

(2) 只将前节里的专用空调机中过滤器的效率 η' 提高到 0.8(≥0.5μm)的机房[图 13-8(b)]，将 η'＝0.8 代入上式，得 N＝15096 粒/L。由于此值接近规范要求的浓度上限所以只能说基本满足要求。

(3) 只将新风过滤器效率提高到 80％(≥0.5μm)的机房[图 13-8(c)]。

因为 $\eta_n=1-(1-0.05)\times(1-0.8)=0.81$，代入前式，其他不变，于是可计算出 N＝8161 粒/L。

可见，这种方式已可满足规范要求。

(4) 同时提高新风过滤器效率和专用空调机中过滤器效率都达到 80％的机房[图13-8(d)]。

于是可求出 η_n＝0.81，其他不变，用前式计算得出 N＝3360 粒/L。

可见，这种方式不仅可满足规范要求，还可达到 8 级浓度上限之内。

参考文献

[1] 花島重春. 無塵無菌室の作業環境における局部集塵. 建築設備，1967，(2)：46－57.
[2] 加藤照敏. 用途別清浄装置の選定法. 空気調和と冷凍，1971，11(9)：103－110.
[3] 许钟麟. 洁净室设计. 北京：中国地震出版社，1994：123－125.

[4] Schütz H. Reine räume und staubfreie arbeitsplätze for die feiwerktechnik. Feinwerktechnik,1969,10:444－449.

[5] 平沢纮介.クリーンルームの計画と設計.空気調和と冷凍,1973,13(13):75－88.

[6] 安藤文藏.クリーンルームの設計と施工.空気調和と冷凍,1967,13(17):20－29.

[7] Hoонезон P T, Знаменский P E. Обеспыдивание воздушной среди в "чнстых комнатах". Водоснабженне и Санитарная Техника,1973,(3):27－32.

[8] Schicht H H. Clean room techology-principles and applications. Sulzer Technical Fieview,1973,(1):3－15.

[9] 汪善国.新风量、新风和新回风系统及控制.暖通空调,1997,(1):23－28.

[10] Кокорев Н П. Гигиени ческая оценка без оконых и бесфонарных промышленных зданий. Гигиена и Санитария,1972,(6):25－28.

[11] 酒井寛二,久保敢治.室内空気清浄における設計基準について.空気調和と冷凍,1979,19(9):68－76.

[12] 范格 P O. 21世纪的室内空气品质:追求优异.于晓明译.暖通空调,2000,30(3):32－35.

[13] 早川一也.空気調和のための空気清浄.1974.

[14] Tuve G L.送风射流中的空气流速.专题情报资料(采暖通风与空气调节类)第6360号,1963.

[15] 馬場俊三,竹中彪.クリーンルームと機器の設計.空気調和と冷凍,1973,13(1):89－95.

[16] 许钟麟.实现电子计算机机房洁净环境的必要措施.暖通空气调,1996,26(6):65－69.

第十四章　局部洁净区

凡通过空气净化及其他综合处理措施，使室内的整个工作区成为洁净空气环境的做法称为全面净化；凡仅使室内的局部工作区或特定的局部空间成为洁净空气环境即局部洁净区的做法称为局部净化。能用局部净化的场合，就尽可能不用全面净化。

14-1　主流区概念的应用

空气净化方式的发展主要有这样三种情况：洁净室的单独应用；局部净化设备（如洁净工作台）的单独应用；洁净室和局部净化设备并用，即全面净化方式和局部净化方式并用。

但是，长期以来，由于人们对控制污染的认识和这方面技术的不足，在洁净室方面习惯采用所谓鸽子笼式建筑，即把需要净化的环境分割成较小的空间，这样做虽然有利于控制污染，但缺点也越来越明显：

(1) 使建筑平面复杂化，而且过多的围护结构必然增加造价。

(2) 不能适应由于不断采用新工艺、新技术，而要经常改变作业程序，组织新的生产线，从而改变原环境的洁净度级别或方式的要求。

(3) 对于要求不能分隔和遮挡的流水作业线及产品与人员需频繁进出的场合，使用上很不方便。

(4) 对于既有小面积高洁净度要求的核心区，又有必不可少的低洁净度要求的周边辅助区的情况，将小而高要求的区域密闭起来是行不通的。

显然，采用大面积全面净化方式可以避免上述缺点，但在经济上又不合理。如果采用低级别的大面积全面净化（如整个大车间为 8 级），然后在局部地区采用净化设备以达到 5 级洁净度，这虽然在经济上比高级别全面净化方式好一些，但仍然不能完全避免上述的几个缺点，例如有些工艺设备的某个部件运转幅度大，不能罩入工作台内（如真空镀膜机的钟形罩的升降与位移）。

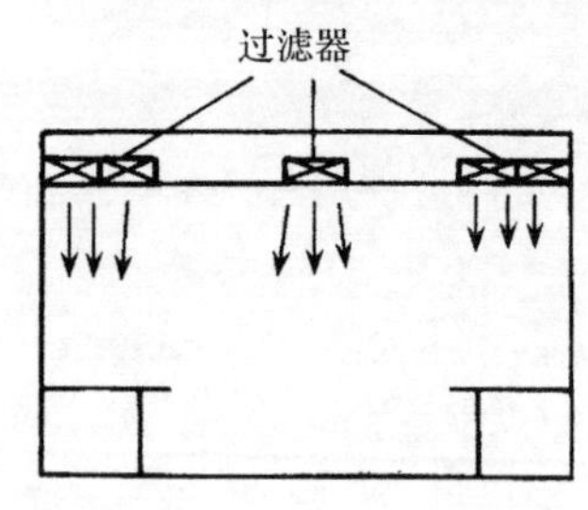

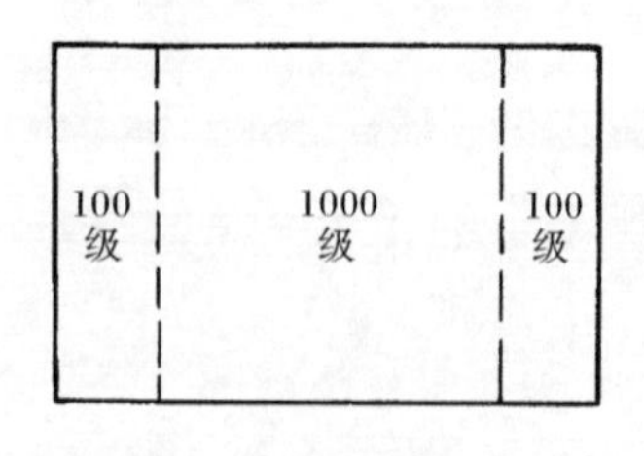

图 14-1　利用主流区一例

针对上述情况，1978 年在理论上提出了如第十一、十二两章中所述的“主流区”概念。当把工艺布置在主流区内时，含尘浓度可以比室平均浓度低 30%到一半，见表 14-1。这就是说，如主流区浓度仍按室平均浓度设计，因而换气次数将减少 30%～50%。这种考虑方案已为实践中的一些做法证明可以取得较好的效果。图 14-1 所示的就是国外一家公司所采用过的方式在房间两侧的顶棚上密布高效过滤器，以便在其下方形成达到 5 级的主流区，然后干净气流从两边汇集到中央，加上中间顶棚上少量高效过滤器送风口的作用，使中间部分达到 5 级。对于工艺主要布置在两侧的场合，这种方式比全顶棚满布过滤器使全室达到 5 级的做法要节省很多。

表 14-1　$\frac{N_v}{N}$和$\frac{N_a}{N}$的值

浓度比		低换气次数时的乱流洁净室	高换气次数(120 次及其以上)时的乱流洁净室	40%顶棚(壁面)布置高效过滤器	满布过滤器
按室平均浓度设计	$\frac{N_v}{N}$	1～1.2	0.64～0.86	0.4	—
按主流区浓度设计	$\frac{N_a}{N}$	0.75～0.84	0.43～0.65	0.2	0.1

注：N、N_v 分别为按均匀、不均匀分布理论计算的室平均含尘浓度；N_a 为按不均匀分布理论计算的主流区含尘浓度。

利用主流区概念的送风方式也可由集中送风改变为独立机组。垂直送风的即为顶棚机组，水平送风的即为水平机组，或者同一个机组既可以吊挂在顶棚上，也可以倒过来放在地面上送出水平气流，视需要而定，如图 14-2 所示。

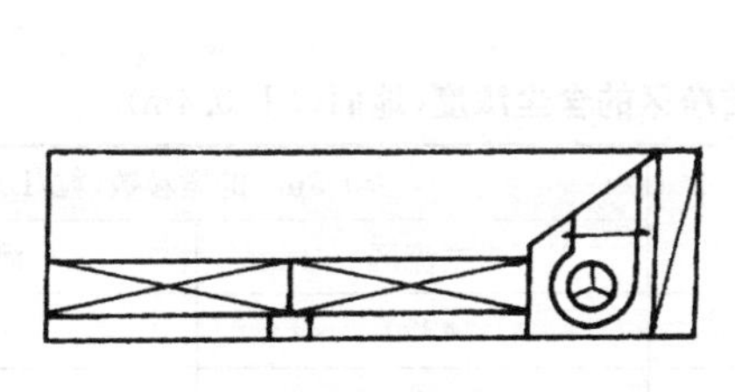

(a) 垂直送风的顶棚机组

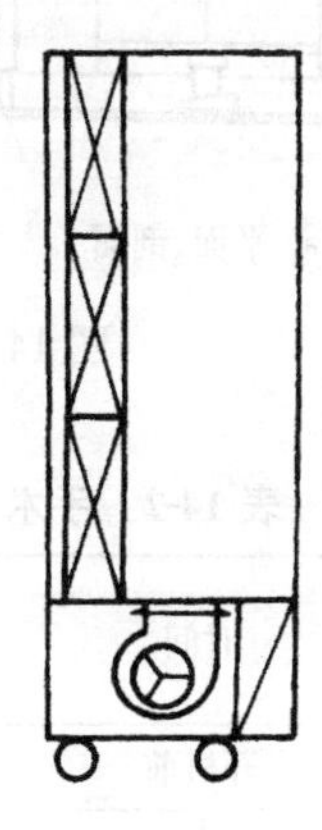

(b) 倒放后成为水平机组

图 14-2　形成主流区送风方式的机组

基于上述主流区的局部洁净区的应用，在医院手术室方面获得了较理想的效果[1]，图 14-3 即是一例。图中右部表明，主流区两边建议均按缩进去 20cm 考虑。该例含尘浓度测定结果，列于表 14-2。

从该表可见，在主流区内，5min 后即可达到 5 级，涡流区达到 5 级的时间也仅 7min，所以有这么好的效果。从图 14-3 可见，和过滤器面积占顶棚面积达到 45%有关系。

这里要特别强调的是，不能因此认为满布比只有 45%左右就可以实现 5 级单向流了。虽然该例的涡流区也达到了 5 级，但是经过了 7min，即其自净时间远远大于单向流洁净室的标准，因此在抗干扰和其他特性方面，这种洁净室不能和顶棚满布过滤器的相比，只能是局部 5 级的洁净室。

图 14-4 是局部洁净区域更小的一种形式，表 14-3 是其含尘浓度测定结果，虽然比上

述局部洁净区较大者效果差，但在工作区也基本接近5级，而且由于实行完全无菌操作，虽在手术过程中，含尘浓度平均在1000粒/L左右，但平均细菌浓度只有0.0016个/L，在5级的标准之内[1]。

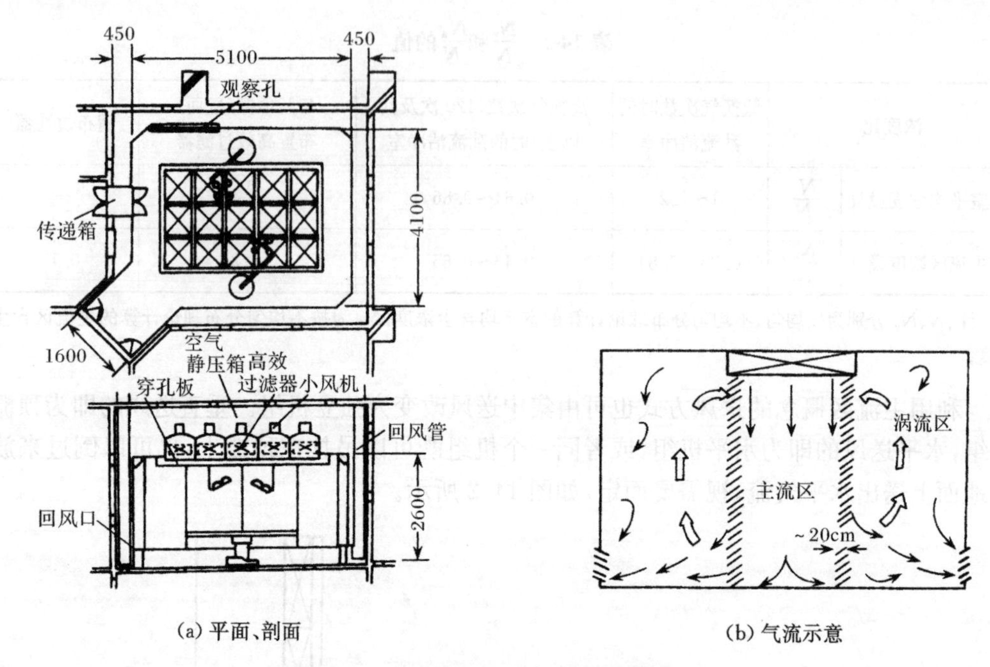

(a) 平面、剖面　　(b) 气流示意

图 14-3　医院手术室中的局部百级洁净区

表 14-2　手术室中局部洁净区的含尘浓度(地面以上 0.4m)

时间		≥0.5μm 的微粒数(粒/L)	
		主流区	涡流区
开机前		4350	4200
开机后/min	1	2750	4260
	2	225	4060
	3	76	1840
	4	20	480
	5	0.4	98
	6	0.035	6.2
	7	0	1.7
	8	0	0.25
	9	0	0.12
	10	0	0.035
	11	0	0.07
	12	0	0

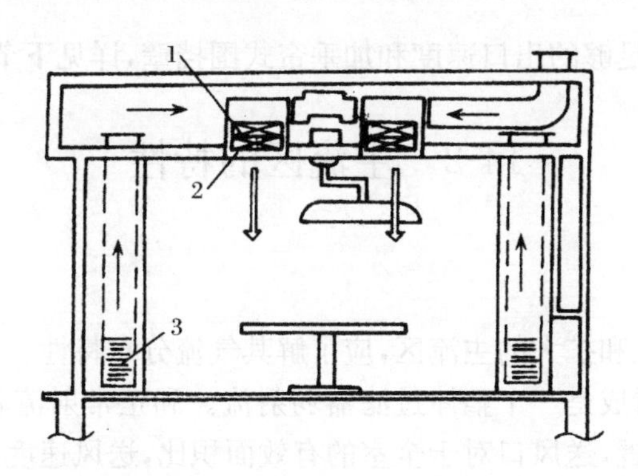

(a) 剖面

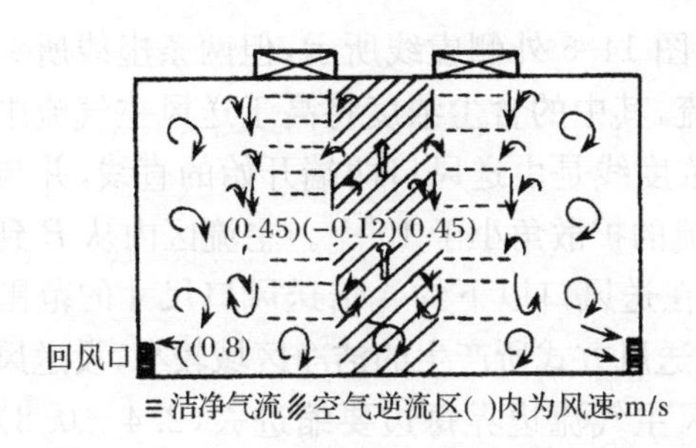

(b) 气流示意

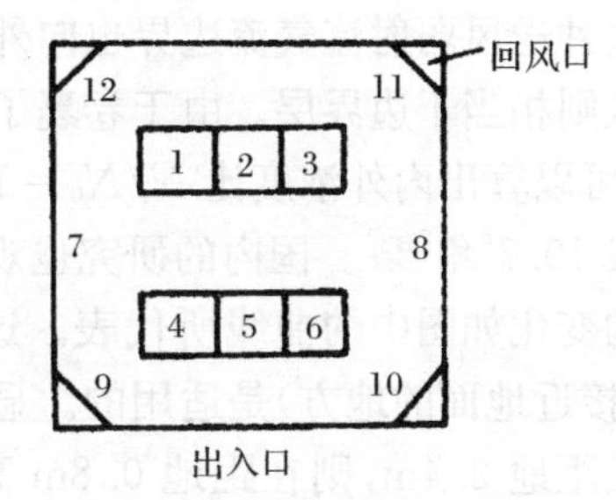

(c) 测点布置

图 14-4　手术室中局部洁净区

1. 预过滤器;2. 高效过滤器;3. 回风口

表 14-3　手术室中局部洁净区含尘浓度

测点		顶棚		地面上 0.9m	
		≥0.5μm 粒数/(粒/L)	≥5μm 粒数/(粒/L)	≥0.5μm 粒数/(粒/L)	≥5μm 粒数/(粒/L)
开机前		31 500	60	31 500	60
开机 20min 后(未手术)	1	0	0	3.5	0
	3	0	0	3.2	0
	5	0	0	5	0.6
	7	16	2.5	7	0.6
	8	16	1.4	5.3	0
	回风口				
	10	9.5	0.6		
	12	11	0.9		

对于这种局部 5 级的洁净室要注意三点:

(1) 局部 5 级区应大于工作区,至少每边大 15～20cm。

(2) 也有满布比问题,局部 5 级送风面面积即作为总面积,它与过滤器面积的关系应符合第八章给出的满布比定义。

(3) 为了保证工作区的 5 级效果和一定的截面风速(如下限风速),特别是当局部 5

级面积较小时,应考虑足够的出口速度和加垂帘式围挡壁,详见下节。

14-2　主流区的特性

14-2-1　气流分布特性

为了利用好主流区和扩大的主流区,应了解其气流分布特性。

主流区送风可以看成是一个整体过滤器弱射流。和正常射流相比,它容易受到诸如送风口型式、形状和位置,送风口对于全室的有效面积比,送风速度,回风口位置以及房间维护结构等的影响。

这种送风弱射流气流边界也向外扩展,如图 14-5 外侧虚线所示,但两条虚线所夹的三角区则相当于边界层。由于卷裹了外部气流,其中的含尘浓度将高于送风主气流中的浓度,可以算出内外浓度比 $N/N_0=1\%$的等浓度线是由送风口两端开始的直线,并与铅垂线成 10.7°角[2,3]。国内的研究也观察到气流的扩散角小于 10°[4]。主流区内从 B 到 A 浓度的变化如图中的曲线所代表。这一规律在送风口以下约 4 倍送风口尺寸的范围内(除去接近地面的地方)是适用的。显然,这种送风方式所产生的洁净区域较窄,设送风口扩散板距地 2.4m,则在距地 0.8m 高度,送风主气流边界每边要缩进去$(2.4-0.8)\times\tan10.7°\approx0.3$m,所以工作区易受外界干扰,如图 14-6 所示那样。

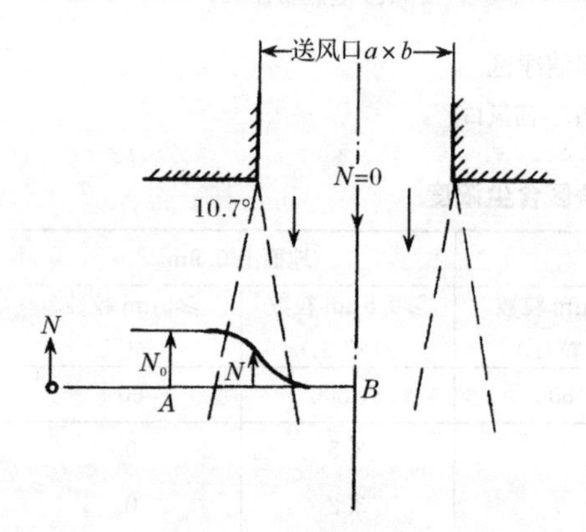

图 14-5　主流区及其边缘浓度场变化

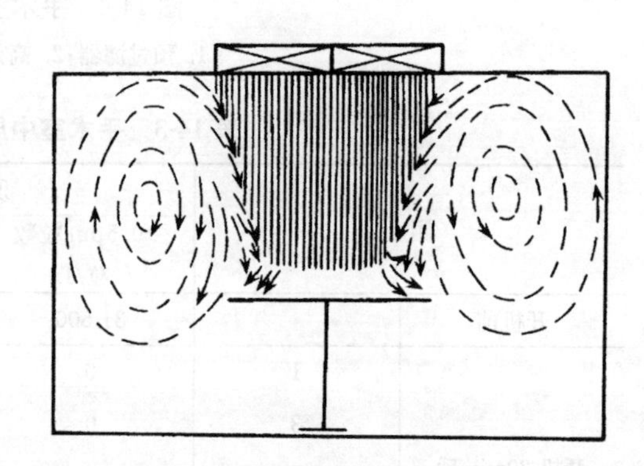

图 14-6　主流区边界受到的干扰

根据发放气泡显示的流线[5],这种送风方式当送风速度不小于 0.31m/s 时,气泡在送风口处一发生就被气流抑制,一直流至地面附近,但是在工作区的截面风速则远低于 0.25m/s。

主流区气流的分布特性还受组成主流区送风面的不同形式的送风口对主流区气流的引带系数 φ 的影响,从而影响到下方气流的乱流度。从第十三章已知,散流器送风口和带扩散孔板的顶送风口的 φ 值比过流器顶送风口的 φ 值大 1.3～1.4 倍,将表 13-12 的计算值整理成曲线[4],即如图 14-7 所示。

φ 增加的结果将有更多主流区之外的气流引带入主流区,主流区浓度必然增加。因此,主流区送风面不宜用孔板,而网状阻尼层要优于孔板,而后面讲到的阻力更大又有较高过滤效果的阻漏层最适合作为主流区送风面。

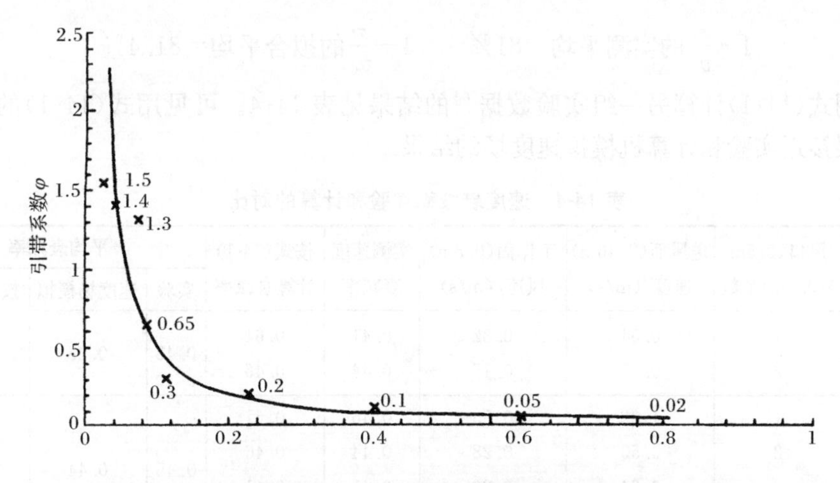

图 14-7　有效面积比(送风口面积和顶棚面积比)和 φ 的关系

14-2-2　速度衰减特性

由于送风气流受弱射流和周边引带气流的影响，送风面以下的速度有所衰减，但远小于射流的衰减。

刘华实验得出的不同风口数即不同主流区送风面面积的速度相对衰减率$\frac{v}{v_0}$的变化关系，见图 14-8[4]。图中 v 为工作区截面平均风速，v_0 为送风口平均风速，$\frac{x}{r}$为离开送风面边缘的无因次距离，r 为送风面当量半径[r=(长×宽)/(长+宽)]，x 为距送风面的垂直距离。图中实线为对实验值的拟合结果，从而得出最大衰减率 λ 公式为

$$\lambda = 1 - \frac{v}{v_0} = 0.093\,\frac{x}{r} \tag{14-1}$$

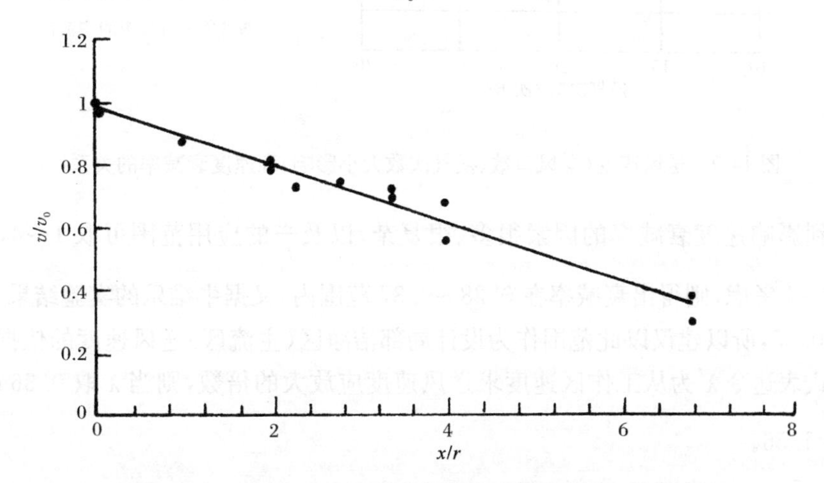

图 14-8　不同主流区送风速度衰减的实验数据和拟合结果

据 16 例有送风面尺寸等参数的工程实测结果[4]和按上式拟合的结果对比，两者没有差异，即

$1-\frac{v}{v_0}$的实测平均=81%　　$1-\frac{v}{v_0}$的拟合平均=81.4%

应用式(14-1)计算另一组实验数据[6]的结果见表14-4。可见用式(14-1)的计算结果可以很接近实验和计算机模拟速度场的结果。

表14-4　速度衰减率实验和计算的对比

换气次数/(次/h)	风口(0.5m×0.5m)个数	送风面(2.46m)速度/(m/s)	工作面(0.8m)风速/(m/s)	实测速度衰减率	按式(14-1)计算衰减率	平均衰减率		
						实验	速度场模拟	按式(14-1)
15	1	0.54	0.32	0.41	0.61	0.43	0.48	0.53
	2	0.27	0.15	0.44	0.46			
25	1	1.02	0.55	0.46	0.61	0.45	0.44	0.4
	2	0.50	0.28	0.44	0.46			
	3	0.34	0.20	0.41	0.41			
	4	0.25	0.13	0.48	0.38			

但是,从实验和实测结果看不出送风速度与速度衰减率有明显的关系,但计算机模拟速度场的计算结果表明,换气次数增加即送风速度增加或者同一换气次数下风口个数减少,速度衰减率均有所下降,见图14-9[7]。

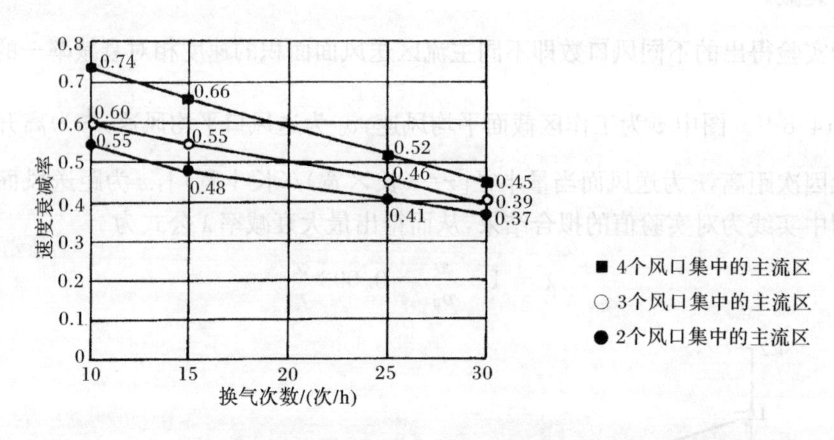

图14-9　送风速度(受风口数、换气次数大小影响)和速度衰减率的关系

考虑到影响速度衰减率的因素很多、很复杂,以及$\frac{x}{r}$的应用范围可取1～4,为安全计,宜按3～4考虑,则得出衰减率在0.28～0.37范围内,又据牛维乐的实验结果[8],最大衰减率达0.35,所以建议以此范围作为设计局部洁净区(主流区)送风速度的依据。如果换一种方式表达令λ'为从工作区速度求送风速度应放大的倍数,则当λ取0.36时,$\lambda'=\frac{1}{1-0.36}=1.56$。

14-2-3　浓度场特性

集中布置送风口形成主流区的送风方式时,当应用于不很大的有限空间时,该空间的平均含尘浓度和主流区平均含尘浓度都可以由第十三章的方法加以计算。此外,可以把这一送风方式近似看成图 14-5 所示的送风口，其具体的浓度场可以用解析式加以表达，这已为实验所验证[2,3]。

集中布置送风口数量的增加，也同时扩大了主流区面积，不论送风量同步增加与否，此时主流区浓度不但不上升而是呈下降趋势，这是工程应用所希望的。通过模拟计算结果表明[7]，15 次换气次数以下的送风量时，2 个风口大小的主流区浓度最低，效果最好；而 25 次及以上换气次数时，主流区浓度在 3～4 个风口时最低。再增加风口数，浓度均趋上升。其中 15、25 次换气时数据见表 14-5。

表 14-5　无人工发尘的工作区模拟浓度场

换气次数/(次/h)	风口数	主流区相对浓度(以一个风口为 1)	周边相对浓度(以一个风口为 1)
		顶、墙、地三面发尘比	表面发尘比
		1∶5∶100	1∶5∶100
10	1	—	—
	2		
	3		
	4		
15	1	1	1
	2	0.65	0.70
	3	0.85	0.86
	4	1.65	1.01
25	1	1	1
	2	0.58	0.8
	3	0.48	0.74
	4	0.50	0.80
30	1	—	—
	2		
	3		
	4		

图 14-10～图 14-17 是张彦国等[7]的浓度场计算图，主流区由 1～4 个风口组成，风量有 15 次/h 换气次数和 25 次/h 换气次数两种情况。

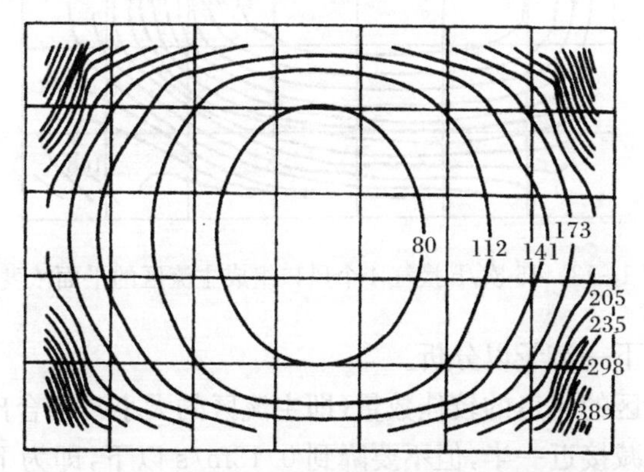

图 14-10　15 次/h 换气 1 个风口组成主流区的平面浓度场

(图中数字为含尘浓度(粒/L)，其他各图同此)

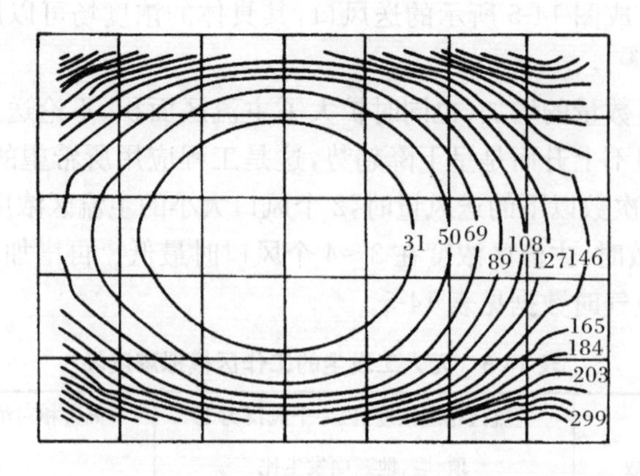

图 14-11　15 次/h 换气 2 个风口组成主流区的平面浓度场

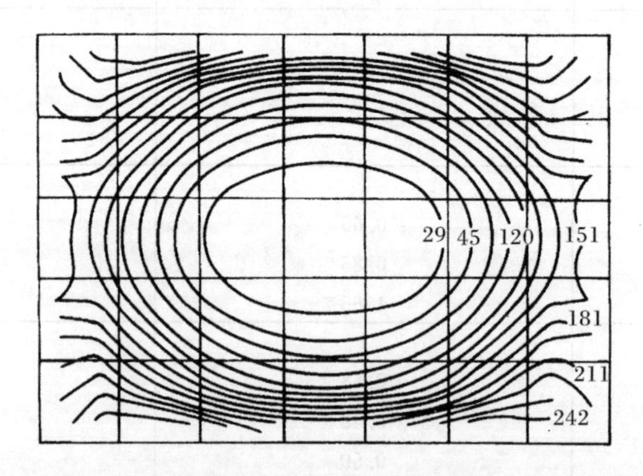

图 14-12　15 次/h 换气 3 个风口组成主流区的平面浓度场

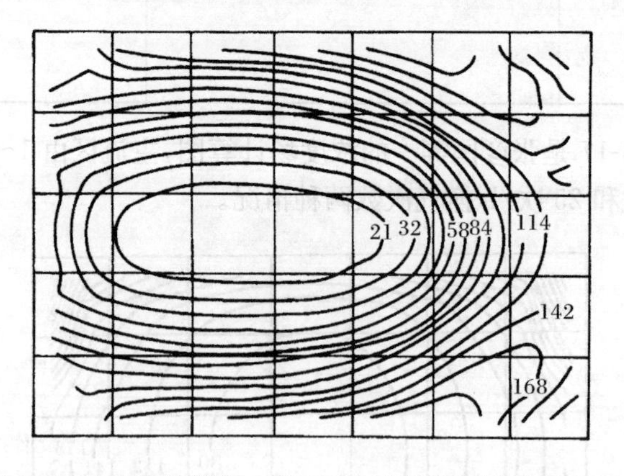

图 14-13　15 次/h 换气 4 个风口组成主流区的平面浓度场

有关实验数据在下一节予以分析。

上述集中成主流区的风口的较佳数量(即主流区的大小)，结合出口速度分析，为当出口面积扩大到速度衰减接近一半，但不要降到 0.13m/s 以下，即为下限，再降则效果就要下降[6]。

德国标准 DIN4799 中规定的手术室送风吊顶最小风量是 $417m^3/(h \cdot m^2)$，即0.12m/s，

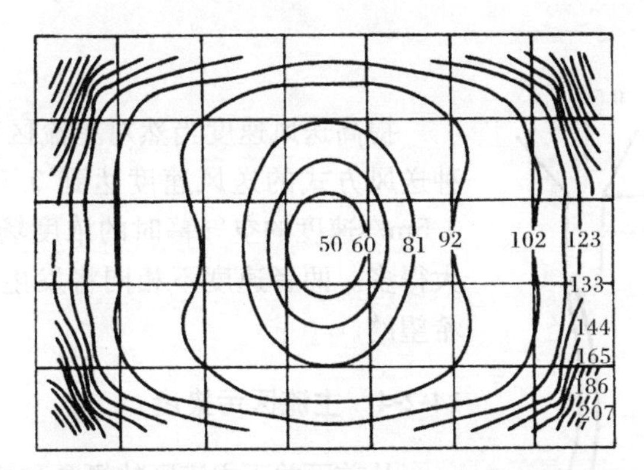

图 14-14 25 次/h 换气 1 个风口组成主流区的平面浓度场

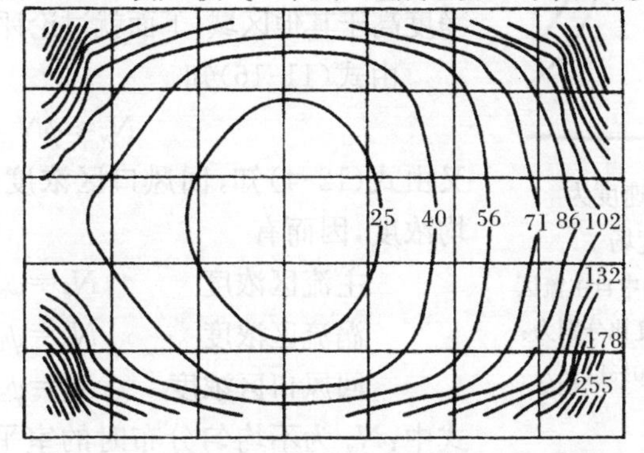

图 14-15 25 次/h 换气 2 个风口组成主流区的平面浓度场

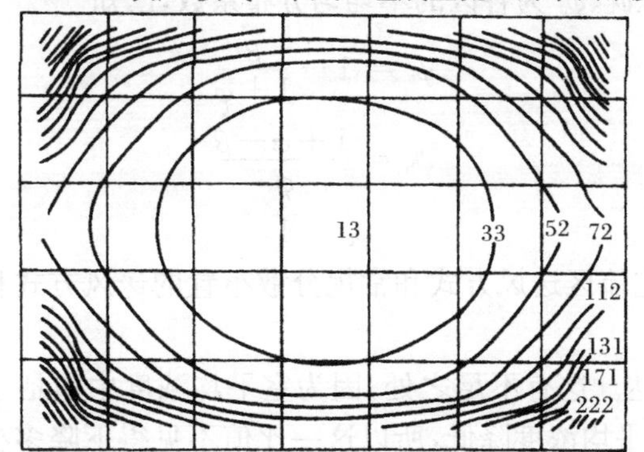

图 14-16 25 次/h 换气 3 个风口组成主流区的平面浓度场

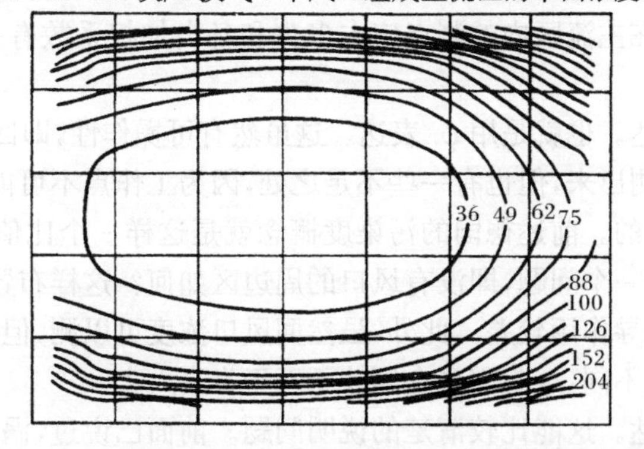

图 14-17 25 次/h 换气 4 个风口组成主流区的平面浓度场

看来并非巧合。

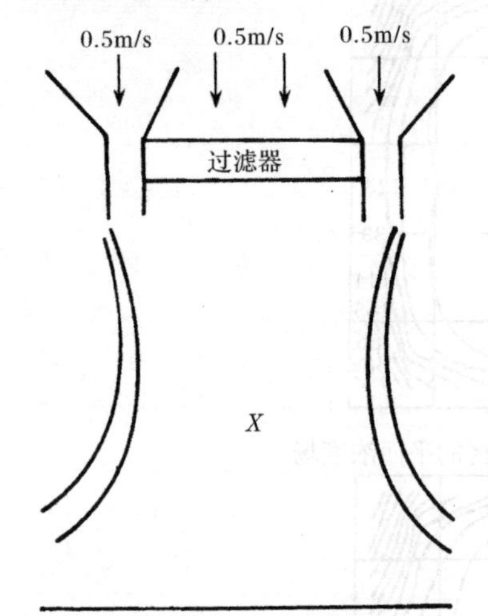

图 14-18　当送风速度为 0.5m/s 的浓度场

（X 为测点高度(1m)。图中自主流区向外三个区域的内外浓度比分别为：1%以下；1%～10%；10%以上）

提高送风速度当然对主流区有利。图 14-18 是这种送风方式的送风速度达到 0.5m/s，并且两侧还有 0.5m/s速度的空气幕时的浓度场[9]，其下部洁净区就大得多。两者速度不相同将发生气流引带作用，是不希望的。

14-2-4　主流区污染度

从前面关于主流区的概念和特性可知，主流区内洁净度高于其他区域，下面就讨论评价这一特性的方法。

由式(11-16)知

$$N_v \approx \psi N$$

又由式(12-4)知，回风口区浓度就是均匀分布的室平均浓度，因而有

主流区浓度　$N_a = \psi_a N$　(14-2)

涡流区浓度　$N_b = \psi_b N$　(14-3)

回风口区浓度　$N_c = \psi_c N = N$　(14-4)

式中：N_v 为不均匀分布时的室平均浓度；N 为均匀分布时的室平均浓度，ψ_a、ψ_b、ψ_c 为各区的不均匀分布系数，已知

$$\psi_a = 1 - \frac{\beta}{1+\varphi} \tag{14-5}$$

$$\psi_b = \frac{1+\varphi-\beta}{\varphi} \tag{14-6}$$

$$\psi_c = 1 \tag{14-7}$$

风口集中布置的主流区送风方式和常规分散布置的送风方式相比的优越程度，可有以下几种表示方法：

(1) 用 ψ_a/ψ 来表达。这有不足之处，因为室平均浓度中包括了主流区浓度，故主流区浓度越低，相应使室平均浓度降低，所以这一比值不见得下降多少，即从比值上可能反映不出主流区的优越。同时，当采用集中布置送风口的主流区方案时，对室平均浓度的认同易产生分歧，因为在主流区内的测点应占多少和各自加权系数有关，不好确定，因而可操作性不强。

(2) 用 ψ_a/ψ_c 表达。也就是用 ψ_a 表达。这虽然有可操作性，即回风口区浓度（也就是相当于回风浓度）可测出来，但也有一些不足之处，因为工作点不可能布置在回风口区，它们之比不是最受关心的。前述德国的污染度概念就是这样一个比值，它不能回答集中布置送风口以后关心的一个问题，即没有风口的周边区如何？这样布置，在两区内产生了多大差别？所以实际指导作用较差。此外，虽然回风口浓度可以测，但显然不同位置的回风口其浓度可能有较大不同，这就需要全测才不至于失真太大。

(3) 用 ψ_a/ψ_b 表达。这能比较清楚的说明问题。前面已说过，涡流区是指主流区两侧含有涡流区的紊流区，它的浓度就代表除了主流区和回风口以外的室内其他主要区域的

浓度，也就是主要为主流区周边地区的浓度，所以 ψ_a/ψ_b 可以反映出工作区和非工作区内的浓度差别。同时，这两区的浓度都可以按区布点分别测定。在工作区高度上的主流区大小，据实验和数值模拟(详后述)，可以认为比送风口投影面积略大。在洁净室检测的实际工作中就是这样分区分别进行测定的，而且就采用投影面积。

所以，主流区污染度就是主流区对于周边区的污染度，它是两区的含尘浓度之比，也是两区的不均匀系数之比。如果令主流区污染度为 B，则

$$B=\psi_a/\psi_b \tag{14-8}$$

一般来说，含菌浓度正比于含尘浓度，故 B 值也适用于对主流区含菌浓度的评价。

1977 年德国柏林工业大学艾斯东(Esdorn H)等[10]针对手术室的菌浓提出过污染度的概念，即

$$u_s=K_s/K_r \tag{14-9}$$

式中：u_s 为污染度；K_s 为室内工作区的细菌浓度；K_r 为室内平均(认为相当于回风口)细菌浓度。他还给出了当将 20 次/h 换气量集中在手术台上送出形成较大的主流区时，该区内的菌浓仅为室平均菌浓的一半，即 $u_s=0.5$，这就是集中布置过滤器形成的主流区与常规分散布置过滤器在效果上的差别。

从前述可知，德国的污染度概念仅限于菌浓，如用不均匀分布系数表示即为

$$u_s=\psi_a/\psi_c \tag{14-10}$$

显然，u_s 明显区别于 B。在原文献中 u_s 只是通过实验给出的，在这里 u_s 和 B 都可以通过计算求出。例如不同数量送风口集中布置时的主流区参数计算结果，见表 14-6[6,7]。又曾用上述方法规划我国洁净手术室分级，得出如表 14-7 所列的结果[6]。

表 14-6　不同数量送风口集中布置时主流区参数计算结果(25 次/h)

发生类别	送风口数	送风口面积与顶棚面积比	ψ	$\psi_a=\frac{\psi_a}{\psi_c}$	ψ_b	$\frac{\psi_a}{\psi}$	$\frac{\psi_a}{\psi_b}$
无人工发尘	1	0.03	1.16	0.80	1.33	0.70	0.60
	2	0.06	1.05	0.65	1.14	0.62	0.57
	3	0.09	0.98	0.55	1.10	0.56	0.50
	4	0.12	1.0	0.41	1.78	0.41	0.23
平均				0.60		0.57	0.48

表 14-7　用主流区污染度规划洁净手术室送风面积

类别	设计条件	集中送风面积	送风面积比	$\psi_a=\frac{\psi_a}{\psi_c}$	$\frac{\psi_a}{\psi}$	$\frac{\psi_a}{\psi_b}$	手术区(空态)	周边区(空态)
一般洁净手术室	15 次　10 万级	$1m^2$	0.05	0.76	0.69	0.57	万级	万级
一般洁净手术室	20 次　10 万级	$2.8m^2$	0.09	0.48	0.44	0.29	千级	千级上下
洁净手术室	30 次　1 万级	$5.4m^2$	0.18	0.37	0.44	0.21	千级	千级
特别洁净手术室	局部百级	$7.2m^2$	0.19	0.27	0.44	0.17	百级	浓度达到百级水平上下

由于同是一个级别而换气次数有差别，这一点在工程上更突出，还有送风面积绝对值大者，β 的取值就大，计算出的不均匀系数就不大。因此，对于同一级别，实验、计算和实测的 ψ_a/ψ_b 会有较明显差别。当将这些结果取平均绘成图 14-19 时，发现主流区污染度的变化规律还是一致的，图中两条线之间的范围应是主流区污染度最易出现的范围。

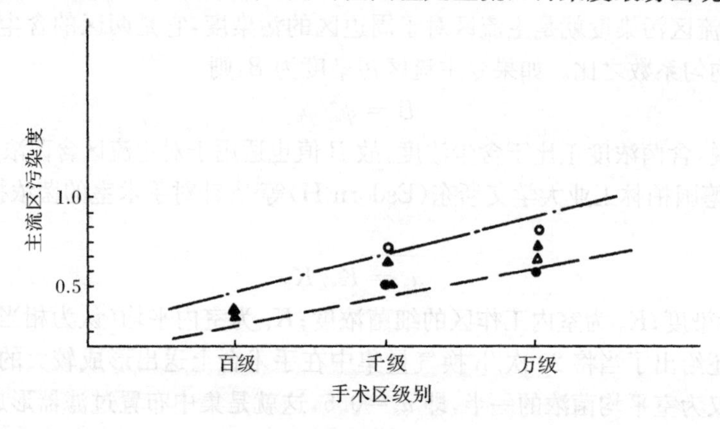

图 14-19　主流区污染度的综合比较

▲. 工程测定平均(百级手术区为 8 家医院 14 间手术室、千级为 9 家 37 间、万级为 11 家 38 间的平均)；△. 理论计算平均；●. 模拟计算平均(顶棚、墙、地面发尘比 1∶5∶100)；--. 计算；-·-. 测定；○. 实验室测定平均(22 次，无发尘)

如果由含尘浓度表示的 B 值大于 1 较多，应考虑送风过滤器有漏泄的可能；如果由菌浓表示的 B 值也大于 1 较多，则肯定存在漏泄。例如有一例工程测定：尘浓表示的 $B=2.92$，菌浓表示的 $B=2.1$，就属于这种情况，未将其纳入图 14-19 的统计。

图 14-20 是德国 u_s 的实测数据[11]，u_s 在 0.08～1.3，而当送风面满布比很大，β 达到 0.95，标准两侧满布回风口，$\varphi=0.05$，则 $\psi_a=0.095$，即 $u_s=0.095$，就和实测的 0.08 很接近了，也就是说德国实测的数据完全包含在上述理论计算范围之中，而这从图 14-19 也看得出来。

14-2-5　扩大主流区理念

在 2000 年作者曾提出扩大主流区理念[6](见 14-2-3 节)。前面提到的中国洁净手术室标准采用在手术台上方集中送风，将该区洁净度比周边区提高一级的办法，既是利用了主流区，更是利用了扩大的主流区，因为集中送风面积远大于按额定过滤器的面积。

均匀分布计算理论证明，对于分散布置送风口(每个送风口内过滤器的风量接近或者就是额定风量)的乱流洁净室是不可能达到 5 级洁净度的，或者要 200 次/h 以上换气才达到 3 粒/L(见图 13-5，图中新风比为 0.3 或 $N_s=1.5$ 粒/L)。传统的认识是 5 级及其以上洁净度是由单向流洁净室实现的。

但是，当把不均匀分布计算理论与扩大主流区理念结合起来，就解决了以不大的换气次数，在乱流洁净室实现 5 级洁净度，当然，这种 5 级洁净度并不满足单向流的几个条件，仅是在数值上的实现。作者在《药厂洁净室的设计、运行与 GMP 认证》(第二版)一书中介绍了这一研究结果，它说明解决欧盟 2005 版 GMP 和中国 2010 版 GMP 提出的在无菌

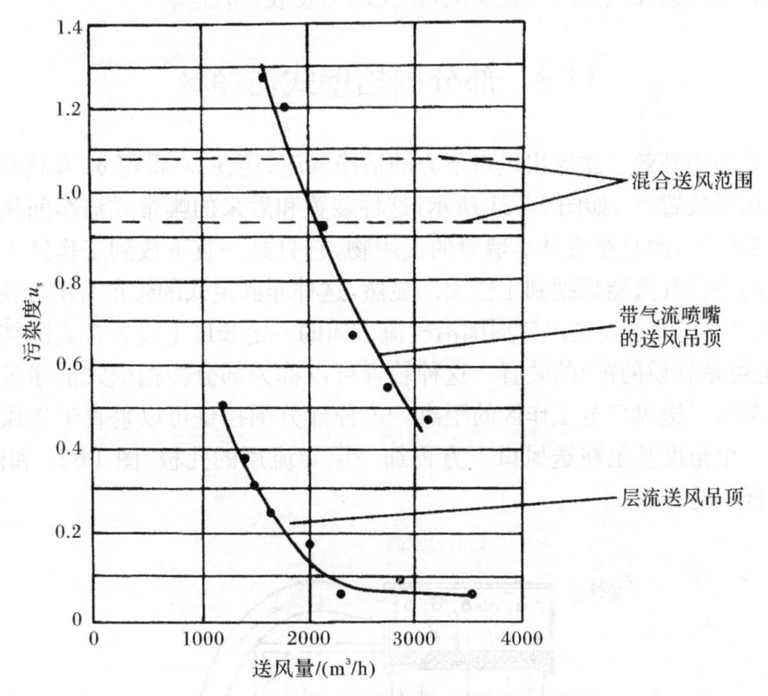

图 14-20　污染度与风量的实测关系(德国)

核心区——A 级区(单向流)的背景环境即 B 级区(非单向流)中,要求静态达到 5 级洁净度的问题在理论上是有可能的,并且得到实践的验证。

扩大主流区就是使通过每个风口的风量远小于额定风量,则对于既定的设计风量来说,风口数就增加了。根据表 13-16,按增加后的风口数的名义额定风量计算出的换气次数,查出 ψ 值,ψ 值相应降低了。

这从表 13-11、表 13-12、表 13-14 等参数选用表中可以得到证明。例如,当风口数量扩大到相当于 0.3m²(1 个 484mm×484mm 额定风量 1000m³/h 的过滤器的扩散板面积)负担<2.5m² 室面积时,φ<0.65~0.3,动态时可取 $\beta\approx0.8$,当风口的名义额定风量相当于 120 次或更大的换气次数时,前面已说明,可按主流区计算,则 $\psi=1-\frac{\beta}{1+\varphi}$,设 φ<0.65取0.6,在如此多的风口条件下,对于无人无设备发尘的静态,等于若有发尘已随主流区气流排走,因此 $\beta\approx1$。则 $\psi=0.375$。

对于制药 GMP 的 B 级区静态无人的非生产区的特殊情况,符合上述分析,在 GMP 要求从 7 级恢复到静态 5 级的自净时间不超过 20min 和具体参数的条件下,得到静态乱流洁净室中洁净度达到 5 级的换气次数小于 46 次/h 的结果,具体计算见《药厂洁净室设计、运行与 GMP 认证》(第二版)。而下限换气次数达到 38 次/h 或更低。

上述结果所需过滤器数量是按每个 484mm 过滤器负担不超过 2.5m² 室面积得到的(30m² 房间用 12 个 484mm 高效过滤器),实际通过的风量则是按上述计算的换气次数(46 次)得到的,实际通过风量仅占额定风量的约 1/3。

该理论成果已为几项实际工程实测(论文均另发表)所证实。

14-3　部分围挡壁式洁净区

为了充分利用高效过滤器出风口下方的洁净气流,还在 20 世纪 60 年代初,美国就出现了帷帘式送风装置[12],如图 14-21 所示,这种装置和后来的帷帘式洁净间稍有不同的,只是一个局部装置,而且帷帘并非墙壁的代用物,它只是一直下放到工作区上方,目的是保证下向单向平行气流能延续到工作面。显然,这种非固定式的帷帘有不方便的地方,因此,以后有人[3,13]实验了在送风口周围沿气流方向的一定长度上设置板式围挡壁(可以是硬质的板,也可是软质的帘)的装置。这种装置可以称为部分围挡壁式洁净区,等于加宽了送风口或缩短了送风口至工作区的距离。这种部分围挡壁可以垂直于送风面,也可以和送风面成一个角度甚至在送风口下方再加一层导流用的孔板,图 14-22 和图 14-23 所示的就是这样一些方式。

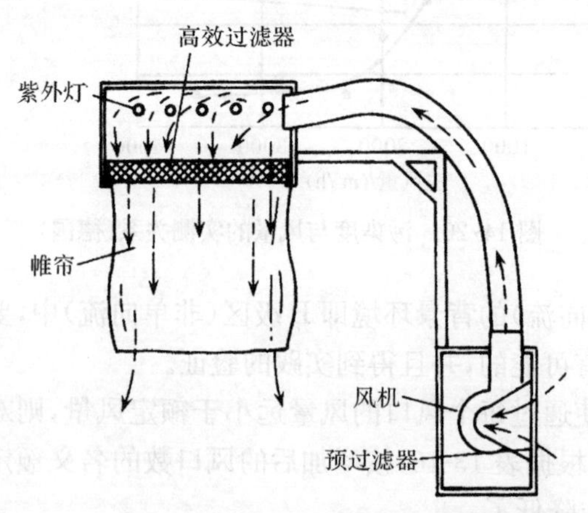

图 14-21　早期美国的帷帘式送风装置(用于医疗方面)

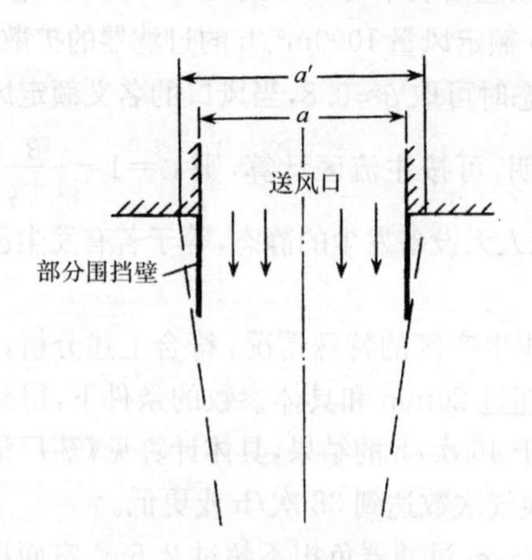

图 14-22　部分垂直围挡壁送风口

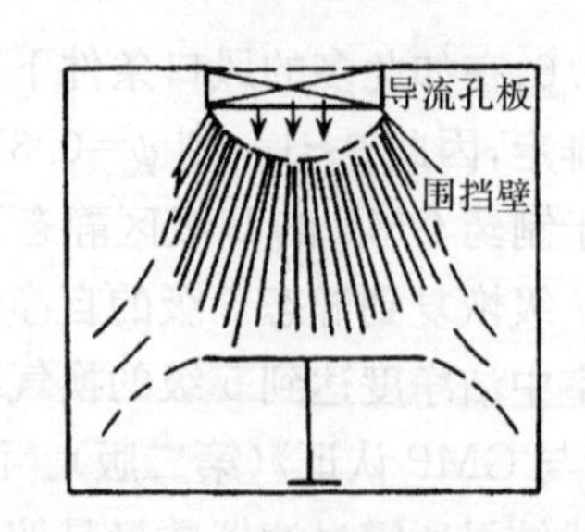

图 14-23　部分斜围挡壁送风口

在前联邦德国,设计成有部分围挡壁的垂直单向流洁净棚,用于制药工业中要求洁净度高的药品充填封装工序,如图 14-24 和图 14-25 所示[14],而应用于连续生产线的则如图

14-26 所示[15]，都提供了颇有吸引力的应用例证。

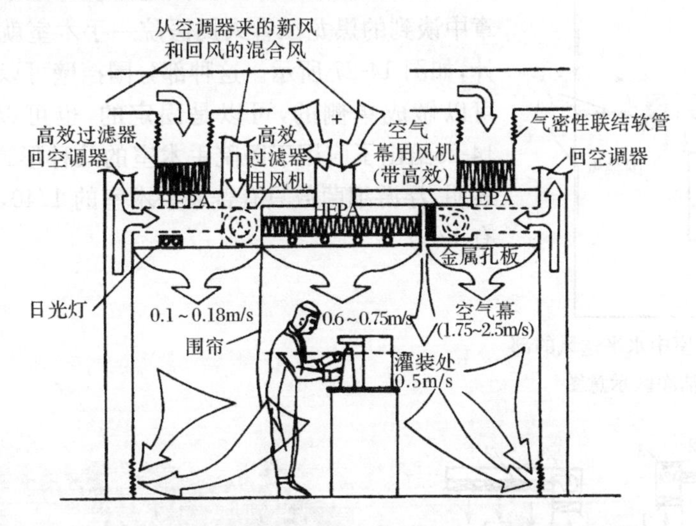

图 14-24　一面有帷帘的局部洁净区（HEPA 为高效过滤器）

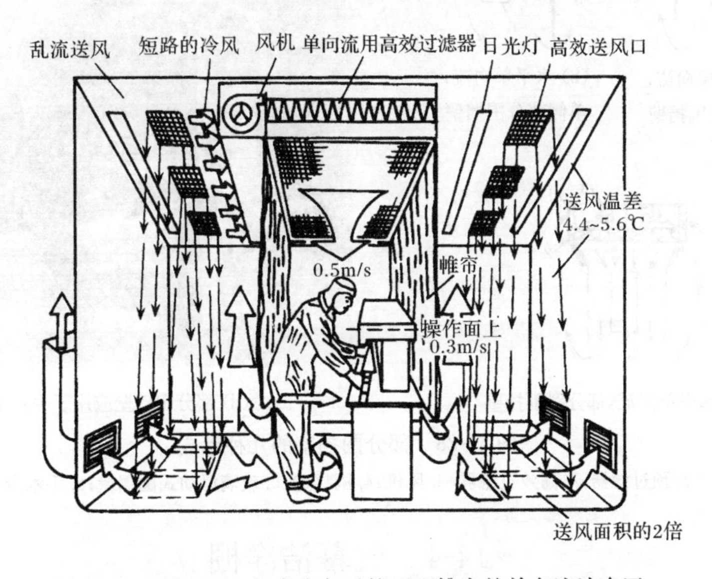

图 14-25　图 14-24 方式改良后的两面帷帘的单向流洁净区

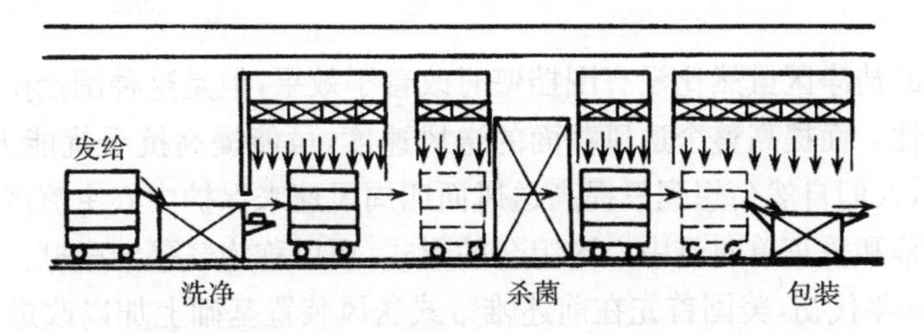

图 14-26　应用于制药生产流水线的带部分围挡壁的局部洁净区

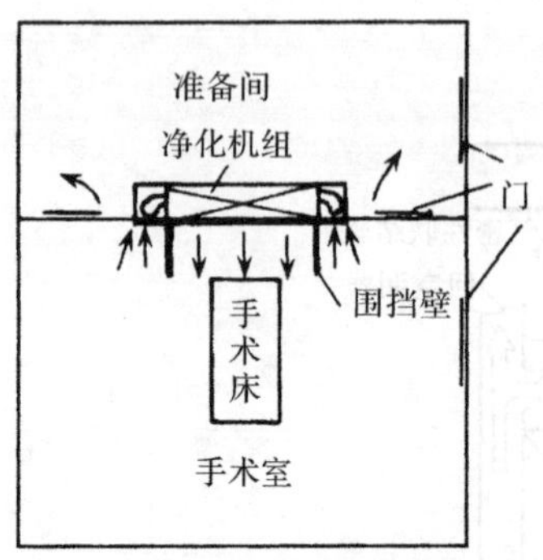

图 14-27　手术室中水平送风的部分围挡壁洁净区示意图

部分围挡壁洁净区尤其适合设计成水平送风。第九章中谈到的黑龙江省人民医院一手术室就是采用这种设计,如图 14-27 所示。这种部分围挡壁可以做成双侧的也可以做成单侧的,可以是固定的,也可以是移动的,图 14-28给出了应用于医院手术室的几种形式[16];使用情况表明,浮游细菌数只有普通手术室的 1/40,深部感染率只有 1/5。

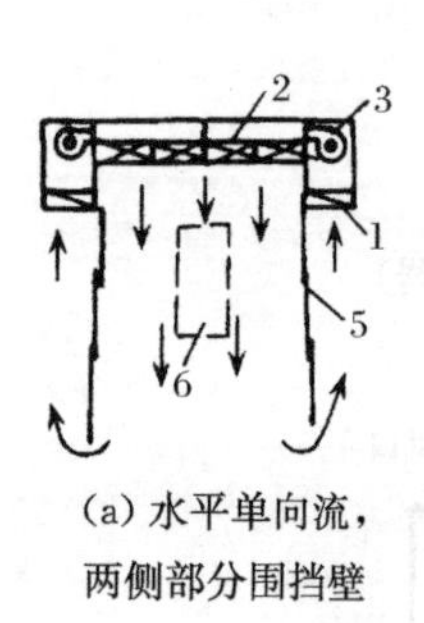

(a) 水平单向流,两侧部分围挡壁

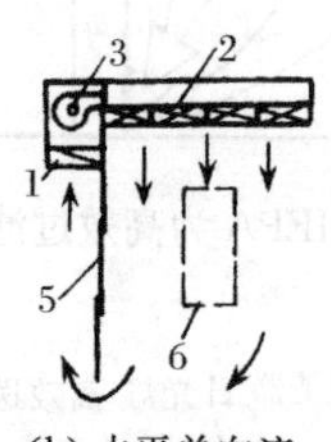

(b) 水平单向流,单侧部分围挡壁

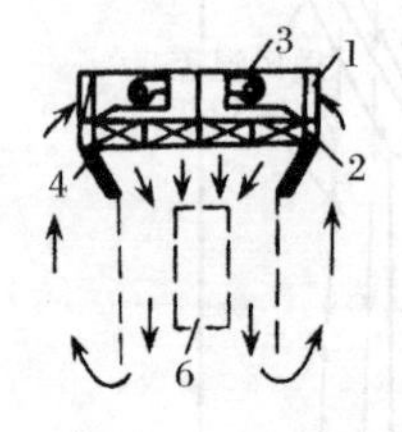

(c) 水平单向流,部分斜围挡壁

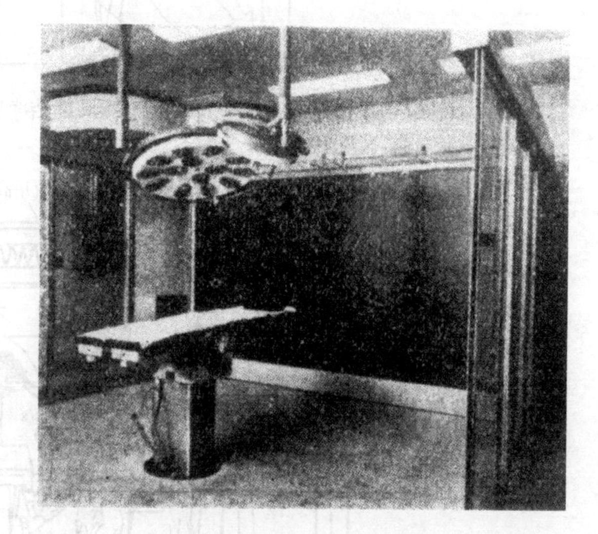

(d) 部分围挡壁应用于手术室的实例

图 14-28　部分围挡壁的几种形式

1. 预过滤器;2. 高效过滤器;3. 风机;4. 围挡壁;5. 玻璃滑动式围挡壁;6. 手术台

14-4　气幕洁净棚

14-4-1　应用

带围挡壁的洁净区虽然比没有围挡壁时改善了效果,但是这种围挡壁毕竟不能太长,因此也有局限性。而提高整个送风截面的送风速度,虽能提高抗干扰能力,但太不经济。在这种情况下,人们自然会想到只提高送风面四周风速来保护中心主流区这一方案,这就是周圈式空气幕和垂直单向流中心区组合的形式,可以称为气幕洁净棚。

20 世纪 60 年代初,美国首先在前述帷帘式送风装置基础上加以改进,制成了气幕洁净棚,应用于庞大的火箭部件的检验组装工作[12]。为了在停止送风时保护部件不受外部气流影响,四周可以升降的幕即被拉至地面。后来,这种装置也被成功地应用于 150m 长的彩色电视机的自动生产线。

英国建立了气幕洁净棚实验装置[9]；装置被吊挂在顶棚上，其底离地面 2.15m，主流区送风面尺寸为 1.26m×2.34m，见图 14-29。

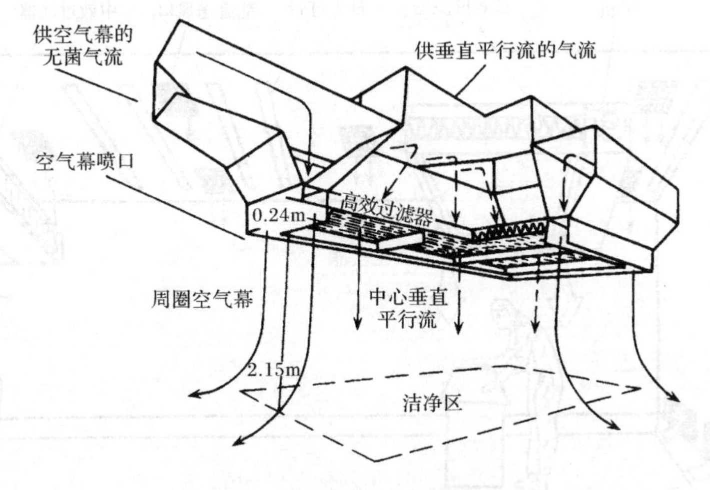

图 14-29　英国气幕洁净棚实验装置

瑞士的一所医院手术室则采用周圈式空气幕和中心区矩形多孔板送风相结合的形式，也取得成功。多孔板面积为 2.4m×3.3m，当主流区内换气次数为 130 次/h 时，可提供使用的洁净区地面达到 3.6m×4.5m，见图 14-30[17]。值得注意的是，这一装置的气幕和中间风速都不大，速度场衰减也不快。但是孔板容易反积尘，难于清洁，外观较差。

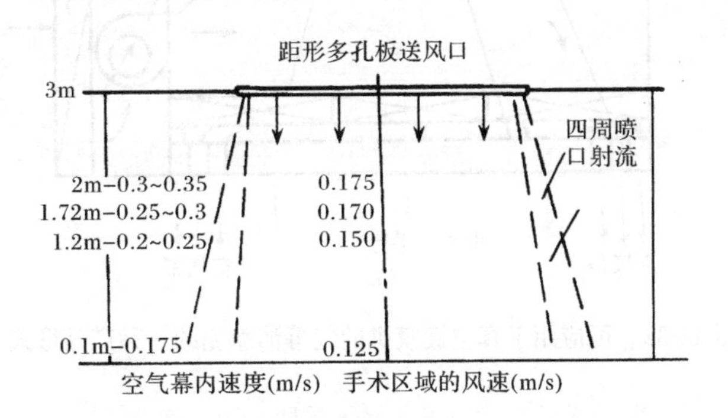

图 14-30　瑞士某医院用气幕洁净棚(多孔板送风)

上述这些带气幕装置都是采用集中式送风，还不是一种局部净化设备，也没有提供更多的设计数据，没有进行理论上的分析。沈晋明[18]将这种组合形式发展成为局部净化设备，进行了理论上的探讨，得出了气幕隔离效果的定量指标，并且提出了用于大面积空间的设想，见图 14-31，这为克服本章第 1 节提到的分割成小间的洁净室所具有的几个缺点，提供了可能性。图 14-32 是这种装置作为产品的一种形式(用于真空镀膜机)。

14-4-2　空气幕的隔离作用

空气幕达到地面时才能完全发挥其隔离的作用，如图 14-33[19]所示，此时由气幕把污染区和洁净区(或称防尘区)完全遮断；进一步提高空气幕出口风速时，隔离效果也不再提高，在此条件下的空气幕的出口风速被称为遮断风速。由图 14-34[19] 提供的线状空气幕性能，可以得出相应的遮断风速。

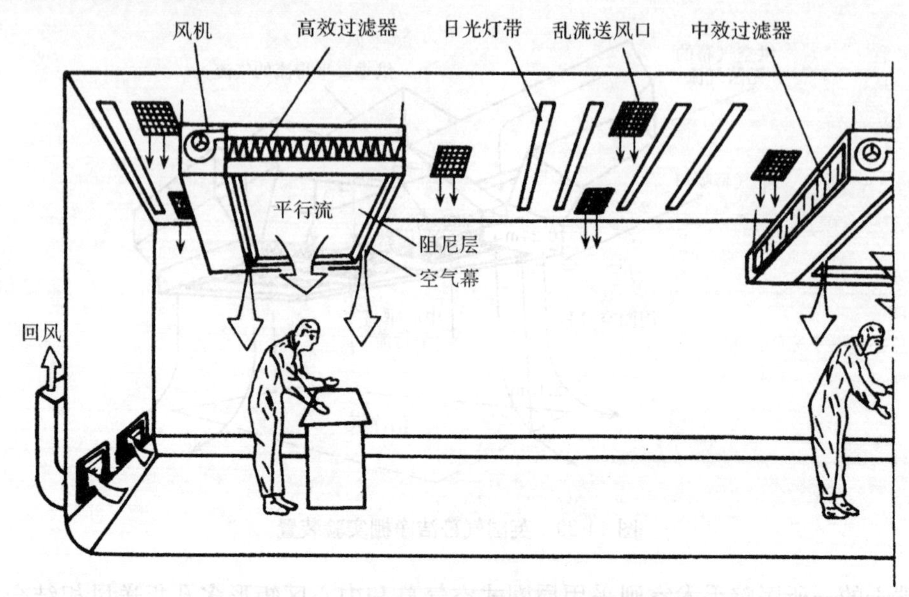

图 14-31　在大面积厂房中应用气幕洁净棚的设想

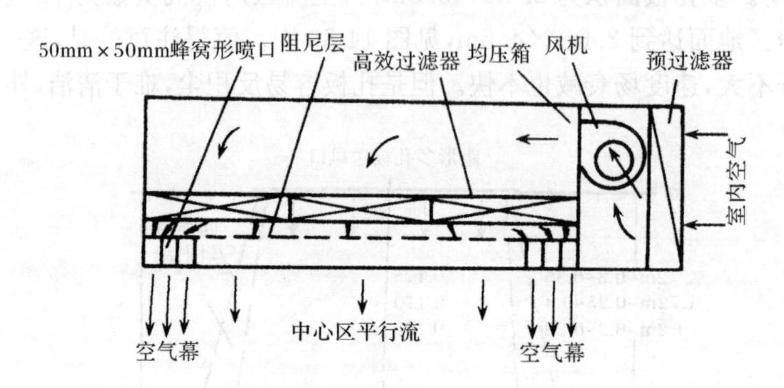

图 14-32　可应用于真空镀膜机的气幕洁净棚的一种产品形式

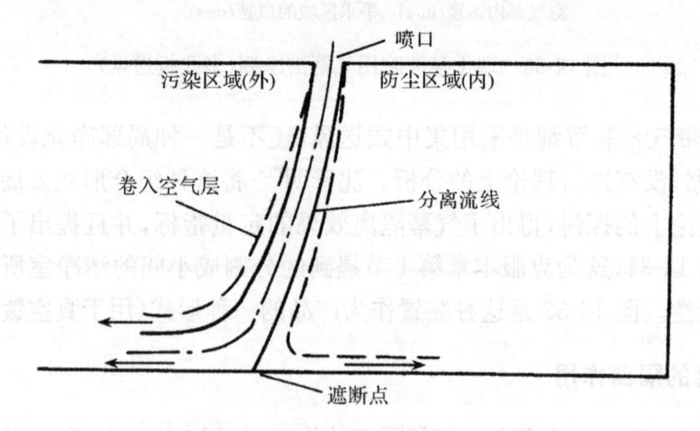

图 14-33　直流式线状空气幕理论断面

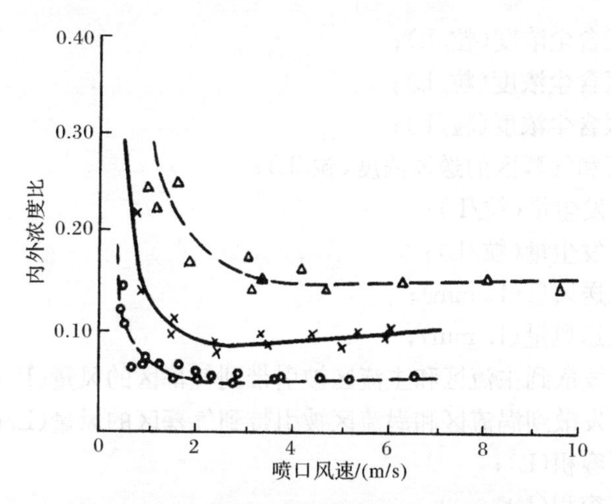

图 14-34　不同喷口宽度空气幕的遮断效果

空气幕出口宽度：△表示 0.085m；×表示 0.15m；○表示 0.23m

上述研究表明，对于周圈式空气幕，当喷口宽度和出口风速一定时，不论中心区事先是否供给洁净空气，稳定时所达到的隔离效果是一样的。因此，空气幕的隔离作用并不是像固体壁一样阻挡微粒的穿透，而是由它不断卷吸两侧空气，不断去稀释和带走卷吸进来的脏空气(因为空气幕喷口送出的也是洁净空气)，使得微粒不能穿透气幕，只有少数微粒可能由气流的横向脉动进入中心区。所以，在相同风量下空气幕喷口越宽，引射量越小，进入气幕区的微粒越少，而且横向距离大更难于穿透，此时的隔离效果越好(图 14-34)。

14-4-3　气幕洁净棚隔离效果的理论分析

在稳定情况下对气幕洁净棚也可以提出如图 14-35 所示的三区数学模型[18]。

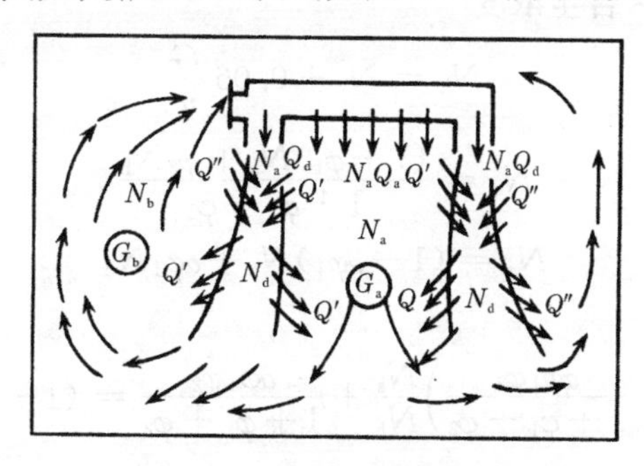

图 14-35　气幕洁净棚气流模型

在有限空间内将有

$$\frac{\mathrm{d}N_a}{\mathrm{d}t}=\frac{(Q_a-Q')N_a+Q'N_d-(Q_a+Q'-Q')N_a}{V_a}$$

$$\frac{\mathrm{d}N_d}{\mathrm{d}t}=\frac{Q_dN_d+Q'N_a+Q''N_b-(Q'+Q''+Q_d)N_d}{V_d}$$

$$\frac{\mathrm{d}N_b}{\mathrm{d}t}=\frac{G_b+\dfrac{G_aQ_a}{Q_a-Q'+Q'}+(Q''+Q_d)N_d+Q_aN_a-(Q''+Q_a+Q_d)N_b}{V_b}$$

式中：N_a——主流区含尘浓度(粒/L)；

N_d——气幕区含尘浓度(粒/L)；

N_b——涡流区含尘浓度(粒/L)；

N_s——主流区和气幕区的送风浓度(粒/L)；

G_a——主流区发尘量(粒/L)；

G_b——涡流区发尘量(粒/L)；

Q_a——主流区送风量(L/min)；

Q_d——气幕区送风量(L/min)；

Q'——气幕区发散到主流区和主流区被引带到气幕区的风量(L/min)；

Q''——气幕区发散到涡流区和涡流区被引带到气幕区的风量(L/min)；

V_a——主流区容积(L)；

V_d——气幕区容积(L)；

V_b——涡流区容积(L)。

又设 φ_1 为空气幕对主流区侧引带系数，$\varphi_1=\frac{Q'}{Q_d}$；φ_2 为空气幕对涡流区侧引带系数，$\varphi_2=\frac{Q''}{Q_d}$；$\alpha$ 为气幕区送风量与主流区送风量之比，$\alpha=\frac{Q_d}{Q_a}$；V 为有限空间总容积(L)；G 为单位容积发尘量[粒/(m³·min)]。

故有

$$Q_a+Q_d=\frac{nV}{60}$$

$$\frac{G_a+G_b}{V}=G\times10^{-3}$$

则当 $t\to\infty$ 时，得出了三区含尘浓度

$$N_b=N_s+0.06\frac{G}{n} \tag{14-11}$$

$$N_d=\frac{(1+\varphi_1)N_s+\varphi_2 N_b}{1+\varphi_1+\varphi_2} \tag{14-12}$$

$$N_a=(1-\alpha\varphi_1)N_s+\alpha\varphi_1 N_d \tag{14-13}$$

并得出

$$\frac{N_a}{N_b}=\left(1-\frac{\alpha\varphi_1\varphi_2}{1+\varphi_1+\varphi_2}\right)\frac{N_s}{N_b}+\frac{\alpha\varphi_1\varphi_2}{1+\varphi_1+\varphi_2}=(1-f)\frac{N_s}{N_b}+f \tag{14-14}$$

$$f=\frac{\alpha\varphi_1\varphi_2}{1+\varphi_1+\varphi_2}=\text{常数} \tag{14-15}$$

如果$\frac{N_a}{N_b}$越小，则表示气幕的隔离效果越好。显然，气幕洁净棚放在不同环境中的实际隔离效果是不同的。但是，当 N_b 很大时，如 $N_b>2000$ 粒/L，由于经过高效过滤器的送风浓度 N_s 一般为 0.1～0.2 粒/L，所以$\frac{N_s}{N_b}\approx10^{-4}$，则

$$(1-f)\frac{N_s}{N_b}\ll f$$

故有

$$\frac{N_a}{N_b} \approx f \tag{14-16}$$

因此，f 被称为气幕洁净棚隔离效果的固有特性项，也就是说，当环境含尘浓度很大时，测得的反映隔离效果的$\frac{N_a}{N_b}$值，就是 f 值，也就是这种设备的最大隔离效果。这里要指出的是，隔离效果最大时并不意味着主流区的含尘浓度最小，当环境含尘浓度大时，得到的主流区含尘浓度当然相应也要大，但反映出的隔离效果却要高。

式(14-14)中的$(1-f)\frac{N_s}{N_b}$反映环境浓度 N_b 的影响，被称为隔离效果的环境附加项。

由于系数 φ_1、φ_2 很难具体确定，所以 f 的值也不便具体计算；但由式(14-15)，因 φ_1、φ_2 一般不会低于 10^{-1}量级，作为一种装置，α 也远大于 10^{-1}量级，所以 f 一般不会低于 10^{-2}量级，也就是气幕洁净棚的隔离比不可能低于 0.01，这也是到目前为止国内外关于这种装置的内外含尘浓度比即隔离比(相应于具有实用意义的洁净区域)测定数据没有低于 0.01 的原因。

从式(14-15)还可以看出，采用低速宽口空气幕可以降低风量引带比，使 f 值降低，因而可获得更好的隔离效果，特别是在空间大发尘量也很大的场合；而在空间小发尘量也小的场合，则宽口空气幕的优越性不能充分发挥，用窄口空气幕也能取得较好效果。过去一般认为高速空气幕(窄喷口)隔离作用更好，现在可知这种看法是不合适的。

14-4-4　气幕洁净棚的性能

上述关于气幕洁净棚的实验研究，是通过如图 14-36 的装置进行的。该装置中心区和空气幕分为两个送风系统(为便于实验中调节)，室内空气分别进入中心区和空气幕的静压箱，由中效过滤器和高效过滤器过滤后送入室内。

图 14-36　国内气幕洁净棚实验装置

(1) 空气幕适宜的出口风速。

由于气幕包围的中心区有送风的垂直单向气流使内部压力增大，势必向外扩张，从而给气幕以一个横向压力，易使气幕向外飘流，中心主流区扩大；加上气幕引射而带走的流量，中心主流区速度场将很快衰减，对形成较大的稳定的洁净区非常不利。实验表明，采用适当的喷口结构和气幕出口风速(即遮断风速)可以改善这一情况。这种喷口就是在喷口内设置垂直隔板(即等于把一个喷口划分为许多小喷口)和不用外侧板，而使气流贴附内钢板射出。实验得出的适宜的气幕出口风速如表 14-8 所列。

表 14-8　气幕洁净棚空气幕的适宜出口风速

空气幕宽度/mm	75	100	150	200	225
适宜风速/(m/s)	1.46～1.75	1.26～1.52	1.03～1.24	0.89～1.07	0.84～1.01
单位长度空气幕平均所需风量/(m^3/h)	434	500	612	707	749

(2) 浓度场。

不同宽度空气幕的洁净棚所产生的浓度场，若以中心区浓度和环境(非洁净)浓度之比(即主流区浓度和非洁净外环境的涡流区浓度之比)N_a/N_b 达到 1%、10%等程度作为区分的界限，则可以作成图 14-37 上的各种曲线。

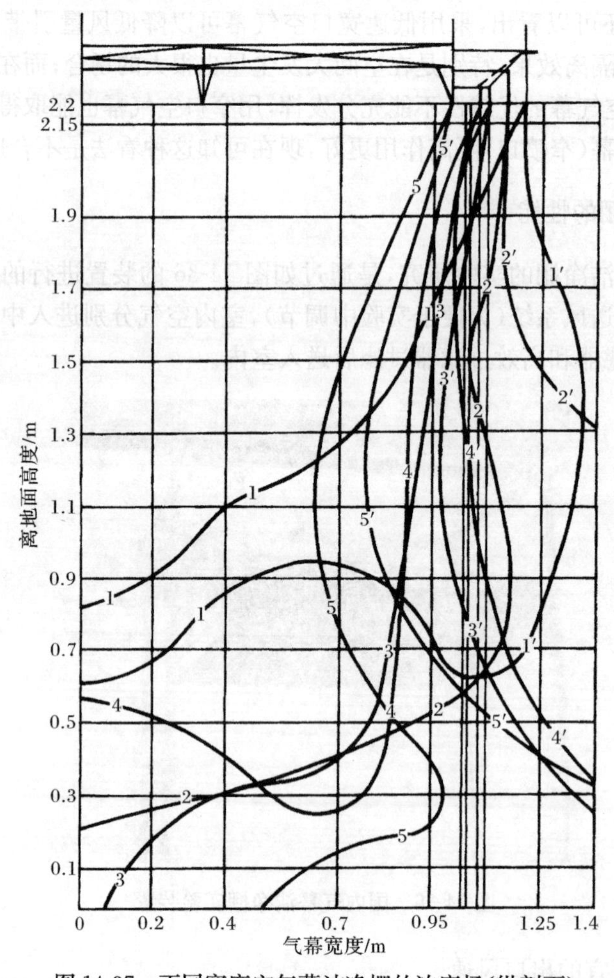

图 14-37　不同宽度空气幕洁净棚的浓度场(纵剖面)

图 14-37 中各曲线代表的工况见表 14-9。

表 14-9　图 14-37 中各曲线代表的工况

序号	空气幕宽度 /mm	送风速度 /(m/s)	气幕出口风速 /(m/s)	总风量 /(m^3/h)	$\frac{N_a}{N_b}<1\%$	$1\%<\frac{N_a}{N_b}<10\%$
1	200	0.31	0.69	8743	—1—	—1′—
2	150	0.31	0.92	8743	—2—	—2′—
3	100	0.31	1.37	8743	—3—	—3′—
4	75	0.31	1.94	8743	—4—	—4′—
5	无空气幕	0	0	4397	—5—	—5′—

可以看出,低速宽口空气幕的性能比高速窄口空气幕的性能要好,其中 150mm 宽空气幕的浓度场在宽度和接近地面程度上都优于其他形式(图 14-37 中 150mm 空气幕风速略小一些)。

(3) 洁净区面积。

不同宽度空气幕的气幕洁净棚所形成的洁净区的面积是不同的,表 14-10 给出了实验结果和国外数据的对比。

表 14-10　$\frac{N_a}{N_b}<1\%$的洁净区面积对比

序号	工况	洁净区送风速度 /(m/s)	总风量 /(m^3/h)	工作区高度范围内洁净区最小截面边长占送风出口截面边长比例/%	工作区高度范围内洁净区最小截面积 /m^2	参考文献
1	150mm 空气幕	0.31	8743	105	2.1×2.1	
2	100mm 空气幕	0.31	8743	85	1.7×1.7	[18]
3	75mm 空气幕	0.31	8743	85	1.7×1.7	
4	225mm 空气幕	0.3	11529	131	按正方形折算:2.4×2.4	
5	75mm 空气幕	0.3	6561	60	按正方形折算:1.51×1.51	[9]
6	无空气幕的垂直单向流	0.31	4397	64	1.28×1.28	[18]
7	无空气幕的垂直单向流	0.5	7200	78.7	按正方形折算:1.64×1.64	[9]

由表 14-10 结果可见,在采用不太大的总风量条件下,以具有 150mm 宽空气幕的气幕洁净棚的效果最好。

根据表 14-10,作者用图 14-38 对比了气幕洁净棚和无气幕的垂直单向流送风两种方式所形成的洁净区大小,可见前者并不因为有气幕而浪费了能量,在相同总风量(有气幕则包括气幕风量)、相同送风面积(即布置过滤器的面积)条件下,气幕洁净棚在地面以上 0.8～1.5m 的工作区高度范围内形成的最窄处的洁净区面积最大。合并送风面积后的无气幕垂直单向流送风装置的最窄处洁净区面积,虽然和气幕洁净棚相差不多,但因它面积太大,还有加工安装不便,不适合作为一种可移动的设备,而且有无气幕保护、中心主流区易受干扰等不足之处,因此,气幕洁净棚仍然处于优越的地位,可以起到节能的作用。

从表 14-10 可以看到,虽然国外实验的宽度为 225mm 的气幕洁净棚所提供的工作区洁净面积比国内实验的 150mm 气幕洁净棚所提供的面积要大,但由于它是在人工高浓度

(a) 一个气幕垂直单向流送风装置 $F=4\text{m}^2$，$F_1=1.64\text{m}^2$　　(b) 两个无气幕垂直单向流送风装置 $F_1+F_2=3.28\text{m}^2$

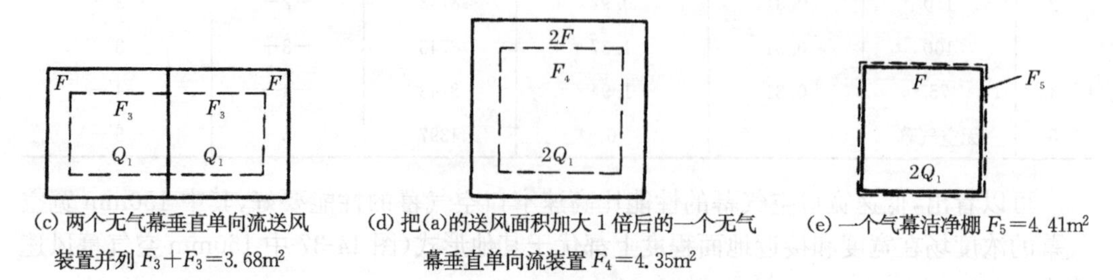

(c) 两个无气幕垂直单向流送风装置并列 $F_3+F_3=3.68\text{m}^2$　　(d) 把(a)的送风面积加大 1 倍后的一个无气幕垂直单向流装置 $F_4=4.35\text{m}^2$　　(e) 一个气幕洁净棚 $F_5=4.41\text{m}^2$

图 14-38　气幕洁净棚和无气幕垂直单向流送风在形成洁净区大小上的对比

□. 送风截面；⬚. 最小洁净区（$\frac{N_a}{N_b}<1\%$）截面

F. 送风面积；F_i. 相应于(i)图式的最小洁净区面积

Q_1. 相当于 1 个无气幕垂直单向流送风装置的风量

下测定的，所以并不能表示其技术经济指标一定优越。由于前者的总风量大得多，气幕更宽，不仅耗能多了，而且势必加大了结构和重量，不利于实用。所以从实用角度看，在一般的含尘浓度下 150mm 气幕比较合适。

还要强调指出的是，从发展观点来看，国内外都趋向提倡一种半集中式净化系统，它只集中送入有一定空调参数的新风，靠气幕洁净棚这样的“末端装置”产生局部高洁净度的区域，并由于该装置的极强的自循环能力，将使环境含尘浓度也大幅下降。这样，既简化了系统，又缩小了风管截面，当然所带来的噪声问题可能更大一些。

这种气幕洁净棚不仅具有上述特点，而且由于结构较简单，体积较小，重量较轻，适合吊挂，可以移动，因而增加了在适应工艺多变的大面积厂房应用的可能性，加上这种设备固有的内部操作自由度大，无视觉障碍和运输障碍，其发展是不容忽视的。

14-5　围帘洁净棚

14-5-1　应用

围帘式洁净棚作为一种投资少、实施快、性能高、能耗低的局部洁净区设备而受到使用者的欢迎。

首先这种横置管式过滤器最早起源于 20 世纪 50 年代的苏联[20]，当时他们还没有玻璃纤维滤纸的折叠式高效过滤器，主要过滤材料为“比托梁诺夫”过氯乙烯即 ΦΠ 型滤布，滤速为 0.01m/s 时；该滤材穿透率为 3.2%，相当于现在我国的亚高效过滤器性能。由于这种滤料厚而且不易折叠，但可粘接，所以用 ΦΠ-15-17 滤布制成直径 400mm 的软管，大约在 20 世纪 60 年代后期用于洁净室，均匀布置在顶棚上成为横置管式送风面，空气通过软管及其下的有机玻璃穿孔吊顶进入洁净室（不是洁净棚，实质是一样的），通过两侧下回风。回风经系统回到设于洁净室外的空调器。

上述过滤器和洁净室示于图 14-39。

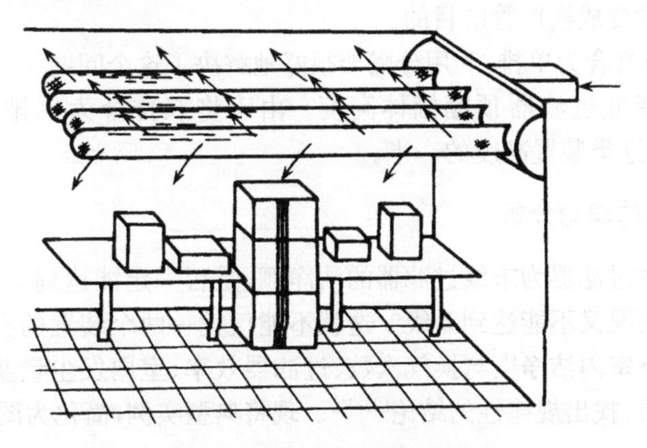

图 14-39　横置式过滤器(ϕ200)

其次,国内类似的洁净棚出现于 20 世纪 90 年代,用丙纶纤维滤纸做成滤管构成横置管式送风面,不同的是四周围以塑料帘置于一般的房间内。滤管为双排用横置管式亚高效过滤器,但只能在完全自循环条件下棚内达到 5 级[21],和上图 14-39 一样,单侧进风。

针对这种双排滤管、单侧进风的问题,一种新型横置管式送风面带围帘的洁净棚根据在下面将要说明的理论分析,在结构上采用了如下几点新构思[22]。

(1) 多道过滤简化成一道过滤。新型洁净屏(棚)的重要设计思想是当在室内自循环状态下使用时,依照理论分析只需采用亚高效管式过滤器作一道过滤,省去了前面的预过滤器。

(2) 将系统的单侧送风改为双侧送风。由于滤管直径不可能做得很大,因此管内静压不可能很稳定,整根滤管上的各点滤速也不可能很均匀,或者说改善单根滤管风速均匀是不可能的。另一条途径是认可这种不均匀,要使不均匀变为均匀,可将全部滤管一侧送风改为一半滤管由一侧送风,而另一半滤管由另一侧送风,这样可使单个滤管的不均匀性叠加后变为整个流场的均匀性。

(3) 将圆形滤管变为楔形滤管。众所周知,对于一定的面积,圆的边界长度是最小的,而且有效过滤面积只有下半圆周。在一定的截面积上要增加过滤面积,减少滤管内空间和过滤后气流的通道阻力,最好的办法是将圆形滤管变成楔形滤管(图 14-40),关键因素是如何合理选择楔形的高和底边尺度。

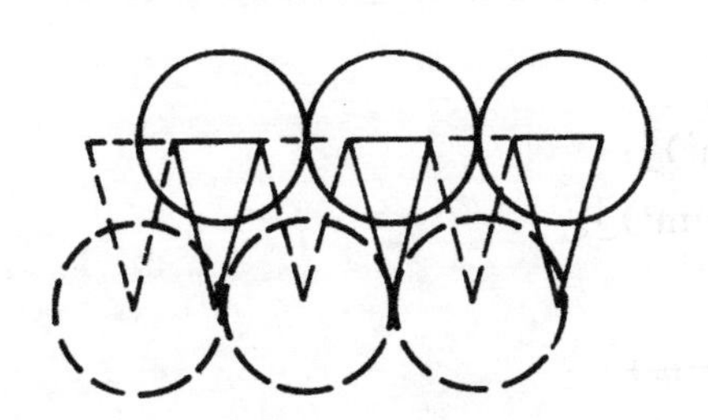

(a) 双排圆管变为单排楔形管

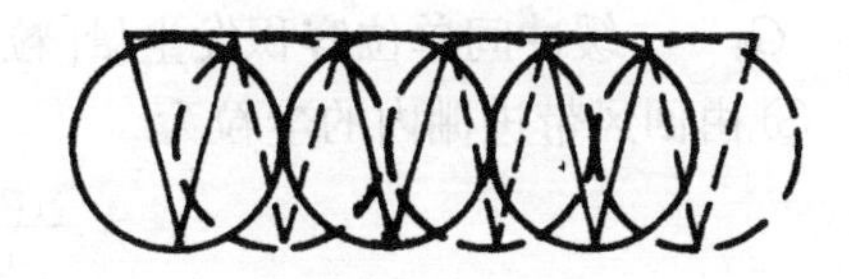

(b) 来回两排圆管变为单排楔形管

图 14-40　圆形滤管变为楔形滤管示意

(4) 用分隔架固定滤管。为了避免滤管之间碰撞,必须用分隔架将各个滤管隔开、固定,而又能一个挨着一个排列,扩大了过滤面积,避免了管间高速气流。另一最大的作用是实现了将圆形管变成楔形管的目的。

(5) 将多排滤管合为单排,利用分隔架很好地解决了这个问题。

(6) 进一步降低过滤器顶棚棚体高度。由于将双排合为单排成功,使高度降到250mm,只有国外这类装置高度的一半。

14-5-2 净化效果的理论分析

这种以亚高效过滤器为末级过滤器的洁净棚,是否一定能达到5级?什么情况下能达到5级?什么情况又不能达到5级?这就不能仅凭一两个装置的实测结果下结论,而必须对不同状态下室内洁净度与换气次数、过滤器效率、室内发尘量及新风量之间关系,进行理论上的分析,找出规律性的结论[23,24]。现将典型实例,简化为图14-41的数学模型分析如下。

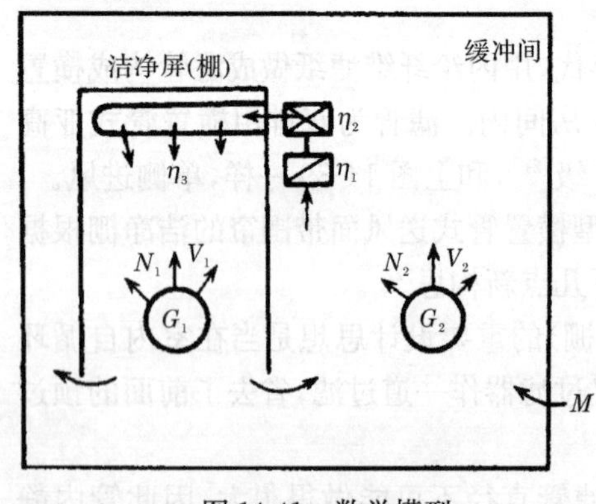

图 14-41 数学模型

(1) 在平衡状态下单位时间进入单位体积洁净棚的尘粒。

① 由于门窗漏风和人进出漏泄进入缓冲间的尘粒经洁净棚净化系统送入棚内尘粒为

$$\frac{Mn_3\varepsilon}{60}(1-\eta_n)=\frac{Man_1\varepsilon}{60}(1-\eta_n)$$

$$\eta_n=1-(1-\eta_1)(1-\eta_2)(1-\eta_3)$$

$$\alpha=\frac{n_2}{n_1}$$

$$\varepsilon=\frac{n_3}{n_2}$$

式中:M——大气尘浓度(粒/L);

n_1——洁净棚自循环的换气次数;

n_2——洁净棚自循环风量相当于缓冲间的换气次数;

n_3——多种漏风量之和相当于缓冲间的换气次数;

η_n——洁净棚净化系统总效率。

② 由于缓冲间发尘经洁净棚净化系统送入棚内的尘粒为

$$G_2\times10^{-3}(1-\eta_n)=bG_1\times10^{-3}(1-\eta_n)$$

$$b=\frac{G_2}{G_1}$$

式中:G_1——棚内单位容积发尘量[粒/(min · m^3)];

G_2——缓冲间单位容积发尘量[粒/(min · m^3)]。

③ 由回风带进棚内的尘粒为

$$\frac{s_1n_1N_1}{60}(1-\eta_n)$$

式中:N_1——棚内平均含尘浓度,可认为是回风浓度(粒/L);

s_1——回风比,全循环时为1。

④ 棚内自身的发尘为 $G_1\times10^{-3}$。

(2) 在平衡状态下单位时间排出单位体积洁净棚的尘粒为$\frac{n_1N_1}{60}$。

(3) 进出尘粒平衡时,可得出等式

$$\left(\frac{Man_1\varepsilon}{60}+bG_1\times10^{-3}\right)(1-\eta_n)+G_1\times10^{-3}=\frac{n_1N_1}{60}-\frac{s_1n_1N_1(1-\eta_n)}{60}$$

当 $s=1$ 时,有

$$N_1=\frac{60G_1\times10^{-3}[1+b(1-\eta_n)]+Man_1\varepsilon(1-\eta_n)}{n_1\eta_n} \tag{14-17}$$

如按不均匀分布理论计算,不均匀系数为 ψ,棚内平均含尘浓度为 N_v,则

$$N_v=\psi N_1$$

为了计算 N_1,需确定以下几个参数。

① G_1 空态时可取 $G_1=0.5\times10^4$。有 1 人静止时可取动静比为 3,人员密度取 1/2~1/4 的平均值为 0.375,$G_1=5\times10^4$,当动静比为 7 时,则 $G_1=11\times10^4$。

② a:当内外间大小相当时,$a=1$;当外间大时,n_2 小,$a<1$;当外间小时,n_2 大,$a>1$。

③ b:从式(14-17)可看出,由于 $1-\eta_n$ 的影响,b 的作用也不大,由于外间是缓冲间,人活动量大,以下计算取 $b=10$,应偏于安全了。

④ ε:设缓冲间一般有一非密闭外门和一单层固定式密闭窗,由于缓冲间处于“0”压地位,则对于外界可考虑由风压影响,而间断地受到 5~10Pa 的压力。设缝长按 11m 计算,根据这种门窗的漏风量数据[25],则总漏风量为

$$L=11\times\frac{(17+24)+(1+0.7)}{2}=234.9(m^3/h)$$

设因间断受压,按一半漏风量 $118m^3/h$ 计算。

又因洁净棚风量根据其面积和截面风速一般在 $2000\sim2500m^3/h$。虽然 n_2 因缓冲间大小变化而变化,但漏风率是固定的,即

$$\frac{118}{2000\sim2500}=0.059\sim0.047$$

在表中则分别取 $\varepsilon=0.02$、0.04、0.06 三种。

⑤ n_1:一般在 500 次/h 左右。

⑥ ψ:由表(13-16)查出,对于两侧下回风为 0.05,此洁净棚均为四侧下回,其气流均匀性不如两侧下回,但因室宽很小,所以仍按两侧下回计算。

图 14-42 表明了上述计算的结果。

(4) 缓冲间的含尘浓度。

令 N_2 为缓冲间含尘浓度,按上面进出含尘浓度最终达到平衡的原理,也可以列出平衡式

$$\frac{n_2N_2}{60}=G_2\times10^{-3}+\frac{Sn_1N_v}{60}+\frac{Mn_2\varepsilon}{60} \tag{14-18}$$

因 $n_2=an_1$,$S=1$,$G_2=bG_1$,代入式(14-18),即

$$an_1N_2=60bG_1\times10^{-3}+n_1N_v+Man_1\varepsilon$$

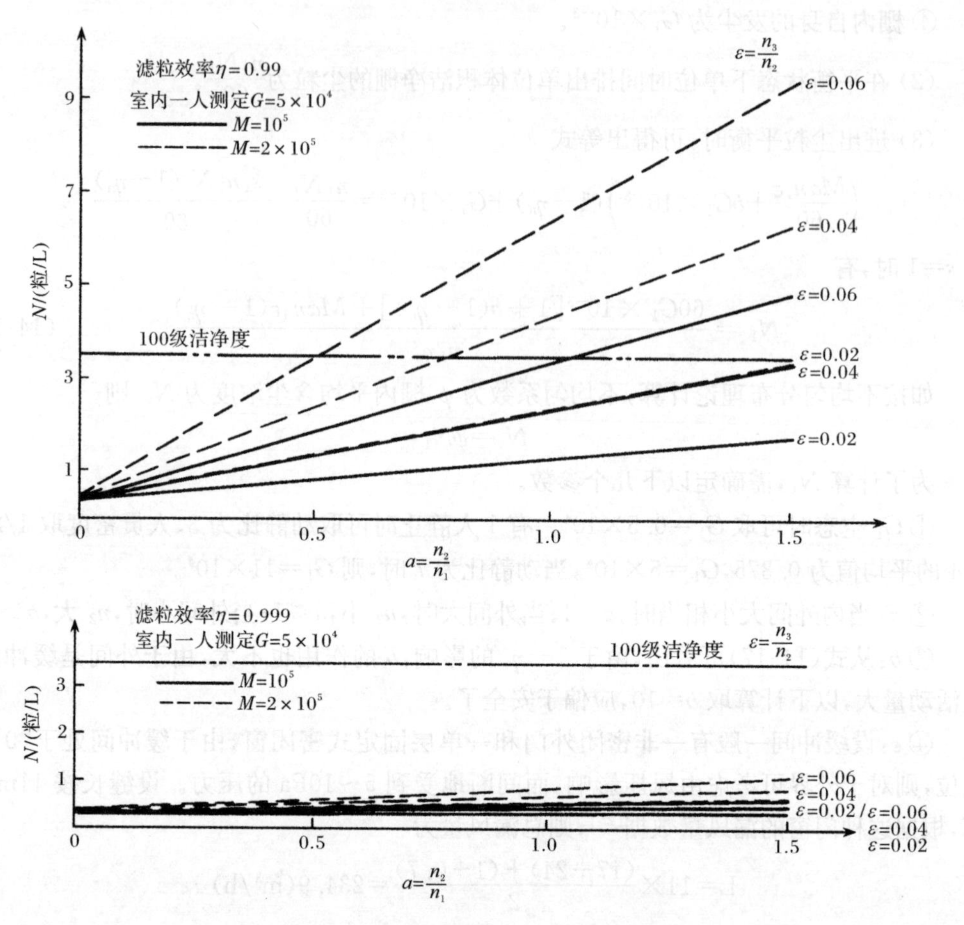

图 14-42　影响洁净棚含尘浓度的诸因素

$$N_2=\frac{60bG_1\times10^{-3}+n_1N_v+Man_1\varepsilon}{an_1}\tag{14-19}$$

式中各符号含义如前。现计算较不利的情况，其结果列于表 14-10。

表 14-10　缓冲间浓度 N_2 一例(单位：粒/L)

M	a	G_1	ε	b	n_1	N_v	N_2
2×10^5	1.0	11×10^4	0.04	10	500	3.5	5344
1×10^5	0.5	11×10^4	0.02	10	500	3.5	2016

通过以上分析和计算可以看出，横置滤管式送风洁净屏(棚)在性能上有以下特点：

(1) 在 M 不超过 10^5 这种通常条件下，过滤器效率 η_n 只要达到 0.99(透过率 K 不超过 1%)，在自循环条件下(除极个别的情况)，都可达到 5 级，η_n 只要接近 0.999，则在$M=2\times10^5$ 以下都可望达到 5 级。

滤管的滤速一般在 3～5cm/s，比滤料标准比速 1cm/s 大 3～5 倍。假定比速增大 4 倍，则据第四章说明透过率约增加 20～40 倍，可按 30 倍考虑。

按上面要求，对于≥0.5μm 尘粒应有

$$K\times30=1\%$$

$$K=\frac{1}{100\times 30}=0.00033=0.033\%$$

$$\eta_n=1-K=1-0.033\%=99.96\%$$

这就表明,用4个9的丙纶纤维滤料做成横置滤管送风面,滤速应小于5cm/s,即可构成5级洁净屏(棚),而无需使用粗、中效过滤器。由于自循环结果,缓冲间内含尘浓度低于7000粒/L(相当于209系列200000级的标准),其计重浓度远低于0.1mg/m³。

设重量浓度为0.05mg/m³,由于滤料容尘能力为40g/m²,洁净棚滤料总面积达20m²,则如按2000m³/h风量每日连续使用,滤料效率取0.99,可计算出使用寿命

$$T=\frac{20\times 40\times 10^3}{2000\times 24\times 0.05\times 0.999}=334(\text{天})$$

可见只用一道亚高效过滤器,也可维持近一年或更长的使用期限,不仅满足了使用要求,而且还带来简化装置结构和降低费用的好处。

(2) 由于自循环对这种装置很重要,所以应尽量减小漏泄率,漏泄率和含尘浓度 N_v 几乎成正比,对于 $\eta_n=0.99$ 的情况更是如此。

所以这种装置若要补充新风,新风必须经过亚高效过滤器过滤。如果这种新风送入缓冲间,保持了缓冲间的正压,则 $\varepsilon=0$,洁净棚内洁净度定将大幅度提高。所以这种装置宜和亚高效新风机组配套使用。

(3) 缓冲间越大,则其单位容积发尘量 G_2 越小,在平衡以后将对洁净度有贡献。从图14-30可见,若 $a=0.5$,即缓冲间比洁净棚体积大1倍,则棚内含尘浓度也降低一半,缓冲间体积和棚内含尘浓度成反比。当室外新风量渗入缓冲间越多,G_2 越大,则棚内含尘浓度也增加越快。

(4) 如果洁净棚气流为近似单向流,当棚内单位容积发尘量 G 增加较大,达22倍时,棚内含尘浓度增加仍较少,在 $\eta_n=0.999$ 条件下,只增加1/10～1/3,在 $\eta_n=0.99$ 条件下增加1～3倍。其气流越是接近单向流,效果越好。

14-5-3　实验效果

表14-11汇总了机组开机半小时后,棚内有2名测定人员的条件下的测定结果,洁净棚置于普通房间内。

表14-11　洁净棚浓度场测定汇总表(≥0.5μm,粒/2.83L)

工况＼项目	测定前缓时间原始浓度	洁净棚运行时间	运行后缓冲间浓度	洁净棚内浓度
缓冲间送风系统运行	5×10^3(10万级)	0.5h	～130	1.8
缓冲间送风系统不运行	$\sim 5\times 10^4$	0.5h	～1000	5.4
缓冲间内外门全开	$\sim 5\times 10^4$	0.5h	$\sim 5\times 10^4$	317

从测定结果来看,由于滤管为亚高效水平,含尘浓度对进风尘浓比较敏感。尽管如此,当洁净棚在浓度为50000粒/L的缓冲间内自循环,缓冲间内可净化到7级,棚内可达到5级。如原始浓度属于8级,则缓冲间内也可高于7级。

14-6　洁净隧道用层流罩

14-6-1　抗污染干扰的要求

常规的洁净隧道基本上可分为两个区段，即由层流罩拼装组成的工艺区和供运输及通行的操作通道区。工艺区内为层流罩的全面单向流送风，操作通道区为乱流送风。工艺区与操作通道区一般用挡板隔开(图 14-43)。由于有 5 级或更高洁净度要求的生产线对污染干扰的高敏感性，这种常规洁净隧道工艺区的洁净区域减小，难于达到规定的洁净级别。这是因为：操作通道中用乱流送风方式，气流易沿顶棚至罩前挡板形成涡流循环，污染，特别是操作人员头部发尘污染，会长期滞留其中；挡板下方易发生气流诱导和紊乱，使操作通道中的污染侵入洁净的工艺区的危险性增加；人在工作时手的操作动作——来回摆动等所造成的干扰，也易使罩内洁净度降低。

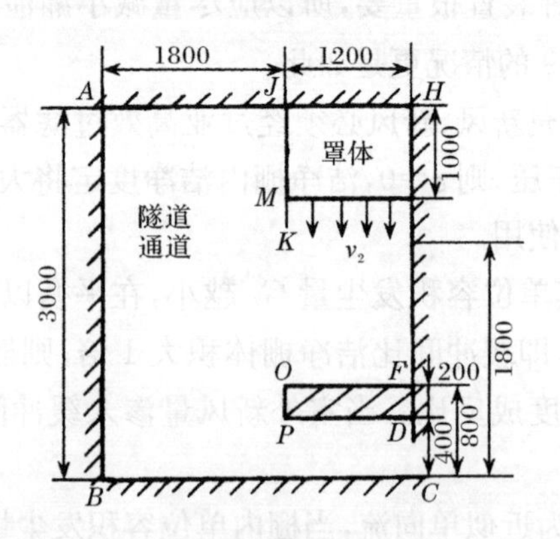

图 14-43　洁净隧道中的层流罩(单位：mm)

(操作面无辅助送风，只有挡板)

因此，对洁净隧道用层流罩的抗干扰能力提出以下三个要求：

(1) 消除工艺区层流罩前上方角落存在的涡流区，排除从挡板下将污染诱人层流罩内洁净区的可能性。

(2) 如果在层流罩前附近有一定的发尘源，尽快将其排除，不使对层流罩内洁净区形成危险。

(3) 提高抵抗人在罩前活动的干扰(即主要为有一定横向速度的干扰)的能力。

14-6-2　操作面上辅助送风的作用

为了达到上述三个目的，王洁等[26]提出了在层流罩操作面加辅助送风罩子的措施并进行了实验与理论研究，取得了明确的效果。

如图 14-44 和图 14-45 所示，在操作面加有 30°或 60°斜角的罩子，或加 45°斜角而又有风向调节板的罩子。

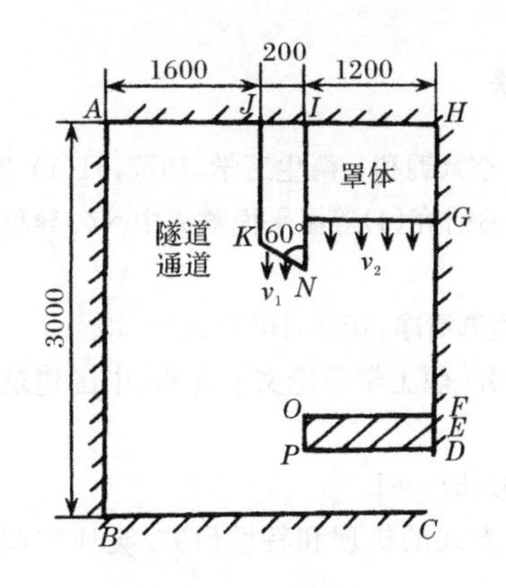

图 14-44 操作面加辅助送风罩(单位:mm)(60°斜角)

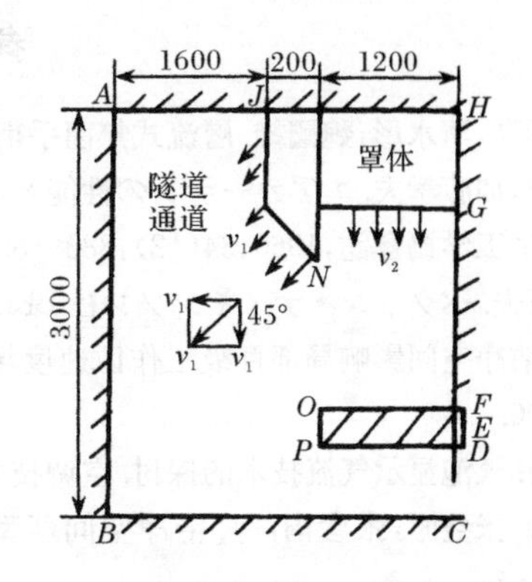

图 14-45 操作面加辅助送风罩(单位:mm)(45°斜角,带风向调节板)

1. 罩子型式的作用

(1) 从总的效果来看,前部有 30°斜角的罩子优于只有挡板而无罩子的情况;60°斜角罩子优于 30°斜角罩子;45°斜角又带风向调节板的罩子又优于 60°斜角罩子。

图 14-46 中的曲线 a、b、c 分别是上述三种情况下 5 级浓度理论边界线,可见 c 的 5 级范围最大。图 14-47 则是在相同总风量下实验得到的洁净区(优于 8 级)的边界。

(2) 从抗横向(水平)速度干扰看,当离操作面 730mm 远的工作区高度上有横向吹风污染干扰时(以电吹风机模拟),前部有 30°斜角和 60°斜角罩子完全可以抵抗干扰的侵入,两者差别不大;而前部无罩子则有一定范围的污染空气侵入。

(3) 从排除前挡板附近的污染来看,前部有罩子时可以很快将烟尘带走,前部无罩子时却在挡板附近形成涡流区,还可见到向罩内诱引的痕迹。

2. 风速配比的作用

风速配比就是辅助送风罩出口风速 v_1 与层流罩出口风速 v_2 之比。实验结果表明,并不需要一味提高这一配比。例如当 v_1/v_2 由 0.57 提高到 0.86 时,此时风量虽只提高 4%,但百级界限明显扩大了,而配比再从 0.86 提高到 1.43 时,风量虽提高了 89%,但 5 级界限基本无变化。实验认为合适的风速配比可选 0.77,此时洁净区截面积还略大于 0.86的结果,此时横向速度干扰的侵入范围也最小。

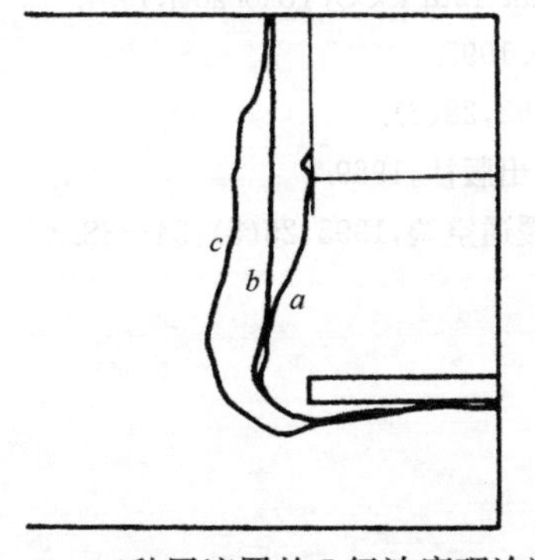

图 14-46 三种层流罩的 5 级浓度理论边界

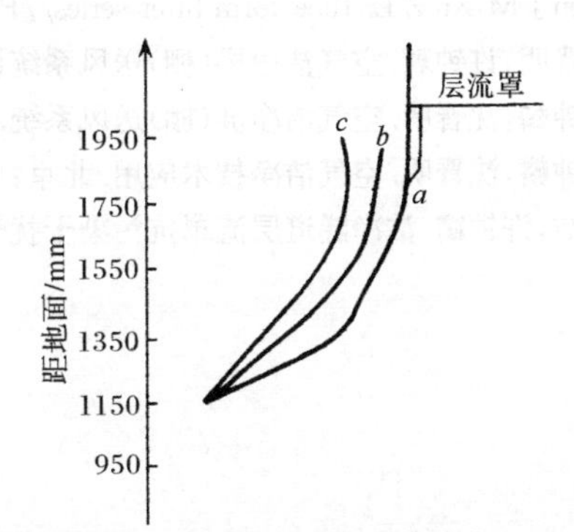

图 14-47 三种层流罩的实验洁净区边界

参考文献

[1] 秋山泰高,清水彰,魏國雄.層流式無菌手術室の經驗.空氣調和・衛生工学,1977,51(1):33—43.

[2] 新津靖,加藤孝夫.エアカーテンの性能と設計に関する研究(4)等温平面喷流中への异種ガスの浸透.衛生工学協會誌,1960,34(12):883—890.

[3] 田中正夫.ベクトン・ディキンソン社 BBL.事業部.空気清净,1979,16(7):43—45.

[4] 刘华.洁净空间影响局部百级工作区速度场因素的研究[硕士学位论文].北京:中国建筑科学研究院,2000.

[5] 沈晋明.气泡显示气流技术的探讨.空调技术,1982,(3):57—61.

[6] 许钟麟,张益昭,张彦国,等.洁净空间新型气流分布方式的机理和特性研究.暖通空调,2000,30(3):1—7.

[7] 张彦国,许钟麟,张益昭,等.不同送风面积下洁净室浓度场的数值模拟分析.建筑科学,1999,(6):6—11.

[8] 牛维乐.阻漏层局部百级送风的气流均匀性和抗干扰性研究[硕士学位论文].北京:中国建筑科学研究院,2002.

[9] 直井保一訳.垂直層流とエアカーランを組合ねせた"アイラント".空気清净,1979,17(1):47—49.

[10] Esdorn H, Nouri Z. Vergleichsuntersuchungen ueber luftfuehrungssysteme mit mischstroemung in operationsraeument. HLH,1977,(28).

[11] Frank A S. Laminar-flow-decken in operationsraumen. HLH,1996,47(7):41.

[12] Austin P A, Timmerman S W. Design and Operation of Clean Rooms. 1965.

[13] 竹ノ敦訳.垂直層流方式における部分壁の評価.空気清净,1979,17(1):43—46.

[14] 田中正夫訳.無菌充填設備の設計法.空氣清净,1979,17(4):9—13.

[15] 井上宇市訳.空調した制藥工業場のクリーンルームたける層流技術の総合.空気清净,1979,17(4):5—6.

[16] 井上宇市訳.病院におけゐベイオクリーン.空氣調和・衛生工学,1977,51(1):1—4.

[17] Field A A. Operating theater air conditioning. Heating Piping Air Conditioning,1973,45(11):91—93.

[18] 沈晋明.气幕洁净棚特性研究[硕士学位论文].北京:中国建筑科学研究院,1981.

[19] 上岛雀也訳.粒子の障壁としての層流エアカーテン.空気清净,1979,17(1):50—51.

[20] 柯帕里扬诺夫.洁净室技术.俞肇基译.北京:中国建筑工业出版社,1982.

[21] 李子麟,程鸿,杨幼明.SMU-1型屏障单元的研制.华东各省市暖通空调、热能动力节能学术交流会交流资料.1990.

[22] Shen J M, Xu Z L. Tube form filter series//Proceedings of the 12th ISCC, Yokohama,1994.

[23] 沈晋明,许钟麟.空气洁净屏(棚)送风系统课题研究报告.1995.

[24] 许钟麟,沈晋明.空气洁净屏(棚)送风系统.暖通空调,1998,28(2).

[25] 许钟麟,沈晋明.空气洁净技术应用.北京:中国建筑工业出版社,1989.

[26] 王洁,许钟麟.洁净隧道层流罩抗污染干扰性能的研究.暖通空调,1995,25(5):34—38.

第十五章　阻漏层理论

阻漏层是一个全新的概念。阻漏层理论将使高效过滤器放在末端的做法更加完善，阻漏层的运用成为洁净室的新型气流分布方式的核心。

15-1　概　　念

洁净空间控制污染的机理，主要是通过布置在送风末端的高效过滤器将洁净气流送入，这是净化空调和通风空调在概念上的最大区别。

但是，由于过滤器很难避免在制作、运输和安装过程中产生肉眼难以发现的微孔和缝隙，所以仅靠密封堵漏不能有效地解决渗漏问题。在实际运行中就不止一次发生过洁净室突然出现某范围内尘浓或菌浓大增的事情，经反复检查，才发现某块高效过滤器送风面上出现了漏孔，至于此漏孔是滤纸质量不好抑或安装时擦伤以至在送风气流吹送下逐渐形成的，还是一次性造成的都不可得知。至于边框漏泄现象则更多，只是当微漏不至影响到乱流洁净室“级”的变化时，不引起人们的重视罢了。但不管怎样，末端一旦发生漏泄，则其后再无保障体系，可能产生较严重的或无可挽回的后果，特别是对于高级别的单向流洁净室。

针对过滤器存在的漏泄问题，尽管有多种密封方法，但都不可能密封住顶棚框架、过滤器边框、封头胶、滤纸等所有漏泄途径，于是阻漏层概念得以提出[1]。

阻漏层就是为了把耦合于末端高效过滤器一体的堵漏（边框密封）、过滤（滤纸要达到一定的效率）与分布气流（相当高的满布比）三作用解耦[2]，分散、稀释并过滤漏泄气流，变局部的漏为整体的不漏，但不改变风口以上的系统的封闭性性质。

阻漏层概念和过滤器边框的密封概念是完全不同的，后者虽然立足于消除漏泄，但仅仅是边框的漏泄；而前者则立足于如果这最后一道密封防线还是出了问题，并且还有其他的漏泄途径存在，则如何把它变成整体上仍然是无漏的，这就相当于阻止其漏泄了。

阻漏层概念和阻尼层的概念也是完全不同的，后者仅起到有限的均匀气流的作用和一定的装饰作用（若为孔板反而有积尘作用）；而前者则是通过多种机理（后述），对提高洁净效果具有实质性的作用。

如果将阻漏层概念和扩大主流区概念结合起来，就产生了洁净室新的气流分布方式——带阻漏层的末端气流分布方式，从而有助于从理论上和实践上改变高效过滤器必须布置在末端的传统模式，进一步提高了气流的分布质量和阻漏能力。

15-2　漏 泄 方 程

对于漏泄的估量用漏泄方程描述。

漏泄是一种孔眼的高速出流现象，因此是一种射流。而由于漏泄孔洞断面和过滤器出风面相比几乎可以忽略，故漏泄射流应适用自由射流的有关原理。

漏泄的射流导致的污染气流对单向流的影响最大，将使工作区局部地点浓度升高，把尘粒直接带到操作物件上。如果漏泄点很多，污染气流联片叠加，则将使工作区某一片面积浓度升高，终将对整个室平均浓度产生影响，见图 15-1。

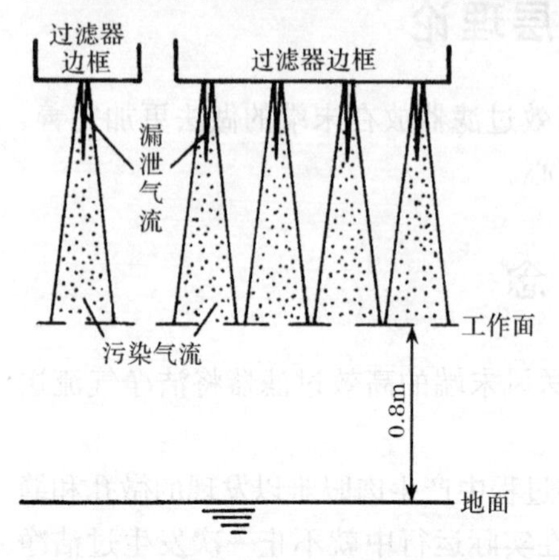

图 15-1　漏泄气流对工作面的影响

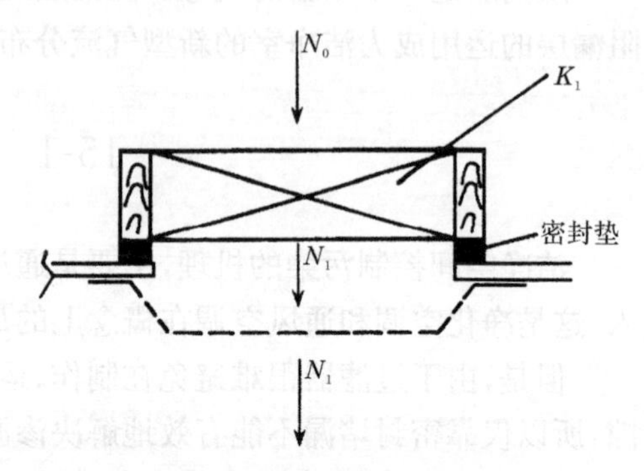

图 15-2　扩散板高效过滤器送风口

对于图 15-2 所示完全不漏的一般扩散板高效过滤器送风口，其送风浓度应是

$$N_1 = K_1 N_0 \tag{15-1}$$

式中：N_0——过滤器上游浓度；

N_1——过滤器下游浓度，在这里也就是送风浓度；

K_1——过滤器透过率。

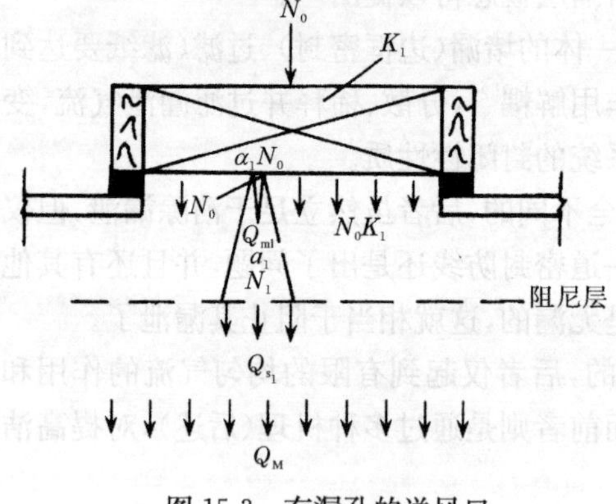

图 15-3　有漏孔的送风口

对于图 15-3 所示的有漏孔的送风口，设 Q_{m1} 为漏孔漏泄气流量，Q_M 为通过过滤器的总风量，Q_{s1} 为被漏泄射流混掺后的污染气流量，α_1 为漏泄系数，$\alpha_1=\dfrac{Q_{m1}}{Q_M}$；$a_1$ 为混掺系数，$a_1=\dfrac{Q_{s1}}{Q_M}$，则污染气流的含尘浓度由以下两部分组成：

(1) 在整束污染气流的单位体积中，由漏泄射流带进来的尘量为$\dfrac{N_0\alpha_1}{a_1}$。

(2) 单位体积污染气流中被混掺的那部分气流原来所携带的尘量为$\dfrac{N_0K_1(a_1-\alpha_1)}{a_1}$。

所以单位体积污染气流的尘量即质量平均浓度 N'_1 由上述两项之和组成，即

$$\begin{aligned} N'_1 &= \frac{N_0\alpha_1 + N_0K_1(a_1-\alpha_1)}{a_1} = N_0\left[K_1 + \frac{\alpha_1}{a_1}(1-K_1)\right] \\ &= N_0(K_1+\Delta K_1) = N_0K'_1 \end{aligned} \tag{15-2}$$

比较(1)与(2)可见，由于漏泄，对于污染气流，等于过滤器的穿透率由 K_1 增大到 $(K_1+\Delta K_1)$。$K_1+\Delta K_1=K'_1$称为有漏穿透率。

漏泄射流对送风气流的混掺，一是射流过程中的混掺，二是被所在环境气流即出口附近气流的紊乱所混掺，当只考虑受漏泄影响大的单向流时，后一种混掺这里先不考虑。

对于射流过程中的混掺，有

$$\frac{\alpha_1}{a_1}=\frac{\dfrac{Q_{m1}}{Q_M}}{\dfrac{Q_{s1}}{Q_M}}=\frac{Q_{m1}}{Q_{s1}} \tag{15-3}$$

将式(15-2)展开，则

$$N'_1=N_0K_1+N_0\frac{\alpha_1}{a_1}-N_0K_1\frac{\alpha_1}{a_1} \tag{15-4}$$

N_0K_1 即是过滤器出口浓度，也就是漏泄射流在出口附近所处的环境浓度，设为 N_e，即

$$N'_1-N_e=(N_0-N_e)\frac{\alpha_1}{a_1} \tag{15-5}$$

代入式(15-3)所以有

$$\frac{N'_1-N_e}{N_0-N_e}=\frac{Q_{m1}}{Q_{s1}} \tag{15-6}$$

根据阿勃拉莫维奇(简称阿氏)在 20 世纪 60 年代前得出的浓差射流规律是，浓差和流量变化成反比，和速度变化成正比，其公式为[3]

$$\frac{\Delta N_1}{\Delta N_0}=\frac{Q_0}{Q} \tag{15-7}$$

式中：ΔN_1——射流某断面质量平均浓度和环境质量平均浓度之差，即为式(15-5)中的 N'_1-N_e(为使本书符号一致，此处将阿氏公式的角码 2 改为 1)；

ΔN_0——射流出口浓度和环境浓度之差，即是式(15-5)中的 N_0-N_e；

Q——射流某断面处混掺后的流量，即 Q_{s1}；

Q_0——漏泄流量，即 Q_{m1}。

因此

$$\frac{Q_0}{Q}=\frac{Q_{m1}}{Q_{s1}} \tag{15-8}$$

所以式(15-7)也成为

$$\frac{\Delta N_1}{\Delta N_0}=\frac{N'_1-N_e}{N_0-N_e}=\frac{Q_{m1}}{Q_{s1}} \tag{15-9}$$

从式(15-5)和式(15-9)可知，漏泄方程是按洁净室理论推导出来的，和阿氏按射流结构原理推导出来的射流浓差公式完全一致。从而也说明，针孔漏泄是适用射流理论来描述的。

但是 20 世纪 60 年代以后，阿氏修正了自己的公式，得出

$$\frac{\Delta N_1}{\Delta N_0}=\frac{Q_{m1}}{Q_{s1}}\sqrt{\frac{N_e}{N_0}} \tag{15-10}$$

比较式(15-9)和式(15-10)可见，后者多乘了一个系数，即$\sqrt{\dfrac{N_e}{N_0}}$。若应用这一公式于漏泄射流，则因 N_0 将比 N_e 大万倍左右，$\Delta N_1/\Delta N_0$ 将比按原公式计算的小百倍左右。也

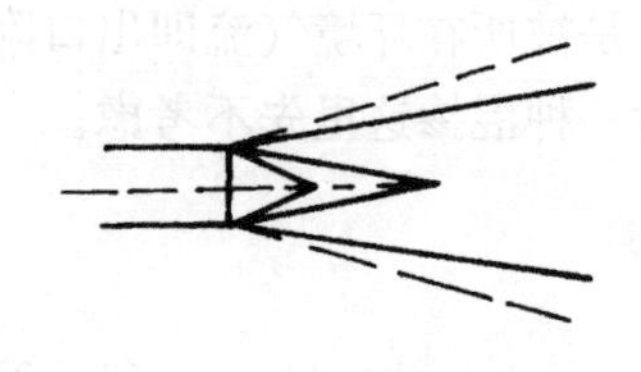

图 15-4　射流边界层

--- 温度边界；—— 速度边界

就是说，射流的扩散更快了，这用来说明温度变化是正确的；阿氏认为，由于热量扩散比动量扩散要快，因此温度边界层比速度边界层发展要快些、厚些，如图 15-4 所示[4]。从前面的关于漏泄方程的推导过程看，式(15-9)是正确的，浓差射流或漏泄射流采用式(15-10)是不合适的，这是因为其不完全符合实际。应该认为，在扩散规律上浓度扩散规律不能完全套用温度扩散规律，特别是在净化技术的微浓度的扩散上。

前面在推导式(15-2)时指出了带进污染气流的两项尘量。但理论上还应有扩散进出的尘量，由于漏泄射流浓度大于环境浓度，将主要是带出尘量。但考虑到微粒的扩散运动主要是受气体的布朗运动影响，所以微粒的扩散系数远比气体分子扩散系数小，约为其十万分之一，即使能加以考虑也绝不会使结果降低百倍这么多。经验和实验均证明这一点。

根据孔眼漏泄和圆孔射流原理[4]，圆孔漏泄射流的轴心速度和出口速度的关系是

$$\frac{v_1}{v_0}=\frac{0.48}{\dfrac{\alpha S_1}{d_0}+0.147} \tag{15-11}$$

式中：v_1——接近周围速度 v 的漏泄射流轴心速度，取 0.3m/s；

v_0——圆孔出口速度；

S_1——v_1 处距圆孔口的距离(m 或 mm)；

d_0——漏孔直径(m 或 mm)；

α——紊流系数，圆孔取 0.08。

流量的关系是

$$\frac{Q_{m1}}{Q_{s1}}=\frac{1}{4.4\left(\dfrac{\alpha S_1}{d_0}+0.147\right)} \tag{15-12}$$

这样

$$\frac{S_1}{d_0}=\frac{0.48v_0-0.147v_1}{\alpha v_1} \tag{15-13}$$

漏孔出口速度 v_0 和漏孔两边压差 ΔP(Pa)的关系为

$$v_0=\varphi\sqrt{\frac{2\Delta P}{\rho}} \tag{15-14}$$

式中：φ——流速系数，$\varphi=\dfrac{\text{实际流体速度}}{\text{理想流体速度}}$，考虑到漏孔阻力，得出 $\varphi=0.82$；

ρ——气体密度 1.2kg/m^3。

v_0 数值列表见表 15-1。

表 15-1　v_0 值

ΔP/Pa	20	40	60	80	160	200	300	400
v_0/(m/s)	4.75	6.69	8.20	9.46	10.58	14.96	18.33	21.77

设以检漏的初运行时条件和垂直漏孔为准，ΔH 取 200Pa，得出

$$S_1/d_0=297.4$$

可见当 ΔP 和轴心速度 v_1 一定时，S_1/d_0 为常数，因$\frac{\alpha_1}{a_1}=\frac{Q_{m1}}{Q_{s1}}$，所以有

$$\frac{\alpha_1}{a_1}=\frac{1}{4.4\times(0.08\times 297.4+0.147)}=0.0095$$

如果 $d_0=1\text{mm}$，则 $S_1\approx 300\text{mm}$，当可以实现这一距离时，即 α_1/a_1 不超过 0.0095 时，必须使 d_0 更大，则在既定距离 300mm 上的 α_1/a_1 将大于 0.0095，即漏泄更严重了，否则只能改进结构，扩大 S_1。

式(15-2)中的 α_1/a_1 越大，则漏泄污染的浓度越大。从式(15-12)又可见，离漏点越远(即 S_1 越大)、漏孔越小(即 d_0 越小)，α_1/a_1 越小，污染的浓度将越小。但是 S_1 不是可以无限长的，即射流不可能无限制地扩散稀释下去，因为这里所说的漏泄射流不是在静止空间里，而是在周围有同方向速度(或速度分量)的气流之中，按射流原理，显然当漏泄射流的轴心速度和周围气流速度相当时，射流就不应再扩展，而应跟随周围气流向前运动，成为周围气流的一部分。

对于满布单向流，周围气流速度基本不变，可以按 0.3m/s 考虑，因为乱流洁净室风口下的速度较大，风口直下方的主流区内速度大多数也可以衰减到 0.3m/s，再小就紊乱较大了。此外，若设衰减到 0.25m/s，则最终得到的污染浓度将略小于 0.3m/s 的，所以从偏安全考虑，只取扩展到 0.3m/s。

由于式(15-2)中 $(1-K_1)\approx 1$，又从第四章知高效过滤器 K_1 应达到 0.00002(对≥0.5μm)，所以

$$N'_1\approx N_0(K_1+475K_1)=K_1N_0+475K_1N_0 \tag{15-15}$$

即无阻漏层时，由于漏泄，被漏泄污染的那股送风气流即污染气流，在上述速度衰减到接近送风气流速度等条件下，其浓度 N'_1 将比正常送风浓度 K_1N_0 高 475 倍。所以漏泄是影响高效过滤器送风洁净度的最重要因素，阻漏则是提高洁净度的最重要措施。

因此，能反映漏泄程度的公式(15-2)即是漏泄方程。

15-3　阻漏方程

本章提出的阻漏是用阻漏层方法实现的，即在送风口高效过滤器下方再设一道具有一定穿透率和阻力的空气分布器，见图 15-5。

如果阻漏层也具有 $K_2=K_1$ 的穿透率，这就等于安了两道高效过滤器，再用安高效过滤器的边框密封方法处理第二道过滤器边框，显然这种方法已超出阻漏范畴，是不实际的。这里说的阻漏层，它和边框之间基本不考虑专设的密封。过滤器边框漏泄造成的污染气流通过这种阻漏层时，可能有三种情况，见图 15-6 所示。

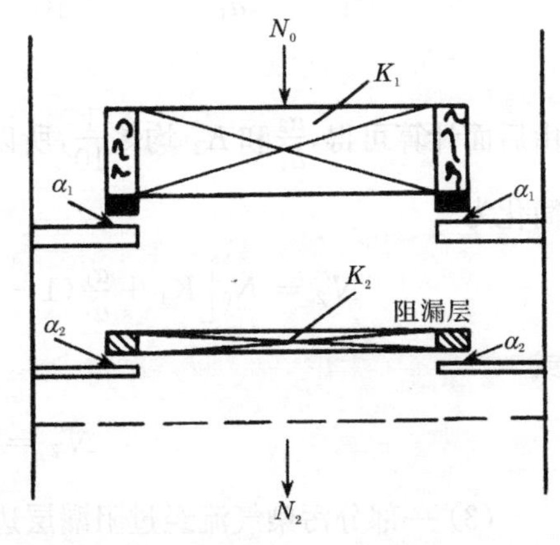

图 15-5　加阻漏层的高效过滤器送风口

(1) 污染气流直接到达并覆盖了整个阻漏层缝隙和其表面，使通过阻漏层的这一层气流浓度为 N'_1K_2，则通过阻漏层缝隙的污染气流的浓度

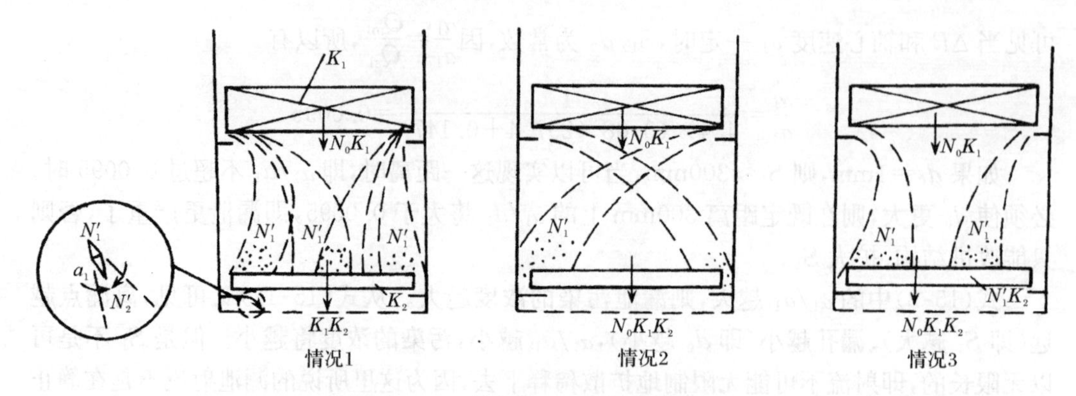

图 15-6　污染气流通过阻漏层的情况

将得不到 N_0K_1 的干净气流的混掺。这是最差的情况，但这又是不可能发生的情况，因为不可能没有非漏泄的干净气流通过阻漏层。

此时阻漏层后的污染气流浓度 N'_2 同推导 N'_1 一样，也由两部分组成，即

$$N'_2=\frac{N'_1\alpha_2+N'_1K_2(a_2-\alpha_2)}{a_2}=N'_1\left[K_2+\frac{\alpha_2}{a_2}(1-K_2)\right]$$

$$=N_0\left[K_1+\frac{\alpha_1}{a_1}(1-K_1)\right]\left[K_2+\frac{\alpha_2}{a_2}(1-K_2)\right] \tag{15-16}$$

或

$$N'_2=K'_1K'_2N_0$$

式中：α_2、a_2、K_2、N'_2 和 α_1、a_1、K_1、N'_1 的意义相同，是属于第 2 层即阻漏层的参数。

(2) 全部污染气流都通过阻漏层边框的缝隙，即漏泄浓度 N'_1 经过阻漏层后的浓度为 $N_0K_1K_2$，此时，漏泄气流的污染浓度将得到经过阻漏层的最干净的气流的混掺，这是最好的情况，但也是不可能发生的情况。此时有

$$N'_2=\frac{N'_1\alpha_2}{a_2}+\frac{N_0K_1K_2(a_2-\alpha_2)}{a_2} \tag{15-17}$$

将式(15-2)中的 N_0K_1 代入式(15-17)，整理后得

$$N'_2=N_0\left[K_1+\frac{\alpha_1}{a_1}(1-K_1)\right]\left[K_2+\frac{\alpha_2}{a_2}(1-K_2)\right]-N_0\frac{\alpha_1}{a_1}\left(1-\frac{\alpha_2}{a_2}\right)K_2(1-K_1) \tag{15-18}$$

由后面计算可得，$\frac{\alpha_2}{a_2}$ 和 K_1 均 $\ll\frac{1}{10}$，所以 $\left(1-\frac{\alpha_2}{a_2}\right)$ 和 $(1-K)$ 可认为近似于 1，则式(15-18)简化为

$$N'_2=N_0\left[K_1+\frac{\alpha_1}{a_1}(1-K_1)\right]\left[K_2+\frac{\alpha_2}{a_2}(1-K_2)\right]-N_0\frac{\alpha_1}{a_1}K_2 \tag{15-19}$$

或

$$N'_2=K'_1K'_2-K_2\frac{\alpha_1}{a_1}N_0 \tag{15-20}$$

(3) 一部分污染气流经过阻漏层边框缝隙，具有浓度为 N'_1，还有一部分污染气流通过一部分阻漏层，因此阻漏层漏泄气流将得到既不是最干净也不是最脏的气流($N_0K_1K_2$

和 $N'_1K'_2$ 的混合气流）的混掺，这是介于上述两种情况的中间情况。此时，因不知污染气流通过阻漏层的缝隙和其表面的比例，故其 N'_2 难以确切计算。如果取第(1)和第(2)种情况的平均数为第(3)种 N'_2，则

$$N'_2 = N_0\left[K_1 + \frac{\alpha_1}{a_1}(1-K_1)\right]\left[K_2 + \frac{\alpha_2}{a_2}(1-K_2)\right] - N_0\,\frac{K_2\alpha_1}{2a_1} \tag{15-21}$$

或

$$N'_2 = \left(K'_1K'_2 - \frac{K_2\alpha_1}{2a_1}\right)N_0 \tag{15-22}$$

即可以认为通常情况下阻漏层后的漏泄射流形成的污染气流浓度比最差情况的这一浓度小 $N_0\,\dfrac{K_2\alpha_1}{2a_1}$。式(15-21)中第(1)、(2)两项乘积即 N'_1。

能反映阻漏效果的式(15-21)和式(15-22)即是阻漏方程。

15-4　阻漏效果

假定阻漏层和边框之间没有专设的密封垫，也未压紧，则应存在由一些纵向贯穿密封垫的缝组成的缝隙，在边上看类似于孔洞，所以仍应适用圆孔射流。

设阻漏层前后压差 $\Delta P=120\text{Pa}$，则通过阻漏层的漏泄射流出口速度 $v_0=9.5\text{m/s}$，设漏泄射流轴心速度也衰减到 0.3m/s，于是求出 $S_2/d_0=230$。所以有 $\alpha_2/a_2=0.0122$。

现在简单分析一下，K_2 应在什么范围选用。从最不利的、阻漏效果最小的式(15-16)来看，$K_2+\frac{\alpha_2}{a_2}(1-K_2)$这一项越小越好，似乎 K_2 也越小越好。但 K_2 若很小，如接近高效滤料，只及 α_2/a_2 的 1/10 以下，则对整个阻漏效果的贡献显得无足轻重，此时阻漏效果主要取决于 α_2/a_2 了，降低 K_2 只会增加阻力和成本。

从式(15-16)可知，最好使 K_2 和 α_2/a_2 可以相比较，即 K_2 为效率在 95%～99%的亚高效滤料的值最合适，既有阻漏效果，又能较好地防止气流倒灌的污染，并将简化对阻漏层过滤和密封性能的要求，具有实际意义。

通过以下计算来考虑 K_2 对阻漏效果的影响。

已知

$$\alpha_1/a_1=0.0095$$
$$\alpha_2/a_2=0.0122$$

对≥0.5μm 微粒应有

$$K_1=0.00002$$

$$K'_1=K_1+\frac{\alpha_1}{a_1}(1-K_1)=0.00952$$

则有阻漏层的漏泄污染气流浓度 N'_2 为表 15-2 所列。可见，当 K_2 由 0.01 降到 0.001 时 N'_2 的变化并不大，所以相应于 $\alpha_2/a_2=0.0122$ 的密封条件，配用 $K_2=0.001$ 的高效阻漏层，对降低污染浓度的作用已不大，即阻漏层没有必要用高效材料制作。在选用亚高效阻漏层情况下，在不考虑紊流混掺的最不利条件下，有漏泄处阻漏层后的污染气流浓度可降到无阻漏层时的污染气流浓度 N'_1 的 0.04 以下，因实际中都有紊流混掺，所以将远低于这个数值。

表 15-2　N'_2 的计算值

K_2	0.05	0.01	0.001
K'_2	0.0616	0.022	0.0132
$\frac{K_2\alpha_1}{2a_1}$	0.0002375	0.0000475	0.00000475
N'_2[式(15-21)]	$0.0366N'_1$	$0.017N'_1$	$0.0127N'_1$
N'_2[式(15-22)]	$0.000349N_0$	$0.000162N_0$	$0.000121N_0$

表 15-3 是有无阻漏层的实测结果，实测小室为 3.4m×2.4m[4,5]。可见：

(1) 有阻漏层时，室内含尘浓度低于无阻漏层时很多。

(2) 有阻漏层时，加漏(模拟漏泄)与否，新风有无，对室内含尘浓度均无明显影响，说明阻漏层已发挥了足够的作用。

(3) 加漏时，12 根漏管漏泄流量为 $0.74\text{m}^3/\text{h}$，共从高效过滤器前漏入 1.57×10^6 粒/h，室内浓度可增加 0.17 粒/L，但由于有阻漏层，这一影响并未突出。

表 15-3　满布阻漏层和无阻漏层效果比较

阻漏层	总风量/(m^3/h)	新风量/(m^3/h)	高效前浓度(≥0.5μm)/(粒/L)	加漏否	室内浓度(≥0.5μm)/(粒/L) 平均	室内浓度(≥0.5μm)/(粒/L) 最大	备注
无	9500	201	2119	不	1.98	3.30	过滤器边框有微漏并经堵漏
有	9500	201	2119	不	0.36 0.33	0.80 0.60	平均 0.70
		0.60	关	457	不 0.37	0.46 0.80	平均 0.70
		201	2119	加	0.33	0.70	—
		关	457	加	0.36 0.29 0.50	0.70 0.50 0.80	平均 0.68

15-5　阻漏层的阻漏机理

15-5-1　稀释阻漏

(1) 射流混掺稀释。从上面计算已知，由于射流混掺，那股漏泄射流的污染浓度可被稀释到原来的 1/100 水平，条件是从漏点到阻漏层之间必须有足够的长度供射流扩展以前面计算的 $S_1/d_0=297.4$ 而言，当漏孔 $d_0=1\text{mm}$ 时，此长度要达到 300mm。设想将过滤器与阻漏层分开设置，使过滤器专门过滤，阻漏层代起分布空气的作用，如图 15-7 所示，末端高效过滤器专设在技术夹层的过滤器箱中，而通过极短的管道与夹层下的阻漏层空气分布器相连，由于自漏点至阻漏层的距离远大于上述 S_1，有利于污染射流充分稀释，降低 α_1/a_1，也就降低了 K'_1。

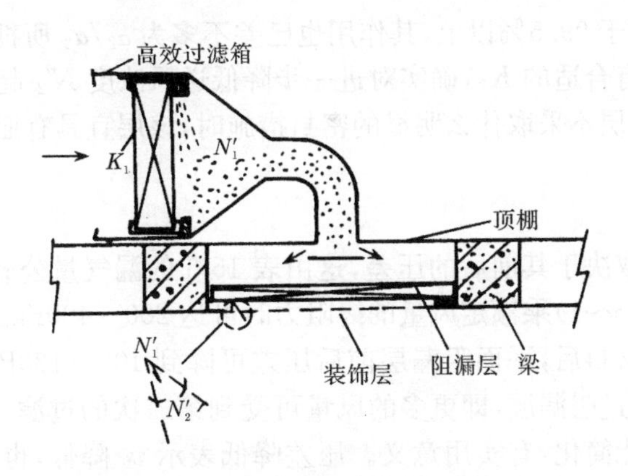

图 15-7　过滤器与阻漏层分开设置

(2) 气流紊乱稀释。如果要进一步降低污染浓度，则必须进一步混掺稀释，靠气流的紊乱混合来稀释。由 a_1 定义可知，如能使污染气流充满整个送风气流，即 $Q_{s1}=Q_M$，$a_1=1$，此时 α_1/a_1 最小。在图 15-7 上，由于经过缩口和弯头并且使流速变大，破坏了单向流流线，加剧了混掺稀释；由于静压箱入口还设置挡板进一步加强混掺作用，所以可以认为此时的 a_1 比没有这些措施时大多了。过滤器箱中高效过滤器面积要比阻漏层小得多，既省了过滤器，又由于需要密封的面积减小很多，且在静压箱之外操作，使密封容易进行了。

实验和计算证明，提高 a_1 相当困难，一般使 a_1 达到 0.1～0.3 就很好了。此时穿透率平均只增加约 3 倍。

a_1 对气流混掺效果的影响见表 15-4[3]（压差由原文献的 60Pa 改设为 120Pa）。

表 15-4　增加气流混掺的效果

条件		设 a_1	α_1/a_1	N'_2[式(15-22)]
阻漏层无密封，为针孔漏泄，只有射流混掺：$\alpha_2/a_2=0.0122$ $K=0.00002$；$K_2=0.05$ 通过风量$=800\text{m}^3/\text{h}$	第一道过滤层只有针孔漏泄和射流混掺	无紊流混掺	0.0095	$18K_1N_0$
	第一道过滤层以闭孔海绵企口连接密封，$P=200\text{Pa}$ 时漏 $0.3\text{m}^3/\text{h}$，四边 2m 长（漏气量计算见表 15-5） $\alpha_1=0.000375$，还有不同程度紊流混掺	0.1	0.00375	$6.9K_1N_0$
		0.3	0.00125	$2.35K_1N_0$
		0.7	0.000536	$1.04K_1N_0$
		1.0	0.000375	$0.75K_1N_0$

15-5-2　过滤阻漏

从式(15-2)可见，阻漏层的阻漏效果当然和该层的过滤作用分不开，没有阻漏层时，送风浓度

$$N'_1=N_0K_2$$

有了阻漏层后，送风浓度

$$N'_2=N'_1K'_2=N_0K'_1K'_2$$

K'_2 中就包含了反映阻漏层过滤效果的 K_2，K_2 小则 K'_2 就小。前面已指出，K_2 不需要小而要小，太小了则阻力必大，失去了作为阻漏层的意义，即使小到只有 α_2/a_2 的十分之一

二，即过滤效率相当于 99.5%以上，其作用也已差不多为 α_2/a_2 所抵消。

但阻漏层若具有合适的 K_2，确实对进一步降低送风浓度 N'_2 起到很好的作用。前面已分析，当要求阻漏层不采取什么明显的密封措施时，该层宜具有亚高效的过滤效果。

15-5-3 降压阻漏

缝隙的漏气量取决于其前后的压差，这由表 15-5 的漏气量公式明显可见，而高效过滤器前后压差在(0.5～1)乘额定风量的终阻力时可达 200～400Pa。设置阻漏层后，当阻漏层用低阻亚高效材料后，平面阻漏层前后压差可降到 100～120Pa。压差小，漏泄量减小，使更多的风量通过阻漏层，即更多的风量可受到第二次的过滤。既然压差已减小，所以边框密封条件可能简化，有实用意义。压差降低表示 v_0 降低，也就是 v_2 将降低，但不反映在单位体积含尘浓度上，所以在漏泄方程和阻漏方程中均无直接反映。

表 15-5 各种缝隙实验的漏气量公式的参数[6,7]

缝隙结构	密封方式	漏泄强弱顺序	每米缝隙漏气量 $q(q=AP^{1/n}$，P 为 $mmH_2O)/(m^3/h)$				
			A	n	$P=40$	$P=20$	$P=4$
开口缝，缝宽 1.5mm	无	1	20.2	2	127.8	90.4	28.6
开口缝，缝宽 1.0mm	无	2	18.6	2	117.6	83.2	26.3
开口缝，缝宽 0.5mm	无	3	7.3	1.6	73.2	51.8	16.4
角钢法兰连接	以普通橡胶垫作填料	4	0.24	1.6	2.4	1.7	0.57
角钢法兰连接	以 850 胶条作填料	5	0.024	1.3	0.41	0.29	0.07
角钢法兰连接	以 KS-5K 密封胶作填料	6	0.021	1.3	0.36	0.25	0.06
角钢法兰连接	以闭孔海绵胶条($\delta=3$)作填料，企口连接	7	0.021	1.3	0.21	0.15	0.035
角钢法兰连接	双环密封条	8	2.2×10^{-5}	1.1	0.0006	0.0004	0.00008
$d=1$mm 孔洞 10 个	—	—	—	—	0.36	0.25	0.114
$d=0.5$mm 孔洞 10 个	—	—	—	—	0.09	0.61	0.29

从表 15-5 可见，压差降低一半，漏气将减少 30%。

15-5-4 阻隔阻漏

阻漏层的边框和框架之间即使只有硬性接触，对漏气仍有阻力，仍有阻隔作用，即仍有一定密封作用，有降低 a_2 的作用；如果阻漏层在不采用什么明显的密封措施时其边框仍具有相当的密封作用，例如在边框上粘一道柔性材料，以避免硬接触，则阻漏层的 a_2 将更减小，α_2/a_2 也将减小；再配以合适的 K_2，则 K'_2 将减少，从而提高了阻漏效果；但正如前面提出的，若从阻力考虑，选用亚高效阻漏层，则 α_2/a_2 不宜比 K_2 小得太多。

15-6 阻漏层送风末端

15-6-1 概述

本章第 15-1 节已经指出洁净空间控制污染的机理，主要是布置在其送风末端的高效过滤器将洁净气流送入。但由于气流的分布方式——乱流稀释性分布,单向流的活塞挤压性分布,以及末端不同形式渗漏影响,将出现不同的洁净度。常规气流分布方式在量上和质上的变化都要伴随高效过滤器数量的正比变化,即当扩大送风面积时,必须增加高效送风口的数量,所以实践意义不大,同时也无法排除末端万一渗漏对洁净空间特性的影响。

第十四章中已阐明了主流区的意义,于是,将阻漏层和扩大主流区结合起来,就产生了阻漏层送风末端新的气流分布方式。

15-6-2　阻漏层送风末端的结构

阻漏层送风末端作为专利技术又称为阻漏式洁净送风天花(是俗称),有两种形式:

1) 由单片阻漏层构成

由图 15-8 所示的由单片阻漏层构成的装置也可称阻漏层送风口。过滤器可以在风口内[图 15-8(a)],也可在风口外[图 15-8(b)],在风口外时安装于一个过滤器箱内。

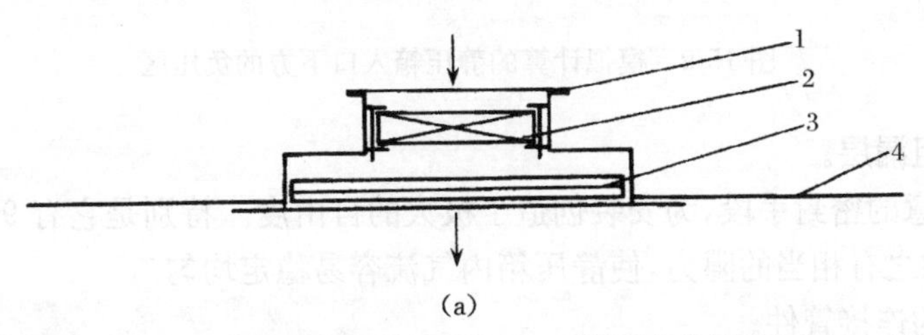

(a)

1. 阻漏层送风口;2. 高效过滤器(送风面积 F);3. 阻漏层(送风面积 $2F$);4. 顶棚

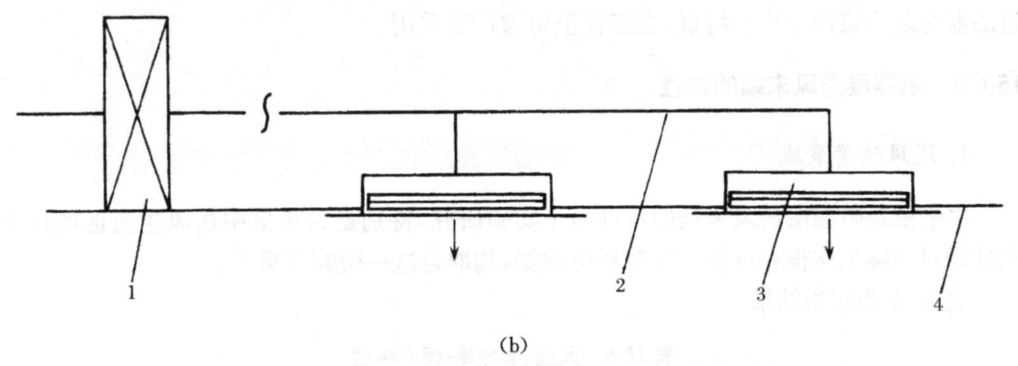

(b)

1. 零压密封过滤器箱(或一般过滤器箱);2. 风管;3. 无过滤器阻漏层风口;4. 顶棚

图 15-8　阻漏层送风口

这种形式可直接与大系统连接,由于阻漏层面积可大于过滤器截面积,属于扩大主流区的应用,适合于乱流洁净室,在同样的过滤器数量下,送风口面积可扩大 1 倍,洁净区大了,主流区内单向流特性加强了。

2) 由多片阻漏层构成

多片阻漏层可组成面积较大的局部百级或全室百级。

以上两种形式包括以下部件:

(1) 过滤器箱。

(2) 薄型静压箱。

每块静压箱只有 250～350mm 厚。

静压箱内有促进气流混合的装置，按阻漏层理论，它使混掺系数提高到 0.3 以上。

静压箱入口风速不宜太大并应设挡板[8]，否则入口处可形成负压，并使远端出风速度变大，见图 15-9[9]。

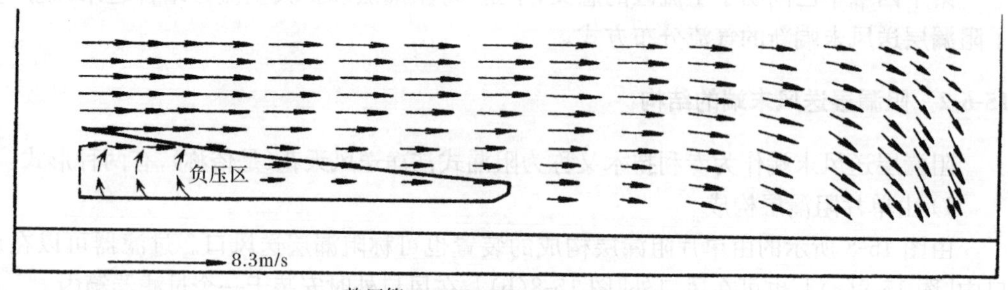

静压箱(1300mm×1200mm×350mm)

图 15-9　模拟计算的静压箱入口下方的负压区

(3) 末端阻漏层。

不需要刻意的密封手段，为安装创造了极大的自由度。特别是它有 95%左右的洁净气流满布比，加之有相当的阻力，使静压箱内气流容易稳定均匀。

(4) 简短的连接管件。

阻漏层送风末端由于具有阻止漏泄，扩大主流区，可降低层高，不需在室内更换、维护过滤器与装饰层四个主要特点，在工程上可被广泛采用。

15-6-3　阻漏层送风末端的特性

1. 送风速度衰减

牛维乐对阻漏层送风末端的特性做了实验研究，特别是关于集中送风主流区的抗干扰性能对实际工作很有价值。本节所引数据，均取自这一研究成果[9]。

表 15-6 为实验结果。

表 15-6　风速、衰减率-频率特性

频率/Hz		44	45	46	47	48	49	50
送风温差++0℃	v_0	0.396	0.414	0.424	0.431	0.443	0.452	0.462
	ν	0.250	0.264	0.270	0.272	0.281	0.300	0.322
	λ	0.369	0.362	0.363	0.369	0.366	0.336	0.303
送风温差+1.4℃	v_0	0.394	0.407	0.424	0.431	0.444	0.464	0.497
	ν	0.212	0.226	0.229	0.241	0.251	0.268	0.280
	λ	0.462	0.445	0.441	0.444	0.445	0.422	0.437

从表 15-6 可以看出：

(1) 送风速度衰减和送风速度大小的关系如前所述，不十分明显。但总的看，送风速度 v_0 大时，衰减率 λ 略小。

(2) 当要求工作面风速 v 在 0.2～0.25m/s 时(如当前国内外对洁净手术室的要求)，送风速度 v_0 可能在 0.40m/s 以下至 0.35m/s 之间，有节能意义(对于状态 1)。

(3) 当送风温差为“+”仅有 1.4℃时，衰减率变大，获得同样大小的工作面风速则需要更大的送风速度。如达到送热风的温差，风可能就下不来了。这也是如德国和中国关于洁净手术室的标准要求送风温度低于室温的原因。当送冷风时，预期会有更好的结果。

2. 乱流度

表 15-7 为实验结果。

表 15-7 乱流度-频率特性

频率/Hz		44	45	46	47	48	49	50
状态 1	送风面乱流度	0.096	0.093	0.093	0.089	0.089	0.084	0.080
	工作面乱流度	0.266	0.245	0.232	0.227	0.208	0.199	0.202
状态 2	送风面乱流度	0.099	0.104	0.092	0.094	0.094	0.087	0.081
	工作面乱流度	0.361	0.342	0.346	0.354	0.344	0.301	0.296

从表 15-7 可以看出：

(1) 由于送风面速度是在送风面下 5cm 之内测定的，状态的差异还显现不出来，所以两种状态下的乱流度差别很小。

(2) 工作面(表中为距地 0.8m)乱流度随着温风温差由“+”到“0”而减小，预期由“0”到“－”还应减小。

(3) 送风速度加大，乱流度减小。随着工作面提高，似应有乱流度减小的可能，但还要考虑回风口的影响。

3. 抗干扰

1) 抗主流区周边人活动的干扰

由 1 名未穿洁净服的人在图 15-10 所示测点的微粒浓度稳定后 3min 之后在周边区绕主流区以 1m/s 的速度行走，行走 3min，从第 4min 记录测点的浓度变化。行走停止后，继续记录 3min。

表 15-8 为实验结果。

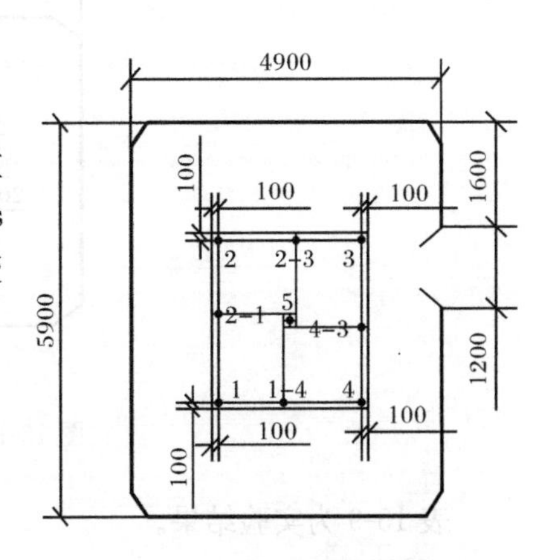

图 15-10 主流区抗周边干扰测点

表 15-8　主流区抗干扰测点浓度变化表

时间/min			1	2	3	4	5	6	7	8	9
测点含尘浓度粒/2.83L	1	≥0.5μm	0	0	0	1	5	1	0	0	0
		≥5.0μm	0	0	0	0	0	0	0	0	0
	1-2	≥0.5μm	0	0	0	0	0	0	0	0	0
		≥5.0μm	0	0	0	0	0	0	0	0	0
	2	≥0.5μm	0	0	0	4	9	14	1	0	0
		≥5.0μm	0	0	0	0	0	0	0	0	0
	2-3	≥0.5μm	0	0	0	1	0	0	0	0	0
		≥5.0μm	0	0	0	0	0	0	0	0	0
	3	≥0.5μm	0	0	0	3	4	8	1	0	0
		≥5.0μm	0	0	0	0	0	0	0	0	0
	3-4	≥0.5μm	0	0	0	5	15	21	2	0	0
		≥5.0μm	0	0	0	0	1	0	0	0	0
	4	≥0.5μm	0	0	0	2	5	10	0	1	0
		≥5.0μm	0	0	0	0	0	0	0	0	0
	4-1	≥0.5μm	0	0	0	0	4	2	0	0	0
		≥5.0μm	0	0	0	0	0	0	0	0	0

从表 15-8 可以看出：

(1) 人在周边走动对主流区边界内的影响很小，在 8 点中，只有个别点的小微粒有时略超标，其他各点仍在级别标准之内。

(2) 走动停止，影响立即消失。

2) 抗主流区内人活动的干扰

该工作人员在图 5-11 所示的中心点从第 1min 到第 5min 一直在转动前臂。

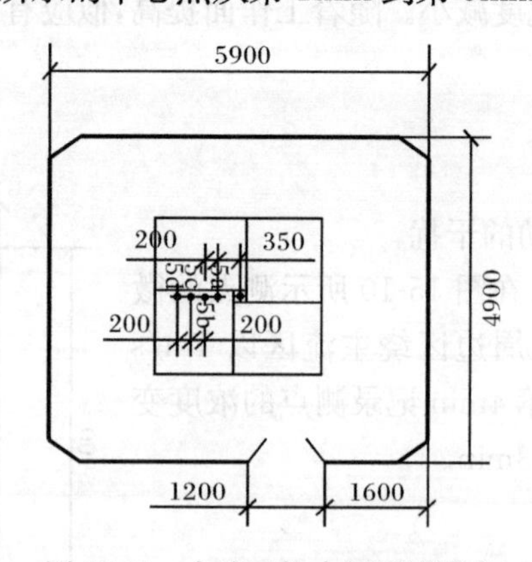

图 15-11　主流区抗内部干扰测点

表 15-9 为实验结果。

表 15-9　主流区抗干扰测点浓度变化表

时间/min			1	2	3	4	5
含尘浓度粒/2.83L	5a	≥0.5μm	36	17	8	7	7
		≥5.0μm	4	2	0	0	0
	5b	≥0.5μm	28	31	29	22	28
		≥5.0μm	4	2	5	2	5
	5c	≥0.5μm	16	4	21	11	13
		≥5.0μm	1	0	1	2	1
	5d	≥0.5μm	5	4	2	3	2
		≥5.0μm	0	0	0	0	0

从表 15-9 可以看出：

(1) 随着测点到主流区中心距离的增加，含尘浓度是先增大后减少，在距中心约 550mm(5b)处最大，此处约在人体活动的边界。

(2) 增加的浓度未超过标准(5 级)上限的 3 倍，符合单向流中动静比的范围(参见第十七章)。

3) 抗开门的干扰

从开着的门到主流区中心只有 2.3m，到主流区边界只有 1.1m，共设 7 个测点，见图 15-12。门开启时间在 2h 以上。

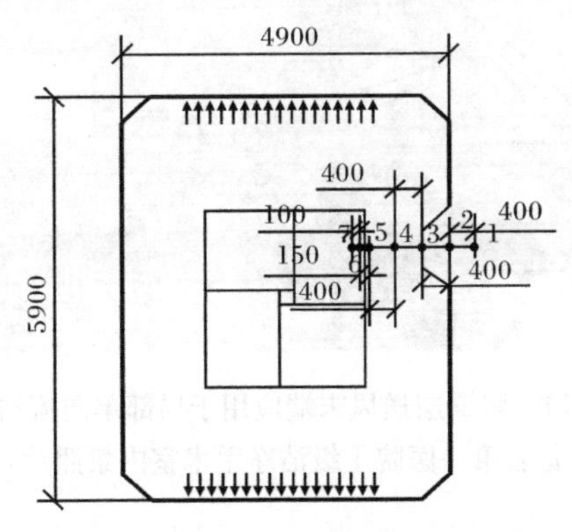

图 15-12　门到主流区之间的测点布置图

测定结果在图 15-13 上。

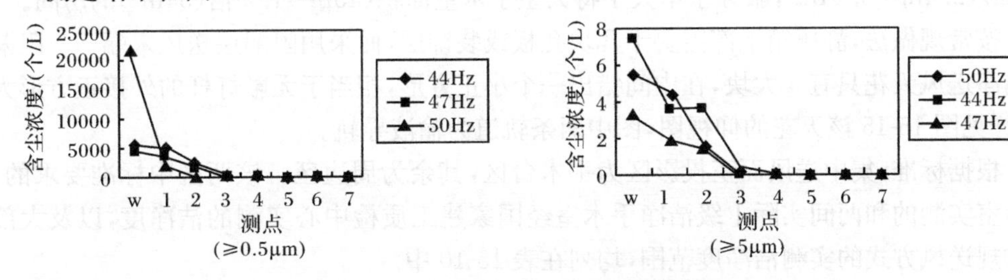

图 15-13　门到主流区之间测点的浓度

从图 15-12 和图 15-13 可以看出：

(1) 实验时门外(点 1)处于 8 级水平。

(2) 从门外到主流区浓度逐渐下降，送风速度越大，下降越快。

(3) 进入室内 800mm 即第 4 点，浓度已恢复到 6 级水平，第 5 点的主流区边界上已达到 1.83 粒/L(最小送风速度)～0.35 粒/L(最大送风速度)，说明该集中送风的主流区抗开门入侵的干扰能力极强。在实用中只有短暂开门的情况下，这种入侵影响更小。

15-6-4　阻漏层送风末端的应用

1. 应用于局部单向流洁净室

局部单向流洁净室最早应用阻漏层送风末端的是建于 1994 年的 301 医院，克服了层高的不足，并要保证末端“万无一漏”，运行了 8 年，效果良好。

正式作为专利产品的应用，是 2002 年建成的福建龙岩第一医院Ⅰ级洁净手术室，见图 15-14。

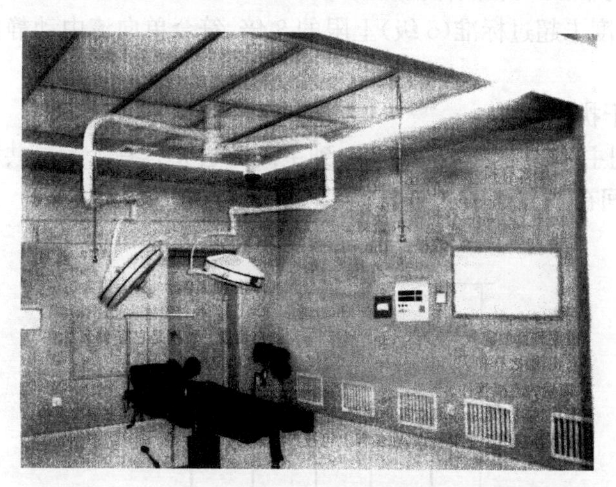

图 15-14　阻漏层送风末端应用于局部单向流洁净室
(龙岩第一医院Ⅰ级洁净手术室内景照片)

根据《医院洁净手术部建设标准》和《医院洁净手术部建筑技术规范》(GB 50333—2002)关于Ⅰ级洁净手术室手术台上方集中送风面积的规定，局部百级送风面要达到 $2.6m\times2.4m=6.24m^2$，服务于不大于特大型手术室面积($45m^2$)1.2 倍($54m^2$)的房间。

按常规做法，静压箱下部需要十几块孔板或装饰层，而采用阻漏层送风末端——阻漏式洁净送风天花只有 4 大块，在中间错出一个小正方形，相当于无影灯杆的外接正方形大小，详见图 15-15 该天花的仰视图，图中两条轨道为输液导轨。

根据标准，集中送风面正投影区为手术台区，其余为周边区。该两区中标准要求的、实验室实测的和两间实际Ⅰ级洁净手术室经国家建工质检中心实测的洁净度，以及大部分常规送风方式的实测洁净度范围，均列在表 15-10 中。

图 15-15　Ⅰ级洁净手术室用阻漏式洁净送风天花仰视(有导轨)

表 15-10　Ⅰ级阻漏层洁净送风天花基本性能

送风天花 / Ⅰ级手术室				阻漏层洁净送风天花				常规送风方式工程实测
				标准	实验实测	工程实测		
						1	2	
基本性能	送风速度/(m/s)				0.46	0.35	0.45	0.4～0.5
	工作面风速/(m/s)			0.25～0.3	0.30	0.30	0.32	0.25～0.3
	手术区含尘浓度/(粒/L)	≥0.5μm	最大值	≤3.5	0.06	0.05	0.05	0.35～2
			统计值	≤3.5	0.07	0.05	0.05	0.35～2
		≥5μm	最大值	0	0	0	0	0
			统计值	0	0	0	0	0
	周边区含尘浓度/(粒/L)	≥0.5μm	最大值	≤35	0.59	0.8	0.2	3.5～35
			统计值	≤35	0.27	0.5	0.2	3.5～35
		≥5μm	最大值	≤0.3	0	0	0	0～1
			统计值	≤0.3	0	0	0	0～1
	自净时间/min			<15	2	—	—	—

2. 应用于全室单向流洁净室

当洁净室面积特别是宽度不太大时，可用两列阻漏层静压箱构成顶棚送风面，从侧面进风。目前单块阻漏层静压箱尺寸做到 1.2m×1.3m，再大则不方便。

图 15-16 就是北京大学深圳医院的三间各 7m² 的血液病房应用阻漏层洁净送风天花的照片。整个顶棚仅由四块这种天花组成。

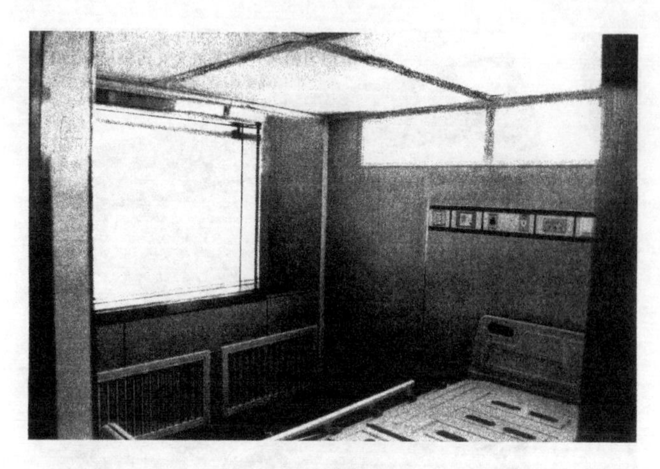

(a) 内景

(b) 顶棚由 4 块阻漏层洁净送风天花组成

图 15-16　血液病房($7m^2$)用的阻漏层洁净送风天花

当洁净室面积很大时，需要安装两列以上阻漏层洁净送风天花，则应采取从该阻漏层静压箱上部进风的方式。由于没有顶棚框架，只需吊装，所以使得大面积百级洁净室的安装大为简化了，质量也更可靠了。

3. 应用于乱流洁净室

(1) 分散风口

以阻漏层代替常规风口上的扩散板，或者阻漏层扩大至原送风口面积 1 倍，见图 15-8(a)。对于后一种具有扩大主流区的作用(见第十四章)，而且由于减小了送风速度又可不在室内下部拆装过滤器，而在室外(如技术夹层)拆换过滤器特别适合需要小而均匀的风速和害怕交叉污染(感染)工作的地方，如无菌动物饲育室。据在动物饲育室应用的结果，收到了很好的成效。这种方式也适合不希望增加室内污染的洁净手术室和血液病房采用。

(2) 集中风口

虽然是乱流洁净室，也可以把风口集中布置，而送风量和过滤器数量不变，这样就形成一个扩大的主流区。由于送风速度小于单向流时的速度，所以在送风口下方具有准单向流的特性，为Ⅱ、Ⅲ级洁净手术室开发的专利产品——阻漏层洁净送风天花就是这样的装置，见图 15-17 和图 15-18。前者将 7 级换气次数集中送风后，在手术区达到 6 级，而周边区为 7 级，后者将 8 级换气次数集中送风后，在手术区达到 7 级而在周边区保持 8 级，但是实际效果又远优于此，见表 15-11。

图 15-17　Ⅱ级洁净手术室用阻漏层洁净送风天花仰视

图 15-18　Ⅲ级洁净手术室用阻漏层洁净送风天花仰视

表 15-11　Ⅱ、Ⅲ级阻漏层洁净送风天花基本性能

送风天花 级手术室				阻漏层洁净送风天花 工程实测			
				Ⅱ级(3间)		Ⅲ级(3间)	
基本性能	换气次数/(次/h)			标准	实测	标准	实测
				≮30 ≯43	36	≮20 ≯29	25.7～26.6
	乱流度			—	—	—	—
	手术区含尘浓度/(粒/L)	≥0.5μm	最大值	≤35	0.1～0.5	≤350	2.5～4.9
			统计值	≤35	0.2～0.6	≤350	2.9～5.5
		≥5μm	最大值	≤0.3	0	≤3	0
			统计值	≤0.3	0	≤3	0
	周边区含尘浓度/(粒/L)	≥0.5μm	最大值	≤350	0.9～1.6	≤3500	4.9～7.9
			统计值	≤350	0.6～1.3	≤3500	4.8～7.8
		≥5μm	最大值	≤3	0	≤30	0～0.5
			统计值	≤3	0	≤30	0～1.2

15-6-5　几种送风末端的比较

阻漏层送风末端和常规的送风末端的比较见表 15-12。

表 15-12　几种送风末端比较

比较	阻漏层	常规、尼龙网	常规、孔板
原理	采用了阻漏层概念	传统的过滤器送风口概念	
特性	过滤、均流和堵漏三个功能"解耦"	过滤、均流和堵漏的三个功能集一体	
气流	单向流，截面风速均匀性好，气流密集、平行，抗干扰性能	气流均匀性较差，气流易扩散，抗干扰性差	
漏泄可能	无	有	有
满布比	极大	有可能大	小
高效过滤器数量	少而满足≯80%额定风量	平面布置时多 两侧布置时少但不易 满足≯80%额定风量	平面布置时多 两侧布置时少但不易 满足≯80%额定风量
乱流度	较低	次之	次之
反积灰可能	可以	平面布置过滤器时可以 侧面布置过滤器时不可	平面布置过滤器时稍可 侧面布置过滤器时不可
安装	易，现场组装	难，部分现场制作，误差大	难，部分现场制作，误差大
外观	模式、规格统一	随意性较大，因工人水平而异	随意性较大，因工人水平而异
检、堵漏	无	有	有
人室维护	否	要	要
寿命	半永久	较长	要经常清洁，可能锈蚀

无导轨时常规孔板送风天花和无导轨的阻漏层洁净送风天花外观对比见图 15-19。国外由多块网板或孔板组成的送风天花见图 15-20[10]。

(a) 阻漏层(由 4 块组成)

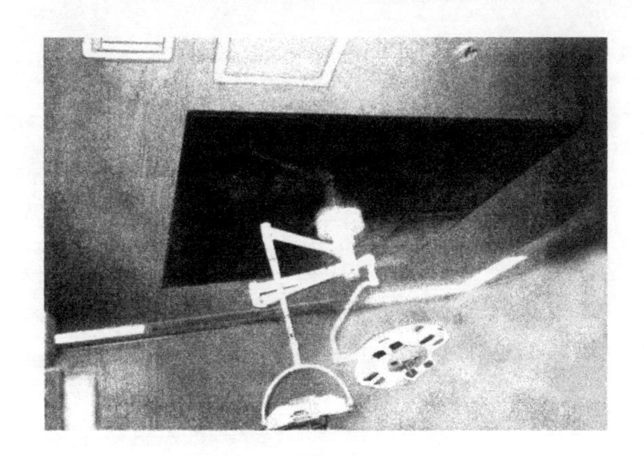

(b) 常规孔板(由 15 块组成)

图 15-19 天花外观对比

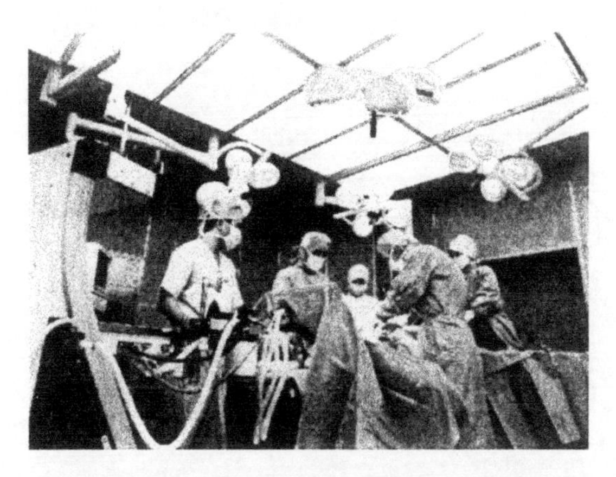

图 15-20 日本洁净手术室常规送风天花

参 考 文 献

[1] 许钟麟,梅自力,沈晋明,等.洁净空间新型气流分布末端——阻漏层的理论.建筑科学,1999,(2):1—10.

[2] 沈晋明,许钟麟,张益昭,等.空气净化系统末端分布装置的新概念.建筑科学,1998,(2):3—5.

[3] 周谟仁.流体力学.泵与风机.北京:中国建筑工业出版社,1984:238.

[4] 许钟麟,张益昭,张彦国,等.洁净空间新型气流分布方式的机理和特性研究.暖通空调,2000,30(3):1—7.

[5] 张益昭,许钟麟,张彦国,等.多功能洁净技术实验室的设计.

[6] 许钟麟.封导结合的双环密封系统的实验研究//洁净学会第三届年会论文,1990.

[7] 彭荣.关于减少通风空调系统漏风量的实验研究与探讨.暖通空调,1992,(1):21—24.

[8] 许钟麟,沈晋明.空气洁净技术应用.北京:中国建筑工业出版社,1989:117.

[9] 牛维乐.阻漏层局部百级送风的气流均匀性和抗干扰性研究[硕士学位论文].北京:中国建筑科学研究院,2002.

[10] 多田野,安正.病院における空調、クリーン設備.空気清浄,1999,37(3):41—49.

第十六章　采样理论

为了保证微粒浓度测定结果的可靠性，除了检测方法要合理和检测仪器要精良外，还要遵循正确的采样原则，最大限度地减小采样误差，这就要求检测者掌握正确采样的理论。

16-1　采样系统

采样一般分为浮游法（保持被采样微粒的浮游状态）和捕集法（捕集浮游的微粒）两大类。

捕集法采样系统中有这样一些器具：采样器（作为滤料的夹具，最好是不锈钢制作，常用的有效直径为 25mm，见图 16-1）；采样管（常用塑胶管）；流量计（常用浮子流量计，流率为 0～30L/min）；真空泵（真空度≥300mmHg，流率≥30L/min）；阀门（针形阀或其他可微调阀门）。

(a) 组装实样

(b) 零件实样

图 16-1　采样器

浮游法采样系统中主要有测尘仪（如粒子计数器）和采样管。

在设置采样系统时，有两个问题应加注意，一是采样口朝向，二是流量计位置。

1. 采样口朝向

应使采样器或采样管的口部正对着气流方向，否则，如果有一个角度，那么由于惯性而使一些微粒在管内壁或口部边缘沉积下来，有些则不能进入采样器或采样管，从而使采集的微粒数量比实际的减少了。图 16-2 是采样口倾斜于气流方向时影响大小的曲线[1]，当倾斜角度在 30°以内时，对于 10μm 以下的微粒，采样误差一般在 5%以内。图 16-3[2] 提供了可以更精确计算这种误差的曲线。

较精确确定气流方向的方法之一是用毕托管测得动压最大的方向即气流方向。

当在室外采样时，为避免大颗粒或杂物落在滤料上，滤料平面要与地面垂直。

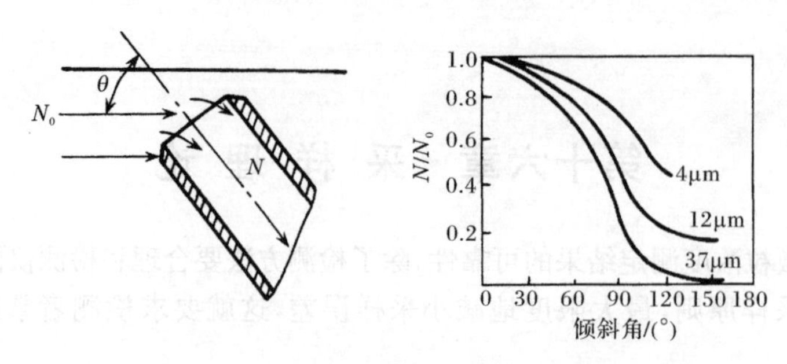

图 16-2　采样口倾斜于气流方向的影响

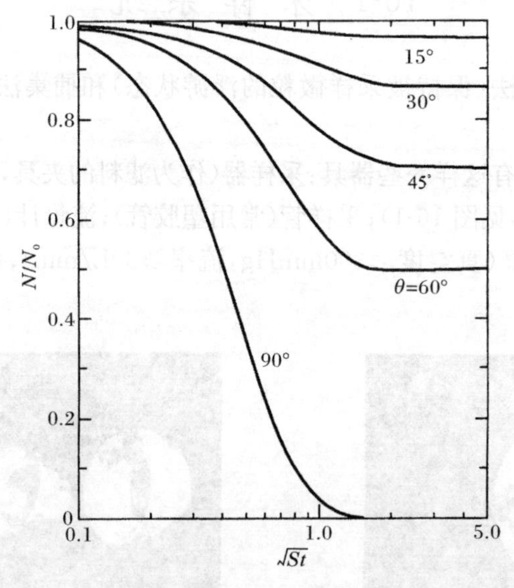

图 16-3　$u=u_0$ 时的采样口未对准气流对采样浓度的影响

2. 流量计的位置

这个问题的实质就是附加阻力对流量计的影响。由于流量计刻度的标定是在一定的阻力(流量计入口处的附加阻力)、气压、温度等条件下进行的,但是在使用流量计时这些条件都有变化,所以肯定要影响原来的标定值。特别是采样器、滤料、阀门等产生的附加阻力的影响往往被忽视,所以有必要给予强调说明。

图 16-4 是关于流量计安装在不同位置时附加阻力影响的实验系统[3]。

经过标定的完全相同的流量计 1 和 2 串联,K_1 在两者之间产生阻力,其值由 3 示出。流量计 1 反映标准流量,2 则反映不同阻力影响下的流量。当真空泵开启后,可发现流量计 1 和 2 所示的流量不同,前者小于后者,其差随阻力增加而增大。如果调节 K_1 和 K_2,将流量计 2 的示值固定,再改变 K_1 的阻力,则流量计 1 的示值变化如图 16-5 所示。

产生这一结果的原因主要是,由于螺旋夹 K_1 的附加阻力引起两只流量计内气压不同的缘故。当空气从流量计 1 下方进入时,几乎无附加阻力(流量计标定一般在这种情况下进行),当空气通过 K_1 时产生压力损失,使流量计 2 内空气压力降低。根据通常使用

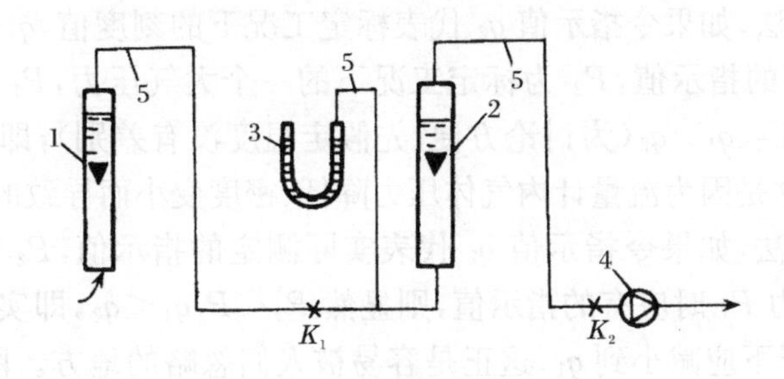

图 16-4　附加阻力实验系统

1、2. 流量计；3. 压差计；4. 真空泵；5. 胶管；K_1、K_2. 螺旋夹

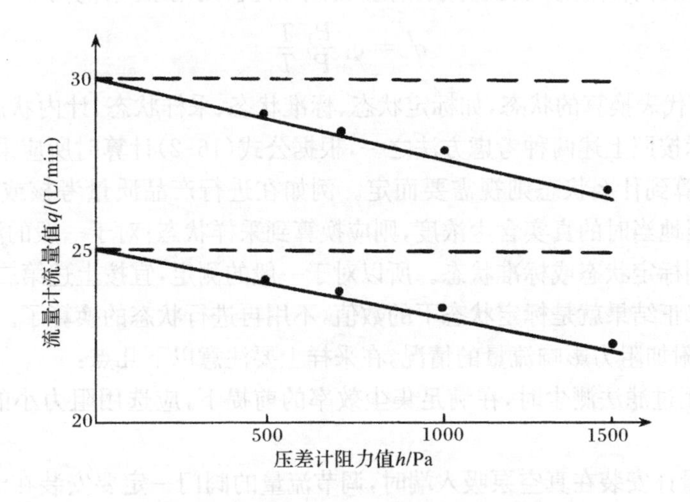

图 16-5　附加阻力对流量计流量的影响

——流量计 1 所示流量；----流量计 2 所示流量

的孔板流量计和浮子流量计的原理，一只流量计测定不同工况下的同一种气体时，流量之间有关系

$$\frac{q_1}{q_1} = \sqrt{\frac{\rho_2}{\rho_1}} \tag{16-1}$$

式中：q_1、q_2——两种工况下测定的指示流量；

ρ_1、ρ_2——两种工况下气体的密度。

因为气体密度 ρ 和压力 P 成正比，和温度 T 成反比，因而上式可写成

$$\frac{q_1}{q_1} = \sqrt{\frac{P_2}{P_1}\,\frac{273+t_1}{273+t_2}} \tag{16-2}$$

式中：P_1、P_2——两种工况下流量计前的压力（标定工况下的空气压力一般为一个大气压或取 760mmHg；测定工况下的空气压力是当地大气压力 B 和流量计前压差计读数绝对值之差，或采用 B 和流量计前已知附加总阻力之差，在只有采样器的情况下，该总阻力即滤料在采样流速下的阻力）；

t_1、t_2——两种工况下的空气温度，标定工况下的温度一般为 20℃。

对于这一公式的应用可以有两种考虑方法。

第一种考虑方法，如果令指示值 q_2 代表标定工况下的刻度值，q_1 为待求的实际测定工况即计内工况下的指示值，P_2 为标定工况下的一个大气压力，P_1 为测定工况下的压力，则显然有 $P_1<P_2$、$q_1>q_2$（为讨论方便，先假定温度没有差别），即通过流量计的实际流量大于指示值，这是因为流量计内气体压力降低、密度变小而导致的结果。

第二种考虑方法，如果令指示值 q_2 代表实际测定的指示值，P_2 为实际测定时的压力，q_1 为在标定压力 P_1 时应有的指示值，则显然 $P_2<P$、$q_1<q_2$，即实际工况下的流量指示值 q_2 在标定工况下应减小到 q_1，这正是容易被人们忽略的地方。图 16-5 中的圆点即经过这样计算（忽略了温度的差别）得出的在标定工况下应有的指示值，该值与实验结果符合得很好。

以上两方面计算结果如要换算成其他状态下的值，则用下式计算：

$$q' = q_1 \frac{P_1}{P'} \frac{T'}{T_1} \tag{16-3}$$

式中上角码“′”代表换算的状态，如标定状态、标准状态、采样状态、计内状态（测定状态）。下角码“1”表示按照上述两种考虑方法之一，根据公式(16-2)计算时所应采取的符号。

至于应换算到什么状态则视需要而定。例如在进行产品质量考核或清查质量事故时，需要知道当地当时的真实含尘浓度，则应换算到采样状态；对于一般的测定，为了彼此比较，应换算到标定状态或标准状态。所以对于一般的测定，宜按上述第二种考虑方法修正流量，因为修正结果就是标定状态下的数值，不用再进行状态的换算了。

根据上述附加阻力影响流量的情况，在采样上要注意以下几点：

(1) 当采用过滤法测尘时，在满足集尘效率的前提下，应选用阻力小的滤料，尽量减小管道阻力。

(2) 当流量计安装在真空泵吸入端时，调节流量的阀门一定要安装在流量计后面，绝对不应在采样器和流量计之间安装，应如图 16-6 所示。如果流量计安装在真空泵排气端末尾，流量计和真空泵之间要设一缓冲瓶，特别在使用机械泵时为了除去大的油滴更应如此，缓冲瓶之外再也不能安装阀门、过滤器之类，如图 16-7 所示。

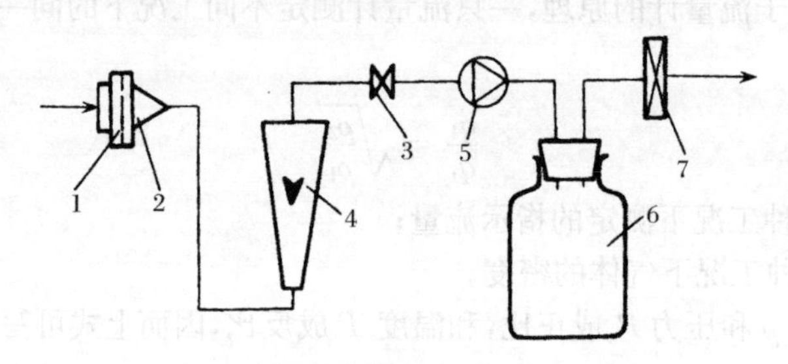

图 16-6　流量计安装在真空泵吸气侧

1. 滤膜；2. 采样器；3. 阀门；4. 流量计；5. 真空泵；6. 缓冲瓶；7. 高效过滤器

如果在洁净室采样，而真空泵只能放在室内，由于真空泵排气必须经过高效过滤器过滤，就不宜把流量计安装在排气末端了。

(3) 当采用滤纸作为滤料时，由于采样时阻力不会超过 30mmHg，所以其影响可以忽略不计；而当采用微孔滤膜采样时，由于其采样时阻力经常在 100mmHg 以上，所以这一附加阻力对其后流量计示值的影响将在 10％以上，因此必须对测定结果进行修正。

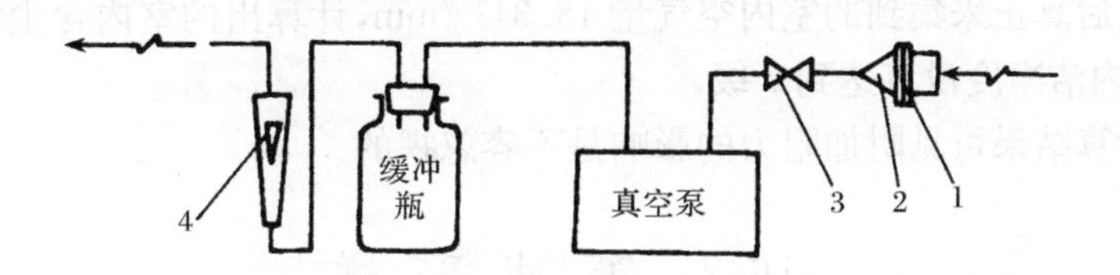

图 16-7　流量计安装在真空泵排气侧

1. 滤膜；2. 采样器；3. 阀门；4. 流量计

例 16-1　在一洁净室内采样，流量计读数为 20L/min，采样时间为 15min，所用采样滤料（微孔滤膜）在采样流速下的阻力为 150L/min，经计算，计数总尘粒数为 102000 粒，测定时空气温度为 30℃，空气压力为 750mmHg。求该室达到的洁净度级别。

解：(1)不经任何修正的流量。

$$\text{总采样流量}\quad q=20\times15=300(\text{L})$$

$$\text{平均含尘浓度}\quad N=\frac{102000}{300}=340(\text{粒/L})$$

所以认为该室洁净度达到了 7 级。

(2) 修正后的流量。

第一种考虑方法：①通过流量计的实际流量。流量计读数 20L/min 的值是标定工况下的指示值，所以通过流量计的实际流量 q_1 应为

$$q_1=q_2\sqrt{\frac{P_2}{P_1}\times\frac{273+t_1}{273+t_2}}=20\sqrt{\frac{760}{750-150}\times\frac{303}{293}}=22.89(\text{L/min})$$

② 换算成其他状态下的流量

$$\text{标定状态}\quad q'=22.89\times\frac{293}{760}\times\frac{600}{303}=17.47(\text{L/min})$$

$$\text{标准状态}\quad q'=22.89\times\frac{273}{760}\times\frac{600}{303}=16.28(\text{L/min})$$

$$\text{采样状态}\quad q'=22.89\times\frac{303}{750}\times\frac{600}{303}=18.31(\text{L/min})$$

第二种考虑方法：①在标定工况下应有的流量指示值

$$q_1=q_2\sqrt{\frac{P_2}{P_1}\times\frac{273+t_1}{273+t_2}}=20\sqrt{\frac{750-150}{760}\times\frac{293}{303}}=17.47(\text{L/min})$$

② 换算成其他状态下的流量

$$\text{标准状态}\quad q'=17.47\times\frac{273}{760}\times\frac{760}{293}=16.28(\text{L/min})$$

$$\text{采样状态}\quad q'=17.47\times\frac{303}{750}\times\frac{760}{293}=18.31(\text{L/min})$$

$$\text{计内状态}\quad q'=17.47\times\frac{303}{600}\times\frac{760}{293}=22.89(\text{L/min})$$

(3) 含尘浓度。

现只计算采样状态下的一种含尘浓度

$$N=340\times\frac{20}{18.31}=371.4(\text{粒/L})$$

根据修正后真正采集到的室内空气量 18.31L/min,计算出的室内含尘浓度为 371.4 粒/L,所以室内洁净度没有达到 7 级。

从以上计算结果可见附加阻力的影响是不容忽视的。

16-2　等 速 采 样

16-2-1　在有速度气流中采样

1. 等速采样原理

在有速度的气流中采样(特别是在管道中采样)时,除了采样口平面应垂直于气流方向外(采样管与气流方向同轴向),采样速度必须等于气流速度,否则,采样浓度(即测定浓度)将大于或小于真实浓度,产生一个误差。这就是等速采样(也称等动力流采样)原理。

图 16-8 中左侧是气流速度 u_0 大于采样速度 u 的情况,此时被吸入采样管的流股将小于采样管管径 d,此时若在吸入流股以外即在 D_0 以外的流线上如果有大的微粒,则当其行至管口时并不跟随流线沿管壁流走,而是在惯性作用下仍然进入管内。在此流线上的小的微粒则进不到管内来。这样,就使管外进入管内的同一容积气流却携带了原容积以外所含的微粒,主要是大微粒。因此采样中的大微粒浓度增高了,也就是整个采样浓度高于真实浓度。

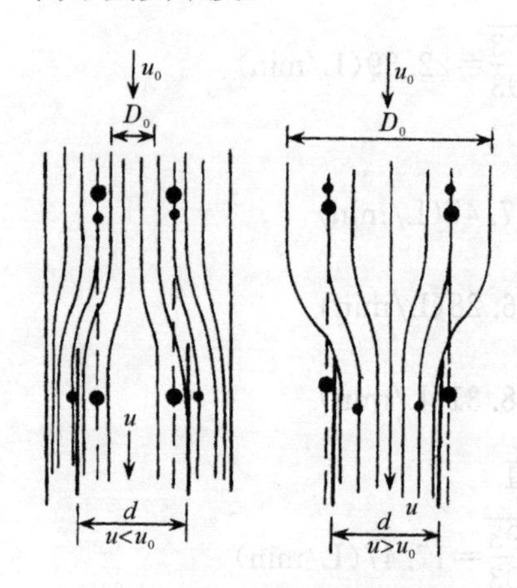

图 16-8　不等速采样的结果

图 16-8 中右侧是气流速度 u_0 小于采样速度 u 的情况,此时被吸入采样管的流股将大于采样管管径 d,即使在吸入流股以内即在 D_0 以内的流线上有大的微粒,当其行至管口时,却由于惯性并不进入管内而沿管的外壁流走了,只有流线上的小微粒才进入管内。这样,就使管外进入管内的同一容积气流,损失了原容积中的微粒,也主要是大微粒。因此整个采样浓度将低于真实浓度。

所以,影响采样浓度的因素主要有气流速度 u_0 和采样速度 u(注意,即采样口速度)的差别、描述惯性作用的无因次的惯性参数(即斯托克斯参数)St,这类表达式的形式是

$$\frac{N}{N_0}=f\left(\frac{u_0}{u},St\right) \tag{16-4}$$

式中:N——采样浓度;

N_0——被采样浓度即真实浓度。

计算非等速采样对采样浓度引起的误差,现在被广泛采用的是以下一个半理论公式[4~6]:

$$\frac{N}{N_0}=1+\frac{u_0}{u-1}\alpha \tag{16-5}$$

文献[4,5]给出

$$\alpha=\frac{\left(2+\frac{0.617u}{u_0}\right)St}{1+\left(2+\frac{0.617u}{u_0}\right)St} \tag{16-6}$$

文献[6]给出的是

$$\alpha=\frac{\frac{2+0.617u}{u_0}St}{1+\frac{2+0.617u}{u_0}St} \tag{16-7}$$

可以看出，式(16-6)（1980 年发表）比式(16-7)（1994 年发表）更直接反映$\frac{N}{N_0}$与$\frac{u_0}{u}$的关系，得到了 209E 的引用。两式结果差别不大，后者略大。

将式(16-5)和式(16-6)作成图 16-9[7]，从图 16-9 可以看出更普遍性规律：

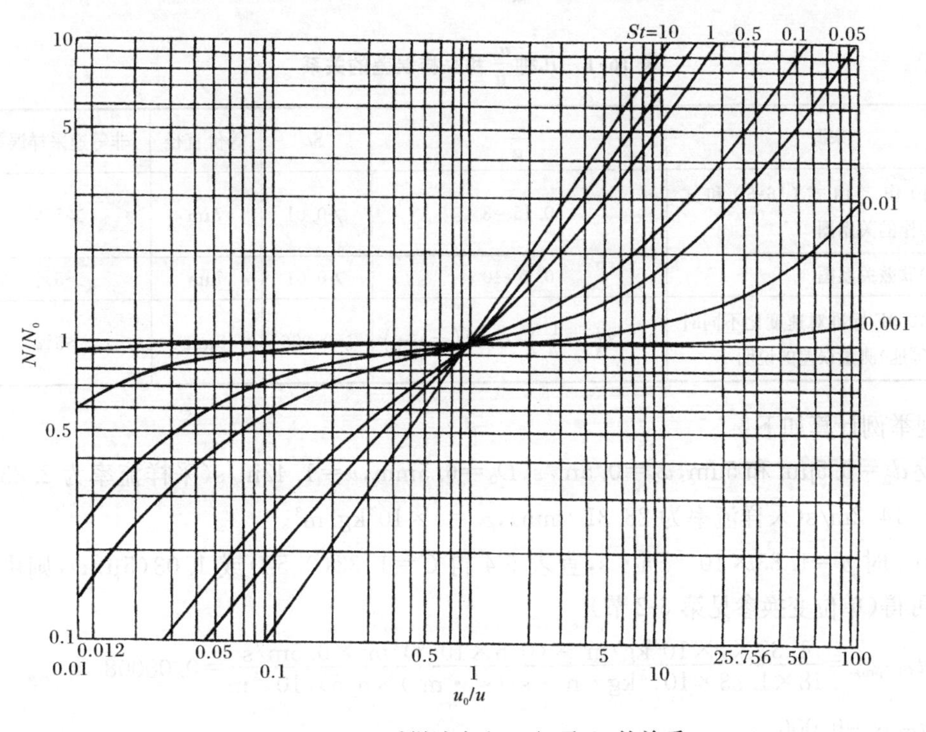

图 16-9　采样浓度和 u_0/u 及 St 的关系

$$\frac{u_0}{u}=1,\qquad \frac{N}{N_0}=1$$

$$St=0,\qquad \frac{N}{N_0}=1$$

$St\gg1$　$\frac{N}{N_0}\approx\frac{u_0}{u}$（粒径很大，流量很大，采样管径很小的情况）

St＝常数（u_0 和 u 差别越大，浓度差也越大）

$\frac{u_0}{u}$＝常数（St 越大，浓度差也越大）

可见：

(1) 在$\frac{u_0}{u}$=0.012～25.76的极宽的非等速条件下，只要$St \ngtr 0.001$，或者$\frac{u_0}{u}$=0.15～3，$St \ngtr 0.01$，采样误差≯5%。

在除尘技术中由于采样对象是大微粒，所以误差≯5%时的速度偏差要求小得多，例如日本标准JIS Z8808就规定非等速的误差在－5%～＋10%之内可保证非等速采样误差在±5%之内。

(2) $\frac{u_0}{u}>1$即吸气偏慢时(图16-9右侧)，比$\frac{u_0}{u}<1$即吸气偏快(图16-9左侧)对采样误差的影响大。上述JIS Z8808规定的允许速度偏差为负偏差＜正偏差也是这个原因。

图16-9和美国哈佛大学教授欣兹(Hinds W C)也由式(16-6)得出与图16-9相似的关系图[2]，美国联邦标准209E也给出了$\frac{u_0}{u}$和误差的关系，其比较见表16-1。

表16-1　几种$\frac{u_0}{u}$和采样误差的关系

来源	$\frac{u_0}{u}$	St	等价直径	非等速采样误差
(中国)作者由式(16-5)和式(16-6)作的关系图	0.15～3	≯0.01	7μm	≯5%
(美国)欣兹关系图	0.1～10	≯0.01	7μm	≯5%
(美国)209E标准对速度比不同时(即非等速)测量误差的说明	$0.143\left(=\frac{1}{7}\right)\sim3.33\left(=\frac{1}{0.3}\right)$	≯0.006	5μm	≯5%

现举例计算如下：

设$d_p=0.5\mu m$和$5\mu m$，$u_0=0.5m/s$，$D_0=6.5mm$，$u=1.42m/s$(采样流率为2.83L/min)或14.2m/s(采样流率为28.3L/min)，$\rho_p=1\times10^3kg/m^3$。

20℃时$\mu=1.83\times10^{-5}Pa\cdot s$，查表6-4得$C=1.33(0.5\mu)$或$1.03(5\mu m)$，则由式(3-7)可得(单位变换参见第6-2节)

$$St_{(0.5\mu m)}=\frac{1.33\times1\times10^3kg/m^3\times(0.5\times10^{-6})^2m^2\times0.5m/s}{18\times1.83\times10^{-5}kg\cdot m\cdot s/(s^2\cdot m^2)\times6.5\times10^{-3}m}=0.00008$$

$St_{(5\mu m)}=0.006$

于是由式(16-6)求出

$$\begin{cases}\alpha_{(0.5\mu m)}=0.0046\\ \alpha_{(5\mu m)}=0.033\end{cases},\quad u=1.42m/s$$

$$\begin{cases}\alpha_{(0.5\mu m)}=0.0017\\ \alpha_{(5\mu m)}=0.105\end{cases},\quad u=14.2m/s$$

从而得出

$$\begin{cases}\dfrac{N}{N_{0(0.5\mu m)}}=0.9997\\ \dfrac{N}{N_{0(5\mu m)}}=0.979\end{cases},\quad u=1.42m/s$$

$$\begin{cases}\dfrac{N}{N_{0(0.5\mu m)}}=0.9983 \\ \dfrac{N}{N_{0(5\mu m)}}=0.9\end{cases},\quad u=14.2\text{m/s}$$

现列出误差大的大流量采样时的误差计算结果如下：

	相对误差
0.5μm	0.17%
1μm	0.52%
2μm	2.03%
3μm	4.15%
4μm	7.1%
5μm	10%

要强调的是，正如作者在第六章和有关文献[7]中已指出过的那样，在计算 St 时一定要注意 μ 的单位，如果用了过去的工程单位，则使 μ 值减小 9.8 倍，而使微粒损失率增大 9.8 倍，从而会得出不同的结论。

以上结果表明，对于$\ngtr$1μm 微粒，即使用 28.3L/min 的大流量粒子计数器采样，非等速采样的误差均不到 1%，而对于 5μm 微粒，误差已大到 10%了。

如果要求的不仅是某个粒径微粒的误差，而是某个粒径以上的全部微粒的误差，如≥0.5μm微粒的误差，则应按标准粒径分布进行计算。

从二、三、七章已知，若设≥0.5μm 微粒数为 100%，则 0.5μm 占到 33%～38%，即有

0.5～1μm	占83%～86%
1～3μm	9%～12%
3～5μm	2%～4%
5μm～	1%～3%

则可求出≥0.5μm 微粒在大流量采样时全部粒数误差在 1%～1.9%，平均为 1.5%。显然小流量采样时误差还要小。这一结果比风洞实验数据小得多，不过实验数据平均为 4.2%[8]，也在 5%之内。

2. 等速采样的应用

对于大微粒的而且气流速度波动大的采样，如除尘技术中的采样，速度偏差达到 10%就可能引起 5%的误差，凡是这方面的文献书籍都一致提到应采用等速采样，但也都提到允许误差，甚至达到 10%以上[9～12]，并且一致要求要严格控制速度，方法有预测流速法，就是将测采样口内外静压的口接到一个微压计上，可随时调节保持指示为“0”即可。当然，采样流量随时变化，因此必须用累积流量计，转子流量计只作监视、控制用。此外，还有等动压法，中国预防医学科学院就曾研制成专门的等速采样头。

在洁净室中，速度场显然在总体上是稳定的，但各点速度与平均速度相差 1 倍的并不少见，甚至更大得多(例如在手术台中央无影灯座盲区下，而此处洁净度是必须测定的)；而且各点速度的瞬时变化也可以在 1 倍以上(图 8-30)，各点采样的时间差也完全可能遇上此消正好彼长的速度变化结果。由于文献都强调等速采样必须做到“等速”，而大空间中多测点时的等速采样要做到等速的可操作性，将比管道中定点采样做到等速要差得多，

在单向流洁净室内，只能使采样速度等于室平均速度，可是在乱流洁净室内，更无所谓室平均速度，所以对于空间浓度场的测定应该允许考虑误差问题。任何检测结果都有误差，如果误差在允许范围之内，则检测结果可以接受。209E 提出因非等速引起的误差允许程度是不超过 5%，并指出当 $u : u_0$ 为 0.3：1～7：1 时，误差不超过 5%。

209E 附录 C 还给出了是否要修正的线图，见图 16-10。

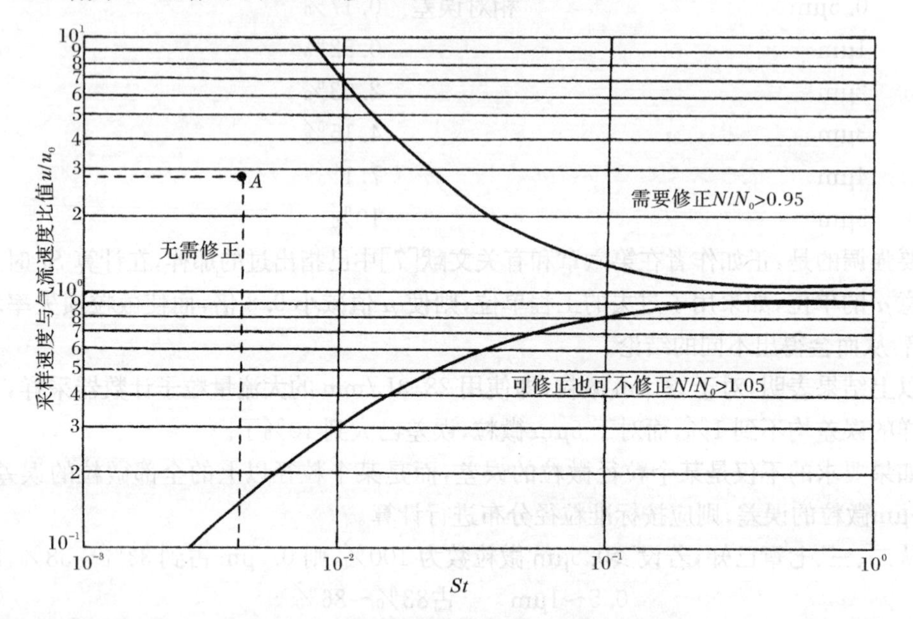

图 16-10　209E 的采样偏差要否修正的估算图

图 16-10 的应用举例如下：

例 16-2　小采样量 2.83L/min，对 0.5m/s 气流中 5μm 微粒采样（只限此单一粒径），要否修正？

解：因$\dfrac{u}{u_0}=\dfrac{1.42}{0.5}=2.84$，5μm 微粒的 $St=0.006$，以此两数据在图 16-10 上得到 A 点，落在无需修正的区域，所以无需修正。

下面列出主要标准对等速采样规定的变化，见表 16-2。

表 16-2　要等速采样的规定

标准	规定			
	流型	粒径	误差	要否等速采样
美国 209D(1988 年)	单向流			要
美国 209E(1992 年)	单向流	≥5μm	>5%	要
国际 ISO 14644-1(1999 年)				未规定

可见原来 209D 对凡是单向流，不论粒径和允许误差如何，都规定应调至等速采样。到了 209E，则改为只有≥5μm 微粒，误差>5%时才要等速采样，而对流型未规定、实际为乱流，因主要用小流量采样，采样误差更小，只有对大微粒才有些影响。所以 209E 明确指出："等动力采样固然好，如果做不到，就应根据附录 C 的方法估算采样偏差"，"洁净区域内的非等动力采样仅对于大于或等于 5μm 的微粒有意义"。而到了 ISO 14644-1，则只

保留 209E 关于最小采样量、测头方向等规定，而未明确提等速采样。应该认为这和 209E 上述综合意见也是吻合的。因为虽然≥5μm 微粒非等速采样误差大，但在洁净室中，大量实践证明，10μm 不存在，5μm 在高级别洁净室也均为“0”，在低级别中也只有几个，所以对微粒数的影响微乎其微，ISO 的规定就可以理解了。

下一章将说明，包括非等速采样误差在内的粒子计数器采样误差，一般不会超过有关标准估量的范围。

综合以上分析可以建议(以采样误差≯5%为准)：

(1) 在$\frac{u_0}{u}=0.012\sim25.76$的条件下，只要 $St \ngtr 0.001$，采样均不要求等速这一条件。

(2) 按现行国内外标准规定的条件在洁净室采样，对于≥5μm 的微粒均不需要等速采样。

(3) 如果在洁净室内用大流量计数器采样，对 5μm 及>5μm 微粒必须要求等速采样(对小于 5μm 的某粒径微粒，是否要求等速采样，要计算确定，一般 4μm 即需要)。

(4) 当需要等速采样又不可能做到的，可按图 16-9 的估计误差对结果给予修正。

16-2-2　在静止空气中采样

当然，绝对静止的空气是不可能的，即使在一些实验装置中也如此。这里所谓静止，是说空气的速度极低，完全是自然状态。

在静止空气中当采样口向上采样时可引起两类误差：

(1) 微粒沉降导致的误差。

当采样速度很低而且采样口向上时，由于沉降，一些不在采样容积中的微粒会“掉”入采样口，其极端情况是采样流量为零，则自然沉降的微粒会导致无穷大的采样误差。

(2) 微粒运动的惯性导致的误差。

这和在有速度气流中采样相似，当采样速度越大，微粒也越大时，这些微粒就可能不被采集到。

为了减少上述第(1)种误差，必须使采样具有足够的采样速度；为了减少上述第(2)种误差，显然采样口应具有足够大的直径。

戴维斯给出了上面两个条件的数学表达式[13]：

对第一种条件

$$u \geqslant 25v_s \tag{16-8}$$

式中：v_s——沉降速度。

因而导出(略去滑动修正)

$$D_0 \leqslant 4.1\frac{Q^{1/2}}{d_p} \tag{16-9}$$

式中：D_0——采样口直径；

Q——采样流率；

d_p——$\rho=1$ 时的微粒直径。

对第(2)种条件(略去滑动修正)

$$D_0 \geqslant 0.062Q^{1/3}d_p^{2/3} \tag{16-10}$$

将以上数学表达式绘成图 16-11 和图 16-12[14]，以便于查找。

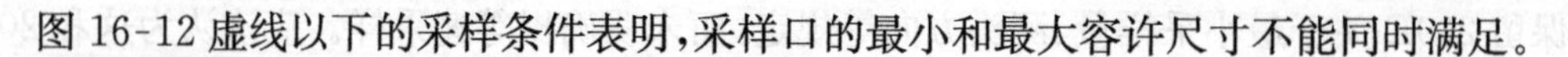
图 16-12 虚线以下的采样条件表明，采样口的最小和最大容许尺寸不能同时满足。

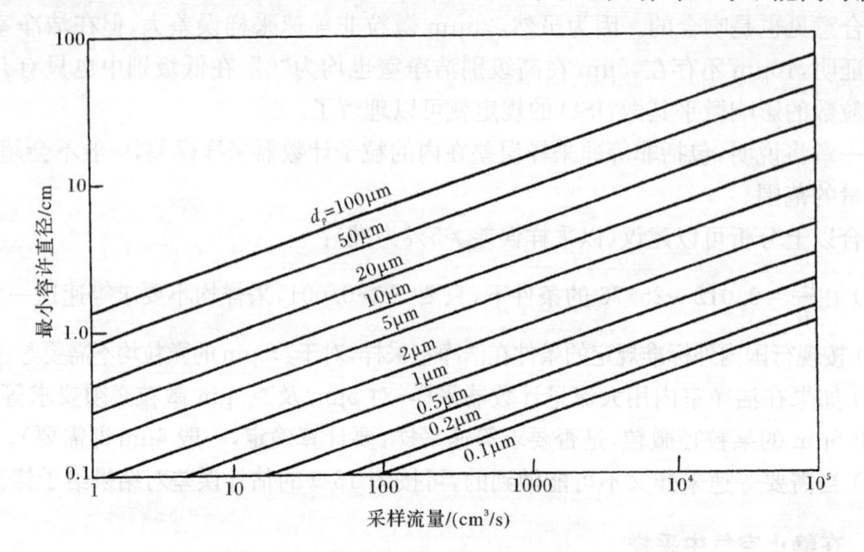

图 16-11　在静止空气中采样时采样口的最小容许直径

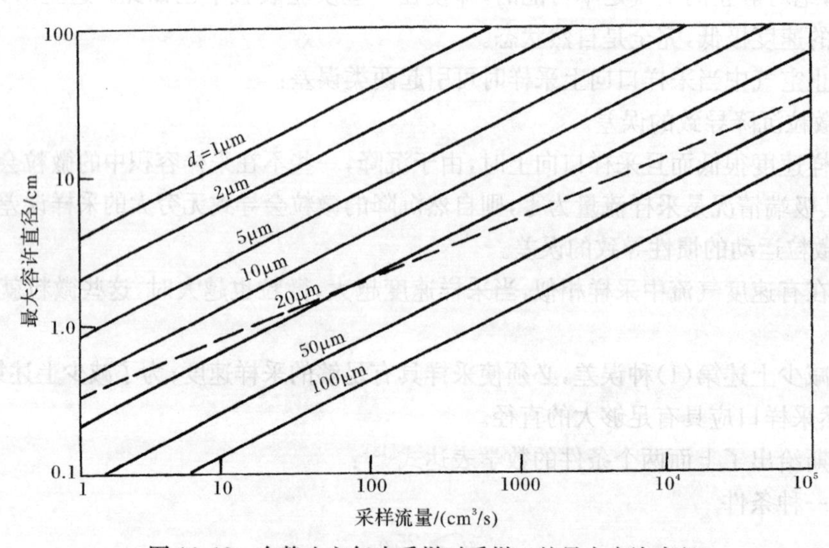

图 16-12　在静止空气中采样时采样口的最大容许直径

16-2-3　采样口直径计算

当需要等速采样时，不一定要改变整根采样管的管径，只要在采样管口部加一个不同直径的管头就可以了，如图 16-13 所示。

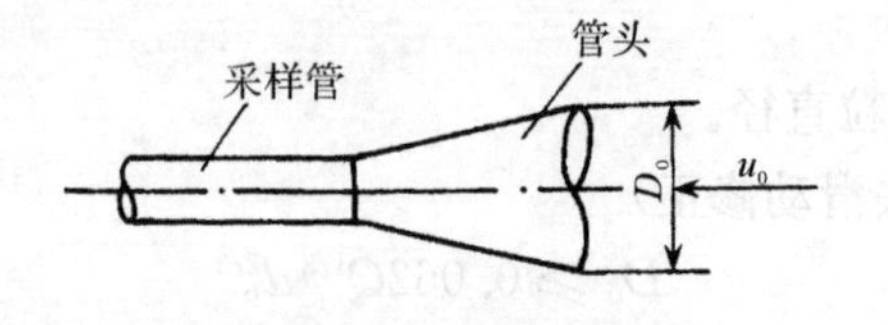

图 16-13　采样管管头

如果气流速度 u_0 以“m/s”表示，采样量 q 以“L/min”表示，管头直径 D_0 以“mm”表示，则有

$$D_0 = \sqrt{\frac{q}{0.047u_0}} \tag{16-11}$$

16-3　采样管中微粒的损失

微粒在采样管中的损失将引起多大的测定误差是人们关心的问题。一根 2.8m 长的采样管，使微生物采样损失 38.2%[15] 当然是比较严重的例子，但并不是不可能的。而引起这种损失的原因除去微粒由于采样和过滤时的静电效应而荷静电的特殊的情况外，主要可能有微粒的扩散、沉降、碰撞、凝并作用等引起微粒在管内的沉积，下面将分别加以讨论。

16-3-1　采样管中的扩散沉积损失

微粒由于扩散运动在管壁上附着，引起了扩散沉积损失。

计算扩散沉积损失的公式因气流在管内的流动状态不同而不同。对于目前国内外常用的所谓大、中、小流量的粒子计数器采样，其采样管内气流的 Re 如表 16-3 所列。

表 16-3　气流的 *Re*

粒子计数器	采样管内径 R /m	Q		u /(m/s)	Re
		/(L/min)	/(cm³/s)		
大流量	0.5×10^{-2}	28.3	471.7	6	3940
中流量	0.325×10^{-2}	2.83	47.2	1.42	605
小流量	0.2×10^{-2}	0.3	5	0.4	105

$Re<2000$ 的气流状态为层流，$Re>4000$ 为紊流，所以大流量粒子计数器采样应按紊流状态考虑，中流量及其以下粒子计数器按层流考虑。

1. *管内为层流运动*

根据付克斯 1955 年对前人成果的归纳[16]，有以下计算公式：令

$$\alpha = \frac{Dx}{R^2u} \tag{16-12}$$

当 $\alpha>0.03$ 时，

$$\frac{N}{N_0} = 0.82\mathrm{e}^{-3.66\alpha} + 0.097\mathrm{e}^{-22.2\alpha} + 0.0135\mathrm{e}^{-53\alpha} \tag{16-13}$$

当 $\alpha<0.03$ 时，

$$\frac{N}{N_0} = 1 - 2.57\alpha^{2/3} \tag{16-14}$$

式中：$\frac{N}{N_0}$——采样管的微粒通过率；

N_0——采样管入口处微粒浓度即被采样浓度(粒/L)；

N——采样管内 x 处的微粒浓度(粒/L);

D——微粒扩散系数(m^2/s);

R——采样管半径(m);

x——采样管长度(m);

u——采样管内气流速度(m/s)。

把以上公式绘成曲线,如图 16-14 上的虚线所示[17],可以看出微粒损失率和粒径、流速的关系,但从该理论曲线上不便确定需要的管长。

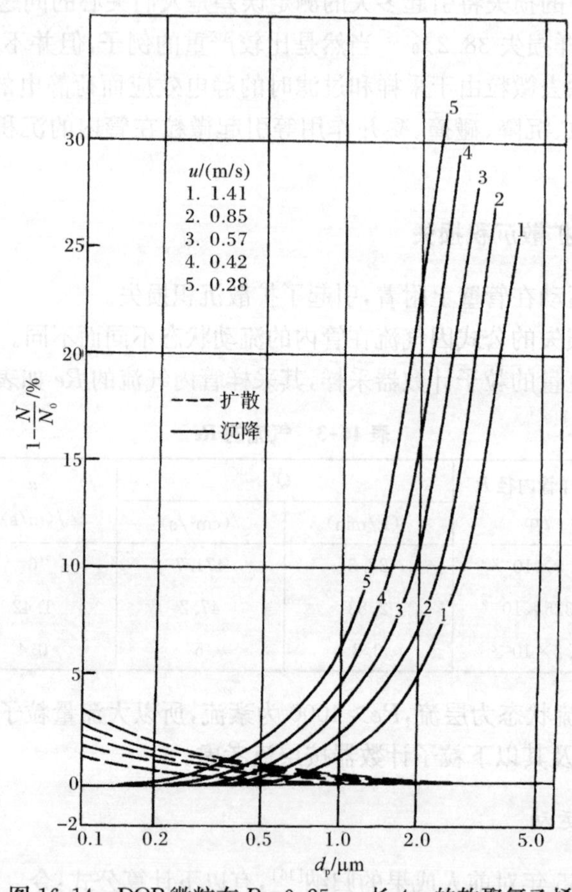

图 16-14 DOP 微粒在 $R=0.25$cm、长 4m 的软聚氯乙烯管道中扩散和沉降理论损失率

付克斯在 1964 年于纽约出版的著作[18]中给出如下略有不同的公式(作者过去曾引用此式):

当 $\alpha>0.04$ 时,

$$\frac{N}{N_0}=0.819e^{-3.657\alpha}+0.097e^{-22.3\alpha}+0.032e^{-57\alpha} \tag{16-15}$$

当 $\alpha<0.04$ 时,

$$\frac{N}{N_0}=1-2.65\alpha^{2/3}+1.2\alpha+0.177\alpha^{4/3} \tag{16-16}$$

以上的 α 值,也有文献记为 0.02[19]。

比较可见,式(16-15)比式(16-13)的结果略小,式(16-16)比式(16-14)的结果略大,但都是很小的变化。

以中、小流量的粒子计数器来说,后者的 α 大于前者。微粒越小,扩散越厉害,越不利,所以即取 d_p 为 0.1μm 的不利的情况,此时的 $D=8\times10^{-10}\mathrm{m}^2/\mathrm{s}$,可求出

$$x=5\mathrm{m}\text{ 时},\quad \alpha=2.5\times10^{-3}$$

$$x=50\mathrm{m}\text{ 时},\quad \alpha=2.5\times10^{-2}$$

所以在计算中流量以下粒子计数器采样管内微粒的扩散损失时,可用 $\alpha<0.04$ 的条件。

作者用式(16-16)绘成 α 和 $1-\dfrac{N}{N_0}$ 的关系图,见图 16-15[20]。和图 16-14 相比,该图可以直观地看出代表式(16-16)中所有因素的 α 与损失率的关系。用它来计算损失率或者按已知损失率确定管长都非常方便。

由图 16-15 可见,只要 $\alpha\leqslant0.0033$,扩散损失率即≤5%。设以 5%为允许最大损失率,由

$$\alpha=\frac{Dx}{R^2u}\leqslant0.0033$$

必须有

$$x\leqslant\frac{0.0033R^2u}{D}\tag{16-17}$$

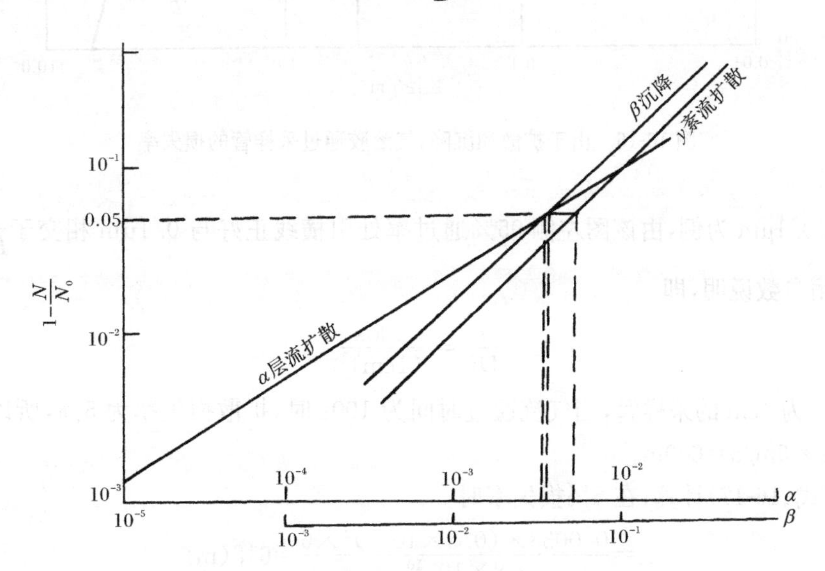

图 16-15 扩散和沉降沉积损失的计算曲线

对于中、小流量的粒子计数器,计算结果列于表 16-4。

表 16-4 采样管中层流扩散损失率≯5%时的允许管长

R /m	u /(m/s)	x/m			
		0.1μm	0.3μm	0.5μm	1μm
		$D=8\times10^{-10}\mathrm{m}^2/\mathrm{s}$	$D=1.2\times10^{-10}\mathrm{m}^2/\mathrm{s}$	$D=0.7\times10^{-10}\mathrm{m}^2/\mathrm{s}$	$D=0.3\times10^{-10}\mathrm{m}^2/\mathrm{s}$
0.325×10^{-2}	1.42	62	415	711	1659
0.2×10^{-2}	0.4	44	295	506	1181

由于扩散系数与微粒密度无关，所以表 16-4 中允许管长也和微粒密度无关。

从计算结果可见，对≥0.5μm 微粒，扩散损失极小，完全可以忽略。

在文献[19]中也根据和式(16-16)相同的公式(只是规定 $\alpha<0.02$)制成图 16-16 的左侧，虽然指出该公式适用于层流，但却在该图的使用上没有指出不适用于非层流用，大流量粒子计数器采样，并且以该计数器采样管参数举例(如管径 $D_t=1$cm，流速 $u=6$ m/s)。

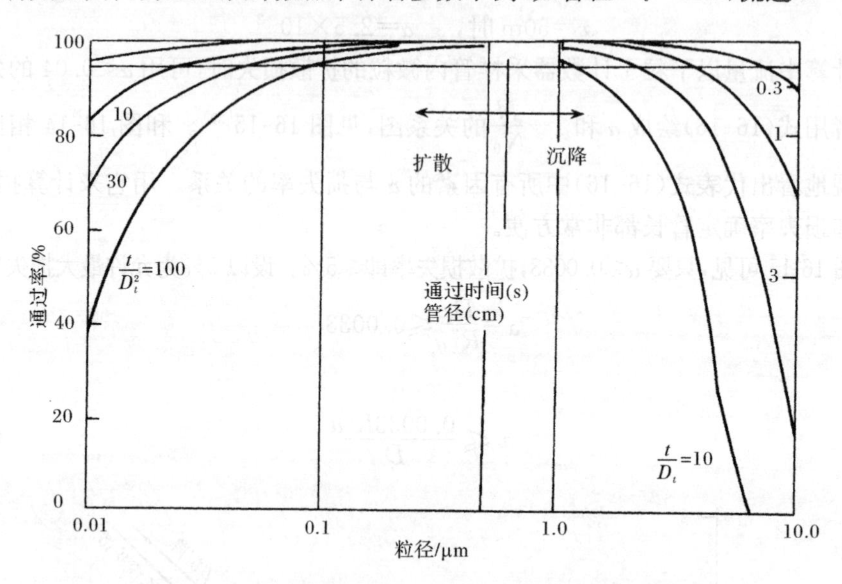

图 16-16　由于扩散和沉降，气溶胶通过采样管的损失率

设以 0.1μm 为例，由该图左侧 95%通过率处引横线正好与 0.1μm 相交于$\frac{t}{D_t^2}=100$处，按所用参数说明，即

$$\frac{t}{D_t^2}=\frac{100\text{s}}{(1\text{cm})^2} \tag{16-18}$$

也就是 D_t 为 1cm 的采样管，当气流通过时间为 100s 时，扩散损失率为 5%，所以允许管长为 100s×6m/s=600m。

如按式(16-17)计算，在 5%损失率时

$$x=\frac{0.0033\times(0.5\times10^{-2})^2\times6}{8\times10^{-10}}=618(\text{m})$$

两个结果相差极小，可以认为如对于紊流状态用图 16-16 和用式(16-17)计算，结果是一致的。

但是前面已说明，紊流用大流量粒子计数器采样，不能应用上述的公式和图来计算，因此 600m 或 618m 都是不能成立的。

对于中流量以下粒子计数器采样的扩散损失在图 16-16 上很难查找，而用式(16-17)就很方便了。

由式(16-12)还可导出气流在管内的允许通过时间 t，因为

$$\alpha=\frac{Dx}{R^2u}=\frac{D}{R^2}t\leqslant0.0033$$

所以

$$t \leqslant \frac{0.0033R^2}{D} \tag{16-19}$$

由于已知扩散损失极小，允许管长极长即允许 t 很大，所以不再计算 t 的具体数值。当然，从已知管长和流速也可求出 t。

2. 管内为紊流运动

微粒从紊流中向管道表面的扩散沉积比从层流中向管道表面的扩散沉积以及在第六章第 6-5 节中已介绍过的向室内壁面的扩散沉积都要复杂得多。在第 6-5 节中已指出，在接近壁面有一很薄的扩散边界层，紊流使边界层外的微粒浓度趋于一致。边界层厚度为 δ，难于确定。欣兹在其著作[21]中指出戴维斯讨论过这个问题，付克斯给出了管内扩散边界层厚度 δ。于是紊流扩散损失后通过长度为 x 的管道的微粒总通过率 P 由下列公式计算：

$$P = \frac{N}{N_0} = \exp\left(\frac{-4V_d x}{D_t u}\right) \tag{16-20}$$

式中：V_d——扩散速度（见第 6-5 节）（m/s）。

$$V_d = \frac{D}{\delta}$$

$$\delta = \frac{28.5 D_t D^{1/4}}{Re^{7/8}\left(\frac{\mu}{\rho}\right)^{1/4}} \tag{16-21}$$

式中：ρ——空气密度。

令

$$\frac{4V_d x}{D_t u} = y$$

则可在双对数纸上得到损失率 $1-P$ 和 y 的直线关系，如图 16-15 上面的 y 线。因此可根据要求的损失率从图上查得 y，再计算求出 x。

假定要求

$$1-P \leqslant 5\%$$

代入式(16-20)，有

$$1-\exp\left(\frac{-4V_d x}{D_t u}\right) \leqslant 0.05$$

$$\frac{-4V_d x}{D_t u} = \ln 0.95 = -0.0513$$

将 $\mu = 1.83\times10^{-5}\,\mathrm{Pa\cdot s}$，$\rho = 1.2\,\mathrm{kg/m^3}$ 代入以上有关各式，得

$$y = \frac{0.00877 D^{3/4} Re^{7/8} x}{D_t^2 u} \leqslant 0.0513 \tag{16-22}$$

所以

$$x \leqslant 5.85\,\frac{D_t^2 u}{D^{3/4} Re^{7/8}} \tag{16-23}$$

在以上条件下，损失率≤5%。

如果查得某损失率下的 y 值，则

$$x \leqslant \frac{114 y D_{t}^{2} u}{D^{3/4} Re^{7/8}} \tag{16-24}$$

对于紊流状态的大流量粒子计数器采样管得出允许长度如表 16-5 所列。

表 16-5　采样管中紊流扩散损失率≯5%时的允许管长

D_t /m	u /(m/s)	x/m			
		0.1μm	0.3μm	0.5μm	1μm
		$D=8\times10^{-10}m^2/s$	$D=1.2\times10^{-10}m^2/s$	$D=0.7\times10^{-10}m^2/s$	$D=0.3\times10^{-10}m^2/s$
1×10^{-2}	6	16.7	68.8	103.3	195.1

由表 16-5 可见，以 0.1μm 为例，按紊流扩散计算的允许管长要远远小于按层流扩散计算的允许管长，显然按后者计算是不合适的。

同样，由式(16-23)也可求出紊流状态下气流在管内的允许通过时间 t，即

$$t = \frac{x}{u} \leqslant 5.85\,\frac{D_{t}^{2}}{D^{3/4} Re^{7/8}} \tag{16-25}$$

对于紊流用大流量粒子计数器的采样，允许气流通过采样管的时间的计算结果列于表 16-6。

表 16-6　采样管中紊流扩散损失率≯5%时的允许气流通过时间

D_t /m	u /(m/s)	t/s			
		0.1μm	0.3μm	0.5μm	1μm
		$D=8\times10^{-10}m^2/s$	$D=1.2\times10^{-10}m^2/s$	$D=0.7\times10^{-10}m^2/s$	$D=0.3\times10^{-10}m^2/s$
1×10^{-2}	6	2.8	11.5	17.3	32.6

当然，允许通过时间也可以用求出的允许管长除以气流速度得到。

正如前述，Lin 等[19]只引用了层流中扩散损失计算公式，认为紊流中扩散损失先按层流来计算，再附加一项涡流沉积引起的损失。由于计算并不简便，这里不进一步介绍了。

16-3-2　采样管中的沉降沉积损失

对于层流状态，付克斯在其著作的两次版本[16,18]中引用了 Натансон 的同一公式

$$1 - \frac{N}{N_0} = \frac{2}{\pi}\left(2\beta\sqrt{1-\beta^{2/3}} + \arcsin\beta^{1/3} - \beta^{1/3}\sqrt{1-\beta^{2/3}}\right) \tag{16-26}$$

$$\beta = \frac{3 v_s x}{8 R u} \tag{16-27}$$

对于紊流状态，付克斯在后一版本[13]中给出

$$\frac{N}{N_0} = \exp\left(-\frac{2 v_s x}{\pi R u}\right) \tag{16-28}$$

指出两种状态的计算结果在 $\frac{N}{N_0} \geqslant 0.9$ 之后，就差别很小了。这里可以计算一下，对于 5μm 微粒：

$\frac{N}{N_0} = 0.90$ 时的允许管长

按层流计算　$x=0.095\mathrm{m}$

按紊流计算　$x=0.088\mathrm{m}$(负偏差 7.3%)

$\frac{N}{N_0}=0.95$ 时的允许管长

按层流计算　$x=0.046\mathrm{m}$

按紊流计算　$x=0.043\mathrm{m}$(负偏差 6.5%)

两种流态计算负偏差都在10%之内,所以两种流动状态都可以按层流状态计算。

根据式(16-26)作出的理论曲线[17]已表示在图16-14上,为实线,同样,用该曲线也不便确定需要的管长。

作者绘成 β 和 $1-\frac{N}{N_0}$ 的关系图,见图16-15,用它来计算损失率也是很方便的。

从图16-15可见,如果要使采样效率大于95%,即损失率小于5%,必须使 $\beta\leqslant 0.032$ [按式(16-26)计算时],"arcsin"一项必须化为弧度,如 $\arcsin 0.95=78.805°=78.805\times\frac{\pi}{180}=1.253\mathrm{rad}$。

可以计算出 $\frac{x}{Ru}$,如表16-7所列。不同粒子计数器采样时的允许水平管长列于表16-8。

表16-7　水平采样管段中沉降损失率 $\ngtr$ 5%时的 $\frac{x}{Ru}$

ρ /(kg/m³)	x/Ru				
	10μm	5μm	2μm	1μm	0.5μm
2000	≤0.1422	≤0.5688	≤3.555	≤14.22	≤56.88
1000	≤0.2844	≤1.1376	≤7.11	≤28.44	≤113.76

表16-8　水平采样管段中沉降损失率 $\ngtr$ 5%时的允许管长

R/m	Q		u /(m/s)	ρ /(kg/m³)	x/m				
	L/min	cm³/s			0.5μm	1μm	2μm	5μm	10μm
0.5×10^{-2}	28.3	471.7	6	2000	170.6	42.7	10.7	1.7	0.42
				1000	341.2	85.4	21.4	3.4	0.84
0.325×10^{-2}	2.83	47.2	1.42	2000	26.3	6.6	1.6	0.3	0.06
				1000	52.6	13.2	3.2	0.6	0.12
0.2×10^{-2}	0.3	5	0.4	2000	4.3	1.1	0.27	0.04	0.01
				1000	8.6	2.2	0.54	0.08	0.02

在Lin等的文献[19]中也根据和式(16-26)相同的公式(只是规定 $\alpha<0.02$)制成图16-16的右侧,对于 D_t 为1cm的采样管,以1μm为例,查出微粒通过率为0.95时

$$\frac{t}{D_t}\approx\frac{13\mathrm{s}}{1\mathrm{cm}}$$

相应于给出的大流量粒子计数器 $u=6\mathrm{m/s}$,则允许管长

$$x=13\times6=78(\mathrm{m})$$

这和表 16-8 中的 85.4m 偏差 8%。同样，由于查该图需内插，具体计算是不便的。

16-3-3　采样管中的碰撞损失

采样管除了有竖直的和水平的情况外，一般都有一定的弯曲，图 16-17 即为一实际照片，极端情况即形成 90°弯曲，如图 16-18 所示[19]。最小弯曲半径只有 2～3cm。因此在弯曲处易发生微粒因碰撞而黏附于管壁的损失。

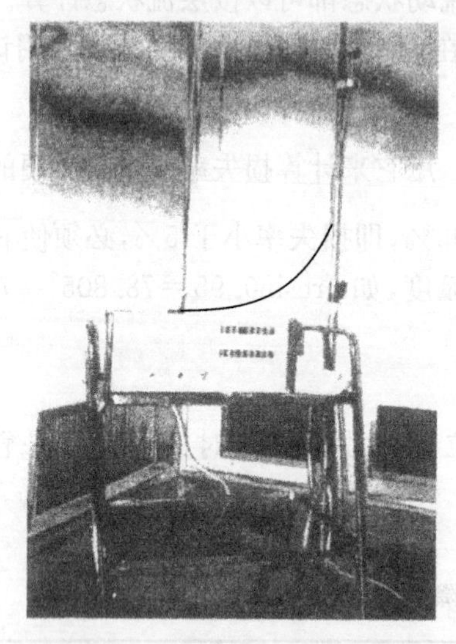

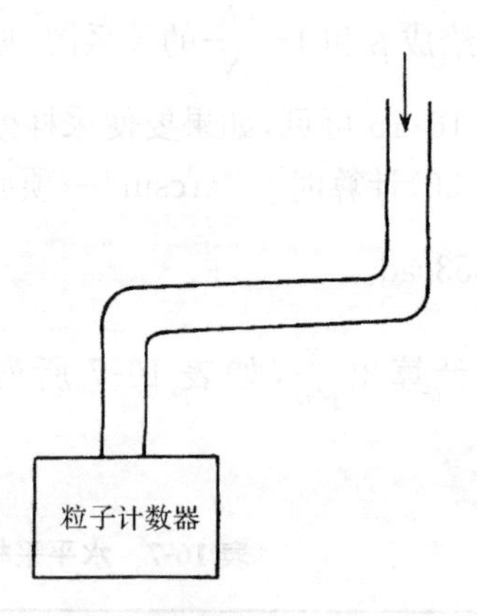

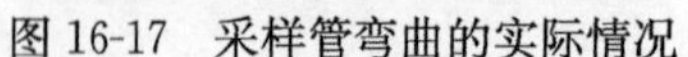

图 16-17　采样管弯曲的实际情况　　　图 16-18　采样管弯曲的极端情况示意

Lin 等[19]引用了如下公式进行计算：通过率

$$P=\frac{N}{N_0}=1-St\left[1+\left(\frac{\pi}{2R_0}+\frac{2}{3R_0^2}\right)\right] \tag{16-29}$$

该式适用于 $St<0.1$。

$$R_0=\frac{\text{弯曲半径}}{\text{管内半径}} \tag{16-30}$$

碰撞损失计算结果列于表 16-9。

表 16-9　采样管弯曲处的碰撞损失

D_t /m	u_0 /(m/s)	ρ /(kg/m³)	弯曲半径 /m	R_0	$1-N/N_0$				
					0.5μm	1μm	2μm	5μm	10μm
					$St=0.000052$	$St=0.000204$	$St=0.00082$	$St=0.0051$	$St=0.00204$
1×10^{-2}	0.5	1000	2×10^{-2}	4	0.00075	0.0029	0.0012	0.0073	0.029
1×10^{-2}	0.5	1000	20×10^{-2}	40	0.000054	0.00021	0.00085	0.0053	0.0021
					$St=0.00008$	$St=0.00032$	$St=0.0013$	$St=0.008$	$St=0.032$
0.65×10^{-2}	0.5	1000	2×10^{-2}	4	0.00011	0.00046	0.0019	0.011	0.046
0.65×10^{-2}	0.5	1000	20×10^{-2}	40	0.000083	0.00033	0.0014	0.0083	0.033

从表可见：粒径越大，碰撞损失越大；St 越大，碰撞损失越大；R_0 越小，碰撞损失越大。

对 5μm(这是目前各种标准规定的最大控制粒径)及其以下微粒，碰撞损失可以忽略，而对于 10μm 微粒则要加以考虑。

16-3-4　采样管中的凝并损失

式(6-49)给出过单分散微粒的凝并浓度计算，如果用来估算多分散微粒的凝并浓度，可按粒径分别计算。也可进一步根据该群微粒的几何标准偏差 σ_g(参见第一章)的大小给予修正，参照文献[22]的数值，给出修正倍数如表 16-10 中所列。

表 16-10　多分散气溶胶凝并系数的修正

d_p/μm	凝并系数		
	$\sigma_g=1$	$\sigma_g=1.5$	$\sigma_g=2$
0.1	K_0	$1.22K_0$	$1.94K_0$
0.2	K_0	$1.18K_0$	$1.77K_0$
0.5	K_0	$1.13K_0$	$1.53K_0$
1.0	K_0	$1.09K_0$	$1.40K_0$
2.0	K_0	$1.09K_0$	$1.34K_0$

以不利的 0.1μm 小微粒为例

$$\frac{N}{N_0}=\frac{1}{1+K_0N_0t}$$

设 $t=10\text{s}$，$N_0=10^3$ 粒/cm³，查表 6-13 得凝并系数 $K_0=8.6\times10^{-10}\text{cm}^3/\text{s}$。因此

$$1-\frac{N}{N_0}=1-\frac{1}{1+8.6\times10^{-10}\times10^3\times10}=1-\frac{1}{1+0.0000086}=0.000009$$

设 $t=1\text{h}$，则

$$1-\frac{N}{N_0}=0.0031$$

即使考虑多分散，$\sigma_g=2$，K_0 增加 1.94 倍，结果仍说明凝并损失极小，完全可以忽略不计。

16-3-5　与实验对比

以上的理论计算表明，在采样管中 5μm 及其以下的微粒由于碰撞、涡流和凝并而发生的损失比扩散和沉降损失小得多，一般可以忽略，只有在大于 5μm 和特殊的采样条件下，才要加以考虑。而在扩散和沉降损失中，又以沉降损失更重要，较大微粒的扩散损失也是可以忽略的。

下面引用三个实验数据和理论计算进行对比。

(1) 用管径为 0.4cm、长度分别为 15cm(A)和 500cm(B)的水平采样管，对稳定发生的标准粒子用小采样量粒子计数器进行测定，采样速度皆为 27cm/s，测定结果如表16-11所列[23]。

对于只有15cm的A管来说，即使是1μm的微粒，沉降损失的理论值也远低于1%，扩散损失就更小，因此表中A管浓度读数的平均值可以作为没有损失的标准值看待而和B管进行比较(表16-11)。

表 16-11　水平采样管沉降损失实验结果

管号	次数	粒径/μm	平均浓度读数/粒	管号	次数	粒径/μm	平均浓度读数/粒
A	1	0.3～0.4	1377	B	1	0.3～0.4	1376
	2	0.4～0.5	1071		2	0.4～0.5	1074
	3	0.5～0.6	589		3	0.5～0.6	578
	4	0.6～0.8	180		4	0.6～0.8	186
	5	0.8～1.0	74		5	0.8～1.0	67

(2) 用一管径 D_t 为 1.09cm、长为 500cm 的水平采样管，以 0.44m/s 的采样速度对稳定发生的标准粒子进行测定，结果如图 16-19[24] 所示。

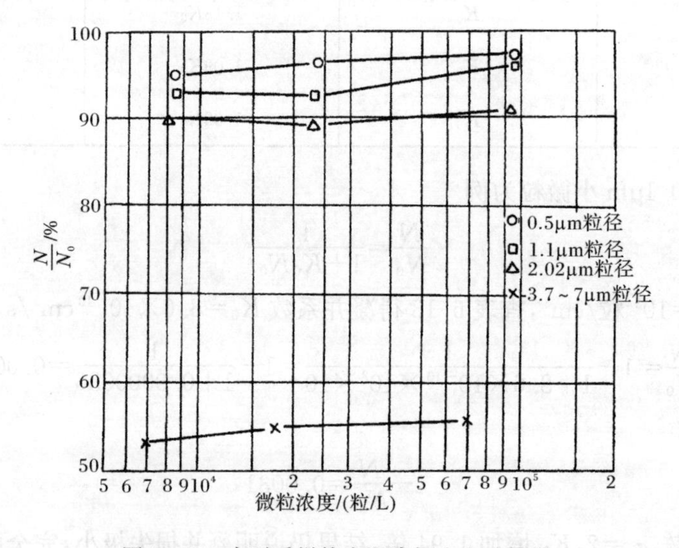

图 16-19　水平采样管中沉降损失实验结果

用图中的微粒损失率与理论计算的损失率对比，结果如表 16-12 所示。

这两组实验都是用聚苯乙烯小球作标准粒子的，该小球的密度为 1.06g/cm³。从比较中可见，2μm以下微粒实测损失率和理论计算损失率比较接近，而2μm以上微粒实测损失率约为计算损失率的70%。这是因为在计算公式中没有考虑微粒沉积以后的再飞散问题，而这对于较大的微粒是不能忽视的：因为微粒越小分子力越大，悬浮速度越大，要更大的力才能吹起，难以再飞散。从图 16-13 可知，正是从 2μm 左右开始至约 25μm，微粒悬浮速度陡然下降，表明 2μm 以上微粒难于悬浮飞散，而 2μm 以上微粒则容易再飞散，结果可能表现为沉降沉积损失比小微粒的小。

表 16-12　对比结果

粒径范围	μm	0.5～0.6	0.8～1.0
计算粒径	μm	0.5	0.9
实测损失率	%	2	9.5
计算损失率：			
扩散	%	0.5	0.3
沉降	%	2.5	11
总计	%	[1-(1-0.025)×(1-0.005)]×100=3	[1-(1-0.11)×(1-0.003)]×100=11.3

(3) 用一管径为0.5cm、长为400cm的水平采样管，以0.28～1.41m/s的不同流速采样，微粒为多分散DOP粒子，实测管内损失如图16-20所示[17]。

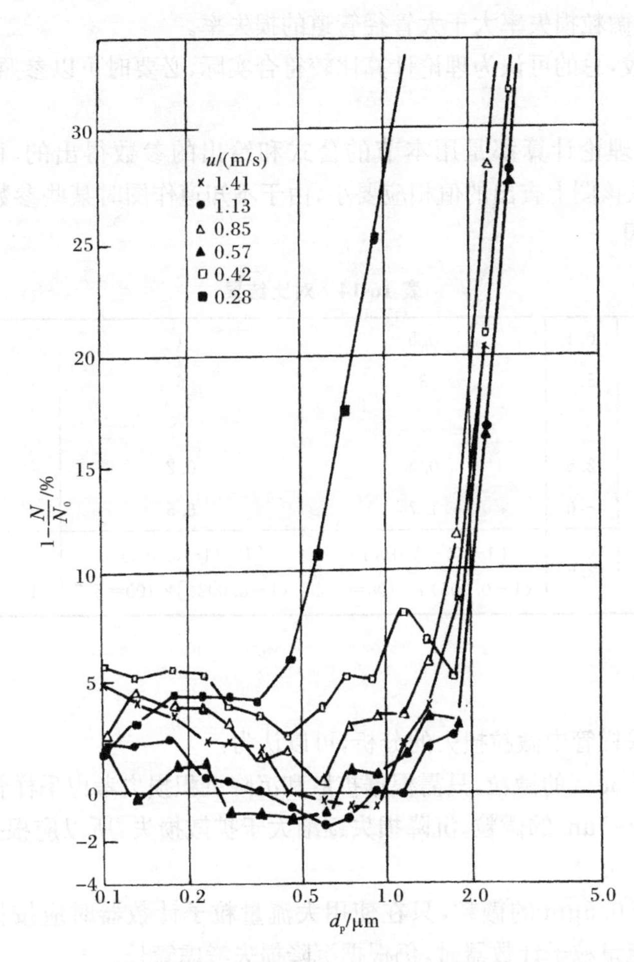

图 16-20　DOP微粒在$R=0.25$cm、长4m、软聚氯乙烯水平管道中扩散和沉降实验损失率

以$u=0.42$m/s的一组数据为例，和理论计算比较结果如表16-13所列(微粒密度为0.981g/cm^3)。

表 16-13 对比结果

粒径范围	μm	0.5	1.1	2.02	3.7～7
计算粒径	μm	0.5	1.0	2.0	5
实测损失率	%	3	4.2	11	54
计算损失率：					
扩散	%	0.23	～0	～0	～0
沉降	%	1.3	3.6	13	82
总计	%	[1－(1－0.013)×(1－0.0023)]×100＝1.5	3.6	13	82

在六档流速的实验结果中，多数实测结果接近理论计算值，而且有相同的趋势。例如小流速时损失率增大；随粒径增大损失率也迅速增大；在相同流速下，对于大部分粒径来说，小管径管道的微粒损失率大于大管径管道的损失率。

通过三例比较，总的可认为理论计算比较符合实际，必要时可以参照理论计算对实测数据修正。

要说明的是，理论计算都是用本节的公式和给出的参数得出的，而没有直接从图16-14查找，因为从该图上查出的值相应要小，由于不知道作图时某些参数的数值，故不能确定其偏小的原因。

表 16-14 对比结果

粒径	μm	0.1	0.5	1	2
实测损失率	%	5.5	3	6	19
计算损失率：					
扩散	%	2.5	0.5	0.2	0.1
沉降	%	～0	1.7	6.5	25
总计	%	2.5	[1－(1－0.017)×(1－0.005)]×100＝2.2	[1－(1－0.065)×(1－0.002)]×100＝6.7	[1－(1－0.25)×(1－0.001)]×100＝25.1

16-3-6 综合结论

通过以上对采样管中微粒损失的分析，可以认为：

(1) 对于小于 5μm 的微粒，只需根据扩散和沉降沉积损失考虑采样管长度。

(2) 对于 0.5～5μm 的微粒，沉降损失逐渐大于扩散损失，所以应根据沉降损失考虑采样管长度。

(3) 对于小于 0.5μm 的微粒，只在使用大流量粒子计数器时应按扩散损失考虑管长，在使用中、小流量粒子计数器时，仍根据沉降损失考虑管长。

(4) 在采样管中允许微粒通过的时间不是一个定数。

(5) 根据上述结论，可认为，209E 关于采样管长的建议有不尽合适之处。

在 FS209E 的附录 B40.2“空气采样系统”中对粒子计数器的采样用连接管指出：“连接管的尺寸应保证空气在管内的流动时间不超过 10s。”又在 B40.2.1“粒子传送所需考虑的事项”一节中进一步建议：“对于粒径在 0.1～1μm 范围内的微粒，至多可用 30m 长的连接管；对于粒径在2～10μm范围内的微粒，连接管的长度不得超过3m，在此条件下就可以保证在传送过程中由于扩散作用而损失的小微粒和由于沉降和惯性而损失的大微粒不超过5%(见附录C)”。

上述引文同时指明采样气流的*Re*为500～2500，并没有指出采样管径。因此在此*Re*条件下，用前述紊流公式计算，若管径比正常的大流量粒子计数器采样管径1cm大50%，对0.1～1μm粒径区间的允许管长可用30m，若是1cm管径，则由表16-5可知不宜超过17m。第二档不应以2～10μm而是宜以2～5μm为区间，因为5μm是209E规定的最大控制粒径。因此由表16-8可知，水平管长不超过3m是可以的(209E只说是连接管，是不准确的)，若对2～10μm，就不能超过1m了。5～10μm可作为特殊需要，水平管长不宜超过1m。所以对于209E的上述引文，只需把2～10μm改为2～5μm就不显矛盾了。

对于国内常用的2.83L/min的所谓中流量粒子计数器，控制粒径一般从0.5μm开始，所以可把其以下即0.1～0.5μm划为一档(相应于209E的0.1～1μm)，不论由表15-2的结果还是按209E所引文献[19]的计算结果，从扩散损失角度都允许很长的采样管。因此可只考虑沉降损失，则由表16-8可知，当考虑大气尘微粒的大密度(2000)时，则理论上也把水平管长定在<30m上是偏安全的。对于洁净室常用的最大控制粒径5μm，更可以只考虑沉降损失，则由表16-8可知，水平采样管应在0.5m以下，也就是说通常为了保证对≤5μm微粒采样时的损失率小于5%，水平管段不长于0.5m为好，如图16-17所示那样水平管段不超过仪器长度的情况可以被允许，再长则不宜了。文献[20]针对国内情况提出了采样管长的建议值，如表16-15所列。

表16-15 水平采样管长的建议值

粒子计数器采样流率	采集气溶胶的粒径范围及允许采样管长度			
$0.028m^3/min$	0.1～1μm	2～5μm	10μm	
	30m	3m	1m	
$0.0028m^3/min$	0.1～0.5μm	1μm	2μm	5μm
	30m	10m	3m	0.5m

16-4 最小检测容量

16-4-1 问题的提出

对不同洁净度级别的环境进行测定时，采样量应是不同的。这在天平计重测尘中和天平的感度有关，在滤膜测尘中和滤膜基数有关，必须保持膜面集尘数和基数之间有一个适当的比例，因此都需要合适的采样量。此处提出的最小检测容量，是对粒子计数器测尘来说的[25]。20世纪70年代中大流量粒子计数器已经出现，由于大流量和小流量粒子计数器在测定结果上的差异，这样的问题自然被提出来：对洁净度高于100级洁净室的测定，对所用粒子计数器的采样量有无要求？如果有要求，则最小检测容量应如何确定？这是洁净技术的发展给测定手段提出的新问题。

美国在1987年即209C以前的有关联邦政府、国家航空及宇宙航行局、污染控制协会等标准中以及英国、德国标准中都没有明确提出最小检测容量、最小测定次数和必要测点数的问题，只是 1973 年在 209B 中笼统提出对乱流洁净室，采样量为 0. 01、0. 1、0. 25ft^3/min 即可，对层流（现为单向流）洁净室则需用 0. 25、1. 0、5. 0ft^3/min。1983 年德国 VDI2083-Ⅲ中只提出 5 级及更高级别的洁净室采样最好用 1ft^3/min 流率的计数器。1984 年美国环境科学研究协会标准 IES-RP-CC-006 第一次提出测点数问题，并给出用每一测点承担的洁净室面积（ft^3）来确定测点数的方法；对于乱流和层流洁净室：一点承担的面积（ft^3）$\not>\sqrt{级别数}$，但也没有提到最小检测容量。

在 1977 年 10 月日本佐藤英治[26]第一次正式指出用小采样量粒子计数器在几点上作短时间的采样，对于 5 级洁净室来说，有充分理由怀疑所测结果。但没有讨论用多大的检测容量才可行。

国内也在 1977 年 10 月第一次正式提出这个问题并首次提出了最小检测容量的概念和确定这一容量的“非零检验原则”，并给出了计算方法[25]。1980 年又提出了必要测点数的概念和计算方法[27]。用这个方法得出的最小采样量和后来（1987 年）209C 的数据（1987 年日本 JIS 标准沿用美国数据）属于相同的档次，详后述。

16-4-2　非 0 检验原则

粒子计数器的显示读数，只能用 0、1、2、3…的正整数。如果被测空间的含尘浓度极低，每次读数的空气采样量即检测容量又很小，因此检测容量的平均浓度有可能是一个低于 1 的某个数，这时每次的读数有可能多次地出现“0”，或者绝大部分是“0”。这对于含尘浓度极低的场合例如每点平均读数是“1”，而又点数很少例如只有 3 点，平均浓度应是“1”；如稍为有些误差例如读到 2 个“1”、1 个“0”，则平均浓度为“0. 7”，两次浓度相差就达到 1. 5 倍。这样就不能真实反映含尘浓度的水平。如果检测容量较大，因而每个检测容量读数可能比 1 大许多，例如是 2、3…则每个检测容量是“0”的数就很少，即使有几粒相差，只影响平均浓度在 $10^{-2}\sim10^{-1}$ 数量级水平上，和真实浓度的差别会更小。以上这种情况主要出现在高洁净度（如高于 7 级）场所。

因此，要求粒子计数器最小检测容量，应具有这样的特性，即落入这个最小检测容量中的尘粒多于零粒的可能性极大，也就是要达到在这样大的检测容量中基本排除零粒的可能。从本书第二版起，这个方法称为“非 0 检验原则”。

第一章中已经指出，若检测容量的平均浓度记作 λ，当 $\lambda\leqslant10$ 时，该空间的尘粒分布状况可以用泊松分布来描述。式（1-8）已经给出了检测容量中出现至多 K 粒尘粒的率 P，现再写出为

$$P(\zeta=K)=\frac{\lambda^K}{K!}\mathrm{e}^{-\lambda}$$

因此出现“0”粒的概率为

$$P(\zeta=0)=\mathrm{e}^{-\lambda} \tag{16-31}$$

由上面两个式子可做成图 16-21 的曲线，其中“0 粒”曲线是表示出现“0”粒概率的，“≤1 粒”曲线表示出现“0”粒和“1”粒的概率之和，出现“1”粒的概率则是“≤1”和“0”粒两者概率之差，余类推。

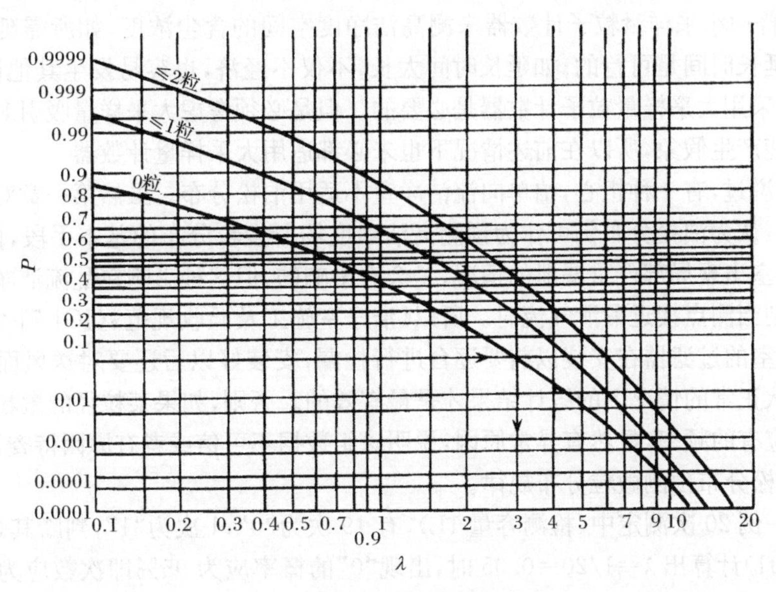

图 16-21　累积概率曲线

从图 16-21 可见，要想使非零读数的概率大到 95%，即出现“0”的概率只有 5%，必须使 λ 达到 3。据此得出的检测容量即最小检测容量。

下面具体计算一下最小检测容量。

现以每一级别的浓度下限代表这个级别的浓度(比浓度上限更安全)，则有

$$最小检测容量 = \frac{3\text{粒}}{级别浓度下限} \tag{16-32}$$

计算结果列于表 16-16。

表 16-16　“非 0 检验原则”的最小检测容量

级别	级别浓度下限 (≥0.5μm)/(粒/L)	最小检测容量	
		计算值/L(ft^3)	建议值/L
100000	351	0.008 5(0.0003)	0.1
10000	35.1	0.085(0.003)	0.1
1000	3.51	0.85(0.03)	1
100	0.351	8.5(0.3)	8.5
10	0.0351	85(3)	85
1	0.00 351	850(30)	850

表 16-16 可见：

(1) 我国采用法定单位制，而在空气洁净技术中习惯以“L”为基本容量单位，则最小取到其 0.1 个单位即 0.1L 是合适的。

(2) 对于含尘浓度低于 35 粒/L 的环境，用普通小采样量粒子计数器测定时，要延长采样时间才能保证足够的检测容量和有较大可能性测得非零数。如不延长采样时间、加大检测容量，多数结果将为零，降低了测定结果的可靠性。

(3) 用普通小采样量粒子计数器来测高洁净度空间的含尘浓度，如所需延长的时间不太长，则延长时间是可行的；如延长时间太长，不仅不经济，也容易发生其他误差，所以这种情况下采用大采样量粒子计数器是必要的。但是必须考虑大采样量吸引对浓度场的影响，也可能产生假象，所以在前述情况下也未必都适用大采样量计数器。

前面已说过，有一种担心，怕单向流洁净室不适用泊松分布。虽然第一章对此已做了必要的说明，认为泊松分布仍可作为预测高洁净度场所尘粒分布的基本手段，但是，如果单向流洁净室出现局部严重漏泄的情况，是会有影响的，但这种影响在乱流洁净室也会存在一些，特别当测点接近漏泄气流时。所以《洁净室施工及验收规范》(JGJ 71-90)才要求单向流洁净室的过滤器在安装以前要逐台进行检漏，安装好以后还要对送风面框架扫描检漏，在确认正常的情况下的统计结果才是最有效的。否则，如果某粒径的微粒的出现次数，超过其应有的频率，显然有异常原因，说明该组数据不可信或者有原因待查，而不能说明不能用泊松分布预测微粒分布规律。

例如，一例 20 次测定中(检测容量 1L)，有 19 次为“0”，1 次为“1”，判断其是否正常。通过式(16-31)计算出 $\lambda=1/20=0.05$ 时，出现“0”的概率应为 95%即次数应为 19 次，和实际情况相符，所以虽然检测容量按此 λ 值来说不够，但可以认为结果正常。

又如上例中若 1 次读到“3”，是否正常？计算得 $\lambda=0.15$，出现“0”的次数应为 17 次，显然有差异。

由式(16-31)可知

$$P(\zeta=0)=\frac{x}{k}=\mathrm{e}^{-\lambda}$$

所以

$$\lambda=-\ln\frac{x}{k} \tag{16-33}$$

式中：k——测定总次数；

x——出现“0”的次数。

若 20 次中 19 次为“0”，则 $\lambda=0.051$，即该次测定的平均含尘浓度理论上应为 0.051 粒/L，而不可能是 3/20＝0.15 粒/L。因为若检测(1L)平均浓度为 0.051，则在该容量中会出现 3 粒的概率由式(1-13)决定，即

$$P(\zeta=3)=\frac{0.051^3}{3!}=\mathrm{e}^{-0.051}=0.000022\times0.95=0.000021$$

所以出现 3 粒的概率极小，不可能。若出现了，为假象，并不能据此求平均浓度。

很有可能这 3 粒是漏泄造成的，但正如 209E 说明的，它的统计方法并不是以改变采样时的多点漏泄(认为单点漏泄可能性很小)这个缺点为目标的，即统计方法的应用或最小检测容量的应用，并不能改变漏泄等异常原因造成的偶然误差。换句话说，测定结果的异常情况不应否定尘粒分布的规律和统计方法的应用。

仪器的性能也可能成为异常原因。例如表 16-17 所列国外测定数据(表中每点数据为原文献中各点的多次平均值)，同一洁净室用仪器 1 测定达到了设计的 1 级(209 系列标准，下同)，而同时用仪器 2 测定的结果就没有达到 1 级[28]。测定者查明两台仪器性能有差别，仪器 2 不能清零。所以当用这两台性能有差异的仪器测定后发现其结果与上述分布规律不很吻合时就断言规律不对，最小检测容量不适用，显然是不合适的。

表 16-17　两台粒子计数器同时测定出现不同结果的测定例

采样点	平均浓度/(粒/ft³)				
	计数器 1			计数器 2	
	≥0.2μm	≥0.3μm	≥0.5μm	≥0.3μm	≥0.5μm
1	1.4	0	0	2.8	2.6
2	2.2	0	0	3.7	2.5
3	2.6	0	0	2.9	2.4
4	2.3	0	0	2.5	2.3
5	2.1	0	0	0.4	0.4
6	0.8	0	0	0.3	0.1
7	1.0	0	0	0.2	0.2
8	1.6	0	0	1.3	1.0
9	1.2	0	0	1.1	0.7
10	1.2	0	0	0.6	0.3
11	1.5	0	0	1.1	0.7
12	0.6	0	0	0.8	0.6
13	0.7	0	0	0.7	0.6
14	1.2	0.1	0	0.4	0.6
15	0.7	0	0	0.4	0.3

在第一章表 1-8 中曾列举三个房间用经过标定没有什么差别的 2 台仪器测定，而结果完全一致的例子，用其结果进行统计分析，也就更符合规律。

先于“非 0 检验原则”提出时间出版的《空气洁净技术措施》，当然不可能采用表 16-15 中的数值，而是采用了经验数值，而且当时还没有建立最小检测容量的概念，用的是每次采样量的概念，即：

含尘浓度<30 粒/L(相当于 6 级)　　每次采样量≥0.9L

含尘浓度 30～300 粒/L(相当于 7 级)　　每次采样量≥0.3L

含尘浓度≥300 粒/L(相当于 8 级)　　每次采样量≥0.1L

后于“非 0 检验原则”提出时间批准(1984 年)、施行(1985)的《洁净厂房设计规范》(GBJ 73-84)也采用了和“措施”类似的数值，即：

5 级　　每次采样量≥1L

6 级～7 级　　每次采样量≥0.3L

8 级　　每次采样量≥0.1L

也没有提到“最小检测容量”的概念，没有提到洁净室微粒按密度的分布属泊松分布的问题，所以也就没有引用“非 0 检验原则”确定最小检测的方法。

至于 1991 年出版的《洁净室施工及验收规范》(JGJ 71—90)和 2002 年出版的《洁净厂房设计规范》(GB 50073—2001)规定的采样量就都和当时的国际有关标准(209D、ISO 14644-1)接轨了，数值后述。

以上讨论的是为了测定准确，必须采用最小检测容量概念的问题。但只用最小检测容量对于测定准确来说还是不够的，还要有足够的测点数，这在过去早已指出[27]，但国外有关标准在这方面的规定是不够的。这一问题留待下一章分析。

16-4-3　最少总粒子数原则[29～31]

由于采样是计点数据的采集过程，所以被作为一个泊松过程看待，根据泊松分布可由检测数据作均值的区间估计。

由式(1-15)可知，若用实测得到的微粒总数 N 代替 K，则 λ 的估计量 λ_0 的分布函数应是

$$F(0<\lambda_0<\lambda'_0)=\int_0^{\lambda'_0}\frac{\lambda_0^N}{N!}e^{-\lambda_0}\,d\lambda_0 \tag{16-34}$$

式中 λ'_0 为 λ_0 的置信上限，见图 16-22。

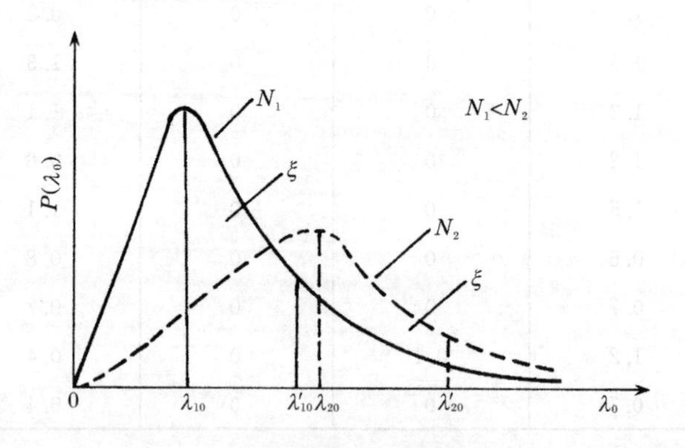

图 16-22　λ_0 的概率

当给定 $F(0<\lambda_0<\lambda'_0)$ 的概率值(即置信度、置信水平)为 ζ，并通过求出上式右端的积分，即可得到不同 ζ 时由 N 值求出的估计量 λ_0 的上限 λ'_0。结果列在表 16-18 中。

表 16-18　N 与 λ'_0 和 R 的关系

N	置信水平 97.5%		置信水平 95%	
	λ'_0	R	λ'_0	R
5	11.67	1.334	10.51	1.03
10	18.39	0.839	16.96	0.696
15	24.74	0.649	23.10	0.540
20	30.89	0.544	29.06	0.453
25	36.91	0.476	34.91	0.397
30	42.83	0.428	40.69	0.356
35	48.68	0.391	46.40	0.326
40	54.47	0.362	52.07	0.302
50	65.92	0.318	63.29	0.266
60	77.23	0.287	74.39	0.240
70	88.44	0.263	86.40	0.220
80	99.57	0.245	96.35	0.204
90	110.62	0.229	107.24	0.192
100	121.62	0.216	118.08	0.181

此时检测的随机绝对误差为

$$R' = \lambda'_0 - N \tag{16-35}$$

随机相对误差为

$$R = \frac{R'}{N} = \frac{\lambda'_0 - N}{N} \tag{16-36}$$

由图 16-22 可见，当给定一定的置信度 ζ 时，若测得的总微粒数越多，则置信上限 λ'_0 越大，由式(16-36)知，检测相对误差 R 越小。

美国 209C 标准的最小检测容量，据 209B 修订建议讨论者的说明[29]知是在规定最少检测总微粒数达到 20 粒的原则下，针对检测级别求得的，并说明在此原则下，在置信区间的置信水平为 95%时浓度上限为 31 粒，下限为 12 粒，即有 95%的可能测得的总粒数落在 31～12 的范围内。以只求浓度上限为例，则可按表 15-15 中 97.5%的置信度查出，得到浓度上限为 30.89≈31 粒，可见和上述 209B 修订建议讨论者的说明是一致的。从该表还可见，此时检测误差 R=54.4%。如果降低置信水平到 95%求浓度上限，则 λ'_0=29 粒。扩大检测到的总粒数虽可降低误差，但时间加长。20 粒这个数完全是人为确定的。于是

$$\text{最小检测容量} = \frac{20\text{粒}}{\text{级别浓度上限}} \tag{16-37}$$

对于 5 级，浓度上限为 100 粒/ft^3，20(粒)/100(粒/ft^3)=0.2ft^3。

对于 6 级，浓度上限为 1000 粒/ft^3，20(粒)/1000(粒/ft^3)=0.02(ft^3)，其余类推。

ISO 14644-1 根据同样的原则，但采样量用“L”表示，故有

$$\text{最小检测容量} = \frac{20\text{粒}}{\text{级别上限粒数}/\text{m}^3} \times 1000\text{L} \tag{16-38}$$

《洁净厂房设计规范》(GB 50073—2001)引用该式时式中 1000 误为 100。

以上计算结果见表 16-19。表中 209E 和 ISO 的 L 值尾数因粒数尾数小有差异而略不同。同时 ISO 规定最小不能小于 2L。

表 16-19　最少总粒子数原则的最小检测容量

级别	级别浓度上限/(粒/ft^3)	最小检测容量		
		计算值/ft^3	209C～209E 采用值①/ft^3	ISO 14644-1/L
100000	100 000	0.0002	0.1(2.83)	2.0
10000	10 000	0.002	0.1(2.83)	2.0
1000	1000	0.02	0.1(2.83)	2.0
100	100	0.2	0.2(5.66)	5.68
10	10	2	2(56.6)	56.8
1	1	20	20(556)	568

① 本格括号中的数值，其单位为“L”。

从表 16-16 和表 16-19 及其所用方法相比可以看出：

(1) 上述两种确定最小检测容量的原则都是以计点数据的采集为依据的，因而都应用了泊松分布，但是具体方法不同。

$\lambda=3$ 的方法是以保证非 0 数据不小于 95%为明确目标的；总粒数＝20 的方法则稍带随意性，所以式(16-32)和式(16-37)的形式虽相似而性质则是不同的。只是美国文献[29]在提到泊松分布时没有在文字上指明是基于计点数据的检测统计，因而和该文献在谈到浓度平均值统计分析(下一章详述)时说的“经验和理论表明泊松分布极少适应实际洁净室浓度测试的数据”，因而建议此时用 t 分布的话容易给人造成误解，似乎洁净室的微粒分布更符合 t 分布。实际上它是针对计点数据统计和平均值统计这两类不同质的统计问题运用不同处理原则的。

从数理统计理论可知，这是两类不同质的问题，并不是洁净室的微粒分布更符合哪种分布的问题。一个是需要利用按密度的分布规律问题，适合用泊松分布；一个是属于按粒径的粒数分布问题，是求平均值的误差问题，即所谓“实际洁净室浓度测试的数据”的处理问题，所以就需要采用反映小子样平均值分布律的 t 分布方法。关于这一方法将在下一章专门讨论。

(2) 美国标准 209C 采用英制，以“ft^3”为基本容量单位，也取到其0.1 个单位即 0.1ft^3 这是可以理解的。

(3) 209C 采用的最小检测容量是以级别的浓度上限为计算依据的，虽然浓度值提高了10 倍，但 λ 只提高 6.7 倍，所以相比之下，对每一个级别的最小检测容量应比表 16-15 中的值小，只是由于洁净度低于 5 级的级别因所取 0.1 个单位所代表的具体量的差别，最小检测容量数值(L)比表 16-16 中的值反而大了。但总体上看，两种最小检测容量是很接近的。

16-4-4 浮游菌最小采样量

和测尘一样，测浮游菌也有最小采样量问题，现按“非 0 检验原则”和浮游菌浓度常用数值计算出最小采样量，如表 16-20 所列[32]。

表 16-20 浮游菌最小采样量

浮游菌上限浓度/(个/L)	计算最小采样量/L
10	0.3
5	0.6
1	3
0.5	6
0.1	30
0.05	60
0.01	300
0.005	600
0.001	3000

16-5 最小沉降面积

第一章中已指出，微粒在表面上的沉降遵循泊松分布规律，因此和上一节所述的最小检测容量一样，在测定微粒的沉降量时，也有一个最小沉降面积问题。如果沉降面积太小，则由于出现“0”粒的几率极大而降低了整个测定结果的可靠程度。这个问题在用沉降法测定生物洁净室的菌落数目时尤其重要。和前节分析最小检测容量的道理一样，为了保证读数的95%为非零值，则微粒的沉积密度也必须达到或者超过3。从表9-11已经知道了每只培养皿在规定时间中允许的菌落数，即单位(以一只培养皿为一个单位)沉积密度，这样就可以得出在不同洁净度级别环境里，用沉降法测菌所需的最小沉降面积——最少培养皿数目，例如从表9-11查出3.5粒/L时，每皿可能最大沉降量为0.239个，则要达到3个时需12.55个皿，即取13个皿，结果如表16-21所列。如按3粒/L计，则皿数为14和4，即作者在过去用的数字，或者查图16-23，图中含尘浓度采用级别的浓度上限值。

表16-21　沉降法测菌所需最少培养皿数

含尘浓度最大值/(粒/L)	所需ϕ90培养皿数(以沉降0.5h计)
0.35	40
3.5	13
35	4
350	2
3500～35000	1

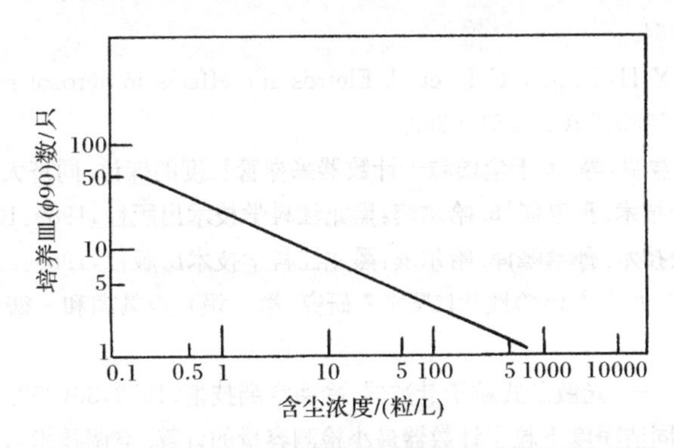

图16-23　沉降0.5h的培养皿数和含尘浓度的关系

最少培养皿数应和以后讲到的必要测点数或规范规定的测点数相适应。如果最少培养皿数大于测点数则采用此培养皿数，此时既满足测点数又满足最小沉降面积；如果最少培养皿数小于测点数，则培养皿数应取测点数。如果采样空间很小，放不下许多培养皿，则可以适当延长沉降时间(不宜超过1h)，按比例减少培养皿数目。

参考文献

[1] 氷见康二.排ガス中のばいじん量の測定方法.公害防止管理者の実務(臨時増刊)，1972，10(12)：65－81.

[2] Hinds W C.气溶胶技术.孙聿峰译.哈尔滨：黑龙江科学技术出版社，1989：132(原引用文献为：Durham. M. D. and lundgren D. H.，Evalution of aerosol aspiration efficiency as a function of Stokes number，velocity ratio，and nozzle angle. J. Aerosol Sci.，1980，11：179－188)

[3] 黄流民.附加阻力对流量计标定流量的影响//金属矿山通风防尘文集.1966：245－246.

[4] Hinds W C. 气溶胶技术. 孙聿峰译. 哈尔滨:黑龙江科学技术出版社,1989:131.

[5] FED-STD-209E(1992). APPENDIX C. 2730(原引用文献为:Aerosol Technology: Properties, Behavior, and Measurement of Airborne Particles. New York: John Wiley &, Sons, 1982:187—194.)

[6] 日本空気清浄協会. 空気清浄ハントブック. 29,1981(原引用文献为:Belyaer S P, et al, Techniques for collection of representative aerosol samples. J. Aerosol Sci, 1974, (5):325.)

[7] 许钟麟,张益昭,张彦国,等. 关于非等速采样引起的采样误差问题//第六届全国气溶胶学术会议论文集,1997.

[8] 魏学孟,李明. 层流洁净室采样问题的分析//全国暖通空调制冷学术年会论文集(下). 1990:344—347.

[9] 大野长太郎. 除尘、收尘理论与实践. 单文昌译. 北京:科学技术文献出版社,1982:228.

[10] 陈国椝,胡健民. 除尘器测试技术. 北京:水利电力出版社,1988:53—55.

[11] 李兴久,李炯远. 破碎筛分车间除尘. 北京:冶金工业出版社,1977:456—488.

[12] 谭天佑,梁凤珍. 工业通风除尘技术. 北京:中国建筑工业出版社,1984:487—504.

[13] Hinds W C. 气溶胶技术. 孙聿峰译. 哈尔滨:黑龙江科学技术出版社,1989:134—135.

[14] Hinds W C. 气溶胶技术. 孙聿峰译. 哈尔滨:黑龙江科学技术出版社,1989:189.

[15] 军事医学科学院五所. JWL-1 型采样器的研制. 1983.

[16] Фукс H A. 气溶胶力学. 顾震潮等译. 北京:科学出版社,1960:198—199.

[17] 赵荣义,钱蓓妮,许为全. 采样管中的微粒损失. 清华大学,1987.

[18] Fuchs N A. The Mechanics of Aerosols, The Macmillan Company. New York: New York, and Pergamon Press, 1964.

[19] Lin B Y H, Pui D Y H, Rubow K L, et al. Eletrostatic effects in aerosol sampling and filtration. Ann. Occup. Hyg., 1985, 29(2):251—269.

[20] 许钟麟,沈晋明,张益昭,等. 关于尘埃粒子计数器采样管长度的探讨. 同济大学学报,1998,(4).

[21] Hinds W C. 气溶胶技术. 孙聿峰译. 哈尔滨:黑龙江科学技术出版社,1989:103.

[22] Hinds W C. 气溶胶技术. 孙聿峰译. 哈尔滨:黑龙江科学技术出版社,1989:228—231.

[23] 新津靖,等. 大気中浮じんあいの性状に関する研究(第1報). 空気調和・衛生工学,1966,40(11):1—13.

[24] 辻省吾. じんあい計——光散乱式粒子計数器. 冷凍空調技術,1979,30(352):1—6.

[25] 许钟麟,顾闻周. 不同洁净度下粒子计数器最小检测容量的计算. 空调技术,1980,(1):22—24.

[26] 佐藤英治. 空気調和・衛生工学,1977,51(10):56—58.

[27] 许钟麟. 关于洁净室的必要测点数的计算. 空调技术,1980,(1):25—28.

[28] Helander R D. 用联邦标准 209C 鉴定 10 级洁净室. 张亚萍译,冯佩明校. 洁净室设计施工验收规范汇集,1989:292—302.

[29] Coper D W. 联邦标准 209B(洁净室)修订建议的理论基础. 刘先晶、战英民译. 洁净室设计施工验收规范汇集,278—286,洁净厂房施工及验收规范编制组,1989:278—286.

[30] 刘先喆,王琦. 微粒子浓度的区间估计——检测数据处理//中国电子学会洁净技术学会第二届学术年会论文集,1986:136—141.

[31] 钱蓓妮,许为全,赵荣义. 低浓度微粒的检测及洁净区级别评价. 清华大学,1988.

[32] 许钟麟. 关于细菌浓度的检测. 洁净室施工及验收规范研讨班讲义,1992.

第十七章　测定和评价

在采样理论的指导下，对微粒进行正确的采样之后，可以通过多种方法对微粒的大小、数量和分布进行测定，对测定结果还要做出科学的评价，才能最后得出正确的结论。本章将着重介绍微粒浓度、过滤器和洁净室的测定与评价的原理。

17-1　微粒浓度的测定

17-1-1　计重浓度法

计重浓度法是测定微粒浓度的最基本的方法。计重浓度法有很多种，滤纸计重法是其中较为精确的一种，这里主要介绍这一方法。

滤纸计重浓度法的基本原理，是将已知体积的空气通过滤料，使空气中所含微粒有效地被阻留在滤料上，然后根据天平称量求出滤料重量的增量，则所测空气的微粒计重浓度是

$$C = 1000 \times \frac{\Delta G}{qt} \tag{17-1}$$

式中：C——计重浓度（mg/m^3）；

ΔG——滤料增重，即测定前后滤料重量之差（mg）；

q——采样流率（L/min）；

t——采样时间（min）。

测定中最常使用的滤料是玻璃纤维滤纸，因为它的效率高。

采用玻璃纤维滤纸作为测定滤料时，存在一个环境湿度对滤料重量的影响问题。考虑这个影响有两方面：

(1) 称量地点和测定地点的相对湿度不同。

中国建筑科学研究院空气调节研究所做过的实验表明，在实际操作中，由于滤纸称量前调整天平等准备工作所需时间远远超过1～2min。在此期间滤纸和天平室空气直接接触进行湿交换，很快达到平衡，在称量地点的吸湿或放湿的影响已所剩极微，滤纸重量变化很小，在天平变动性范围之内。所以只要保证有必要的湿平衡时间，湿度不平衡的影响就可以不予考虑。

(2) 称量地点相对湿度发生变化。

有时由于种种原因，采样后的滤纸不能马上称量，这期间天平室的相对湿度有可能发生显著变化，操作时滤纸就要吸湿或放湿，它所反映的终重量就不真实。中国建筑科学研究院空气调节研究所的实验也表明，当天平室空气相对湿度由65%变化到70%时，对于直径为60mm、平均重量为180mg的玻璃纤维滤纸和合成纤维滤纸，吸湿引起的重量变化分别为0.074mg和0.02mg，如果在一般环境中采样后滤纸增重为0.25mg，则由吸湿引起的误差将分别为30%和80%。这里引用这一实验结果的曲线如图17-1所示，表明

天平室相对湿度有变化时,对滤料进行吸湿量修正是完全必要的。根据图 17-1 滤纸的吸湿量这样计算

$$G_p = G_1(\varepsilon_2 - \varepsilon_1) \tag{17-2}$$

式中:G_p——滤纸的吸湿量(mg);

G_1——滤纸初重(mg);

ε_1、ε_2——采样前后滤纸称重时单位重量滤纸的吸湿量(mg/mg)。

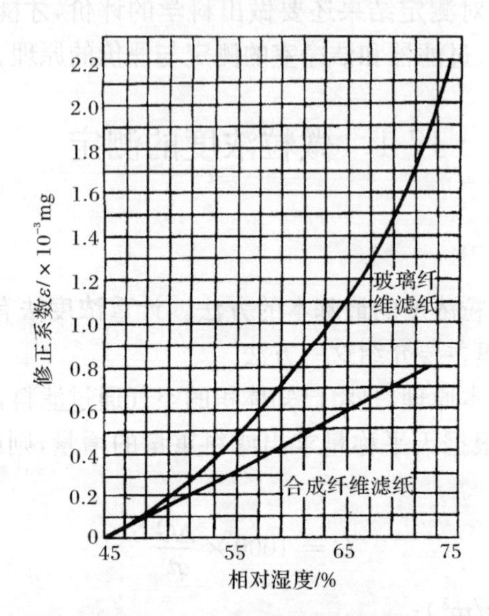

图 17-1　吸湿量修正系数

在应用式(17-2)计算计重浓度时,应从滤纸增重中减去吸湿量 G_p。

如果测尘前后称重不能在一处进行,或者不便于测定相对湿度,则为了消除湿度的影响,可以用双滤料法,即用两片滤料采样,由于第一片滤料(上面一片)的计重集尘效率已是 100%,所以第二片滤料因集尘的增重事实上应为零,此时如果有吸湿影响,也应表现在第二片滤料采样前后的重量变化上,所以真正的滤料增重,即式(17-1)中的 ΔG 由下式解出:

$$\Delta G = (G_1 - G_{01}) - (G_2 - G_{02}) \tag{17-3}$$

式中:G_1——采样器上面一片滤料采样后重量;

G_{01}——采样器上面一片滤料采样前重量;

G_2——采样器下面一片滤料采样后重量;

G_{02}——采样器下面一片滤料采样前重量。

然后按式(17-1)计算而不必进行湿度修正。

至于滤料纤维在高的采样滤速下脱落的影响,据实验完全可以忽略。

17-1-2　计数浓度法——滤膜显微镜计数法

1. 原理

随着空气洁净工程的发展,用计重浓度来确定含尘量已不能适应要求,于是化学微孔

滤膜显微镜计数法和光散射式粒子计数器计数法即被广泛应用为洁净环境含尘浓度的测定手段。在国外一些关于洁净室的标准中，滤膜显微镜计数法曾被作为测定 5μm 微粒的标准方法，在光电测尘技术发展起来以前，滤膜计数法甚至曾被用来对≥0.6μm 微粒进行测定。即使在今天，由于滤膜计数法对微粒本身能直接观察(大小、形态和颜色)，所以在一定条件下，仍然不失为一种可用的测定方法。

对于捕集一般气溶胶微粒来说，宜选用孔径为 0.3～0.8μm 的滤膜，它的集尘效率极高，比单层玻璃纤维滤纸的效率高出 2～3 个数量级，但是滤膜阻力比普通玻璃纤维滤纸也高过几十倍。

在国内，首先由中国科学院矿冶研究所等单位，将滤膜用于矿井测尘，其后中国建筑科学研究院空气调节研究所又研究了滤膜用于洁净技术上的计数测尘，并研制成相应的滤膜。下面简述一下这种计数测尘方法。

用滤膜进行计数浓度测定的原理，就是将微粒捕集在滤膜表面，再使滤膜在显微镜下成为透明体，然后观察计数。滤膜之不透明是由于微孔中充满了空气，形成大量光学分界面，破坏了光线进行方向所致。为了使滤膜透明就要消除光学分界面，可以采用滴油法和丙酮蒸气熏蒸法。

滴油法　向滤膜上滴上折射率和滤膜本身折射率相同的油，油渗入膜内，赶走微孔内的空气，使滤膜变成一个光学均匀的整体从而透明。这一方法适用于观测 5μm 以上微粒。

丙酮蒸气熏蒸法　丙酮蒸气浸入滤膜使其微溶而先膨胀后收缩，排出微孔中空气，使滤膜透明。这种方法使滤膜透明性能好，但当丙酮蒸气温度和气量不够时，膜边易发生卷曲，蒸气温度和气量过分时又会使膜过分溶解，影响其上的微粒分布。这一方法对检测小微粒也适用。

具体熏蒸装置如图 17-2 所示。将滤膜放在清洁的盖玻片上，采样面向上，放进有 50℃左右丙酮蒸气的烧杯内熏蒸(对容积为 600mL 的烧杯，大约加入 15mL 丙酮，当做过三次样片时，再加入 5mL 丙酮)，待滤膜透明后取出，再将盖玻片反向固定在载物片上(用铝箔圈或纸圈将盖玻片与载物片隔开)，然后在盖玻片四周用胶或蜡封住。

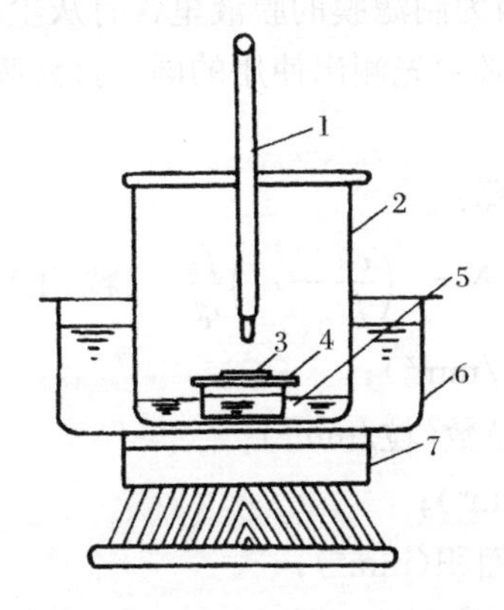

图 17-2　滤膜制片装置示意图

1. 温度计；2. 无嘴烧杯；3. 盖玻片；4. 载物片；5. 垫架；6. 水浴；7. 电炉

2. 计数方法

计数时把制好的标本片固定在显微镜工作台的适当位置上，如果仅测定 5μm 以上的微粒，则用放大 100 倍的显微镜，如果测定 0.5μm 以上的微粒，则显微镜必须用高放大倍数的镜头，一般为 1500 倍（100 倍浸油物镜，15 倍目镜）。

计数时将测微尺调为垂直于显微镜工作台移动的方向，慢慢移动工作台时，台上标本片也随之移动，在显微镜视野中就可以看到微粒不断地通过测微尺，从尺上读出微粒随遇直径的大小（参看第一章图 1-2），用手动计数器，按分组范围计数。

计数粒径分组范围一般可划分为＜0.5μm，≥0.5～＜1.0μm，≥1.0～＜2.0μm，≥2.0～＜5.0μm，≥5.0μm。

一张标本片上计数的总面积约为 0.02×(2～4)mm²。计数大粒径时取得大些，计数小粒径时取得小些。

为避免计数面积集中，在一张标本片上应随机的检测不在同一条直线上的若干段，每段起始处不要离边缘太近（图 17-3），在计数同时要将工作台上游标的读数记下来，防止产生差错。

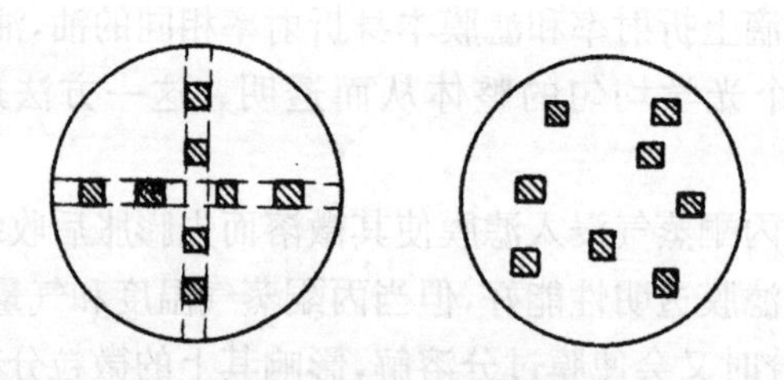

图 17-3　计数面积的划分

在用 100 倍浸油物镜观察时，因为焦深较小，不能同时看清膜上大、小微粒，所以要不断地在一定范围内调焦。当应用滤膜采样时，知道采样流率、采样时间和滤膜的有效过滤面积后，就可算出滤膜表面的微粒浓度，从而得出空气的含尘浓度。但是有一个问题要引起注意，就是基数的影响，因为制滤膜的膜液里含有灰尘，所以制得的滤膜也含有灰尘，称为“滤膜基数”。测定之前，必须先测出使用的同一批滤膜的基数密度，才能得到真正的采样密度。

所以，计数浓度按下式计算：

$$N=\left(\frac{c_1}{f_1}-c_0\right)\frac{f_0}{qt}\quad(\text{粒}/\text{L})\tag{17-4}$$

式中：c_0——滤膜基数密度（粒/mm²）；

c_1——采样后计数的总粒数（粒/mm²）；

f_0——滤膜有效面积（mm²）；

f_1——采样后计数的总面积（mm²）；

q——采样流率（L/min）；

t——采样时间（min）。

3. 适用条件

如果滤膜上基数密度很大，则采样后计数时除了计测到采集的微粒以外，也有可能计测到膜中原有微粒，基数大则这种可能性也大。据中国建筑科学研究院空气调节研究所的研究结果，当计数密度：基数密度这个比值达到4以上时，基数对计数结果波动的影响已趋于稳定，换句话说，此时的计数结果已不再因滤膜的基数密度不同而产生很大的出入了。

在一般环境中制成的滤膜，基数密度往往大于1000粒/mm^2，只能用在空气含尘浓度大于1000粒/L的环境中测定，若采样流率为15L/min，则采样时间一般只需要2h(设滤膜采样面积为490mm^2)。在洁净条件下制备的滤膜，基数密度一般仍在10粒/mm^{2}以上，所以也不宜用于空气含尘浓度小于10粒/L的环境中测定，否则采样时间需要2h以上，而用于5级洁净室的测定则需要半天甚至一天的采样时间，这就不方便了。

滤膜显微镜计数法除了可以直接计数外，还可以在显微镜下观察出微粒的颜色、光泽、几何形状等性质，以辨别其是否含有金属屑、纤维或其他杂质。当用其他快速测尘仪发现环境含尘浓度突然增高时，如果配合以滤膜显微镜计数法观察微粒的性状，则有助于确定增加的尘粒是常规的还是异样的，从而可进一步发现新尘源。

17-1-3　计数浓度法——光散射式粒子计数器计数法

1. 原理

滤纸称重和显微镜计数两种方法，都属于捕集测定法，即先用其他手段捕集空气中的微粒，再测定其浓度的方法。它不能了解空气中微粒的瞬时(或极短的时间间隔)分布状态。能保持空气中的浮游微粒仍为浮游状态而测定其浓度的方法为浮游测定法，光散射式粒子计数器计数法就是这种方法。

空气中的微粒在光的照射下发生的光散射现象，和微粒大小、光波波长、微粒的折射率和对光的吸收特性等因素有关。但是就散射光强度和粒径大小来说，有一个基本的规律，即微粒散射光的强度正比于微粒的表面积，特别是0.3～1.0μm的微粒，这一关系更明显。虽然大于1.0μm的微粒这一关系较差，如果考虑到当对1.0～10μm仪器尺寸的分档较粗，档别的名义尺寸和档别的实际尺寸之间存在着不小的偏移，则按正比规律计算上述关系时，引起的所测微粒名义尺寸和实际尺寸的差别，在实际中也是允许的。通过测定散射光的强度而得知微粒的大小，这就是光散射式粒子计数器的基本原理。实际上是再通过光电倍增管的作用，把微粒的散射光脉冲线性地转化为相应幅度的电脉冲信号，然后以一些电子线路来完成对各种规格的电脉冲幅度的计数工作。既然散射光强度与粒子的大小有一定的关系，光电倍增管又具有线性转换关系，因此各种电脉冲的幅度就相应于不同的微粒大小，脉冲数量就是相应的微粒数目。

粒径与输出电信号的关系[1]是

$$d_p^{-n} = ku \tag{17-5}$$

式中：d_p——微粒直径；

k——转换系数；

u——信号电平(mV);

n——由仪器结构决定的系数,为 1.8~2(文献[1]作者的实验值为 1.8)。

将上式变换后即成为

$$n\lg d_{\mathrm{p}} = \lg u + \lg k \tag{17-6}$$

显然在双对数纸上 d_{p} 和 u 成直线关系。受仪器灵敏度性能的影响,校正曲线与理论曲线将出现交叉,如图 17-4 所示[2]。

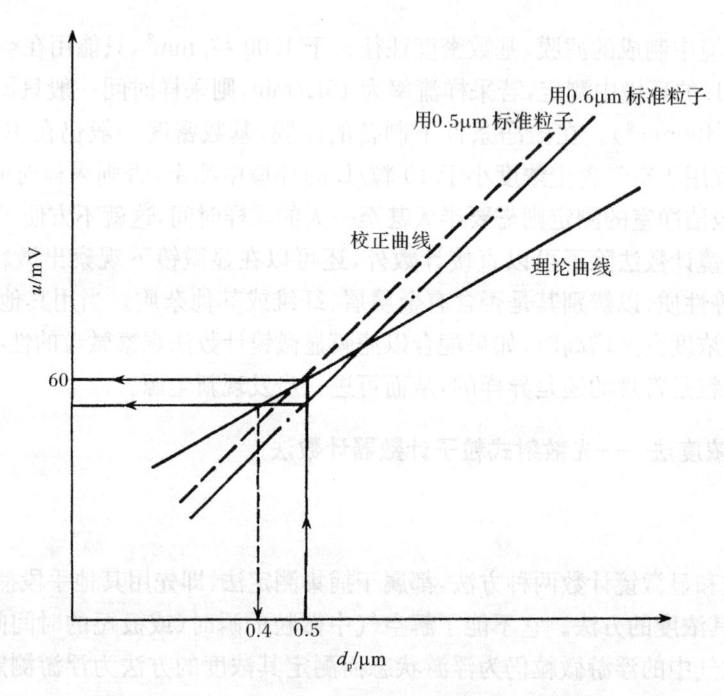

图 17-4 粒子计数器信号幅度和粒径的关系

此图表明,若选用 0.60~0.69μm 的标准粒子检验仪器灵敏度(图中点画线),此时计数器就可能把 0.5μm 微粒当作 0.4μm 微粒而不记录,因而输出信号幅度<60mV;反之,若用 0.40~0.49μm 的标准粒子来标定仪器,则可能错把 0.4μm 微粒当作 0.5μm 微粒记录下来,都引起了误差。

仪器的具体工作原理是:来自光源的光线被透镜组聚焦于测量区域,当被测空气中的每一个微粒快速地通过测量区时,便把入射光散射一次,形成一个光脉冲信号。这一信号经透镜组被送到光电倍增管阴极(图 17-5),正比地转换成电脉冲信号,再经过放大,甄别、拣出需要的信号,通过计数系统显示出来。电脉冲信号的高度反映微粒的大小,信号的数量反映微粒的个数,如图 17-6 所示。

目前以普通光源为入射光光源的粒子计数器自身产生的各种干扰信号(即所谓噪声信号),影响仪器的灵敏度。由于这种仪器所反映的 0.3μm 微粒的信号和噪声幅度相差无几,信号难于从噪声中检出,例如噪声水平一般在 20mV,而灵敏度状态是 0.5μm 微粒能输出 60mV 的信号电平,0.3μm 微粒则为 23mV,和噪声水平很接近了。所以目前以普通光源为入射光源的粒子计数器(即所谓白炽灯光源粒子计数),对 0.3μm 以下的微粒灵

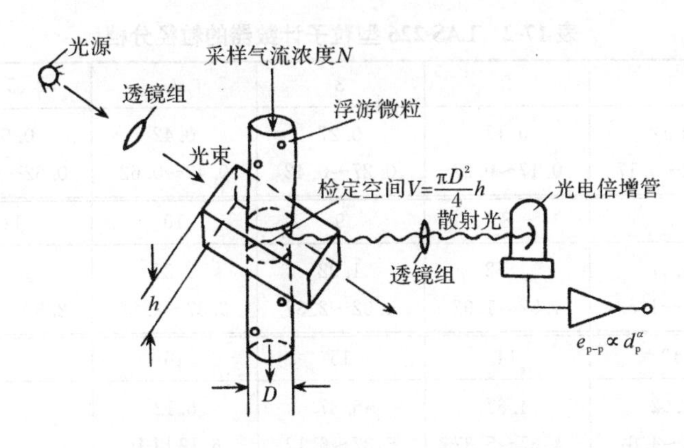

图 17-5　粒子计数器工作原理示意

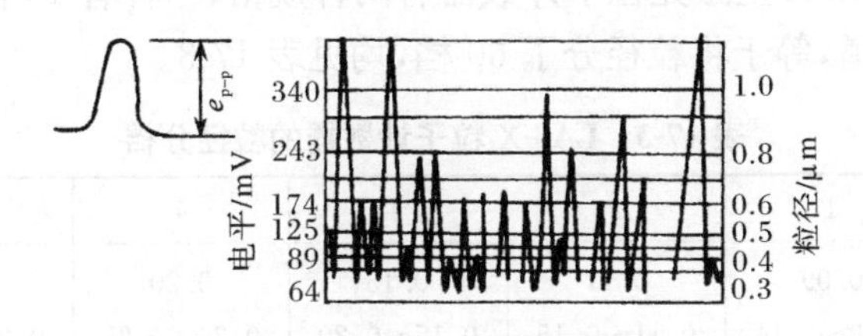

图 17-6　电脉冲信号和微粒关系一例

敏度很低，或者说采样效率很低，从百分之十几到百分之四五十，因此虽然标有 0.3μm 这一档，但只适宜于测定 0.3μm 以上特别是 0.5μm 以上的微粒。有些产品说明书上不但不说明这一点还特别指出其特点是能测 0.3μm，是不合适的。

2. *名义粒径与粒径档别*

粒子计数器在计数时显示的微粒粒径称为名义粒径。这是对某一实际粒径范围的代表名称而已，至于它所代表的实际粒径范围，与标定时所选择的标准粒子粒径有关。表 17-1 就是中国建筑科学研究院空调所研制的国内第一台 J-73 型粒子计数器，以 0.5μm 标准粒子标定的粒径范围[1]。一般来说，简易的仪器粒径分档少，常为 5 档，即 0.3μm、0.5μm、1μm、2μm 和 5μm；精密一些的仪器分档多，常为 15 档，即 0.3μm、0.4μm、0.5μm、0.6μm、0.8μm、1.0μm、1.2μm、1.5μm、2μm、3μm、4μm、5μm、6μm、8μm 和 10μm。

表 17-1　J-73 型 粒子计数器部分粒径范围　　（单位：μm）

档别	0.3	0.4	0.5	0.6	0.8	1.0	1.2
粒径范围	0.3526～0.4261	0.4261～0.5000	0.5000～0.6067	0.6067～0.7349	0.7349～0.8918	0.8918～1.067	1.067

出现了激光粒子计数器后，能测的粒径更小，因而粒径分档更细更多。表 17-2 是 Royco LAS-226 型激光粒子计数器的粒径分档，它从 0.1～6.1μm 共分为 16 档（通道）。后来生产的 236 型也是 16 档。

表 17-2　LAS-226 型粒子计数器的粒径分档

通道	1	2	3	4	5	6
粒径/μm	0.12	0.17	0.27	0.42	0.62	0.87
粒径范围	0.12～0.17	0.17～0.27	0.27～0.42	0.42～0.62	0.62～0.87	0.87～1.17
通道	7	8	9	10	11	12
粒径/μm	1.17	1.52	1.92	2.37	2.87	3.42
粒径范围	1.17～1.52	1.52～1.92	1.92～2.37	2.37～2.87	2.87～3.42	3.42～4.02
通道	13	14	15	16		
粒径/μm	4.02	4.67	5.37	6.12		
粒径范围	4.02～4.67	4.67～5.37	5.37～6.12	6.12 以上		

另一种 PMS LAS-X 型激光粒子计数器有两种规格，一种有 16 档粒径，另一种更细，分为 4 档各 15 个通道，等于将粒径分了 60 档，均见表 17-3。

表 17-3　LAS-X 粒子计数器的粒径分档

	档别	1	2	3	4	5	6
第一种	粒径/μm	0.09	0.11	0.15	0.20	0.25	0.30
	粒径范围	0.09～0.11	0.11～0.15	0.15～0.20	0.20～0.25	0.25～0.30	0.30～0.40
	档别	7	8	9	10	11	12
	粒径/μm	0.40	0.50	0.65	0.80	1.00	1.25
	粒径范围	0.40～0.50	0.50～0.65	0.65～0.80	0.80～1.00	1.00～1.25	1.25～1.50
	档别	13	14	15	16		
	粒径/μm	1.50	2.00	2.50	3.00		
	粒径范围	1.50～2.00	2.00～2.50	2.50～3.00	3.00 以上		

	档别	1	2	3	4
第二种	粒径范围/μm	0.09～0.195	0.15～0.30	0.24～0.84	0.60～3.00
	间隔/μm	0.007	0.01	0.04	0.16
	通道数	15	15	15	15

3. 测定误差

重叠误差　作为应用光学原理的仪器粒子计数器，由于应用原理而产生的测定误差主要是重叠误差，即当有 2 粒或 2 粒以上的微粒同时进入检定空间(图 17-5)——散射腔时，仪器只输出一个增大的信号，这是因为微粒重叠的结果，此时粒子计数器指示的微粒浓度将小于真实浓度。

在仪器的检定空间体积内(即被光束照射的气柱体积)微粒出现 1 粒、2 粒…的分布是第一章讲过的密度分布，一般情况下遵循泊松分布，当出现微粒重叠时，不论是几粒的重叠，都被计数为 1 粒。所以，重叠后检定空间总粒数即检定空间计数浓度 C 由式(1-16)应是

$$C = 1\times P(1) + 1\times P(2) + \cdots$$
$$= 1\times P(\zeta \geqslant 1) = 1\times\{1 - P(\xi = 0)\} = 1 - e^{-\lambda} = 1 - e^{-VN} \quad (17\text{-}7)$$
$$\lambda = VN \quad (17\text{-}8)$$

式中：$P(1)$——出现 1 粒的概率，余类推；

λ——仪器检定空间的长期平均粒数即其数学期望值；

N——通过检定空间的气流含尘浓度(粒/cm^3)；

V——检定空间体积。

白炽光粒子计数器如 Royco 202：

$$V = \frac{\pi(0.1585\text{cm})^2}{4}\times 0.1\text{cm} = 0.00197\text{cm}^3$$

激光粒子计数器如 LAS-X：

$$V = \frac{\pi(0.025\text{cm})^2}{4}\times 0.02\text{cm} = 0.00000982\text{cm}^3$$

重叠后与重叠前的粒数比为

$$\frac{1 - e^{-VN}}{VN} \quad (17\text{-}9)$$

由于 $1-e^{-VN}$ 中包括了未重叠的微粒和 $1-e^{-VN}$ 永远小于 VN，所以该比值不能看成重叠率。重叠率可以为 1，即 100%，其含义是测出来的每个微粒都是重叠而成的，例如原有 100 个微粒，若两两重叠，则成为 50 个，可认为该群微粒的重叠率达到 100%，而不能说是 50%(即一半重叠)。

若令重叠后的粒数损失率为 β，则

$$\beta = 1 - \frac{1 - e^{-VN}}{VN} \quad (17\text{-}10)$$

将上述具体 V 的数值代入式(17-10)，并设 N=100000 粒/L，得到 Royco 202 的微粒重叠损失率为 0.092，LAS-X 的损失率为 0.0005，两者相差极大。其原因是白炽光类粒子计数器适合测低浓度气溶胶，它的检定空间大，而激光类粒子计数器为了测高浓度气溶胶，又因为采用了光束更细的激光，所以此空间要设计得很小。因此白炽光类计数器厂家都说明为了减少重叠误差，最大允许检测浓度是 100000 粒/L 或 35000 粒/L(此时误差 β 将在3.5%以下)；激光类计数器则为此说明最大允许浓度是 17000 粒/cm^3(如 LAS-X 的 β=8%，PMS 公司产品说明书标明此条件下重叠误差在 10%以下)或 5000 粒/cm^3(此时 β<2.5%)。

空时误差　除去重叠误差外，还有一种空时误差。对一种计数器来说，其输出电脉冲信号的回复时间是一定的，因此计数器只能记下通过散射腔的时间间隔大于回复时间的那些微粒，而漏记了时间间隔小于回复时间的微粒，于是产生了误差(设为 δ)。

空时误差计算式为[3]：

$$\delta = 1 - \exp\left[\frac{1 - \exp(-VN)}{VN}\right]Nq\sigma_r \quad (17\text{-}11)$$

式中：q——采样流量，Royco 202 为 5cm^3/s，LAS-X 为 1cm^3/s；

σ_r——仪器回复时间(s)，文献[3]给出了复杂的计算方法，但一般在 0.00001～0.000015范围。

从而可算出

Royco 202　　$\delta=0.0005$

LAS-X　　$\delta=0.005$

由于空时误差很小，可以忽略，所以对该误差的详细推导过程就不予介绍了。

综合误差[4]　如果不计换气次数、含尘浓度等变动带来的检测误差，也不考虑粒子计数器本身光电参数带来的误差，只考虑其采样可能产生的误差，则根据误差理论，这一综合误差为 σ，有

$$\sigma=\sqrt{\sigma_1^2+\sigma_2^2+\sigma_3^2+\sigma_4^2+\sigma_5^2+\sigma_6^2} \tag{17-12}$$

式中：σ_1——粒子计数器采样流量的误差，取±3%；

σ_2——非等速采样引起的误差，取−5%（取最大允许值）；

σ_3——采样管中沉积引起的误差，取−2%（取最大可能值）；

σ_4——采样管中碰撞和凝并引起的误差，取−1%（取最大可能值）；

σ_5——粒子计数器中的重叠引起的误差（白炽光计数器，≯35000 粒/L 取−3.5%，≯100000 粒/L 取−9.2%；激光粒子计数器，≯100 粒/cm^3 取−0.05%，≯5000 粒/cm^3取−2.5%，≯17000 粒/cm^3 取−8%）；

σ_6——粒子计数器中的空时间隔引起的误差（白炽光计数器取−0.05%，激光计数器取−0.5%）。

于是可得出粒子计数器每次采样可能带来的误差，如表 17-4 所列。从表中可见，如果以通常用的 35000 这一最大检测浓度为准，白炽光粒子计数器的最大采样误差为 7.2%，激光粒子计数器的最大采样误差为 10.2%。

表 17-4　粒子计数器采样综合误差

粒子计数器	最大检测浓度		综合误差
	粒/L	粒/cm^3	/%
白炽光	35000	—	7.2
	100000	—	11.1
激光	—	100	6.3
	—	5000	6.8
	—	17000	10.2

以上结果和国标《尘埃粒子计数器性能实验方法》(GB/T 6167—2007)的编制说明中提出的结论是吻合的，该结论考虑到计数器的采样效率和仪器本身存在的漏气量，认为计数器的测定误差为 7%～10%。

关于误差问题还要指出的重要一点是关于 2 台仪器测定的误差。现在有些研究报告在发表有关用 2 台仪器(流率也可能不同)测定结果时，都不给出该 2 台仪器浓度标定的结果，也许根本没有进行标定比对，而对 2 台仪器测定结果的差别则予以肯定，这是不公平的。

国外已发表的 0.5μm 微粒的 10 级(209 系列标准)洁净室测定例[5]表明，第 1 台仪器测定结果 15 个测点大于 0.5μm 的微粒都是 0，认为达到 0.5μm 1 级都没有问题；可是同时由第 2 台仪器测定的结果表明，15 个测点中从 0.1～2.6 粒/ft^3 的数据都有，属于 10 级或者说数字达到 3 级，相差最少在 300%以上。因此曾任美国修改 209B 工作委员会即

IES-RP-50 委员会主席的权威人士[5]指出："…实验方法精度却很低。各制造厂生产的粒子计数器、甚至同一制造厂生产的不同台仪器，容许误差在 10%～20%。"作者的测定实践也表明，不同生产厂家制造的仪器，测定结果相差 1 倍以上并不少见。所以，在测定结果的整理过程中，测定者一定要考虑这方面的误差。

4. 测定的方式

粒子计数器的测定方式可分为单记和总记两种，前者只测定某一粒径档别的微粒数量，后者可以测定粒径大于某一档别的微粒总数。

换档方式有手动和自动两种，自动每次测定时间，各种仪器都有自己的规定。例如可以有 20s、60s、120s、180s 和 300s 几种，手动每次测定时间由测定者掌握。

国内外最初生产的粒子计数器的采样流率一般为每分钟 0.3L，这称为小流量粒子计数器，由于采样流率小，对于含尘浓度很低的环境的测定，将产生较大的误差。后来美国生产的大流量粒子计数器问世（例如 ROYCO-245 型），采样流率每分钟达到 28.3L($1ft^3$)甚至更大，这为低含尘浓度的测定提供了更快捷的手段。关于被测环境洁净度和采样流率的关系，在下面还要详细讨论。

5. 稀释

对于要求计数重叠误差小于 5%时，白炽光计数器在采样的浓度超过 50000 粒/L，激光计数器在采样浓度超过 10000 粒/cm^3 的条件下就要对采样气流加以稀释，一般使用稀释系统。

稀释系统有两种构成：

(1) 只设有洁净空气和采样气流的混合器，如图 17-7 所示[6]。高浓度 DOP 气溶胶由风道内直接采样，其动力靠管内正压，不足时，辅以专门排气机，采样气流不会进入混合器。

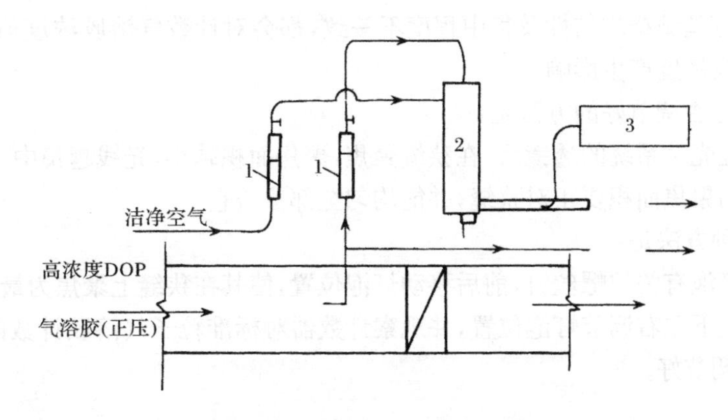

图 17-7　只有混合器的稀释系统

1. 流量计；2. 混合器；3. 粒子计数器

(2) 既有混合器还有缓冲瓶，如图 17-8[7]所示。例如用标准粒子标定计数器时就用这种系统，标准粒子的气流和洁净空气都是有压的，先进入混合器再流满缓冲瓶，使其总量大于计数器的采样量，保证有一部分混合气流从缓冲瓶口外溢，这种系统混合效果更好。

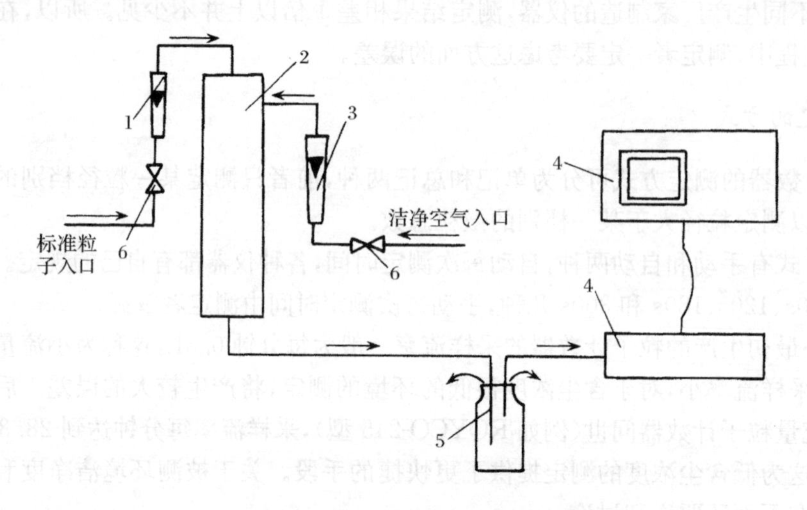

图 17-8　有混合器和缓冲瓶的稀释系统

1. 流量计；2. 混合器；3. 流量计；4. 粒子计数系统；5. 缓冲瓶；6. 调节阀

除采用稀释系统外，也可用自带稀释装置的粒子计数器，国内也有这种产品问世。稀释后应把浓度测定值乘以稀释倍数，并考虑稀释系统的误差即得实际浓度。一般仪器的稀释倍数为 10 倍，目前也有做到 100 倍的，但宜用小的倍数。

6. 光源调节[2]

粒子计数器的光源主要有白炽灯泡、卤素灯泡及激光源。来自光源的照明光线，经过光学系统要尽可能多地集中于散射腔内的检测区域。但是由于光源安装位置的误差，某些白炽灯泡的灯丝缠绕均匀性及集中程度不一致，都会对计数气溶胶浓度值和粒径分布也就是仪器的灵敏度产生影响。

判断光源是否调节好的方法是：

(1) 光线经光学系统的透镜后，在狭缝聚焦，聚焦面积越小，光线越集中。

(2) 光线的聚焦面积要正对狭缝，并能均匀全部覆盖它。

调节的一种方法是：

(1) 松开灯泡有关的螺丝钉，前后移动灯泡位置，使其在狭缝上聚焦为最佳状态。

(2) 然后上下左右调节灯泡位置，并观察计数器对标准粒子气溶胶计数的变化情况，以此判断是否调节好。

7. 标定

粒子计数器虽然可以直接测定微粒的大小和个数，但是这种大小和个数的值也是通过其他信号转换过来的，仍然不是一个绝对量。如果仪器灵敏度设置得不恰当，就直接影响到测定结果的真实程度。因此，对仪器灵敏度需要校正，称为标定。粒子计数器的标定应该包括两个方面内容，一是粒径的标定，二是粒数或浓度的标定。

(1) 粒径的标定。

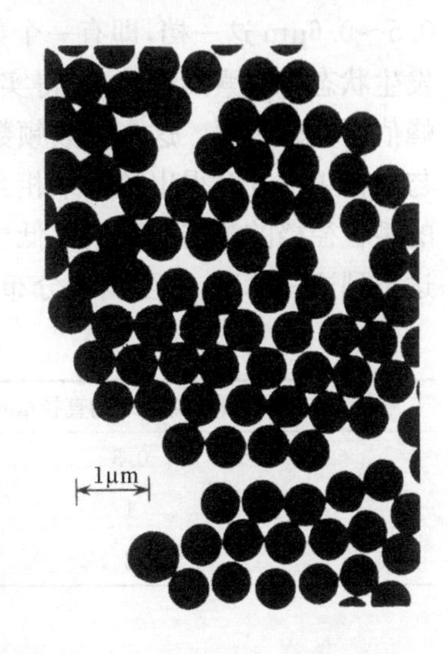

图 17-9　聚苯乙烯标准粒子电镜照片

粒子计数器的粒径标定，用的是在第一章中说过的"等效"比较，即把与被测微粒散射光量相等的标准粒子直径作为该被测粒子的直径。选用的标准粒子的特性与被测微粒的特性越接近，这种"等效"的可靠性越大。目前国内外都是选用物理性能接近大气尘的密度为 1.059g/cm^3、折射率为 1.595(20℃)的聚苯乙烯小球作为标准粒子，这里由苯乙烯单体经乳液聚合而成的聚苯乙烯乳胶，而经稀释、喷雾和干燥而成的单分散气溶胶，这种气溶胶简称 PSL。图 17-9 是国内吴植娱等研制成功的聚苯乙烯标准粒子的电子显微镜照片，图 17-10 是其粒径分布，可见有 70%～95%的微粒集中于某一粒径档，单分散性很好[8]。

标定操作首先将聚苯乙烯乳胶(平时贮存于阴凉处，时间可达一年以上)经二次蒸馏过的或者再进一步用 0.3μm微孔滤膜过滤器过滤后的水稀释，稀释液的浓度见表 17-5[9]。再将此稀释液用喷雾器喷出，引入仪器即可使用。喷雾的一般流程如图 17-11 所示。

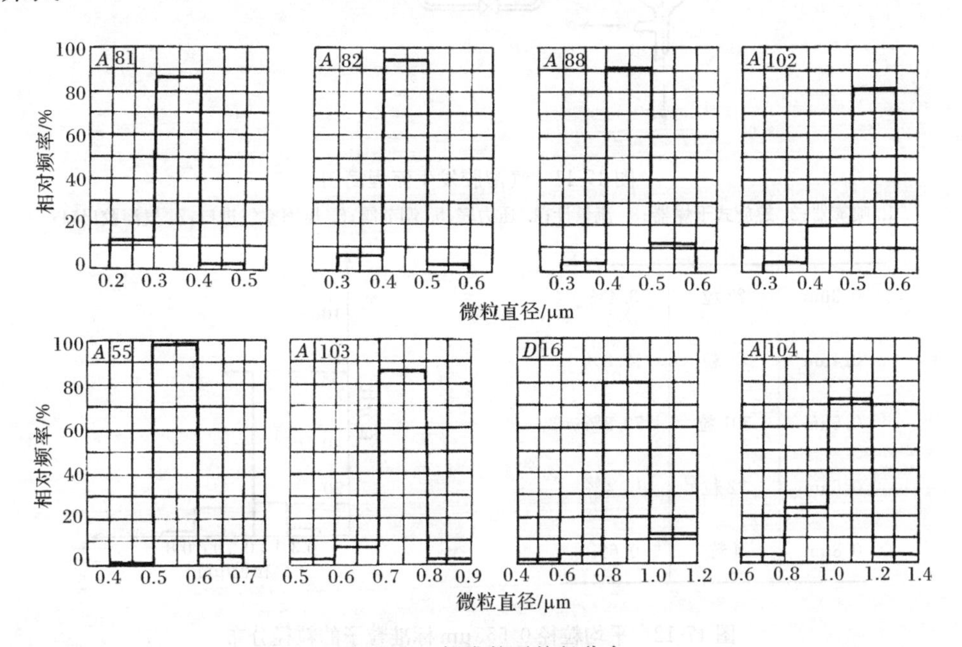

图 17-10　标准粒子粒径分布

粒子计数器测定值的粒径标定，就是当计数器引入已知粒径的标准粒子之后，检验仪器测定结果是否都记录在这已知粒径范围之内。例如，粒数平均径为 0.555μm，粒径分布的标准离差 σ 为 0.0186 的标准粒子，说明它的 95%以上(即 $\pm 2\sigma$)的粒子径都为 0.52～0.59μm，集中度很高。因此，用它来标定仪器时，测定结果的绝大部分数据应当记录在

0.5～0.6μm 这一档，即有一个如图 17-12 所示那样的突出峰值；但是由于仪器和气溶胶发生状态等因素的影响，使得实测结果有比标准粒子本身的标准差大得多的粒径分布，而峰值则低得多[2]。这个粒数频数的峰值最少应是多大才合适？根据标定工作的经验，可与分析集中度时得出的结果相当。15 档的粒子计数器，单记时不应低于 60%，即所标定的某粒径档的测定粒数不应低于测到的总粒数的 60%。如果标定结果峰值突出的程度达不到这一标准，甚至出现分布异常的情况，一般应考虑下列原因并加以消除。

表 17-5　喷雾用稀释液的浓度

聚苯乙烯小球的直径/μm	浓度(质量百分率)/%
0.5	0.001
1	0.005
2	0.1

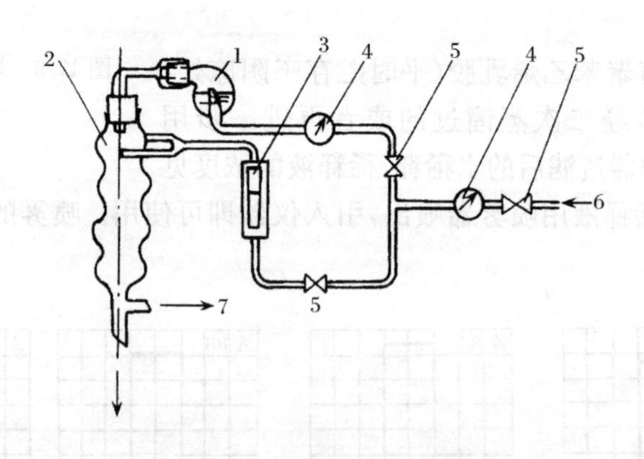

图 17-11　气溶胶发生流程简图

1. 喷雾器；2. 螺旋式干燥器；3. 流量计；4. 压力表；5. 调节阀；6. 压缩空气进口；7. 气溶胶出口

0.3μm	27 粒	3.4%
0.4μm	89 粒	12.8%
0.5μm	501 粒	72.3%
0.6μm	72 粒	10.4%
0.8μm	4 粒	0.6%

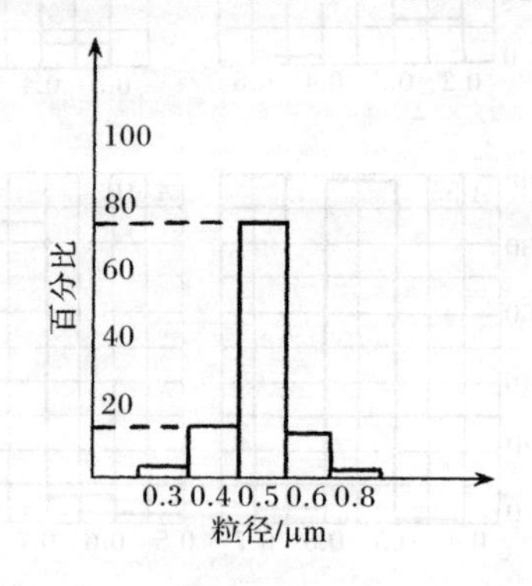

图 17-12　平均粒径 0.555μm 标准粒子的粒径分布

光电倍增管高压不正常，这是要首先加以检查的一点。如果确为高压不正常，就可以用调节旋钮提高或降低仪器转换灵敏度，当转换灵敏度调得合适时，才能在预定的粒径档上出现较突出的峰值。

关于光源问题，如果调换光源灯泡时未能使灯丝对准光路系统中的狭缝，则检查发现后应予纠正。

关于标准粒子发生上的问题，例如聚苯乙烯标准粒子胶乳的稀释液浓度是否合适，混合空气量和其干燥程度是否足够，喷雾压力是否合适，稀释的溶液是否清洁等，而这最后一点可以用喷雾纯蒸馏水加以检查。

关于计数机件的问题，当以上问题都不存在时，则检查计数部分机件有无差错。

如果所有上述问题都不存在，很可能是仪器本身的毛病。

关于粒径的标定工作要定期地进行，当粒子计数器较固定地测定某种微粒，而这种微粒的光的折射率和标准粒子有较大差别时，应事先用电子显微镜校正，图 17-13 就是校正的一例[10]。

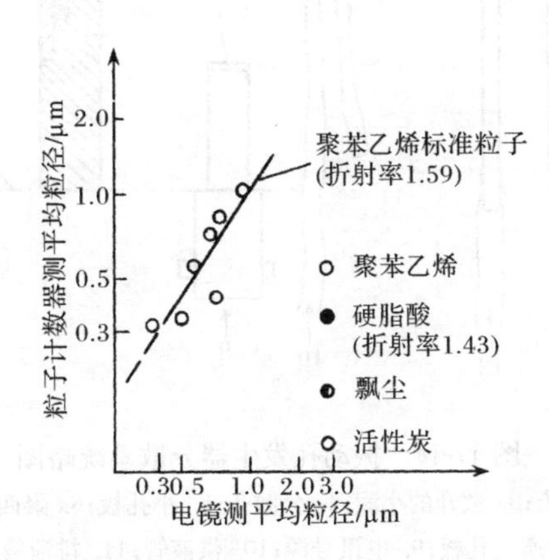

图 17-13　电镜法和粒子计数器法所测平均粒径的比较

(2) 浓度的标定。

为了知道粒子计数器测得的个数浓度是否正确，需要对仪器进行浓度测定值的标定。国内虽已订有这方面的标准，但目前还没有进行这项工作。

国外报道的浓度标定方法中，以振动孔法比较成熟[8]。当气溶胶由图 17-14 所示的发生器小孔射流出来以后，由于发生器在压电陶瓷振动作用下也发生同步振动，而使射流液柱断裂成小滴，和经过高效过滤器从通气孔板出来的空气混合。每次断裂的液滴体积

$$V = \frac{Q}{f} = \frac{1}{6}\pi D_{\mathrm{d}}^{3} \tag{17-13}$$

所以粒径

$$D_{\mathrm{d}} = \left(\frac{6Q}{\pi f}\right)^{1/3} \tag{17-14}$$

式中：Q——通过小孔的液体流率(mL/s)；

f——扰动频率(1/s)。

计算出的液滴半径略比射流直径大一些。若是一种非挥发性溶质(如氯化钠等)溶于挥发性溶剂(如乙醇)中，则通过振动孔产生的液滴中的溶剂挥发后，即形成非挥发性溶质的气溶胶，其粒径由下式确定：

$$D_{\mathrm{p}} = \left(\frac{6QC}{\pi f}\right)^{1/3} \tag{17-15}$$

式中：C——溶液中溶质的体积浓度。

由此可见，D_{p} 只及 D_{d} 的$\sqrt[3]{C}$倍，即可降至 D_{d} 的几十分之一。

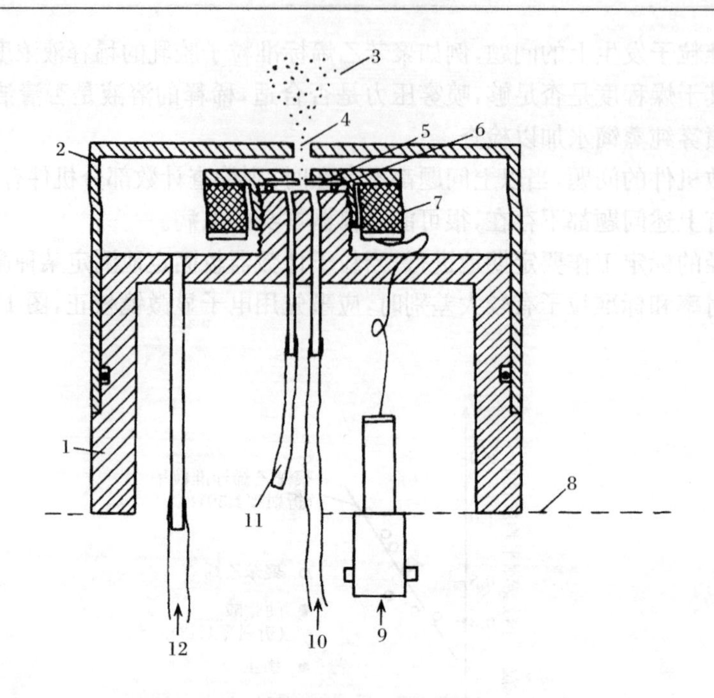

图 17-14　振动孔发生器分散系统略图

1. 支架；2. 盖子；3. 散开的小滴；4. 分散孔；5. 小孔板；6. 聚四氟乙烯 O 型圈；
7. 压电陶瓷；8. 通气孔板；9. 电讯号源；10. 供液管；11. 排泄管；12. 散布空气管

由于射流的断裂和压电陶瓷的振动同步，所以气溶胶发生器发生的颗粒数由振动频率决定，而且是单分散的。因为振动频率可以准确地测定，所以个数浓度就是已知的了。

17-1-4　其他计数浓度法

可以测定≤0.1μm 微粒的计数法除去上述 He-Ne 激光粒子计数器之外，还有如下几种方法，其原理简述于后。

(1) 电子显微镜法。

由温差式或静电式采样器捕集到的 0.01μm 以上的微粒，经电子显微镜或自动扫描式电子显微镜测出微粒大小和数目。

(2) 凝结核计数器法(简称 CNC)。

让先用其他方法分好级的微粒，通过某种媒介液体(如正丁醇)的饱和蒸气(35℃)，使该饱和蒸气把微粒包裹，然后共同进入温度保持在 10℃的凝结管，正丁醇蒸气便凝结在微粒上面，成长到 12μm 的液滴，但此时只能计数，必须配以其他分级手段才能测出 0.001μm以上微粒的大小。

① 静电式分级器(简称 DMA)。通过使微粒带电，测定其迁移率分布而进行计数，可测 0.003～1μm 大小。与凝结核计数器结合表示为 DMA+CNC。

② 扩散式分级器(简称 DB)。利用微粒愈小其布朗运动的扩散距离愈大的原理而分级测量。与凝结核计数器结合表示为 DB+CNC。

关于两种分级器的详细参数，可参阅文献[10]。

17-1-5　相对浓度法

相对浓度法和前述计重浓度法与计数浓度法是测定微粒浓度的三种基本方法。而相对浓度法中又有光电比色法、光电浊度法等。但是,由于光散射式粒子计数器的发展,这两种方法在空气洁净技术中已很少采用。不过后者作为检漏的方法具有瞬时特点,因而能很快反映问题,在这一点上比粒子计数器更适用。光电浊度法也是基于光散射的原理,和粒子计数器同属于浮游测定法。粒子计数器测定单个微粒的散射光,而光电浊度计则测定一群微粒的散射光。在入射光能量固定时,微粒群散射的光能总量不仅与颗粒大小有关,而且与散射质点的多少有关,在一定浓度范围内,散射光总能量与微粒浓度成正比。这种方法的测定结果是以光电流数值表示的,对经常测定的某种气溶胶,如事先配合测定计重浓度,即进行仪器的浓度标定,则在测定中通过光电流数值就可直接知道与其相当的重量浓度。如果用来测定过滤器效率,不进行浓度标定也行。国内过去已经有光电浊度计式尘埃测定仪的产品,这里不详细介绍了。

17-1-6　生物微粒测定法

由于生物微粒(主要是细菌)的测定,不仅包含了所有粒状物质测定的问题,还必须具备生物学上的必要条件,详细论述则不是本书的范围,在这一节里只能作一概括介绍。

在进行生物微粒测定时必须注意以下几个问题:

(1) 测定仪器本体、测头以及操作用具,要做绝对灭菌处理。

(2) 采取一切措施防止人对标本的污染。

(3) 应采用最适合测定对象的采样方式,并对使用条件、培养基、培养条件及其他参数做详细的记录。

(4) 某些情况下必须采用对照标本。

下面介绍几种常用测定方法。

1. 沉降法

这是测定沉降菌的方法,是最常用最简便的方法。用盛有培养基的培养皿(直径一般为 90mm),放在待测地点,按规定时间暴露和收回,暴露时间长短也可以通过试放确定。然后按规定温度和时间培养,用肉眼计数菌落数目。

关于培养温度和时间,过去一般用 37℃和 48h;美国宇航标准则规定为 32℃,48h。但是据实验[11],培养 48h 的菌落数目和温度顺序的关系是:25℃≥31℃≥37℃≥20℃≥43℃。可见 25℃或 31℃是合适的培养温度,因此,认为对于一般细菌和细菌总数的测定可用 48h、31～32℃进行培养,对真菌测定可用 96h、25℃培养。从第九章介绍的细菌生长曲线可知,自 24～48h 都在细菌生长稳定期中,所以,如果把培养温度从 32℃提高到 37℃,采用 24h 作为培养时间,也是满足要求的。对于下述其他测菌方法,这些数据也是适用的。

2. 撞击法

这是测定浮游细菌的方法。

1) 干式

(1) 缝隙法。通过缝隙吸引空气,使含菌空气撞击并沉积在固定的平板培养基上,然后进行培养计数。例如,级联采样器就是这种方法。

(2) 旋转法。通过缝隙吸引空气,使含菌空气撞击并沉积在旋转的培养基上,由于培养基的旋转,可以得到浮游微生物浓度随时间波动的情况。旋转采样器就是这种方法。

(3) 分级法。是一种多孔板采样器。它设有多段孔板,气流由各孔喷出后撞击平板培养基,生物微粒在培养基上沉积下来。由于每段孔板的孔径都不同,所以在每段培养基上沉积的微粒大小也是不同的,因而可以求出生物微粒的粒径分布。安德逊采样器就是这种方法,国际上以它作为标准采样器。表 17-6 是安德逊采样器的特性[13]。

表 17-6　安德逊采样器的特性

级	孔径 /μm	孔口流速 /(m/s)	捕集粒径下限 /μm	100%捕集的粒径 /μm	主要捕集范围 /μm	平均捕集效率 /%
1	1.181	1.08	3.73	11.2	7.7 以上	—
2	0.914	1.79	2.76	8.29	5.5～7.7	60
3	0.711	2.97	1.44	4.32	3.5～5.5	63
4	0.533	5.28	1.17	3.50	2.3～3.5	63
5	0.343	12.79	0.61	1.84	1.4～2.3	66
6	0.254	23.30	0.35	1.06	0.75～1.4	66

(4) 离心法。采样头是一带叶轮的蜗壳,当通电后,借助蜗壳内叶轮的高速旋转,能把至少 40cm 距离以内的空气吸入采样器。空气进入蜗壳后形成一个高速旋转的锥形体,其中的带菌微粒由于离心力的作用加速冲击到含有琼脂培养基的专用塑料基条上,然后空气呈环形离开蜗壳排往外部。

2) 湿式

(1) 注入法。这是一种把含菌气流注入盛有培养溶液的器皿中,以液体捕集微粒的方法。捕集到细菌的培养液再经过滤膜过滤器过滤,然后对滤膜进行培养及计数。

(2) 流动法。这种方法类似撞击式采样器,从喷嘴喷出的气流撞击加有高压电的捕集板,利用静电吸附原理把气流中微粒捕集下来。同时在板上流过培养液,因此捕集下来的微粒就被培养液带走,然后对此培养液进行过滤培养和计数。这种方法的特点是采样量大,因而可缩短测定时间。

3. 过滤法

使空气通过滤料——通常使用孔径为 0.3μm 或 0.45μm 的微孔滤膜,微生物粒子即被捕集在滤膜上,再将滤膜直接放在培养基上培养即可计数。采样前先将滤膜放在水中煮沸灭菌,取出干燥后使用。但是有人认为,在采样气流吹拂下,采在滤膜表面的微生物中的弱者,可能因干燥的关系易于死亡,所以应尽可能在 5min 之内完成,马上进行培养。显然,这样短的采样时间对于高洁净度环境的采样是困难的。但当采样在培养基上时,采样时间似可稍长。

作为过滤法的滤料还有玻璃纤维滤纸、凝胶海绵(采样后在生理食盐水中溶解,然后倒入培养基上培养)、粉末状谷氨酸碱压片(采样后也先溶于水后培养)等。

上述各种测定浮游菌的仪器或方法之间,不论在理论上还是在实际上还很难找到规律性的关系,而且不同实验者的结果也有较大差别,所以这里不准备援引各种测定数据了。但研究者较习惯于把安德逊采样器作为比较基准;另外,较多数据表明过滤法的采样效率要高于其他方法。

图 17-15 是上述几种方法和测定表面上微生物的方法的示意说明。

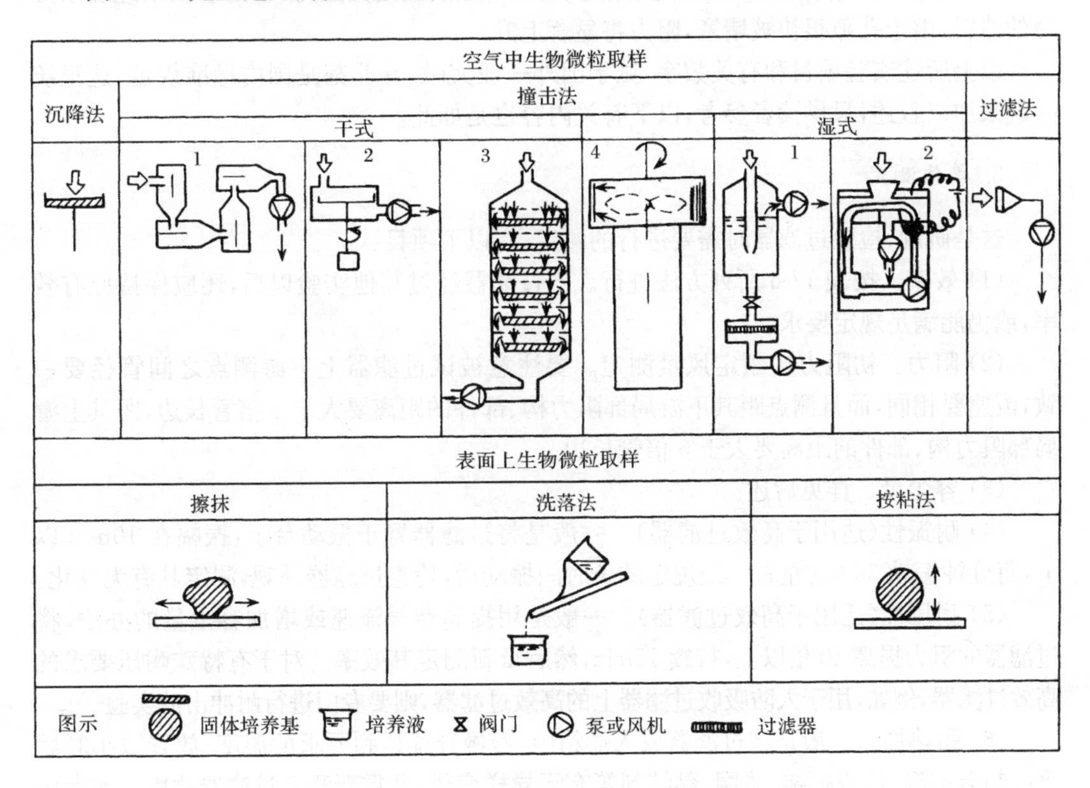

图 17-15 生物微粒取样的图解说明

17-2 过滤器的测定

17-2-1 测定范围

过滤器的测定通常包括三方面,以下分别介绍。

1. 滤料测定

这是进行过滤机理的研究、滤料的选择、过滤器方案的选择与对比等工作,以及对过滤器性能作参考性了解时需要进行的测定,也称为小样测定。测定内容包括以下项目:

(1) 效率。滤料被夹具固定后,测出其前后气溶胶浓度差,即可按过去讲的公式求出效率。所测效率值要标明相应的比速。

(2) 阻力。滤料被夹具固定后,测出其前后静压差,即为阻力值。所测阻力值要标明相应的比速。

(3) 抗张强度。用于一般高效过滤器的滤纸,其抗张强度不宜小于 250g,对于有耐压要求的过滤器则不宜小于 450g。

(4) 可燃物含量。对于有防火要求的过滤器,滤料可燃物含量不宜超过 5%。

(5) 耐热性。按规定温度加热后检验其强度是否变化。

(6) 耐水性。将滤料暴露在湿蒸汽流中 5min 然后测定其阻力,不耐水或未经疏水处理的滤料,由于孔隙很快被堵塞,阻力将显著上升。

以上所述实验项目和有关数字,见于国外一般文献,并非都是国内标准规定,这里统一起来加以叙述,只供读者参考,以下有关内容也是如此。

2. 单体测定

这是研制、检验过滤器时需要进行的测定,有以下项目:

(1) 效率。按表 17-6 所列方法进行。当过滤器经过其他实验以后,还应保持原有效率,或仍能满足规定要求。

(2) 阻力。初阻力按额定风量测定。要注意被试过滤器上下游测点之间管径要一致,流速要相同,而且测点距其下游局部阻力构、部件的距离要大于 3 倍管长边,距其上游局部阻力构、部件的距离要大于 5 倍管长边。

(3) 容尘量。详见后述。

(4) 耐振性(适用于高效过滤器)。一般是将过滤器置于振动台上,振幅在 10mm 以下,每分钟振动 300 次左右。经规定的长时间振动后,检查过滤器外观,测定其有无变化。

(5) 耐压性(适用于高效过滤器)。一般是用提高空气流速或增加容尘量的办法,将过滤器的阻力提高 10 倍以上,持续 15min,然后重新测定其效率。对于有特殊耐压要求的高效过滤器,例如,用于人防吸收过滤器上的高效过滤器,则要专门进行耐冲击波实验[13]。

(6) 耐热性。一般是将过滤器放入烘箱内,慢慢升温达到要求的温度,放置数小时后再冷却至室温,检查框架、垫圈、黏结剂等有无异样变化,并重新测定过滤器效率。或者用热空气对过滤器进行实验。

(7) 耐燃性(适用于有耐燃要求的过滤器)。一般可以用明火火焰对准正在额定风量下运行的过滤器的迎风面 5min。此时过滤器即使被烧坏,但在下风向不发生同样程度的燃烧,即被认为是耐燃的。

(8) 耐水性(适用于有耐水要求的过滤器)。一般将过滤器垂直浸入 20℃的水中 5min 以上,然后取出空水不超过 5min。空水后立即将过滤器在额定风量下吹干 10min 后,测定阻力,阻力不应大于初阻力的 1 倍;完全干燥后的阻力应恢复到原来的一半,最大穿透率的增加应不超过要求(一般不宜大于原穿透率的 1 倍)。

(9) 渗漏性(适用于亚高效和高效过滤器)。按本章第 17-4 节的要求进行测定。

3. 现场测定

这是为了检查过滤器在安装中有无损坏,垫圈是否十分密封,或者定期检查过滤器是否保持一定性能所进行的测定。有以下项目:

(1) 效率。按表 17-7 所列方法进行测定。

(2) 阻力。应标明和测定阻力值对应的比速。

(3) 渗漏性。按本章第 17-4 节的要求进行测定。

以上概括地列举了过滤器测定项目,下面将着重讨论一下效率和容尘量的测定。

17-2-2 过滤器效率的测定

1. 测定方法

常用的过滤器效率测定方法列成表 17-7。表中各种方法的主要不同点是所采用的标准尘源及分散度不同。在过滤机理一章中已经知道,过滤效率的鉴定应根据过滤器的性质和用途确定采用什么标准尘源。例如对于高效过滤器,其鉴定和研究一般都采用单分散微粒作尘源。由于发生单分散微粒比较困难,高效过滤器的现场测定则用多分散微粒。以穿透率来比较,多分散微粒的穿透率比单分散微粒约低一半,所以现场实验时的效率应高于出厂鉴定或实验室鉴定的效率,但由于安装漏泄的原因,往往适得其反。

对表中 DOP 气溶胶要说明的是,近来在两个方面使其受到批评。一是批评加热发生方法易使 DOP 附着于过滤器表面,而且发生装置庞大,因而建议改变发生方法[14];二是认为在某些情况下 DOP 的挥发可能进入洁净空气并有致癌作用[16]。但是也有人对这个批评提出了疑义[17],通过实验发现常温下从过滤器滤料上挥发的 DOP 浓度仅相当于某些控制容许浓度最严的有害物的 1/10,所以对其危害性不应过早下结论。但一些毒物学家几十年来一直在研究各种邻苯二甲酸盐,指出相当一部分在大量接触后能导致生殖系统诸多缺陷,屡见报端,已成共识。基于上述原因,近来寻找 DOP 代用品的努力引人注目。表中的 DOS 即是这种代用品之一,DOS 是分子量为 427 的芳香无色油状液体,分子式为$(CH_2)_6(CH_2COOC_8H_{17})_2$,其气溶胶分散特性和 DOP 相同但比较安全。和 DOS 同类的还有 DEHS(癸二酸二酯)。人工气溶胶中还有 PAO(聚 α 烯烃)、DSL(聚苯乙烯乳胶球)。此外也可以用大气气溶胶(大气尘)。

在第三章已经指出,由于最大(易)穿透粒径 d_{max}的存在,在研究工作中用具有此种粒径的微粒测定过滤器效率是符合理论要求的。1998 年的欧洲标准 EN1822 就提出了最易穿透粒径(MPPS)标准作为高效过滤器出厂检验标准,但未规定专用气溶胶。由于受条件影响,d_{max}会不同,但对于玻璃纤维高效过滤器来讲,目前所知,d_{max}约为 0.1～0.2μm,彼此的差异很小。作为工业标准,应以有可比较的统一标准为前提。如此看来,中国标准用 0.1～0.3μm(见表 4-3)来代替 d_{max}似更适合统一标准的要求。

2. 几种方法测定结果的比较

现就发表的一些材料,对表 17-7 中几种测定方法做一简单对比。

表 17-8 是计重法和比色法、DOP 法的比较,以人工尘计重法测得的效率值最高。

图 17-16 是文献[18]给出的≥0.5μm 大气尘计数效率和人工尘(前述 BF-2 尘)计重效率的关系的实验曲线,式(17-16)是由曲线得出的关系式。

$$\eta_g = 37.8\ln\eta_d - 68.5 \quad (17\text{-}16)$$

式中:η_g——人工尘计重效率;

η_d——对≥0.5μm 大气尘计数效率。

表 17-9 所列的是国外过滤器实验数据之一[19]。

图 17-17 是文献[20]给出的 DOP 法、比色法效率和人工尘计重效率的关系比较。

表 17-10 是根据国内高效过滤器实验数据整理而成的；表 17-11 则给出了尼龙、聚丙烯等粗、中效滤材的一些测定结果。

表 17-12 是国内对高效滤材的实验结果[6]。

表 17-7　常用过滤器效率测定法

实验气溶胶				测定方法及可测效率	适用对象	常用国家或地区
名称	形态	粒径分布	原始浓度/(mg/m³)			
加热发生DOP(邻苯二甲酸二辛酯)	液态，雾	单分散，质量中值直径 0.3μm 占 85%以上(质量百分比，下同)	100	光散射法，粒子计数器测定≤99.9999%	亚高效和高效过滤器，只适用于单体测定	美国、日本
加压发生DOP	液态，雾	多分散，质量中值直径 0.8μm 0.3μm 24.77% 0.4mm 19.74% 0.5μm 15.80% 0.6mm 14.92% 0.8μm 13.04% 1.0mm 5.44% 1.2μm 4.13% 1.5mm 1.48% ≥2.0μm 0.68%	100	光散射法，粒子计数器测定≤99.9999%	亚高效和高效过滤器	美国、日本
加压发生DOS(癸二酸二辛酯)	液态，雾	0.2μm	—	光散射法，粒子计数器测定≤99.9999%	亚高效和高效过滤器	美国、日本
石蜡油	液态，雾	多分散，0.15～1.1μm，其中 0.3～0.5μm 占 80%，质量中值直径 0.4μm	10～80	光散射法，丁特尔仪测定≤99.995%	亚高效和高效过滤器，只适用于单体测定	德国
透平油	液态，雾	接近单分散，大部分为 0.28～0.34μm，平均质量径 0.31μm	2500	光散射法，浊度计测定≤99.99999%	亚高效和高效过滤器，只适用于单体测定	俄罗斯、中国
氯化钠	固态，尘	多分散，0.007～1.7μm，质量中值直径 0.45～0.6μm	3～5	钠焰光度法，火焰光度计测定≤99.9999%	中效至高效过滤器	英国、中国
大气尘	大部分为固态，几种形态的混合	多分散，粒径分布见第二章	不定	计重法，天平称重计重效率≤99% 比色法(NBS 法)，比色计测定比色效率≤99% 滤膜显微镜计数法≤99.99% 粒子计数器计数法≤99.999%(稀释除外)	粗效和中效过滤器 粗效至高中效过滤器 粗效至高效过滤器 中效至高效过滤器	中国 美国、日本 中国、美国、日本 瑞典、中国、日本

续表

实验气溶胶				测定方法及可测效率	适用对象	常用国家或地区
名称	形态	粒径分布	原始浓度/(mg/m³)			
有放射性标记大气尘	大部分为固态，几种形态的混合	多分散，<1μm	不定	用凝结核计数器测定核数≤99.99%	亚高效和高效过滤器	美国、德国
大气凝结核	大部分为固态，几种形态的混合	多分散，0.001～0.1μm	不定	用凝结核计数器测定核数≤99.99%	亚高效和高效过滤器	美国、德国
石英尘	固态，尘(二氧化硅等矿物72%，炭黑25%，棉絮3%)	多分散，质量中值直径5μm 0～5μm 39% 5～10μm 18% 10～20μm 16% 20～40μm 18% 40～80μm 9%	<70	计重法(AFI法)，天平称重 计重效率≤99%	粗效和中效过滤器，只适用于单体测定	美国、日本
石英尘	固态，尘	多分散 A组>6μm 0% >4μm 2% >2μm 26% <1μm 40% 质量中值直径1.3μm B组>10μm 1% >6μm 10% >4μm 26% >2μm 58% <1μm 21% 质量中值直径2.5μm C组>10μm 30% >6μm 65% >4μm 78% >2μm 93% <1μm 2% 质量中值直径8μm	2～10	计重法 光散射法>99.5%	粗效和中效过滤器，只适用于单体 中效、亚高效过滤器，只适用于单体测定	前联邦德国
日本JIS8类尘	固态，尘	多分散，质量中值直径8μm 0～5μm 39±5% 5～10μm 18±3% 10～20μm 16±3% 20～30μm 12±3% 30～40μm 6±3% 40～74μm 9%以下	39±10	计重法	粗效过滤器，只适用于单体测定	日本
日本JIS11类尘	固态，尘	多分散，质量中值直径2μm 1μm 65±5% 2μm 50±5% 4μm 22±5% 6μm 8±3% 8μm 3±3%	3±1	比色法	中效过滤器，只适用于单体测定	日本
荧光素钠	固态，尘	多分散，粒数平均径0.08μm，质量中值直径0.15μm	0.01	荧光法(用荧光计测定滤料的氨洗涤液的荧光)≤99.9999%	亚高效和高效过滤器，只适用于单体测定	法国

表 17-8　计重法和比色法、DOP 法比较

过滤器种类	计重法(人工尘)效率/%	比色法效率/%	DOP 法效率/%
高效过滤器	100	100	99.97
	100	99	95
	100	93～97	80～85
	99	80～85	50～60
	96	45～55	20～30
	92	30～35	15～20
静电过滤器	99	85～90	60～70
	76	8～12	2～5

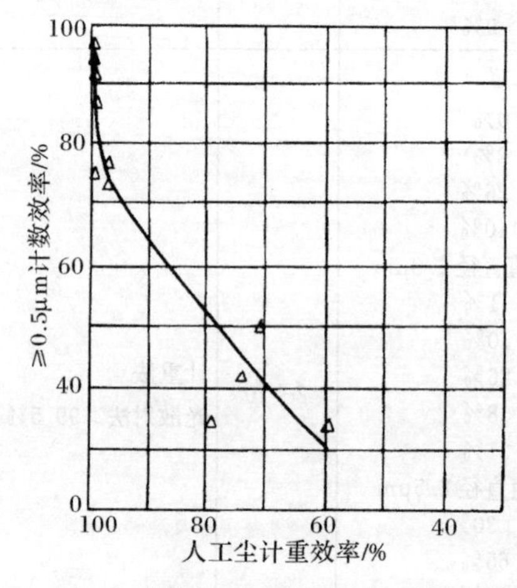

图 17-16　大气尘计数效率和人工尘计重效率的实验关系

表 17-9　钠焰法和 DOP 法比较(过滤器)

过滤器	风量/(m³/h)	穿透率			效率	
		氯化钠 k_1/%	DOPk_2/%	$\frac{k_2}{k_1}$	氯化钠	DOP
1	84	0.0046	0.007	1.5	0.999954	0.99993
2	84	0.0030	0.004	1.34	0.999970	0.99996
3	840	0.0040	0.004	1	0.999960	0.99996
4	840	0.0050	0.007	1.4	0.999950	0.99993
平均				1.31		

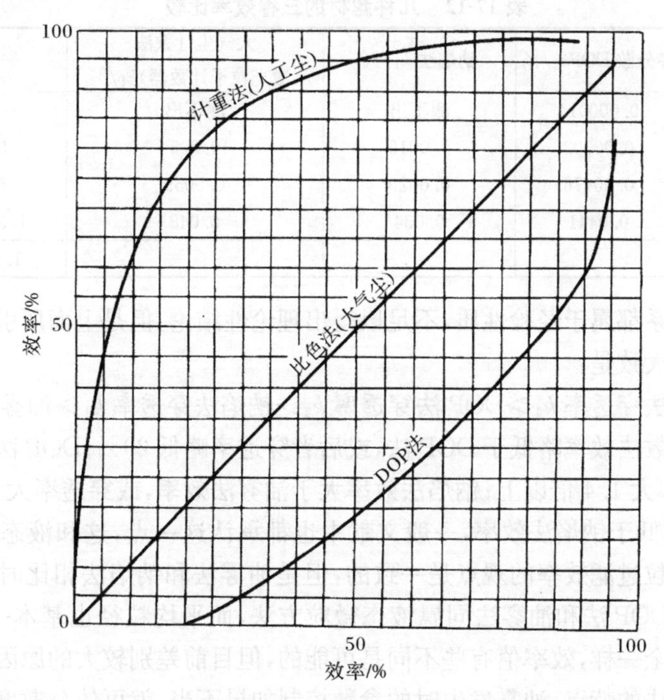

图 17-17　DOP、比色、人工尘计重法三种效率的关系

表 17-10　钠焰法和油雾法比较(过滤器)

样品材质	平均穿透率/%		$\frac{k_3}{k_1}$
	氯化钠 k_1	油雾 k_3	
石棉 149	0.000710	0.000220	0.31
玻璃纤维 7001	0.000051	0.000031	0.61
玻璃纤维 6901	0.008600	0.008700	1
苏制 фПП-15	0.240000	0.170000	0.71
玻璃纤维(厚)	0.003300	0.000700	0.21
玻璃纤维(薄)	0.051000	0.014000	0.27
平均			0.52

表 17-11　钠焰法和油雾法所测粗、中效滤材效率比较

滤料编号	氯化钠 η_1/%	油雾 η_3/%	滤料编号	氯化钠 η_1/%	油雾 η_3/%
1	2	10	9	26	28.6
2	5	10.8	10	36	36.3
3	6	16	11	38	30.5
4	6	16	12	40	32.5
5	7	10	13	42	44
6	13	16	14	47	31.6
7	18	12.7	15	53	47.3
8	19	30.9	16	53	49.1

表 17-12　几种滤材的三种效率比较

滤材编号	多分散 DOPk_2/%	钠焰法 k_1/%	大气尘计数法（激光粒子计数器）k_4/%	$\frac{k_2}{k_1}$	$\frac{k_2}{k_4}$
Ⅰ-2	0.000014	测不出	测不出	—	—
Ⅱ-5	0.00302	0.0016	0.005	1.88	0.6
Ⅲ-1	0.00476	0.0029	0.0059	1.64	0.81
Ⅲ-2	0.0441	0.034	0.048	1.30	0.92
平均				1.6	0.78

以上种种关系都属于经验性质，不足以得出理论性结论，但是上面所引国内外数据中几种方法的关系大致是：

大气尘计数法穿透率 k_4＞DOP 法穿透率 k_2＞钠焰法穿透率 k_1＞油雾法穿透率 k_3

或者说大气尘计数法效率略低于 DOP 法，或后者穿透率略低 20%；DOP 法效率低于钠焰法效率，或穿透率大 1.4 倍以上；钠焰法效率大于油雾法效率，或穿透率大 1 倍。

DOP 法效率低于钠焰法效率，一般文献中也都承认这一点，这和液态微粒的过滤效率要低于固态微粒过滤效率的观点是一致的，但是油雾法和钠焰法相比时又出现与此观点矛盾的结果。DOP 法和油雾法同属液态微粒方法，而平均粒径也基本一样，但由于粒径分布不可能完全一样，效率值有些不同是可能的，但目前差别较大的原因可能不仅是这一点。根据油雾法的特点，油雾发生时的参数控制如果不当，就可使分散度包括平均粒径都和标准值有较大偏差。此外，滤材的不同对结果也有影响。总之，对于几种测定方法的结果比较，还要进一步做工作。

对于粗、中效过滤器，用人工尘实验的效率要比自然的大气尘效率高得多，同样一台泡沫塑料过滤器，大气尘计重效率为 45%，而人工尘计重效率竟高达 90%。人工尘效率高的原因，是由于人工磨碎的尘粒有棱角，在随气流运动时一般要带正电。微粒带正电，器壁等表面带负电，这样就提高了捕集效率。有的人工尘由于成分不当容易凝集，也就更易被捕集。在自然界中形成的尘粒一般棱角不明显，带电现象弱得多。

3. 我国标准的方法

《空气过滤器》(GB/T 14295—2008)中含有测试方法，适用于干式过滤器（含静电过滤器）。测试方法对计数效率值和人工尘性能汇总列于表 17-13 中，标准做的规定分别见表 17-14 和表 17-15。

表 17-13　空气过滤器实验方法

方法	实验气溶胶类型	名称	粒径范围	实验方法			
				仪器	仪器性能	台数	读数
计数法	多分散固态 0.3～0.5μm －(65±5)% 0.5～1μm (30±3)% 1～2μm (3±1)% ＞2μm (＞1)%	氯化钾 KCl （喷雾后经静电中和）	0.3～10μm	粒子计数器	对 0.3μmPSL 小球计数效率≥50%	当效率＜90%（≥0.3μm）时，1 台前后测，否则用 2 台	下游显示值要＞100；2 台仪器前后各 3 次读数平均求 1 次效率；共求 2 次效率，两次相差见表 17-14；1 台仪器前后各 5 次，余同上

续表

方法	实验气溶胶类型	名称	粒径范围	实验方法			
				仪器	仪器性能	台数	读数
计重法	多分散固态人工气溶胶	人工尘(见表17-15)	见表17-15	称重法			

表 17-14 计数效率值表

第一次效率值 E_1	第二次计数效率 E_2 和 E_1 之差
<40%	<0.3E1
40%~<60%	<0.15E1
60%~<80%	<0.08E1
80%~<90%	<0.04E1
90%~<99%	<0.02E1
≥99%	<0.01E1

表 17-15 人工尘性能特征

成分	质量比/%	原料规格	粒径分布		原料特征化学组成
			粒径范围/μm	比例/%	
粗粒	72	道路尘			SiO_2
			0~5	36±5	Al_2O_3
			5~10	20±5	Fe_2O_3
			10~20	17±5	CaO
			20~40	18±3	MgO
			40~80	9±3	TiO_2
					C
细粒	23	炭黑	0.08~0.13μm		吸碘量 10~25mg/g 吸油值 0.4~0.7mg/g
纤维	5	短棉绒	—		经过处理的棉质纤维落尘

《高效空气过滤器》(GB/T 13554—2008)规定高效(亚高效)过滤器效率用钠焰法检测,超高效空气过滤器效率用计数法检测,气溶胶中值直径为 0.1~0.3μm,气溶胶种类不限,分散相不限。不适用军工和核工业用过滤器。军品仍用油雾法。

4. 混合多点测定

在过滤器特别是高效过滤器的效率测定时,过去国内外较多的做法是,仅各在离过滤器很近的上风侧和下风侧的中心位置设置一个测点,这样测出的效率往往偏高,也难于发现漏泄,这是管道中浓度分布不均匀的结果。而引起浓度分布不均匀的原因主要有两个:一是实验尘一般由点源发出,在整个管道断面上很难分布均匀;二是过滤器下风侧受过滤器均流作用的影响,这在高效过滤器时更为显著。由于气流具有单向平行流特性,上风侧不均匀的浓度分布经过过滤器后仍保持原有分布而很难引起断面上的混掺(参见

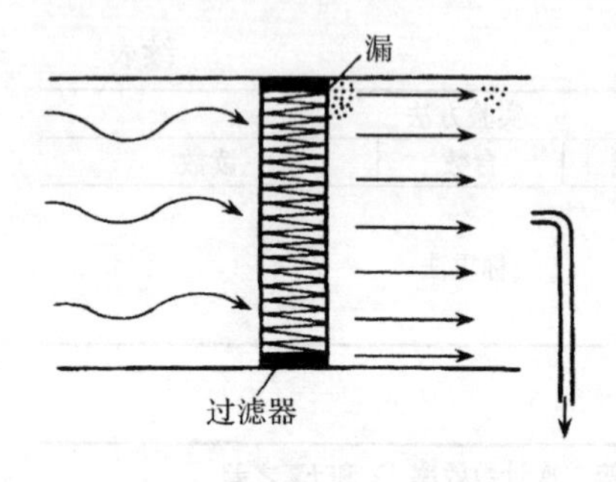

图 17-18　过滤器下风侧气流状态

图 17-18)，所以这种测定结果是难以准确的。

为了改善这一情况，有人[21]对不同发尘喷嘴、不同混合手段等进行了实验。从管道断面中心线上分 10 个点分别采样，测出每点的浓度值 N_i，求出测定值的算术平均值 $\overline{N}$，然后用$\left(\dfrac{N_i-\overline{N}}{\overline{N}}\times\dfrac{100}{100}\right)$来表示测定值的偏差。偏差越大，说明混合越差。过滤器上风侧的混合效果汇总于表 17-16 中，表明：

(1) 发尘所用的喷嘴以环形多孔喷嘴混合效果最好，直线形多孔喷嘴和单孔喷嘴相差不多，这些喷嘴的形状如图 17-19 所示。

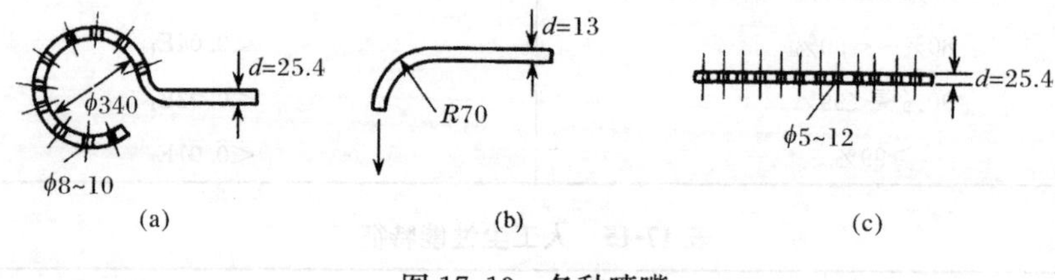

图 17-19　各种喷嘴

(2) 上风侧采样点离过滤器远比近好，当此距离为 5D(3m，D 为风管直径)时，即使在单孔喷嘴无其他混合手段时，最大偏差才 24%，而距离为 2.5D(1.5m)时，这一偏差大到 167%。

(3) 不论用哪一种发尘喷嘴，不论采样距离远近，当采用孔板或搅拌风扇作为混合手段时，效果更好。

搅拌风扇的搅拌均匀作用是不言而喻的，而孔板的均匀作用主要在于它使速度场均匀，也就促使浓度场均匀。

表 17-16　过滤器上风侧各种混合手段效果的比较

发尘位置		喷嘴形状	混合手段				最大偏差/%
A(距过滤器 5D)	B(距过滤器 2.5D)		孔板(开孔比 0.2)		搅拌风扇		
			无	有	无	有	
○		环形多孔	○		○		20
○				○	○		12
○			○			○	17
○				○		○	4
	○		○		○		34
	○			○	○		7
	○			○		○	5
		直线多孔	○				28
○				○	○		11
○				○	○	○	4
○	○		○				33
	○			○			19
	○			○	○	○	14
		单孔	○		○		24
○				○			13
○				○		○	10
○	○		○		○		167
	○			○	○		55
	○			○		○	32

设 Δu_0 为远离孔板的上风侧气流的脉动速度，Δu_1 为远离孔板的下风侧气流的脉动速度，并令

$$\frac{\Delta u_1}{\Delta u_0}=f \tag{17-17}$$

显然，若 $f=0$，表明完全消除了下风侧的气流脉动。图 17-20 是孔板阻力系数 ξ 和 $f=0$ 的实验关系[22]，数据虽然不太集中，但仍可做出如虚线所示的曲线，可见相当于 $f=0$ 的 ξ 值约为 2.5。

ξ 值与开孔率有密切关系。通过孔板的压力降应为

$$\Delta P=P_0-P_1=\frac{1}{2}\rho(u_1^2-u_0^2) \tag{17-18}$$

$$u_1=\frac{u_0}{cs} \tag{17-19}$$

式中：u_0、P_0——孔板上风侧气流速度和压力；

u_1、P_1——孔板下风侧气流速度和压力；

c——气流经过孔板后的收缩系数，一般取 0.9；

ρ——气体密度；

s——开孔率。

将式(17-19)代入式(17-18)，得到

$$\Delta P=P_0-P_1=\frac{1}{2}\rho u_0^2\,\frac{1-c^2s^2}{c^2s^2} \tag{17-20}$$

令

$$\xi=\frac{1-c^2s^2}{c^2s^2} \tag{17-21}$$

即是阻力系数。上述实验中孔板开孔率只有 20%，用一道孔板；如果增加开孔率或者用多道孔板串联，效果更好。图 17-21 表明串联孔板达到的非常均匀的结果[23]。

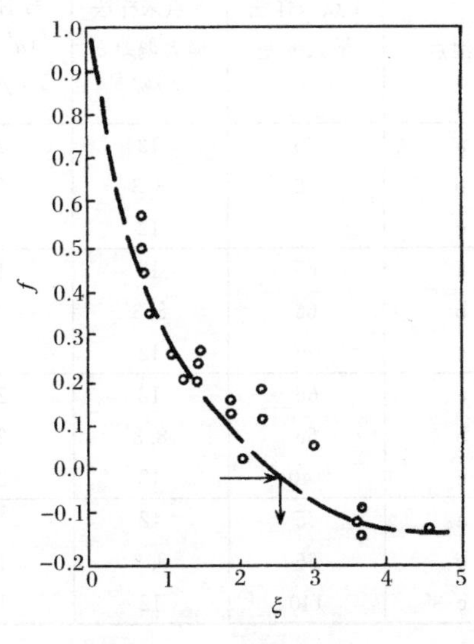

图 17-20　f 和 ξ 的实验关系

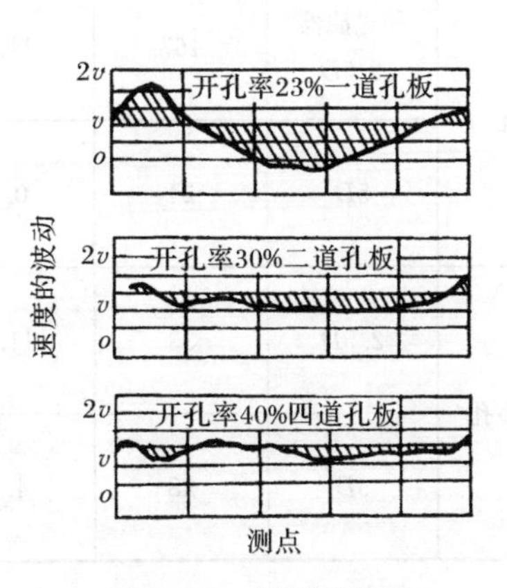

图 17-21　孔板的作用

过滤器下风侧混合效果的实验结果汇总于表 17-17 中，实验时用模拟漏泄的方法从过滤器断面上三个位置强行渗漏（渗漏量为 0.03mg/m^3，渗漏风量为额定风量的 0.2%以内），这些结果表明：

(1) 测值的最大偏差出现在从过滤器边上漏泄而又没有采用任何一种混合手段的场合。

(2) 过滤器下风侧不用混合手段时，测定结果的最大偏差约 65%～140%，采用混合手段以后，下降为 40%～75%，仍不理想。

对于采用混合手段有困难或混合效果不好时，三点采样平均法被证明有助于测定结果的均匀[21]。三点采样即在管道截面上的三等分面的中心点采样，求其平均值。表 17-18所列该采样结果数据表明，即使采用单孔喷嘴，上风侧采样的最大偏差也由 167%下降到 11%。因此，三点采样法是测过滤器效率时值得考虑的方法。

表 17-17　过滤器下风侧各种混合手段效果比较

采样器位置	漏泄位置			混合手段				最大偏差/%
	过滤器内侧（靠近管道中心）	过滤器中部	过滤器外侧（靠近管壁）	孔板（开孔比 0.4）		搅拌风扇		
				无	有	无	有	
距过滤器	○			○		○		65
	○			○			○	54
2.5D	○				○		○	75
(D为管径)		○		○		○		66
			○	○		○		140
			○	○			○	42
			○		○		○	58

表 17-18　三点采样法的效率

喷嘴	上风侧			下风侧			3点采样法综合误差($a'+b'$)/%
	发尘位置	1点采样法最大偏差/%	3点采样法最大偏差a'/%	漏泄点	1点采样法最大偏差/%	3点采样法最大偏差b'/%	
单孔	距过滤器2.5D	167	11.3	a	65	12	23
				b	66	8.3	20
				c	140	12	23
	5D	24	0.8	a	65	12	13
				b	66	8.3	9
				c	140	12	13
直线多孔	2.5D	33	11.3	a	65	12	23
				b	66	8.3	20
				c	140	12	23
	5D	28	4.3	a	65	12	16
				b	66	8.3	13
				c	140	12	16

续表

喷嘴	上风侧			下风侧			3点采样法综合误差 $(a'+b')$ /%
	发尘位置	1点采样法最大偏差 /%	3点采样法最大偏差 a' /%	漏泄点	1点采样法最大偏差 /%	3点采样法最大偏差 b' /%	
环形多孔	2.5D	34	0.3	a	65	12	12
				b	66	8.3	9
				c	140	12	12
	5D	20	2.2	a	65	12	14
				b	66	8.3	11
				c	140	12	14

5. *总测定误差*

若已知被测过滤器上游浓度 N_1 和下游浓度 N_2 的测定误差分别为 σ_1 和 σ_2，则过滤器效率的最大值 $\eta_{\max}$ 和最小值 $\eta_{\min}$ 显然可表示为

$$\begin{cases} \eta_{\max} = 1 - \dfrac{(1-\sigma_2)N_2}{(1+\sigma_1)N_1} \\ \eta_{\min} = 1 - \dfrac{(1+\sigma_2)N_2}{(1-\sigma_1)N_1} \end{cases} \tag{17-22}$$

则效率的测定正误差 $\Delta\eta$ 和负误差 $-\Delta\eta$ 可推导如下：

$$\begin{aligned} \Delta\eta &= \eta_{\min} - \eta = \frac{(1+\sigma_1)N_1 - (1-\sigma_2)N_2 - (1+\sigma_1)(N_1 - N_2)}{(1+\sigma_1)N_1} \\ &= \frac{(\sigma_1+\sigma_2)N_2}{(1+\sigma_1)N_1} = \frac{\sigma_1+\sigma_2}{1+\sigma_1}\,\frac{N_1-(N_1-N_2)}{N_1} \\ &= \frac{\sigma_1+\sigma_2}{1+\sigma_1} \times \left(1 - \frac{N_1-N_2}{N_1}\right) \\ &= \frac{\sigma_1+\sigma_2}{1+\sigma_1}(1-\eta) \end{aligned} \tag{17-23}$$

同样可得

$$-\Delta\eta = \eta - \eta_{\min} = -\frac{\sigma_1+\sigma_2}{1\ \ \sigma_1}(1-\eta) \tag{17-24}$$

根据误差理论，以上式中 σ_1 和 σ_2 皆可用下式表示：

$$\sigma_1(\text{或}\ \sigma_2) = \sqrt{\sigma_a^2 + \sigma_b^2 + \sigma_c^2 + \sigma_d^2} \tag{17-25}$$

式中：σ_a——通过过滤器的风量和含尘浓度随时间、气象条件或其他因素而发生变动所带来的误差，据实际经验，在测定的时间内，它给测定浓度带来的误差可达20%，一般可按10%考虑；

σ_b——粒子计数器等仪器采样流量的误差，前面已指出在3%左右；

σ_c——非等速采样引起的误差，据前面的分析，平均可按5%考虑；

σ_d——采样管中微粒损失引起的误差，据前述，一般不超过3%。

至于粒子计数器的重叠误差则在具体发生的情况下再考虑。

对于过滤器效率实验，可认为$\sigma_1=\sigma_2$，设$\sigma_a=\pm10\%$，$\sigma_b=\pm3\%$，$\sigma_c=\pm5\%$，$\sigma_d=\pm3\%$，代入式(17-25)得到

$$\sigma_1=\sigma_2=\sqrt{0.1^2+0.03^2+0.05^2+0.03^2}=\sqrt{0.0143}=0.12$$

再将结果代入式(17-23)、(17-24)并设$\eta=0.999$，则

$$\Delta\eta=\frac{0.12+0.12}{1+0.12}\times(1-0.999)=0.00021$$

$$-\Delta\eta=\frac{0.12+0.12}{1-0.12}\times(1-0.999)=-0.00027$$

所以过滤器效率应在(0.999−0.00027)～(0.999+0.00021)即0.99873～0.99921。

如果σ_1达到20%，效率值即在0.99847～0.99935。

可见，即使在较大的分项测定误差下，效率总测定误差仍然是可以接受的。

17-2-3　过滤器容尘量的测定

容尘量W由下式求出：

$$W=W_1-W_2\quad(\text{g/个})\tag{17-26}$$

式中：W_1——按容尘量定义(见第四章)要求，实验终了时的过滤器质量(g/个)；

W_2——容尘量实验前的过滤器质量(g/个)。

由W可换算求出单位面积容尘量。

为了缩短测定时间，用人工尘作为容尘量测定时的尘源，人工尘主要有工艺尘和模拟大气尘。对于空气调节、空气洁净技术方面的过滤器，皆用模拟大气尘做实验尘源。从对过滤器的堵塞有明显作用的角度看，应该主要模拟大气尘中的三种成分，即：①矿物、砂土颗粒，它是大气尘的主要成分，因其易于分散到空气中去，代替无机不可燃物质，在模拟大气尘中此种成分含量也应最多；②炭黑，它代表空气中的游离碳，是大气污染效应的代表物，是工业区和城市大气尘的代表性成分，一般占1/4左右，由于它小而易凝集，是造成过滤器堵塞的重要原因，也是评价过滤器容尘性能所不可缺少的，在模拟大气尘中当然也不可缺少；③纤维，它代表空气中的有机成分，可以加快过滤器的堵塞，所以模拟大气尘中也应含有，一般只占百分之几。

美国空气过滤器协会提出的AFI实验尘，是比较接近城市大气尘的，它主要含二氧化硅等矿物质，还有炭黑和棉絮。

日本空气净化协会制定的空气净化装置的性能实验方法标准规定，过滤器的容尘量实验用日本工业标准(JIS)的15类尘，它是由8类尘、12类尘和棉絮组成的混合实验尘。其中8类尘(还有7类尘、11类尘)是用关东亚黏土烧成，再研磨过筛调配成某个规定的粒径分布，质量中值直径是8μm，几何标准偏差$\sigma_g=3.63$(7类尘和11类尘的组成和真密度都与8类尘相同，只是具有不同的粒径分布)；其中12类尘是炭黑。所以用关东亚黏土做实验尘，是因为它不易在表面上黏附，在气流中容易分散而不易凝集。

美、日两种模拟大气尘的性状见表17-19。

表 17-19　美、日模拟大气尘的性状

实验尘	组成百分比				
日:JIS-15 类	JIS-8 类	72%	JIS-12 类	25%	棉絮　3%
成分	SiO_2 Fe_2O_2 Al_2O_2 CaO MgO TiO_2 灼热损失	34%～40% 17～23 26～32 0～3 3～7 0～4 0～4	炭黑		
粒径	0～5μm 5～10 10～20 20～30 30～40 40～74	39±5% 18±3 16±3 12±3 6±3 9 以下	0.03～0.2μm		1.5μm(直径)×1mm(长度)以下
密度	2.7				
美:AFI	粗粒子	72%	K-1 号炭黑	25%	7 号棉絮　3%
成分	SiO_2 Fe_2O_2 Al_2O_2 CaO MgO 碱 灼热损失	68.47% 4.58 15.98 2.91 0.77 4.61 2.68	浮游物质 非浮游物质 灰	3% 95 2	
粒径	0～5μm 5～10 10～20 20～30 40～80	39±2% 18±3 16±3 18±3 9±3			
密度	2.2				

为了比较模拟尘和大气尘的性状，一般可先将模拟尘加热到 300℃，以烧掉炭黑，然后进行分析。国内有些部门曾试用过由 75%无烟煤粉和 25%炭黑组成的模拟大气尘。从上面的分析看来，这种模拟尘和大气尘的性状相差较远，它们的凝集性比一般大气尘大得多，这就容易使过滤器堵塞，在进行效率实验时，容易得出过高数值。

中国容尘量测定所用人工尘在 2008 年以前是用《一般通风用空气过滤器性能实验方法》(GB 12218—1989)中给出的标准，2008 年以后按表 17-15 采用。

图 17-22 所引的实验曲线[24]说明了怎样的尘源可作容尘量实验。从 1、2、3 三组曲线可以看出：

(1) 过滤器很快为小粒子所堵塞。

(2) 炭黑比大气尘更易使过滤器堵塞。

这就表明过滤器的实际寿命要比用炭黑实验的结果长。因此，作容尘量测定用的模拟大气尘必须在主要特点上尽量接近真实大气尘。

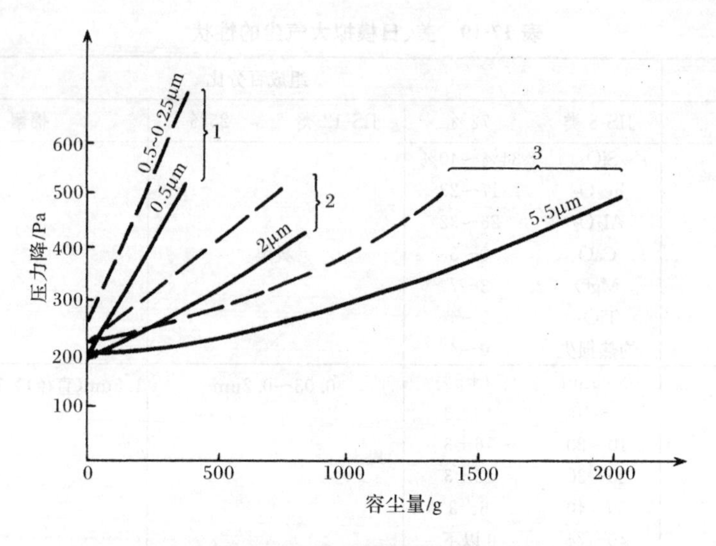

图 17-22 不同实验尘对容尘量影响

1. 炭黑;2. 大气尘;3. 某实验尘

17-3 检 漏

17-3-1 高效过滤器的检漏

1. 过滤器漏泄的含义

当我们指出一个单体过滤器的漏泄问题时,是指其滤芯有无漏泄,滤芯和过滤器框架之间的封胶有无漏泄;当我们指出安装好的过滤器的漏泄问题时,除了上述的有无漏泄之外,还有过滤器框架和安装边框的密封面之间有无漏泄,安装边框与安装箱体之类的壁板之间有无漏泄,等等。

末端过滤器漏泄是洁净室和空气净化设备的致命质量问题,所以过滤器检漏是空气洁净技术一个重要问题。

2. 检漏方法

检查高效过滤器本体是否漏泄,通常有以下几种方法。

1) 灯光检漏

这个方法只适用于过滤器单体的定性检漏(或叫初检)。

将高效过滤器安装在灯光检漏装置上,这个装置如图 17-23 所示,它的四周为黑色绒罩所笼盖,罩的一面可掀起,检查人员可把头伸入罩内探视,带烟气流以每秒 1cm 的速度经过过滤器,如果有孔隙,将会在黑色背景反衬下看到细小的烟条。这个方法比较灵敏,可以检出一些小量漏气的地方。烟气需连续供给,可以用香烟的烟,也可以用线香的烟。

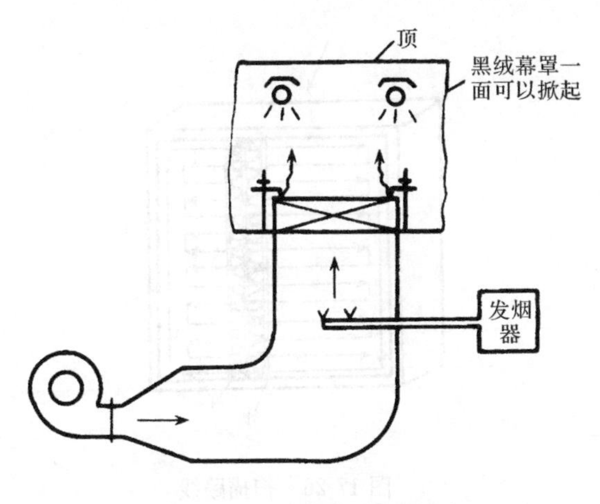

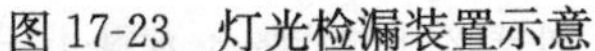
图 17-23 灯光检漏装置示意

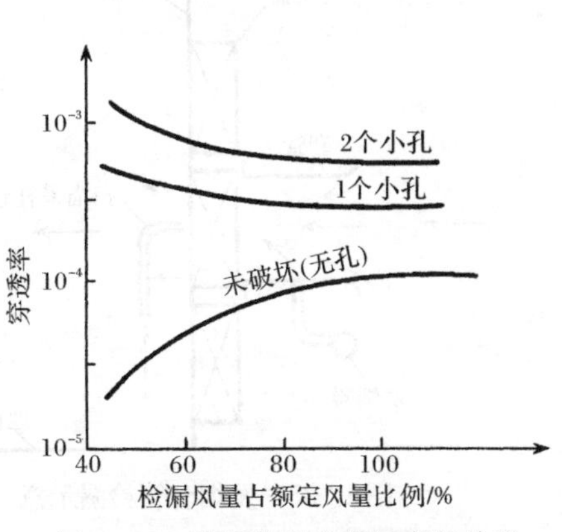

图 17-24 检漏风量和穿透率的关系

2) 双风量检漏

这个方法一般也只适用于单体检漏。这就是在过滤器下风侧混合良好的条件下，既测定额定风量下的效率，又测定一部分额定风量下的效率。如果后者低于前者，即说明过滤器有小孔漏泄，或者判定为不合格，或者重新进行扫描检漏。

原来在额定风量的风速下小孔的阻力很高，漏过来的量不足以被检到。由于滤纸的阻力是滤速一次方的函数，而根据流体力学原理，小孔的阻力和流速的平方成比例。设滤速降低前后之比为 m，则在降低滤速以后，小孔的阻力和没有降低滤速以前相比，下降到原来的$\frac{1}{m^2}$，通过小孔的流量和以前相比，也应增加约 m 倍，截面浓度就可能升高，从而说明有漏孔的存在。图 17-24[25]证明了上述的道理。

对于没有漏孔的完好的过滤器，随着流速的降低，穿透率也降低，尽管降低的幅度不同(参阅第四章滤纸过滤器部分)。对于有孔的过滤器，滤速越低，相对地通过孔的流量即漏泄量越大，因而穿透率越大。为了容易检知，希望两种滤速时的穿透率相差大一些(因为测定数据的波动也可能达到 1 倍)。所以在美国联邦标准 209B 中规定检漏风量为额定风量的 20%。如果风量调节范围达不到这么低，提高一些也可以，从图 17-24 可以看出，如把检漏风量提高到额定风量的 30%(试将 1 个小孔的曲线向左延长)，其穿透率与额定风量下相比仍可大 3 倍以上，对于区别是否为漏泄不致有困难。当然，由于漏孔大小不一样，要确定一个非常确切的检漏风量比是很困难的。

3) 扫描检漏

这个方法对于过滤器单体和安装好的过滤器组合的检漏都适用。扫描单体时，可以借用灯光检漏装置，不过不用幕罩，并且最好使装置侧过来，以使过滤器垂直地面，便于检测。检查过滤器组合时，如果需要增加上风侧气溶胶浓度而又不便于在整个上风侧施放烟雾，则要在每只过滤器背面临时罩上发烟套管(图 17-25)，测定一个移动一次。

扫描检漏要求将采样头放在高效过滤器下风侧距过滤器表面 2～3cm 处，沿整个表面、边框及其和框架接缝等处扫描。扫描速度宜取 2～3cm/s，不超过 8cm/s，不小于 0.5cm/s，扫描路线如图 17-26 所示，行程之间可适当重合。

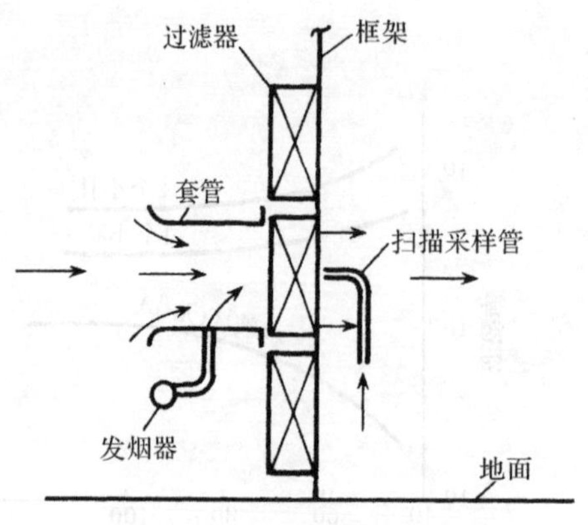

图 17-25　发烟套管检漏示意

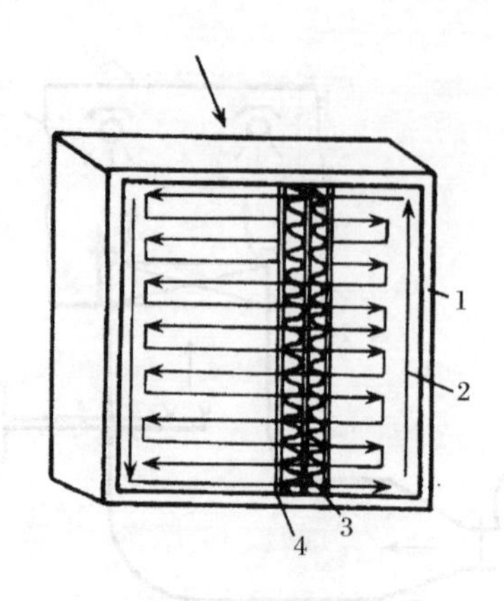

图 17-26　扫描路线

1. 外框；2. 扫描线路；3. 滤料；4. 分隔板

当发现渗漏点时，可用过氯乙烯胶、88 号胶、703 或 704 硅橡胶(某些电子工业产品的生产车间不能用含硅材料)当场进行堵漏密封，直到不漏为止。当然这只适用于表面漏点。对于不允许堵漏的，则需更换。

国外的一种过滤器单体检漏装置如图 17-27 所示[26]，当然人工尘也可以用其他气溶胶。这种新装置特别适用于生产厂家和大的工程现场。

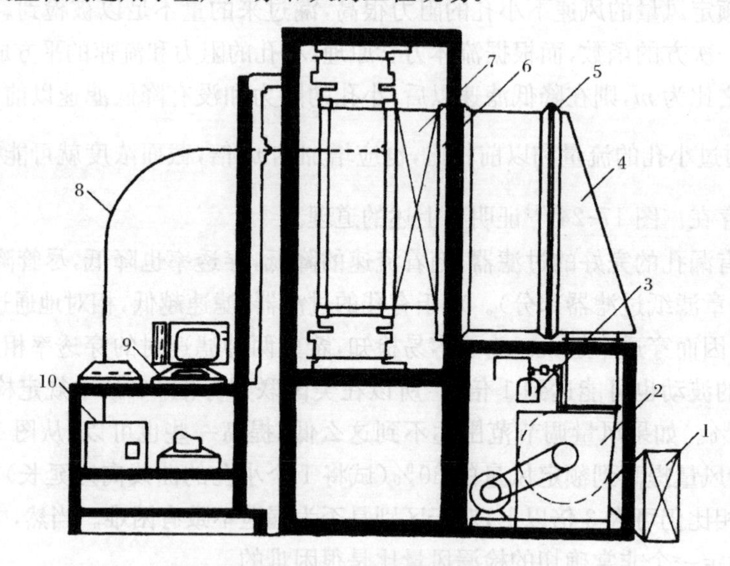

图 17-27　高效过滤器检漏装置一例

1. 预过滤器；2. 风机；3. 拉斯金喷嘴型 DOP 发生器(也称冷发生器，参见文献[11]353 页)；4. 过渡段；5. 整流板；6. 隔板；7. 被试过滤器；8. 采样管；9. 计算机；10. 粒子计数器

图 17-28 是中国国产的自动检漏仪(也可以手动)的外观。

3. 检漏仪器和气溶胶

检漏仪器有光度计和离散型粒子计数器两大类。ISO 14644-3 从一开始(1999 版)就明确

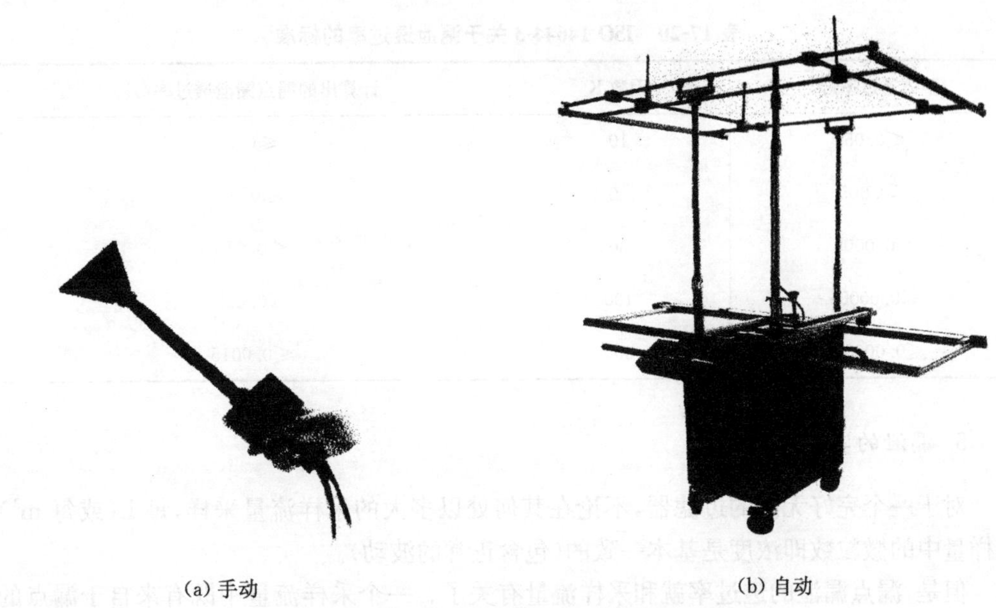

(a) 手动　　(b) 自动

图 17-28　SX-F1260 高效风口自动检漏仪外观

指出：

(1) DOP 光度计法用于透过率≥0.005％的过滤器系统检漏，即对最易穿透粒径的气溶胶效率不大于 99.995％的高效过滤器(相当于中国 B～C 类过滤器)。

(2) DOP 光度计法只适用于当沉积在过滤器和管道上的挥发性有机测试气溶胶释放出的气体对洁净室内的产品或工艺不是有害的，如核设施的过滤器检漏。

(3) 人工气溶胶的粒子计数器法适用于过滤器透过率≥0.0000005％的检漏，即效率不大于甚至超过 99.9999995％(按为最易穿透粒径微粒)过滤器检漏。

(4) 粒子计数器法比光度计法更为灵敏，造成的污染小，对检漏来说既有精度也有速度。

(5) 推荐上游加入的人工气溶胶有 8 种之多，如：甲基苯二甲酸盐、癸二酸二酯、聚苯乙烯乳胶球、大气气溶胶等。

到 2008 年版，更具体指出当大气尘浓度合适时，粒子计数器可用大气尘检漏。

4. 基于透过率的漏泄标准

长期以来，把透过率超过滤芯整体正常透过率多少倍定为漏泄标准。因为作为滤纸，它总有允许的正常透过率，一旦超过这个透过率就不正常。但正常透过率也是有波动的，于是就人为定一个倍数，超过了就定义为漏。

20 世纪 60 年代，粒子计数器采样量为 700mL/min，一些国外公司自己规定当用其检漏时，透过率超过 5 倍为漏。

1990 年中国标准《洁净室施工及验收规范》(JGJ 71—90)也以透过率倍数为漏泄标准。

1999 年 ISO 标准 14644-3，将漏的标准按透过率区分如表 17-20 所列，并说明表中因数 K 即漏泄透过率相当于整体透过率的倍数，即漏泄透过率超过此倍数判断为漏。同时说明，应用此表时的采样流率为 28.3L/min。暂且把此法称为透过率法。

表 17-20　ISO 14644-3 关于漏泄透过率的标准

整体透过率/%	因数 K	计算出的漏点漏泄透过率/%
≤0.05	10	≤0.5
≤0.005	10	≤0.05
≤0.0005	30	≤0.015
≤0.00005	100	≤0.005
≤0.000005	300	≤0.0015

5. 漏泄的实质

对于一个完好无漏的过滤器，不论在其何处以多大的采样流量采样，每 L(或每 m^3)采样量中的微粒数即浓度是基本一致的(包含正常的波动)。

但是，漏点漏泄的透过率就和采样流量有关了。一个采样流量中既有来自于漏点的漏泄流量，也有绝大部分是来自于周边正常透过的干净空气，如果采样流量大，则干净空气多，而漏点漏过来的微粒数是不变的，对于一定的孔、一定的已破损的滤网结构，在一定的压差下，漏泄流量是恒定的，所以漏过来的微粒被稀释了。就这个采样流量而言，其局部含尘浓度降低了，局部透过率也随之降低了。

例如，假定有一台欧盟标准最高级别的高效过滤器，透过率小到0.000005%，在上游发出了浓度高达 2 千万(2×10^7)粒/L 的气溶胶，按表 17-20 中要求正常透过率应为≤1 粒/L。

按照 ISO 标准，这个级别的过滤器，计算出漏点透过率达到正常透过率的 301 倍就算漏，300 倍不算漏。

设有一漏点，漏泄量为 8490 粒/min。如果下游用 1L/min 采样时，漏点处采样浓度为 8490 粒/L，是正常透过率的 8490 倍，当然算漏。

如果下游改用 2.83L/min 采样时，漏点处采样浓度降为 3000 粒/L，是正常透过率的 3000 倍，当然也算漏。

如果下游用 28.3L/min 采样时，漏点处采样浓度为 300 粒/L，是正常透过率的 300 倍，根据标准则判断为不漏。

但漏过的绝对量都是一个值，即 8490 粒/min，判断泄漏的结果不能由于仪器采样量的不同而不同。

可见透过率标准下的漏与不漏，是和采样流量有密切关系的，所以单纯谈多少倍算漏就失去了意义。

这方面的原因在于采样得到的最后的漏泄浓度是被采样量 2.83L/min 或 28.3L/min 稀释了的，不同的采样流量稀释倍数自然就不同了。

最直观的认识是，漏是客观存在的，是和不漏相比较而存在的。

漏泄的实质应是：在某一个既定压差和滤前浓度条件下，在完好过滤器各处测出的浓度本应是基本均匀的，如出现明显不均匀，则有漏的可能。也就是在完好过滤器各处应测不出大致连续透过的微粒，在相当多的时间都是"0"(这也是使用高效过滤器的目的)，但是若在某局部能测出这样的微粒，则这个局部存在和滤前浓度相适应的某大小漏孔的漏泄。

6. 基于漏孔漏泄流量的漏泄标准

考虑到上节分析的原因，作者等人提出了基于漏孔漏泄气流流量的微粒透过量作为判断漏泄的标准[27、28]。此法被称为漏孔法(也可称透过量法)。

从第三章高效过滤器滤纸电镜图可见玻璃纤维组成的网格杂乱无章，大小不同，但可见单层网格长向可达 30μm。

所谓漏，即应是纤维网格因摩、划、扎等将网格损伤形成一个可以通畅的通道或孔口，产生孔口出流，其流量远大于通过正常多层网格的流量。

孔口出流流量 Q_0 由经典的式(8-11)给出：

$$Q_0=\mu F\sqrt{\frac{2\Delta p}{\rho}} \tag{17-27}$$

式中：F——孔口面积，$A=0.78d_0^2$；

d_0——孔口直径；

Δp——过滤器前后(孔前后)压差，按检漏时初阻力计，取 200Pa；

ρ——空气密度，1.2kg/m³；

μ——流量系数，按下式进行计算。

$$\mu=\varepsilon\varphi$$

式中：ε——收缩系数，对于孔口周边为开阔的过滤面积按流体力学定义，应为完全收缩，ε 最小，取 0.62；

φ——流速系数，理论值为 0.82，但最大可达到 1，实验最大值为 0.97，扩张形孔口扩张角为 5°～7°，为 0.45。对于复杂的缝、孔，实验最小平均值为 0.29，对于漏孔很小，只比单层纤维网格大几倍的情况，其孔的边缘纤维凌乱情况的相对影响变大，即阻力变大，流量系数更小。假定按最小的 φ 计算，即 $\mu=\varepsilon\varphi=0.62\times0.29=0.18$。(文献[2]曾假定 0.1mm 以上的孔，$\varphi$ 取0.97)。

设如图 17-29 所示的漏孔，简化为在出风面上——垂直于流的表面上的孔。

漏泄气流断面不断扩大，浓度不断被稀释，现将这股气流称为污染气流，这是带动了周边气流的结果，但是这种扩展不是无限制的，当污染气流边界速度衰减到与周边气流速度相近时，这种带动也就停止了。

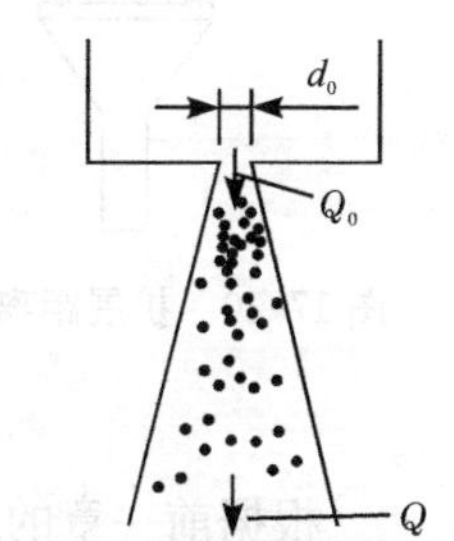

图 17-29　漏孔漏泄气流

所以可以认为当污染气流断面平均速度衰减到高效过滤器出口送风速度水平，就可能不再扩展稀释了。由于单向流受漏泄的影响更显著，所以以单向流为准。设其高效过滤器出口送风速度为 0.5m/s，则据射流原理可得出一系列特性参数，如表 17-21 所示。

表 17-21 漏泄气流射流诸参数

d_0/mm	Q_0/(L/min)	S/mm	D/mm	Q/Q_0
0.0085	0.000011	0.091	0.058	4.43
0.01	0.000015	0.11	0.068	4.43
0.05	0.00038	0.54	0.34	4.43
(0.0053)	(0.00427)			
(0.06)	(0.00054)			
(0.097)	(0.00144)			
0.1	0.0015	4.02	2.29	4.43
(0.11)	(0.0017)			
(0.15)	(0.0033)			
(0.17)	(0.0042)			
(0.19)	(0.005)			
0.2	0.006	8.04	4.58	4.43
(0.25)	(0.0094)			
(0.3)	(0.0135)			
0.6	0.054	24.13	13.73	4.43
(0.93)	(0.13)			
1.0	0.15	40.22	22.28	4.43

注:Q_0 为漏泄气流量;S 为射程,即射流边界不再扩展时的距离;D 为射流不再扩展时的直径;Q 为漏泄气流不断扩散、稀释,在 S 处的污染气流量。

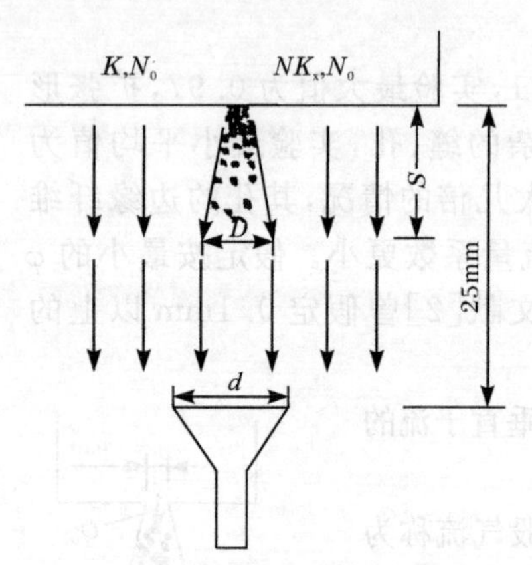

图 17-30 扩展距离小于 25mm,$D<d$

文献[27]给出了 3 种定点检漏时采样口的情况,最常见的大约 1mm 以下漏孔的情况如图 17-30 所示。

此时,如采样流量大于污染气流到达采样口的稀释流量,则漏过来的微粒将全部进入采样口,由于其漏泄流量 Q_0 很小,采样口吸入的绝大部分是周边洁净气流,则采样浓度将大幅度降低。设采样流量为 WL/min,于是采样浓度为

$$N_s = \frac{(W-Q)N_0K + N_x}{W} \tag{17-28}$$

式中:N_s——采样浓度,粒/L;

N_x——漏过来的微粒数,$N_x = Q_0N_0$,粒;

W——采样流量,L/min。

根据前一章的最小检测容量非零检验原则,即每一检测容积的平均浓度达到 3,则 95%的读数可为非零读数,即可判断为漏,这就是漏孔法(也可称透过量法)的实质。

7. 扫描检漏

显然,在一扫即过的扫描检漏中,很难捕捉到真正的漏点。前面指出,在不漏处普遍

为"0"读数情况下，采到非"0"数，起码是 1 的读数，将是反映出漏的特征的疑似漏点。文献[27]给出了漏的特征数，和 ISO 标准给出的基本相同，并给出扫描时间内采到≥1 粒的必要上游浓度 N_0 的计算公式：

$$N_0Kt\left(W-Q_0\frac{Q}{Q_0}\right)+Q_0N_0t\geqslant 1\text{粒} \tag{17-29}$$

式中：t——扫描时间(min)，$t=\frac{B}{60v}$；

W——采样量(L/min)，一般为 2.83 或 28.3；

B——采样口平行于扫描方向的边长(cm)；

v——扫描速度(cm/s)。

则

$$N_0\geqslant\frac{1}{\left[K\left(W-Q_0\frac{Q}{Q_0}\right)+Q_0\right]\frac{B}{60v}}=\frac{1}{\frac{Q_0B}{60v}}=\frac{60v}{Q_0B} \tag{17-30}$$

从式中可见，漏孔越小，Q_0 越小，则需 N_0 越大。

由于只有当 $K>0.0001$ 时，$K\left(W-Q_0\cdot\frac{Q}{Q_0}\right)$ 相对于 Q_0 才有意义，而从高效过滤器开始，K 即从 0.00001(如国产 A 类)开始降低，所以 $K\left(W-Q_0\frac{Q}{Q_0}\right)$ 在上式计算中可忽略。

上游浓度的上限值和过滤器的整体透过率有关：在该上游浓度下，应使正常透过量和疑似漏的 1 粒有显著差别，例如 0.1～0.2 粒，这样就可以在除了漏点的所有地方，差不多都测不出粒子。

根据第 4.7 节的分析，过去高效过滤器效率用 0.3μm 表述，计数效率大于 99.9%的所谓 3 个 9 以上过滤器，其≥0.5μm 的效率近似看作 99.999%(5 个 9)(正好 3 个 9 的相当于 99.9975)。

据此，高效过滤器上游浓度不宜>20000 粒/L，而超高效过滤器由于有 8 个 9 以上的效率(对≥0.5μm)所以上限极大，可不予限制。

8. 定点检漏

在发现疑似漏点后即进行定点检漏，按图 17-30，由式(17-30)计算定点检漏的采样浓度。

下面计算一下对漏孔法刚好判为漏的参数下，透过率法是否也判为漏。

对于使 $K\leqslant 0.000005\%$ 的超高效过滤器，当按 ISO 标准用 28.3L/min 定点采样时，对于 0.5mm 漏孔：

$$\text{采样浓度}=\frac{\left(28.3-Q_0\frac{Q}{Q_0}\right)N_0K+Q_0N_0}{28.3}$$

$$=\frac{(28.3-0.00038\times 4.57)\times 8000\times 5\times 10^{-8}+0.00038\times 8000}{28.3}$$

$$=0.107(\text{粒/L})$$

所以，按透过率法，漏泄透过率为$\frac{0.107}{8000}=0.0013\%<0.0015\%$，判为不漏。

但按本节漏孔法，在8000粒/L上游浓度下，采样容量28.3L中的粒数为3.04粒，即≥3，应判为漏。

扩大到0.053mm漏孔。

$$采样浓度=\frac{(28.3-0.00427\times4.37)\times8000\times5\times10^{-8}+0.00427\times8000}{28.3}$$

$$=0.121(粒/L)$$

所以，按透过率法，漏泄透过率为$\frac{0.121}{8000}=0.00151\%>0.0015\%$，判为漏。

但按本节漏孔法，在8000粒/L上游浓度下，采样容量28.3L中的粒数为3.42粒，即≥3，也应判为漏。

如果上游浓度为9000，或者10000。透过率还是0.00151，以下算例改变上游浓度透过率皆不变，不再举例。

对于$K\leqslant0.00005\%$的超高效过滤器，0.075mm漏孔时，漏孔法判为漏，而透过率法透过率为0.003%<0.005%，判为不漏，所以应扩大漏孔至0.97mm，可计算出漏孔法判为漏，透过率为0.0051%>0.005%，透过率法也判为漏。

对于$K\leqslant0.0005\%$的超高效过滤器，0.1mm漏孔时，漏孔法判为漏，透过率为0.0053%<0.015%透过率法判为不漏，所以应扩大漏孔至0.17mm，可计算出透过率为0.0155%>0.015%判为漏，漏孔法也判为漏。

对于$K\leqslant0.005\%$的高效过滤器，0.25mm当量直径的漏孔，则有：

$$采样浓度=\frac{(28.3-0.0094\times4.37)\times400\times5\times10^{-5}+0.0094\times400}{28.3}=0.152$$

按漏孔法，在400粒/L上游浓度下，采样容量28.3升中的粒数为4.32粒，即≥3粒，应判为漏。

按透过率法，漏泄透过率为$\frac{0.15}{400}=0.038\%<0.05\%$，判为不漏。

扩大至0.3mm漏孔有：

$$采样浓度=\frac{(28.3-0.0135\times4.37)\times300\times5\times10^{-5}+0.0135\times300}{28.3}=0.158$$

按漏孔法，在300粒/L上游浓度下，采样容量28.3升中的粒数为4.47粒，即≥3粒，应判为漏。

按透过率法，漏泄透过率为$\frac{0.158}{300}=0.052\%>0.05\%$，判为漏。

虽然透过率变了，但对于$K\leqslant0.05\%$的高效过滤器计算表明，漏孔直径为0.93mm时两种方法均判为漏；仅在30粒/L上游浓度下，漏过4.3粒/检测容量；透过率为0.51%>0.5%均判为漏。以上各例计算结果表明，只要漏泄流量不变，上游浓度取任何值，对于透过率法的透过率都不变，这说明透过率只和漏泄流量有关，也说明用漏孔的漏泄流量来衡量漏泄是反映了漏的本质。

如果按过去研究结果，凡是根据前面结果定点检漏检出≥3粒即定为漏，不分透过率大小，当然最严格，但为了和ISO标准相当，据此约定：根据前面计算各类高效过滤器用两种过滤器均判为漏的漏孔当量直径如表 17-22 所示。

表 17-22　判为漏的最小漏孔当量直径及 Q_{0min}

K/%	D_{0min}/mm	Q_{0min}/(L/min)
≤0.05	0.93mm	0.13
≤0.005	0.3	0.0135
≤0.0005	0.17	0.0042
≤0.00005	0.097	0.00144
≤0.000005	0.053	0.000427

关于 v 和 B 则应根据具体情况和可能按式(17-29)加以调整，并且必须保持该类过滤器的 Q_{0min} 不变。B 最大约调到 4cm，v 最小可调至 0.5cm/s，将各类高效过滤器 Q_{0min} 值代入式(17-30)，得出最小上游浓度如表 17-23 所示。

表 17-23　可能的最小上游浓度

K	N_{0min}
≤0.005%～0.05%	556 粒/L
≤0.0005%	1786 粒/L
≤0.00005%	5208 粒/L
≤0.000005%	17564 粒/L

在最小上游浓度时，以上采样浓度下各类过滤器的漏泄微粒数均等于 $\frac{60\times0.5}{4}=7.5$ 粒/检测容量。

只有当具有最小检测浓度扫描检漏时如果有上述约定的漏孔，则将检出≥1 粒的疑似漏泄。

从以上分析可以认为：

(1) 漏孔法测计数浓度，对上游浓度起点要求不高。根据 ISO 标准大气尘也列为上游尘源之一。如果采用大气尘作上游尘源，则避免对环境、检测人员和过滤器的污染，符合 ISO 标准 2008 版关于大气尘浓度合适时，采用大气尘作上游尘源的建议。一般空气净化系统高效过滤器前浓度都能符合本文上面提到的条件，或采取措施后符合这一条件。检漏前应检查一下上游浓度。

由于绝大部分高效过滤器 K>0.000005%，所以表 17-23 中第三档 5208 粒/L 的最小上游浓度可以满足绝大部分高效过滤器需求。

如果上游浓度太大，调整不出来，可以改用≥0.7、≥0.8、≥1.0μm 等粒径。反之，可改用≥0.3μm 粒径。或者：

① 在空调设备上开启新风过滤器后的检修门，把新风过滤器旁通掉，抽取机房内空气。

② 像更换过滤器那样，卸下新风过滤器中某一级的 1～2 块过滤器或每一级都卸下 1～2块。

(2) 漏孔法检漏不需要规定仪器采样量，用任何一种采样量仪器，结果均相同。

(3) 定点判断漏的标准，如果只用漏孔法，则最严格，检出“3”即为漏，且比透过率法可测出更小的漏孔。如果尽量接近ISO标准,则对任何一种高效过滤器都可以通过简单计算确定标准,也可以协商确定(通过给出漏孔当量直径以一定的负偏差或正偏差)。

(4) 判断所用粒径不一定是≥0.5μm,根据浓度情况也可以选用≥某粒径。

17-3-2　隔离式生物洁净装置的检漏

由于在隔离式生物洁净装置中,处理的是具有危险性的生物微粒,所以对其严密性要求非常高,这种要求主要针对装置(容器)的密封性和负压保持性两方面提出来的。这两方面的检漏常用以下几种办法。

1. 密封性的检漏

1) 压力衰减法

《洁净室施工及验收规范》(GB 50591—2010)给出该方法的测试系统如图17-31所示。

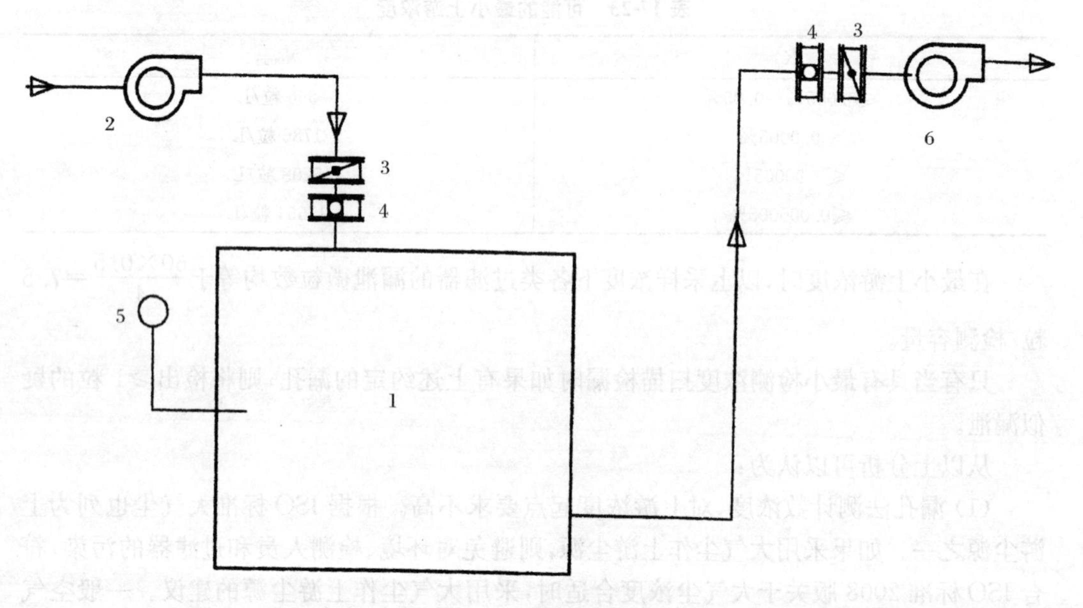

图 17-31　压力衰减法系统

1. 洁净室;2. 送风机;3. 调节阀;4. 密闭阀;5. 微压计;6. 排风机

规定该方法的检测步骤如下:

(1) 将所测洁净室的温度控制在设计范围内并保持稳定,记录压力衰减测试过程中室内温度的变化(温度计或温度传感器的最小示值不宜大于0.1℃)。

(2) 关闭所测洁净室围护结构上的门、传递窗等,关闭回风管(或排风管)上的气密阀门,不得在风口上加其他密封措施,并维持各种孔洞缝隙的密封现状。

(3) 开启送风,使室内压力上升至已商定的测试压力(压力计量程至少为测试压力的1.5倍,最小示值不宜大于10Pa),压力稳定后,停止送风,关闭送风阀门。

(4) 或反之关闭送风管上的阀门,如果送风管上无阀或阀不严,应在送风口上用塑料膜加盲板的方法封住风口,开启排风,使室内压力下降至已商定的测试压力,压力稳定后,停止排风，关闭排风气密阀门。

(5) 从停止送(排)风起，记录压力随时间衰减的数据，每 1min 记录 1 次压差和温度，连续记录至室内压力下降至初始压力的一半时止。

(6) 测试结束后慢慢打开风阀，使房间压力恢复到正常状态。

(7) 如果需要进行重复测试，20min 后进行。

曹国庆与作者等人用该方法进行了实测[29]。实验室尺寸为 4.5m×4.5m×2m，装配式围护结构，现浇水泥地面，密封门，所有可见缝隙均打胶密封。

实验结果如图 17-32 所示。

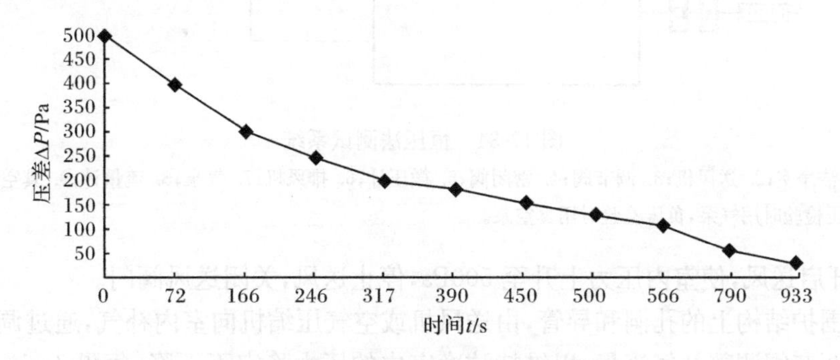

图 17-32　压降和时间关系的实测结果

同时进行了理论计算(房间体积相同)，结果如图 17-33 所示。

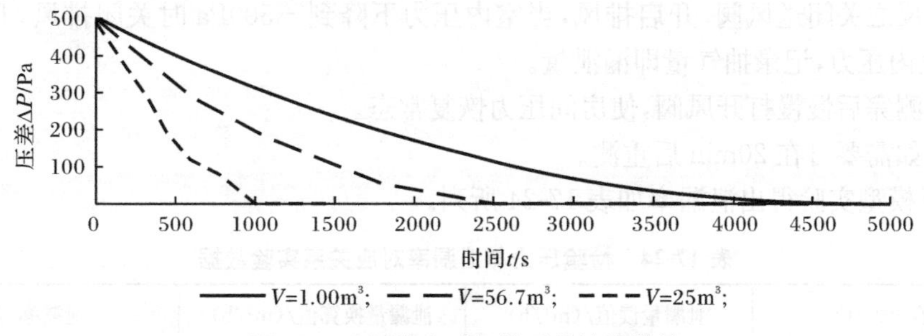

图 17-33　压降和时间关系的计算结果

可见，模型实验与理论计算所得压力衰减曲线趋势基本一致，但模型实验所得压力衰减速度明显大于理论值，可能在压差较高时，围护结构部分严密性受损，也说明压力保持是很困难的。

2) 恒压法

《洁净室施工及验收规范》(GB 50591—2010)给出该方法的测试系统如图 17-34 所示。

规定该方法的检测步骤如下：

(1) 将所测洁净室的温度控制在设计范围内并保持稳定，记录测试过程中室内温度的变化(温度计或温度传感器的最小示值不宜大于 0.1℃)。

(2) 关闭所测洁净室围护结构上的门、传递窗等，关闭回风管(或排风管)上的阀门，如果风管上无阀或阀不严，应在回风口(或排风口)上用塑料膜加盲板的方法封住风口。

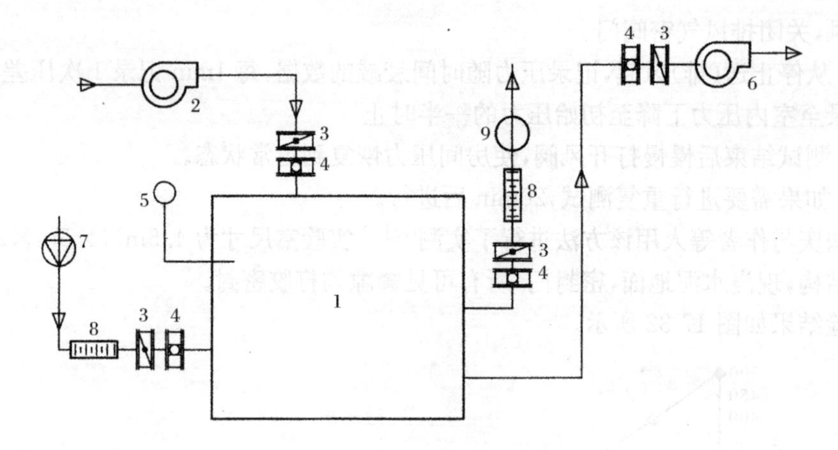

图 17-34　恒压法测试系统

1. 洁净室；2. 送风机；3. 调节阀；4. 密闭阀；5. 微压计；6. 排风机；7. 气泵；8. 流量计；9. 真空泵

注：正压检验时用气泵，负压检验时用真空泵。

(3) 开启送风，使室内压力上升至 500Pa，停止送风，关闭送风阀门。

通过围护结构上的孔洞和导管，由送风机或空气压缩机向室内补气，通过调节安装在导管上的调节阀调整补气流量，以维持洁净室内的压力稳定不下降，每隔 1min 记录一次补气管路上浮子流量计读数，此数即为漏气量，测试持续的时间宜不超过 5min，取平均值。

(4) 反之关闭送风阀，开启排风，当室内压力下降到－500Pa 时关闭排风，开启真空泵保持室内压力，记录抽气量即漏泄量。

(5) 测完后慢慢打开风阀，使房间压力恢复常态。

(6) 如需要可在 20min 后重测。

上述模型实验得出泄漏率如表 17-24 所列。

表 17-24　检验压力与泄漏率对应关系实验数据

检验压力/Pa	泄漏量读值/(m^3/h)	泄漏量换算值/(m^3/h)	泄漏率/%
150	1.61	2.79	4.92
250	1.80	3.12	5.50
360	2.00	3.46	6.11
500	3.20	5.54	9.78
660	4.95	8.57	15.12

注：房间容积为 56.7m^3/h。

从而得出泄漏率与压力的关系，见图 17-35。

可以看出，检验压力越大，泄漏率增长越迅速，与压力衰减法结果相吻合。

上面提到的泄漏量换算值为泄漏量读值修正后的数值，修正公式见式(16-2)。

《洁净室施工及验收规范》(GB 50591—2010)建议用压力衰减法时按压力半衰期区分气密性程度，见表 17-25。

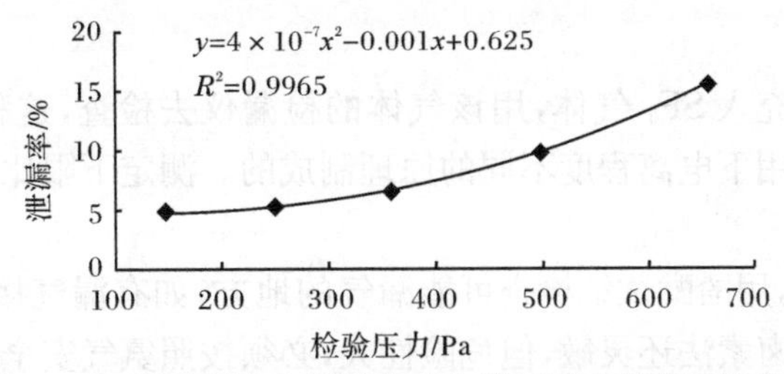

图 17-35　检验压力与泄漏率对应关系及多项式回归曲线

表 17-25　按压力半衰期区分气密性程度

气密性程度	压力半衰期 T(测试压力衰减到其一半的时间)(min)
1	≥30
2	≥20
3	≥10
4	≥5

用恒压法时，上述规范建议用漏泄率区分气密性程度，见表 17-26。

表 17-26　按漏泄率区分气密性程度

气密性程度	前 5min 内每小时漏泄率 $\alpha(h^{-1})$
1	$\leqslant 2.5\times10^{-3}$
2	$\leqslant 10^{-2}$
3	$\leqslant 5\times10^{-2}$
4	$\leqslant 10^{-1}$

注：$\alpha=\dfrac{Q}{V}$。式中：V 为被检洁净室净容积(一般情况下该容积可以用室体积代替)(m^3)；Q 为检验压力下前 5min 内仪表读出的每小时漏泄量(m^3/h)。

对于工业洁净室，气密性要求没有这么严，通常的方法是：

① 对于比较小的装置，加压后可在各缝隙处涂上煤油或脂皂液，如有漏气即可发现起泡。

② 停止加压后观察，在规定时间内内部压力降是否超过规定值。例如美国宇航标准规定对大空间加压到 250Pa，要求停止加压后在 1h 内压力并未降到原来水平，即认为是密封的。

3) 卤素法

利用卤素效应制成的检漏仪，可用来检测充有卤素气体的容器或容积在 30m^3 以下的空间。一般用的卤素气体有氟利昂 12(或 22)、氯仿等，特别是前者，无毒，不燃，特别敏感(国产卤素检漏仪灵敏度为 0.5g/年)。检漏时先将仪器电源接通，把接收器的端头对准要检查的缝隙并缓缓移动，如果有渗漏，仪器的响声加剧，指针也将有较大运动。在检漏某种装置时，应先检测装置所在房间的空气，确认室内空气中无卤素污染时才检漏。

也可用烧红的铜丝在缝隙上移动，如有氟蒸气渗出接触到铜丝，铜丝就要呈青绿色，以此作为定性检查。

4) 六氟化硫法

在容器或装置中充入 SF_6 气体，用该气体的检漏仪去检查，这种仪器是根据 SF_6 气体在高频电磁场的作用下电离程度不同的原理制成的。测定下限比卤素法还要高。

5) 氨气法

在容器中充入氨，用酚酞试纸检查可能漏气的地方，如有漏气接触试纸，试纸即呈粉红色。氨气法检漏比卤素法还灵敏，但危险性大，必须按照氨气安全操作事项进行。

2. 负压保持性的检漏

为了检查生物洁净装置在运行中从操作的开口部位有无气流外溢，需做负压保持性的检漏：在装置内部施放高浓度气溶胶（烟雾、孢子雾或其他气体），在装置外部检测是否外泄（根据美国有关标准，当用枯草杆菌的气溶胶检测时，在检测过程中总共喷发的杆菌数量达几亿至几十亿个时，在装置外部用窄缝采样皿采样，每皿菌落不许超过 5 个）。

17-4　洁净室的测定

17-4-1　洁净室测定的种类

1. 鉴定测定（特性测定）

这是为了查明洁净室的性能是否达到设计要求，或者研究洁净室的诸特性而进行的测定。通过这种测定可以找出达不到要求的原因：是设计上的、施工上的或是工艺上的；另外，这种测定还可成为确立合理的维护管理体制的基础。

在进行这种测定之前，必须进行充分的准备，主要是对洁净室的概况有全面的了解。了解的内容包括：各种有关图纸，设计对空气参数的要求，空气处理方案，风量及气流组织，人、物净化方案，洁净室使用情况，洁净室四周环境的情况。

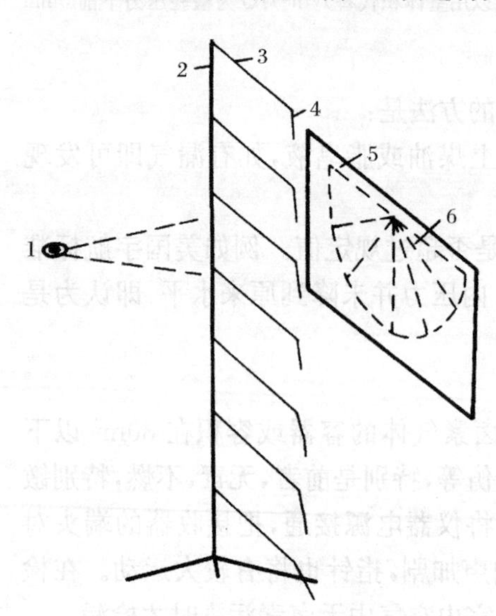

图 17-36　丝线法测流线示意

1. 眼；2. 测杆；3. 细杆；4. 丝线
5. 黑色底板；6. 白色角度线

这种测定的内容最全面，包括以下项目：

(1) 检漏。按上节要求进行。

(2) 风量。包括送风量、回风量、新风量和排风量。

(3) 速度场。包括通过通风口中心的纵剖面速度场、工作区平面速度场和其他需要的剖面速度场，速度场的布点和浓度场相同。

对于单向流洁净室，不仅要求出工作区平面的平均风速，还要求出乱流度（即速度不均匀度），都要达到单向流洁净室的要求。

(4) 气流流型。常用方法是在测杆上不同位置系以若干根单丝线，观察时在丝线背后衬以黑底白线的角度板，逐点观察记下丝线飘动角度的方法，如图 17-36 所示。然后在纸上逐点绘制流线方向。测绘剖面和速度场的相同。

有条件时，可以施放示踪粒子显示流线而加以摄影。示踪粒子是空气流动可见化技术中较普遍采用的，其中连续性示踪粒子有烟和某些液体产生的雾，不连续性示踪粒子有某些动物的羽毛、植物种子，以及聚乙醛之类的化学结晶体、泡沫塑料颗粒，加热固体酒精所得的絮状物和一些发泡剂产生的泡。

图 17-37 是以烟粒子作为示踪粒子的发烟器测流线装置的示意。发烟动力源可以是吹风机也可以是手捏的橡皮球。发烟观测流线往往和测速同时进行。

图 17-38 是气泡发生器。国内首次在空气洁净技术领域应用这种发泡器于流线可见化实验[30]。发泡剂是洗涤剂厂生产的 1227 表面活性剂，稀释到 20%的浓度，加入少量稳泡剂配制而成。混合氦气的空气从发泡器吹出后即能产生许多直径为 4mm 的小泡。保持氦气和空气的适当比例，即能使气泡的密度和空气相当。

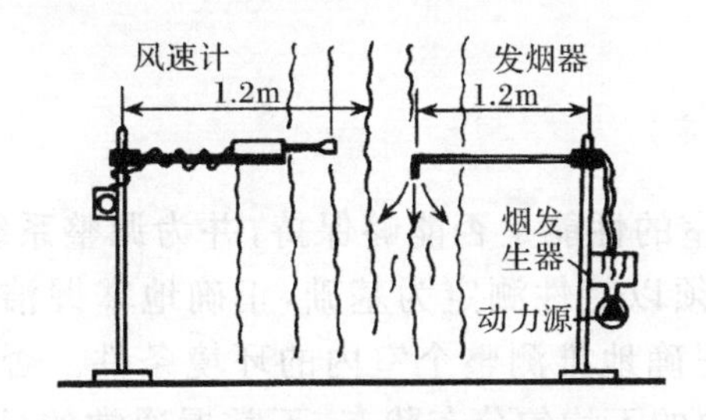

图 17-37　发烟法测流线示意

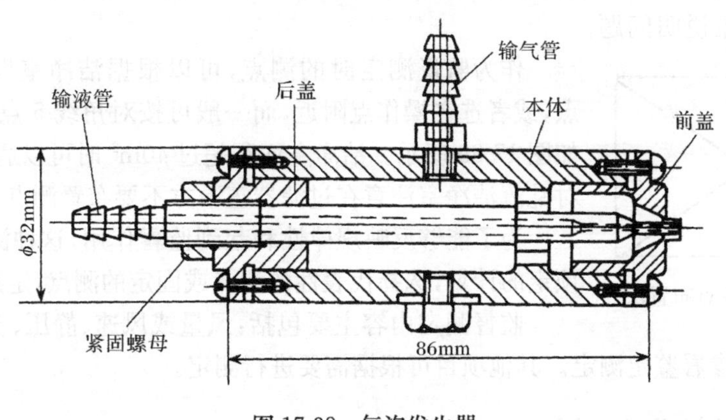

图 17-38　气泡发生器

如果需要测定流线平行度，则按平行度的概念用从上风侧发烟测定其下风侧横向散布距离的方法确定。

(5) 静压。除了应在门关闭情况下测定室内外静压差以外，根据对正压的要求，要在门全开启状态下检查气流方向是否能保持向外流动，门内侧 0.6m(《洁净室施工及验收规范》(GB 50591—2010)和国外有关规定[31]都提出这一条)处的工作区高度上的含尘浓度是否超过该室洁净度等级所要求的数值。

(6) 各级过滤器效率。选用表 17-6 所列方法进行测定。

(7) 浓度场(包括尘浓和菌浓)。测定剖面可以和速度场剖面相同。对于不同洁净度等级的洁净室，测点数是不同的，应按后面讲到的有关要求确定。测点布置在测定平面上均匀划分的网格中心。

(8) 自净时间。在空气净化系统运行之前，先测出洁净室的原始浓度，马上开机运行，按时逐次测定衰减的浓度，一直到浓度明显稳定为止。如果原始浓度太低，可以先在室内发烟，当累积一定浓度时停止发烟，测出此时的浓度（一般取室中心测点）作为原始浓度，马上开机运行，再测定衰减的浓度。从开机运行时起到出现稳定浓度时止的时间，即为自净时间，绘出自净过程曲线。最近几年，一些关于手术室应用空调净化的标准中，把污染浓度清除掉 90%或 99%所需的时间称为自净时间。

(9) 其他。如温湿度、气流组织和流线、噪声、照度和振动等其他参数的测定可参阅文献[11]。

在以上各项中，有一部分是必测项目，甲醛第一次列为必测项目，属于“综合性能全面评定”的内容，在《洁净室施工及验收规范》(GB 50591—2010)中有详细规定，本书不详述了。

2. 监督测定（日常测定）

这是为了查明洁净室的性能是否能够保持，并为调整系统诸参数提供依据而进行的测定。这种测定必须以特性测定为基础，正确地掌握洁净室的性能，通过日常少数测点的测定结果，正确地推测整个室内的环境条件。否则，即使有了某点的测定值，但如果不了解室内的不均匀分布状态，不掌握通常的日变动数据，不知道一些主要参数（如设计条件、负荷条件、设备条件）的界限，不清楚这些基础因素，则这种测定值就很难说明问题。

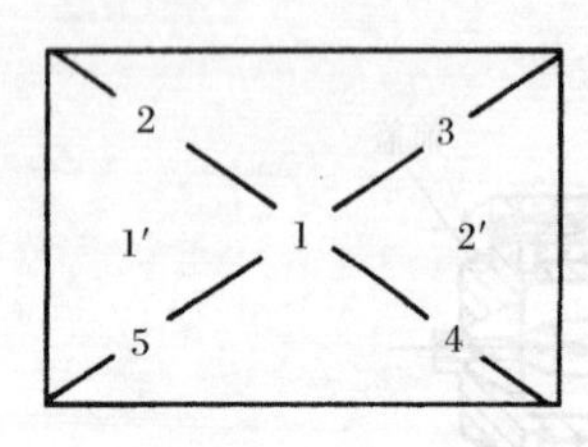

图 17-39　5 点布置法

作为监督测定时的测点，可以根据洁净室性能选定控制点，或者选在操作点附近，而一般可按对角线 5 点布置法布置，如图 17-39 所示。洁净室面积超过 40m^2 时可以适当增加测点。对乱流洁净室注意在过滤器正下方不要布置测点。

为了能够反映规律性和起到监督作用，这种测定应当按照预定的计划，选择代表性的测点或固定的测点，定期进行。

监督测定内容主要包括：风量或风速、静压、含尘浓度或菌浓，具体做法参看鉴定测定。其他项目可根据需要进行测定。

3. 特殊测定（临时测定）

这是为了查明临时的局部的原因而进行的测定，例如发现产品成品率下降，为了查明是否有局部污染源就要临时进行测定。

这种测定的内容主要为含尘浓度和风速，有时也要测定静压和局部流线。

17-4-2　洁净室的测定状态

1973 年有人首次提出洁净室的测定状态[31]：当空气净化系统已经运行，但工艺设备还没有安装的状态（所谓空态）；一旦工艺设备安装好并投入运行，但室内无工作人员的状态（所谓静态）；系统、工艺设备和工作人员都处于运行、操作的状态（所谓动态）。这种状态划分从 1987 年起被纳入美国联邦标准 209C、209D 中。ISO 14644-1 欧盟 GMP 和我国

《洁净厂房设计规范》(GB 50073—2001)也沿袭这一定义，见表 17-27～表 17-29[32]。

表 17-27　美国联邦标准对洁净室占用状态的定义

	Fed-Std-209C	Fed-Std-209D	Fed-Std-209E
静态洁净室（设施）	指已建成并且安装了的生产设备正在运行，但没有工作人员的洁净室(设施) 原文：A cleanroom (facility) that is complete and has the production equipment installed and operating, but without personnel within the facility	指已建成并且安装了的生产设备正在运行，但没有工作人员的洁净室(设施) 原文：A cleanroom (facility) that is complete and has the production equipment installed and operating, but without personnel within the facility	指已建成、所有设施正在运行，设备安装好并按照用户或承包商的要求处于可运行或正在运行状态，没有操作人员的洁净室(设施) 原文：A cleanroom (facility) that is complete, with all services functioning and with equipment installed and operable or operating, as specified, but without operating personnel in the facility

表 17-28　ISO 标准对洁净室占用状态的定义

洁净室占用状态	ISO 14644-1—1999 和 ISO 14698-1—2003
静态	在全部建成、设施齐备的洁净室中，已安装好的生产设备正在按照用户和供应商定好的方式运行，但现场没有人员 原文：Condition where the installation is complete with equipment installed and operating in a manner agreed upon by the customer and supplier, but with no personnel present

表 17-29　欧盟 GMP 对于洁净室占用状态的规定

洁净室占用状态	欧盟 GMP
静态	设施已安装完成并运行，工艺设备已安装完成，但现场没有操作人员的状态 当工作结束后，保持无运行状态自净 15～20min(推荐值)所达到的状态也视为静态 原文：The"at-rest"state is the condition where the installation is installed and operating, complete with production equipment but with no operating personnel present. "at rest"state should be achieved after a short"clean up"period of 15～20minutes (guidance value) in an unmanned state after completion of operations

"静"态显然不应再"动"，"at rest"就含有"休息"、"静止"等意思，如果无人而机器在生产运行，就无休息、静止之意，就无"静"的实质。所以我国曾把"空"、"静"、"动"三态译为"交竣"、"停工"、"运行"三种状态则是贴切的。

空调系统正常运行，工艺生产设备已安装但不运行的状态，在实际的洁净室工程检测中，是一种相当普遍的测试状态。

设备运行而无人的状态，只能在机械化、自动化、密闭生产的洁净室内找到。这种状态在半导体车间是随处可见的，但在别的洁净室就很难碰上，GMP 洁净车间就是一例。

为了包括几种情况，我国《洁净室施工及验收规范》(GB 50591—2010)规定了三种状态供选择，就是：

① 工艺设备未运行也无人。

② 工艺设备按甲乙双方协商的模式运行但无人。

③ 操作停止并自净达到稳定的状态。

17-4-3　必要测点数

在大的洁净环境例如洁净室中测定，由于尘粒分布的随机性，如只在一个测点采样来评价洁净度，偶然性太大。显然测点越多越好。但是这又有一个经济和可能的问题，因此应寻求一个必要的测点数。

1. 20 点基准法[33]

已经知道室内灰尘分布可以遵循一些规律。对于每次检测容量中的浓度在 10 粒以上的，基本服从正态分布，则其测定的 95%数据应落在 $\overline{X}\pm2\sigma=\left(1\pm\frac{2\sigma}{\overline{X}}\right)\overline{X}$ 的范围之内，σ 为标准离差。作者通过对实测数据统计，对于 10 万级至 1 万级的场合，$(\overline{X}+2\sigma)$ 多为 $1.6\overline{X}\sim1.8\overline{X}$（这里只取浓度偏差上限）。对于每次检测容量在 3.5 粒以上的（一般属于千级），其测定数据有 95%的可能在 $2\overline{X}$ 之内。对于每次检测容量在 1 粒以上的，其测定数据的 94%可能落在 $2\overline{X}$ 之内。

此外，从前面关于洁净室的不均匀分布计算理论可知，测定读数中对于室平均浓度的最大差别，对于 6 级及洁净度更高的洁净室相当于 $2\overline{X}$（此处 $\overline{X}$ 为室平均浓度），7 级到 8 级的场合相当于 $1.8\overline{X}\sim1.5\overline{X}$（以上两种 $\overline{X}$ 可以互换），与上述测定数据分析很接近。

因此，只要是正常的测定，允许有 5%的数据超过要求是不过分的。如有超过定值的点数高于 5%较多，则可认为该次测定数据有异常，数据可信度不足。

由于测点数只能是整数，所以要保证超过某定值的点子在 5%以内，则总点数最少要 20 个。如果每点以 2 次为最低要求，则至少应有 10 个测点，其中 1 次的值不允许超过 $2\overline{X}$。所以该法可称为 20 点基准法。

这样定出的测点数还不全面，对于高洁净度场合，还容易因测点较少出现第二类错误。

若某洁净室洁净度并非某一级别，但由于灰尘分布的随机性和测定次数的不足，也有可能得到这一级别之内的一组数据，从而把该洁净室判定为达到这一级别。这样就是将不合格的洁净室误判为合格的了。此类错误即第二类错误，将其概率定为 β，工程上一般把 β 定在 10%以下或 1 5%以下；为了使 β 较小，就必须有足够的测点或测定次数，对于不合格洁净室的 m 次测定中有 k 次以上合格 $\left(\frac{k}{m}\geqslant0.95\right)$ 的概率也就是 β。

出现 k 次合格，$(m-k)$ 次不合格的组合数可用二项分布来描述，即

$$P(\xi=k)=C_m^k P^k(1-P)^{m-k} \tag{17-31}$$

$$C_m^k=\frac{m(m-1)\cdots(m-k+1)}{k!} \tag{17-32}$$

式中 P 为规定不超过某定值的概率。

于是得出不合格洁净室的 m 个子样中有不少于 k 个子样合格的概率 β 为

$$B=P(\xi\geqslant k)=C_m^kP^k(1-P)^{m-k}+C_m^{k+1}P^{k+1}(1-P)^{m-K+1}$$
$$+\cdots+C_m^mP^m(1-P)^0 \tag{17-33}$$

如果 β 很小，即表示虽然母体略为不合格，但得到合格的测定结果的概率仍然很小(本来母体略为不合格，如果测点不足，测到合格的可能性还可能很大，这是不希望的)，也就是只要母体有一点合格，测定结果也有极大可能性指出其为不合格，而误指为合格的可能性是很小的。

在工程上，β 一般取 10%以下或 15%以下。

例如，如果某洁净空间允许每升含尘 0.04 粒，当每次检测容量为 75L 时，其检测容量浓度不超过 3 粒即为合格。根据第一章给出的公式，可以计算出在该洁净空间不超过 3 粒的概率 $P(\xi\leqslant 3)=0.646$。

如实际浓度大于 0.04 粒/L，则实际上 $P<0.64$，设 $P=0.63$。但是，在这不合格的母体中，如果采集的子样不够多，也可能采集到达到上述合格频率的子样。通过上式并以上述 20 点(次)为标准进行试算，可得到 k 个子样可能合格的概率

$$\beta=C_{20}^{16}\times 0.63^{16}\times 0.37^4+C_{20}^{17}\times 0.63^{17}\times 0.37^3+C_{20}^{18}\times 0.63^{18}\times 0.37^2$$
$$+C_{20}^{19}\times 0.63^{19}\times 0.37^1+C_{20}^{20}\times 0.63^{20}\times 0.37^0=0.086$$

如果 $k=15$，则 $\beta=0.18$。

如果 $m=20, k=8$，则 $\beta=0.18$。

这表明，在 20 点(次)测定中，最少有 16 点(次)都不超过 3 粒，不多于 1 点(次)超过 2×3=6 粒，则可确认检测容量浓度未超过 3 粒，而不会发生误判。如果在 20 点(次)中只有 15 点(次)不超过 3 粒，则平均含尘浓度超过 0.04 粒/L 的可能性较大。如果测点降到 10 点(次)，则即使仍然是 80%的点即 8 点不超过 3 粒，这种超过的可能性仍然较大，都易发生对母体误判的结果。

所以，如果要想同时减少两类错误的概率，或者要想在减少某一处错误的概率时不致使另一种错误的概率增大，只有增大样本的容量即采样点(次)数 n。样本越大，样本平均数的分布越集中。

如果浓度小到 0.02 粒/L，用 0.1L 采样量，则每次检测容量浓度为 0.002 粒，可能要测几百个以上的点(次)，这就是为什么用 0.1L 采样量去测高洁净度级别的洁净室时甚至几十分钟、几个小时都测不出来的原因。

根据上述原则的计算结果列于表 17-30 中。

表 17-30　必要测点数

序号	实测平均每次检测容量浓度/粒	必要采样次数	必要测点数	浓度场的控制值/粒	超过控制值的允许次数	应有的含尘浓度/(粒/L)
1	λ<0.2	120	120 (60)	1	1	
2	λ=0.2～0.3	100	100 (50)	1	1	
3	λ=0.3～0.4	60 80	60(30) 80(40)	1	1 2	
4	λ=0.4～0.5	30	30 (15)	1	1	
5	λ=0.6～1	20	20 (10)	1 2	2 1	$\frac{\lambda}{\text{每次检测容量}}$
6	λ=1～2	20	20 (10)	3 3(λ<1.5) 4(λ>1.5)	3 1 1	
7	λ=2～3	20	20 (10)	3 5(λ<2.5) 6(λ>2.5)	4 1 1	
8	λ=3～10	20	20 (10)	λ 2λ	4 1	

在测定之前，λ 并不知道，所以应按估计的 λ 值去确定必要测点数，如果实测 λ 比估计 λ 小得太多，则应按实测 λ 重新考虑测点数。

由于粒子计数器的发展，λ 值不太会低于 1，所以一般情况下，20 点最适宜，如果空间小，也可以放宽到以次数代替点，设每点最少 2 次采样，则可设 10 点；反之，空间极大，也可在 20 点基础上增加测点。这都是出于工程上实用的考虑。

后来日本有关标准提出的测点数和上述方法给出的测点数有相近之处，见表 17-31。

表 17-31　日本有关标准关于测点数的规定

时间	标准	名称	最少测点数	建议测点数	点距	每点测定次数
1987 年	JIS B9920	洁净室中浮游粒子测定方法和洁净室的评价方法	6	20～30	原则上≤3m，空间太大可放宽	≮3
	空气清净协会标准	洁净室性能评价指南	5	20～30	原则上≤3m	—

2. *t* 检验法

详见本章第 17-5 节的说明。

3. 209C 的折中法

上述由统计计算确定测点数的方法，比较麻烦，而且测点数在 20 以上显然在实用上不够方便。所以美国联邦标准 209B 的修订者们提出过两种相反的主张[34]；一种主张认为级别数字应与采样点有反比关系，则高低洁净度级别的测点数相差极大；另一种主张认为采样点数与级别无关，每个采样点代表 25ft^2 进风面积或者代表的 ft^2 数等于级别的平方根。不论哪一种主张，其最后测点数都远小于上述 20 点的数目。最后在 209C 中采纳了折中的方案：

(1) 采样点不少于 2 个(对任何一个洁净区)，每点最少采样 1 次，一个区内最少采样 5 次。

(2) 根据进风面积或室面积选下列结果中的小者为测点数(M 皆为国际单位制的级别数)：

单向流

$$①\frac{\text{进风面积}(\text{ft}^2)}{25}\text{或}\frac{\text{进风面积}(\text{m}^2)}{2.32}$$

$$②\frac{\text{进风面积}(\text{ft}^2)}{\sqrt{\text{级别数(英制)}}}\text{或}\frac{\text{进风面积}(\text{m}^2)\times 64}{\sqrt{10^M}}$$

乱流

$$\frac{\text{室面积}(\text{ft}^2)}{\sqrt{\text{级别数(英制)}}}\text{或}\frac{\text{室面积}(\text{m}^2)\times 64}{\sqrt{10^M}}$$

表 17-32 是按上述方法计算后所取的测点数。

表 17-32　按 209E 方法计算的必要测点数(级别为 209 系列)

进风面积(单向流)或室面积(乱流)/m^2	洁净度			
	100 级及高于 100 级	1000 级	10000 级	100000 级
<10	2～3	2	2	2
10	4	3	2	2
20	8	6	2	2
40	16	13	4	2
80	32	25	8	2
100	40	32	10	3
200	80	63	20	6
400	160	126	40	13
1000	400	316	100	32
2000	800	633	200	63

从以上说明可见，209C 至 209E 的关于必要测点数的测定是一种人为的折中的规定[33]，1999 年 ISO 14646-1 进一步简化测点数计算方法为

$$\text{最少测点数}=\sqrt{\text{洁净室(区)面积}}$$

这些都并不含有具体的统计学上的意义，虽然方便，但不足也是显而易见的。

17-4-4 连续采样方法

对于洁净度高于 5 级的洁净室，由于含尘浓度极低，若要按前一章说的必须计满 20 个微粒的原则，采样时间势必很长。为了缩短采样时间，美国联邦标准 209E 提出了"连续采样法"。这种方法实质上是按微粒出现的速度(即出现时间的长短)来判断合格与否的，则可写出

$$T=\frac{Q}{L} \tag{17-34}$$

式中：T——所需采样时间(测满 20 个微粒)(s)；

Q——最小采样量(m^3)；

L——仪器的采样流率(m^3/s)。

因为

$$Q=\frac{20(\text{粒})}{\text{级别浓度上限 } N(\text{粒}/m^3)}$$

所以

$$T=\frac{20}{NL} \tag{17-35}$$

假设微粒被测得的几率对时间来说是均匀的，则单位时间测得的微粒数为

$$\Delta N=\frac{20}{T}=\frac{20NL}{20}=NL \quad (\text{粒}/s) \tag{17-36}$$

则各次微粒依次被测得的时间为

$$t=\Delta NE=NLE \tag{17-37}$$

式中：E——依次测得的微粒数(粒)。

根据上式表达的预计采样时间 t 与依次测得的微粒数 E 的关系，可通过 209E 给出的判别图(图 17-40)来判断采样是否合格。

现举例如下[35]。

测定 $M2.5$ 级(原 209E10 级)的洁净室，则≥0.5μm 粒子浓度的上限为 353 个/m^3，根据采样粒子数不小于 20 个得采样流量为 20/353＝0.056m^3，若仪器一次采样流量为 5.66L(0.2ft^3)，需时 1min，则当 E＝20 时，总采样时间相应需 10min，总采样量需56.6L。在测定中：

(1) 在仪器采样流量为 5.66L 时，若计数值依次出现为 1、2、0、0 个的情况，即经连续 4 次采样已进入合格区，这说明一共仅采了 5.66L×4＝22.64L，空气量即达目的，从而缩短了测定时间。

(2) 同样情况下，若依次分别测得为 2、3、3、2、5 个粒子，经连续 5 次采样而进入了不合格区域，这时共采样 5.66L×5＝28.3L，也在未到规定的 56.6L 采样量时，就判明了未能达到 $M2.5$ 级。

(3) 如果计数的累计值不与上下界线相交而总采样量已达 56.6L，而该值仍小于 20，则可认为达到该级别。

209E 虽然给出了连续采样方法，但同时也指出了这一方法的局限，主要是：

(1) 该方法仅在每次测定结果为 20 粒的情况下有效。

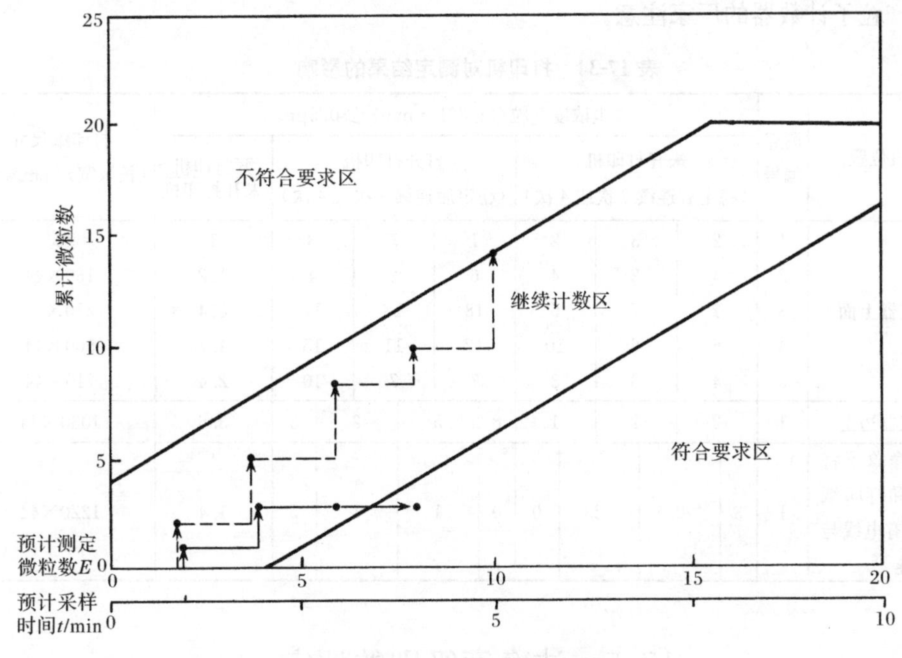

图 17-40 连续采样判别图

(2) 每次测定都要求附加的监测和数据分析(虽然可通过计算机进行)。

(3) 从给定的测定结果计算的平均含尘浓度不够精确,主要因为采样量太小。

(4) 当采样点小于 10 时,测定结果一般不易达到 95%置信上限的要求。

17-4-5 影响测定结果的因素

影响洁净室含尘浓度测定结果的因素很多,主要有测定人员是否穿洁净服、是否在室内静止少动、是否位于下风向、是否有人进出等。此外,有报告发现粒子计数器的打印机对测定结果有很大影响[36],特别是高级别洁净室,如用打印机很易产生不合格的结果。下面是有关实验数据。

表 17-33 是当打印机及其打印纸都被洁净的罩子罩起来、只有电线与仪器相接时测出的罩内浓度。

表 17-33 打印机和打印纸的产尘实验

测点编号	含尘浓度/[粒/(2.83L·min)]						打印纸尺寸(长×宽)/mm×mm
	采样次数	≥0.3μm	≥0.5μm	≥1.0μm	2.0μm	≥5.0μm	
1	1	7096	6657	3562	2735	610	1470×44
	2	6046	5818	3579	2820	870	1530×44
	3	9328	8867	5600	4492	1267	1590×44

表 17-34 是打印机在两种位置时对测定结果的影响。

以上实验结果说明,如果要使用打印机,一定要用发尘很少的打印机和打印纸,或者设法使打印机远离测点,而对于高洁净度级别的洁净室,更应慎用打印机,当然这一点更值得生产粒子计数器的厂家注意。

表 17-34　打印机对测定结果的影响

打印机位置	测点编号	含尘浓度/[粒/(2.83L·min)]≥0.5μm									打印纸尺寸(长×宽)/mm×mm
		未开打印机(稳定后连续3次或4次)				打开打印机(稳定后连续3次或4次)				开打印机/未开打印机	
放在仪器上面	1	2	3	2		1	3	3		1	0
	2	4	2	4		6	2	4		1.2	160×44
	3	2	7	5		18	18	11		3.4	270×44
	4	6	6	10		12	11	15		1.7	500×44
	5	4	3	3		7	7	10		2.4	710×44
放在仪器边上	1	2	2	1		8	5	2	3	3.6	1030×44
用洁净罩子将打印机和打印纸罩上，只有电线与仪器相连	1	3	0	2	0	0	1	1	5	1.4	1220×44

17-5　洁净度级别的评定

17-5-1　洁净度级别的评定标准

洁净度级别是用含尘浓度来衡量的，所以评定洁净度级别就是评定含尘浓度。

1. 定值估计评定法

所谓定值估计，是指根据总体中随机采样的含尘浓度测定值 N_1、N_2、…、N_n 来推估总体浓度平均值 N 的方法。该参数在数轴上是一个单一的点，所以数理统计上称为定值估计或定点估计。

(1) 用样本平均值来评定。

用样本平均值即平均含尘浓度 $\overline{N}$ 来评定

$$\overline{N}=\frac{1}{n}\sum_{i=1}^{n}N_i \tag{17-38}$$

式中：N_i 为每点的各次平均值。

平均值 $\overline{N}$ 的标准偏差比单个测定值的标准偏差小，只相当后者的$\frac{1}{\sqrt{n}}$才更接近母体真实含尘浓度 N。

为了使进行平均的各点数据有较大的可信度，需要满足表 17-18 的各项要求，目的是表明该浓度场数据是符合分布规律的，不是偶然的。

如果采样量、测定次数都合乎要求，只是允许超过控制值的次数超过了要求，就要提高平均浓度。例如某洁净室部分测定数据(检测容量 1L)为

…粒/L，…，6 粒/L，7 粒/L，8 粒/L

共测 20 次(10 点)，平均浓度 $\overline{N}$=3 粒/L。其中>$2\overline{N}$的有 7 粒/L 和 8 粒/L 共 2 次，不符

合只允许 1 次的要求，则应提高平均浓度至 3.5 粒/L，所以$>2\overline{N}$的就只有 8 粒/L 的 1 次了。

(2) 用样本最大值来评定。

用样本最大值即最大浓度来评定，这个方法不允许洁净室内有任何一点的浓度，在洁净度级别要求的含尘浓度之上。国外某些标准就是这样规定的，但由于没有规定相应的必要测定次数(或测点数)，所以这一方法也并不严格，有时误差更大。

2. 区间估计评定法

(1) 单侧 t 分布检验。

所谓区间估计是指由一个随机浓度值区间来估计总体的平均浓度 N 的方法，此区间称为置信区间或置信界限(上限或下限)，是指被估计的总体的 N 以一定的概率落在某一区间范围以内，而这一定的概率即称置信概率，一般用 P 表示。

实际工作中是通过可视为连续变量的样本平均浓度 $\overline{N}$ 去估计总体平均浓度 N 的。根据数理统计的理论，对 $\overline{N}$ 有以下两点结论：

① 如果总体是正态分布的，则 $\overline{N}$ 也是正态分布的。

② 如果总体并不完全遵循正态分布，但只要增大样本数(测点数)，一般达到 $n\geqslant30$，通常可以认为 $\overline{N}$ 是近似遵循正态分布的。从第一章已知，正态分布的特征取决于它的总体均值 N 及总体标准偏差 σ(或方差 σ^2)，即

$$\varphi(N)=\frac{1}{\sigma\sqrt{2\pi}}e^{-\frac{(N-\overline{N})^2}{2\sigma^2}} \tag{17-39}$$

如果 $\overline{N}$ 近似地遵循正态分布，就可以用大样本标准差代替总体标准差 σ(或 σ^2)。但在含尘浓度的实际测定中，测点数很少超过 30，都属于小子样测定，即小子样推断，此时 σ 为未知；若用标准偏差的估计值 S(实为平均值的标准偏差)代替 σ，数理统计理论证明，上式中的统计量 $\mu=\frac{N-\overline{N}}{\sigma}$ 将变为 $t=\frac{N-\overline{N}}{S/\sqrt{n}}$ 等，它不再是正态分布，而为 t 分布。

根据贝塞克修正，对于小子样用

$$S=\sqrt{\frac{\sum(N_i-\overline{N})^2}{n-1}}$$

代替

$$\sigma=\sqrt{\frac{\sum(N_i-\overline{N})^2}{n}}$$

令

$$\frac{S}{\sqrt{n}}=\sigma_{\overline{N}}$$

称为平均值的误差，则

$$t_{(\alpha,f)}=\frac{N-\overline{N}}{\sigma_{\overline{N}}} \tag{17-40}$$

视 $\overline{N}$ 比 N 大或小，有

$$N=\overline{N}\pm t_{(\alpha,f)}\sigma_{\overline{N}} \tag{17-41}$$

式中：t——置信因子，由 t 分布表查出（见表 17-35），是随着显著性水平 α 及自由度 $f=(n-1)$ 而变的系数，又称 t 分布系数；

α——显著性水平，又称危险率，是指估计值落在指定区间外的概率

$$\alpha=1-P$$

P——置信度或置信系数，反映可靠程度。

表 17-35　t 分布系数

$n-1$	t 大于表内所列 t 值的概率（双侧）				
	0.2	0.1	0.05	0.02	0.01
1	3.078	6.314	12.706	31.821	63.657
2	1.886	2.920	4.303	6.956	9.925
3	1.638	2.353	3.182	4.541	5.841
4	1.533	2.132	2.776	3.747	4.604
5	1.476	2.015	2.571	3.365	4.032
6	1.440	1.943	2.447	3.143	3.707
7	1.415	1.895	2.365	2.998	3.499
8	1.397	1.860	2.306	2.896	3.355
9	1.383	1.833	2.262	2.821	3.250
10	1.372	1.812	2.228	2.764	3.169
15	1.341	1.753	2.131	2.602	2.947
20	1.325	1.725	2.086	2.528	2.845
30	1.310	1.697	2.042	2.457	2.750
40	1.303	1.684	2.021	2.423	2.704
∞	1.282	1.645	1.960	2.326	2.576
$n-1$	0.1	0.05	0.025	0.01	0.005
	t 大于表内所列 t 值的概率（单侧）				

t 分布曲线不是一条曲线，而是随着 f 而变化的一簇曲线，对称于纵坐标轴。当 $n-1<10$ 时，曲线低平，与正态分布曲线差别较大；$n-1>30$ 时，t 分布曲线和正态分布曲线近似；当 $n-1>100$ 时，可直接用正态分布代替 t 分布；当 $t\to\infty$ 时，t 分布曲线和正态分布曲线是严格一致的。

要注意的是 t 分布有双侧分布和单侧分布之分。要求上下限的问题用双侧 t 分布，如图 17-41 所示，此时如设 $\alpha=0.05$，则每侧占 0.025。

对于洁净室的含尘浓度，人们只关心它的浓度上限是否超过了级别的浓度上限，浓度下限再怎么低也是无碍的，所以应该用单侧 t 分布来检验，例如 209E 规定置信上限为 95%，则如图 17-42 所示单侧 $\alpha=0.05$；对照两图可见，单侧 $t_{0.05}$ = 双侧 $t_{0.1}$，单侧 $t_{0.025}$ = 双侧 $t_{0.05}$。

上面已说过，$n\leqslant30$ 时应对 $\overline{N}$ 用 t 分布检验。但是在用 t 分布检验时，n 也可以有所不同，也就是可以通过和 t 分布有关的计算[37]确定必要测点数。这里只给出数理统计方法导出的结果：对于正态分布

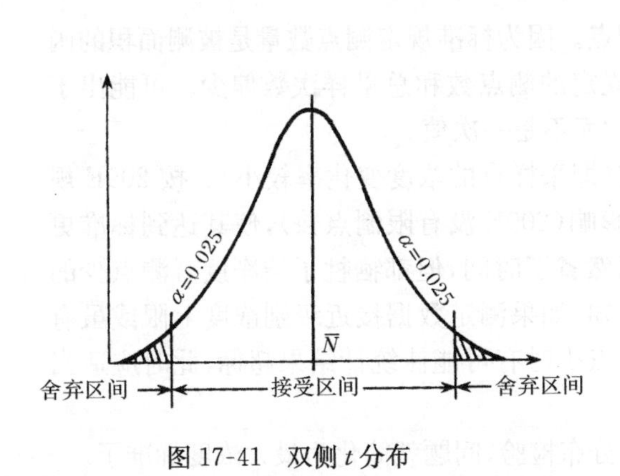

图 17-41　双侧 t 分布

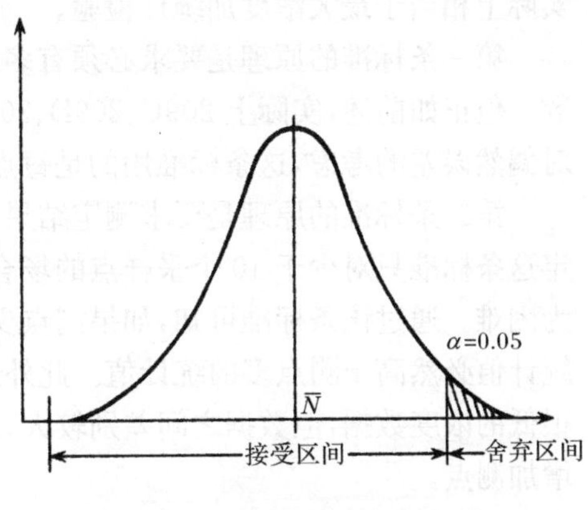

图 17-42　单侧 t 分布(上限)

$$n \geqslant 8\left(\frac{t_{\infty,\alpha}}{K}\right)^2 \tag{17-42}$$

式中：n——必要测点数；

K——常数，估计的数据分布区间长度 l 相当于 σ 的倍数，$K=\frac{l}{\sigma}$，一般取 1；

$t_{\infty,\alpha}$——由 α 和 $f\to\infty$ 时确定的 t 系数。

当解出的 n 为大样本而 $n\to\infty$ 时，$t\to$ 正态分布，则不必再校正。如 n 为小样本，$t\to t$ 分布，还要再进行校正。即以求出的 n 重新算出 $t_{2n-2,\alpha}$，再代入上式，求出新的 n，一般差别不大。

例 17-1　设要求单侧 t 分布 95%的数据落在 1 倍 σ 区间之内，问测点数应为多少？

解：由题意 $1-\alpha$(单侧)＝0.95，查表 17-21 得 $t_{\infty,\alpha}=1.645$，又 $K=1$，所以

$$n\geqslant 8\left(\frac{1.645}{1}\right)^2=21.6(\text{取 }22)$$

因为样本量不大，需要校正，所以 $f=2n-2=42$，查表 $t_{42,0.05(\text{单侧})}=1.684$

$$n\geqslant 8\left(\frac{1.684}{1}\right)^2=23$$

从这个结果也可看出前面提出的 20 点基准法和日本标准把测点定在 20～30 的要求是合乎统计规律的，而 209C、209D、209E 规定的测点数和总采样次数偏少。甚至连作为修改 209B 的 IES-RP-50 委员会主席的 Rebert D Peck 也指出[5]，这将“达不到统计上合格的 95%置信度。所以没有理由将 95%作为要求。应在这些方面重新进行一系列评价”。这个意见应引起人们注意。

(2) 评定标准。

美国联邦标准 209C 开始提出了评定洁净度的区间估计法的两条标准，缺一不可。这两条标准是：

① 每个采样点 n 次的平均浓度≤级别的浓度上限。

② 所有测点的平均值即室平均浓度构成的 95%的置信上限(即室平均统计值)≤级别的浓度上限。

当这两条标准都被满足时，洁净度即达到该级别。ISO 14644-1 也做了同样规定，这

实际上相当于最大浓度加统计检验。

第一条标准的原理是要求必须有多个测点。因为标准规定测点数量是被测面积的函数。但正如前述,实际上209C、209D、209E规定的测点数和总采样次数偏少。可能出于对偶然误差的考虑,这条标准用的是每点平均而不是一次值。

第二条标准的原理是要求测定结果均匀(即采样点的浓度变化率较小)。按209E规定这条标准只对少于10个采样点的场合有影响(209E没有限制点数),使其达到标准更为困难。通过该条标准可知,如果测点少,固然省了时间,但都牺牲了洁净度。测点少的统计值必然高于测点多的统计值。此外还可知,如果测定数据接近级别浓度上限或虽有很低的浓度数据,但数据之间差别较大,则测点少时有可能使统计结果超标,此时应适当增加测点。

如果按209E规定测点超过10时不用t分布检验,问题就简化为最大浓度标准了。

17-5-2 动静比

虽然现在洁净度级别定的含尘浓度已和测定状态脱钩,但是,如果要对竣工的处于空态或静态下测得的含尘浓度和运行时在动态下测得的浓度之间的关系进行比较,就需要引进一个平均的概念,即

$$\frac{\text{工作时动态含尘浓度}}{\text{测定时静态含尘浓度}}$$

简称动静比[38]。

根据前面说的洁净室内的发尘量主要来自活动的人这一观点,可以计算出人活动和静止时,室内单位容积发尘量(其中包括表面发尘量)之比。如果洁净室面积一般在10m²以上,则按2名测定人员计算,测定时人员密度最大为0.2人/m²。而工作时人员密度根据国内外已有资料,对于乱流洁净室一般不超过0.3,则

$$\frac{G_{n0.3}}{G_{m0.2}}=\frac{6.5\times10^4}{1.3\times10^4}=5$$

如果洁净室面积大于10m²,则该比例将小于5;当工作人员密度大于0.3,该比例将大于5,不过这是少数表况。也就是说,5是一个偏大的数。用$\frac{G_n}{G_m}$是否可以代表含尘浓度的动静比呢?首先,N和G是成比例的;其次,一些实测数据也表明,动静比大部分在5以下[34]。图17-43是国外发表的根据洁净室运行经验总结出来的关系[39],表明工作和非工作时含尘浓度相差平均约5倍。

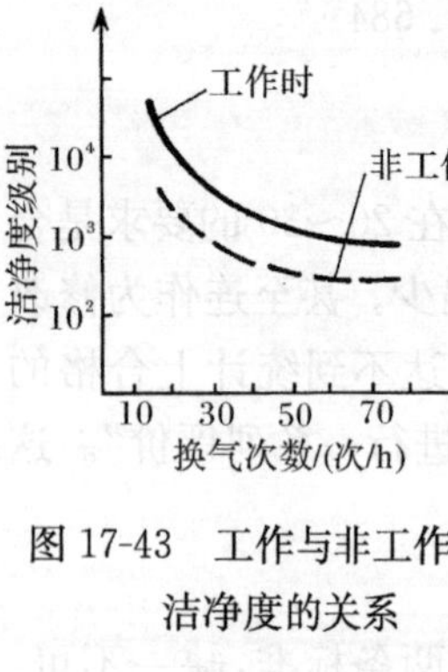

图17-43 工作与非工作时间洁净度的关系

简言之,如果将进行空态验收测定时测得的含尘浓度乘以5,即可得知动态时含尘浓度的一般水平。

以上讲的都是乱流洁净室的情况。而在美国空军标准T.O. 00-25-203中规定的乱流洁净室设计标准和操作标准也是5倍的关系。

对于单向流洁净室,国外还没有任何全国性标准规定动静比的关系。上述美国空军标准曾规定单向流洁净工作台的设计标准和操作标准相差10倍。但按美国某验收性质

的技术规定[31]的要求，对于100级(ISO 5级)洁净室，不论“空态”或“静态”，都要求“每立方英尺中大于和等于0.5μm的尘粒数小于10个，大于和等于1.0μm的尘粒数为零。这就是说，单向流洁净室含尘浓度动静比应取10。

国内对这个问题有两种观点。一种观点认为，由于单向流的特性，发生的灰尘可以立即被排走，动静比可以取1。另一种观点认为，单向流洁净室浓度极低，稍有干扰，即会有明显反映，为了安全，动静之间还应有一个倍数。前面在讨论下限风速时已知，单向流洁净室控制污染的能力确实很强，支持了上述第一种观点；但是不能排除偶然因素，从安全出发，对动静比要定一个不大的倍数(例如1或2倍)也是合适的。这个倍数在《空气洁净技术措施》中取3，现在看来，取2也是可行的。

这里要说明一下在第十三章计算举例中谈到的问题。这就是设计含尘浓度不能按洁净度级别的浓度上限采用，例如要求设计7级的洁净室，设计含尘浓度绝不能采用350粒/L。正如第十一章所说，考虑到其他因素，以取浓度上限值$\frac{1}{2}$～$\frac{1}{3}$即175粒/L～120粒/L为好。

17-5-3　大气尘浓度的修正

对于5级和洁净度低于5级的洁净室，不管测定时大气尘浓度如何，测定结果可以适用于所有情况，对于洁净度高于5级的洁净室，有进行大气尘浓度修正的必要[40]，即

$$\overline{N}' = AN_s + \overline{N} \tag{17-43}$$

式中：$\overline{N}'$——修正后的洁净室平均浓度(粒/L)；

$\overline{N}$——修正前按常规方法测出的室内平均浓度(粒/L)；

N_s——送风浓度(粒/L)；

A——大气尘修正系数

$$A = \frac{10^6\text{粒/L} - M\text{粒/L}}{10^6\text{粒/L}} \tag{17-44}$$

M——测定时大气尘浓度。

参考文献

[1] 顾闻周. 关于尘埃粒子计数器0.3微米档测定能力的判断. 空调技术，1980，(2)：29－34.

[2] 吴植娱. 浅论尘埃粒子计数器灵敏度的调节. 中国建筑科学研究院空气调节研究所，1984.

[3] 赵荣义，许为全，钱蓓妮. 光学粒子计数器的计数误差. 清华大学，1987.

[4] 许钟麟，沈晋明，陈长镛，等. 粒子计数器采样气溶胶的误差. 中国粉体技术，2000，6(1)：15－19.

[5] Peck R D. 修订FS209标准的背景. 田智坤译. 洁净室设计施工验收规范汇集. 1989：274－277.

[6] 赵荣义，钱蓓妮，许为全. 高浓度气溶胶的稀释测量. 清华大学. 1987.

[7] 核工业部第二研究设计院等. 氯化钠、DOP、大气尘粒子过滤性能的比较(交流资料，缺日期)

[8] 吴植娱. 标准单分散气溶胶的发生. 空调技术，1980，(2)：35，38.

[9] JIS原案. 光散乱式粒子计数器. 空気清浄，1975，13(2)：48－53.

[10] 换気分科会. 粉じん测定法小委員會. 建築の分野にずける浮遊粉じん测定法(2). 建築雑志，1975，90(1098)：849－866.

[11] 许钟麟，沈晋明. 空气洁净技术应用. 北京：中国建筑工业出版社，1989：396－398.

[12] 山崎省二.空中細菌測定法.空気清浄.1979,17(7):26—33.

[13] 菅原文子,吉沢晋.室内の微生物汚染に関する研究(その1).日本建築学会論文報告集,1975,(232):133—142.

[14] 国家建委建筑科学研究院空气调节技术研究所.两种300型人防过滤器.建筑技术通讯(暖通空调),1975,(1):23—35.

[15] JACA No.30～1994.コンタシネーションコントロールに使用するエアロゾルの発生方法指針(案).空気清浄,1994,32(2):60—82.

[16] 末盛俊雄訳.IES-RP-CC00 1.3 HEPA and ULPA filters.空気清浄,1994,32(1):57—68.

[17] 入江隆史,三井泰裕,齐木篤,等.HEPAフイルタ用沪材かろ揮発するDOP量の評論.空気清浄,1992,30(1):13—19.

[18] 涂光备,张少凡.滤菌与滤尘效率关系的实验研究.暖通空调,1992,21(6):33—34.

[19] Dorman R G. European and American methods of testing air conditioning filters. Filtration & Separation,1968,(1-2):24—28.

[20] 许钟麟.大气尘计数效率与计重效率的换算方法.洁净与空调技术,1995,(1):16—20.

[21] 吉田芳和,等.高性能エアフイルタの現場試験法に関する研究.空気清浄,1971,8(7):54—65.

[22] 嵇敬文.除尘器.北京:中国建筑工业出版社,1980.

[23] 能祖茂幸.最近の電気集塵装置.熱管理と公害,1973,25(7):51—63.

[24] Linder P. Air filters for use at nuclear facilities. International atomic energy agency. Technical Reports Series,1970,122.

[25] Morkowski J. Messtechnische bewertung reiner räume. Schweizerische Blätter für Heizung und Lüftung. 1972,39(2).

[26] 滝沢清一.医薬品工業におけるエアフイルタ.空気清浄,1994,32(2):28—38.

[27] 许钟麟,曹国庆,冯昕,等.高效过滤器现场大气尘检漏方法的理论探讨——国标《洁净室施工及验收规范》编制组系列探讨问题之九.建筑科学,2010,(1):1—6.

[28] Xu Z L,Cao G Q, Feng X,et al, A novel qualitafive leak scan test method for installed HEPA/ULPA filters used in China//Proceedings of International Symposium on Contamination Control, Tokyo,2010.(注:本文被译成法文发表:Par X. ZhONGLIN,F. XIN ET Z. YIZHAO, Académle chinoise de recherché dans le bâtiment,Une nouvelle method qualitative pour la recherché des fuites sur filters HEPA et ULPA installés.)

[29] 曹国庆,许钟麟,张益昭,等,洁净空气密性检测方法研究——国标《洁净室施工及验收规范》编制组研讨系列课题之八.暖通空调,2008,38(11):1—6.

[30] 沈晋明.气泡显示气流技术的探讨.空调技术,1982,(3):57—61.

[31] W. Morrison Philip. Environmental control in electronic manufacturing. 1973:278—292.

[32] 许钟麟,冯昕,张益昭,等.关于洁净室占用状态定义的探讨——国际《洁净室施工及验收规范》编制组研讨系列课题之二.暖通空调,2008,38(2):1—4.

[33] 许钟麟.关于洁净室的必要测点数的计算.空调技术,1980,(1):25—28.

[34] Douglas W. Cooper.联邦标准209B(洁净室)修订建议的理论基础.刘先喆等译.洁净室设计施工验收规范汇集.洁净厂房施工及验收规范编制组,1989:278—280.

[35] 范存养,王华平.洁净室的空气洁净度级别标准.暖通空调,1995,25(3):8—12.

[36] 冯焕明.尘埃粒子计数器的打印机对测定结果的影响.洁净与空调技术,1997,(1):21—33.

[37] 曾秋成.技术数理统计方法.合肥:安徽科学技术出版社,1982:71—73.

[38] 许钟麟.关于洁净室含尘浓度动静比等问题.建筑技术通讯(暖通空调),1980,(3):16—19.

[39] 田中康雄.屋内空気汚染とその対策.空気清浄,第1别册(空気清浄技術講習シリーズ),1972:

10—23.

[40] 许钟麟. 关于洁净室的评定标准和方法. 建筑技术通讯(暖通空调),1980,(2):27—29.

附录　中、英、日常用术语对照

中文笔画	中文	英文	日文(包括外来语)
3	大气尘	atmospheric particles	大気じん
3	大气污染物质	air contaminant	大気汚染物質
3	上流工作位置	first work location	先頭作業位置
3	下降流洁净室	down-flow clean room	下降流形クリーンルーム
4	水平平行流	horizontal laminar flow	水平層流
4	比色法	discoloration method	比色法,変色度法
4	比色效率	dust spot efficiency	比色效率
4	无尘服,洁净服	dust free garments	無じん衣
4	无菌动物	germfree animal	無菌動物
4	双区电离静电空气净化装置	two stages platetype ionizing electronic air cleaner	二段荷電形静電式空気清浄機
4	中间过滤器	intermediate filter	中間フイルター
4	中效空气过滤器	medium efficiency air filter	中性能エア・フイルター
4	气溶胶	aerosol	烟霧體,エアロゾル
4	计重法	weight method	重量法
4	计重效率	weight efficiency	重量効率
4	计重浓度	particle mass concentration	重量濃度
4	计数法	counting method	計數法
4	计数效率	particle number efficiency	計數効率
4	计数浓度	particle number concentration	個數濃度
4	火焰光度计	flame spectrometer	炎光分光計
4	分子态污染	airborne molecular contamination	分子状汚染
5	层流流(现称单向流)	laminar alr flow	層流,シミナーフロー
5	层流流洁净室	laminar flow clean room	層流クリーンルーム
5	活性微粒	viableparticle	生物粒子
5	生物洁净室	bio-clean room	バイオ・クリーンルーム
5	生物学的危险	biological hazards(biohazards)	バイオハザード
5	生物安全柜	biological safety cabinet	生物學用安全キヤヒネット
5	正离子	cation	陽イオン
5	电离极	ionizing electrode	荷電極
5	电离丝(线)	ionizing wire	イオン化
5	主过滤器	main filter	主フイルター
5	末级过滤器	final filter	最終フイルター
5	平板式空气过滤器	panel type air filter	バネル形エア・フイルター
5	发生污染	contaminate	汚染すゐ

续表

中文笔画	中文	英文	日文(包括外来语)
6	尘	dust	粉塵
6	成品率	yielch	步留
6	传递箱	pass box	パスボックス
6	传递窗	pass window	パスウインドー
6	光散射法	light scattering method	光散乱法
6	光散射式自动粒子计数器	automatic particle counter by light scattering method	光散乱式自動粒子計數器
6	光化学烟雾(氧化剂烟雾)	oxydant smog	オキシダント・スモッゲ
6	光电比色法	photoelectric colorimetry	光電比色法
6	光化学烟雾	photochemical smog	光化学スモッグ
6	多分散气溶胶	polydisperse aerosol	多分散アロゾルエ
6	吸收	absorb	吸收
6	吸附	absorption	吸着
6	污染	contamination	污染
6	污染物	contaminant	污染物
6	污染源	contamination source	污染源
6	污染控制	contamination control(C. C)	污染管理,コンタシネーション・コントロール
6	污染控制区	controlled area	污染管理區域
6	污染浓度	concentration of contamination	污染濃度
6	污染负荷量	air cleaning load,contamination load	污染負荷量
6	再飞散	break through	再飛散
6	冲击采样器	cascade impactor	カスケードインパクター
6	吸尘	aspiration	吸塵,吸気
6	吸尘器	aspirator	吸尘器,吸気器
6	自净时间	clean-down capability	清净度回復能
6	自净能力	self-purifying capacity	自己净化能力
6	负离子	anion	陰イオン
6	过滤	filtration	ろ過
6	过滤速度	filtration velocity	ろ過速度
6	过滤器单元	filter unit	フイルター・エニット
6	过滤器组合	filter module	フイルター・モジュール
6	过滤器层	filter bank	フイルター・ベンク

续表

中文笔画	中文	英文	日文(包括外来语)
6	过滤效率	filtration efficiency	ろ過効率
6	扩散	diffusion	拡散
6	扩散参数	diffusion parameter	拡散パラメータ
6	亚高效空气过滤器	sub-high efficiency Particulate air filter	高性能エア・フイルター
6	亚微米	sub micron	サブシクロン
6	后置过滤器	after filter	後置フイルター
6	安德逊采样器	Andersen sampler	アンダーセンサンプラー
7	阻力,压力损失	pressure loss(drop),resistance	空気抵抗,压力損失
7	初阻力	initial pressure loss	初期压力損失
7	围帘式单元	curtain unit	カーテン・エニット
7	含尘气体	dust-loaded gas,dusty-gas	含じんガス
7	含尘浓度	dust concentration	含じん濃度
7	局部污染	local pollution	局地汚染
7	沉降尘	sedimentary dust	降下にいじん
7	折叠形过滤器	folded media-type filter	折り込み形エアフイルタ
7	乱流	turbulent flow	乱流,コンベンショナル
7	乱流洁净室	turbulent flow clean room	乱流クリーンルーム
8	采样	sample	サンプル
8	采样器	sampler	サンプラー
8	空气净化	air cleaning	空気浄化
8	空气洁净度等级	alr cleanliness level	空気清浄度のレベル
8	空气闸,气闸室	air lock	エアロック
8	空气吹淋室	air shower booth	エアシヤヮー
8	空气过滤器	air filter	空気濾過器
8	单分散气溶胶	monodisperse aerosol	单分散エアロゾル
8	单向流	unidirectional air flow	単方向流
8	非单向流	nonunidirectional air flow	乱流
8	表面污染	surface contamination	表面汚染
8	细菌培养	bacterial culture	細菌培養
8	拦截	interception	遮り
8	拦截参数	interception parameter	遮りパラメータ
8	固定污染源	stationary sources	固定汚染源
8	环境污染	environmental pollution	環境汚染
8	单区电离静电空气净化装置	single stage platetype ionizing electronic air cleaner	一段荷電形静電式空気清浄機
8	终阻力	final pressure loss	最終压力損失

续表

中文笔画	中文	英文	日文(包括外来语)
8	卷绕式空气过滤器	moving-curtain air filter, roll-type air filter	ロール形エア・フイルター
9	重力集尘	gravity dust collection	重力集じん
9	重力沉降法	settling method	重力沉降法
9	面风速	face velocity	面風速
9	相对浓度	equivalent concentration	相當濃度
9	洁净	cleanness	清浄
9	洁净工作台	clean work station	清浄作業台クリーンベンチ
9	洁净工作区	clean work area	清浄作業區域
9	洁净室	cleanroom	清浄室,クリーンルーム
9	洁净度	cleanliness, degree of cleanliness	清浄度
9	洁净度级别	cleanliness classes	清浄度クラス
9	洁净动物	sepcific pathogene tree animal	清浄動物
9	洗涤式静电空气净化装置	washable type electronic air cleaner	洗浄形静電式空気清浄機
9	玻璃纤维	glass fiber	ガラス繊維
9	活塞流	piston flow	ピストン流
9	前置预过滤器	prefilter	前置フイルター
9	穿透率	penetration rote	透過率,通過率
10	烟	smoke	煙,スモーク
10	烟雾	smog	烟霧
10	粉尘负荷	dust loading	粉じん負荷
10	容尘量	dust capacity	粉じん保持容量
10	高效空气过滤器	high efficiency particulate air filter(HEPA filter)	超高性能エア・フイルター, HEPAフイルター
10	高压电源部	high tension power pack	高压電源部
10	氨基甲酸乙酯泡沫塑料过滤器	urethane foam filter	ウレタン・フイーム・フイルター
10	捕集效率	collection efficiency	捕集効率
10	浮游尘,飘尘	air-borne dust, suspending dust	浮遊粉じん
11	清净区	clean zones	清浄区域
11	粒子计数器	particle counters	粒子計数器
11	第一工作区	first work location	第一作業位置
11	粒状物质	particulate matter	粒状物質
11	粒径,粒度	particle size	粒径,粒度
11	粒径分布	particle size distribution	粒径分布,粒度分布
11	袋形空气过滤器	bag-type air filter	袋形エア・フイルター
11	悬浮微粒	floating fine particle	浮遊微粒

续表

中文笔画	中文	英文	日文(包括外来语)
11	培养皿	culture container	培養皿
11	培养基	culture medium	培地
11	移动污染源	mobile sources	移動汚染源
11	粗效空气过滤器	roughing air filter	粗じん用エア・フイルター
12	惯性	inertia	慣性
12	惯性参数	inertia parameter	慣性パラメータ
12	惯性集尘	inertia dust collection	慣性集じん
12	集中式真空吸尘系统	central vacuum cleaning system	真空掃除システム
12	集尘	dust collection	集じん
12	集尘极	collecting electrode	集じん極
12	等速采样,等动力流采样	isovelocity sampling,isokinetic sampling	等速サンプリング,等速吸引
12	琼脂培养基	agar base,trypticase culture medium	寒天培地
12	斯托克斯径	stokes diameter	スドークス径
12	斯托克斯法则	stokes law	スドークスの法則
12	超高效过滤器	uhra low penetration air(ULPA)	ULPAフイルタ
13	雾	fog	霧
13	新风过滤器	make-up air filter	外気用エア・フイルター
13	微粒,粒子	particle	粒子,微粒
13	微生物	microorganisms	微生物
13	微生物隔离系统统	microbial barrier system	微生物ハリヤーシステム
13	滑动修正	slip correction-cunningham factor	滑動修正
13	滤布	filter cloth	ろ布
13	滤材	filter medium	濾材
13	滤纸	filter paper	ろ紙
13	滤膜过滤器	membrane filter	薄膜フイルター
13	楔形空气过滤器	expanded-type air filter	楔状エア・フイルター
13	碰撞	impaction	衝突
13	碰撞参数	impaction parameter	衝突バテメータ
13	辐流	isotropic flow	押し出し流
14	静电自净器,静电空气净化装置	electro-static precipitator,electronic air cleaner	静電集じん器,静電式空気清浄機
14	静电滤材空气过滤器	charged-media electronic air filter	濾材誘電形スア・フイルター
11	隧道式单元	tunnel unit	トンネル・エニット
15	横向污染,交叉污染	cross contamination	クロス汚染,相互汚染
15	横向流洁净室	cross-flow clean room	横断流形クリーンルーム
15	额定风速	nominal face velocity	定格風速
15	额定风量	nominal air flow rate	定格風量
16	凝集,凝结	agglomerate	凝集
16	凝结核计数器	condensation nuclei counter(CNC)	凝缩核クウンター

注:以上所列空气洁净技术常用术语主要引自有关专业文献,一部分选自日本空气清净协会编的《空気清浄用語》。

索　引

（所注页码为主要出现处）

一　画

一级标准　51,52,53
一次隔离　370
一类区　52
一般生物洁净室　361

二　画

人工尘　559
人为发生源　33
人发尘的影响半径　289
人的发尘量　289,430,432
人员密度　430
人造纤维　177
二级标准　51,52,53
二次气流　228
二次电离　186
二次隔离　370
二类区　52
几何平均直径　6,7,26
几何标准离差　25,28,29

三　画

广义大气尘　32
大气尘　32,33,35,38,47,58,84
大气尘计数浓度　66
大气尘发生源　81
大气污染时代　33
大气污染的第一阶段　33
大气污染的第二阶段　33
大气污染的第三阶段　33
大气尘污染源　34
大气尘垂直分布　81
大气尘的发生量　35
大气尘的X射线光谱　40,42
大气尘的组成　38
大气尘浓度　46,601
大气微生物　90
大陆态　68
大流量粒子计数器　468,517,549
上送下回　273
上送上回　273
下限风速　287,293
工业污染　33
工业洁净室　267
工作区　280
三区不均匀分布模型　401
三角区　320
三级过滤　383
三级标准　51,52,53
三点采样　568
三类区　52
三种设计计算原则　441
三项特性指标　282
小样测定　557
小流量粒子计数器　468

四　画

分子扩散　213,215
分子作用力　208
分子态污染　253,264
分布指数　70
分级效率　142
分散体系　1
分散度　8,24
分隔板　162
分散性微粒　1
分散相　1
分离速度(驱进速度)　185
风口位置　399

风口数量影响 399
双区式电场 181
双风量检漏 573
双区模型 401
双对数纸上的粒径分布 20
双峰分布 14,15,18
无分隔板 162,202
无机性微粒 1
无涡运动 313
无效层 189
无菌异物 340
无菌动物 331
无影灯 365
无纺布 97,145,149,177
无特殊病原动物 332
水平单向流洁净室 23,277
水模型 316
日本洁净度级别 244
日变化模型 87
日常测定 588
允许室宽 323
比色效率 141
手术切口 363
不均匀分布 399,417,422
不均匀扩散 399
不均匀系数 405,437
不等径开孔 272
不稳定阶段 99
不稳定流 268
火星探索者 280
孔板 271,566
中间过滤(器、效率) 383
中流量粒子计数器 468
中效过滤器 137,384
中效空气净化系统 444
中值直径 560
气相循环消毒灭菌 355
气泡发生器 587
气闸室 304
气流力 208
气流组织影响 399
气流流型 586
气幕室 304
气幕洁净棚 466
气溶胶 1,20,33
气溶胶标高 80
气幕隔离作用 467
化学纤维 177
化学微孔滤膜 129
毛细管模型 129
六氟化硫法 586
引带风量 403
计内状态 508
计点数据 15
计重浓度 47,49,51,53,63,67
计重浓度不保证率 49
计重浓度法 540
计重效率 141,160
计数浓度 47,63,67,141
计数浓度法 540
计数效率 141
计数数据 16
计量数据 16
天然纤维 177
长度平均(比长度)直径 6

五 画

边界层 105,521
世界卫生组织 273 304 372
电力分离 96
电子显微镜(电镜) 5,38,171,554
电脉冲 544
电离极 181
电晕 181
可见微粒 1
可吸入颗粒物 32
可燃物含量 558
发生源 34
发尘污染 396
发尘喷嘴 566
发泡材料过滤器 180
发烟器 574,587
正电晕放电 181
正压 300,587
正态分布 15,18,590,597
正态概率纸 16

主导风向　83
主流区　402,421,451,470
末级(端)过滤(器、效率)　137,383
平行流　278
平均粒径　4,27
平均体积直径　7
平均面积直径　7
平面热源　227
平推流　279
白血病患者完全缓解　330
北极冰床中含铅量　33
生物安全柜　370
生物学的(生物)危险性　366
生物洁净室　267,327,361
生物微粒　27,337,340,557
本底态　68
丝线法测流线　586
半经验公式法(计算过滤效率用的)　111
丙纶纤维　118,147
对数正态分布　15,26
对数穿透定律　111,114
对称分布　11
对流扩散　215
"右倾斜"分布　11
"左倾斜"分布　11
宇航标准　242
示踪粒子　587
必要测点数　590
丙酮蒸气熏蒸法　541

六　画

场力　208
压力衰减法　582
早川一也瞬时式　390
名义尺寸　543
名义层数　114
名义粒径　545
扩大主流区　296,462
扩散沉积　213,217,519
吸湿量修正　540
吸湿性凝结核　84
回风　2,273
回风口区　402,421
回风通路　384
多方位污染　287,292
多分散微粒　24,559
多孔喷嘴　566
多室　386
多道工序　263
多点测定　565
多峰分布　13
全过程控制　331
全阻力　145,147,184
全粒径分布　67
全面净化　451
全面控制　331
光化学烟雾　33
光电比色法　555
光电火焰光度计　7
光电浊度法　555
光脉冲　543
光散射　3,26,543
光复生　355
设计大气尘浓度　428
设计效率　150
关东亚黏土　570
关键点控制　331
亚甲基蓝微粒　124
亚高效过滤器　125,137,206,384
负电晕放电　181
负压　300
负指数分布　18
同向污染　291,292
灰尘　2
有机性微粒　1
有生命微粒　1,46,241
有效半径法　109
自身污染　336
自净曲线　392
自净时间　291,392,397
自然发生源　33
动作时发尘量　432
动态　252,424,588
动态气流密封　374
动态特性　413
动态隔离　374

动静比 600
在线扫描 375
宇宙航行辅助楼 280
污染风频 83
污染源 232,288,336
污染源半径 288
污染包络线 231,287
污染曲线 392
污染过程 390
污染时间 391
污染边界 291
污染浓度 49
污染途径 267
污染模型 361
成品率 253,256
合格率 253
合成纤维系滤纸 168
纤维干涉 109
纤维过滤器 116
纤维层过滤器 177
纤维素系—石棉纤维系滤纸 167
纤维断面形状 123
机械分离 96
扫描检漏 573,578
扩散式分级器(DB) 554
扩散角 271
扩散板 272
扩散沉积 213,517
扩散效应 100
扩散捕集效率 105
级联采样器 556
当量直径 3,175,180,308
伦敦雾 2
过滤分离 96
过滤机理 96
过滤法 556
过滤器寿命(使用期限) 156
过滤器串联 154
过滤器的选择性 118
过滤器特性指标 140
过氯乙烯纤维 118
危险度标准 366
安德逊采样器 90,556
“农村型”大气尘浓度 64

七 画

注入法 556
张弛时间 212
阻力 143,194
阻尼层 275
阻漏层 483,490
低发尘量 429
均匀分布计算理论 383
均匀流 268
汽车排气中的微粒 39
吹风不满意率 363
附加阻力 507
芯片面积 251
库宁汉(滑动)修正系数 211
库仑力 182
含尘浓度 141
邻苯二甲酸二辛脂 122,560
抗张强度 558
初级过滤(器、效率) 383
初阻力 156
余压阀 303
冷态 DOP 气溶胶 14
严重污染的大气尘浓度 66
沉积密度 254,537
沉降法 555
沉降尘 32
沉降沉积 217,519
沉降直径 3
沉降细菌数 343
沉降菌法 344
沉降浓度 47,67,209
沉降速度 217
采样状态 508
围挡壁 464
围帘 474
花粉 45,46,80
层流 241,268
层流罩 480
来流 279
乱流度 283,285,286
乱流洁净室 270

局部净化　388
局部洁净区　450
卤素法　585
串联效率　154
条缝形喷嘴　309
谷氨酸碱　557
克努森数　130,211

八　画

泊松分布　21
注入法　556
采样　505
采样口　505
采样状态　509
采样系统　505
采样管中微粒损失　517
采样管管头　517
采样器　505
单孔喷嘴　566
单分散微粒　24,559
单向流洁净室　22,273
单位容积发尘量　429,431
单室　386
单根纤维捕集效率　103
定方向切线径　3
净化系数　142
空气吹淋室　308
空气幕　467
空气洁净度　241
空气动力学直径　3,48
空时误差　547
空态　252,588
定向盛行风频　83
定点检漏　579
孤立圆柱法　103
国际标准化组织　1
终阻力　156
非 0 检验原则　530
非均匀流　268
非紊流的置换流　278
环形多孔喷嘴　566
环境气溶胶　32
环境空气质量标准　53
线汇　313
垂直热壁　223
固态分散性微粒　1
固态凝集性微粒　1
侧送　271
顶送　271
顶棚嵌装无影灯　366
表面上的沉积　213
表面上生物微粒取样　557
表面发尘量　430,432
表面过滤器　96
波峰角　201
波峰高度　198
实验系数法　111
实验动物　331
放射性标记　561
细菌的过滤效率　350
细菌和真菌的分布　90
细菌生长曲线　335
金属微粒　39
油雾气溶胶　14,18
油雾法　563
质量力　208
质量几何平均直径　29
质量平均(比质量)直径　6
拦截效应　99,100
拦截沉积　216

九　画

点源　231
洁净工作服　430
洁净室　267,584
洁净送风天花　493
重力效应　101
重叠误差　546
室内尘源　428
送风口　271
耐水性　557
恒压法　583
耐压性　557
耐振性　557
耐热性　557
耐燃性　557

城市大气尘 41
“城市型”大气尘浓度 64
“城郊型”大气尘浓度 64
临界吹淋速度 308
标定工况 508
标定状态 508
标准离差(标准偏差,标准差) 25,27
标准粒子 3,28
相对浓度 555
相对频率分布 10
逆向污染 291
荧光素钠 561
钠污染 43
钠焰法 5,7
浮游菌 344
癸二酸二辛酯 560
脉动速度 283
美日模拟大气尘 571
美国工业大气 71
美国航空航天局标准 241
美国空军技术条令 241
美国联邦标准 241
前苏联国家标准 242
洁净室 267
洁净手术室 328
洁净棚 474
结构不均匀系数法 110
结构阻力 147
浓度场 293,421,456
树枝晶状模型 126
树枝晶状纤维模型 126
浊度效率 141,186
突变流 268,271
哈根—泊肃叶定律 130
面速 141
面积平均(比面积)直径 6
面积几何平均直径 29
洗涤分离 96
总悬浮颗粒物 49,58
活塞流 279
按密度的分布 21
按粒径的面积分布 29
按粒径的质量分布 29
显微微粒 1
玻璃纤维系滤纸 167
狭义大气尘 32
穿透率(穿透系数) 143

十 画

海水喷沫作用 33
海洋态 68
海盐微粒 33,45
核孔膜 129
烟 2
烟雾 2,23
离心法 556
离散型数据 16,21
热原反应 331
热熔法 177
流场 293,314
流动法 556
流线可见化 587
流线平行度 282
流线夹角 283
流线形散流器 270
流函数 318
流线倾角 283
病态建筑 435
振动孔发生器 554
透过率法 575
容尘量 149
涡体 269
涡流区 401,422
射流 378,577
弱(空气)射流 454
效率 102,136,141,559
高中效过滤器 136
高效过滤器 136,154,349
高效空气净化系统 436
高填充率(低空隙率) 97
弱射流 454
格栅地板 275
消毒灭菌 353
紊流 278
值班风机 396
真菌 91

氨气法　585

十一　画

第一工作区　253
粒径　34,136
粒径分布　8,20,67,71
粒数分布　8
排放量　36
斜分隔板　162
基本过滤过程　98
基本图形尺寸　250
混合手段　566
混合长度　286
综合误差　547
混浊因子　35
球形喷嘴　309
密集流线型散流器　280
深层过滤器　97
密度分布　21
帷帘式送风装置　465
惯性沉积　216
惯性效应　100
惯性捕集效率　105
液态微粒　1
液态凝集性微粒　1
清洁动物　332
检漏　137,572
清洗盛装月球岩石容器的洁净室　275
累积分布　13,20
粗效过滤器　137
旋转法　555
旋转采样器　555
接触污染　336
接触效应　100
菌落　555
悬浮速度　223
悬浮力　222
悬浮系数　222
悬浮微粒　1
渐变流　267
随遇直径　3
盛行风向　70
停机污染　391
绿化减尘率　89

十二　画

筛上分布　12
筛下分布　13
筛子效应　99
最大穿透性　122
最大穿透粒径　123
最小检测容量　529
最少总粒子数原则　534
最多风向　83
紫外线　354
超显微镜微粒　1
超高效过滤器　136
超 ULPA 过滤器　176
登月飞行器　334
集中度　24,26
集成电路　250
集尘极　182
氯化钠微粒　3,9
落尘　32
斯托克斯公式　209
斯托克斯速度　188,209
斯托克斯参数　105
散射光强度的等效比较　3
普通动物　332
植物神经衰弱综合症　435
等价直径　3,337
等速采样(等动力流采样)　510
超细颗粒物　49
隔离式生物洁净室　366
奥斯汀　308
奥梅梁斯基公式　344
滑动修正系数　211

十三　画

煤尘微粒　40
煤烟型　33
雾　2
新风　383,423
新风比　433
新风通路　384
福田公式　391

填充率 97,126
缓冲室 306,307
微生物的尺度 337
微生物特性 335
微粒 1,3,4
微粒分布 8
微粒的迁移 222
微粒的侵蚀作用 41
微粒群 8
滤纸过滤器 143,156,162
滤速 141
滤料 118
滤纸吸湿量 540
滤膜系滤纸 170
滤膜显微镜计数法 540
滤膜透明 540
滤膜基数 541
辐流洁净室 293
感染率 327
雷诺数 105
照射剂量 355
缝隙法 556
缝隙渗透 300
跟随速度 220
频度分布 11,18
频率分布 8,10,11,12,
频率分布直方图 8
频数分布 8
频率密度分布 11
溶解性凝结核 84
零漏泄 375
碰撞电离 182
碰撞损失 524
满布比 281

十四 画

遮断风速 468
漏风量 302
漏孔法 575
算术(粒数)平均直径 4,6
模拟大气尘 570
模型直径 6
管形滤纸过滤器 165
聚苯乙烯小球(乳胶) 3,30,526,551
聚苯乙烯乳胶 36,551
滴油法 541
炭黑 571
静止时发尘量 428
静电式分级器(DMA) 554
静电自净器 180
静电沉积 213
静态 229,210,381,527,589
静态特性 408
稳定式 386
稳定阶段 99
稳定流 268
颗粒过滤器 133
颗粒物 49

十五 画

飘尘 32
暴露时间 256
摩里逊 389
撞击法 555

十六 画

激光粒子计数器 545
凝并 9,229
凝并损失 525
凝并系数 230
凝结核 2,66,68,84
凝结核计数器法(CNC) 554
凝胶海绵 556
凝集性微粒 1

十七 画

熏蒸法 541

十八 画及以上

瞬时式 384
瞬时值 47
瞬时流速 283
霾 2

其他

AACC CS-6T 274,299
ABSL 1～4 374
ACS 51
AD295408,TDR-62-138 号报告 174

AEC 145
AFI 570,571
AMC 264,265
AQP 53
ASHRAE 52.1 138
BS-5295 278,304
BSL 1～4 374,376
CFU 339
CNC 554
DB 554
DEHS 559
DIN 139,287,458
DMA 554
DNA 354,355
DOP 14,118,119,122,139,167,264,350,559,560,562,564,575
DOS 559,560
DOW 24,36
ORAM 251
EN 779 138
EN 1822-1 138
EUROVENT 4/9 139
FFU 276
FMU 276
GB 13554—92 136,565
GB 19489—2004 373
GB 50073—2001 245,523
GB 50174—93 252
GB 50346—2004 373
GB 50591 300,303,588
GB /T 14295 136
GBJ 73—84 244,246,324,533
GMP 331,344,462,463,589
GOST R52539 362
HEPA 139,140
ICCCS 244
IES-RP-CC-006 530
IES-RP-50 549,599
IP 32
ISO 1,2,139,244,245,246,247,252,282,514,515,535,574,575,579,580,581,588,589,599
JGJ 71—90 300,532,533,575
JIS 3,244,245,246,512,570,592
JZQ-Ⅰ 183,188
JZQ-Ⅱ 184,186,187,188
LAS-X 15,548
LTF 278
MRC 327
MASA 241,299,304,312
MBS 350
MRC 327
MPPS 559
RoyCO 24,545,547,548,549
PAO 559
PM 49
$PM_{2.5}$ 33,48,49,51,63
PM_{10} 32,49,50,51,58,60,61
PSL 551
PTFE 176
SIA 258
SIS-TR 39 329
SPF(动物) 331
t 分布 597
T.O. 00-25-203 241,298,304,308,311,390,600
TSP 32,49,58
TVOC 264
VPI 3,530
UF 50
ULPA 139,140,176
U. S. EPA 32
YGG 165,206
WHO 49,50,53,340,372,373
ФП(滤布) 145,165,168
209 241,532
209A 298
209B 241,530,573
209C 242,252,253,529,535,588,589,593,599,600
209D 588,589,599,600
209E 242,243,246,252,512,514,528,529,532,589,593,594,599,600